旧軍用地転用史論

下巻

杉野圀明 著

文理閣

i

旧軍用地転用史論　下巻
（地域分析篇）
目　次

第三部　地域分析篇

序章　課題の設定と分析方法 ……………………………………………………… 1

第一章　北海道 ……………………………………………………………………… 7

第一節　北海道における主な旧軍用施設と主な転用先　　7

第二節　北海道における旧軍用地の転用状況　　9

第三節　北海道における旧軍用地の工業用地への転用　　19

第四節　北海道における旧軍用地の転用に関する地域分析　　22

第二章　東北地方 ………………………………………………………………… 36

第一節　東北地方における旧軍用地とその転用概況　　36

第二節　東北地方における旧軍用地の産業用地への転用概況　　48

第三節　宮城県における旧軍用地の産業用地への転用　　50

第四節　青森県における旧軍用地の産業用地への転用　　67

第五節　岩手県における旧軍用地の産業用地への転用　　73

第六節　秋田県・山形県・福島県における旧軍用地の産業用地への転用　　78

第三章　東京都 …………………………………………………………………… 82

第一節　東京都における旧軍用地の施設とその主な転用先　　82

第二節　東京都における旧軍用地の国家機構（省庁）への移管　　83

第三節　東京都における旧軍用地の地方公共団体への譲与　　87

第四節　東京都における民間諸団体（企業等を除く）による旧軍用地の取得　　92

第五節　東京都における民間企業による旧軍用地の取得　　94

第六節　東京都における旧軍用地の産業用地への転用に関する地域分析　　101

第四章　神奈川県（横須賀市を除く）　121

第一節　神奈川県における旧軍用地の転用に関する一般的概況　121

第二節　神奈川県における旧軍用地の産業用地への転用概況　125

第三節　横浜市における旧軍用地の工業用地への転用状況　130

第四節　川崎市における旧軍用地の産業用地への転用状況　136

第五節　平塚市における旧軍用地の産業用地への転用状況　143

第六節　相模原市における旧軍用地の転用状況　148

第七節　その他の地域における旧軍用地の転用状況　151

第五章　横須賀市　170

第一節　横須賀市における旧軍用施設とその転用の概況　170

第二節　軍転法の施行までと昭和27年の再接収　172

第三節　特需会社と失業問題　176

第四節　返還地への企業誘致と理論的諸問題　180

第五節　日産自動車㈱の誘致と工業立地条件の整備　183

第六節　日産自動車の進出と産業コンプレックスの形成　187

第七節　追浜地区における旧軍用地の払下価格　190

第八節　その後の横須賀市における旧軍用地の転用状況　196

第九節　横須賀市における提供財産と工業立地条件　208

第十節　提供財産の返還問題と工業用地への転換に関する将来展望　212

第十一節　その後の横須賀市における旧軍用地の転用状況（付記）　215

第六章　関東地方（東京都・神奈川県を除く）　221

第一節　関東地方（東京都・神奈川県を除く）の旧軍用施設　221

第二節　千葉県における旧軍用地とその転用状況　222

第三節　埼玉県における旧軍用地とその転用状況　246

第四節　茨城県における旧軍用地とその転用状況　260

第五節　栃木県における旧軍用地とその転用状況　268

第六節　群馬県における旧軍用地とその転用状況　277

第七章　甲信越地方　288

第一節　新潟県における旧軍用地とその転用状況　288

第二節　長野県における旧軍用地とその転用状況　294

第三節　山梨県における旧軍用地とその転用状況　296

第八章　北陸地方 299

第一節　北陸地方における大規模な旧軍用施設とその転用状況　299

第二節　国家機構および地方公共団体による旧軍用施設の転用状況　300

第三節　福井県和田火薬庫跡地の処理問題について　303

第四節　北陸地方における旧軍用地の産業用地への転用状況　306

第九章　静岡県 310

第一節　静岡県における旧軍用地の転用に関する一般的概況　310

第二節　静岡県における旧軍用地の農林省への有償所管換　312

第三節　静岡県における旧軍用地の総理府防衛庁への移管および提供財産　315

第四節　静岡県における旧軍用地の国家機構への無償所管換　316

第五節　静岡県における旧軍用地の地方公共団体への払下状況　317

第六節　静岡県における旧軍用地の産業用地への転用　324

第七節　静岡県における旧軍用地の工業用地への転用概況　327

第八節　静岡県における旧軍用地の工業用地への転用に関する地域分析　330

第十章　愛知県 343

第一節　愛知県における旧軍用地とその転用概況　343

第二節　愛知県における旧軍用地の国家機構および地方公共団体への転用　351

第三節　愛知県における旧軍用地の産業用地（製造業を除く）への転用　358

第四節　愛知県における旧軍用地の工業用地への転用　361

第五節　愛知県における旧軍用地の工業用地への転用に関する地域分析　364

第十一章　三岐地方・四日市 401

第一節　岐阜県における旧軍用地の転用状況　401

第二節　三重県（四日市市を除く）における旧軍用地の転用状況　408

第三節　四日市市における旧軍用地の転用　434

第十二章　滋賀県および京都府（舞鶴市を除く） 455

第一節　滋賀県における旧軍用地の転用と工業立地　455

第二節　京都府（舞鶴市を除く）における旧軍用地の工業用地への転用　460

第十三章　舞鶴市 477

第一節　舞鶴市における旧軍用施設の概況　478

第二節　舞鶴市における旧軍用地の工業用地以外への転用　484

第三節　舞鶴市における旧軍用地の工業用地への転用　491

第四節　舞鶴市における旧軍用地の工場用地への転用（文献による検討）　494

第五節　舞鶴市における旧軍用地の工業用地への口座別転用状況とその後の経過　499

第六節　舞鶴市における旧軍用地の転用政策　505

第十四章　大阪府 512

第一節　大阪府における旧軍用地の概況　512

第二節　大阪府における旧軍用地の転用状況　514

第三節　大阪府における旧軍用地の工業用地への転用に関する地域分析　526

第十五章　兵庫県 538

第一節　兵庫県における旧軍用施設の概況　538

第二節　兵庫県における旧軍用地の転用状況　544

第三節　兵庫県における旧軍用地の民間（製造業を除く）への転用状況　552

第四節　兵庫県における旧軍用地の製造業への転用状況　556

第五節　兵庫県における旧軍用地の工業用地への転用に関する地域分析　560

第十六章　奈良県・和歌山県 575

第一節　奈良県における旧軍用地とその転用状況　575

第二節　和歌山県における旧軍用地とその転用状況　576

第十七章　鳥取県・島根県・岡山県 580

第一節　鳥取県における旧軍用施設の概況　580

第二節　鳥取県における旧軍用地の転用状況　581

第三節　島根県における旧軍用施設の概況　585

第四節　島根県における旧軍用地の転用状況　586

第五節　岡山県における旧軍用施設の概況　588

第六節　岡山県における旧軍用地の転用状況　590

第十八章　広島県（呉市を除く）‥‥‥‥‥‥‥‥‥‥‥‥‥‥‥‥‥‥‥‥‥‥594

第一節　広島県（呉市を除く）における旧軍用施設の概況　594

第二節　広島県（呉市を除く）における旧軍用地の官公庁への譲渡状況　598

第三節　広島県（呉市を除く）における民間（製造業を除く）への譲渡状況　603

第四節　広島県における民間（製造業）による旧軍用地の取得状況　605

第五節　広島県における民間（製造業）による旧軍用地取得の地域別総括　609

第六節　広島県における旧軍用地の工業用地への転用に関する地域分析　610

第十九章　呉市‥‥‥‥‥‥‥‥‥‥‥‥‥‥‥‥‥‥‥‥‥‥‥‥‥‥‥‥‥‥‥‥635

第一節　呉市の歴史的経緯と旧軍用施設の概況　635

第二節　呉市における官公庁の旧軍用地取得状況　640

第三節　呉市における旧軍用地の民間企業（製造業を除く）への転用　642

第四節　呉市における旧軍用地の工業用地への転用　642

第五節　呉市における旧軍用地の工業用地への転用過程　646

第六節　呉市における旧軍用地の工業用地への転用に関する地域分析　653

第二十章　山口県‥‥‥‥‥‥‥‥‥‥‥‥‥‥‥‥‥‥‥‥‥‥‥‥‥‥‥‥‥‥671

第一節　山口県における旧軍用施設の概況　671

第二節　山口県における旧軍用地の官公庁への譲渡状況　675

第三節　山口県における旧軍用地の民間諸団体（製造業を除く）への譲渡　679

第四節　山口県における旧軍用地の製造業への転用　681

第五節　山口県における旧軍用地の工業用地への転用に関する地域分析　685

第二十一章　四国地方‥‥‥‥‥‥‥‥‥‥‥‥‥‥‥‥‥‥‥‥‥‥‥‥‥‥‥‥710

第一節　四国地方における旧軍用地の概況　710

第二節　徳島県における旧軍用地の転用状況　712

第三節　香川県における旧軍用地の転用状況　713

第四節　愛媛県における旧軍用地の転用状況　716

第五節　高知県における旧軍用地の転用状況　723

vi

第二十二章　福岡県 ··· 729

第一節　福岡県における旧軍用施設の概況　729

第二節　福岡県における旧軍用地の一般的転用状況　731

第三節　福岡県における旧軍用地の工業用地への転用に関する地域分析　739

第二十三章　佐賀県・長崎県（佐世保市を除く） ······················· 764

第一節　佐賀県における旧軍用地の転用状況　764

第二節　長崎県（佐世保市を除く）における旧軍用地の転用状況　767

第二十四章　佐世保市 ·· 787

第一節　佐世保市における旧軍用施設の概況　787

第二節　佐世保市における旧軍用地の転用状況　791

第三節　佐世保市における旧軍用地の工業用地への転用　800

第四節　針尾海兵団の跡地利用と工業団地の形成　813

第二十五章　中九州（熊本県・大分県） ································· 820

第一節　中九州における旧軍用施設の分布状況　820

第二節　中九州における旧軍用地の国家機構への移管状況　823

第三節　中九州における旧軍用地の地方公共団体への譲渡状況　825

第四節　中九州における旧軍用地の民間企業等への譲渡状況　828

第五節　中九州における旧軍用地の工業用地への転用　830

第六節　熊本県における旧軍用地の工業用地への転用　835

第七節　大分県における旧軍用地の工業用地転用の地域分析　839

第二十六章　南九州（宮崎県・鹿児島県） ····························· 848

第一節　南九州における旧軍用施設の概況　848

第二節　南九州における旧軍用地の転用状況　850

第三節　南九州における旧軍用地の工業用地への転用　858

第四節　宮崎県における旧軍用地の工業用地転用の地域分析　860

第五節　鹿児島県における旧軍用地の工業用地転用の地域分析　862

vii

第二十七章　沖縄県 ……………………………………………………………………… 866

第一節　沖縄県の歴史的経緯と旧軍用地の特殊性　866

第二節　戦闘配備状況からみた沖縄県の旧軍用施設　868

第三節　沖縄県の米軍基地と旧軍用地　879

第四節　沖縄県における旧軍用地　882

第五節　沖縄県における旧軍用地の処分および利用状況　885

第六節　沖縄県における旧軍用地転用の地域分析　891

第七節　一応のまとめ　932

補遺Ⅲ　旧軍用地の防衛庁（保安庁）への無償所管換（資料） ……………………… 935

あとがき ……………………………………………………………………………………… 953

序章　課題の設定と分析方法

『旧軍用地転用史論　上巻』（文理閣・2015年）では、まず「総論」で、旧軍用財産の概念規定をはじめ、旧軍用財産の実体、旧軍用地の払下げに関する法的諸問題、旧軍用地払下げの一般的概況について明らかにした。さらに「産業分析篇」では、旧軍用地の工業用地への転用について、業種別、工業地区別、資本系列別の取得状況および用地取得価格について分析した。続いて、国家機構（省庁）と地方公共団体による旧軍用地の転用状況について概観した。これによって、戦後日本における旧軍用地の転用状況をある程度まで明らかにした。なお、その基本的な研究課題は「旧軍用地の転用と工業立地」であった。

一般に、工場の新規立地は、市町村という地方自治体（以下、地域と略称）における物質的再生産構造に大きな変化を及ぼすだけでなく、地域的経済関係（雇用関係、流通関連、地域商業、地方税など）や地域政策（都市計画、土地利用計画、地域交通計画など）にも影響を及ぼす。とりわけ、数十万 m^2 の用地をもつ工場の新規立地は、地域の社会経済的諸関係に大きな影響を及ぼす。旧軍用地の取得による工業立地あるいは工業への転用もその例外ではない。この『旧軍用地転用史論　下巻』は、旧軍用地の工業用地への転用とそれによる地域の社会経済的変化について分析したものである。

これを内容的にみると、地域によっては、旧軍用地の工業用地への転用およびそれを契機として、工業都市へと大きく成長したところもある。ところが、旧軍用地がひとたび工場用地へと転用されたのち、市街化の進展によって住工混在地区と化し、やがて住宅地へと変貌した地域もある。

あるいは旧軍用地が農地へ転用されたものの、のちに工場用地へと再転用されたところもある。このような場合には、旧軍用地を工業用地へ直接に転用したものではないので、特別の場合を除いて、本書では採り上げていない。

いずれにせよ、本書（下巻）では、旧軍用地の工業立地への転用の実態を市町村別に明らかにすることを基本的な課題とし、副次的には、それが地域経済にどのような影響を与えたかについて分析する。この課題については、それぞれの地域における『市町村史』をはじめとする文献資料を中心にしながら、これを工業開発政策や地域経済振興政策と関連させながら分析していく方法を採ることにした。もとより現地踏査も行った。

本書では、叙述を整理していく都合から、分析対象となる市町村を地域別に統括して、一つのグループとし、これを一つの章にまとめるという方法を採ることにした。なお、工業立地を地域別にまとめるのには、幾つかの方法がある。

もっとも一般的なのは、都道府県別に統括するか、あるいはもっと広域的に、つまり地方別に

2

統括する方法である。

　この地方別に統括する方法によれば、戦後から昭和47年度末までの期間における旧軍用地の工業用地への転用は、次の表のようになる。

序-(1)表　旧軍用地の工業用地への転用実態（地方別）
（昭和20〜47年）

地方	件数	工業用地面積（m²）
北海道	38	1,119,913
東　北	48	2,731,863
関　東	247	10,372,754
中　部	155	8,873,827
北　陸	5	71,842
近　畿	127	8,851,408
中　国	165	9,675,368
四　国	15	1,001,462
九　州	138	6,744,816
計	938	49,443,253

出所：「旧軍用財産資料」（大蔵省管財局文書）より作成。
※工業用地取得1件当たり3千m²以上のものについ
　てのみ収録。
※ただし、中国と四国については昭和35年度末まで
　となっている。沖縄県は含んでいない。

　この序-(1)表をみれば判るように、各地方によって旧軍用地の工業用地への転用件数も、また払下面積も大きな差異がある。取得件数と取得面積で最も大きいのは関東地方であり、次に中国地方、続いて中部地方と近畿地方がこれに続き、九州地方が第五位（取得件数では第四位）となっている。この五つの地方で取得件数では88%、取得面積では90%を占める。

　こうした状況は、戦前期における日本の四大工業地帯と周南、広島、呉などの瀬戸内工業地帯に旧軍施設が数多く存在していたことを示している。なお、このことは、本書の上巻でも既に明らかにしておいたところである。

　ところで、この地方別に統括する方法では、各地方のそれぞれの府県別の状況や旧軍港市のように大規模で払下げが行われた地域の状況を詳しく把握することができない。

　そこで地域を細分化する必要が生じてくるのだが、その場合でも、例えば旧軍工廠関係、旧軍飛行場などのように旧軍用地の種類による区分方法、あるいは軍用地が転用されたのちの状況、例えばコンビナート地区や内陸工業地区などによる区分の方法がある。

　しかしながら、地域、とくに地域経済との関連では、地方財政の支出を伴う地域政策の相対的独立性を重視するという視点から、行政地域が前面に出るような地域区分の方法を採用した。具体的には、旧軍用地の取得状況を踏まえて、全国を北海道から沖縄県までの27地域に区分した。

　この27地域の内訳は、地方、府県、市域などからなり、これを行政単位からみれば、極めて

不整合である。その理由は、一つの都市で旧軍用地の払下件数が相当数に達する場合もあれば、北陸地方や山陰地方のように、払下件数が僅少な場合もあるからである。この不整合は、旧軍用地の地域的存在形態が極めて不均衡であったことに基づくが、さらに米軍の接収のため払下状況が不均等であったこととも関連している。

　なお、四つの旧軍港市については「軍転法」との関連で、都市単位で一つの章として取り上げた。つまり、旧軍港市における旧軍用地の払下規模がそれだけ大きかったということも理由の一つであるが、旧軍港市の場合には、その払下げに特殊な事情があったからである。その特殊性を検出するためにも、旧軍港市については都市単位で一つの章として取り上げるのが妥当だと思われた。

序-(2)表　旧軍用地の工業用地への転用状況（地域別）

（昭和20 〜 47年度）

地　　域	件　　数	工業用地面積（m²）
北海道	38	1,119,913
東北6県	48	2,731,863
東京都	48	884,738
神奈川県	78	3,895,238
横須賀市	45	2,039,250
その他の関東	76	3,553,528
静岡県	41	839,154
愛知県	71	4,797,947
三重県	43	3,236,726
北陸3県	5	71,842
大阪府	27	2,564,446
兵庫県	37	3,636,477
舞鶴市	49	2,065,649
その他の近畿	14	548,836
広島・岡山県	59	1,984,477
呉市	42	1,607,734
山口県	59	5,999,425
鳥取・島根県	5	83,732
四国4県	15	1,001,462
北九州3県	58	3,388,632
佐世保市	21	678,595
南九州4県	59	2,677,589
計	938	49,443,253

出所：「旧軍用財産資料」（前出）より作成。
　　※「その他の関東」とは、茨城県、栃木県、群馬県、
　　　埼玉県、千葉県。
　　※「その他の近畿」とは滋賀県、京都府、奈良県、和
　　　歌山県。

※神奈川県には横須賀市を含まず。「その他の近畿」
　には舞鶴市を含まず。
※広島県には呉市を含まず。
※北九州 3 県（福岡・佐賀・長崎）の中には佐世保市
　を含まず。
※南九州 4 県は　熊本、大分、宮崎、鹿児島である。
※本表の地域区分は本書（下巻）の地域区分（章別編
　成）とは異なる。

　上記の序-(2)表をみれば、旧軍用地の取得による工業立地が多かった地方（都府県や都市）を知ることができる。

　まず旧軍用地を工業立地として転用した件数についてみると、旧軍港市を除く都道府県別グループでは、神奈川県が 78 件で最も多く、続いては「その他の関東」が 76 件、愛知県 71 件、それから広島・岡山県、山口県、南九州 4 県の 59 件、北九州 3 県の 58 件が多い。さらには東北 6 県、東京都の 48 件となっている。

　旧軍用地を工業立地として転用した面積では、山口県の約 600 万 m² が群を抜き、続いて愛知県の約 480 万 m²、神奈川県の約 390 万 m²、兵庫県の約 364 万 m²、「その他の関東」の約 355 万 m²、北九州 3 県の約 339 万 m²、三重県の約 324 万 m² の順となっている。

　もっとも、上記の順位は、整理のために便宜的に作成した表での順位である。旧軍港市を加えたり、各県別単位になると、「その他の関東」や「北九州 3 県」といったグループの順位が変わってくることになる。

　本書の基本的な研究課題は、あくまでも各地域における旧軍用地の工業用地への転用状況を明らかにすることである。また、旧軍用地の取得に係わって、各地域における工業誘致政策や地域経済振興政策がどのように展開されてきたか、またそれにはどのような問題が伴ったかということの解明が分析の中心である。

　以下、上記の表を参考にしながら、全国 27 の地域について、旧軍用地の取得による工業立地と地域経済との関連を分析していくことにする。

　なお、あらかじめ注記しておくことが幾つかある。

　その第一は、特別の断りがない限り、各地域での分析対象となる旧軍用地の工業用地としての払下げは、昭和 20 年から 35 年度までの期間、払下面積は 1 件あたり 3 千 m² 以上に限定している。なお、特別の措置として、昭和 47 年度までの工業立地状況が判る場合には、これについても検討した。また各省庁への移管や地方公共団体への譲渡については 1 件あたり 1 万 m² 以上の旧軍用地に限定した。以下の各章では煩雑さを避けるために、この点の注記を省略している場合があるので、留意されたい。

　第二に、本書の題名は『旧軍用地転用史論』（下巻、地域分析篇）である。したがって、主たる研究課題である工業用地への転用については当然のことながら、農林省へ有償所管換された開拓農地や総理府防衛庁へ無償所管換された自衛隊用地、あるいは各省庁へ移管された行政施設や宿

舎用地、さらには地方公共団体が取得した学校用地などについても、ある程度までは言及しなければならない。そうした意味で、各章では、その地域（都道府県）ごとに、主たる旧軍用施設名をはじめ、国家機構（省庁）、地方公共団体、民間企業（製造業を除く）および諸団体による旧軍用地の取得状況についても一覧できるようにした。

　なお、これらの資料は、本書の上巻の第十章、第十一章、第十二章と重複することになるが、第十章は省庁別の分析であり、第十一章と第十二章は全国的な視点からの用途別の比較分析なので、新規に「取得形態」を付記して再録することにした。

　さらに、農林省への有償所管換分については、上巻の第十章第一節を参照してもらうこととし、防衛庁（保安庁）への移管状況については、第十章の第二節で総括表を掲示しているものの、その具体的な状況が不明なので、下巻の補遺Ⅲをもって補足した。

　第三に、本書は旧軍用地と「工業立地との関連」を基本的な分析課題としている。したがって、地域分析篇では、旧軍用地が最も多く譲渡された農林省への有償所管換分（開拓農地への転用を用途目的とする）および総理府防衛庁への移管分については、その数量的把握および地域の具体的な分析を割愛した。この点では、上述した各資料を参照されたい。

　その理由は、以下のとおりである。農林省へ有償所管換された旧軍用地の開拓農地への転用は、自作農創設と深く結びついているだけに重要な研究課題となりうるが、その件数が余りにも多く、個別研究者の能力では、その実態を個別的かつ具体的に分析できるものではない。同じことが総理府防衛庁への移管分についても当てはまる。防衛庁関係への移管については、日本の再軍備過程や経済軍事化との関連もあり、極めて重要な研究課題ではあるが、国土防衛という点から一定の配慮をする必要がある。そのため、旧軍用地の防衛庁への移管については、この下巻の補遺Ⅲで、改めて口座別の転用状況の一覧表を作成した。ただし、その個別的な地域分析については、これを割愛し、資料とした。

　第四に、個別地域における旧軍用地の工業用地への転用状況について現地実態調査を行ったのは、昭和50年以降である。だが、それは主として昭和53年より同56年（1981年）までの期間である。ちなみに1981年の7月以降は、海外留学および大学業務などの都合により、本研究は中断的状況になった。つまり、本書で展開されている記述の主要な内容は、それ以降30年以上も経過している。

　昭和50年代の時点で、既に旧軍用地を取得した企業の相当部分が倒産・閉鎖されていたが、平成26年の時点では、それがさらに進行している。昭和60年代から平成にかけて徐々に現地踏査を続け、とくに平成21年から同27年にかけて文献資料の収集と現地踏査を集中して行った。

　なお現地踏査によって、極く一部は補足したものの、そのすべてを網羅できたわけではない。特に中小工場の場合には既に昭和55年段階で不明な場合が多かったし、その後の年月の経過を考えると、個人的な、しかも短時間での補足調査では、実態把握が不能となったのもやむを得ない。ただし、昭和35年まで、場合によっては平成に至るまでの経緯については、都道府県史や市町村史などを参考にしながら明らかにした。

第五に、平成の市町村合併によって、行政地域の名称が大きく変わり、消滅してしまった行政単位（市町村名）は数多い。そのため旧軍用地を取得した地方公共団体については昭和48年段階のものを用いたが、地域分析の際には、これを平成20年段階の行政単位名に改めた。

第六として、個別地域の調査においては、個別企業名などで誤記があるかもしれない。本書が基礎資料としている大蔵省（現財務省）の管財局文書「旧軍用財産資料」においても、そうした誤記が相当にあり、気づいた限りで修正しておいた。だが、なお一部にはそうした誤記が残っているものと思われる。その点については、十分に留意していただくしかない。また、多くの事実誤認があるかもしれない。

旧国鉄（現JR）をはじめ、旧日本専売公社（現日本たばこ産業）、旧日本住宅公団（現都市住宅整備公団）、旧日本電信電話公社（現NTT）、日本郵政公社などの、いわゆる国家企業については、それらが平成期に入って民営化されたことに鑑み、民間企業として処理することにした。

もともと、これらの国家企業の用地は、国有財産（企業用財産）である。その民営化にともなう国有財産の民間企業財産への転化は、国家権力を行使した独占資本による蓄積運動の一形態であると考える。そのことは、本書の主要課題である旧軍用地の民間企業への転用とも本質的には共通する経済的内容をもっている。ただし、それらの民営化に関する問題については本書では取り扱っていない。

なお、沖縄県では旧日本軍による用地の強制的接収が問題となり、かつ米軍による接収ともあわさって、土地返還運動が広範囲にわたって展開されてきた。また接収後における戦災や米軍の基地建設工事によって地籍や境界が不明という状況もある。

以上のような理由で、沖縄県における旧軍用地の転用状況を正確に把握することには一定の困難が伴う。本書では、多くの不十分さを残しながらも、旧軍用地面積が大きかった主な地域について分析を行った。

最後に、本研究に対して、立命館大学より、昭和54年度学術研究補助金が付与されたことを記しておく。

第一章　北海道

第一節　北海道における主な旧軍用施設と主な転用先

　戦後、大蔵省が旧陸軍省、旧海軍省、旧軍需省から引き継いだ北海道に所在の旧軍用財産は312口座に達する。そのうち敷地面積が50万 m^2 以上の旧軍用施設とその主な転用先は次表の通りである。

Ⅰ-1-(1)表　北海道における主な旧軍用施設と主な転用先

（単位：m^2、年次：昭和年）

旧口座名	所在地	施設面積	主な転用先	年次
島松演習場及廠舎	恵庭町	33,450,904	総理府防衛庁	35
浦河演習場	浦河町	1,300,812	農林省・農地※	24
札幌陸軍飛行場	札幌市	2,415,650	農林省・農地	27
敷生陸軍飛行場	白老町	1,376,964	農林省・農地	22
千歳第一航空陸上基地	千歳町	6,966,132	提供財産	―
千歳第二航空陸上基地	同	2,205,448	総理府防衛庁	40
千歳第三航空陸上基地	同	3,413,056	農林省・農地	24
第41航空廠	同	3,756,058	総理府防衛庁	？
森演習場	森町	40,725,613	農林省・農地	25
千畳敷砲台及交通路	函館市	2,937,074	函館市へ無償貸付中	―
汐首崎第一砲台	戸井村	1,099,173	戸井村・村有林	27
汐首崎第二砲台他	同	517,094	戸井村・村有林	27
白神砲台及同電灯所	吉岡村	2,376,694	大沢村・村有放牧地域	25
八雲陸軍飛行場他	八雲町	2,573,127	農林省・農地	23
旭川練兵場　（一）	旭川市	1,566,308	総理府防衛庁	29
近文台演習場他	同	13,125,417	農林省・農地	23
当麻演習場	当麻町	62,282,757	農林省・農地	23
美瑛演習場	美瑛町	68,925,535	農林省・農地	23
宗谷陸軍倉庫	宗谷村	8,842,191	農林省・農地	44
クサンル陸軍倉庫	稚内市	614,407	厚生省・国立療養所	27
山下通陸軍倉庫	同	882,037	稚内市・市営霊園敷地	33
浅芽野第一陸軍飛行場	猿払村	1,990,800	農林省・農地	22
浅芽野第二陸軍飛行場	同	4,518,815	農林省・農地	24
樺岡燃弾庫	稚内市	975,295	稚内森林組合・植林地	23
軍馬補充部十勝支部牧	本別町	208,161,515	農林省・農地	22
帯広陸軍飛行場	川西村	4,702,242	農林省・農地	22
帯広陸軍爆撃場	幕別村	25,239,582	農林省・農地	22

池田燃料庫	池田町	5,554,879	農林省・農地	24
広尾不時着陸場	広尾町	3,041,322	農林省・農地	22
軍馬補充部釧路支部牧	白糠村	131,900,989	農林省・農地	22
軍馬補充部川上支部牧	標茶町	196,991,278	農林省・農地	22
軍馬補充部根室支部	別海村	60,034,827	総理府防衛庁	41
軍馬補充部根室支部牧	同	226,109,862	農林省・農地	22
計根別陸軍飛行場	同	5,727,358	農林省・農地	22
計根別第二飛行場	同	1,479,824	農林省・農地	22
計根別第三飛行場	同	1,752,492	農林省・農地	22
計根別飛行団司令部	同	1,233,626	農林省・農地	22
計根別陸軍爆撃場	同	1,140,495	農林省・農地	22
計根別第四飛行場	同	17,464,428	総理府防衛庁	35
標津第一陸上航空基地	中標津町	1,698,353	農林省・農地	22
標津第二陸上航空基地	標津町	21,548,186	農林省・農地	22
根室不時着飛行場	根室市	1,936,287	農林省・農地	23
美幌第一航空陸上基地	美幌町	7,161,291	農林省・農地	24
美幌第二航空陸上基地	女満別町	3,900,622	農林省・農地	23
美幌第三航空陸上基地	小清水村	11,674,511	農林省・農地	23

出所：大蔵省管財局文書「旧軍用財産資料」より作成。
　　※「農林省・農地」は農林省へ有償所管換された農地開拓（財産）のことである。なお、軍馬
　　　補充部で「牧」とあるのは、放牧場の略である。

　この(1)表をみると、北海道には敷地面積が50万 m^2 を超える旧軍用地施設が、45口座もあっ
た。そのうち1千万 m^2 を超え、1億 m^2 未満の旧軍用施設が10口座、1億 m^2 を超える旧軍用
施設は4口座（いずれも軍馬補充部放牧場）を数える。
　こうした広大な旧軍用施設は、その用途によって規定されているとはいえ、北海道という日本
でも特殊な自然的・社会的特徴をもった地方だから可能だったと言えよう。
　大規模な旧軍用施設（45口座）を軍事的用途からみると、飛行場（航空基地および飛行団等を含
む）が21口座で群を抜き、続いては演習場が6口座、軍馬補充部5口座、砲台4口座、倉庫3
口座、以下爆撃場と燃料・弾薬庫が2口座、航空廠と練兵場が各1口座という構成となっている。
　比較的大規模な旧軍用施設の所在地について概観すると、札幌、函館、旭川周辺という都市的
性格をもった地域、稚内、釧路、帯広といった支庁所在地の周辺、それに広大な道東地域という
三つに分類することができる。また、それぞれの地域に、特徴のある旧軍用施設が配置されてい
たことが判る。
　各旧軍用施設の主な転用先についてみると、45口座のうち、農林省への有償所管換による開
拓農地への転用（31口座）が圧倒的に多い。その有償所管換面積は本書上巻のX-1-(14)表によれ
ば、66件、9億4千万 m^2（1件あたり10万 m^2 以上）という膨大な規模に達する。
　続いては総理府防衛庁への無償所管換（6口座）である。防衛庁への所管換（1件あたり1万
m^2 以上）は、上巻のX-2-(1)表では35件、約1億5千600万 m^2 となる。なお、その具体的な
内実は本巻の補遺Ⅲに掲示しているが、そこでは修正して約1億6千万 m^2 としている。

それ以外に、厚生省をはじめ、地方公共団体や民間団体（5口座）への譲渡もみられる。提供財産（1口座）もあるが、これは、昭和48年3月末現在、米軍へ提供している財産のことであり、その明細は上巻のⅩ-2-⑶表に掲示済である。

それでは、農林省や防衛庁を除く各省庁、地方公共団体、民間企業等に、北海道に所在した旧軍用施設（旧軍用地）はいかに処理されていったのか、次にはその点について概観しておこう。

第二節　北海道における旧軍用地の転用状況

北海道における旧軍用地がどのように転用されたかについては、まず第一に国家機構へどれだけ移管されたか、次に地方公共団体や民間企業等にどれだけ譲渡されたかという点を明らかにしておかねばならない。以下、国家機構、地方公共団体、製造業を除く民間企業等、製造業（民間）という順で、その実態を概括しておきたい。

1．北海道における旧軍用地の国家機構への移管状況

北海道にあった旧軍用地、より正確に言えば、戦後大蔵省が所管するに至った旧軍用財産（旧軍用地）のうち、農林省への有償所管換分、防衛庁への無償所管換分を除いて、国家機構（省庁）へ移管された旧軍用地は次の表の通りである。ただし、1件あたり1万 m² 未満は除外した。

Ⅰ-2-⑴表　北海道における旧軍用地の国家機構への移管

（単位：m²、年次：昭和年）

移管先	移管面積	用途目的	年次	旧口座名
農林省	44,892	庁舎敷地	27	歩兵第125連隊練兵場
運輸省	47,748	用品倉庫	24	陸軍被服本廠札幌出張所
厚生省	16,423	国立病院	23	札幌陸軍病院
同	11,788	宿舎	23	札幌陸軍病院官舎
運輸省	36,321	飛行場施設	37	札幌陸軍飛行場
同	754,663	同	37	千歳第一航空陸上基地
法務省	42,000	千歳少年院	27	千歳航空陸上基地送信所
農林省	35,211	鮭鱒孵化場	26	八雲陸軍飛行場
厚生省	89,450	国立八雲病院	29	同
文部省	93,458	北海道教育大学	29	歩兵第26連隊
法務省	26,694	公務員住宅	34	歩兵第27連隊
総理府	130,042	警察学校	26	歩兵第28連隊
同	14,499	同	27	歩兵合同火薬庫
同	15,884	同	27	山砲兵第7連隊
厚生省	57,785	国立病院	23	旭川陸軍病院
運輸省	13,148	庁舎敷地	39	旭川練兵場　（一）
建設省	17,430	堤防用地	27	旭川練兵場　（三）
総理府	19,193	警察学校	27	同

建設省	29,499	石狩川河川敷	36	同
同	33,543	河川敷	35	旭川衛戍地第4区官舎(1)
厚生省	10,315	国立療養所	30	旭川衛戍地第6区官舎
建設省	13,262	河川敷	35	同
同	12,944	同	45	旭川衛戍地官舎建設敷地
厚生省	234,037	国立療養所	27	クサンル陸軍倉庫
同	73,218	同	34	同
郵政省	26,585	郵政省庁舎	32	大湊通信隊稚内分遣隊
厚生省	149,044	十勝療養所	29	高射砲第24連隊
文部省	29,811,569	九州大学演習林	24	軍馬補充部十勝支部遊牧地
同	8,012,065	京都大学演習林	25	軍馬補充部釧路支部遊牧地
同	13,339,559	同	24	軍馬補充部川上支部遊牧地
建設省	50,036	河川敷	32	同
総理府	19,080	開発庁・軌道敷	34	同
同	13,223	警察学校宿舎	36	同
文部省	286,968	北大臨海実験所	24	厚岸海面砲台
厚生省	40,082	国立療養所	30	美幌航空陸上基地
運輸省	60,640	地磁気観測所	26	美幌第二航空陸上基地

出所：「旧軍用財産資料」（前出）より作成。

⑴表をみると、旧軍用地が国家機構（省庁）へ移管されたのは36件（1件あたり1万㎡以上）である。それを省別に統括し、整理してみると、次のようになる。

I-2-⑵表　北海道における旧軍用地の国家機構への移管（統括）

（単位：m^2、年次：昭和年）

省庁名	件数	移管面積	移管年次（　）内は件数
総理府	6	211,921	26、27（3）、34、36
法務省	2	68,694	27、34
文部省	5	51,543,619	24（3）、25、29
厚生省	9	682,142	23（3）、27、29（2）、30（2）、34
農林省	2	80,103	26、27
郵政省	1	26,585	32
建設省	6	156,714	27、32、35（2）、36、45
運輸省	5	912,520	24、26、37（2）、39
計	36	53,682,298	20年代（21）、30年代（14）、40年代（1）

出所：⑴表より作成。

⑵表をみると、北海道における旧軍用地（1万㎡以上）を取得した省庁では厚生省が9件で最多であり、次に総理府と建設省の6件、続いては文部省、運輸省の各5件となっている。

ところが、各省への移管面積についてみると、文部省への移管が圧倒的に大きく、省庁全体への移管面積である約5,368万㎡のうちの5,154万㎡、つまり96％を占めている。これは文部省管轄の国立大学、具体的には九大および京大の農学部付属演習林へ移管（3件）した面積が

5,116万m²、全体の95%も占めていることによる。このように旧帝国大学の演習林として広大な旧軍用地が譲渡されることは全国的にみても特例的なことである。

　この二つの旧帝国大学は、戦前に旧樺太、旧朝鮮、旧台湾、旧満州（九大のみ）などで所管していた演習林を敗戦によって喪失しており、この移管は、いわばその代替措置であった[1]。

　文部省における例外的旧軍用地の取得を別とすれば、運輸省と厚生省による旧軍用地の取得が大きい。運輸省の場合には、千歳における飛行場施設（約75万m²）、そして厚生省の場合には国立病院や国立療養所の用地を数多く取得したことの結果である。なお、建設省による旧軍用地の取得目的としては「河川敷」が多いが、取得面積の点ではそれほど大きくない。

　旧軍用地の農林省への移管は、有償による開拓農地分が、また総理府による取得としては、防衛庁関係分が極めて大きいことは既に述べてきたことである。だが、それ以外に農林省へは庁舎および鮭鱒孵化場として、また総理府へは道警察学校用地（5件）や北海道開発庁の軌道敷として旧軍用地を移管していることも忘れてはならない。

　なお、北海道で、旧軍用地が国家機構（省庁）へ移管された年次をみると、各省庁で異なるとはいえ、昭和20年代が多く、昭和30年代がそれに続いている。ただし、開拓農地を用途目的として農林省へ有償所管換されたのは、昭和23年から24年であり、それとの対比では、いずれの省への移管も年次的には遅れているといわねばならない。

　1）『九州大学五十年史（通史）』（九州大学、昭和42年、667ページ）および『京都大学七十年史』
　　（京都大学、昭和42年、788〜789ページ）を参照。

2．北海道の地方公共団体による旧軍用地の取得状況

　ここでは北海道の地方公共団体を、地方公共団体としての北海道と各市町村に分けて分析を進めることにする。まず、地方公共団体としての北海道による旧軍用地の取得状況は次の通りである。

Ⅰ-2-⑶表　地方公共団体としての北海道による旧軍用地取得状況

（単位：m²、年次：昭和年）

所在地	取得面積	取得目的	取得形態	年次	旧口座名
札幌市	33,368	月寒高校用地	減額	41	歩兵第125連隊
吉岡村	155,008	道有林地	時価	26	白神砲台及同電灯所
旭川市	15,747	住宅敷地	時価	27	旭川練兵場
同	81,660	旭川実業高校	減額50%	35	近文台演習場ほか
美瑛町	49,580	種鶏用飼料場	時価	29	美瑛演習場
同	1,371,900	原種採取農場	時価	39	同
本別町	3,983,500	農業講習所	時価	24	軍馬補充部十勝支部牧
標茶町	2,483,247	道営農地	時価	25	軍馬補充部川上支部牧
計	8,174,010				

　出所：「旧軍用財産資料」（前出）より作成。「取得形態」以外は、本書上巻ⅩⅠ-1-⑴表と重複。

地方公共団体としての北海道が旧軍用地を取得したのは8件で、その面積は約800万 m² である。そのうちの2件は高等学校用地を「減額」で取得しているが、住宅敷地の1件および農林業に関連した公共的施設用地を確保した5件は、いずれも時価での取得となっている。

なお、本別町と標茶町は、合わせて約647万 m² という広大な旧軍馬補充部の跡地を農業関連施設用地として取得している。また、美瑛町が137万 m² に及ぶ農場用地を取得していることも記しておこう。

次に、北海道における市町村は旧軍用地をどのように取得したのであろうか。上巻のⅫ-1-(1)表によれば、北海道の各市町村における旧軍用地の取得（1件あたり1万 m² 以上）は61件、総取得面積は2千万 m² 弱である。その取得面積および取得目的について一括したものが(4)表である。ただし、1件あたりの取得面積を1万 m² 以上とし、市町村名は旧軍用地を取得した当時のものを掲示した。

Ⅰ-2-(4)表　北海道の市町村による旧軍用地取得状況

（単位：m²、年次：昭和年）

市町村名	取得面積	取得目的	取得形態	年次	旧口座名
豊平町	39,128	町道	譲与	35	歩兵第125連隊
同	78,732	競輪場	時価	24	歩兵第125連隊練兵場
同	26,611	庶民住宅	時価	26	同
広島村	24,392	中学校用地	時価	25	北広島陸軍通信所
浦河町	80,595	学校用地	減額売払	27	浦河演習場廠舎
札幌市	14,510	庶民住宅	時価	24	札幌陸軍飛行場宿舎1.
虻田町	47,808	住宅敷地	時価	27	大湊海軍工作部工場
室蘭市	144,228	庶民住宅	時価	23	輪西防空砲台
函館市	63,458	都市公園	交換	43	函館銃砲兵連隊
同	181,451	公営住宅他	時価	33	津軽要塞司令部
砂原村	2,383,795	村有地	時価	37	森演習場
戸井村	1,099,173	村有林	時価	27	汐首第一砲台
同	517,094	村有林	時価	27	汐首第二砲台同電灯所
吉岡村	520,112	村有薪炭林	時価	25	白神砲台及同電灯所
大沢村	1,701,573	村有放牧地	時価	25	同
八雲町	37,345	町道	譲与	33	八雲陸軍飛行場他
尻岸内村	213,431	村有林	時価	25	日浦防備衛所
戸井村	226,277	村有林	時価	36	同
旭川市	115,564	道路	公共物編入	35	旭川衛戌地道路
同	17,385	市営住宅	減額売払	32	輜重兵第7連隊
同	35,292	小・中学校	減額率40%	28	旭川練兵場　（二）
同	64,172	墓地	時価	23	旭川陸軍墓地
同	58,852	住宅拡張地	時価	24	近文演習場他
同	543,443	宅地造成用	時価	43	同
同	35,924	市営住宅	時価	27	旭川衛戌官舎建設敷地
当麻町	37,566	町営苗畑	時価	40	当麻演習場
美瑛町	249,755	美瑛中学	時価	37	美瑛演習場

同	11,828	美瑛中学	時価	23	美瑛演習場廠舎
同	17,313	美瑛小・中	減額率50%	37	同
同	12,820	教員住宅	時価	37	同
稚内市	33,880	雪崩防止用	時価	42	宗谷陸軍倉庫
同	10,732	市職員住宅	時価	25	稚内陸軍倉庫
同	45,281	市水道用地	時価	35	クサンル陸軍倉庫
同	37,232	同拡張用地	時価	37	同
同	108,161	職員住宅	交換	45	同
同	126,483	市霊園敷地	譲与	33	山下通陸軍倉庫り
同	66,064	治山工事用	時価	33	同
同	14,281	職員住宅	時価	25	稚内運輸部出張所官舎
猿払村	11,335	小学校用地	減額45%	35	浅芽野第二陸軍飛行場
稚内市	12,780	職員住宅	時価	24	大湊防備隊稚内基地
音更町	24,831	村立中学	減額40%	26	高射砲第24連隊
同	25,996	町道	譲与	46	同
本別町	2,786,201	共同牧場敷	時価	23	軍馬補充部十勝支部牧
西足寄村	4,921,332	共同牧場敷	時価	25	同
池田町	57,034	町有道路	売払	27	池田燃料庫
白糠町	29,422	町立中学	時価	26	軍馬補充部釧路支部牧
同	53,471	墓地	譲与	28	同
標茶町	10,059	職員住宅	時価	27	軍馬補充部川上支部牧
同	28,347	引揚者住宅	時価	27	同
同	20,104	町営住宅	減額20%	29	同
同	18,092	家畜保健所	時価	29	同
同	1,229,665	馬検査場他	時価	38	同
同	40,534	家畜センター	時価	45	同
別海町	66,300	中学校用地	減額0.5%	28	軍馬補充部根室支部
同	51,557	牧場	時価	46	同
厚岸町	16,842	小・中学校	減額50%	29	大湊防備隊厚岸送信所
同	87,007	町営牧場	時価	35	厚岸揮発油槽
根室市	23,919	花咲港小	時価	32	大湊通信隊花咲受信所
美幌町	14,352	町立中学	時価	26	第41航空廠
女満別町	139,753	学校用地	減額50%	36	美幌第二航空陸上基地
小清水村	437,626	村有林	時価	24	美幌第三航空陸上基地
計 61件	19,148,300				

出所：「旧軍用財産資料」（前出）より作成。なお、取得形態を除いては、上巻Ⅻ-1-(1)表と重複。

※音更村は昭和28年7月1日に町制施行。

　(4)表については、まず旧軍用地を取得した当時の市町村名を現在（平成20年）のものへ修正しておく必要がある。また、北海道で旧軍用地と関連がある市町村についても修正しておくことにした。それらを統括したのが(5)表である。

Ⅰ-2-(5)表　北海道における市町村名の変更（旧軍用地関連地域のみ）

旧名称	新名称	変更年次	備　考
恵庭町	恵庭市	昭和45年	市制施行
広島村	北広島市	平成18年	広島村の一部は昭和26年に札幌市へ編入
千歳町	千歳市	昭和33年	市制施行
虻田町	洞爺湖町	平成18年	町制施行
砂原村	森町	平成17年	森町と合体
戸井村	函館市	平成16年	函館市へ編入
吉岡村	福島町	昭和30年	福島町と合体
大沢村	松前町	昭和29年	松前町と合体
尻岸内村	函館市	平成16年	昭和38年に町制施行、のち函館市と合体
西足寄村	足寄町	昭和30年	足寄町と合体
川西村	帯広市	昭和32年	帯広市へ編入
女満別町	大空町	平成18年	東藻琴町と合体
小清水村	小清水町	昭和28年	町制施行

出所：『全国市町村要覧』、昭和43年版（自治省振興課編）および平成19年版（市町村自治研究会編）を参照。

(5)表をみれば、昭和30年頃と平成16〜18年の間に、市町村名が相当に変化していることが判る。ただし、本書では、その所在地を明確にするため、旧軍用地を取得した時点の市町村名を使用している。

　さて、個々の市町村による旧軍用地の取得について、その特殊性を検討する前に、北海道における市町村がどのような用途目的で旧軍用地を取得してきたのか、それを概観しておこう。

　そこで、北海道の市町村が取得した旧軍用地の用途目的を分類し、整理したのが、(6)表である。

Ⅰ-2-(6)表　北海道の市町村による旧軍用地取得状況（用途目的別）

（単位：m²、年次：昭和年）

用途目的	件数	取得面積	取得年次　（　）内は件数
住宅用地	17	1,287,496	23、24 (3)、25 (2)、26、27 (4)、29、32、33、37、43、45
学校用地	14	745,929	23、25、26 (3)、27、28 (2)、29、32、35、36、37 (2)
公園	1	63,458	43
村有地	1	2,383,795	37
町営苗畑	1	37,566	40
村有林	6	3,013,713	24、25 (2)、27 (2)、36
村有放牧地	5	9,547,670	23、25 (2)、35、46
家畜施設	3	1,288,291	29、38、45
道路用地	5	275,067	27、33、35 (2)、46
水道施設	2	82,513	35、37
防災施設	2	99,944	33、42
墓地・霊園	3	244,126	23、28、33

| 競輪場 | 1 | 78,732 | 24 |
| 計 | 61 | 19,148,300 | 20 年代 (34)、30 年代 (19)、40 年代 (8) |

出所：(4)表より作成。

　戦後の北海道では、旧軍用地（1 万 m² 以上）を市町村が取得したのは 61 件で、その総面積は約 1,900 万 m² である。その内容をみると、幾つかの特徴を検出することができる。

　まず第一に、旧軍用地の取得件数としては住宅用地および学校用地を用途目的としたものが多い。これは市民生活に直結した住宅難および戦後の学制改革による学校敷地難に対応した措置であった。

　まず空襲による住宅の焼失、疎開による喪失などに加え、とくに旧樺太や旧千島からの引揚者が多かった北海道では、住宅問題の解決は急務の課題であった。札幌市、室蘭市、旭川市での住宅用地を用途目的とした旧軍用地の取得がみられるのは、そのためである。もっとも、室蘭市の場合には製鋼所で働く労働者を対象とした住宅確保という特別の目的があったかもしれない。また旭川市も、広大な住宅造成用地を確保しており、また稚内市で職員住宅を用途目的として相当規模の旧軍用地を取得している点についても留意しておきたい。

　学校用地（1 万 m² 以上）を用途目的とした旧軍用地の取得は、北海道全体で 14 件であるが、そのうち 8 ～ 10 件が新制中学校用のものである。ただし、これは北海道だけではなく、いわば全国的な規模で行われた旧軍用地取得の目的でもあった。この点については、他の府県での旧軍用地取得の内容とあわせて検討する必要がある。なお、昭和 37 年に美瑛町が約 25 万 m² の旧軍用地を美瑛中学用地として取得しているが、これは美瑛中学に農林関係の実習地を設置する目的だったと思われ、いわば北海道ならではの特殊事例と言えよう。

　第二に目立つ特徴としては、取得面積の大きさからみた場合、西足寄村（現足寄町）および本別町による共同放牧地、また標茶町による馬検査場用地、さらには道南地方であるが大沢村の村有放牧地といった畜産関係の用地取得が群を抜いて大きいということである。この点は、まさに北海道らしい旧軍用地の転用だと言ってよいであろう。

　第三の特徴は、道南地方の戸井村で、村有林の大規模な取得がみられるということである。戸井村の林相は、針葉樹ではなく、闊葉樹が多く、いわゆる雑木林である。つまり、吉岡村が村有の薪炭用林を確保していることから、戸井村の場合も薪炭用の村有林の確保だったと思われる。

　旧軍用地の譲渡形態、地方公共団体からみれば旧軍用地の取得形態であるが、市町村による取得で問題となるのは、次の 2 点である。

　第一点は、別海町が昭和 28 年に中学校用地を減額率 0.5％で取得していることである。この減額率の最高は、国有財産特別措置法によって 50％とされているが、0.5％というのは余りにも低すぎるし、現実的にみても、それが有する経済的な意義は極めて小さい。これは何かの間違いではないかと思われる。

　第二点は、時価、減額、譲与は、それぞれ譲渡の形態であるが、「公共物編入」というのは、

無償貸付のことである。つまり、所有権は譲渡しないが、無償で貸し付けるという経済的内容を
もっている。(4)表において、旭川市が昭和35年に115,564m²の旧軍用地を得ているが、国がそ
の所有権を有し、旭川市がその無償の使用権をもつのである。これを単に「無償貸付」としない
のは、貸付対象および貸付理由が公共財ないし公共性によるものであることを明確にするためで
ある。これは問題点というより、留意事項である。

　旧軍用地の譲渡（取得）年次については、住宅用地、学校用地とも戦後間もない時期と高度経
済成長の前期に比較的集中しているのが目立つ程度である。

３．北海道の民間企業等（製造業を除く）による旧軍用地の取得
　これまでは、北海道にあった旧軍用地を国家機構（省庁）や地方公共団体がどのように移管な
いし取得してきたかについて分析してきた。本項では、製造業を除く民間企業等による旧軍用地
の取得状況を紹介し、それについて分析していきたい。
　なお、「製造業を除く」としたのは、本書の基本的な研究対象を旧軍用地の工業用地への転用
としているので、製造業（工業）については別途に詳しく分析することにしているからである。
また、「民間企業等」の中には、農林漁業をはじめ鉱業、建設業、商業、運輸業、各種サービス
業などの諸産業はもとより、私立学校や私立病院、あるいは宗教団体や慈善団体、大規模な旧軍
用地を取得した各種組合や個人などが含まれている。あらかじめ、このことを注記して、北海道
での民間企業等による旧軍用地の取得状況を統括的にまとめておこう。それが次の(7)表である。

I-2-(7)表　北海道の民間企業等による旧軍用地取得状況

（単位：m²、年次：昭和年）

企業等名	取得面積	用途業種	年次	旧口座名
日本開拓会社	8,051	不動産業	27	歩兵第125連隊
札幌商工信用金庫	3,930	金融業	33	陸軍被服本廠札幌出張所
日本放送協会	3,371	放送業	24	北広島陸軍通信所
北日本航空	9,917	運輸業	26	札幌陸軍飛行場
同	5,502	同	36	同
同	4,898	同	37	同
共栄酪農組合	612,161	採草地	40	千歳第一航空陸上基地
広重貞雄	552,891	植林地	40	同
中原伊勢蔵	122,852	牧場	25	千歳聴音照射所
太平洋石油	11,484	販売業	26	室蘭重油槽
伊藤　明	21,652	資材置場	24	大湊海軍工作部虻田分工場
磯崎一雄	15,419	同	25	同
宮崎磯市	6,019	同	26	同上分工場付属宿舎
亀田村森林組合	103,239	植林地他	24	函館小銃射撃場
日本通運	4,047	運送業	34	八雲陸軍飛行場他
八雲農協	25,209	飼料地	36	同
小笠原商店	9,097	販売業	38	同

旭川市街軌道	7,768	運輸業	29	捜索第7連隊
旭川バス	3,269	同	33	同
山崎火薬銃砲店	11,032	販売業	27	山砲兵第7連隊
北斗ディゼル	4,778	運送業	37	輜重兵第7連隊
旭川トラック	3,021	同	37	同
札幌自動車運輸	4,919	運輸業	37	同
道北乗合自動車	14,822	運輸業	34	工兵第7連隊
旭川日産モーター	4,850	販売業	36	同
旭貨物自動車	3,233	運送業	36	同
山本物産商事	43,470	販売業	36	同
旭川日産自動車	4,868	販売業	41	同
山崎火薬銃砲店	17,515	販売業	27	特科隊合同火薬庫
旭川北部農協	6,613	農産検査	26	旭川衛戍地刑務所
旭川養蚕農協	6,327	養蚕協	26	旭川練兵場(二)
藤学園	31,663	私立学校	26	旭川練兵場(三)
旭川養蚕農協	6,240	養蚕協	26	同
同	6,052	同	27	同
上川生産農協連	101,591	競馬場敷	40	同
同	9,242	農機具庫	45	同
生産農協	103,540	鶏飼料場	29	美瑛演習場
上川生産農協連	24,264	原種採取	41	同
浜島　清	3,097	建設業	23	美瑛演習場廠舎
同	3,062	同	34	同
上川生産農協	13,274	種鶏場	37	同
稚内森林組合	504,839	植林地	23	樺岡燃弾庫
クサンル開発漁業	8,905	住宅組合	24	大湊防備隊稚内前進基地
稚内水産物集荷組合	14,003	販売業	23	稚内市声問村大沼水上基地
西岡　一	161,662	牧場	27	同
日本電電公社	3,857	庁舎	28	大湊通信隊稚内分遣隊
雄別炭鉱鉄道	2,754,214	鉄道敷	32	軍馬補充部釧路支部放牧地
鍛沼忠太郎	3,578,181	農地	29	軍馬補充部川上支部放牧地
高倉　正	3,966	建設業	29	同
中川英吉	49,586	海産物干場	35	大湊防備隊厚岸前進基地
根室漁協	28,166	昆布干場	40	大湊通信隊花咲受信所
同	10,121	同	42	同
岸田利雄	57,196	海産物干場	29	厚岸揮発油槽

　　　出所：「旧軍用財産資料」(前出)より作成。民間企業の場合には、3千 m² 以上、農地取得の場合
　　　には10万 m² 以上、その他は1万 m² 以上の旧軍用地取得を収録した。

　(7)表によると、製造業を除く民間企業および組合や個人による旧軍用地の取得は53件である。
その中では、鍛沼忠太郎氏と雄別炭鉱鉄道が、旧軍馬補充部の放牧地で、それぞれ358万 m² お
よび275万 m² の旧軍用地を取得しているのが目立つ。それでも国や地方公共団体による取得面
積と比べてみると、民間企業および個人による旧軍用地の取得の場合には、それほど大規模な旧
軍用地の取得があるとは言えない状況にある。ちなみに、(7)表では個人名が出ているが、個人名

が企業等を代表している場合が多いので、個人名だからといって、これを直ちに「個人所有」と判断してはならない。このことは、北海道のみならず、全国各地で共通する問題である。

　そこで、(7)表によって、北海道における企業（製造業を除く）等による旧軍用地の取得を用途目的別に分類し、整理してみると、次のようになる。

Ⅰ-2-(8)表　北海道における旧軍用地の民間企業等（製造業を除く）への用途別・業種別転用状況

(単位：m²、年次：昭和年)

用途・業種	件数	取得面積	取得年次　（　）内は件数
農地（農業）	1	3,578,181	29
原種採取場	2	37,538	37、41
農産物検査場	1	6,613	26
飼料・採草地	3	740,910	29、36、40
養蚕関連	3	18,619	26（2）、27
牧場	2	284,514	25、27
競馬場他	1	101,597	40
植林	3	1,160,969	23、24、40
海産物干場	4	145,069	29、35、40、42
建設業	3	10,125	23、29、34
※資材置場	4	52,332	24、25、26、45
販売業	8	116,319	23、26、27（2）、36（2）、38、41
金融業	1	3,930	33
運輸業	11	66,174	26、29、33、34（2）、36（2）、37（4）
※鉄道敷	1	2,754,214	32
通信業	1	3,857	28
放送業	1	3,371	24
不動産業	1	8,051	27
住宅用地	1	8,905	24
私立学校	1	31,663	26
計	53	9,132,951	20年代（27）、30年代（18）、40年代（8）

　　出所：(7)表より作成。※資材置場を用途目的としている4件のうち建設業は2件と推測される。また※鉄
　　　　道敷の1件は運輸業である。

　(8)表は、北海道において、旧軍用地を取得した民間企業等を用途目的あるいは業種別に分類し、整理したものである。用途目的と業種という二元的な分類なので、内容的にみてかなり煩雑なものとなっている。

　農業関連では、農地として旧軍用地を取得しているのは個人名義の僅か1件であって、それ以外は、牧草地や飼料用地など、その用途目的を明確にしている。もっとも農産物検査場を用途目的としているのは、これを業種別にみるとサービス業かもしれない。

　植林および海産物干場を用途目的とした旧軍用地の取得件数が比較的多いのは、北海道という自然的条件の影響とみてもよかろう。植林用地が戦後間もない時期であるのに、海産物干場の取

得が昭和40年代に2件もあることは、時期的にみて、その転用がそれほど緊急度が高くなかったことを示している。ただし、昭和40年代になると、海岸等の利用が、入浜権などと絡んで海産物（昆布）の干場を確保することが困難となる状況が生じてきたのではないかと推測できる。ただし、この点については、別途に詳しい分析をする必要があろう。

　鉄道敷を用途目的として旧軍用地を取得したのは雄別炭鉱鉄道である。これを運輸業としなかったのは、その他の運輸業（11件）よりも、この1件による取得面積が遙かに大きかったからである。ちなみに、この鉄道は、北海炭鉱鉄道として1923年に創業され、釧路から雄別炭山までの約44kmの間を運行していた。翌1924年より雄別炭鉱鉄道と社名変更、これが1959年8月まで続いた。(7)表から判断すると、昭和32年までは、その鉄道敷は旧軍用地（国有地）だったのである。その後、1959年（昭和34年）に、この鉄道は雄別鉄道となり、1970年2月には雄別炭鉱の経営となったが、同年4月16日をもって廃止となっている[1]。

　その他では、金融業による旧軍用地の取得があるのは全国的にみても珍しく、その反面、宗教団体をはじめ、各種の非営利団体による取得がないのも、北海道における旧軍用地の転用でみられる一つの特色であろう。

　それでは、本書が基本的な研究課題としている製造工業による旧軍用地への転用状況はどのようになっているのであろうか。次節では、その点について究明していきたい。

　1）『日本鉄道旅行地図帳』（1号）、新潮社、平成20年、41ページ参照。

第三節　北海道における旧軍用地の工業用地への転用

　北海道において、製造業が取得した旧軍用地（3千m²以上）は38件、約112万m²で、その明細は次の通りである。

I-3-⑴表　北海道における旧軍用地の工業用地への転用状況

（単位：m²、年次：昭和年）

取得企業名	業種	取得面積	年次	旧口座名地
大久保清太郎	窯業	23,223	26	歩兵第125連隊練兵場
日本製麺	食品	3,364	45	陸軍被服本廠札幌出張所
軽コンクリート	窯業	3,900	35	千歳航空陸上基地水道
日鉄鉱業	金属	156,241	29	大湊海軍工作部虻田分工場
同	同	26,800	32	同
北海道工業	窯業	26,683	32	同
日本製鋼所	鉄鋼	386,218	28	室蘭海軍特設工場
同	同	96,286	35	同
ミカド製作所※	木材	10,987	38	八雲陸軍飛行場他
旭川紡績	繊維	80,353	27	第7師団司令部兵器部

北海道購買農協	家具	10,927	27	第7師団糧秣倉庫及合同作業場
第一工業	食品	13,161	27	同
北海道購買農協	家具	8,510	27	第7師団経理部被服庫
第一工業	食品	14,826	27	同
北海道購買農協	家具	6,528	27	第7師団経理部作業場他
アサヒ鋳造工業	鉄鋼	6,625	26	捜索第7連隊
北海道紡績	繊維	18,002	33	同
同	同	31,943	27	山砲兵第7連隊
同	同	15,701	31	同
同	同	4,320	32	同
同	同	5,980	33	同
同	同	13,418	33	同
尾田木材	木材	4,628	39	輜重兵第7連隊
大内酒造	食品	3,355	30	工兵第7連隊
和島興業	食品	5,773	27	工兵第7連隊将校集会所他
旭川煉瓦	窯業	51,818	23	近文台演習場及小銃射撃場
北海道配電	電力	15,216	23	同
北海道木材化学	化学	14,522	35	同
アサヒ鋳造工業	鉄鋼	4,271	25	旭川衛戍地第3区官舎
旭川紡績	繊維	3,822	26	旭川衛戍地第4区官舎
太田秀雄	食品	3,272	24	軍馬補充部十勝支部遊牧地
電源開発公社	電力	11,245	39	同
同	同	17,930	39	同
同	同	4,681	39	同
同	同	4,449	43	同
高森勝男	工場	3,742	24	陸軍固定無線送信所
北海道バター	食品	4,099	28	第41航空廠
雪印乳業	食品	3,094	44	美幌第二航空陸上基地
計　　38件		1,119,913		

出所：「旧軍用財産資料」（前出）より作成。

　⑴表を通覧して判ることは、北海道の場合、1件あたり10万 m^2 以上の旧軍用地を工業用地として取得した企業は、日本製鋼所（室蘭市）と日鉄鉱業（虻田町）の僅か2件だけということである。また、5万 m^2 以上の旧軍用地を取得したのは、旭川市における北海道紡績、旭川紡績、旭川煉瓦の3企業に留まるということである。

　それだけではない。北海道における旧軍用地の工業用地への転用は、件数でも僅か38件に過ぎない。しかも、1件あたりの取得面積が5千 m^2 未満というのが、実に13件もある。そこで、⑴表を業種別に分類してみると、次のようになる。

Ⅰ-3-⑵表　北海道における旧軍用地の工業用地への転用状況

（単位：m^2、年次：昭和年）

業種	件数	取得面積	取得年次　（　）内は件数
食品工業	8	50,944	24、27（3）、28、30、44、45

繊維工業	8	173,539	26、27（2）、31、32、33（3）
木材製品	2	15,615	38、39
家具製造	3	25,965	27（3）
窯業	4	105,624	23、26、32、35
化学	1	14,522	35
鉄鋼	4	493,400	25、26、28、35
金属	2	183,041	29、32
電力	5	53,521	23、39（3）、43
不詳	1	3,742	24
計	38	1,119,913	20年代（20）、30年代（16）、40年代（2）

出所：(1)表より作成。※本表では電力会社をエネルギー製造業とみなした。

(2)表をみて驚くべきことは、北海道全域で、旧軍用地が工業用地へと転用されたのは38件（1件あたり3千m²以上）、面積を合計しても僅か112万m²でしかないということである。業種別にみても、鉄鋼業が約50万m²で、そのうちの約48万m²は日本製鋼所であり、しかも、それだけで北海道全体の半分近くを占めている。あとは金属工業と繊維工業が18万m²前後の旧軍用地を取得しているに過ぎない。

さらに驚くべきことは、北海道の場合、旧軍用地の一般機械、精密機械、電気機械、輸送機械といった機械器具製造業への転用が全くみられないことである。つまり、素材供給型工業を中心とした旧軍用地の転用が中心となっている。少なくとも、1件あたりの払下面積を3千m²に限定する限りにおいては、そうである。また戦後日本の産業構成を大きく変貌させた石油化学関連への旧軍用地の転用がないことにも留意しておかねばならない。

これらのことは、工業立地条件としては、寒冷地という自然的条件の相対的劣悪性があり、旧軍用地の転用も農耕・牧畜用地への転用が多かったからである。また、米ソ対立という世界的な冷戦構造に規定されて、旧軍用地の多くが自衛隊用地へ転用されたことなどの社会的背景もある。さらに、市場連関、もっと言えば北海道という地域市場の狭隘性によるものではないかと思われる。それはまた、北海道経済全体がもつ特殊性をかたちづくる一因ともなっているのであろう。

さて、北海道において、旧軍用地が工業用地として払い下げられた時期および単位規模を一つの表にまとめてみると、次のようになる。

Ｉ-3-(3)表　北海道における旧軍用地の工業用地への転用状況

（単位：万m²、件、年次：昭和年）

面積規模　＼　年度	20～24	25～29	30～34	35～39	40～44	45～47	計
0.3～0.5	2	3	2	3	2	1	13
0.5～1.0		4	1				5
1～3	1	4	5	4			14
3～5		1					1
5～10	1	1		1			3

22

10 ～ 20		1				1
20 ～ 30						—
30 ～ 50		1				1
50 ～ 100						—
100 ～						—
計	4	15	8	8	2	1	38

出所：「旧軍用財産資料」（前出）より作成。

(3)表をみると、旧軍用地を取得した時期は、昭和25年から29年までが15件で最も多く、続いては昭和30年から34年まで、そして35年から39年までの各8件がこれに次いでいる。この取得時期にみられる特徴は、全国的な動向と同じであり、朝鮮動乱を契機とする戦後経済復興期と高度経済成長前期という二つの時期に照応している。

第四節　北海道における旧軍用地の転用に関する地域分析

旧軍用地の取得状況を市町村別にみると、次のようになっている。

Ⅰ-4-(1)表　北海道における旧軍用地の取得と
工業立地件数（市町村別）

（単位：件、千m²）

市町村名	取得件数	取得面積
旭川市	21	334
室蘭市	2	482
虻田町	3	210
札幌市	3	30
本別町	5	42
その他	4	22
計	38	112

出所：「旧軍用財産資料」（前出）より作成。

この(1)表をみれば一目瞭然であるが、旧軍用地を工業用地として取得した件数では旭川市が群を抜いて、圧倒的に多い。ただし、取得面積でみれば、室蘭市、旭川市、虻田町（現洞爺湖町）の順となっている。簡単にいえば、北海道において、旧軍用地を工業用地として取得した市町村は、上記の二市一町に特化していると言っても過言ではない。

以下では、旭川市、室蘭市、虻田町、その他という順序で地域別に検討していくことにする。

1. 旭川市

　北の軍都、旭川市。敗戦前の旭川市には広大な軍事施設があった。1口座の面積が10万 m² を超える軍関係の施設に限ってみても、その数は相当数に達する。また、戦後における払下げに重要な位置を占めた5万 m² 以上も含めた口座を示したのが次の表である。

I-4-(2)表　旭川市における旧軍用施設（面積5万 m² 以上）

旧口座名	面積　（m²）	所在地
歩兵第 26 連隊	119,807	春光町 1 区
歩兵第 27 連隊	153,328	春光町 2 区
歩兵第 28 連隊	130,042	春光町 3 区
捜索第 7 連隊	112,023	春光町 5 区
山砲兵第 7 連隊	137,092	春光町 6 区
旭川練兵場　（一）	1,566,308	2 線 2 号
旭川練兵場　（二）	156,680	
旭川練兵場　（三）	259,914	花咲町
近文台演習場	13,125,417	4 線 4 号
旭川衛戍地第 4 区官舎	200,709	春光町 5・6 区
第 7 師団司令部兵器部	80,914	春光町 5 区
輜重兵第 7 連隊	93,536	春光町 6 区
工兵第 7 連隊	54,931	春光町 6 区
旭川衛戍地第 2 区官舎	88,016	春光町 2 区
旭川衛戍地第 6 区官舎	56,106	春光町 6 区
旭川衛戍地官舎敷地	93,759	春光町 4 区

出所：「旧軍用財産資料」（前出）より作成。

　旭川市における旧軍用地の中で、近文台演習場を除いて大規模なのは旭川練兵場である。この旭川練兵場の歴史的経緯については、次のような文章が『旧軍用財産の今昔』にみられる。

　「明治 29 年札幌市に創設された旧陸軍第七師団は師団拡張に当たって現旭川駅の北方約5km の春光町地区を師団所在地と定め、明治 32 年用地買収にかかり総計 541 万 2 千坪（1,789 万 1 千 m²）の用地を取得した。

　旭川練兵場はその一部であって当初 63 万 1 千坪（208 万 6 千 m²）あったが、その後隊内道路等により分断されて、練兵場（一）、練兵場（二）、練兵場（三）の3口座となった。戦後、旧軍から大蔵省が引き受けた練兵場（一）は 47 万 3 千坪（156 万 6 千 m²）、練兵場（二）は4万7千坪（15 万 7 千 m²）、練兵場（三）は7万8千坪（26 万 m²）で、その後の転用のあとをみると、練兵場（一）は 90％にあたる 43 万坪（142 万 2 千 m²）が陸上自衛隊第 2 師団駐とん地（小型滑走路を含む）として転用されたほか、貯金局、労働基準監督署、職業安定所、陸軍（陸運？－杉野）事務所等の庁舎敷地 8 千坪（2 万 7 千 m²）、省庁別宿舎敷地 3 千坪（1 万 m²）等大半が国の施設に転用され、その他市道 9 千坪（3 万 m²）、一般処分 1 万 5 千坪（5 万 9 千 m²）となっており、駐とん地の南側一角は、ほぼ官庁街を形成している。

練兵場（二）は練兵場（一）の西側に位置し、北星中学校、広陵小学校及聾学校の敷地１万坪（３万５千㎡）、市道１万１千坪（３万６千㎡）、その他一般住宅地等２万５千坪（８万３千㎡）、児童公園１千坪（３千㎡）等に転用され、現在では、ほぼ中級住宅地となっている。

さらに練兵場（三）は、練兵場（一）の東側、国道40号線を挟んで位置し、一般（一級？—杉野）河川石狩川に接しており、石狩川河川敷１万４千坪（４万７千㎡）、藤女子短期大学用地１万坪（３万３千㎡）、旭川競馬場の一部３万１千坪（10万２千㎡）、公営住宅敷地１千坪（３千㎡）、その他一般住宅等８千坪（２万６千㎡）、北海道自動車運転免許試験場６千坪（１万９千㎡）等に転用されている。

なお、競馬場については、昭和49年度移転が実現する見通しで、跡地は運動公園として転活用が図られることとなっている」[1]

この文章をみるかぎり、旧旭川練兵場から工業用地ないし産業用地への転用はほとんど見受けられないが、練兵場以外の旧軍用地からは、面積規模としてはともかく、相当件数の工業用地への転用がみられるのである。

旭川市では、すでにみておいたように、昭和20年から47年にかけて、23件、約38万４千㎡におよぶ旧軍用地を産業用地へと転用しており、その内訳は(5)表のようになっている。

I－4－(3)表　旭川市における旧軍用地の産業用地への転用状況（旧口座名別）

（単位：千㎡）

旧口座名	払下面積	主要取得企業
第七師団兵器部	80	旭川紡績（80）
第七師団糧秣倉庫及合同作業場	24	第一工業（13）、北海道購買農協（11）
第七師団経理部被服庫	23	第一工業（15）、北海道購買農協（8）
第七師団経理部作業場及材料置場	7	北海道購買農協（7）
捜索第七連隊	18	北海道協同紡績（18）
山砲兵第七連隊	72	北海道協同紡績（72）
輜重兵第七連隊	12	北斗ディーゼル（5）他３社
工作第七連隊	75	道北乗合自動車（15）他４社
工兵第七連隊器具材料庫	6	和島興業（6）
近文台演習場及小銃射撃場	66	旭川煉瓦（52）、北海道木材化学（14）
計	383	

出所：「旧軍用財産資料」（前出）より作成。
※面積の数字は略数である。なお、払下面積は、１件あたり３千㎡以上の払下面積を累計したものである。
※３千㎡未満での用地取得件数が旭川市全体で14件、合計２万㎡弱に達するが、これは本章での検討対象から除外している。

さて、旭川市における旧軍用地の払下状況を業種別にみると、その主なものは紡績業である。

北海道協同紡績（北紡）は、全部で４件、９万㎡の旧軍用地を取得している。この北紡は北海道産の緬羊を原料として「昭和22年に農協の出資によって発足」[2]し、旭川市における軍用地

を取得することによって「第二次増設工事を進め、全道農家の衣料品を自給する体制を進め」[3]たが、のち海外からの安い羊毛原料の輸入によって、立地メリットがなくなり、昭和55年の時点では廃業している。

この北紡の旭川市への誘致については、『旭川市史』に次のような文章がある。

「会社、工場の誘致については、一、北海道協同紡績株式会社の誘致を行う。即ち、道内主産の羊毛を蒐集加工する羊毛加工工場設立の気運が札幌市黒沢西蔵外有志らの間にあるを知り、当市に誘致しようと、市議会正副議長、市産業委員会、山本道議会議員の協力により運動し、二十二年九月、当市五区番外地旧野砲第七聯隊跡に設置をみるに決定した」[4]

このように北紡を旭川市に誘致するにあたっては、北海道における自給的な衣料産業の確立と旭川市における地域経済の振興という目的のもとに、旭川市議会および道議会議員の協力によって行われた。

この北紡と同様に、旭川紡績（昭和15年、北海道絹毛工業株式会社として発足）も、昭和27年に8万m²を超える旧軍用地を取得している。だが、昭和32年には旭川工場を閉鎖している[5]。ちなみに、これらの紡績工場は旭川市春光町に立地していたものである。

紡績業に続いて多くの旧軍用地を取得したのは、窯業である。昭和23年に旭川煉瓦が近文台演習場及小銃射撃場の跡地で5万m²ほど取得している。しかしながら、昭和55年現在では、この煉瓦工場も廃業しており、その跡地の一部はアパートとなっている。

食料品製造業では、第一工業が昭和27年に2万8千m²、和島興業（『旭川市史』では和島製麺）が6千m²を取得しているが、昭和55年現在では、いずれもその姿を消している。なお、大内酒造が昭和30年に3千m²を取得している。

その他、木材工業では、北海道木材化学が昭和35年に1万4千m²、北海道購買農協が昭和27年に1万m²を取得している。

以上、旭川市における旧軍用地の転用状況を概観してきたが、旭川市としては、工業の振興をどのように考えていたのであろうか。昭和32年に策定された『大旭川建設計画』（昭和32年）の「都市計画図」においては、この春光地区は「工業地域」とされていた。その『大旭川建設計画』の「基本構想」では、旭川市の現状について、次のように述べられている。

「戦後10年間、本市の経済は順調な発展を遂げた。しかし経済構造内部の基本問題は必ずしも解決されていない。即ち基礎施設の弱体性と第一次産業の不安定、工場立地条件の立ち遅れ、経済的に劣勢な産業構造等がそれである」[6]としている。また、この「工場立地条件の立ち遅れ」ということの具体的な説明はないが、旭川市における工業が「中央近代工業都市群に対して発展が遅延している理由」として、次の6点を挙げている[7]。

①地理的にみて自然環境が不利な条件にあること。

②消費人口が希薄であること。

③輸送機関の整備が遅れていること。

④技術向上がおくれていること。

⑤電気料金が割高であること。

⑥資金の確保がむずかしいこと。

　ここでは、「工業用地の不足」という問題は出ていない。それでは、旭川市は工場を誘致すべき用地をどのようにみていたのであろうか。

　「企業の新規立地の受入態勢については、旭川市としては『旭川市工場設置奨励条例』を設け、誘致につとめており、地域内町村を網羅した大旭川建設計画が策定され、工業用地を選定し、工業生産の増大を重点的に大旭川の推進を図っている」[8]としている。

　こうした状況の中では、旭川市において旧軍用地であった春光町周辺が工場地域として脚光を浴びていた時期もあったのである。

　ちなみに昭和35年段階において春光町で操業していた工場には、次のようなものがあった。

Ⅰ-4-(4)表　旭川市春光町における旧軍用地の産業用地への転
用状況
（昭和35年6月1日現在）

地区名	工場名	製造品目
春光4区	北海道化工 K. K	肥料他
春光5区	旭川米穀 K. K 旭川春光会 北海道飼料 杉山軍手製造所 アサヒ鋳造	精麦 家具・製材 乳牛用飼料 軍手 鋳造ストーブ
春光6区	大内酒造 尾田木材製材工場 川村羊羹工場	酒造 製材 食品

　　　出所：『旭川市商工業名簿』、旭川市経済部商工課、昭和36年。
　　　※本名簿には、なぜか北紡が記載されていない。

　旭川市の春光町（とくに5・6区）では、旧軍用地の転用によって、北紡をはじめ諸工業が立地しており、おそらく昭和40年段階には、「工業地域」としては最盛期を迎えていたのではないかと思われる。ちなみに、昭和40年段階において春光町（5・6区）で操業していた工場や企業を一覧してみると、次のようになっている。

Ⅰ-4-(5)表　旭川市春光町（5・6区）における旧軍用地の産業用地への転用状況
（昭和40年現在）

企業名	創業年	従業員数	企業名	創業年	従業員数
北紡	昭和22	600	北開建設	昭和34	30
新北紡	40	450	真興建設	34	40
杉山軍手	35	20	旭川トラック	26	64
大内酒造	30	36	北見貨物運輸	34	11
尾田木材	23	25	南栄運輸	28	50

当麻木材	37	30	松岡満運輸	35	50
アサヒ鋳造	21	120	旭川日産モータ	35	211
林建設	30	70	北斗ディーゼル	27	158
北王鉄工	23	64	計	―	2,029

出所：『1965　旭川商工業者名簿』、旭川商工会議所、昭和40年、各ページ。

　⑸表には各企業の創業年（設立年）が記載されているが、いずれも戦後である。それも生活物資が不足している戦後間もない時期に、北紡、アサヒ鋳造、尾田木材、北王鉄工の4企業、朝鮮動乱が始まった昭和26年頃に、旭川トラック、北斗ディーゼル、南栄運輸の3社、昭和30年以降の大内酒造、林建設、北見貨物運輸などの数社という取得状況となっている。これらの企業を従業員数からみれば、大規模の北紡、中規模のアサヒ鋳造を除けば、いずれも70人未満の小規模なものが多い。それでも、この春光町5・6区の従業員総数は昭和40年段階で2,000人を超えていたのであり、名実ともに「工業地域」だったのである。

　それがどうして住宅地化していったのであろうか。その経緯については、戦後の日本が抱えていた諸問題、あるいは旭川市の都市計画、そして旧軍用地をめぐる転用の歴史的経過とも関連しているので、もう少し検討してみることにしよう。

　春光地区が住宅地化していった背景には、次のような歴史的経過があった。すなわち、「戦後樺太方面からの引揚者のために春光町にあった旧軍兵舎を住宅として代用し、その規模はかなりのものであった。昭和27年頃、この旧軍兵舎を住民に安く払下げ、そのために、この地区が住宅地となった。この折りの払下げ価格が余りにも安かったために、財務局はのちに住宅、土地以外の門柱、塀などについて再評価を行い、一定の価格修正を行ったが、それでも安価であった」[9]と言われている。

　ちなみに、この春光地区では、第七師団司令部の司令部官舎（1,246㎡）、同水道事務所及経理部作業場（7,860㎡）、同乗馬委員厩（10,223㎡）、捜索第7連隊将校集会所・合宿舎（5,044㎡）、山砲第7連隊将校集会所・合宿所（7,262㎡）、輜重兵第7連隊（その一部約10,000㎡）が、昭和26年に民間住宅として時価で売り払われ、昭和32年には市営住宅用地として旭川市が輜重第7連隊跡地（17,385㎡）を減額で払下げを受け、昭和34年には国家公務員宿舎用地として歩兵第27連隊跡地（春光2区）の27,694㎡と同将校集会所（5,294㎡）が無償所管換されている。このように春光町は住宅地域として活用されてきたという歴史的経過がある。

　また、春光1区では、北海道教育大学が昭和29年に歩兵第26連隊跡地（93,458㎡）を、春光2区では警察学校が昭和26年に歩兵第28連隊跡地（130,042㎡）を、それぞれ文部省と総理府に無償所管換を行っている。

　昭和53年の「旭川圏都市計画図」によれば、春光5区は大部分が第2種住居専用地域となり、南東部が住居地域、そして小規模ではあるが中央部に三角状の都市計画公園がある。また、春光6区では、小規模な四角状の都市計画公園があり、中央から北側は第2種住居専用地域、南西側は住居地域、そして国道40号線（都市計画図では4条東鷹栖線）に面した東南側は準工業地域と

なっている。このように、旧軍用地の工業用地への転用は、昭和53年の段階では、もはや、この地区の一部に「準工業地域」として痕跡を残すだけとなっている。

　昭和55年現在で存在しているのは大内酒造のみであり、その他には旭川日産モーター、道北バスの自動車整備工場と旭川電気軌道の車庫が、この地域がかっては工場地区であったという名残を留めているにすぎない。

　旭川市における旧軍用地の払下げは、とくに第七師団や第七連隊があった同市春光町（現在でも自衛隊が駐在している）で大きなものがあり、工業用地としても転用されてきたのであるが、高度経済成長期に、この春光町周辺は急速に宅地化が進み、昭和55年現在では、完全な住宅地域となり、大きな工場は存在していない状況となっている。

　ところで、旭川市には春光地区に劣らず、より広大な軍用地があった。それは旭川駅の西方に展開していた近文台の演習場である。

　旭川市は、『旭川』（新規工業地区産業立地条件調査から―1959年）において、「近文（工業）用地」として、970,414坪（約320万m²）という大規模な地域設定をしている。その工業用地の所有形態をみると、国有地136,790坪、公有地20,390坪、民有地813,234坪となっており[10]、この国有地約45万m²強がおそらく旧軍用地だと思われる。

　さらに昭和36年段階になると、この近文地区の工業用地化は具体的な構想となって現れてくる。

　『旭川地域中核都市建設計画』（資料編）によると、この近文工業用地は、「石狩川を挟み近文側及び神居忠和側に分けられる。――（近文側の）用地の状況は、その大部分が畑と田からなっており――、神居忠和側は既存の企業はなく、その4分の3が田であり、やや低地で用地内約330,600m²が河川敷地で一部耕作している」[11]とされ、その地目別概況は次のようになっている。

I-4-(6)表　近文工業用地の地目別内訳

(単位：m²)

地目	田	畑	宅地	原野	その他	計
近文側	594,306	886,279	44,598	16,051	171,764	1,712,998
神居忠和側	886,723	――――		――――	345,543	1,232,266

出所：『旭川地域中核都市建設計画』（資料編）、昭和36年、122ページ。

　この(6)表から、近文工業用地の地目をみると、田畑が圧倒的に大きいが、そのうちのどれだけが旧軍用地だったのかは判然としない。しかしながら、これだけの田畑を工業用地へ転換するという計画は、まさに、その時期が日本経済の高度経済成長期における資本蓄積の動向を反映したものであり、同時に、戦後日本における食料事情がすでに好転してきたという歴史的背景があったことを物語っている。

　この『旭川地域中核都市建設計画』（資料編）で示されている地価についてみると、近文側で田畑1坪あたり1,000〜3,000円、神居忠和側で150〜300円となっており[12]、工場用地価格と

しては、きわめて廉価であったということができよう。

ちなみに、昭和40年段階では「近文工場適地」として 139,326 m² が旭川市によって設定されているが、昭和36年段階の約 320 万 m² という用地設定からみれば、相当に縮小された規模のものでしかない。

だが、昭和40年段階になると、改めて旭川市における工業分布状況とその再配置が問題となってくる。その点について、『まちづくりの方向』（旭川市総合開発計画・昭和40年）は次のように述べている。

「工場のほとんどが市内都心部に所在しているため、騒音、煤煙、汚水などの公害、ならびに事業拡張のための用地取得難から郊外適地への移転がよぎなくされている」[13]

昭和40年当時、旭川市では山陽国策パルプ旭川工場の臭気が大きな公害問題となっていた。この臭気問題に触れていないのは、一定の配慮を行ったからであろうが、それはともかく、市内における住工混在に伴う諸問題および工場用地を拡張する困難性があったことは間違いあるまい。したがって、工業基盤の整備についても、「市域既存工場のほとんどが都心部に集中しており、事業拡張による用地の取得、さらには都市公害の棉畑から郊外適地への移転がよぎなくされている状況であり、立地条件のすぐれた用地の取得が必要となってきている」[14]という状況認識であった。そうした状況は高度経済成長が終わり、オイル・ショックを契機とする不況時代まで続いていく。

昭和47年に出された『旭川市総合開発計画』（人間都市をめざして）は、「市街地に混在する企業の生産効率の向上と産業公害を防止するため、土地利用の総合的視点から、市内の適地に誘導集団化をすすめるとともに、新しく開発誘導される工業についても企業立地の適正化をはかっていく」[15]と述べているが、この文章からも判るように、旭川市における工業分布の特殊性とそれに伴う諸問題が解決されていないことを推測させるものがある。

念のために追記しておけば、昭和40年以降においては、この旭川市で旧軍用地が工業用地へ転用されたという実績は皆無となっている。

1）『旧軍用財産の今昔』、大蔵省大臣官房戦後財政史室編、昭和48年、59 ～ 60 ページ。
2）『旭川市史』第五巻、旭川市、昭和46年、512 ページ。
3）同上。
4）『旭川市史』第二巻、旭川市、昭和34年、454 ページ。
5）『旭川市史』第五巻、前出、512 ページ参照。
6）『大旭川建設計画』、旭川市、昭和32年、1 ページ。
7）同上書、28 ～ 29 ページ参照。
8）『旭川』（新規工業地区産業立地条件調査から）、旭川市、昭和34年、4 ページ。
9）昭和54年8月、旭川市役所での聞き取りによる。
10）『旭川』、前出、4 ページ。
11）『旭川地域中核都市建設計画』（資料編）、旭川地域中核都市建設連絡協議会、昭和36年、122 ページ。

30

12) 同上書、123 ページ参照。

13) 『まちづくりの方向』（旭川市総合開発計画）、旭川市、昭和 40 年、59 ページ。

14) 同上書、61 ページ。

15) 『旭川市総合開発計画』（人間都市をめざして）、旭川市、昭和 47 年、201 ページ。

2．室蘭市

鉄と港の町、室蘭。この室蘭市には、旧軍施設として室蘭海軍特設工場（室蘭市茶津町）と輪西防空砲台（室蘭市輪西町）、それに室蘭重油槽があった。

日本製鋼所は、室蘭海軍特設工場（482,504 m²）の跡地を昭和 28 年に 386,218 m²、昭和 35 年に 96,286 m²、併せて 482,504 m² の用地を、時価で取得している。しかしながら、日本製鋼所室蘭製鉄所は「戦後の 20 年 8 月、軍需生産から民需に転換し、25 年 1 月、企業再建整備法による決定整備計画により旧日本製鋼所の債務をタナ上げして第 2 会社として資本金 2 億円で発足した」[1]という経緯がある。

もっとも、この 48 万 m² という工業用地の払下げは、旧軍用地の産業用地への転用としては、北海道地方で最大であり、全国的にみても大規模な払下げの一つである。しかも重要なことは、この用地払下げと同時に、戦時中、軍が工場内に設置した巨大プレス施設も払い下げられている。この巨大プレス施設の払下げが、工場生産能力のうえで高く評価されたということである[2]。

室蘭重油槽（11,484 m²）は、昭和 26 年、タンク敷地として太平洋石油（販売業）に時価で払い下げられている。

これは産業用地への転用ではないが、輪西防空砲台の跡地（144,228 m²）は、昭和 23 年に庶民住宅として、そのすべてが時価で払い下げられている[3]。

1) 『室蘭市史』、室蘭市、昭和 38 年、434 ページ。

2) 同上。

3) 「旧軍用財産資料」、大蔵省管財局文書、昭和 48 年による。

3．虻田町

虻田町は「南西は内浦湾に面し、南に駒ケ岳を遠望する。北東方高原には洞爺湖がひろがり、北方には洞爺村を隔てて羊蹄山がそびえ、鏡のような湖面に雄大なる姿を投影している」[1]といわれるように、洞爺湖を中心とした風光明媚の地である。しかし、山地が海岸近くまで迫っており、平坦部は海岸に沿う国道 37 号線の両サイド、幅 700 〜 1,000 m で、距離にしておよそ 3 キロの区間だけである。しかも、道路の先は山と海で閉ざされている。地形的には海岸段丘なのであろう。

この虻田町入江には、旧軍施設として、大湊海軍工作部虻田分工場（249,047 m²）があり、また隣接して、分工場の付属宿舎（75,031 m²）があった。その歴史的経緯については、『旧軍用財

産の今昔』が次のように記している。

「内浦湾をのぞむ虻田町市街地の東南部に所在した当工場（虻田分工場—杉野）は、昭和19年の戦時下において急増した鉄鋼需要に応ずるため旧海軍が建設した砂鉄を原料とする製鉄工場であるが、当工場は終戦と同時に賠償工場に指定された。

終戦後、旧海軍から大蔵省が引継をうけたのは、土地7万5千坪（24万9千 m²）、建物7千9百坪（2万6千 m²）であるが、このうち土地2千坪（8千 m²）、建物1千3百坪（4千 m²）は北海道工業 KK が終戦直後に連合軍及び大蔵省の使用許可をうけてはじめた電気銑鉄、鋳鉄製品の生産工場として、昭和28年以降は耐火煉瓦及びモルタルの製造工場として使用し現在に至っている。耐火煉瓦及び耐火モルタルは年産2万 t、6億円の生産高をあげている。

その他の施設は、昭和27年に講和条約発効に伴い賠償指定は解除されたものの、元来が急造した粗雑な建造物であり、また地域的な事情や利用上の困難性もあって未利用のまま放置されていたが、昭和29年、日鉄鉱業 KK が技術的基礎研究及び低品位鉱石に関する研究の試験場として5万6千坪（18万5千 m²）、建物6千坪（1万9千 m²）を使用してきた。しかし、現在はこの目的には利用されておらず、同社の関連会社が生コンクリート工場用地として一部を使用し、その他は、未利用となっている。また一般民間に処分した土地1万1千坪（3万3千 m²）は地元虻田町において漁家団地として利用する計画をもっている」[2]

上記の文章について、若干の補足をしておこう。

補足の第一は、戦前における分工場の用地取得についてである。この件については、「昭和十八年十月、虻田町入江の、伊達寄りの一角の農家に対して、突如大湊海軍施設部の工場を建設するので、土地所有者は即座にその土地を提供することを承諾して退去するように命じられた。収用価格は坪二円であった」[3]と『物語虻田町史』（第四巻）が記している。

補足の第二は、虻田分工場の主な払下状況についてである。日鉄鉱業は、旧軍用地である虻田分工場の跡地を昭和29年に156,241 m²、昭和33年に26,800 m² を、また北海道工業が26,683 m² を、それぞれ時価で取得している[4]。両者を合わせると、21万 m² 強となり、虻田町の海岸付近における平坦部（虻田分工場跡地）は、この二つの企業によってほとんど占められたと言っても過言ではない。

日鉄鉱業については、『虻田町史』に、次のような記述がある。

「日鉄鉱業株式会社三鷹研究所虻田試験所の設立は、昭和31年5月1日で、旧海軍省所管の大湊工作部虻田分工場敷地跡に、日鉄鉱業株式会社北海道鉱業所の試験場として、事業の発展に必要な、技術的基礎研究および低品位鉱石の活用に関する研究と工業化を計る役割をもって、開設したもので、ここの従業員は32人（男30人、女2人）である」[5]

また、北海道工業については、「室蘭民報」（昭和21年8月12日付）に、「北海道工業株式会社虻田製鋼所は、昭和18年末大湊海軍工作部虻田分工場として設置され、終戦後は閉鎖のまま大蔵省国有財産部に移管されていたが、民需会社として更生の名乗りをあげた北海道工業株式会社が二十年十二月二十八日付で、第七七師団司令官ブルース少将の許可を得て二十一年四月から復

旧工事を始め、六月下旬に大体の整備を見、八月十日火入れ式を行った」[6]とある。

　また虻田町の文献は、その後における北海道工業の状況について次のように記している。

　「（当事業所は―杉野）昭和19年2月国経（国縫？―杉野）の砂鉄を原料として、電気銑鉄の生産を目的として設立した。終戦により一時中止したが、大蔵省より旧大湊海軍施設部虻田分廠の使用許可を受け、高周波電撃、銑及び低燐銑の生産を中心に鋳物製品、耐火煉瓦の生産を開始したが、その後経済界の変化に対処すべく同24年銑鉄、28年には鋳製品部門を中止し、耐火煉瓦のみとし、――現在に至っている」[7]

　この文章からも判るように、北海道工業は戦後の一定期間、旧軍用地を借用して操業しており、それが昭和33年になって払下げを受けたということになる。なお、北海道工業の耐火煉瓦は日本製鋼所（室蘭）、富士製鉄（室蘭）、北海道炭鉱汽船、東洋高圧、北海道電力、国鉄などをその販売先とし、原料は岩手、青森、新潟、栃木などの諸県と朝鮮、それに洞爺村などから運ばれている[8]。ちなみに、昭和42年現在の従業員数は107人である[9]。

　これらの文章から判ることは、日鉄鉱業の場合には試験場だったので、市場関係はもとより従業員数からみても虻田町との関連は、地域経済的にみて、それほど大きなものではない。また、北海道工業の場合には、室蘭との経済的関連が深いことを示しており、虻田町との関連では原料調達の面で繋がっている。従業員の規模からみても、虻田町では相対的に大きな経済的役割を果たしていたとみることができる。もっとも、この二つの事業所が、虻田町にその他の工場を立地させる誘因とならなかったのは、試験場や素材供給型といった事業所の性格によるものであるが、周辺部に平坦な土地が残り少ないという自然的条件にも起因している。

　なお、虻田町における旧軍用地については、上記の二つの事業所以外に次のような転用がみられる。

　分工場の跡地では、個人名義で、材料置場として昭和24年（21,652㎡）と昭和25年（15,419㎡）に払下げがあり、また同付属宿舎跡地では個人名義で、材料置場として昭和26年（6,019㎡）に払下げがあった。これらは建設業か漁業関係の材料置場だったと思われる。なお、虻田町には、昭和27年に、住宅用地として47,808㎡を、また庶民住宅81戸分（約16,000㎡）として、分工場付属宿舎跡地を払い下げられている[10]。

1）『洞爺湖のある町虻田』（資料編）、昭和53年、1ページ。
2）『旧軍用財産の今昔』、大蔵省大臣官房戦後財政史室編、昭和48年、64〜65ページ。
3）『物語虻田町史』第四巻（産業編）、虻田町、昭和61年、361ページ。
4）「旧軍用財産資料」（前出）を参照。
5）『虻田町史』、虻田町、昭和37年、762ページ。
6）『室蘭民報』、昭和21年8月12日付。なお、『物語虻田町史』（前出、同ページ）を参照。
7）『虻田町町づくり審議会基礎資料』、虻田町、昭和42年、33ページ。
8）『虻田町史』、前出、759ページ参照。
9）『虻田町町づくり審議会基礎資料』、虻田町、昭和42年。

10) 「旧軍用財産資料」（前出）を参照。

4．札幌市その他

　北海道で、旧軍用地が工場用地として払い下げられた地域としては、旭川市、室蘭市、そして虻田町が主たるものであるが、それ以外の地域でも若干ではあるが、旧軍用地の産業用地への転用がみられる。

　まず道都である札幌市における旧軍用地の産業用地への転用状況を一つの表にまとめてみると、次のようになる。

Ⅰ-4-(7)表　札幌市における旧軍用地の産業用地への転用状況（3千 m^2 以上）

旧口座名	所在地	口座面積（ m^2 ）	主たる払下げ
歩兵第125連隊	豊平区月寒	181,414	日本開拓会社（8,051 m^2 ・昭和27）
歩兵第125連隊練兵場	同上	229,968	大久保清太郎（23,223 m^2 ・昭和26）（煉瓦工場）
陸軍被服本廠札幌出張所	北11・12条西13・14丁目	62,157	日本製麺（3,364 m^2 ・昭和45）
札幌陸軍飛行場	丘珠	2,415,650	北日本航空（20,317 m^2 ・昭和26・36・37）

出所：「旧軍用財産資料」（前出）より作成。

　(7)表をみれば判るように、札幌市における旧軍用地の産業用地への転換は、町の中心部ではなく、西北部にあたる桑園駅の北側や月寒地区で、また郊外になる丘珠地区で行われている。このうち最大のものは、北日本航空（運輸業）が3回（昭和26・36・37年）にわたって旧札幌陸軍飛行場跡地（合計約2万 m^2 ）を時価で取得したものである。

　北日本航空は、昭和31年に就航を始めており、民間航空会社としては、業務の拡張にともなって、飛行場に接する用地取得が不可欠だったのである。ちなみに、札幌陸軍飛行場は、昭和27年まで米軍によって接収されていた。

　札幌郊外の月寒地区では、日本開拓会社（不動産業）が工場用地として、同じく大久保清太郎氏が地元で採れる粘土を原料とする煉瓦工場用地として昭和26年に時価で払下げを受けている。それより規模は小さいが、北拓興業（不動産業）が2,995 m^2 を、そして湯浅明三氏（業種不明）が2,836 m^2 を、それぞれ昭和27年に時価で取得している。

　この月寒地区は、札幌市の風光豊かな高級住宅地域であり、国道に面しては、その商業化も著しく、とても工業地域とは言えない状況にある。ちなみに、昭和57年9月現在では、煉瓦工場は札幌東自動車学校となり、日本開拓会社の工場用地は市営住宅の用地となっている[1]。

　それ以外では、日本製麺が桑園駅の北側で払下げを受けており、また同じ地区では北海製梱（2,599 m^2 ・昭和28年）が用地取得している。昭和57年9月の段階では、この土地は名鉄運輸（その前身は北海道名鉄）とコーンズ・アンド・カンパニーの所有地となっており、前者は運輸施

設、後者は日本牧場設備、日新農機も含めた事務所となっており、工業用地とは言えなくなっている[2]。

　北海道では、上記の地域以外でも、旧軍用地が産業用地として転用されている。それらを列挙すれば、次の(8)表のようになる。

　I-4-(8)表　北海道（旭川・室蘭・虻田・札幌を除く）における旧軍用地の産業用地への転用状況

（3千 m^2 以上）

旧口座名	所在地	口座面積（m^2）	主たる産業用地への払下げ
北広島 陸軍通信所	広島村共栄	53,861	日本放送協会（3,371 m^2・昭和24）
千歳航空 陸上基地水道	千歳町ママチ	169,072	軽コンクリート（3,900 m^2・昭和35）
八雲陸軍飛行場 同付属官舎	八雲町末広町	2,573,127	日本通運（4,047 m^2・昭和34） 小笠原商店（9,097 m^2・昭和38） ミカドフローリング製作所 （10,987 m^2・昭和38）
美瑛演習場厩舎	美瑛町美馬牛	115,834	浜島清（6,159 m^2・昭和23・34）
稚内声問村 大沼水上基地	声問村字 字声問原野	175,666	稚内水産物集荷組合 （14,003 m^2・昭和23）
軍馬補充部 十勝支部遊牧地	本別町仙美里	208,161,515	太田秀雄（3,272 m^2・昭和24） （澱粉工場）
陸軍固定無線 送信所	帯広市西16条 南6丁目	3,742	高森勝男（3,742 m^2・昭和24） （建設業）
軍馬補充部 釧路支部	白糠村番外地	131,900,989	雄別炭鉱鉄道（2,754,214 m^2・昭和32）
軍馬補充部 川上支部放牧地	標茶町	196,991,278	高倉正（3,966 m^2・昭和29）
第41航空廠 美幌分工場宿舎	美幌市 東2・北4	6,753	北海道バター（4,099 m^2・昭和28）
美幌第二航空 陸上基地	女満別町	3,900,622	雪印乳業（3,094 m^2・昭和44）

　出所：「旧軍用財産資料」（前出）より作成。

　(8)表のうち、工業用地として転用されたものから順にみて検討していこう。

　まず千歳市では、軽コンクリートが旧軍用地3,900 m^2 を工場用地として時価で取得しているが、そこではコンクリート工場が建設されたという形跡はみられず、旧水道施設の一部が残っているだけである。昭和57年9月現在、この地には倉庫らしき建物と2棟のアパートが建設されている[3]。

　八雲町で昭和38年に約1万1千 m^2 の旧軍用地を時価で取得したミカドフローリング（木材加

工業）は、昭和 52 年に約 6,600 m² の製材工場を買収して、敷地面積約 1 万 8 千 m² と拡張し、北海道産の原木を使用しながら床材を中心とする建材を生産している。昭和 57 年 9 月現在、従業員数 53 名で操業している[4]。

　本別町仙美里で、昭和 24 年に太田秀雄[5]氏は、旧軍用地 3,272 m² を時価で払下げを受け、澱粉工場を営んでいたが、経営不振のためこの地を去り、昭和 57 年 9 月現在、その跡地は荒れ地となっている[6]。なお、旧軍馬補充部跡地の大部分は、北海道立農業大学校となっている。

　帯広市では、高森勝男氏が昭和 24 年に旧軍用地 3,742 m² を工場用地として時価で取得している。昭和 57 年 9 月現在、ここは、建設業（佐官工事業）を営む㈱岡田工業（代表者は高森勝男氏・従業員数 21 名）の会社事務所および社員アパートとして利用されている[7]。美幌町では、昭和 28 年に旧軍用地 4,099 m² を北海道バター㈱が、時価で取得している。その経過については、次のような記述がある。

　「終戦後、乳牛の増加に伴い、乳製品工場の誘致がさけばれ、雪印乳業の前身である北海道酪農協は、三橋にあった旧海軍の建物を買収して集乳場とし、ついで北海道バターと改組、昭和 27 年からチーズの製造をはじめたのが本工場（雪印乳業㈱美幌工場―杉野）のはじまりである」[8]

　なお、上記の文章では、旧海軍の建物があったのは「三橋」とされているが、昭和 25 年の同町主要工場一覧をみると、北海道バター㈱の美幌集乳場は同町北 4、すなわち同社が旧軍用地を取得した場所となっている[9]。もっとも、この用地は美幌町の中心部にあり、昭和 57 年 9 月現在では、町立図書館となり、雪印乳業美幌工場は昭和 37 年に、町のはずれへ移転している[10]。

1）　昭和 57 年 9 月 26 日、現地踏査結果による。
2）　昭和 57 年 9 月 25 日、現地踏査結果による。
3）　昭和 57 年 9 月、現地踏査結果による。
4）　昭和 57 年 9 月 23 日、ミカドフローリング製作所での聞き取りによる。なお、大蔵省管財局文書「旧軍用財産資料」では、ミカドの「ミ」が欠落している。
5）　昭和 57 年 9 月 28 日、本別駅前の鈴木商店での聞き取りによる。太田秀雄とあるのは太田英雄の誤りではないかという指摘があった。ちなみに、『せんびり』（仙美里小学校開校 80 周年記念誌・昭和 56 年、116 ページ）には第 39 回（昭和 15 年）卒業生として太田英雄氏の名がある。
6）　昭和 57 年 9 月 28 日、現地踏査結果による。
7）　昭和 57 年 9 月 28 日、現地同社での聞き取りによる。
8）　『美幌町史』、美幌町、昭和 47 年、791 ページ。
9）　同上書、794 ページ。
10）　昭和 57 年 9 月、美幌町役場での聞き取りによる。

第二章　東北地方

第一節　東北地方における旧軍用地とその転用概況

　戦前の東北地方には、数多くの軍事施設があった。その中で面積が 100 万 m² を超える軍事施設（旧口座）を県別に取り上げ、その主たる転用形態と年次について概観しておきたい。ただし、所在地名は昭和 48 年 3 月時点のものである。

Ⅱ-1-(1)表　東北地方における大規模旧軍用施設とその主な転用形態

（単位：m²、年次：昭和年）

旧口座名	所在地	施設面積	主な転用形態	転用年次
（青森県）				
青森練兵場	青森市駒込	1,261,097	農林省農地	22
山田野演習場	弘前市他	13,837,947	農林省農地	22
館野射撃場及作業場	弘前市	1,189,629	農林省農地	22
八戸陸軍飛行場	市川村	5,963,383	防衛庁	33
三沢航空基地乙隊	三沢市	2,125,404	提供財産	48 年現在
三沢予科練	三沢市？	2,189,355	提供財産	48 年現在
軍馬補充部三本木支部	十和田市	20,873,490	農林省農地	22
軍馬補充部北野草刈場	同	2,446,389	農林省農地	22
軍馬補充部七戸派出部	天間林村	16,081,100	農林省農地	22
軍馬補充部戸来出張所	新郷村	22,437,962	農林省農地	22
軍馬補充部倉内出張所	野辺地町	30,550,537	農林省農地	22
警備府水道第一区	大湊町	3,139,285	大湊町植林地他	26
警備府水道第二区	同	1,046,160	大湊町植林地他	26
大湊航空隊	同	1,388,553	防衛庁	40
大湊不時着陸場	田名部町	1,836,426	農林省開拓財産	34
樺山航空基地	同	1,013,400	民間企業他	47
（岩手県）				
岩手陸軍飛行場	和賀町	3,379,774	農林省開拓農地	22
軍馬補充部三本木支部 　　中山出張所	一戸町	77,972,775	農林省開拓農地	22
一本木原演習場	滝沢村	27,452,625	農林省開拓農地	24
盛岡練兵場及作業場	盛岡市	3,403,145	農林省開拓農地	22
（宮城県）				
王城寺諸兵演習場	色麻村	37,078,579	防衛庁他	40
増田陸軍飛行場	名取市他	3,911,225	農林省農地他	23

陸軍獣医学校鍛冶谷 　　分教所向山牧場	鳴子町	9,499,471	農林省農地他	22
同向山牧場本仏沢分廠 　　上原分廠・六角牧場	鳴子町他	24,133,233	東北大農場他	23
松島航空隊基地	矢本町	1,688,965	防衛庁	32
多賀城海軍工廠 　　　多賀城南地区	多賀城市	1,582,248	農林省農地他	24
多賀城海軍工廠 　　　多賀城北地区	同	1,582,248	防衛庁他	42
東京第一陸軍造兵廠 　　仙台製造所太田見	仙台市原町	1,231,347	防衛庁他	38
仙台青葉山練兵場他 　　　計15口座	仙台市川内	3,623,365	東北大学・県他	46
第一海軍火薬廠	柴田町他	4,458,641	民間企業他	37
(秋田県)				
秋田練兵場及作業所	秋田市	1,055,414	秋田県砂防造林	24
強首演習場	西仙北町	4,401,173	農林省農地	22
能代陸軍飛行場	能代市	10,555,867	農林省農地他	22
(山形県)				
神町航空基地	東根市	2,316,641	総理府自衛隊	32
尾花沢演習場	尾花沢市	2,930,221	農林省農地	22
(福島県)				
軍馬補充部白河支部 　　　白坂分廠	白坂村	4,556,932	農林省農地	22
軍馬補充部白河支部 　　　一ノ又分廠他	西郷村他	42,540,328	農林省農地他	22
軍馬補充部白河支部 　　　羽鳥牧場他	湯本町他	19,342,772	湯本村採草地他	26
原町陸軍飛行場	太田村	2,467,535	農林省農地	22
翁島演習場	磐梯町	8,278,928	農林省農地	22
郡山第二海軍航空隊	高瀬村	2,707,755	農林省農地	22
郡山第三海軍航空隊	郡山市	1,160,962	農林省農地	22
磐城陸軍飛行場	大熊町他	1,965,438	民間企業・塩田	25

　　出所：「旧軍用財産資料」（大蔵省管財局文書）より作成。なお、「他」とある旧口座については、
　　　　主たる転用とは異なる別の大きな転用があることを示唆したものである。

　(1)表をみれば判るように、施設面積からみて、東北地方における大規模な旧軍用地は100万
m²以上で43口座、1,000万m²以上でも実に12口座に達する。その所在地をみると、青森県で
16口座、続いては宮城県の10口座、福島県の8口座となっている。岩手県、秋田県、山形県で
の大規模な旧軍施設の口座数は少ないが、それでも岩手県の場合には、7,800万m²や2,700万
m²という広大な軍馬補充部があったし、秋田県でも能代飛行場は1,000万m²を超える敷地面
積であった。

　　これらの大規模な旧軍用地は、そのほとんどが自作農創設法に基づいて、昭和22年以降に農

林省へ有償所管換となり、開拓農地へと転用されていった。このことは⑴表における43口座中、21口座がそうである。昭和22年を除く農林省の農地への転用は4口座であるが、それらは「他」が付されているように、その他の転用形態との競合関係のために所管換が遅れたものと思われる。なお、これらを加えると旧軍用地の農林省農地への転用は大規模なものだけで25口座となる。なお、この25口座は、農林省農地、農林省開拓農地、農林省開拓財産という表現上の違いはあるが、実質的内容はすべて同じである。

　農林関係で言えば、大湊町（現むつ市）が昭和26年に植林用地を二度にわたって取得しており、その総面積は400万m²を超える。しかしながら、旧口座のすべての用地を取得したのではなく、「他」にも転用されていることに注目しておきたい。

　農林省および農林関係を除くと、防衛庁（総理府自衛隊を含む）への転用が多い。その件数は東北地方で計7件、その中には王城寺諸兵演習場跡地も含まれており、転用面積は相当なものに達する。防衛庁へ所管換した年次は、防衛大学が創設される前年の昭和32年と同年の33年が3件あるが、昭和38年、昭和40年にも所管換されている。なお、本書下巻の補遺Ⅲをみると、東北地方における旧軍用地の防衛庁（保安庁）への無償所管換は44件、その総面積は14,898千m²に達する。

　さらに三沢においては、米軍への大規模な提供財産が2件ある。上巻のⅩ‐2‐⑶表によると、小規模なものまで含めて9件（約1千万m²）に達する。このようにしてみると、東北地方においても、軍事的施設への再転用が大きい。

　その他では、東北大学の農場や大学敷地として利用されていることが目立つ。また、民間企業への転用も、樺山航空基地跡地（田名部町、現むつ市）や第一火薬廠跡地（柴田町他）でみられ、福島県の大熊町では塩田へ転用した事例もある。

　いずれにせよ、この⑴表は、東北地方における旧軍用地の転用状況を概観しただけである。つまり、旧口座が100万m²未満の旧軍用地や、大規模旧軍用地であっても、「他」と付された事例があるように、一つの軍事施設（旧口座）が多面的に転用されている場合が多い。

　本書の研究課題が旧軍用地の産業用地、とりわけ工業用地への転用である以上、その具体的な事実について分析しなければならない。だが、ここでは東北地方における旧軍用地の概況を把握することに主眼があるので、民間企業への転用に先立って、国家機関（農林省と防衛庁を除く各省庁）や地方公共団体による旧軍用地の取得状況をみておくことにしたい。

　まず、国家機関による旧軍用地の所管換状況をみていこう。ただし、農林省による農地への転換、防衛庁による旧軍用地の利用、米軍への提供財産を除外している。また、所管換となった旧軍用地については、1件あたりの面積を1万m²以上に限定した。

Ⅱ-1-(2)表　東北地方における国家機関による旧軍用地の所管換状況

（単位：m²、年次：昭和年）

旧口座名	所在地	省庁名	所管換面積	用途	年次
（青森県）					
弘前陸軍病院	弘前市	厚生省	54,178	国立病院	23
第57師団司令部	同	文部省	28,822	弘前大学	26
同	同	文部省	11,095	弘前大学	27
第57師団倉庫（一）	同	文部省	111,080	弘前大学	25
龍飛見張所	三厩村	運輸省	11,694	灯台敷地	28
三沢航空基地官舎	三沢市	調達庁	48,218	労務宿舎	30
第41航空廠三沢分工場					
工員宿舎	同	調達庁	36,951	労務宿舎	30
大湊警備府第一区	大湊町	厚生省	96,436	国立病院	32
宇田官舎	同	厚生省	13,508	宿舎	31
大湊航空隊田名部					
送信所	田名部町	大蔵省	13,779	税務署庁舎	33
大湊支廠下北補給工場	同	建設省	15,896	河川敷	32
（岩手県）					
工兵第57連隊	盛岡市	厚生省	52,653	国立病院	23
盛岡陸軍病院	同	総理府	23,000	警察学校	27
盛岡練兵場及作業場	同	運輸省	69,814	地方施設部	24
同	同	法務省	16,285	少年院関連	34
（宮城県）					
仙台陸軍飛行学校					
材料廠	岩沼市	総理府	107,349	警察学校	25
仙台陸軍飛行学校					
南校舎	同	厚生省	11,069	療養所施設	23
仙台陸軍飛行学校	同	総理府	96,992	警察学校	25
仙台陸軍幼年学校	仙台市	文部省	156,522	東北大学	26
陸軍獣医学校					
鍛治谷沢分教所	鳴子町	文部省	2,953,150	東北大農場	23
同向山牧場本仏沢分廠					
上原分廠・六角牧場	鳴子町他	文部省	15,639,170	東北大農場	23
仙台第三陸軍病院					
鳴子臨時分院	鳴子町	厚生省	56,469	国立病院	23
仙台第三陸軍病院					
鳴子臨時分院川渡寮	同	厚生省	50,003	国立病院	23
松島航空基地送信所	河南町	郵政省	42,006	電波管理施設	26
多賀城海軍工廠					
多賀城南地区	多賀城市	建設省	18,436	住宅敷地	29
多賀城海軍工廠					
付替道路	同	建設省	10,374	河川敷	29
七ケ浜火力発電所	七ケ浜町	文部省	14,536	東北大学	32
多賀城南地区官舎他	多賀城市	郵政省	11,057	無線中継所	30

多賀城南地区					
男子工員宿舎	同	大蔵省	39,109	合同宿舎	34
多賀城海軍工廠					
多賀城北地区	同	大蔵省	72,995	合同宿舎	40
仙台第一陸軍病院	仙台市	厚生省	110,469	国立病院	23
仙台第二陸軍病院	岩沼市	厚生省	30,304	療養所	25
東京第一陸軍造兵廠					
仙台製造所太田見	仙台市	通産省	19,835	庁舎	41
仙台青葉山練兵場	同	建設省	35,738	河川敷	25
同	同	大蔵省	20,453	公務員宿舎	38
同	同	大蔵省	23,151	公務員宿舎	40
同	同	大蔵省	18,442	公務員宿舎	43
同	同	文部省	154,322	宮城教育大	44
同	同	文部省	33,457	宮城教育大	48
同	同	文部省	※1,326,697	東北大学	32～47
同	同	建設省	41,088	水路	41
仙台第三陸軍病院	同	大蔵省	11,025	合同庁舎	40
捜索第二連隊	同	大蔵省	16,602	宿舎	30
仙台台の原小銃射撃場	同	総理府	19,219	県警察学校	29
同	同	労働省	15,058	身障者職訓	34
仙台台の原諸兵作業所	同	総理府	12,265	県警察本部	35
仙台角五郎練兵場	同	大蔵省	16,192	公務員宿舎	32
同	同	建設省	43,149	河川敷	41
歩兵第四連隊	同	総理府	78,865	管区警察学校	33
東京第一陸軍造兵廠					
小田原一地区	同	文部省	37,644	仙台電波学校	26
（秋田県）					
秋田陸軍病院	秋田市	厚生省	20,991	国立病院	24
秋田練兵場	同	文部省	23,391	秋田大学	25
（山形県）					
歩兵第23連隊	山形市	郵政省	13,391	山形郵便局	24
山形陸軍病院	同	厚生省	14,403	国立病院	23
（福島県）					
若松陸軍病院	会津若松市	厚生省	12,135	国立病院	24
若松陸軍病院（新病棟）	同	厚生省	14,813	国立病院	24
郡山陸軍病院	郡山市	厚生省	15,080	国立病院	24

出所：「旧軍用財産資料」（前出）より作成。文部省は、東北大学の用地として、昭和32年から47年にかけて、計22件の用地を所管換で取得している。その総面積が※である。

(2)表から判断すると、東北地方における旧軍用地を農林省および防衛庁、提供財産を除く各省庁が所管換した件数は全部で、78件である。

　これを県別にみると、宮城県が56件で圧倒的に多く、次いでは青森県の11件となる。残る岩手、秋田、山形、福島の4県は2～4件に留まっている。

次に、旧軍用地を取得した省庁別にみると、最も多いのは、仙台青葉山練兵場跡地を東北大学用地として転用した22件を含む33件を取得した文部省である。文部省は東北大学をはじめ、弘前大学、宮城教育大学、秋田大学の用地として転用しているが、これは新大学制度の質的拡充のために行われたものと推測される。なお大学以外では、国立電波学校へ用地転用を行っている。

省庁で次に多いのは、厚生省の14件で、その多くは旧陸軍病院を国立病院として転用するためのものである。この国立病院への転用は東北6県の各地でみられる。国立病院への転用が昭和23年、同24年と戦後間もない時期に行われているのが特徴である。

続いては、大蔵省の9件で、これは国家公務員住宅用地と合同庁舎用地を主な転用目的としたものである。大蔵省による転用は昭和30年代からであり、比較的遅い時期であることが特徴である。

総理府は防衛庁関係を除外しているものの、旧軍用地を警察学校（5件）、県警本部（1件）、調達庁（2件）として計8件の転用を行っている。管区警察学校、県警察学校への転用は昭和25年から29年の間に集中しているが、これが自衛隊の前々身である警察予備隊の創設とどう関連しているのかは判らない。調達庁での旧軍用地利用は米軍関連のものであり、提供財産と関連させて計上するほうが適切かもしれない。

それ以外の省庁では、建設省が河川敷（4件）を含む6件、郵政省の3件と運輸省の2件があり、法務省、通産省、労働省がそれぞれ1件となっている。

以上をまとめてみると、東北地方における各省庁による旧軍用地の転用は、農林省による農地転用、提供財産としての利用が多いのは別として、文部省による大学用地への転用をはじめ、厚生省による国立病院、大蔵省による公務員住宅、総理府による警察学校、建設省による河川敷への転用が多かったということになろう。

各省庁による旧軍用地の転用が地域経済に及ぼす影響は、農地転用や提供財産への利用など無視できないものがあるが、民間企業や地域住民にとって、より密接な関連を有するのは、地方公共団体による旧軍用地の転用である。そこで、地方公共団体のうち、まず各県がどのような目的で旧軍用地を取得してきたか、その点を明らかにしておこう。

Ⅱ-1-(3)表　東北地方の各県による旧軍用地の所管換状況

（単位：m²、年次：昭和年）

旧口座名（転用県名）	所在地	転用面積	用途	年次	取得形態
（青森県） 電信第4連隊及び 　　　青森陸軍病院	青森市	91,712	青森高校用地	24	時価払下
軍馬補充部三本木支部	十和田市	10,057	学校敷地	29	減額50%
大湊施設部 　　大平工員宿舎	大湊町	14,363	砂利集積採石場	27	時価
同	同	49,596	むつ高校用地	39	減額15%
大湊警備府第一区	大湊町	32,840	大湊高校用地	32	減額50%

(岩手県)					
軍馬補充部三本木支部					
中山出張所	一戸町	170,491	農業試験場	23	時価
盛岡練兵場及作業場	盛岡市	48,506	公営住宅用地	27	減額50%
(宮城県)					
王城寺諸兵演習場	色麻村他	116,304	牛野ダム敷地	37	時価
多賀城海軍工廠					
多賀城南地区	多賀城市	45,230	住宅用地	28	時価
同	同	38,356	総合職業指導所	32	時価
同	同	66,532	仙台新港用地	45	時価
多賀城海軍工廠					
多賀城北地区	同	19,884	宿舎用地	44	交換
同	同	11,934	住宅用地	44	時価
多賀城北地区引込線	同	24,644	軌道敷地	46	交換
同	同	25,386	仙台新港用地	46	時価
同	同	7,726	仙台新港用地	46	時価
東京第一陸軍造兵廠	仙台市	287,545	農事試験場用地	26	時価
仙台陸軍兵器補給廠	同	16,017	県営住宅敷地	24	時価
同	同	78,679	農事試験場用地	26	時価
仙台青葉山練兵場他	同	11,718	高校用地	26	減額40%
同	同	881,889	青葉山ゴルフ場	36	時価
仙台宮城野原練兵場	同	79,798	県営総合運動場	25	時価
同	同	81,606	県営総合運動場	27	時価
同	同	18,387	自動車試験場	32	時価
東京第一陸軍造兵廠					
小田原一地区	同	101,258	農事試験場用地	26	時価
陸軍墓地	同	10,476	墓地	28	譲与
第一海軍火薬廠	柴田町他	31,413	身障者養護学校	43	減額40・50%
(秋田県)					
秋田歩兵第117連隊	秋田市	72,339	秋田中学	23	時価
秋田練兵場及作業所	同	1,055,414	海岸砂防造林	24	時価
(山形県)					
(福島県)					
原町陸軍飛行場	太田村	12,356	都市計画代替地	42	交換
同	同	60,952	相馬高校実習地	42	交換
郡山第一海軍航空隊	守山町	364,581	日大工科施設	25	時価
郡山第二海軍航空隊	高瀬村	16,697	生活困窮者施設	26	時価
郡山第三海軍航空隊	大槻町	24,949	安積高校用地	36	減額50%

　　出所：「旧軍用財産資料」（前出）より作成。

　⑶表をみれば判るように、東北地方において、地方公共団体としての各県が旧軍用地を転用したのは34件と少ない。ただし、これは1件あたりの払下面積を1万㎡以上に限定しているからである。この34件を県別にみると宮城県が20件で圧倒的に多く、続いては青森県と福島県の

各5件である。岩手県と秋田県が各2件で、山形県による旧軍用地の転用（1万 m^2 以上）はみられない。

　各県の転用目的を総括してみると、学校用地への転用が10件で、続いては県営住宅などの住宅用地への転用が5件、県立農業試験場が4件となっている。特殊的には、宮城県が仙台新港用地として3件の転用をしているが、これは産業立地との関連で注目すべきである。その他では、砂利集積・採石場、ダム敷地、職業指導所、軌道敷地、総合運動場、自動車学校、生活困窮者施設などがある。

　宮城県が青葉山ゴルフ場として88万 m^2 の用地取得しているのは、ゴルフが大衆化している昨今とはいえ、昭和36年の段階では、やはり利用目的としては問題が残るところであろう。また、福島県が日本大学工科の施設用地として36万 m^2 を取得しているが、その他の私立大学と同様に、なぜ日本大学が直接に用地取得をしなかったのか、その点も疑問点として残るところである。ただし、内容次第では、これが公・私学協同の先駆けではないかという点で注目すべき事例だと思われる。

　なお、転用面積では、秋田県が海岸砂防造林用地として105万 m^2 強を昭和24年に取得しているのが最大で、その次に大規模なのは宮城県の青葉山ゴルフ場、福島県の日大工学部用地で、後は宮城県が農事試験場用地として28万 m^2 強の取得をしているのが大きい。つまり東北地方において、地方公共団体としての各県が20万 m^2 以上の旧軍用地を転用しているのは以上の4件である。

　旧軍用地の取得形態としては、価格評価の面についてはともかく「時価」が圧倒的に多く、減額払下は高等学校用地をはじめとする学校用地に適用されている。その減額率は40％、50％であるが、中には15％の場合もある。そうした減額率に差があるのは、その土地に関する特殊事情があったためと思われる。

　東北地方において、地方公共団体としての県が旧軍用地をいかに転用してきたかということについて紹介してきた。だが、地域経済、それも工業立地に深く関連するのは、地方公共団体でも市町村による旧軍用地の転用であり、その件数も国や県レベルよりも遙かに多い。以下では、各県毎に、地方公共団体（市町村）による旧軍用地の転用状況を紹介していきたい。ただし転用面積が1件あたり1万 m^2 以上のものに限定する。なお、「取得形態」を除いては、本書の上巻XII-1-(1)表と重複している。

Ⅱ-1-(4)表　市町村（青森県）による旧軍用地の転用状況

（単位：m^2、年次：昭和年）

旧口座名	市町村名	転用面積	用途	年次	取得形態
電信第4連隊及び 　　青森陸軍病院	旧筒井村	12,218	町営住宅	27	減額50％
歩兵第52連隊	弘前市	99,057	女子・商業高校	25	減額30％
捜索第57連隊	堀越村	25,480	引揚者住宅	23	時価

44

旧口座名	市町村名	転用面積	用途	年次	取得形態
同	堀越村	70,988	引揚者住宅	24	時価
野砲兵第57連隊及第57師団通信隊	弘前市	46,818	中学校敷地	23	時価
輜重兵第57連隊	清水村	21,989	中学校敷地	24	時価
第57師団弘前倉庫	弘前市	10,156	公営住宅用地	24	時価
同	同	35,297	公営住宅用地	26	時価
第57師団倉庫　（一）	同	50,297	総合運動場	22	時価
第57師団倉庫　（二）	千年村	17,559	中学校敷地	25	時価
龍飛見張所	三厩村	10,490	観光施設用地	27	時価
堀越練兵場	堀越村	12,151	引揚者住宅	25	時価
龍飛崎砲台及交通路敷地	三厩村	219,064	観光施設用地	27	時価
大湊風位測定所	平内町	475,418	水産保護用地	25	時価
三沢航空基地宿舎	三沢市	12,866	土地区画整理用	35	引渡
第41航空廠三沢分廠工具宿舎	同	58,099	土地区画整理用	35	引渡
同	同	12,009	公園用地	42	交換
軍馬補充部三本木支部	三本木町	135,955	庁舎及び道路等	25	時価
同	同	14,710	住宅用地	26	時価
同	大深内村	19,835	小学校用地	28	減額50%
同	十和田市	27,765	小学校用地等	33	減額※
同	同	133,390	住宅用地	33	時価
同	同	16,459	私立病院	35	時価
同	同	61,403	公共物・市道	35	譲渡
同	同	58,832	公共物・市道	36	譲渡
同	同	13,859	公共物・市道	39	譲渡
軍馬補充部七戸派出部	天間林村	16,529	小学校用地	24	減額20%
大平重油槽	むつ市	24,968	中学校用地	37	減額※※
警備府水道第1区	大湊町	766,661	植林用地	26	時価
警備府水道第2区	同	250,829	植林用地	26	時価
大湊警備府第一区	同	113,920	産業開拓地	25	時価
大湊軍需部	同	56,803	工場敷地	25	時価
大間崎第一砲台	大間町	49,586	学校用地	27	時価

出所：「旧軍用財産資料」（前出）より作成。※は減額20・40%、※※は減額40・50%。

Ⅱ-1-(5)表　市町村（岩手県）による旧軍用地の転用状況

（単位：m²、年次：昭和年）

旧口座名	市町村名	転用面積	用途	年次	取得形態
軍馬補充部三本木支部中山出張所	一戸町	20,439	小学校用地	28	時価
歩兵第105連隊	盛岡市	56,652	小・中学校用地	24	減額20%
同	同	24,665	小・中学校用地	25	減額20%
同	同	19,454	庶民住宅用地	25	時価

出所：「旧軍用財産資料」（前出）より作成。

Ⅱ-1-(6)表　市町村（宮城県）による旧軍用地の転用状況

（単位：m²、年次：昭和年）

旧口座名	市町村名	転用面積	用途	年次	取得形態
仙台陸軍飛行場					
増田陸軍小銃射撃場	館腰村	38,290	住宅用地	24	時価
陸軍獣医学校鍛冶谷					
分教所向山牧場	鳴子町	1,172,102	町有林	23	時価
同	中新田町	1,800,833	町有林	23	時価
同（分厩）	鳴子町	2,111,114	山林用地	23	時価
松島航空隊隊外酒保	矢本町	13,284	町営住宅	26	時価
第二海軍航空隊					
松島支所官舎敷地	同	10,538	町営住宅	25	時価
第二海軍航空隊					
松島支所	同※	10,538	町営住宅	25	時価
石巻陸軍演習場	石巻市	31,837	戦災引揚者住宅	26	時価
多賀城海軍工廠					
多賀城南地区	多賀城市	71,685	公共物・市道	41	譲渡
多賀城南地区官舎等	同	61,998	中学校用地	29	減額50%
同	同	20,056	中学校用地	44	減額50%
多賀城南地区工員住宅	同	11,206	小学校用地	26	減額20%
多賀城南地区					
男子工員宿舎	同	124,898	公共物・市道	40	譲渡
東京第一陸軍造兵廠					
仙台製造所・鹿島	仙台市	15,897	小学校用地	31	減額70%
同	同	48,861	工業高校用地	36	減額40%
東京第一陸軍造兵廠					
仙台製造所・太田見	同	84,033	公共物・市道	39	譲渡
東京第一陸軍造兵廠					
仙台製造所・中江	同	27,371	公共物・市道	41	譲渡
仙台青葉山練兵場	同	22,809	商業高校用地	36	減額50%
捜索第二連隊	同	28,138	学校用地	23	時価
仙台宮城野原練兵場	同	50,009	中央卸売市場	25	時価
仙台台の原小銃射撃場	同	21,563	小学校用地	33	時価
仙台台の原諸兵作業所	同	22,540	中学校用地	36	時価
東京第一陸軍造兵廠					
小田原一地区	同	17,371	ガス事業部	27	時価
同	同	（9,867）	ガス工場　※※	29	時価
東京第一陸軍造兵廠					
小田原二地区	同	12,522	学校敷地	27	時価
第一海軍火薬廠	柴田町	52,786	公共物・町道	43	譲渡
同	角田市	45,785	公共物・市道	46	譲渡

出所：「旧軍用財産資料」（前出）より作成。

　　※は重複ではないかと思うが口座名が異なるので、掲載した。

　　※※この件は、1万m²未満であるが、ガス工場という施設を考慮して掲載した。

Ⅱ-1-(7)表　市町村（秋田県）による旧軍用地の転用状況

（単位：m²、年次：昭和年）

旧口座名	市町村名	転用面積	用途	年次	取得形態
秋田歩兵第117連隊	秋田市	38,479	中学校用地	23	時価
秋田練兵場	同	20,072	中学校用地	26	減額20％
強首演習場	強首村	545,521	採草地	25	交換
同	同	387,938	採草・放牧地	25	時価
同	強首村・ 大沢村	556,527	採草地	25	時価
能代陸軍飛行場	能代市	446,280	農業高校用地	24	減額20％
同	塙川村	1,469,970	採草地	24	時価
同	能代市	49,210	農業高校用地	26	減額40％

出所：「旧軍用財産資料」（前出）より作成。

Ⅱ-1-(8)表　市町村（山形県）による旧軍用地の転用状況

（単位：m²、年次：昭和年）

旧口座名	市町村名	転用面積	用途	年次	取得形態
歩兵第32連隊	山形市	288,616	公園	23	時価
同	同	22,651	公園	24	時価
神町航空基地	大富町	14,532	中学校用地	27	時価
同	東根市	13,214	中学校用地	32	時価
尾花沢演習場	尾花沢町	15,535	学校用地	23	時価

出所：「旧軍用財産資料」（前出）より作成。

Ⅱ-1-(9)表　市町村（福島県）による旧軍用地の転用状況

（単位：m²、年次：昭和年）

旧口座名	市町村名	転用面積	用途	年次	取得形態
若松小銃射撃場	門田町	175,001	造植林地	25	時価
若松陸軍墓地	同	10,673	墓地	26	時価
軍馬補充部白河支部 　白坂分厩	西郷村	352,482	採草地	24	時価
軍馬補充部白河支部 　一ノ又分厩ほか	同	53,345	中学校用地	24	減額20％
同	同	2,496,472	採草地	24	時価
軍馬補充部白河支部 　羽島牧場ほか	湯本村	10,331,948	採草地	26	時価
同	西郷村	3,987,806	採草地	26	時価
翁島演習場	翁島村	25,010	中学校用地	23	時価
翁島演習場廠舎	同	13,776	中学校用地	23	時価
陸軍第111部隊	富田村	10,776	公営住宅用地	24	減額※
同	郡山市	37,998	市営住宅用地	34	減額※
同	同	10,118	市営住宅用地	34	減額※
同	同	11,039	市営住宅用地	37	減額※

| 同 | 同 | 15,116 | 公共物・市道 | 44 | 譲渡 |
| 矢吹陸軍飛行場 | 矢吹町 | 70,608 | 中学校用地 | 23 | 減額20% |

出所：「旧軍用財産資料」（前出）より作成。※は減額30～40％。

(4)表から(9)表までは、東北地方における市町村が旧軍用地をどのように転用してきたかを各県別に紹介したものである。それらを要約し、一つの表に統括してみたのが、次の(10)表である。

Ⅱ-1-(10)表　市町村（東北地方）による旧軍用地の転用目的別統括表

(単位：件)

転用目的	青森県	岩手県	宮城県	秋田県	山形県	福島県	計
学校用地	9	3	10	4	3	4	33
住宅用地	8	1	5			4	18
公道用地	3		6			1	10
採草用地				4		4	8
林業用地	2		3			1	6
公園用地	1				2		3
その他	10		3			1	14
計	33	4	27	8	5	15	92

出所：(4)～(9)表より作成。

　この(10)表により、東北地方の市町村が旧軍用地を転用した件数を県別に比較してみると、地方公共団体としての各県が取得し、転用した旧軍用地件数とほぼ同じような傾向にある。もっとも、県レベルでは宮城県が第一位であったが、市町村レベルでは青森県が第一位となっている。これに続くのが、宮城県、福島県で、岩手、秋田、山形の三県における市町村が用地取得した件数は県レベルと同様に少ない。

　これを転用目的別にみると、これまた県レベルと同様に、学校用地と住宅用地が双璧をなしている。もっとも市町村レベルでの転用は中学校や小学校が多く、高等学校が多い県レベル、また国立大学用地が多い文部省への所管換の状況とも異なるが、これは学制によるものである。

　住宅用地については、国レベルが国家公務員住宅、県レベルが県営住宅が多いのに対し、市町村レベルでは、公営住宅はもとより引揚者住宅と戦災者住宅が相当数（4件）あるのが特徴である。中には「庶民住宅」というのもあるが、これは公営住宅ではあるが、公務員住宅とは区別する意味で用いられたのであろう。

　市道と町道は、いわゆる公共物であり、これに転用された旧軍用地については、「公共物編入」という形態で市町村へ、いずれも「譲渡」されている。

　採草地については、秋田県と福島県で各4件ずつみられるが、その転用面積がすこぶる広いのが特徴である。とくに福島県の場合には、湯本村が1千万 m^2、西郷村が400万 m^2 と250万 m^2 という広さであった。また、秋田県でも塙川村が約147万 m^2 を取得している。

林業用地については、宮城県での転用件数が多く、鳴子町が約300万m²、中新田町が180万m²の用地取得をしている。なお、青森県の平内町が「水産保護用地」へ転用した事例があるが、これはおそらく「魚付林」のことだと思われる。林地ではあるが、林業地ではないので、これを「その他」として区別した。

　公園用地として転用されているのは、青森県と山形県だけで、意外と件数が少ない。これは、戦後期における多様な土地需要と市町村財政に余裕がなかったことが原因だと推測される。

　「その他」の項目では、青森県が旧軍用地を多様に転用しており、その中では観光用地（2件）、土地区画整理用地（2件）のほか、運動場、庁舎、病院、工場、産業開拓地、そして宮城県では、ガス事業（2件）、中央卸売市場用地、福島県では墓地への転用がなされている。

　なお、旧軍用地の転用に関連する払下年次や用地面積に関する各県相互間の比較は、その有意性に限界があるので、これ以上には触れないことにする。

第二節　東北地方における旧軍用地の産業用地への転用概況

　前節では、東北地方における国、県、市町村による旧軍用地の転用状況を概観してきた。本節では、旧軍用地の産業用地への転用状況を具体的に分析していくことにしたい。東北地方において旧軍用地が産業用地へと転換されたのは、昭和20年から昭和47年度末までの期間で48件、約273万m²である。その詳細を一つの表にまとめてみると、次のようになる。

Ⅱ-2-(1)表　東北地方における旧軍用地の産業用地への転用概況

（単位：万m²、件、年次：昭和年）

面積規模＼年度	20～24	25～29	30～34	35～39	40～	計
0.3～0.5		3	3			6
0.5～1	2	4	4	2		12
1～3	3	5	6	4		18
3～5			1	3		4
5～10		1	1	2		4
10～20				1		1
20～30				1		1
30～50		1				1
50～100						—
100～				1		1
計	5	14	15	14	—	48

出所：「旧軍用財産資料」（前出）より作成。

　(1)表をみれば判るように、東北地方における旧軍用地の産業用地への払下件数48のうち、昭

和20年から24年までが5件、昭和25年から39年までが43件で、その大部分を占め、昭和40年度以降における払下件数は皆無である。

　払い下げられた旧軍用地の面積規模は1～3万 m^2 が18件で最も多く、5千～1万 m^2 が12件でこれに次いでいる。最も広大なのは100万 m^2 以上の規模の払下げが1件あり、また20万 m^2 以上の払下げも2件あるので、巨大な工業用地の取得という点および地域経済への影響という点からも注目しておきたい。

　次に、旧軍用地を取得した産業を業種別に区分してみると次の表のようになる。

Ⅱ-2-(2)表　東北地方における旧軍用地の産業業種別転用概況

（単位：m^2）

業種	件数	面積	業種	件数	面積
食品	7	117,435	一般機械	2	40,139
繊維	1	4,132	電気機械	3	107,862
木材	4	52,330	他製造業	1	13,203
紙パルプ	3	61,694	販売業	2	14,136
印刷	1	28,541	運輸業	1	8,073
化学	6	714,845	サービス	2	51,116
皮革	1	4,160	公益事業	1	56,803
窯業	1	6,058	建設業	1	16,531
鉄鋼	2	274,799			
金属	9	1,160,006	計	48	2,731,863

　旧軍用地を取得した件数を業種別にみると製造業が41件で圧倒的に多く、それ以外の産業では7件に止まっている。

　製造業の中では金属製品製造業が9件で最も多く、食料品製造業（7件）、そして化学製品製造業（6件）がこれに続き、さらに木材・木製品製造業（4件）、紙パルプ製品製造業（3件）、電機機械器具製造業（3件）が多い。製造業以外の産業で、旧軍用地を取得した件数をみると、業種別では、いずれも1～2件に留まっている。

　旧軍用地を取得した面積の規模についてみると、金属製品製造業が116万 m^2 と圧倒的に多く、続いては化学製品製造業が約71万 m^2、鉄鋼業27万 m^2、食料品製造業が約12万 m^2 弱、電機機械器具製造業が11万 m^2 弱となっている。面積規模でみるかぎり、東北地方における旧軍用地の転用は、金属製品、化学および鉄鋼を中心とする素材供給型の製造工業が中心となっていると言えよう。

　東北地方における旧軍用地の払下状況を、払下件数が多いほうから県単位で区分してみると、全体で48件のうち、宮城県が35件、岩手県8件、青森県4件、福島県1件となっている。つまり秋田県、山形県では、1件あたりの払下面積が3千 m^2 以上の旧軍用地が産業用地としては転用されなかったということである。

　これを払下面積の順でみると、宮城県の1,908千 m^2 が群を抜き、続いて青森県の722千 m^2

が大きく、岩手県の92千m^2、福島県の13千m^{2}は相対的に規模が小さい。

　宮城県における払下件数や面積が大きいのは、多賀城市、仙台市、柴田町などに戦前から広大な軍用地が存在していたという歴史的経緯によるものであるが、その存在を前提条件とすれば、戦後日本における政治経済の発展過程、とりわけ再軍備や新産業都市の建設などという現実的条件とも深く関連している。そうした問題も含めて、以下では宮城県、青森県、岩手県、秋田県、山形県、福島県の順に具体的な分析を進めていきたい。

第三節　宮城県における旧軍用地の産業用地への転用

　宮城県では、昭和22年から昭和40年までの期間に旧軍用地が件数で35件、およそ190万m^{2}が産業用地へ転用されている。この190万m^{2}という数字は、昭和38年段階の宮城県における事業所の総敷地面積約576万m^{2}の約33%、実に3分の1にあたるものである[1]。

　これを市町別にみると、多賀城市13件（約355千m^2）、仙台市19件（約332千m^2）、柴田町2件（約1,213千m^2）、女川町1件（約6千m^2）となる。

　柴田町の取得件数は僅か2件であるのに、その取得面積は1,213千m^{2}で、取得件数の多い多賀城・仙台両市を合わせた面積の2倍に近い用地を取得している。こうした状況はどのようにして生じたのか、そうした問題意識のもとに、本節では、まず宮城県による旧軍用地への産業誘致政策がどのように展開されたのか、その経緯からみていくことにしたい。

　　1）『工業用地統計表』、通産大臣官房統計調査統計部、昭和38年、4ページ。

1．宮城県の工業誘致政策の展開

　高度経済成長期に入る直前の昭和32年は不況であった。その昭和32年の10月に宮城県は『旧軍工廠案内』というパンフレットを刊行し、旧軍用地への工場誘致を積極的に働きかけている。このパンフレットによって、昭和32年当時における旧軍用地の概況を明らかにしておこう。

　○　旧多賀城海軍工廠南地区概況

　「総面積は150,000坪であるが、このうち39,000坪は工場敷地に、11,000坪は宮城県総合職業補導所に払い下げられているので、現在は約100,000坪が工場敷地として残されている。この他隣接地には約300,000坪の農地が工場敷地として適用が可能である」[1]

　○　旧東京造兵廠仙台製造所（苦竹キャンプ跡）

　「同造兵廠は昭和18年、民有農地を買収のうえ、東京第一陸軍造兵廠仙台製造所として建設されたもので、終戦後米軍に接収されたものである。近時、在日米軍地上部隊の撤退にともない、土地388,544坪、建物67,637坪が返還されたが、このうち143,406坪、建物156棟22,213坪は本県の仙塩総合開発に基く誘致工場の施設として活用又は公共施設としての転用、或いは一般住

宅敷地としての利用などの為に払い下げの対象となっている」[2]

○　旧第一海軍火薬廠地区（船岡旧火薬廠跡）

「同廠の総敷地は1,620,000坪、周囲12キロで船岡町と伊具郡北郷村に跨がっており、廠内は、船岡、赤沼、大沼、大河原、山田沢、小金沢上、小金沢下、羽黒の8地区に分かれている。各地区の施設を外観すれば、船岡地区は福利厚生施設、赤沼地区、大沼地区は爆薬製造施設、山田沢地区、小金沢地区は無煙火薬製造施設、小金沢地区一部、羽黒地区は機銃火薬製造施設、大河原地区は試験分析及工作工場施設である。現在建物は約700棟、延べ建物40,000坪である」[3]

以上、宮城県における三つの旧軍用地の概要をみてきたが、いずれも工業誘致の対象となっていることが判る。ところで、戦後間もない時期に、宮城県は、これらの軍用地と工業立地との関連について、次のように述べている。

「戦時中に労働力の豊富であった本県には陸海軍の工廠が相ついで建設されたが、それらは総て戦争のための消費財の生産を行い、生産財の生産を行うものではなかったから、戦争が終わると忽ち貧弱な非生産的な施設となった。しかして、これらの施設は熟練した多少の工業力を残した効果はあったろう」[4]

この文章の中にある「熟練した多少の工業力」という表現の内容は不明確であるが、おそらく熟練した労働力の集積と技術的視点からみて、若干の機械や施設がなお有効に利用できる状況にあったということであろう。

なお、『宮城県史』は終戦後における三つの旧軍用地の状況について、次のように述べている。

「終戦とともに船岡・多賀城・苦竹などは占領軍に接収されて工場は閉鎖され、機械類は賠償の一部として持ち去られたものが多い。萱場製作所[5]も軍需産業から自転車や部品製作に転じたが、これも振るわず縮小して敷地は他の工業用地に転化していった。多賀城・苦竹・船岡の造兵廠の敷地は占領軍用地となったものの、やがて国有財産に編入され、自衛隊や戦後の新たな工場用地として工業地区となった」[6]

宮城県における旧軍用地の工業用地への転用は、単に大蔵省から民間企業への時価払下げということだけで展開したのではなく、そこには宮城県の強力な推進政策が介在していた。その推進政策の根幹となったのが「工場誘致条例」である。

昭和28年3月28日、宮城県は条例第七号として、「工場誘致条例」を制定し、同年4月1日より実施しているが、その主旨部分だけを紹介しておこう。

「第二、県内に新設又は増設する工業については、財産を無償で貸し付け、又は予算の範囲内で必要な奨励措置を講ずる。

　①投下固定資本額1千万円以上。

　②常時使用する工員数50人以上。

　第三条　一、工場敷地、建物又はその他の施設の全部若しくは一部を五年以内の間無償で使用させること。

　　　　　二、資本金を出資すること。

三、三年以上五年以内の間、奨励金を交付すること。

　四、資金の○施又は借入金に対する損失の補償をすること。

　五、その他」

　この工場誘致条例は、地域雇用を増進し、地方税を納付できる能力をもった工場の誘致を念頭においたものであり、誘致した工場が将来的には地域経済の発展に寄与することを想定している。そのため、誘致した工場に対する優遇措置は、敷地や建物の無償使用、資本金の補助（出資）、奨励金の交付、損失の補填など多岐にわたっている。

　この工業誘致条例に基づいて、どれだけの財政支出が実際になされたのかという点までは立ち入って検討しないが、この条例が宮城県における旧軍用地に多くの工場を誘致する大きな推進力になったことは間違いない。『宮城県史』は、その工業立地の状況について次のように記している。

　「大仙台圏構想の波にのって、中央大企業の工場が県内に進出したのもこの頃（昭和36年頃—杉野）である」[7]

　「多賀城の旧海軍工廠跡にはソニー、日立、東北電機製造、東邦アセチレン、日本酸素、宮城缶詰、佐藤造機、福岡製紙、九州缶詰、東洋刃物、榎戸金庫、東京紙工等14の工場ができ、既存の多賀城製鋼を含めて年産46億円に達すると称された」[8]

　前出の引用文にある「大仙台圏構想」の中で、工業用地と深い関連をもっていたのが、「仙台湾臨海地域開発の構想」（昭和36年12月、宮城県）である。この「仙台湾臨海地域開発の構想」では、工業用地をA地区とB地区とに分けているが、旧軍用地はそのいずれとも関連している。もっとも、旧軍用地が主に関連しているのはA地区である。そのA地区を具体的に示すと、次のようになっている。

　「A地区（1）杉の入浦、要害浦、菖蒲浦団地、多賀城団地、小田原、苦竹北目、諏訪団地、（2）多賀城団地、長浜から阿武隈川河口地点の海岸地帯および仙台湾南東部（仙台—名取川—田子を結ぶ三角地帯）」[9]

　このA地区については、業種別に検討し、468万坪の用地が必要だと推計している。その内訳を示したのが次の表である。

Ⅱ-3-(1)表　『仙台湾臨海地域開発の構想』におけるA地区の業種別工業用地必要面積

（単位：千坪）

重化学工業	必要面積	軽工業	必要面積
化学	234	繊維	4
鉄鋼・非鉄	2,131	紙パルプ	224
機械	1,123	ゴム製品	167
石油・石炭	5	土石	32
		その他	759
計	3,493	計	1,186

　　出所：『仙台湾臨海地域開発の構想』、宮城県、昭和36年12月、28ページ。

　　※A地区全体では、4,679千坪。

上掲の(1)表をみると、仙台湾臨海地域で想定されていた業種としては、重化学工業が重視され、その中でも鉄鋼製品・非鉄製品製造業が中心となっている。鉄鋼・非鉄に続く機械器具製造業を合わすと 3,254 千坪となり、A 地区全体（4,679 千坪）の約 7 割を占めることになる。なお、軽工業では「その他」が約 759 千坪で比較的大きな比重を占めるが、その具体的な業種想定がなされていないので、紙パルプおよびゴム製品製造業が主たるものだと見なしてよいであろう。もっとも、こうした業種別の必要面積が推計されているのは、かかる業種の工業が立地するという何らかの動向があったとも言えよう。その点はともかく、『仙台湾臨海地域開発の構想』の「工業用地整備計画」としては、市町別に整備すべき工業用地面積が記されているので、それを一覧しておこう。

Ⅱ-3-(2)表　『仙台湾臨海地域開発の構想』における「工業用地整備計画」

（単位：千坪）

市町別	整備用地面積	工業団地
A 地区		
仙台市	655	苦竹・小田原他
塩釜市	192	杉の入浦
多賀城町	2,887	多賀城（一部仙台市を含む）
七ケ浜町	296	要害浦・菖蒲浦
岩沼町	363	吹上
亘理町	352	鳥の海
（小計）	4,745	
B 地区		
石巻市	1,640	
女川町	505	
（小計）	2,145	
合計	6,890	

出所：『仙台湾臨海地域開発の構想』、前出、29 ページ。

　仙台湾臨海地域における工業誘致に必要な用地の整備には、およそ 690 万坪の用地が必要であるが、そのうちの約 69％は A 地区であり、その A 地区でも、多賀城町（2,887 千坪）と仙台市（苦竹・小田原、655 千坪）が約 75％を占めている。つまり、仙台湾臨海地域の工業開発の整備に必要な用地は、旧軍用地が所在した地域なのである。なお、柴田町は臨海部ではないので、この整備計画には含まれていないが、それと同時に旧火薬廠であったという特殊事情から、そこへ誘致する工場も一定の制約条件があったからではないかと思われる。なお、B 地区については石巻市が 164 万坪の用地整備が必要だとされているが、その内容については不詳である。

　いずれにせよ、この工業用地整備計画は、「新産業都市建設促進法に基づく新産業都市の区域としての仙台湾臨海地域」[10]の内容としてまとめられ、宮城県における工業開発の推進指針として展開されていくのである。

　高度経済成長が華やかであった昭和 39 年の段階で、宮城県における工業地域の状況について

54

は、次のような調査報告が出されている。

「4．多賀城工場地帯隣接地域は、鉄鋼、石油精製の関連産業の立地が予定されるので、工業用地取得を容易にするため、地価の騰貴を抑制すること。また、そのためには、地方公共団体において、先行的に工業用地確保、造成を行うなど行政的措置を講ずるのも一つの方法であろう」[11]

「仙台工業港の隣接地区に臨海重化学工業が立地するので、その関連工業は仙台工業港団地（高砂地区）、苦竹団地、白山団地などの工場適地に配置されるべきであろう。

最近まで、この工業地域における多賀城工場地帯および苦竹工業地帯の形成は、用地を安く入手でき、しかも地元の労働力を豊富に取得できたことと、仙台市の集積と関連するものであった。ところが現在、苦竹団地、白山団地には、すでに自動車修理工場、ストック・ヤード、サービスステーションなど流通サービス機能の集積がみられ、地価も漸次騰貴している。今後さらに地価の騰貴が予想されるので、この地区で工業用地としてある程度まとまった面積を取得するのは困難になってきている。それ故関連工業の配置については、これら以外の地区を考えざるをえない」[12]

この二つの文章から明らかになることは、第一に、工場誘致に際しては、用地価格の安さという要因を重要視していることである。この点では、かっては工業用地を安く入手できたのだが、昭和39年段階になるとそれが困難になってきたという文章に留意しておきたい。このことは、宮城県における旧軍用地の払下げが昭和40年以降は皆無になっていることとも対応している。第二に、新産業都市との関連で、仙台新港周辺における重化学工業の立地が課題となっており、それとの対応で、市街地に近い苦竹地区では、製造工業ではなく、流通サービス機能（業）の集積が進んでいる。これら二つの点は、宮城県における工業化過程で重要な点であるが、それが旧軍用地の転用とどのような関係にあったのか、その点については、多賀城市、仙台市、柴田町を中心にしながら個別地域別に、かつ具体的に検討していくことにしたい。

1）『旧軍工廠案内』、宮城県水産商工部企画課、昭和32年、2ページ。
2）同上書、3ページ。
3）同上書、3〜4ページ。
4）『宮城県経済実相報告書』、宮城県総務部調査課、昭和23年、6ページ。
5）ここに登場する萱場製作所は、仙台市長町八本松旭紡績跡地に設立された軍需工場のことである。
6）『宮城県史9』、宮城県史刊行会、昭和43年、561ページ。
7）同上。
8）同上書、618ページ。
9）『仙台湾臨海地域開発の構想』、宮城県、昭和36年、22ページ。
10）「新産業都市建設促進法に基づく新産業都市の区域としての仙台湾臨海地域」、仙台湾臨海地域開発促進協議会、昭和37年。
11）『宮城県工業配置計画に関する調査報告書』、日本工業立地センター、1964年、18〜19ページ。

12) 同上書、19 ページ。

2. 多賀城市における旧軍用地の工業用地への転用状況

多賀城市における旧軍用地の工業用地への転用については、旧多賀城海軍工廠跡地にどのような工業が立地してきたかということが分析の中心課題となる。「史跡のまち」多賀城市は、その名のとおり、特別史跡多賀城跡をはじめとする幾多の史跡に恵まれた地域である。それと同時に、「近代的工業のまち」でもある。

言うまでもなく、この近代的工業の中核をなすのは、440 万 m² にも及ぶ広大な旧多賀城海軍工廠跡地に立地してきた諸工業である。その経緯を『多賀城町誌』(昭和 42 年)は次のように述べている。

「太平洋戦争前は平和な農村地帯であった多賀城も、戦争を境に一変した。即ち多賀城町の穀倉とも言うべき笠神、中谷地、原地区の約数十万坪の田畑が買収されて、多賀城海軍工廠が新設された。戦後は一時米軍の管理下に置かれたが、接収解除後は工場誘致地帯とされ商工業発展の足掛りとなった。その後仙塩開発計画の中心となったが、新産業都市に指定されるに及んで、臨海工業地帯となって発展の一路をたどっている」[1]

この文章は、先にみてきた宮城県における工場誘致政策の経緯とも照合している。ところで、その旧多賀城海軍工廠がどのように利用されているかについては、『旧軍用財産の今昔』がその概要を次のように記している。

「——終戦によって工廠は閉鎖され、工廠はもとより、その他付属工員住宅等の土地、建物は連合軍によって接収され、丘陵地帯には米軍将校クラブや、下士官クラブ、在日米軍家族住宅等が建設された。昭和 26 年在日米軍が撤退すると同時に、用地はすべて大蔵省に返還された。これら旧軍用地の転活用状況は、次の通りである。

工場用地として、電機、鉄鋼、製作(所?—杉野)等に約 35 万 6 千 m²、個人用住宅敷地その他として約 75 万 8 千 m²、学校用地として公立小中学校、私立学校等に減額売払いしたもの約 26 万 2 千 m²、農地として有償所管換したもの約 147 万 9 千 m²、防衛庁及び公務員宿舎敷地等として無償所管換したもの約 105 万 2 千 m²、その他、譲与、交換及び公共物編入として処理したもの約 25 万 7 千 m²、残余の土地 22 万 6 千 m² は、公園、住宅敷地等として貸付中のもの 9 万千 m²、その他未利用地となっている。

多賀城町(現在市)は、昭和 26 年頃から旧工廠跡地に工場誘致運動を推進し、工業地帯としての発展の核としてきたが、昭和 39 年 3 月新産業都市指定に伴い、仙台湾臨海工業地帯として県内有数の工場地帯を形成するにいたり、現在では、史跡と工場と住宅の街として発展を続けている。なお、ちなみに国有地売払地にある主な工場の昭和 47 年度における生産額は、210 億 2,300 万円、これに従事する人 2,605 人となっている」[2]

宮城県が昭和 31 年 7 月に発表した『工業立地条件調査資料』によれば、仙塩工業地帯の立地条件を次のように考えている。すなわち、「工業用地」の前期整備計画の一つとして、多賀城南

地区をとりあげ、ここには大蔵省国有地として8万m²があり、「誘致すべき適性業種」として
は金属、機械、食品などの小規模な工業を挙げている。なお、整備を要する事項としては、用水
施設を指摘している。

　続いて多賀城町南地区については、後期整備計画の中で取り上げられ、ここでは民有地が52
万m²ほどあり、誘致予定産業の適性業種としては、中規模の軽工業を挙げ、整備すべき立地条
件として用水施設、電力を指摘している[3]。

　こうした適性業種の選定が、既に予定されていた企業の用地取得を容易にするためのもので
あったかどうか即断できないが、昭和36年段階で、旧多賀城海軍工廠跡地に立地してきた工場
とその敷地面積および従業員数を表にしてみると次のようになる。

Ⅱ-3-(3)表　旧多賀城海軍工廠跡地利用工場一覧

（単位：m²、人、年次：昭和年）

工場名	敷地面積	従業員数	設立年月	備考（払下面積と年月）
東北電機	33,000	241	33年4月	
日本酸素	11,780	22	34年5月	13,225　（32年）
佐藤造機	29,746	225	34年9月	29,799　（34年）
東洋刃物	22,024	223	34年	22,066　（35年）
多賀城製作所	52,800	159	21年6月	19,001　（39年）
日立製作所	66,000	——	33年12月	99,177　（32年）
宮城缶詰	13,394	368	——	12,878　（33年）
東京紙工	13,222	34	——	12,988　（34年）
東邦アセチレン	17,603	28	——	
ソニー	33,192	375	29年5月	
榎戸金庫鉄工場	7,333	68	——	7,347　（35年）
福岡製紙	33,000	123	——	33,056　（35年）
九州製缶	32,958	160	——	32,958　（35年）
多賀城製鋼	51,716	225	27年2月	55,720　（38年）
鹿島建設	——	——		16,531　（32年）

　　出所：『多賀城町誌』、昭和42年、624、626～631ページより作成。備考欄は「旧軍用財産資料」により
　　　　杉野が記入。

　この(3)表に掲載されている工場のうち、宮城缶詰は多賀城市鶴谷にあった多賀城南地区官舎及
会議所の跡地を取得したもので、旧海軍工廠の跡地を取得したものではない。また、備考欄に記
載のない東北電機、東邦アセチレン、ソニーの工場は旧軍用地の払下げを受けたという記録がな
いので、その他の方法で旧軍用地を取得したものと思われる。

　ちなみに、昭和52年の段階では、日立製作所は日立サービスステーションへ、東京紙工はソ
ニー工場、そして榎戸金庫鉄工場は榎戸金属へ、九州製缶は大和製缶へそれぞれ名称を変更した
り、土地の所有権を譲渡している[4]。

　また、(3)表には掲載していないが、東北電力は、この旧工廠跡地を時価で昭和31年に
5,399m²、昭和34年に14,781m²、昭和46年に3,035m²、計23,215m²を取得している[5]。さら

に『多賀城町誌』に所載されている昭和42年当時の工場地帯現況図をみると、旧工廠跡地内には、中央製作所、フィルター工業、日通不動産、日通、山口モータース、仙台ガス、三伸製作所などが立地している。ちなみに、昭和52年段階では、中央製作所は存在しておらず、フィルター工業と日通不動産は東北フィルター工業となり、日通の用地はダイハツ工業へ、山口モータースは山口重車両となり、三伸製作所は東京シャーリングになっている。なお、この工場地帯現況図によれば、若干の国有地が残されているが、その国有地は昭和51年現在でも未利用のままになっている[6]。

ところで、昭和51年頃までに、この旧海軍工廠跡地に立地してきた企業としては、理研食品（昭和39年）をはじめ、大林組機械部、日産建設、中外機工、仙台化成、仙台市ガス局、仙台溶材、丹野建設、塩釜通運、三協輸送などがある[7]。

昭和36年以降、旧海軍工廠跡地に立地してきた工場や企業は、敷地面積からみてそれほど大きなものではない。多くの場合、昭和36年以前に大蔵省より時価で払下げを受けた大工場の傍に立地している程度でしかない。しかしながら、昭和52年の段階で、多賀城市が「近代工業のまち」と誇れるだけの産業都市に変貌していることも事実である。そこで、もう一度、戦後における旧海軍工廠の経過を辿ってみることにしよう。

「戦後、工廠が閉鎖されて工業化は一時中断したが、接収解除によって工廠の一部が工業用地として払い下げられ、積極的な工場誘致によって、昭和27年頃から各種の工場が立地をはじめ、昭和39年3月、新産業都市の指定とともに、昭和40年代初めには、工廠跡のうち81haに金属製品、一般機械、電気機械等大小約50社が立地して完全な工業地帯を形成した。この工業地帯は、仙台新港の開港や石油、電力の操業、幹線交通体系の確立、緩衝緑地帯の整備等によって、周辺地域と調和のとれた環境のすぐれた条件を備えている」[8]

この文章からも判るように、多賀城市の諸工場は、その臨海性工業立地としての性格をもっている。それはもともと旧工廠が海軍工廠であったということとも無縁ではない。しかし、戦前には大型港湾の存在を立地要因とした「臨海性」ではなかった。微視的に言えば、旧多賀城海軍工廠から海岸までは約500メートルの距離があり、しかもその500メートルの間隔は多賀城市域ではなく、仙台市域である。つまり、仙台新港の建設によって、名実ともに多賀城地域の諸工業は臨海性立地と言えるようになったわけである。

それだけに、多賀城市域の諸工場にとっては、行政地域の異なる仙台新港の建設は極めて重要な関心事であった。そのことは、次の文章が如実に物語っている。

「仙台港は、昭和43年から本市の工業地帯と続く仙台市長浜地区に建設されている。開発規模は約1,330haで、そのうち840haが工業用地とされ、昭和46年に第一船が入港し、昭和50年の完成が見込まれている。さらに商港的機能も含まれて海陸交通の結節点として、将来は国際的な流通機能を分担しながら国際貿易港の整備がなされる。

背後地は昭和46年に石油、電力、昭和48年にガス関係が操業し、さらに鉄鋼、電気機械、非鉄、金属製品、その他の進出が見込まれ、既に建設が始まっている企業もみられる。この背後地

にある本市は、既存工業地帯のほか造成地区に基幹工業と周辺地区に関連工業の誘致が考えられ、すなわち、東側の北航路付近は石油・ガスの基幹工業が立地しており、西側と既存工業地帯は一般機械、金属製品等の高次加工型の関連工業が見込まれる」[9]

　昭和52年現在、仙台新港は、カーフェリーやブラジル移民用の大型船舶などが入港している。また周辺の工業用地も、港の北側は日立製作所、新日本製鉄、日鉄建材、川崎製鉄、藤沢製鋼、吾妻製鋼、日本鋼管によって相当部分が買収されたものの、不況のためか、工場そのものはほとんど立地していない。

　また、北新田地区はフェリー・ターミナルがあるだけで、東部の東北石油や東北電力火力発電所を除いて、工場らしきものはなく、そのほとんどが流通用地（野積場）として利用されているに過ぎない[10]。

　仙台新港の周辺部がこのような状況にあるとはいえ、戦後は旧海軍工廠を中心として近代的な工業化が推し進められ、さらにそれが基礎となって新産業都市にも指定されて、新しい仙台臨海工業地帯が生まれようとしている。即ち、旧軍用地が新しい工業地帯を生み出していく起爆剤となったという歴史的役割については、それなりの評価をしておかねばならない。

　　１）　『多賀城町誌』、多賀城町、昭和42年、619ページ。
　　２）　『旧軍用財産の今昔』、大蔵省大臣官房戦後財政史室編、昭和48年、75〜76ページ。
　　３）　『工業立地条件調査資料』、宮城県、昭和31年、97〜98ページ参照。
　　４）　『多賀城市』（市街地地図、塔文社、昭和52年）および昭和52年8月現地踏査による。
　　５）　「旧軍用財産資料」（前出）による。
　　６）　『多賀城町誌』（前出）の「工場地帯現況図」による。
　　７）　『多賀城市』（市街地地図、前出）、および昭和52年8月現地踏査による。
　　８）　『多賀城市総合計画』、多賀城市、昭和49年、66ページ。
　　９）　同上書、69ページ。
　　10）　『多賀城市』（市街地地図、前出）、および昭和52年8月現地踏査による。

３．仙台市における旧軍用地の工業用地への転用状況

　戦前の仙台市において、敷地面積からみて大規模な軍事関連施設としては次のようなものがあった。

Ⅱ-3-(4)表　仙台市（戦前）の旧軍用施設（10万㎡以上）

（単位：㎡）

旧口座名	敷地面積	所在地	備考（主たる譲渡先）
仙台第一陸軍病院	110,469	原町	厚生省国立病院（23）
東京第一陸軍造兵廠 　仙台製造所鹿島地区	154,509	原町小田原	民間住宅［72戸］（28）
東京第一陸軍造兵廠 　仙台製造所太田見地区	1,231,347	原町小田原	防衛庁（38）
東京第一陸軍造兵廠			

仙台製造所安養寺地区	296,560	原町小田原	宮城県農事試験場（26）
東京第一陸軍造兵廠			
仙台製造所中江地区	135,242	原町小田原	民間住宅［489戸］（31）
仙台陸軍兵器補給廠	117,344	原町小田原	宮城県農事試験場（26）
仙台青葉山練兵場			
（他15口座）	3,623,365	川内	文部省［東北大］（32～47）
仙台宮城野原練兵場	441,152	原町南ノ目	国鉄貨物専用駅（26）
歩兵第四連隊	129,892	榴岡	総理府管区警察学校（33）
東京第一陸軍造兵廠			
小田原一地区	420,052	小田原	宮城県農事試験場（26）
東京第一陸軍造兵廠			
小田原二地区	261,898	小田原	日本専売公社（24・29）

出所：「旧軍用財産資料」（前出）より作成。
　　※備考欄中の（　）内数字は、昭和年度。

　戦前の仙台市内にあった旧軍用地の戦後における転用状況を概観すれば、(4)表からも判るように、青葉山練兵場跡地を東北大学や宮城教育大学などの新制大学用地への転用をはじめ、防衛庁、総理府警察学校、宮城県農事試験場、国鉄、日本専売公社、民間住宅などへ転用したがその主たるものである。つまり、この(4)表から旧軍用地の産業用地への、とりわけ工業用地への転用状況をみると、僅かに日本専売公社の用地取得があるだけで、産業用地としての取得状況を把握することはできない。

　しかし、仙台市原町小田原にあった東京第一陸軍造兵廠仙台製造所跡地には、多くの工場が用地を取得し、立地してきている。それらを一つの表にまとめると次のようになる。

Ⅱ-3-(5)表　仙台市における旧軍用地の産業用地への転用状況

（単位：m^2、年次：昭和年）

旧口座名	企業名	取得面積	取得年度
東京第一陸軍造兵廠	仙台トラックターミナル	42,029	37
同　（太田見地区）	大洋漁業	39,865	35
同	大日本印刷	28,541	36
同	東北協和カーボン	85,304	37
同	日本電信電話公社	5,222	43
同　（鹿島地区）	日本通運	14,575	33
同　（中江地区）	通信材料研究所	9,087	24
同　（小田原一地区）	鉄道保安工業	9,565	27
同	仙台工機	10,340	27
同	古河電気工業	8,685	28
同	渡辺幸三郎（木材工業）	26,758	29
同	佐々木農機	7,467	29
同	明治乳業	3,912	29
同	仙台コンクリート	6,058	30
同	東洋製缶	5,146	31

同	宮城トヨタ自動車	4,571	32
同	東洋木材企業	8,670	32
同	河村織右工門（繊維工業）	4,132	32
同	東洋製缶	7,883	34
同	東缶興業	15,650	35
同	東北急行運送	8,073	42
同　（小田原二地区）	日本放送協会	9,897	23
同	日本専売公社	125,233	24
同	日本専売公社	15,034	29
同　（宮城野原作業所）	国鉄	7,080	35
捜索第二連隊	帝産オート	14,989	23
仙台宮城野原練兵場	国鉄	184,573	26
仙台台の原諸兵作業所	日本放送協会	4,902	24
仙台角五郎練兵場	日本生物研究所	4,756	23
同	西松組	4,638	24

出所：「旧軍用財産資料」（前出）より作成。

東京第一陸軍造兵廠仙台製造所は、(4)表、(5)表からも判るように、原町小田原の太田見地区、鹿島地区、安養寺地区、中江地区の４カ所と小田原一地区、小田原二地区、さらに燕沢地区（36,502 m²）、宮城野原作業所（40,036 m²）の合計８カ所に分かれていた。その全体の敷地面積は、(4)表の６地区に燕沢地区と宮城野原作業所を加えて算出してみると、258 万 m² にも達する。それだけに、この造兵廠跡地は多様な用途に転用されている。

仙台市域で旧軍用地が産業用地（転用面積が３千 m² 以上）へ転用したものは、(5)表の通りであるが、その中で旧東京第一陸軍造兵廠の占める件数は 25 で圧倒的に多い。ちなみに、その 25 件の面積を合計してみると、508,777 m² となる。つまり旧造兵廠全体の敷地面積のおよそ５分の１が産業用地へと転用されているのである。この比率は、１件あたりの取得面積が３千 m² 以上の件数を合計した企業のものだけであり、それ未満の用地を取得した企業の面積を含めると、その比率はもっと大きくなるであろう。

なお、仙台市域では、旧東京第一陸軍造兵廠跡地以外でも旧軍用地の産業用地への転用が行われている。その中で注目すべきは、昭和 26 年に、国鉄が旧仙台宮城野原練兵場跡地の一部 184,573 m² を貨物専用駅の敷地として時価で取得した件である。これは仙台市域における旧軍用地の払下げとしては最大のものである。そのほかには帝産オートが捜索第二連隊跡地の一部 14,989 m² を取得しているのが大きいだけで、後はいずれも５千 m² 未満の用地取得に留まっている。

以上のような旧軍用地の払下状況をみると、戦後の仙台市においては、旧軍用地、とりわけ旧東京第一陸軍造兵廠の跡地の転用が、重要な工業地域を形成する基礎となったことが判る。以下では、その間の歴史的経緯を、仙台市の工場誘致政策とあわせてみていくことにしよう。

仙台市では、宮城県が昭和 28 年に工場誘致条例を制定したのに続き、昭和 29 年に「仙台市工場設置奨励条例」（のち昭和 36 年に「仙台市工場誘致条例」に改変）を制定し、地域の工業化に努

めている。

　昭和 31 年に仙台市は『仙台市都市計画』を発表し、その「工業地域」の項で、戦前から戦後にかけての旧軍用地の推移を次のように述べている。

　「本市の工業地帯は、早くより開けた小田原の鉄道沿線地帯と長町駅周辺地区及び広瀬川橋下の地区にして、戦時中には陸海軍の工廠が原町苦竹、原町小田原の地区に建設されたが、それにともない長町地区にも東北特殊鋼、東北金属、萱場産業などの大工場が相ついで建設、または拡張せられて一時隆盛を極めたが、終戦によってこれらの工場は一時生産の目標を失い、その後は平和産業へと転換し、縮小生産に入ったが、工業生産も年と共に遂に上昇しつつある状況である」[1]

　この文章では、原町苦竹地区と原町小田原地区の旧軍用地について触れられているが、昭和 33 年頃の段階において、これらの地区をとりまく工業立地条件等については、『仙台における工業立地条件』のはしがきで仙台市長の島野武氏が次のように述べている。

　「仙台市は東北地方の中心にあって、京浜地方との連絡もよく、東北を掌握しつつ中央との連携を保つために、まことに都合のよい位置を占めている。殊に太平洋に面し、外国貿易の便が得られ、東北の豊富な資源と、輸入原料を活用した加工工業を経営する為には絶好の地位を占めている。このことは、古くから知られていた処であったが、従来、海陸交通施設が充分でなく、加えて工業用水を欠いていたので、企業家から惜しまれながらも本市地域に工場設置を目録む計画は、あまり進められていなかった。従って、広大な旧陸海軍工廠跡は、一部に米軍引続いて自衛隊の駐屯のため転用されたが、大部分は戦后十数年を経た今日まで、野晒しに放置されたままの状態が続いている。

　処が、昭和 32 年に東北開発三法が施行され、国土総合開発法に基き『仙塩特定地域総合開発計画』が実施され、その重点は、工業立地条件の整理であって、特に①港湾整備の拡充、②工業用水道施設、③道路、鉄道改善整備、④電力の開発と供給力の増強、⑤北海道東北開発公庫の長期資金融資、⑥工業地域としての好適な都市環境造成等に鋭意努力が続けられ、塩釜港の一万屯岸壁は既に竣工に近く、この外、各計画は着々と進行し、工業立地上の諸条件は往時に比べて格段に向上しつつある」[2]

　ところで、この『仙台における工業立地条件』は旧東京第一陸軍造兵廠跡地であった原町苦竹・小田原地区について、次のように紹介している。やや長いが、二つの文章を続けて引用しておこう。

　「小田原地区は最も市街地に近く、旧陸軍工廠跡地 150,000 坪を戦後財務局から払い下げが進んでいるが、既に、市営ガス工場を中心に、車修理工場、練炭工場等、十数工場がこの二、三年の間に急激に設置され、工場地帯を形成している。国有地にもまだ分譲未済の土地が相当あり、更にその周辺は畑作地帯なので、新規工場設置の余裕は充分あり、将来最も活発な工場地域となることが期待されている。殊にガス・コークスを使用する企業には絶好の条件を供えている」[3]

　「苦竹地区は仙台市街地の東端、仙塩街道に面し、戦前は陸軍工廠、戦後は米軍キャンプが

あった約300,000坪の整然たる二区劃であったが、現在は西半分に自衛隊が駐屯し、東半分並びに地域南部の付属地を工場向に譲渡の計画で財務局が管理している。昭和32年米軍キャンプが撤退の際、労働省の離職者対策として、又国の方針としても工場誘致を企画しており、内閣に設置された『特需等対策連絡会議』にあっても、昭和33年5月に視察の結果、大工場向に好適な敷地であるとの結論を出し、中央においてもここに工場が設置されるよう配慮中の模様であるが、未だ成案について地元は連絡をうけていない。地域内には旧陸軍工廠時代からの木造、モルタル塗建物が約五十棟残っているが、用途によっては充分活用できる」[4]

　この二つの文章から、戦後における旧陸軍造兵廠小田原地区と苦竹地区の工業立地条件について知ることができるが、なお工場立地に際して最も重要な要因である地価については不明である。そこで、昭和36年段階における工業用地の価格がどうなっているか明らかにしておこう。

Ⅱ-3-(6)表　仙塩臨海工業地区における工業適地と価格

工業団地名	工場適地面積	所有形態別面積	取得用地価格：円 /m^2
小田原地区	111,000 m^2	民有地　111,000 m^2	川鉄工業 2,360（田・宅地） 明治乳業 1,650（休止工場跡）
苦竹地区	573,906 m^2	国有地　102,300 m^2 民有地　471,600	3,500（田） 国鉄　5,000（宅地）

出所：『工場適地と立地条件の概要』、宮城県総合開発室、1961年3月。

　この(6)表から、昭和36年段階における仙台市の工場適地は小田原と苦竹の工業団地を合わせて、およそ685千 m^2 であるが、そのうち民有地が582千 m^2（85%）で、旧軍用地と思われる国有地は102千 m^2（15%）に過ぎない。つまり、昭和36年段階では、旧軍用地を工業用地として払い下げる余地がほとんどなくなっていることが判る。

　ところで問題の用地価格であるが、(6)表の事例では、その取得年次が不詳なので比較検討することができない。大蔵省管財局の資料で、昭和35～36年段階における旧軍用地の払下価格について若干の事例を紹介しておくことにしよう。

Ⅱ-3-(7)表　東京第一陸軍造兵廠跡地の売払価格（時価分）

地域名	売払相手	年度	単価：円 /m^2
太田見地区	大洋漁業	昭和35年	2,057
同	大日本印刷	昭和36年	2,057
同	東北協和カーボン	昭和37年	2,300
宮城野原作業所	国鉄	昭和35年	339
小田原一地区	東缶興業	同	1.8
同	東北急行運送	同	2,300
同	明治乳業	昭和29年	486

出所：「旧軍用財産資料」（前出）より作成。

⑺表をみると、東京第一陸軍造兵廠跡地でも太田見地区では昭和35年から36年にかけて各企業に払い下げた価格は1m²あたり2,057円、昭和37年段階で2,300円でほぼ同じ水準にある。ところが、場所が異なると、同じ昭和35年でも、国鉄には339円という低い地価になっている。⑹表で、国鉄が5,000円で購入しているのは、旧軍用地ではなく、おそらく民間（宅地）からの買収価格であろう。さらに小田原一地区では、東北急行運送が2,300円で購入しており、この地価は当時における仙台の旧軍用地払下価格とほぼ同じ水準にある。しかしながら、東缶興業の場合には、1m²あたり1.8円という異常に低い価格で払い下げている。この件については何らかの特殊な事情があったものと推測される。

⑹表では明治乳業が1,650円で休止している工場の跡地を購入しているが、これは明治乳業が昭和29年に旧軍用地を1m²あたり486円で購入しているのとは別件であろう。こうした事情をみると、⑹表で示された工場用地価格は、旧軍用地の払下価格というよりも、民有地の買収価格であるとみたほうが妥当であろう。それは工場適地としては、国有地（15％）よりも民有地（85％）が多かったことにも表されている。

ところで、昭和36年段階における小田原工業団地と苦竹工業団地の工場立地状況は次のようなものであった。

「小田原団地：この団地の北側は、旧陸軍造兵廠跡地であって、引込線があり、東洋製缶、鉄道保安工業、コドモ綿、明治乳業、栃木三鱗、専売公社仙台工場、仙台市ガス事業局原町工場等が進出し、また、団地の中央部に聯合紙器、東側には川岸鉄工場が新設されている」[5]

「苦竹団地：この団地は、仙台市街地の東方部に位置する旧陸軍造兵廠跡地、及びその東側に隣接する農地であって──、この団地の西側の国有地には、大日本印刷、大洋漁業、協和カーボン、弘進ゴム、トラック・ターミナルの建設が決定し、既に大洋漁業が工場を建設中である。この団地は、国有の休止工場跡地（102,300m²）のほかは田であるが、仙台都市計画の用途地域指定では工業地域になっている」[6]

さらに昭和38年に策定された『大仙台の将来構想』では、地域内既存工業地区の一つとして、これら二つの地域については、次のような概況が紹介されている。

「仙台北部地区：原町、小田原は、金属、機械等を主とする比較的新しい工場地帯で、大半は30年以降に操業を始めている。ここには市営ガス工廠も新設されている」[7]

だが、地方管理中枢都市である仙台は、高度経済成長による人口の急激な集中によって市街地化が驚くべきテンポで進行し、旧軍用地へ立地してきた工場は、市街地の中心に相対的に近くなってしまった。このため、仙台市としても、都市計画上、この地区における工場の存在がかなり厄介なものとなりつつある。昭和44年11月に策定された『仙台市総合計画』では、その辺の事情を次のように指摘している。

「これら企業の市内における地域分布をみると、長町地区、原町地区、榴岡地区にやや分布密度の高さがみられるものの、概して、全市域に点在しており、住工混在の様相を示し土地利用の混乱が指摘される」[8]

64

　かっては、工場誘致政策によって旧軍用地に立地してきた多くの工場は、昭和44年の段階になると、「住工混在」という都市問題に悩むことになる。このことは、既に、旭川市の春光町地区でも生じていた問題であるが、旧軍用地がもともと都心に隣接する場所に存在していたことが、その遠因になっているとみることもできよう。

　なお、「杜の都」である仙台では、戦後復興との関連で、公園や街路の緑化が進められているが、そのうち旧軍用地の転用による公園の設置について『戦災復興余話』は、「旧四聯隊敷地の一画 27,457 m^2（8,306 坪）を昭和四十八年に買収し、五十年六月に 56,746 m^2（17,165 坪）を無償借りうけしている」[9]と述べている。

　また、「旧軍用地の跡地については、二十年十二月に閣議決定された『戦災地復興計画の基本方針』の一項目に『兵舎その他軍用地跡地は官公衙、街路、公園その他公共用地に充てるものとすること』と決められていた。従って、偕行社のあった軍用地はこの基本方針に沿って、そのまま公園として使用できるが、学校については換地を考えないといけない」[10]という文章が同じ『戦災復興余話』に見られる。「学都」としての仙台では、文部省（東北大学）や仙台育英学園、それから小中学校などによる旧軍用地の取得があったことは、本書の上巻でもうかがえることである。

　1）　『仙台市都市計画』、仙台市、昭和 31 年、53 ページ。
　2）　『仙台における工業立地条件』、仙台市、昭和 33 年、「はしがき」。
　3）　同上書、16 ページ。
　4）　同上。
　5）　『工場適地と立地条件の概要』、宮城県総合開発室、昭和 36 年、13 ページ。
　6）　同上書、14 ページ。
　7）　『大仙台の将来構想』、仙台市総合企画協議会、昭和 38 年、56 ページ。
　8）　『仙台市総合計画』、仙台市、昭和 44 年、229 ページ。
　9）　『戦災復興余話』、仙台市、昭和 55 年、74 ページ。
　10）　同上書、98 ページ。

4．旧第一海軍火薬廠跡地の産業用地への転用状況

　宮城県柴田郡柴田町にあった旧第一海軍火薬廠の歴史的経緯は、次のようである。

　「昭和 12 年日支事変の勃発によって船岡第一海軍火薬しょうが施設され──、総面積約 157 万坪余、周囲 12 キロの広大な地域を有している。──昭和 14 年 8 月 1 日開庁し、わが国最大の火薬しょうとして発足したのである。──火薬しょう開庁後も引続き拡張工事が続けられ、当時は徴用工員等も含めて約 9,000 名近くが就業、軍需生産の主要部門を担ってきた」[1]

　この火薬廠の設置にあたっては、軍が鉱泉、田畑、宅地などの民有地を文字通り、二束三文で買収したが、それは「買収」というよりも、むしろ強権的「没収」であった。しかし、戦後は土地の返還をはじめ、土地利用に関する問題は生じていないと言う[2]。

第二章　東北地方　　65

『旧軍用財産の今昔』は、この旧第一海軍火薬廠の歴史的経緯およびその産業用地への転用について詳しく紹介しているので、煩わしさを厭わずに引用しておこう。

「旧第一海軍火薬廠は、昭和14年8月1日に京都府舞鶴市にあった海軍爆薬工廠の支廠として発足したものである。——終戦時の従業員は廠長以下1万数百名であり——。用地は総て民有地を買収したもので、火薬廠自体の面積521万m^2、それに付帯施設としての鉄道専用線用地、悪廃水路敷地、水道用地等廠外に約9万5千m^2の土地を有していた。

昭和20年8月15日終戦の後、間もなく、連合軍に接収され同軍の弾薬集積所及び一部射撃場等に使用されたが、昭和33年6月に全面返還された。

本火薬廠は戦後直ちに賠償指定工廠に指定され、賠償機器器具の保守手入にあたっておったが、本工廠からは一台も賠償として持ち出されなかった。この機械器具は昭和27年頃から民間中小企業との機械器具の交換制度により活用され日本産業復興に役立ったのである。

大蔵省に普通財産として引継がれたのは台帳上では昭和20年11月20日となっているが、前記のとおり昭和33年6月まで接収（平和条約後提供財産）されていたので、その間わずかに不用の建物、機械器具等が売払処分された程度で財産のほとんどが、返還後転活用されたものである。

そのうち財産の主体をなす土地について、転活用の状況についてみると、電線製造、鉄鋼関係、農薬製造等各種の民間近代産業の用地約121万4千m^2、鉄道敷等2万7千m^2、防衛庁陸上自衛隊船岡駐とん地（施設大隊、弾薬貯蔵処）約159万9千m^2、総理府科学技術庁航空宇宙技術研究所敷地約91万2千m^2、文教関係約8万3千m^2、農地等約16万m^2、その他公務員宿舎及び公営住宅敷地約4万8千m^2、福祉事業施設約2千m^2、道路敷及び水道施設として約14万5千m^2となっている。

未利用地として一団地をなしているものは通称小金沢下地区及び羽黒地区に約70万8千m^2、外に点々として約31万2千m^2の未利用地がある。小金沢下地区及び羽黒地区は都市計画上工業地域に指定されており、将来地域開発のための工場用地として活用する計画である」[3]

戦後における旧火薬廠の土地利用の概況については、前記の引用文でも明らかであるが、若干の補足をしておこう。

まず、旧火薬廠は柴田町、大河原町、角田市に跨がっており、その面積はおよそ446万m^2であった。その跡地に工場が最初に立地したのは、昭和25年7月、宮城県の誘致条例第5322号による東北共同化学工業（16,418m^2）である。

昭和34年から36年にかけて、田無市で機関銃を製造していた日本特殊金属㈱と昭和火薬を誘致することになっていたが、会社が倒産して、会社更生法にかかり、結果的には実現しなかった。

この間、平和産業では、山の中までは進出してこないだろうという見通しがあり、昭和35年に自衛隊（工兵隊、建設大隊）を誘致した[4]。なお、日本特殊金属は昭和37年に大蔵省より約104万m^2の用地を時価で取得しており、企業倒産後はこの用地を他に転売したものと思われる[5]。

その後、この地域では、昭和36年に工場立地適地地区の指定、同39年低開発地域工業開発地

区の指定を受け、柴田町にも次第に諸企業が立地を始めてくる。その具体的な内容は次表の通りである。

Ⅱ-3-⑻表　柴田町における工場立地状況

（単位：人・m²）

工場名	事業内容	従業員数	敷地面積	設立年月
東北共同化学工業	農薬・消毒薬の製造	92	16,418	昭和 25 年 1 月
三東化学工業	農・工業薬品製造	約 120	166,600	36 年 9 月
東北大江工業	諸機械製作・金属加工	315	130,000	40 年 4 月
昭和電線電纜	電線電纜製造	30	502,725	44 年 3 月
北日本電線	電線製造	52	192,845	45 年 4 月
東北三和網器	鉄構物製造	250	112,000	45 年 4 月

出所：『柴田町工場要覧』（柴田町商工観光課、昭和 48 年）より作成。

　この⑻表には掲載されていないが、昭和 41 年に日本鉄道建設公団が旧火薬廠の跡地（9,651 m²）を取得している[6]。その後、昭和 50 年には仙南建設関連共同組合連合会（5 単協）が進出し、その用地はおよそ 1 万坪と言われている[7]。

　これらの用地も含めると、旧第一海軍火薬廠の跡地では、約 116 万 m² が産業用地として転用されたことになる。かくして、昭和 50 年の段階では、自衛隊の駐屯地をはじめ、科学研究所などの立地もあるので、この旧海軍火薬廠の跡地では未利用の土地はほとんどなくなっている。

　ちなみに、昭和 51 年 7 月末時点の柴田町では、白石川に沿ったかたちで、東北日立電子（旧東北シバデン・16 万 m²）をはじめ、東北リコー（17 万 8 千 m²）、明電工業（3 万 2 千 m²）、東邦ヒューム（3 万 2 千 m²）などが立地しており、また国道 4 号線沿には特殊コンクリート（2 万 9 千 m²）、東海高熱工業（10 万 m²）などの諸工業が立地してきている[8]。

　　1）『東北財務』（第 27 号）、東北財務局、昭和 34 年 8 月 20 日号、5 ページ。
　　2）　昭和 51 年 7 月 30 日、柴田町における聞き取りによる。
　　3）『旧軍用財産の今昔』、大蔵省大臣官房戦後財政史室編、昭和 48 年、78 ～ 80 ページ。
　　4）　昭和 51 年 7 月 30 日、柴田町における聞き取りによる。
　　5）「旧軍用財産資料」（前出）による。
　　6）　同上。
　　7）　昭和 51 年 7 月 30 日、柴田町における聞き取りによる。
　　8）　同上および現地踏査による。

5．その他、宮城県における旧軍用地の産業用地への転用状況

　これまでは宮城県における旧軍用地の産業用地への転用状況を多賀城市、仙台市、柴田町を中心にしてみてきたが、それ以外の地域での旧軍用地の産業用地（農林業を除く）への転用は、僅か 1 件しかない。

日本冷蔵は昭和 22 年に女川防備隊（女川町）の跡地（6,215 m²）を取得しているが[1]、時期的にみて、戦後における食料事情を改善するために必要な旧軍用地の転用だったと思われる。また、女川町にとっても、臨海部に水産加工場が進出、立地することによって、いわばこの地方の漁業基地としての発展と雇用の増大が期待されたのである。

昭和 59 年現在、日本冷蔵が払下げを受けた用地は、日本水産女川工場が使用しているが、もともと、この両社は戦前にあっては、日本海洋漁業統制株式会社として同一の企業だったのである。昭和 25 年 6 月に、日本水産が進出しているが、昭和 22 年に日本冷蔵が取得した約 6 千 m² の用地に加えて、昭和 23 年には 18,699 m² の旧海軍用地の払下げが行われたという[2]。

その後、地先の埋め立てにより、昭和 57 年 10 月の時点における日本水産女川工場の敷地面積は約 3 万 3 千 m²、従業員 119 名となっている[3]。ちなみに、旧海軍女川防備隊の跡地は旧日本水産事務所があったところで、昭和 57 年 10 月の時点では空き地となっている[4]。

1）「旧軍用財産資料」（前出）による。
2）昭和 57 年 10 月 2 日、女川町役場での聞き取りによる。なお、昭和 23 年の件については大蔵省管財局の文書には記載されていない。
3）昭和 57 年 10 月 1 日、日本水産女川工場での聞き取りによる。
4）同上および同日の現地踏査による。

第四節　青森県における旧軍用地の産業用地への転用

青森県における旧軍用地で、戦後大蔵省から払い下げられたのは 134 件、面積にして、約 1 億 4 千万 m² である。そのうち産業用地（研究所を含み、農林業を除く）として払い下げられたのは、12 件で、その面積は 125 万 m² である。払下件数でも、また面積でも県全体からみれば極めて少ない。次の表は、その一覧である。

II-4-(1)表　青森県における旧軍用地の産業用地への転用状況

（単位：m²、年次：昭和年）

旧口座名	所在地	払下企業名	払下面積	払下年度
歩兵第 52 連隊	弘前市	林檎加工場（舟本）	12,228	27
捜索第 57 連隊	同	弘南バス	3,966	26
第 57 師団通信隊	同	弘南食品	3,467	26
堀越練兵場	同	津軽貨物自動車	11,063	25
軍馬補充部三本木支部	十和田市	佐々木農機	12,165	22
同	同	十和田鉄道	11,022	22
同	同	工芸貿易協会	4,128	23
同	同	東北配電（東北電力）	5,871	24
同	同	北里研究所	172,767	24

下北埠頭用地	むつ市	陸奥製鉄	219,079	38
大湊支廠下北補給工場	同	大湊化工	433,804	26
大湊不時着陸場	同	盛岡鉄道管理局	36,846	30
樺山航空基地	同	大五産業（建設業）	335,241	47

出所：「旧軍用財産資料」（前出）より作成。

　上掲の(1)表をみれば判るように、青森県で旧軍用地が産業用地へと転用されているのは、むつ市4件、計約1,025千m²、十和田市5件、計約206千m²、弘前市4件、計約30千m²である。その中でも、むつ市は払下面積で大きな比重を占めている。十和田市がそれに次ぐが、工業立地という視点からみると、北里研究所は製造工業ではないので、これを除くと、佐々木農機と工芸貿易協会（工芸品工場敷地）を合わせても16千m²程度と規模が小さく、いわば農村工業的存在でしかない。弘前市では林檎加工場の12千m²程度を除いては、小規模な面積規模に留まっており、しかも市街地に隣接した旧軍用地が多いので、住工混在という問題がみられる。したがって、青森県の場合には、むつ市を中心とした旧軍用地の払下状況を歴史的にみていくことにしたい。

1．むつ市

　青森県むつ市は旧大湊町と旧田名部町が合併してできた新しい市である。だが、戦前の大湊町には軍港があり、そこには大平重油槽（504,555m²）、警備府水道第一区（3,139,285m²）、同第二区（1,046,160m²）、大湊警備府第一区（899,251m²）、下北埠頭用地（222,113m²）、大湊支廠下北補給工場（604,613m²）、芦崎衛所（784,341m²）、大湊警備府第二区（313,259m²）、大湊炸填機雷庫（281,646m²）、第41航空廠大湊支廠（622,839m²）、大湊航空隊（1,388,553m²）、大湊不時着陸場（1,836,426m²）、樺山航空基地（1,013,400m²）などといった広大な旧軍用地の集積があった。その面積は、これまでに紹介した旧軍施設だけでも、1,265万m²余に達するものであった[1]。

　ところで、大湊支廠下北補給工場は昭和26年に大湊化工㈱に43万4千m²が時価（単価は1m²あたり31銭）で払い下げられたが、大湊化工はここに立地しなかった。その後、社名を東北セメント㈱と変更したものの、工場を建設せず、昭和55年の時点では、高い煙突1本と赤茶けた舎屋が1棟とり残されたままで、用地は雑木林と化している[2]。

　むつ市は、昭和36年5月31日に『新市建設基本計画』を策定し、工場誘致に積極的に乗り出した。その時点におけるむつ市の工業立地条件および工場誘致の将来展望を次のように記している。

　「むつ市南部一帯に広がる下北臨海工業地帯は港湾に隣接した広大低廉な工業用地を有し、豊富良質な工業用水に恵まれ、さらに質、量ともに優っている砂鉄、石灰石資源が背後に賦存し、原料の入手が安定し、原料コストが安い上、港湾、鉄道は短期間に比較的少ない費用で整備でき、また工場用地としての土地造成に要する建設費が安く、投資効果が高いなど工場適地としての各種条件を揃えているから、当面期待される東北開発㈱による砂鉄精錬工場の誘致を契機に、将来

は関連工業の勃興により当市は漸次工業都市形態へ移行する見通しが明るい。なお下北半島の諸資源を利用する適種工業としては、砂鉄利用工業、石灰石利用工業、木材利用工業、水産加工工業及び酪農工業、などが挙げられている。昭和36年より着工することになっている東北開発㈱による砂鉄精錬工場の生産規模は年間砂鉄銑12万トンと言われているが、将来は第二次の製鋼、第三次の圧延までの銑鋼一貫方式がとられるものと期待される」[3]

さらに、むつ市は昭和37年8月16日、「低開発地域工業開発地区」に指定されるが、その理由は「下北半島の拠点として地域配置の妥当性はある。工業集積は12億円と少ないが、砂鉄を利用する工業の立地が予定されている」[4]というものであった。

こうした『新市建設基本計画』の策定や「低開発地域工業開発地区」の指定による下北半島の工業開発計画の第一歩が、下北埠頭用地という旧軍用地（約22万㎡）をむつ製鉄へ払い下げたことであり、むつ製鉄はそこで砂鉄を原料として立地する予定であった。

だが、むつ製鉄の建設計画は次のような経緯を辿って挫折する。次の一文が簡潔にその要点を指摘している。

「東北開発KKが昭和32年に発足以来、砂鉄利用工業を5大基幹事業の一つとして取りあげ、砂鉄資源の賦存度のもっとも高い下北半島地区において砂鉄から特殊鋼を生産する銑鋼一貫工場を企画化するという基本構想をもったのである。33年から35年にかけて、5億円の予算をもって、砂鉄鉱区の買収をはじめ、海外調査、工業立地の調査など経営全般にわたって企業化のための準備を行った。この結果、36年には、むつ市に銑鋼一貫工場を建設することになり、工場建設のための準備を行った。そして、38年4月この企業体である『むつ製鉄』ならびに砂鉄原料KKが設立された。国は、砂鉄事業計画の認可に当り、『むつ製鉄』の責任において実施計画を作って改めて承認をうけるという条件を付していた。このため、同社は実施計画案の作成に当たって、5種類ほどの案を作って検討した。しかし、この間において、鉄鋼界の不況、高炉—転炉の組合せによる特殊鋼生産分野への進出など鉄鋼業の急激な構造変動により、砂鉄事業そのものが苦境に陥入るなどの諸般の情勢変化により、企業経営に参画していた三菱グループが砂鉄事業は企業採算に乗らないため企業提携を辞退する旨を東北開発KKに申入れた。このため、39年12月の閣議において、『むつ製鉄』事業は断念せざるをえない状況が担当大臣から報告があった」[5]

かくして、「むつ製鉄」の建設計画は挫折し、会社は解散する。問題は、この旧軍用地の再利用計画であるが、太平洋ベルト地帯より遠いという地理的条件、既存の工業集積が木材加工業を除いては少ないという産業構造的条件、さらに昭和25年の旧軍港市転換法に乗れなかったという歴史的経過の中で、昭和55年の時点に至るまで、工場の進出をみていない。

もっとも、この下北埠頭用地と先の大湊支廠下北補給所（工場）の跡地、いわゆる港町地区での土地所有状況は次のようになっている。

Ⅱ-4-(2)表　港町地区の土地所有状況（昭和 53 年頃）

(単位：m²)

所有者名	所有面積
大蔵省	145,640
運輸省	3,065
青森県	46,823
東北セメント	408,858
東北開発	152,912
日本通運	13,547
小野田セメント	2,194
むつレミコン	11,892
東北電力	7,930
㈱雄大	5,979
セントラル興業	6,454
日本原子力船開発事業団	76,559

出所：「むつ市役所内部資料」、昭和 53 年頃に作成されたもの。

　この(2)表をみると、大湊化工が改称した東北セメントが旧大湊支廠下北補給所（工場）の 3 分の 2 に相当する約 41 万 m² の用地を所有しており、旧下北埠頭地区では、なお東北開発が約 15 万 m² を所有している。また、原子力船「むつ」号の補給基地との関連で、日本原子力船開発事業団が 7 万 6 千 m² の土地を所有しているのが目立つ。なお、大蔵省が管理している 14 万 5 千 m² の用地があるが、昭和 55 年の段階では松林となっている[6]。

　さて、大湊町は、昭和 25 年に、大湊駅の南側一帯にあった大湊軍需部跡地（約 5 万 7 千 m²、大平本町浜町通）を 148 万円余で「工場用地」として取得し、これを大湊町は東北砂鉄鋼業に無償譲渡している。この件に関連して、東北砂鉄鋼業は、市に対して 500 万円の寄付をしており、この 500 万円という額は当時の土地価格に相当するものだったと言われている[7]。

　その後、東北砂鉄鋼業は閉鎖され、その子会社というかたちで大湊金属が設立されたものの、昭和 55 年の時点では、この工場も操業を停止、閉鎖されている。なお、港町地区の東側には厚木ナイロンむつ工場が相当の規模でもって操業しているが、この場所は旧軍用地ではない[8]。

　むつ市による工業誘致と地域経済の振興は、国際的な経済変動と地域的な辺境性によって、その期待が十分には実現しなかった。昭和 53 年頃に作成された「むつ都市計画図」によれば、田名部川の北側（真砂町、大平町の一部）および南側（港町）は、工業専用地域となっており、大湊線の南側（大平町の工業専用地域を除く）と先の厚木ナイロンむつ工場のある地区は工業地域と指定されている。

　旧軍用地の集積が広大で、かつ工業立地条件として用地、用水、資源、労働力が比較的良好であったにもかかわらず、それが産業用地として十分に転用できなかったのは、資本蓄積運動にとって最も重要な「市場」要因が貧弱であったことに原因がある。つまり、太平洋ベルト地帯からの遠隔性および地域産業連関の希薄性が、この地域における工業の発展を阻害することになっ

たのである。

　だが、忘れてはならない要因がある。それは、旧軍港としての大湊町が、旧軍港市平和産業都市転換法の対象都市に含まれなかったことである。大湊町としては、これに参加したいという意向であったが、なぜか含まれなかった。それには米軍からの要請がなかったというのが決定的な理由であったらしい[9]。

　今後においては、六ヶ所村地区を中心とした「むつ小川原開発」という国家的開発計画の進展と東北新幹線の開通がどこまで「市場」を創出できるかという点に関連して、旧軍用地の産業用地への転用も本格化するかどうかが決まるであろう。

　　1）「旧軍用財産資料」（前出）による。
　　2）昭和55年8月7日、現地踏査の結果による。
　　3）『新市建設基本計画』、むつ市、昭和36年、32ページ。なお、誤植を杉野が修正。
　　4）「低開発地域工業開発地区選定事情」（『工業立地』、昭和37年10月号所載）、5ページ。
　　5）「むつ製鉄事業に関する経緯について」（『新産業都市研究班中間報告―八戸地区―』［昭和40年度］、昭和40年5月）、2ページ。
　　6）昭和55年8月7日、現地踏査の結果による。
　　7）昭和55年8月7日、むつ市役所での聞き取りによる。
　　8）昭和55年8月7日、現地踏査の結果による。
　　9）昭和55年8月7日、むつ市役所での聞き取りによる。

2．むつ市以外

　青森県の場合、むつ市を除くと、旧軍用地が産業用地へと転用しているのは、主として、十和田市と弘前市においてである。

⑴　十和田市

　戦前の十和田市には、旧軍馬補充部三本木支部（21,518,776 m²）と旧軍馬補充部北野草刈地（2,446,389 m²）があった。戦後は農地（自作農創設）との関連で、両者とも、そのほとんど全部が昭和22年に農林省へ有償所管換となっている。もっとも、前者の極く一部だけが産業用地へと転用されている。その中で最も大きいのが北里研究所（172,767 m²）である。

　十和田鉄道は軌道敷地用としての取得であり、東北配電（東北電力）は倉庫用地としての取得であった。したがって工業用地としての取得は佐々木農機と工芸貿易協会だけである。

　佐々木農機は、昭和22年に広大な軍馬補充部三本木支部の中でも最も市の中心部に近い用地の払下げを受けている。すなわち十和田市西二番町で、西裏通りに面した土地がそうである。しかし、昭和57年9月末の時点では、ここに佐々木農機の工場はなく、その跡地は郵便局や商店等となっている[1]。佐々木農機は、市内の里の内に第一号、第二号工場をあわせて約2万8千m²の用地を昭和35年7月に取得して移転し、昭和57年9月末の時点では従業員数189名をもって操業している[2]。佐々木農機が、いち早く旧軍用地を取得できたのは、戦後復興と食料増

産という国策に対応したものだったからであろう。

（2）　弘前市

　戦前の弘前市には第57師団司令部をはじめ多くの軍用地があった。その中でもっとも広大な軍用地は山田野演習場（13,837,947㎡）であったが、原ケ平にあった旧館野射撃場及作業場（1,189,629㎡）も同様に、昭和22年に農地として農林省へ有償所管換されている。

　弘前市で旧軍用地が産業用地（農林業を除く）へと転用されたのはⅡ-4-(1)表の通りであるが、それ以外では、国立病院、弘前大学、新制中学をはじめとする学校用地、引揚者住宅や公営住宅などの敷地用地が多い。つまり、工業用地として払い下げられたものの、学校や住宅用地が隣接しているため、住工混在という状況が払下げ当時の昭和20年代からあった。昭和57年の時点では、弘南食品が立地している周辺部では、住工混在状況が一段と厳しいものとなっている[3]。

　ちなみに、昭和26年に、捜索第57連隊の跡地約4千㎡を取得した弘南バスは、「幹線道路の除雪のため昭和27年に旧陸軍の中型戦車を二台購入し、その前部に除雪板を付けて、昭和三十年代半ばまで使用した」[4]ということである。

（3）　三沢市

　青森県における旧軍用地の転用としては、三沢航空基地およびその関連施設について触れざるをえない。それらの多くは、昭和48年3月31日現在、総理府が提供財産として使用している。三沢航空基地乙隊（2,125,404㎡）、三沢航空基地爆撃場（760,112㎡）、三沢航空基地（5,139,632㎡）、三沢予科練（2,189,355㎡）、第41航空廠三沢分工場（281,702㎡）の多くは提供財産として利用されており、その詳細には触れないが、その合計面積は昭和47年度末で、998万㎡、ほぼ1千万㎡に及ぶ[5]。

（4）　三厩村

　津軽半島の北端部に位置する三厩村では、昭和27年に、龍飛崎砲台及交通路敷地（219,064㎡）と龍飛見張所（22,185㎡）の一部（10,490㎡）、計229,554㎡を「観光施設用地」として購入している[6]。観光業もまた産業の一つであるので、この観光施設用地としての購入も旧軍用地の産業用地への転用の一形態として挙げておかねばならないであろう。

　　1）　昭和57年9月30日、現地踏査の結果による。
　　2）　昭和57年9月30日、佐々木農機㈱での聞き取りによる。
　　3）　昭和57年9月、現地踏査による。
　　4）　『新編　弘前市史』通史編5（近・現代2）、弘前市、平成17年、371ページ。
　　5）　「旧軍用財産資料」（前出）による。
　　6）　同上。

第二章　東北地方　73

第五節　岩手県における旧軍用地の産業用地への転用

　岩手県には、旧軍馬補充部三本木支部中山出張所（一戸町・77,972,775m²）、一本木原演習場（滝沢村・27,452,625m²）、盛岡練兵場及作業場（盛岡市・3,403,145m²）、岩手陸軍飛行場（和賀町・3,379,774m²）という広大な軍用地があったが、これらは昭和22年から24年にかけて、開拓農地として農林省へ有償所管換されている[1]。

　つまり、岩手県の旧軍用地の転用は、この開拓農地化が中心であったと言っても過言ではない。また、後にみるように樺太からの引揚者住宅などへの転用があり、そのことも、他地域にみられない旧軍用地転用の特徴となっている。

　しかしながら、宮城県と青森県を除いた東北地方において、旧軍用地が産業用地、とりわけ工業用地へと転用された件数が多いのは岩手県である。その主たるものをまとめたのが、次の表である。

Ⅱ-5-⑴表　岩手県における旧軍用地の産業用地への転用状況

（単位：m²）

旧口座名	所在地	払下企業名	払下面積	払下年度
盛岡合同将校集会所	盛岡市青山	日本新薬	4,809	昭和29
歩兵第105連隊	盛岡市下厨川	森永乳業	28,094	24
同	同	東邦糧菓工業	5,333	25
同	同	日本新薬	11,077	29
盛岡練兵場及作業所	同	岩手木材工業	12,422	28
同	同	東北紙器	11,307	40
歩兵第131連隊	盛岡市青山	北辰皮革肥糧	4,160	28
同	同	岩手木材工業	4,480	33
山田海軍航空基地	山田町	日東捕鯨	21,138	28

　　出所：「旧軍用財産資料」（前出）より作成。

　この⑴表をみても判るように、山田町の日東捕鯨を除いては、旧軍用地が工業用地へと転用したのはほとんどが盛岡市においてである。

　盛岡市における旧軍用地の転用状況を分析する前に、日東捕鯨の件についてみておこう。

　岩手県下閉伊郡陸中山田に立地した日本捕鯨は、昭和28年に旧山田海軍航空基地の跡地21,138m²を取得している。この会社は、ニタリクジラ（イワシクジラの系統）の解体および採油工場として、昭和57年9月末でも操業を続けている。従業員は55名で、それに季節労働者10名前後を加えて、年間約100頭の処理を行っている[2]。僻地にあって、いわば地域資源に立脚した営業活動は、地域経済の振興という点からも極めて重要な役割を果たしているといわねばならない。

　さて、以下では盛岡市における旧軍用地の工業用地への転換状況について検討する。ところで、

その盛岡市であるが、下厨川の歩兵第105連隊跡地に小学校や中学校を建設しており、また庶民住宅の敷地としても転用しているほか、岩手県が同じく下厨川谷地頭に減額50％で公営住宅用地を取得している[3]。

工業立地という視点からは離れるが、旧軍用地の転用という点では重要な内容をもっているので、敢えて労働力の確保という視点から、この庶民住宅の建設状況をみておくことにしよう。

盛岡市では、終戦後、海外、とりわけ樺太からの引揚者を収容する公営住宅を造った。この辺の事情は次の文章が明らかにしてくれる。

「盛岡市の戦災は極めて軽微であったためもあって、当市の引揚者は樺太からの無縁故引揚者が多く、昭和21年4月10日とりあえず、旧軍用施設であるもと騎兵連隊兵舎を改造して収容した青山寮、およびその北側にある岩鷲寮に収容したのであった」[4]

また、同じ内容のものとして、次の一文がある。

「盛岡市も戦災をうけたが、それは駅前地区の一部で、市全体としては極めて軽微であったためもあって、樺太からの無縁故引揚者が多かったので、昭和21年（1946）4月10日、市ではとりあえず、旧軍用施設である、もとの騎兵第三旅団・工兵第八大隊の兵舎を改造して、青山寮とし、その北側の岩鷲寮とともに、これらの人々を集団収容したのである。当初は413世帯であったが、昭和25年までに、合計1,950世帯、5,593人になった。このため、各種施設が急に必要となり、市では、学校1校、市役所青山支所・国立病院（もと陸軍病院）等を設けて、市民の利便をはかり、次第に一市街としての形態を整えるに至った。その後、商店も進出し、各社の工場も建設され、一般住宅も増加して、発展の道をたどることになった」[5]

この引揚者住宅については、「安住」という点で不安があり、昭和26年頃から宅地の払下運動が展開し、昭和29年に払下げが決定するが、その件に関する問題についてはここでは触れないことにする。

さて、こうした公営住宅以外の土地の多くは、農地として分譲されたが、5年くらいの保留期間の後には、そのほとんどが住宅地と化していった。最近（昭和55年）では、これらはアパート化し、それをうけて商店街を出現させるまでになった。また、戦後の一時期には、岩洞ダムの水を引き、旧軍用地を水田化する計画もあったが、住宅地への志向が強く、この計画は挫折してしまった[6]。

もちろん、青山地区において、工場誘致がなかったわけではない。市当局は企業誘致も試みたが、住宅用地としての需要が強く、地価もあがり、誘致が困難となるような状況であった[7]。それでもかなりの工場立地があったことは、Ⅱ-5-(1)表の通りである。

つまり昭和24年に森永乳業が立地してきたのをはじめ、昭和45年までに、(1)表には記載されていない3千m²以下のものを含むと、工場用地として払い下げられた件数は13件、9社に達し、その面積を合計すると8万m²強となる。しかしながら、最も広い敷地面積でも森永乳業の2万8千m²といった具合に、工場用地としては、いずれも小規模なものでしかなかった。

ちなみに、面積からみて小規模な工場を紹介しておくと、東北マッチ（2,071m²・昭和45年）、

北上繊維（2,279 m² ・昭和 28 年）、奥羽計器工業（4,973 m² ・昭和 29 年、30 年、32 年の計）、第一工業所（2,079 m²）である[8]。

このような工場立地の状況を『盛岡市史』（第 6 巻）は次のように伝えている。

「盛岡市の工場誘致第一号であった太陽紙工（昭和 33 年 11 月、厨川―杉野）の生産状況は、盛岡市の製造工業に直ちに変化を与えた。また雇用の増大、余剰農家人口の吸収という労働事情にも好結果をもたらしたのである。その後、岩手缶詰盛岡工場、東北紙器等が設立されているので、食料品製造業と紙類似品製造業の増勢が著しくなっているものと思われる。食料品製造業においても、二十四年に設けられた森永乳業盛岡工場、東邦糧菓工業は製品を全国的に販出しており、盛岡市周辺のみを対象としない規模の大きいものがある」[9]

また、工場誘致とも関連する都市計画上の「工業地域」の設定については、戦後間もない頃から盛岡市で行われている。

「昭和二十五年七月一三日から、盛岡市では都市計画区域内の主要な計画施設である用途地域の指定が行われた。――工業地域は本宮仙北町、上盛岡駅付近、厨川地区等、――となっている」[10]

上記の文章では、厨川地区という旧軍用地が工業地域に指定されており、その工場適地としては、次のように述べられている。

「盛岡市の工廠適地としては①仙北地区、②本宮地区、③太田地区、④青山地区、⑤上堂地区、⑥厨川地区と大きく分けられ、さらに厨川地区は ABC の三つにわけられる。このうち青山、上堂、厨川の三地区はそれぞれ連接の地域で、戦後軍用地の転用により急速に発達した市街地となった地区であり、一級国道四号線、東北本線に近く交通輸送に便利である」[11]

この文章の中では、理解に苦しむ内容が含まれている。つまり、「急速に発達した市街地」がなぜ「工場適地」として見なされているのかという点である。小規模な工場なら市街地周辺でも可としたのであろうか。それとも、当時は原野であった厨川周辺には工場用地として利用できる空き地がまだあると判断していたのであろうか。あるいは昭和 25 年段階では、市街地化と言っても、それほどの規模ではなかったのであろうか。いずれにせよ、昭和 55 年の段階となっては、その適地指定の適否が一つの問題となるところである。

ちなみに、昭和 30 年に発表された『盛岡市総合調査』でも、盛岡市内の工場適地として六カ所が挙げられ、その中には青山旧兵舎周辺、厨川駅付近の 2 地区が含まれている[12]。

岩手県や盛岡市が、盛岡市の旧軍用地に工場を熱心に誘致しようとしたことは間違いない。『盛岡市総合調査』が公表された、その昭和 30 年に、盛岡市は工場設置奨励条例を制定している。その内容は次のようなものであった。

「新設あるいは拡充者に対して、用地の取得・用水電力の確保・労務の充足・資金調達のあっせん協力を行なうほか、奨励措置として、固定資産税相当額を限度として、奨励金を交付する」[13]

また、昭和 31 年に策定された『盛岡市市勢振興計画書』では、「工場誘致条件の助成」として、

「用地の整備とあっせん」について触れ、ここでも「誘致工場の対象適地」として他の5カ所と共に、青山町付近と厨川駅周辺を挙げ、これらの工場用地については次のような措置を講じるとしている。

「単に都市計画上の区域指定にとどまらず、その状況に応じて、市において買収又は借上げを行い、その確保につとめる一方、整地、道路、用排水路の建設をすすめ、これを貸与又は低額あっせんするなどの措置を講ずる」[14]

岩手県が昭和39年に発行した『岩手の工業適地』でも、上厨川地区（団地）で20万4千 m^2、青山地区（団地）で32万5千 m^2 の用地を「工場適地」として紹介している[15]。

つまり、昭和25年頃から昭和40年までの期間、盛岡市の北西部（北上川の西側）では、青山地区から厨川にかけて広大な用地があり、これが工場適地とされてきたのである。ところで、この地域は観武台とも言われるように、その多くは旧軍用地だったのである。

しかしながら、既にみてきたように、ここへ立地してきた企業は森永乳業が大規模なほうで、残る企業は敷地面積からみて小規模なものが多かった。しかも、それらは高度経済成長過程の中で倒産したものも多く、昭和55年の段階では、森永乳業、東邦糧菓工業（のち東邦製菓と改称）、日本新薬（ただし工場建設はなされていない）が残るばかりとなっている[16]。

さて、これらの地域では市街化が進み、住工混在という問題も生じてきている。昭和53年7月の「盛岡市広域都市計画図」をみると、既に、この青山二丁目、同三丁目のほとんどは、森永乳業、日本新薬、東邦製菓などの工場があるにもかかわらず、「住居地区」と指定されている。これに対して、国鉄盛岡工場、盛岡電力区、盛岡機関区など、いわゆる国鉄関連の工場が集中している盛岡駅の西側と、東北本線厨川駅の西側にあたる「みたけ」二丁目から「みたけ」六丁目までの地区が、「工業地区」として指定されている。

ちなみに、この「工業地区」には、盛岡市でもっとも大きな敷地面積を有する日本専売公社盛岡工場が立地している。この工場は、昭和43年5月から建設が始まり、その敷地面積は約12万 m^2（下厨川谷地頭）に達する。もともと、この土地は、農地（旧軍用地が転用したものかどうか未確認）であったものだが、その用地買収および工場立地との関連については、昭和38年6月から同43年8月まで日本専売公社盛岡工場の工場長であった鈴木武氏が次のように述べている。

「この土地は岩手山を近くに仰ぎ、起伏ある一面の牧草地と大きい実がたわわに実っているリンゴ畑でした。その中には酪農家が3軒散在していたが、買収も県、市当局、農協等の協力により順調に進展し、鉄道引込線となる牧草地の一部を残して決定した。

──こうしたなかで原料工場と併設した大規模工場が建設されることは、関連産業の発展とともに過疎対策上からも意味がある。さらに市の中心部から荒大な原野である厨川地区への移転は同地区開発の可能性と都市計画の立場から歓迎された」[17]

この鈴木氏の文章では、厨川に位置している工場は元盛岡市の中心部にあったものが移転してきたという視点から把握しているが、それは事実だとしても、同地域周辺で栽培されている「葉たばこ」を原料とし、最新鋭の製造機械を導入した工場が「新規に」立地してきたとも見なせる。

さて、工場設置奨励条例が制定された昭和 30 年以降、盛岡市に立地してきた主な企業は次表の通りである。

Ⅱ-5-(2)表　昭和 30 年以降における盛岡市への立地企業

企業名	業種	本社資本金 （百万円）	投下固定資本 （百万円）	工場用地面積 （m²）	従業者数 （人）
日本新薬	化学	1,800	120	15,700	45
昭和製袋	紙加工	400	135	14,300	175
岩手缶詰	食品	30	89	20,300	350
岩手精密工業	精密機械	23	61	7,000	148
盛岡ストッキング	繊維加工	5	7	2,000	309

　出所：『盛岡市市勢発展総合計画』、盛岡市、昭和 48 年、141 ページ。

　このうち、青山・厨川地区に立地してきたのは、昭和 29 年に旧軍用地を取得した日本新薬であり、東北本線の東側（上堂四丁目）に立地してきた昭和製袋も含めるならば、盛岡市の工場誘致条例が一定の役割を果たしたと言ってもよいであろう。

　それ以外に、青山、みたけ、厨川地区に立地している企業としては、日産農林工業、東北紙器、平和燐寸、市食肉処理場、畜産公社、ミタケスキー製作所があり、上堂地区には近三酒造、岩手トヨタが立地してきている。また、昭和 55 年の時点では、県道民子橋夕顔瀬線に沿って新しい工場（日本化工？）が建設中である[18]。

　ところで、盛岡市の人口は、昭和 53 年現在で、約 22 万 6 千人であるが[19]、この人口規模の都市としては、工業出荷額は全国的にみて極めて低位である。工業出荷額は、当該地域に立地している工場数、業種、工場の規模と生産性等によって規定されるが、盛岡市の場合に、それが相対的に少ないのは、高度加工工業の立地が乏しいことに起因している。したがって、高度加工工業を導入することによって、地域雇用を促進し、現金収入の拡大、地域商業の振興、市財政力の強化といった効果を期待して、盛岡市はそれを計画化している。

　昭和 48 年に策定された『盛岡市市勢発展総合計画』では次のような工業振興計画の目標を設定している。

　「総合的都市機能の形成上必要な印刷出版、家具木工、食品加工業の充実を図る一方、付加価値生産性の高い精密電子工業などを中心として都市型工業の集積と拡充を図る」[20]

　こうした盛岡市の計画目標の設定は、県都の諸機能や市民生活の拡充を図って行くうえで重要なことであるが、市場競争を前提とする現代の企業動向からみて、おそらく容易には実現できないであろう。地域社会が期待する論理と資本蓄積運動の論理とは必ずしも一致しないからである。

　1）「旧軍用財産資料」（前出）による。
　2）昭和 57 年 9 月 30 日、日東捕鯨（山田町）での聞き取りによる。
　3）「旧軍用財産資料」（前出）による。

4）『盛岡市史』第6巻、盛岡市、昭和41年、232ページ。なお青山寮へは289世帯、1,153人、岩
　鷲寮へは312世帯、1,350人が収容されたとしている（同書、232〜233ページ）。

5）『盛岡のあゆみ』、盛岡市、市制施行80周年記念、昭和45年、79〜80ページ。

6）昭和55年8月6日、盛岡市役所での聞き取りによる。

7）同上。

8）「旧軍用財産資料」（前出）による。

9）『盛岡市史』第6巻、前出、275〜276ページ。

10）同上書、284ページ。

11）同上書、276ページ。

12）『盛岡市総合調査』、盛岡市、昭和30年、427ページ。

13）『盛岡のあゆみ』、前出、256ページ。

14）『盛岡市市勢振興計画書』、盛岡市、昭和31年、27ページ。

15）『岩手の工業適地』、岩手県、1964年、15ページ。

16）昭和55年8月6日、現地踏査による。

17）『盛岡工場のあゆみ』（明治から今日まで）、日本専売公社盛岡工場、昭和42年、63〜64ペー
　ジ。

18）昭和55年8月6日、現地踏査による。

19）『もりおか』（資料編）、盛岡市、昭和54年版、2ページ参照。

20）『盛岡市市勢発展総合計画』、盛岡市、昭和48年、141ページ。

第六節　秋田県・山形県・福島県における旧軍用地の産業用地への転用

　この第六節では、まず最初に、秋田、山形、福島各県における旧軍用地の転用がどのように行
われてきたか、その一般的概況を各県別に明らかにしておきたい。なお、このことについては既
に本章の(1)表から⑽表までの諸表によって、旧軍用地を取得した主体別に示しておいたところで
ある。

　秋田県では、能代市竹生にあった能代陸軍飛行場（10,555,867㎡）と西仙北町にあった強首演
習場（4,401,173㎡）が、大規模な旧軍用地であった。前者は、農林省が昭和22年にその半分
（4,958,677㎡）を農地として無償所管換を行っているほか、能代市の各部落が昭和24年に採草
地として時価で取得している。また後者は、農地として昭和22年に2,360,330㎡を農林省へ無
償所管換しているが、その他は強首村や大沢村が昭和25年に採草地として時価で取得している。
そのほかで、旧軍用地の転用として目立つのは、秋田市にあった秋田練兵場跡地（68,459㎡）の
うち秋田大学用地として昭和25年に23,391㎡を文部省へ所管換しているぐらいである。

　次に山形県では、東根市若木にあった神町航空基地（2,316,641㎡）と尾花沢市にあった尾花
沢演習場（2,930,221㎡）が大きな軍用地であった。前者は昭和32年に自衛隊用地として
1,209,823㎡を総理府へ所管換しているほか、農地として昭和29年に農林省へ無償所管換して
いる。後者は、開拓農地として、昭和22年に農林省へ有償所管換を行っている。

福島県では、西郷村他にあった旧軍馬補充部白河支部（真船牧場他および白河演習場他）の敷地が 42,540,328 m²、また湯本町他にあった同白河支部（羽島牧場および白河演習場他）の敷地も 19,342,772 m² という規模であった。さらに翁島演習場（磐梯町）も 8,278,928 m² という規模であり、これら三つを合わせると、およそ 7 千万 m² に達する広大な旧軍用地があった。それらの多くは、昭和 22 年に農林省へ、農地として有償所管換を行っている。その中で、西郷村にあった軍馬補充部跡地の一部（約 250 万 m²）を西郷村は昭和 24 年に採草地として時価で取得している。同様に、湯本町は、湯本町他にあった軍馬補充部跡地の一部（約 1 千万 m²）を、また西郷村も同跡地の一部（約 400 万 m²）を、いずれも牧草地として昭和 26 年に時価で取得している。

以上、秋田・山形・福島の 3 県における旧軍用地の転用について、一般的概況をみてきた。その多くは農林省が農地として有償所管換をしているが、地方公共団体ないし地域の一部が採草地や牧草地として時価で取得しているという状況であった。

ところで、これら 3 県でも旧軍用地が産業用地として転用されたものもある。次の表はこれら 3 県における旧軍用地の産業用地（3 千 m² 以上）への転用状況をまとめたものである。

Ⅱ-6-(1)表　秋田県・山形県・福島県における旧軍用地の産業用地への転用状況

（単位：m²、年次：昭和年）

旧口座名	所在地	払下企業名	払下面積	年次
秋田歩兵第 117 連隊	秋田市長野町	東北配電	5,218	23
秋田練兵場	秋田市手形東新町	国鉄	5,200	26
同	同	同	11,962	31
歩兵第 32 連隊	山形市霞城町	（郵政省）	13,391	24
歩兵第 29 連隊	若松市栄町	マルニ工芸	13,203	23
大日鉱業福島鉱山	福島市丸子	大日鉱業	20,399	23
磐城陸軍飛行場	大熊町・双葉町	国土計画興業	1,011,042	25
塩屋崎海軍見張所	いわき市	日本放送協会	15,742	23

出所：「旧軍用財産資料」（前出）による。これまでの諸表と重複している部分が多い。

上記の表をみると、秋田県の場合には、東北配電（東北電力）や国鉄といった、いわば国家的企業に対する譲渡であって、いわゆる民間企業への払下げではない。しかも、国鉄の場合には、鉄道関連用地としてではなく、職員住宅（官舎）用地としての利用であるから、純然たる産業用地への転用とは言えないものである。

山形県の場合には、歩兵第 32 連隊跡地（334,916 m²）の一部を郵政省が山形郵便局の用地として有償所管換を昭和 24 年に行っている。これは産業用地への転用ではあるが、当時としては民間企業への払下げではない。郵便局業務は平成 19 年に民営化されたので、改めて付記した。

福島県の場合には、旧軍用地の工業用地への転用がみられる。昭和 23 年にマルニ工芸漆器製作所が、若松城前にあった歩兵第 29 連隊の跡地を取得した件がそれである。このマルニ工芸漆器製作所は昭和 23 年以降、陶タイ漆器を製作していたが、昭和 30 年頃までには経営不振で倒産

80

したと言われている[1]。

　この工場の跡地は市営住宅となり、一方、栄町にあった事務所跡地は、パチンコ屋を経て、昭和57年10月2日の時点ではホテルを建設中であった[2]。

　なお福島県の場合、製造業ではないが、塩田を用途目的として磐城陸軍飛行場の跡地を取得した国土計画興業について、その後における歴史的経過をみておきたい。

　まず、国土計画興業による塩田用地の取得についてであるが、『大熊町史』には次のような文章が見られる。

　「現在の東京電力株式会社福島第一原子力発電所の敷地の大部分は元飛行場の跡であるが、戦後、国土計画工業（興業―杉野）株式会社代表取締役堤義明が101万1040平方メートルの払い下げを受け、そのうちの2万4,406平方メートルを塩田面積とし、ここで天日により水分蒸発をさせ濃縮したものを、パイプにより常磐線長塚駅（現在の双葉駅）西側に建てた磐城塩業所に送り製塩を試みたが、導水路の距離が長く途中での漏水ロスなどが多く採算がとれず失敗に終わった」[3]

　国土計画興業が取得した旧軍用地の面積は、大蔵省の台帳とは僅か $2\,\mathrm{m}^2$ の差異があるだけで、ほぼ正確なものである。問題は、製塩業に失敗した国土計画興業がこの土地をどう処理したかである。それは、この引用文に出てくるように、東京電力福島第一原子力発電所へ転売したということである。念のために、原子力発電所の敷地の中で、国土計画興業が転売した旧軍用地がどれだけの割合を占めるかみておくことにする。

　まず、東京電力福島第一原子力発電所については、「本県双葉郡大熊町に用地200万平方メートル、隣接する双葉町に100万平方メートル、計300万平方メートルの敷地を確保し、現に建設中の発電所である」[4]と紹介されているが、これは昭和45年段階のものである。それまでの経緯については、『大熊町史』が次の二つの文章で詳しく紹介している。

　「東京電力株式会社が社内に原子力発電所開発に関する組織を設けたのは、昭和三十年（1955）のことであったが、昭和三十五年（1960）七月に通商産業省産業合理化審議会原子力部会の答申が出され、原子力長期計画が発表されるとともに、東京電力株式会社では具体的な候補地の選定に乗り出すに至る。このような情勢のもとで福島県もまた原子力発電所の誘致を積極的に進めており、東京電力株式会社に協力して用地の選定を進めた結果、早くも昭和三十五年（1960）十月一日には大熊町長者原地区60万坪を最適地として白羽の矢を立てている。ここまで事がスムーズに展開した背景には、既に東京電力株式会社が原子力発電所の設置を決めてから相当の根回しがなされていたためと考えられるが、この長者原地区が第二次世界大戦中に航空基地が置かれたところであり、戦後は一時、製塩が行われた海岸段丘の平坦な山林・原野であったことも大きくかかわっていよう」[5]

　「かくて東京電力株式会社では、昭和三十七年（1962）に入ると候補地内の水質・気象・海況・交通・人口などの調査を福島県に依頼し、県ではこれらの調査を昭和三十六年（1961）に発足した福島県開発公社に実施させている。そして、福島県開発公社の調査結果に基づき当該地が

原子力発電所の建設に適当であると判断した東京電力株式会社は、早速、用地の買収に乗り出すが、そのさい、所要面積が96万坪のうち、旧陸軍航空基地跡である国土計画興業株式会社所有地30万坪については東京電力株式会社が直接交渉に当たることとし、一般民有地第一期分30万坪及び第二期36万坪、計66万坪の取得については昭和三十八年（1963）十月、福島県が斡旋を依頼され、実施業務は福島県開発公社が担当した」[6]。

　原子力発電所の用地買収については、ほぼ同様のことが、『双葉町史』でも紹介されている。

　「福島県開発公社では、昭和三十八年十二月買収に着手したが、昭和三十九年（1964）五月、大熊町、双葉町の町会議員で構成されている両町合同の開発特別委員会に用地買収の基本方針を説明し、協力を求めた。買収は地権者の協力によりスムーズに行われ、四十年八月に完了し引渡しを終了している。買収坪数は諸種の事情から予定を上回り 301,402 坪（99.5 ヘクタール）となった。なお、この外に国土計画興業株式会社が所有していた塩田 24 反、原野 995 反、計 1,019 反（100.9 ヘクタール）が東京電力により所有会社から直接買収された。これを合わせ、第一期の買収面積は合計 607,242 坪（200.4 ヘクタール）となる。また、引続き東京電力は四十年十一月、双葉町に第二期用地として、317,670 坪の買収に着手し、四十二年三月にこれを完了し、総じて 924,912 坪（305.2 ヘクタール）の敷地を所有するに至った」[7]。

　民間企業の用地取得を地方公共団体が代理的に行うということは、鹿島臨海開発にみられるように、当時における地域開発の一般的な方式であった。その点はともかく、東京電力福島第一原子力発電所の用地として、国土計画興業が取得していた旧軍用地が極めて大きな部分、具体的には約3分の1を占めていることに留意しておきたい。

　2011 年 3 月 11 日、東日本大震災が発生し、東京電力福島第一原子力発電所は崩壊の危機に瀕した。放射能の汚染は地域周辺に及び住民は避難を余儀なくされ、幾多の苦渋を味わうこととなった。

　もとより本書の研究課題は、そこにはない。だが、『大熊町史』（昭和60年）には、「原発の事故」と題して、「福島第一原発の沸騰水型原子炉を造ったアメリカのゼネラル・エレクトリック（G・E）社はすでに原子力部門から撤退方針を打ち出しているということも、何か原発の将来を物語っているように思えてならない」[8]という注目すべき文章があることを付記しておきたい。

1）　昭和 57 年 10 月、会津若松市役所での聞き取りによる。
2）　昭和 57 年 10 月 2 日、現地踏査による。
3）　『大熊町史』第一巻（通史）、大熊町、昭和 60 年、779 ページ。
4）　『福島県史』第 18 巻（産業経済 I、各論編 4）、福島県、昭和 45 年、1228 ページ。
5）　『大熊町史』、前出、833 ページ。
6）　同上書、834 ページ。
7）　『双葉町史』、双葉町、平成 7 年、1069 ページ。
8）　『大熊町史』（第一巻、通史）、前出、845 ページ。

第三章　東京都

第一節　東京都における旧軍用施設とその主な転用先

　東京都は日本の国家機構が集中する首都であり、その荒廃は一国の命運そのものである。それだけに、戦争期には首都防衛のために膨大な軍事施設があった。

　「旧軍用財産資料」（大蔵省管財局文書）によれば、戦前の東京都にあった旧軍用施設は、離島も含めると281口座に達し、そのうちの169口座が23区内にあった。

　ところで、その転用が社会的に大きな影響を及ぼすと思われる規模の旧軍用施設、すなわち面積が50万m²以上の旧軍用施設を摘出してみると、以下のようになる。

Ⅲ-1-(1)表　東京都にあった主な旧軍用施設

（単位：m²、年次：昭和年）

旧口座名	所在地	面積	主たる転用形態	年次
成増陸軍飛行場	練馬区	1,818,181	提供財産	48 年現在
東京第二陸軍造兵廠 板橋製造所	板橋区	502,572	民間企業	27 ～ 47
駒沢練兵場	世田谷区	528,602	庁舎・宿舎他	27 ～ 41
代々木陸軍練兵場	渋谷区	889,404	国立競技場他	25 ～ 43
立川陸軍飛行場 陸軍航空審査部本部	立川市	4,204,766	提供財産	48 年現在
多摩陸軍飛行場	福生市	3,995,669	提供財産	48 年現在
陸軍少年通信兵学校	東村山市	521,226	農林省・農地他	24
東京第二陸軍造兵廠 多摩製造所	稲城市・ 多摩市	1,686,548	提供財産他	48 年現在
飛行兵学校	武蔵村山市	566,968	農林省・農地	22
陸軍燃料廠本部	府中市	594,085	提供財産他	48 年現在
陸軍経理学校	小平市	1,271,761	農林省・農地他	23
陸軍兵器補給廠 小平分廠	小平市・ 東村山市	918,944	農林省・農地他	23
国分寺技術研究所	小金井市	1,328,226	農林省・農地他	24
調布陸軍飛行場	三鷹・調布市	810,287	提供財産他	48 年現在
相模造兵廠戦車道路	町田市他	1,270,253	農林省・農地他	24
大島第一砲台	大島岡田村	616,148	農林省・農地	25
大島陸軍飛行場	大島元村	2,053,387	農林省・農地	25
八丈島飛行場	三根村	1,287,353	農林省・農地	27

| 南鳥島 | 南鳥島 | 1,499,659 | 提供財産他 | 48 年現在 |

出所：「旧軍用財産資料」（大蔵省管財局文書）より作成。

(1)表をみると、東京 23 区内では、面積 50 万 m^2 以上の旧軍施設は僅か 4 口座に過ぎなかったが、23 区以外の都市部には、広大な敷地をもった旧軍用施設が展開し、その数は 11 口座に達した。また離島地域には、大島、八丈島、南鳥島に 100 万 m^2 を超える大規模な旧軍施設があった。こうした状況からみると、東京 23 区以外の都市部および離島には比較的大きな旧軍施設があったのに対して、東京 23 区には比較的小規模な旧軍用地が数多くあったとみることができる。

それらの主な譲渡先（転用先）を概観すると、東京 23 区内では、官庁、民間企業、提供財産などへの転用がみられるが、北海道や東北地方で多くみられた農林省への有償所管換がみられないという特徴がある。

しかし、東京 23 区以外の都市部になると、提供財産が多くみられる点は 23 区と同様であるが、農林省への有償所管換が相対的に多くみられるという相違が出てくる。

離島においては、大島と八丈島では農林省への有償所管換が主な転用形態であるが、南鳥島では提供財産が主たる利用形態となっている。

本書の基本的な研究課題は、旧軍用地の工業用地への転用に関する経済的な研究であるが、旧軍用地の転用全般についてもある程度は明らかにしておく必要がある。特に東京都の場合には、国家の中枢機能が集中しているので、国家機構による旧軍用施設（旧軍用地）の取得（移管）や地方公共団体による取得、さらには製造業を除くその他の民間企業等諸団体による旧軍用地の取得についても明らかにしておきたい。以下、東京都内にあった旧軍用地が国家機構、地方公共団体、民間企業（製造業を除く）、製造業へどのように譲渡されたかについてみていくことにしよう。

第二節　東京都における旧軍用地の国家機構（省庁）への移管

東京都にあった旧軍用施設（旧軍用地）で、国家機構へと移管したのは次の通りである。ただし、1 件あたりの移管面積を 1 万 m^2 以上に限定し、かつ開拓農地への転用を用途目的とした農林省への有償所管換、また総理府防衛庁への移管分および提供財産については除外している。

Ⅲ- 2 -(1)表　東京都における旧軍用地の国家機構への移管

（単位：m^2、年次：昭和年）

移管先	移管面積	用途目的等	年次	旧口座名
農林省	17,062	庁舎	40	東京通信隊・東京軍法会議
厚生省	14,268	庁舎	41	同
厚生省	189,417	公園	44	近衛第一・第二連隊
総理府	69,391	国会図書館敷	27	陸軍省

文部省	50,829	東京水産大学	32	海軍経理学校
同	97,400	同	36	同
海上保安庁	23,125	水路部施設	33	海軍水路部
厚生省	28,175	がんセンター	36	海軍軍医学校
大蔵省	18,136	——	47	陸軍糧秣本廠
総理府	43,137	統計局庁舎	25	陸軍科学学校
厚生省	46,641	東京第一病院	26	東京第一陸軍病院
大蔵省	29,265	印刷局工場	24	陸軍予科士官学校
同	14,773	同	25	同
総理府	15,647	警視庁	40	同
同	10,291	同	43	同
厚生省	55,705	国立病院	31	陸軍軍医学校
国税庁	22,846	税務講習所	29	陸軍経理学校
建設省	20,659	建設研究所	32	陸軍技術本部
文部省	20,250	東京教育大学	35	同
大蔵省	20,250	公務員宿舎	35	同
同	17,852	同	37	大久保小銃射撃場
同	22,962	同	33	大久保小銃射撃場避弾地
総理府	80,622	警察学校	25	電信第一連隊
同	111,510	同	26	同
総理府	13,426	管区警察本部	29	同
大蔵省	258,270	公務員宿舎	46	成増陸軍飛行場
同	457,323	同	47	同
運輸省	25,964	気象研究所	40	陸軍気象部
厚生省	52,287	国立王子病院	23	近衛工兵第一連隊
大蔵省	11,062	合同宿舎	35	東京第二陸軍造兵廠王子工場
同	13,386	同	46	同
大蔵省	10,718	印刷局	25	陸軍被服本廠（有償所管換）
大蔵省	24,793	——	37	同（無償所管換）
大蔵省	33,128	合同宿舎	39	陸軍兵器補給廠本部東京出張所
文部省	10,030	研究所敷	42	同
法務省	12,019	職員住宅	28	東京第一陸軍造兵廠滝野川分工場
運輸省	15,274	度量検査所	33	東京第二陸軍造兵廠板橋製造所
大蔵省	31,911	公務員宿舎	37	同
同	17,005	同	44	陸軍輜重兵学校
科学技術庁	40,306	金属材料研	34	海軍技術研究所
厚生省	64,793	国立病院敷	26	軍医学校付属病院
同	70,052	同	26	海軍第一療品廠
文部省	14,702	東京教育大学	36	陸軍獣医学校駒場分場
厚生省	21,018	衛生研究所	31	陸軍衛生材料廠
大蔵省	29,178	公務員宿舎	37	同
厚生省	11,290	研究所	38	同
建設省	16,224	地理調査所敷	30	駒沢練兵場
大蔵省	63,467	公務員宿舎	35	同
厚生省	30,591	国立病院	26	東京第二陸軍病院
大蔵省	22,234	公務員宿舎	31	近衛捜索連隊

第三章　東京都　85

文部省	33,920	東京教育大学	36	同
大蔵省	11,476	公務員住宅	30	近衛野砲兵第二連隊
会計検査院	11,589	官舎	31	同
大蔵省	12,554	公務員住宅	29	駒場練兵場
厚生省	17,823	衛生研究所	31	海軍大学校
総理府	10,485	警視庁庁舎敷	44	第一衣料廠
大蔵省	12,828	公務員宿舎	35	陸軍航空工廠技能養成所
同	16,006	同	33	陸軍少年通信兵学校
同	15,154	同	39	同
同	10,933	同	45	同
運輸省	89,438	気象通信所	25	大和田通信隊第二区方位測定所敷
同	52,968	同	34	同
厚生省	44,591	国立療養所	26	村山陸軍病院
厚生省	279,659	国立病院	27	所沢陸軍航空整備学校立川教育隊
総理府	368,362	管区警察学校	33	陸軍経理学校
建設省	72,458	庁舎	39	同
大蔵省	16,576	公務員宿舎	40	同
文部省	143,024	東京学芸大学	27	国分寺技術研究所
同	27,604	同	34	同
同	128,796	同	34	同
郵政省	110,456	電波研究所	34	同
運輸省	119,976	航空局庁舎	36	大島海軍送信所

出所：「旧軍用財産資料」（前出）より作成。

　上掲の表は、戦後から昭和48年3月末までの期間において、東京都における旧軍用地（1件1万m²以上）が、国家機構（省庁）へ移管された内容である。ただし、何度も繰り返すが、農林省（有償所管換分）および総理府防衛庁（提供財産も含む）への移管については、その量が余りにも膨大なので、旧軍用地の工業用地への転用を基本的な研究課題としている本書では、割愛している。
　さて、(1)表の内容を、つまり東京都内における旧軍用地の各省庁への移管を、移管件数、移管面積、移管時期という視点から整理してみると、次のようになる。

Ⅲ-2-(2)表　東京都における旧軍用地の国家機構への移管状況（省庁別）

（単位：m²、年次：昭和年）

省庁	件数	移管面積	移管年次　　（　）内は件数
総理府	9	722,871	25 (2)、26、27、29、33、40、43、44
大蔵省	25	1,191,240	24、25 (2)、29、30、31、33 (2)、35 (4)、 37 (4)、39 (2)、40、44、45、46 (2)、47 (2)
文部省	9	526,555	27、32、34 (2)、35、36 (2)、42
厚生省	14	926,310	23、26 (5)、27、31 (3)、36、38、41、44
運輸省	5	303,620	25、33、34、36、40
法務省	1	12,019	28

農林省	1	17,062	40
建設省	3	109,341	30、32、39
郵政省	1	110,456	34
国税庁	1	22,846	29
会計検査院	1	11,589	31
科学技術庁	1	40,306	34
海上保安庁	1	23,125	33
計	72	4,017,340	20 年代（20）、30 年代（37）、40 年代（15）

出所：(1)表より作成。

(2)表をみると、さすがに日本の首都だけに、東京都内にあった旧軍用地で、国家機構へ移管された件数は、72 件に及ぶ。ただし、これは 1 件あたりの移管面積を 1 万 m² 以上に限定しているので、1 万 m² 未満の移管件数を加えれば、その数は少なくとも 100 件にはなるであろう。

次に、農林省へ有償所管換された開拓農地分、それから総理府が所管する自衛隊用地や提供財産を除外して、戦後、東京都内で国家機構へ移管された旧軍用地面積はおよそ 400 万 m² であった。

この 400 万 m² の移管先となった省庁の移管件数についてみると、大蔵省が 25 件で最も多く、次いでは厚生省が 14 件、続いて総理府と文部省の各 9 件、さらに運輸省 5 件、建設省 3 件、あとは(2)表をみれば判るように 7 つの省庁が各 1 件となっている。なお、国税庁や会計検査院は大蔵省へ、科学技術庁は文部省、海上保安庁は運輸省へ統括することもできる。

また移管された旧軍用地の面積を省庁別にみると、大蔵省が約 119 万 m² でもっとも多く、次に厚生省の約 92 万 m²、続いて、総理府の約 72 万 m²、文部省の 52 万 m² となっている。

移管された年次を全体としてみれば、昭和 30 年代が多く、全体の半数を超える。また昭和 40 年代も昭和 20 年代に匹敵するほど相当数ある。つまり全体的にみて、国家機構へ旧軍用地が移管された年次は、戦後かなり遅れてからの時期であったことを示している。

これは東京という特殊事情、つまり首都であるだけに、占領軍による旧軍用施設の接収が多く、しかも接収期間が長引いたために、国家機構（各省庁）への移管が遅れたからである。

そこで、もう少し詳しく各省庁別の分析をしてみよう。

まず大蔵省への移管であるが、もともと旧軍用財産は大蔵省が所管していたものであり、大蔵省から大蔵省への移管というのは奇妙な表現である。しかし、旧軍関係の省から大蔵省へ移管された旧軍用財産については、いわば大蔵省の所管ではあっても、その用途に基づく最終的な所管省庁は未決定だったものである。したがって、大蔵省から大蔵省への移管というのは、大蔵省が「保管していた」旧軍用財産を、最終的に大蔵省が所管する国有財産としたということである。

ところで大蔵省へ移管された 25 件の用途目的は、そのうちの 20 件が、関東財務局が所管する公務員宿舎（合同宿舎）であり、大蔵省への移管はその大半が公務員宿舎用であったと言っても過言ではない。また印刷局の印刷工場用地が 3 件、不詳が 2 件である。

厚生省へ移管された旧軍用地 14 件の用途目的としては、国立病院（がんセンターや療養所も含

む）が９件で、それ以外は研究所３件、庁舎１件、公園１件となっている。

　文部省へ移管された旧軍用地の９件のうち、その用途目的が東京水産大学、東京教育大学、東京学芸大学の大学用地となったものが８件で大半を占める。それ以外に国立研究所が１件ある。

　運輸省関連の５件では、気象庁関連施設が３件、中央度量検査所、航空局庁舎がその内容となっている。

　ちなみに、その他の省庁への移管は、３件以下なので、⑵表を参照すれば、その内容を知ることができる。

第三節　東京都における旧軍用地の地方公共団体への譲与

　東京都における旧軍用地が地方公共団体にどのように譲渡されたかについては、地方公共団体としての東京都と都内の市町村とに分けて分析する。

１．地方公共団体としての東京都による旧軍用地の取得

　地方公共団体としての東京都が取得した旧軍用地（１万㎡以上）は、次の通りである。

Ⅲ-３-⑴表　東京都における旧軍用地の「東京都」への譲渡

（単位：㎡、年次：昭和年）

所在地	取得面積	用途目的	取得形態	年次	旧口座名
港　区	17,296	高校敷地	減額50％	33	近衛歩兵第６連隊
同	25,504	都営住宅	――	26	第61独立歩兵団司令部
同	40,035	都営住宅	減額50％	25	陸軍大学校
同	10,855	都営住宅	交換	39	海軍経理学校築地分校
同	13,996	都営住宅	交換	45	同
新宿区	87,808	都営住宅	時価	26	陸軍戸山学校
同	44,286	都営住宅	時価	46	陸軍幼年学校
同	13,889	道路	公共物編入	37	陸軍予科士官学校
同	23,903	戸山高校	減額50％	29	近衛騎兵連隊
同	11,030	授産施設	減額40％	30	同
同	35,301	区画整理	土地引渡	44	陸軍技術本部
同	12,384	都営住宅	交換	45	同
北　区	14,938	都営住宅	時価	26	赤羽練兵場及作業所
同	12,829	都営住宅	時価	27	東二陸造・王子工場
同	25,844	学校用地	減額50％	31	同
同	13,444	都営住宅	減額50％	26	陸軍兵器補給廠赤羽火薬庫
同	28,366	都営住宅	減額40％	37	同
同	39,273	都営住宅	減額40％	38	同
同	48,182	都営住宅	減額40％	40	同
同	23,140	赤羽商高	減額	37	陸軍兵器補給省東京出張所

同	13,819	技術センター	時価	38	同
同	19,651	——	交換	38	同
同	16,565	都営住宅	減額40%	39	同
同	20,485	整肢施設	減額50%	36	東京第一陸造・十条工場
同	13,572	養護学校	減額50%	39	同
同	38,682	都営住宅	時価	25	東京第一陸造滝野川分工場
同	24,228	工業高校	減額50%	29	同
板橋区	70,115	道路	公共物編入	38	東京第二陸造・板橋製造所
目黒区	42,667	駒場高校	減額50%	29	陸軍輜重兵学校
世田谷区	15,557	都営住宅	時価	25	陸軍獣医学校
同	22,051	都営住宅	減30・40%	30	駒沢練兵場
同	13,829	道路	公共物編入	34	同
同	17,129	小学校	減額	42	近衛野砲兵第一連隊
渋谷区	23,495	道路	公共物編入	38	代々木陸軍練兵場
同	13,576	道路	公共物編入	40	同
同	13,907	道路	公共物編入	40	同
品川区	15,935	港湾施設	時価	25	第一衣料廠
同	11,310	港湾施設	時価	28	同
同	35,639	庁舎	交換	39	第一台場経理学校用地
昭島市	13,620	都営住宅	減額40%	39	陸軍航空工廠工具合同宿舎
同	16,517	都営住宅	減額40%	40	同
同	14,218	都営住宅	時価	43	立川陸軍航空廠合同宿舎
同	24,571	学校用地	交換	46	立川陸空廠技能者養成所
瑞穂町	60,087	学校用地	交換	46	箱根ケ崎陸軍小銃射撃場
同	36,884	学校用地	交換	46	同
国立市	13,025	都営住宅	減額40%	28	立川陸軍航空廠工具宿舎
調布市	13,623	都営住宅	時価	26	陸軍航空部隊神代村兵舎

出所：「旧軍用財産資料」（前出）より作成。

　地方公共団体としての東京都が昭和48年3月末までに取得した旧軍用地は47件（1万m²以上）である。行政単位でみると、北区が15件で最も多く、次に新宿区の7件、続いては港区の5件、さらに世田谷区と昭島市の4件となっている。あとは渋谷区と品川区が各3件、瑞穂町が2件、そして板橋区、目黒区、国立市、調布市の各1件となっている。つまり、行政単位でみると、東京都は、8区、3市、1町で旧軍用地（1万m²以上）を取得しているが、東京都を構成している行政単位全体（23区、26市、5町、8村）からみると、旧軍用地を取得した行政単位（地域）は極めて限られていると言えよう。確かに、東京都は、北区、新宿区、港区において集中的に旧軍用地を取得しているが、これは、旧軍用地の所在地に因るというよりも、むしろ東京都の行政内容に規定されたものと思われる。

　ちなみに、東京都が取得した旧軍用地面積および取得形態を行政単位別にみると、次のようになる。

第三章　東京都　　89

Ⅲ-3-(2)表　東京都による行政地域別旧軍用地取得面積および取得形態

(単位：m²)

行政地域	件数	取得面積	取得形態（件数）							
			時価	減額50%	減額40%	その他の減額	交換	公共物編入	拠出	不詳
港　区	5	107,686		2			2			1
新宿区	7	228,601	2	1	1		1	1	1	
北　区	15	353,018	4	5	4	1	1			
板橋区	1	70,115						1		
目黒区	1	42,667		1						
世田谷区	4	68,566	1			2		1		
渋谷区	3	50,978						3		
品川区	3	62,884	2					1		
昭島市	4	68,926	1		2		1			
瑞穂町	2	96,971					2			
国立市	1	13,025			1					
調布市	1	13,623	1							
計	47	1,177,060	11	9	8	3	7	7	1	1

出所：(1)表より作成。

　東京都が取得した旧軍用地の面積は、合計で約118万 m² であるが、各行政単位の取得面積を
みると、その取得件数に対応するかたちでの面積規模となっている。これは、東京都が取得した
旧軍用地の用途目的が、都営住宅や学校用地であり、その用途に見合った規模の区域が1件あた
りの取得面積となるからである。もとより、物理的に考えると、都営住宅としては大規模な用地
を設定することは不可能ではないが、現実には、東京という人口集中地域では、そのような広大
な用地は極めて限定されており、かつ旧軍用地との関連ということになれば、国家機構による旧
軍用地の移管との競合関係もあり、社会経済的にはそうした広大な用地を取得することには大き
な制約があったからであろう。

　なお、東京都による旧軍用地の取得形態、大蔵省からいえば払下条件であるが、それについて
みておこう。東京都が旧軍用地を取得した46件のうち、時価および交換（時価）による旧軍用
地の取得は、それぞれ11件と7件、計18件で、半数に近い。また、減額による買受は、減額率
50%と減額率40%が、それぞれ9件と8件、その他3件、計20件で、これもほぼ半数に近い。

　「公共物編入」は7件で、いずれも道路の取得に伴うものである。「公共物編入」とは、国の所
有権は移転しないが、その使用権（管理義務を伴う）を譲与するという内容のものである。北海
道や東北地方でもみられたが、全国的にも数多くみられる事象である。

　「拠出」というのは、区画整理事業にともなって、一定の土地を事業主体へ拠出することであ
る。この場合は東京都が取得した旧軍用地をその事業主体へ拠出したことを意味する。周知のよ
うに、区画整理事業の場合には、その事業に関連する一定の土地を主体が拠出し、その事業が終
わったのちに、その時価で清算し、然るべき面積の土地を受け取るというもので、単に拠出した

90

だけで終了するものではない。区画整理事業は全国的に数多くみられるが、旧軍用地を拠出した事業例はそれほど多くはない。

次に、東京都が取得した旧軍用地を、用途別および取得年次別に分類し、整理してみよう。

Ⅲ-3-⑶表　東京都が取得した旧軍用地の用途別・年次別分類

（単位：m²、年次：昭和年）

用途目的	件数	取得面積	取得年次　　（　）内は件数
都営住宅	22	555,758	25（3）、26（5）、27、28、30、37、38、39（3）40（2）、43、45（2）、46
学校用地	10	295,749	29（3）、31、33、37、42、46（3）
道路	6	148,811	34、37、38（2）、40（2）
福祉施設	3	45,087	30、36、39
港湾施設	2	27,245	25、28
庁舎	1	35,639	39
技術センター	1	13,819	38
区画整理	1	35,301	44
不詳	1	19,651	38
計	47	1,152,832	20年代（15）、30年代（19）、40年代（13）

出所：⑴表より作成。

⑶表を一覧すれば判るように、東京都が旧軍用地を取得した用途目的としては、都営住宅が圧倒的に多い。取得件数および取得面積からみても、東京都が取得した全旧軍用地の半分が、都営住宅を用途目的としたものである。都営住宅を用途目的として旧軍用地を取得した年次についてみると、昭和25年と同26年に合わせて8件の取得がみられる反面、昭和31年から同36年までの期間では取得がみられなかった。それ以外の年次においては、ほぼ満遍なく旧軍用地を取得している。なお、「旧軍用財産資料」（大蔵省管財局、昭和48年）には、用途目的として「都営住宅」以外に、「都営庶民住宅」、「公営住宅」、「都営改良住宅」と記載されている件もあるが、これらはすべて都営住宅として処理した。

都営住宅に次いで旧軍用地の取得が多いのは学校用地を用途目的とする10件である。この学校の校種についてみると、高等学校が5件、単に「学校」と記されているのが4件、小学校1件である。それ以外に、養護学校が1件あるが、これは「社会福祉施設」として処理した。もとより学校なので、ここに含めても差し支えない。年次的にみると、昭和29年と昭和46年にそれぞれ3件の集中的な取得がみられる。これらは地元住民から学校増設の要求があったこともあろうが、基本的には接収されていた旧軍用地が開放された年次との関連であろう。

「福祉施設」は3件あるが、その内容については、⑴表をみれば判るが、より詳しくは、身障者授産施設、肢体不自由児施設、養護学校である。もとより養護学校を「学校」としても差し支えない。なお⑴表には掲載していないが、板橋区で母子アパート（2,145m²・昭和36年）があることなども記しておきたい。

「港湾施設」は２件あるが、その具体的内容は臨港倉庫である。それ以外に、港区（4,432 m²）、江東区（5,430 m²・臨港鉄道敷）、品川区（8,335 m²）については、取得面積が１万 m² 未満なので⑴表には掲載していない。

それ以外の用途目的での、東京都による旧軍用地の取得については記すことがない。なお、東京都による旧軍用地の取得年次については、昭和30年代が多いので、これは米軍による接収解除という要因が大きく作用しているものと推測される。

２．東京都の市町村による旧軍用地の取得

東京都において、地方公共団体である市町村の旧軍用地取得状況は次の通りである。

Ⅲ-3-⑷表　東京都の市町村による旧軍用地の取得状況

（単位：m²、年次：昭和年）

市町村名	取得面積	用途目的	取得形態	年次	旧口座名
港　区	19,027	中学校	減額70%	29	陸軍大学校
新宿区	14,890	小学校	減額	25	陸軍幼年学校
同	13,653	中学校	減額50%	25	近衛騎兵連隊
北　区	13,406	小学校	減額70%	30	東二陸造・稲付射場
板橋区	21,580	学校敷地	時価	35	東二陸造・板橋製造所
世田谷区	11,021	区立中学	減額70%	30	陸軍獣医学校
同	20,984	小中学校	減額70%	31	駒沢練兵場
目黒区	13,561	区立中学	減額70%	32	同
同	11,107	小学校	減額70%	32	同
同	13,456	道路	公共物編入	40	同
世田谷区	10,632	道路	公共物編入	41	同
同	24,247	道路	公共物編入	48	近衛野砲兵第一連隊
渋谷区	19,545	区役所敷	時価	38	陸軍刑務所
立川市	16,216	北多摩高	減額50%	28	陸軍獣医資材本廠
砂川村	24,314	小学校敷	時価	26	立川飛行機整備教育居住場
東村山市	34,523	中学校	減50・40%	33	陸軍少年通信兵学校
同	17,136	小学校	減50・40%	44	同
稲城市	11,143	市立病院	減額50%	30	東二陸造・多摩製造所
浅川町	26,362	学校	減50・40%	25	陸軍浅川倉庫
府中市	11,751	道路	公共物編入	44	陸軍燃料廠本部
調布市	34,182	中学校	減額50%	36	陸軍航空部隊神代村兵舎
同	53,852	市営住宅	時価	34	調布市陸軍飛行場
町田市	23,325	道路	公共物編入	45	相模造兵廠戦車道路
泉津村	176,799	防風林	時価	26	大島魚雷発射場

出所：「旧軍用財産資料」（前出）より作成。

東京都の市町村が取得した旧軍用地は24件で、その用途目的は、中学校および小学校用地の確保が圧倒的に多く、続いては道路である。中には庁舎、市営住宅、私立病院といった用途目的で旧軍用地を取得した事例もみられる。１件あたりの取得面積は相対的に小さいが、防風林を用

92

　途目的として旧軍用地を取得した泉津村の 17 万 7 千 m^2 が唯一の例外である。

　ちなみに、泉津村は昭和 30 年に周辺地域と合体して大島町となっているほか、浅川町は昭和 39 年に八王子市へ編入、砂川村は昭和 38 年に立川市へ編入している[1]。

　旧軍用地の取得形態についてみると、減額 70％という事例が 6 件もある。通常の減額払下げの最高割引率は 50％であるのに、なぜ 70％になっているのか、よほどの特殊事情があったものと推測される。減額率が 50％ないし 50％・40％というのは、全体で 6 件あるが、減額率 70％が同じ数だけあるので、不利な扱いを受けたように思えてくる。しかし、全国的にみた場合、こうした高い割引率が多くみられるのは東京都だけであり、ここでも首都である、あるいは首都圏にあるというだけでなく、何か特別の事由があったのではないかと思われる。

　東京都の市町村による旧軍用地の取得時期については、昭和 20 年代が 7 件、30 年代が 11 件、40 年代が 6 件で、東京都による取得の場合と同じく、取得の時期は相対的に遅かったと言わねばならない。その理由は、東京都の場合と同じである。

　　1）　『全国市町村要覧』（昭和 43 年版、自治省振興課編集、第一法規）を参照。

第四節　東京都における民間諸団体（企業等を除く）による旧軍用地の取得

　本節でいう「民間諸団体」とは、学校法人、医療法人、宗教法人をはじめ、その他諸々の民間の非営利的な諸団体のことであり、いわゆる民間企業を除いたものとしている。したがって、旧軍用地を取得する場合の用途目的も、これら諸団体の社会的役割（機能）によって、おのずから限られている。戦後の東京都において、これらの民間諸団体が取得した旧軍用地は次の通りである。

Ⅲ-4-⑴表　東京都における民間諸団体による旧軍用地の取得状況

（単位：m^2、年次：昭和年）

団体名	取得面積	用途目的	取得形態	年次	旧口座名
聖パウロ学園	13,652	校舎	減額 20％	25	歩兵第 101 連隊参謀本部
関東朝鮮人　　商工会	18,669	事務所	時価	25	同
中央大学	26,589	──	減額	26	陸軍兵器学校小石川分校
東京女子医大	18,022	──	減 50・40％	33	陸軍経理学校
学習院	64,131	学校施設	時価	41	近衛騎兵連隊
早稲田大学	37,134	学校	減額 50％	36	大久保小銃射撃場
白梅学園	11,796	──	減額 50％	29	陸軍気象部
星美学園	54,376	──	時価	24	独立工兵隊第 21 連隊
国立競技場	42,000	運動施設	出資財産	45	陸兵補給廠・東京出張所
帝京商業高校	27,153	──	時価	34	東二陸造・板橋製造所

帝京学園	20,217	——	時価	34	同
渡辺学園	70,115	——	時価	39	同
東邦大学	19,182	大学・高	減額50%	31	近衛輜重兵第二連隊
東京農業大学	12,714	——	減額40%	27	陸軍機甲整備学校
同	159,280	——	減額50%	28	同
昭和女子大学	59,365	学校敷	減額50%	37	近衛野砲兵第二連隊
国立競技場	91,022	運動施設	出資財産	39	代々木陸軍練兵場
OM青少年C	55,471	敷地	出資財産	41	同
同	35,930	敷地	出資財産	43	同
立川学園	24,932	——	減50・40%	33	陸軍航空技術学校学生舎
明治学院	93,436	学校敷	減50・40%	32	陸軍少年通信兵学校
高乗寺	175,077	植林	時価	25	陸軍浅川倉庫
恵泉女学院	28,912	——	時価	32	陸軍経理学校
十字会	26,451	病院	時価	34	陸軍兵器補給廠小平分廠
緑風会	35,059	——	時価	34	同
サレジオ学園	84,350	養護学校	時価	24	国分寺技術研究所
福音伝道会	11,242	神学校他	時価	34	陸軍中央無線電信受信所
こどもの国	208,763	——	出資財産	41	陸軍兵器補給廠田奈分廠

出所：「旧軍用財産資料」（前出）より作成。なお、表中「OM青少年C」とあるのは、オリンピック記念青少年センターの略である。

⑴表については、改めて整理する必要もあるまい。すなわち、東京都において、非営利的民間諸団体が1万㎡以上の旧軍用地を取得したのは、全体で28件、そのうちの実に18件が学校法人によるものである。また、政府出資法人が5件あることにも注目しておきたい。

なお、政府出資法人とは、文字通り、政府（国）が出資している民間団体であって、ここでは現物出資として旧軍用財産（旧軍用地）を出資しているのである。出資した財産は「出資財産」と呼ばれている。政府出資というのは、「国が公団・事業団等の特殊法人の資本に充てるため、金銭に代えて現物（土地・建物・物品等）を提供すること」[1]であって、この場合、国立競技場（昭和60年の法律改正によって「日本体育・学校健康センター」へ改組された[2]）、オリンピック記念青少年センター、子供の国が、この特殊法人（政府出資法人）に該当するものである。

その他は、宗教法人が2件、医療法人（十字会）、政党（緑風会）、商工団体が各1件あるだけである。

これらの民間諸団体が取得した旧軍用地の面積規模についてみると、学校法人はその用途目的を学校敷地としている場合が多いので、学校の種類、すなわち大学や高校、あるいは東京農業大学やサレジオ学園（養護学校）といった特殊な学校の性格によって、必要とする敷地面積が異なってくる。

もっとも、学校を設立する場合、追加的に学校用地を取得する場合とでは、取得する用地面積はおのずから異なるであろう。概して言えば、大学用地として取得した旧軍用地の面積は、高校や中学校よりも広く、大学用地そのものは、その場合、場合で異なるということである。

先程あげた東京農業大学の場合には、東京都内で約17万㎡の校地を取得している。なお、

聖パウロ学園とサレジオ学園については、宗教法人を基礎としてつくられている学校法人、あるいは学校なので、これらを宗教法人として分類することも可能であるが、ここでは学校に含めることにした。

　宗教法人としては、八王子市の高乗寺が植林を用途目的として、旧陸軍浅川倉庫の跡地（175,077㎡）を昭和25年に時価で取得している。これは東京農業大学と並んで、東京都内の民間諸団体が取得した旧軍用地の面積規模としては最大である。医療法人の十字会は病院用地として、また緑風会と関東朝鮮人商工会はいずれも事務所用地として旧軍用地を取得している。

　政府出資法人がその社会的役割に応えるべく、それ相応の旧軍用地を取得している点も見逃してはならない。

　取得時期という点では、非営利性の民間諸団体が旧軍用地を取得した28件のうち、14件が昭和30年代、そして昭和20年代が9件、40年代が5件となっている。東京都において、国や地方公共団体が旧軍用地を取得した時期と比べると、それほど大きな時期的差異があったとは言えない。なお、年次的にみると、昭和24年と同25年に5件、また昭和34年だけで5件という、年次によってかなり集中的な旧軍用地の取得、大蔵省からみれば、旧軍用地の払下げが行われていることを付記しておこう。

　　1）　『国有財産』（改訂版）、国有財産法研究会、大蔵省印刷局、平成3年、288ページ。
　　2）　同上書、290ページ。

第五節　東京都における民間企業による旧軍用地の取得

　本節では、民間企業が東京都で旧軍用地をいかに取得したかについて明らかにする。なお、本書は旧軍用地の工業用地への転用を基本的な研究課題としているので、まず旧軍用地を取得した製造業以外の民間企業を、続いて製造業（工業）による旧軍用地の取得状況を明らかにしていきたい。ただし、1件あたりの旧軍用地取得面積を3千㎡以上に限定しておく。

1．製造業以外の民間企業による旧軍用地の取得状況

　民間企業のうち、製造業以外の企業が東京都内で旧軍用地を取得したのは、以下の通りである。

Ⅲ-5-(1)表　東京都における民間企業（製造業を除く）の旧軍用地の取得状況

（単位：㎡、年次：昭和年）

取得企業名	取得面積	業種用途	年次	旧口座名
日本住宅公団	4,473	住宅産業	33	偕行社敷地
東京放送	3,593	放送施設	40	歩兵第101連隊参謀本部他
日本放送協会	4,906	放送業	35	近衛歩兵第7連隊

同	24,845	放送施設	37	同
砺波運輸	4,301	運輸業	36	海軍経理学校
西部運輸	4,630	運輸業	36	同
日本合同トラック	3,557	運輸業	37	同
東京モノレール	5,117	運輸業	40	同
巴冷蔵庫	3,346	倉庫業	26	海軍水路部
中央倉庫	4,545	倉庫業	25	陸軍糧秣本廠
同	12,954	同	26	同
同	3,986	同	28	同
辰已倉庫	3,366	倉庫業	34	同
愛知陸送	4,277	運輸業	36	同
国際興業	4,471	運輸業	37	同
帝都高速交通営団	3,847	運輸業	28	陸軍兵器学校小石川分校
都住宅供給公社	3,641	住宅産業	46	陸軍戸山学校
アジア経済研究所	3,880	サービス業	38	陸軍予科士官学校
富士山自動車	6,168	運輸業	26	近衛騎兵連隊
大日本蚕糸会	3,470	蚕糸研究所	29	陸軍技術本部
同	3,003	同	31	同
日本電電公社	7,512	通信業	28	電信第一連隊
日本物産	5,434	倉庫	35	同
日本住宅公団	81,886	住宅産業	31	成増陸軍飛行場
京北倉庫	10,814	倉庫業	28	東京第二陸軍造兵廠堀船倉庫
日本住宅公団	211,851	住宅産業	35	陸軍被服本廠
同	10,096	同	36	同
日本電電公社	5,454	通信業	39	陸軍兵器補給廠東京出張所
国土開発	14,963	建設業	29	東京第一陸軍造兵廠十条工場
同	12,534	同	35	同
平山甚平	3,108	倉庫	31	東第二陸造・板橋製造所
理化学研究所	3,819	研究所	47	同
日本通運	20,970	運輸業	25	近衛輜重兵第二連隊
中央土地	4,321	不動産業	31	横須賀通信学校下士官宿舎
関東倉庫	3,249	倉庫業	32	駒沢練兵場
秋島建設	3,349	建設業	27	野戦重砲兵第8連隊
小田急	4,028	運輸業	25	代々木陸軍練兵場
日本放送協会	52,605	放送業	38	同
同	10,610	同	38	同
同	19,428	同	40	同
宝組	9,035	倉庫業	26	第一衣料廠
太陽商社	6,291	倉庫	27	同
生物科学研究所	12,375	研究所	28	陸軍獣医資材本廠工具宿舎
日本住宅公団	3,959	住宅産業	40	陸軍航空工廠工具宿舎
同	6,235	同	42	同
同	20,473	同	34	陸軍少年通信兵学校
日本電電公社	33,594	通信業	40	同
京王帝都電鉄	6,321	運輸業	44	陸軍浅川倉庫
日本鉄道建設公団	4,195	建設業	44	陸軍燃料廠本部

西武鉄道	25,151	運輸業	34	陸軍兵器補給廠小平分廠	
医薬資源研究所	3,828	サービス業	33	国分寺技術研究所	
東糧倉庫	3,597	倉庫業	34	同	
高砂産業	9,725	工業薬品販売	28	調布市陸軍飛行場	
プリンス自動車販売	5,971	販売業	40	同	
同	3,884	同	42	同	

出所：「旧軍用財産資料」（前出）より作成。

⑴表の内容を分析するために、旧軍用地を取得した民間企業を業種別に分類し、整理しておこう。それが次の表である。

Ⅲ-5-⑵表　東京都における民間企業（製造業を除く）の業種別旧軍用地取得状況

（単位：m^2、年次：昭和年）

業種	件数	取得面積	取得年次　　（　）内は件数
運輸業	13	92,838	25（2）、26、28（2）、36（3）、34、37（2）、40、44
倉庫業	11	69,725	25、26（3）、27、28、31、32、34（2）、35
住宅産業	8	342,614	31、33、34、35、36、40、42、46
放送業	6	115,987	35、37、38（2）、40（2）
研究所	6	30,375	28、29、31、33、38、47
建設業	4	35,041	27、29、35、44
通信業	3	46,560	28、39、40
販売業	2	9,855	40、42
不動産業	1	4,321	31
不詳	1	9,725	28
計	55	757,041	20年代（17）、30年代（26）、40年代（12）

出所：⑴表より作成。

⑴表を分析する前に、業種分類に関して若干の説明をしておきたい。

　まず第一に、住宅産業についてであるが、東京都住宅供給公社の１件を除く７件はすべて日本住宅公団による旧軍用地の取得である。しかも、その取得形態は、大蔵省からの「現物出資」、すなわち国有財産としての出資財産が６件、交換によるものが１件である。したがって、所有関係としては、なお国有財産であり、厳密な意味で日本住宅公団に土地の所有権が移転しているわけではない。その意味では、日本住宅公団を全くの民間企業と見なすことはできないが、その後に、日本住宅公団が住宅・都市整備公団への移行によって、公益法人ないし公益事業というよりも民間企業という性格が強くなってきている。そこで、旧軍用地を時価で売り払いしている日本放送協会や日本電電公社と同様に民間企業として処理した。

　倉庫業については、日本物産、太陽商社を含めたが、これらの企業は取得した旧軍用地の用途目的が「倉庫」であって、本来の業種は商業（販売業）である。この点の統計処理は、全くもって便宜的である。

放送業が取得した6件は、すべて日本放送協会によるものである。また、研究所は統計的にはサービス産業に分類されるが、⑵表ではその実体を明らかにする意味で、あえて「研究所」とした。なお、通信業が取得した3件は、すべて日本電電公社によるものである。

以上のような説明したのち、あらためて⑵表をみると、製造業を除く民間企業の業種としては、運輸業（旅客運送業および貨物輸送業）による旧軍用地の取得が13件で最も多く、続いては倉庫業（一部販売業を含む）の11件となっている。あとは日本住宅公団への出資財産として、また日本放送協会への売却も相当件数である。民間研究所や日本電電公社が取得した件数も無視できない。

次に、旧軍用地を面積という点からみて、もっとも多く取得した業種は、住宅産業、具体的には日本住宅公団である。次に日本放送協会、続いては運輸業であり、いずれも公共的性格がつよい業種であることに注目しておきたい。もっとも1件あたりの取得面積は大きなものではない。また、製造業を除く全産業による総取得面積も73万 m² 強に留まっており、それほど大きな面積とは言えない。

2．東京都の製造業による旧軍用地の取得状況

ここでは東京都における旧軍用地の工業用地への転用に関する基礎資料として、民間企業（製造業）による旧軍用地（1件あたり3千 m² 以上）の取得状況をみておくことにしよう。次の一覧表がそれである。

Ⅲ-5-⑶表　東京都における製造業の旧軍用地取得状況

（単位：m²、年次：昭和年）

企業名	取得面積	業種用途	年次	旧口座名
三菱セメント	9,520	窯業	36	海軍経理学校
合同インキ	3,305	化学	36	同
横河橋梁製作所	3,305	鉄鋼	36	同
大洋漁業	14,013	食品	36	陸軍糧秣本廠
北洋水産	4,539	食品	36	同
東部木材	17,811	木材	27	横須賀海軍工廠深川艦材置場
石川島重工	61,579	輸送機械	29	艦政本部豊洲造船施設
日本石油	3,344	石油製品	35	近衛騎兵連隊
呉羽化成	3,287	化学	29	陸軍技術本部
関東配電	5,683	電力	34	電信第一連隊
キンシ鉛筆	6,641	文具	25	東京第二陸軍造兵廠王子工場
保土谷化学	19,121	化学	26	同
モンブラン工業	10,127	文具	27	同
東京セロハン	6,635	紙パルプ	30	同
同	8,214	紙パルプ	31	同
日本専売公社	31,695	煙草	24	東京第二陸軍造兵廠堀船倉庫
東京鋳造	17,071	鉄鋼業	24	同

宝酒造	10,734	食品	27	同
日産化学工業	3,221	化学	25	東二陸造王子工場周辺疎開地
富嶽製氷冷蔵	13,406	食品	27	東京第二陸軍造兵廠稲付射場
科研化学	15,303	化学	44	東京第一陸軍造兵廠十条工場
東栄樹脂化学	4,128	化学	27	東京第一陸軍造兵廠
宮本工業	3,697	金属製品	27	同
千代田油脂	3,882	石鹸	27	同
山登興業	5,458	化学	27	同
東京リム	5,873	金属製品	27	東京第二陸軍造兵廠板橋製造所
明治製菓	17,998	食品	28	同
日興ゴム	6,346	ゴム	29	同
板橋ガラス	5,290	窯業	31	同
東洋インキ	7,828	化学	32	同
資生堂絵具工業	17,370	文具	36	同
信行社	5,439	印刷	38	同
宝永プラスチック	6,599	化学	47	同
有功社	3,157	紙パルプ	47	同
シモン皮革	4,951	皮革	28	東京第一陸軍造兵廠板橋宿舎
望月木工所	6,021	木製品	34	金町架橋演習場
大和毛織	108,128	繊維	24	陸軍製絨廠
東洋経済新報社	3,279	出版	28	海軍大学校
北見総合木材	26,659	合板	33	第一衣料廠
プラチナ産業	7,981	文具	25	相模陸軍造兵廠蒲田出張所
高梨製作所	11,291	一般機械	34	立川陸軍航空廠技能者養成所
昭島ガス	3,589	ガス供給	37	同
並木工業	3,417	——	26	陸軍幼年学校敷地
日本製鋼所	305,047	鉄鋼業	27	日本製鋼所武蔵製作所
ブリヂストンタイヤ	33,615	ゴム	34	陸軍兵器補給廠小平分廠
日本針布	14,534	繊維	24	陸軍航空部隊隊舎神代村兵舎

出所：「旧軍用財産資料」（前出）より作成。

上掲の(3)表を、業種別に整理してみると、次のようになる。

Ⅲ-5-(4)表　業種別にみた東京都における旧軍用地の工業用地への転用状況
（昭和22 〜 48年3月）

（単位：m^2、年次：昭和年）

業種	件数	面積	取得年次　（　）内は件数
食料品製造業	6	86,992	24、27（2）、28、36（2）
繊維工業	2	122,662	24（2）
木材工業	3	50,491	27、33、34
紙パルプ	3	18,006	30、31、47
出版・印刷工業	2	8,718	28、38
化学工業	10	72,132	25、26、27（3）、29、32、36、44、47
石油製品	1	3,344	35
ゴム製品製造業	2	39,961	29、34

皮革製品製造業	1	4,951	28
窯業	2	14,810	31、36
鉄鋼業	3	325,423	24、27、36
金属製品製造業	2	9,570	27（2）
一般機械製造業	1	11,291	34
輸送機械製造業	1	61,579	29
その他の製造業	4	42,119	25（2）、27、36
電力・ガス等	2	9,272	34、37
不詳	1	3,417	26
計	46	884,738	20 年代（25）、30 年代（18）、40 年代（3）

出所：⑶表より作成。

⑷表では、製造業の中に、電力およびガス供給業を含めている。また、「その他の製造業」というのは、⑷表の場合には、4 件のすべてが「文具製造業」である。さらに食品工業の中には、「煙草製造業」の 1 件（31,695 m²）が含まれている。

まず、東京都で旧軍用地の取得件数が多い業種は、化学工業の 10 件である。これは他の業種に比して、群を抜いた状況となっている。それ以外では食品工業と文具製造業が 6 件と 4 件で続いている。

しかしながら、東京都で旧軍用地を 1 件でも取得した業種としては、電力・ガス製造業も含めて 16 業種と多く、欠落している業種は、僅かに衣服、家具、電気機械、精密機械の 4 業種でしかない。つまり、化学工業を除いては、多くの業種が少ない件数ではあるが、それなりに旧軍用地を取得してきたというのが実態である。

次に、取得した旧軍用地の面積という点から、各業種についてみると、東京都の製造業で、最も広く旧軍用地を取得したのは鉄鋼業の 32 万 m² 強で、続いては繊維工業の約 12 万 m² である。

とくに業種別にみた旧軍用地取得面積については、その業種に 1 件でも広大な規模で旧軍用地を取得した製造業があれば、その業種全体の取得面積が広大であったという結果になる。それが鉄鋼業における日本製鋼所（約 30 万 m²）と繊維工業における大和毛織（約 11 万 m²）である。前者は鉄鋼業全体の 93.7％、後者は繊維工業の 88.1％という高い構成比率をもっている。実際に⑶表をみれば、1 件あたり 10 万 m² 以上の旧軍用地を取得しているのは、前記の 2 社だけであり、これに石川島重工（61,579 m²）を加えた 3 件だけが、5 万 m² を超える旧軍用地を取得したことになる。このことは、東京都における製造業による旧軍用地の取得面積は、概していえば小規模なものが多かったということになる。

歴史的諸条件を無視し、大都市における工業立地という視点だけからみると、繊維製品製造業や食料品製造業あるいは文具製造業が東京へ立地するのは、消費（資本からみれば市場）を重視する都市型工業の立地政策として理解できるが、化学工業や鉄鋼業が地価の高い東京へ立地してくるのは理解に苦しむ。この点については、後に、個々の事例について、詳しい分析が必要となるところである。

ところで、東京都における旧軍用地の工業用地への転用年次について、これを5件以上の取得がある化学工業、食品工業、文具製造業工業についてみると、昭和26年前後の時期と昭和36年前後の時期に多いことが判る。もっとも化学工業の場合には昭和44年と同47年の旧軍用地取得もあるので、ここになんらかの特徴を検出することは困難である。ただし、製造業が旧軍用地を取得した年代についてみると、昭和20年代が多く、続いて30年代という順になっており、全体的には旧軍用地の工業用地への転用が東京の場合には相対的にではあるが、比較的早期に行われたということができよう。

そこで、旧軍用地を取得した年次と用地取得面積とのあいだに何か相関関係があるかどうかについて検討してみたのが、次の表である。

Ⅲ-5-(5)表　東京都における製造業の旧軍用地取得面積と取得時期

（単位：万 m²、年次：昭和年）

面積＼年次	20〜24	25〜29	30〜34	35〜39	40〜44	45〜47	計
0.3〜0.5		8		5		1	14
0.5〜1		6	6	2		1	15
1〜3	2	5	2	2	1		12
3〜5	1		1				2
5〜10		1					1
10〜20	1						1
20〜30							──
30〜50		1					1
50〜100							──
計	4	21	9	9	1	2	46

出所：(3)表より作成。

(5)表によって、東京都における旧軍用地の工業用地への取得を時期的にみると、昭和20年から29年までが25件と半数以上を占めている。その限りでは、東京都における旧軍用地の産業用地への転用は戦後間もない時期に行われたことが、一つの特徴であると言ってもよい。そして、この時期はいわゆる朝鮮動乱による軍需が増大した時期と一致している。

次に件数が多いのは昭和35年から39年までで、この時期はいわゆる日本経済の高度成長期である。こうしてみると、朝鮮動乱による軍需景気と高度経済成長という二つの要因が、東京都において旧軍用地の工業用地への転換を促進したとみることができよう。

もっとも、1件あたりの用地取得面積についてみると、46件中、29件（約63％）が1万 m²未満の用地取得であり、3万 m²未満の用地取得まで含めると、46件中41件、約89％が該当することになる。この点に限ってみるならば、東京都において工業用地を用途目的として取得した旧軍用地の払下面積は相対的に小規模なものであった。さらに言えば、1件あたりの取得面積が3千 m²未満の用地については、これをすべて除外しているので、それを含めると、その面積規

模はもっと小さなものとなる。

　続いて、東京都における旧軍用地の工業用地への転用状況を地域的にみておこう。それが次の表である。

Ⅲ-5-(6)表　地域的にみた東京都における旧軍用地の工業用地への転用状況
（昭和20～48年3月）

（単位：m²）

区域	取得件数	取得面積	市域	取得件数	取得面積
港　区	3	16,130	昭島市	2	14,880
江東区	4	97,942	八王子市	1	3,417
新宿区	2	6,631	府中市	1	305,047
北　区	15	153,940	小平市	1	33,615
中野区	1	5,683	調布市	1	14,534
板橋区	11	86,872			
荒川区	1	108,128			
品川区	3	37,919			
計	39	513,245	計	6	371,493

出所：「旧軍用財産資料」（前出）および(3)表より作成。

　(6)表をみれば、東京都23区のうち、用地取得件数が多いのは北区と板橋区である。用地取得面積も約15万m²と9万m²弱である。もっとも荒川区における製造業の旧軍用地取得は1件であるが、その取得面積は10万m²を超える。

　これに対して、東京都の市域では、取得件数は昭島市の2件を除いては各都市とも1件である。それでも府中市で30万m²強の取得がある。この点も含め、次節では各地域別における旧軍用地の工業用地への転用状況について分析していくことにしよう。

第六節　東京都における旧軍用地の産業用地への転用に関する地域分析

1．港区

　戦前における港区の特色の一つとして、広い軍用地があったことが挙げられており[1]、その中心部は「現今の防衛庁一帯、赤坂桧町から麻布竜土町へかけて」[2]であった。

　その状況を一覧したものが、次の表である。

Ⅲ-6-(1)表　港区内軍用地（終戦時）

（単位：坪）

所在地	面積	名称	主な転用先
赤坂桧町3	31,959	近衛歩兵第三連隊	防衛庁
赤坂青山北町4	23,600	近衛歩兵第四連隊※	高校敷地他

赤坂青山南町	16,297	第六十一独立歩兵団司令部ほか	民間住宅
赤坂青山北町	17,860	陸軍大学校	都営住宅
赤坂一ツ木町	20,710	歩兵第百一連隊	民間団体
同	1,419	参謀本部分室	同上
赤坂表町四丁目	544	赤坂憲兵分隊及び官舎	電電公社
麻布竜土町 10	37,073	近衛歩兵第七連隊ほか	NHK 他
麻布三河台 24	1,750	近衛第一師団長官舎副官官舎ほか	民間住宅
赤坂霊南坂町	887	海軍次官官舎	公務員宿舎
赤坂表町 4	348	海軍医務局長官舎	民間事務所
芝三田一丁目	2,192	海軍軍楽隊東京分遣隊	(貸付中)
芝高輪台町 35	1,591	海軍東京会議所	民間住宅
芝海岸通一丁目	2,500	芝浦海軍施設補給部	港湾施設
芝海岸通六丁目	84,770	海軍経理学校	東京水産大
芝海岸通三丁目	154	海軍東京在勤武官府東京地方運輸部	(不詳)
芝白銀台 2 ほか	12,370	海軍大学校	国立研究所
芝栄町 13	――	水交社	(不詳)

　　出所：『新修港区史』、港区役所、昭和 54 年、631 ページ。
　　　※「主な転用先」については、大蔵省管財局文書より杉野が付記した。
　　　※表中、「近衛歩兵第四連隊」とあるのは、「同第六連隊」の誤記か。

　上記の表から判るように、港区においては旧軍用地が産業用地へと転用された件数が少ない。しかしながら、港区において最大の軍用地であった旧海軍経理学校の跡地では、昭和 36 年に、三菱セメント（9,520 m²）、合同インキ（3,305 m²）、横河橋梁製作所（3,305 m²）、砺波運輸（4,301 m²）、西部運輸（4,630 m²）、そして昭和 37 年に日本合同トラック（3,557 m²）、昭和 40 年に東京モノレール（5,117 m²）などの立地が相次ぎ、それぞれ旧軍用地を時価で取得している。また、東京エキスプレス、ブルドーザー工業、日通トラックが 3 千 m² 未満の旧軍用地を産業用地として取得している[3]。

　ちなみに、この旧海軍経理学校の戦後の状況についてみると、昭和 20 年 9 月 19 日に米軍に接収され、東京 QM 本部となっていたが[4]、のち昭和 33 年 10 月 31 日に接収解除となったので、その後、急速に産業用地への転用が行われたのである[5]。

　旧海軍経理学校が位置していた芝海岸通六丁目は、町名変更によって港南四丁目となり、工業用地として払下げを受けた場所は、首都高速道路 1 号線の東側一帯で、東京モノレール（日立運輸）の車窓から一望できる場所にある。

　昭和 42 年の航空住宅地図帳によれば、横川（河―杉野）橋梁、東京合同インク、三菱生コン（京浜菱光コンクリート工業）の 3 社の名がみえ、また同地図帳の昭和 53 年版にはトナミ運輸の名がみられる。もっとも、東京モノレールの名はみえないが、その用地が路線という特殊形態だからであろう。

　昭和 55 年 11 月の時点では、これらの用地には、芝浦シャリング、西武運輸、日本合同トラック、読売新聞芝浦工場などの倉庫や工場、さらには陸上自衛隊芝浦駐屯部隊、同中央音楽隊も設

置されており、全体としてみれば、極めて密集した工業立地の様相を示している[6]。

1）『新修　港区史』、港区役所、昭和 54 年、630 ページ参照。
2）同上書、630 ページ。
3）「旧軍用財産資料」（前出）による。
4）『港区史』、港区役所、昭和 35 年、1317 ページと 1324 ページ。
5）同上書、1324 ページ。
6）昭和 55 年 11 月、現地踏査による。

２．江東区

東京都内で旧軍用地が産業用地へ転用された面積が最も大きいのが江東区である。この区における旧軍用地の産業用地への転用状況をまとめてみると、次表のようになる。

Ⅲ-6-⑵表　江東区における旧軍用地の産業用地への転用状況

（単位：m^2、年次：昭和年）

旧口座名	所在地	払下企業名	払下面積	払下年次
陸軍糧秣本廠 （88,935 m^2）	越中島一丁目	中央倉庫	4,545	25
		同	12,954	26
		同	3,986	28
		辰巳倉庫	3,366	34
		大洋漁業	14,013	36
		北洋水産	4,539	36
		愛知陸送	4,277	36
		国際興業	4,471	37
横須賀海軍工廠深川艦材置場	東陽町六丁目	東部木材	17,811	27
艦政本部豊洲造船施設	豊洲二丁目	石川島重工	61,579	29

出所：「旧軍用財産資料」（前出）による。

上掲の表をみれば判るように、江東区には、旧陸軍糧秣廠跡地が越中島一丁目にあり、昭和 25 年から 28 年にかけて 4 回（3 千 m^2 未満の件を含む）、計 2 万 3 千 m^2 弱の跡地を中央倉庫が取得しており、辰巳倉庫も昭和 34 年から 43 年にかけて 3 回（3 千 m^2 未満を含む）、計 6 千 m^2 弱を取得している[1]。

中央倉庫は、戦後アメリカからの救援物資を収納する倉庫として、大きな役割を果してきたが、昭和 31 年に辰巳倉庫へ吸収合併されている[2]。結果として、辰巳倉庫は中央倉庫の分を含めて、合計約 2 万 9 千 m^2 の旧軍用地を取得したことになる。

昭和 55 年の時点で、越中島一丁目界隈における産業用地となった旧軍用地の状況をみると、以下のようになっている。

昭和 36 年に 14,013 m^2 を取得した大洋漁業の用地は、社宅アパート（2 棟）として利用されている。また、昭和 36 年から 37 年にかけて、合計で約 1 万 4 千 m^2 強を取得した水産会社や陸送

会社については、林兼食品工業だけが操業している。なお、この越中島一丁目は都心に近いだけに、門前仲町スカイハイツや国家公務員宿舎などの高層住宅（アパート）が出現している。また、辰巳倉庫の隣、越中橋を渡ったところにはレナウンが立地してきている[3]。

ちなみに、1993年の『東京都区分地図』によれば、越中島（一）には、山種産業と深川スポーツセンターが立地している。つまり辰巳倉庫は昭和59年に「山種産業」へ、さらに平成7年には「株式会社ヤマタネ」と社名変更するという経緯をたどっている[4]。深川の東陽町には、旧横須賀海軍工廠の分所（艦材置場・17,811 m^2）があったが、この跡地のすべてが昭和27年に東部木材に払い下げられた。東部木材は、この跡地を木材置場として利用していたが、昭和55年9月の段階では、もはや存在していない[5]。

豊洲二丁目には、艦政本部豊洲造船施設（67,009 m^2）があった。その跡地の大部分（61,579 m^2）は石川島重工が、そして残りは東京都が臨港鉄道敷として、いずれも昭和29年に時価で取得している。

昭和55年の時点では、この造船施設用地は石川島播磨重工の第二工場となっている。なお、この工場については、昭和32年頃の状況を伝える次のような文章がある。

「深川豊洲二丁目に石川島重工業株式会社の第二、第三工場があり、従業員4,491名、土地97,300坪、建物30,400坪を有する本区最大の工場であり、造船工業界に活躍している」[6]

このように、江東区最大の民間工場が戦後における旧軍用地の払下げによって拡張し、従業員数でも、約4,500名という極めて大きな雇用力を発揮したことは特筆しておくべきであろう。

なお、江東区における工業は、全体としては、次のような趨勢を辿っている。

「戦後の復興は容易ではなかったが、昭和25年の朝鮮戦争の特需景気によってようやく軌道に乗り、鉄鋼、金属、機械、木材、繊維などの産業が活発となり、本区の工業は再び隆盛を取り戻すこととなった。特に発展の著しかったのは南部の豊洲地区であり、東京ガスを始めとして、金属・機械関係の大中規模の工場が集中し始めた。──昭和34年には、──『首都圏の既成市街地における工業等の制限に関する法律』が制定され、重化学工業部門はしだいに周辺地区に移転するようになった。この時期は、本区では金属、機械が中心産業であった」[7]

戦後における江東区工業の趨勢については、旧軍用地の転用による工業立地の進展および豊洲地区における新規産業の展開という過程と、大島地区や東陽地区における中小工業の衰退過程とを、二面的に把握していく必要があったのではないかと思われる。

1）「旧軍用財産資料」（前出）による。
2）『会社概況』、辰巳倉庫株式会社、昭和55年、3ページ。
3）昭和55年9月、現地踏査結果による。
4）辰巳倉庫の社名変更に関する経緯は、株式会社ヤマタネのウェブサイトによる（2014年閲覧）。
5）昭和55年9月、現地踏査結果による。
6）『江東区史　全』、江東区役所、昭和32年、702ページ。
7）『江東の昭和史』、東京都江東区、平成3年、205ページ。

同	大日本蚕糸会	3,470	29
同	同	3,003	31

出所：「旧軍用財産資料」（前出）による。

　上掲の表をみれば判るように、新宿区における旧軍用地の産業用地への転用は、払下件数および払下面積からみても、それほど多くなく、規模も小さい。

　国際興業や富士山自動車という運送業は、はじめの頃は自動車修理工場として操業していたが、富士山自動車は昭和55年の時点では存在していない。この周辺では戸山ハイツという大規模団地が形成されている[1]。

　呉羽化成は、この地を呉羽化学工業の東京研究所用地として、また大日本蚕糸会は蚕糸施設研究所として、さらに⑷表には掲載していないが、昭和38年に陸軍予科士官学校跡地の一部（3,880m²）を取得したアジア経済研究所[2]など、研究施設用地として利用されている事例が多い。つまり、新宿区における旧軍用地の産業用地の転用形態としては、都市型である知識産業の用地として利用されているのが一つの特徴である。

　1）　昭和55年、現地踏査による。
　2）　「旧軍用財産資料」（前出）による。

４．北区

　東京都北区における工業の発達を略記したものとして、次の文章がある。

　「王子方面は王子製紙ができてから、次第に発達して、明治、大正、昭和と軍の工場や、紡績工場などがどんどん建って豊島町から堀船町にかけて、めざましく発展しました。終戦後は平和産業にきりかえて、前にまさる発展へと進んでいます」[1]

　ところで、終戦後、軍の工廠や施設はどのように変化していったのか、その辺りの事情は次の文章がよくまとめている。

　「米軍駐留地も含め旧軍関係の残した土地は、都営団地の第1号となった桐ケ丘団地、桐ケ丘小学校などになり、赤羽台団地なども出現し、北区の団地づくりに大きな役割を果たした。また国立王子病院・袋町都営住宅・星美学園なども広大な敷地に建てられた。

　梅木小学校・うめのき幼稚園は、旧陸軍火工廠稲付射場所の跡で、巨大な公団の赤羽台団地は旧陸軍被服廠の跡である。このように、旧軍用地は北区の発展の大きな推進力になった」[2]

　これらの文章では、旧軍用地が地域発展の推進力になったことは判るが、その具体的な状況はどうなのであろうか。その状況を数字的に表現している二つの文章を引用しておきたい。

　「軍用地の解放は戦後の北区にとって画期的な意味をもつ出来事であった。それは区面積の10パーセントが軍用地によって占められていたことを思えば、よくうなずけよう。区内の台地上にも、低地部にも軍用地が点々と連なっており、農地、軍用地、市街地のまざりあった特異な土地

3．新宿区

　新宿区における旧軍用地の存在場所および戦後における転用状況を一覧すると次のようになる。

Ⅲ‐6‐⑶表　新宿区における旧軍用地の転用状況（昭和47年まで）

（単位：m²）

旧口座名	所在地	面積	主たる転用先
東京都済生会病院敷地	戸山町13	14,346	民間住宅
陸軍科学学校	若松町101	43,137	総理府統計局
陸軍戸山学校	戸山町1	182,781	都営住宅
東京第一陸軍病院	戸山町6	46,641	東京第一病院
陸軍幼年学校	戸山町2	86,371	都営住宅・学校
陸軍予科士官学校	市ヶ谷本村2	326,112	自衛隊駐屯地
陸軍軍医学校	戸山町3	57,450	国立病院
牛込憲兵分隊及官舎	若松町52	2,102	民間事務所
陸軍経理学校	若松町11外	58,461	国税庁・医科大
近衛騎兵連隊	戸山町8	199,347	学習院・戸山高
陸軍省別館甲	本塩町10	1,416	公務員宿舎
陸軍技術本部	百人町	307,458	都営・民間住宅
大久保小銃射撃場	大久保4	135,203	公務員宿舎
大久保小銃射撃場避弾地	戸塚4外	31,421	公務員宿舎
侍従武官官舎	若葉1	4,462	公務員宿舎
陸軍兵器行政本部宿舎	薬王寺町53	655	民間住宅
東京第一陸軍病院看護婦宿舎	若松町	543	病院共同宿舎
陸軍省乙別館	本塩町7	1,920	民間住宅

出所：「旧軍用財産資料」（前出）による。

　新宿区には多くの軍事施設があった。しかし、戦後は、その場所的位置や軍事施設の性格にも規定されて、旧軍用地が産業用地へと転用された件数は少なく、その規模も小さい。⑶表をみれば判るように、旧軍用地の圧倒的部分は都営住宅や公務員住宅などの住宅用地、大学や高校など教育施設用地、病院などの医療施設用地、国税庁や総理府（統計局）などの行政施設用地、それから自衛隊の駐屯地へと転用されている。

　しかし、この新宿区でも旧軍用地が産業用地へと転用された件が幾つかある。それを一つの表にまとめると次のようになる。

Ⅲ‐6‐⑷表　新宿区における旧軍用地の産業用地への転用状況

（単位：m²、年次：昭和年）

旧口座名	払下企業名	払下面積	払下年次
陸軍幼年学校	国際興業	5,601	33
近衛騎兵連隊	富士山自動車	6,168	26
同	日本石油	3,344	35
陸軍技術本部	呉羽化成	3,287	29

利用がみられたのが、戦前の北区である」[3)]

「昭和 20 年、太平洋戦争が終わった時には、区内の軍関係地区は、合計して 2,063,923 m² （624,336 坪）の広大な地積を占め、また軍用地内の建物は、少なくとも 9 万 3000 坪に達していたのである」[4)]

終戦時における北区内の軍用地を示せば、次の表の通りである。

Ⅲ-6-⑸表　終戦時における（北）区内の軍用施設一覧

（単位：坪）

旧口座名	所在地	面積 A	面積 B
第一師団工兵第一大隊 　（独立工兵第 21 連隊、同練兵場）	赤羽台 4 丁目	22,696	22,689
近衛工兵第一連隊 　（独立工兵第 21 連隊及作業場）	桐ケ丘 2 丁目	11,636	27,501
工兵 21 連隊より赤羽駅に至る道路	赤羽 3、4 丁目	574	575
赤羽練兵場、作業場	赤羽北 3 丁目ほか	10,977	10,931
袋村小銃射撃場	赤羽台 3 丁目ほか	13,700	14,221
板橋～赤羽間軽便軌道	——	1,501	——
陸軍兵器補給廠赤羽火薬庫	桐ケ丘 1 丁目ほか	70,384	92,211
陸軍被服本廠	赤羽台 1～3 丁目・ 　赤羽西 1、5 丁目	96,484	97,024
火工廠稲付射的場	西ケ丘 2 丁目ほか	6,860	6,925
陸軍兵器補給廠 　兵器本部東京出張所	赤羽西 5 丁目・ 　稲付西山町ほか	113,748	122,403
東京第一陸軍造兵廠十条工場	十条台 1 丁目	120,714	133,643
東京第一陸軍造兵廠滝野川工場	滝野川 2、3 丁目	48,849	48,935
堀船倉庫	堀船 1、2 丁目	31,575	33,296
東京第二陸軍造兵廠王子工場	王子 3、6 丁目	57,336	62,921
十条～王子電気鉄道線路	王子 2、岸町 2、3	6,502	6,513
東京第二陸軍造兵廠板橋工場、射場	上十条 2、3 丁目	10,926	——
板橋水蓄火薬庫	板橋 7 丁目ほか	6,546	——

（原注）　企業資料課、旧軍用財産口座（昭和 20.11.1）による。陸軍兵器補給廠兵器本部 113,748 坪には板橋区内の 12,000 坪を含む。上表の坪数は、他口座への整理替、種目変更、引受の誤謬訂正などの理由によって、本書（『新修　北区史』）中の他の記載と必ずしも一致しない。
　注：『新修　北区史』、北区役所、昭和 46 年、635 ページ。面積 A は原表のもので、昭和 20 年の時点の面積。面積 B は大蔵省管財局文書「旧軍用財産資料」により杉野が m² を 3.3 で除した坪面積である。

この⑸表をみると、終戦時において、北区には口座数にして 17、一部に板橋区分を含むとはいえ、面積にして約 63 万坪の旧軍用地があった。この約 63 万坪という数字は、約 208 万 m² となり、『新修　北区史』から引用した文章の数字とほぼ一致する。

ところで、これらの旧軍用地が戦後どのように転用されたかという点について、『新修　北区史』は次のような表を掲げている。

Ⅲ-6-(6)表　北区における国有財産（旧軍用地）解放状態（昭26・11）

（単位：坪）

旧名称	全面積	払下面積	残存面積	備考（現在使用）
独立工兵第21連隊及作業場	16,000	16,000		星美学園
赤羽練兵場及作業場	10,817	10,817		都営住宅
近衛工兵第一連隊	15,871	15,871		国立王子病院
同上作業場	7,000	7,000		北中学校
赤羽火薬庫	39,939	39,939		赤羽郷その他
陸軍被服本廠	88,725	13,340	75,385	
陸軍兵器補給廠	113,749		113,749	
稲付射場	6,880	2,800	4,080	
陸軍第二造兵廠	14,440		14,440	
板橋水蓄火薬庫	6,546	6,546		朝鮮中学校
板橋射的場	10,752		10,752	
陸軍第一造兵廠	120,714	33,564	87,150	（学校、工場↓）
同滝野川分工場	32,161	32,161		都営住宅、国立病院
陸軍第二造兵廠王子工場	57,536	24,663	32,872	
同堀船倉庫	15,301	15,301		専売公社、民間工場等
陸軍軌道敷	8,100		8,100	都市計画補助線85号
運河（陸軍ドック）	1,850		1,850	住宅、道路
合計	566,361	218,003	348,350	

出所：『新修　北区史』、北区役所、昭和46年、637ページ。なお、原表は「解放面積」と「未解放面積」という見出欄であったが、これを「払下面積」と「残存面積」という表現に杉野が改めた。

　この(6)表をみると、北区における旧軍用地の払下げは、学校、都営住宅、病院、道路が多いが、工場用地としての払下げも、陸軍第一造兵廠滝野川分工場跡地、陸軍第二造兵廠堀船倉庫跡地でみられる。もっとも、この(6)表は、戦後間もない昭和26年11月時点のものなので、昭和47年度までの動向も含めて、その全体的な把握ができないという難点がある。

　そこで北区における旧軍用地の産業用地への転用状況を一つの表にまとめてみると、次表のようになる。

Ⅲ-6-(7)表　北区における旧軍用地の産業用地への転用状況（昭和47年度まで）

（単位：㎡、年次：昭和年）

旧口座名	払下企業名	払下面積	払下年次
東京陸軍第二造兵廠王子工場	キンシ鉛筆	6,641	25
	保土谷化学	19,121	26
	モンブラン工業	10,127	27
	東京セロハン	6,635	30
	東京セロハン	8,214	31
東京第二陸軍造兵廠堀船倉庫	日本専売公社	31,695	24
	東京鋳造	17,071	24
	宝酒造	10,734	27

	京北倉庫	10,814	28
東京第二陸軍造兵廠 　王子工場地区周辺疎開地	日産化学工業	3,221	25
陸軍被服本廠	日本住宅公団 日本住宅公団	211,851 10,096	35 36
陸軍兵器補給廠 　陸軍兵器本部東京出張所	日本電信電話公社	5,454	39
東京第二陸軍造兵廠稲付射場	富嶽製氷冷蔵	8,013	27
東京第一陸軍造兵廠十条工場	国土開発 国土開発 科研化学	14,963 12,534 15,303	29 35 44
東京第一陸軍造兵廠 　滝野川分工場	東栄樹脂化学 宮本工業 千代田油脂 山登興業	4,128 3,697 3,882 5,458	27 27 27 27

出所：「旧軍用財産資料」（前出）より作成。

　上掲の表をみれば判るように、北区における旧軍用地が産業用地へと転用されたのは、1件あたりの払下面積が3千m²以上の場合には、その多くが昭和27年以降である。もとより昭和24年からの払下げも5件あるが、27年以降の16件には及ばない。では昭和55年の時点で、産業用地として転用された旧軍用地がどのような状況になっているのか、周辺地域の状況とも関連させながら紹介しておこう。

　(6)表では備考欄が空白となっている東京第二陸軍造兵廠王子工場跡地では、王子6丁目を中心に旧軍用地が民間企業へと払い下げられている。昭和25年にキンシ鉛筆（昭和55年の時点では白羊鉛筆）[5]が7千m²弱の用地を取得したのをはじめ、保土谷化学は昭和26年、31年、44年の3回にわけて計2万2千m²弱の用地を取得、東京セロハンとモンブラン工業も用地取得している。また東洋紡機も用地（2千m²強）をその一角で取得している。

　もっとも、王子6丁目の区画では、都営住宅や公務員住宅、それに都立北高校、豊島中学、駿台学園などの学校、それから若干の保育園や児童園が立地しており、工業地域としての様相はない。僅かに、東豊企業、日本フェルト、東洋紡機という小規模の工場があるだけである[6]。さらに付記すれば、モンブラン工業と東京セロハンの敷地は、昭和55年の時点では成徳学園（高校・中学）となっており、この地域は、ますます住宅と学園の街といってもよいほどになっている[7]。ちなみに、「北区用途地域図」をみても、白羊鉛筆の土地が準工業地域となっているだけで、その他の全地域が第2種住居専用地域に指定されている。

　旧東京第二陸軍造兵廠堀船倉庫の跡地は、『新修　北区史』によれば、日本専売公社機械製作所が昭和24年から25年にかけて1万4千752坪（48,682m²）を取得したのをはじめ、京北倉庫（10,794m²）、それから日本精線など民間工場の住宅用地として5,963坪（19,678m²）が払い下げ

られている[8]。これら三つの企業は、昭和55年11月の時点でも操業、営業中である。なお、それ以外に、堀船二丁目には、東栄工業、宝冠、明豊グラビアなどの工場名が昭和53年の航空住宅地図でみられる。しかし、これらの企業と旧軍用地との関連については明らかではない。

東京第二陸軍造兵廠稲付射場は西ケ丘二丁目にあったが、この跡地は昭和27年から30年にかけ梅木小学校用地（4千余坪）、民間住宅用地（2,495坪）へ払い下げられて、『新修　北区史』では「解放が終了した」とされている[9]。この表現では、この地が民間企業に払い下げられたという史実、すなわち昭和27年に富嶽製氷冷蔵㈱に払い下げられたという史実が明らかにならない。もっとも、この製氷冷蔵工場は昭和55年の時点では存在せず、西ケ丘二丁目は第2種住居専用地域となっている。それでも、山本製作所周辺の一部は第2種特別工業地区として残されている。

東京第一陸軍造兵廠十条工場跡地は、その大部分が陸上自衛隊十条駐屯地として使用されており、その他に成徳短大、十条中学、養護学校となっている。ここでは、昭和32年に国土開発へ約1万5千m^2の軍用地が払い下げられたが、昭和55年の時点では存在していない[10]。

もっとも、この地域の北側には科研化学があり、この工場は昭和25年頃に立地したというものの、払下げを受けたのは昭和44年度なので、それまでの期間は大蔵省より使用許可を得ていたのであろう。また、ここには内外化学という工場もあったが、この工場は既に存在しないし、旧軍用地の取得関係も明らかではない。

東京第一陸軍造兵廠滝野川分工廠跡地は、滝野川三丁目にあったが、その後の経緯については次のように記されている。

「昭和25年から都営住宅用地として東京都にその一部が売却され、次いで民間工場、住宅、北区検察庁、新栄会滝野川病院、都立王子工業高校などに解放された」[11]

『新修　北区史』では、この民間工場の備考欄が空白になっているが、2千m^2から5千m^2までの旧軍用地が工場用地として、12件、11社に払い下げられている。また払下げの時期はそのほとんどが昭和37年で、それ以降は3件と少ない[12]。

3千m^2以上の旧軍用地を取得した企業は、(7)表の4社と東京磁石（約4,500m^2）である。しかし、昭和55年の時点では存在せず、その跡地は、その大部分がサニーコート滝ノ川、生協マーケット滝ノ川支店となっている。

昭和55年の時点では、滝野川三丁目は第2種住居専用地域となって、大きな工場はほとんどない。それでも広岡産業、三重油化、十条工業、共栄産業、蓬来製粉などの小規模（敷地面積3千m^2未満）な工場が存在している[13]。ただし、その残された部分には、日光建設、アスカ倉庫、ニット金属という小規模な企業が新しく進出してきており、住工混在という問題が生じている。

1）　『わたくしたちの北区』、北区教育会、昭和29年、54～55ページ。
2）　『北区の歴史』、芦田正次郎他、名著出版会、昭和54年、147～148ページ。
3）　『新修　北区史』、北区役所、昭和46年、633ページ。
4）　同上書、635ページ。
5）　キンシ鉛筆は、経営不振のため、昭和25年に別会社として、白羊鉛筆を設立し、増資を行った

が、実態としては、継続的営業であった（昭和 55 年、聞き取り結果）。

6 ）　昭和 55 年 11 月、現地踏査結果。

7 ）　同上。

8 ）　『新修　北区史』、前出、649 ページ。

9 ）　同上書、646 ページ。

10)　「旧軍用財産資料」（前出）および昭和 55 年の現地踏査結果による。

11)　『新修　北区史』、前出、649 ページ。

12)　「旧軍用財産資料」（前出）による。

13)　昭和 55 年 11 月、現地踏査結果。

5．板橋区

　東京都内（23 区）の中で、戦後、大蔵省より旧軍用地を産業用地として払下げを受けた件数からみると、板橋区は、江東区や北区と並んで多い。その内容を一覧表にしてみると、次のようになる。

Ⅲ-6-⑻表　板橋区における旧軍用地の産業用地への転用状況

（単位：m², 年次：昭和年）

旧口座名	払下企業名	払下面積	払下年次
東京第二陸軍造兵廠 　板橋製造所 　（502,572）	東京リム	5,873	27
	明治製菓	17,998	28
	日興ゴム	6,346	29
	平山甚平（倉庫業）	3,108	31
	板橋ガラス	5,290	31
	東洋インキ	7,828	32
	資生堂絵具工業	17,370	36
	信行社	5,439	38
	宝永プラスチック	6,599	47
	有功社	3,157	47
	理化学研究所	3,810	47
東京第一陸軍造兵廠 　板橋宿舎（11,393）	シモン皮革	4,951	28

　　出所：「旧軍用財産資料」（前出）による。

　戦前の板橋区には、東京第二陸軍造兵廠板橋製造所をはじめ、同造兵廠官舎（17,531 m²）、第一陸軍造兵廠板橋宿舎、板橋水雷火薬庫（21,639 m²）、板橋・赤羽間軽便軌道（4,961 m²）などの旧軍施設があった。その中で、最大規模だったのは陸軍造兵廠板橋製造所であり、戦後において民間企業へ転用された件数が最も多かったのも、⑻表をみれば判るように板橋製造所の跡地である。

　陸軍造兵廠板橋製造所の跡地が、いかに転用されたかについては⑻表をみれば一目瞭然であるが、この造兵廠が設置された理由について、『板橋区史』は次のように伝えている。

　「板橋区を工業化した素地を作ったものは、明治 9 年、板橋六丁目から北区へ跨がって建設せ

られた陸軍造兵廠、火工廠、板橋火薬製造所等の軍関係の工場である。いち早くこの地が選定せられた理由の一端は、石神井川の流水と、この地域（の）人家が希薄であり、危険な爆発物操作にもその被害が少ないとの見込みによったものであろう」[1]

　この文章は、板橋区のこの地域における人家の希薄性を立地理由の一つとしているが、明治9年という時代的背景を念頭におけば、それなりに理解できる。

　さて、この造兵廠跡地は(8)表でも判るように、民間工場等に払い下げられたが、その件数は3千m^{2}以上が11件、(8)表には掲載しなかったが、1千m^{2}以上3千m^{2}未満が5件である[2]。ちなみに、3千m^{2}以上の11件で取得した旧軍用地の面積を合計すると、約8万3千m^{2}となるが、これは旧造兵廠の敷地のごく一部でしかない。

　民間企業以外では、帝京商業高校（27,153m^2・昭和34年）、帝京学園（20,217m^2・昭和34年）、渡辺学園（70,115m^2・昭和39年）などの学校施設用地として利用されているほか、運輸省の中央度量検査所敷地（15,274m^2・昭和33年）や大蔵省の公務員宿舎（31,911m^2・昭和37年）へ無償所管換されている。また東京都の道路として「公共物編入」という形で活用されている[3]。

　ところで、昭和55年の時点では、加賀一丁目と同二丁目には明治製菓、資生堂絵具、東洋インキという比較的広い用地を払い下げられた工場および新板橋ガラス、日興ゴム、信行社などは操業しているが、その他の小規模な工場はほとんど残っていない。

　念のために言えば、昭和55年の時点で、この地区には、東京ピジョン、三協精機、釜屋化学工業、イワヲ工業、福寿産業、中央樹脂化学、プレス加工㈱、吉田印刷といった小規模工場が密集して立地していた[4]。これらの工場の幾つかは、旧軍用地を取得した企業の名義変更や転売によるものと推測される。そのいずれにせよ、昭和48年12月の「板橋区都市計画図」では、この地区は準工業地域に指定されているが、それは上記のような工場が密集して立地し、操業していたからであろう。

　しかしながら、この地区には、加賀中学、帝京大付属病院、帝京女子短大、帝京大高校、東京家政大学、朝鮮大学・高校・中学、そのほか幼稚園や保育園あるいは野口研究所、極地研究所などの文教研究施設、愛誠病院、山田総合病院などの医療施設、また公務員住宅や民間住宅もあり、さらに石神井川の影響もあって、道路は狭小で曲がりくねっており、極めて密集かつ複雑な市街地を形成していた[5]。

　概して言うならば、この地区はなお工業地区としての機能を十分に果たしてはいるが、これ以上の工場拡張は困難であり、文教施設や病院との混在という状況のもとでは、いずれ工場撤去という事態が生じないとも限らない。

　なお、この陸軍造兵廠に付随するかたちで、板橋宿舎があった。この跡地の一部をシモン皮革㈱が取得していることは(8)表の通りである。

　1）『板橋区史』、板橋区役所、昭和29年、464ページ。
　2）「旧軍用財産資料」（前出）による。

第三章　東京都　　113

3）　昭和55年における現地踏査結果。

4）　同上。

5）　同上。

6．その他の区部

　戦後の東京都区部において、旧軍用地が多く産業用地へと転用されたのは、江東区、板橋区、北区であった。この3区以外にも、港区、新宿区などについてみてきた。

　以下、東京都におけるその他の区部において旧軍用地がどのように産業用地へと転用されたのか、その点について一括したのが次表である。

Ⅲ-6-(9)表　「その他の区部」における旧軍用地の産業用地への転用状況

（単位：m²、年次：昭和年）

旧口座名	所在地	払下企業等	払下面積	払下年次
偕行社敷地	千代田区九段北	日本住宅公団	4,473	33
海軍水路部	中央区築地5	辰巳冷蔵庫	3,346	26
陸軍兵器学校小石川分校	文京区春日1	帝都高速交通	3,847	28
電信第一連隊	中野区中野他4	日本電電公社	7,512	28
同	同	関東配電	5,683	34
同	同	日本物産	5,434	35
成増陸軍飛行場	練馬区田柄町4	日本住宅公団	81,886	31
金町架橋演習場	葛飾区東金町8	望月木工所	6,021	34
陸軍製絨廠	荒川区南千住6	大和毛織	108,128	24
近衛輜重兵第二連隊	目黒区大橋2	日本通運	20,970	25
横須賀通信学校下士官宿舎	目黒区	中央土地	4,321	31
駒沢練兵場	世田谷区	関東倉庫	3,249	32
野戦重砲兵第8連隊	同区三軒茶屋1	秋島建設	3,349	27
代々木陸軍練兵場	渋谷区渋谷1	小田急	4,028	25
同	同	日本放送協会	52,605	38
同	同	同	10,610	38
同	同	同	19,428	40
同	同	青少年総合C	55,471	41
同	同	同	35,930	43
海軍大学校	品川区上大崎2	東洋経済新報社	3,279	28
第一衣料廠	品川区勝島町1	宝組	9,035	26
同	同	太陽商社	6,291	27
同	同	北見総合木材	26,659	33
相模陸軍造兵廠蒲田出張所	大田区蒲田1	プラチナ産業	7,981	25

　出所：「旧軍用財産資料」（前出）より作成。

　　※「青少年総合C」とあるのは、オリンピック記念青少年総合センターを略記したものである。

　(9)表をみて、まず気づくのは、電信第一連隊跡地（282,235m²・中野区）、代々木陸軍練兵場跡地（889,404m²・渋谷区）、第一衣料廠跡地（158,385m²・品川区）などでは、複数の民間企業等に

払い下げられているが、その他の旧軍用地では、ほとんどが1件1社の払下げになっていることである。なお、このことは、1件あたりの払下面積が3千m²以上のものに限定した場合である。

次に、陸軍製絨廠跡地（108,128 m²・荒川区）という一つの旧軍用地が、昭和24年という比較的早い時期に、そっくり大和毛織に払い下げられていることである。しかも、この払下面積の規模は、東京23区の中では最大のものである。なお、大和毛織は業界不振のために撤退し、その跡地は東京都水道局（東部第二支所・南千住浄水場）をはじめ、ニュー東京観光バス、都立荒川工業高校、小峰洋紙店、名鉄運輸、それに東京スタジアムとして利用されている。なお、東京スタジアムは、昭和37年5月31日に完成したが、1972年に閉鎖、1977年に解体され[1]、昭和55年の時点では草野球場となっている[2]。

大和毛織に次いで、日本住宅公団は成増陸軍飛行場跡地（1,818,181 m²）の一部（81,886 m²）を、日本放送協会は代々木陸軍練兵場跡地（889,404 m²）の一部（3回で計82,643 m²）を、そしてオリンピック記念青少年総合センターも同じ跡地の一部（2回で計91,401 m²）を取得している。いずれも公共的性格が強い団体であり、ここにも、東京都における旧軍用地の転用に関する一つの特徴が現れていると言えよう。

大和毛織以外の民間企業で、旧軍用地を取得しているのは僅かである。葛飾区では望月木工所が昭和34年に約6千m²を取得しているが、昭和55年の時点では現地に存在していない[3]。

大田区蒲田で約8千m²を昭和25年に取得したプラチナ産業も昭和53年刊の航空住宅地図には見当たらず、『業種別蒲田工業協会々員名簿』（昭和28年刊）や『蒲田工場名鑑』（昭和32年刊）にも掲載されていないので、実際に工場として建設されたのかどうかも確認できない[4]。

さらに(9)表から判ることは、千代田区、墨田区、杉並区、台東区、豊島区、江戸川区などのように旧軍用地が産業用地として民間企業等への払下げがみられない区もあるということである。千代田区の場合には、皇居をはじめ多くの官庁が存在しているという地域的な環境からみて理解できる。また、墨田区や杉並区の場合には、住宅地であるため地価との関連で工場を新規に立地させるメリットがなかったものと推測される。

以上、(9)表にみられる特徴について述べてきた。(9)表に掲載されている旧軍用地の払下先をみても推測できるように、東京23区の場合には、他の省庁への無償所管換をはじめとする公共施設への転用が多く、次いでは、公務員住宅や民間住宅、学校用地や研究所などの文教施設への転用が多い。つまり、民間企業、とりわけ旧軍用地の工業用地への転用は相対的に少なく、規模も小さなものが多かったということである。

昭和55年の段階では、東京都は23区内への工場誘致というよりも、むしろ現在立地している工場に地方への移転を促すという状況であった[5]。過密防止政策、さらには公害防止対策として、東京都が、いわゆる工場の「追出税」を創設した背景には、以上のような状況があったのである。

　1）　ウィキペディア「東京スタジアム」による（2014年閲覧）。
　2）　昭和55年現地踏査の結果による。

3）　同上。

4）　『業種別蒲田工業協会々員名簿』（蒲田工業協会、昭和 28 年版）および『蒲田工場名鑑』（同協会、昭和 32 年）を参照。

5）　昭和 55 年、東京都庁での聞き取りによる。

7．東京都区部の周辺都市部

　東京都区部の周辺地域には、首都防衛という意味もあって広大な軍事諸施設があった。周辺都市部における、面積規模が 10 万 m² 以上の旧軍事施設を一つの表で紹介しておこう。

Ⅲ-6-⑩表　東京都区部周辺における主要旧軍施設とその面積

（単位：m²）

旧口座名	所在地	面積
陸軍獣医資材本廠	立川市曙町 3	389,595
立川陸軍飛行場	立川市緑町	4,204,766
陸軍航空工廠技能養成所	昭島市東町 4	289,947
多摩陸軍飛行場他	福生市二ノ宮他	3,995,669
箱根ケ崎陸軍小銃射撃場	瑞穂町石畑	135,454
陸軍少年通信兵学校	東村山市回田	521,226
東京第二陸軍造兵廠	稲城市大丸・多摩市蓮光寺	
多摩製造所		1,686,548
大和田通信隊		
第二区方位測定所敷地	清瀬市	142,406
陸軍幼年学校敷地	八王子市下長房	417,963
陸軍浅川倉庫	八王子市東浅川	434,242
飛行兵学校	武蔵村山市中藤	566,968
所沢陸軍航空整備学校		
立川教育隊	武蔵村山市中藤	391,189
北多摩通信所	東久留米市南沢	268,290
陸軍燃料廠本部	府中市	594,085
日本製鋼所武蔵製作所	府中市稲荷木	305,047
陸軍技術本部浅間山試験所	府中市浅間町 1	314,883
陸軍経理学校	小平市小川東町	1,271,761
陸軍兵器補給廠小平分廠	小平市・東村山市	918,944
国分寺技術研究所	小金井市貫井北町	1,328,226
陸軍航空部隊舎神代村兵舎	調布市柴崎町	272,872
調布市陸軍飛行場	三沢市・調布市	810,287
相模造兵廠戦車道路	町田市・八王子市	1,270,253
陸軍兵器補給廠田奈分廠	町田市三輪	208,763
海軍大和田通信隊第一区	清瀬市中清戸	255,507

出所：「旧軍用財産資料」（前出）より作成。

　⑩表をみれば判るように、東京都 23 区の周辺部には、10 万 m² 以上の敷地をもった旧軍用地

だけで24件、そのうち100万m²以上が6件、この6件のうちの2件は400万m²という規模のものであった。これらの旧軍用地の面積を合計してみると、2,100万m²に達する。だが、これらの旧軍用地がどれだけ産業用地として民間企業へ転用されたかという点になると、それが極めて少ないのである。

次の表は、旧軍用地が民間企業や公共的な産業施設へと転用された状況を一つの表にまとめたものである。

Ⅲ-6-⑾表　東京都区部周辺都市における旧軍用地の産業用地への転用状況

（単位：m²、年次：昭和年）

旧口座名	払下企業等	払下面積	年次
陸軍獣医資材本廠工員宿舎	生物科学研究所	12,375	28
陸軍航空工廠工員宿舎	日本住宅公団	3,959	40
同	同	6,235	42
立川陸軍航空工廠合同宿舎	高梨製作所	11,291	34
同	昭島ガス	3,589	37
陸軍少年通信兵学校	日本住宅公団	20,473	34
同	日本電電公社	33,594	40
陸軍幼年学校敷地	並木工業	3,417	26
陸軍浅川倉庫	京王帝都電鉄	6,321	44
陸軍燃料廠本部	日本鉄道建設公団	4,195	44
日本製鋼所武蔵製作所	日本製鋼所	305,047	27
陸軍兵器補給廠小平分廠	十字会（病院）	26,451	34
同	西武鉄道	25,151	34
同	ブリヂストンタイヤ	33,615	34
国分寺技術研究所	サレジオ学園	84,350	24
同	医薬資源研究所	3,828	33
同	東糧倉庫	3,597	34
陸軍中央無線電信受信所	日本福音伝道会	11,242	34
陸軍航空部隊神代村兵舎	日本針布	14,534	24
調布市陸軍飛行場	高砂産業	9,725	28
同	プリンス自動車販売	5,971	40
同	同	3,884	42

出所：「旧軍用財産資料」（前出）より作成。

⑾表をみれば判るように、東京都23区周辺部にあった旧軍用地が広大であったのに対し、それが産業用地へと転用された件数は極めて少ない。ここでは特に産業用地として日本住宅公団や電電公社、それから医療施設や研究所なども含めてみたが、それでも合計で22件しかない。なお、サレジオ学園は養護施設用地として、また日本福音伝道会は神学校と保育施設用地として取得したものである。これらを「産業」とみるかどうかについては問題があろう。こうしてみると、純然たる民間の産業への払下げは、11社、12件である。

このうちで特に目立つのが、日本製鋼所が日本製鋼所武蔵製作所を時価で昭和27年に払下げ

を受けていることである。その面積は約 30 万 m² で、これは東京都における最大の旧軍用地取得面積である。しかし、日本製鋼所がなぜ同じ名前の企業ないし工場から時価で買い受ける必要があったのか、その点の経緯は旧軍による接収との関連であろう。

この日本製鋼所武蔵製作所は、国鉄府中本町駅の北北西約 1 km のところに位置し、武器を製造する工場施設であった。戦時中の日本製鋼所について、『府中市史』は次のように記述している。

「戦時末には、日本製鋼所府中工場は、徴用工、学徒動員や朝鮮人労務者などを加えて、従業員約 3,000 人にまでふくれあがって」[1] おり、中型高射砲を生産していた[2]。

さらに戦後の状況については、米軍の接収状況も含めて詳しい記述がある。

「官有民営の軍需工場であった日本製鋼所には、昭和 20 年 9 月に聯合軍が進駐し、21 年 4 月までには同工場敷地の四分の三までが接収された。進駐軍はこの接収区域を米軍の兵器廠として用い、次いで 21 年 11 月よりビクターオート株式会社をして各種車両の再生修理作業をおこなわせた。やがて重車両修理工場として使用し、この状態は昭和 25 年 1 月まで続いた。全面的に接収解除となるには昭和 37 年 6 月をまたねばならなかった」[3]

この戦後の状況に関する文章の冒頭で、「官有民営」という言葉が出てくるが、これによって、「時価での払下げ」という疑問が解消する。戦前、あるいは戦時中には、そのような企業形態が全国的にいくつか存在していたのである。

なお、この府中工場については、昭和 21 年 2 月に軍政府から民需生産へ転換する許可が出され、米軍自動車の再修理以外に農機具の生産を開始しており、昭和 24 年には脱穀機や石油機械も生産されている[4]。

もっとも、この用地は昭和 27 年 20 日には大蔵省より 30 万 5 千 m² が日本製鋼所へ払下げを受けたことは前述の通りである。しかしながら、上記の文章では、その後も米軍の接収が続いていたことになる。なお、昭和 55 年の時点では、その土地の名も日鋼町と改められ、工場の名も日本製鋼所東京製作所となり、かつ用地の西側部分は公団日鋼団地として使用されている[5]。

ここで脇道にそれるが、府中市の工業では、東芝電気府中工場と東芝車両府中工場について言及しておかねばならない。なぜなら、これら二つの工場は終戦直前に軍需会社の指定を受けていたからである。もっとも、軍需会社への指定は、企業や用地の国有化といった所有関係の変更を伴うものではなく、旧軍用地の払下げといった問題は生じない。とはいえ、この二つの工場は、終戦直後において、徴用者、挺身隊、学徒動員などで、労働者数 5,800 人に達していたとされている[6]。

これまでみてきたように、日本製鋼所と東芝の二つの工場が戦時中は軍需工場ないし軍需会社となり、この三つの工場だけで約 8,800 人の労働者が働いていたのである。その意味では、府中市は、いわば軍需生産都市としての性格を強くもっていたと言えよう。

しかし、終戦後しばらく経つと、東芝府中工場は、電気七輪、電気パン焼器などの生産に加えて、進駐軍用の電気暖房器、電気厨房器、温水器を作り、また東芝車両工場も、国鉄再建のため

の戦災車の修理や老朽車の改造など、いわば平和産業への早急な転換を行ったということも記しておかねばならない[7]。

　昭和55年の時点では、東芝府中工場として国鉄北府中駅の西側に接して存在し、土地の名も東芝町となり、南側は前述の日鋼町となって、府中市の工業専用地域となっている。

　次に、旧軍用地を民間企業へ転用したという点では、陸軍兵器補給施設（小平分廠）の跡地を取得したブリヂストンタイヤと西武鉄道があった小平市に注目しておきたい。

　この点に関しては、『小平町誌』および『郷土こだいら』は次のように述べている。

　「昭和32年後半から34年初めまでの間に、町北部小川坂北の陸軍兵器分廠跡にブリヂストンタイヤ株式会社が東京工場として約一四万六千坪を、南部上鈴木の多摩湖沿いに株式会社日立製作所がトランジスタ研究所として約三万坪の土地を、また昭和電子株式会社が小金井工場として南東部ゴルフ場付近の約一万八千坪を、工場敷地として買収した」[8]

　「大小企業の進出は三十年代に入ってからである。大きいものでは、小川東町の陸軍兵器廠跡にブリヂストンタイヤ株式会社東京工場（約46万2千m²）——」[9]

　前記二つの文章によれば、昭和34年の時点におけるブリヂストンタイヤの敷地面積は、48万m²か46万2千m²である。この会社が昭和34年に取得した大きな敷地は33,615m²なので、この件以外にも小規模な旧軍用地を取得していたことが判る。昭和54年の時点におけるブリヂストンタイヤ東京工場（操業開始は昭和35年3月）は、工場敷地面積60万m²となっており[10]、その後も相当の用地拡大を図っている。ちなみに、この時点において、旧軍用地を転用した面積は、ブリヂストンタイヤ東京工場の敷地面積のちょうど60%に相当するものとなっている。

　立川市には、区部周辺の都市では最も広大な面積をもった立川陸軍飛行場があった。その跡地利用について触れておこう。

　旧立川陸軍飛行場は立川市と昭島市にまたがっており、その大部分は立川市に存在している。しかしながら、立川市にある飛行場および航空工廠は、昭和48年3月31日の時点では米軍への提供財産として利用されており、民間企業はもとより公営企業などには転用されていない。部分的ではあるが、それがみられるのは昭島市においてである。

　戦前の昭島市における工業立地の状況については、次の文章がある。

　「昭島が一農村から軍需産業都市に変貌したのも、——昭和飛行機工業株式会社の設立によるものであった。昭和飛行機は昭和12（1937）年6月、60万坪に及ぶ広大な敷地を買収して設立され、翌年から航空機の製造および修理作業を開始した。そして戦争が続くなかで事業を拡張してゆき、やがて三多摩地区では、立川飛行機、日立航空機と並ぶ大航空機メーカーとなった。昭和飛行機が設立すると、昭島市域には、その下請協力企業や陸軍航空工廠・名古屋工廠などの関連軍需工場の建設があいつぎ、昭島の様相は一変した」[11]

　こうした経緯があって、昭島市も軍需工場化してきたのであるが、戦争が終わっても、そうした軍需工場は解体せず、航空機関連の事業を継続していったのは、米軍が使用している立川基地との関連であった。

立川基地との関連はともかく、旧軍用地が民間工場へ転用されたのは、旧陸軍航空工廠の合同宿舎跡地（61,776 m²）が昭和 34 年に高梨製作所へ払い下げた 1 件だけである。この高梨製作所は昭和 55 年 11 月の時点ではもはや現地に見当たらない[12]。

ちなみに、立川陸軍飛行場が米軍より返還されたのちは、その利用形態を「三分割方式」とし、昭和 49 年以降、その跡地利用は以下のようになっている。

Ⅲ - 6 -⑿表　立川陸軍飛行場の跡地利用（5 万 m² 以上、大和宿舎を含む）

（単位：m²）

年度	所在地	処理面積	処理形態	備考	相手方
昭和 49	立川市	60,000	使用承認		運輸省
52	立川市緑町ほか	1,150,028	使用承認		総理府
56	立川市	132,000	貸付	道路	公共団体
59	立川市・昭島市	66,775	貸付売払	道路等	公共団体
63	立川市泉・緑町	153,590	所管換等	防災地	総理府等
平成 元	立川市	143,810	貸付売払	道路等	公共団体等
11	立川市緑町	50,000	所管換	大学校	自治省

出所：『財政金融統計月報』、大蔵省、各年版 2 月号より作成。

米軍からの返還前後に、立川陸軍飛行場および同大和宿舎の跡地は、5 万 m² 未満の処理が数多くなされているが、本書が研究対象としている時期とはやや異なるので、これ以上の言及は差し控えることにする。

なお、調布市の柴崎には陸軍航空部隊隊舎（神代村兵舎と呼ばれた）があった。戦後はそのほとんどが住宅用地となったが、その一部が日本針布に払い下げられた。昭和 55 年の時点でも、この日本針布は柴崎二丁目で操業を続けている[13]。それ以外では、旧陸軍幼年学校敷地（八王子市下長房）で、並木工業が、昭和 26 年に 3,417 m² を、また旧調布市陸軍飛行場跡地で、高砂産業が昭和 28 年に 9,725 m² を取得しているが、昭和 55 年 11 月の時点では、いずれも現地には存在していない[14]。

1）　『府中市史』中巻、府中市、昭和 49 年、858 ページ。
2）　同上書、同ページを参照。
3）　同上書、同ページ。
4）　同上書、858 ～ 859 ページを参照。
5）　昭和 55 年 11 月、現地踏査結果による。
6）　『府中市史』中巻、前出、858 および 860 ページを参照。
7）　同上。
8）　『小平町誌』、小平町役場、昭和 34 年、664 ページ。
9）　『郷土こだいら』、小平市教育委員会、昭和 42 年、225 ページ。
10）　『東京工場と技術センター』、ブリヂストン、1979 年、1 ページ。
11）　『昭島市史』、昭島市、昭和 53 年、1513 ページ。

12) 昭和55年11月、現地踏査結果による。

13) 同上。

14) 同上。

8. 東京都の離島部

東京都には多くの離島がある。企業活動にとってはともかく、軍事的にみると戦略的価値が極めて高い。したがって、戦時中においては、東京都に所属する離島には、多くの軍用施設があった。その主たるものを一覧表にすると、次のようになる。

Ⅲ-6-⑬表　東京都（離島部）における主な旧軍施設の概況

(単位：m²)

旧口座名	所在地	面積	主たる転用先
大島第一砲台	大島岡田村	616,148	農林省農地　（有償所管換）
大島陸軍飛行場	大島元村	2,053,387	農林省農地　（有償所管換）
大島海軍送信所	大島差木地村	121,506	航空局庁舎　（無償所管換）
大島魚雷発射場	大島泉津村	308,122	防風林（民間・大島泉津村）
新島陸軍飛行場	新島本村下河原	317,259	農林省農地　（有償所管換）
八丈島飛行場	八丈島三根村	1,287,353	民間住宅・山林・農地
南鳥島	南鳥島	1,499,659	提供財産（昭和48.3.31 現在）

出所：「旧軍用財産資料」（前出）より作成。

⑬表をみれば判るように、東京都の離島部には、飛行場をはじめ、比較的広い旧軍用地があった。しかしながら、戦後において、3千m²を超えるような旧軍用地が民間企業へ払い下げられたという実績はない。民間に対しては、住宅や防風林を払い下げているだけで、工業用地はもとより産業用地としての払下げはない。あえて言えば、大島海軍送信所の跡地を運輸省航空局が無償で所管換した件がある程度である。

このことは、これらの離島の軍事的役割は別として、製造業はもとより、企業の営利活動という点からみた場合、その立地条件があまりにも劣性だからであろう。

第四章　神奈川県（横須賀市を除く）

　本章では、神奈川県における旧軍用地の産業用地への転用状況について、工業立地との関連を中心として地域分析を行う。なお、ここでいう「神奈川県」には横須賀市を含めていない。その理由は、旧軍港都市であった横須賀市は、舞鶴、呉、佐世保と同じく、「軍転法」が適用される特殊な地域だからである。したがって、横須賀市における旧軍用地の転用と工業立地については、章を改め、次の第五章で分析する。

　さて、神奈川県は京浜工業地帯の重要な一翼を担っており、首都防衛という任務のために設置された多くの飛行場や工廠、兵器廠があり、また横須賀に軍港があったことから、それに関連する多くの軍用施設があった。横須賀を除く神奈川県において、戦後に旧軍用地が産業用地へと転換されたのは78件で、その転用面積は390万 m² 弱に達するものであった。

　序-(2)表をみても判るように、転用件数としては、都道府県はもとより、複数県を含む各地方の中でも、第一位である。また、転用面積も、山口、愛知県に次いで第三位となっている。

　さらに横須賀市分を加えると、転用件数は当然のこととして、旧軍用地の転用面積でも、山口県（約600万 m²）に匹敵する広さ（約590万 m²）となる。それだけに神奈川県における旧軍用地の産業用地への転用状況についての分析は、本書で重要な位置を占める。

第一節　神奈川県における旧軍用地の転用に関する一般的概況

　戦後、大蔵省が陸軍省、海軍省、軍需省から引き継いだ旧軍用地で、戦前の神奈川県（横須賀市を除く）において敷地面積が30万 m² 以上の軍事施設としては、次のようなものがあった。

Ⅳ-1-(1)表　戦前の神奈川県における主要な軍事施設と敷地面積

（単位：m²）

旧口座名	所在地（昭和47年時点）	面積
第一海軍技術廠研究所（根岸競馬場）	横浜市中区久保町	337,466
陸軍溝ノ口演習場南廠舎	横浜市緑区元石川町	1,534,274
陸軍兵器補給廠田奈分廠	横浜市緑区奈良町	848,148
横須賀海軍軍需部柴燃料貯蔵所	横浜市金沢区柴町	551,890
第一海軍技術廠支廠	横浜市金沢区釜利谷	1,399,617
横浜海軍航空隊基地	横浜市金沢区富岡町	365,827
横須賀海軍工廠造兵部谷戸田鋳填工場	横浜市金沢区六浦町谷戸田	506,733
横須賀海軍軍需部上川井倉庫	横浜市保土ヶ谷区上川井町	454,171
第一海軍燃料廠	横浜市戸塚区小菅ケ谷町	480,779

戸塚海軍衛生学校教導設営班施設	横浜市戸塚区原宿町	352,068
横須賀海軍施設部教導設営班施設	横浜市戸塚区中田町他	421,826
第二海軍航空補給部瀬谷倉庫	横浜市戸塚区瀬谷町	2,029,042
東京通信隊戸塚分遣隊	横浜市戸塚区深谷町	785,586
歩兵第一補充隊（東京第62部隊）	川崎市高津区長坂	417,679
第9陸軍技術研究所	川崎市多摩区生田町	340,469
溝ノ口演習場北廠舎	川崎市高津区神木	4,141,168
横須賀海軍工廠川崎分工場	川崎市川崎区3号埋立地	1,793,960
横須賀海軍工廠深沢分工場	鎌倉市深沢	338,292
藤沢航空隊	藤沢市藤沢大庭	1,835,417
海軍砲術学校辻堂射的場	藤沢市辻堂	990,026
海軍電測学校	藤沢市下土棚	863,024
陸軍士官学校	座間市新戸	1,297,368
相武台演習場	相模原市新戸他	7,840,690
高座海軍工廠	座間市海老名	3,851,090
高座海軍工廠付属工具宿舎	大和市上草柳	535,481
厚木海軍航空隊	座間市・大和市・綾瀬市他	3,319,732
第一相模野海軍航空隊	綾瀬市深谷	836,204
第二相模野海軍航空隊	綾瀬市深谷	1,067,480
相模海軍工廠	寒川町一の宮	652,420
相模陸軍造兵廠	相模原市上矢部	1,165,387
相模陸軍造兵廠（廠外）	相模原市小山	983,884
陸軍兵器学校	相模原市上矢部	839,250
陸軍機甲整備学校	相模原市上溝	976,208
陸軍通信学校	相模原市上鶴間	521,977
臨時東京第三陸軍病院	相模原市	356,376
第二海軍火薬廠第六工場	平塚市大野真土	299,926
第二海軍火薬廠	平塚市大野	1,367,570
相模飛行場	愛甲郡愛川町	2,377,504
海軍初声航空基地	三浦市初声町	471,788
海軍初声施設地区	三浦市三崎町他	382,776
海軍軍需部池子倉庫	逗子市池子	1,670,820
第二航空廠補給部池子倉庫飛地	逗子市池子	993,214
第二航空廠補給部池子倉庫	逗子市池子他	1,253,378

出所：「旧軍用財産資料」（大蔵省管財局文書）より作成。

　上掲の表をみると、戦前の神奈川県（横須賀市を除く）には、敷地30万 m^2 以上の旧軍用施設が42口座、それに匹敵する第二海軍火薬廠第六工場も含めると43口座もあった。そのうち100万 m^2 以上のものは16口座、200万 m^2 以上のものが6口座、さらに300万 m^2 以上のものが4口座にもなる。そのうち最大のものは、相模原市にあった相武台演習場で、実に784万 m^2 にも達する。

　そうした旧軍用地の戦後における転用状況を概略的に示したのが次の表である。

第四章　神奈川県（横須賀市を除く）　123

Ⅳ-1-(2)表　戦後の神奈川県における旧軍用地の転用状況

旧口座名	主たる転用状況　　[　]内は年次
第一海軍技術廠研究所（根岸競馬場）	提供財産（昭和48年3月現在）
陸軍溝ノ口演習場南廠舎	農林省（開拓農地として有償所管換）[26]
陸軍兵器補給廠田奈分廠	児童厚生施設（子供の国協会）[41]
横須賀海軍軍需部柴燃料貯蔵所	提供財産（昭和48年3月現在）
第一海軍技術廠支廠	農林省（開拓農地として有償所管換）[26]
横浜海軍航空隊基地	総理府（神奈川県警察本部）[48]
横須賀海軍工廠造兵部谷戸田鋳填工場	提供財産（昭和48年3月現在）
横須賀海軍軍需部上川井倉庫	農林省（開拓農地として有償所管換）[26]
第一海軍燃料廠	総理府（神奈川県警察本部）[47]・民間企業
戸塚海軍衛生学校教導設営班施設	農林省（開拓農地として有償所管換）[26]
横須賀海軍施設部教導設営班施設	農林省（開拓農地として有償所管換）[26]
第二海軍航空補給部瀬谷倉庫	農林省（開拓農地として有償所管換）[26]
東京通信隊戸塚分遣隊	提供財産（昭和48年3月現在）
歩兵第一補充隊（東京第62部隊）	農林省（開拓農地として有償所管換）[26]
第9陸軍技術研究所	明治大学[26]・農林省（開拓農地）[26]
溝ノ口演習場北廠舎	農林省（開拓農地として有償所管換）[26]
横須賀海軍工廠川崎分工場	川崎市（港湾施設）[24・31]
横須賀海軍工廠深沢分工場	国鉄（工場・軌道敷地）[30]
藤沢航空隊	農林省（開拓農地）[26]、藤沢土地造営[26]
海軍砲術学校辻堂射的場	神奈川県（道路用地）[43]、日本住宅公団[37]
海軍電測学校	農林省（開拓農地として有償所管換）[26]
陸軍士官学校	提供財産（昭和48年3月現在）
相武台演習場	農林省（開拓農地として有償所管換）[26]
高座海軍工廠	農林省（開拓農地として所管換）[26・28]
高座海軍工廠付属工員宿舎	農林省（開拓農地として有償所管換）[26]
厚木海軍航空隊	提供財産（昭和48年3月現在）
第一相模野海軍航空隊	提供財産（昭和48年3月現在）
第二相模野海軍航空隊	農林省（開拓農地）[26]、提供財産[47]
相模海軍工廠	農林省（開拓農地）[37]、民間企業等[36]
相模陸軍造兵廠	提供財産（昭和48年3月現在）
相模陸軍造兵廠（廠外）	提供財産（昭和48年3月現在）
陸軍兵器学校	農林省（開拓農地）[26]、獣医大学[28・36]
陸軍機甲整備学校	提供財産[47]、農林省（開拓農地）[26]
陸軍通信学校	農林省（開拓農地）[26]、女子大学[26・27]
臨時東京第三陸軍病院	厚生省（国立病院敷地）[26]
第二海軍火薬廠第六工場	農林省（開拓農地として有償所管換）[26・27]
第二海軍火薬廠	農林省（開拓農地）[26]・民間企業[26～44]
相模飛行場	農林省（開拓農地として有償所管換）[26]
海軍初声航空基地	農林省（開拓農地として有償所管換）[26]
海軍初声施設地区	農林省（開拓農地として有償所管換）[23・26]
海軍軍需部池子倉庫	提供財産（昭和48年3月現在）
第二航空廠補給部池子倉庫飛地	農林省（開拓農地）[26]、その他

第二航空廠補給部池子倉庫	提供財産（昭和48年3月現在）

出所：「旧軍用財産資料」（前出）より作成。

(2)表からみて、戦後の神奈川県における旧軍用地の転用で特徴的なのは次の二点である。その一つは昭和26年に行われた農林省への有償所管換である。その面積規模について概算してみると、(2)表には面積を掲載していないが、この旧口座43だけでも、およそ2,818万m^{2}に達する[1]。これは農林省が一般農家へ転売するための、いわゆる開拓農地への転用を用途目的とする移管であり、これによって戦後における食料危機を幾らかでも解決しようという国策としての移管であった。開拓農地の売却によって、自作農創設がどこまで実現したのかという具体的な問題は、ここでの検討課題ではない。

もう一つの特徴は、昭和48年3月31日現在、米軍へ提供された施設や土地、いわゆる「提供財産」の面積規模が相当に大きいということである。このことは、戦後におけるアメリカの対日占領政策として、また講和後もアメリカの極東ないし世界支配戦略として、神奈川県の旧軍用地が利用されてきたということを意味している。なお、(2)表に掲載されている旧口座43のうちで提供財産として利用されている面積を概算すると、1,100万m^{2}にも達する[2]。

このように開拓農地および提供財産としての利用が、昭和48年3月段階における旧軍用地転用の二つの特徴であった。敢えて、もう一つの特徴を挙げるとすれば、それは教育施設（学校）への転用が多かったということである。(2)表には載せていないが、明治大学（118,177m^2・昭和26年）、北里学園（11,561m^2・44年）、麻布獣医学園（10,472m^2・28年）、相模女子大学（39,727m^2・26年、134,839m^2・27年）が大学敷地として、また神奈川県（38,921m^2・44年）と相模工業学園（98,240m^2・38年）が高校用地として取得している。

また横浜市（13,342m^2・30年）、川崎市（16,525m^2・34年）、藤沢市（12,845m^2・47年）、座間市（37,925m^2・37年、18,950m^2・39年）、大和市（35,715m^2・29年）、渋谷町（55,136m^2・25年、31,980m^2・26年）、平塚市（28,652m^2・46年）、中津村（19,841m^2・25年）が中学用地として、さらに藤沢市（26,882m^2・33年、17,862m^2・45年）、寒川町（21,583m^2・27年）、相模原市（15,281m^2・36年）が小学校用地として転用している。堀井学園（14,528m^2・27年）は旧軍用地を学園用地として利用している[3]。

ちなみに、神奈川県における旧軍用地の教育研究施設用地への転用としては、(2)表の口座には含まれていないが、旧第一海軍技術廠工員養成所（80,167m^2）と同技術廠室ノ木拡張用地の一部（26,066m^2）を大学用地として昭和26年に取得した関東学院がある[4]。また、(2)表に掲げた口座以外でも学校敷地として転用された件が幾つかある。

このように、神奈川県においては、旧軍用地が教育施設用地として転用された旧軍用地は面積にして、およそ100万m^{2}になる。面積としては、開拓農地や提供財産には及ばないにしても、その転用件数は相当数に達しており、同県における旧軍用地の転用形態の第三の特徴と言ってもよいであろう。

第四章 神奈川県（横須賀市を除く） 125

　ところで、本書の研究課題である旧軍用地の工業用地への、さらには産業用地への転用はどのようになっているのであろうか。つまり、神奈川県における旧軍用地の転用に関する三つの特徴に匹敵するだけの規模の転用があるのかどうかということである。

　(2)表の中には、民間企業への払下げが、旧相模海軍工廠や旧第二海軍火薬廠の跡地でみられる。その他、藤沢土地造営や日本住宅公団などの公共事業への転用があった。とくに、工業用地をはじめとする産業用地への転用面積は、これを先取りして言えば、約390万 m² という大きさであった。この大きさは、開拓農地や提供財産の面積には及ばないとしても、その規模は教育研究用地への転用面積の4倍にもなる。したがって、産業用地への転用は、神奈川県における旧軍用地の転用形態としては、これを第四の特徴として把握し、その内容を具体的に検討していくことにしたい。

　　1） 「旧軍用財産資料」（前出）により、杉野が算出した。
　　2） 同上。
　　3） 「旧軍用財産資料」（前出）による。
　　4） 同上。

第二節　神奈川県における旧軍用地の産業用地への転用概況

　神奈川県は、昭和27年末における県内の工場（従業員30人以上）に対して、工場立地の理由について調査しており、その結果が神奈川県の旧軍用地と工業立地との関連にふれているので、まず、それを紹介しておこう。

Ⅳ-2-(1)表　神奈川県における地域別工場立地理由（昭和27年末現在）

地区名／立地理由	川崎地区	横浜臨海地区	横浜山手地区	横浜南部地区	横須賀地区	東部地域計	中部地域	西部地域	全県計
鉄道輸送の便がよい	49	67	20	7	17	160	48	10	218
港湾施設の便がよい	15	33	—	7	5	60	—	—	60
自動車輸送の便がよい	75	101	22	39	17	254	41	17	312
舟運が可能である	23	73	1	12	3	112	—	—	112
水が豊富である	13	10	9	6	2	40	21	17	78
水質がよい	10	11	7	4	1	33	20	13	66
電力が豊富である	6	5	3	3	1	18	4	3	25
地形地盤がよい	32	42	6	19	6	105	19	6	130
広大で安い土地があった	56	31	21	17	6	131	30	9	170
旧軍敷地施設があった	2	1	2	5	20	30	14	2	46

熟練労働力を容易に入手	23	19	1	10	5	58	3	3	64
安価な労働力が入手可能	9	5	6	4	3	27	23	10	60
原材料の取得が容易	34	42	10	16	6	108	15	7	130
消費地に近い	50	65	15	25	11	166	24	8	198
下請工場が付近にある	27	26	5	6	5	69	7	6	82
関連工場が近くにある	46	44	11	15	9	125	9	7	141
東京に近い	93	89	17	23	19	241	47	13	301
気候が適している	8	8	4	5	11	36	32	9	77
工場数計	160	180	62	91	57	550	89	52	691

出所：『工場実態調査報告書』、神奈川県、昭和 28 年、25 ページ。なお、各欄の配列を杉野が変更した。また、立地理由のうち「地形地盤が工場建設に適している」は「地形地盤がよい」と簡略にした。同様に、労働力に関する二つの項目も簡略化した。

　この(1)表に基づいて、昭和 27 年末の時点における神奈川県の工場分布状況についてみると、全県で 691 工場のうち、横浜市を中心にし、かつ横須賀市を含む東部地域が 550 工場と圧倒的に多かったことが判る。

　その 691 工場の立地理由で、もっとも多かったのは、「自動車輸送の便がよい」という交通条件である。これは横浜臨海地区（101 工場）と川崎地区（75 工場）がその主な内訳である。もっとも、この自動車輸送がこの地域への輸送なのか、それとも消費地へむけた輸送なのかという点は不詳である。

　次に多い立地理由は「東京に近い」である。しかしながら、「東京に近い」ということが、なぜ工場立地にとって重要なのかという点の具体的な分析はなされていない。おそらく本社や政府官庁との関連だと思われるが、別項目にある「消費地に近い」という設問項目と二重回答になっている可能性もある。いずれにせよ、この点については曖昧さが残っている。

　続いて「鉄道輸送の便がよい」（218 工場）と「消費地に近い」（198 工場）という立地理由が挙げられている。この二つの立地理由については、容易に理解できるところである。

　そこで、旧軍用地と工業立地との関連であるが、「広大で安い土地があった」という理由を挙げた工場が 170 もあり、全部で 18 ある立地理由の中で第五位となっている。「旧軍用地の転用」という視点からみれば、おそらく、この理由の一つに含まれているのではないかと推測される。しかしながら、旧軍用地の払下価格が「安かった」という分析が、この『調査報告書』ではなされていないので、この点についての判断はできない。しかも、別の立地理由として、「旧軍用敷地施設があった」という理由があるので、「広大で安い土地」という理由との二重回答は、あったとしても極めて少ないと思われる。

　もっとも、「旧軍用敷地施設があった」という理由だけでは、工業立地の理由とはならない。つまり、旧軍用敷地施設が「安価であった」、「工場関連施設があった」「広い用地があった」などの理由がなければ、旧軍用地を選んだ理由とはなりえないからである。

　そうした問題を含みながらも、神奈川県全体で「旧軍用敷地施設があった」を立地理由にして

いるのは 46 工場で、全県 691 工場の僅か 7 ％弱でしかない。しかしながら、「横須賀・鎌倉地区においては、57 工場のうち 20 工場が『旧軍用施設だった』からという理由をあげているのが特徴的である」[1]という神奈川県による分析は十分に評価しておく必要があろう。つまり、旧軍港都市としての横須賀市における旧軍用地の産業用地への転用については、そうした特徴をもつだけに、本書ではこれを別扱いにしたのである。

さて、横須賀市を除く神奈川県において旧軍用地は 78 件、面積にして約 390 万 m² の転用があったことは、すでに序-⑵表で明らかにしておいたが、それを年次別にみていくことにしよう。次表がそれである。

Ⅳ- 2 -⑵表　神奈川県における旧軍用地の産業用地への転用状況（昭和 47 年度末現在）

(単位：万 m²、年次：昭和年)

面積 ＼ 年次	20 ～ 24	25 ～ 29	30 ～ 34	35 ～ 39	40 ～ 44	45 ～	計
0.3 ～ 0.5		1	4	2	3		10
0.5 ～ 1		5	9	3	3	2	22
1 ～ 3	1	6	8	7	1	2	25
3 ～ 5		5		1			6
5 ～ 10		4	1	4	1		10
10 ～ 20			1				1
20 ～ 30		2	1				3
30 ～ 50							──
50 ～ 100							──
100 ～			1				1
計	1	23	25	17	8	4	78

出所：「旧軍用財産資料」（前出）より作成。

⑵表から、払下げが多かった時期は、昭和 25 年から 39 年までの期間、つまり朝鮮動乱と高度経済成長期であることが判る。この間における払下件数は 65 件だから、全体の 83％になる。また、昭和 25 ～ 34 年の 10 年間での払下件数は 48 件で、全体の 61％強となり、この期間に神奈川県における旧軍用地のほぼ過半数が払い下げられたということになる。時期的にみた旧軍用地の払下状況は全国的な趨勢と極めて類似しているといえよう。

次に、払下面積の規模から神奈川県全体の状況をみると、 3 万 m² 未満の払下げが 57 件で、全体の 73％となり、これだけみれば比較的小規模な旧軍用地の取得が多いということになる。だが、逆に 3 万 m² 以上の用地取得が 27％にも達しているという見方もできる。したがって、神奈川県（横須賀市を除く）における旧軍用地の平均的取得面積を算出してみると、 1 件あたりの取得面積は約 5 万 m² となる。これは同じ京浜工業地帯を形成している東京都の平均取得面積約 1 万 7 千 m² 強に比して、はるかに大きな数字である。

これを払下時期と重ねてみると、幾つかの検討課題が浮かびあがってくる。すなわち、昭和

25〜29年の時期は払下面積が3万m²を超える件数が11件もあり、このことが朝鮮動乱における米軍の物質的供給の補完的役割を果たしたのかどうかということが問題となる。したがって、この11件については、軍需生産との関連という視点から具体的に検討する必要がある。また昭和30年から39年の高度経済成長期における払下件数は、相対的に多いけれども、払下面積はそれに先行する時期よりも小さくなっている。それでも2〜3万m²の面積規模の件数が多いのは、その軍需的性格と併せて、横須賀市の追浜（旧軍用地）に進出していた日産自動車の動向と関連があるのかどうか、その点をもう一つの視点として検討してみる必要があろう。特に昭和30〜34年の期間に100万m²を超える産業用地の転用が1件あったことについては、具体的にやや詳しく分析しておく必要がある。

　昭和40年以降においては件数が少なくなり、また払下面積の規模も小さくなっている。このことは、神奈川県における旧軍用地そのものが残り少なくなってきたことの反映だと考える。

　次に業種別にみた場合、神奈川県における旧軍用地の取得状況はどのようになっているのであろうか。取得面積を3千m²以上に限定しているので、その意味で概略的ではあるが、次の表がそれを明らかにしてくれる。

Ⅳ-2-(3)表　神奈川県における旧軍用地の業種別取得状況（昭和47年度末現在）

業種	件数	取得面積（m²）	業種	件数	取得面積（m²）
食品工業	2	16,328	その他工業	3	48,363
繊維工業	4	165,541	販売業	4	69,422
化学工業	20	485,318	不動産業	1	5,392
石油化学	2	60,882	運輸業	1	245,444
ゴム工業	8	513,513	倉庫業	3	50,677
窯業	7	63,848	サービス	1	15,636
鉄鋼業	1	56,510	地方公共	1	1,581,851
金属工業	1	4,889	専売公社	1	64,323
一般機械	7	91,274	業種不明	1	18,267
電気機械	5	33,554			
輸送機械	5	304,206	計	78	3,895,238

出所：「旧軍用財産資料」（前出）より作成。

　(3)表をみると業種別取得件数では、化学工業が20件で、ずば抜けて多く、続いてゴム製品製造業の8件、窯業および一般機械製造業の7件、電気機械および輸送用機械製造業が各5件となっている。化学工業だけでは、その細かい業種までは判らないが、ゴム工業や輸送用機械製造業の用地取得が多いことは、自動車産業との関連であろう。

　旧軍用地の払下げ、逆の側からみれば用地の取得であるが、神奈川県における用地取得面積が大きかった業種は、地方公共団体の158万m²で、全体の約40％という特異な位置を占めている。その実態については、のちに明らかにしておきたい。

　この地方公共団体に続いては、ゴム製品製造業（51万m²）、化学製品製造業の（48万m²）、輸

送用機械器具製造業（30万m²）、運輸業（24万m²）が大きな旧軍用地を取得している。こうして
みると、地方公共団体を含む上記5業種で、約313万m²となり、全体の80％に達する。地方公
共団体を除けば、神奈川県における旧軍用地の転用は、機械工業、それも自動車関連産業ではな
いかと推測させるものがある。なお、軽工業では、繊維製品製造業が16万m²を取得しており、
それ自体としてみれば、かなり大きな旧軍用地の取得である。もっとも、繊維製品製造業もその
一部は自動車関連産業である。

　神奈川県（横須賀市を除く）における旧軍用地の転用に関する概況の最後に、地域別（市町別）
の取得状況を明らかにしておかねばならない。(4)表がそれである。

Ⅳ-2-(4)表　神奈川県における旧軍用地の地域別転用状況
（昭和47年度末現在）

地域	件数	転用面積（m²）
横浜市	21	717,606
川崎市	8	1,674,610
鎌倉市	1	245,444
藤沢市	1	46,426
相模原市	6	123,022
座間市	3	106,541
大和市	1	4,806
寒川町	11	282,545
平塚市	26	694,238
計	78	3,895,238

出所：「旧軍用財産資料」（前出）より作成。
※横須賀市は除外している。

　神奈川県（横須賀市を除く）における旧軍用地の転用状況を地域（市・町）別に整理してみると、
まず転用件数では、平塚市の26件と横浜市の21件が双璧をなし、両者の47件で全体の約6割
を占めている。しかしながら、本来だと神奈川県には横須賀市が含まれており、この横須賀市で
は、同じ期間に45件の転用があった。この45という件数は、平塚市と横浜市を併せた数に匹敵
するものであるということを念のために付記しておく。

　平塚市と横浜市に続くのが、寒川町の11件、そして川崎市の8件、相模原市の6件である。
いずれにせよ、これらの地域は京浜工業地帯そして湘南工業地域に存在している。とくに、湘南
工業地域の場合には、平塚市と寒川町における旧軍用地の払下げが大きな比重を占めているので
はないかと推測させるものがある。

　転用面積という点から地域的にみると、川崎市の167万m²が抜群に大きい。(3)表との関連か
らみて、この川崎市の場合には、地方公共団体が取得した用地なので、この点ではその転用状況
を具体的に明らかにしておかねばならない。

　川崎市に続いて、旧軍用地の取得面積が大きいのは横浜市の72万m²、平塚市の69万m²で

ある。当然のことながら、横浜市と平塚市における旧軍用地の取得状況を分析してみる必要がある。さらに寒川町の 28 万 m^2、取得件数は僅かに 1 件だけであるが、24 万 m^2 を取得した鎌倉市についても、その実態を明らかにしておきたい。

　次節からは、県庁の所在地である横浜市、それから川崎市、平塚市、相模原市、さらに寒川町などの県内陸部、藤沢市、鎌倉市などの海岸沿いの地域の順で、旧軍用地の転用状況について分析していくことにする。

　　1 ）『工場実態調査報告書』神奈川県、昭和 28 年、27 ページ。

第三節　横浜市における旧軍用地の工業用地への転用状況

　本節では、神奈川県の県庁所在地である横浜市における旧軍用地の工業用地への転用状況を分析する。

1 ．戦前における横浜市の軍用施設とその一般的転用状況

　戦前の横浜市にあった主な軍用施設（30 万 m^2 以上）については、既に紹介しているが、ここでは 3 万 m^2 以上の旧軍用地を含め、かつ所在地、敷地面積、主な転用先を一括したものを作表し、いま少し詳しく掲示しておく。

Ⅳ- 3 -⑴表　横浜市にあった主な旧軍施設（敷地 3 万 m^2 以上）

（単位：m^2）

旧口座名	所在地	敷地面積	主な転用先
第一海軍技術廠研究所（根岸）	中区久保町	337,466	提供財産
陸軍溝ノ口演習場南廠舎	緑区元石川町	1,534,274	開拓農地
陸軍兵器補給廠田奈分廠	緑区奈良町	848,148	児童厚生施設
横須賀海軍軍需部柴燃料貯蔵所	金沢区柴町	551,890	提供財産
第一海軍技術支廠	金沢区釜利谷	1,399,617	開拓農地
横浜海軍航空隊基地	金沢区富岡町	365,827	県警察本部
横須賀造兵部谷戸田鋳填工場	金沢区六浦町谷戸田	506,733	提供財産
第一海軍技術廠工員養成所	金沢区六浦内川	80,167	関東学院
横須賀海軍航空隊野島基地	金沢区野島町	119,467	貸付中
横須賀海軍軍需部上川井倉庫	保土ヶ谷区上川井町	454,171	開拓農地
第一海軍技術廠室ノ木拡張用地	磯子区六浦室ノ木	69,260	関東学院
陸軍燃料廠第一貯蔵所第 5 分所	鶴見区生麦町	30,231	鶴見倉庫
陸軍燃料廠第二貯蔵所第 7 分所	神奈川区守屋町	53,342	日本石油
相模陸軍造兵廠横浜倉庫	同	37,252	日本フォード
第一海軍燃料廠	戸塚区小菅ケ谷町	480,779	県警・民間企業
戸塚衛生学校教導設営班施設	戸塚区原宿町	352,068	開拓農地
横須賀施設部教導設営班施設	戸塚区中田町他	421,826	開拓農地

第二海軍航空補給部瀬谷倉庫	戸塚区瀬谷町	2,029,042	開拓農地
東京通信隊戸塚分遣隊	戸塚区深谷町	785,586	提供財産
第一海軍燃料廠官舎及宿舎	戸塚区小菅ケ谷町	37,315	民間住宅
第一海軍燃料廠引込軌道	戸塚区笠間町他	38,388	その他
笠間工員住宅	戸塚区深谷町	31,202	民間住宅
戸塚海軍病院	戸塚区深谷町他	229,235	国立病院

出所：「旧軍用財産資料」（前出）により作成。なお、作表上の制約から略記した旧口座もある。

　横浜市内で、旧軍用施設（敷地3万㎡以上）が最も多く存在した地域は、第一海軍燃料廠と第二海軍航空補給部瀬谷倉庫があった戸塚区で、その数は9カ所に及ぶ。続いては、第一海軍技術支廠があった金沢区の6カ所である。その他の区域では、2カ所あった緑区と神奈川区を除けば、それぞれ1カ所に旧軍用施設があったにすぎない。つまり、同じ横浜市内であっても、旧軍用施設が集中していたのは、戸塚区と金沢区であった。

　また、口座数だけでなく、旧軍用施設（敷地3万㎡以上）の敷地面積という点からみても、戸塚区（315万㎡）と金沢区（約302万㎡）における旧軍用地は、いずれも300万㎡を超えており、その他の区に比して群を抜いている。なお、緑区にあった旧軍用施設は、旧陸軍溝ノ口演習場南廠舎の僅かに1口座だけだが、153万㎡の広さがあった。

　ちなみに、横浜市全体における旧軍用施設の敷地を面積規模別に整理してみると、次表のようになる。

Ⅳ-3-(2)表　横浜市にあった主な旧軍用施設（3万㎡以上）
の敷地規模別面積

（単位：㎡）

規　　　模	口座数	面積計
3万～　5万	5	174,388
5万～　10万	3	202,769
10万～　30万	2	348,702
30万～　50万	6	2,412,137
50万～100万	4	2,692,357
100万～	3	4,962,933
計	23	10,793,286

出所：(1)表より算出。

　上掲の表をみると、横浜市にあった主な旧軍用施設（3万㎡以上）の用地は全体で約1,080万㎡である。そのうち、30万㎡以上の敷地面積をもった13口座の合計面積は約1,000万㎡であり、比率にして93％強にもなる。つまり、30万㎡以上の旧軍用施設が、横浜市におけるすべての旧軍用施設面積の大半を占めていたことになる。もとより、ここでは3万㎡未満の旧軍用施設の土地面積については、これを除外している。しかし、小規模な旧軍用地を集計しても、面積規模はそれほど大きくはならないと推測される。

以上のことから、横浜市内にあった旧軍用地の総面積 1,080 万 m² のうち、戸塚区と金沢区がそれぞれ 3 分の 1 を占め、残る 3 分の 1 の約半分を緑区が占めていたという状況を把握することができる。

ところで、旧軍用施設の跡地利用については、既に神奈川県における旧軍用地の転用形態として、開拓農地および提供財産としての利用が最も多く、次いでは、民間企業あるいは教育関連施設としての転用がこれに続いているという状況を明らかにしてきた。この横浜市における旧軍用地の転用も、(1)表を概観する限りにおいては、そのような特徴が典型的に現れていると言えよう。即ち、敷地面積が 100 万 m² を超える三つの旧軍用施設についてみると、いずれも主たる転用形態は開拓農地であり、50 〜 100 万 m² 規模である四つの旧軍用施設の主な転用形態は、3 口座が提供財産であり、1 口座が児童厚生施設用地、具体的には「こどもの国」となっている。その他に文教施設や民間企業への転用も見られるので、神奈川県全体の特徴と類似している。見方を変えれば、この横浜市における旧軍用施設の転用状況が神奈川県の状況に強く影響し、その特徴となっていると言ったほうが正確かもしれない。

そこで、横浜市における旧軍用地の工業用地への転用状況を具体的にみていくことにしよう。

2．横浜市における旧軍用地の工業用地への払下概況

戦後の横浜市における旧軍用地の工業用地への払下件数（1 件あたり 3 千 m² 以上）は全部で 17 件、払下面積は 662,093 m² であった。繰り返すことになるが、旧口座の所在地を含めて、やや具体的にその内容を紹介しておこう。

IV-3-(3)表　横浜市における旧軍用地の工業用地への払下状況

（単位：m²、年次：昭和年）

旧口座名	所在地	払下先	業種	払下面積
第一海軍技術支廠	金沢区釜利谷	東急車両	輸送機械	52,932 (29)
		同	同	216,611 (29)
		東洋合成化学	化学	15,238 (30)
		東洋化工	同	57,871 (36)
		同	同	57,448 (36)
		東急車両	輸送機械	6,547 (42)
		東洋化工	化学	67,183 (44)
		同	同	24,967 (46)
		同	同	12,556 (46)
陸軍燃料廠　第一貯蔵所第 4 分所	鶴見区安善町	日本石油	石油	7,540 (26)
陸軍燃料廠　第二貯蔵所第 7 分所	神奈川区守屋町	同	同	53,342 (27)
相模陸軍造兵廠　横浜倉庫	同	日本フォード	自動車	37,252 (29)
第一海軍燃料廠	戸塚区小菅谷町	東洋高圧	化学	12,469 (29)
		同	同	4,533 (30)
		信光社	窯業	14,694 (34)
		湘南食品工業	食品	5,043 (34)

		信光社	窯業	15,867 (45)

出所：「旧軍用財産資料」（前出）より作成。払下面積欄の（　）は払下年次。
　　※なお、払下先で、日本フォードとあるのは、日本フォード自動車を略記したものである。

　この(3)表からも判るように、横浜市では、第一海軍技術支廠があった金沢区と第一海軍燃料廠があった戸塚区が旧軍用地の取得件数や取得面積でも多い。したがって、まず金沢区における旧軍用地の工業用地への転用状況を明らかにしていくことにする。

3．金沢区における旧軍用地の工業用地への転用状況

　戦前の横浜市金沢区には、第一海軍技術支廠（約 140 万 m²）があり、戦後の昭和 26 年に、全面積約 140 万 m² のうち約 50 万 m² は開拓農地として農林省へ有償所管換になったものの、民間企業へ払い下げられた規模は横浜市内では最大であった。

　第一海軍技術支廠跡地を取得した民間企業としては、輸送用機械器具製造業である東急車両がある。同社は、昭和 29 年に 52,932 m² と 216,611 m²、同 42 年に 6,547 m²、合計 276,090 m² の旧軍用地を時価で取得している。この土地は京浜急行線の西側に位置し、車窓からは東急車両の広大な敷地を眺望することができる。また、昭和 56 年の時点では、その敷地内に小松川酸素、京浜鋼板工業などの小規模工場が立地していた[1]。東急車両に次いで、広い用地を取得しているのは東洋化工である。同社は昭和 36 年に 2 件計約 11 万 5 千 m²、同 44 年に約 6 万 7 千 m²、あわせて 18 万 2 千 m² 強の旧軍用地を時価で取得している。なお、同社は昭和 46 年に道路用地として 37,523 m² を取得し、これを公共物として編入している。この件は、工業用地への転用として統計的に処理しているが、実態としては道路敷である。

　なお、東洋化工は昭和 47 年に㈱テルシーと合併し、東洋テルシーと社名変更し、昭和 56 年時点における同社の敷地面積は約 21 万 m² となっている[2]。したがって、工場用地として取得した 18 万 2 千 m² に、問題の道路敷（約 3 万 7 千 m²）まで含めると、およそ 21 万 m² となるので、東洋化工の敷地は、そのすべてが旧軍用地ということになる。ちなみに、この土地は、東急車両の敷地の西側で「く」の字型の形状をしている。

　東洋合成化学は昭和 30 年に約 1 万 8 千 m² の用地を取得（昭和 30 年の件以外に約 2 千 m² 強の用地を取得）しているが、この企業はまもなく倒産し、その跡地はチッソ㈱の中央研究所となっていた。だが、昭和 56 年の時点では、この中央研究所もその一部を事務所として残すだけで、大部分は環境科学センター横浜研究所となり、他は日本グラビア工業とナプュ横浜事業所となっている。また、東洋合成化学の跡地の一部を、昭和 42 年頃、朝日電工が譲り受けたが、昭和 56 年の時点では、コンテナ置場となっている[3]。

　なお、工業用地への転用ではないが、旧横須賀海軍施設部第 120 部隊本部の跡地は、昭和 40 年に京浜急行電鉄が軌道敷として 12,638 m² を「交換」で取得している。

　また横須賀海軍工廠造兵部の谷戸田鋳填工場跡地の一部を昭和 44 年に日本山林開発が時価で

取得しているが、この企業は不動産業なので、時期が高度経済成長期でもあり、おそらく宅地を造成し、分譲したものと推測されるが、確認できなかった。

　以上が、横浜市金沢区における旧軍用地の工業用地（面積3千m²以上を対象）への転用状況である。

　　1）　昭和56年1月、現地踏査結果による。
　　2）　『営業案内』、東洋テルシー㈱による。
　　3）　昭和56年1月、現地踏査結果による。

4．戸塚区における旧軍用地の工業用地への転用状況

　横浜市の西部に位置する戸塚区小菅ケ谷町には、戦前、旧第一海軍燃料廠があった。戦後、この跡地は、総理府（県警本部用地）、神奈川県（高校や消防学校用地）、横浜市役所（光栄住宅用地・道路）として転用されたが、その一部は民間企業に払い下げられた。

　具体的には、跡地の南東部側の1万7千m²は東洋高圧に、昭和29年と昭和30年に時価で払い下げられた。しかし、昭和56年の時点では、鎌倉アカデミーや横浜国立大学の研究所用地となり、さらに本郷小学校や住宅団地へ再転用されている[1]。

　なお、同燃料廠跡地のそれ以外の土地については、昭和33年頃より全購連が中小企業を誘致するために一括購入する運動を続けていたが、この運動は挫折してしまった。

　その当時、つまり昭和34年に燃料廠跡地を購入したのが、人工宝石を製造している[2]信光社（約1万5千m²弱）をはじめ、湘南食品工業（約5千m²）、そして3千m²以下の用地を取得した神奈川染色、第一金属、西川繊維などの諸企業である[3]。

　このうち、最大の旧軍用地を取得した信光社は、昭和45年に約1万6千m²弱の跡地を追加取得し、併せて3万m²強の用地を取得し、昭和56年1月の時点では、同社大船工場として操業している。

　なお、湘南食品工業をはじめ、それ以外の企業は、昭和56年の時点では倒産して現存していない。

　昭和56年当時、国鉄根岸線の本郷台駅を中心とする地域では、昭和45年頃から急速に市街化が進み、同駅前は高層の住宅団地（公団、県営、市営）が建設されて、景観は一変している。横浜市が昭和55年4月に発行した「戸塚区都市計画図その2」では、僅かに信光社大船工場の土地が工業地域として残っているだけで、周辺地域は、本郷台駅前の近隣商業地域とあわせて、すべて居住地域としての用途指定がなされている。

　戸塚区には、第一海軍燃料廠以外に、戸塚海軍衛生学校の教導設営班施設があった。この跡地では、昭和46年に㈱昭興（不動産業）が約5千m²強を時価で取得しているが、この企業はその購入した跡地を宅地化し分譲している。

第四章　神奈川県（横須賀市を除く）　135

　1）　昭和56年1月現地踏査の結果による。
　2）　昭和56年1月、信光社での聞き取りおよび現地踏査の結果による。
　3）　同上。

5．鶴見区と神奈川区における旧軍用地の産業用地への転用状況

　横浜市の東北部にある鶴見区と神奈川区は、川崎市の南に隣接し、京浜工業地帯の一画を形成している。広大な旧軍用地は存在しなかったものの、臨海工業地帯の一画という地域的特性のために、工場の多くは軍需工場に指定され、また軍によって接収された施設も多かった。それだけに、小規模な旧軍用地が産業用地ないし工業用地へと転用された件数は多い。その歴史的な経緯について述べておこう。

　鶴見倉庫は陸軍燃料廠第一貯蔵所第5分所を取得している。昭和16年頃、この第5分所の敷地には裸のままの石油タンクがあった。昭和17年から18年にかけて、空襲による爆発や誘発を防ぐために、その外被をコンクリートの壁で囲んだ。戦後、鶴見倉庫が、この土地の払下げを受け、雨を避けるために屋根を造った。そのため、七棟の円形状倉庫（昭和56年1月の時点ではキリンビールが多く使用している）は、その南側を走る高速道路（東神奈川1号横浜線）からみると、極めて特異な景観を呈している[1]。

　なお、この高速道路の南側には、中山鋼業があり、その東隣の日本鋼管鶴見造船所（昭和56年1月の時点では空き地）と併せて、軍需工場に指定されていた。中山鋼業の『二十年の歩み』には、次のような文章がある。

　「昭和19年頃、隣接する昭和特殊製鋼（現在の日本鋼管鶴見造船所生麦工場）が軍需工場であったので、軍の命令により同工場に全部売却され、その後西側の部分が借地契約により貸与されていた。戦後、昭和特殊製鋼が経営不振に陥り、他に売却されたのを現在の鋼材興業の用地だけを除いて徐々に買い戻し、現在の状態となった」[2]

　このように、戦時中の横浜市鶴見区の海岸側一帯は軍関係の工場等で占められていたのである。

　同じく第一貯蔵所第6分所の跡地は、日本鉄鉱開発㈱に払い下げられたが、この土地は昭和28年に、日本石油へ転売されて、日本石油横浜製油所の第6工場となっている。

　その経緯は、「第6工場の敷地の一部は、戦前、日石も一株主であった国策の貯油会社協同企業の地下タンクがあった土地であり、他の一部は日産自動車の自動車置場であった土地を購入した」[3]というものであった。

　この日本石油横浜製油所の従業員数は昭和54年12月21日現在で795名で、その敷地面積は、536,893 m^2 である[4]。この敷地面積に対して、鶴見区にあった旧軍用地の転用面積は日本鉄鉱開発分も合わせても、僅か25,807 m^2 であり、神奈川区の分（後述）を加えても、79,149 m^2 であるから、その比率は15％弱でしかない。というのも、これらの旧軍用地は日本石油横浜製油所の周辺部にあるか、接収されていたものであり、横浜製油所の基幹工場の敷地ではなかったからである。

また、日本石油は、鶴見区に隣接する神奈川区にあった同第二貯蔵所第7分所を昭和27年に取得し、これは日本石油横浜精油所第二工場となっている。ちなみに、この第二工場は占領軍のJOSCOによって管理されていたが、「2工場にはタンクが2、3基あり、あとは赤く錆びた空ドラムの山であり、その間からは、植物が芽を出していました」[5]というような状況であった。

以上、日本石油が横浜市で取得した旧軍用地の転用状況をみてきたが、神奈川区では、旧軍用地の「喪失」という極めて特異な転用形態が2件ほどみられる。

その一つは、横須賀海軍工廠横浜材料置場跡地を昭和24年5月3日付でスタンダード・オイル・カンパニーが「材料置場」を用途目的として取得していることであり、もう一つは相模陸軍造兵廠横浜倉庫跡地を昭和29年3月31日付で日本フォード自動車が「工場敷地」を用途目的として取得している件である。ちなみに、昭和54年の時点では、日本フォード自動車は守屋町二丁目に存在していた[6]。

ところで、旧軍用地を取得した二つの企業は、いずれも外資系、別の表現をすれば外国系の企業である。他方、大蔵省がこれらの旧軍用地を払い下げたのは、時価ではなく、「喪失」を理由としている。この二つのことから推測できることは、戦時中に敵国企業の財産を軍（国）が没収し、それを戦後、その没収先に返還したのではないかということである。日本の国有財産であった旧軍用地ではあるが、その歴史的経緯によって、外国企業へ返還したという意味での「喪失」ではないかと思われる。

いずれにせよ、旧軍用地の処分方法としては、民間企業に対する時価売却、他の省庁に対する有償・無償の所管換、地方公共団体等に対する減額払下、譲渡、交換といった形態に加えて、「喪失」という処分形態があったのである。

1）　昭和56年1月、鶴見倉庫での聞き取りおよび現地踏査による。
2）　『二十年の歩み』、中山鋼業、昭和46年、24ページ。
3）　『横製50年の歩み』、日本石油精製㈱横浜製油所、昭和54年、74ページ。
4）　同上書、10ページ。
5）　同上書、86ページ。
6）　昭和54年の現地踏査による。

第四節　川崎市における旧軍用地の産業用地への転用状況

戦後大蔵省が引き継いだ川崎市内にあった旧軍用財産について、その所在地、主たる転用先とその業種、転用面積を一覧できるようにしたのが、次表である。

第四章　神奈川県（横須賀市を除く）　137

Ⅳ-4-(1)表　川崎市における主な旧軍用地（3万 m² 以上）の転用

（単位：m²、年次：昭和年）

旧口座名	所在地と面積	転用先	転用目的	転用面積
東京通信隊 蟹ケ谷分遣隊	高津区蟹ケ谷 188,413	農林省	開拓農地	143,070 (26)
海軍航空機製造 川崎第二工場	高津区本鴨居 201,852	徳和紡績 川崎市 洗足学園 同 二国機械工業 旭電機 日本電気	工場用地 小学校用地 高校用地 同 工場用地 同 同	27,846 (28) 18,178 (28) 30,809 (31) 10,651 (33) 8,181 (33) 6,585 (33) 8,423 (39)
歩兵第一補充隊 （東京第 62 部隊）	高津区長坂 417,679	農林省 川崎市（引渡）	農地 区画整理用地	236,719 (26) 58,091 (44)
溝ノ口演習場 北廠舎 第 9 陸軍技術 研究所 燃料廠第一貯蔵所 第 2 分所 燃料廠第一貯蔵所 第 3 分所	高津区神木 4,141,168 多摩区生田町 340,469 川崎区大川町 49,824 川崎区白石町 39,950	農林省 農林省 明治大学 川崎市 日本住宅公団 東京電力 鈴江組倉庫	開拓農地 開拓農地 中学校用地 （出資財産） 火力発電所 倉庫用地	4,111,188 (26) 103,181 (26) 118,177 (26) 16,525 (34) 4,487 (40) 6,000 (29) 36,360 (33)
横須賀海軍工廠 川崎分工場	川崎区中島 富士見 1,793,960	川崎市 同 法務省 川崎市 川崎化成工業 運輸省（海運局） 川崎化成工業 同	港湾施設用地 同 入管収容所 港湾施設用地 工場用地 港湾施設用地 工場用地 同	1,581,851 (24) 75,795 (31) 33,057 (31) 21,770 (32) 18,195 (32) 12,752 (35) 4,354 (36) 19,175 (36)

出所：「旧軍用財産資料」（前出）より作成。転用面積欄の（ ）は転用年次。

　神奈川県において、旧軍用地の産業用地への転用面積が最大であった市町村は、川崎市である。その中で注目すべき件が二つある。

　まず第一の件は、昭和 26 年に 411 万 m² の旧軍用地が農林省へ開拓農地として有償所管換されていることである。農業も産業部門の一つであり、その限りでは産業用地への転用であることは間違いない。しかしながら、本書では主として工業用地への転用を分析対象としているので、農林省への有償所管換分（開拓農地用）については分析しない。

　第二の件は、地方公共団体としての川崎市が、港湾施設用地として 158 万 m² を取得している

件である。まず、その歴史的経緯をみていくことにしよう。

横須賀海軍工廠川崎分工場の用地は、もともと大師河原夜光町三号埋立地（京浜工業地帯造成事業第三工区）と呼ばれ、神奈川県が戦前から埋立をしてきたところである。

神奈川県は、昭和 18 年 12 月 13 日付で約 179 万 m^2（うち工場施設ができる部分は 49 万 5 千 m^2）の土地を、3,485 万円で横須賀海軍施設部に売却した[1]。しかし、「終戦当時米軍の接収するところとなり、工場および建物などの一切が賠償の対象となっていた。そのため管理も大蔵省財務部で行っていた」[2]

その後、川崎市は昭和 24 年と昭和 31 年にあわせて 1,676,476 m^2 の払下げをうけ、その他港湾公共用地として、18,216 m^2 を管理することになったが、残りの 96,129 m^2 は市内の会社に払い下げられた[3]。

戦前のことも含めて、この間の歴史的経緯については、『川崎市史』の各編が、詳しく述べている。

○戦前　「神奈川県は、昭和 12 年度から 10 か年、総工費 2,180 万円をもって、約 155 万坪の京浜工業地帯造成事業に着工し、第一工区（水江町）と第二工区（大師河原）を完成させた。第三工区（千鳥町）は横須賀海軍工廠分工場建設のため軍用地として工事を急いでいたが、資材が欠乏するなど、完成しないうちに敗戦となり、第四工区などともに打ち切られた。全体としては、予定のほぼ三分の二程度の約 96 万坪が造成された状態で中断した」[4]

○昭和 22 年 7 月　「この月、川崎市、大蔵省並びに神奈川軍政部から第三号埋立地の土地建物の一時使用を許可」[5]

○昭和 22 年 11 月　「川崎港湾諸施設の運営管理並びに施設築造工事施行のため、復興部土木課管轄の川崎市臨時港湾事務所を大師入崎夜光町地先の第三号埋立地（元横須賀海軍工廠川崎分工場敷敷地内）に設ける」[6]

○昭和 24 年　「今般本市が、三千八百万円を以て払下げを受けることとなった」[7]

○昭和 28 年 11 月　「市営第三号埋立地を千鳥町と命名する」[8]

○昭和 31 年 9 月　「この月、川崎市、大蔵省と千鳥町の国有地 2 万 2928 坪の払下げ契約を行う」[9]

以上のような歴史的経緯からも判るように、地方公共団体としての川崎市が旧軍用地を、昭和 24 年に「港湾施設用地」として 1,581,851 m^2 を時価で払下げを受けたが、もともと、この第三号埋立地は神奈川県が戦前から造成してきたものであった。したがって、その経緯からみれば、旧軍用地とはいえ、それが川崎市へ払い下げられたのは、京浜港から川崎港が独立し、川崎市が港湾管理者になったという歴史的背景があってのことであった。

また川崎市は昭和 31 年に 75,795 m^2 の払下げを受け、昭和 32 年には「交換」によって、21,770 m^2 の用地を取得している。

こうした経緯を経て、川崎市は 170 万 m^2 に近い土地を入手する。その払下単価は次表の通り

であった。

第四章　神奈川県（横須賀市を除く）　139

Ⅳ- 4 -(2)表　川崎市千鳥町国有地払下げ単価表

記号	国有地面積（坪）	払下面積（坪）	単価（円）	金額（円）	備考
①	51,571	51,571	300	15,471,300	昭和 25 年払下げ
②	64,072	64,072	150	9,610,800	同
③	154,232	154,232	45	6,940,440	同
④	208,635	208,635	10	2,086,350	同
⑤	22,928	22,928	1,265	29,012,983	昭和 31 年払下げ
		⑥―1　5,520		―	管理委託した土地
⑥	41,235	⑥―2　6,585		22,309,734	交換した土地
計	542,673	508,023		85,431,607	

出所：『川崎港のあゆみ』、川崎市、平成 23 年 10 月、32 ページ。
注：表中の○番号は付図（本書では割愛）における当該地の位置を示す。

　上記の(2)表をみれば、同じ昭和 25 年であり、かつまた極めて隣接している土地でありながら、払下価格が大きく異なっていることに注目したい。つまり国有地の払下面積が大きくなるにしたがって、払下価格（単価）が逓減している。その理由は、不詳であるが、ここでは区域の位置等に対応した適正な土地評価がなされたものとして理解しておきたい。また、国有地の民間への払下げではなく、地方公共団体への払下げなので、これ以上に単価の格差については追求しない。

　ところで、川崎市は重工業化政策にもとづき、この三号埋立地（千鳥町）に企業誘致を行うのであるが、その結果は以下の文章が物語っている。やや長いが引用しておこう。

　「千鳥町埋立地は港域のやや中央部に位置するので、その利用計画は港湾管理者としての立場から、川崎港管理運営上のセンターとし、管理者の出先や国の各省関係出先機関を集め利用者の便宜を図ることとして、余剰土地は工業用地に充当し工業港の育成に意を注いだ。

　当初は南北に中央大街路を通し、東側は工場地帯、西側は理想的な港町、すなわち公園・運動場などの緑地帯、住宅街、一部には娯楽街をも区画し立案したが、完成してみると工業用地の譲渡申入れが予想外に多く、3 箇年で 50 社 858 万 m^2 に及び、大手企業で事業計画の判然としたもののみでも 15 社 320 万 m^2 に達した。このため当初の利用計画は相当の変更を余儀なくされた。

　このような工業用地需要ブームを起こした原因は、次の事情によるものと考えられる。戦後 10 余年を過ぎた昭和 31・32 年頃には、我国の経済界も朝鮮動乱の影響等により漸く立ち直りつつあったが、世界産業界の動向として先進諸国で石油化学工業が発展過程にあるなかで、我国は全く立遅れた状態にあった。また、戦禍の復興・国力の充実の方策として工業立国に基づく加工貿易の増進が重視されていた。このような状況のもと我国の産業界は、政府施策の面もあって、設備投資の拡大と企業の合理化に意を注いでいた。

　千鳥町埋立はこのような好機に他に先駆けて土地造成を行ったばかりでなく、次のような工業

立地の好条件に恵まれていた。

　○大消費地である京浜地帯の真ん中に位置し、経済活動に極めて便利であること。

　○臨海埋立で産業規模の増大に伴う一連の広い敷地を得られること。

　○主航路は－12mの水深を有し、大型船が自由に接岸できること。

　○動力源として5系統の特高電圧が送電されており、工業用水は多摩川・相模川の両川から供
　　給されること。

　○背後地には鉄道操車場が既に計画され、原料製品の遠隔輸送に便利であり、国道連絡も至便
　　であること」[10]

　川崎市は、この埋立地を昭和32年11月に、民間企業へ払い下げている。その理念は、「工場
誘致については通商産業省（現経済産業省）の意向も斟酌して、日本石油化学㈱を中心とする関
連工場並びに電力供給の東京電力㈱火力発電所等が優先され、用地面積も広く割り当てられ
た」[11]というものであった。具体的には次の表が示す通りである。

Ⅳ-4-(3)表　川崎市が第三号埋立地を払下げた相手方一覧（昭和32年11月）

（単位：m²）

相手方	払下面積	相手方	払下面積
東京芝浦電気	28,266	昭和油化	294,712
大洋漁業	19,611	鋼管化学工業	147,550
全購連	17,858	日商	72,031
日本触媒化学	46,900	東京電力	278,545
日本石油化学	134,989	川崎化成工業	21,732
古河化学工業	114,275		
三菱商事	55,406	計	1,231,875

　原注：川崎化成工業へは昭和33年1月。
　出所：『川崎港修築誌』、川崎市港湾局、昭和41年、121ページ。

　川崎市が売却した相手方をみると、12社のうち、実に化学工業が6社で、計約76万m²を、
電気機械・電力関係が2社（約30万m²）、商事関連が全購連も含めて3社（14万m²強）、それに
漁業会社が1社（約2万m²）となっている。したがって、第三号埋立地はその多くが化学工業関
連の企業へ転売されたことになる。

　ちなみに川崎化成工業は、昭和33年に21,732m²の用地を川崎市から購入しているが、同社
は、その前年に大蔵省から18,195m²、昭和36年には4,354m²を時価で払下げを受け、さらに
昭和36年に「交換」によって、19,175m²の旧軍用地を取得している。この「交換」に用いら
れたのは川崎市から購入した土地ではなかったかと思われる。いずれにせよ、同社の敷地面積は、
昭和56年1月の時点で、約5万2千m²といわれており、昭和36年以降においても用地を取得
したものであろう。

　工業立地という視点からみると、全購連が中小企業用地を確保する運動が横浜市であったこと
を思えば、この川崎市で、それが実現したのではないかと思われる。この連合会はここに飼料工

第四章　神奈川県（横須賀市を除く）　　141

場を建設し、「輸入トウモロコシを主体とした家畜類の飼料を製造により、関東・東北一帯の販路の確保を狙いとした」[12]ものであった。また、三菱商事や日商が用地を購入したのは、「外地からの石油製品を備蓄し、大消費地と直結するため」[13]の貯油施設を建設するためであった。

　もともと川崎市は、この地を拠点とする重工業都市化を考えていた。その点は、昭和26年12月の『川崎市政時報』によっても知ることができる。

　「1．国家の経済的見地、工業都市的見地よりするも、重工業的立地条件を考える。

　　2．東京、横浜を結ぶ京浜運河のかんがえをよして、三号埋立地正面に、川崎港独自の入口を設けて、扇町以東の埋立地帯への入出港の便を良くする。

　　3．市有の54万坪を中心に、その内部に約35万余坪の区域に商港区を設け、ここに公共港湾施設を整備して、一般市民の生活必需物資の需給の用にあてる。そして、海に接していない諸工場の利用に給する。

　　4．多摩川ぞいの一部に、60万石程度の貯木場を設ける。あわせてその加工場も誘致する。

　　5．残りの120万坪は、工場誘致にあてる。6．略」[14]

　この発想は昭和27年末の段階でも変わらず、「私有地に属する千鳥町55万坪の西側半分を商港区として、ここに公共港湾の施設を整備し、その正面南側に、川崎港の港口を新しくつくろうとするものであります。繋船岸、防波堤、護岸、物揚場、繋船浮標、泊地航路浚渫、艀溜、上屋、荷役機械、その他道路、貯木場等々の、いろいろの施設をつくろう」[15]というのが、当時の「整備拡充計画案」であった。

　川崎市は昭和24年から32年にかけて、3件、計1,679千m^{2}の旧軍用地を大蔵省から払い下げられており、その用途目的を「港湾施設」としていた。その「港湾施設」の具体的な内容が上記のようなものであった。ただし、護岸、航路浚渫については、「港湾造成工事」であっても、これを「港湾施設」とは言わない。

　この「千鳥町」（旧第三工区）は、その後どうなったであろうか。その点について簡単にみておこう。『川崎市史』は次のように伝えている。

　「川崎での石油化学産業の成立はかなり早く、昭和32年のことであった。日本石油化学を中心として、旭ダウ・昭和電工・古河電工・三菱石油・日本触媒化学・日本ゼオンの各社が結びつき、先述した各種の石油化学製品（誘導品）を製造することになった。これが日石化学川崎コンビナートで、場所は川崎市が埋め立てた千鳥町が選ばれた」[16]

　このようにみてくると、川崎市における旧軍用地の取得は「港湾施設用地」を用途目的とするものであったが、その結果として、千鳥町（旧三号埋立地）は、日本における石油化学産業の発達に大きな影響を及ぼしたことになる。

　ちなみに、平成27年（2015年）における千鳥町の概況は次のようになっている。千鳥町の周囲は北に大師運河、東に京浜運河、南は塩浜運河、そして西は千鳥運河に囲まれた長方形になっている。川崎市が「港湾施設用地」として手に付けた場所は、塩浜運河に面しており、そこは通称「市営埠頭」と呼ばれ、岸壁に沿って川崎臨港倉庫、それから全農倉庫が並列している[17]。な

お、都市地図『川崎市』[18]でみると、その背後には、川崎港湾合同庁舎、川崎税関支所といった国家機関、それから日本合成樹脂、第一パイプ工業、アクティオ、京セラケミカル、日本ポリエチレンなどの諸工場が立地しており、千鳥町の東部には東京電力川崎火力発電所、中央部から北部にかけては日油、東京油槽、川崎ターミナル、昭和物流、北部から西側にかけては昭和電工、川崎化成、日本ヴォパック、日本乳化剤、日本触媒、サンケミカル等の工場が操業している。

　千鳥町の輸送条件としては、市営埠頭の他に、千鳥町の中央部に北西から東南へ走る広い道路が貫通している。この道路は川崎市街地から千鳥橋を渡って千鳥町に至り、さらに川崎港海底トンネルを経由して東扇島へ抜け、さらに北東へ進めば、川崎航路トンネルを経て浮島ジャンクションに至る。つまり、東京湾アクアラインを利用することができる。

　また千鳥橋の北から千鳥町には神奈川臨海鉄道が通じており、この鉄道は千鳥島に入ると、中央部を走る鉄道と並行して千鳥町の中央部に至る線路と南下して川崎市営埠頭に沿った南岸線とに分岐している。

　2015年10月の段階において、千鳥町の中央部に立てば、周辺は石油化学関連の工場施設が取り巻き、その傍を、製品・原料を運搬する大型トラックが行き交う。まさにここが京浜工業地帯の中央部ではないかと思えるような状況にある。

　これは余談だが、北に浮島（石油タンクが林立するオイルターミナル）、東南に東扇島（オイルターミナル）と扇島（JFE東日本製鉄所）、南に水江町（オイルターミナルとJFE東日本製鉄所）、西に夜光（旭化成、大同特殊鋼）に囲まれた千鳥町は、汚れた空気をもう少し清浄化すれば、「京浜工業地帯の中核地」とでも称するような産業観光スポットになるのではないかと思う。今ある「ちどり公園」がまさにそうである。

　旧三号埋立地（千鳥町）の分析はこのくらいにして、別の旧軍用地の検討へ移ろう。

　高津区本鴨居にあった海軍航空機製造川崎第二工場跡地の利用状況について分析していこう。この跡地は約20万m²で、洗足学園が高校用地として昭和31年と33年に、併せて41,460m²を減額50％で購入している。それに先立って川崎市は小学校用地として18,178m²を減額70％で入手している。この限りでは第二工場の跡地は学校用地として転用されたと見なしても間違いはない。ただし、ここでは学校用地として減額売払する場合、地方公共団体には70％、私立学校には50％というように、減額率に差があったことを確認しておくだけでよい。本書で関心があるのは、あくまでも産業用地、とりわけ工業用地への転用状況の分析である。(1)表をみれば、この跡地は四つの企業に時価で払い下げており、その合計面積は約5万1千m²となる。したがって、学校用地とほぼ同じ程度の土地が工場用地へ転用されたということになる。

　しかし、昭和56年1月の時点で現存しているのは二国機械工業と旭電機だけである。徳和紡績は廃業して、その跡地は日本電気へ、そして日本電気は、その実体は変わらずとはいえ、同じく新日本電気へと改称している。したがって、55年の時点では、新日本電気東京工場の約3万6千m²を中心として、旭電機、二国機械工業が操業しているという状況にある。なお、この地域は「工業地域」として用途指定されている。

第四章　神奈川県（横須賀市を除く）　143

　南武線の北側には、前出の新日本電気東京工場以外に、清水化成、光工業、東京衡機などの工場があるが、その歴史的経緯は不詳とはいえ、同じ高津区の久本にあるので、ここも旧軍用地ではなかったかと思われる。

　川崎市の旧軍用地で産業用地へと転用されたのは、以上の他には少ない。川崎区大川町にあった燃料廠第一貯蔵所第2分所跡地を東京電力が火力発電所用地として6,000 m² を昭和29年に、そして同じく第3分所跡地（白石町）を鈴江組が倉庫用地として36,360 m² を昭和33年に時価で取得しているが、これは(1)表で示している通りである。

1）　『川崎港修築誌』、川崎市港湾局、昭和41年、70ページ参照。
2）　同上書、120ページ。
3）　同上書、121ページ。
4）　『川崎市史』（通史編4　下）、川崎市、平成9年、288 ～ 289ページ。
5）　『川崎市史』（年表）、川崎市、昭和43年、108ページ。
6）　同上書、109ページ。
7）　『川崎市史』（資料編4　下）、川崎市、平成2年、563ページ。原文は『川崎市政時報』（昭和25年3月1日）。
8）　『川崎市史』（年表）、前出、109ページ。
9）　同上書、128ページ。
10）　『川崎港のあゆみ』（改定版）、平成23年、川崎市、36 ～ 37ページ。
11）　同上書、37ページ。
12）　同上書、38ページ。
13）　同上。
14）　『川崎市史』（資料編4　下）、前出、571ページ。原文は『川崎市政時報』（昭和26年12月10日）。
15）　同上書、576ページ。
16）　『川崎市史』（通史編4　下）、前出、331ページ。
17）　平成27年（2015年）10月28日、現地踏査による。
18）　都市地図『川崎市』、昭文社、2015年版による。

第五節　平塚市における旧軍用地の産業用地への転用状況

　旧軍港市である横須賀市を除くと、川崎市、横浜市に次いで、旧軍用地の産業用地（工業用地）への転用が多かったのは平塚市である。平塚市は、京浜工業地帯の西端に位置するとはいえ、東海道という交通の便に恵まれ、戦前には第二海軍火薬廠をはじめ多くの軍需工場があった。

　そのうち敷地面積が10万 m² 以上であった軍事施設と主な転用先をみると、次のようになる。

Ⅳ-5-(1)表　平塚市における旧軍施設と主な転用先

（単位：m²）

旧口座名	所在地	敷地面積	主な転用先
第二海軍航空廠平塚補給工場	須賀	186,138	工場用地
陸軍平塚海岸射場	須賀稲荷山	111,454	学校用地
横須賀海軍工廠平塚分工場	須賀	243,487	市営運動場・工場用地
第二海軍火薬廠第六工場	大野真土	299,926	農林省（農地）
相模海軍工廠化学実験部	大野	122,975	試験場・研究所用地
第二海軍火薬廠	大野	1,367,570	農林省（農地）・工場用地
横須賀海軍工廠平塚分工場　大野町作業場	大野	129,937	農林省（農地）

出所：「旧軍用財産資料」（前出）より作成。

　上掲の表をみれば判るように、平塚市の旧軍用地で最も大きな比重を占めたのは、平塚市のほぼ中央部に位置していた第二海軍火薬廠である。この第二海軍火薬廠を中心とした平塚市の工業が、戦前から戦後にかけて、どのように移り変わってきたかについては、次の四つの文章がよく説明している。

　「明治38年には『日本火薬製造会社』（のち『海軍工しょう』となる）が設立され、さらに営農地域で盛んになった養蚕からの原料供給を背景に、近代的紡績工場が進出し[1]、工業が発達した。——昭和20年7月16日、市街地は激しい空襲を受け、死傷者五百余名、70%以上の建物が焼失するという壊滅的被害をこうむった。広大な海軍火薬しょうをはじめとする軍需工場群があったことが、この大きな要因となったことは否めない」[2]

　「本市産業の中核である工業は、終戦までは海軍火薬廠などを主体とする軍需産業と紡績工業が盛んであったが、戦災によりこれらの施設は灰じんに帰した。戦後は、これらの施設を生活基盤の工場に密着した産業に転換すべく期待した結果、化学、ゴムおよび軽工業が進出し、これが今日の産業都市としての端緒となったのである」[3]

　「終戦によってピリウドを打たれた平塚市の工業は全く終熄し、軍需産業から平和産業へと急転回し、国際航空会社は新日国工業株式会社と改称し、主としてトレーラー・バスのボディー工場となり、広大な海軍火薬廠跡には横浜ゴム株式会社、平塚農芸化学株式会社、高砂香料平塚工場、国立工業試験場、パイロット万年筆、国立園芸試験場へと分散するに至った」[4]

　「終戦後は軍需工業都市から脱皮し、平和産業都市へと大転換をしたわけです。広大な面積をほこった海軍火薬廠はなくなり、その土地に今の横浜ゴム株式会社平塚工場、パイロット万年筆工場、不二家などが相ついで建てられ現在も続々と新工場が建ちつつあります」[5]

　以上、四つの文章からも判るように、平塚市は第二海軍火薬廠を中心とした軍需工業都市として発達してきたのであるが、戦後には横浜ゴムや後述する日産車体などが立地する平和産業都市へ転換してきたのである。

　ところで、第二海軍火薬廠の跡地はどのように転用されたのであろうか。工業用地を中心にし

ながら、その実態を明らかにしておこう。

Ⅳ-5-(2)表　第二海軍火薬廠跡地の工業用地への転用状況

(単位：m²、年次：昭和年)

払下企業名	業種	払下面積	払下年次
横浜ゴム	ゴム	261,876	26
パイロット万年筆	文具	43,548	26・28
島田産業	──	11,285	28
橘田生産工業所	一般機械	6,148	30
全農村工業協連	化学	24,353	30・35
共和ブロック	窯業	9,299	33・38
北沢彫刻工業	金属加工	4,889	34
東京特殊化工	化学	22,237	34
大同油脂	化学	5,562	35
三共化成工業	化学	17,574	35
プラスチック	化学	22,149	38
共同化学工業	化学	21,300	44

出所：「旧軍用財産資料」（前出）より作成。

(2)表は、1件あたり3千m²以上の旧軍用地の工業用地への転用状況をまとめたものであるが、昭和37年の時点では、上記工場等以外に、次のような工場があったとされている。

「高砂香料、富士チタン、不二家、湘南産業、日本水産研究所、菱華工業、徳寿工作所、中西工業、山田セルロイド、平塚加工機、田中貴金属、旭電工、東神興業、足立機械製作所」[6]

しかしながら、高砂香料および湘南産業の所在地は、同じ火薬廠内であっても、「化学実験部」という別口座の敷地跡を転用したものであった。なお湘南産業というのは、ワクチンを製造する工場で、以前は栃木化学工業という名称であった。それが湘南産業となり、後には小松電子金属株式会社となっている[7]。そうした事実関係はともかく、ここで重要なことは、この第二海軍火薬廠跡地に、これだけの工場が立地した理由は何かということである。もとより、首都圏域にあり、東海道（鉄道・道路）という交通条件、また平坦地であるという要因を無視することはできないが、ここでは旧軍用地の払下価格が安かったということが一つの立地要因となっている。そのことは、次の一文が示している。

「地価は旧海軍火薬廠の敷地払い下げによって、終戦後極めて安く入手されたことがあげられる」[8]

この短い文章では、用地価格の具体的内容が明らかにされていないが、社会的通念としての工場用地価格よりは「極めて安く」払い下げられたものと思われる。しかし、ここでは「極めて安く」という感覚的表現で済ませておくが、その実態については、拙著『旧軍用地転用史論』上巻（2015年、文理閣）の650ページ以下を参照されたい。

なお、旧火薬廠に立地してきた23工場の内訳がまとめられているので、それを紹介しておこう。

IV-5-(3)表　第二海軍火薬廠跡地に立地してきた 23 工場の内容（一）

(単位：坪、人)

設立年	工場数	敷地面積	建物面積	従業員数
昭和 22	2	21,600	5,800	423
23	3	35,980	10,812	1,543
25	1	78,665	36,762	3,566
28	1	5,850	750	130
31	3	14,434	3,934	477
33	1	2,500	120	14
34	1	10,000	1,280	992
35	6	16,065	4,497	473
36	2	2,355	258	113
37	3	5,164	1,790	200
計	23	193,613	66,003	7,931

出所：『社会科郷土学習資料集（六）』、平塚市教育研究所、昭和 38 年、13 ページ。

IV-5-(4)表　第二海軍火薬廠跡地に立地してきた
23 工場の内容（二）

(単位：人)

種別	工場数	従業員数
鉱業・建設	1	14
金属・機械	9	945
化学	10	1,257
ゴム	1	3,566
食品	1	992
諸工業	1	1,157
計	23	7,931

出所：同前、12 ページ。

　上掲の二つの表は、昭和 37 年までの数値であるが、それでも旧軍用地の転用によって、およそ 8 千人の地域雇用が生まれていることが判る。たしかに、「極めて安く」用地を取得したにせよ、これだけの雇用を生み出したということは地域経済の活性化という点からは十分に評価しておかねばならない。

　なお、旧軍用地の払い下げられた年次と工場が設立された年次とは異なるので、その離齬を検討することも一定の意義がある。つまり、用地を払い下げられたにもかかわらず、工場を設立せずに転売するといった問題をはじめ、幾つかの問題を設定できるが、ここではこうした問題の所在を指摘しておくに留め、その検討はしないでおく。

　さて、これまでは昭和 37 年まで、あるいは昭和 47 年度末までの工場立地状況についてみてきたが、昭和 54 年 3 月に発行された平塚市市街地図によれば、前記の工場以外に、坂田製作所、旭洋、クミアイ油脂、岩ブロック製作所、明製作所などの企業名がみえる[9]。

第四章　神奈川県（横須賀市を除く）　147

　これらの企業については、大蔵省や他企業から用地を買収したのか、用地を賃借しているのか、あるいは既存の企業が改称したのか確かめていない。

　ちなみに、この第二海軍火薬廠跡地は、54万㎡強が農業用地として農林省へ有償所管換になっている。また平塚市役所、市立博物館、市立図書館、青少年会館、県平塚合同庁舎、平塚郵便局、平塚労基署、共済病院、県立平塚盲学校、県立平塚ろう学校、県立藤沢養護学校などの公共的施設や地域福祉的施設が、この火薬廠跡地に設立されている[10]。

　市庁舎を除くと、その他は大蔵省から旧軍用地を直接に取得していないので、農林省、郵政省、厚生省、文部省、神奈川県などが用地転用したものと推測される。なお、平塚市が大蔵省より直接に用地取得したのは以下の通りである。

Ⅳ-5-(5)表　平塚市による旧軍用地の取得状況（取得面積1万㎡以上）

旧軍用施設名	取得面積（㎡）	取得形態	取得年次	用途
第二海軍航空廠平塚補給工場	13,140	時価	昭和39年	市営住宅
海軍工廠平塚工場男工員宿舎1	49,994	減額50・40％	34	高校用地
横須賀海軍工廠平塚分工場	167,904	時価	27	運動場
第二海軍火薬廠	18,820	時価	38	庁舎敷地
同	28,652	減額50・40％	46	中学用地
同	23,931	公共物編入	同	道路用地

　出所：「旧軍用財産資料」（前出）より作成。

　これまで第二海軍火薬廠の跡地利用についてみてきた。だが、この火薬廠に隣接して同火薬廠第六工場、相模海軍工廠化学実験部、同工廠平塚分工場大野町作業場があった。

　既に、一部は瞥見しているが、それらの旧軍用地にも、大蔵省から払下げを受けて、幾つかの工場が進出してきている。すなわち、第六工場跡地には三共（3,783㎡・昭和41年）が、化学実験部には高砂香料（12,611㎡・34年）と湘南産業（4,815㎡・44年）が、それから工場ではないが、それに類する企業として東京工業試験場（12,386㎡・29年）と石塚研究所（15,636㎡・34年）が、大野町作業場跡地には、一般機械製造業の多治見製作所（9,943㎡・27年）が進出している[11]。

　平塚市の場合、第二海軍火薬廠の跡地利用が中心であるが、それ以外では、第二海軍航空廠平塚補給工場と横須賀海軍工廠平塚分工場の跡地利用が目立つ。この二つの旧軍用地における産業用地への転用状況をまとめておこう。次表がそうである。

Ⅳ-5-(6)表　平塚市における二つの旧軍用地の転用状況

（単位：㎡、年次：昭和年）

払下企業名	業種	払下面積	払下年次
Ａ日本専売公社	煙草工場	64,323	26
Ａ富士紡績	繊維産業	57,368	26
Ａ日本交易	販売業	5,289	26

A 日本通運	運輸業	4,466	27
B 東洋工機	電気機械	13,740	30
B 平塚工業	鉄鋼業	56,510	30

出所：「旧軍用財産資料」（前出）より作成。
　　　Aは第二海軍航空廠平塚補給工場の跡地
　　　Bは横須賀海軍工廠平塚分工場の跡地

　第二海軍航空廠平塚補給工場の跡地(A)では、(6)表のように、日本専売公社東京専売局と富士紡績が大きな旧軍用地を戦後間もない昭和26年に取得していたが、昭和55年の時点では、これらは平塚競輪場へ再転用されている[12]。

　横須賀海軍工廠平塚分工場の跡地(B)では、東洋工機と平塚工業が同じ昭和30年に旧軍用地を取得しており、昭和55年の時点では両工場とも東海道本線の南側、相模川の西岸で操業中であった[13]。

　1）　平塚市では大正7年に相模紡績、同10年に関東紡績の設立をみている。
　2）　『第二次平塚市総合開発計画』、平塚市、昭和55年、12ページ。
　3）　『平塚市総合開発計画』、平塚市、昭和45年、226ページ。
　4）　『平塚小誌』、平塚市、昭和27年、246ページ。
　5）　『社会科郷土学習資料（二）』、平塚教育研究所、昭和35年、25ページ。なお、本文で紹介したのは、「平塚市の工業発達について」という中学生の作文である。
　6）　『社会科郷土学習資料集（四）』、平塚教育研究所、昭和37年、14～15ページ参照。
　7）　昭和55年、平塚市役所での聞き取りによる。
　8）　『社会科郷土学習資料集（四）』、前掲、16ページ。
　9）　エリアマップ『平塚市・大磯町』、昭文社、昭和54年3月刊を参照。
　10）　同上。
　11）　「旧軍用財産資料」（前出）による。
　12）　昭和55年、平塚市役所での聞き取りによる。
　13）　昭和55年、現地踏査結果。

第六節　相模原市における旧軍用地の転用状況

　戦前の相模原市は、計画的に建設された田園都市として有名であるが、この都市計画も軍事と無関係ではない。それどころか、むしろ軍都として計画されたのである。

　すなわち、戦前の相模原には、陸軍士官学校（昭和12年）、相模陸軍造兵廠（昭和13年）、臨時東京第二陸軍病院（昭和13年）、陸軍兵器学校（昭和13年）、電信第一連隊（昭和14年）、陸軍通信学校（昭和14年）、相模原陸軍病院（昭和15年）、陸軍機甲整備学校（昭和18年）などの軍事施設があり[1]、これだけでも、立派な軍都としての風格をもつものであった。

　軍都建設計画としての相模原の都市計画は、陸軍造兵廠を基軸として、市街地はそれより西側

に放射線状に区画され、それより東側は造兵廠や兵器学校という軍関係の施設を配置するという、いわば特殊な都市計画であった。

　陸軍兵器学校についてみれば、「昭和13年3月8日に地鎮祭が行われ、同年8月末までに第一期工事が完成」[2)]、昭和15年に陸軍工科学校から陸軍兵器学校と改称、同年9月に敷地を8万坪に拡大している[3)]。

　戦後、大蔵省が引き継いだ旧軍用地の主なもの（10万m²以上）は次表の通りである。

Ⅳ-6-(1)表　相模原市における旧軍施設と主な転用先

(単位：m²)

旧口座名	所在地	敷地面積	主な転用先
相模陸軍造兵廠	上矢部	1,165,387	提供財産（昭和48.3.31 現在）
相模陸軍造兵廠・廠外	小山	983,884	提供財産（昭和48.3.31 現在）
第四陸軍技術研究所	上矢部	176,138	提供財産（昭和48.3.31 現在）
陸軍兵器学校	上矢部	839,250	農林省農地・工場用地
東京兵器補給廠相模出張所	小山	131,997	農林省農業機械管理所（26）
陸軍機甲整備学校	上溝	976,208	提供財産・農林省農地
電信第一連隊	上鶴間	295,560	提供財産（昭和48.3.31 現在）
相模陸軍病院	上鶴間	189,849	提供財産（昭和48.3.31 現在）
陸軍通信学校	上鶴間	521,977	農林省農地・大学用地
臨時東京第三陸軍病院	——	356,376	厚生省・国立病院敷地
相武台演習場	新戸他	7,840,690	農林省農地・提供財産

　出所：「旧軍用財産資料」（前出）より作成。

　(1)表に掲載した旧軍用地のうち、相武台演習場を除いた土地面積を合計してみると、563万m²強となる。さらに、この表に掲載されていない小規模な旧軍用地の面積を加えると、より広大な面積規模となる。しかしながら、昭和48年3月末の時点で、その転用状況をみると、米軍へ提供している国有財産（提供財産）は296万m²、相武台演習場の提供財産（26万5千m²）を加えると、320万m²に達する[4)]。いわば戦後であっても、この相模原市にあった旧軍用地の利用形態は、なお軍事的な色彩が相当に濃厚であると言わねばならない。この軍事的な転用形態には、防衛庁へ所管換している旧軍用地（68千m²）をも含めることができる。このことが相模原市における旧軍用地転用の第一の特色となっている。

　第二の特色は、農林省への有償所管換であり、これは大都市以外の地域では、一般的にみられるものである。特に、相武台演習場の跡地利用形態が典型的な事例である。なお、民間企業への転用が多い旧陸軍兵器学校の跡地利用については、次のような文章がある。

　「終戦後は防衛庁技術研究本部第四研究所、市立大野北中学校、市立淵野辺小学校東校舎、麻布獣医科大学、相模野病院、市営住宅、野間公民館、その他多数の工場会社など多方面の施設に転用され、あるいは設置された」[5)]

　(1)表やこの文章にもみられるように、相模原市にあった旧軍用地のうち、旧陸軍兵器学校跡地は工場や民間企業に払い下げられたのである。その内容を明らかにしたのが、次の(2)表である。

Ⅳ-6-(2)表　相模原市における旧軍用地の産業用地への転用状況

（単位：m², 年次：昭和年）

旧口座名	払下企業等名	業種	払下面積	払下年次
相模陸軍造兵廠・廠外	野沢屋	販売業	6,749	45
陸軍兵器学校	古谷織物工業	繊維工業	33,901	27
同	相模工業	一般機械	5,094	27
同	同	同	26,244	27
同	同	同	12,432	37
同	同	同	25,149	37
同	富士製鉄	鉄鋼業	4,479	40
同	小松相模工業	一般機械	22,204	44
相武台演習場	日産自動車	輸送機械	20,202	47

出所：「旧軍用財産資料」（前出）より作成。なお、表中「富士製鉄」とあるのは富士工業の誤記かもしれない。

(2)表をみれば、陸軍兵器学校以外でも旧軍用地が産業用地へと転用されているが、それは相武台の僅か1件で、しかも日本の高度経済成長が終わりかけた時期、全国的にみても遊休している旧軍用地が少なくなってきている時期であった。したがって、相模原市における旧軍用地の民間企業への払下げ、とりわけ工場用地としての転用としては、陸軍兵器学校の7件（払い下げた用地面積を合計すると約13万m²）だけといっても過言ではない。なお、この約13万m²という数字は、米軍へ提供している財産（提供財産）の用地面積、296万m²と比較すると、微々たるものでしかない。

このようにしてみると、相模原市における旧軍用地については、工場用地への転用はあったものの、相模原市全体からみれば、無視できる程度のものでしかなかった。

しかしながら、注目すべき点は、一般機械製造業である相模工業、そして小松相模工業が陸軍兵器学校跡地で数度にわたって用地を取得していることである。相模工業は昭和42年に日立建機と小松相模工業とに分割され、その分割後に小松相模工業が1件の払下げを受け、昭和56年現在に至っている。また、古谷織物工業も昭和56年の時点では操業中であった。

なお、この兵器学校跡地には、上記以外に、東京化学塗料、富士工業、電機資材、日鉄溶接工業、日本ゼオラ、相模製作所などの諸工場が立地しているが、旧軍用地との関連については不詳である[6]。

この旧陸軍兵器学校跡地は、その多くが農林省に開拓農地を目的として有償所管換されているが、麻布獣医科大学（約9万4千m²）、市営住宅（約1万2千m²）、民間住宅（約1万m²）などの利用がみられる。こうして、昭和55年の時点では、淵野辺1丁目地区は住居地域となっており、日立建機や富士工業のある淵野辺2丁目地区は大部分が工業地域になっている。古谷織物工業が立地している場所は住居地域に指定されている。これからも推察できるように、旧陸軍兵器学校の跡地は住工混在地域となっている[7]。

なお、相武台演習場跡地（7,840,690m²）は、その大部分（7,050,439m²）を開拓農地として、

また農地（320,998㎡）としてそれぞれ昭和26年に農林省へ有償所管換されている。また、座間市が中学校用地として約3万8千㎡、北里学園が約1万㎡を減額で取得しているほか、昭和47年には日産自動車が約2万㎡の旧軍用地を「交換」で取得している[8]。しかし、その周辺地域は、相武台および相武台団地の住宅地（住居地域、第2種住居専用地域）であり[9]、土地利用の問題が残されている。

1） 『相模原市史』第四巻、相模原市、昭和46年、「軍都計画時代の軍諸施設配置図」を参照。
2） 同上書、587ページ。
3） 同上書、588ページ参照。
4） 「旧軍用財産資料」（前出）による。
5） 『相模原市史』第四巻、前出、589ページ。
6） 昭和56年、現地踏査結果。
7） 昭和56年、「相模原市都市計画図」による。
8） 「旧軍用財産資料」（前出）による。
9） 昭和56年、「相模原市都市計画図」による。

第七節　その他の地域における旧軍用地の転用状況

本節では、これまで分析してきた4都市と横須賀市の5都市を除く、神奈川県各地域における旧軍用地の産業用地への転用状況を分析していくことにする。

まず、神奈川県における5市を除いた地域に、どのような旧軍用施設があったのか、その主なもの（敷地面積10万㎡以上）を列挙し、概観しておこう。

Ⅳ-7-(1)表　神奈川県（5市を除く）における旧軍用施設と転用状況
（単位：㎡）

旧口座名	所在地	敷地面積	主な転用形態
横須賀海軍工廠深沢分工場	鎌倉市深沢	338,292	国鉄（工場・軌道）
藤沢航空隊	藤沢市藤沢大沢	1,835,417	農林省・開拓農地
海軍砲術学校辻堂射的場	藤沢市辻堂	990,026	神奈川県・道路用地
海軍電測学校	藤沢市下土棚	863,024	藤沢市・中学校用地
横須賀海軍航空隊 茅ヶ崎急降下爆撃場	茅ヶ崎市浜須賀	119,477	農林省・農地
陸軍士官学校	座間市新戸	1,297,368	提供財産（48.3.31）
高座海軍工廠	座間市海老名	3,851,090	農林省・開拓農地
高座海軍工廠付属工員宿舎	大和市上草柳	535,481	農林省・開拓農地
厚木海軍航空隊	座間市・大和市	3,319,732	提供財産（48.3.31）
第一相模野海軍航空隊	綾瀬市深谷	836,204	提供財産（48.3.31）
第二相模野航空隊	綾瀬市深谷	763,080	農林省・開拓農地他
相模海軍工廠	寒川町一の谷	652,420	工場用地・農林省
陸軍築城本部	足利下郡片浦	111,582	漁協・植林用地（28）

江ノ浦石材採取地			
相模飛行場	愛甲郡愛川町	2,377,504	農林省・農地（26）
海軍初音航空基地	三浦市初声町	471,788	農林省・農地（26）
陸軍三崎砲台	三浦市南下浦町	107,054	農林省・農地（26）
陸軍城ヶ島砲台	三浦市城ヶ島	181,370	農林省・農地（34）
陸軍剣ケ崎砲台	三浦市南下浦町	210,370	農林省・農地（27）
海軍初音施設地区	三浦市三崎町他	382,776	農林省・農地（23）
横須賀施設建材修練道場	三浦市初声町	129,844	農林省・農地（22）
海軍軍需部池子倉庫	逗子市池子	1,670,820	提供財産（48.3.31）
第二航空廠補給部	逗子市池子	993,214	農林省・農地（26）
池子倉庫飛地			その他（690,363 m²）
第二航空廠補給部池子倉庫	逗子市池子他	1,253,378	提供財産（48.3.31）

出所：「旧軍用財産資料」（前出）より作成。

　上掲の表をみれば判るように、東京都西部地域と同様、首都防衛という任務のもとに、神奈川県西部でも実に多くの軍事施設が配備されていた。これらの軍事施設の配備をあえて地域的に二分すれば、その一つは大和、座間、海老名、綾瀬、厚木などの相模川の中流地域であり、もう一つは横須賀、逗子、鎌倉、藤沢、平塚という海岸に沿った地域ということになる。

　戦後、これらの軍事施設跡地の多くは昭和26年に農林省へ開拓農地として有償所管換されたが、それに次いで、昭和48年3月末の時点では占領軍への提供財産として供与されている旧軍用地が多い。その中で、民間企業へ旧軍用地が多く払い下げられたのは寒川町である。

　以下では、Aグループ：寒川町をはじめ座間、海老名、綾瀬の各市、それから足利下郡などの相模川中流地域、Bグループ：藤沢市や鎌倉市といった湘南海岸から三浦半島に至るまでの地域、C・Dグループ：小田原市や足利下郡を含む西海岸地域という三つの地域に分け、その順で分析していきたい。

Aグループ：神奈川県内陸部（寒川町、座間市、海老名市、綾瀬市、茅ヶ崎市、愛甲郡）

1．寒川町

　寒川町は太平洋に面する茅ヶ崎市と平塚市の海岸ラインと、綾瀬市と厚木市を結ぶ丘陵地ラインとの、中間地点に位置する農村地域である。旧相模海軍工廠はこの寒川町でも、相模川の東岸、西寒川駅の南側一帯に立地していた。もともと、この土地には、昭和産業㈱があったが、昭和17年6月に、それを海軍が買収して、相模海軍工廠と称したものである。戦後は昭和21年6月に旧工廠内で昭和ゴムが発足し、同24年に日東タイヤと改称している[1]。そうした経緯を念頭におきながら、旧相模海軍工廠の跡地利用がどうなっているか、昭和47年度末の状況をみると、次のようになっている。

第四章　神奈川県（横須賀市を除く）　153

IV-7-(2)表　旧相模海軍工廠跡地における産業用地への転用状況

(単位：m²、年次：昭和年)

払下相手企業	払下面積	払下年次	業種
日東タイヤ	112,185	30	ゴム工業
同	5,689	34	同
同	3,093	34	同
同	25,227	34	同
東急コンクリート	6,318	34	窯業
旭ファイバーグラス	10,699	36	窯業
三光化学	57,384	36	化学
太平洋化学工業	41,899	36	化学
旭ファイバーグラス	5,413	36	窯業
日東タイヤ	3,914	41	ゴム工業
同	9,166	43	同

出所：「旧軍用財産資料」（前出）より作成。

　(2)表をみる限り、旧相模海軍工廠跡地の工業用地への転用では、日東タイヤがもっとも目立つ存在となっている。日東タイヤは昭和30年から昭和43年まで、実に6回にわたって、合計で約16万 m² の用地を時価で取得している。

　ところで、旧工廠跡地が日東タイヤに払い下げられたのは昭和30年が最初であり、時期的にみると、昭和21年6月に昭和ゴムが発足して操業を始めているので、その後、昭和24年に改称したとはいえ、その発足時から30年までは大蔵省からの一時使用が認可されていたものと推測される。

　また昭和33年8月に東急コンクリート工場が完成しているが、当該工場用地が払い下げられたのは翌年の34年である。同様に、旭ファイバーグラスも昭和36年に大蔵省より払下げを受けているが、この工場も寒川町の工場誘致政策にもとづいて、昭和32年11月に操業を開始している。

　こうした時期的な「ずれ」が生じているのは、この間に、一時使用の認可があったとも考えられるが、(2)表に記載されている旧軍用地と寒川町が記している工場とは場所的に位置が異なっているのではないかとも思える。

　例えば、『広報　さむかわ』（51号・昭和32年6月25日付）は旭ファイバーグラスの工場について、「工場敷地は2万6千坪」と記し、同広報の47号（32年1月1日付）では「工場敷地の大部分は、当時身命を賭して開拓された大野地区四之宮の開拓農地である」と記している。こうした広報の記事をみると、旧相模海軍工廠があった「一之宮」とは場所的に異なっており、かつ敷地面積も大蔵省より払い下げられた面積の3倍以上に達するので、工場敷地の一部が「一之宮」にあった旧工廠跡地ではなかったかとも推測される[2]。

　しかしながら、ここでは、旧軍用地の転用に関して、一般的でかつ新しい問題が提起されている。それは、これまで農林省に開拓農地用として有償で払い下げられた旧軍用地が、農地として

ではなく、工場用地へと再転用されているということである。それも、立地工場が農林省から直接に買収したのか、それとも開拓農家より買収したのかという問題を含めてのことである。

『広報　さむかわ』の記事によれば、農林省より開拓農地として払下げを受けた農家が、立地工場へ再転売したという経緯が示されている。他の用途目的（例えば農業用地）で払い下げられた旧軍用地が、再度転用されるという過程、いわば旧軍用地の二次的な工業用地への転用は、全国的にみても相当数に達すると思われる。だが、そこまで追跡して、その具体的な内容を明らかにすることはしないでおく。

ところで、寒川町には、日本鉱業（昭和39年7月創業）、キリンレモンサービス、河西工業（39年創業）、昭南工業、東洋通信機（38年4月創業）、日産工機、山武ハネウェルなどの大きな工場がある。それでもなお、地方公共団体としての寒川町が工場誘致に力をいれているのは、旧工廠の南側に位置する寒川工業団地（別名田端工業団地）である。

この工業団地は日本住宅公団の手になるものであり、面積は15万3千m^{2}である。この日本住宅公団と旧軍用地との関連については、既に明らかにしているが[3]、昭和40年1月に、この工業団地で工場建設が決定したのは6社、その内容は次の通りである。

Ⅳ-7-(3)表　寒川工業団地に工場建設決定の6社

企業名	用地面積 （m^2）	予定従業員	操業予定	設備投資額 （百万円）	業種
東京印刷紙器	3,000	400	40年10月	500	紙工品製造業
富士自動車	3,000	210	11月	150	自動車車体製造
新明和工業	17,969	530	11月	936	機械器具製造
高圧ガス工業	2,560	54	7月	213	高圧ガス用具
ユシロ化学工業	5,387	75	11月	151	油脂加工業
ハニー化成	1,000	73	12月	117	化学工業

出所：『広報　さむかわ』（84号）、寒川町、昭和40年1月。

(3)表をみると、寒川工業団地に立地する6工場が雇用する従業員予定数は、合計で1,342名となっている。さらに、この6社以外に、東京応化工業、亀井土建、神鋼商業、第一メタリ工業の4社が進出を決定しているので[4]、この工業団地での雇用予定者数は2,000名近くになるものと推測される。

ところで、この工業団地を造成販売している日本住宅公団は、旧相模海軍工廠の跡地のうち3,028m^{2}を昭和41年に時価で取得しているが、これだけでは、とても15万m^{2}の用地を賄えるものではない。おそらく農林省が昭和37年に有償所管換した204,469m^{2}の開拓農地を再転用しているものと思える。もっとも、この点についての検討はしていない。

なお、この工業団地に立地してきている企業は、坪当たり7,700円から8,500円で用地買収を行っている[5]。

ちなみに、昭和55年6月の時点では、旧工廠跡地に、中島鉄工所（1,871m^2、昭和36年払下

第四章　神奈川県（横須賀市を除く）　155

げ）をはじめ高周波熱錬、敷島パンパスコ、協立有機工業研究所などが、そして旧工廠跡地の南で、寒川工業団地の東側の一帯にも中国塗料、宮沢紙工、平井家具センター、岸本建設工業、東名化学工業などの諸工場が集中的に立地している[6]。

　このように寒川町には多くの工業が集中してきており、「都市計画上の工業地は、準工業地域110a、工業地域75a、工業専用地域103aとなっており、この3地域をあわせた面積は、町全体の22％を占め、大規模な工場は大半がこの工業地内に立地している」[7]という状況になっている。

　こうした諸工場の立地は、寒川町という地方公共団体の努力によるところもあるが、旧相模海軍工廠跡地へ先駆的に立地した諸工場が誘因となり、その影響によるところが大きかったと言えよう。寒川町は臨海工業地域ではないが、少なくとも湘南工業地域の大きな核を形成するまでに至っている。

　　1）　『さむかわ』、寒川町、昭和43年、91ページ。
　　2）　『寒川町史7』（寒川町、平成12年、834ページ）に掲示されている「工場の進出状況」での旭ファイバーグラス湘南工場の所在地は「一の宮」となっており、「四の宮」という地名は見当たらない。
　　3）　拙著『旧軍用地転用史論』上巻（2015年、文理閣）の第七章第八節を参照のこと。
　　4）　『さむかわ』、前出、95ページ。
　　5）　同上。
　　6）　昭和54年5月の現地踏査および『茅ヶ崎・寒川町』（市街地地図）、昭文社、昭和54年を参照。
　　7）　『寒川町総合計画』、寒川町、昭和53年、136ページ。

2．座間市

　広大な旧軍用地の場合には、多くの行政地域にまたがることがある。まして、軍事施設の圏域的な複合体が形成されている場合には、それが所属する地域は広域になるのが普通である。高座海軍工廠（3,851,090 m²）は、座間町、海老名町、それから綾瀬町にまたがっていた。多くの旧軍用地がそうであったように、この工廠跡地もその大部分は自作農創設特別措置法に基づく開拓農地用として、昭和26年と28年に4回に分けて、合計で3,707,396 m²（全体の96％強）が農林省へ有償所管換されている[1]。

　だが、構成比率としては僅少とはいえ、産業用地としての転用も行われており、昭和36年に理研ゴム（昭和55年時点では岡本理研ゴム）へ約9万2千 m²、昭和43年に中村屋（食品工業）へ約3千 m²、昭和44年に輸送機械製造業のトピー工業へ約8千 m²、そして昭和46年に東芝機械（一般機械）へ6千 m²強が、それぞれ時価で払い下げられている[2]。

　こうしてみると、工場用地として民間企業に払い下げられた時期は、農林省へ所管換を行った時期と比較すれば、相対的に遅れている。その原因は、おそらく米軍基地（厚木飛行場やキャンプ座間）との関係であったと推測される。

　岡本理研ゴムは座間市の誘致工場であり、進出当時の敷地面積は92,202 m²であったが[3]、昭和54年の時点では141,400 m²の敷地で、従業員は450名となっている。また東芝機械製作所相

模事業所も昭和54年の時点では、敷地面積170,895m²、従業員811名と大きく成長してきている[4]。ところで、この座間市には、旧軍用地を大蔵省から直接に払下げを受けたのではなく、おそらく農業用地を転用して工場用地を獲得したと思われる工場が数多く見受けられる。時期的にはやや古くなるが、昭和52年6月1日現在では、先程の岡本理研ゴムと東芝機械を除いて、次のような工場が立地してきている。

IV-7-(4)表　座間市における工場事業場一覧表

(単位：m²、人)

企業名	敷地面積	従業員	企業名	敷地面積	従業員
大同油脂	3,421	20	相模産業	2,644	40
東京シモンズベッド	9,749	87	昭光化学	16,347	62
小川合金工業	10,815	96	大和ゴム	4,800	88
北越精機	6,400	20	吉村工業所	2,475	11
宇都宮鋼具	7,600	120	赤城工業所	2,310	13
木圭化学	3,531	21	小林鋳造	——	60

出所：「座間市工場事業場一覧表」、座間市市民生活部産業課資料、昭和53年3月。

　上掲の(4)表に掲載されている12工場・事業場の敷地面積を合計してみると、約7万m²となり、従業員数は638名となる。ここには岡本理研ゴムと東芝機械が含まれていない。旧軍用地の払下げを受けた2社で、工場敷地面積は31万m²、従業員数は1,261名だったから、この2社が座間市の中ではいかに大きな位置を占めているかが判るであろう。

　旧高座海軍工廠跡地の北地区東側は座間市によって工業地域に、そして北地区西側は一部準工業地域（小林鋳造、西濃運輸などが立地している）に、ほかは、第2種住居専用地域に指定されている。

　ところで、座間市の工業について述べる場合には、昭和40年5月に進出してきた日産自動車座間工場（793,300m²・従業員6,500名）について言及しなければならない。

　この工場は、旧高座工廠の北側に立地しており、その製品倉庫は、旧工廠の一部を占めている。日産自動車が旧軍用地を大蔵省から「交換」で用地取得したのは、昭和47年、相武台演習場（相模原市）の約2万m²だけだから、座間工場は開拓農地を買収したものと推測される。

　その開拓農地として農林省に所管換になった旧軍用地は、昭和36年に地目は原野、用途は採草地として、また一部は座間市へ道路用地として払い下げられている。昭和36年11月時点で、その払下価格は一反あたり300円から400円、高いところで千円であったと言われている[5]。

　さらにこうした採草地はやがて住宅地化し、東原住宅、労働者住宅協会開発団地、雇用促進事業団アパートなどへと転用されていくのである[6]。結局、旧海軍工廠北地区の東側だけが工業用地と化し、前述した諸企業へ払い下げられていったのである。

　なお、座間市には、陸軍士官学校（1,297,368m²）があったが、昭和48年3月31日の時点では、その跡地の大部分が米軍への提供財産となっていることは、既にIV-7-(1)表で示しておいた

通りである。

1) 「旧軍用財産資料」（前出）による。
2) 同上。
3) 『座間広報』、座間市、昭和35年7月20日号を参照。
4) 昭和54年5月、座間市役所での聞き取りによる。
5) 同上。
6) 昭和54年5月、現地踏査結果。

3．海老名市

旧高座海軍工廠の中央部分は、昭和54年現在、海老名市となっており、具体的には、東柏ケ谷の二丁目から六丁目までの地域がそれである。ここも戦後は農地として利用されていたが、次第に宅地化が進み、東柏ケ谷三丁目、同四丁目の北側、そして六丁目はいずれも住居地域に指定されている。同地域を除くその他の地域はいずれも準工業地域の指定を受けており[1]、そこへ立地している企業は次の通りである。

Ⅳ-7-(5)表　海老名市における工場一覧表

（単位：m², 人）

工場名	敷地面積	従業員数	進出年月
中村屋	27,660	500	昭和43年10月
東洋電機	41,450	244	45年4月
昭永化学工業	5,350	47	34年6月
東芝精機	35,800	371	24年4月
神鋼鋼板加工	17,670	24	35年9月
東和工業	5,940	107	36年9月

出所：敷地面積と進出年月については、昭和54年5月、海老名市役所での聞き取りによる。なお、従業員数については、『海老名市工場名簿』（昭和52年版・海老名市経済環境部商工課）による。

(5)表についてみると、座間市でも旧軍用地（3,093m²）を取得している中村屋が、ここ海老名市でも同じ昭和43年に用地を取得していることが判る。このことは、この二つの土地が隣接していることを推測させる。また昭永化学工業は座間市に昭光化学があり、社名が類似しているので、両社の関連が気になる。さらに(5)表にある神鋼鋼板加工は昭和53年4月1日付で、他所へ移転している[2]。それはともかく、(5)表の工場は、いずれも大蔵省より旧軍用地を直接に取得したものではないが、農地からの再転用としてではあれ、旧軍用地を転用しているという点では重要である。

ちなみに、『海老名市史8』（平成21年）には、「町域では1962年から70年の8年間に、宅地、工業用地、公共用地などに398haの農地が転用され、そのうち116haが工場用地であった」[3]と記されている。

1）「海老名市都市計画図」（海老名市・昭和54年3月）による。
2）昭和54年5月、海老名市役所での聞き取りによる。
3）『海老名市史8』（通史編）、海老名市、平成21年、478ページ。

4．綾瀬市

旧高座海軍工廠の南地区は綾瀬市となっており、ここにはトピー工業が立地している。この地域は東側に東名高速道路が走っており、さらに、その東側には厚木飛行場がある。このため、広大な工業地域が展開するという状況にはならず、トピー工業以外には、トピーグラドと中央化工機が立地しているだけである[1]。すでにⅣ-7-(1)表に掲示しているように、綾瀬市の深谷には、旧第一相模野海軍航空隊の跡地があり、昭和48年3月末の時点では提供財産として米軍に供与されている。同じ深谷にあった第二相模野航空隊も農林省の開拓農地へと転用されている。

これは綾瀬市だけではなく、高座海軍工廠があった座間市、海老名市とも共通することであるが、旧軍用財産という視点からは、この工廠にあった建物がどのように処分されたか、その経緯について言及しておきたい。次の二つの文章が参考になる。

「本地施設は、主に北地区に集中的に設置されており、その数469棟延16万 m^2 で木造建物が多い」[2]

「建物については、——そのほとんどが木造であった関係で、戦後間もなくその大部分のものが解体処分され、当時建築資材の極めて乏しい時期において、産業、住宅及び学校関係の建設資材としてそれぞれ有効に転活用された」[3]

この二つの文章からは、高座海軍工廠の旧状を思い浮かべることができる。建物の多くは座間市に集中していたようだが、その建築資材が戦後日本の復旧に大いに役立ったことは記憶されてよい。あえて、ここに付記しておく。

終わりに『綾瀬市史7』には周辺諸都市と比較した工業立地状況の文章があるので紹介しておこう。

「この時期（1955年から65年まで—杉野）の進出企業の特徴は第一に綾瀬町に本社を置く企業は——2社にすぎず、大半が東京の中心部と京浜工業地帯からの移転工場で本社は綾瀬町に置かれていなかったこと。第二には自動車部品関連企業が多く座間・大和など周辺都市と関連をもっていたこと。第三に従業員数に見られるようにトキコ、トピー工業など一部大企業以外は中小企業が圧倒的に多いこと、——第四に1965年（昭和40年）の時点では、大和市85工場、座間町87工場、海老名町33工場というように近隣市町よりも進出企業が少ないのである。寒川町の場合は20工場で綾瀬町とは1企業の差であるが工場設置時期は早く、工場敷地面積も大きくなっている。また、他四市町と工場敷地面積を比較すると最も少ない面積となる。すなわち規模が小さい企業が多かったのである。第五に当初のこの工場の立地を見ると町内分散型であったのが特徴である。第六に工場設置時期は1960年からで、他地域に比べ遅く始まっている。こうした特徴を持っていたのが初期の綾瀬町の工場進出の状況であった」[4]

第四章　神奈川県（横須賀市を除く）　159

　1）　都市地図「座間・綾瀬・海老名」、昭文社、昭和52年による。
　2）　『旧軍用財産の今昔』、大蔵省大臣官房戦後財政史室編、昭和48年、21ページ。
　3）　同上書、22ページ。
　4）　『綾瀬市史7』（通史編）、綾瀬市、平成15年、508〜509ページ。

5．茅ヶ崎市

　戦前の茅ヶ崎市には、電測学校茅ヶ崎実習場（26,347㎡）、横須賀海軍航空隊茅ヶ崎急降下爆撃場（119,477㎡）、須賀防空砲台（24,294㎡）、辻堂海兵団（76,376㎡）という四つの軍事施設があった[1]。

　茅ヶ崎実習場の跡地は、茅ヶ崎市が昭和25年に緑地・公園用地として取得し、急降下爆撃場の跡地は、昭和26年に、そのすべてが農林省への有償所管換となっている。須賀防空砲台は、これまた茅ヶ崎市が緑地・公園用地として昭和25年に時価で取得している。辻堂海兵団の跡地は、そのほとんどが昭和26年に農林省への所管換となったが、その一部は昭和38年に茅ヶ崎市が中学校用地（12,800㎡）として減額で取得している[2]。

　以上のような経緯からみても、旧軍用地がそのままのかたちで工業用地（3千㎡以上）へ転用された事例は茅ヶ崎市にはない。

　1）　「旧軍用財産資料」（前出）による。
　2）　同上。

6．愛甲郡

　戦前の神奈川県愛甲郡には、相模飛行場（2,377,504㎡）があった。その大部分（2,353,752㎡）は、昭和26年に、農林省へ有償所管換され、開拓農地として利用されたほか、その一部（19,841㎡）は中津村が中学校用地として40％減額で取得している。愛甲郡における旧軍用地の転用で、大規模なのは上記の1件だけである。

　なお、愛甲郡には、それ以外に南毛利村の海軍砲台、愛川町の熊谷飛行学校分教場工員宿舎、そして陸軍士官学校演習場飛地が萩野村（1口座）と南毛利村（2口座）にあった。この5口座はいずれも2万㎡未満の小規模なもので、昭和26年に農地として農林省へ有償所管換となっている[1]。

　1）　「旧軍用財産資料」（前出）による。

　以上、神奈川県における相模川中流域、つまり寒川町、座間市、海老名市、綾瀬町、茅ヶ崎市、愛甲郡における旧軍用地の転用状況をみてきた。この地域において忘れてならないのは、広大な旧厚木海軍航空隊があったということである。

厚木海軍航空隊の跡地は座間市、大和市、綾瀬町ほか、多くの行政地域にまたがっていたが、昭和48年3月末の時点では提供財産として、米軍の厚木航空基地となっている。もっとも、この厚木海軍航空隊跡地の一部は、昭和25年と26年に中学校用地（計87,116m²）として渋谷町に減額（10％・20％）で払い下げられているが、それは跡地全体からみれば極めて小さなものである。

また、大和市上草柳にあった高座海軍工廠付属工員宿舎跡地も7-(1)表に掲載したように、農林省へ開拓農地として有償所管換されたが、その後は急速に宅地化が進んでいる[1]。

民間企業への旧軍用地（3千m²以上）の払下げという点で言えば、厚木海軍航空隊隊外送信所の跡地（36,604m²）での1件があるだけである。この跡地は座間市と大和市との二つの行政区域にまたがっており、その一部（5千m²弱）が、東洋赤外線へ昭和34年に払い下げられている[2]。

1)　昭和54年5月、現地踏査結果。
2)　「旧軍用財産資料」（前出）による。

Bグループ：湘南三浦海岸地域

藤沢市から鎌倉市や逗子市を経て三浦半島の先端部にある三浦市までの海岸地域を、便宜的に「湘南三浦海岸地域」としておく。つまり、通称としての「湘南海岸」から三浦半島までの海岸地域を一つの地域軸とし、その地域軸に対する便宜的な呼称である。

すでに7-(1)表で、この湘南三浦海岸地域に、どのような旧軍用施設があったかについては、その主たるもの、すなわち敷地面積が10万m²以上の旧軍用施設について明らかにしておいたところである。

しかし、この地域は全体としてみれば、首都圏あるいは京浜工業地帯の、いわば外縁部にあること、風光明媚な歴史地域であること、湘南海岸をはじめとするリゾート地域であること、東京湾入口にある三浦半島の東海岸は浦賀水道を扼する海防地域であることなどの複雑な地形と歴史的経緯をもっている。

その結果として、旧軍用地（10万m²以上）の口座数は、鎌倉市1口座、藤沢市3口座、三浦市6口座、逗子市3口座、あわせて13口座があり、施設用地が小規模な口座まで含めると、46口座にも達する[1]。

そこで、鎌倉市をはじめとする表記の都市で、旧軍用地が産業用地へどのように転用されたか、その一覧表を作ってみよう。

第四章　神奈川県（横須賀市を除く）　　161

Ⅳ-7-⑹表　「湘南三浦海岸地域」における旧軍用地の産業用地への転用状況

（単位：m²、年次：昭和年）

旧口座名	所在地	払下企業名	払下面積	払下年次
横須賀海軍工廠深沢分工場	鎌倉市	国鉄	245,444	30
第三技手養成所	同	堀井学園	14,528	27
藤沢航空隊	藤沢市	藤沢土地造営	679,160	26
同	同	東洋航空	124,915	27
第一海軍衣料廠辻堂支廠	同	片倉工業	46,426	27
海軍砲術学校辻堂射的場	同	日本住宅公団	152,296	37
同	同	相模工業学園	98,240	38
小坪防空砲台	逗子市	住友建設	3,240	46

出所：「旧軍用財産資料」（前出）による。

　⑹表は三浦市から逗子市、鎌倉市を経て藤沢市に至る、いわば「湘南三浦海岸地域」における旧軍用地の産業用地（３千 m² 以上）への転用状況をまとめてみたものである。

　この表では、堀井学園や相模工業学園という学校用地を含んでおり、私立学園（学校）は「民間」であるとはいえ、これを産業と規定してよいのかどうかという問題を含んでいる。また国鉄や日本住宅公団は産業ではあるが、公益的性格を強くもっており、これを民間産業と同様に扱ってよいのかどうかという問題もある。

　そうした問題を孕みつつも、あえて表中に掲示したのは、この湘南三浦海岸地域においては旧軍用施設が相対的に多かったにもかかわらず、民間企業への払下げ、とりわけ工場用地を用途目的として大蔵省から払い下げられた件数が、⑹表でも判るように極めて少なかったからである。

　⑹表をみると、民間ないし公益事業まで含めて、旧軍用地の転用が多かったのは、藤沢市であり、ここでは藤沢土地造営㈱が「湘南三浦海岸地域」では最大の約 68 万 m² という用地取得をおこなっている。そこで、以下では、藤沢市から鎌倉市、逗子市へと地理的には東から西へと順を追って分析していくことにしよう。

　　１）「旧軍用財産資料」（前出）による。

１．藤沢市

　藤沢市には、藤沢航空隊、海軍砲術学校辻堂射的場、海軍電測学校といった広大な軍事施設をはじめ、第一海軍衣料廠辻堂支廠（55,679 m²）、横須賀通信隊大合分遣隊（86,042 m²）、六会聴音照射指揮所（10,839 m²）といった旧軍用施設があった。

　旧軍用地の転用として特に目立つのは、以下のようなものである。

　藤沢航空隊の跡地については、これを昭和 27 年に開拓農地として有償払下を受けた農林省の 96 万 m² 余である。

　この点に関して、特に記しておきたいことがある。それは、農地改革との関連で、旧海軍用地

が農民に転売された件に関してである。『藤沢市史』は次のように述べている。

「従来から国有地としては五地区に旧海軍用地があった。——農地改革の実施にともない、未墾地部分もふくめて、売渡計画の一環に加えることになった——。

昭和 23 年 6 月下旬、高座地方事務所からの『旧軍用地調査』依頼に応じて藤沢市農地委員会が提出した報告により、旧海軍用地の所在・総面積および農林省への管理換を希望する面積などを示すと第 11 表（本書では、IV-7-(7)表）のごとくである」[1]

この引用文にある表を掲示しておこう。次表がそれである。

IV-7-(7)表　藤沢市域内旧海軍用地の管理換希望（昭和 23 年 6 月）

旧軍用財産口座名	所在地	総面積	農林省への管理換希望面積	
			合計	現在農耕中面積
辻堂演習場	辻堂	82 町 7 反	42 町 7 反	5 町 0 反
海軍照空隊	円行	2 町 0 反	1 町 3 反	6 反
電測学校	下土棚	83 町 9 反	83 町 6 反	76 町 0 反
藤沢航空隊	藤沢・稲荷・大庭	178 町 7 反	119 町 4 反	99 町 2 反
海軍六会分遣隊	亀井野	9 町 6 反	4 町 1 反	4 町 1 反

（備考）原表では農林省への管理換を希望する土地を、現在農耕地、現在薪炭採草地および将来いずれかの用途に利用希望するものに分類している。

注：『市史』に掲示の第 11 表の標題をはじめ、項目設定などについて変更した。

出所：『藤沢市史』第六巻（通史編）、藤沢市、昭和 52 年、864 ページ。

この(7)表自体にさほど大きな意味はない。問題は、旧軍用地の農林省への有償所管換について、地域住民（多くは農民）の希望を聞いていることである。本書のこれまでの文章では、旧軍用地の農林省への有償所管換について、その実態が判らず、ただ数字的に処理していただけにすぎなかった。それが、この藤沢市の事例によって、「農林省への管理換を希望」する農民の存在によって、旧軍用地の転用に関する新しい「関係」が明らかとなった。つまり、農地改革、具体的には自作農創設のために旧軍用地を農林省へ有償所管換していたが、その背後に、地域農民の希望という「関係」が介在していたのである。これが藤沢市だけでなく、神奈川県いや全国でそうだったとしたら、農林省への旧軍用地の有償所管換には、農民の希望（民意）が反映されていたのであり、その限りでは、「民主的な」所有関係の移転がなされていたということになる。この点は、戦後史の中でも、あらためて再評価すべきことである。ただし、「経済的不平等のもとでの民主的な所有関係の移転」であったことを失念してはならない。判り易く言えば、いくら農地が欲しくても、貧しければ、買えないということである。

そこで、もう少し、藤沢市における旧軍用地の農地への転用状況をみておこう。それが次の表である。

第四章　神奈川県（横須賀市を除く）　　163

Ⅳ-7-⑻表　藤沢市における農地改革前後の自小作別農家戸数

（単位：戸）

	総数	自作	自小作	小自作	小作
昭和22.8.1	2,030 (100)	623 (31)	438 (22)	365 (17)	604 (30)
昭和25.2.1	2,407 (100)	1,217 (51)	792 (29)	255 (12)	232 (8)

出所：『藤沢市史』第六巻、前出、865ページ。

　この⑻表をみると、旧軍用地を農地へ転用した以後には、農家戸数、自作農、自小作農が増え、小自作農と小作農は減少している。その限りでは、自作農創設という所期の目的は達せられている。しかしながら、この期間に、経営農地面積を規模別にみると、次表のようになっている。

Ⅳ-7-⑼表　藤沢市における経営農地規模別農家数の変化
（昭和22～同25年）

（単位：戸）

経営農地面積	昭和22.8.1	昭和25.2.1
3反未満	375 (19)	647 (27)
3～5反未満	351 (17)	338 (14)
5反～1町未満	647 (32)	677 (28)
1～1.5町未満	427 (21)	460 (19)
1.5～2町未満	180 (9)	210 (9)
2～3町未満	48 (2)	61 (2)
3～5町未満	2 (―)	― (―)
計	2,030 (100)	2,407 (100)

原資料は、『臨時農業センサス』（昭和22年）および『世界農業センサス』（昭和25年）
出所：前表と同じ。

　この⑼表をみると、経営面積（耕地面積）が2町以上の農家は50戸から61戸に増加しているものの、健全な自作農、あるいは資本制的農家経営が可能な農家、すなわち5町以上の農地を所有する農家はもとより、藤沢市の場合には3町以上を所有する農家さえ見当たらなくなっている。逆に所有農地が3反未満という農家経営が困難な層が、戸数および農家構成比率のうえでも増加している。これでは兼業農家が増加せざるを得ない。
　もとより、農家の自己判断による、自作、自小作などという関係論的な位置づけは可能であるが、現実の農家経営という視点からみれば、健全な専業農家は藤沢市の場合には、皆無だと思える。これは、農地改革が①自作農創設とあわせて②大地主からの農地剥奪という課題を同時に追求した結果である。これは軍国主義の温床となった半封建的経済基盤を破壊する政策としての農家経営の平等性の追求と戦後における食料危機打開政策としては、当面は有効であったかもしれない。

以上、藤沢市における旧軍用地の転用による自作農創設の過程を瞥見してきた。繰り返し述べるが、ここで重要なことは、旧軍用地の農林省への有償所管換が、大蔵省や農林省の判断だけではなく、農地を希望する農民の意志を反映させる場があったということである。そのことを確認しておきたい。

ところで、辻堂射的場の跡地では、神奈川県が道路用地として22万5千m²を昭和43年に減額払下げを受けているほか、国の「出資財産」として、日本住宅公団が15万m²余の用地取得をしている。

さらに海軍電測学校については、そのほとんどの跡地が農林省に開拓農地として昭和26年に有償所管換されている。

このうち民間企業等へ旧軍用地が転用されたのは、(6)表の通りである。

藤沢航空隊跡地の一部は、先にも述べた藤沢土地造営㈱が68万m²の用地を昭和26年に入手しており、これは戦時補償特別措置法（昭和21年10月19日公布の法律第38号）の第60条による「譲渡」という形態においてであった。

この戦時補償特別措置法の第60条というのは、簡単に言えば、「戦時中に国や地方公共団体等に土地や建物等を譲渡したり、収用された場合、その対価の請求権について戦時補償特別税を課せられたときは、国等は、この法律施行の際、現に当該土地や建物等を有している限り、旧所有者等の請求により、当該土地もしくは建物等を、現状において、旧所有者に対し、譲渡しなければならない」[2]というものである。

したがって、藤沢土地造営㈱は戦時中に土地を国に対して譲渡したか、あるいは国によって収用されたという経緯があり、その土地がこの戦時補償特別措置法によって、国より譲渡されたということである。ちなみに、この藤沢土地造営㈱は不動産業である。

同じく藤沢航空隊の跡地では、東洋航空が12万5千m²ほどの土地を時価で払下げを受けている。

国鉄辻堂駅の北側にある関東特殊製鋼のさらに北側に、第一海軍衣料廠の辻堂支廠（約5万5千m²）があった。昭和27年に片倉工業（片倉機業）に4万6千m²が時価で払い下げられた。その後、この片倉機業は倒産し、その用地は昭和43年末に前出の関東特殊製鋼のものとなり、昭和56年の時点では、同社の敷地内において機械加工の工場が3棟、さらにカントク精鋳の工場が操業中であった[3]。

そして時代が移る。藤沢市も昭和35年以降の高度成長期には急速に工業化がすすんでいく。その状況を次の文章が伝えている。

「首都圏整備法により、61年11月に藤沢市が市街地開発地域に分類されたのを機に、——東海道線沿線に、61年には神戸製鋼所、山武ハネウエル、63年（昭和38）には松下電器産業、武田薬品工業、日本電池などが進出した。これらの進出には湘南新道の開通も促進要因となっていた。しかしそのなかで、いすゞ自動車（1960年進出決定、61年操業開始）は、旧海軍電測学校の広大な跡地すなわち北部農業地域の真中への進出を計画した。同年、プレス工業も北部へ進出し

た。さらに 64 年に進出した荏原製作所は旧海軍航空隊の藤沢飛行場の跡地への進出を求めた」[4]

　この文章では、昭和 26 年と 27 年に藤沢市において、開拓農地を用途目的として農林省へ有償所管換された旧軍用地が、いまや工業用地へと再転用されようとしている様相が見事に描き出されている。そして、その再転用を後押しした首都圏整備法が背後にあったことも明らかとなる。旧軍用地の工業用地への再転用は本書の研究課題ではないが、時代はまさに旧軍用地を農地から工業用地へと転換させていくことになったのである。

　なお、蛇足になるが、上記の文中に登場している工場の敷地面積を表記しておく。

Ⅳ- 7 -⑽表　藤沢市へ進出した主な工場の敷地面積（1960 年代）

（単位：m²）

会社名	所在地	用地面積	買収契約年	主な生産品目	参考
神戸製鋼所	宮前	102,927	1960 年	溶接棒・同被覆材	
山武ハネウエル	弥勒寺	29,357	1957 年	空気調和制御機器	
松下電器産業	辻堂	202,267	1959 年	家庭電化製品	
（中川電機）	（同）	(66,000)			
武田薬品工業	小塚	215,622	1961 年	医薬品	
日本電池	辻堂	44,550	1960 年	自動車用蓄電池	
いすゞ自動車	土棚	1,129,755	1960 年	小型自動車	再転用
プレス工業	遠藤	161,700	1960 年	自動車用パネル類	再転用
荏原製作所	大庭	569,247	1960 年	送風・送水機	再転用

　　原資料：『藤沢の工業と工場誘致の実績』（1963 年）より作成。
　　出所：『都市化と市民の現代史』、藤沢市、2011 年、202 ページ。

1 ）　『藤沢市史』第六巻（通史編）、藤沢市、昭和 52 年、863 ページ。
2 ）　「　」内の説明は杉野によるもの。なお、「　」の中で、「国、地方公共団体もしくは特定機関」
　　を「国等」と略し、「土地もしくは建物又は鉱業権もしくは砂鉱権」を「土地もしくは建物等」と
　　略したのは、藤沢土地造営㈱を念頭においたからである。
3 ）　昭和 56 年、現地踏査および同工場での聞き取り結果による。
4 ）　『都市化と市民の現代史』（続・藤沢市史　本編 1 ）、藤沢市、平成 23 年、藤沢市文書館、59
　　ページ。

2 ．鎌倉市

　歴史都市である鎌倉市には、横須賀海軍工廠深沢分工場（338,292 m²）、横須賀海軍軍需部大船倉庫（39,248 m²）、横須賀海軍工廠会計部大船倉庫（43,432 m²）、第三技手養成所（14,571 m²）という四つの軍事施設があった。

　横須賀海軍工廠深沢分工場は市内の深沢にあり、その具体的な位置は、旧国鉄（現 JR）大船駅の西側で、鉄道に沿っていた。

　その跡地の大部分は、Ⅳ- 7 -⑴表からも判るように、国鉄へ工場用地および軌道用地として昭和 30 年に 245,444 m² が譲与された。その法的根拠は、昭和 23 年に発令された政令 25 号第 3 条によるものである[1]。

昭和55年の時点では、この工場は日本国有鉄道大船工場と称し、その敷地総面積は265,705m²、従業員数は887名の多きに達している[2]。

この大船工場における敷地利用の内訳は、工場用地が213,633m²、線路敷地は18,929m²、そして宿舎用地が33,1433m²となっている。ちなみに、軌道層延長は9,275m、建物総面積は69,036m²となっている[3]。

軍需部の大船倉庫の跡地は、昭和24年に庶民住宅用地（21,304m²）として、また昭和29年には県営住宅用地（15,851m²）として、いずれも神奈川県に払い下げられている。だが、庶民住宅用地としては時価で、そして県営住宅用地は40％の減額で払下げている。

会計部の大船倉庫の跡地は、昭和48年3月31日の時点では、「貸付中」となっている。

第三技手養成所の跡地は、堀井学園に「学校用地」として14,528m²が減額40％で昭和27年に払い下げられている[4]。

ちなみに、鎌倉市における企業誘致については次のような文章がある。

「戦後の復興に続く高度経済成長政策がとられ、京浜工業地帯の拡大の一環として、大船・深沢地区に、機械工業部門と化学部門の中小企業（三菱電機、昭和電工、武田薬品、日本精工等の系列会社を中心として）が、比較的低地価の地域を求めて進出したものであろう」[5]

この短い引用文では、「比較的低地価の地域」というのが大船・深沢地区であり、そこには横須賀海軍工廠深沢分工場や横須賀海軍軍需部大船倉庫があった。ただし、これらの旧軍用地は、そのほとんどが昭和30年までに旧国鉄（工場敷地や軌道敷地）や神奈川県（住宅用地）へ処理されており、その残りの部分が中小工場の用地へ転用されたのかもしれない。なぜなら、本書では3千m²未満の中小工場については研究対象としていないので、資料的に取り扱えないからである。なお、昭和47年当時は、横須賀海軍工廠会計倉庫は貸付中であったが、その後の動向は把握していない。ともかく、鎌倉市における深沢や大船地区における中小工場の立地には、旧軍用地がなんらかのかたちで関連していたのではないかと推測される。

1）「旧軍用財産資料」（前出）による。ただし、昭和23年の政令25号は、明治44年の勅令（第296号、電機什器の公差、検定及び検定手数料に関する勅令）の改正であり、旧軍用地の譲与との関連が理解できない。何かの誤りであろう。
2）『工場概況』（日本国有鉄道大船工場、昭和55年版、付図）による。
3）同上。
4）「旧軍用財産資料」（前出）による。
5）『鎌倉市史』（近代通史編）、鎌倉市、吉川弘文館、平成6年、519、521ページ。

3．逗子市

戦前の逗子市には、Ⅳ-7-(1)表に掲げた三つの旧軍用施設以外にも、数多くの軍事施設があった。旧口座で数えると、その数は11口座に達する。そのうち、敷地面積が100万m²以上あるいはそれ相当のものは前述の3口座で、これが敷地面積の点で群を抜いて大きい。その他はいず

れも 10 万 m² 以下のもので、そのうち 5 万 m² 以上のものが 1 口座、3～5 万 m² 未満の口座が 3 口座、1 万 m² 未満が 4 口座となっている。

既に、100 万 m² 相当以上の 3 口座については、(1)表に掲示しているように、提供財産と農林省の農地として有償所管換をしている。

より具体的には、海軍軍需部池子倉庫跡地（1,670,820 m²）のうちの 1,667,735 m²、第二航空廠補給部池子倉庫跡地（1,253,378 m²）のうちの 1,186,367 m² が、昭和 48 年 3 月末の時点で提供財産となっている。ちなみに、提供財産への転用率は前者が 99.9％、後者が 94.7％と極めて高い比率となっている。

第二航空廠補給部池子倉庫飛地の跡地（993,214 m²）は、昭和 26 年に農林省へ農地として 145,051 m² が有償所管換になっているが、その転用率は僅か 14.6％に過ぎない。逗子市が 21,902 m² を昭和 46 年に減額取得しているが、なお、「その他」が 690,363 m² も残っている[1]。

このように逗子市における旧軍用地の転用状況は、神奈川県の他地域と同様の様相をなしているが、とくに提供財産として使用されている比重が高いのが特徴である。

このような転用形態は、逗子市における小規模な旧軍用施設の跡地でもみられる。すなわち、第二航空廠池子倉庫引込線軌道路（6,987 m²）は昭和 48 年 3 月末の時点では、米軍への提供財産となっており、横須賀海軍工廠沼間機銃発射場（49,226 m²）は昭和 25 年に農林省の農地へと所管換になっている[2]。

逗子市における旧軍用地が、提供財産や農林省への農地転用以外に転用を行った形態としては、海軍沼間通路（8,929 m²）が「道路法」[3]によって、昭和 46 年に逗子市へ譲与されている。

それ以外に、逗子市でみられる旧軍用地の転用としては、市営住宅、民間住宅、私立学校などへの転用もみられるが、ここでは件数、規模ともに小さいので、割愛することにした。

1）「旧軍用財産資料」（前出）による。
2）同上。
3）ここに登場する「道路法」とは、具体的には同法の第九十条の 2 を指しており、そこでは「普通財産である国有財産は、都道府県又は市町村道の用に供する場合においては、国有財産法（昭和 23 年法律第 73 号）第二十二条又は二十八条の規定にかかわらず、当該道路の管理者である地方公共団体に無償で貸し付け、又は譲与することができる」となっている。

4．三浦市

戦後、三浦市において大蔵省の所管となった旧軍用施設は 25 口座で、口座数からみれば、神奈川県では、横須賀市や横浜市（54 件）に次いで多く、相模原市（18 口座）、平塚市（16 口座）、川崎市（12 口座）を凌駕している。しかしながら、敷地面積という点からみると、各口座は小規模のものが多い。そのため、「湘南三浦海岸地域」における旧軍用地の産業用地への転用状況を示した(6)表には、三浦市の旧軍用地は登場してこない。

すでに(1)表でも一部を掲示しているが、三浦市（三浦郡を含む）における主な旧軍用施設（1

万 m² 以上）とその主要な転用状況は次の通りであった。

IV-7-(11)表　三浦市における旧軍施設（1万 m² 以上）とその転用状況

（単位：m²、年次：昭和年）

旧口座名	所在地	敷地面積	転用面積	主たる転用形態
海軍初音航空基地	初声町	471,788	471,788	農林省・農地（26）
航空海軍通信隊初声分遣隊	同	21,833	21,404	初声町・小学校（24）
航空海軍通信隊水ケ尻分遣隊	同	23,781	――	農林省・農地（26）
海軍油壺平射砲台	諸磯	28,436	――	農林省・農地（26）
陸軍三崎砲台	南下浦町	107,054	――	農林省・農地（26）
陸軍城ヶ島砲台	城ヶ島	181,370	――	農林省・農地（34）
陸軍剣ケ崎砲台	南下浦町	210,370	153,484	農林省・農地（27）
陸軍剣ケ崎砲台電灯所	同	24,396	――	農林省・農地（32）
陸軍三崎砲台右翼観測所	同	22,823	――	農林省・農地（26）
陸軍剣ケ崎砲台観測所	同	13,216	――	農林省・農地（26）
陸軍城ヶ島砲台剣ケ先観測所	同	18,188	――	農林省・農地（28）
海軍初音施設地区	三崎町他	382,776	378,038	農林省農地（23・26）
横須賀施設建材修練道場	初声町	129,844	129,844	農林省・農地（22）
海軍水路部用地	三崎町	35,061	――	農林省・農地（23）
海軍測候所用地	南下浦町	33,540	――	農林省・農地（23）
海軍対潜学校初声実習所	三崎町	64,923	39,511	県・学校用地（29）
初声受信実験所	初声町	23,123	23,123	郵政省（29）
海軍葉山防空砲台	三浦郡	51,904	――	農林省・農地（28）

出所：「旧軍用財産資料」（前出）による。三浦郡1口座を含む。主たる転用形態欄の（　）は転用年次。

　上掲の表に「―」が多いのは、農地取得面積が 10 万 m² 以下のものについては、資料収集の段階で、その明細を収録していないからである。

　この(11)表をみれば判るように、三浦市における旧軍用地はそのほとんどが農林省へ農地として有償所管換されている。それ以外では、郵政省が電波管理所用地、そして神奈川県と初声町が学校用地を取得している3件があるにすぎない[1]。

　三浦市の旧軍用地が産業用地、とりわけ工業用地へ転用されなかったのは、三浦市が東海道から相対的に離れた位置にあること、地形に起伏が多く平坦地に恵まれていないことが原因だと思われる。そのため旧軍用地は、食料増産などの視点から、戦後の比較的早くから農林省の所管となって、農地として利用されたものと思われる。

　1）「旧軍用財産資料」（前出）による。

C・D グループ：小田原市と足利下郡

　戦前の小田原市と足利下郡には、軍事施設として7口座があった。そのうちで最大のものは、7-(1)表でも掲示したように、　足利下郡片浦にあった陸軍築城本部江ノ浦石材採取地

（111,582 m²）である。その跡地の一部（33,810 m²）は江ノ浦漁協へ植林用地として昭和28年に時価で払い下げている。この植林は、漁協との関連を考えれば、魚付林用であろう[1]。同じく陸軍築城本部の岩村石材採取地（8,707 m²）は同郡の岩村にあったが、その跡地は昭和31年に横浜国立大学が取得したのが主な転用形態となっている[2]。

陸軍士官学校演習場飛地3口座の跡地はいずれも昭和26年に農林省へ所管換されている[3]。

小田原市の下府中にも、海軍通信学校鴨宮受信実習所（6,968 m²）があったが、その跡地は昭和26年に小学校用地として小田原市が取得している[4]。

1）　「旧軍用財産資料」（前出）による。
2）　同上。
3）　同上。
4）　同上。

第五章　横須賀市

　首都圏に属し、かつ東京湾口にあって容易に外洋を望むことが可能な横須賀は、太平洋を制圧するための海軍基地としては絶好の地理的条件を有している。戦前は横須賀海軍鎮守府が置かれ、戦後、まもない時期に、米軍太平洋艦隊の母港とされたのは、故無きことではない。昭和25年に旧軍港市平和転換法（以下、軍転法と略記）が制定されて、旧軍用地の転用が加速化した。

第一節　横須賀市における旧軍用施設とその転用の概況

　戦後、大蔵省が引き継いだ旧軍用施設は、旧口座の数にして、151口座、その全敷地面積はほぼ2千万m²に達した。そのうち敷地面積が30万m²以上の軍事施設だけでも、次の表のように18口座に及んだ。なお、備考として、その後における主な転用状況と年次を付して、横須賀市における旧軍用地の転用状況をあらかじめ概観できるようにした。

V-1-⑴表　横須賀市における主要な旧軍用施設とその転用概況

（単位：m²）

旧口座名	所在地	敷地面積	主たる転用状況　　（　）内は年次
横須賀海軍航空隊	夏島	1,656,417	民間諸企業（昭和36年頃）
武山航空基地	長井町	714,777	農林省農地（26）・提供財産（48）
横須賀海軍航空飛行場	郷浦町	350,625	公園（43）・諸学校施設（37～38）
海軍軍需部一課地帯	久里浜	942,298	防衛庁
海軍工作学校	同	331,666	諸学校用地（43）
海軍対潜学校	川間	453,333	運輸省技術研究所（26）・刑務所（31）
海軍武山海兵団	武	1,044,372	総理府防衛庁（44）
横須賀海軍造兵廠実験所	舟越	467,253	運輸省研究所庁舎（26）・農地（29）
観音崎砲台	鴨居	468,832	防衛庁
小原台演習砲台	同	381,920	防衛大学校（32）
陸軍千代ケ崎砲台	久里浜	312,814	東京電力（32）
横須賀軍港久里浜練兵場	同	539,895	農林省農地（34）
第一海軍技術廠	浦郷町	390,381	民間諸工場（35～37頃）
海軍軍需部	長浦町	547,390	民間諸工場（29～44頃）
横須賀海軍工廠	本町	1,701,706	提供財産・民間諸工場（35～35）
海軍軍港水道	逸見	798,373	横須賀市水道施設（29）
陸軍衣笠弾薬本庫	大矢部	439,089	防衛庁
箱崎貯油所	箱崎町	814,079	提供財産

　出所：「旧軍用財産資料」（大蔵省管財局文書）より作成。

この(1)表をみれば判るように、横須賀市における旧軍用地の転用には三つの特徴がある。まず第一に、農林省への有償所管換による農地化が相対的に少ないということである。第二に、農林省の場合を除いて、旧軍用地を払い下げた時期が相対的に遅いということである。そして第三に、提供財産が相当数あることは、神奈川県の他の地域と大きく変わらないが、防衛庁関係への所管換が相当数に達するということである。この第三の特徴が、いわば現在の横須賀市がもつ軍事的性格を規定していると言えよう。

もとより、本書の研究課題である旧軍用地の産業用地への転用も、他の地域に比して多くみられる。それを第四の特徴とするかどうかは問題として残るにしても、この(1)表だけからは、旧軍用地を払い下げた産業の業種がいかなるものであったかについては、なお不詳であり、それについては、後に詳しく分析していきたい。

(1)表から知りうることおよび課題の設定は以上の通りである。戦後における世界の冷戦体制は、アメリカ軍による占領という特殊事情もあって、横須賀市の場合には、旧軍港市から平和産業都市への転換を極めて困難なものにしたのであった。

「終戦と同時に、アメリカ海軍の横須賀基地が設けられ、旧海陸軍の施設の主要部がほとんど接収されることとなった。さらに昭和二五年（1950）警察予備隊が創設され、これが二九年（1954）に自衛隊に改編されてからは、また一部旧軍施設がこれに用いられ、本市は再び軍事基地化の方向を辿ることとなったのである」[1]

横須賀市のこうした軍事基地化の方向は、次に示すように、旧軍用財産の使用状況にも端的に現れている。

V-1-(2)表　横須賀市における旧軍用財産使用状況（昭和 31 年 10 月現在）

種　目	総　量	
	土地（坪・%）	建物（坪・%）
総　　計	5,383,877　（100）	493,486　（100）
駐留軍施設	2,753,882　（51.2）	272,414　（55.2）
防衛庁施設	327,967　（6.1）	30,225　（6.1）
（陸上自衛隊）	199,655	14,152
（海上自衛隊）	128,314	16,073
官庁関係	274,654　（5.1）	44,620　（9.0）
市　関係	407,981　（7.6）	32,028　（6.5）
民間関係	325,214　（6.0）	114,199　（23.2）
（転換工場）	168,486	70,776
（以外施設）	93,794	26,766
（その他）	62,934	16,657
農地関係	669,177　（13.0）	—
未処理	595,000　（11.0）	—
（大蔵省管理）	595,000	—

172

※表中にあった「備考」欄は杉野が省略した。「官庁関係」とは、「法務・厚
生・運輸省関係」、「転換工場」を「5　会社・私立学校・病院など」とし、
「以外施設」（転換工場以外施設）を「個人住宅など」という説明がある。
出所：『横須賀市史』、横須賀市、昭和32年、588ページ。なお、原資料は「横須
賀市所在の旧軍用財産処理状況一覧」である。

⑵表からも判るように、横須賀市には、旧軍用財産として、約538万坪の土地があった。昭和31年10月の時点では、その51％は米軍の施設として、6％強が、防衛庁関係（自衛隊関係）の施設として利用されている。さらに官庁関係や農地利用の関係もあって、「転換工場」用地として利用されている土地は、168,486坪で、全体の僅か3％強に留まっている。しかも、この「転換工場」というのは、備考欄が正しいとすれば、「会社」の敷地だけでなく、私立学校や病院なども含まれているので、工場用地の比率はますます低くなる。その備考欄は別としても、民間企業の工場敷地として、どれだけの旧軍用地が転用されたのであろうか。その点についての詳しい分析はのちに行う。

ともかく、旧軍用地の「転換工場」への転用が、僅か3％強であったことは、この時点においても、旧軍港市の平和産業都市への転換は、横須賀市に関する限り、ほとんど期待できない状況にあったと言えよう。

それでも、旧軍施設を民間工場へ、つまり旧軍用地を民間の工場敷地へ転用しようという志向が横須賀市に全くなかったわけではない。次節では、その歴史的経緯を繙いてみよう。

1）『横須賀市史』、横須賀市、昭和32年、589ページ。

第二節　軍転法の施行までと昭和27年の再接収

戦後間もない、昭和20年9月15日には、梅津芳三市長を中心にして、「横須賀市更生委員会」がいち早く結成され、同年12月には「横須賀市更生対策要項」を発表している[1]。

「茲ニ於テ本市モ亦叙上ノ新日本建設ノ方途ニ準拠シ、且ツ政府ノ国土計画ニ包摂セラレツツ、他面本市固有ノ地理的優位性其ノ他ノ積極的条件ニ依存シ、本市恒久ノ更生根本策ヲ勘考シ、以テ立市ノ基底ト為サザルベカラズニ至レリ――然ル所幸ニシテ、全市域ニハ厖大ナル嘗テノ軍施設其ノ儘残存シ、之等施設中我国産業文化振興並ニ本市更生ノ為転換活用スルヲ適当ト思料セラルルモノ多数存在スル事実ハ、本市更生ノ上ニ絶好ノ条件トシテ無限ノ光明ト天来ノ福音ヲ与フルモノニシテ、真ニ本市ノ至幸トスル所ナリ」[2]

上記の文章では、恒久的平和国家として、新日本を建設するという国民の希求のもとに、旧軍事施設を産業や文化へ転用することが明確に意図されており、それが当時における横須賀市の基本的な考え方であったと見なしてよかろう。

第五章　横須賀市　　173

　さらに「更生対策及ビ之ガ実現ニ資スベキ残存施設ノ転用」について、次のような方向性が指摘されている。

　「1．工業ノ振興、2．商業ノ振興、3．港湾ノ整備、4．観光施設ノ整備拡充、5．学園ノ建設、6．住宅地帯ノ設定、7．交通運輸機関ノ整備拡充」[3]

　ここで重要なことは、旧軍施設の転用には、「工業ノ振興」が第一に掲げられていることである。つまり、旧軍施設の工業への転用を横須賀市は強く志向していたのである。問題はその実績であるが、昭和25年の軍転法の施行以前の時期においてすら、旧軍用地に立地してきた「転換工場」の数は相当数に達していたのである。

　「転換工場の早いものは、すでに昭和21年度夏に進出してきており、翌22年には操業を開始したものも相当数に上った。すなわち、昭和22年現在で旧軍港地区にあって転換工場として操業のもの19社、準備中のもの20社、未決定のもの1社であった。また、あけて23年における転換工場は軍港地区で48社、久里浜地区で38社」[4]であったとされている。

　かくして、昭和23年には、「久里浜地区は主として水産関係を、追浜地区には繊維紡績業を中心に、長浦地区は水産・機械・輸送機械等各種の産業を、それぞれ配置した」[5]というように、横須賀市は、いわば適産策定型の立地政策をとり、次のような転換工場が立地をみている。

V-2-(1)表　昭和23年における横須賀市内の工場立地状況

地区	久里浜地区	長浦地区	追浜地区
時期	昭和23.10.14現在	昭和23.10.14現在	昭和23.10.14現在
操業中の進出業体数	日魯漁業㈱等 14社	関東電気自動車㈱等 27社	日本和紡製品㈱等 20社
備考	当地にはこの外に進出の認可を得、目下操業準備中の業体24社あり		

　　原資料：「横須賀市監査公表」(24.4.1)、横須賀市企画室資料。
　　出所：『横須賀百年史』、横須賀市、昭和40年、224ページ。※原表では「進出時期」とあったが、
　　　　「時期」と改めた。

　上掲の表によれば、昭和23年の時点では、三つの地区を合わせて、61社が操業中であり、操業準備中の「業体」（企業）が久里浜地区だけで24社あることになっている。しかしながら、これらの企業のすべてが、旧軍用地を利用していたのかどうか。

　この点については、『横須賀市所在旧軍用財産転用概況』（横須賀市、昭和49年）を参考にして具体的に考察してみよう。

　この資料によれば、旧軍港市転換法施行以前に、旧軍用地の払下げを受けた民間企業は僅かに5社である。田浦地区の関東自動車工業が85,308m²、追浜地区の日本和紡興業が23,423m²という二つの企業が主たるもので、他の3社はいずれも5千m²未満のものであった[6]。

　また、旧軍用地を工場・倉庫用地として大蔵省より借用していた民間企業について、これを地

区別にみると次のようになっている[7]。

　まず追浜地区では 9 社、そのうち朝日貿易倉庫（8,019 m²）と相模産業（7,614 m²）は倉庫としての借用であり、工場としては日協低温（4,829 m²）の借用が、敷地面積としては最大であった。

　また田浦地区では、借地企業は 9 社。この地区でも、東京湾倉庫（39,539 m²）が最大で、工場としては化学冶金（4,959 m²）が大きいものであった。

　逸見地区には倉庫しかなく、本庁地区でも工場は 3 社にすぎず、その中では東京靴下（5,663 m²）が最大であった。

　工場が多く立地していた久里浜地区でも、湘南化成工業（5,275 m²）、都モールド（3,942 m²）が大きいほうで、穐本祐郎（2,682 m²）、神奈良缶詰（2,523 m²）、横須賀機器工作（2,261 m²）等がこれに続くという、まさに小規模工場群が簇生的に立地している状況であった。

　こうした工場敷地 5 千 m² 以下の借地小規模工場がその後に辿った命運は、次の文章によって明らかとなる。

　「昭和 23、24 年ころの本市の工業界は純然たる消費インフレ型の構造をもち、これら多くの転換工場の操業状態も結局は、時限的インフレ型に終始したのであった。こうして結果的には多くの転換工場も倒廃を重ね、24 ～ 5 年には失望さえ感ずるようになった。——こうした転換工場のいばらのみちに一つの活力を与えたのが朝鮮動乱であった」[8]

　確かに、不況下にあって、朝鮮動乱による米軍からの需要増は、横須賀における中小工業者にとっては一種のカンフル剤であったろう。しかしながら、その後（昭和 38 年）の状況をみると、次の表のようになっている。

Ⅴ-２-(2)表　横須賀市内の工場進出状況（昭和 38 年現在）

地域 ＼ 年次	昭和 23 年現在進出数 A	内昭和 38 年現在健在のもの B	昭和 23 年以後新規進出のもの C	昭和 38 年現在小計	第二次追浜解放地区進出 D	合計 E
久里浜※	38 社	4	21	25		25
追浜（夏島・浦郷）	20	3	3	6	42	48
長浦（田浦・舟越）	27	10	13	23		23
その他			17	17		17
合　計	85	17	54	71	42	113

　資料A．23.10.14 現在。監査公表および 23 年 11 月現在。企画室資料。
　　　　B．C．D は『横須賀市所在旧軍用財産転用概況』（38 年 10 月、横須賀市）
　出所：『横須賀百年史』、前出、235 ページ。なお、※は（操業準備中を含む）としている。

　(2)表をみれば、二つの動向を把握することができる。その一つは、昭和 23 年までに進出してきた企業は 85 社であったが、そのうち、昭和 38 年までに残存した企業は僅かに 17 社にすぎないこと。もう一つは、昭和 38 年までに第二次追浜解放地区へ 42 社が進出してきているということである。

第一の動向については、なぜ、このような企業の壊滅的倒産状況が生じたのかという問題と、横須賀市ないし神奈川県として、このような倒産を防止する対策が取れなかったのかという問題がある。このことと関連して、昭和23年以降に進出してきた54社はいずれも昭和38年時点で健在していることになっている。しかしながら、昭和23年以降に進出してきた企業で、昭和38年までに倒産ないし閉鎖してしまった企業もある筈である。具体的には、のちにみるように、富士自動車㈱や日本飛行機㈱といった特需会社の創設とその消滅の歴史が、この表からは読み取れない。

それでは、昭和23年までに進出してきた企業がなぜこのようなドラスチックな倒産をしたのかという問題が生ずるが、その原因について、『横須賀百年史』は次のように指摘している。

「『──水道及び電力の使用並びに設備の困難、技術者の転入及び職員の住宅難』および『進駐軍の管理下（追浜地区─『百年史』による追補）にあるための拘束』等が、当時の隘路として業者から訴えられていた」[9]

しかしながら、昭和22年7月の段階にあっては、揚水、電力、機械設備等々の不足は、全国的なものであった。したがって、そうした原原料やエネルギー不足という一般的な困難性だけでは、この横須賀市における中小企業、とりわけ昭和23年までに旧軍用施設へ進出していた企業が壊滅的に倒産した原因とすることはできない。

ここでは横須賀、それも追浜地区に限定された問題ということになれば、「進駐軍の管理下にあるための拘束」という特殊要因が、その原因でなければならない。例えば、立地企業に対してなされる「進駐軍」による物資調達や域内交通の規制や制限といった立地上の特殊的制約的な要因、あるいは軍需依存型工業に特有の問題、つまり米軍からの受注、具体的には朝鮮動乱の終結に伴う需要の減退といった特殊的要因が、横須賀市における中小企業の大量的な倒産の大きな原因であった。

『横須賀百年史』は、神奈川新聞（昭和25年4月12日付）の社説を引用して、当時の状況を次のように説明している。

「現在同市（横須賀市）には、転換工場として繊維・鉄工・自動車製造など幾多の工場が進出し──ているものの、融資その他経済界不振の影響をうけて、二、三の工場を除くほかは、ほとんど業績としてみるものなく、なかには、従業員の給料遅配、あるいは工場閉鎖の悲運をみるものさえあり、現状をもって押し進めるならば、ここ数年ならずして、これら転換工場の大部分は、転換の意義を失うのではないかと心配するようになった」[10]

昭和25年段階における横須賀市の転換工場がいかなる状況にあったかは、この文章で判るが、なお、横須賀市の中小企業を破局的状況に追い込んだ特殊的要因については、なんら説明されていない。

そこで問題となるのが、横須賀市における旧軍用地の再接収という歴史的事実である。昭和23年8月9日、久里浜南北海岸がアメリカ軍によって再接収され、久里浜に立地した諸工場の輸送条件を著しく悪化させた。

さらに追浜地区では、朝鮮動乱との関連で、アメリカ軍が陸軍兵器廠を設置するため、旧航空廠技術廠跡地に立地していた大部分の転換工場が昭和27年7月に再接収されることになった[11]。

これは朝鮮動乱に対応するアメリカ軍の戦略的行動の一環であるが、まさに「進駐軍の管理下にあるための拘束」だけでなく、さらに強制撤去というかたちでの再接収、すなわち、諸工場に対する強権の発動こそが、「転換工場」の壊滅的状況をもたらした決定的な原因であった。

既に平和産業都市へ転換するという「軍転法」が施行されており、米軍の強権発動に対しては、横須賀市、同市議会、地元住民などは反対運動を展開した[12]。それにもかかわらず、転換工場の多くが、アメリカの極東戦略とその軍事行動の犠牲となって廃業を止むなくされたのである。その結果が、既に問題としておいたように、昭和23年には85社あった工場が、昭和38年には17社になるというドラスチックな現象として現れることになったのである。

1）『横須賀百年史』、横須賀市、昭和40年、218〜219ページ参照。
2）同上書、219ページ。
3）同上。
4）『横須賀市史』、横須賀、昭和42年、688ページ。
5）『横須賀百年史』、前出、224ページ。
6）『横須賀市所在旧軍財産転用概況』、横須賀市、昭和49年、46ページ。ただし、大蔵省管財局文書（「旧軍用財産資料」）では、田浦地区で関東自動車が47,123m²を払い下げられたのは昭和29年のことであり、日本和紡興業が昭和24年に浦郷地区で払下げをうけた旧軍用地の面積は30,465m²である。こうした齟齬がなぜ生じているのか、その理由は判らない。なお、『文書』によると、昭和24年に相模造船鉄鋼が浦郷地区で6,449m²を時価で取得しているが、それは『概況』には記載されていない。
7）同上書、46〜50ページを参照。
8）『横須賀市史』、前出、688ページ。
9）『横須賀百年史』、前出、236ページ。
10）同上書、236ページ。
11）同上書、236〜237ページ。
12）同上書、237ページ参照。

第三節　特需会社と失業問題

昭和25年6月4日に、旧軍港都市の平和産業都市への転換に関する法律、略して「軍転法」に関する賛否投票が行われた。その結果は、有効投票97,545のうち、賛成投票88,644、賛成率87％であった[1]。かくして、昭和26年6月28日、軍転法は横須賀市においても施行されることになるのである。

この軍転法の施行後に、横須賀市に立地してきた工場、とりわけ強制撤去が行われたのちの昭和28年から30年頃までに立地してきた企業（用地面積3千m²以上）としては、次のようなもの

がある。

V-3-(1)表　横須賀市内の旧軍用地の工業用地への転用状況（昭和25～29年）

（単位：m²、年次：昭和年）

旧口座名	所在地	転用先企業名	転用面積	転用年次
海軍水雷学校	田浦町	相模運輸	14,750	27
同	同	馬渕建設	4,201	28
同	同	関東自動車	47,123	29
海軍工作学校	久里浜	日本水産塗料	6,651	28
第一技術廠室ノ木工場	室ノ木	新工産業	3,649	26
横須賀海軍造兵廠造兵部	舟越	東芝	41,609	29
同	同	大洋漁業	4,690	29
第一技術廠	浦郷	東京湾興業	3,169	27
海軍軍需部	長浦	大洋漁業	39,282	29
横須賀海軍工廠	本町	東京絹織	12,230	27
海軍軍需部貉火薬庫	田浦	熊沢商店	14,981	25

出所：「旧軍用財産資料」（前出）より作成。

　(1)表をみると、東芝や大洋漁業など、日本の巨大企業が名をみせており、さらに関東自動車も含めると、この3社だけで、およそ4万 m² の工場用地を取得している。それ以外では、1万 m² 以上かつ1万5千 m² 未満の旧軍用地を取得したのが3社、1万 m² 未満の企業が5社となっている。なお5千 m² 未満の取得企業が4社あることは、この時期における旧軍用地の取得面積に関して、企業間に大きなギャップがあることを示している。

　昭和25年に施行された「軍転法」によって、どのような工場が新規に立地してきたかということは明らかではないが、昭和25年から27年にかけて立地してきた企業が相当数あることも事実である。その点について、『横須賀市史』は次のように述べている。

　朝鮮動乱による軍需景気が一定の好況をもたらし、横須賀市に立地してきた工場がそれに便乗できたが、「これも長続きせず、27年暮ごろから相次いで倒産してしまった。そして動乱中に得た漁夫の利を企業の歴史に活用できたのは軍用地区へ進出してきた巨大企業の各工場であった」[2]

　昭和29年版の『横須賀商工名鑑』は、横須賀市における工業の状況を次のように伝えている。

　「工業に転換された処は数では相当多数であったが、経済の変動・企業経営者の見込違い等で、一時は此の地に全く新しい繊維工業だけでも10工場も出来たのであったが、漸次整理され、加えるに追浜工業地帯が再接収されることになったので、ますます減じている。然し興るべき事業は適切な経営により、曽って浦賀造船所の外は民間の大工場はなかったが、現在では追浜の富士モーターK. K、東京芝浦の電球工場、関東自動車工業の自動車ボデー製造、多治見製作所の機械製作、吾妻計器の水道瓦斯のメータ製造、メリヤス製造では本邦最大の横須賀メリヤスK. Kや東京靴下K. Kの靴下メーカー、或は特殊な技術により小型船舶造船界の王座を占め外国船舶

の受注に依り貿易決済を助ける東造船所、又は長浦の大洋漁業の横須賀缶詰工場に対し、日魯漁業が太平洋漁業基地として造った久里浜の工場、農林大臣賞を持つ追浜の共立農機の発煙害虫駆除機製作、又古いノレンの相模、花崎の造船所、県下有数の村松印刷、保土ヶ谷化学、馬淵鉄工等の各工場に横須賀鉄工協同組合傘下の四十数工場、浦賀造船所の下請三十数工場等、是れ等各種の各工業に日本冷蔵、日協低温を加えた農漁業の各食料品関係工場と自動車工場を入れると、産業都市として広い分野に活動していることになる」[3]

この文章からは、旧軍用地に立地した転換工場をはじめ、昭和29年に至るまでにどのような企業が進出してきたかも判る。なお、この文章に登場してくる富士モーターK. K、多治見製作所、吾妻計器、横須賀メリヤス、東京靴下、東造船所、日魯漁業、共立農機といった工場は⑴表には掲載されていない。つまり、これらの諸工場は、旧軍用地以外に立地してきたとも考えられるが、それ以外に、旧軍用地に立地してきたものの、その用地を大蔵省から購入しておらず、つまり自己所有するのではなく、当時はおそらく大蔵省から一時借用していた企業もあるものと推測される。

なぜ、そのような状況になったのか、その理由は何か。ここでは富士モーターK. Kについて検討してみよう。

富士モーターK. Kは、「朝鮮動乱用の工場であり、朝鮮戦争で破壊された車両の修繕、整備をしていた」[4]と言われている。実際、この工場については、次のような記述が見受けられる。

「もともと米海軍の方は、軍に必要な諸サービスを基地の既有施設と要員によって賄う方式をとっていたが、陸軍は、主としてそれを特需会社に代行させるという仕組みであった。

最初に米陸軍と契約した特需会社は富士自動車㈱である。トラック・ジープ・トレラー等各種自動車の修理を主要業務として、この会社は昭和23年（1948）8月、旧追浜航空隊跡地に進出した。武山の騎兵旅団（ジープ部隊）をはじめ国内の米軍の需要に応じるのが、その任務であったが、朝鮮事変の勃発とともに多忙をきわめ——」[5]

上記の文章からも判るように、この富士自動車は旧追浜航空隊跡地で操業していたのであるが、追浜航空隊というのは俗称であり、大蔵省管財局の文書（「旧軍用財産資料」）によれば、正式の口座名は「横須賀海軍航空隊」である。この航空隊の跡地が民間企業（用地面積3千m²以上）に払い下げられるのは、昭和35年以降であって、米軍が接収していた時期でも、米軍の許認可があれば、それで民間企業は操業できたのである。

ここで、もう一つの企業名が浮かびあがってくる。それは日本飛行機㈱である。昭和27年、旧航空技術廠跡地に米陸軍追浜兵器廠が設置されるが、日本飛行機は、「米軍自動車部品修理・保管・受領・移送」[6]等の業務のために、昭和29年7月、同じ兵器廠内に進出してきたのである。この工場については、「既に朝鮮事変は終息していたが、東南アジア地域にわたる米陸軍の車両装備の修理基地として、日本の軍需工場が必要とされたのである」[7]という一文が『横須賀百年史』にある。

米軍の極東戦略の展開に、日本の軍需会社が組み込まれていたことが明らかとなるが、そのメ

カニズム等については本書の研究課題ではないので、それ以上に言及せず、ここでは、その後に
おける富士自動車と日本飛行機の動向をみておこう。

　この二つの軍需会社は、朝鮮動乱期における米軍の需要に対応した存在であったので、いわば
特需会社と呼んでも良いであろう。したがって朝鮮動乱特需がなくなれば、やがて消滅する運命
にあった。すなわち、日本飛行機は昭和33年9月に、そして富士自動車が翌34年1月に相次い
で閉鎖することになる。ただし、この閉鎖にあたっては、二つの大きな問題が生じた。その一つ
は、特需会社としては、神奈川県下では大きな比重をもっていたため、関連する諸企業に連鎖的
な閉鎖や倒産が生じたということである。そしてもう一つの問題は、閉鎖に伴う大量失業の発生
である。この点に関して、次のような資料がある。

V-3-(2)表　二つの軍需会社の閉鎖と労働者の解雇状況

(単位：人)

年次	神奈川県下総数　A	富士自動車	日本飛行機	2社計 B	比重 A／B
昭和28.9.30		7,182			
29.7			3,004		
30.5		6,593	4,920	11,513	
30.6		3,569	4,315	7,884	
31.3	15,153				
31.7		3,663	3,917	7,580	50.0%
32.3	12,303	3,706	3,842	7,548	61.4%
33.3	10,949	3,973	4,260	8,233	75.2%
34.3	2,341	34年1月閉鎖	33年9月閉鎖		

原資料：横須賀失業対策協議会資料および神奈川県離職者対策協議会年次報告書。
出所：『横須賀百年史』、前出、234ページ。なお、原表には、昭和37年までの神奈川県における失業者数が
　　　掲載されているが、これを省略した。

　(2)表をみれば判るように、二つの軍需会社の閉鎖によって、昭和30年5月から閉鎖時の昭和
34年9月までに、47,758人の解雇者が生まれている。昭和32年は全国的な不況であり、特需会
社の閉鎖による大量の失業者の発生は、横須賀市における失業問題を、この上なく激しいものに
したのである。そのことは横須賀市という地域経済の不況を加重化し、とりわけ地元商店街の沈
滞という深刻な問題を生じせしめた。

　さらに、富士自動車が閉鎖された同じ年の昭和34年6月には、追浜兵器廠も閉鎖となり、従
業員2,152人が解雇され[8]、横須賀市における失業問題はますます深刻化していったのである。

　ところで、この兵器廠の閉鎖によって、「旧海軍航空隊跡地および旧海軍航空技術廠後、あわ
せて51万5千余坪が日本政府に返還され」[9]ることになった。つまり、それまでは、こうした旧
軍用施設とその用地は、米軍への提供財産として利用されており、この提供財産がどのように使
用されるかは日本政府の関知できない問題であった。前出の二つの軍需工場の動向は、「旧軍用
財産資料」（大蔵省管財局文書）でも、これを旧軍用地に関する記録として扱うことができなかっ

180

たのである。

横須賀市にとっては、この返還された旧軍用地をいかに転用するのか、すなわち、離職者雇用の促進、地元経済（商店街）の振興などと係わらしめて、いかなる産業や企業を誘致し、これを有効に利用するかが課題となったのである。

　1）　『横須賀百年史』、前出、226 ページ参照。
　2）　『横須賀市史』、前出、689 ページ。
　3）　『横須賀・三浦商工名鑑』（昭和 29 年版）、1954 年、85 ページ。ただし、『横須賀商工名鑑』（昭和 30 年版）により、句読点など補正。
　4）　昭和 51 年 4 月 17 日、横須賀市役所での聞き取りによる。
　5）　『横須賀百年史』、前出、233 ～ 234 ページ。
　6）　同上書、234 ページ参照。
　7）　同上書、234 ページ。
　8）　同上書、238 ページ参照。
　9）　同上書、238 ページ。

第四節　　返還地への企業誘致と理論的諸問題

旧横須賀海軍航空隊および旧第一海軍技術廠の返還により、その跡地利用の問題が俄に登場してきた。しかしながら、こうした問題が生じてきた背景には横須賀市役所をはじめ横須賀市民の熱烈な返還要求運動と米陸軍の兵器廠等の閉鎖に伴う大量失業、地域商店街の不振という経済問題があったことを忘れてはならない。

横須賀市では、「接収基地の解除の促進をはかること」を目的とした離職者対策協議会を結成し、基地返還運動を積極的に展開している。

また神奈川県でも、この事態を重視し、富士自動車が閉鎖されてから、僅か 2 カ月後の昭和 34 年 3 月には「追浜返還地利用方策（陳情）」をまとめ、平和産業都市に相応しい旧軍用地の転用方針を打ち出している。

ここで、その内容と問題点を紹介しておこう。

この陳情（書）は、まず適正業種について「全国的視野に立つ産業配置政策の一環として考える必要」を説き、続けて「工業用水の使用量が少」ないもの、「単位面積当りの生産額の多いもの、雇用効果の高いもの、地元商業に関連の大きいもの、関連産業の広範囲にわたるもの及び税収の高い業種」[1]の立地を要望している。

また返還地の利用形態を北部地区と南部地区とに分け、北部地区には機械、電気、第二次以上の加工化学工業といった業種の大企業を 3 ～ 4 社ほど立地させ、南部地区には機械、電気、化学、繊維、食料、その他の加工工業もしくは、北部地区の大企業の下請企業（5 ～ 6 社）の立地を考えている[2]。

そうした立地工場の配置構想を述べたのち、諸企業の誘致には、立地条件の整備が必要として、(イ)土地の嵩上げと胸壁の新設、(ロ)汽船岸または艀の利用施設の整備、(ハ)道路の整備という三点を挙げている[3]。

以上、立地企業の希望業種の選定、立地企業の地域的配置構想、誘致する企業への立地条件（インフラ）の整備という陳情（書）の内容を紹介してきたが、その内容で大切なことは、次の点である。

まず第一に、陳情（書）の中にある「全国的視野に立つ産業配置政策の一環として」の業種を強調していることである。このことは、追浜地区のみならず、これまで横須賀市域の旧軍用地に立地した諸企業の多くが倒産し、閉鎖したという歴史的経緯が念頭にあったのであろう。したがって、資本金が小さな企業、経営内容の悪い企業、将来展望のない企業などの立地は、地元横須賀市としては希望しないということである。それはそれなりの論理で筋道が通っている。

しかしながら、この陳情がどこに対して行われたかということを念頭におくと、県レベルの地方公共団体からの陳情先は、政府ないし国の然るべき省庁であろう。そうなると、「全国的視野に立つ産業配置政策」というとき、その対象となる企業は、全国的にみて巨大な企業であり、産業配置政策となると、既存大企業の地域的再編か、またはそういう企業を新興するということになる。

したがって、「陳情（書）」で提起されている「追浜地区進出企業選定についての基準」として、「(1)国の産業政策に合致するもの」を第一の基準とし、しかるのちに、「(2)立地条件からみて適当なもの（公害のないもの）」と「(3)従業員をなるべく多く使用見込みのもの（現地採用の多いもの）」を選定基準にしている[4]ことも、これまでの論理から理解できるところである。

昭和33年頃における国の産業政策としては、エネルギー革命といわれたように、高炭価問題の解決と安くて効率的な石油エネルギーへの転換政策が基調となっていた。さらに、その延長線上にあったのが、石油精製工場の新設、火力発電所の重油発電所への転換、銑鋼一貫式巨大製鉄所の建設など、いわゆる重化学工業化政策であった。この重化学工業の製品市場として、念頭に置かれたのが、自動車産業の新興であり、さらに高速道路の建設と鉄道の電化であった。

また、そうした重化学工業の地理的配置構想としては、具体的な計画化はされなかったものの、東海道から山陽道を経て北九州に至るまでの、いわゆる臨海工業地域への集中的立地であった。それは、既存の工業地帯およびその周辺地域に、旧軍用地をはじめとする相当の「空き地」が存在していたからである。それが計画として意識的にまとめられるのは全国総合開発計画（昭和37年）まで待たねばならなかった。資本制経済にあっては、事実がたえず計画に先行するのである。

また、こうした日本の重化学工業化政策は、単に日本の独占資本の意向だけではなく、極東アジアにおけるアメリカの極東戦略の中では、いわゆる反共防波堤としての位置づけのみならず、いわば極東における兵站基地としての役割を担うための軍事的生産力の増強政策でもあった。

「陳情（書）」が、国の産業政策との関連を重視した業種選定を記したのは、大規模な旧軍用地の転用には、国有財産処分に関する中央審議会の認可が必要であり、その認可を得るには、こう

した国の産業政策に合致した業種選定を余儀なくされたと言えなくもない。つまり、大規模な国有財産の払下げには、中央審議会の認可が必要であるということは、そこに国家政策およびその背後にある国家権力が発動される余地があるということである。国家権力を動員した巨大資本の強蓄積が支配的な資本制経済こそ、まさに現代資本制社会の段階的特徴なのである。そして、この大規模な国有財産（旧軍用地）の払下げにおける国家権力の行使も、この段階的特徴が具体的なかたちで現れる一つの形態なのである。

　誤解を避けるために、あえて付言しておくが、ここで論じていることは国家権力を行使した巨大資本の強蓄積体制についての、倫理的な善悪ということではない。現実に展開している経済的特徴を客観的に把握しておくことが大切なのである。

　第二に、返還される旧軍用地を南北に二分して利用するという考え方には、北側にある横須賀海軍航空隊跡地と南側にある第一海軍技術廠跡地とが別の位置にあるという地形上の問題というよりも、何か別の意図があったのではないかと推測される。すなわち、跡地の北側では巨大工場、そして南側ではその下請工場という配置構想には、すでに日産自動車の誘致が念頭にあった、あるいは日産自動車から何らかの働きかけがあったのではないかと思われる。だが、このことは、あくまでも推測でしかない。

　第三に、立地条件の整備についても、若干の考慮すべき点がある。「陳情（書）」は、汽船または艀の利用施設のある接岸地帯について、これを「公共用として確保し、これを地元市に払い下げるものとする」[5]、あるいは道路の整備と関連して、「道路用地は払下げの対象とせず、公共用として確保し、その維持管理は地元市が行うものとする」[6]と述べている。

　立地条件としての港湾や道路の整備を誰が行うかというのは、難しい問題である。すなわち、対象とする港湾や道路を特定の企業が専用するのであれば、その企業が港湾や道路を建設することになる。また、その利用が複数の企業に限定されるのであれば、複数の企業が建設し、維持すればよい。当然のことながら、接岸地帯の土地も、それらの企業が買収し、港湾設備を整備していくことになる。

　しかしながら、それには厖大な投資が必要となり、いかに巨大な企業といえども、そうしたインフラ建設と維持の費用を負担することは重荷である。しかも、個別ないし複数の企業が専用するのでなければ、インフラの建設と維持は、国ないし地方公共団体が行い、その利用者に相応の負担を求めるという論理が成立しうる。ただし、「公共用」として、不特定多数の企業が利用するものとした場合、港湾施設の利用については一定の費用を徴収できるとしても、道路の場合にはそう簡単ではない。

　だが、逆に立地してくる企業にとっては、優れた港湾施設とその安い港湾使用料、そして港湾および工場周辺の道路は無料ということが望ましい。また、そうでなければ、その地域に立地していくメリットがない。ここでは適産策定を行う地域（地方公共団体）と適地策定を行う企業とが対立する点であり、また、どこで協調するかという問題が生じてくる点でもある。

　さらに地域住民にとってみれば、別の問題が生ずる。つまり、横須賀市が、「設岸地帯」（接岸

地帯）の土地を購入したり、道路を維持管理する費用は、地域住民の「税金」によるものであり、それを一部の巨大企業および関連企業に利用させるのは、雇用促進を名目とした大企業への優遇措置ではないかという問題である。

確かに、それがすべてではないにしても、地方公共団体が投入する経費は、地域住民の税金によるものである。だが、その税金を投入することによって、大企業が進出し、地域雇用が増大するのであれば、個々の住民にとってはともかく、地域的にみれば、雇用の増大は地域賃金の増加、地域商業の繁栄という一連の論理を展開することができる。また、港湾施設の使用料という形態での税収はもとより、進出してくる企業の固定資産税などの収入増も、ある程度見込める。場合によっては、法人税の増加によって、住民税の逓減化、ひいては無税化ということも想定できないことはない。もっとも、実際には、この想定通りに事態がうまく進むかどうかは別問題である。

なお、横須賀市が企業選定の基準の一つとして「公害のないもの」を設定したことは、まだ公害問題が世論上大きくなっていなかった時期だけに、これは先見性のある卓見であったと評価することができる。

以上、やや脇道にそれたが、企業誘致に関する理論的な問題について述べてきた。そうした理論的問題が現実にどう展開されるかは、時代や地域によって異なるであろうし、企業、地方公共団体、地域住民の力関係によっても、その帰趨が左右されるであろう。そこで再び、横須賀市における旧軍用地の産業用地への転用問題に戻るとしよう。

1）「追浜返還地利用方策について（陳情）」、神奈川県、昭和34年、1〜2ページ。
2）同上書、2ページ。
3）同上書、2〜3ページ。
4）同上書、1〜2ページ参照。
5）同上書、3ページ。
6）同上書、4ページ。

第五節　日産自動車㈱の誘致と工業立地条件の整備

昭和34年8月の時点において、横須賀市は、日産自動車の追浜進出にあたって、その工場関連施設の整備について、次のように考えていた。

まず、工場関連の施設を整備する場合には、その前提として、どのような規模の自動車工場が建設されるのか、その計画概要を知る必要がある。この点については、横須賀市はすでに日産自動車側と協議を行ってきたものと思われる。その計画概要は次の通りであった。

「一、生産目標（昭和37年末完成時）

　　1．乗用車（月産）5,000台

　　2．全車種トランスミッションユニット（月産）12,000台分

二、敷地　　36万坪

（内訳）

1．乗用車工場　　　　　　　10万坪

2．分散工場の集中化　　　　　5万坪（トランスミッション工場の集中一本化）

3．研究所（試走路を含む）　16万坪

4．輸出車両の格納、梱包施設　2万坪

5．管理部門動力源、資料倉庫等　3万坪　　」[1]

この計画概要に続いて、横須賀市は次のように述べている。

「会社（日産自動車―杉野）の下請企業中有力な19社が合計72,600坪の土地払下げを別途申請中であり、（但し横須賀市域分）――云々」[2]

このようにみてくると、日産自動車へ36万坪、下請企業へ約7万坪、あわせて43万坪の用地が必要となる。この43万坪（142万 m²）という数字は、旧横須賀海軍航空隊の敷地面積（1,656,417 m²）および旧第一海軍技術廠の敷地面積（390,381 m²）を念頭において、計画化されたものであろう。

ところで、この誘致工場の建設計画に対応して、工場関連施設（インフラ）をどのように整備していくかということが問題となるが、それについては次のように述べている。やや長くなるが引用しておこう。

「1．道路　関東学院前より野島を経て当該地に通ずる幅員15米の産業道路（延長1,800米）を建設する。

2．電力　［前略］戸塚変電所よりの6万Vの送電線から直接送電するために、6万Vの送電線を新しく架設するとともに、このための変電所を工場内に新設することが必要とされる。この場合、設置される変電所の施設、諸経費はすべて工場側の負担とする。

3．ガス　現在の施設では、一日3千立方米、月間10万立方米の供給が可能である。但し、既設管は可成り老朽化しているので、新管との取り換えが望まれる。

4．水道　［前略］現在施行中の本市水道第五回拡張計画が昭和35年3月までに完工される予定なので、完工した場合には金沢方面に現在より一日最高2万トンの給水が可能となる。従って、工業用水なみのコンスタントな大量給水には無理として工場内に巨大な貯水槽を設けることによって、大量使用に応えられる。ただ、当地区には給水管がないので、大量給水にあたってはかなりの長さにわたって大口径管を敷設することが必要である。

5．電話　金沢局は現在端子1,300、積滞350を数えるが、本年度中に端子400を増設するので、これを優先的に廻すことができる外、今後更に増強の可能性は充分である。

6．追加埋立　水深、風向、護岸、漁業権補償等多くの問題を含むが、精査の上、大々的に追加埋立を行い、敷地の拡張に努める必要がある」[3]

この工場関連施設の整備に関しては、幾つかの問題点がある。それを簡単に指摘しておこう。

まず、この産業道路の建設についてであるが、この建設費を誰が負担するのかということであ

る。県道、市道として地方公共団体が負担するのか、産業道路の主たる利用者が負担するのかどうかという問題である。

電力の確保に関する点では、工場内に設置する変電所の建設費及び諸経費はすべて工場側が負担するとなっているが、ここまで立ち入って文章化できるということは、おそらく日産自動車側と合意ができていたのではないかと思われる。また、東京電力も、この点については了解済だったと推測される。

ガスを供給する管については、これを新管と取り換えることが好ましいとなっているが、その取り換え費用を誰が負担するのか、その点が曖昧である。

工場用水の供給についても、巨大な貯水槽や大口経管の建設や敷設に要する費用の負担を誰がするのか、その点も不明瞭である。

電話については、回線数を規定する端子の数が問題であるが、それは電電公社の負担によって増加させることになると思われるので、この点では問題ない。

最後に追加埋立の件であるが、漁業権をもつ漁協などとの交渉が未解決の段階で、いかに精査の上とは言え、「大々的に追加埋立を行い、敷地の拡張に努める必要がある」と言い切るのは、いささか早計ではあるまいか。

ただし、これらの問題を具体的にここで究明していくだけの余裕はない。ここでは問題点を指摘するに留めて、本題へ戻ることにしよう。

ところで、この時期に、横須賀市では払い下げられた旧軍用地の跡地利用について、三つの案をもっていた。

その第一案は、大企業の誘致であり、より具体的には、次のような企業の立地を想定していた。

V-5-(1)表　海軍航空隊跡地に関する横須賀市の第一案

業種	電力 （kW）	ガス （m³／月）	工業用水 （トン／日）	敷地面積 （千・m²）	雇用者数 （人）	想定会社名
合成化学	1,000	30,000	1,000	165	500	大日本インキ
石油化学	1,000	10,000	2,000	330	500	日本石油化学
運輸機械	7,500	15,000	300	330	4,000	日産自動車
第二次金属	10,000	18,000	1,500	132	500	日本金属工業
同	1,000	10,000	500	66	500	興国鋼索線
計	20,500	83,000	5,300	1,023	6,000	※

出所：「追浜地区の立地条件調査結果」、横須賀市経済局、昭和34年、2ページ。
　　※ここには、公共用地として108,900m²と記載されている。

この第一案については、横須賀市経済局では、「極めて実現性が濃い」としながら、「この場合、追加埋立地297,000m²（9万坪）を合せ、1,131,900m²（343,000坪）の計画で進みたい」[4]という説明を付記している。これによって、先の日産自動車の追浜進出に関連した追加埋立の内容が、かなり具体化されていることに注目しておきたい。ただし、日産自動車以外の四つの企業につい

ては、どれだけ進出計画が進められていたのか疑問である。なぜなら、これら四つの企業は、その後においても大蔵省から用地の払下げを受けていないからである。これは勘繰った見方であるが、旧横須賀海軍航空隊の跡地を日産自動車一社が独占的に利用するような計画案であれば、国（中央審議会）の認可を得ることが困難とみて、その当てウマ的な企業名だったのかもしれない。

　次の第二案は、「下請企業センター造成」で、ここでは雇用人員を 8,000 人と見込み、「立地上の諸要素は少なくて済み、雇用面は第一案を上廻ることとなる」[5]としている。ここには、横須賀市が地域雇用を促進し、大量の失業問題を解決しようという強い願望が現れている。ただし、国の産業政策にそった業種を重視し、また経営が安定した大企業を誘致するという視点からは、この第二案は副次的なもののようにみえる。

　そして第三案は、「工業港としての開発」であるが、「当地は接岸地帯の延長が短い上、水深に左右されるので、更に調査の上結論を出したい」[6]としている。これは産業政策ないし工場誘致政策といったものではない。つまり、第一および第二案に対抗できるような性格の案ではない。

　この三つの案の内容について、簡単に紹介してきたが、これを比較して検討するまでもなく、これら三つの案は相互に対立するものではなく、むしろ相互に補完的な関係にあるといえよう。つまり、第一案では大企業の誘致、第二案では、大企業の下請企業に関するもので、第一案との関連では、相互に対立する案ではなく、第一案を補足するような案となっている。そのことは、第三案についても言えることであって、横須賀市の夏島地区（追浜地区）を工業港とした場合、横浜港や東京港などとの競合関係もあり、接岸地帯や水深について考える場合には、多くの問題がある。むしろ、ここで念頭においているのは、追加埋立との関連で、工業港化のことが述べられているに過ぎないように思える。

　こうした適産策定型の立地計画案を述べたのち、むしろ適地策定型の立地政策に役立つようにまとめられたものがあるので、それを紹介しておこう。

　横須賀市経済局は、追浜地区の工業立地条件について、あらかじめ、次のように「総括」をしている。

　「(1)電力：6,000kW の余力を生ずる見込

　(2)ガス：月 100,000 立方米供給可能

　(3)水道：昭和 32 年 4 月以降、供給余力（日）20,000 屯

　(4)電話：金沢局増強の運動が必要とされる

　(5)道路：産業道路の新設」[7]

　上記の立地条件については、同じ年に発表された「工場建設計画概要」に記載されていた内容とほぼ同じである。いわば、こうした企業が必要とする工業立地諸条件の整備が前提であり、かつ目的として、その条件をいかに整備し、拡充していくかという政策が、この工業立地条件調査の姿勢となっている。

　調査の前に政策があってはならない。ここでは、横須賀市がもつ立地諸条件の現状を客観的に分析して、当面する問題点を明らかにすることが調査の課題である筈である。そのうえで、その

問題を解決するために、横須賀市をはじめ、関連諸団体、諸企業（特に公益事業）が、何をなすべきかという政策ないし施策の目標が立てられるというのが本来の筋道である。問題の所在とその解決方向にむけた政策提起こそ、これから立地してこようとする企業にとって役立つのである。横須賀市経済局としては、そうした問題意識に立脚して、立地条件の現状をもっときめ細かく調査する必要があったのである。

　横須賀市経済局が調査した工業立地条件は、極言すれば、日産自動車が進出してくるための条件整備構想であった。しかも、返還される追浜地区の跡地利用に関して横須賀市が提起した三つの案は、相互に対立するものではなく、それらはまさに日産自動車の立地、下請企業の立地、追加埋立と港湾整備に関する案であり、相互に補完する性格をもった三つの案であった。それは同時に、国の産業政策、すなわち鉄鋼と石油化学という素材供給型産業と、その市場としての自動車工業の新興を意図した国家政策を基調として作られた神奈川県の陳情（書）とも合致する内容であった。つまり、国の産業振興政策に対応しながら、県および市が一連の連携によって同じ歩調をとって策定されたのが、この三つの案であったと言えよう。

1）　「追浜地区に進出する日産自動車の工場建設計画概要並びに関連施設について」、横須賀市、昭和 34 年 8 月 27 日。
2）　同上。ページは付されていない。
3）　同上。
4）　「追浜地区の立地条件調査結果」、横須賀市経済局、昭和 34 年、2 ページ。
5）　同上。
6）　同上。
7）　同上書、1 ページ。

第六節　日産自動車の進出と産業コンプレックスの形成

　昭和 34 年 6 月 30 日をもって、アメリカ軍から日本政府へ追浜地区の土地 36 万 821 坪、建物 4 万 2,823 坪が正式に返還された。この返還された追浜地区（旧軍用地）に対して、多くの企業が立地を意図したことは容易に理解できる。

　『横須賀百年史』は、その状況について、次のように述べている。

　「進出希望の事業所は 72 社の多きに及んだが、それを 27 社にしぼって第一次進出事業所が決定され（34.11.9）、日産自動車㈱を筆頭に北南の両地区にそれぞれ配置された。次いで第二次選考の結果、横山精工㈱ほか 13 社を決定（36.2.3）、のち追加があって合計 42 社を数えた。——これら 42 社を業種別に分類すれば次の通りである。　(1)自動車製造関係——日産自動車㈱、関東自動車㈱等 10 社。　(2)機械製造関係——共立農機㈱等 13 社。　(3)化学工業関係——東邦化学㈱等 4 社。　(4)船舶解体業——2 社。　(5)倉庫業——2 社。　(6)駐留軍離職者によって設立され

た企業組合 5 組合。 (7)その他 6 社。」[1]

　上記の文章の中で目をひくのは、第一に、旧軍用地であった追浜地区に、これだけの企業が集中して進出し、一つの産業コンプレックスが形成されたということである。第二に、これを業種別にみると、自動車製造関係および機械製造関係の工場を合わせて 23 社が進出してきていることである。この 23 社の全体（42 社）に対する比率は、55％弱となり、企業組合の 5 組合を除けば、実に 62％に達する。つまり、ここ追浜地区に、自動車工業を中心とした地域産業コンプレックス（複合体）が形成されたということである。

　第三に、「駐留軍離職者によって設立された企業組合」が 5 組合も進出していることである。これが横須賀市における失業者救済政策であり、また神奈川県が申請していた「雇用の効果の高い」業種の誘致という意向を反映したものであることは明らかである。

　繰り返すことになるが、日産自動車の進出と合わせて、企業組合も含め 42 社の立地があり、この追浜地区に一つの地域産業コンプレックスが形成された。このことは旧軍用地の転用の一つの典型例として注目されてよい。そこで、これを企業の旧軍用地取得状況、大蔵省側からすれば旧軍用地の払下状況だが、この自動車工業を中心とした地域産業コンプレックスの実態を検証してみたい。

　昭和 35 年から 37 年にかけて、旧横須賀海軍航空隊跡地（1,656,417 m^2）と旧第一海軍技術廠跡地（390,381 m^2）で用地取得した企業（敷地面積 3 千 m^2 以上）を一つの表にまとめてみよう。

Ⅴ- 6 -(1)表　追浜地区の旧軍用地で用地取得した企業一覧

（単位：m^2）

（旧横須賀海軍航空隊跡地）

企業名	取得面積	業種	取得年次
日本 C・M・C	10,213	化学	昭和 35 年
ファイン・ケミカル	19,952	同	同
関東工機	4,818	機械	同
関東製作所	24,854	金属	同
日本プレサブ企業組合	3,142	――	昭和 36 年
横山精工	3,019	輸送機械	同
大浜鉄工所	4,023	鉄工	同
池田物産	10,734	家具	同
東京電力	12,573	電力	同
共立農機	31,233	機械	同
日本ラヂエター	22,513	輸送機械	同
日産自動車	1,002,675	同	同

（旧第一海軍技術廠跡地）

企業名	取得面積	業種	取得年次
関東自動車工業	32,722	輸送機械	昭和 35 年
石川ランプ製作所	8,634	同	同
東邦化学工業	40,756	化学	同
ブルドーザー工業	9,537	建設業	同
日本エヤーブレーキ	13,629	輸送機械	同
東横製作所	7,632	機械	同
横浜米油	12,299	食品	同
大島工業	39,480	建設業	同
片山工業所	8,473	輸送機械	昭和 36 年
河西	5,413	繊維	同
青木製作所	4,144	輸送機械	同
富士琺瑯鉄工	10,752	窯業	同
北辰化学工業	7,955	ゴム	昭和 37 年
日本エヤーブレーキ	3,045	輸送機械	同
関東自動車工業	14,531	同	同

出所：「旧軍用財産資料」（前出）より作成。

　上掲の表は、旧軍用地の取得面積が 3 千 m² 以上の企業に限定しているので、先の『横須賀百年史』の数字とは異なる。それでも、輸送機械器具製造業が 10 件（9 社）、そして一般機械製造業が 3 件で、全体としてみれば自動車工業による産業コンプレックスの形成という事実を再確認できる。しかも、特に注目すべきは、日産自動車が 100 万 m² を超える旧軍用地を取得しているということである。このことは、日産自動車の追浜地区への進出が国家的産業政策に合致したものであり、また日産自動車の進出を前提とした、あるいは念頭に置いた「陳情（書）」であり、「立地条件調査」であったことが、この時点で明らかとなるのである。

　日産自動車が取得した 100 万 m² という数字は、これに次ぐ大きさの旧軍用地を取得した東邦化学工業（40,756 m²）や大島工業（39,480 m²）と対比させてみると、とても比較にはならないほどの突出した大きな数字である。つまり、追浜地区における産業コンプレックスは、単に自動車工業を中心にした産業コンプレックスではなく、まさしく日産自動車㈱という一つの巨大企業を中核とし、その周辺に関連する下請企業が取り巻くという形態の地域産業コンプレックスの形成なのであった。

　さらに、この追浜地区における地域産業コンプレックスの中では、化学工場が 3 社、建設業が 2 社であるほかは、1 業種 1 社という形態をとっており、地域産業コンプレックス内では、企業間の競争関係を少なくするという意図的な配置がなされたとも言えよう。

　いずれにせよ、昭和 35 年から 37 年にかけての僅か 3 年間に、これだけの企業が旧軍用地に集中的に立地してくるということは、いかに高度経済成長期であったとはいえ、実に驚異的なことであった。

　もっとも、追浜地区の産業コンプレックスは、計画経済のもとでの圏域生産コンプレックス[2)]

の創出とは異なって、資本制的地域経済関係とその特殊的な運動法則に規定された諸矛盾をもっている。それは大資本と中小下請企業との矛盾であり、資本と賃労働との階級的矛盾などである。こうした諸矛盾を問わなければ、追浜地区における地域産業コンプレックスの形成は、地元雇用を拡大し、物質的生産力を高めたという点で、高く評価しても良いであろう。

なお、「立地条件調査結果」（横須賀市経済局）に記載されていた日本石油化学、大日本インキ、日本金属工業などの企業名は、「旧軍用財産資料」（大蔵省管財局文書）にも、また『横須賀市所在旧軍用財産転用概況』（昭和49年）にも掲載されていない。さらに、昭和50年の時点でも現地には進出してきていない[3]。もっと言えば、そうした企業が当時存在したのかどうかも疑問である[4]。これらのことを念のために付記しておく。

1）『横須賀百年史』、前出、240ページ。
2）「圏域生産コンプレックス」については、M. K. バンドマン著（杉野圀明訳、『立命館経済学』33巻4号、1984年に所収）を参照されたい。
3）昭和50年、現地踏査による。
4）『日本企業名鑑』（昭和43年度）には、これらの企業名は記載されていない。

第七節　追浜地区における旧軍用地の払下価格

昭和35年から37年にかけて、旧軍用地であった横須賀市の追浜地区には、日産自動車㈱を中核とする地域産業コンプレックスが形成された。それは国の産業政策、とりわけ日本の重化学工業化政策に照応したものであった。また地域経済振興政策という視点からみれば、それは横須賀市における工業生産力の拡大と雇用の増進という点では評価できる面をもっていた。だが、資本蓄積という視点からみればどのようになるのであろうか。

一般に資本の蓄積は、資本の集中と集積によるものであるが、独占資本の運動が支配的な経済体制のもとでは、独占的超過利潤の蓄積という視点を合わせて取り扱わなければならない。独占的超過利潤の獲得方法は、生産手段（機械等の労働手段や原料）、労働力、輸送手段、販売市場、購買市場、信用（資金調達）、情報などの独占によるものである[1]。

さらに、資本制経済における生産と消費の矛盾が限りなく深化し、階級的対立が激化してくると、こうした経済的独占だけでは、独占的超過利潤はもとより、利潤そのものを確保することが困難な状況が生じてくる。そこで登場するのが国家権力を動員する資本蓄積方式である。もとより、この蓄積方式が独占的大企業のためのものであることは論を待たないが、それが支配的な資本蓄積様式になれば、資本制経済は独占資本制経済から国家独占資本制経済へと転化する[2]。

ところで、本書の主たる研究課題は、戦後日本における旧軍用財産の転用なので、ここでは、一般的には国有財産の払下げと独占資本の蓄積という問題意識から、この追浜地区における旧軍用地の払下価格について検討してみたい。つまり、国が国有財産である国有地を巨大企業に対し

て格安で売るという形で、独占資本の蓄積に利するような権力の行使が行われたのかどうか、より具体的には、追浜地区における旧軍用地の払下価格が不当に安く、その結果として、日産自動車㈱の資金運用等で利することがあったのかどうか、その点に焦点を当てて検討してみたい。

第20回（昭和34年11月22日）から第40回（昭和38年2月27日）までに開催された審議会を通じて、追浜地区に払下げが決定した企業（企業組合を含む）は42社であるが、そのうち払下面積が2万m²以上の企業とその用地取得価格（払下価格）を示したのが次の表である。なお、2万m²未満の企業が取得した旧軍用地の価格についても、合計したかたちで算出しておいた。

V-7-(1)表　追浜地区における旧軍用財産の企業別取得面積と買受価格
（昭和34年11月～38年2月）

（単位：m²、円）

企業名	取得面積 （　）は建物面積	買受価格	1m²あたり の価格	審議会 年月
日産自動車	1,003,566 (44,400)	1,549,968,535	1,544	35.11
同（住宅敷地）	40,975 (―)	24,293,200	593	38.2
東邦化学工業	40,760 (23,760)	165,025,821	4,049	35.6
大島工業	39,490 (23,172)	230,185,525	5,829	35.9
関東自動車	32,723 (15,988)	162,156,136	4,955	35.9
共立農機	31,235 (―)	44,330,937	1,419	35.11
岡村製作所	26,339 (5,174)	56,095,206	2,130	34.11
同	24,855 (6,467)	78,242,989	3,148	35.8
日本ラジエータ	22,514 (―)	31,272,880	1,389	35.11
1万m²～2万m² の8社計	106,976 (27,014)	500,273,206	4,676	――
5千m²～1万m² の6社計	47,573 (15,277)	193,238,677	4,062	――
5千m²未満 の19社計	43,608 (8,620)	131,432,007	3,014	――
合計　42社	1,460,614 (169,872)	3,166,505,119	2,168	――

出所：『横須賀市所在旧軍用財産転用概況』、横須賀市、昭和49年1月、34～37ページ。なお、1m²あたりの価格については杉野が算出。

上掲の表をみれば判るように、追浜地区で旧軍用財産を取得した企業で、用地取得面積が2万m²以上のものは、7社で、取得回数は延べ9件である。そのほとんどが、建物付で、その建物価格まで含んだ取得価格が掲載されているので、旧軍用地だけの取得価格は(1)表からは判断できない状況にある。つまり、その土地にどのような建物が建設されているかによって、買受価格が大きく変わってくるからである。例えば、真新しい建物で、進出する企業がそのままで十分操業できるような建物であれば、それだけ買受価格は上昇するであろう。また、建物が老朽化し、新しい工業を建設するために阻害要因となるならば、それを撤去し、更地にする費用がかかるので、それだけ買受価格は安くなるであろう。

(1)表において、大島工業、関東自動車工業などで用地単価が5千円あるいはそれ以上の高さを示しているのは、そこにある建物価格が高かったからかもしれない。

もっとも、共立農機と日本ラジエータは建物を含んでいないので、1m²あたりの土地価格は約1,400円であったことが判る。また日産自動車㈱が住宅敷地として取得した価格は1m²あたり593円で、これは工場用地よりも相当に安い価格となっている。問題は日産自動車㈱をはじめ、その他の企業がどのような価格で用地取得をしたかであるが、その点では別の資料を参考にしながら、修正してみよう。

V-7-(2)表　追浜地区における旧軍用地の企業別取得面積と買受価格
(昭和34年11月〜38年2月)

企業名	取得用地面積 (m²)	買受価格 (円)	1m²あたりの価格 (円)	審議会年月
日産自動車	1,003,566	1,549,968,535	1,544	35. 11
	(1,002,675)	(1,234,469,055)	(1,231)	(36. 3)
東邦化学工業	40,760	165,025,821	4,049	35. 6
	(40,756)	(56,589,238)	(1,388)	(35.)
大島工業	39,490	230,185,525	5,829	35. 9
	(39,480)	(59,953,559)	(1,519)	(35.)
関東自動車	32,723	162,156,136	4,955	35. 9
	(32,722)	(49,492,400)	(1,513)	(35.)
共立農機	31,235	44,330,937	1,419	35. 11
	(31,233)	(44,123,187)	(1,413)	(36.)
日本ラジエータ	22,514	31,272,880	1,389	35. 11
	(22,513)	(31,055,424)	(1,379)	(36.)

出所：前表および「旧軍用財産資料」（前出）により杉野が作成。なお、(1)表の岡村製作所については当該企業の名が見当たらないので、本表では割愛した。

(2)表で、下段にある（　）内の数字は、大蔵省管財局文書の資料によるものであり、旧軍用地の払下価格のみを記したものである。それを横須賀市の数字と対比させてみると、いずれも官庁の資料であるにもかかわらず、旧軍用地の取得面積および払下価格の点で各企業とも若干の差異がある。だが、それは大きな問題ではない。

この(2)表で大切なことは、追浜地区に進出してきた企業が取得した旧軍用地の1m²あたりの単価が、最低は日産自動車の1,231円、そして最高でも大島工業の1,519円という価格であるということである。ちなみに、(2)表には掲載されていないが、追浜地区において、取得用地面積が2万m²未満の企業が取得した旧軍用地の価格について、これを単価でみると、日本ブレザブ企業組合（3,144m²・1,446円）、横浜鉄工企業組合（1,653m²・1,434円）、追浜機械土木企業組合（1,656m²・1,449円）[3]となっており、用地取得面積の多少に係わって、その単価に若干ではあるが差異がある。

確かに、日産自動車と大島工業との取得単価が異なるという事実はある。しかしながら、取得した旧軍用地の位置や面積、その他種々の条件によって、この程度の差が生ずるのは、当然のことである。したがって、この際、そうした微視的検討は行わない。

問題は、国家権力や権限の行使による巨大企業の資本蓄積方式という視点からみた場合、この工場用地の払下単価が「異常に安い」かどうかという点の検出にある。

用地価格の高低、つまり用地価格を評価するには、その他の地域における用地価格との比較が必要である。しかしながら、土地価格、それも特定の地域における工業用地価格の高低に関する評価となると、土地そのものが唯一無二的な存在であり、その他の工業用地と比較することは不可能かつ無意味とも言える点がある。また、その他の工業用地と比較するにしても、その比較対象となる工業用地は限定されるし、同一時期でなければならないという年次的な制約といった問題もある。その意味では、その他の地域における工業用地と比較し、価格の高低について評価することは極めて困難である。

だが、ここで検証しようとしていることは、工業用地の単なる比較ではなく、払下価格が「異常に安い」かどうかという、払下価格の異常性の検出にある。したがって、ここではまず全国的な視点から工業用地価格の状況をふまえた比較を行い、次に、神奈川県におけるその他の工業地域における用地価格との比較を行えば、その払下価格の「異常性」を、ある程度は検出できるかもしれない。次の表は、昭和33年と35年における日本の主要な工業地域である工業用地価格を示したものである。

V-7-(3)表　各工業地域の工業用地価格（昭和33年・35年）

（単位：円／坪）

都市	年	都心より5km以内	都心より13km以内	都心より24km以内
日立	33	2,000 〜 1,000	1,800 〜 700	350 〜 120
	35	2,800 〜 1,500	2,400 〜 800	1,800 〜 1,000
名古屋	33	4,700 〜 2,400	1,800 〜 1,200	4,700 〜 1,200
	35	4,700 〜 4,700	12,000 〜 10,000	5,900 〜 2,100
福岡	33	10,000 〜 2,400	2,400 〜 1,200	1,800 〜 300
	35	——	3,000 〜 1,800	2,400 〜 500

出所：『わが国工業立地の現状』、通商産業省企業局、昭和37年、35ページ。
※なお本表にある「都心より」の距離は、原表では「都市中心より」である。

(3)表では、いわゆる工業地域である三つの都市が事例として挙げられ、その工業用地価格が昭和33年から35年にかけて急激に上昇しているということを示したものである。

追浜地区における旧軍用地の払下価格を検討する場合には、幾つかの条件を限定しておく必要がある。

まず第一に、追浜地区の用地払下げが審議会で認可されたのは昭和35年なので、(3)表の昭和35年（1960年）の数字と比較する。

第二に、「都心より」（都市中心より）という点では、追浜地区にとって、「都心」ないし「都市中心」をどこにするかによって、比較対象とする距離が異なる。追浜地区の場合には、この「都市中心」を横須賀市だとすると、5km以内でもよいが、やはり県庁の所在地である横浜市からの距離にすると24km以内となる。

第三に、(3)表の都市は、首都圏にはないということである。追浜地区は何と言っても、首都圏内にあるので、その点に留意しなければならない。

第四に、(3)表では、工業用地として整備されていたのかどうか不明である。追浜地区の用地は整備されていたので、その点についても考慮する必要がある。

以上のような四つの点に留意しつつ、三つの都市における工業用地（都市中心より24km以内、昭和35年）の1坪あたりの価格をみると、日立市域で（1,000〜1,800円）、名古屋市域で（2,100〜5,900円）、福岡市域で（500〜2,400円）となる。

追浜地区における旧軍用地の払下価格は、最低であった日産自動車㈱の取得価格でも1坪あたり4,000円を超えるので、時期および都市中心よりの距離という点に限って言えば、決して「異常に安い」価格ではない。むしろ「やや高い」か、せいぜい「時価相応」という価格であると評価しなければならない。

次に、近隣の工業地区における用地価格と比較してみよう。この点では、首都圏に位置し、かつ神奈川県におけるその他の工業地域の工業適地価格と比較してみることが有効である。

神奈川県の中で、横浜市から直線距離で20〜30kmほど離れた、かつ横須賀市に類似した工業都市ないし工業地域としては、藤沢・大船工業地区を挙げることができる。この工業地区では、藤沢地区には日本精工、大船地区には三菱電機が立地しており、東海道本線あるいは横須賀線に沿って多くの工場が立地している[4]。

ところで、この工業地区の昭和37年段階で、工業適地とされている場所は、13カ所であり、その適地面積、現在の用途（地目）と推定価格を示したものが、次の(4)表である。

V-7-(4)表　藤沢・大船工業地区における工場適地（昭和 37 年）

（単位：千 m²、千円／坪）

番号	面積	主たる地目		推定地価（備考）
1	116	田畑	104	山林 5、宅地 6、畑 3 ～ 7
2	125	同	111	山林 6、田 4
3	19	その他	19	宅地 60（耕地整理のため換地中）
4	19	田畑	19	田 4 ～ 6
5	45	同	40	同
6	129	同	128	同
7	319	同	316	同
8	126	同	125	同
9 ～ 10	320	同	306	田畑 7
11 ～ 13	331	同	319	田畑 7

出所：『わが国工業立地の現状』、前出、350 ページより作成。

　一般に、土地価格は山林、畑、田、工業用地、宅地の順で高くなっていくものである。

　しかし、(4)表でみると、山林が坪あたり 5 千円、田畑が 7 千円、田が 4 ～ 6 千円、宅地 6 ～ 60 千円となっていて、地目別土地価格の順位とは整合性がない。それにもかかわらず、これら山林や田畑の単位価格は 4 ～ 7 千円であり、これに工場用地としての造成費用を加算すると、その分だけ高くなる。仮に、その造成費を坪あたり 2 ～ 3 千円とすれば、工業用地価格は 6 千円〜 1 万円程度になると推定される。

　この藤沢・大船工業地区における工場適地の推定価格の年次は不明であるが、仮に『わが国工業立地の現状』が刊行された前年とすれば、この推定は昭和 36 年に行われたことになる。だとすれば昭和 35 年とは 1 年という年次的ギャップがある。それにもかかわらず、追浜地区での旧軍用地の払下価格が 4 ～ 5 千円程度であったことは、やはり「安い」という一般的評価をせざるをえない。このことは、追浜地区の旧軍用地跡地への進出希望社が 72 社もあったという事実がその裏付けになっている。

　なお、横須賀地域における旧軍用地の払下価格についての分析は上巻でも簡単に行っている[5]。

1）　V. I. レーニンは『帝国主義論』（国民文庫版、1952 年、34 ページ）の中で、フリッツ・ケストナー著の『組織強制』（"Organisationzwang"［1912］）を援用しながら、大企業が中小企業を絞殺する手段として、つまり独占的超過利潤を獲得する方法として、原料、労働力、輸送手段、販路の剥奪に加え、購買者との協定、計画的な価格の切り下げ、信用の剥奪、ボイコット宣言を挙げている。現代では、さらに先端技術や情報の独占という手段も含めなければならない。
2）　杉野圀明「国家独占資本主義論と資本蓄積」（『立命館経済学』第 29 巻 1 号、1980 年）を参照されたい。
3）　『横須賀市所在旧軍用財産転用概況』、横須賀市、昭和 49 年、34 ページより杉野が算出。
4）　『わが国工業立地の現状』、通商産業省、昭和 37 年、352 ページを参照。
5）　『旧軍用地転用史論』上巻、603 ページ以下。

第八節　その後の横須賀市における旧軍用地の転用状況

　これまでは、戦後間もない時期における横須賀市の旧軍用財産の転用状況と昭和27年の旧軍用地の再接収問題、続いて日産自動車追浜工場の進出に係わって、旧軍用地の取得と自動車産業を基軸とする地域産業コンプレックスの形成、さらにその際の払下価格などについて分析してきた。しかし、時期的にみると、終戦から昭和27年頃まで、あるいは昭和35年から37年までの限定された分析であったし、これを地域的にみれば、日産自動車の進出との関連で、追浜地区に限定された分析であった。

　そこで、49年1月の時点で、横須賀市全域における旧軍用財産の転用状況を、転用先別に区分し、総括しておこう。それが次の表である。

V－8－(1)表　横須賀市における旧軍用財産の転用状況（昭和49年）

区分	旧軍用財産数量（m²）			
	土地	（構成比）	建物	（昭和31年10月現在）土地
総数	17,494,592	100.0%	1,107,191	17,766,794
1．公共施設	3,828,652	21.9	176,357	——
A　横須賀市関係	2,273,327	(13.0)	91,162	1,346,337
1．譲与財産	1,770,703	——	84,999	
2．譲渡財産	130,162	——	5,556	
3．借受財産	372,462	——	607	
B　神奈川県関係	755,233	(4.3)	3,868	
C　官庁関係	800,092	(4.6)	81,327	906,358
2．民間関係施設	3,376,307	19.3	527,493	1,073,206
1．旧軍港市転換法による譲渡財産	2,895,223	(16.6)	405,076	
2．譲渡財産（法施行前）	175,145	(1.0)	42,602	
3．借受財産	305,939	(1.7)	79,815	
3．駐留軍施設	3,498,207	20.0	403,341	9,087,811
4．防衛庁施設	2,950,778	16.9	——	1,082,291
5．農地所管換財産	2,242,154	12.8	——	2,208,284
6．未利用・その他	1,598,494	9.1	——	1,963,500

　出所：『横須賀市所在旧軍用財産転用概況』、横須賀市、昭和49年、2ページ。ただし、構成比は杉野が算出。昭和31年10月分は1－(2)表の数字に3.3を乗じた数字を杉野が付加した。

　上掲の表は、昭和49年1月の時点で、横須賀市における旧軍用財産がどれだけ転用されたか

を一括したものである。これによれば、昭和 49 年の段階では、横須賀市に約 1,750 万 m² の土地と約 110 万 7 千 m² の建物を内容とする旧軍用財産があった。

そのうち旧軍用地については、公共施設、民間関係施設、駐留軍施設、防衛庁施設、農林省所管農地（未利用地を含む）が、それぞれ 20％前後で、これだけをみれば、いわば均衡した配分結果となっている。もとより、旧軍用地の処理について、このような均等的配分を意識的に行ったのではあるまいが、少なくとも他の地域ではあまりみられなかったことである。もっとも、米軍および防衛庁関係が取得した旧軍用地を合わせると、約 640 万 m² となり、全体のほぼ 37％となる。したがって、横須賀市における旧軍用地の転用が各分野で均等に行われたというより、やはり軍事的な性格が極めて強かったと言ったほうが適切である。言うなれば、これが横須賀市における旧軍用地の転用結果がもつ特徴の一つである。

しかしながら、旧軍用地の産業用地への転用も決して少なかったわけではない。旧軍港市転換法により、民間企業等へ譲渡された、つまり払い下げられた旧軍用地は約 290 万 m² に達する。これに法施行前の分も合わせると、民間企業等へ譲渡された旧軍用地の面積はおよそ 300 万 m² となる。民間関係施設全体の旧軍用地転用面積が約 338 万 m² であるから、軍転法による旧軍用地の取得は、そのうちの実に 85.8％の比率となり、旧軍用地の民間企業等への払下げについては、軍転法が大きな役割を果たしたと言って間違いない。これが第二の特徴である。

さらに注目すべきは、公共施設用地としての転用が約 380 万 m² もあり、特に横須賀市はそのうちの約 59％、およそ 228 万 m² を取得していることである。この 228 万 m² が、道路や学校などの用地として具体的にどのように転用されたかについては検討しておく必要があろう。それはともかく、これが横須賀市における旧軍用地の転用に関する第三の特徴になっている。

自作農創設のための農地として農林省へ有償所管換になった旧軍用地は 224 万 m²（12.8％）であるが、数量的にはともかく、一定の地域における農地への転用の比率としては、他の地域よりも著しく少ない。そして、これが第四の特徴となっている。

続いて、昭和 31 年の時点における旧軍用地の状況と対比させてみると、以下のようなことが判る。

旧軍用地総量としては、1,776 万 m² から 1,749 万 m² へと 25 万 m² ほど減じているが、その原因は判らない。しかしながら、全体としてみれば、それほど大きな差異があるわけではないので、この差異については検討しないことにする。

昭和 31 年と 49 年との間で大きく変化があったのは、駐留軍（米軍）が利用している土地面積である。具体的には昭和 31 年の時点で約 900 万 m² の旧軍用地が利用されていたが、昭和 49 年になると、これが約 350 万 m² へと、およそ 550 万 m² も減少している。これは米軍が日本政府へ返還した旧軍用地分である。

数字としてみれば、返還された旧軍用地は、民間関連施設用地へ約 285 万 m²、防衛庁関連地へ約 187 万 m²、横須賀市関連用地へ約 93 万 m² が転用されている。ちなみに農林省所管の農地面積は、この間に僅か 3 万 4 千 m² の増加があったに過ぎない。

このようにみてくると、民間関連施設用地としての転用が大きく増加し、横須賀市の産業都市
化、工業化が進んだことになる。しかし、米軍からの旧軍用地の返還が遅れたため、戦後におけ
る横須賀市の産業化や工業化が遅れたという別の見方をすることも可能である。その実態につい
ても、より具体的な分析をしてみる必要がある。

　これまでは昭和37年までの旧軍用地の転用状況をみてきたが、それには追浜地区以外の地域
での状況は除外したままであった。そこで、横須賀市における昭和25年以前から昭和49年まで
の旧軍用地の民間用地への転用状況を総括的にみておきたい。それが次の表である。

V-8-(2)表　横須賀市における旧軍用財産の民間への転用状況（地区別・時期別総括表）

（単位：m²、年次：昭和年）

	25年以前	26〜30	31〜35	36〜40	41〜45	46〜49	計
追浜	32,144	——	1,330,934	166,718	750	193,508	1,724,054
田浦	89,513	136,904	29,179	16,150	32,631	——	304,377
逸見					7,972	——	7,972
本庁	47,190	12,232	25,258	※46,092	1,765	37,728	170,265
衣笠	6,298	——		972	1,938	76	9,284
大津			29,364	14,398	——	62,221	105,983
浦賀			2,839	24,861	4,283	3,090	35,073
久里浜		7,520	292,119	17,740	8,375		325,754
西部		——	384,772	2,334			387,106
計	175,145	156,656	2,094,465	289,265	57,914	296,623	3,069,868

　　出所：『横須賀市所在旧軍用財産転用概況』（前出）34〜46ページより作成。なお、転用年次が不明
　　　　の防衛庁共済組合、日本水産塗料（塗装？）・日本水産検料については大蔵省管財局文書「旧
　　　　軍用財産資料」により杉野が補正した。
　　　　※旧横須賀陸軍病院跡地（23,038m²）は、大蔵省管財局文書の資料では昭和23年に厚生省へ国
　　　　　立病院用地として無償所管換している。だが『概況』によれば関東学院大学への転用となって
　　　　　いる。時期的にみて、再転用だと思われる。本表では、『概況』の通りにしておいた。

　まず、旧軍用地の転用状況について、その時期的推移をみておこう。第一に目につくのは、昭
和31年から35年にかけての時期に約200万m²という膨大な旧軍用地が一挙に転用されている
ことである。横須賀市全体で民間関係に払い下げられた旧軍用地の面積が約300万m²であった
から、この時期には、全体の3分の2の転用が行われたことになる。数量的にみれば、この中心
となるのが、日産自動車㈱の追浜地区への進出であったことは明らかである。

　なお、大蔵省管財局文書「旧軍用財産資料」では、日産自動車㈱へ払い下げられたのは昭和
36年となっており、時期的にみて若干のズレがある。このズレは、横須賀市、大蔵省関東財務
局、大蔵省管財局など行政組織間の事務的措置に際しての時間的なズレが生じているものと推測
される。つまり、旧軍用地の転用の時期については、横須賀市と大蔵省との間には、日産自動車
㈱の事例だけでなく、全体的にもそうしたズレがあるものと思わなければならない。

　やや脇道に逸れたが、昭和31年から35年までの期間は、とりわけ昭和33年以降の時期は日

本経済が好況期へ移行した時期であり、それも戦前からの旧式の諸施設を中心としていた鉄鋼業や化学工業はもとより、集中的には石炭産業にみられたように、スクラップ・アンド・ビルドを内容とする合理化と生産性の向上が展開され、他方では石油精製、石油化学、そして自動車産業などの新しい産業の育成強化を中心とする高度経済成長政策が開始された時期であった。それだけに、横須賀市（追浜地区）における日産自動車の進出という個別的な現象だけで判断するのではなく、いわば日本経済の構造的転換期における一つの政治経済的現象であったという巨視的な視点からの把握も必要であろう。

この時期を除くと、その次に大きな転用が行われたのは、昭和36年から40年までの期間（289,265 m²）と昭和46年から49年までの期間（296,623 m²）である。前者については、おそらく追浜地区における旧軍用地の転用が大きく影響しているものと思われるが、後者については、これまでの資料によっては、その実態を十分に説明することはできない。

いずれにせよ、横須賀市における旧軍用地の転用については、日産自動車が追浜地区に進出した時期が最も多く、その他の時期は精々30万 m² の転用に留まっている。特に、昭和41年から45年にかけての時期は僅か5万8千 m² でしかなく、その後の時期における約30万 m² の転用については、その実体が何であったかという問題が残される。

次に、横須賀市内における旧軍用地の転用を地区別に瞥見しておこう。

横須賀市内でもっとも民間への転用が大きかったのは、日産自動車が進出してきた追浜地区である。横須賀市全体では約307万 m² の旧軍用地が民間へ転用されているが、そのうち、この追浜地区（約172万 m²）が全体の56％を占めている。つまり、民間施設の用地として払い下げられている半分以上は、追浜地区においてである。それに続く地区としては、西部（約39万 m²）、久里浜地区（約33万 m²）、田浦地区（約30万 m²）である。これら三つの地区での転用面積をみても、追浜地区における民間への転用がいかに大きかったかが判る。

この追浜地区を含む四つの地区以外では、本庁地区（約17万 m²）と大津地区（約10万 m²）であり、浦賀（約3万5千 m²）、衣笠（約9千 m²）、逸見（約8千 m²）の三地区では民間への転用はそれほど大きくない。

こうした地区では、提供財産として米軍が利用している旧軍用地が大きかったり、公共施設への転用が多かったと思われる。しかし、この(2)表をはじめ、これまでの資料では、これについて説明することができない。

そこで、本書の中心的な研究課題からは離れるが、横須賀市における提供財産の利用状況、および公共用地としての転用状況について概観しておこう。

V-8-(3)表　横須賀市における旧軍用財産の提供財産への転用状況
（昭和49年3月31日現在）

（単位：m²）

旧口座名	所在地	用地面積	提供財産面積
武山航空基地	長井町	714,777	286,780

海軍工機学校	稲岡町	109,301	20,622
横須賀海軍海兵団	福岡町	285,841	285,841
海軍軍需部	長浦町	547,390	27,634
横須賀海軍工廠	本庁	1,701,706	1,611,074
横須賀海軍鎮守府	本庁	31,365	31,365
横須賀鎮守府文庫	福岡町	5,504	5,504
海軍軍法会議所	楠ケ浦	4,542	4,542
海軍下士官兵集会所	本庁	8,981	8,981
海軍軍需部貉火薬庫	田浦町	209,182	164,882
横須賀海軍病院	福岡町	79,348	79,348
箱崎貯油所	箱崎町	814,079	814,079

出所：「旧軍用財産資料」（前出）より作成。

⑶表をみれば判るように、横須賀市における提供財産としては、旧横須賀海軍工廠跡地が約
170万 m² で、圧倒的に大きく、これは日産自動車㈱へ払い下げた100万 m² を遙に凌駕する大
きさである。これに続いては、箱崎貯油所と武山航空基地の跡地である。こうした提供財産とし
て利用されている地域においては、民間企業への転用が相対的に小さな比重になっているものと
思われる。なお、提供財産が米軍によって、どのように利用されているかは本書の関心事ではな
い。

さらに、防衛庁関連施設としての旧軍用地の利用状況も瞥見しておこう。

V-8-⑷表　横須賀市における旧軍用財産の防衛庁利用状況

（単位：m²、年次：昭和年）

旧口座名	所在地	用地面積	利用面積	利用年次
横須賀鎮守府長官官舎	公卿町	13,898	10,247	43
陸軍築城部大矢部倉庫	大矢部	263,970	140,204	34
海軍水雷学校	田浦町	109,578	35,090	32
海軍通信学校	久比里	239,228	162,595	32
同	同	同	53,434	36
海軍対潜学校	川間	453,333	11,398	30
走水防備隊	走水	10,178	10,178	32
海軍武山海兵団	武	1,044,372	917,166	44
横須賀海軍造兵廠機雷実験所	船越	467,253	18,796	32
走水第二砲台	走水	233,907	11,917	32
花立砲台	鴨居	96,472	76,190	39
小原台演習砲台	鴨居	381,920	381,920	32
海軍小原台高角砲台	走水	32,214	32,214	32
走水第三砲台	走水	28,072	28,072	32
海軍大楠機関学校射場	長坂	167,101	104,260	48
海軍港務部	逸見町	84,146	62,009	31

出所：「旧軍用財産資料」（前出）より作成。利用面積が3千 m² 以上のものを収録。

総理府防衛庁が無償所管換で、旧軍用地を取得した主な件は⑷表の通りであるが、これ以外に、

防衛庁は旧海軍武山海兵団射撃場跡地（149,136 m²・武）のうちの 109,189 m²、また旧海軍軍需部（547,390 m²・長浦町）のうち 75,144 m² を昭和 48 年 3 月 31 日現在の時点で、使用承認されている。ちなみに、(4)表に掲載されている総理府（防衛庁）が所管している旧軍用地の面積を合計してみると、2,055,690 m² となり、これは(1)表にある防衛庁施設用地面積（2,950,778 m²）の約 70％となる。その離齬は、3 千 m² 未満の旧軍用地は除外していること、まだ総理府への所管換がなされず、大蔵省が所管している旧軍用地として使用が承認されている段階での面積（184,333 m²）によるものである。

　防衛庁が利用している旧軍用地の中では、海軍武山海兵団跡地（1,044,372 m²）を利用しているのが、917,166 m² で最大であるが、時期的にみると、昭和 32 年に用地取得をしている件数が 16 件中 8 件で圧倒的に多い。

　昭和 32 年の件数が多いのは、昭和 29 年に創設された防衛大学校に関連する諸施設を走水防備隊跡地や各砲台跡地に建設していったことの反映である。その他に、水雷学校跡地では実科学校をはじめ、各種の防衛庁関連施設用地が無償所管換となっている。

　こうした防衛庁関連の諸施設の建設と土地利用は、横須賀市が、米軍の半恒常的な駐留と併せて、戦後に至っても、なお軍事的な性格を強く残すこととなったのである。

　次に、横須賀市における旧軍用地の転用で大きな比重を占めている「公共用地」について年次的にみておくことにしよう。

　この「公共用地」という項目は、(1)表にある「公共施設」の用地という意味で使うことにする。内容的には横須賀市、神奈川県、そして国によって、いわゆる「公共施設」用地として転用に供されている旧軍用地のことである。これまでの資料では、その公共用地の転用実態はそれほど明らかではない。そこで、転用面積が 1 万 m² 以上のものについて、横須賀市、神奈川県、国の省庁（総理府・農林省を除く）の順で、その概況をみていくことにしよう。

　最初に、旧軍用地が地元の公共施設用地として、どのように転用されたかという視点から、横須賀市の状況を概観しておこう。

Ⅴ-8-(5)表　旧軍用地の横須賀市への譲与等の概況

（単位：m²、年次：昭和年）

旧口座名	所在地	用地面積	転用面積	転用目的	年次
横須賀海軍航空飛行場	郷浦町	350,625	22,841	中学用地	38
同	同	同	85,578	運動公園	43
同	同	同	29,351	市道	43
同	同	同	164,087	区画整理用	44
追浜高等官宿舎	同	26,234	11,960	鷹取公園	32
横須賀海軍工廠池上第一工具宿舎	平作町	27,238	11,725	公務員住宅	27
海軍軍需部二課・四課地帯	久里浜	204,160	14,300	中学用地	27
陸軍重砲兵学校	大津町	99,741	35,038	中・小学校	27
同	同	同	38,397	自然公園	34

海軍工作学校	久里浜	331,666	29,688	小学校	27
同	同	同	24,188	市営住宅	28
同	同	同	12,892	博物館他	29
同	同	同	30,852	工業高校	34
同	同	同	23,636	商業高校	34
同	同	同	20,287	小学校	34
同	同	同	26,469	高校	43
同	同	同	28,761	市道	45
海軍砲術学校長井分校	長井町	203,900	20,469	中学	27
海軍大楠機関学校	長坂	174,327	14,858	市道	43
陸軍重砲兵連隊	不入斗	137,937	113,527	中学	27
海軍潜水艦基地隊	船越町	35,731	32,522	中学	27
諏訪山砲台	緑ケ丘	16,833	11,385	諏訪公園	27
不入斗練兵場	不入斗	161,652	11,563	小学校	39
同	同	同	10,944	道路用地	41
海軍警備隊大津射撃場	大津	77,926	66,257	中学・他	27
第一海軍技術廠	浦郷町	390,381	28,865	道路	43
海軍軍需部	長浦町	547,390	29,904	道路	44
横須賀海軍工廠	本庁	1,701,706	16,176	臨海公園	26
海軍三笠保存所	稲岡町	15,146	11,818	公園	45
海軍軍港水道	逸見	798,373	788,763	水道施設	29
天神海軍用地	追浜本町	89,338	10,122	市営住宅	29
同	同	同	10,330	市営住宅	30
同	同	同	13,581	道路用地	43
海軍鉈切用地	浦郷町	142,987	21,302	小学校	31
横須賀海軍工廠池上工員養成所	池上町	62,720	24,489	中学	27
海軍対潜学校	野比				
野比第一実習所	大津町	13,173	13,173	臨海療養所	30
海軍馬門山葬儀場	同	24,347	24,347	墓地	26

出所：「旧軍用財産資料」（前出）より作成。

　昭和48年までの時点で、横須賀市が公共用地として譲与等を受けたのは227万m²であるが、⑸表をみると、そのうち１万m²以上の用地は37件、面積では1,884,445m²である。

　この37件を個別的にみると、その中で最大のものは、水道施設用地としての約79万m²である。それに続いては、区画整理用地（郷浦町）としての16万m²強、中学校（不入斗）の用地11万m²強、運動公園用地（郷浦町）の約８万m²があるほかは、３万m²台が４件、後は１～２万m²の規模に留まっている。もっとも、大津町の中学・小学校用地は３万m²台であるが、二つの学校用地なので、１校あたりだと個別面積は狭くなる。

　これらを整理してみると、中・小学校用地等としての転用が最も多くて12件（412,283m²）、次に道路用地が７件（156,264m²）、各種公園用地が６件（175,314m²）、各種住宅用地が４件（56,365m²）、高校用地３件（80,957m²）の順となっている。

　昭和27年に中学校用地としての転用の件数が多いのは、いわゆる「新制中学」制度の発足に

伴う学校施設の不足に対応したものである。なお、高校用地も含めた学校用地面積は 49 万 m² 強となり、さらに公園用地、臨海療養所、墓地、博物館用地などを含めると、これはあくまでも概数であるが、全体で 70 万 m² 強となる。こうしてみると、横須賀市が譲与された旧軍用地の多くが文教、民生関連で転用されていることが判る。この事実は大切である。

　ここで、付記しておくべきことは、こうした公共施設用地のほとんどが「譲与」であったということである。

　1 万 m² 以上の規模での住宅用地への転用は 4 件で、その合計面積は約 5 万 6 千 m² だが、1万 m² 未満の住宅用地への転用件数が 15 件以上ある。これは、(5)表には記載されていない。個々の規模は小さいにしても、それらの用地面積を合計すれば、相当数に達する。ここで問題なのは、この住宅用地の払下げは「譲渡」ではなく、久里浜や追浜本町の市営住宅用地の払下げにみられるように、大蔵省からは「減額 40％の売払」、横須賀市からみれば 40％減での購入となっている。つまり、旧軍用地が「減額売払」という形態で処理されているのである。

　道路用地については「公共物へ編入」、区画整理用地については、「区画整理のため引渡」という旧軍用地の処理形態をとっている。こうした旧軍用地の処理形態と軍転法との関連については、既に本書の上巻で論じているので、ここでは繰り返さない。

　続いて、地方公共団体としての神奈川県が横須賀市における旧軍用地をどのように転用してきたのか、用地面積が 1 万 m² 以上のものについて分析しておこう。

V-8-(6)表　横須賀市における旧軍用地の神奈川県への譲与等の概況

（単位：m²、年次：昭和年）

旧口座名	所在地	用地面積	利用面積	利用目的	年次
横須賀海軍航空飛行場	郷浦町	350,625	40,104	県立高校	37
海軍武山海兵団	武	1,044,372	41,537	減額 50％	36
走水第二砲台	走水	233,907	12,357	県営住宅※	47

　出所：「旧軍用財産資料」（前出）より作成。　※印は減額 40％。

　地方公共団体としての神奈川県が、横須賀市で旧軍用地を取得している件数は僅かに 3 件、それから取得した面積も約 9 万 4 千 m² で極めて少ない。県営住宅用地については 40％の減額売払で、50％減額で売り払っている旧武山海兵団跡地の件は三崎水産高用地である[1]。

　なお、横須賀市の『概況』では、神奈川県が取得した旧軍用地の面積は、約 76 万 m² となっており、この数字のギャップもまた不詳である。

　次に、国の行政機関である省庁（総理府防衛庁と農林省を除く）へ所管換を行った旧軍用地についてみておこう。

Ⅴ-8-(7)表　横須賀市における旧軍用地の国（省庁）への所管換等の概況

（ただし、総理府防衛庁と農林省を除く）

（単位：m²、年次：昭和年）

旧口座名	所在地	所管換先	利用面積	所管換目的	年次
横須賀海軍航空隊	夏島	文部省	49,235	［農地法］	47
海軍対潜学校	川間	運輸省	205,527	技術研究所	26
同	同	法務省	201,517	刑務所	31
海軍島ケ崎防備隊	鴨居	運輸省	10,307	通信所施設	31
第一技術廠	室ノ木	大蔵省	11,575	——	39
横須賀海軍造兵廠機雷実験所	船越	運輸省	155,738	研究所庁舎	26
同	同	同	18,341	技術研究所	33
海軍武山防空砲台	津久井	同	19,348	——　※	42
東京湾要塞司令部	中里町	厚生省	37,074	国立病院	23
海軍刑務所	大津町	法務省	21,123	刑務所	28
横須賀陸軍病院	中里町	厚生省	23,038	国立病院	23
横須賀野比病院	野比	同	211,299	国立病院	26
海軍対潜学校 　野比第二実習所	同	同	12,638	国立病院	26

出所：「旧軍用財産資料」（前出）より作成。※は『横須賀市と基地』（平成 12 年、209 ページ）によれば「第 3 管区海上保安本部武山受信所」となっている。

　国（省庁）へ所管換になった旧軍用地の面積は(1)表によると、約 80 万 m² である。この(7)表に掲載されている 13 件の面積を合計すると、976,760 m² となり、(1)表のそれよりも約 17 万 m² ほど多くなる。

　用途目的としては、技術研究所、国立病院、刑務所の三つに要約できる。これらの用途目的はそれ自体としては問題はないものの、敢えて言えば、これら三つの用途は、いずれも軍事と関係する可能性をもっている。もともと、旧軍用施設であり、軍事と関係があった施設であるが、それが軍転法をはじめ、平和産業都市として横須賀市が発展していく過程において、軍事研究、軍用病院、軍事犯の刑務所として利用するのか、それとも平和的技術の研究所、国民を対象とした一般的総合病院、一般刑務所として利用されるのかということは、横須賀市の将来動向と深く結びついている。ただし、その倫理的是非は本書の論ずるところではない。

　文部省が農地法に基づいて取得した旧軍用地は、「夏島貝塚」であり、研究教育施設用地への転換を意図したものであろう[2]。

　以上、横須賀市において公共施設として転用された旧軍用地の状況を概観してきた。次には、横須賀市における旧軍用地が、民間企業へ転用された実態をみていくことにしよう。

　横須賀市における民間企業への転用については、昭和 37 年頃までの具体的な状況は既に紹介してきた。しかしながら、追浜地区の横須賀市海軍航空隊跡地と第一海軍技術廠跡地以外の地域については、昭和 30 年から 37 年までの期間における民間企業への転用について紹介していない。そこで、この二つの跡地での転用を除いた地域における、昭和 30 年から昭和 37 年までの転用状

況をまずもって明らかにし、その上で、昭和38年以降における民間企業等への転用実態を明らかにしておきたい。なお、これまでと同様、収録したのは旧軍用地3千 m² 以上の面積を取得した企業等に限定している。

昭和30年から昭和37年までの期間における横須賀市の旧軍用地の民間企業への転用状況は次の通りである。

V-8-(8)表　横須賀市における旧軍用地の民間企業等への転用状況
（昭和30 ～ 37年、ただし追浜地区における二つの旧軍用地を除く）

（単位：m²、年次：昭和年）

旧口座名	所在地	転用先	転用面積	業種	年次
海軍軍需部第二課・四課地帯	久里浜	浦賀船渠	※　6,548	輸送用機械	37
海軍工作学校	同	丸一倉庫	11,318	倉庫業	34
海軍対潜学校	川間	浦賀船渠	※　3,860	輸送用機械	37
海軍砲術学校長井分校	長井町	京浜急行電鉄	11,649	運輸業	32
海軍大楠機関学校	長坂	富士電機	154,651	電機機械	36
海軍久里浜防備隊	久里浜	東京電力	173,709	公益事業	32
同	同	日魯漁業	19,182	漁業	34
同	同	東京電力	4,616	公益事業	36
第一技術廠室ノ木工場	室ノ木	花咲産業	4,756	建設業	37
横須賀海軍造兵廠造兵部	船越	関東自動車	18,360	輸送機械	32
同	同	多治見製作所	10,813	機械工業	32
横須賀海軍造兵廠機雷実験所	同	大平飼料	6,664	飼料製造業	34
走水第二砲台	走水	京浜急行電鉄	24,858	輸送業	37
陸軍千駄ヶ崎砲台	東浦賀	東京電力	60,363	公益事業	32
横須賀海軍工廠	本庁	浦賀船渠	22,933	輸送機械	35
同	同	同	6,408	同	36
同	同	東造船	16,300	同	37
矢の津弾薬庫	大津町	神糧倉庫	29,360	倉庫業	36

出所：「旧軍用財産資料」（前出）より作成。なお、※印は、時価購入ではなく、「交換」による取得である。

昭和32年から昭和37年までの期間、追浜地区の二つの跡地を除き、1件あたり3千 m² 以上の旧軍用地という三つの条件で限定すれば、横須賀市における民間企業へ払い下げられた旧軍用地は、(8)表の通りである。

これらの中で最大規模の取得を行ったのは東京電力で、同社は昭和32年に海軍久里浜防備隊跡地の17万 m² 強と陸軍千駄ヶ崎砲台跡地の約6万 m² を取得している。さらに、昭和36年には久里浜防備隊跡地で5千 m² 弱の用地を取得しているので、東京電力は、横須賀市で、この期間、約24万 m² を取得している。この東京電力の横須賀市への進出を時期的にみると昭和32年なので、これは日産自動車が追浜地区に進出する以前のことである。もし、この時点で東電が発電所を立地させる計画があったのであれば、「追浜地区に進出する日産自動車建設計画概要並びに関連施設」（昭和34年、横須賀市）で、わざわざ戸塚変電所からの送電を論ずることはなかっ

た筈である。事実、久里浜地区では、東電が火力発電所を建設している。

　東電に続いて大きな旧軍用地を取得したのは、富士電機製造である。富士電機は、昭和 36 年に、海軍大楠機関学校跡地で約 15 万 m² 強を取得しているが、その用途目的は、原子力の生産・研究と関連した放射能計器の製造を用途目的としたものであった。

　それ以外で目につくのは、浦賀船渠が昭和 35 年と同 36 年に横須賀海軍工廠跡地で併せて 3 万 m² 弱の用地を取得し、昭和 37 年には「交換」で、久里浜地区と川間で約 1 万 m² の用地を入手している。この「交換」による入手が、海軍工廠跡地との交換であったかどうかは不詳である。

　そのほかに、京浜急行電鉄が 2 件、およそ 3 万 7 千 m² を取得しているのと、比較的大きな旧軍用地を取得した関東自動車と多治見製作所、それから二つの倉庫業がある。さらに地域的特性に対応して日魯漁業などが用地取得をしている。

　これらを概括すれば、追浜地区に日産自動車が進出してくる時期に、その関連諸企業の進出が横須賀市の他地区でもみられ、旧軍用地の総取得面積は、586,348 m² に達する。その意味では、自動車産業コンプレックスの地域的範囲はもう少し広げて考えることもできよう。なお、業種的にみれば、飼料から放射能計器までの産業分野が広範囲に含まれており、必ずしも日産自動車関連の業種だけに限定されてはいないことにも留意しておかねばならない。

　その後、横須賀市における旧軍用地（3 千 m² 以上）がどのように転用されてきたのか、昭和 39 年以降 46 年までの期間における民間企業への転用状況を紹介しておこう。それが⑼表である。

V-8-⑼表　横須賀市における旧軍用地の民間企業等への転用状況（昭和 39 ～ 46 年）

（単位：m²、年次：昭和年）

旧口座名	所在地	転用先	転用面積	業種	年次
横須賀海軍航空隊	夏島	日産自動車	12,772	輸送用機械	40
横須賀海軍造兵廠造兵部	船越	吾妻計器	5,483	精密機械	43
大津練兵場	大津町	花田工業	12,066	輸送用機械	40
第一海軍技術廠	浦郷町	大島工業	3,462	建設業	39
同	同	呉飼料	5,103	食品工業	40
同	同	甘糟産業汽船	6,885	サービス	40
海軍軍需部	長浦町	太陽船舶工業	3,359	輸送用機械	39
同	同	東京湾倉庫	3,380	倉庫業	42
同	同	曙機械	3,042	機械工業	43
同	同	関東自動車	3,401	輸送用機械	44
同	同	堀硝子	5,278	窯業	44
同	同	東京湾倉庫	6,494	倉庫業	44
海軍銃切用地	浦郷町	日産自動車	40,973	輸送用機械	40
矢の津弾薬庫	大津町	昭和興成	3,133	不動産業	46
同	同	大商不動産	4,617	同	46
同	同	東映不動産	38,396	同	46

　出所：「旧軍用財産資料」（前出）より作成。

昭和 39 年以降になると、横須賀市における旧軍用地の転用もぐっと少なくなり、昭和 46 年までに民間企業へ払い下げられた件数は僅かに 16 件、用地面積にして、157,844 m² である。もっとも、これは 1 件あたりの払下面積が 3 千 m² 以上のものに限定した場合である。

　1 件あたりの払下面積が大きかったのは、海軍鉈切用地跡地を取得した日産自動車が約 4 万 1 千 m² で、それに続くのが、東映不動産の 3 万 8 千 m² である。これをみても全体的に取得した面積は相対的に小さいことが判るが、小規模な取得面積の払下状況をみると、16 件中、5 千 m² 未満が 7 件、5 千 m² 以上 7 千 m² 未満が 5 件、この二つを併せると、計 12 件となる。

　時期的にみて特徴的なのは、昭和 46 年に矢の津弾薬庫の跡地が不動産業 3 社に払い下げられていることである。これは民間企業への払下げであるが、工業用地への転用ではなく、おそらく宅地造成による転売を意図したものと思われる。

　次に業種別にみると、輸送用機械器具製造業の 5 件を含めて、機械工業が計 7 件、それから不動産業が 3 件、倉庫業 2 件、その他 4 件となっている。

　横須賀市における旧軍用地の産業用地、とくに工業用地への転用は、日産自動車を中心にして地域産業コンプレックスが形成された昭和 36 年から 37 年頃が最盛期で、それ以降になると、市内における未利用の旧軍用地そのものが少なくなり、譲渡される件数も 1 件あたりの面積も小規模なものになってきたとみることができよう。

　横須賀市における企業誘致とその結果について、昭和 40 年の時点で、『横須賀百年史』は次のように述べている。

　「顧みれば、本市が平和産業都市へのスタートを切ってから、既に 20 年になんなんとする歳月が経過している。テンポは決して速かったとはいわれないが、今は久里浜は漁業基地および水産加工地帯に、長浦は貿易港および機械産業・倉庫地帯に、追浜は自動車・機械産業地帯に、武山は原子力の生産・研究地帯に、それぞれ転換を了して所期の目的が達せられたのである。軍需一色で塗りつぶされていた幾十百の旧軍用施設が、装いを新たにして平和産業に転換して、地区それぞれの特色をもちながら、生産および研究の息ぶきをあげている姿は、まさしく壮観といえるであろう。『更生対策要綱』『旧軍港市転換法』は、かくして見事に実ったのである」[2]

　この『横須賀百年史』による評価は、生産力的、現象的であるとはいえ、昭和 40 年段階で、横須賀市における旧軍用地の転用が一定の成果を挙げて、一段落したことを示している。事実としても、昭和 40 年以降においては、矢の津弾薬庫跡地が不動産業に売り払われたように、産業用地ないし工業用地として不適な旧軍用地は、宅地へと転用されていくのである。

　　1 ）『横須賀市と基地』（横須賀市、平成 12 年、203 ページ）によれば、「県立三崎水産高」となっている。
　　2 ）同上、207 ページによる。
　　3 ）『横須賀百年史』、横須賀市、昭和 40 年、341 ページ。

第九節　横須賀市における提供財産と工業立地条件

　戦後における横須賀市が、近代的工業都市として発展していく具体的な契機は、追浜地区で日産自動車が昭和36年に旧軍用地を取得し、地域産業コンプレックスを形成したことであった。また、その底流には、昭和25年に制定された軍転法が大きな役割を果たし、横須賀市による工業立地条件の整備・拡充が、その加速要因であった。

　しかしながら、横須賀市における工業立地条件については、幾つかの問題があったし、工業用地を拡張していく問題としては、とくに旧軍用地との関連、将来的には米軍への提供財産が焦点となってくる。

　そこで、横須賀市の工業立地条件として、どのような問題があったのか、それを概略的に紹介し、続いて旧軍用地との関連、とりわけ提供財産との関連について、その問題点を明らかにしておきたい。

　横須賀市における工業立地条件の一般的な問題点については、国民経済研究協会が『横須賀市臨海港都市開発計画』（昭和38年）の中で次のように指摘している。

　「京浜地帯に隣接するとはいえ、市域は三浦半島にあって東海道の幹線を離れ、いわば行き詰まりの袋小路にひとしい。いわゆるベルトラインの外側に位置することになる。地勢が起伏にとんでいるため、平坦地に恵まれない。本格的な工業適地としては、久里浜地区平作川沿いの36万坪の団地造成が期待されるにすぎない。

　半島には水源として期待される河川がなく、工業用水は相模川、中津川などを水源とする上水道（現在日量114,000トン）に依存している」[1]

　この引用文が指摘している工業立地条件の三つの劣悪性は、主として自然的要因に条件づけられているものであり、将来的にみて必ずしも不変というわけではない。とりわけ、第一に指摘されている「ベルトラインの外側に位置する」という劣悪性は、きわめて微視的に把握されており、巨視的には、あるいは普通にみれば、横須賀市がベルトライン上にあることは間違いない。したがって、ここで指摘されている問題は、幹線としての東海道に輸送体系をどう結び付けるかという「程度」の問題でしかなく、これを「不利な条件」とするのは、むしろ誤りであろう。

　次に「地勢が起伏にとんでいるため、平坦地に恵まれない」という用地不足の問題については、横須賀市に赴けば、誰しもが抱く感覚である。したがって問題の所在を否定するわけでもないし、起伏の多い土地を平坦化する工事費が用地価格へ跳ね返ることも事実である。

　だが、地域の総合的な土地利用という視点からみると、土地が起伏に富んでいることがすべてマイナス要因だとは限らない。むしろ、工業用地と隣接する諸用途地域とのトラブル（具体的には騒音、悪臭、その他諸種の汚染等）を防ぐためにも、ある程度の起伏を必要とする場合もある。

　しかし、横須賀市域の場合には、丘陵性の土地の多くは、住宅地化しているのが実状であり、土地利用の競合化が地価の上昇をもたらし、結果として、この高い地価の形成が、工業用地への

転換を困難にしている点もある。

工業立地条件としての「平坦地の不足」という問題をあえて克服するとすれば、これを人為的に解決することも可能である。

横須賀市の場合であれば、安浦港から三春町、馬堀海岸の地先を埋め立てることによって、ある程度の平坦地を確保することも可能である。また埋め立てだけでなく、例えば、御幸浜の自衛隊基地を移転させることによっても、相当の平坦地を確保することが可能である。このように可能性としては、かなりの工業用地を確保する余地が残されていると言えよう。

ただし、これらは工学的な発想であり、実際には多くの問題が伴うことを一切捨象した物理的可能性である。前者については、水深と埋立費用との関連はもとより、環境権や漁業補償なども含めた沿岸住民、あるいは横須賀市民の了承が必要であるし、後者については、米軍基地の防備とも関連しているので、そう容易に片づく問題ではない。

第三の水資源の不足は、横須賀市の工業立地条件として、かなり大きなマイナス要因であることは間違いない。そのことが、横須賀市に非用水型工業である輸送用機械器具製造業を集中的に立地させる原因ともなったのだが、川崎、横浜という重化学工業地帯に隣接しているだけに、将来的にみても、海水を安価で淡水化する技術が進めばともかく、他地域からの用水供給はかなりの困難がある。

横須賀市の工業立地条件をさらに困難にしている問題は、すでに平坦地化の問題でも触れたが、米軍および自衛隊の駐留という現実である。この点について、先の国民経済研究協会は次のように述べている。

「旧軍施設は、戦災を免れたものの、現在、米駐留軍及び防衛庁に利用され、これら防衛施設は市面積の7.9％、市街地面積のじつに27.3％を占めており、この点は市財政にも大きな影響を与えている。

横須賀の中枢部とみなされる横須賀本港――とくにその大型船渠、巨大な貯油施設は注目される――はなお米軍の管理下にある」[2]

旧軍用地関係の諸施設が米軍の管理下にあることが民間企業の活動にとっての「隘路」であるということは、昭和22年に横須賀市更生委員会が既に指摘したところであるが、昭和38年の時点でも、この問題は解決しないままであった。つまり、横須賀市における工業立地条件の劣悪性は、自然的条件にもよるが、より根本的には、横須賀市の軍事的性格そのものに起因するものであった。

産業基盤を整備・拡充し、工業立地条件の劣悪性を改善すべきだという横須賀市の意向は、昭和45年の時点でも継承されることになる。

横須賀市は、『横須賀市都市基本構想』（昭和45年12月）を策定し、将来あるべき「都市像」としては、「①住みよい文化都市、②三浦半島の自然を生かした健康な都市環境の実現、③東京湾開発の一環としての産業港湾地域の開発」の三点を挙げ[3]、その施策大綱のうち「産業経済の振興」としては、「港湾の建設整備」を先にし、しかるのちに「工業の振興」を掲げている。

この「港湾の建設整備」では、「港湾取扱物量の飛躍的増大に対処し、東京湾内貨物取扱いの一翼をになう商港として、横須賀新港を築造し、現有港湾機能の強化とあわせ積極的な港湾開発をはかる。さらに新港機能の増進対策として、新港と東京湾環状道路との取付道路の早期完成を促進する」[4]と述べている。つまり、「横須賀新港の築造」を含む港湾開発と「東京湾環状道路」への接続によって、横須賀市の産業基盤、とりわけ交通・運輸条件の改善を目指すものであった。このことは、東海道からやや離れているという輸送条件の劣悪性を補強するという意味もあったと思われる。

この輸送条件の補強改善策を前提として展開される「工業の振興」政策として、横須賀市は、次のような構想を打ち出している。

「旧軍港市転換法に基づく旧軍用財産の転用は、主要工業地域である追浜工業団地、長溝臨港地帯、久里浜工業地帯の基盤を形成し、地場産業を育成しつつ、本市工業の飛躍的発展をもたらした。

本市の工業は、さらに振興を必要とし、そのため臨海部提供施設の返還と防衛施設の集約移転が望まれ、海面の埋立とあわせて、これらを新たな工業地域とすることにより、ここに公害のない生産性の高い、基幹となる産業を主軸とした工業の進出をはかり、かつ、生産に従事する者の確保対策を講じ、港の整備による港湾機能の向上と相まって積極的な工業の振興をはかる」[5]

この構想で、第一に掲げられているのが、「提供施設の返還と防衛施設の集約移転」であり、それは既に軍事施設として利用されている旧軍用地の工業用地への、いわば二次的転用を内容とするものであった。さらに海面埋立もまた、工業用地の造成構想であり、「工業の振興」では、工業用地の確保と創出ということが大きな内容となっているのである。

この二つの工業用地構想と「港湾機能の向上」構想と併せた「工業の振興」構想は、昭和46年に発表された『横須賀市総合開発基本計画』で結実する。やや長くなるが、旧軍用地の二次的転用とも関連しているので、この『基本計画』における「工業」の部分を引用しておこう。

「1．特性　本市の工業は、工業用水がないことから非用水型の輸送用機械工業が基幹となり、その技術は、戦前の造船等の高い技術水準を継承している。

　2．将来計画　将来の工業開発については、地形的条件からも内陸部に新たに工業用地を求めることが困難であることから、米軍提供施設の解除、海面埋立等による工業用地の確保により工業誘致をはかるものであるが、この場合、用水係数が低く生産性の高い食料品、電気機械器具、輸送用機械、光学機械等の業種を選定する必要がある。

　　その具体的な方策は、次のとおりである。

⑴現在米軍提供施設として使用中の久里浜倉庫地区83.2ヘクタールは、早急な解除を求め、ここに大型産業の誘致をはかり、本地区を中核として久里浜港および久里浜工業団地と一体化した久里浜工業地帯の完成を促進する。

⑵追浜地先の海面埋立を実施して、追浜工業団地の一環として米軍提供解除地区と一体的土

地利用による大型造船工業の立地と輸送用機械工業の充実をはかる。

(3)既設の武山工業地区 44 ヘクタールは、その特性を生かし研究所等の特別工業地区とする。

3．将来の工業出荷額　昭和 60 年の工業用地面積は約 1,200 ヘクタールと推定され、その出荷額は、1 兆 2,200 億円と予想される」[6]

『総合開発基本計画』が言及している工業用地計画では、(1)久里浜倉庫地区における提供施設の解除と大型産業の誘致と(2)追浜地先の埋立による大型造船工業の誘致の二つである。以下では、この二つの工業用地計画がどのようになっていったのか追跡してみよう。

まず第一の久里浜倉庫地区については、横須賀商工会議所が『住みよい産業都市横須賀』（昭和 49 年）の中で次のように述べている。

「47 年に返還された久里浜倉庫地区 81.6 万 m² の約 90％の区域に小松製作所が進出することになっており、久里浜工業団地と久里浜臨海工業地帯と連繋して横須賀市南部に一大工業地帯を形成することになっている」[7]

この引用文で大切なことは、昭和 47 年に久里浜倉庫地区が米軍より返還されたということである。昭和 46 年の段階では、横須賀市が「提供施設の解除」という極めて政治的な内容をもった構想を計画化していたが、おそらくこの時点では、米軍との間に一定の了解が既になされていたものと推察される。このことは、もう一つの工業用地計画が策定されていた追浜地区についても当てはまる。

すなわち、追浜地区では、住友機械工業㈱追浜造船所が昭和 47 年までに 62 ヘクタールを埋立し、その近代的造船設備を誇っているという状況にあり[8]、また『住みよい産業都市横須賀』は「47 年 4 月に米軍から返還された追浜海軍航空隊施設 45.5 万 m² と返還地域東側海面を 51.7 万 m² 埋立てて合せて 97.2 万 m² とし、これまでの追浜工業団地を拡大する計画になっている。そこには日産自動車の専用埠頭、住友重機械の 40 万トン修理ドック、艤装岸壁などができ横須賀市北部に一大工業団地が出現する」[9]と述べている。

続いて、港湾整備については、昭和 49 年の時点で、次のような状況になっている。

「昭和 41 年に着工した横須賀新港第一期工事が 8 年の歳月と 61 億円を費して 49 年度に完成し、年度後半に使用開始となる。新港は 15,000 トン級船舶 2 隻、5,000 トン級 1 隻、2,000 トン級 2 隻を同時に接岸できる岸壁をもち、年間 80 万トンの貨物を取扱うことができる。なお、新港第一期工事終了後は引続き隣接する安浦地区に第二期工事（埠頭用地 18.7 万 m²）にする」[10]

この新港建設は、旧軍用地を転用した工業地域の立地条件を改善していくことになるのだが、旧軍用地、あるいは旧軍用財産と直接関係がないので、これ以上の論及は差し控える。

以上、昭和 39 年以降における横須賀市の工業発展の過程を旧軍用地の転用という視点からみてきた。その中では、米軍からの提供財産の返還が、横須賀市の活性化に大きな役割を果たしていることが明らかとなった。

しかし、米軍へ提供していた旧軍用地の第二次的転用とそれを利用した大規模工業の進出、さらに工業団地の拡充といった状況は、横須賀市あるいは小松製作所や住友機械工業といった大資

本の意向だけで生み出されるものではない。昭和47年は、沖縄が日本へ返還された年であり、横須賀市における提供財産の返還も、米軍の世界的軍事戦略の変更、その一環としての対日支配戦略の変更に伴うものとして考えることもできる。だが、その背後には横須賀市や神奈川県をはじめとする根強い返還運動があったことを忘れてはならない。

   1）『横須賀市臨海港都市開発計画』、国民経済研究協会、昭和38年、76ページ。
   2）同上書、76〜77ページ。
   3）『横須賀市都市基本構想』、横須賀市、昭和45年、3ページ。
   4）同上書、8ページ。
   5）同上書、8〜9ページ。
   6）『横須賀市総合開発基本計画』、横須賀市、昭和46年、75ページ。
   7）『住みよい産業都市横須賀』、横須賀商工会議所、昭和49年、32〜33ページ。
   8）『横須賀市勢要覧』、横須賀市、昭和47年版、グラビアによる。
   9）『住みよい産業都市横須賀』、前出、32ページ。
  10）同上書、33ページ。

第十節　提供財産の返還問題と工業用地への転換に関する将来展望

　横須賀市における工業化は、米軍による旧軍用地の再接収という問題はあったにせよ、大規模な提供財産の返還に伴う大企業の進出という場合が多かった。その際に重要なことは、この返還が、単に横須賀市の要望に応えるという形態によってではなく、米軍の世界戦略体制の変更、具体的には、日本の軍事力（自衛隊）を増強させることによって、アジア地域の防衛を肩代わりさせるという極東アジア支配戦略の変更に伴うものであった。それは昭和47年の沖縄の本土返還に典型的に現れている。

　このような視点からみれば、昭和36年の返還に伴って追浜地区に進出してきた日産自動車、同じく昭和47年の小松製作所と住友機械工業産業の進出についても、米軍の世界支配戦略の一環に組み込まれた出来事だったとも考えられるのである。

　しかしながら、それだけで旧軍用地、それも現に米軍へ提供している旧軍用地が簡単に返還されるものではない。それは神奈川県や横須賀市という行政機関を通じて、また地域住民を中心とする日本国民の熱い返還運動が展開された結果でもあった。

　米軍が提供財産として利用している軍事施設を日本へ返還させる運動は、少なくとも、地域行政機関を通じて、次のように行われてきた。

　久里浜倉庫地区（832,211m²）の返還要求については、横須賀市長が、早くも昭和35年11月1日に調達庁長官（写外務省安全保障課長）に要望したのを手始めに、36年には3度、それ以降毎年ごとに1ないし2回の割合で行われ、昭和45年までに都合16回の返還要望が「民間施設、研究所等に利用」というかたちで根強く行われてきている[1]。

追浜海軍航空隊施設については、昭和 36 年 3 月 27 日を皮切りに、昭和 38 年以降昭和 45 年までに併せて 7 回の要望が市長より出されている[2]。

　しかしながら、この返還を求める要望の内容は、あくまでも大企業の誘致であり、そのための工場用地を旧軍用地からの転換によって確保するということが目的であった。そのことは、市議会議長が昭和 39 年 3 月 16 日に関係各省庁へ提出した「追浜海軍航空隊施設の返還と産業用地へ転用促進に関する決議書」や、この追浜地区について昭和 45 年 5 月 1 日に出された要望書が「所在企業の敷地拡張、返還地外側海面も埋立る計画である」[3]としていたことをみても明らかである。

　確かに軍転法の条文をみれば、この法は旧軍港都市から平和産業都市への転換を意図したものであった。だが、米軍の駐留と旧軍用財産を提供することは、この法の意図するものではなかったし、憲法で「戦争を放棄」した筈の日本が、「自衛のための戦力」（自衛隊）を保持し、それが横須賀市へ駐留していることも問題である。さらに問題となるのは、この久里浜地区に進出してきた小松製作所や住友機械工業はもとより、軍用トラックやジープも生産できる日産自動車も含めて、これらの企業を、軍需とは無関係な平和産業に属すると言えるかどうかということである。

　こうした論点については、いまそれを検討するだけの余裕がない。ここでは、横須賀市における旧軍用地と工業立地との関係に絞って、これまでの経過をもういちど整理し、将来における提供財産が将来において、どの程度に返還される可能性があるのかについて考究していくことにしたい。

　昭和 49 年の時点で、横須賀商工会議所は、横須賀市が歩いてきた工業化の道を振り返り、提供財産の現状を見据えながら、今後における基地返還の展望について述べている。文章の内容を歴史的経過の順に整理しながら、引用しておこう。

　「今日まで横須賀市は旧軍港市転換法（25 年 6 月公布）にもとづく平和産業港湾都市建設を市是としながら、他方国家的要請による防衛施設の拡大に理解を示し、協力しつつ、そして平和産業港湾都市建設と防衛施設の拡充の調和をはかることを心掛けてきた」[4]

　「47 年 10 月現在、旧帝国陸、海軍の使用していた土地 1749.4 万 m^2 は、公共施設に 321.9 万 m^2（全体の 18.4%）、民間施設に 323.4 万 m^2（18.5%）転用され、住みよい都市づくり、産業都市建設に役立ってきた」[5]

　「49 年 1 月、市内の米軍基地は、米海軍施設、吾妻倉庫地区、浦郷倉庫地区、海軍兵員クラブ、長井住宅地区の 5 ケ所、面積 349.6 万 m^2 である。——自衛隊施設は 66 ケ所、341.1 万 m^2 である」[6]

　「縮小をつづけてきた米軍基地にとって、残っているところは、兵員クラブ、長井住宅地区をのぞいては基地の存立にかかわる重要箇所だけに、こんごの基地返還は容易でないとみられる。基地所在都市としての特異性を持っている横須賀は、他都市に見られぬ複雑な都市性格であるといえよう」[7]

　これらの文章から判る重要なことは、まず第一に、横須賀市の商工会議所が「国家的要請によ

る防衛施設の拡大に協力してきた」ということである。防衛施設は明らかに軍事力であり、その増強に協力することは、軍転法の精神に逆行するのではあるまいか。

　第二に、旧軍用地の利用率でみるかぎり、公共施設と民間施設がそれぞれ18％強で調和し、かつ併せて37％となるので、これが米軍への提供施設、さらに防衛施設とそれぞれ調和していることである。確かに数字的にはそうである。だが、これは意図的、あるいは計画的に調和させたと言うよりも、結果としてそうなっただけではなかったろうか。

　第三に驚くべきことは、横須賀市内に自衛隊施設が66カ所もあるということである。そのうちのほとんどが旧軍用地だと思われるが、実際にはどうか。

　そして第四に、もはや米軍が使用している軍用施設（提供財産）は「重要箇所」だけであり、その返還が極めて困難な状況にあると述べていることである。これまでの経緯を踏まえると、このような判断をしたのは、旧来のように、米軍から返還するという意向が示されないことが大きな原因と思われる。だが、そうした判断には、もはやこれ以上返還運動をしない、あるいは運動しても無意味だということであろうか。その点はともかく、提供財産の返還による工業用地の確保・拡充は困難と判断していることは重要である。そして、この判断が、その後における地方公共団体の計画にも反映されて現れる。

　昭和48年11月に策定された『神奈川県新総合開発計画』では、土地利用の規制強化というかたちで、「工業の新規立地を抑制する」[8]と打ち出しており、横須賀市が昭和51年2月に発表した『第2次5ケ年計画』でも、工業立地に関連する「まちの繁栄をもたらす産業振興のために」という項目でも、工場誘致など、大企業に対する施策については全く触れていない。そこでは、「中小企業対策として、協業化の推進に対する助成と設備近代化、その他の資金需要に対する融資制度を拡大する」[9]という中小企業政策と「1．横須賀新港第一突堤については昭和53年度完成を図るとともに、機能施設として上屋を建設する。2．その他の港湾については、長浦港及び鴨居港の施設整備を行う」[10]という港湾施設の建設計画が掲げられているにすぎない。

　このように、地域への工業の誘致や工場建設に対する熱意が後退したのは、横須賀市の場合には、米軍に提供している旧軍用地がこれ以上容易には返還されないという見通しがあったことも事実である。このことは、横須賀の米軍基地が極東における最大の海軍基地となっており、世界状勢からみても、米軍から積極的に返還を申し出るような状況ではなく、安保条約および日米行政協定の第二条をみても、日米両政府の合意がなければ、米軍は日本における基地利用の自由を手離さないのである。さらに横須賀市商工会議所の「国家的要請による防衛施設の拡大に理解を示し、協力し」というような情況のもとでは、横須賀市民が全力を挙げて米軍へ基地返還要求を打ち出す情熱や姿勢がもはやみられなくなっている。

　横須賀市が『第2次5ケ年計画』で、工業用地の拡張や工場誘致を積極的に打ち出せなかった理由としては、その根底に基地問題があったことは否定できない。しかしながら、『第2次5ケ年計画』が、そのような政策や施策を展開しえなかったのは、当時、国民的な課題となっていた公害問題であり、全国的に展開された公害反対運動であった。高度経済成長過程は、いわば大気

汚染、水質汚染、騒音などの公害を全国的規模で惹起させ、それと同時に、工業化に対する拒否反応が国民的規模で展開されたのである。

時代は変わる。旧軍用地の転用としての産業立地、とりわけ工業立地という状況は、昭和50年代にはみられなくなる。この時期に至っては、旧軍用地が僅少になったという物理的状況もあるが、提供財産である基地返還運動の低迷、そして公害反対運動の展開が、旧軍用地の工業用地への転用をなくしていったとも考えられる。

1）　『基地対策資料』、横須賀市、昭和50年、29 ～ 32 ページを参照。
2）　同上書、29 ～ 31 ページ参照。
3）　同上書、31 ページ。
4）　『住みよい産業都市横須賀』、前出、37 ページ。
5）　同上。
6）　同上。
7）　同上。
8）　『神奈川県新総合開発計画』、神奈川県、昭和48 年、8 ページ。
9）　『第 2 次 5 ケ年計画』、横須賀市、昭和51 年、106 ページ。
10）　同上書、113 ページ。

第十一節　その後の横須賀市における旧軍用地の転用状況（付記）

これまでの第十節までは、昭和40 年代末頃までの横須賀市における旧軍用財産の転用状況を明らかにしながら、工業立地に関する諸問題について検討してきた。だが、年月は流れ、現在は過去となり、歴史となる。本書が検討対象としている時期は、もはや歴史となった。だが、歴史は歴史として現在に生きている。その典型が、この横須賀市であり、2001 年には三浦半島の「中核市」（地方自治法第252 条）となり、平成28 年4 月末の時点では、その旧軍港としての「歴史」が、他の旧軍港市とあわせて、「日本遺産」（文化庁指定）として登録されようとしている。

そうした横須賀市の歴史を振り返るとき、旧軍用地の転用状況については、最近に至るまでの経過を簡単でも辿っておきたい。繰り返すようだが、本書の検討対象時期は昭和50 年段階までなので、この節は「付記」とし、詳細な分析は差し控える。

そこで、横須賀市全域における旧軍用地の転用状況を、昭和31 年、昭和49 年、昭和61 年、平成12 年という歴史的経緯として転用先別に区分し、総括しておこう。それが次の表である。

V-11-(1)表　横須賀市における旧軍用地転用の歴史的経過（昭和 31 年～平成 12 年）

（単位：m²）

		昭和 31 年	昭和 49 年	昭和 61 年	平成 12 年
総数		17,766,794	17,494,592	18,906,738	18,892,903
1．公共施設		——	3,828,652	5,544,604	5,764,084
	A　横須賀市関係	1,346,337	2,273,327	3,814,629	4,002,459
	1．譲与財産	——	1,770,703	2,685,133	2,841,027
	2．譲渡財産	——	130,162	206,517	242,926
	3．借受財産	——	372,462	922,979	918,506
	B　神奈川県関係		755,233	788,831	811,190
	C　官庁関係	906,358	800,092	941,144	950,435
2．民間関係施設		1,073,206	3,376,307	3,606,269	3,765,871
	1．旧軍港市転換法による譲渡財産	——	2,895,223	3,197,905	3,350,497
	2．譲渡財産（法施行前）		175,145	176,142	175,142
	3．借受財産		305,939	233,222	240,232
3．駐留軍施設		9,087,811	3,498,207	3,302,926	3,370,968
4．防衛庁施設		1,082,291	2,950,778	2,793,663	2,835,301
5．農地所管換財産		2,208,284	2,242,154	2,238,844	2,238,835
6．未利用・その他		1,963,500	1,598,494	1,420,432	917,844

出所：①『横須賀市所在旧軍用財産転用概況』、横須賀市、昭和 49 年、2 ページ。ただし、昭和 31 年
　　　分は同表の数字に 3.3 を乗じた数字を杉野が付加した。
　　　②『横須賀市と基地』、横須賀市、昭和 61 年、83 ページ。
　　　③『横須賀市と基地』、横須賀市、平成 12 年、172 ページ。

　上掲の表は、横須賀市における旧軍用地の転換について、昭和 31 年から平成 12 年までの約 43 年間にわたる経過をみたものである。なお、平成 21 年までの転用状況については、他の旧軍港市との比較という視点から、のちに検討を行うことにしている。

　この(1)表で、昭和 49 年から平成 12 年までの数字的変化をみると、まず第一に、旧軍用地の面積総数が約 140 万 m² も増加していることに気づく。旧軍用地が増加するということは何を意味するのか、俄には判断できない。おそらく、何かの事由で、ある土地が旧軍用地であったという事実関係が、地籍や土地登記簿等で明らかになったものと思われる。

　次に、転用状況についてであるが、この期間に公共施設用地への転用増加（約 193 万 m²）が目立つ。その増加要因としては、横須賀市関係の公共施設への転用増加（約 173 万 m²）が主たるものであり、かつその内訳を詳細にみれば、譲与財産（約 107 万 m²）、譲渡財産（約 11 万 m²）、借受財産（約 55 万 m²）のそれぞれの増加となっている。

　なお、神奈川県の公共施設用地（約 6 万 m² 増）、官庁（国家機構）用地（約 15 万 m² 増）の増加もあるが、規模としてはそれほど大きなものではない。

　民間関係施設用地は昭和 31 年から同 49 年までは約 230 万 m² も増加しているが、それ以降、

平成 12 年までの期間は約 39 万 m² の増加にとどまっている。これは大規模な工業適地としての旧軍用地がもはや横須賀市には残り少なくなっていることの反映であろう。ただし、この内訳をみると、軍転法による譲渡用地は約 45 万 m² の増加をみているが、借受した旧軍用地が約 6 万 m² ほどの減少となっているので、借受用地の譲渡化が進んだということが明らかとなる。

　在日米軍への提供財産は昭和 31 年の段階からみれば昭和 49 年までに大幅に減少しており、その分、相当数の基地返還があったものと思われる。昭和 49 年以降も昭和 61 年までに若干の減少をみせているが、平成 12 年までには、若干ではあるが増加している点に注目しておきたい。

　防衛庁施設用地は、昭和 31 年の約 108 万 m² から昭和 49 年の 295 万 m² へと約 187 万 m² の増加をみているが、これは在日米軍の肩代わりを意味している。昭和 49 年以後は若干の減少と若干の増加という在日米軍施設用地の増減と全く軌を同じくしている。

　農林省へ有償所管換された旧軍用地の面積をみると、昭和 31 年と昭和 49 年の間に微小な増加はあったものの、それ以降はほとんど変わらない。未利用地は次第に減少してきており、とくに昭和 61 年から平成 12 年までの期間に約 50 万 m² の減少があったことには留意しておきたい。その減少分は公共用地等へと転換されたものと推測される。ただし、その明細は不詳である。

　横須賀市における旧軍用地転用の推移をみてきたが、昭和 61 年段階までは、公共施設、民間関係施設、駐留軍施設、防衛庁施設の各用地、農林省所管農地（未利用地を含む）が、それぞれ 20% 前後で均衡した配分結果となっていたが、平成 12 年の段階になると、公共施設用地への転用が約 29% と増加している点に注目したい。これは、軍転法に依拠しながら、横須賀市が旧軍用地の公共施設用地への転用に鋭意努力した結果であるとみなしてよいであろう。

　ところで本書の主たる研究課題は旧軍用地の工業用地への転用である。ここでも昭和 48 年度以降についても、横須賀市における旧軍用地の産業用地への転用（1 件あたり 1 万 m² 以上）状況について付記しておきたい。次の表がそれである。

V-11-(2)表　昭和 48 年度以降の横須賀市における旧軍用地転用状況（地区別）

（単位：m²）

企業名	旧口座名	地区	面積	年次
日産自動車	横須賀海軍航空隊	追浜	167,458	昭和 48 年
日本触媒化学工業	同	同	18,157	51 年
関東自動車工業	第一海軍技術廠	同	13,257	53 年
日本エヤーブレーキ	横須賀海軍航空隊	同	13,592	56 年
クレマツ	第一海軍技術廠	同	10,237	同
横浜輸送	横須賀海軍航空隊	同	21,487	59 年
日本ビクター	海軍軍需部一課地帯	久里浜	45,917	昭和 56 年
同	同	同	37,237	59 年
東邦電線工業	同	同	28,218	同
横須賀市土地開発	同	同	70,319	平成 5 年

　出所：『横須賀市と基地』、横須賀市、平成 12 年、213 〜 221 ページより作成。

先程の(1)表によれば、昭和49年以降平成12年までに横須賀市において、旧軍用地が民間へ譲渡された面積は約39万 m^2 であった。上記の(2)表では1万 m^2 以上だけで42万 m^2 強となるが、それは横須賀市土地開発公社（約7万 m^2）を含めているからである。

しかしながら、(2)表をみれば、旧軍用地の産業用地への転用（面積1万 m^2 以上）が昭和48年以降は少なくなり、しかも地区的には追浜と久里浜に限られていることが判る。さらに平成になると、それが1件のみという状況になっている。

この(2)表については、これ以上の分析はしない。また、昭和47年から平成12年までの期間において、旧軍用地を取得した企業の名称が変更になっている事例や取得した旧軍用地を転売した事例も少なくない。だが、これらについても特に注記することはしない。この点については、『横須賀市と基地』（平成12年）を参照されたい。

最後になるが、横須賀市における旧軍用地転用の相対的な特徴を把握するために、その他の旧軍港都市と比較してみることにしよう。次表がそれである。なお、期間は、軍転法が制定されてから60年が経過した平成21年3月末までとする。

V-11-(3)表　旧軍港市における旧軍用地の転用状況（平成21年3月末現在）

（単位：千 m^2）

区分／市別	転用済のもの					今後処理を要するもの			合計
	公共施設	民間施設	所管換		小計	提供施設	未転用施設	小計	
			防衛施設	農地その他					
横須賀市	6,244 (33.0%)	3,757 (19.9%)	2,813 (14.9%)	2,239 (11.9%)	15,053 (79.7%)	3,372 (17.8%)	467 (2.5%)	3,839 (20.3%)	18,892 (100.0%)
呉　市	2,667 (28.0%)	3,250 (34.1%)	775 (8.1%)	1,467 (15.4%)	8,159 (85.6%)	237 (2.5%)	1,131 (11.9%)	1,368 (14.4%)	9,527 (100.0%)
佐世保市	2,219 (17.3%)	910 (7.1%)	2,789 (21.8%)	1,810 (14.1%)	7,728 (60.3%)	3,788 (29.5%)	1,309 (10.2%)	5,097 (39.7%)	12,825 (100.0%)
舞鶴市	2,389 (11.7%)	10,179 (49.8%)	2,212 (10.8%)	2,531 (12.4%)	17,311 (84.7%)	0 (0.0%)	3,135 (15.3%)	3,135 (15.3%)	20,446 (100.0%)
計	13,519 (21.9%)	18,096 (29.3%)	8,589 (13.9%)	8,047 (13.0%)	48,251 (78.2%)	7,397 (12.0%)	6,042 (9.8%)	13,439 (21.8%)	61,690 (100.0%)

　原注：「未転用施設」には、貸付中のものを含む。
　出所：「旧軍港市転換法施行60年のあゆみ」、旧軍港市振興協議会、平成22年、28ページ。

(3)表によりながら、旧軍港四市における旧軍用地の転用状況を相互に比較し、その特徴を明らかにしていこう。

まず、公共施設用地への転用では、横須賀市が一位（33.0%）で、呉市（28.0%）がこれに次いでいるが、佐世保市と舞鶴市は10%台に留まっている。

民間企業等への用地転用は、舞鶴市（49.8%）が目ざましく、呉市（34.1%）がこれに次いで

いる。これらの二市に比べると、横須賀市は 19.9％と低いが、佐世保市の 7.1％よりは遙に大きい。

　防衛関連施設への転用では、佐世保市が 21.8％で最も大きく、横須賀市が 14.9％で、これに次いでいる。なお、軍事という視点から米軍への提供施設用地への転用をみると、佐世保市が 29.5％で第一位にあり、横須賀市は 17.8％でこれに次いでいる。これに対して、舞鶴市は 0.0％、呉市も 2.5％と比率は低い。この両者を合わせた軍事関連施設用地としての使用は、佐世保市が 51.3％、横須賀市が 32.7％であるのに、舞鶴市、呉市はいずれも 10％台に留まっている。

　未利用の旧軍用地は、横須賀市の場合、僅かに 2.5％でしかなく、その他の三軍港市では、なお 10％以上の旧軍用地が残っている。

　以上のような各旧軍港市における旧軍用地の転用状況を踏まえると、横須賀市の場合には、旧軍用地の転用は進んでいるが、公共用地への転用、そして軍事関連の占める割合が相対的に大きい。ちなみに、平成 12 年から平成 21 年までの期間においても、横須賀市では旧軍用地の公共用地への転用面積が 576 万 m² から 624 万 m² へと増加している。また、民間企業等への転用は佐世保市ほどではないが、これまた相対的に低いという特徴をもっている。この点は平成期に入ると、横須賀市では旧軍用地の企業用地への転用が少なかったこととも符合している。

　こうしてみると、同じく旧軍港市と言っても、佐世保・横須賀型と呉・舞鶴型の 2 種類に区分けできる。なお、こうした特徴はあくまでも相対的なもので、各旧軍港市における旧軍用地の賦存面積との関連はあまりなく、どちらかと言えば、米軍の極東戦略による影響が大きいのではないかと思われる。

　横須賀市は平成 12 年に「旧軍港市転換法施行 50 周年」を迎えた。そのときの都市紹介は「旧軍財産が未だ点在している現在、中核市にふさわしいまちづくりを推進するためにも旧軍港市転換法の役割は大きく、法施行 50 周年を機会にあらたな決意をもって、市民の皆様とともに引き続き旧軍港市転換法を堅持し、その精神のもと、今後の都市経営にあたっていきたいと考えています」[1]というものであった。つまり、この時期になると、横須賀市にも、地方の中核市という「地域化」の流れが入ってくる。

　それから 10 年後、つまり平成 22 年の「旧軍港市転換法施行 60 周年」になると、都市紹介は「本法（軍転法―杉野）をよりどころとして社会資本の整備、拡充とともに、横須賀の持つ自然、歴史、文化、人情、国際性などの地域資源を活用し、『共生』と『交流』と『創造』をまちづくりの基本的な考え方とし、2025 年を目標に都市像『国際海の手文化都市』を実現するため、魅力的なまちづくりが進められています。――平成 19 年 2 月には市制施行 100 周年を迎え、今後とも三浦半島の中核都市として、また地方分権のフロントランナーとして一層の発展が期待されています」[2]となっている。つまり、時代の流れの中で、横須賀市も「国際化」に対応した新たな展開がなされようとしている。

　以上、横須賀市における旧軍用地の転用状況をみてきたが、その結びに替えて、『新横須賀市史』（平成 26 年）の第 1 章第 2 節「軍港都市からの転換をめざして」の最終文章を紹介しておく

ことにしよう。

「──朝鮮戦争が始まり、東西対立の緊張が続くなかで、横須賀は再び軍港としての性格を強めざるを得なくなった。立地条件などに災いされて転換工場の多くは撤退し、米軍はかなりの施設を返還するが本港といわれる中枢部の返還は進まず、また自衛隊が米軍の返還する施設の主要部を使用することとなる。横須賀は、旧軍港市転換法によって旧軍を否定して平和産業港湾都市を立市の基本としながらも、米軍と自衛隊とともに存在し続けねばならないのであった」[3]

この短い文章の中には、日米安保条約のもとにおける軍事都市の苦渋が、すなわち敗戦後から横須賀市が当面してきた諸問題のすべてが、歴史的に凝縮されたかたちで表現されているように思える。

なお、「軍転法」そのものについては、本書上巻の第三章第四節「旧軍港市転換法と旧軍用財産」を参照されたい。また、軍転法そのものが「時代にそぐわない」とか「『骨抜き』同然の状態」という議論があることについては、その紹介を割愛した[4]。

1） 「コングラチュレイションズ！　軍転法50th」、横須賀市、平成12年、1ページ。
2） 「旧軍港市転換法施行60年のあゆみ」、旧軍港市振興協議会、平成22年、4ページ。
3） 『新横須賀市史』、横須賀市、平成26年、764ページ。
4） 同上書、761～762ページを参照のこと。

第六章　関東地方（東京都・神奈川県を除く）

第一節　関東地方（東京都・神奈川県を除く）の旧軍用施設

　本章の見出しとなっている「関東地方」は、既に第三、四、五章で分析を済ませた東京都および神奈川県を除いている。したがって、以下で「関東地方」というのは、千葉、埼玉、茨城、栃木、群馬という五つの県を包括した地方のことである。

　そこで、この「関東地方」（5県）において、戦後、大蔵省が旧陸海軍および軍需省より引き継いだ軍用施設数と用地面積をみると、次の表のようになっている。

VI-1-(1)表　「関東地方」における旧軍用施設と面積（終戦直後）

(単位：m²)

県名	口座数	面積	都県名	口座数	面積
千葉県	240	104,457,428	東京都	281	39,983,443
埼玉県	57	39,179,283	神奈川県	335	78,715,450
茨城県	90	68,280,364	（内）		
栃木県	59	54,473,013	横須賀市	(151)	(18,839,372)
群馬県	44	43,042,051	関東全域		
小計	490	309,432,139	計	1,106	428,131,032

出所：「旧軍用財産資料」（大蔵省管財局文書）より作成。

　東京都と神奈川県を除く関東5県、すなわち本書での「関東地方」には、490口座の旧軍用施設と約3億 m² の旧軍用地があった。この5県の中では、千葉県が口座数で群を抜いて多く、また土地面積でも、他の4県の合計のほぼ半分の大きさをもっていた。

　そこで、念のために、同じく関東に位置する東京都および神奈川県における旧軍用施設と比較してみると、千葉県は東京都および神奈川県に比して、旧軍用施設の口座数では及ばないが、用地面積の点では、遙に大きな規模をもっていたことが判る。

　つまり、上掲の表からは、戦前の首都圏における旧軍用施設の賦存状況、それから本書での「関東地方」がもっている特徴を、大まかにではあるが把握できる。

　しかしながら、便宜的に設定した「関東地方」は、一つの統一した地域構成をもっているわけではない。敢えて言えば、京浜工業地域の周辺部諸県ということになり、これらの5県相互間の経済関連は相対的に小さい。そのことに留意して、本論では、各県および各市町村の工業誘致政策についても検討しながら、各県毎に地域分析を行うことにしたい。

第二節　千葉県における旧軍用地とその転用状況

1．千葉県における旧軍用地の産業用地への転用に関する一般的概況

　千葉県にあった旧軍用施設で戦後、大蔵省が引き継いだのは、240口座の多きに達する。その用地を面積規模別に区分・整理してみると、次のようになる。

VI-2-(1)表　千葉県における旧軍用地の規模別分類
（昭和48年3月末日現在）
（単位：m²）

面積規模	口座数	面積規模	口座数
1 ～ 3千	64	20万～ 30万	9
3千～ 5千	9	30万～ 50万	10
5千～ 1万	19	50万～ 100万	15
1万～ 3万	25	100万～ 200万	8
3万～ 5万	20	200万～ 300万	5
5万～ 10万	34	300万～ 500万	2
10万～ 20万	16	500万～	4

出所：「旧軍用財産資料」（前出）より作成。

　(1)表で設定している面積規模の区分基準は、全くの任意によるものであって、この区分基準になんらかの理論的根拠があるわけではない。したがって、各区分ごとの数字を相互に比較することは、その概要を知るためである。本研究では旧軍用地の払下面積が3千 m² 未満のものは研究対象から除外しているが、その除外基準に及ばない旧軍用地が64口座ほどある。甚だしきは、敷地面積が僅か29 m² の口座も含まれている。それとは逆に、敷地面積が50万 m² 以上の口座も34口座と多く、その中には「下志津演習場及び同特別廠舎」のように1,880万 m² という広大な口座も含まれている。したがって、旧軍用地の産業用地への転用状況から、旧軍用地の全貌を把握することは困難である。そこで、千葉県における旧軍用地の転用によって地域社会に大きな影響を及ぼすと思われる面積規模が50万 m² 以上の旧軍口座をとりあげ、その主たる転用状況を概観しておきたい。なお、表中の「主たる転用先」については、当該口座の中で最も大きな面積で転用したものを挙げた。

VI-2-(2)表　千葉県における主な旧軍用地と主な転用状況（昭和48年3月末日現在）
（単位：m²、年次：昭和年）

旧口座名	所在地	用地面積	主たる転用先	転用年次
陸軍兵学校	千葉市	580,662	農林省農地	26
下志津陸軍飛行学校飛行場	同	1,388,353	農林省農地	25
下志津演習場及び同特別廠舎	同	18,808,987	農林省農地	22
誉田陸軍飛行場	同	884,694	農林省農地	22

第六章　関東地方（東京都・神奈川県を除く）　223

陸軍兵器補給廠	同	712,957	多様	—
国府台東練兵場	市川市	675,546	農林省農地	26
東京通信隊船橋分遣隊	船橋市	768,169	提供財産	48年現在
習志野演習場及特別廠舎・高津廠舎	幕張町他	9,921,298	農林省農地他	25
津田沼・松戸間軽便鉄道	津田沼他	525,142	新京成電鉄	33
東部第105部隊	柏市	2,531,683	農林省農地	26
松戸飛行場	松戸市	1,884,898	農林省農地	22
八柱演習場及廠舎	同	734,725	農林省農地	23
柏飛行場	柏市	2,000,694	農林省農地	22
八街飛行場	八街町	3,392,971	農林省農地	22
印旛飛行場	船穂村	1,409,169	農林省農地	26
下志津演習場	千葉市	5,969,258	農林省農地	22
陸軍藤ケ谷飛行場	柏市	2,398,923	防衛庁	36
下志津飛行学校銚子分教場	銚子市	778,267	農林省農地	22
防空学校銚子分教場	同	527,001	農林省農地	22
銚子飛行場	同	778,499	農林省農地	22
海軍香取航空基地	共和村他	4,339,905	農林省農地	22
東金飛行場	東金市	14,875,440	農林省農地	22
陸軍横芝飛行場	横芝町	1,684,057	農林省農地	22
茂原海軍航空基地	茂原市	609,438	東京農大他	26
茂原海軍航空基地飛行場	同	2,385,610	農林省農地	23
陸軍一ノ宮演習場	一ノ宮町	1,538,419	農林省農地他	26
館山海軍航空隊	館山市	1,343,568	防衛庁他	36
洲ノ崎海軍航空隊	同	714,042	農林省農地	28
館山海軍砲術学校他	同	1,706,882	農林省農地	23
館山海軍航空隊	同	943,216	農林省農地	26
多津試験射場	富津市	1,160,291	県海岸砂防林	24
第二海軍航空廠八重原工場	君津市	692,931	農林省農地	25
木更津航空基地他	木更津市	2,182,523	提供財産	48年現在
大房岬砲台及び同交通路	富浦町	522,049	公園敷地	24

出所：「旧軍用財産資料」（前出）より作成。

⑵表を通してみると、千葉県には広大な旧軍用地が多くあったことが判る。その中で目立つのは、航空隊、航空基地、飛行場が極めて多いということであり、これが千葉県における旧軍用施設の配備に関する第一の特徴である。この表には基準未満のため掲載されていないが、市原市にも五井航空基地（48万m²）があったので、それを加えると、全部で17もの航空・飛行場関係の旧軍用地があったことになる。つまり千葉県には首都防空体制として、これらの施設が配備されていたものと推測される。

　航空関連の旧軍用施設に次いでは、演習場の存在が目立つ。歴史的にも有名な習志野演習場をはじめ、下志津演習場の存在は、千葉県における旧軍用施設の配備に関する第二の特徴であろう。

　千葉県にあった大規模な旧軍用地の転用形態をみると、昭和22年に農林省への所管換によって、農地へと転用されたケースが圧倒的に多いことが判る。東北や北海道などでは、昭和26年

に農林省への有償所管換が行われているのに対し、千葉県では、戦後間もない昭和22年に行われたということは、戦後の首都圏における食料危機打開のため、政策的に展開されたものと推測される。それ以外では、提供財産と防衛庁がそれぞれ2口座ある。地方公共団体による防砂林用地や公園用地へと転用した事例や鉄道会社の軌道へと転用された事例もある。

ところで、農業も産業である。また提供財産や防衛庁関連の用地利用は日本経済の軍事化との関連で重要な分析対象となる。さらに地方公共団体による旧軍用地の転用も地域経済の振興という視点からは詳しい分析を必要とする。しかしながら、本書はあくまでも旧軍用地の産業用地、それも工業用地への転用の分析を基本的な研究課題としている。したがって、千葉県の旧軍用地の転用状況についても、工業用地への転用という視点からの分析に留めたい。

そうした問題意識からすれば、(2)表のなかでは、工業立地条件の一つである運輸業への転用がみられるものの、工業用地への転用については不詳である。

そこで、この産業用地への転用がどのように行われたのか、1件あたり3千m²以上の件について、それを具体的に紹介しておくことにしよう。

VI-2-(3)表　千葉県における旧軍用地の産業用地への転用状況（昭和48年3月末日現在）

（単位：m²、年次：昭和年）

旧口座名	所在地	転用企業等	業種	払下面積	年次
陸軍兵学校	千葉市	葛原工業	——	19,411	47
陸軍防空学校	同	丸善石油	石油産業	19,896	44
気球連隊	同	共立倉庫	倉庫業	8,201	36
同	同	千葉化学機械	産業機械	5,259	44
千葉軍用停車場	同	東鉄工業	輸送機械	3,560	31
下志津演習場及同特別廠舎	同	日東紡績	繊維工業	6,009	43
同	同	中国化工	化学工業	3,547	46
陸軍兵器補給廠	同	農村工業	——	4,638	24
同	同	同	——	4,375	25
同	同	日本電電公社	通信業	10,013	28
同	同	藤沢製作所	——	3,194	34
同	同	京葉鋼板	鉄鋼業	7,688	36
同	同	共和糖化工業	食品	13,040	37
千葉連隊司令部他	同	日本専売公社	煙草産業	4,618	24
国府台東練兵場	市川市	住友金属鉱山	鉱山業	6,215	42
陸軍中央無線送信所	船橋市	新京成電鉄	運輸業	6,936	34
東部軍教育隊	二宮町	野村貿易	商社	5,636	37
習志野演習場及廠舎	幕張町他	新京成電鉄	運輸業	39,887	33
同	同	日本住宅公団	公益事業	88,972	35
同	同	川鉄金属工業	鉄鋼業	68,813	37
同	同	多田建設	建設業	50,561	38
同	同	帝国電子工業	電子産業	11,590	40
同	同	三陽熱処理	——	7,958	40
同	同	山梨電工	建設業	7,530	40

同	同	三井木材工業	製材業	4,600	41
同	同	日立製作所	一般機械	12,091	41
同	同	八幡溶接棒	鉄鋼業	3,446	41
同	同	鈴木金属工業	金属工業	4,460	41
同	同	日立製作所	一般機械	14,894	41
同	同	八幡溶接棒	鉄鋼業	5,263	41
同	同	鈴木金属工業	金属工業	8,988	41
同	同	同和工業	――	4,943	42
同	同	日本住宅公団	公益事業	6,041	42
鉄道第二連隊材料廠	津田沼町	京成電鉄	運輸業	22,066	35
同	同	国鉄	公益事業	6,255	44
同	同	新京成電鉄	運輸業	4,024	48
津田沼作業場	同	津田沼ミール	食品	7,001	24
千葉津田沼間軍用軽便鉄道	津田沼他	日本住宅公団	公益事業	3,865	45
同	同	同	同	12,092	45
同	同	大栄車両	輸送機械	4,409	46
同	同	千葉県住宅公社	公益事業	5,395	46
習志野騎兵兵営裏練習場	津田沼町	片平食品	食品	3,305	34
津田沼・松戸間軽便鉄道	津田沼他	新京成電鉄	運輸業	339,165	33
同	同	同	同	6,818	34
同	同	同	同	5,121	34
同	同	同	同	6,114	35
同	同	同	同	18,251	36
陸軍習志野学校	習志野市	不動製油	食品	5,118	28
同	同	千葉紡織	繊維	7,843	28
第四航空教育隊	八木村	北陸化工	化学	32,970	31
同	同	天声会	医療法人	10,675	34
同	同	工業開発研究所	研究所	19,646	39
同	同	柏機械金属工業	協同組合	21,015	39
東部第105部隊	柏市	新田唯一	食品	7,152	34
同	同	吉田建材	木材工業	6,952	34
同	同	三井不動産	不動産	13,094	36
同	同	吉田建材	木材工業	32,155	36
陸軍糧秣廠流山倉庫	流山市	東邦酒類	食品	55,881	24
同	同	野田醤油	食品	41,289	30
中央無線柏送信所	小金町	小金毛織	繊維	15,285	32
近衛工兵第二連隊他	富勢村	大利根開拓農	農協	26,992	25
同	同	富勢農協	農協	6,437	35
同	同	豊国化学工業	化学	21,865	41
陸軍野戦砲兵学校	千代田村	服部時計店	精密機械	68,778	40
同下士官候補隊兵舎	千代田町	北田昭	（工場）	4,945	33
同	同	千葉光学硝子	窯業	3,402	39
海軍香取航空基地	共和村他	東産業	製塩	99,947	25
同	同	日本プラス工業	非鉄金属	80,113	37
陸軍横芝飛行場	横芝町	東洋高圧	化学	6,607	42

茂原海軍航空基地	茂原市	同	同	173,088	33
同航空基地飛行場	茂原市他	大喜多天然ガス	化学	42,793	25
同	同	東洋高圧	化学	3,519	34
同	同	同	同	45,324	34
同	同	同	同	4,625	35
同	同	同	同	84,664	36
同	同	同	同	14,635	36
陸軍一ノ宮演習場	一ノ宮町	太平洋化学工業	化学	7,527	34
同	同	日立製作所	一般機械	13,672	34
同	同	塚本総業	――	4,227	38
館山海軍航空隊	館山市	石井欣爾	水産加工	3,800	25
同	同	小倉喜八	水産加工	3,798	26
同	同	山田勝次郎	水産加工	3,305	26
同	同	館山臨海倉庫	倉庫	4,022	44
同	同	館山船形漁協	食品	9,641	44
同	同	極東捕鯨	食品	10,794	44
洲ノ崎海軍航空隊	館山市	国鉄	運輸業	11,135	37
横須賀軍需部倉庫	館山市	丸高水産	水産加工	6,089	23
同	同	同	同	4,948	25
同	同	小高喜郎	水産加工	18,595	32
横須賀防備隊洲の崎衛所	館山市	東洋観光興業	観光業	30,276	40
富津試験射場観測所	富津市	三光産業		3,818	38
金谷砲台	富津市	東産業	製塩	259,996	39
第二海軍空廠付属海軍病院	君津市	宮坂正己	澱粉工場	6,736	26
第二海軍空廠岩根本廠	木更津市	新興土建	建設業	4,462	28
同	同	木更津倉庫	倉庫業	32,165	28
同	同	千葉県企業組合	繊維工業	3,272	29
第二海軍空廠水上機工場	木更津市	厚生水産	食品	5,874	24
五井航空基地	市原市	旭硝子	窯業	3,864	41
同	同	日本合同肥料	化学工業	8,034	41

出所：「旧軍用財産資料」（前出）により作成。

⑶表では、千葉県における旧軍用地の産業用地への転用（転用面積3千m²以上）は、昭和23年から48年までの期間において、実に99件の多きに達している。この⑶表を通覧しただけでも、幾つかの顕著な特徴を把握することができる。

その一つは、新京成電鉄（京成電鉄）が習志野地区を中心に9件（計448,382m²）、東洋高圧が茂原市を中心に7件（計332,462m²）の用地を取得していることである。つまり地域的に集中した形態で、一つの企業が用地取得をしているのが特徴である。

二つめには、館山市で、水産加工を目的として8件（計60,970m²）の払下げが集中的に行われていることである。これは8社による用地取得であり、1社あたりの平均では7,600m²強という小規模な転用となる。

三つめは、東産業が旧共和村と富津市で2件（359,943m²）の用地取得を行っているが、その

転用目的を製塩としていることである。旧共和村における製塩は戦後の塩不足に対応したものである。しかし、富津市での製塩は、昭和39年、すでに塩が過剰になってきた時期でもあり、その用途目的の是非については疑念が残るところである。

　以上は、(3)表によって、千葉県における旧軍用地の産業用地への転換がもつ特徴を検出してきた。しかし、千葉県全体を包括するかたちでの特徴や各地区での特徴を検出するには、この(3)表について若干の整理をしておく必要がある。

　まず、千葉県を地理的にみて、六つの地域に区分し、それぞれの地域における転用件数と転用面積（規模別）についてみると、(4)表のようになる。なお、地域設定については、便宜的ではあるが、千葉市（市原市を含む）、西部（習志野、船橋、市川の3市）、北西部（流山、柏等の常磐線沿線地域）、北東部（芝山町、横芝光町等）、南西部（房総半島西部）、東南部（房総半島東部）という六つの地域に区分した。

VI-2-(4)表　千葉県における旧軍用地の産業用地への転用件数（面積規模別）
（昭和48年3月末日現在）

（単位：m²、件）

	千葉市	西部	北西部	北東部	南西部	東南部	計
3千～5千	11	4		2	8	3	28
5千～1万	10	11	3	1	4	1	30
1万～2万	7	2	4		3	2	18
2万～3万		1	3				4
3万～5万	2		3		2	2	9
5万～10万	2		1	3		1	7
10万～20万						1	1
20万～30万					1		1
30万～50万		1					1
計	32	19	14	6	18	10	99

出所：(3)表より作成。

　(4)表は、旧軍用地の取得件数を面積規模別、地域別にみたものである。千葉県の中では、県庁の所在地である千葉市（市原市を含む）が32件と多いが、これには幕張地区の16件が大きな比重を占めている。次に多いのは千葉県西部地域（習志野、船橋、市川）である。ここでは習志野地区での16件が大半を占めている。続いては千葉県南西部の18件で、ここでは館山市の11件が大きな比重を占める。

　次に規模別にみた場合には、次のような特徴がある。まず転用面積の規模としては、100万m²に達するような大規模な転用がないということである。つまり、転用面積としては3千～1万m²という規模のものが58件（全体の58%）で、2万m²の規模まで含めると76件（76%）にも達し、全体として、転用面積が小規模であることが判る。それでも10万m²以上の用地転用が3件あり、しかも通覧してきたように、1社あたりの累計面積としては京成電鉄の約45万m²、

228

東洋高圧の約 33 万 m² などがあったのも事実である。

次に、転用年次別にみると(5)表のようになる。

VI-2-(5)表　千葉県における旧軍用地の産業用地への転用件数（転用年次別）
（昭和 48 年 3 月末日現在）

（単位：件）

取得年次	千葉市	西部	北西部	北東部	南西部	東南部	計
昭和 23 年					1		1
24	2	1	1		1		5
25	1		1	1	2	1	6
26					3		3
27							——
28	1	2			2		5
29					1		1
昭和 30 年			1				1
31	1		1				2
32			1		1		2
33	1	1		1		1	4
34	1	4	3			4	12
35	1	2	1			1	5
36	2	1	2			2	7
37	2	1		1	1		5
38	1				1	1	3
39			2	1	1		4
昭和 40 年	3			1	1		5
41	9		1				10
42	2	1		1			4
43	1						1
44	2	1			3		6
45		2					2
46	1	2					3
47	1						1
48		1					1
計	32	19	14	6	18	10	99

出所：(3)表より作成。

　千葉県における旧軍用地の転用件数を年次別にみると、昭和 23 年から同 48 年 3 月までの期間で、最も多いのが昭和 34 年の 12 件である。続いては昭和 41 年の 10 件で、それ以外の年次では昭和 36 年の 7 件、昭和 25 年と昭和 44 年の各 6 件が多い年次となっている。

　こうした状況をみると、千葉県における旧軍用地の産業用地への転換にあたって、特に目立った年次的特徴を検出することはできない。つまり、この期間を通じて、ほぼ満遍なく旧軍用地の転用が行われてきたと言えよう。もっとも、昭和 41 年の 10 件についてみると、そのうちの 9 件

が千葉市地区に集中している。これは八幡製鉄所（昭和50年段階では新日鉄）の君津への進出にともなって、幕張地区で7件（日立製作所、鈴木金属工業、八幡溶接棒各2件、三井木材工業）、五井地区で2件（旭硝子、日本合同肥料）の払下げが同時期的に行われたからである。

　こうした状況を踏まえながら、千葉県での旧軍用地の産業用地への転用状況を業種別に整理してみると、次の(6)表のようになる。もっとも、業種不明の場合や、業種区分に若干の誤りがあるかもしれない。例えば、日立製作所を一般機械製造業としているが、多業種経営をしている同社を単一の業種でまとめることには難点がある。こうした問題をかかえながらも、業種別転用状況を概観するのには、それほど大きな阻害要因にはなるまいと判断した。

VI-2-(6)表　千葉県における旧軍用地の産業用地への転用件数（地域・業種別）
（昭和48年3月末日現在）

（単位：件）

	千葉市	西部	北西部	北東部	南西部	東南部	計
食品工業	1	3	3	1	11		19
繊維工業	1	1	1		1		4
木材工業	1		2				3
窯業	1			1			2
鉄鋼業	4						4
石油工業	1						1
化学工業	2		2	1		8	13
金属工業	2						2
非鉄金属				1			1
一般機械	3		1			1	5
精密機械				1			1
輸送機械	1	1					2
電気機械	1						1
鉱山業		1					1
不動産業			1				1
建設業	2				1		3
運輸業	1	8			1		10
倉庫業	1				2		3
商業		1					1
公益事業	4	4					8
その他			4		1		5
不明分	6			1	1	1	9
計	32	19	14	6	18	10	99

　　出所：(3)表より作成。

　上掲の表をみれば、99件のうち、製造業への転用は58件である。また、不明分の中にも、製造業が相当数あると思われるので、旧軍用地の産業用地への転用は、その3分の2が製造業への転用である。

製造業の中では食料品製造業（19件）と化学工業（13件）への転用件数が多い。食品工業の19件のうち、11件が千葉県の南西部に集中している。これは、極東捕鯨や館山舟形漁業をはじめとする館山市における水産加工業への転用である。その食品工業では、流山市の東邦酒類と野田醬油が比較的大規模な用地取得を行っている。

化学工業の場合には、茂原市を中心として東洋高圧が9件で過半を占めるが、北陸化工（約3万3千m²・流山市）と大喜多天然ガス（約4万3千m²・茂原市）が比較的大きな用地取得をしている。

上記以外では、非鉄金属の日本ブラス工業（約8万m²・芝山町）、鉄鋼業の川鉄金属工業（6万9千m²弱・現千葉市）、精密機械の服部時計店（6万9千m²弱・現芝山町）の取得が目立つ。

製造工業を除く、その他の産業で旧軍用地を取得したのは、運輸業（10件）と公益事業（8件）が多く、建設業と倉庫業が各3件となっている。

運輸業による旧軍用地の取得は京成電鉄が習志野地区を中心に取得した9件（累計448,382m²）がその主な内容である。

公益事業の8件は千葉市（4件）および千葉市西部の京成沿線地区（4件）に集中している。公益事業の中では、日本住宅公団が幕張地区で2件（計約9万5千m²）、習志野地区で2件（計約1万6千m²）、併せて11万1千m²を取得しているのが大きく、その他の公益事業としては電電公社（1万m²）、国鉄（6千m²）、千葉県住宅公社（約5千m²）、日本専売公社（約5千m²）があるだけである。なお、これらの公社等は民営化されたのちも、公益事業といえるかどうかという問題は残る。

業種不明の民間業者等への旧軍用地の払下げは、9件の多くに達するが、農村工業（2件）は食品製造業ではないかと思われるし、農協（2件）による用地取得も食品加工業ではないかと推測される。もっとも、後者の場合には、事務所用地としての取得も考えられる。

以上をもって、千葉県における旧軍用地の産業用地への転用状況の分析を終える。ただし、地域経済的にみて、それがどのような問題をもっていたかについては、地域の工業開発・誘致政策等と関連させながら論じていきたい。

2．千葉県における旧軍用地の工業用地への転用と地域経済問題

ここでは、戦後における千葉県の各地域が、旧軍用地の払下げによって、どのように工業用地を確保してきたか、また工場誘致政策などとの関連で、旧軍用地の転用をどのように位置づけてきたかを明らかにしたい。また旧軍用地の転用によって、どのような問題が生じてきたのか、昭和55年と平成20年という二つの時点での状況を踏まえながら都市計画等との関連などから分析してみたい。なお、ここでの「地域」は、市町村レベルでの行政単位とする。叙述の順序については県庁の所在地である千葉市を最初にする以外は、順不同である。個々の転用状況については、資料等の制約から論及できない事例があることや、地名等については昭和48年段階の名称を用いる場合があることも断っておく。

第六章　関東地方（東京都・神奈川県を除く）　231

(1) 千葉市（市原市を含む）

　県都である千葉市では、松波町にあった陸軍兵器補給廠の跡地に、農村工業が昭和24年と昭和25年に併せて約9千m²の用地取得をしたのをはじめ、昭和34年には藤沢製作所（約3千m²）、昭和36年に京葉鋼板（8千m²弱）がそれぞれ用地を取得している。しかしながら、この地域は、国鉄千葉駅から北東1キロという至近距離にあるため、その周辺は宅地化が進んでおり、昭和55年の段階では、これらの企業はもはや当該地には存在していない。昭和50年3月における『千葉市の都市計画』では、この松波町は住居地域とされており、道路沿いの地帯は商業地域となっている。

　昭和50年段階における千葉市の工業を地域的にみれば、川崎製鉄所を中心とする臨海工業地域（千葉港中央地区、千葉南地区、幕張地区）がその代表的なものであり、工業生産等でも、ここに大きな比重がある。さらに規模としてはともかく、内陸工業地域としては、千種・犢橋地区（千葉鉄工団地、千葉工業センター）と、長沼・六方地区がある。注目すべきは、この千葉市の内陸工業地域がいずれも旧軍用地であったということである。

　この点について、『千葉市の工業』（昭和54年）は、次のように述べている。

　「千葉市の内陸工業地帯は昭和34年、県、市のあっせんで用地の買収が行われ、昭和35年より操業開始となった。

　企業の業種区分は工業用水の使用が少なく、また排水、煤煙、騒音など公害の少ない企業が多く、金属製品製造業をトップに機械製造業、自動車修理業、化学工業、貨物輸送の順となっている。

　そのほとんどは中小企業で占められており、大企業はごくわずかである。この地帯は千葉市北部に位置し、千種・犢橋地区と長沼・六方地区に大別されるが、大部分が旧軍用地であり、戦後開拓農地として解放されていたため比較的工業用地への転換が容易であったことが今日の工業地帯を形成した大きな要因のひとつである」[1]

　引用文に登場してくる地域には、下志津陸軍飛行学校飛行場跡地（約139万m²）と下志津演習場および同特別宿舎の跡地（約1,881万m²）という巨大な軍用施設があった。前者は昭和25年（約70万m²）と昭和30年（約35万m²）に、そして後者は昭和22年（約1,859万m²）に開拓農地を用途目的として農林省へ有償所管換されている。それが前記の文章によれば、昭和34年頃に工業用地へと再転換したということになる。

　この点について『旧軍用財産の今昔』は次のように記している。

　「千葉市の行政区域内にあった演習場の一部及び飛行場の大部分は戦後農地として使用されたが、昭和35年千葉市の地域開発の一環として『内陸工業団地』が計画され、旧軍用地転換農地を主体に3,500千m²の規模をもつ一大工業団地が造成されるに至り現在（昭和48年—杉野）は各産業を網羅する企業の進出で、千葉県内有数の工業団地を形成している」[2]

　ちなみに、昭和53年の時点でみると、鉄工団地は、敷地面積17万m²強、20の企業（従業員総数約950名）が立地し、千葉市工業センターは敷地面積6万5千m²、23の企業（従業員総数約

400 名）が操業している[3]。長沼・六方地区には大小合わせておよそ 70 企業が操業しているが、そのうち敷地面積が大きい工場は、住友重機械工業、日東建材（旧日東紡績）である。そのほかには鬼怒川ゴム工業、大成プレハブなどの工場がある。これらを一括したものが次表である。

Ⅵ-2-(7)表　千葉市長沼・六方地区における工場立地状況（昭和 51 年）

（単位：千 m²、人）

企業名	敷地面積	従業員数	進出年
住友重機械工業	286	310	昭和 40
日東紡績	133	580	36
鬼怒川ゴム工業	55	833	38
大成プレハブ	54	69	42
五光鉄構	37	126	44
サンアルミニウム工業	34	241	37
大同酸素	34	48	37
大東鋼業	30	30	47
東京エコン鉄建	28	185	36
内外機械工業	15	35	45
計	706	2,457	

出所：『千葉県立地企業名簿』、千葉県開発団体連絡協議会、昭和 51 年より作成。

　この(7)表の「計」をみると、この地区に立地した主要 10 社の合計敷地面積は約 70 万 m²、従業員総数では 2,457 人という大きな工業地区となっていることが判る。

　なお、この(7)表には掲載していないが、この工業地区には日本特殊炉材、関東炉材、橋梁鉄鋼などの工場があるので[4]、工場全体の敷地面積は 70 万 m² を大きく超え、従業員総数は 2,500 人に達するものと思われる。

　この(7)表にみられるもう一つの特徴は、その多くが昭和 36 年と 37 年以降、おそくとも昭和 47 年までに進出してきており、いわゆる日本経済の高度成長期に集中立地していることである。

　このように、千葉市の場合には、臨海工業地帯の造成と川崎製鉄の立地、そして内陸部においては、大蔵省より旧軍用地を工場用地として直接払い下げられた地域（松波町・轟町）の工場は、閉鎖して、住宅地（学校用地を含む）となった。旧軍用地の転用としては、むしろ開拓農地へ転換した旧下志津陸軍飛行場跡地等において比較的大規模な工場が立地し、高度経済成長期にあって、急速に工業化への途を辿ったのである。

　1）　『千葉市の工業』、千葉市経済部商工観光課、昭和 54 年、4〜5 ページ。
　2）　『旧軍用財産の今昔』、大蔵省大臣官房戦後財政史室編、昭和 48 年、19〜20 ページ。
　3）　『千葉市の工業』、前出、21、25 ページ。
　4）　広域市街地図『千葉・習志野・四街道』、人文社、昭和 52 年による。

第六章　関東地方（東京都・神奈川県を除く）　233

⑵　県西部（習志野市・船橋市・市川市）

①　習志野市

　習志野市の場合も、旧軍用地の転用に関しては、千葉市と同じような状況をみることができる。習志野市では、大久保にあった陸軍習志野学校跡地を昭和28年に不動精油と千葉紡織が5千 m^2 と8千 m^2 弱の用地を取得しているが、この二つの企業名を昭和51年の段階では見いだすことはできない[1]。

　習志野市の場合、旧軍用地の工業用地への転用というときには、旧習志野演習場（992万 m^2）の跡地利用との関連で検討しなければならない。この演習場跡地は昭和25年に約683 m^2 が農林省へ有償所管換になっており、昭和32年には防衛庁へ約170万 m^2 が無償所管換となっている。また、日立製作所、川鉄金属工業、帝国電子工業、三陽熱処理、山梨電工、三井木材工業、八幡溶接棒、鈴木金属工業へ払い下げられたことは既に⑶表で掲示しておいたところである。

　昭和51年の時点における習志野市の内陸工業地帯で操業している企業は次の表の通りである。

VI-2-⑻表　習志野市工場立地状況（昭和51年）

（単位：千 m^2、人）

企業名	敷地面積	従業員数	進出年
日立製作所	458	2,645	昭和37
鈴木金属工業	182	438	37
日鉄溶接工業	165	519	37
双電社	595	15	42
川鉄金属工業	69	304	35
計	1,469	3,921	

出所：『千葉県立地企業名簿』、前出、34〜35ページより作成。

　上掲の表をみると、習志野市では昭和51年段階で工場敷地面積でほぼ150万 m^2、従業員総数でほぼ4千人の雇用がある大規模な工業地域が創出されたということが判る。それと、この地域における企業はいずれも昭和35年から昭和42年の高度経済成長期に進出してきているということである。この点は先にみた千葉市の内陸部の工業地域と同じである。特に注目しておきたいのは、双電社が約60万 m^2 の敷地を有しながら、従業員数が僅かに15名という状況にあるということである。その特殊な状況については分析する必要があるが、昭和54年の現地巡検、市街地図ではその存在を確認できなかった。

　なお、昭和54年の現地踏査では、習志野市の東習志野二丁目に川鉄金属、同六丁目に三井木材と日軽アルミ、同七丁目に日立製作所、鈴木金属、太平洋金属工業、日鉄溶接工業が立地しており、いうなれば、ここに一大内陸工業地帯を出現させている。

　もともと、旧陸軍習志野学校は市街地にあり、それを外延的に発展させて工業地区を展開することは困難であった。これに替わって、広大な原野であった旧習志野演習場の跡地が、工業用地として再利用されることになった。すなわち、その跡地は農林省が開拓農地として保有していた

土地や既にそれを農家に転売していた土地であるが、それが高度経済成長期と立地原単位の巨大化に応える工業用地としての役割を果たしたのである。

　習志野市における旧軍用地の産業用地への転用としては、津田沼・松戸間軽便鉄道の跡地（479,911 m²）を昭和 33 年以降、同 36 年まで、5 度にわたって用地取得した新京成電鉄がある。新京成電鉄はこの軽便鉄道の跡地を累計で 375,469 m² ほど取得している。また、京成電鉄は鉄道第二連隊材料廠の跡地（137,217 m²）の一部 22,066 m² を昭和 35 年に取得している。さらに新京成電鉄は、昭和 48 年に 4,024 m² の用地取得を行っているが、この件は一般道路への転用を目的とした払下げであり、「公共物編入」というかたちで処理されている。

　さらに習志野市における旧軍用地の転用に関しては、学校用地への転用が大きいというのが特徴である。とくに私立大学への転用については、次表の通りである。

VI-2-(9)表　習志野市における旧軍用地の大学用地への転用状況（昭和 48 年）

（単位：m²）

大学名	取得面積	取得年次	旧口座名	旧口座面積
千葉工業大学	52,928	昭和 27 年	鉄道第二連隊	137,304
東邦大学	88,231	27	騎兵第 16 連隊	90,596
順天堂大学	35,092	32	騎砲兵第二連隊	60,864
東邦大学	48,352	30	陸軍習志野学校	218,258
千葉大学	33,281	40	同	同
日本大学	18,292	41	騎兵兵営裏練習場	111,702
日本大学	68,146	31	戦車第二連隊	76,238

出所：「旧軍用財産資料」（前出）より作成。

　(9)表をみると、習志野市では 4 つの私立大学が 6 件、国立大学（文部省）が 1 件、併せて約 34 万 m² の旧軍用地を取得している。これは全国的にみても特徴ある転用形態である。また、千葉県および習志野市も学校用地として 11 万 m² 弱の旧軍用地を取得している。このように、習志野市における旧軍用地の転用については、民間の工業用地への転用だけでなく、新京成電鉄による運輸関連用地として、また大学用地としての転用が相当の規模で行われているということが特徴である。

1）『千葉県立地企業名簿』、千葉県開発団体連絡協議会、昭和 51 年による。

②　船橋市（旧二宮町を含む）

　戦前の船橋市（旧二宮町を含む）には、8 口座の軍用施設があった。そのうち最大の東京通信隊船橋分遣隊（768,169 m²）の跡地は、昭和 48 年 3 月現在、提供財産（約 50 万 m²）として利用されている。また陸軍騎兵学校（235,795 m²）の跡地は、昭和 32 年に防衛庁へ所管換されている。この二つの件からみれば、船橋市における旧軍用地は戦後も軍事的性格が強い施設用地として利

用されているというのが特徴である。

　民間企業への転用は相対的に少なく、陸軍中央無線船橋送信所の跡地（74,075 m²）の一部を新京成電鉄（6,936 m²・昭和 34 年）が、また東部軍教育隊の跡地（276,055 m²）の一部を野村貿易（5,636 m²）が取得しているだけである。つまり、面積規模 3 千 m² 以上に限定すれば、船橋市における旧軍用地の工業用地への転用は皆無であった。これも船橋市における旧軍用地の転用に関する一つの特徴である。

③　市川市

　戦前の市川市には、15 口座の旧軍用施設があった。そのうちの 5 口座は 1,000 m² 未満の小規模な施設であった。この市川市も船橋市と同様、旧軍用地の工業用地への転用は 3 千 m² 以上に限定すれば、皆無である。産業用地の転用でも、国府台東練兵場の跡地（675,546 m²）の一部を住友金属鉱山（6,215 m²・昭和 42 年）が取得しているのが唯一である。市川市における旧軍用地の転用の特徴は、農林省への所管換を別とすれば、習志野市と同様、大学用地への転用が多くみられるということであろう。具体的には、次の表のようになる。

Ⅵ- 2 -⑽表　市川市における旧軍用地の大学用地への転用状況（昭和 48 年）

（単位：m²）

大学名	取得面積	取得年次	旧口座名	旧口座面積
和洋女子大学	39,115	昭和 27 年	独立工兵第 25 連隊	39,115
東京医科歯科大学	61,222	37	野戦重砲第 18 連隊他	144,163
東京教育大学	10,742	43	同	同
日本歯科大学	19,580	27	野戦重砲第 17 連隊	98,976
千葉学園	46,714	27	同	同

　　出所：「旧軍用財産資料」（前出）より作成。※千葉学園は千葉商科大学。

　市川市における大学用地への転用のうち、東京医科歯科大学と東京教育大学が文部省への無償所管換である。

　上記以外では、旧国府台病院（99,089 m²）が、昭和 26 年に厚生省に所管換となり、その後も国立病院国府台病院として活用していることを付記しておきたい。

⑶　県北東部（旭市・四街道市・茂原市）

①　旭市

　旭市（旧共和村）にあった海軍香取航空基地は十字型の滑走路をもった特異な飛行場として有名であった。この跡地は戦後の昭和 25 年に東産業へ約 10 万 m² が払い下げられた。東産業は、滑走路中央にあった二つのタンクを利用して九十九里浜よりパイプで海水を引き、製塩を行った。この製塩は余り長続きしなかった。昭和 54 年現在、この東産業は跡地の西側でゴルフ練習場と自動車教習所を経営している[1]。昭和 37 年には、同じ香取航空基地の跡地（約 8 万 m²）を日本

ブラス工業が払下げを受け、跡地の西南部にあったコンクリートの滑走路を工場用地として利用し、昭和54年現在でも操業している[2]。

ところで、この飛行場跡地は、昭和54年現在、「旭工業団地」となっており、その概要は次の通りである。

「市街地の北西部に位置する旭工業団地は、旧海軍航空基地後を低開発地域工業開発促進法の指定を受け、その面積112万 m^2 の工業団地を造成中であるが、現在第一次分譲の22万 m^2 の工業用地には7社が進出し、うち5社が操業を行っています。なお、第二次分譲についても12万4千 m^2 は取得済であり、他にも広面積の取得も可能です」[3]

なお、旭市は、この工業団地に工場を誘致すべく企業誘致条例を制定しているが、その誘致工場を指定するに際しては、次のような三つの基準を定めている[4]。

①投下固定資産額1,000万円以上。但し拡充の場合は500万円以上。

②常時使用する従業員20人以上。但し拡充する場合は10人以上。

③特に市長が必要と認めたもの。

改めて説明する必要はないが、①は固定資産税を、そして②は地域雇用を念頭においた基準である。そのことを踏まえながら、現時点（昭和53年）において操業している5社の概要をみると、次のようになっている。

Ⅵ-2-⑪表　旭工業団地の立地企業概要（昭和53年）

(単位：千 m^2 、人)

企業名	敷地面積	従業員数	進出年
村瀬硝子	18	43	昭和43
日本ブラス工業	98	85	37
黒田精工	53	80	45
三岡	7	49	41
高圧化工	26	172	42
計	202	429	

出所：旭市役所部内資料を参照。

昭和53年の時点で旭工業団地で操業している5社の総敷地面積は約20万 m^2 であり、その総従業員数は429名である。規模的にみると、それほど大きくはないが、京浜工業地帯をやや離れた地方小都市においては、この400名を超える雇用数は相当のものとして評価しなければならない。ちなみに、この団地に進出してきた年次をみると、いずれも高度経済成長期であるのが特徴である。

ところで、都市計画の点からみると、この航空基地の跡地は、旭市によって工業専用地区に指定されている。さらに、この跡地の東南部にあり、かつ国道126号線の南北にある東西の遊正地区と、これよりも面積規模は小さいが跡地の西側で、旭専修職業訓練学校の西側は準工業地域に指定されている。

旭市にとってみれば、航空基地の跡地を中心として一大工業団地を建設しようと努力をしているのだが、それでも、次のような問題があった。

「工業開発の中心となる旧香取航空隊あとの農地買収計画については、戦後に国から払下げを受けて開拓した農家の大部分が工場誘致反対期成同盟を結成し、地主約280人から反対の署名をあつめて、昭和37年8月には県へ陳情行動をとっていたのである」[5]

確かに、旧香取海軍航空基地の跡地は、昭和22年に約373万m²が農林省への有償所管換となっている。その後、農民が開拓した農地を、固定資産税や地域雇用を目的として工場誘致をはかり、どこまで工業用地へと再転用するのかが問題である。また、再転用の規模に関する問題のほかに、農林省への有償所管換時における土地価格、開拓農民への払下価格、市役所による買収価格、そして民間企業に対する分譲価格といった、「土地ころがし」に伴う価格問題もある。この再転用規模や価格の問題もさることながら、開拓農地の工業用地への転用に対して、前出の引用文にもみられるように、農民の反対運動があったことを社会科学的な視点からは重視すべきであろう。開拓農地の工業用地への転用に関する反対運動という点では、千葉市や習志野市でも、そして北海道や東北地方においてもおそらくみられたものと推測しうる。

本研究では、旧軍用地の再転用に関する分析を除外しているが、少なくとも開拓農地から工業用地への再転用については、反対運動があったという事実だけは踏まえておかねばならないであろう。

1）昭和54年、現地踏査結果による。
2）同上。
3）『あさひ工業立地のご案内』、旭市役所、昭和54年。
4）同上。
5）『旭市史』第一巻、旭市役所、昭和55年、213ページ。

② 四街道市

四街道市には、陸軍野戦砲兵学校の跡地（318,087m²）があった。この跡地は厚生省が国立下志津病院（約5万m²・昭和26、39年）や防衛庁（65,628m²・昭和32年）へ無償所管換しているが、この跡地をもっとも大きく取得したのは服部時計店（68,778m²・昭和40年）である。また同じ砲兵学校下士官候補者隊兵舎（218,921m²）の跡地では、北田昭氏が工場用地（業種不詳）として昭和33年に約5千m²、また千葉光学硝子が昭和39年に3,400m²の用地を取得している。

なお、四街道市との関連では、八街飛行場（3,392,451m²）と印旛飛行場（1,409,169m²）の跡地は、戦後の昭和22年と26年に、いずれもその大部分が農林省へ有償所管換となっている。

③ 茂原市

戦前の茂原市には、茂原海軍航空基地および飛行場（238万m²強）があった。その跡地の大部分（ほぼ200万m²）は昭和23年に農林省へ農地開拓を目的として有償所管換されている。残余

の38万m²については、東洋高圧（6件、計約32万6千m²）や大喜多天然ガス（約4万3千m²）の工場用地として、また千葉県の高等学校用地（2件、7万6千m²）として時価で売り払われている[1]。

　ちなみに、『茂原市史』によれば、茂原飛行場は自衛隊飛行場の候補地となったこともあるが、「飛行場復活に反対し、これに成功した茂原市は、さっそく工場誘致条例を定めて、工場の受け入れ態勢を整え、豊富にして無尽蔵なる天然ガスを利用する化学工場の誘致に努力した。その結果昭和三十三年（1958）東洋高圧株式会社千葉工場その他の大工場の誘致に成功した」[2]と記している。

　東洋高圧（現三井東圧化学）へ払い下げられた用地は国鉄（現JR）茂原駅の東北約1.5キロの位置にあり、三井東圧化学千葉工場（敷地面積約46万m²）の一部となっている。つまり、三井東圧化学は、昭和33年から同36年までに旧軍用地を取得してきているが、さらに周辺部から土地（おそらく開拓農地）をおよそ13万m²ほど買い足したものと思われる[3]。

　大喜多天然ガス㈱の敷地は、国鉄茂原駅の南西部に位置しており、その一部は大喜多天然ガス（約8千m²）が使用しているが、その大部分は子会社である関東天然ガス開発（約3万4千m²）が使用している[4]。この両工場は、とりわけ三井東圧化学は、いわば茂原市を代表する企業であり、同市の新しい工業発展の基軸となっている。

　旧茂原海軍飛行場跡地であった三井東圧化学の東側の地区は、戦後開拓農地へと転用されたが、高度経済成長期を経て次第に工業化が進み、多くの企業が進出してきている。具体的に言えば、東洋薬品工業、東洋ペトロライト、東洋エンジニアリング、茂原鋼材センター、京葉樹脂化工機械（現京葉化工機）、東成社茂原工場などの諸工場が立地してきており、ここに一つの工業地域を形成するに至っている[5]。

　なお、昭和32年段階の東洋高圧の工場については、「旧茂原飛行場跡にこつ然と生まれた『東洋高圧』視界に広がる茂原は力強さにみなぎっていた。東洋高圧の広々とした十万坪の建設地には早くも百三十の井戸が掘りはじめられガスタンクや工場ができ上り——云々」[6]という記事もあるが、2014年の段階では、三井東圧化学の工場は三井化学と名称を変更している。周辺では、沢井製薬、東洋エンジニアリング、東洋ビューティサプライ、茂原スチール、京葉化工機、共和紙業などが操業している[7]。大喜多天然ガスの周辺部についてみると、国鉄茂原駅から南にむけて市街地化が次第に進んできているものの、この地域には早くから日立製作所茂原工場をはじめ、東芝コンポーネンツ、合同資源産業、日東造機、精密圧延機、さらに茂原終末処理場を経た南側には、小菅工業（現コスガ）、東洋水産（現東洋ミート）、双葉電子工業などが立地しており、ここでも工業地域が形成されていた[8]。

　ちなみに、日立製作所テレビ工場は、「昨年（昭和28年—杉野）一月神奈川県平塚市と共に工場設置の候補地とされ本県（千葉県—杉野）と神奈川県側でその設置をめぐり奪い合いであったが、天然資源に恵まれた茂原市に設置が決まったもの——これは市内早野地内の約2万坪の土地に総工費五億円で建坪二千六百坪におよぶ大工場を近代建築の粋を集めて建てられ、電子管の製

作に必要なガラス工場、乾燥室など七棟が完成された」[9] ものであるが、2014 年現在では、日立製作所は撤退し、跡地はジャパンディスプレイとなっている[10]。昭和 45 年の『茂原市長期計画』では、工業の開発について、次のように述べている。

「本市は豊富で良質な天然ガスを基盤として、日立製作所・三井東圧化学工業などを積極的に誘致し、昭和 30 年代から内陸工業として急速な発展をとげてきた。

本市工業の業種別構造は比較的単純で、天然ガスを燃料とする電子管工業と天然ガスを原料とする化学工業であり、この外に在来の工業と天然ガス供給業に区分される。

──このような特徴を本市の工業も、最近は潤沢だった労働力や地下資源などの工業立地条件が地価高騰とともに楽観できない状況になってきた。

しかし、今後もこれらの条件を十分にふまえて、既存工業の条件を整備しながら、総合的、計画的に、公害のない新たな工業誘致や受入れに積極的な対策を講じなければならない。とくに、本市企業の大部分を占める中小企業は、住居地域に点在し、工業敷地も狭隘で都市公害発生のおそれもある」[11]

なお、昭和 55 年の茂原市都市計画図によれば、三井東圧化学、大喜多天然ガス、日立製作所などの大工場が立地する地域および双葉電子工業とその周辺部は「工業地域」に、そして三井東圧化学の東側一帯と茂原（川中島）終末処理場の周辺部は「準工業地域」に指定されている[12]。

こうした状況をみると、戦後における茂原市の工業は、東圧と大喜多天然ガスが旧軍用地の払下げを受けたのを契機として発展してきたと見なしうるが、戦前から日立製作所や合同資源などの諸企業が立地していたという歴史的な経緯があったことも大きな要因である。また、茂原市は内陸部にあるにもかかわらず、このような工業発展がみられたことは、地域エネルギーの有効利用という点もあるが、京浜工業地帯という巨大市場に近いことがもう一つの大きな要因であったと推測される。

ちなみに、茂原市における諸企業の概要（昭和 54 年）を示せば、次の通りである。

Ⅵ- 2 -⑿表　茂原市における諸企業の概要（昭和 54 年）

（単位：千 m²、人）

企業名	敷地面積	従業員数	進出年
三井東圧化学	459	626	昭和 32
大喜多天然ガス	8	140	32
関東天然ガス	34	201	大正 6
東洋薬品工業	──	15	
東洋ペトロライト	──	26	昭和 50
東洋エンジニアリング	13	50	──
茂原鋼材センター	──	──	49
京葉化工機	2	19	38
東成社茂原工場	9	211	38
長喜自動車運送倉庫	──	270	18
日立製作所	183	3,444	18

東芝コンポーネンツ	20	399	22
合同資源産業	——	230	9
日東造機	13	179	25
精密圧延機	——	——	——
川中島終末処理場	25	50	47
コスガ（旧小菅工業）	13	72	——
東洋ミート（旧水産）	11	128	——
双葉電子工業	40	1,335	23
計	830	7,395	

出所：茂原市役所の資料（昭和 55 年）による。なお、合計は杉野が算出した。

1）　「旧軍用財産資料」（前出）による。
2）　『茂原市史』、茂原市、昭和 41 年、631 ページ。
3）　この間の事情については、『茂原市東南部発達史』（椎野善助著、長生新聞社、昭和 43 年、572 ページ）に詳しい。
4）　昭和 55 年、茂原市役所での聞き取りによる。
5）　都市地図『茂原市』（昭文社、昭和 54 年）による。
6）　「毎日新聞」昭和 32 年 8 月 22 日付。
7）　都市地図『茂原市』（昭文社、2014 年）による。
8）　都市地図『茂原市』（昭文社、昭和 54 年・2014 年）による。
9）　「毎日新聞」昭和 29 年 1 月 28 日付。
10）　都市地図『茂原市』（昭文社、2014 年）および現地踏査（2014 年）による。
11）　『茂原市長期計画』、茂原市、1970 年、19 ～ 20 ページ。
12）　「茂原市都市計画図」、茂原市、昭和 55 年による。

⑷　県北西部（柏市・流山市・松戸市）

　戦前の柏市には、柏飛行場（2,000,694 m²）をはじめ、第四航空教育隊（44 万 8 千 m²）と東部第 105 部隊（約 253 万 m²）、中央無線柏送信所（約 1 万 5 千 m²）、また流山市には陸軍糧秣厰流山倉庫（11 万 7 千 m²）、松戸市には松戸飛行場（約 188 万 m²）など、実に多くの軍事施設があった。

　これらの地域は千葉市からみれば西北方向約 40 キロの距離にある。しかしながら、東京からは 25 キロほどの距離に位置するため、松戸市、柏市、流山市は東京の衛星都市的性格をもっている。つまり、市川市や船橋市と同様、これらの地域は社会経済的には東京圏に属すると言ってよいが、軍事的には首都防衛的役割を担っていた。

　また、これらの地域は高度経済成長期はもとより戦後一貫して人口が急増してきた地域であり、村から町、そして市へと行政単位が格上げされ、さらに柏市から東葛市が分市するなど、目まぐるしい変化をしてきた。したがって、以下の文章では、行政区域の名称に関する問題は残るが、その点にはあまりこだわらずに、これらの地域における旧軍用地の工業用地への転用状況について分析していきたい。

① 柏市

　柏市にあった最大の軍用施設であった柏飛行場の跡地は、早くも昭和22年に、そのすべてが農林省へ所管替されている。しかし、旧第四航空教育隊の跡地は、昭和31年に北陸化工（現日本鉄粉）へ3万3千m²が、昭和39年には柏機械金属工業協同組合へ2万1千m²が払い下げられている。この柏機械金属工業協同組合の歴史的経緯をみると、昭和33年8月に組合が設立され、39年8月に中小企業近代化資金等助成法の指定を受け、同年11月に地鎮祭施行、12月に団地敷地の一部として国有地の払下げ認可。最初の企業が昭和40年に進出、40年3月、梅林工業団地建設起工式、昭和42年4月、全20企業（のち1社脱退）の操業となっている[1]。

　柏機械金属工業協同組合は工業団地という形態をとっており、その総面積はおよそ4万8千m²（うち工場敷地は約4万m²）なので、旧軍用地は、ほぼその半分を占めることになる。ちなみに、工業団地における最大の敷地をもつ工場は渡辺工業（3,630m²）で、3千m²以上の敷地をもった工場を挙げると、東葛工業、野口製作所、藤本金属の3社、計4社という状況になっている。それ以外の工場を敷地面積規模で分類してみると、次の表のようになる。

VI-2-⒀表　柏機械金属協同組合の概要（敷地面積別区分）
（昭和55年現在）

工場敷地面積（m²）	工場数	工場名
1～1,000	3	大黒設備工業、富沢製作所、長谷川工作所
1,001～2,000	9	梅田製作所、岡島製作所、関東精機工業、本橋製作所、柏金属工業、小林製作所、ダイヤ精工、吉田発条製作、大金属工業
2,001～3,000	3	安達鉄工、鈴木機械製作所、長谷川化工
3,001～4,000	4	渡辺工業、東葛工業、野口製作所、藤本金属

　　出所：柏市役所、部内資料より作成。

　⒀表をみると、いかにも小規模かつ零細な工場集団からなる工業団地である。ちなみに、この工業団地に立地している工場の従業員数は、いずれも50人程度であると言われている[2]。それでも大企業と同様に旧軍用地を取得している点は注目してよいであろう。

　このことは、旧軍用地の工業用地への転用を、巨大企業の資本蓄積と関連させる巨視的な理解と合わせて、微視的には、この事例のように協同組合形式であるかどうかは別として、中小企業に対しても、相当規模の旧軍用地が払い下げられたという事実を把握しておかねばならない。

　なお、この工業団地は、北側の岡本硝子柏工場と南側にある日本鉄粉に挟まれた場所に位置している。さらに、この工業団地の周辺には、久保田工業、東栄化成、大光ダイカスト、望月プレス工場、高橋鉄工所、最上紙工、藤井製作所、やや離れて南側に小島製作所、東洋製作所、サンボン工業、浜田精機鉄工所、北側に駒木製作所、特殊色料工業、上田工業所、岡本硝子、小山シャッター、オルガノ、日東鉄工、大日本樹脂、三機製作所、長妻工業、東側に昭和ゴム、東京純薬工業、伸和発条工業、西側に朝日計器車両などの小規模工場が集中的に立地している[3]。

この地域が柏市によって、工業専用地域に指定されているのは当然のことであろう。しかしながら、首都圏に位置する柏市の郊外は、住宅化が急速に進んできており、昭和55年現在で、すでに高田地区の南側にある篠籠田では、新興住宅の建設がみられる。日本鉄粉や柏機械金属工業協同組合の工業団地がある高田地区も、いずれ住工混在とそれに伴う諸問題が生じてくる可能性があることを付記しておこう。

さて、柏市（旧小金町）には、陸軍中央無線柏送信所（約1万5千m²）があった。この跡地は昭和32年に小金毛織に払い下げられた。この小金毛織は現在（昭和55年）も操業をしているが、その周辺地域には光ケ丘団地をはじめ、住宅地と化している。都市計画の面では、小金毛織の南側は、それに隣接する光ケ丘毛糸の工場敷地も含めて、第二種住居専用地域に指定されており、また県道白井・流山線をはさんだ南側は第一種住居専用地域となっている。つまり、小金毛織の工場は、住宅地域内に位置していることになる[4]。

その他、柏市では最大の旧軍用施設であった首都防衛航空隊（東部第105部隊）があり、その跡地はほとんどが昭和26年に開拓農地（約197万m²）へ転用され、また昭和48年3月段階では、27万m²が提供財産として、また約7万m²が防衛庁によって利用されている。だが、その一部は、吉田建材（2件、計3万9千m²）、三井不動産（1万3千m²）、そして食品工業（代表新田新一氏、約7千m²）に払い下げられているが、昭和55年の現地踏査では、それらの位置と所在を確認することはできなかった。

1）『かしわ（商業と工業）』（柏市役所経済部商工課、昭和54年）および『柏市史年表』、柏市役所、昭和55年、1177〜1179ページ参照。
2）昭和55年11月、柏市役所での聞き取りによる。
3）市街地図『柏市・流山市』（昭和54年）および現地踏査による。
4）柏市都市計画図による。

② 流山市

流山市にあった陸軍糧秣廠流山倉庫（11万7千m²）は、昭和24年に東邦酒類（約5万6千m²）、昭和30年に野田醤油（4万1千m²）に大蔵省から払い下げられた[1]。

このうち東邦酒類は経営不振に陥り、その後はオーシャン三楽酒造、さらにサントリー酒造が管理していた。しかし、このサントリー酒造も撤退し、その跡地は野村不動産が管理することとなり、昭和55年の段階では、住宅用地へ転用されようとしている[2]。

野田醤油については、次のような文章がある。

「同年（昭和26年—杉野）四月元糧秣廠倉庫の払下げをうけ、切干甘藷の保管等に利用した。しかし、すでに工場敷地内に余地がなかったので、昭和29年堀切邸を場外に移転し、その跡に壜詰作業場を新設した。払下をうけた元糧秣廠倉庫の一部は、引揚者寮になっていたが、その後入居者も移転したので、昭和35年整地して製品倉庫を建設、同37年4月には敷地の一画を盛進製菓の工場用地に貸与した。味淋の醸造法にも機械化が進められ、同42年1月には最新式味淋

醸造場が竣工した」[3]

　この文章で大切なことは、一時的にではあれ、引揚者の寮として利用されたということである。なお、同社は 2013 年現在も操業しており、従業員数は約 100 人である[4]。

　1）「旧軍用財産資料」（前出）による。
　2）昭和 55 年 11 月、流山市役所での聞き取りによる。
　3）『キッコーマン醤油史』、同社、昭和 43 年、264 ページ。
　4）2013 年、流山キッコーマン株式会社にて聞き取り。

③　松戸市

　千葉県では、浦安市、市川市と並んで、東京の都心部に最も近いのが松戸市である。それだけに旧軍用施設の口座数は、20 の多きに達する。しかしながら、そのうちの 13 口座は高射砲連隊の照空訓練所と観測所で、その敷地面積はいずれも 3 千 m² 未満のものであった。

　松戸市における最大の旧軍用施設は、松戸飛行場（約 188 万 m²）であり、続いては八柱演習場および廠舎（約 73 万 m²）と陸軍工兵学校胡緑台作業所（約 25 万 m²）、陸軍工兵学校（約 17 万 m²）、陸軍燃料本部松戸倉庫（約 14 万 m²）などの諸施設があった。

　旧松戸飛行場（昭和 22 年）、旧八柱演習場および廠舎（昭和 23 年）、旧胡緑台作業所（昭和 26 年）はその大部分が、農林省へ所管換となって農地へと転用された。陸軍工兵学校の跡地は文部省へ所管換になり、これは千葉大学の用地として転用されている[1]。

　このように、松戸市の場合には旧軍用地が工業用地（3 千 m² 以上）として転用されることはなかった。

　1）「旧軍用財産資料」（前出）による。

(5)　千葉県東南部地域（館山市・富津市・富山町・木更津市）

①　館山市

　房総半島の南端に位置し、浦賀水道の入口を扼する要所にある館山市には、口座数にして 19 の旧軍用施設があった[1]。そのうち敷地面積が 50 万 m² 以上の四つの旧軍用施設（うち三つは旧航空隊）の主たる転用が農林省への所管換であることは(2)表で既に明らかにしている。残る 15 の旧軍用施設の敷地面積を規模別に分類してみると、1 万 m² 未満の旧軍用施設が 4 口座、1 〜 3 万 m² 未満が 4 口座、3 〜 5 万 m² 未満の口座はなく、5 〜 10 万 m² 未満の口座が 4 口座、10 〜 50 万 m² 未満の旧軍用地は 3 口座となっている。

　館山市にあった旧軍用地が工業用地へと転用されたのは(3)表で示したように、国鉄を含んで計 11 件であり、そのうちの 8 件が水産物加工を目的としたものである。

　旧館山海軍航空隊の跡地は、その相当部分（3 件、計 47 万 6 千 m²）を防衛庁へ無償所管換し、

海上自衛隊館山基地として利用しているほか、農林省の農地として約30万m²を有償所管換している。繰り返すが、これが館山市における旧軍用地利用の最大のものとなっている。

海上自衛隊館山基地の東側にあった旧航空隊の一部は、戦後の昭和25年から26年にかけて水産加工工場敷地（漁協を含む）として払い下げられた。昭和55年現在では、魚市場および冷蔵庫となっている。旧海軍航空隊の格納庫を利用した館山臨港倉庫はもとより、大阪補機製作所も旧軍用地を再転用したものであろう。

この地に隣接して旧横須賀軍需部館山倉庫があったが、その跡地は昭和23年と25年に丸高水産へ、さらに昭和32年に小高喜郎氏（当時の館山水産会の会長）へ払い下げられているのは(3)表の通りである。

丸高水産は冷蔵庫をもち、昭和28年頃までは鰹節などを加工していたが、のちには製氷業および給油業へと転換している。小高氏の場合には、払い下げられた用地を空地のまましばらく放置していたが、その後の所有者は転々と替わり、昭和55年9月現在では、青木総業がその用地を砂利置場として利用している。

また、昭和44年に旧軍用地の払下げをうけた極東捕鯨は、平成26年の段階でも、極洋船舶工業として残っており、船形漁協へ払い下げた用地は館山漁協との合併で魚市場となっている。

さらに洲の崎衛所跡は昭和40年に東洋観光興業へ3万m²ほどが払い下げられているが、2014年段階では、不明。「風の抄」か「洲の口ロイヤル」というホテルがその跡ではないかと推測される。なお、洲の崎には白亜の灯台があり、さらに岬のほうの海岸に出れば、東京湾口の素晴らしい景観が展開する。晴れた日には、富士山や伊豆の山々、伊豆大島などを遠望でき、近くには二つの海堡をみることができる「お台場海浜庭園」となっている[2]。

館山市では、旧軍用地が水産加工業の敷地として払い下げられたが、それが水産加工業として持続的に展開されることなく、漁業関連の施設や砂利置場として利用されるという経過を辿り、昭和55年現在では工業用地として転用されるまでに至っていない。

なお、館山市の場合、2005年1月に旧館山海軍航空隊の地下壕跡を「指定史跡」とし、平和教育の教材として、また観光資源として活用している[3]。

1) 「平和・学習拠点形成によるまちづくりの推進に関する調査研究―館山市における戦争遺跡保存活用方策に関する調査研究」（館山市企画部企画課、平成15年3月）の「所属関連別にみた市内戦争遺跡の分布状況」の36ページによれば、その数は47となっている。ただし、土地の所有関係は不詳。
2) 2014年現地踏査による。
3) パンフレット「館山海軍航空隊　赤山地下壕跡」（2015年、館山市役所企画課）を参照。

② 富津市

浦賀水道を挟んで三浦半島と相対する富津市は、東京湾防衛という点では恰好の地点であり、それだけに戦前の富津市には多くの軍用施設があった。その口座数は16口座に及び、その中で、

特に面積規模が大きかったのは旧多津試験射場の 116 万 m² である。

戦後、米軍が日本へ進駐してきたのは、厚木に続いて、この富津と館山であった。

「房総半島への上陸は、1945 年 8 月 31 日、館山湾と富津岬の同時進攻ではじまる。先遣部隊は、ともに米第八軍所属の海兵隊である。富津上陸の海兵隊は、第一海堡の砲台など東京湾をにらむ軍事施設を破壊し、――」[1]

上記の文章は、富津の戦略的位置を明らかにしている点で興味深い。ただし、米軍が軍事施設を破壊したのは、日本占領の遂行という目的からである。

その後、試験射場の土地は大蔵省が所管することとなり、昭和 24 年から 33 年にかけて、千葉県へ海岸防砂林として時価売払ないし譲渡されている。平成 26 年の時点では、立派な海浜公園となっている[2]。

富津市の旧軍用財産で、民間企業の産業用地へと転用されたのは 2 件である。その一つは、鋸山山麓に近い金谷砲台の跡地（約 26 万 m²）を東産業へ昭和 39 年に製塩用地として時価払下げしたものであり、他の 1 件は富津試験射場中根観測所跡地（3,818 m²）を三光産業（業種不明）へ払い下げたものである。

東産業が千葉県の旭市（旧共和村）で製塩を行ったことは、先述したとおりである。ところが、この富津市での製塩は、26 万 m² という広大な払下地であるにもかかわらず、その跡地を確認できなかった。現在の市街地図では、鋸山山麓に東産業の名はないが、東京湾フェリーの発着地周辺ではなかったかと推測される[3]。

また、三光産業については、篠部および中根という地名が富津市にあるので、その近辺であっただろうとは推測できるが、市街地図には見当たらない[4]。

さらに、『富津市史』にも、これら二つの企業についての記述はない[5]。

1) 湯浅博『証言 千葉県戦後史』、崙書房、1983 年、7 ページ。
2) 平成 26 年および同 27 年の現地踏査による。
3) 市街地図『君津・富津市』（昭文社、2012 年）および 2014 年 8 月、現地踏査結果。
4) 同上。
5) 『富津市史』（史料集二、昭和 57 年）および『富津市史』（通史、昭和 59 年）。

③ 富山町

戦前の富山町には、東京陸軍兵器補給廠岩井常置班（266,602 m²）があった。その多くは農林省への所管換によって農地へ転用された。しかし、その一部（約 1 万 5 千 m²）は能重房太郎氏の名義で、昭和 23 年に工場用地（より正確には燃料タンク置場）への転用を目的として払い下げられた。しかし、能重氏は当時の富山町長であり、この用地は実際には学校用地へ転用された[1]。

1) 昭和 55 年、富山町役場での聞き取りによる。

④　木更津市

　木更津市には、木更津航空基地他の跡地（2,182,523m²）をはじめ、第二海軍航空廠岩根本廠（約47万m²）など、13口座の旧軍用施設があった。木更津航空基地跡地は昭和48年現在では、提供財産として利用されているが、木更津市高柳にあった第二海軍航空廠岩根本廠跡地は、民間企業や市役所等に多様な形態で転用されている。

　すなわち、民間企業に対しては、昭和28年に木更津倉庫（32,165m²）、新興建設（4,462m²）、千葉県繊維企業組合（3,272m²）という3件の払下げがあり、いずれも産業用地として転用されている。

　産業用地以外の民間への転用としては、同仁会へ昭和35年と37年の2回にわたって計12,619m²が総合病院用地として転用（時価払下）されている。総合病院は公共事業的性格が強いが、これをサービス産業であるとみれば、この件もまた産業用地への転用であると言えよう。

　また木更津市では旧軍用地が住宅用地へ多く転用されている。木更津市は千葉市から鉄道距離で35キロの位置にあり、その時間距離は昭和40年段階で1時間足らずの通勤距離にある[1]。これは木更津市内の諸企業との関連もあるが、当時建設されていた八幡製鉄君津製鉄所、あるいは川崎製鉄千葉工場との関連も考えられる。つまり社会的には、旧軍用地の住宅用地への転用が切望されたのである。

　第二海軍航空廠岩根本廠も例外ではなく、昭和33年に木更津市が市営住宅用地として約1万m²を減額40%で、また昭和40年には民間住宅用地として約3万m²（民間住宅128軒分）が時価で払い下げられている。

　それに隣接していた第二海軍航空廠工員住宅の敷地（85,369m²）の一部（約5万m²）が昭和30年に木更津市へ減額40%で払い下げられている。

　1）『時刻表』（国鉄監修、日本交通公社発行、1965年10月号）によれば、急行（内房）だと約40分、普通列車で48分から1時間11分となっている。

第三節　埼玉県における旧軍用地とその転用状況

　戦後、大蔵省が所管するに至った埼玉県における旧軍用施設の口座数は57、その総面積は約3,900万m²であった。

　57口座のうち、30万m²を超える大規模な旧軍用地は、次表の通りである。

第六章　関東地方（東京都・神奈川県を除く）　　247

Ⅵ-3-(1)表　埼玉県における主な旧軍用施設（昭和48年3月末現在）

（単位：m²）

旧口座名	所在地	施設面積	主な転用状況	転用年次
東京第一陸軍造兵廠大宮製造所	大宮市	446,120	総理府・宿舎	昭和43年
入間川陸軍滑空場	入間市	671,765	農林省農地	24
所沢陸軍飛行場	所沢市	4,273,483	提供財産・農林省	48年・23
陸軍航空士官学校修武台飛行場	狭山市	3,034,183	提供財産・防衛庁	48年・43
狭山陸軍飛行場	入間市	2,625,548	農林省農地	23
高萩陸軍飛行場	日高町	2,050,442	農林省農地	23
坂戸陸軍飛行場	坂戸町	2,342,111	農林省農地	23
陸軍中央無線大井受信所	大井町	381,673	農林省農地	24
東京第二陸軍造兵廠深谷製造所幡羅工場	深谷市	814,112	農林省農地	25
東京第二陸軍造兵廠深谷製造所明戸工場	同	720,508	農林省農地	23
東京第二陸軍造兵廠櫛挽製造所	同	3,437,474	農林省農地	22
熊谷陸軍飛行学校滑空場	熊谷市	318,271	農林省農地	25
立川陸軍航空廠寄居出張所	寄居町	1,581,313	町有林・農林省	26
熊谷陸軍飛行学校及び稜威ケ原飛行場	熊谷市	3,101,168	農林省農地・他	25
児玉陸軍飛行場	上里町	2,014,376	農林省農地	23
松山陸軍飛行場	東松山市	1,897,558	農林省農地	23
越ケ谷陸軍飛行場	越ケ谷市	1,902,347	農林省農地	23
陸軍被服本廠朝霞分廠	朝霞市	540,425	提供財産	48年現在
陸軍予科士官学校	朝霞市他	4,243,873	提供財産・他	48年現在
東京第一陸軍造兵廠川越製造所	上福岡市	572,897	日本住宅公団・他	34
東京第一陸軍造兵廠南桜井工場	庄和町	304,879	服部時計店	補償24

出所：「旧軍用財産資料」（前出）より作成。

　上掲の表をみれば判るように、戦前の埼玉県には多くの飛行場および造兵廠があった。口座数は少ないが、比較的大規模な旧軍用施設（用地面積）が埼玉県に多かったのは、第一に首都防衛のための飛行場、それに関連する航空廠があり、第二に、京浜工業地帯を背景とする周辺地域に武器製造工業が集中的に立地していたからであろう。しかし、埼玉県全体からみれば、旧軍用施設が集中的に立地していると言えるが、県内における立地状況をみると、空襲による被害を少なくするため、地理的に分散した形態をとっていたことが判る。

　また、これらの旧軍用施設の戦後における転用状況をみると、昭和23年から25年までの比較的早期に農林省への所管換となっているものが多い。この点については、『新編　埼玉県史・通史編7』に「旧軍用地の所管換え」という見出しのもとに次のような文章がある。

　「開拓地のうち、本県は国有地、とくに旧軍用地からの所管換えが多いのが特色である。――おもなものに狭山、高萩、熊谷、桶川、坂戸、児玉の陸軍飛行場、東京第二陸軍造兵廠深川製造所（明戸、櫛挽、深谷、幡羅工場）等がある。旧軍用地の跡地を利用した開拓地の分布は――入間・大里・児玉郡下に集中している。これらの地域は、いずれも地形的には武蔵野台地、櫛挽台地など広い平坦な台地が多いのが共通している。軍用地、とくに飛行場、軍関係の工場等の立地

に好適な地形であったのである。

　なお、所管換えの時期は、昭和二十三年（1948）から同二十四年にかけてがもっとも多いが、遅いところは昭和二十九年までかかっている。旧軍用地は、農地として、あるいは農業施設として利用しえるものはすべて優先的に農林省へ所管換えがなされ、開拓財産として農業に精進する者に売り渡されることになったのである」[1]

　ちなみに、この『新編　埼玉県史・通史編7』には、埼玉県における旧軍用地の農林省への所管換状況を掲示した表がある[2]。ただし、(1)表と重複する部分が多く、本書の主要な研究課題とは異なるので、本書では割愛した。また、この(1)表で判ることは、昭和48年の段階でも、米軍への提供財産として利用されている旧軍用施設が多々あるということである。

　それにしても、埼玉県における旧軍用地の多くが、広範な平野部にあり、東京に近く、用地価格も東京より安いという諸条件に恵まれており、宅地開発、とりわけ工業用地あるいは産業用地へと転用された場合も件も相当にみられる。とくに深谷市にあった造兵廠の諸工場については、その跡地利用が問題となるところである。そこで、戦後の埼玉県における旧軍用地の工業用地への転用が具体的にどうなっているか、昭和48年3月時点の状況を示したのが次表である。なお、掲示対象としたのは1件の払下面積が3千m^{2}以上のものに限定している。

VI-3-(2)表　埼玉県における旧軍用地の産業用地への転用状況

（単位：m^2、年次：昭和年）

旧口座名	所在地	転用企業等	業種	払下面積	年次
東京第一陸軍造兵廠大宮製造所	大宮市	ムサシ産業	澱粉工場	6,818	25
陸軍航空工廠所沢工場	所沢市	西武鉄道	運輸業	5,662	26
同	同	同	同	31,307	26
陸軍航空士官学校修武台飛行場	狭山市	小林コーセー	（工場）	4,162	39
東京航空無線鶴ケ島送信所	鶴ケ島	日本軽金属	非鉄金属	11,265	34
東京第二陸軍造兵廠深谷製造所幡羅工場	深谷市	諏訪倉庫	倉庫業	19,404	24
同	同	下川宏	活性炭業	3,079	25
同	同	永幸食品	食品工業	9,971	29
東京第二陸軍造兵廠深谷製造所明戸工場	深谷市	日本煉瓦	窯業	77,193	24
東京第二陸軍造兵廠明戸工場引込線	深谷市	日本煉瓦	窯業	24,092	24
熊谷陸軍飛行学校及び稜威ケ原飛行場	熊谷市	日立金属工業	鉄鋼業	330,574	36
同	同	日本鋼管	鉄鋼業	648,272	36
陸軍飛行学校桶川分教場	桶川市	本田技研工業	輸送機械	3,977	39
陸軍予科士官学校	朝霞市他	本田技研工業	輸送機械	44,309	36
同	同	理化学研究所	薬品研究	224,035	38
東京第一陸軍造兵廠川越製造所	上福岡市	大日本印刷	印刷工業	65,915	34
同	同	新日本無線	電気機械	143,670	35
同	同	大日本印刷	印刷工業	11,570	36
東京第一陸軍造兵廠南桜井工場	庄和町	服部時計店	精密機械	304,879	24
東京第一陸軍造兵廠江戸川工場	同	同	精密機械	206,793	24

　出所：「旧軍用財産資料」（前出）より作成。

第六章　関東地方（東京都・神奈川県を除く）　249

　上掲の表をみると、埼玉県では、旧軍用地の工業用地および産業用地への転用が地域的に分散
しており、特定の地域に集中しているという状況はみられない。敢えて言えば、深谷市と上福岡
市へ集中した傾向があるということになろう。これが第一の特徴である。

　次に旧軍用地の払下げ先をみると、大宮市、狭山市、深谷市を除くと、日本を代表するような
大企業であるということである。これが第二の特徴である。

　払下業種についてみると、西武鉄道および若干の中小企業を除けば、各種の機械工業、それに
鉄鋼業、非鉄金属、窯業といった素材供給型の業種が多い。つまり各種の加工型工業（機械工
業）と素材供給型工業とが混在しているという特徴がある。もっとも、埼玉県内において、この
素材供給型工業と加工型工業とが技術的な結合関係をもっているかどうかは不詳である。

　転用（払下）面積についてみると、日本鋼管の約 65 万 m^2 をはじめ、10 万 m^2 以上の転用が総
転用件数 20 のうち、6 件もあり、比較的大規模な用地取得が多いという特徴がある。ちなみに、
隣接する千葉県の場合には 99 件の産業用地への転用があったが、10 万 m^2 を超える旧軍用地の
払下げは、東洋高圧、新京成電鉄、製塩業の僅か 3 件でしかなかった。

　払下げの時期についてみると、昭和 24 ～ 26 年が 9 件、34 ～ 36 年が 7 件、38 ～ 39 年が 3 件、
その他 1 件と、年次的にみてかなり集中的に行われている。具体的には昭和 27 年から同 33 年の
期間は産業用地への転用は皆無ということであり、朝鮮動乱期と高度経済成長の初期に集中して
いるということである。

　埼玉県における旧軍用地の産業用地への転換にみられる種々の特徴は、日本全体を通じてみた
場合には、ある程度の共通性をもっている。しかしながら、これを特定の地域（府県）に限定し
てみると、時期的な集中という特徴を除いては、意外と共通性がない。この点は、社会経済的諸
条件に規定された各地域の場所的特殊性によるものと思われる。

　それでは、種々の特徴をもっている埼玉県内の各地域において、旧軍用地の産業用地への転用
がどのように行われたのか、地域ごとに具体的に明らかにしていきたい。

　1）　『新編　埼玉県史・通史編 7』、埼玉県、平成 3 年、78 ページ。
　2）　同上書、179 ～ 180 ページ。なお出所は埼玉県開拓協会編『戦後における埼玉県開拓誌』と
　　　なっているが、原資料の出所は記されていない。

⑴　熊谷市

　埼玉県で最も大きな旧軍用地を産業用地として転用したのは熊谷市であった。熊谷市（一部は
深谷市）にあった熊谷陸軍飛行学校及び稜威ケ原飛行場の跡地（約 310 万 m^2）は、日立金属工業
へ約 33 万 m^2、日本鋼管へ約 65 万 m^2 が昭和 36 年に払い下げられている。

　熊谷市籠原駅の南西方向およそ 2,500 メートルの場所（通称、稜威ケ原）を中心にして展開し
ていた熊谷飛行学校跡地（97 万 9 千 m^2）は、昭和 51 年 5 月現在、日本鋼管ライトスチールの 10

万5千坪（約34万6千m²）、日立金属工業の10万坪（約33万m²）、秩父セメントの13万3千500坪（約44万m²）となっている[1]。つまり、日本鋼管が大蔵省より払下げを受けたのは約65万m²であったから、そのうちの約44万m²を秩父セメントに転売ないし貸し付けていることになる。

また、この三つの工場の用地面積を合計すると、約33万8千500坪（約111万6千m²）となり、これは旧飛行学校跡地よりも広く、稜威ケ原飛行場の跡地を若干（約14万m²）追加的に利用していることになる。したがって、稜威ケ原飛行場の跡地（約212万m²）は、農林省への有償所管換として約142万m²（約67％）、防衛庁への無償所管換として約56万m²強（約26％）が利用されたということになる。

ところで、これら三つの工場は、いずれも熊谷市の工業振興条例に基づいて誘致されたものであり、旧飛行学校にあった滑走路を利用している。操業の開始期およびその主要製品名についてみると、日本鋼管ライトスチール㈱は昭和35年11月で軽量形鋼、コルゲートパイプ、ガードレールを、そして日立金属工業が昭和36年8月で特殊鋼鍛造品、磁力金型、軽合金鋳物を、秩父セメントは37年7月で各種セメントを製造している[2]。

籠原駅に最も近い地区（距離にして約2,000メートル）は現在、航空自衛隊が熊谷基地として利用しており、その面積はおよそ67万m²と見積もられる[3]。この面積は昭和44年に防衛庁へ無償所管換した面積よりも10万m²ほど広いので、その後に買い足したものと推測する。

また稜威ケ原のなかで、籠原駅からみて三つの工場よりも南西部にあたる地区（約136万m²）[4]は整然と土地区画がなされており、そこは戦後（昭和20～23年頃といわれる）に、農地開拓団が入植し、桑畑を中心に開墾した跡地である[5]。

この開拓団の入植地区は、昭和51年5月の時点において、フジタ工業と伊藤忠商事が共同して、相当大規模な工業団地建設のための用地買収を行っている。この工業団地建設予定地は深谷市域にも食い込んでおり、その分も併せて、この工業団地の面積規模は186万m²といわれている[6]。

なお、この工業団地建設予定地の中央部は上越新幹線が通過するとともに、新幹線保守基地としても相当部分が活用される予定となっており、昭和51年5月の時点では、新幹線の建設工事が進捗中であった。

なお、2016年の段階では、上越新幹線の北側に理研精工、大橋化学、流浸工業、オリエンタルメタル、ニコン、東京ピグメント、日東富士製粉、そして南側に日本山村硝子、日東富士製粉、アーレスティ、東京精密工業、セッツカートン、菱星機工、コスモクリーンなどの工場が立地している[7]。

熊谷市が昭和49年5月に策定した『熊谷市総合振興計画基本構想』の中では、工業振興と関連させながら、「民間デベロッパーによって開発が進められている御稜威ケ原工業団地では、緑の多い団地建設をすすめて優良企業（非公害、非用水型）の誘致を促進する」[8]と述べられている。

ここで視点を拡げれば、熊谷市の御稜威ケ原に隣接する深谷市域には、目下、スカイアルミ

ニューム、秩父セメントがあり、また高崎沿線地域には、東京芝浦電気、サンウェーブ、三晃金属、深谷鋼材、函館ドック、日東電気などの諸工場が立地している。

　こうして旧熊谷陸軍飛行学校跡地の周辺は、隣接する深谷市の工業地域とあわせて、埼玉県北部における一大内陸性工業団地を形成するその中核的位置を占めるに至っている。

　　1）『工業振興条例による指定一覧表』（昭和41年6月末現在）、熊谷市商工課。なお、昭和51年5月29日、現地踏査の結果による。
　　2）『工業振興条例による指定一覧表』、同上。
　　3）『熊谷市街図』（昭文社、1975年6月）より推定。
　　4）『熊谷市全図』（熊谷市役所、昭和48年8月）より推定。
　　5）昭和51年5月、熊谷市役所企画課での聞き取りによる。ただし、大蔵省が農林省へ有償所管換したのは昭和25年である。
　　6）昭和51年5月、熊谷市役所企画課での聞き取りによる。
　　7）都市地図『熊谷市』（昭文社、2016年）による。
　　8）『熊谷市総合振興計画基本構想』、熊谷市、昭和49年、38ページ。

　(2)　深谷市

　戦前の深谷市には、東京第二陸軍造兵廠深谷製造所幡羅工場（814,112㎡）、同製造所明戸工場（720,508㎡）、同造兵廠櫛挽製造所（3,437,474㎡）という三つの工場とそれに関連する諸施設があった。それらは(2)表のように、昭和24年から29年にかけて、民間企業へ5件が払い下げられており、その件数は3千㎡以上の払下げに限定すれば、埼玉県内では最多である。

　深谷製造所幡羅工場は国鉄深谷駅よりみて東北1,400メートルに位置し、昭和24年に諏訪倉庫へ戦時補償法第60条にもとづいて大蔵省より譲渡されている。永幸食品へ昭和29年に払い下げられた約1万㎡の用地は、国道17号線の建設によって分断され、一時は北側だけの工場で操業していたが、その工場もやがて閉鎖してしまった。したがって、昭和48年12月に設定された「深谷市都市計画図」では、諏訪倉庫深谷支店のある地域も含めて、そのほとんどが居住地域に指定され、残りは第二種居住専用地域となっている。

　国鉄深谷駅から北北東へ、およそ3キロの場所にあった明戸工場の跡地は、昭和29年に日本煉瓦へ約10万㎡が戦時補償として譲渡されている。

　昭和55年段階では、日本煉瓦上敷免工場として操業しているが、それは県道由良深谷線の西側のみであり、同道路の東側の用地は、昭和60年度完成予定になっている深谷市の終末処理場建設用地となっている[1]。

　国鉄深谷駅からみて南西部へむけて約3キロから5キロまでの広範な地域（半分は岡部町に属する）に、東京陸軍造兵廠櫛挽製造所があった。この櫛挽製造所の跡地は、そのほとんどが農林省へ所管換され、のち昭和22年より昭和26年までの期間に、農地として開拓団へ払い下げられている。その場合、農地開拓団に払い下げられた農地は1戸あたり1町3反ずつであった[2]。そ

れが自作農創設として十分な農地面積であったかどうかという問題は、ここでの検討課題ではない。

　ところで、その開拓農地の中にあって関東酒造（昭和23年7月創業、昭和41年7月に永昌源と改称）[3]には庄野養道氏の名義で昭和25年に焼酎工場を目的として約1万m²が払い下げられている。昭和55年の段階では、この焼酎工場が広い農地の中で孤立的に操業している状況にある。なお、都市計画図では、この櫛挽地区は用途が未指定となっている。

　このような歴史的経過をみてくると、広大な旧軍用地のほとんどが農業用地となり、一部は工業用地を目的として払い下げられたものの、それを拠点とした地域工業化への展開はなされなかった。

　ちなみに、深谷市は、首都圏整備法にもとづき、昭和36年市街地開発地域に指定され、昭和37年11月には工業団地の造成を終えている[4]。

　この第一深谷工業団地は旧軍用地を転用したものではないが、国鉄高崎線の北側に沿って約100万m²の工業用地が展開し、昭和54年現在、立地してきた18社の総敷地面積は86万5千m²に達し、5,300人が従業している。この第一深谷工業団地の主要な立地企業の状況は次の通りである。

VI-3-(3)表　第一深谷工業団地における主要企業の状況
（昭和54年）
（単位：m²、人）

企業名	敷地面積	従業員数
東京芝浦電気	288,973	3,714
サンウェーブ工業	156,832	341
三晃金属工業	89,210	86
長谷川香料	58,709	194
プロライド工業	54,666	86
サンケイ化学	34,092	78
深谷鋼機	33,000	73
日東電気工業	28,214	184
計	743,696	4,756

出所：深谷市役所資料（昭和54年）により作成。

　(3)表は、第一深谷工業団地における主要企業8社の敷地面積と従業員数を掲載したものであり、立地している18社全体の総数ではない。しかしながら、この8社が占める比率は、敷地面積では、その86％、従業員数では約90％となるので、この工業団地の概要として把握できるものである。なお、この(3)表に掲載されている企業の中には、既に熊谷市に隣接する工業地域として紹介したものもある。

　このようにみてくると、深谷市における工業団地の造成は、旧軍用地とは無関係であるかのようにみえる。

第六章　関東地方（東京都・神奈川県を除く）　　253

　しかしながら、最近造成された第二深谷工業団地は、既にみたように熊谷市の稜威ケ原飛行場の西側に隣接しており、その規模は約 50 万 m^2 であるとされ、日本鋼管ライトスチール熊谷工場の敷地まで加えると優に 100 万 m^2 を超える敷地面積となる。ちなみに、第二工業団地では、秩父セメントが 153,434 m^2、スカイアルミニューム（昭和電工、カイザー、八幡鋼管の共同出資会社）が 316,693 m^2 の敷地面積となっている[5]。

　以上、深谷市における旧軍用地の工業用地への転用状況をみてきた。深谷市では、工業用地への転用件数が埼玉県では最も多かったが、その後における発展がみられなかった。それにひきかえ、第一および第二工業団地には巨大企業の工場進出がみられるものの、旧軍用地との関連は極めて希薄である。強いて、その関連性をいうなら、第二工業団地の一部が稜威ケ原飛行場（一部は深谷市の市道）であったということであろう。

　１）　昭和 55 年、現地踏査結果による。
　２）　昭和 55 年、深谷市役所での聞き取りによる。
　３）　同上。
　４）　同上。
　５）　深谷市役所の資料（昭和 54 年）による。

⑶　庄和町（2008 年現在、春日部市）

　戦前の庄和町には、⑵表に掲示した東京第一陸軍造兵廠南桜井工場（304,879 m^2）と同江戸川工場（206,793 m^2）があった。この二つの工場に関する歴史的経緯は、『庄和町之百年』が詳細に述べている。以下では、工場用地およびその所有関係に関連した叙述部分のみを抜き出しておく。

　「昭和 17 年 4 月、東京第一陸軍造兵廠は国家総動員法に基づき、株式会社服部時計店に助成法を適用して、埼玉県北葛飾郡南桜井村大字西金野井、同大字大衾並びに川辺村大字米島、同大字新宿新田地域に兵器（砲弾の信管）の製造所を設置し、軍監督のもとに当該兵器の製作を要請した。同時に軍部は同地域の平地林並びに畑地約 154,000 坪を強制買収することになった。平地林には数百年を経過したと思われる老杉、古松が数多く、あるいは栗、櫟の雑木林が連なるなど、工場を隠蔽するのに好都合の場所であった。

　この平地林、畑等の地主は約百名に及んでいたので、買収に手間取ると共に、軍部が直接買収する予定であったのが途中変更されて服部時計店が買上げることになったという事情もあって土地買収の登記完了は 18 年 12 月 21 日となっている」[1]

　「一方、昭和 20 年 1 月 17 日東京造兵廠が焼失し、この工場の一部に疎開し、東京第一陸軍造兵廠江戸川工場と称して同年 4 月から操業を開始した。当時共立女子専門学校生徒 600 人、及び中央大学予科生徒 200 人の勤労動員と従来の従業員 400 人とが造兵廠の労働力であった。

　服部時計店、造兵廠ともどもようやく仕事が軌道にのって来たとき、昭和 20 年 8 月 15 日の終戦を迎えたのである。

終戦と共に服部時計店は工場を閉鎖して東京に引揚げた。——服部所有の15万余坪の工場敷地と国の所有である2万坪の建物とが旧南桜井村と旧川辺村とに空しく残された」[2]

「終戦後は、軍需工場の建物、機械等は米軍管理下におかれた。工場建物（宿舎を含む）2万坪、機械2,000台といわれた。

G. H. Qから、賀川豊彦先生等の斡旋によって、これらの施設設備の転用許可を得て、そこに農村時計製作所が設立された。この設立が純農村であった庄和町に工業の根をおろす端緒となったのである」[3]

「軍需工場服部のあとに、21年3月28日、全国農業会をバックに農村時計製作所が誕生した。しかし、翌22年8月5日、全国農業会がG. H. Qから解散を指示され、農村時計は資金面で大きな障壁にあたり、加えて世の不況の波にさらされ、人員整理につぐ整理も経営を立て直すことができず、遂に昭和25年10月事業を停止するの止むなきに至った」[4]

「農村時計が時の政策と事業不振により事業を停止した後、これを母体として同年11月3日、同所に別会社リズム時計工業株式会社が設立された。

新会社は資本金1,000万円、卓抜な経営陣の下、優秀な技術と絶えざる努力精進とで立派な成果をあげ、年とともに発展し、庄和工場の整備をはじめ、栃木県益子工場の建設、福島県会津工場の新設と相つぐ拡張をもってし、今や資本金10億円の大手メーカーとして我が国時計工業界に重きをなすに至った。

ひるがえって庄和工場についてみると、敷地約8,000坪、従業員1,322名、そのうち庄和町在住者は実に1,020名を数えている。会社従業員の特別徴収によって町への納税額は昭和46年度において年間約430万円にのぼり、工場の固定資産税約600万円、法人税約800万円に達し、リズム関係の納税の総額は、町の自主財源の約11％に及んでいる」[5]

東京第一陸軍造兵廠南桜井工場と江戸川工場の歴史的経緯については、以上五つの引用文で明らかであるが、終戦後の状況については、若干の補足説明が必要である。

すなわち、引用文からすると、終戦直後に服部時計店の所有する15万余坪の工場敷地と国の所有である2万坪の建物が残ったということになっている。しかし、昭和24年、大蔵省は、戦時補償法第60条にもとづき、南桜井工場の約30万 m^2、江戸川工場の約20万 m^2、あわせて51万 m^2（15万5千坪）の用地を、服部時計店に譲渡しているのである。つまり、戦前の服部時計店の工場敷地は、国有地となっており、それを農村工業が借地しながら操業していたということになる。ただし昭和25年以降における服部時計店とリズム時計との経済的関連については、ここでは取り上げないことにする。

なお、「戦時中の疎開軍需工場跡地は大分団地となって市街化し、工場そのものは時計工業工場として繁栄している」[6]という状況が、昭和55年11月の段階についても当てはまる。

旧軍需工場の跡地は、その中心部に東武鉄道野田線の南桜井駅があり、駅の南側は商店街（近隣商業地域）と化し、米島地区は住宅街（住居地域）となっている。北西側はリズム時計工場が大きな敷地を占めており、そこは準工業地域に指定されている。また北東側は住宅団地化し、住

第六章　関東地方（東京都・神奈川県を除く）　255

居地域となっている。

　昭和55年段階の庄和町は、旧軍需工場を中心にして工業化を図ると同時に、「自然と調和した豊かな田園都市」として、近代化への道を辿っている状況にあるといえよう[7]。

1) 『庄和町之百年』、庄和町教育委員会、昭和50年、204〜205ページ。なお『春日部市史・庄和地域』（春日部市、平成25年）にほぼ同文のまま再録されている。
2) 同上書、206ページ。
3) 同上書、207ページ。
4) 同上書、207〜208ページ。
5) 同上書、208ページ。
6) 同上。
7) 昭和55年11月、現地踏査での印象。

⑷　上福岡市（2008年現在、ふじみ野市）

　東京池袋より東武東上線で約20分に位置する上福岡市には、昭和12年より操業を開始した[1]東京第一陸軍造兵廠川越製造所（572,897㎡）があった。この造兵廠の跡地は、戦後、占領軍に接収されたが、昭和30年頃には中央火薬火工株式会社に貸付していた。しかし、この会社は昭和34年に営業を停止した。その後、福岡村の村民は「平和産業に活用する」という方針で工場誘致を図ったが、うまくいかなかった。日本住宅公団が、跡地の一部（168,396㎡）を「出資財産」として昭和34年に取得している[2]。また大日本印刷へ昭和34年（65,915㎡）と昭和36年（11,570㎡）の2回に分けて、計約7万8千㎡が、そして新日本無線へ昭和35年に143,670㎡が、大蔵省より売却されている。上記二つの企業以外への旧軍用地の転用については、次の文章が具体的に述べている。

　「旧火工廠跡（旧川越工廠跡？―杉野）の活用は、一部を新日本無線㈱が、また大日本印刷㈱及び上野台団地、武蔵福岡郵便局、第2小学校、町立保育所、上水道、福岡中学校、公園、第4小学校、学校給食調理場、消防署、公民館等殆んどが公共施設として活用されるにいたった」[3]

　上記の引用文からも判るように、上福岡市は首都圏の、いわば外縁部にあたり、上野台団地や霞ケ丘団地など、地域のほとんどが住宅地化してきている。したがって、同市の都市計画地域としては、旧造兵廠の跡地だけが「工業地域」として残されるという状況になっている。

　確かに、上福岡市は高度経済成長が始まった昭和35・36年頃より地元の雇用を促進するという意図で企業誘致をはじめたが、雇用される従業員はそのほとんどが東北地方の出身者であり、「地元雇用」という当初の意図からすれば、あまり効果をあげることができなかったという経緯がある。各企業の寮には、若い人がかなり入っているが、それだけに年々の移動が多いという問題があるとされている。ちなみに、昭和53年の段階でも、地域住民のうち「仕事の都合で、住みつづけるかどうかわからない」が22.1％を占めるという調査結果が報告されている[4]。

　さらに、昭和46年以降の同市では、地価の高騰と「住宅の環境を守るためにも新規工場の立

地を規制しなくてはならない」[5]という政策がとられているので、同市の工業化という点では、この旧造兵廠地域に限定されざるをえない。それでも、昭和46年にはニッタン電子が進出し、一つの工業区域を形成している。ちなみに、昭和53年段階における工業立地の概況は次の通りである。

VI‐3‐(4)表　上福岡市の工業地区における三企業の状況（昭和53年）

(単位：m², 人)

企業名	敷地面積	従業員数	操業年次
大日本印刷	62,500	600	昭和43年
新日本無線	66,135	610	34
ニッタン電子	5,075	120	46
計	133,710	1,330	——

出所：上福岡市部内資料により作成。昭和55年9月。

(4)表をみれば判るように、大日本印刷の場合には、大蔵省から払い下げられた旧軍用地の約7万8千m²が6万2千m²へ、また新日本無線も14万3千m²余が6万6千m²へと、いずれも減少している。これは敷地面積のうち、その一部を住宅用地へと再転用したか、ニッタン電子へ再転売したのであろうが、その詳細は判らない。

要するに、上福岡市における地域的な特徴は、二つの住宅団地とこの工業地区（昭和53年に補正された上福岡市の都市計画図では工業地域に指定されている）であるといわれている[6]。確かに、全体の敷地面積が約13万m²強で従業員数も1,330名という程度の工業地域であるが、農村的な小規模な都市にとってみれば、地元雇用による職住接近という理念がある程度は実現されているのではないかと思う。

平成20年現在では、ふじみ野市と合併しているが、旧大井町の亀久保には、東京航空無線川越受信所（19,415m²）があった。この跡地の一部（約1万1千m²）は昭和34年に日本軽合金へ払い下げられたが、この地に工場は建てられず、そのまま畑地として放置されていた。その後、数回にわたって土地所有者が替わり、昭和42年より日本金属埼玉工場（敷地9,922m²）となり、昭和56年1月現在、従業員190名で操業中である[7]。

1）　『上福岡市新基本構想及び基本計画の策定について』、上福岡市企画財政部、昭和54年を参照。
2）　『上福岡市史』（通史編、下巻）、上福岡市、平成14年、460〜477ページを参照。
3）　『福岡町総合振興計画基本構想』、福岡町、昭和46年、5ページ。
4）　『上福岡市勢要覧』、同市役所、1979年、10ページ。
5）　『福岡町総合振興計画基本構想』、前出、11ページ。
6）　昭和55年9月、上福岡市役所での聞き取りによる。
7）　昭和56年1月、日本金属埼玉工場での聞き取りによる。

第六章　関東地方（東京都・神奈川県を除く）　257

⑸　和光市・朝霞市等

　埼玉県南部にあった旧陸軍予科士官学校の敷地面積は約 424 万 m² で、和光市、朝霞市、新座市、東京都練馬区にまたがる広大なものであった。戦後、この跡地は米軍に接収されたが、それ以前に、住民は闇耕作をしていた。その間の事情を『和光市史・通史編下巻』は次のように伝えている。

　「陸軍予科士官学校跡地は、昭和二十年（1945）一二月一二日に大和町と東部軍管区経理部長との間に誓約書が交わされ、大和町農民によって一三六町歩が農耕地として開墾されてしまった。しかし、昭和二一年（1946）五月、占領軍の命令によって軍用地は立ち入り禁止とされてしまった。農民は立ち入り禁止にもかかわらず闇耕作をつづけ、以後農民と町行政サイドによる軍用地返還運動が展開されることになったのである」[1]

　「昭和二六年段階では大和町行政サイドは食料増産・農業経営の立場から『農民を代表して』運動を展開しており、また農民側も『開墾組合』なるものを組織して自作農化を要求していた。しかし、翌二七年（1952）になると、町行政サイドの返還要求は軍用地の自作農化のみならず文化施設、学校建設、住宅用地化の要求に変わり、さらに昭和二九年（1954）の返還要求になると昭和二七年の要求事項に工場用地化が加えられ、文化施設に技術者養成所の新設が明記された。そして昭和二九、三〇年に耕作者の全面的な立ち退き命令が下され、最終的には報奨金・離作料の農民へのバラまきによって決着をつけたられたのである」[2]

　昭和 36 年になると、東端の一部（約 4 万 4 千 m²、和光市）は、本田技研工業へ払い下げられた。本田技研工業は、和光市内にある本田技研埼玉製作所や桶川市にある桶川工場（約 4 千 m²、旧陸軍飛行学校桶川分教場跡地で昭和 48 年段階では大蔵省よりの借地）と関連させながら、この土地を和光研究所として活用し、現在（昭和 55 年 9 月）に至っている。なお、和光市は、この地域を準工業地域として指定している。

　米軍に接収された旧軍用施設は、陸上自衛隊の駐屯地や演習場として利用されているが、昭和 32 年、接収されていた旧軍用施設の一部が返還され、昭和 38 年以降、政府出資の理化学研究所（22 万 4 千 m²）がこれを利用している。

　朝霞市役所に隣接した旧軍用地は、暫時、野放しされていたが、昭和 55 年の段階では、市民公園を建設中である。

　和光市としては、この旧軍用地を市民のための公園などに利用しようと考えており、これを工業用地として活用することはないとしている。その理由は、この地域は首都圏に入るので市街地化が進んでおり、付加価値が高く、地価が坪 50 万円もするからである。したがって、公害のない情報産業などであればともかく、一般の工業資本にとっては採算がとれないという状況にあるとしている[3]。

　ちなみに朝霞市にあった旧軍用地は、戦後まもなく、米軍が進駐し、占拠された。その間の事情を『朝霞市史・通史編』は次のように記している。

　「本県では、同年（1920 年―杉野）九月十四日、米軍第四三師団（1 万人）が進駐し、この朝霞

地区にも四〇〇〇人の第一騎兵師団本部が進駐し『キャンプ・ドレイク』と称した。

　このうち、旧陸軍予科士官学校跡地を『サウスキャンプ』、旧陸軍被服廠朝霞分廠跡地を『ノースキャンプ』、旧演習場を『根津パーク』と称した」[4]

　なお、この跡地は昭和48年の段階でも、その圧倒的部分が米軍への提供財産（2,692,444m²）となっている[5]。

　　1）『和光市史』（通史編下巻）、和光市、昭和63年、618ページ。
　　2）　同上書、618〜619ページ。
　　3）　昭和55年9月、和光市役所での聞き取りによる。
　　4）『朝霞市史』（通史編）、朝霞市、平成元年、1317ページ。
　　5）『旧軍用財産資料』（前出）による。

⑹　所沢市

　戦前の所沢市には、3-⑴表に掲示した所沢陸軍飛行場（4,273,483m²）をはじめ、天翔第18474部隊（上新井・102,899m²）、陸軍航空士官学校所沢分教場（新井・96,160m²）、陸軍航空工廠所沢工場（久米・39,140m²）、所沢陸軍病院（24,502m²）など、合わせて9口座の旧軍用施設があった。

　『所沢市史　下』（平成4年）は、所沢陸軍飛行場跡地の転用をめぐる社会経済的諸関係について詳しく述べているので、それを簡略化しながら紹介しておこう。以下の五つの引用文がそれである。

　「所沢飛行場では元の軍勤務者によって敗戦後、事実上の耕作がはじまっていた。天翔第一八四七四部隊で敗戦後、所沢飛行場の監視隊勤務につき、復員のおくれたもの一六名は、原弘を代表者とする所沢農場（通称は原部隊、のちに興和開拓帰農組合）をつくり開拓をはじめていたのである。当初は既耕地は畑六〇〇坪であったが、天翔第一八四七四部隊の現地自活用として借用していた民有地四、五〇〇坪、飛行場の一、八〇〇坪、営内地三〇〇坪の合計六、六〇〇坪を再開墾し、十一月十日頃には麦の播種をもおわらせたのである。──こうした入植者は、この『原農場』あるいは『原組』と通称されたグループのほか、沖縄県出身の外地引揚者を中心とする『沖縄組』、『西武組』、『山崎組』などが存在していた」[1]

　「ところで、地元では、所沢飛行場の拡張により耕地を陸軍用地として買いあげられてきた農家を中心に、地元への飛行場用地の払い下げを望む声が存在していた。すでに昭和二十年の十一月には、所沢町長に対し飛行場用地の元の所有者から、『元土地所有者ニ優先的ニ分割払下』を願う『嘆願書』が提出されている」[2]

　「さらに二月六日、埼玉県耕地課長は、農林大臣の指示として所沢飛行場総面積三八四町歩のうち二五〇町歩の開拓を許可し、その実行方法として一二五町歩を西武農業鉄道株式会社に、残る一二五町歩を地元農民に移譲し開墾させる、との伝達を行ってきた。これに対し地元農民は激しく反対し、陳情運動を展開した」[3]

第六章　関東地方（東京都・神奈川県を除く）　259

「陳情書は、所沢飛行場の拡張のたびに地元農民は祖先伝来の貴重な土地を軍用地に『強制徴発』されてきたこと、この農地を復活して開拓しようと希望したのに、『其ノ半部ヲ単ナル一営利ヲ目的トシ旅客運輸ヲ業トスル会社ニ移譲セントスル当局ノ意図解スルニ難クシテ、断ジテ承服不能』、会社の意図は『土地ブローカー的野心』以外に考えられないとして、開墾許可地二五〇町歩の全部と飛行場内の建築物を地元農業会に移譲することをもとめていた」[4]

「最終的には所沢町六九町歩、西武鉄道二三町歩という結果となる。開墾の申込みは、所沢町で八一四名、他に復員者が一五二名で合計九六六名、希望面積では所沢町で約四七五町歩、復員者が約一一七町歩にのぼっていた」[5]

以上、五つの引用文から判ることは、一口に「旧軍用地の転用」とは言っても、その転用過程においては占領軍をはじめ国や地方公共団体の意向、旧軍関係者の残留、開墾者の入り込み、元地主の返還要求などの社会的諸関係が輻輳する場となるのである。

なお、この五つの引用文では旧軍用地の工業用地への転用はみられない。しかしながら、西武鉄道は、昭和26年に陸軍航空工廠所沢工場の跡地を 5,662 m^2 と 31,307 m^2、昭和28年に2,107 m^2、計 39,076 m^2 を時価で取得している[6]。西武鉄道は、この地で旧国鉄の車両を修理し、改装することを用途目的としたのではないかと思う。ちなみに、この土地は今ある西武所沢駅の東南部（久米）に位置し、平成18年現在、大部分が住宅地となっている。ただし、西武所沢駅の西南部（東住吉）には昭和55年の段階では西武の所沢車両工場、それから朝日ヘリコプターと吾妻製作所の2工場があったが、平成15年の時点では「西武電設工業」だけが残っている。ただし、ここが旧軍用地であったかどうかは不詳である。

これはやや余談になるが、上記の引用文中に「西武農業鉄道㈱」とあるが、これは1945年9月22日に、武蔵野鉄道が西武鉄道（旧）と食料増産を吸収合併して西武農業鉄道と称したものである。もっとも、1946年11月15日には西武鉄道と改称している[7]。

ちなみに、陸軍航空士官学校所沢分教場の跡地は、昭和33年に精神薄弱児収容施設を用途目的として厚生省へ所管換され、平成16年の時点では国立障害者リハビリテーションセンターとして活用されている。また、所沢陸軍病院の跡地は昭和23年に所沢病院として厚生省へ移管されている[8]。

ここでは旧軍用地の工業用地への転用ではないので、詳しい経緯は割愛したが、この所沢飛行場の跡地では、2016年の時点では、街路（県道）整備、防衛医科大学、県営航空記念公園、文教施設、公共施設、民間住宅などへ転用されている[9]。つまり、所沢陸軍飛行場およびその関連施設用地の転用に関しては、東京都と隣接しているだけに、各界から旧軍用地転用の要望があり、その経緯は実に複雑だったのである。

所沢市における旧軍用地の転用については、昭和48年3月の時点では、提供財産が1,087,174 m^2、防衛庁（自衛隊）が 1,927,140 m^2 を使用していたことを付記しておく。したがって、昭和50年の時点においても、所沢市では「基地全面返還の課題の実現は残されることになった」[10]という状況だったのである。

1）　『所沢市史　下』、所沢市、平成 4 年、540 ページ。
2）　同上。
3）　同上書、541 ページ。
4）　同上。
5）　同上。
6）　「旧軍用財産資料」（前出）による。
7）　ウィキペディア「西武鉄道」による（2016 年閲覧）。
8）　「旧軍用財産資料」（前出）による。
9）　都市地図『所沢市』（昭文社、2015 年）による。
10）　『所沢市史　下』、前出、667 ページ。

第四節　茨城県における旧軍用地とその転用状況

　戦後、大蔵省が所管した茨城県の旧軍用施設は、90 口座、その敷地総面積はおよそ 6,828 万 m^2 である。そのうち、1 口座あたりの敷地面積が 30 万 m^2 以上の旧軍用施設とその主要な転用状況は次表の通りである。

Ⅵ- 4 -⑴表　茨城県における主要な旧軍用施設とその転用概況

（単位：m^2、年次：昭和年）

旧口座名	所在地	施設面積	主な転用形態	転用年次
百里ケ原海軍航空隊	小川町	4,009,882	農林省・農地	23
神之池海軍航空隊	鹿島町他	4,996,118	農林省・農地	22
水戸東陸軍飛行場	那珂湊市他	11,521,330	その他	──
鹿島海軍飛行部隊爆撃場	大洋村他	11,970,885	農林省・農地	22
鉾田陸軍飛行部隊東廠舎	鉾田町他	2,236,049	農林省・農地	34
陸軍航空通信学校及び水戸南陸軍飛行場	水戸市他	2,665,072	農林省・農地	25
筑波海軍航空隊	友部町	2,707,186	農林省・農地	22
北浦海軍航空隊	潮来町	318,932	農林省・農地	26
若松海軍爆撃演習場	波崎町	5,307,427	農林省・農地	24
水戸工兵作業場	水戸市	675,375	農林省・農地	24
長岡教育隊	茨城町	478,624	農林省・農地	25
水戸北飛行場	那珂町他	2,939,146	農林省・農地	22
第一海軍航空廠本廠	土浦市	1,465,935	農林省・農地	25
霞ヶ浦海軍航空隊	阿見町	3,672,876	農林省・農地	22
土浦海軍航空隊	阿見町	723,724	防衛庁他	32
土浦海軍航空隊練兵場	土浦市	415,636	農林省・農地	21
横須賀海軍気象学校	阿見町	376,859	農林省・農地	28
谷田部海軍航空隊	谷田部町	3,009,917	農林省・農地	22
西筑波陸軍飛行場	筑波町	3,002,581	農林省・農地	22
下館陸軍飛行場	関城町	2,556,535	農林省・農地	22

出所：「旧軍用財産資料」（前出）より作成。

第六章　関東地方（東京都・神奈川県を除く）　261

(1)表をみれば判るように、戦前の茨城県には航空隊、飛行場、爆撃演習場などの軍用施設が太平洋岸、霞ヶ浦周辺、筑波山麓など、かなり広範に展開していた。戦後、それらの圧倒的大部分が大蔵省から農林省へ有償所管換された。それ以外では、防衛庁および「その他」が各1口座あるだけである。

　茨城県における旧軍用地の産業用地、とりわけ工業用地への転用は、昭和48年3月現在までに25件ある。そのうち、地方公共団体としての茨城県が11件を占めるという特殊な状況がある。その25件を具体的に示すと、次表のようになる。

VI-4-(2)表　茨城県における旧軍用地の産業用地への転用状況

（単位：m²、年次：昭和年）

旧口座名	払下先	払下面積	業種（用途）	払下年次
神之池海軍航空隊	茨城県	7,900	（開発用地）	41
同	同	17,528	同	44
同	同	5,621	同	44
同	同	10,524	同	44
同	同	3,047	同	44
同	同	23,652	同	44
同	同	21,116	同	44
同	同	3,217	同	46
鹿島海軍飛行部隊爆撃場	茨城県	93,640	（代替地）	44
陸軍航空通信学校及び水戸南陸軍飛行場	明利酒類※	91,646	酒造業	32
同	鹿島参宮鉄道	19,665	運輸業	39
陸軍航空通信学校大甕超短波警戒通信所	日立製作所	3,066	一般機械	45
若松海軍爆撃演習場	茨城県	27,489	（開発用地）	44
同	同	8,840	（工業団地）	45
長岡教育隊	湊精機製作所	11,869	エレベーター	35
第一海軍航空廠本廠	市川正二	16,998	農産物加工	29
第一海軍航空廠医務部	岡野電機	43,721	自動車部品	36
第一海軍航空廠利材工場	桜川紡績	34,879	紡績工場	24
霞ヶ浦海軍航空隊	新日本食品	80,143	澱粉加工場	24
同	北斗振興	66,895	鉄工業	27
同	東洋精機	5,775	精密機械	28
同	東洋精機	5,715	精密機械	28
同	日本資糧	4,316	食品工業	32
土浦海軍航空隊	阿見藁工品農協	16,733	藁製品加工	26
横須賀海軍経理部霞ヶ浦支部	茨城興業	8,383	機械器具修理	24

　出所：「旧軍用財産資料」（前出）より作成。なお「文書」中にあった「明利酒造」は「明利酒類」の誤記と思われる。

(2)表では、既に指摘しておいたことであるが、茨城県による開発用地の取得が11件ある。そのうち1件は工業団地であり、また別の1件は代替地の取得である。だが、この2件は、いずれも鹿島臨海工業地域の造成に関連しているので、産業開発用地として一括し、のちに詳しく論じ

ることにした。なお、茨城県自体は地方公共団体であり、民間企業ではない。しかしながら、別組織をつくるにしても、地方公共団体が率先して大規模の工業用地を取得・造成するという方式は、この鹿島開発が全国で最初であり、産業用地の払下先を民間企業に限定していない以上、大蔵省からの払下先として掲示したものである。ちなみに、大蔵省から払下げをうけた名義は、いずれも岩上二郎（当時の茨城県知事）となっている。

それ以外の払下先は、いずれも民間企業で、それを業種別に分類してみると、食品工業4、一般機械、輸送用機械、精密機械がそれぞれ2、あとは繊維工業、鉄工業、その他工業が各1、運輸業1、計14となっている。

この14企業が取得した旧軍用地の面積規模を分類してみると、$3 \sim 5$千m^2が2件、5千〜1万m^2が3件、$1 \sim 3$万m^2が4件、$3 \sim 5$万m^2が2件、5万m^2以上が3件となっている。しかし、東洋精機が取得した2件を合わすと、約1万1千m^2になるので、その点の修正が必要となる。概していえば、10万m^2以上の用地取得がなく、相対的に小規模な用地取得となっている。

取得年次でみると、朝鮮動乱期を含んだ昭和24年から29年までが8件、好況不況の波が多かった30年から32年が2件、高度経済成長期の昭和35年から39年までが3件、新全総以後の昭和45年が1件となっている。このことから判ることは、茨城県の場合、旧軍用地の工業用地への転用は時期的にみて早かったと言えよう。

以上、茨城県における旧軍用地の産業用地への転用について概観してきた。その中で特徴的であったのは、茨城県による「開発用地」が大きな比重を占めていたことである。

以下では、鹿島開発地域を中心に、茨城県における旧軍用地の転用状況を地域的に分析していくことにしよう。

⑴　鹿島開発地区（旧鹿島町、旧神栖町、旧波崎町）

いわゆる鹿島地区には、神之池海軍航空隊の跡地（約500万m^2）があり、この跡地は、その大部分（約413万m^2）が昭和22年に、そして24年には37万m^2、33年に約4万m^2、あわせて約454万m^2が農林省への有償所管換となっている。つまり、航空隊跡地の90％以上が戦後の比較的早い時期に農地へと転用されたのである。後に、鹿島臨海工業地帯の開発との関連で、この地域における転用農地の買収が問題となったことは周知のことである。

鹿島臨海工業地帯の開発がはじまった昭和44年から昭和46年にかけて、開発用地として、この航空隊跡地の一部が茨城県に払い下げられることとなった。ここで茨城県というのは、既に示唆しておいたように、払下げ名義人が岩上二郎氏となっている。岩上氏は、当時の茨城県知事であると同時に、鹿島臨海工業地帯開発組合管理者でもあった。したがって、茨城県知事としてではなく、この開発組合管理者としての岩上二郎氏に対する旧軍用地の払下げであったとも理解することができる。

茨城県は、この航空隊跡地で昭和44年に7件、89,388m^2、昭和46年に3,217m^2、計

第六章　関東地方（東京都・神奈川県を除く）　263

92,605 m² の用地を時価で払下げを受けている。なお、(2)表には掲示していないが、3千 m² 未満の旧軍用地の取得が4件あり、それを含めると、合計で9万7千 m² に達することになる。しかしながら、広大な神之池航空隊跡地からみれば、それは2％にもならない程度のものであった。

　また、鹿島海軍飛行部隊爆撃場の跡地の一部（93,640 m²）が、昭和44年に茨城県へ払い下げられている。この件については、(2)表で「代替地」としているが、より詳しくは「住宅・農地代替地」であり、いわゆる六・四方式（別称：鹿島方式）による産業用地の確保のために、地域住民（農民）から農地（その多くは旧軍用地）を買収するのに必要となった代替地のことである。

　さらに鹿島開発に関連して、若松海軍爆撃演習場跡地が昭和44年と45年に、併せて約3万6千 m² が岩上二郎氏へ時価で払い下げられている。茨城県の南東部、利根川の北側にあった波崎町は、鹿島臨海工業地帯とやや離れているものの、払下目的（用途）が「開発用地」となっているのは、臨海工業地帯の開発用地だからであり、また用途が「工業団地の造成用地」となっているのは、臨海工業地帯を形成する一部としての工業団地の造成だったからである。

　以上、鹿島地域における旧軍用地の転用については、茨城県が三つの旧軍用施設から、合計でおよそ22万6千 m² の用地を取得している。もっとも、鹿島臨海工業開発用地の全体からみると、問題にならない程度の面積規模であった。

　ところで、鹿島地域における旧軍用地の景観はどのようなものであったろうか。木本正次氏は、『砂の十字架』というルポルタージュの中で、それを次のように描いている。

　「『このあたりには戦争中には特攻基地になった飛行場をはじめ、軍の施設が幾つもありまして──あの壕の残骸も、当時の防空用の掩体壕の跡なのです』　指さされたのは砂丘の腋下に盛り上げられた大きなコンクリートづくりの壕であった。無用となって既に二十年に近い月日の経過を語るかのように、壕の上には吹き寄せられた砂がうずたかく積もり、雑草から小さな灌木までが生えていた」[1]

　この描写から推測できるのは、次の二つのことである。

　その一つは、昭和22年から24年にかけて、大蔵省より農林省へ有償所管換された旧軍用地（約454 m²）のうち、農林省から開拓農地として農民に売却された土地が実際にどれだけあったのかという問題である。つまり、農業用地としては不適な旧軍用地はそのまま放置されていたのではないかということである。ただし、この点については本書では分析しない。

　なお、『鹿島開発』（茨城大学地域総合研究所）では、「神栖町大野原地区（正しくは宮平泉外12会字大野）は、太平洋戦争中飛行場であったが、戦後開拓され、入植者が自作農創設特別措置法（41条）にもとづいて、それぞれ買い受けた」[2]とあるが、旧軍用地の転用については、なぜか、その詳しい状況に触れていない。

　第二に、昭和37年に結成された鹿島臨海工業地帯開発組合（管理者は茨城県知事）に、大蔵省から払い下げられた旧軍用地は、農林省へ所管換しなかった、あるいは農地として転用ができなかった土地であり、それはコンクリートなどの障害物が多く耕作できないような場所ではなかったかということである。

いずれにせよ、神之池海軍航空隊の跡地は、大蔵省からの直接的な払下げによって、また有名な六・四方式[3]という土地買収方式による農地（旧軍用地）からの再転用によって、鹿島臨海工業地帯の造成に大きく係わっていくのである。

ちなみに、鹿島町は平成7年に鹿嶋市となり、神栖町と波崎町は平成17年に合併して神栖市となっている。

1） 木本正次『砂の十字架』、講談社、昭和45年、67ページ。
2） 『鹿島開発』、茨城大学地域総合研究所、1975年、49ページ。
3） 土地買収に関する六・四方式については、同上書、41ページ以下を参照せよ。

(2) 水戸市（周辺部を含む）

戦前の水戸市およびその周辺には、水戸東陸軍飛行場（馬渡飛行場）と水戸南陸軍飛行場をはじめ、東部第42部隊、東部第37部隊、百里ケ原海軍航空隊、陸軍航空通信学校などの軍事施設があった。

また、戦前の水戸市には、専売局水戸工場と日清製粉水戸工場、それから郊外にあった昭和産業などの工場があったが、昭和20年8月2日および同月13日の空襲で焼失し、壊滅状態で終戦を迎えた。だが、専売局水戸工場は昭和20年11月には早くも生産再開、日清製粉も昭和21年4月に仮設工場で操業再開、昭和産業は21年11月に精麦と精油の操業を開始している。このほかに、大正鍛造が資材の優先的配給を受けて、優秀な農機具を生産、昭和年には従業員29名だが、操業を続けている。明利酒類（後述）や800を超える木材工場があった。ただし、明利酒類を除いては、旧軍用地の転用とは無関係の工場である。

ところで、水戸市にあった旧軍用地のうち、戦後に工業用地ないし産業用地として民間企業へ払い下げられたのは、水戸南陸軍飛行場跡地だけである。しかしながら、工業立地との関連では、水戸東陸軍飛行場も無縁ではない。

勝田市（平成20年段階ではひたちなか市）にあった東陸軍飛行場の跡地は、「その大部分（1,147万m²）は、昭和21年6月連合軍（米第8軍）により接収され、昭和24年3月以降は、米極東空軍の射爆撃場として使用され、引続き米軍に水戸対地射爆撃場施設として提供されてきたが、昭和28年3月15日全面返還された」[1]という経過を辿っている。

この飛行場の跡地は、「大半が山林、砂地状の広大な土地で、茨城県としては、昭和46年3月の首都圏整備委員会告示の水戸日立都市開発区域整備計画に基づく水戸・日立大規模都市建設計画の核というべき流通港湾予定地とする計画で目下基本構想を検討中の段階である」[2]といわれ、また「運輸省としては、昭和60年度を目途に本跡地を中心に大洗海岸にかけての太平洋一帯にその規模において横浜港に匹敵する流通加工港湾の建設計画を進めているが、これも具体化はされていない状況にある」[3]ともいわれていた。

この跡地は、国道245号線沿いにあり、昭和55年段階では宅地化が相当に進んでいるものの、

国道周辺の大部分は田畑のままである。

　これに対して、南飛行場は、陸軍航空通信学校と同じく水戸市域の南東部、国鉄水戸駅から4キロの場所にあった。その大部分（1,933,804 m²）は昭和25年に農林省へ有償所管換になったが、昭和32年に明利酒類へ9万2千m²弱、昭和39年に鹿島参宮鉄道へ約2万m²が払い下げられている。

　戦後間もないころの明利酒類については、次のような文章がある。

　「酒造業では商号を『明利』とする吉田村（現、吉田町）の加藤酒造店が急成長した。同工場は空襲で焼失したが、翌21年2月には旧に倍する規模と設備で工場を再建し、合成酒、焼酎、ウィスキーを本工場で、磯浜町（現、大洗町）の第二工場では清酒を主に製造するようになった（同、昭和22年9月6日）。29年には明利酒類株式会社として200人を雇い市域第一位の工場に成長している」[4]

　明利酒類は、昭和49年、経営不振のため更生会社となり、その時期に、南悠商社へ用地を売り払い、同商社は住吉町に住宅団地を建設している[5]。なお、明利酒類は、昭和55年現在、水戸市元吉田で操業しているが、その土地は旧飛行場の跡地ではない。

　鹿島参宮鉄道は、昭和55年現在、関東鉄道バスと社名変更し、買収した旧飛行場跡地は、同バス吉沢車庫となって、バスの整備、修理を行っている。なお、旧飛行場の多くは田畑となっているが、一部は自動車教習所となっている[6]。

　1）　『水戸市史』下巻（三）、水戸市、平成10年、124～126ページを参照。
　2）　『旧軍用財産の今昔』、大蔵省財政史室編、昭和48年、28ページ。
　3）　同上。
　4）　『水戸市史』下巻（三）、前出、126ページ。
　5）　昭和55年、明利酒類での聞き取りによる。
　6）　昭和55年、現地踏査による。

⑶　土浦市

　茨城県では水戸市に次ぐ第二の大都市である土浦市にも、戦前には多くの軍用施設があった。⑴表では、30万m²以上の旧軍用施設として、第一海軍航空廠本廠（約146万6千m²）と土浦海軍航空隊練兵場（約41万6千m²弱）という二つの口座を挙げ、その主たる転用形態が農林省への所管換による農地であることを掲示した。また、30万m²未満であるが、3万m²を超える敷地面積をもった旧軍用施設も相当数あり、その転用状況を一括したのが次表である。

VI-4-⑶表　土浦市における主な旧軍用施設の転用状況（3万～50万m²）

（単位：m²、年次：昭和年）

旧口座名	所在地	敷地面積	主な転用先	用途	払下年次
第一海軍航空廠工員養成場	烏山	65,811	土浦市	小学校用地	27
第一海軍航空廠補給部工場	右籾	86,971	防衛庁	陸上自衛隊	32

第一海軍航空廠医務部	右籾	60,244	岡野電機	工場用地	36
第一海軍航空廠利材工場	右籾	34,879	桜川紡績	工場用地	24
第一海軍航空廠第6工員宿舎	中	53,365	茨城県	県営住宅用地	47
第一海軍航空廠第9工員宿舎	右籾	58,806	土浦市	市営住宅	38
土浦海軍航空隊適性研究所	大岩田	50,125	土浦市	高等学校用地	27
霞ヶ浦海軍病院	中高津	124,697	厚生省	霞ヶ浦病院敷	23

出所:「旧軍用財産資料」(前出)より作成。

(3)表をみると、敷地面積としては10～30万 m^2 の規模のものは僅かに1口座で、残りの7口座は3～10万 m^2 の規模である。その主な転用先は、国(厚生省・病院)、県(県営住宅)、市(市営住宅や学校)、民間工場と多様である。だが、30万 m^2 以上の二つの旧軍用施設と異なって、農林省への有償所管換による農地への転用がみられないということが特徴となっている。その理由は、用地規模が比較的狭いこと、あるいは市街地に近いので、地価の面からみて農地への転用は無理だったのであろう。なお、岡野電機と桜川紡績への払下げについては、(2)表の掲示と重複しているが、土浦市における旧軍用地の転用状況を総体的に把握するために再掲しておいた。

さらに(2)表や(3)表に掲示された旧軍用施設以外で、つまり3千 m^2 以上で3万 m^2 未満の敷地面積をもった旧軍用施設が土浦市には8口座ほどあったが、この8口座については、産業用地への転用とは直接関連がないので説明を省略する。

以下では、土浦市における旧軍用地の工業用地への転用状況について個別的にみていくことにしよう。

土浦市大字右籾にあった旧第一海軍航空廠本廠(約146万 m^2 強)の跡地は、(1)表のように、その大部分が昭和25年に農林省へ有償所管換された。なお、その一部(16,998 m^2)は農産物加工の工場用地として、昭和29年に市川正二氏へ払い下げられているが、昭和54年の時点では、その所在は不明である[1]。

また同航空廠利材工場の跡地(34,879 m^2)は、昭和24年にそのまま桜川紡績に払い下げられたが、その後、この工場は閉鎖され、昭和54年現在、その敷地は右籾小学校用地として再転用されている[2]。

同じく航空廠医務部の跡地(60,244 m^2)の大部分(43,721 m^2)は昭和36年に、自動車部品を製造する岡野電機へ時価で売り払われたが、この工場も閉鎖し、昭和46年以降は摩利山(住宅)団地となっている。なお、この地域は第1種住居専用地域として土浦市より指定されている[3]。

桜川紡績が立地していた場所は山あいの土地であり、岡野電機の場合もその東側は陸上自衛隊霞ヶ浦駐屯地となっていて、工場用地として拡張していく余地がなく、したがって他の工場用地として再転用されることもなかった。

なお、土浦市としては、新規に工場を誘致する場合には、市の北東部にある神立地区を中心に集中化させるように意図している。『土浦市第2次総合計画』では「本市の工業は、昭和38年首都圏都市開発区域の指定を受け、中貫神立地区に工業団地造成を行い21社が進出し、さらに昭

和 48 年に神立駅東側に大手企業の工場が集約移転してきたため、著しい進展をみせている」[4]という状況にある。

　ちなみに、神立地区には、日立建材、日立製作所、昭和高圧工業、自動車鋳物、東レ、内田油圧機器、日立セメントなどの諸工場が立地しており、その地域は工業専用地区として指定されている。また土浦駅と神立駅の中間点より西側には日立電線が立地しており、ここは工業地域と指定されている[5]。このようにみてくると、土浦市においては、旧軍用地の転用による工業化は、結果として各工場の閉鎖のため実効性がなくなった。それに替わって、神立地区では日立グループを中心とした大規模な工場立地が実現している。

> 1）　昭和 54 年、現地調査結果による。
> 2）　昭和 54 年、土浦市役所での聞き取りおよび現地踏査による。
> 3）　同上。
> 4）　『土浦市第 2 次総合計画』、土浦市、昭和 52 年、155 ページ。
> 5）　昭和 54 年の現地踏査および『都市計画図』（土浦市）による。

⑷　阿見町

　戦前の霞ヶ浦海軍航空隊（3,672,876 m^2）があったのは、茨城県稲敷郡阿見町である。その跡地の 2,793,524 m^2（全体の約 76%）は、昭和 22 年に農林省へ有償所管換となって、その後農地へと転用されることになった。残りの約 87 万 9 千 m^2 のうち、34 万 8 千 m^2（全体の約 9.5%）は昭和 33 年に文部省へ茨城大学用地として無償所管換になっている。また昭和 30 年と 40 年の 2 件、あわせて約 3 万 5 千 m^2 を防衛庁へ所管換している。東京医科大学も昭和 46 年に 3 万 2 千 m^2 強の用地を減額 40% で取得している。

　そうした中で、新日本食品（澱粉工場・昭和 24 年）、北斗振興（鉄工業・昭和 27 年）、東洋精機（精密機械・昭和 28 年）、日本資糧（食品工業・昭和 32 年）が進出してきたことは、⑵表に掲示した通りである。これら 4 社の旧軍用地取得面積は合計で、約 16 万 3 千 m^2（全体の約 4% 強）であった。つまり霞ヶ浦海軍航空隊の跡地には幾つかの民間企業も立地し、ある程度の工業化がはかられたのである。

　阿見町は昭和 37 年に低開発地域工業開発地区に指定され、昭和 38 年には工業誘致条例を制定し、工業化への努力をし、その結果、協和発酵、日興酸素、津上製作所、丸尾カルシウム、日本資糧工業、三昌樹脂、理想科学工業などがあいついで旧航空隊跡地へ進出してきている。ただし、これらの工場はいずれも従業員 100 人内外であり[1]、これらは大蔵省よりの直接的な用地取得ではないので、おそらく転用農地の再転用だと思われる。

　しかも各工場は、地理的にみて分散した立地状況であったために、地域計画からみて大規模な工業地区を形成するまでには至らなかった。したがって昭和 54 年現在、都市計画図をみると、旧航空隊跡地は過半が農地のままであり、それ以外には茨城大学を含む第 1 種住居専用地域、さらには住居地域と混在するかたちで工業地域、工業専用地域になっている[2]。

阿見町には、もう一つの大きな軍用施設として土浦海軍航空隊（723,724 m²）があった。この航空隊の跡地は昭和32年に防衛庁へ約28万5千 m² が所管換されたのをはじめ、民間住宅（83戸、約5万2千 m²）、阿見町営の引揚者住宅（約1万 m²）として利用された。ここでは、昭和26年に阿見藁工品農協が、藁を原料とした製品の加工を目的として1万7千 m² 弱の用地を取得している。

それ以外には、横須賀海軍経理部霞ヶ浦支部（8,383 m²）の跡地を茨城興業が昭和24年にそっくり時価で払下げを受け、機械器具の修理を行っている。

なお、阿見町には、上記以外の旧軍用施設として、第一海軍航空廠関連で、舟島補給工場（126,241 m²）、若栗補給工場（252,484 m²）、横須賀海軍気象学校（376,859 m²）、横須賀海軍軍需部霞ヶ浦支部（219,917 m²）があったが、その多くは農林省への有償所管換と防衛庁への所管換、そして阿見町営住宅へと転用され、工業用地あるいは産業用地への転用（3千 m² 以上）はみられない。

1）『阿見町の生い立ち』、阿見町、昭和43年、60ページ。
2）『阿見都市計画図』（昭和54年8月現在・阿見町）を参照。

(5)　その他（茨城町・日立市）

水戸市の南西部に位置していた東茨城郡長岡村（平成20年現在は茨城町）には、戦前長岡教育隊（478,624 m²）があった。その大部分（約44万 m²）は昭和25年に農林省へ所管換となっているが、その一部（1万2千 m² 弱）は昭和35年にエレベーターの製造を目的とした湊精機製作所へ払い下げられた。

また日立市には戦前に陸軍航空通信学校大甕超短波警戒通信所（84,160 m²）があった。その極く一部（3,066 m²）が日立製作所に払い下げられている。

第五節　栃木県における旧軍用地とその転用状況

栃木県に所在する旧軍用施設で、戦後、大蔵省の所管となったのは59口座である。その59口座のうち、13口座の敷地は借地だったので、考察の対象から除外する。残る46口座の総面積は54,473,013 m² で、そのうち、敷地面積が30万 m² を超える口座とその主たる転用状況は次の通りである。

VI-5-(1)表　栃木県における大規模な旧軍用施設とその主たる転用状況

（単位：m²、年次：昭和年）

旧口座名	所在地	敷地面積	主たる転用形態	年次
東京第一陸軍造兵廠雀宮工場	宇都宮市	3,818,323	農林省・農地	22
軍馬補充部白河支部泉出張所・同放牧場	矢板市	23,677,324	農林省・農地	22
金丸原陸軍飛行場	太田原市	926,763	農林省・農地	22
宇都宮陸軍航空廠	宇都宮市	419,236	農林省・農地	22
宇都宮陸軍飛行学校	同	3,547,640	農林省・農地	22
那須野陸軍飛行場	黒磯市	2,728,674	農林省・農地	22
軍馬補充部白河支部夕狩草刈場	那須町	1,734,925	農林省・農地	22
軍馬補充部白河支部高津分廠・同牧場	同	9,427,047	農林省・農地	22
壬生陸軍飛行場	壬生町	3,056,655	農林省・農地	22
宇都宮練兵場	宇都宮市	495,804	農林省・農地	22
金丸原演習場	太田原市	2,868,218	農林省・農地	22

出所：「旧軍用財産資料」（前出）より作成。

　(1)表をみれば、栃木県においては、「軍都宇都宮」と呼ばれていた宇都宮市に大規模な旧軍用施設が数多く存在していたことが判る。この表には掲示されていない 30 万 m² 未満の旧軍用施設まで含めると、宇都宮市には実に 35 口座の旧軍用施設があった。もっとも、その中には、宇都宮市が広域化する以前の、国本村、横川村、姿川村、清原村といった旧村における旧軍用施設も含んでいる。

　栃木県において 1 口座あたりの用地面積が最も広かった旧軍用施設は、矢板市（旧泉村）にあった旧軍馬補充部白河支部泉出張所および同放牧場（約 2,368 万 m²）で、次に旧軍馬補充部白河支部高津分廠および同牧場（那須町、約 943 万 m²）、そして規模は一段と小さくなるが、この二つの放牧場に続くのは旧軍馬補充部白河支部夕狩草刈場（那須町、約 173 万 m²）である。これら三つの牧場ないし放牧地は、いずれも那珂川の上流域に位置するものである。それにしても、この三つの旧軍用財産は栃木県に存在するのに、「軍馬補充部白河支部」という名称になっているのは、おそらく軍政上の問題であろうが、なんとも興味深いものがある。

　ところで、栃木県にあった 30 万 m² 以上の敷地面積をもった旧軍用施設は、いずれも昭和 22 年という、戦後間もない時期に農林省へ有償所管換されている。これは自作農創設のための用地であったが、同時に戦後の食料危機に対応する食料増産方針に基づいたものだったと推測される。なお、全国的にみて、大規模な旧軍用施設跡地の農林省への有償所管換が、全県的に同時（昭和 22 年）であった事例は少なく、これが栃木県における旧軍用地の転用形態がもつ一つの特徴となっている。

　もとより、大規模な旧軍用施設でも、また小規模な旧軍用施設でも農地以外の転用が多い。そこで、農林省への有償所管換を除く国家機関（省庁）への転用状況をみると、次のようになっている。

Ⅵ-5-(2)表　栃木県における旧軍用施設の国家機関への所管換状況

（単位：m²、年次：昭和年）

省庁名	転用目的	転用面積	転用年次	旧口座名
文部省	宇都宮大学	10,704	25	歩兵第 66 連隊
同	東京教育大学	42,558	29	東京第一陸軍造兵廠雀宮工場
同	宇都宮大学	188,976	28	宇都宮陸軍飛行学校
総理府	警察学校	21,514	26	歩兵第 66 連隊
同	自衛隊	674,206	32	東京第一陸軍造兵廠雀宮工場
同	同	18,858	34	同
同	警察学校	33,259	26	宇都宮倉庫及び第 51 師団通信隊
同	自衛隊	60,161	30	宇都宮小銃射撃場
厚生省	医療施設	43,372	27	東京第一陸軍造兵廠雀宮工場
同	同	38,433	24	第 51 師団司令部
同	同	42,995	23	宇都宮陸軍病院
同	同	14,204	23	塩原海軍療養所
大蔵省	公務員宿舎	13,333	33	歩兵第 66 連隊
同	専売局	116,819	22	第 51 師団兵器補給部倉庫
国鉄	バス車庫	16,028	35	輜重兵第 51 連隊　※時価売払

出所：「旧軍用財産資料」（前出）より作成。

　(2)表は、栃木県における旧軍用施設で各省庁に所管換となった土地面積のうち、農林省分を除き、かつ 3 千 m² 以上のものを摘出したものである。

　文部省では国立大学用地、総理府防衛庁では自衛隊用地および警察学校用地、厚生省では国立病院および療養所用地、大蔵省では公務員宿舎用地への転用が行われている。なお、厚生省の「医療施設」および有償所管換となった雀宮工場跡地の内容が不明という問題がある。しかし、宇都宮陸軍病院跡は単なる医療施設ではなく国立病院、そして塩原の場合には結核患者等の療養施設であったことを付記しておきたい。

　ところで、平成 20 年の時点では、栃木県の国鉄は JR 東日本株式会社、大蔵省専売局の煙草工場は日本たばこ産業株式会社となっている。つまり民営化されている。しかしながら、昭和 48 年 3 月の時点では国有財産であったため、便宜的ではあるが、(2)表に掲示している。ちなみに、煙草工場敷地への転用を目的とした大蔵省専売局への払下げは有償所管換であり、バス車庫用地を目的とした国鉄への払下げは、時価での売り払いである。

　以上が栃木県における旧軍用施設の国家機構（省庁）への転用状況であるが、栃木県や県内の市町村への、地方公共団体への転用状況もあわせてみておきたい。それをまとめたのが、次表である。

第六章　関東地方（東京都・神奈川県を除く）　　271

Ⅵ-5-(3)表　栃木県における旧軍用施設の地方公共団体への転用状況

（単位：m²、年次：昭和年）

地域名	転用目的	転用面積	転用年次		旧口座名
栃木県	職業補導所	18,959	32	交換	歩兵第66連隊
同	社会福祉施設	32,380	35	減額	同
同	県有林	5,040,059	27〜44		軍馬補充部白河支部泉放牧場
宇都宮市	公営住宅	19,869	25		捜索第51連隊
同	道路	12,829	31	編入	歩兵第66連隊
同	公営住宅	18,858	42	減額	東京第一陸軍造兵廠雀宮工場
同	道路	38,100	46	編入	同
同	市道	94,849	31	編入	宇都宮陸軍航空廠専用引込線
同	学校施設	16,535	23	減額	宇都宮陸軍墓地
旧清原村	学校用地	58,881	26	減額	宇都宮陸軍飛行学校

出所：「旧軍用財産資料」（前出）より作成。「編入」は「公共物への編入」の略記。

　栃木県における地方公共団体で、大蔵省から旧軍用地の払下げを受けたのは、面積規模3千m²以上に限定する限り、栃木県と宇都宮市の2団体だけである。

　地方公共団体としての「栃木県」への時価による払下げでは、県有林への転用が、前後5回にわたるとはいえ、合計で500万m²以上に達するのは、全国的にみても相当に大規模なものであり、これが栃木県における旧軍用地転用の第二の特徴となる。

　地方公共団体としての「宇都宮市」に対する旧軍用地の払下げは、旧村部分が含まれているとはいえ、全県でただひとつの地方公共団体（市町村）だけというのも珍しい。これが栃木県における旧軍用地の転用における第三の特徴であろう。内容的にみれば、学校用地、市営住宅用地、それから市道用地という三つの用途に限られている。取得形態からみると、「宇都宮市」の場合には、昭和25年の市営住宅用地だけが時価による取得であり、学校用地は減額20％、もう一つの市営住宅は減額30〜40％で、市道（公道）への転用については、いずれも「公共物編入」として無償で譲渡されている。

　以上、栃木県における地方公共団体の旧軍用地取得状況をみてきたが、そのほかに民間への転用がある。そのうち工業用地ないし産業用地への転用は次表の通りである。

Ⅵ-5-(4)表　栃木県における旧軍用施設の産業用地への転用状況

（単位：m²、年次：昭和年）

旧口座名	所在地	転用先	転用面積	業種	年次
野砲兵第14連隊	宇都宮市	前田工業	19,699	木材工業	29
第51師団経理部秣倉庫	同	県農協連	11,938	サービス	36
東京第一陸軍造兵廠雀宮工場	同	共立精機	4,264	機械工業	31
同	同	同	12,348	同	32
壬生飛行場	壬生町	工場団地協	38,958	その他工業	41

| 同 | | 同 | 同 | 5,000 | 同 | 41 |

出所：「旧軍用財産資料」（前出）より作成。

軍都といわれた宇都宮市およびその周辺地域には数多くの旧軍用施設があったが、その多くは農地をはじめ学校（大学を含む）や病院などの公共施設用地へと転用され、大蔵省から直接払下げを受けた民間企業は、⑷表に掲示した4件のみである。なお、国鉄および日本専売公社へバス車庫用地および煙草工場用地として払い下げられた件については除外している。以下、宇都宮市と壬生町について個別的に分析していきたい。

⑴　宇都宮市

宇都宮市における旧軍用地の工業用地への転用を検討する前に、戦前の宇都宮市にあった五つの軍需工場とその戦後における転換状況についてみておきたい。

宇都宮市に重工業が進出した先駆けは、名和製作所宇都宮工場である。この工場は中規模だが、昭和14年に立地し、機銃弾を製造していた。終戦後は紡績機の部品など機械部品の製造に移ったが、昭和29年6月、工場を閉鎖している[1]。

次は、関東工業雀宮工場だが、この工場は昭和17年、横浜から移転し、陸軍の航空機搭載用機関砲弾を製造していた。その従業員数は、女子挺身隊を含めて、1万人を超え、まさに大軍需工場であった。東京第一陸軍造兵廠雀宮工場がそれである。

戦後、関東工業は造兵廠の跡地の一部で、民間企業として発足したが、従業員規模は1,200人、農機具・自転車部品・鉄道車両などの製造に切り替えたものの、生産は振るわず、昭和24年6月に工場を閉鎖。昭和25年10月31日に関東工業は解散申請を提出している。のち、昭和25年に共立精機が設立され、工作機械保持工具、昭和42年にはレンズ研削盤の製造を開始、昭和56年現在では工作機械・機器、産業機械・機器などの生産を行っており、従業員数は150名である[2]。

第三は、日化工業宇都宮工場。この工場は昭和18年5月、今泉町に立地。戦後は2～3年間、ゴム製品を製造していたが、後に工場を閉鎖[3]。

第四に、中島飛行機宇都宮製作所。この工場は、昭和18年1月、太田市の工場の一部を分離移転して、江曽島に立地したものである。終戦までは、陸軍戦闘機「隼」などを製造していた。戦時の工具は約2万1千人、大谷には採掘跡を利用した地下工場があったとされている。

昭和20年8月、終戦により富士産業宇都宮工場となり、同年10月、厨房具、農機器、医療器具などの製造を開始。翌21年8月には鉄道車両の製造開始。昭和25年8月には、第二会社発足により宇都宮車両工場となった。同29年、富士重工業を設立、30年には富士重工業宇都宮製作所となり、ジェット機の国産工場として、航空機の生産および修理業務を開始している[4]。

第五に、日本製鋼宇都宮製作所。この工場は、平出地区で昭和19年に操業開始。「25ミリ艦載用機関銃及び13ミリ航空機搭載機銃」を製造し、往時の総従業員は約4,000人。20年4月か

ら長岡地下工場（豊郷村）の建設を進めていた。

　戦後は、昭和21年よりミシンの製造をしていたが、昭和24年11月「企業再建整備法」に拠って日本製鋼所より独立、「パインミシン製造株式会社」となる。昭和35年にはミシン・テーブル製造のため「マツモク工業」を、そして昭和53年には「日本シンガー」を設立。世界のシンガー・グループの中でも重要な拠点となっている。

　なお、昭和40年7月より猟銃の生産を開始し、同45年にはイタリアのベレッタ社とガス作動式猟銃に関する技術提携を行い、昭和46年6月には「シンガー日鋼株式会社」へ社名変更している[5]。

　以上、『宇都宮市史』の文章を要約するかたちで、戦時中にあった宇都宮市の軍需工場が、戦後どのような変転を行ったかを概観してきた。国家総動員法による戦時中の過酷・非情な労働状態、そして敗戦による操業停止と閉鎖。それが戦後でも続く。それより平和産業に転換しても、なおジェット機や猟銃の製造など、軍需的方向への展開を意図しているかのようにみえる。

　確かに、国軍が存在するかぎり、軍需産業は国家需要により景気変動の影響も少なく、比較的安定的に操業できる。しかし、敗戦となれば、壊滅的打撃を受けることになる。関係者は政治的に追放されることもある。それが軍需産業の運命でもある。

　このような歴史的経緯を経て、新しい宇都宮市の工業化が展開されることになる。ただし、それは戦前のような軍需工業を中心とした工業化だけではなかった。どちらかと言えば、民生を中心とした地場的産業としての中小工業の発達がみられた。かくして、宇都宮市には、戦前からの系統をひく重工業と地場的中小工業という二重構造的内容をもった工業化が展開されたのである。

　昭和55年9月の時点では、宇都宮市は市街化が相当に進んでおり、かっては西原とよばれた地域は地場産業としての木材工場が多い。昭和29年に約2万m²の旧軍用地を取得した前田工業もその一つである。それから(4)表には掲示していないが、東京紙業（約3千m²）が立地している睦町も学校と隣接するような状況となっている。また都市計画図でも、この睦町は住居地域となっており、前田工業は将来的にではあるが、鹿沼方面へ移転する予定といわれている[6]。また、その南側に位置している専売公社宇都宮支局も、都市計画図では「栃木県中央公園」（面積約10万5千m²）になっている。

　このようにみてくると、大蔵省より旧軍用地の払下げを受けて、なお工場として操業しているのは、宇都宮市の最南端にある茂原町に立地した共立精機だけとなる。この茂原町近辺には陸上自衛隊宇都宮駐屯地があるため市街化が遅れ、一部は準工業地域になっているものの、東北本線の西側にある茂原地区はすでに住宅地域に指定されており、市街化の波は避けられそうにもない。こうした状況は、昭和46年に策定された宇都宮市の『総合計画』における文章がその特徴をよく捉えている。

　「人口の集中、既存工業の発展は必然的に土地利用上、住宅地の混在状態を生ずる結果となり、騒音、水質汚濁等の公害問題を提起し、既存工場を市街地から郊外への分散を促すこととなっている」[7]

こうした状況把握のもとに、昭和46年段階の宇都宮市では、「本市の工業立地は、平出工業団地の造成と相次ぐ大企業の進出および産業基盤の整備により、その立地性向は年々強まる環境にある」[8]として、平出工業団地の造成に全力を投入している。これが昭和52年段階になると、工業立地との関連では、①公害対策、②市内に混在する工業の市街地周辺部への計画的な誘導、③清原工業団地に知識集約型産業を計画的に導入し、工業構造の改善を図るという三つの方針を打ち出している[9]。

ここで重要なことは、この「清原地区」における工業立地は、旧軍用地であった農地からの再転用であるということである。しかし、この点はしばらく据え置き、宇都宮市域における工場（事業所）の地理的分布状況を歴史的に整理しておこう。

昭和34年段階における宇都宮市では、国鉄宇都宮駅から東武宇都宮周辺部までの範囲、いわゆる市の中心部に食料品製造業を中心に70工場が密集しており、郊外では全体で60工場が分散的に立地しているという状況であった。ちなみに平出地区では、昭和製作所、それから紙・パルプ工場および窯業という、僅か3工場があるにすぎなかった[10]。昭和45年になると、平出工業団地が「宇都宮工業団地」として登場し、そこはおよそ250万m^2の用地をもち、昭和製作所をはじめ久保田鉄工、興国ゴム、日光精機、太陽工業、広島化成、北日本製紙、高槻電子、三共印刷、吉野板バネなど約50社の工場が立地していた[11]。昭和55年段階になると、平出工業団地の北部（約50万m^2）には三菱製鋼、栃木明治乳業、日伸工業、福岡製紙、松下電器産業、松下電子工業があり、45年段階にあった幾つかの工場（日光精機、太陽工業、広島化成、北日本製紙等）の名前がなくなり、替わって、日光スチール、古河カラーアルミ、富士精密、関東化工、王子紙工、マスキン等の名が現れている[12]。なお、事業所は市の中心に集中しているが、従業者数は平出地区を中心にして広く分散しているものの、製造品出荷額は平出地区に強く集中している[13]。

以上、宇都宮市における工場分布の歴史的な変化について、極めて大雑把に把握してきたが、要するに、大蔵省より払い下げられた旧軍用地の一部は工業用地として転用されたものの、市街化との関連で、これを核とした工業地域の形成をみるに至らず、昭和55年の段階では、むしろ工場の移転を迫られている。これに替わって、市街地から離れた平出工業団地という新しい工業地域の計画的造成が宇都宮市の工業発展の軸になっている。さらに、この延長線上に、旧軍用地であり、戦後はいったん農地へと転用した土地の再転用として、清原工業団地の問題が浮かび上がってくるのである。

戦前の清原村（現宇都宮市）には、宇都宮陸軍飛行学校（約355万m^2）、宇都宮陸軍航空廠（約42万m^2）、同航空廠技能者養成所（約20万m^2）をはじめ、宇都宮陸軍航空固定無線送信所（約5千m^2）、それから宇都宮陸軍航空廠工員宿舎（約1万m^2）、宇都宮陸軍飛行学校工員合同宿舎（6千600m^2弱）、宇都宮陸軍飛行学校工員宿舎（約2千500m^2）という数多くの軍用施設があった。その多くは昭和22年に農林省への有償所管換となったが、宇都宮陸軍飛行学校工員宿舎の跡地だけは昭和26年に民間工場の敷地（3千m^2未満）へと転用されていた[14]。ところで、昭和50年頃から問題になってきた清原工業団地は旧宇都宮陸軍飛行学校跡地を利用したものである。この

跡地は、昭和22年に、大蔵省より農林省へ農地造成を目的として約330万m²が有償所管換となったが、⑵表、⑶表に掲示したように昭和26年に清原村へ学校用地（6万m²弱）として、また宇都宮大学の用地（19万m²弱）として昭和28年に払い下げられている。

　大蔵省から農林省へ有償所管換となった旧軍用地のうち、どれだけの面積が実際に農地へ転用されたかについては明らかではないが、その跡地の相当部分が「旧軍の将校たち」に「農地として」払い下げられた。しかし、「武士の農法」らしく、営農は失敗に終わり、農地は旧軍の将校たちの手から地元農民の手に渡っていった[15]。

　他方、宇都宮市は住工混在にともなう公害防止のため、市の中心地から東へ約3キロ離れた平出工業団地を造成したが、この工業団地への立地が飽和状況になるにつれて、新たな工業団地の造成を必要とするに至った。こうして市の中心地より東方へ約8.5キロ離れた清原地区に新しい工業団地を造成することとなったのである。

　清原工業団地の造成は、宇都宮市街地開発組合によるもので、その総面積は388万m²、うち工場敷地は265万m²である。その規模は、平出工業団地よりも大きく、「北関東の拠点、日本最大の内陸工業団地」を宇都宮市は目指している[16]。

　昭和55年9月時点で、この工業団地には、日本専売公社（約15万m²）、長府製作所（11万2千m²）、日魯ハインツ（2万7千m²）、デュポン・ジャパン（18万8千m²）、ミドリ十字（8万1千m²）、東京応化工業（5万7千m²）、関西ペイント（5万m²）をはじめ、キヤノン、栃木県トラック運送事業協同組合、日本ペイント、第一屋製パン、ロックペイント、日本油脂、中外製薬、興国ゴム、帝国化工、石川ガスケットの17社が入っており、分譲された用地面積は91万m²で、その分譲率は34.5%となっている[17]。

　このように、旧軍用地の再転用としての清原工業団地は、日本最大級の内陸工業団地として着実に発展してきているが、その背景としては、次の事情があったことを認識しておかねばならない。

　すなわち、昭和55年の段階では、京浜葉工業地帯における工業用地の確保が限界的状況にあったということである。この限界的状況というのは、立地可能な臨海工業用地があったとしても、立地原単位には及ばない面積的な狭隘性、採算が見込めないような用地価格、公害問題や地域住民の反対運動などである。

　また、宇都宮市における住工混在という現実と、その解決策としての工場移転と新しい工業団地の造成の必要性という背景である。宇都宮市の場合には、平出工業団地を造成したにもかかわらず、それが飽和状況となり、さらに旧軍用地であった農地を再転用して清原工業団地を造成しなければならないという状況になっていた。そうした状況は、国際的市場競争の激化に対応するための新技術の開発と新しい生産システムをもった工場の建設が多くの企業にとって必要となり、京浜葉工業地帯における限界的状況が、この宇都宮市における新しい工業団地を造成させることになったと言えよう。

　さらに宇都宮市の住工混在という問題を解決するために、宇都宮市は瑞穂野3丁目に、「瑞穂

野工業団地」を造成した。同工業団地は、「昭和 44 年度から同 47 年度にかけて土地買収が行われ、同 48 年度から同 52 年度にかけて完成された。——工業用地は総面積の約半分の 30 万 1920 m² である。企業の立地概要は、大部分が市内からの移転企業で、中小企業を主体に、94 企業（昭和 55 年度現在）が立地している。この点で他の二つの工業団地とは性格を異にし、中小企業団地の性格が強い」[18]。

このように、宇都宮市では「旧市内から新市内への工場の拡散による外延的な拡大の様相を呈し」[19]ている。これが、テクノポリスや先端技術をもち、国際競争力をもった工場群へ成長していく過程については、もはや本書の研究範囲を大幅に超えることになる。

1）『宇都宮市史』（近・現代編Ⅱ）、宇都宮市、昭和 56 年、75 ページ参照。
2）同上書、75 ～ 76 ページ参照。
3）同上書、76 ページ参照。
4）同上書、77 ページ参照。
5）同上書、78 ページ参照。
6）昭和 55 年 9 月、宇都宮市役所での聞き取りによる。
7）『宇都宮市総合計画』、宇都宮市、昭和 46 年、153 ページ。
8）同上書、154 ページ。
9）『第 2 次宇都宮市総合計画』、宇都宮市、昭和 52 年、158 ページ参照。
10）「宇都宮都市計画街路網図」（宇都宮市、昭和 34 年 3 月）の工場分布図による。
11）『宇都宮市街地図』（昭文社、昭和 45 年）による。
12）『宇都宮市街地図』（昭文社、昭和 55 年）による。
13）『メッシュで見る宇都宮』、宇都宮市、昭和 55 年 9 月を参照。
14）「旧軍用財産資料」（前出）による。
15）昭和 55 年 9 月、宇都宮市役所での聞き取りによる。
16）同上。
17）同上。
18）『宇都宮市史』（近・現代編Ⅱ）、前出、108 ページ。
19）同上書、110 ページ。

(2) 壬生町

栃木県下都賀郡壬生町は、宇都宮市の南方、約 20 キロに位置している。戦前の壬生町には壬生陸軍飛行場（305 万 m² 強）があった。この飛行場の跡地は、その大半（298 万 m² 強）が昭和 22 年に農林省へ有償所管換された。しかし、昭和 41 年に、一部（38,958 m²）は「交換」で、また一部（5 千 m²）は「時価」で輸出玩具工場団地協同組合に払い下げられた。

この玩具工業団地の造成当時は、玩具製造業社だけで 100 社が進出する予定であったが、資金等の関係などで脱落者が生じ、さらに進出したのちに閉鎖・倒産などがあり、昭和 55 年現在では 34 社しか入っていない[1]。

しかしながら、壬生町は、この工業団地の育成に向けて大いなる熱意を示しており、その点は、

昭和 41 年に策定された『壬生町振興計画』の文章に表れている。

「本町は国内唯一の大玩具工場団地の誘致により工業都市形態へと大きく移行しつつあり、これが完成し輸出産業として安定的な発展を遂げる昭和 50 年には総ての設備、交通網等は完全に整備され、人口は 8 ～ 9 万に増加することは必至にして其時点における商工業の占めるべき地位は重大なものがある。

現在の商工会については、昭和 45 年頃までには組織を強化して新たに商工会議所として発足し、──積極的な活動体制を整え、玩具団地組合の企画する見本市会館とならんで産業会館の設置をはかり、云々」[2]

昭和 55 年現在、この玩具工場団地は壬生町によって工業専用地域に指定され、その面積は約 52 万 m²、うち工場敷地は 38 万 m² となっている。つまり、旧陸軍飛行場とほぼ同じ広さとなっている。従業員総数は 2,161 名（昭和 53 年 4 月 1 日現在）で、昭和 52 年度の総生産額は 290 億円近くに達しているとのことである[3]。

工業団地の組合員は、エポック工業、新正工業、トミー工業、バンダイ工業など完成品としての玩具を製造する業者が 8 社、その他は合成樹脂加工業や金属プレス加工業、塗装業、紙器製造業者など関連業種によって構成されている[4]。

こうした玩具工場およびその関連工業ばかりを集めた工業団地は全国的に珍しく、しかもこれが旧軍用地の転用であるという点では特筆すべき事柄である。なお、貿易不振の折から、輸出向けの玩具だけでなく内需にむけた製品開発も行っており、関連諸工場も、玩具以外の製品も生産している[5]。

1）　昭和 55 年 9 月、壬生町役場での聞き取りによる。
2）　『壬生町振興計画』、壬生町、昭和 41 年、36 ～ 37 ページ。
3）　昭和 55 年 9 月、壬生町役場での聞き取りによる。
4）　昭和 55 年 9 月、現地踏査による。
5）　昭和 55 年 9 月、壬生町役場での聞き取りによる。

第六節　群馬県における旧軍用地とその転用状況

戦前の群馬県における軍需品を生産する代表的な施設としては、軍用機を生産する中島飛行機製作所㈱と火薬を生産する東京第二陸軍造兵廠岩鼻製造所という二つの工場があった。

また戦前の高崎市および周辺地域には、数多くの軍需工場が立地していた。その主な工場を紹介しておくと、次の通りである。

Ⅵ-6-(1)表　高崎市における主な軍需工場（従業員 400 人以上）

※昭和 19 年現在

工場名	製品	所在地	従業員数
榛名製鋼	航空部品	高崎市江木駅	413 人
榛名精機	同	同	1,016
榛名航空工業	同	同	1,482
同社第三工場	同	同	502
山田航空工業	同	高崎市東町	626
須賀製作所倉賀野工場	兵器	群馬郡倉賀野町	968
小島鉄工所	機械	高崎市歌川町	689
小島機械製作所	工作機械	高崎市高砂町	504

原注：群馬県立文書館所蔵、県行政文書「昭和 17 ～ 19 年 雑書綴」
出所：『新編　高崎市史』（資料編 10、近代・現代Ⅱ）、高崎市、平成 10 年、
　　　468 ～ 470 ページより抜粋。

　この(1)表は、昭和 19 年段階において高崎市にあった従業員 400 名以上の軍需工場を列挙した
ものである。これをみると比較的大規模な機械製品および航空関連製品の製造が行われていたこ
とが判る。これは中島飛行機との関連だったと推測される。

　なお、従業員数 100 名以上 300 名以下の中規模な軍需工場も、戦前の高崎市には 11 工場があ
り、15 名以上 100 名未満の小規模な工場は 14 工場、従業員数不詳 1 工場という状況であった[1]。
ただし、これらの軍需工場は国営工場ではなく、したがって敷地も国有地ではなかったので、こ
れ以上は本書の研究対象とはならない。

　さて、終戦後、陸軍省、海軍省、軍需省等から大蔵省が引き継いだ群馬県所在の旧軍用財産は、
44 口座、その総面積は 43,042,051 ㎡ である。この中には、中島飛行機は含まれていない。中島
飛行機の諸施設は、軍事に供された国有財産、つまり旧軍用財産ではなかった。つまり軍需指定
工場ではあったが、中島飛行機製作所は、民間企業として軍用機を製作していたのである。した
がって中島飛行機㈱の跡地利用は、本来だと、本書の研究対象外になる。だが、旧軍関連の施設
と戦後の太田市工業という点では無視できない存在なので、特別に分析することにした。

　さて、群馬県にあった旧軍用施設のうち、20 万 ㎡ 以上の旧軍用施設およびその主な転用状況
は次表の通りである。

Ⅵ-6-(2)表　群馬県における大規模な旧軍用施設と主な転用状況

（単位：㎡、年次：昭和年）

旧口座名	所在地	施設面積	主な転用形態	年次
前橋陸軍予備士官学校	榛東村	249,829	防衛庁	35
前橋陸軍飛行場	群馬町	1,664,647	農林省・農地	22
歩兵第 115 連隊	高崎市	339,059	日本専売公社等	23
東京第二陸軍造兵廠岩鼻製造所	岩鼻町	1,139,776	日本化薬等	34
追撃第一連隊	沼田市	245,775	小・中学校用地	24

館林陸軍飛行場	館林市	2,283,912	農林省・農地	22
新田陸軍飛行場	藪塚本町	2,639,631	農林省・農地	22
赤城演習場	昭和村	7,405,514	農林省・農地	22
浅間演習場	長野原町	21,687,449	農林省・農地	22
相馬ケ原演習場及廠舎	箕郷町	4,036,907	防衛庁	35
入野射場的	吉井町	216,257	村有林	24

出所：「旧軍用財産資料」（前出）より作成。

(2)表によると、群馬県にあった主な旧軍用施設（敷地面積20万 m² 以上）は11口座である。この11口座の面積を合計すると、約4,190万 m² となり、これは群馬県にあった旧軍用地のおよそ97%になる。敷地面積だけからすれば、この11口座で、ほぼ全体を網羅していると言えなくもない。しかし、土地の有用性、とりわけ工業資本にとってみれば、工場立地上の有用性は、立地原単位として一定の面積規模を必要とし、さらに、土地価格、工業用水、良質な労働力、輸送手段、市場の確保などによって規定される。したがって、20万 m² 未満の旧軍用地でも、工業立地という点からは無視しえないものがある。ちなみに、群馬県における旧軍用地を面積規模だけから区分すると、1万 m² までの旧軍用地は14口座、1〜3万 m² 未満が8口座、3〜5万 m² 未満が4口座、5〜10万 m² が2口座、10〜20万 m² 未満が5口座、それに表示した20万 m² 以上が11口座、計44口座という構成になっている[2]。

群馬県における大規模な旧軍用施設の所在地は、栃木県と違って、3市、6町、2村という具合に、分散的に存在していたことが特徴である。それだけに、大規模な旧軍用地の転用も、農林省への有償所管換や防衛庁への無償所管換だけでなく、民間企業をはじめ、専売公社や地方公共団体と多様である。そこで、農林省（農地）と防衛庁を除く国家機構（省庁）および地方公共団体といった官公庁が旧軍用地をいつ、どのように取得しているかを明らかにしておきたい。

Ⅵ- 6 -(3)表　群馬県の官公庁による旧軍用地の転用形態

(単位：m²、年次：昭和年)

官公庁・区分	転用目的	転用面積	転用年次	旧口座名
法務省	女子少年院	21,838	27	前橋陸軍病院
大蔵省	税務署用地	10,109	23	歩兵第115連隊
厚生省	国立病院	19,652	23	同
同	同	22,343	23	高崎陸軍病院
同	同	16,492	23	沼田陸軍病院
同	宿舎	15,785	23	追撃第一連隊
堤ケ岡村	中学用地	22,926	24	前橋陸軍飛行場
高崎市	庁舎・中学	42,112	25	歩兵第115連隊
同	市立短大	27,454	27	同
同	市道	13,593	30	同
同	同	26,240	34	同
同	会館用地	11,283	35	同

沼田市	都市計画用	14,714	33	沼田忠霊塔
同	学校用地	28,105	24	追撃第一連隊
同	同	79,411	24	同
同	同	34,274	25	同
糸之瀬村	学校用地	15,745	27	赤城演習場廠舎
嬬恋村	牧野	6,661,220	33	浅間演習場
入野村	山林	191,839	24	入野射場
同	住宅用地	14,726	24	同

出所：「旧軍用財産資料」（前出）より作成。ただし、転用面積３千 m² 以上。

(3)表の上段部分では、戦後、国家機構（省庁）の諸施設用地へ転用された旧軍用地６件とその面積を掲示している。その内容をみると、かっては陸軍病院であった施設を国立病院へ転用しているのが２件ある。陸軍病院という施設（建物を含む）が病院として再活用されるのは極く自然なことである。もっとも、国が病院を運営する必要があるかどうかという問題は、効率性を重視する民営化論との関連で議論もあるが、高度の福祉国家を展望する議論もあるので、ここでは、その是非について論ずることはしない。

なお、群馬県では、旧陸軍病院が少年院（法務省）へ転用されたり、陸軍の施設が病院へ転用されている。そのほかに、大蔵省が税務署用地として確保している場合がある。

さらに、より小規模（３千 m² 未満）な旧軍用地を国家機構（省庁）が取得している事例がかなりある。(2)表には掲示していないが、大蔵省の財務局庁舎（前橋市）や税務署（沼田市）、法務省の検察庁庁舎（高崎市）、同じく法務省の刑務所（飯田町）や地方裁判所（高崎市）などがそれである。

次に、群馬県における地方公共団体が３千 m² 以上の旧軍用地を取得しているのは、(3)表の通り、高崎市（５件）と沼田市（４件）をはじめ、計14件である。高崎市の場合には市道用（公共物編入）が２件ほどあるが、あとは高崎経済大学用地と庁舎・中学校用地、高崎会館の用地である。沼田市の場合には３件が小・中学校用地として取得しており、他の１件は都市計画の公園用地として国より譲渡されたものである。

地方公共団体のうち、最も大規模な旧軍用地を取得したのは、牧野として666万 m² を時価で取得した嬬恋村である。続いては入野村の村有林としての約19万 m² が広い。しかし、この２件以外で、10万 m² を超えるような旧軍用地を取得した地方公共団体はない。

以上、群馬県における大規模な旧軍用施設の転用状況および国家機構や地方公共団体による旧軍用地の転用状況をみてきた。ところで、本書が課題としている旧軍用地の産業用地への転用はどのようになっているのであろうか。ここでは民間企業および当時は国営であった、いわゆる三公社五現業を含めて検討していくことにしたい。

第六章　関東地方（東京都・神奈川県を除く）　281

VI-6-(4)表　群馬県における旧軍用地の産業用地への転用状況

（単位：m²、年次：昭和年）

旧口座名	所在地	転用企業等	業種等	転用面積	年次
海軍技術廠前橋分工場	前橋市	井口由蔵	製糸業	5,459	24
歩兵第115連隊	高崎市	日本専売公社	煙草製造	91,434	23
同	同	日本電電公社	通信業	7,765	26
同	同	同	同	13,593	28
同	同	群馬土地	不動産業	14,925	31
東京第二陸軍造兵廠岩鼻製造所	岩鼻町	日本化薬	火薬製造	319,236	34
同	同	同	同	137,684	40
同	同	日本原子力研	サービス	278,361	38
同	同	同	同	13,504	46
同	同	同	同	23,577	46
東京第二陸軍造兵廠岩鼻製造所官舎	岩鼻町町	日本化薬	火薬製造	51,356	34
東京第二陸軍造兵廠八幡原火薬庫	八幡原町	同	同	56,084	34
東京第二陸軍造兵廠軽便鉄道敷	綿貫町	国鉄	運輸業	16,403	43
海軍施設部新町工場	新町	青柳製作所	輸送機械	134,582	23
浅間演習場	嬬恋村	国土計画	不動産業	25,700	41

出所：「旧軍用財産資料」（前出）より作成。ただし、3千m²以上に限定。

　(4)表をみれば判るように、群馬県においては、旧軍用地が三公社五現業といわれた専売公社（有償所管換）、電電公社（交換）、国鉄（時価）それから日本原子力研究所（出資財産）へ転用されているのが目立つ。しかも、その転用に関しては、有償所管換、交換、時価売却、出資財産といった多様な形態で旧軍用地の払下げが行われている。これらは、本来は、国家機構内での移管として把握すべきものであるが、日本原子力研究所以外は、平成になって民営化され、JT（日本たばこ産業株式会社）、NTT、JRとなっており、しかも、それらが工業、通信業、運輸業といった産業活動を行う事業体であるため、この(4)表に掲示した。

　専売公社と電電公社が取得した旧軍用地は、国鉄高崎駅の近くに位置しており、そこは公官庁も多く立地しているビル街という高崎市では一等地である。国鉄（高崎鉄道管理局）の場合は、造兵廠内にあった旧軽便鉄道敷を鉄道引き込み線として利用している。

　ところで、日本原子力研究所は岩鼻町（現高崎市）に位置しており、国が研究所へ土地を現物出資するという形態をとっている。なお、この研究所については、同じ場所で旧軍用地を取得した日本化薬㈱との関連で言及することにしたい。

　群馬県における旧軍用地の産業用地への転用では、先述した岩鼻町の旧軍用地、東京第二陸軍造兵廠岩鼻製造所およびその付属施設を買収した日本化薬㈱が大きな比重を占める。日本化薬は旧軍用地を4件、あわせて56万4千m²の用地を時価で購入している。群馬県における民間企業で、これだけの旧軍用地を取得した企業は他にはない。

　以下では、この日本化薬を中心に旧陸軍造兵廠岩鼻製造所の跡地利用について述べていくことにする。

1）『新編　高崎市史』（資料編10、近代・現代Ⅱ）、高崎市、平成10年、468 ～ 470 ページ参照。
2）「旧軍用財産資料」（前出）より算出。

1．高崎市（旧岩鼻町と旧新町を含む）

　戦前の群馬郡岩鼻村には東京第二陸軍造兵廠岩鼻製造所があった。この岩鼻村は昭和32年8月1日、高崎市と合併し、現在は高崎市岩鼻町となっている。岩鼻製造所の簡単な歴史的経緯をみていくことにしよう。『旧軍用財産の今昔』（前出）は次のように述べている。

　「明治13年3月当時の群馬県勧業試験場跡と付近の民有地を買収し、東京砲兵工廠岩鼻火薬製造所として建設に着手、同15年に完成した。黒色火薬をはじめとして、その後ダイナマイトの製造、日支事変以後の戦争拡大に伴い逐次拡張して軍需の無煙火薬の製造も行い最盛期の従業員は約5,000人にも及んだ。

　終戦に伴い昭和20年12月12日から昭和21年3月2日まで連合軍が接収し、また賠償工場にも指定され、その解除は昭和27年4月28日であった。

　普通財産としての引受量は、土地約 1,140,000 m^2、建物約 76,000 m^2 であったが、土地については昭和34年に南側約3分の1に当る 319,000 m^2、昭和40年に保安地帯として 137,000 m^2 を日本化薬㈱に売払いし、昭和38年、46年に北側 315,000 m^2 を日本原子力研究所高崎研究所敷地として現物出資した。現在残っている財産の内訳は、中央部に所在する 251,000 m^2 を『群馬の森』公園として昭和45年4月1日から群馬県へ無償貸付中のほか、河川敷約 71,000 m^2、道路敷約 10,500 m^2、そして未利用地（原研出資予定地）が約 38,000 m^2 となっている。建物については、日本化薬㈱に売払いした約 23,000 m^2 のほか現在残っている約 500 m^2（群馬の森として群馬県に無償貸付中）を除き、解体撤去、移築により処分済である」[1]

　岩鼻製造所の歴史的経緯は以上の通りであるが、昭和52年8月現在では、日本化薬が 565,257 m^2、日本原子力研究所（昭和39年3月設立）が約 31 万 m^2、「群馬の森」（昭和47年から49年にかけて建設）が 258,689 m^2 という利用状況になっている[2]。ちなみに、この3者の利用面積を合計してみると約 113 万 m^2 となり、旧岩鼻製造所の敷地面積約 114 万 m^2 とほぼ同じ大きさとなる。

　ところで、工業立地との関連では、日本化薬が中心的な分析対象となる。そこで日本化薬が旧軍用地を取得した経過をやや詳しくみておくことにしよう。

　「○昭和20年10月11日

　　閣令及び文部、農林、商工、運輸各省の合同省令第1号『兵器航空機等の生産制限に関する件』が発せられ、産業用爆薬の生産使用は連合軍の管理下に統制さる。

　　○11月22日

　　内務省より群馬県知事宛至急官報が発せられ旧東京第二陸軍造兵廠岩鼻製造所を当社（日本火薬製造㈱—杉野）に移管運営認可され、その指示により当社は占領軍現地部隊前橋軍政部に岩鼻作業所創設の交渉を開始す。

○12月8日

　大蔵省国有財産部長より旧東二造岩鼻製造所の土地物件等一時使用許可さる。

○12月

　当社社名日本火薬製造株式会社を日本化薬株式会社に改む。

○昭和21年2月8日

　占領軍第77軍政本部より群馬県知事宛管理指示第一号が発せられ、これに基いて岩鼻製造所は特殊警備下に入る。

○4月1日

　東京財務局長より岩鼻製造火薬製造地帯の一時使用認可さる。岩鼻作業所開所式を挙行す。

　　（一時使用認可物件は次のとおり―杉野）

　　　土地　　　　　108,972坪

　　　建物　　　　　4,024坪（104棟）

　　　器具機械　　　　328台

○昭和28年3月30日

　借用使用中の黒色火薬製造機械類第一次払下げ決定。

○昭和29年3月31日

　借用使用中の黒色火薬製造機械類第二次払下げ決定。

○昭和34年6月

　借用中の国有財産黒色火薬製造地帯、火薬庫地帯、社宅地帯の土地、建物、構築物等一式を大蔵省より買収。

○昭和45年9月

　火薬類の製造を終止」[3]

　地域住民の立場からすれば、住居近くで火薬という爆発物を製造していることが問題となる。もともと、戦前にあっては、地域住民（その多くは農民）は軍関係の工場に不安や不満を訴えることは不可能であったし、戦後に居住地を定めた住民は、「火薬」の存在をあらかじめ認識していた筈である。だが、平和の時代が到来し、また一度、住居を構えると、今度は「火薬」の存在に対する不安が嵩じ、昭和40年代になると、これを一種の公害問題とみなすようになる。

　昭和21年9月25日には、岩鼻村の一部農民が村民大会を開催し、日本化薬の操業に反対する運動を起こし、その後も工場移転をめぐる運動が続けられていった。また昭和35年頃になると、日本の石炭産業が衰退していき、火薬類の販売市場が狭隘化してくる。日本化薬は、火薬関連部品の製造を始めていく。すなわち、速火線（昭和37年8月）、導爆線（昭和38年2月）、親コード、雷コード、玩具コードなどの煙火用加工品（昭和39年12月）、ランス（昭和41年1月）がそれである。しかし、遂に昭和45年9月、日本化薬は火薬類の製造を終了するに至った[4]。

　これまで述べてきたことを概括すれば、高崎市のはずれにある旧岩鼻製造所の日本化薬への転用は、米軍の統制下では止むを得なかったが、その主要製品が「火薬」であったため、地域にお

ける産業連関が必ずしも十分ではなかった。また、日本化薬が、火薬の製造を止めるに至ったのは、当時における公害反対闘争の激化ということもあるが、石油を中心としたエネルギー政策への転換および原子力産業の開発と石炭産業の衰退という産業構造の変化に伴うものである。つまり、産業構造の変化が、旧軍用地の利用形態を変化させるに至ったと言えよう。昭和39年に造兵廠跡地に原子力研究所が設立され、昭和47年から49年にかけて「群馬の森」が建設されはじめたのも、また、その一環であろう。

　ちなみに原子力研究所については『新編　高崎市史』（通史編4）に次のような文章がある。

　「原研高崎研究所の設置は、三十六年二月に策定された第二次原子力利用長期計画の中で、材料試験炉の設置、放射線化学中央研究機構の設置などが原研の新計画に加えられたことに起因する。候補地として、本市と茨城県大洗町が競い合ったが、三十七年七月、本市に決定した」[5]

　つまり、原研は政府による適地策定型の立地であったことが判る。

　ところで、旧多野郡新町（現高崎市）には旧海軍施設部新町工場があった。この工場は、次のような歴史的経緯を辿っている[6]。

　○昭和14年頃　㈱青柳製作所新町工場と昭和林業がこの地に所在しており、製材および戦車の部品を製造していた。

　○昭和20年7月14日　大蔵省が㈱青柳製材所より譲り受ける。

　○昭和23年9月3日　大蔵省は米軍の接収解除により、㈱青柳製作所に払下げ、帝国車両の下請企業として鉄道車両の列車ドアの鍵を製造していた。

　○昭和26年3月4日　新町は㈱青柳製作所より建物及び土地を買受け、群馬県に寄付した。また県は国へ無償で貸し付け（警察予備隊の設置）、昭和54年現在、自衛隊に使用させている。

　上記の文章では、昭和20年の終戦前に、大蔵省が青柳製材所を譲り受けたことになっているが、おそらくそれは軍需生産のための買収だったと思われる。その後の経緯は不詳であるが、占領軍の指令（SCAPIN-629、1946年1月20日）の中に、中島飛行機の1工場として「Shimachi」があり、その場所が「Tanno-gun Shimma-shi」となっているので[7]、ローマ字の綴り等を度外視すれば、大蔵省（あるいは軍需省）はそれを中島飛行機に貸与（ないし委託）していたのであろう。それが戦後（昭和21年）に占領軍によって賠償指定工場となったが、23年に接収解除になったものと思われる。

　それにしても、町有地として買収した旧軍用地が、寄付で県有地となり、県はこれを国に無償で貸付け、自衛隊が使用するという経緯は、実に数奇であるが、工業立地とは直接関係がないので、これ以上には言及しないことにする。

　　1）　『旧軍用財産の今昔』、大蔵省大臣官房戦後財政史室編、昭和48年、26ページ。なお、『高崎市
　　　　政史』より一部転載という原注が付されている。
　　2）　敷地面積については、昭和52年8月、高崎市役所での聞き取りによる。
　　3）　「岩鼻作業所年表」（日本化薬内部資料）の一部分を引用。
　　4）　昭和52年8月、高崎市役所での聞き取りによる。

5）　『新編　高崎市史』（通史編4）、高崎市、平成16年、762ページ。
　6）　新町役場よりの文書回答（昭和54年9月26日付）による。
　7）　『對日賠償文書集』第一巻、賠償庁・外務省共編、昭和26年、91ページ。

2．太田市と大泉町

　太田市は群馬県の東南部に位置し、戦前には中島飛行機太田工場をはじめ、航空機を発送する飛行場があった。地域的にみると、中島飛行機は主な工場だけでも、太田市内に2カ所、大泉町に1カ所、尾島町に1カ所、計4カ所に分かれて立地していた。

　終戦とともに米軍へ接収されたが[1]、昭和33年7月14日、米軍より太田市の本工場、北工場とともに返還された。のち、中島飛行機㈱は富士重工業㈱と社名を変更したが、太田市の2工場の跡地は、中島飛行機の実質的な後継者である富士重工業の群馬製作所となった[2]。

　返還されて間もない時期には、富士重工業㈱群馬製作所（東本町、580,355㎡）はスクーターを製造していたが、昭和52年8月現在では、レオーネという小型自動車を生産している[3]。また、かっては、その地名に因んで命名された「呑龍」（重爆撃機）を制作した北工場（43,757㎡）では、自動車部品を製造していた。なお、昭和41年に設立した太田市内の矢島工場（564,842㎡）と有機的な生産体制をもつに至っている[4]。

　戦前に大泉町の中央部にあった中島飛行機製作所小泉工場も米軍によって接収されたものの、昭和34年2月、同年10月の二度にわたって米軍から返還され、昭和52年8月の時点では、その跡地を東京三洋電機が使用しており、その敷地面積はおよそ91万㎡である。

　尾島町にあった中島飛行機製作所尾島工場の跡地は、菱電機器が昭和36年に三菱電機と社名を変更し、昭和52年の現在では、13万2千㎡の敷地をもつ工場となっている[5]。

　さらに太田工場に隣接する飛行場の跡地（297,277㎡）はほとんどが更地であり、昭和52年の時点では、その一部がゴルフ場として暫定的に使用されている。そこで、この飛行場跡地をいかに利用するかという将来構想について、昭和52年8月12日に、群馬県、太田市、大泉町、富士重工㈱の4者で第一回の会合がもたれている[6]。この会合に民間である富士重工㈱が参加しているのは、一見すると奇妙に感じるが、それには次のような理由があった。

　この飛行場跡地の北西側は太田市にあり、運動公園（165,616㎡）として利用されているが、南側の大部分は大泉町に所在しており、しかも、この大泉に所在する土地は富士重工㈱の所有地だからである。しかも、その所有地は1,148,400㎡という大規模なものであり、その所有権とその土地面積からみても、富士重工㈱に発言権があるのは「当然」のことであった[7]。

　ところで、太田市は昭和33年に新市建設計画、さらに昭和46年に『第二次太田市総合建設計画』（目標年次は昭和55年）を策定したが、その中で、太田市周辺地区の工業開発を旧中島飛行機との関連で述べているので、それを引用しておこう。

　「本市（太田市―杉野）は戦時中、中島飛行機製作所を中心に軍需都市として隆盛をきわめて来たが終戦により、これらの施設は米軍に接収され、本市発展上大きな阻害要因となっていた。

しかし、昭和35年4月首都圏整備法に基づいて当地区は太田大泉の名称で都市開発区域の指定を受け、接収解除された旧中島飛行機製作所太田工場、小泉工場、尾島工場の計画工業団地には、それぞれ富士重工株式会社群馬製作所、東京三洋電機株式会社および三菱電機株式会社が進出操業し、これらの基幹産業を中心に東毛地区の主要産業都市に発展してきた」[8]

太田市では、旧中島飛行機製作所跡地の基幹産業（工業）を中心にして、さらに中小企業をも含む工業団地、道路などの造成、整備を図るとしている。

「本市の一大飛躍的発展をはかるため産業開発を積極的に推進する。西部、東部工業団地および飛行場跡地の利用促進と産業開発に伴なう国県道の整備、特に東北縦貫自動車道および上武国道を結ぶ計画路線を西部工業地域と飛行場跡地、さらに大利根工業団地間を中心とした街路の建設、この計画工業団地に対する大規模住宅地の造成──」[9]

旧中島飛行機の跡地利用とそれを機軸とした工業団地および各種道路（産業道路、街路）の造成、整備計画が策定されたのは、高度経済成長期から不況期へと移行する昭和46年段階である。そして計画の目標年次である昭和51年の翌年、つまり昭和52年6月にあたらしく「第三次計画」が作られている。

このように太田市は旧中島飛行機製作所を中心に工業化を進めてきたが、昭和52年現在、それはかなりの実績をもつに至っている。

昭和50年現在、太田市内には、日本理研ゴム、川上鉄工所、会田製作所、東洋樹脂、フランスベッド、不二家電機、矢崎化工、新田蚕糸、大隅樹脂、大胡製作所、第一鍛造、矢島工業、坂本工業、東亜工業など、中小規模の諸工場が立地している[10]。また矢場地区には、柳田鉄工所ほか9社の矢場工業団地（約7万6千m²）がある。さらに西部工業団地（西新町、約160万m²）では操業が開始され、東部工業団地（約200万m²）では企業の進出が待たれている状況にある[11]。

昭和52年の時点における工業の趨勢とその対応策について、太田市では次のように述べている。

「自動車関連産業とメリヤス産業に代表されていた本市の工業も、近年に至り新しい企業が進出し、プラスチック、機械、金属製品などが伸びており、均衡のとれた近代工業都市へと近づきつつあります。

本市には466の繊維の事業所をはじめとして全部で1,423の事業所がありますが、その大部分は中小企業です。このため市では、下請発注の多い優良企業の誘致や、設備近代化資金の貸付けなど中小企業対策にとくに力を入れています」[12]

また、大泉町でも、日進段ボール、宮津製作所、中央電子工業などが立地しているが、いずれも中小規模の企業である。

つまり、戦後の太田市および大泉町では、旧中島飛行機製作所の跡地に大企業が進出することによって、これを基幹産業とし、既存の繊維工業の刷新も含めて、巨大な工業団地へ新しい業種の誘致を図ってきた。その結果、多くの中小企業が集積し、その振興対策に力を入れているのが、昭和52年の段階でみられる太田市および大泉町における工業の状況である。

第六章　関東地方（東京都・神奈川県を除く）　　287

1）　連合軍総司令部は、1946年1月20日に、群馬県に所在した旧中島飛行機の13の工場に対して、賠償関連の工場として指定し、その管理保全を指令（SCAPIN-629）。『對日賠償文書集』第一巻、賠償庁・外務省共編、昭和26年、91ページ。なお、終戦後から富士産業を経て富士重工業が設立するまでの経緯については、『太田市史』（通史編・近現代）、太田市、平成6年、778〜784ページに詳しい。

2）　昭和52年8月、太田市役所での聞き取りによる。

3）　同上。

4）　同上。

5）　同上。

6）　同上。

7）　同上。

8）　『第二次太田市総合建設計画』、太田市、昭和46年、1ページ。なお、三洋電機㈱との関連では、昭和34年に町議会が自衛隊誘致に反対し、同社を誘致したこと、また大泉キャンプドルウが返還され同社に払い下げられている［『大泉町誌』下巻、大泉町長、1489ページによる］。

9）　同上。

10）　広域市街図『太田・足利・大泉』（人文社、昭和50年版）より摘出。

11）　工業団地面積は、『第三次太田市総合建設計画』、太田市、昭和52年、22ページによる。

12）　市勢要覧『太田』、1977年、10ページ。

第七章　甲信越地方

　「甲信越」というのは、周知のように甲州、信州、越後を一括した地域の略称であり、現代では山梨県、長野県、新潟県を総称する用語である。本書で、この用語を使用するのは、地域経済の視点からみて特別の理由があるからではなく、単に編集上の都合によるものである。

　あえて言えば、首都圏の周辺部という意味での甲信越地方である。それだけに、関東地方、とくに東京と関連の深い地域である。ただし、同じ関東地方周辺でも、旧軍用地の転用が多くみられた「駿河」（静岡県）は、特別に一つの章を設定した。このことをあらかじめ断っておきたい。

　なお、甲信越の3県は、それぞれ首都東京との経済的関連性はあるが、これら3県相互間の人的交流および物流、概していえば地域間産業連関はそれほど大きなものではない。したがって、これら3県における旧軍用施設の賦存状況や旧軍用地の転用状況を一つの表にまとめることは割愛した。

　以下では、新潟県、長野県、山梨県の順で、旧軍用地の工業用地への転用状況を分析していく。

第一節　新潟県における旧軍用地とその転用状況

　戦後、旧軍関係の省庁から大蔵省が引き継いだ旧軍用地のうち、新潟県に所在のものは49口座で、そのうち面積が20万 m^2 を超えるものは次の5口座であった。

Ⅶ-1-(1)表　新潟県における大規模な旧軍用施設と転用の概況

（単位： m^2 、年次：昭和年）

旧口座名	所在地	施設面積	主たる転用先	年次
新潟被服廠	新潟市	260,518	農林省・農地	22
大日原演習場	笹神村（現阿賀野市）	4,115,721	農林省・農地	23
高田練兵場	上越市	663,004	農林省・農地	22
関山演習場	妙高村（現妙高市）	29,703,185	農林省・農地	22
村松飛行場	村松村（現五泉市）	477,734	文部省・新潟大	27

　　出所：「旧軍用財産資料」（大蔵省管財局文書）より作成。

　(1)表をみれば判るように、新潟県の場合、戦前において大規模な旧軍用施設（20万 m^2 以上）は僅かに5口座で、他の府県に比べて相対的に少なかった。それでも関山演習場は2,970万 m^2 という広大なものであったし、旧笹神村にあった大日原演習場も411万 m^2 の広さをもっていた。戦後、それらの多くは、昭和22年に大蔵省から農林省への有償所管換となった。

そこで旧軍用施設の摘出を敷地面積を 10 万 m² 台の規模にまで基準を下げてみると、次のような 11 口座が登場する。

VII- 1 -(2)表　新潟県における中規模（10 万 m² 台）な旧軍用施設と転用の概況

（単位：m²、年次：昭和年）

旧口座名	所在地	施設面積	主たる転用先	年次
小千谷渡河演習場廠舎	小千谷市	127,580	農林省・農地	22
小千谷飛行場	同	144,169	農林省・農地	22
村松少年通信学校	村松町	131,163	村松町・小学校	26
新発田歩兵第 16 連隊	新発田市	140,973	防衛庁・自衛隊	39
新発田小銃射撃場	豊浦町	106,403	農林省・農地	22
高田作業場	上越市	108,023	農林省・農地	26
第二師団兵器部高田出張所	同	115,228	農林省・試験場	26
高田小銃射撃場	同	160,361	農林省・試験場	22
高田歩兵団司令部	同	108,028	文部省・新潟大	27
13 航空教育隊北兵舎	同	162,283	防衛庁	32
13 航空教育隊南兵舎	同	158,216	高田市へ払下げ	40

出所：「旧軍用財産資料」（前出）より作成。

この(2)表をみると、上越市には 10 万 m² 規模の旧軍用施設が 6 口座もあり、(1)表の高田練兵場（約 66 万 m²）と併せて、新潟県では、この上越市に旧軍用施設が集積されていたことが明らかになる。さらに、(1)表、(2)表には掲示されていない旧軍用施設、つまり 10 万 m² 未満の旧軍用施設を含めると、戦前の上越市には実に 18 口座の旧軍用施設が存在し[1]、文字通り「軍都」という名に相応しい内実をもっていた。だが、軍都は同時に工業都市ではないし、また戦後に旧軍用地が産業用地として転用されるとも限らない。

そこで、上越市がどうであったかという問題は後で検討することにして、まず、新潟県において、国家機構および地方公共団体へ旧軍用地がどのように転用されたのか、その点の分析から検討をはじめたい。

昭和 22 年から昭和 48 年までの期間に、国家機構および地方公共団体に転用された旧軍用施設は、次表の通りである。ただし、払下面積は 1 万 m² 以上に限定し、農地転用を目的とした農林省への有償所管換および防衛庁（自衛隊）への所管換を除く。

VII- 1 -(3)表　旧軍用施設（新潟県）の国家機構と地方公共団体への転用状況

（単位：m²）

払下相手名	払下面積	払下目的	払下年次	旧口座名
文部省	49,276	新潟大学	昭和 27 年	村松少年通信学校
同	63,542	同	同	高田歩兵団司令部
同	200,106	同	同	村松飛行場
厚生省	28,776	国立病院	昭和 23 年	新発田陸軍病院

同	28,053	国立病院	同	高田陸軍病院
農林省	53,001	農業試験場	昭和26年	第二師団兵器部高田出張所
新潟県	33,940	高田工業高	昭和28年	第二師団兵器部高田出張所
同	79,279	新潟大学	昭和25年	村松飛行場
新潟市	41,034	中学校用地	昭和26年	新潟被服廠
同	18,506	小学校用地	昭和27年	同
新発田市	11,781	市営競技場	昭和23年	新発田歩兵第16連隊
同	16,106	市営住宅	同	新発田営前練習場
同	18,773	市営競技場	昭和24年	同
聖籠村	24,010	中学校用地	昭和23年	舞鶴海軍通信隊新発田分遣隊
堀越村	1,331,606	飼料採取地	昭和23年	大日原演習場
高田市	28,292	小学校用地	昭和27年	13航空教育隊南兵舎
同	28,684	——	昭和40年	同
同	15,607	——	昭和44年	同
同	16,095	総合運動場	昭和23年	千草倉庫及厩舎
金谷村	12,466	中学演習林	昭和25年	陸軍埋葬地
村松村	71,550	小学校用地	昭和26年	村松少年通信学校
同	29,752	中学実習地	昭和25年	村松飛行場
同	49,091	同	同	同

出所：「旧軍用財産資料」（前出）より作成。

　(3)表をもとに、まず旧軍用地の国家機構（省庁）への移管状況をみておこう。国家機構に移管された旧軍用施設（土地）は6口座、6件で、農林省の農業試験場を含めて、いずれも無償所管換である。ただし、前述したように、自作農創設のため農林省へ有償所管換された旧軍用地を除外した。

　さて、国家機構へ移管された旧軍用地の用途は、大学用地、国立病院、農業試験場など、いずれも国民生活に必要な公共的な性格が強い施設（用地）である。その中では、文部省が新潟大学用地として昭和27年に3件の旧軍用地を移管したのが目立つ。

　次に、地方公共団体としての新潟県が旧軍用地を取得しているのは2件である。いずれも学校関係であるが、県立の高田工業高校用地としてはともかく、国立である新潟大学の用地を時価で新潟県が払下げを受けているのには、なんらかの理由があったのであろう。県有地を大学へ貸し付けるという状況も考えられるが、それ以上には言及しない。

　市町村レベルの地方公共団体に対する旧軍用地の払下げは、全部で15件である。そのうち、上越市（旧高田市、旧金谷村、旧村松村）が8件の用地取得をしているのが目立つ。その上越市も含めて、払下げの用途としては、小学校や中学校への用地転用が8件もある。また競技場や運動場への転用が3件、それ以外では市営住宅用地と飼料採取地が各1件、不詳2件（いずれも上越市）となっている。

　払下面積という点では、旧堀越村（現阿賀野市）が飼料採取地（採草地）として旧大日原演習場跡地の一部（約133万m²）を取得しているのが抜群に大きい。その次には、旧村松村が小学校

用地として払下げを受けた約7万m²が大きく、その他はいずれも1万m²以上、5万m²未満という状況にある。もっとも、ここでは1件あたりの払下面積が1万m²未満のものは除外している。

　払下年次でみると、上越市が13航空教育隊南兵舎跡地を昭和40年と同44年に取得した2件を除けば、いずれも昭和20年代で、昭和23年から27年の間である。つまり、比較的早い時期に払い下げられていることが特徴である。これには戦後における教育制度の改革が大きく影響しているものと推測される。

　以上、新潟県における旧軍用施設の転用状況について、大規模および中規模の旧軍用地について概観し、視点を変えて、国家機構への移管や地方公共団体への払下状況をみてきた。払下面積規模の点では、農林省への有償所管換（農地転用）と総理府（防衛庁）による自衛隊用地への利用が多いという点では、新潟県も他県と同じである。しかしながら新潟県の場合には、国家機構および地方公共団体による旧軍用地の転用では、新潟大学を含む学校用地への転用が多い。これは一つの特徴である。ところで、旧軍用地の産業用地への転用、つまり民間企業等への払下状況はどうなっているのであろうか。その点を明らかにしたのが、次の(4)表である。

Ⅶ-1-(4)表　新潟県における旧軍用地の産業用地への転用状況

（単位：m²、年次：昭和年）

旧口座名	転用先名	払下面積	業種（用途）	年次
新潟糧秣廠	日本細菌製造	29,841	ワクチン製造	23
同	新潟臨海開発	16,307	倉庫	24
新潟被服廠	東北電力	5,187	研究所敷地	39
立川航空補給廠新潟出張所	昭和石油	25,193	工場敷地	23
同	同	3,687	同	23
関山演習場	日本曹達	88,476	道路用地	27

出所：「旧軍用財産資料」（前出）より作成。

　(4)表で判るように、新潟県において旧軍用地が産業用地へと転換したのは6件であり、そのうち新潟市内での転用が5件を占める。新潟市以外では、妙高村での日本ソーダ（曹達）が1件あるだけである。

　つまり、1件あたりの払下面積を3千m²以上という条件を付す限りにおいて、軍都上越市における旧軍用地の産業用地への転換は皆無だったということになる。

　以下では、新潟市および旧妙高村（平成20年現在では妙高市）での件について、その経緯を明らかにしておこう。

　1）「旧軍用財産資料」（前出）による。

1. 新潟市

新潟市についてみると、信濃川の右岸河口東側に「山ノ下」という砂丘地があり、そこは「山ノ下の新潟農園」と呼ばれていたが、「戦争の終り頃、被服廠、糧秣廠、兵器廠をつくることになって買収されたので、17〜18年頃に農園は終わった」[1]という文章がある。この文章から判断すると、「山ノ下」に軍需物資の集積地を中心とした各種の軍事施設が設置されようとしたことが推測できる。また、この軍需物資集積地の東側に村松飛行場があり、そこに航空補給廠や少年通信兵学校も立地していたものと思われる。

ちなみに、昭和30年3月に刊行された資源調査会地域計画部会の『新潟臨海工業地帯調査報告』では、「山ノ下」地区の海岸寄りに「46万坪」の工業適地①が描かれている。

興味があるのは、この工場適地①に関して、土地所有関係および地価に関する数字が記されていることである。

この「山ノ下」地区というのは、旧新潟被服廠（81,083㎡）があった場所である。ちなみに、この旧軍用地は、昭和26年に中学校用地（41,034㎡）として、また同27年には小学校用地（18,506㎡）として、いずれも新潟市に減額売払され、残る141,757㎡は昭和22年に農林省へ有償所管換されている[2]。さらに、昭和39年には、東北電力へ研究所用地（5,187㎡）が払い下げられている。

2016年の都市地図『新潟市』でも、山の下中学校、山の下小学校、それから東北電力新潟火力発電所という名が残っている桃山町（1〜3）、秋葉通（2）、東臨港町、平和町を包摂した地区である。

『調査報告』が出された昭和30年の段階では、この地（約46万坪、字名は平和町、船江町）の状況は、「敷地の中央部に一般住宅14〜15戸が集中して建築されている」[3]とあり、地目は「畑80%、雑種地20%で、所有は民有地」[4]で、かつ「用地買収費」は「土地価格は不定であるが、現在の平均が坪当たり3,000円前後である」[5]としている。おそらくここは、農林省へ有償所管換した旧軍用地である。

ちなみに、本書の上巻では、場所的に近接した旧軍用地が、昭和23年の時点で、55〜100円/㎡で払い下げられているが[6]、8年後には1,000円/㎡まで上昇している。ここでは、異常とでも言うべき地価上昇率に留意しておきたい。

この『調査報告』によれば、沼垂・榎町地区の東側に位置する鴎島町および山木戸地区を「工場適地」の②としている。この沼垂・榎木町地区は旧新潟兵器廠（51,219㎡）があった場所で、昭和30年の時点では農地（昭和22年に農林省へ有償所管換）であったが、2016年の時点では、北越紀州製紙や藤田金属が立地している。旧軍用地から農地へ、そして工場用地へと再転用したものであろう[7]。

工場適地の②についてみると、2016年の時点では、鴎島町に旭カーボン、JFE精密、藤和興産、サイエンス、それから山木戸地区には丸山車体製作所をはじめとする10社ほどの中小工場が立地している[8]。

さて、糧秣廠の跡地は一部宅地へと転売されたが、昭和23年に用地取得した日本細菌製造（ワクチンを製造）は昭和58年の時点では現地に存在せず、瀝世鉱油㈱の所有地（約26,000 m²）となっている。もっとも、この瀝世鉱油㈱は、その敷地を昭和40年に購入しているが、敷地の一部に国有地があったものの、その大半は民有地であったとしている[9]。この「民有地」というのが日本細菌製造の所有地であったかどうかは判らないが、少なくとも、日本細菌製造は、取得した旧軍用地を昭和40年以前に転売したことだけは間違いない。

次に、昭和石油は旧立川航空補給廠の跡地（3万m²弱）を昭和23年に取得している。その後、昭和石油は、それを起点として用地を拡張していき、日本海沿岸地域で最大の製油所を昭和38年に建設、昭和39年の新潟大地震で一時操業を停止したものの、昭和43年10月には6,840 kl/日の原油処理能力をもつに至っている。昭和58年の時点で、昭和石油新潟製油所の敷地面積は約56万m²、従業員数は205名といわれている[10]。こうしてみると、昭和石油が取得した旧軍用地（3万m²）は、製油所の極く一部でしかない。

2．妙高村（現在は妙高市）

日本ソーダは、その工場を中郷村にもっており、妙高村にあった旧関山演習場の一部を取得したのは、その工場の関連施設として第3発電所を設置したからである。この第3発電所は妙高村の濁俣川と澄川の合流地点の南にあり、その敷地面積は18,335 m²である[11]。この面積は日本ソーダが取得した旧軍用地の面積（約8万8千m²）とかなりの差があるが、取得した旧軍用地の大半は、工場から発電所までの道路として利用されたので、こうした差が生じたものと推測される。

3．高田市（現上越市）

上越市の高田地区（元高田市）には、数多くの旧軍用施設があった。その跡地の多くは農林省や防衛庁へ所管換され、残る旧軍用地は新潟県が新潟大学分校用地として、また高田市も小学校用地として取得している。つまり、工業用地への転用としてはみるべきものがなかった。

上越市の旧軍用地がなぜ工業用地へと転用されなかったかという点については、次のような理由が考えられる。高田小銃射撃場や高田練兵場といった比較的大規模な旧軍用地は昭和22年に農林省への有償所管換となり、農地へと転用されたこと、昭和32年には防衛庁が13航空教育隊北兵舎の大部分（16万m²弱）として利用したという歴史的経緯も、その理由の一つである。しかし、基本的には、消費財製造業を立地するには、大消費地から遠いということ、また素材加工業を立地させる場所としては原料の移入が不便であるという立地条件の劣悪性がその背後にあった理由だと考えられる。

上越市、とくに旧高田市における新潟大学との関連で注目すべきは、次の文章である。「昭和23年（1948年）6月22日、民間情報教育局（CIE）の『わが国の大学の大都市集中を避け、また教育の機会均等を実現するため、国立大学について一府県一大学の方針を貫くように』」[12]とい

う要請が文部省にあったということである。結果として、高田市には、新潟大学の高田分校が設置され、昭和24年7月19日に開学式が挙行された[13]。なお、高田分校（新潟大学教育学部）は「4万坪」をもっており、体育館（308坪）については「県が建設し新潟大学に寄付した」[14]という。この事例を参考とすれば、新潟県は国から旧軍用地を購入し、これを国立大学である新潟大学へ寄付したのではないかと推測される。そうなると、なぜに、他の大学のように、旧軍用地を文部省へ無償所管換できなかったのかという疑問が生ずる。おそらく、新潟大学という名称ではあっても、地方都市への分校については、政府内あるいは文部省内で異論があったのではないかと思われる。これも推論である。

　なお、高田市の市制50周年の記念式典（1961年）で、当時の川澄市長は「旧練兵場跡へ工場を誘致することに成功した」[15]と述べているが、これは旧高田練兵場の跡地（663,004 m²）を昭和22年に農林省へ自作農創設のために有償所管換した農地への工場立地であって、旧軍用地へ工場を直接誘致したわけではない。いわば、旧軍用地の再転用である。

1）　『新潟市合併町村の歴史』第三巻、昭和55年、207ページ。
2）　「旧軍用財産資料」（前出）による。
3）　『新潟臨海工業地帯調査報告』、資源調査会地域計画部会、昭和30年、142ページ。
4）　同上書、144ページ。
5）　同上。
6）　拙著『旧軍用地転用史論』上巻、文理閣、2015年、609ページ。
7）　都市地図『新潟市』を参照。
8）　同上。
9）　昭和58年8月2日、瀝世鉱油㈱での聞き取りによる。
10）　昭和58年8月2日、昭和石油新潟石油所での聞き取りによる。
11）　昭和58年8月1日、妙高村役場および日本曹達での聞き取りによる。
12）　『上越市史』（通史編6　現代）、上越市、平成14年、112ページ。
13）　同上書、114ページ。
14）　同上書、115ページ。
15）　同上書、143ページ。

第二節　長野県における旧軍用地とその転用状況

　戦前の長野県には、11口座の旧軍用施設があった。これは、これまで検討してきた地域（東日本）の中では、山形県と同様、旧軍用施設の口座数が最も少ない県である。おそらく臨海部ではなく、しかも大都市から離れているという戦略的な位置づけに起因しているものと思われる。

　そこで、長野県における大規模な旧軍用施設（20万 m²以上）とその転用状況を明らかにしておこう。

第七章　甲信越地方　　295

VII-2-(1)表　長野県における大規模旧軍用施設とその転用状況

（単位：m²、年次：昭和年）

旧口座名	所在地	敷地面積	主たる転用形態	年次
東部軍工事松代施設	長野市	404,338	農林省・農地	22
上田飛行場	上田市	534,360	農林省・農地	22
松本飛行場	松本市	2,147,457	農林省・農地	22
長野飛行場	長野市	256,366	農林省・農地	22
伊那飛行場	伊那市	909,198	農林省・農地	22

出所：「旧軍用財産資料」（前出）より作成。

　上掲の表をみれば判るように、長野県では、20万m²以上の大きな旧軍用施設が5口座あった
が、東部軍の関連を除くと、いずれも飛行場であった。これは長野県の地形的状況に対応した軍
事施設の配置であったと思われる。具体的には、長野県が、上田盆地、松本盆地、善光寺平、伊
那谷などのように山脈に遮られた分散的地形という自然的条件によるものであるが、長野県自体
の面積（約1万3千km²）が全国でも北海道、岩手、福島に次ぐ広さをもっていることも忘れて
はならない。
　東部軍工事松代施設（長野市松代町大字西条、約40万m²）は本土決戦を意図して大本営をここ
に移設しようとしたもので、極めて特殊な軍事施設であった。
　長野県における大規模な旧軍用施設の主な転用状況をみると、そのほとんどが自作農創設のた
めに農林省へ有償所管換されている。その転用年次についてみると、すべてが昭和22年と比較
的早期である。その背景には、長野県における戦前からの根強い農民運動があったものと思われ
る。
　次に、分析対象とする旧軍用地の規模を10万m²まで狭め、長野県における旧軍用地が国お
よび地方公共団体へどのように転用されたかみておこう。

VII-2-(2)表　長野県での公官庁による旧軍用地の転用状況

（単位：m²、年次：昭和年）

公官庁名	取得面積	用途目的	取得年次	旧口座名
文部省	152,247	信州大学	27	松本歩兵150連隊
厚生省	20,621	長野病院	23	宇都宮病院上山田分院（上田）
運輸省	61,850	地震観測所	37	東部軍工事松代施設
法務省	56,542	松本刑務所	26	松本小銃射撃場
西条村	11,732	公園敷地他	28	東部軍工事松代施設（長野市）
上田市	30,690	高校敷地	33	上田飛行場
同	32,308	同	35	同
松本市	79,071	中学校敷地	25	松本練兵場
同	60,297	高校敷地	26	同
同	10,394	市営住宅	36	松本作業場

神林村	41,011	中学校敷地	27	松本飛行場
伊那市	11,147	車検査場	31	伊那飛行場
同	(3,305)	農産物加工	25	同

出所：「旧軍用財産資料」（前出）より作成。

　国（各省庁）による旧軍用地の所管換は、もとより農林省への有償所管換が圧倒的に大きいが、それ以外でも、学校、病院、刑務所と各地でみられる事例と変わらない。ただし、松代の東部軍跡地が地下施設であったため、これを地震観測所として転用しているのは特殊的であるが、国民生活にとって極めて有効な活用形態だと言えよう。

　次に、地方公共団体としての県による旧軍用地の取得は、３千㎡以上の規模のものは皆無である。

　市町村による旧軍用地の取得は、長野県の場合、長野市１件（旧西条村）、上田市２件、松本市４件（うち旧神林村が１件）、伊那市２件というように各地域でみられる。用途目的としては、学校用地、公園用地、市営住宅など、これまでにも多々みられた用途である。しかしながら伊那市の場合には、自動車検査場と農産物加工場を用途目的としており、これまでにはみられなかった転用形態である。なお、この農産物加工場の敷地面積は３千㎡強でしかないが、これは「工業」に属することになるので、あえて⑵表に掲示しておく。

　長野県では、旧軍用施設が比較的に少なかったということと併せて、工廠や造兵廠がなかったということ、さらに山間地であるという諸条件もあって、旧軍用地の工業用地（３千㎡以上）への転用は皆無である。なお、産業用地への転用という点では、次の２件がある。

　その１件は、長野市松代町にあった旧東部軍工事松代施設の一部（3,798㎡）を中部建設が採石場を用途目的として取得している。これは地下工事で掘り出された岩石を処理するものである。

　もう１件は、旧松本小銃射撃場の跡地の一部（8,429㎡）を日本電信電話公社が有償所管換を行ったもので、本来なら国家機構（政府出資法人）への出資財産として扱うべきものであるが、平成における民営化（現NTT）をふまえて、これを産業用地への転換と見なしておく。

第三節　山梨県における旧軍用地とその転用状況

　山梨県も、先述の長野県同様、大規模な旧軍用施設が少なかった地域である。だが、とてつもなく大規模な演習場が二つあった。その実態および転用状況を一つの表にしてみると、次のようになる。

Ⅶ-3-(1)表　山梨県における大規模旧軍用施設とその転用状況

（単位：m²、年次：昭和年）

旧口座名	所在地	敷地面積	主たる転用形態	年次
甲府練兵場及作業場	甲府市	221,295	農林省・農地	22
甲府飛行場	同	1,290,992	農林省・農地	23
北富士演習場及廠舎	忍野村他	19,923,485	提供財産	48年現在
西富士演習場	上九一色村	10,571,536	農林省・農地	22

出所：「旧軍用財産資料」（前出）より作成。

　山梨県には、超巨大規模（1千万m²以上）の旧軍用施設が2口座あり、それらは山梨県の富士山麓に展開していた演習場である。この二つの演習場の面積を合わすと約3千万m²となる広大なものであった。また巨大規模（100万～1千万m²）の旧軍用地が甲府市に1口座あり、これは飛行場であった。さらに大規模（20万～100万m²）な練兵場が同じく甲府市にあった。

　山梨県における大規模な旧軍用施設の転用年次についてみると、北富士演習場跡地が米軍への提供財産になっていること（昭和48年現在）以外は、すべて農林省への有償所管換となっている。この有償所管換は2口座が長野県と同様、昭和22年であるが、甲府飛行場だけは翌年の昭和23年となっている。

　次に、山梨県の公官庁（国家機構と地方公共団体）による旧軍用地（1万m²以上）の転用状況をみておくことにしよう。

Ⅶ-3-(2)表　山梨県での公官庁による旧軍用地の転用状況

（単位：m²、年次：昭和年）

公官庁名	取得面積	用途目的	転用年次	旧口座名
文部省	57,947	山梨大学	28	東部第63部隊（甲府市）
厚生省	18,743	甲府病院	23	甲府陸軍病院
運輸省	16,282	陸運局庁舎	33	甲府飛行場
大蔵省	15,703	公務員宿舎	39	甲府飛行場
山梨県	29,952	高校用地	35	甲府飛行場
甲府市	29,976	小学校用地	27	甲府練兵場及作業所
同	30,943	甲府市墓地	38	甲府陸軍緑（？）及忠霊塔
同	59,295	――	24	甲府小銃射撃場

出所：「旧軍用財産資料」（前出）より作成。

　(2)表をみれば、国家機構（省庁）による旧軍用地の無償所管換は4件である。文部省は山梨大学用、厚生省は甲府病院という2件は長野県と同じである。残る2件は、運輸省が飛行場の跡地に陸運局の庁舎としたのが1件、それから大蔵省（関東財務局）が公務員宿舎へ転用したのが1件。いずれもこれまでにもみられた事例である。

　地方公共団体としての「山梨県」が旧軍用地を取得したのは、農林高校の敷地を用途目的とし

て減額50%で取得したのが1件あるだけである[1]。

　山梨県の市町村による旧軍用地の取得は、3件である。それらは、いずれも甲府市によるもので、用途は小学校用地および墓地であるが、1件は用途不詳である。

　ちなみに、旧軍用地（3千m²以上）が、民間企業へ払い下げられた件は、山梨県の場合、皆無である。

　1）「旧軍用財産資料」（前出）による。

第八章　北陸地方

　ここで北陸地方というのは、富山、石川、福井の3県を包括した地域のことである。戦前の北陸地方では、旧軍用施設が相対的に少なく、それだけに旧軍用地が産業用地、とりわけ工業用地へ転用された件数は少ない。したがって、旧軍用施設の概要については、3県を包括した形で行うことにする。

第一節　北陸地方における大規模な旧軍用施設とその転用状況

　まず最初に、北陸地方において敷地面積が20万 m^2 以上あった旧軍用施設とその主な転用状況を紹介しておこう。

Ⅷ-1-(1)表　北陸地方における大規模な旧軍用施設とその主要な転用概況

（単位：m^2、年次：昭和年）

旧口座名	所在地	敷地面積	主たる転用先	年次
呉羽陸軍練兵場	富山市	587,887	農林省・農地	22
富山陸軍飛行場	同	1,614,428	農林省・農地	22
立野原陸軍演習場	城端町	4,691,947	農林省・農地	22
金沢陸軍野村練兵場	金沢市	370,328	農林省・農地	23
安原陸軍練兵場	同	1,768,870	農林省・農地	22
野村諸隊水道水源地	同	225,237	農林省・国有林	23
金沢陸軍作業場	同	370,368	農林省・農地	22
第7陸軍技術研究所金沢試験場	同	10,313,038	報国土地・砂防造林	24
金沢陸軍上野射撃場	同	212,328	農林省・農地	22
小松海軍航空隊	篠原村	775,636	農林省・農地	22
小松海軍航空基地	小松市	2,736,541	総理府防衛庁	37
金沢飛行場	川北村	401,213	農林省・農地	23
鯖江陸軍練兵場	鯖江市	414,105	農林省・農地	22
六呂師陸軍演習場	大野市	2,297,454	農林省・農地	22
三里浜陸軍演習場	三国町	2,928,946	約150名の農地転用	22
陸軍三国飛行場	同	1,246,223	農林省・農地	22
若狭和田火薬庫	高浜町	1,208,852	高浜町と調整済	42

　出所：「旧軍用財産資料」（前出）より作成。

　(1)表の旧口座名をみると、戦前の北陸地方には、工廠や造兵廠をはじめ火薬廠や補給廠といっ

た軍需品を製造する大規模な軍事施設はなかった。もっとも、⑴表には掲示していないが、後に提示する 4 -⑴表の一部を紹介しておくと、小規模な軍事的な工場施設としては、富山県小杉町に東京第一陸軍造兵廠小杉製作所（76,571 m²）があり、福井市には舞鶴海軍工廠福井分工場（12,309 m²）があった。北陸地方における旧軍用地の工業用地あるいは産業用地への転用については、この工廠と造兵廠が分析の焦点となる。

　そこで、北陸地方にあった大規模な軍事施設を県別にみると、石川県には金沢市の 6 口座を中心に、全部で 9 口座、富山県には 3 口座、福井県では 5 口座があったに過ぎない。県域面積や地形に差異があるものの、秋田（3 口座）、山形（5 口座）、新潟（4 口座）などの日本海に面した諸県と同様、北陸地方の 3 県でも、30 万 m² 以上の旧軍用施設は概して少ない。それと同時に、大規模な軍需工場がほとんどないのも一つの特徴となっている。このことは、日本海沿岸地域における加工型工業の脆弱性という産業構成の特徴と合致するものであるが、それと同時に、日本海沿岸地域のもつ地政学的位置にも関連している。

　北陸における大規模な軍事施設の内容としては、練兵場（5 口座）、演習場（4 口座）と航空基地を含む飛行場（5 口座）が多く、その他の軍事施設としては射撃場、作業場、試験場、火薬庫、それに水源地が各 1 口座あるだけである。

　面積規模としては、第 7 陸軍技術研究所金沢試験場が 1,000 万 m² を超えるだけで、あとは100 万 m² を超えるものが 8 口座、50 〜 100 万 m² の規模のものが 2 口座、20 〜 50 万 m² のものが 6 口座、計 17 口座という構成になっている。この面積規模については、地勢上の問題や軍事戦略とも関連するので、多くを言及できない。

　大規模な旧軍用施設の主な転用先（形態）としては、北陸地方の場合も、農林省への有償所管換による自作農創設のための農地化が圧倒的に多い。三里浜の旧陸軍演習場の跡地についても、民間へ直接農地を払い下げたわけではなく、大蔵省に一旦、有償で所管換されたのち、約 150 名の農民へ売り払いしたものである。その農地への転用以外では、国有林化（農林省へ無償所管換）と防衛庁（自衛隊用地）への移管があるだけである。

　主な転用先が農林省への有償所管換なので、その転用（移管）の年次は昭和 22 年（11 口座）と昭和 23 年（3 口座）が多く、残りは昭和 24 年、昭和 37 年、昭和 42 年となっている。つまり、北陸地方における大規模な旧軍用施設は農地転用のため、大蔵省から戦後いち早く農林省へ所管換されたということである。

第二節　国家機構および地方公共団体による旧軍用施設の転用状況

　これまでは、北陸地方における大規模な旧軍用施設の転用状況について紹介してきたが、それだけでは旧軍用地の転用状況を具体的に把握したことにならない。そこで、国家機構（省庁）や地方公共団体が、こうした旧軍用施設（旧軍用地）をどのように転用したかについて明らかにし

ていきたい。ただし、農林省への有償所管換および防衛庁への無償所管換については、これを除外し、かつ1万 m² 以上の転用に限定する。

VIII-2-(1)表　北陸地方での国家機構による旧軍用施設の転用状況

(単位：m²、年次：昭和年)

省庁名	所管換面積	用途目的	年次	旧口座名
文部省	122,942	富山大学	24	歩兵第69連隊
同	20,035	金沢大学	30	騎兵第52連隊
同	111,455	同	25	歩兵第107連隊
同	30,214	同	25	第52師団司令部
同	87,810	同	25	金沢旧城郭
同	83,155	福井大学	24	追撃第3連隊
厚生省	17,603	国立富山病院	23	富山陸軍病院
同	14,869	高等看護学院	23	第52師団出羽兵器庫（金沢）
同	132,364	国立山中病院	23	山中陸軍病院
同	14,809	山中病院分院	23	金沢陸軍病院山代分院
同	11,847	国立鯖江病院	23	鯖江陸軍病院
同	16,145	国立敦賀病院	23	敦賀陸軍病院
大蔵省	12,646	合同宿舎	26	工兵第52連隊（金沢）
同	11,644	同	34	騎兵第52連隊（金沢）
運輸省	128,402	庁舎	36	小松海軍航空基地
法務省	76,033	湖南学院	24	金沢飛行場

出所：「旧軍用財産資料」（前出）より作成。

大蔵省に移管された旧軍用地で文部省に所管換された件数は6件だが、そのすべてが大学用地である。しかも富山、金沢、福井という県庁の所在地にある大学の用地がすべて、あるいは一部が旧軍用地なのである。これは北陸地方はもとより秋田大学、山形大学、新潟大学のいずれにも共通する特徴となっている。この点については、全国の各地における新制大学の設立経過を整理すれば、いっそう明確になってくる筈だが、少なくとも、日本海に面する諸県における新制大学の発足にあたっては、旧軍用地が大いに活用されたといえよう。

なお、上掲の表には掲示されていないが、3千 m² 未満の小規模な旧軍用地が3件（計約4千 m²）、いずれも金沢大学用地として、昭和25年に文部省へ所管換されている。

次に厚生省に無償所管換となった旧軍用地が6件ある。そのうちの5件が、戦前の陸軍病院が国立病院へ転用されたものである。もっとも、山中病院の山代分院となった場所は、山代温泉町の中にあったが、平成14年6月現在は駐車場となっている[1]。また、金沢において転用された高等看護学院は、国立の看護士養成の学校である。

厚生省へは旧敦賀旅団司令部跡地（7,801 m²）が昭和23年に国立療養所用として所管換されているが、これは上掲の表には掲示されていない。

大蔵省が取得した旧軍用地の用途は、いずれも「合同宿舎」であり、国家公務員用の宿舎建設用地に転用されたものである。

なお、大蔵省は金沢市下石引町にあった金沢偕行社跡地（5,619 m²）の一部を金沢国税局用地として昭和26年に、また鯖江市では北陸財務局宿舎（1,871 m²）を昭和25年に、敦賀税務署用地（2,925 m²）を昭和25年に取得している。これも上掲の表には掲示していない。

それ以外の国家機構（省庁）としては、運輸省が小松海軍航空基地の跡地を「庁舎用地」として転用しているが、その規模からみて空港ターミナルビル用地ではないかと思われる。

それから法務省が旧金沢飛行場（約40万 m²・現川北町）の跡地を、昭和24年に「行刑施設」（湖南学院）の用地（7万6千 m²）として転用した件がある。なお、「行刑施設」とは、旧監獄法令下での呼称であり、「自由刑に処せられた者、死刑確定者、拘留された被疑者、被告人を収容する施設」のことであり、湖南学院は中部地方最大の少年院である[2]。上掲の表には掲載していないが、昭和25年に富山憲兵分隊および同宿舎（1,299 m²）が労働省へ移管されている。

北陸地方における旧軍用施設（旧軍用地）が国家機構（省庁）へ所管換になり、その後、大学用地、病院、合同宿舎等に転用されたのは、以上の通りである。

続いて、北陸地方の地方公共団体による旧軍用地（1件あたり1万 m²以上）の転用状況をまとめておこう。それが、次の表である。

VIII-2-(2)表　北陸地方の地方公共団体による旧軍用施設の転用状況

（単位：m²、年次：昭和年）

転用者名	転用面積	用途目的	年次	旧口座名
富山県	156,770	総合運動場	25	富山陸軍練兵場
石川県	13,810	県営住宅	33	第52師団野村倉庫（金沢）
同	19,084	兼六園球場	25	第52師団出羽兵器庫
同	12,667	墓地	37	金沢陸軍墓地（譲与）
富山市	11,495	小学校用地	25	富山陸軍作業場
同	65,616	庶民住宅	26	呉羽陸軍練兵場
小杉町	12,326	町営授産所	25	東京第一造兵小杉製作所
朝日町	51,980	公園	24	第5陸技術研究所泊試験場
金沢市	25,395	庶民住宅	26	陸軍野村練兵場
同	27,884	美術工芸大学	39	第52師団出羽兵器庫
同	38,380	中学校用地	25	騎兵第52連隊
神明町	39,669	同	24	追撃第3連隊（鯖江市内）
栗野村	13,001	同	24	中部第136部隊（敦賀市）
同	26,441	同	25	同
敦賀市	25,234	市営住宅	36	同
高浜町	1,208,852	（不詳）	42	若狭和田火薬庫

出所：「旧軍用財産資料」（前出）より作成。

北陸地方においては、旧軍用施設がそれほど多くなかったことを反映してか、旧軍用地を取得した地方公共団体の数は意外と少ない。

地方公共団体としての県が旧軍用地を取得しているのは、4件で、石川県が3件、富山県が1

件で、福井県は皆無である。

　富山県と石川県が取得した旧軍用地の用途としては、総合運動場や野球場用地であり、その取得時期が同じ昭和25年という時期からみて、情操教育という側面をもちながらも、戦後の食料危機がやや緩和し、やっと体力・健康づくりへの余裕ができてきたのではないかと思われる。なお、昭和33年に石川県が県営住宅用地を取得していることは、終戦直後における住宅難とは違って、農山漁村から都市への人口移動に伴う新しい住宅問題への対応であったと推測される。

　北陸地方における地方公共団体（市町村）が旧軍用地を取得しているのは、富山県で4件、石川県で3件、福井県で5件、あわせて12件である。

　富山市や金沢市が昭和26年に庶民住宅（市営住宅）の用地を取得しているのは、終戦直後の住宅難、具体的には外地からの引揚者や戦災者への応急対策であったと思われる。

　金沢市、栗野村（現敦賀市）と神明町（現鯖江市）で中学用地を取得しているのが、併せて4件あるが、これは戦後の学制改革（6・3・3制）による新制中学の創設に伴う用地確保である。

　住宅用地や学校用地以外への転用としては、富山県の小杉町が旧東京第一陸軍造兵廠跡地を授産所用地として、そして朝日町が旧第5陸軍技術研究所跡地を公園用地として取得している。このように地方公共団体（市町村）による旧軍用地の取得は、地域住民の生活に密着した諸施設を建設する用地へ転用されたと言えよう。

　しかし、その中で特異なのは、金沢市が昭和39年に美術工芸大学用地として2万8千㎡弱の旧軍用地を減額50％で取得していることである。このことは、いわゆる高度経済成長期に、金沢市が工業開発ではなく、地方文化芸術都市として発展するという特色ある地域づくりを志向するという発想によるものであろう。

　　1）　平成14年6月、現地踏査結果による。
　　2）　ウィキペディアによる（2015年閲覧）。

第三節　福井県和田火薬庫跡地の処理問題について

　旧軍用地の地方公共団体への譲渡に関して、ここで注目すべき問題がある。それは、福井県高浜町にあった和田火薬庫跡地（1,208,852㎡）の所有権をめぐる問題である。

　この旧軍用地については、これまで、1-(1)表では、主たる転用先として「高浜町と調整済・昭和42年」と記し、また2-(2)表では、用途目的を「不詳」としてきた。そこで、事実経過を詳しく説明しておくと、以下のようになる。

　まず、この高浜火薬庫の建設過程については、次の短い文章が参考になる。

　「1944年（昭和19年）3月。海軍戦時施設として和田片間谷、弥陀谷に火薬庫21棟、停車場をつくって和田駅まで鉄道敷設」[1]

つまり和田火薬庫は終戦1年前に、慌ただしく建設されたもので、21棟の火薬庫と鉄道の敷設という事実については、この文章で確認できる。しかしながら、海軍省、あるいはそれに対応する国家機関が、その用地の代金を旧土地所有者（地域住民）に支払い、かつ国有財産として登記したかどうかという点までは明らかではない。

ここで紹介しているのは、旧軍用地の処理に関する特殊的な問題であるが、その問題の前提としては、処理する旧軍用地が登記されていなければ、処理そのものが無効ということである。つまり、国有財産として登録されている旧軍用地だけが処理（譲渡、譲与、所管換、貸付、使用承認等）の対象となりうるのである。ところが、終戦直前の状況のもとでは、旧土地所有者からの買収関係が曖昧なままになっていることがある。例えば、対象となる土地が国有財産として登記されていないとか、買収契約はあっても土地代金が支払われていないといった状況がそうである。全国的にみると、所有権が曖昧であった旧軍用地が相当にあり、その処理については、多くの問題が生じたものと推測できる。その典型的な問題が、この和田火薬庫跡地の処理問題である。

和田火薬庫の処理問題、つまり旧軍用地の所有権に関する問題をもう少し詳しくみると、『若狭和田郷土誌』に次のような文章がある。やや長いが煩わしさを厭わずに引用しておこう。

「旧海軍用地に対する所有権問題について

太平洋戦争の末期、舞鶴海軍施設部が、帝国海軍の戦時急速施設増強計画に基づき、火薬庫建設のため、昭和19年3月から同20年8月の間に数回にわたり、弥陀谷及び片間谷の田畑などを強制的に買収して、火薬庫21棟及びその付属施設を建設し火薬類を格納した。これらの施設は終戦後処分されたが、用地は終戦と共に旧所有者に返還されるものとしてそれぞれ使用を続けていた。該当者は209名。

ところが昭和40年になって北陸財務局福井財務部より、前記土地に対する所有権移転登記承諾書之証人を求められて大問題となった。国の主張は土地買収に伴う所有権移転登記手続の準備中に終戦を迎えたため、登記未了のまま昭和20年11月30日帝国海軍解体により、旧海軍省所管の国有財産は12月1日付で大蔵省に引き継がれ、機構改正で大阪財務局福井管財支所から北陸財務局福井財務部の所管となった。土地の所有権は国にあるので速やかに所有権移転登記の手続を進めるというものである。

これに対して、和田の土地所有者等は、逼迫した戦況の中で強制的に収用されたもので終戦直後返還を受けたと主張した」[2]

問題が先鋭化したのは、昭和40年の夏、即ち終戦20周年であり、土地所有権に関する時効問題とも関連していた。その当時の朝日新聞は次のように報じている。

「戦時中、海軍省に取上げられ、終戦でやっとかえってきた土地が『国有地だから国へ渡すように』とこのほど北陸財務局から申し入れがあり、地元では『いまさら返せとはひどい。登記も個人名義のままだ。税金も払ってきた』と怒っている。所有権の取得時効（民法第162条）は20年となっており、15日の終戦20周年で時効になる恐れがあるので、国があわてて申入れたのではないかとの声も強い。

問題の土地は福井県大飯郡高浜町和田東的場、国鉄小浜線和田駅から西南約2キロの山林や田畑約113アール（haが欠落か―杉野）。現在わかっている資料では、去る19年2月から20年7月までに火薬庫をつくるからと海軍省が買上げ、地主146人に当時の金で約20万8千8百円が支払われた。当時の和田村長、浜田三郎さん（死亡）が全額を預かった。火薬庫の建設工事中に終戦になった。舞鶴海軍鎮守府長官の原五郎氏が『戦争は終わったことだし、土地は元地に返す。買上金は土地の損料として地元にわけてもらって結構』と返還を認めたという。

　地元では土地の損害額に応じて金を分配し、荒れ果てた土地を元の姿に戻した。登記は各地主名義になっていたので毎年、固定資産税や相続税を払って来たという。

　ところが、去る7月12日、北陸財務局福井財産部の係官が、買上げ当時、海軍省がつくった土地代金の領収書をもって訪れ『旧海軍省の土地だから当然、国のものだ。早く国に登記変更するよう。土地を所有したい人には、あとで時価で払下げてもよい』と申し入れた。寝耳に水の地元では『20年もたっているから法律上、国に返す必要はない』といい、返還反対の決意を固めている」[3]

　この朝日新聞の記事には、若干の疑念がある。それは問題となっている土地の場所が、「弥陀谷及び片間谷」ではなく「東的場」となっていることである。実態としても、他方は「21棟」という建築物の存在を示し、この新聞記事では「建設途中」になっている。しかし、国と地主との対応関係が明らかになるので、ここで引用しておいた。

　こうした国と旧地主との紛争の結果を、『若狭和田郷土誌』は次のように記している。

　「和田では昭和40年12月13日対策準備委員会を開催、41年1月5日旧軍用地対策委員会を設立し、和田小学校に70名が出席、浜田高浜町長も列席して運動資金として一反当たり3,000円を決議した。

　昭和41年2月財務部は書類一切を福井法務局に移管し、地元側は今後の交渉を和田町長に一任した。

　結局調停裁判になり昭和42年4月調停成立、国に対して総額361万9千円を支払うことで解決した」[4]

　この解決が、大蔵省管財局の「旧軍用財産資料」に、「和解契約履行済」（昭和42年）と記されているものの内容である。つまり、和田火薬庫の所有権は国にあったことが確認されたものの、1 m²あたり3円で地域住民（旧地主）に譲渡（売り払い）しているので、実質的には地域住民（旧地主）側の勝訴というものであった。大蔵省としても、旧軍用地に係わる係争が解決できたという点では納得できる結果であったと言えよう。

　ちなみに、平成6年には和田文化推進協議会が「昭和19年当時　和田全域図」を作成しており、旧和田火薬庫の建物等の施設図（火薬庫21、防空壕6、軍用道路みだ・片間谷）を作成している[5]。現地は、JR高浜駅とJR和田駅のほぼ中間地点の南側にある二つの川（みだ川と片間川）の上流にある二つの谷間であり、平成6年の時点における状況は、あちこちにコンクリート壁（火薬庫の土台）の跡だけが残った山林（杉の植林）である[6]。

1）　『高浜町誌』、高浜町、昭和 60 年、770 ページの年表による。

2）　『若狭和田郷土誌』、高浜町和田地区委員会、平成 4 年、161 ページ。

3）　「朝日新聞」、昭和 40 年 8 月 13 日付。

4）　『若狭和田郷土誌』、前出、同ページ。

5）　「昭和 19 年当時　和田全域図」、和田文化推進協議会、平成 6 年。

6）　高浜町郷土資料館より送付されてきた写真 8 葉による。平成 20 年 7 月 9 日付。

第四節　北陸地方における旧軍用地の産業用地への転用状況

ここで、北陸地方における旧軍用地の産業用地への、とりわけ工業用地への転用状況についてみておこう。ここでも 1 件あたりの払下面積が 3 千 m^2 未満のものは除外する。また民間団体による農業用地等については 1 万 m^2 以上の転用がある場合を収録することにした。

Ⅷ- 4 -(1)表　北陸地方における旧軍用地の産業用地への転用状況

（単位：m^2、年次：昭和年）

転用者名	転用面積	業種・目的等	年次	旧口座名
呉羽農協	25,289	植林・果樹園	27	富山陸軍射撃場
丸山工業	45,709	繊維工業	26	東京第一陸造兵小杉製作所
同	5,499	同	28	同
伊藤織物	3,124	同	24	同
大谷工業	4,683	窯業	31	同
昭和建設	12,827	建設業	24	失明軍人寮（宇奈月）
報国土地	7,099,096	建設業	24	第 7 陸軍技研金沢試験場
阿部ひな	54,818	温泉旅館	29	まるや（片山津）
仙鳳閣	6,506	サービス業	25	泉宝閣（片山津）
熊谷組	3,305	建設業	25	舞鶴海軍工廠福井分工場
福産工業	6,915	繊維機械工業	25	同

出所：「旧軍用財産資料」（前出）より作成。

戦後、北陸地方において、旧軍用地が工業用地を目的として払い下げられた件数は、富山県で 4 件、福井県で 1 件、併せて 5 件だけである。

工業を除く、各産業への転用は、建設業が各県 1 件で、計 3 件。サービス業（温泉旅館業）が石川県で 2 件、農業（果樹栽培業）が富山県で 1 件であった。

1．工業

北陸地方で、旧軍用地が工業用地へと最も顕著に転用されたのが富山県の小杉町にあった旧東京第一陸軍造兵廠小杉製作所の跡地である。

この小杉製作所は、国鉄小杉駅の東側およそ 500 m という交通至便の位置にあった。この場

所は、昭和 10 年に設立された㈱寿製作所小杉絹布工場にはじまり、のち寿繊維工業、日本ヴルツ絹糸、鐘淵紡績へと、その所有関係を転々と変えてきた[1]。

「鐘紡では軍部への提供工場として、立地条件の悪い小杉工場を指定した。このため昭和 19 年太平洋戦争も終末に近づいたころ、東京から陸軍造兵廠が疎開してきて、紡織の町はたちまちにして、いかめしい軍工場の町と化した。しかし、工場の運転を見ずして終戦となり、工廠は閉鎖されて大蔵省の所管となった。——その後、昭和 21 年 2 月 1 日、大谷工業㈱が造兵廠の敷地の一部を大蔵省から借り受け、ここに工場を設立した」[2]

昭和 22 年に砥石製造業として創業した大谷工業（窯業）は、敷地面積が 3,717 m^2 であったが、昭和 31 年に大蔵省より約 5 千 m^2 の旧軍用地を取得している。昭和 54 年現在、大谷工業の敷地面積は約 1 万 m^2 なので、その後に約 1 千 m^2 の用地を買い足したことになる。なお、従業員数は約 200 名（昭和 54 年度）となっている[3]。

この造兵廠跡地の大部分を取得したのは、丸山工業㈱であった。丸山工業は昭和 11 年に設立された企業であるが、「昭和 26 年には、もと寿製作所の敷地の大部分を買収して、丸山工業株式会社富山工場」[4]を建設している。さらに昭和 26 年から 28 年にかけて、約 5 万 m^2 の造兵廠跡地が、この丸山工業へ時価で払い下げられている。

丸山工業は昭和 39 年に、丸山ゴム、さらに 48 年にはスミクロス㈱と名称を変更して現在（昭和 55 年）に至っており、敷地面積は 4 万 8 千 m^2、従業員 217 名（昭和 54 年度）となっている。

昭和 31 年に、この造兵廠跡地（約 3 千 m^2）を取得した伊藤織物は昭和 54 年現在で約 6 千 m^2 の敷地を有しており、ここも約 3 千 m^2 の買い増しが行われている。ちなみに伊藤織物の従業員は約 20 名となっている[5]。

この 3 社の従業員数を合計すれば、約 440 名となり、小杉町全体の事業所従業者数は 1,487 名[6]であったから、そのおよそ 30％となる。つまり小杉町の製造業としてみれば、この造兵廠跡地の 3 社が相当の比重をもっていると言えよう。

ところで、昭和 49 年に作成された「小杉都市計画図」では、この旧造兵廠跡地は、準工業地域に指定されている。しかしながら、3 社が立地している地域の西側には、道路（太閤山稲荷線）を隔てて、小杉中学校があり、北、東、南はいずれも住居地域となっているので、住工混在に伴う諸問題が生じてきている。そのため小杉町としても、地域における工業地区としては、三和鋼材工業が立地している一帯を新規に準工業地域として指定し、ここに工場を誘致するように努めている。

石川県には旧軍用地を工業用地へ転用している件はなく、福井県でも、旧舞鶴海軍工廠福井分工場の跡地（約 7 千 m^2）を取得した福産工業（繊維工業用の機械を製造）が 1 件あるだけである。

2．建設業

工業用地も含めて、産業用地として最大の用地面積を取得したのは、石川県で第 7 陸軍技術研究所金沢試験場の跡地（約 700 万 m^2）を取得した報国土地（建設業）であり、その用途目的は砂

防および造林であった。ところで、この件については次のような歴史的経緯があった。

「砂丘地の所有者は山口（個人名—杉野）から転々とかわり昭和12年ごろ西田報国土地株式会社（社長西田儀一郎氏）に移り、昭和19年ごろ陸軍は軍用地として西田土地から72万円で買上げた。戦争中は——陸軍第7技術研究所として使用されていたが、24年6月8日再びもとの所有者西田報国株式会社に払下げられた。（その時の価格と詳細は不詳）石川県農地委員会では同年7月2日、開拓農地の故をもって、農地法に基く買収を決議した。当時の買収価格は75万円2千円であったが、西田報国は不服で、この代金を供託。——27年7月5日これは農地委員会の勝訴となり、西田はこれを不服として控訴、現在（1953年9月—杉野）まだ係争中である」[7]

大蔵省管財局文書「旧軍用財産資料」では、跡地を取得したのは「報国土地」とあるが、この文章では「西田報国土地株式会社」となっている。また、この文章では、用地買収の詳細は不詳となっているが、「資料」では「時価」での用地取得となっている。

ところで、この土地が問題になったのは、農地委員会との紛争ではなく、昭和28年になって、米軍の試射場として接収され、いわゆる「内灘闘争」が展開されたからである。

その年次的経緯を示すと、以下のようになる。

昭和27年9月19日　「内灘の砂丘地600ヘクタールと接岸海域400ヘクタールを米軍の試射場として使用する内交渉が始まった」

同年　　9月21日　内灘村議会は「浜の米軍接収反対を決議」

同年　　11月30日　内灘村議会は条件付きで4カ月の使用を承認。

同年　　12月1日　政府は12月1日から翌28年3月31日までの期間、米軍の砲弾試射場として使用することにし、接収の補償金5千500万円を見舞金の名目で出す。

昭和28年3月6日　試射隊長ポール中佐ら一行が内灘米軍キャンプに到着。

同年　　3月18日　試射を開始。

同年　　6月15日より試射再開。

昭和32年3月30日　試射場は、地元に正式に返還される。

昭和35年　砂丘は、「アカシア団地」として内灘の新興住宅街となる[8]。

ここでは、旧軍用地が民間企業（建設業）へ払い下げられ、それが農地委員会と紛糾している間に、米軍の試射場となり、返還後には民間の住宅団地へ変貌したという歴史的経緯を紹介しておくに留める。つまり、旧軍用地の転用の一つの事例を示すに留め、内灘闘争そのものについては触れないでおく。

同じく建設業では、昭和建設が、富山県の宇奈月で旧軍人寮の跡地を昭和24年に取得している。この旧失明軍人寮があった場所は、宇奈月駅（富山地方鉄道の終点）に近く、宇奈月川に面した絶好の地理的条件にある。その後、この土地は昭和建設よりニューオータニ・ホテルへ転売され、そこに近代的でかつアルプス風（山小屋風）の5階建ホテルを建設している。平成20年現在、このホテルは宇奈月ニューオータニホテルと称し、宇奈月温泉では最多の客室129で営業している[9]。

第八章　北陸地方　309

　福井市の熊谷組は、昭和 25 年に舞鶴海軍工廠福井分工場の跡地（3,305 m²）を取得したが、この跡地は昭和 55 年段階では住宅地となっている[10]。

3．サービス業

　この業種では石川県で 2 件の用地取得がある。加賀温泉郷の一つである片山津温泉では、戦前に、旧軍専用の温泉宿舎「まるや」と「泉宝閣」があった。これら二つの旧軍用施設はその機能に応じて、戦後は温泉旅館（経営者は阿部ひな）と仙鳳閣へ転用された。しかし、昭和 53 年の時点では、この名前の旅館は片山津には見当たらない[11]。

4．農業

　呉羽農業協同組合へ昭和 27 年に払い下げられた約 2 万 5 千 m² の土地は、植林と果樹園として活用されている。旧軍用地の農地への転用は、多くの場合、農林省へ有償所管換されたのち、農林省から民間の営農者、あるいは営農希望者へ売り渡されるという方式が採られている。しかしながら、呉羽農業協同組合への払下げのように、時価で直接に売り払うような事例があったことも事実として知っておく必要があろう。

　1）　『小杉町史』、小杉町、昭和 34 年、48 ～ 49 ページ参照。
　2）　同上書、50 ページ。
　3）　『帝国銀行会社要録』、帝国興信所、昭和 34 年、富山県・5 ページおよび、昭和 55 年、小杉町役場での聞き取りによる。
　4）　『小杉町史』、前出、52 ページ。
　5）　昭和 55 年、小杉町役場での聞き取りによる。
　6）　『小杉町勢要覧』小杉町、1980 年、資料統計編、8 ページ。
　7）　神田正雄・久保田保太郎『内灘』、社会書房、1953 年、41 ～ 42 ページ。
　8）　高室信一『金沢百年物語』、北陸中日新聞、平成 2 年、301 ～ 304 ページおよび『内灘町史』（第二編）、内灘町、平成 17 年、61 ～ 63 ページより抜粋。
　9）　ホテルの位置および形状については、昭和 56 年 5 月の現地踏査による。ただし客室数については『時刻表』（JTB、2008 年 3 月号、1120 ページ）による。
　10）　昭和 55 年の現地踏査による。
　11）　昭和 53 年に現地踏査をしたが、同じ名称の旅館はもはや存在していなかった。

第九章　静岡県

　静岡県は太平洋ベルト地帯でも、京浜葉工業地域と中京工業地帯の中間部に位置しており、交通の利便性、地価の相対的低廉性といった社会的条件に加え、気候は温暖で、狩野川、富士川、安倍川、大井川、天竜川の流域平野、さらには浜名湖という水資源に恵まれている。その静岡県には、沼津海軍工廠をはじめ、横須賀海軍工廠や名古屋陸軍造兵廠などとの関連もあって、戦前には多くの旧軍需工場があった。また富士山麓を利用した広大な演習地があり、清水、藤枝、大井川には海軍飛行場があった。戦後になって、それらがどのように転用されたのか、とくに静岡県における諸工業の発達との関連を明らかにするのが本章の中心的な研究課題である。

第一節　静岡県における旧軍用地の転用に関する一般的概況

　戦前の静岡県には、155口座の旧軍用施設があった。そのうち、敷地面積からみて大規模な旧軍用施設（20万 m^2 以上）とその主な転用形態は、(1)表の通りである。

Ⅸ-1-(1)表　静岡県における大規模な旧軍用施設とその転用概況

（単位： m^2 、年次：昭和年）

旧口座名	所在地	施設面積	主な転用形態	年次
安倍川陸軍練兵場	静岡市	202,913	農林省・農地	22
住友金属静岡工場	同	1,177,540	農林省・農地他	22
三菱重工業静岡工場	同	714,228	静岡市（競輪場他）	25
陸軍重砲兵三保分教場	清水市	244,349	農林省・農地	23
清水海軍航空隊	同	488,167	農林省・農地	23
藤枝海軍航空隊	大井川町	1,532,042	農林省・農地	27
大井川海軍航空隊	榛原町	1,998,178	農林省・農地	22
千葉陸軍高射砲学校浜松分教場	浜松市	213,144	文部省・静岡大学他	26
第一航測連隊	浜松市他	570,115	農林省・農地	22
第24練成飛行隊	浜松市	3,569,307	農林省・農地	23
第一航空情報連隊	磐田市	532,338	文部省・静岡大学他	35
遠江射場	佐倉村他	10,576,531	農林省・農地他	22
天竜飛行場	竜洋町	1,723,262	農林省・農地他	22
浜名海兵団	新居町	1,213,906	農林省・農地	22
陸軍第一技術研究所新津試験場	浜松市	545,976	農林省・農地	22
三方原陸軍爆撃場及び陸軍飛行場・演習場	浜松市他	13,163,745	農林省・農地	22
浜松陸軍飛行学校及び飛行場	浜松市	1,969,973	総理府防衛庁	33

沼津海軍工廠	沼津市	1,589,241	農林省・農地他	22
名古屋陸軍造兵廠駿河製造所	同	485,445	農林省・農地	23
沼津海軍工作学校	清水町	517,518	農林省・農地	27
第二海軍技術廠音響兵器部下香貫施設	沼津市	329,720	沼津市・中学用地他	25
板妻演習場廠舎	御殿場市	256,847	総理府防衛庁	35
陸軍重砲兵学校富士分教場演習地	同	1,050,117	農林省・農地	23
三島陸軍練兵場	長泉町	314,455	農林省・農地	23
海軍施設本部野外実験所	清水町	339,120	農林省・農地他	23
陸軍少年戦車兵学校	富士宮市	562,604	農林省・農地	23
富士陸軍飛行場	富士市	1,707,599	農林省・農地	22
西富士演習場及廠舎	富士宮市	41,109,117	農林省・農地	22
東富士演習場	御殿場市	28,245,069	総理府防衛庁	43

出所：「旧軍用財産資料」（大蔵省管財局文書）より作成。

　静岡県の面積は、約7,325km²で、全国都道府県の中では比較的広い面積をもっているが、(1)表をみると、戦前の静岡県には、まるで旧軍用施設の見本市であるかのように、多種多様な旧軍用施設があった。それを整理してみると、次のようになる。

　超巨大規模（1千万m²以上）の旧軍用施設が4口座（演習場3、射撃場1）、巨大規模（100万m²以上）の旧軍用施設が10口座（飛行場6［航空隊・飛行隊3を含む］、演習場1、海兵団1、海軍工廠1、軍需工場1）、大規模（20万m²以上）が15口座という施設内容をもった155口座であった。その中には、西富士演習場のように4千万m²を超えるような施設も含まれていた。

　これらの大規模な旧軍用施設の多くは、(1)表にみられるように、自作農創設のために必要な用地として、昭和22年と23年に農林省へ有償所管換されている。ただし、(1)表からは、旧軍用施設の敷地面積は判っても、そのうちのどれだけが有償所管換されたのかは判らない。旧軍用施設の用地がそのままの規模で、有償所管換された場合もあるし、その一部が有償所管換された場合もある。

　農林省に次いでは、総理府防衛庁への無償所管換が多い。防衛庁へは、昭和33年以降に4口座（必ずしも口座面積全体ではない）が転用されている。また、文部省への無償所管換（静岡大学用地）が2口座、地方公共団体（静岡市・競輪場他）への時価払下もある。

　なお、静岡県における大規模な旧軍用施設の位置についてみると、浜松市（県西）をはじめ、沼津市（県東）、静岡市（県央）と太平洋沿岸地帯に沿うかたちで分布している。特に浜松市の場合には楽器とオートバイという輸出用商品の生産地なので、旧軍用地の転用の状況を輸出用商品の生産との関連で分析してみるという課題も生じてくる。

　以下では、静岡県における旧軍用施設の転用状況を詳しくみていこう。

第二節　静岡県における旧軍用地の農林省への有償所管換

　まず、国家機構（省庁）への所管換の状況をみると、先述した農地への転用を目的とした農林省への有償所管換（1件あたり10万m²以上）は、次のようになっている。

IX-2-⑴表　静岡県における大規模な旧軍用施設と農林省への転用概況

（単位：m²、年次：昭和年）

旧口座名	所在地	施設全面積	内転用面積	転用比率	年次
住友金属静岡工場	静岡市	1,177,540	748,495	63.6%	24
三菱重工静岡工場	静岡市	714,228	368,011	51.5%	23
陸軍重砲兵学校三保分教場	清水市	244,349	202,991	83.1%	22
清水海軍航空隊	清水市	488,167	340,513	69.8%	23
藤枝海軍航空隊	大井川町	1,532,042	917,246		27
同	同	同	129,299	計68.3%	32
大井川海軍航空隊	榛原町	1,998,178	1,948,358	97.5%	22
第一航測連隊	浜松市他	570,115	569,056	99.8%	22
第24練成飛行隊	浜松市	3,539,307	3,265,084	92.3%	23
第一航空情報連隊	磐田市	532,338	201,667	37.9%	22
遠江射場	佐倉村他	10,576,531	7,934,569		22
同	同	同	680,062		25
同	同	同	105,015		33
同	同	同	191,215	計84.3%	43
天竜飛行場	竜洋町	2,327,178	1,723,262		22
同	同	同	602,316	計99.9%	27
浜名海兵団	新居町	1,213,906	1,129,039	93.0%	22
陸軍第一技術研究所新津試験場	浜松市	545,976	545,976	100.0%	22
三方原陸軍爆撃場及び　　　陸軍飛行場・演習場	浜松市他	13,163,745	13,039,877	99.1%	22
沼津海軍工廠	沼津市	1,589,241	935,618	58.9%	22
名古屋陸軍造兵廠駿河製造所	沼津市	485,445	245,994	50.7%	23
沼津海軍工作学校	清水町	517,518	366,398	70.8%	27
陸軍重砲兵学校富士分教場演習地	御殿場市	1,050,117	1,050,117	100.0%	23
三島陸軍練兵場	長泉町	314,455	205,885	65.5%	23
海軍施設本部野外実験所	清水町	339,120	142,788	42.1%	23
陸軍少年戦車兵学校	富士宮市	562,604	302,639	53.8%	23
富士陸軍飛行場	富士市	1,707,599	1,632,529	95.6%	22
西富士演習場及廠舎	富士宮市	41,109,117	28,939,929		22
同	同	同	1,919,992		23
同	同	同	1,921,611	計79.7%	30
東富士演習場	御殿場市	28,245,069	4,094,633		27
同	同	同	456,319		36
同	同	同	974,817		37
同	同	同	1,093,934		43

同		同	同	2,387,409		43
同		同	同	343,476	計33.1%	43

出所：「旧軍用財産資料」（前出）より作成。ただし「転用比率」は杉野が算出。

※一部は、本書上巻のⅩ-1-(5)表と重複。

　上掲の表は、静岡県における大規模な旧軍用地（20万m²以上）が、昭和22年から昭和47年までの期間に、農地開拓を用途目的として農林省へ有償所管換されたものを一つにまとめたものである。この表に掲示されている大規模なものだけでも、24口座、36件に及ぶ。この36件の面積を集計すると、81,647,088 m²、およそ8,200万 m²に達する。ただし、これには小規模な旧軍用地（20万 m²未満）の農地への転用は含まれていない。

　では、静岡県内の小規模な旧軍用地がどれだけ農林省へ所管換となったのか、それをまとめてみると、次表のようになる。

Ⅸ-2-(2)表　静岡県における小規模な旧軍用施設と農林省への転用概況

（単位：m²、年次：昭和年）

旧口座名	所在地	施設面積	年次
静岡陸軍射撃場	静岡市	102,920	22
静岡陸軍作業射撃場	同	57,147	23
横須賀海軍通信学校草薙実習所場	同	17,064	23
立川航空廠清水分遣隊	清水市	67,877	28
第二海軍技術廠島田実験所別地実験施設	島田市	84,935	27
横須賀海軍航空隊御前崎特設見張場	御前崎町	1,520	27
高射砲隊照空陣地（1～30）	浜松市	53,277	23
浜松軍用水道給水場	同	16,439	23
浜松陸軍射撃場	同	73,134	22
各務原航空廠浜松分廠工員宿舎	同	47,596	23
第一航空情報連隊横須賀演習廠舎	横須賀村	39,037	23
二俣架橋演習演習場倉庫	天竜市	1,831	23
第一航空情報連隊大藤演習場	磐田市	12,221	23
第一航空情報連隊上神増演習場	豊岡村	17,553	23
第一航空情報連隊上浅羽演習場	浅羽町	3,606	23
第一航空情報連隊磐田小銃射撃場	磐田市	36,489	23
第一航空情報連隊神増原廠舎	同	21,441	23
高射砲隊海岸射撃場	浜松市	143,216	23
浜松陸軍飛行学校三角地帯	同	167,032	24
名古屋陸軍造兵廠高田住宅	沼津市	47,329	23
戦線鉱業	西伊豆町	126,534	26
第二海軍技術廠音響兵器部内浦実験所	沼津市	35,401	23
名古屋陸軍造兵廠駿河製造所南小林住宅	同	40,459	23
名古屋陸軍造兵廠駿河製造所三竹道住宅	同	14,763	23
沼津防空砲台	同	88,721	22
板妻演習廠舎水源地	御殿場市	5,593	27
板妻演習廠舎保土沢水源地	同	64,117	43

三島屯在部隊実習地その3	裾野市	8,936	23
三島自動車操縦訓練所	三島市	3,249	31
陸軍少年戦車兵学校上水道	富士宮市	14,469	22
陸軍少年戦車兵学校職員上井出宿舎	同	23,839	22
富士陸軍飛行場工員宿舎	富士市	11,291	44
第二海軍技術廠音響兵器部下土狩送信所	長泉町	12,300	28
三島陸軍射撃場	三島市	47,907	23
三島陸軍墓地	同	7,658	23
三島屯在部隊演習地その1	同	9,649	23
三島屯在部隊演習地その2	同	8,895	23
三島屯在部隊演習地その4	同	1,190	23
三島屯在部隊演習地その5	同	651	23
三島陸軍病院運動場	同	9,137	23

出所:「旧軍用財産資料」(前出) より作成。

(2)表は、静岡県における小規模な旧軍用地（1口座20万 m^2 未満）の開拓農地への転用状況をまとめてみたものである。農地へと転用された小規模な旧軍用地は全部で40口座、所管換件数は40件である。面積規模が小さいだけに、一つの口座を分割して、何度も農林省へ有償所管換するという状況にはない。この(2)表では、旧口座の面積は示されているが、そのうちのどれだけが農林省へ有償所管換されたのかは明らかではない。

しかしながら面積規模が小さいだけに、その80%程度は農林省（農地）へと転用されたものと見なしてよい。ちなみに、小規模な旧軍用地（20万 m^2 未満）の中で最も大きい旧浜松陸軍飛行学校三角地帯（167,032 m^2・浜松市）における農地転用比率は94%で、次に大きい旧高射砲隊海岸射撃場（143,216 m^2・浜松市）の場合は100%である。

いま、(2)表における旧軍用地の面積を集計してみると、全部で1,546,423 m^2、つまり約155万 m^2 となる。その転用率を約70%と低く見積もっても、およそ100万 m^2 程度の旧軍用地が農林省への有償所管換となったものと推測される。

これを大規模な旧軍用地で農林省へ有償所管換された面積と合わせると、約8,300万 m^2 の旧軍用地が農林省によって農地への転用が図られることになったのである。

小規模な旧軍用地が農林省へ有償所管換された年次をみると、その多くが昭和22年と23年である。しかし、水源地や工員宿舎といった、本来農耕地への転用が容易ではない施設の用地については、昭和40年代になって有償所管換されている。自動車操縦訓練所跡の農地への転用が昭和31年なのも同じ理由によるものであろう。

第九章　静岡県　315

第三節　静岡県における旧軍用地の総理府防衛庁への移管および提供財産

　戦前の静岡県には旧軍用施設が155口座あった。戦後、総理府防衛庁へ無償所管換された旧軍用施設とその面積は次表の通りである。

IX-3-(1)表　静岡県における旧軍用施設の防衛庁への転用概況

（単位：m²、年次：昭和年）

旧口座名	所在地	施設全面積	内転用面積	転用比率	年次
藤枝海軍航空隊	大井川町	1,532,042	429,176	28.0%	32
浜松陸軍練兵場	浜松市	185,562	15,493	8.3%	33
各務原航空廠浜松分廠	同	47,772	34,732	72.7%	34
第24練成飛行隊	同	3,539,307	61,791	17.5%	39
浜松陸軍飛行学校及飛行場	同	1,969,973	1,969,973	100%	33
駒門演習廠舎	御殿場市	85,597	85,597	100%	35
板妻演習廠舎	同	256,777	254,847	99.2%	35
陸軍野戦重砲兵学校富士分教場	同	150,199	150,199	100%	35
東富士演習場	同	28,245,069	132,232	——	35
同	同	同	98,607	——	40
同	同	同	18,030,665	計64.7%	43

　出所：「旧軍用財産資料」（前出）より作成。転用比率は杉野が算出。なお、本表は本書下巻の補遺Ⅲと重複する部分あり。

　(1)表をみれば、戦後、静岡県における旧軍用施設が防衛庁に無償所管換されたのは、9口座11件であり、その11件を合わせた面積はおよそ2千万m²である。その中でも、東富士演習場跡地の約1,800万m²がずば抜けて広く、続いては旧浜松陸軍飛行学校及飛行場跡地の約200万m²が広い。平成20年の時点で、前者は東富士演習場、後者は浜松基地として使用されている。

　防衛庁に移管された旧軍用施設は、その多くが昭和32年から昭和35年までの、つまり防衛大学が設立された時期から、安保改定（1960年）までの時期に集中しているのが一つの特徴である。もう一つは、東富士の演習場が米軍から返還されたのに伴う昭和43年のもので、これが静岡県では最大の防衛施設となっている。

　また、旧軍用地の防衛庁用地への転用率をみると、相当の差異があるが、それは旧軍用施設の地理的位置や地形等によるものである。場合によっては、地域住民の反対運動があったかもしれないが、そうした事実の内容はここでの検討課題ではない。

　なお、この3-(1)表以外に、駒門演習廠舎水源地跡地（853m²・御殿場市）が防衛庁へ移管されている。また昭和48年3月の時点では、東富士演習場の跡地43万m²強を提供財産として米軍が使用していたことを付記しておきたい。

第四節　静岡県における旧軍用地の国家機構への無償所管換

　これまでは、静岡県における旧軍用地が農林省（農地）や総理府防衛庁などへ転用されてきた
状況を明らかにしてきた。次に、この二つを除く、その他の国家機構（省庁）への所管換状況に
ついて明らかにしておきたい。

Ⅸ-4-(1)表　静岡県における旧軍用地の国家機構への転用概況

（単位：m²、年次：昭和年）

国家機構名	所管換面積	用途目的	旧口座名	年次
文部省	20,113	静岡大学	三菱重工静岡工場	30
同	132,929	同	千葉陸軍高射砲学校浜松分教場	26
同	286,785	同	第一航空情報連隊	35
厚生省	26,142	病院敷地	静岡陸軍練兵場	23
同	75,398	国立病院	浜松陸軍病院	23
同	17,570	同	三島陸軍病院	23
同	107,329	同	湊海軍病院（南伊豆町）	23
同	34,277	療養所	大宮陸軍病院（富士宮市）	23
同	35,486	病院敷	東京第一陸軍病院熱海分院	26
建設省	14,850	水路等	住友金属静岡工場	42
同	85,683	大学校	海軍施設本部野外実験所（清水町）	36
大蔵省	15,598	合同宿舎	三菱重工静岡工場	28
同	613,049	交換用地	西富士演習場及び廠舎	39
運輸省	26,618	航空標識	藤枝海軍航空隊	34
総理府	16,527	警察学校	住友金属静岡工場	32

出所：「旧軍用財産資料」（前出）より作成。

　上掲の表は、国家機構（省庁）による旧軍用地（１万 m² 以上）の転用状況をまとめたものである。ただし、これまでに検討してきた農林省への有償所管換による農地への転用および総理府防衛庁への無償所管換を除いている。

　まず、文部省については、静岡大学の用地として３件の無償所管換がある。旧軍用地の国立大学校地への転用は、宮城県をはじめ、新潟、長野、山梨などの各県でもみられたことである。

　また、厚生省では、旧陸海軍病院の国立病院への転用が６件（うち１件は国立療養所）ほどあったが、これも他の大都市（とくに軍都）では多くみられたことである。なお、4-(1)表には掲示していないが、南伊豆町にあった湊官舎（6,347 m²）は昭和23年に国立（厚生省）湊病院へ、温泉源場（2,076 m²）と湊病院水道（3,943 m²）も同じ年に国立療養所へ転用されている[1]。

　建設省では、「水路等」への転用としているが、これは「水路及び堤塘敷地」を略したものであり、全国的にみても珍しいケースである。もっとも河川敷などへの転用もあるが、その場合には必ずしも建設省への所管換ではなく、地方公共団体への譲渡もある。

同じく建設省への無償所管換では、昭和36年に、海軍施設本部野外実験所（駿東郡清水町徳倉）の跡地が「大学校」へ転用としている件があるが、この大学校は実際には設置されなかった[2]。

大蔵省への所管換は、4-(1)表では合同宿舎用地と「交換用地」（建設省との）の2件だけであるが、1万m² 未満のものが相当数ある。それを紹介すると、静岡連隊区司令部（3,014m²・税務署・昭和23年）、元静岡連隊区司令部（1,553m²・財務部庁舎・同23年）、浜松憲兵分隊及官舎（1,345m²・合同宿舎・同31年）、沼津海軍工廠第二会議所（14,582m² の一部・東海財務局・同33年）、第三師団経理部三島出張所（2,109m²・宿舎敷地・同25年）の跡地を取得した6件がある[3]。

運輸省の航空標識への転用、および総理府の警察学校への転用が各1件ある。さらに4-(1)表にはないが、法務省は沼津海軍工廠第一会議所跡地（11,768m²）の一部を昭和25年に地方裁判所用地として取得しており、総理府も大井川海軍航空隊隊外酒保（14,017m²）の一部を昭和27年に無線中継所用地として取得している[4]。

1）「旧軍用財産資料」（前出）による。
2）エリアマップ『三島市』（昭文社、昭和55年）には徳倉団地となっている。2014年8月26日にも現地踏査を行い、そのことを再確認。
3）「旧軍用財産資料」（前出）による。
4）同上。

第五節　静岡県における旧軍用地の地方公共団体への払下状況

これまでに、国家機構による旧軍用財産の所管換状況をみてきたが、ここでは地方公共団体（静岡県および各市町村）による旧軍用地の取得状況についてみておこう。次表がそれを一括したものである。

IX-5-(1)表　静岡県における旧軍用地の地方公共団体への転用概況

（単位：m²、年次：昭和年）

県・市町村	取得面積	用途目的	旧口座名	（払下条件）	年次
静岡県	14,172	県営住宅	住友金属静岡工場	（減額30・40%）	28
同	10,567	職業補導所	同		33
同	18,678	県道	同	（譲与）	42
同	15,401	茶業指導所	大井川海軍航空隊		27
同	15,088	車試験場	浜松陸軍練兵場及作業所び		34
同	29,517	児童相談所	第24練成飛行隊		24
同	11,108	県立盲学校	浜松陸軍病院追分院		24
同	273,979	海岸防潮林	遠江射場	（譲与）	38
同	56,796	茶業指導所	三方原陸軍爆撃場及飛行場等		27

同	12,297	茶樹栽培地	第7航空教育隊		27
同	10,736	浄配水場	同	（減額20%）	40
同	13,181	県道	野戦重砲兵第3連隊	（譲与）	45
静岡市	143,332	公園	歩兵第34連隊		24
同	42,463	市道	静岡陸軍練兵場	（譲与）	38
同	42,115	競輪場	住友金属静岡工場		25
同	14,082	競輪場	同		26
同	14,919	市営住宅	同		26
同	29,422	中学校用地	同	（減額20%）	26
同	11,200	遺跡保存用	同		27
同	27,942	市道	同	（譲与）	40
同	67,174	競輪場他	三菱重工静岡工場		25
同	13,058	市営住宅	同		26
同	26,217	市道	同	（譲与）	40
清水市	23,573	中学校用地	重砲兵学校三保分教場	（減額40%）	27
同	13,404	中学校用地	清水海軍航空隊	（減額20%）	26
同	12,796	市営住宅	同	（減額？%）	26
島田市	33,866	学校用地	第二海軍技術廠島田実験所　※		24
小川村	14,985	中学校用地	藤枝海軍航空隊小川送信所　※		26
金谷町	29,143	中学校用地	大井川海軍送信所金谷送信所※		25
浜松市	14,974	中学校用地	高射砲学校浜松分教場	（減額70%）	30
同	41,297	市営住宅	同	（減額30・40%）	33
同	41,642	市営住宅	浜松陸軍練兵場及作業場		27
同	12,894	区画整理用	同	（区画事業による金銭清算）	47
白羽村	200,955	砂防林	遠江射場		24
睦浜村	187,240	砂防林	同		25
同	15,086	農協加工場	同		25
睦浜村他	17,490	中学校用地	同	（減額20%）	25
佐倉村	775,312	砂防林	同		25
二俣町	12,849	林業学校	二俣架橋演習廠舎	（減額20%）	25
新居町	22,483	高等学校	浜名海兵団	（減額20%）	26
三方原町	36,521	中学校用地	第7航空教育隊	（減額40%）	27
沼津市	17,954	庶民住宅	沼津海軍工廠		25
同	21,617	引揚者住宅	同		25
同	11,845	庶民住宅	同		25
同	43,172	庶民住宅	同		26
同	23,293	中学校用地	同	（減額20%）	26
同	29,787	市営球場	同		26
同	11,294	病院敷地	同		26
同	25,547	市立中学	同	（減額20%）	26
同	26,051	市立高校	同	（減額20%）	26
同	11,995	中学校用地	沼津海軍工廠小諏訪住宅　※		30
同	12,952	市営住宅	沼津海軍工廠八反庄工具住宅		26
同	44,351	市道	名古屋陸軍造兵廠駿河製造所		41
同	57,322	中学校用地	第二海軍技術廠音響部施設　※		25

同	47,124	畜産加工場	同		33
宇佐美村	10,489	中学校用地	横須賀海軍通信学校実習所　※		24
清水町	11,095	中学校用地	沼津海軍工作学校	（減額20％）	25
三島市	55,910	中学校用地	野戦重砲兵第2連隊	（減額20％）	24
同	17,081	小学校用地	野戦重砲兵第3連隊	（減額20％）	25
上井出村	23,086	小・中学校	陸軍少年戦車兵学校	（減額20％）	25
同	79,435	小・中学校	西富士演習場及廠舎	（減額20％）	25
同	3,828,956	森林	同		32
富士宮市他	2,269,266	森林	同		32
白糸村	421,079	森林	同		32
上野村	570,964	森林	同		32

出所：「旧軍用財産資料」（前出）より作成。表中の※は「減額売払20％」である。

　静岡県にあった旧軍用施設（旧軍用地）が、地方公共団体に譲渡（売払いや譲与）された件数は5-(1)表に掲示したように頗る多い。それでも、譲渡面積を1万 m^2 以上に限定している。したがって、実際にはもっと多くなるのだが、煩雑さを避けて、ここでは多くを取り上げないことにした。

　さて、地方公共団体としての静岡県が取得した旧軍用地は9口座、12件である。それを年次的に整理してみると、昭和24年段階では児童相談所や盲学校などの社会福祉的な施設用地へ転用されているのが特徴的である。それが昭和27年段階になると、茶業指導所や茶樹栽培地などといった静岡県に特徴的な施設への転用が3件もみられる。それと同時に、県営住宅用地としての取得もある。

　昭和32年が不況だったためか、翌33年には職業補導所用地を取得し、さらに翌年には乗用車の生産・販売を側面的に促進する役割を果たす自動車試験場を確保している。

　昭和38年以降は、防潮林や県道の整備に必要な土地を譲与されているが、これは公害対策用地であるといっても過言ではない。問題となるのは、主要な道路や防潮林などの建設および維持管理は、国家的事業ではないかということである。もとより譲与（無償払下げ）という形態になっているが、道路を建設したり、防潮林を育成して、それらを維持管理していく業務が永続的に伴うので、県の負担も永続的なものとなるからである。

　なお、「静岡県」による旧軍用地の取得を内容的にみると、県立高校用地を目的とした旧軍用地の払下げは皆無である。このことも、静岡県における旧軍用地の転用に関する一つの特殊性として把握しておかねばならない。

　続いて、静岡県における各市町村の取得状況について整理してみよう。静岡県において、1万 m^2 以上の旧軍用地を取得した「市」は、沼津市（14件）や静岡市（11件）をはじめ、浜松市（4件）、清水市（3件）、三島市（2件）、島田市（1件）、富士宮市他（1件）、全部で6市、35件である。

　また、「町村」では、上井出村（3件）のほか、睦浜村（3件、うち1件は大坂村との共同）があるほかは、小川村、金谷町、白羽村、佐倉村、二俣町、新居町、三方原町、宇佐美村、清水町、

白糸村、上野村が各1件で、全部で13町村、17件が1万m²以上の旧軍用地を取得している。

　なお、これらの市町村の名称は昭和48年、あるいはそれ以前のものであり、平成期はもとより昭和期においても市町村合併や大都市との統合などがあったので、平成20年の時点では名称変更また独自の地方公共団体として存在していない場合がある。

　それから「睦浜村他」は「睦浜村と大坂村」の共同であるから、町村数を増加することは可能であるが、「富士宮市他」の場合には「富士宮市他6村」なので、市の数はともかく村の数はもっと増えるかもしれない。それも昭和48年を基準としてのことである。

　このように、旧軍用地を取得した静岡県における市町村数は6市14町村までは確かであるが、村の数はそれよりも若干多くなるということである。

　それにしても、ここで気づくことは、旧軍用施設が多く存在していた御殿場市や榛原町などの地方公共団体名が出てこないということである。それは5-(1)表に掲示しているのは、1万m²以上の旧軍用地を取得した件に限定しているからである。したがって、静岡県において旧軍用地を取得した地方公共団体の実数を把握することは、この表からは困難である。

　5-(1)表に掲示されていないが、小規模（1万m²未満）の旧軍用地を取得した地方公共団体としては、次のようなものがある。

Ⅸ-5-(2)表　静岡県における小規模な旧軍用施設の地方公共団体への転用概況

（単位：m²、年次：昭和年）

市町村名	取得面積	用途目的	旧口座名	年次
浜松市	8,671 の内	都田村戦災住宅	第三航空技術研究所浜松出張所	25
同	331 の内	市営住宅	浜松飛行部隊方向探知所の1	25
沼津市	657 の内	都市計画敷	名古屋陸軍造兵廠市道・住宅跡	25
同	922 の内	都市計画替地	名古屋陸軍造兵廠白銀町住宅跡地	25
同	1,785 の内	都市計画替地	名古屋陸軍造兵廠市場町住宅跡地	25
同	3,513 の内	沼津中学用地	第二海軍技術廠音波兵器部江の浦実験所	25

　出所：「旧軍用財産資料」（前出）より作成。

　5-(2)表では取得面積として記載しているものの、その実態は旧軍用施設の面積である。したがって、浜松市や沼津市が取得した面積は、施設面積の全部またはその一部であって、その実数は(2)表では不詳のままにしている。要するに、5-(2)表がもっている資料的意義の限界を知っておけば、それで良いということである。本題へ戻ろう。

　静岡県における地方公共団体（市町村）が旧軍用地を取得した実態については、都市ごとに検討していくことにしよう。

1．静岡市による旧軍用地の取得

　まず、県庁の所在地である静岡市についてみると、静岡県内では、沼津市に次いで旧軍用地の取得件数（11件）が多い。それは市内には巨大な二つの軍需工場があったこと、その二つの旧軍

需工場の農地（農林省への有償所管換）への転用率が63.6%（住友金属）、51.5%（三菱重工）と相対的に低かったからである。静岡市は、この二つの旧軍需工場の跡地で、9件の旧軍用地を取得している。

　静岡市による旧軍用地の取得目的では、競輪場用地としての取得が3件（合計12万3千m²）で、これらはいずれも二つの旧軍需工場の敷地跡である。取得年次が昭和25年と26年なので、戦後インフレが収束期にあったとはいえ、地域財政における収入を確保する手段としての競輪開催は、戦後期に各地でみられたことである。しかし、静岡市のように、旧軍用地を転用した競輪場の建設というのは珍しい。

　市道敷を目的とする旧軍用地の取得は、競輪場用地と同じく3件である。この3件は、いずれも国からの譲与であるが、時期的にみると、昭和38年と昭和40年なので、いわば公共施設の地方公共団体への委譲による国家財政の軽減策という意味合いもあった。

　市営住宅用地として旧軍用地を取得したのが2件あるが、いずれも昭和26年なので、戦後の住宅難に対応したものである。中学校用地の確保（1件）は、学制改革にともなう新制中学の新設用地だと思われる。

　また静岡市は公園用地として14万m²を昭和24年に取得しているほか、遺跡保存用地として1万m²を取得したのは登呂遺跡との関連である。そして、これは競輪場への転用と並んで静岡市における旧軍用地転用の特徴となっている。

2．沼津市による旧軍用地の取得

　戦後、沼津市は旧軍用地を14件（合計約38万4千m²）取得しており、この件数は静岡県内では最多である。それは沼津市に、海軍工廠およびその関連施設があり、しかも、その工廠跡地の農地（農林省）への転換率が58.9%だったことが原因の一つである。

　沼津市の場合、旧軍用地の取得件数14のうち、市営住宅用地（庶民住宅、引揚者住宅を含む）の取得が5件、学校用地（中学4、高校1）も5件で、この二つで全体の71%を超える。

　学校用地としては新制の中学校用地を必要としていたことは判るが、果して市立の高等学校を建設する必要があったかどうか。沼津市にとって特色ある高校づくりという発想もあったかもしれない。しかし、昭和26年に海軍工廠内に2校、その周辺施設の跡地で1校（昭和30年）、計3校の新制中学を設置するのであるから、その卒業生を迎える高校が必要だったとも考えられる。なお、中学校用地の取得にあたって、沼津市はいずれも20%の減額で買い取っている。新制中学の新設が国策であったことを思えば、けだし当然のことである。

　沼津市による旧軍用地の取得にあたって、その目的を「庶民住宅」用地としたのは特別の理由があったわけではなく、公務員住宅あるいは高級住宅と対比した造語であろう。昭和25年から26年という時期における市営住宅は全国的にみても、平屋木造家屋が多く、当時はこれを庶民住宅と呼んでいたのである。もっとも、その所有者が「市」であるから「市営住宅」と呼んでも不都合ではない。

なお、「引揚者住宅」については、対象となる「引揚者」を特定の外国ないし地域からの引揚者に限定していたものかどうかは判らない。

学校用地や住宅用地以外の目的で、沼津市が旧軍用地を取得したのは、市営球場、市立病院、それから市道である。これらについては特に言及する特徴はない。特記しておくべきことは、沼津市が「畜産加工場」用地を昭和33年に購入していることである。この点については、市営屠殺場のための用地取得であったとも考えられる。

3．浜松市による旧軍用地の取得

浜松市による旧軍用地の取得件数は、沼津市や静岡市に比べると少なく、4件である。そのうちの2件は市営住宅用地として昭和27年と昭和33年に取得している。また中学校用地としても昭和30年に減額率70％で取得している。旧軍用地を中学校用地として取得する場合は、先の沼津市の場合でもそうであったように通常は20％の減額率である。それが70％の減額率になっていることは、年次的にみて、また高台であるため学校用地として整備する費用がかかるという点が考慮されたものと思える。

浜松市による旧軍用地の取得の中で注目しておきたいのは、区画整理事業のために旧軍用地が提供されたということである。区画整理が行われた場所は旧浜松練兵場があった市内和地山町である。この区画整理事業というのは、区画整理の結果、土地の有用性が高まる（これを前提にしないと事業そのものが成り立たない）ので、事業組合に提供した所有地の価格が増価し、その増価した部分の土地面積だけ没収される。つまり、土地の所有者の資産価値は変わらないが、その分だけ、所有する土地の面積は減少することになる。だから浜松市は、区画整理事業が終了した新しい時点での土地評価額に相当する金額でもって、大蔵省に支払うという清算方式をとっているのである。また、それを大蔵省が承認したということである。それにしても、このような区画整理事業へ旧軍用地が提供され、その事業組合が設定した価格でもって支払うという方式は全国的にみても珍しいことである。

4．清水市・島田市・三島市・富士宮市による旧軍用地の取得

清水市は平成20年の時点では静岡市となっている。その旧清水市が旧軍用地を取得したのは3件で、その用途目的は、中学校用地が2件、市営住宅用地が1件で、取り立てて問題にするような特殊性はない。

島田市による旧軍用地の取得は昭和24年に1件あるだけで、その用途目的は学校用地である。

三島市による旧軍用地の取得は2件であるが、いずれも学校用地（小学校1件、中学校1件）で、これまた特記することはない。

富士宮市は、近隣の6村と共同で、森林を昭和32年に取得している。その取得面積が約227万m^2であること、他の6村とどのように森林を分割したのかという問題はあるが、そこまでは立ち入らないことにする。

第九章　静岡県　323

5．静岡県における町村による旧軍用地の取得

　静岡県における町村は、平成の市町村合併でその様相は大きく変わってきている。ここでは、昭和48年3月末の時点、あるいは大蔵省から旧軍用地が払い下げられた当時の地名で整理していきたい。

　静岡県における町村の中で、数度にわたって旧軍用地を取得したのは、睦浜村（3件）と上井出村（3件）だけである。

　睦浜村では、昭和25年に砂防林、中学用地、農協加工工場用地を取得している。なお、昭和25年に中学用地を取得したのは睦浜村単独ではなく、5-⑴表には「睦浜村他」としか掲示していないが、隣接する大坂村との共同購入であった。睦浜村による旧軍用地の取得で気になるのは、なぜ農協が直接大蔵省に交渉して払下げを受けなかったのかということである。戦後の農協は、いまだ物質的基盤が強固ではなく、農産品の加工工場を村がいったん払下げを受け、その後に農協へ貸与するか転売したのであろう。

　上井出村の3件のうち2件は小学校・中学校用地の確保を目的としたものであり、村はそれを昭和25年に取得している。上井手村による旧軍用地の取得に関して、特殊的といえるのは、上井出村が西富士演習場の跡地を約383万m²ほど取得していることである。

　用途目的が「森林」とあるだけなので、それが林業用地なのか、それとも有名な「樹海」なのか判然としない。もし、後者だとすれば、自然環境の保全を目的とした取得だったかもしれない。しかし、これ以上の究明は差し控えておく。

　このことは、上井出村と同様、西富士演習場の跡地を「森林」目的で取得した旧白糸村や、旧上野村についても当てはまる。なお、ここに登場する上井手、白糸、上野の3村は平成20年現在は富士宮市となっている。なお、前述した富士宮市他6村の「他6村」の中には上井手、白糸、上野の村も含まれている。

　それ以外に、町村で学校用地を取得したのは、次の7町村である。新居町が昭和26年に高等学校用地を取得したのをはじめ、二俣町が昭和25年に林業学校用地を、そして小川村、金谷町、三方原町、宇佐美村、清水町が昭和24年から同27年にかけて、それぞれ中学校用地を1件取得している。

　静岡県の町村が旧軍用地を取得したのは16件であるが、そのうちの7件が中学用地の確保を目的としたもので、しかも、そのいずれもが減額率20％での購入であった。

　既に、睦浜村が砂防林用地を昭和25年に取得したことについて記したが、佐倉村が同じ年に77万5千m²を、白羽村はそれに先立つ昭和24年に、同じ遠江射場の跡地で約20万m²を取得している。

　静岡県における町村が旧軍用地を取得した件は以上の通りであるが、中学校用地の取得が多かったという点はともかく、旧西富士演習場の跡地を「森林」として、また遠江射場の跡地を「砂防林」として取得している点が、地域的な特色となっている。

第六節　静岡県における旧軍用地の産業用地への転用

　静岡県にあった旧軍用施設（旧軍用地）の戦後期における転用状況については、すでに国家機構（各省庁）への所管換や地方公共団体への譲渡分について分析してきた。

　本節では、民間による旧軍用地の取得状況について分析する。民間とはいっても、その多くが企業である。だが、個人や組合による旧軍用地の取得もある。また私立学校による旧軍用地の取得もある。私立学校については、問題はあるが、これを便宜的にサービス産業として取り上げる。また、いわゆる三公社五現業もここで採り上げた。

　さらに煩雑さを避けるために、産業用地とは別に、本書の主たる研究対象となっている工業用地を取得した場合を選別し、これを別の項目で取り上げることにした。

　まず、静岡県における旧軍用地の産業用地（製造業を除く３千 m^2 以上）への転用状況をみておくことにしよう。

Ⅸ-6-(1)表　静岡県における旧軍用地の産業用地（製造業を除く）への転用

（単位：m^2、年次：昭和年）

取得企業等名	業種	取得面積	旧口座名	年次
日本電信電話公社	通信業	3,257	静岡陸軍練兵場	28
大里農協	農業	3,760	住友金属静岡工場	26
日本優秀医薬品販売	商業	3,273	同	28
静岡女子薬学専門学校	教育業	13,262	三菱重工静岡工場	24
㈶静岡和洋高校	教育業	13,031	同	25
富士観光	ホテル業	10,384	清水海軍航空隊	38
東海大学	教育業	70,464	同	46
浜青果	青果販売	3,319	千葉陸軍高射砲学校浜松分教場	26
高柳商店	電気製品	3,359	浜松陸軍練兵場	28
明朗会	サービス	53,568	第24練成飛行隊	27
富士航空整備	運輸業	37,611	同	35
組合立豊田中学校	教育業	32,689	第一航空情報連隊	25
静岡鉄道	運輸業	83,334	遠江射場	28
中部電力	電力	52,015	同	45
新居漁協	漁業	11,450	浜名海兵団	25
加藤学園	教育業	26,380	沼津海軍工廠	28
静岡自動車学校	教育業	6,456	同	28
二葉建設	建設業	3,192	同	32
日本電信電話公社	通信業	15,237	同	38
日本電信電話公社	通信業	37,622	同	38
静岡県茶販売農協	販売業	12,632	名古屋陸軍造兵廠駿河製造所	24
同	同	20,644	同	24
伊豆産業	鉱業	4,697	戦線鉱業	24
宇久須鉱業	鉱業	43,147	宇久須鉱業（軍需省）	28

秋山喜久雄（個人）	漁業	5,676	第二海軍技術廠淡島実験所	24
日本大学	教育業	104,814	野戦重砲兵第2連隊	29
国鉄新幹線支社	運輸業	4,446	野戦重砲兵第3連隊	45

出所：「旧軍用財産資料」（前出）より作成。

　上掲の表によれば、静岡県において、民間による旧軍用地の産業用地への転用は、27件で、その業種は多様である。その中で最も多いのはサービス産業の一つである教育産業（7件）である。

　学校施設は教育にとって必要なものであり、またその教育が国民のための教育である以上、その用地取得も公共的性格をもっている。私立学校であっても、その教育の理念は、利潤追求を至上目的とする一般の資本制企業の経営理念とは異なる。それだけに教育を産業と見なすことには問題がある。しかしながら民間による旧軍用地の取得であることは間違いないので、ここでは便宜的に教育産業として分類した。

　続いては運輸通信業が6件、商品販売業（商業）が5件ある。運輸通信業では、日本電信電話公社や国鉄を含んでいる。これらの企業は本来、国家企業的性格をもつが、平成20年現在では民営化されており、ここでは民間による旧軍用地の取得として整理しておく。商品販売業（商業）の場合には、業種としては商業であっても、販売商品の付加価値をたかめるため、取得した旧軍用地を加工場として利用している場合も考えられる。その点を考慮しつつも、ここでは取得した業種を中心に整理した。

　旧軍用地を2件取得した業種としては、教育を除くサービス業、漁業、鉱業がある。農業、建設業、そして公共業（電力供給業）がそれぞれ1件の旧軍用地を取得している。

　以下では、各業種における実態をもう少し詳しくみておくことにしよう。

　まず教育産業においては、7件の用地取得があったが、そのうちで注目すべきは、東海大学（約7万m²・平成16年現在は開発工学部）と日本大学（10万m²強・平成16年現在は国際関係学部）という大手私立大学が相当規模の用地を取得していることである。また静岡女子薬学専門学校[1]をはじめ静岡和洋学校[2]や加藤学園[3]も特殊な高等学校として旧軍用地を活用している。

　そうした中で、組合立中学を設立する目的での用地取得が磐田市で1件ある。「組合立」という学校は全国的にみるとそれほど珍しいことではない。ただ、公共的性格が強い中学の教育施設用地の購入費用を市町村という地方公共団体がなぜ出さないのかという疑問は残る。磐田市との折衝があったものと推測されるが、こういう場合には「譲与」ということも、社会政策的にはあって然るべきであったと思う。ただし、この点については、これ以上には立ち入らないことにする。

　沼津海軍工廠跡地を取得した静岡自動車教習所は免許試験場として利用しているものの、それ自体としては営利団体であり、これは明らかに特殊な教育産業であると言えよう。

　商品販売業（商業）では、薬品、青果、電気製品、茶を販売する4企業が5件の旧軍用地の取得をしている。このうち、青果販売を除く薬品、電気製品、茶については製品加工を行っている

ことも想定しうる。だが、ここでは旧軍用地を取得した企業の業種によって整理している。

運輸通信業（広義の交通業）では、前述したように日本電信電話公社が３件、それに国鉄新幹線支社（現 JR 東海）と静岡鉄道が旧軍用地の取得をしている。電電公社の場合はいずれも「交換」による旧軍用地の取得であり、その用途は庁舎（１件）である。電電公社が保有している土地は国有地であり、それを旧軍用地と交換したものであろう。

新幹線支社が取得したのも、電電公社と同じく「交換」であり、これは国有鉄道が保有していた国有地と交換したもので、その用途は不詳である。

静岡鉄道は昭和 28 年に旧遠江射場の跡地を取得しているが、これは「鉄道軌道敷」を用途目的としたものであり、その土地の形状は当然のことながら、細長いものであった。なお、富士航空整備は、航空機の整備を主内容とするサービス業務を行っているが、これも運輸業とした。

通常、サービス業と言われるものの中には、サービス対象の違いによって多様な内容の業種が含まれているが、静岡県で旧軍用地を取得したサービス業（２件）のうちの一つは、富士観光㈱によるもので、これはホテル用地として旧軍用地を取得している。

もう一つのサービス業は明朗会が「食料増産研究施設」を用途目的として浜松市にあった第 24 練成飛行隊の跡地の一部（約５万４千 m² 弱）を昭和 27 年に取得している。研究業務がなぜサービス業に分類されるのか、その理由はともかく、明朗会がどのような組織であるのかも不明である。食料増産が農業生産のことだとすれば、農業に分類することも考えられる。

その農業であるが、住友金属静岡工場の跡地を大里農協が「共同作業所」を用途目的として 3,760 m² を取得している。おそらく農産物を出荷する共同作業の場所だったと思われるが、いわゆる農業そのものではない。ここで何らかの加工を行ったとも考えられるし、農産物の出荷に必要な作業であったとすれば、商業に含めてもよいかもしれない。

旧軍用地の取得が２件あった漁業では、新居漁協が「水産加工」を目的としているので、これは「製造業」に含ませるべきものだと判断する。旧軍用地の取得主体別の業種分類なので、この新居漁協の水産加工については改めて検討することにしたい。漁業のもう一つは個人による取得で、これは「漁具置場」を用途目的としたもので、明らかに漁業である。

鉱業でも旧軍用地の取得が２件ある。昭和 24 年に伊豆産業が旧戦線鉱業の跡地を「工場用地」として取得している。また旧軍需省財産であった宇久須鉱業（加茂村）の跡地を宇久須鉱業が工場敷地として昭和 25 年に時価で取得しているが、これは戦時中に買収された用地を買い戻したものである。

静岡県で旧軍用地を取得した企業が１件だけの業種は、鉱業、建設業、電力供給業である。また建設業では二葉建設が昭和 32 年に沼津海軍工廠跡地を取得している。

電力供給業である中部電力は遠江射場の跡地の一部（約５万 m²）を取得している。電力会社を産業別に分類すれば、ガス、水道などと同様、公益事業となるが、商品として電力を生産しているという視点からみれば、製造業と見なしても余り問題はあるまい。そこで、この中部電力による旧軍用地の取得については、工業用地の取得として取り扱うことにしたい。

以上、3千 m² 未満の用地取得については省略しながらも、静岡県における旧軍用地の産業用地（製造業を除く）への転用について概観してきた。これらの諸産業は地域における製造業と関連している面もあり、前述したように中部電力等についても事実関係をいっそう詳しく明らかにしておく必要がある。

1) 昭和33年刊の『全国学校総覧』には見当たらない。それまでに閉校したのか、もともと設立されなかったのか、その点は判然としない。
2) 静岡和洋学校は昭和40年頃には静岡英和女子学院となり、さらに現時点（平成16年）では、静岡英和学院大学となっている。『全国学校総覧』（原書房、2004年、30ページ）を参照。
3) 加藤学園は高校と中学からなり、商業科と家庭科とがある。

第七節　静岡県における旧軍用地の工業用地への転用概況

静岡県に所在した旧軍用地がどのように製造業の用地へと転用されてきたのか、用地取得面積を3千 m² 以上に限定すれば、次のようになっている。

IX-7-(1)表　静岡県における旧軍用地の工業用地への転用

（単位：m²、年次：昭和年）

取得企業等名	業種	取得面積	旧口座名	年次
木原屋商店	竹製品	5,706	住友金属静岡工場	26
大浜製紙	製紙	33,058	同	28
木原屋商店	竹製品	3,894	同	33
富士見工業	製紙	22,775	同	37
静岡マッチ	燐寸	11,087	三菱重工静岡工場	24
松林工業薬品	化学	14,446	同	25
中日本重工業	機械	21,468	同	26
矢崎電線	非鉄金属	10,004	同	28
三菱電機	電気機械	16,831	同	29
同	同	7,119	同	36
同	同	4,404	同	39
東海事業	製紙	37,732	第二海軍技術廠島田実験所	24
八幡食糧	食品	6,706	各務原航空廠浜松分廠	25
本田技研工業	輸送機械	26,241	第24練成飛行隊（浜松）	28
同	同	37,326	同	28
同	同	14,517	同	35
（中部電力）	電力供給	52,015	遠江射場（大浜町）	45
原町製紙	製紙	9,704	沼津海軍工廠	24
東海農産加工	食品	3,592	同	25
小糸製作所	電気機械	68,356	同	26
大阪麻糸	繊維	11,579	同	27

東麻木材工業	木材	6,166	同	27
藤倉電線	非鉄金属	49,788	同	28
同	同	3,023	同	28
同	同	5,976	同	29
朝日産業	窯業	3,229	同	32
八州製紙	製紙	4,581	同	32
日本特殊製紙	製紙	9,142	同	38
同	同	3,328	同	45
日本製菓	食品	4,301	名古屋陸軍造兵廠駿河製造部	24
矢崎電線	非鉄金属	25,520	同	26
芝浦機械製作	機械	4,732	同	29
矢崎工業	非鉄金属	62,319	同	32
沼津食糧	食品	10,720	沼津海軍工作学校	25
東京特殊紡績	繊維	5,276	同	26
ダイヤモンド造船	輸送機械	3,306	同	28
小柴健吉他1名	食品	3,428	第二海軍技術廠音響兵器部多比分所	24
静岡県食料品工業	食品	11,669	三島陸軍練兵場（長泉）	24
東洋レーヨン	繊維	71,895	同	32
東洋レーヨン	繊維	5,900	三島陸軍火薬庫	32

出所：「旧軍用財産資料」（前出）より作成。

　戦後から昭和48年3月末までの期間に、静岡県内にあった旧軍用施設の敷地が工業用地（3千m²以上）へ転換した件数は(1)表の通り39件である。この39件の製造工業を業種別に区分し、各業種が取得した用地面積を集計してみると、次のようになる。

IX-7-(2)表　静岡県における旧軍用地の工業用地への転用（業種別総括）

（単位：m²）

業種	取得件数	取得面積	1件あたり面積
食品	6	40,416	6,736
繊維	4	94,650	23,663
木材・竹	3	15,766	5,255
紙パルプ	7	120,320	17,189
化学	1	14,446	14,446
窯業	1	3,229	3,229
非鉄金属	6	156,630	26,105
一般機械	2	26,200	13,100
電気機械	4	96,710	24,176
輸送機械	4	81,390	20,348
その他	1	11,087	11,087
計	39	660,844	16,945

出所：前表より杉野が算出。公益事業（1件、52,015m²）を除く。

第九章　静岡県　329

　静岡県における旧軍用地の工業用地への転用を業種別にまとめたものが(2)表である。なお先述した理由から、公益事業である中部電力（1件）を除いている。

　ところで、この39件の業種別構成をみると、消費財生産型工場が21件、機械工業を中心とする生産財生産型工場が18件となっており、件数だけからみると全体的にバランスのとれた旧軍用地の配分になっていると言えよう。もっとも、素材生産型部門が欠落しているという問題はあるが、これは静岡県の自然的・社会的条件に規定されたものであろう。

　次に、静岡県という地域性を反映した業種としては、用水型工業である製紙工業が7件と多い。また地域的関連性は不詳だが、非鉄金属製品製造業が6件ある。もっとも、大手企業の2社がそれぞれ3件の用地取得を行っているために、このような数字的状況になったとも言えよう。

　一般機械、電機機械、輸送用機械などの機械工業に旧軍用地の取得件数が多いのも静岡県にみられる特徴の一つである。「その他の工業」というのは、マッチ製造業のことである。

　次に、業種別に用地取得面積をみると、静岡県全体では約66万 m^2 の工業用地取得をおこなっており、そのうち非鉄金属製品製造業が15万7千 m^2 弱（23.4%）、紙パルプ製造業が約12万 m^2（18.0%）、続いては、電気機械器具製造業（14.5%）、繊維製品製造業（14.1%）、輸送機械製造業（12.2%）という旧軍用地の取得状況となっており、これら5業種が取得した工業用地面積は、全体の82.2%を占める。

　さらに静岡県における工業用地の平均的な取得面積は約1万7千 m^2 で、これを業種ごとにみると非鉄金属が2万6千 m^2、電気機械2万4千 m^2、繊維工業2万4千 m^2 弱、輸送機械約2万 m^2 となっており、それ以外の業種は2万 m^2 未満となっている。つまり、静岡県における旧軍用地の工業用地への転用面積は、1件あたりでみると、相対的に小規模であったことが判る。

　以上、旧軍用地（静岡県）の工業用地への転用状況を業種別に概観してきた。以後は、それぞれの業種について、その実態をもう少し具体的に明らかにしておきたい。

　まず、業種別にみて、旧軍用地の取得面積が最も大きかった非鉄金属についてみると、矢崎電線（3件・約9万8千 m^2）と藤倉電線（3件・約5万9千 m^2）の二つの大手企業が取得している。なお、矢崎電線は昭和32年段階では矢崎工業と名称を変更している。

　続いて工業用地の取得面積が多かった製紙工業では、6社7件の用地取得があった。その中では、東海事業（現東海パルプ）と大浜製紙の2社がそれぞれ3万8千 m^2 弱と3万3千 m^2、富士見工業は約2万3千 m^2、日本特殊製紙は2件合わせて1万2千 m^2 強の用地を取得している。しかし、その他の製紙会社、具体的には原町製紙、八州製紙の用地取得面積は1万 m^2 未満でしかない。全体的にみても、中小製紙工業による用地取得が支配的な形態となっている。

　次に、機械工業についてみると、電気機械では4件の用地取得があるものの、そのうちの3件は三菱電機によるもので、その合計面積は2万8千 m^2 となる。もう1件は小糸製作所が6万8千 m^2 を取得しており、非鉄金属と同様、大手企業による用地取得であった。

　輸送用機械では4件の旧軍用地取得があるが、そのうちの3件は本田技研工業による取得であり、この3件を合わせると約7万8千 m^2 になる。もう1件は、ダイヤモンド造船によるもので、

その用地取得面積は僅か３千㎡強である。ここでも、大手企業による用地取得が支配的となっている。一般機械は、中日本重工（現三菱重工）と芝浦機械製作による２件の旧軍用地取得があるが、前者が約２万１千㎡、後者が約５千㎡の用地取得となっている。一般機械製造業は時としてその製品内容による業種変更がありうる。ここに登場した２社もそうした性格をもっているのだが、ここでは便宜的に一般機械製造業として分類しておいた。

　繊維工業は、４件の用地取得がある。そのうちの２件は東洋レーヨン（現東レ）によるもので、その合計取得面積は７万７千㎡である。他の繊維工業としては、大阪麻糸と東京特殊紡績がそれぞれ１万２千㎡弱と約５千㎡の旧軍用地を取得している。

　旧軍用地の取得件数が６件と比較的多かった食品工業では、静岡県食料品工業と沼津食糧がそれぞれ１万２千㎡弱と１万１千㎡弱の用地取得を行っているが、その他の東海農産物加工、日本製菓、八幡食糧といった企業での用地取得は、いずれも１万㎡未満に留まっている。なお、個人（複数、場合によっては漁協等の代表者名かもしれない）による用地取得は海産物加工場用地であって、その規模は３千㎡強でしかない。

　木材工業では３件の用地取得があるが、そのうちの２件は、竹製品製造業の木原屋商店によるものである。竹製品製造業が木材工業に含まれるのか、あるいは「その他の工業」なのか判らないが、ここでは便宜的に木材工業として分類した。なお、木原屋「商店」という名称からは「商業」とも考えられるが、商品販売を行っていても、竹製品を生産している限り、これを製造業とした。残る１件は電信柱を製造している東麻木材工業による約６千㎡の用地取得がある。

　窯業、化学、「その他の工業」（マッチ製造業）は、用地取得件数が１件なので、ここでの分析を省略する。

第八節　静岡県における旧軍用地の工業用地への転用に関する地域分析

　これまでは、静岡県における旧軍用地（旧軍用施設）の転用状況を国家機構や地方公共団体、あるいは民間企業という取得主体別に分析をしてきた。この節では旧軍用地の工業用地への転用を、静岡県における地域経済や都市計画との関連で捉えるという視点から、地域別に分析していくことにしたい。

　そこで、工場用地を目的として旧軍用地を取得した件数を市町村別に整理してみると、次の表のようになる。

IX-8-(1)表　静岡県における旧軍用地の工業用地への転用（市町村別総括）

（単位：m²）

市町村名	取得件数	取得面積	1件あたり面積	取得面積率
静岡市	11	150,792	13,708	22.8%
浜松市	4	84,790	21,198	12.8%
大浜町	(1)	52,015	(52,015)	(7.3%)
島田市	1	37,732	37,732	5.7%
沼津市	17	278,764	16,398	42.2%
清水町	3	19,302	6,434	2.9%
長泉町	2	83,564	41,782	12.6%
三島市	1	5,900	5,900	0.9%
計	39	660,844	16,945	100.0%
合計	39 + (1)	712,859	17,821	100.0%

出所：IX-7-(1)表より杉野が算出。ただし、計算上の不突合あり。

　静岡県における旧軍用地の工業用地への転用を市町村別にみた場合、取得件数および取得面積、そのいずれの面からみても、沼津市の占める比重が大きい。沼津市は、静岡県の中で、取得件数は約43%強、取得面積で約42%を占めている。以下では、沼津市、静岡市、浜松市の順で分析していくことにする。

1．沼津市

　戦前の沼津市には、国鉄駅の北側一帯に沼津海軍工廠（約159万m²）があり、また駅の北東側には名古屋陸軍造兵廠駿河製造所（約48万5千m²）があった。しかし、戦後においては、「連合軍による占領初期に属する1〜2年間において、日本軍事工業の破壊が徹底的に行われ、戦時中沼津駅北一帯に設置された海軍工廠ならびに陸軍造兵廠の施設が廃棄処分に付せられた」[1]のである。

　沼津市の高島町にあった旧沼津海軍工廠は、かっては金岡開拓地と呼ばれていた場所である。戦後はその大部分が農林省へ有償所管換されたが、その他の部分は沼津市によって学校用地や市営住宅用地として転用された。また昭和28年頃に民間住宅として旧軍用地（3万1千m²）が大蔵省より個人（97戸）へ払い下げられている。

　旧沼津海軍工廠の跡地が、昭和24年から同48年3月までの期間において、民間企業の工場用地として払い下げられた状況については、既に7-(1)表で明らかにしてきた。それが昭和54年の段階では、次の表のようになっている。

Ⅸ-8-(2)表　沼津海軍工廠跡地へ立地した企業とその後の変化（昭和54年）

（単位：m^2、年次：昭和年）

取得企業	取得面積	年次	昭和54年の状況
原町製紙	9,704	24	大昭和紙工へ
東海農産加工	3,592	25	住宅地へ
小糸製作所	68,356	26	藤倉電線へ
大阪麻糸	11,579	27	バラエティマルトモへ
東麻木材工業	6,166	27	住宅地へ
藤倉電線	58,787	28・29	操業中
朝日産業	3,229	32	沼津繊維へ
八州製紙	4,581	32	操業中
日本特殊製紙	12,470	38・45	空き地
計	178,464		

出所：7-(1)表および昭和54年の現地踏査により作成。

　上掲の表をみると、大蔵省より払下げを受けた9社のうち、昭和54年まで操業を続けているのは、僅かに藤倉電線と八州製紙の2社に過ぎない。他の7社のうち4社は、他社へ買収されたか、あるいは社名を変更し、3社が廃業して、その跡地は住宅地または空き地となっている。高度経済成長期は、日本経済における生産規模の拡大と産業構造の変革をもたらしたが、沼津海軍工廠の跡地に立地した工場をみる限り、相当に激しいスクラップ・アンド・ビルドが行われたのであった。

　スクラップされた企業は原町製紙、東海農産加工、小糸製作所、大阪麻糸、東麻木材工業、朝日産業、日本特殊製紙であり、これを業種別にみると、製紙（2）、木材工業、食品、繊維、窯業、電気機械である。小糸製作所の場合は、藤倉電線へ、また原町製紙は大昭和紙工へ買収ないし社名変更したものであり、そこでの機械・設備等は引き続き利用されたものと思われる。

　後継の企業の業種が廃業した企業のそれと全く異なるのは、朝日産業（窯業）から沼津繊維へ、大阪麻糸（繊維）からバラエティマルトモ（販売業）へ転換した2件である。

　凄まじきは、東海農産加工と東麻木材工業の跡地で、この2工場の跡地は住宅地と化している。また日本特殊製紙の跡地も昭和54年段階では空き地となっている。

　沼津海軍工廠の跡地に立地してきた諸工場の中で、もっとも広く旧軍用地を取得したのは藤倉電線である。かっては小糸製作所の用地であった土地も合わせると、藤倉電線は、およそ12万7千m^{2}の工廠跡地を取得したことになる。この藤倉電線については、『沼津市誌』に、次のような文章がある。

　「昭和29年4月旧沼津海軍工廠および小糸製作所跡に沼津工場（を）設立、富士工場をここに移転、老朽設備の更新・設備近代化をはかる。同年9月、ジョン・ロイル製連続硫化機（米）——ゴム線を冠せて硫化させるオートメーションを沼津工場に設置。昭和34年7月、沼津工場敷地（4万3千坪）内に三井金属鉱業株式会社との共同出資で『沼津溶銅』工場（3億円）を設

立」[2]

　この文章によれば、藤倉電線は昭和29年に小糸製作所の用地を取得しているが、その小糸製作所の用地は昭和26年に大蔵省から払下げを受けたものであった。その合計面積が12万7千m²、つまり文章中の4万3千坪ということになり、それが「沼津溶銅」㈱の工場敷地となっているわけである。

　なお、7-(1)表には掲示していないが、3千m²未満の造兵廠跡地を取得した企業が9工場ほどある。これら9工場の敷地面積を併せても、せいぜい2万m²であるから、藤倉電線が工廠跡地を圧倒的に広く取得したことになる。しかしながら、多くの小規模工場は、市場競争で困難に直面し、工場閉鎖ないし操業停止に追い込まれている。

　それと同時に、旧海軍工廠の周辺地域では、住工混在の問題が生じてきている。これを具体的にみると、旧工廠の跡地には、昭和54年現在、近藤鋼材、富倉製作所、サツマ工業、東海造機、東海部品工業、大川螺子製作所などの諸工場が散在的に立地しており[3]、それが工廠跡地の住宅地利用が広まるにつれて、かなり深刻な住工混在の問題を惹起させている。

　次に、沼津市大岡にあった旧名古屋陸軍造兵廠駿河製造所の跡地利用についてみておこう。この造兵廠跡地の50.7%は農林省へ有償所管換されているが、7-(1)表で判るように、日本製菓、矢崎電線工業、芝浦機械製作所の3社が合計で4件、96,872m²の払下げを受けている。そのうち矢崎電線工業は、2件計約8万8千m²の取得をしており、他の2社は合わせても約9千m²の用地取得でしかない。

　この矢崎電線については『沼津市誌』に次のような文章がある。

　「戦後昭和26年1月沼津市大岡に沼津工場設置。同32年3月、沼津工場の隣接地旧名古屋陸軍造兵廠鷲津工場を沼津工場に統合、設備の近代化・企業合理化をはかる。ゴム線に代わるビニール線製造に主力を注ぐための工場集中・近代化投資なり」[4]

　また芝浦機械製作所については、同製作所が大蔵省より払下げを受けた面積は僅か4,732m²であるのに、市街地図をみると、駿河製作所跡地の圧倒的な部分を占めている。このことから推測できることは、昭和29年以降、芝浦機械製作所は、旧軍用地を転用した開拓農地のかなりの部分を買い足したことになる。ちなみに、芝浦機械製作所が大蔵省より直接購入した土地は、バス停「大岡中学前」の北側にあり、第九工場となっている[5]。

　沼津市には海軍工廠および陸軍造兵廠に次ぐ大きな軍用施設として、第二海軍技術廠があった。より正確には、第二海軍技術廠音響兵器部下香貫本部（329,720m²）と称し、沼津市の南部、下香貫にあった。ここでは、下香貫施設と記しているが、「本部」、あるいは「施設本部」というのが正確だったと思われる。なぜなら、この音響兵器部には、沼津市内だけでも、本部をはじめ、淡島実験所（淡島・5,676m²）、内浦実験所（内浦・35,401m²）、江の浦実験所（江の浦・3,513m²）、多比分所（多比・4,995m²）、大瀬崎実験場（大瀬崎・1,897m²）という六つの施設（口座）があり、隣接する長泉町には下土狩送信所（12,300m²）があったからである[6]。これらの小規模な旧軍用地が農林省へ有償所管換されたことは、一部ではあるが、すでに2-(2)表でも紹介しておいたと

ころである。

ところで、この施設本部は、1-(1)表では「沼津市・中学用地他、25」と紹介し、別の箇所では沼津市が中学校用地として57,322m²（昭和25年）、畜産加工場用地として47,124m²（昭和33年）を取得したと記載している。ここで問題となるのは、地方公共団体である沼津市がなぜ「畜産加工場」を用途目的として旧軍用地を取得したのかということである。つまり、この件については、畜産加工場とあるゆえに、旧軍用地と工業立地という視点から検討してみる必要がある。しかし、その実態は、次のようなものであった。

畜産加工場を用途目的として47,124m²の払下げを受けた沼津市は、これを畜産飼料の加工工場の用地として利用する予定であった。しかしながら、沼津市はこれを第三中学校敷地（32,201m²）として使用し、残りは住宅用地として分譲し、また道路用地として使用し、現在（昭和55年）に至っている[7]。

以上、音響兵器部下香貫施設本部とそれに関連する諸施設の状況を紹介してきたが、「関連諸施設」という点では、沼津海軍工廠および名古屋陸軍造兵廠駿河製造所の関連諸施設についても紹介しておきたい。

沼津海軍工廠関連の施設としては、小諏訪住宅（18,493m²）、八反庄工員住宅（32,429m²）、米山町住宅（8,257m²）、日之出町住宅（26,251m²）、第一会議所（11,768m²）、第二会議所（14,582m²）があり、駿河製造所に関連する施設として、千本郷林住宅（534m²）、市道住宅跡地（657m²）、千本緑町住宅跡地（1,358m²）、高田住宅（47,329m²）、中石田住宅（14,650m²）、白銀町住宅跡地（922m²）、大手町住宅跡地（198m²）、御幸町住宅（115m²）、三園町住宅（380m²）、住吉町住宅（1,591m²）、南小林住宅（40,459m²）、市場町住宅跡地（1,785m²）、三竹道住宅（14,763m²）があった[8]。

このようにみてくると、戦前の沼津市は軍事関連の工場が市内に溢れており、まさに軍需都市としての性格をもっていたと言わねばならない。ちなみに、工廠および造兵廠に関連したこれら大小の旧軍用施設の多くは、農林省への有償所管換となるか、国家機構への無償所管換、沼津市の市営住宅や都市計画敷（替地を含む）、あるいは住宅用地として個人に売り払われたことを付記しておきたい。

1）『沼津市誌』中巻、沼津市、昭和36年、550ページ。
2）同上書、568ページ。
3）『沼津市街地図』（昭文社、昭和54年版）および現地踏査（昭和55年）による。
4）『沼津市誌』中巻、前出、567ページ。
5）現地踏査（昭和55年）による。
6）「旧軍用財産資料」（前出）による。
7）昭和55年7月、沼津市役所用地管財課への問い合わせによる。
8）「旧軍用財産資料」（前出）による。

第九章　静岡県　335

2．静岡市

　静岡市は、平成15年に清水市と合体して「中核市」となり、平成17年4月1日より政令指定都市となった。旧静岡市には、戦前に14口座、そして旧清水市には3口座、併せて17の旧軍用施設が、現在（平成20年）の静岡市域にあった。なお、静岡市は平成18年に蒲原町を編入しているが、そこに旧軍用施設の口座は見当たらない。

　さて、旧静岡市と旧清水市にあった旧軍用地が工業用地へと転換した概況については、すでに7-(1)表でみてきた。そこで明らかなように、旧軍用地の工業用地への転用という限り、分析対象となるのは、旧静岡市にあった住友金属静岡工場（1,177,540 m^2）と三菱重工静岡工場（714,228 m^2）という二つの工場跡地である。前者は商工省財産であり、後者は軍需省財産であった。以下では、この二つの工場の跡地利用に関して、やや詳しく分析してみることにしよう。

　まず、戦前の住友金属静岡工場については、次のような記述がある。

　「住友工場は、大阪本社工場の疎開の一環として、昭和17年11月に設置され、19年4月から操業を始めた海軍航空機用のプロペラ（可変ピッチプロペラー）生産工場であった。高松から有東にかけての工場敷地は150万 m^2、製造工場4棟、事務所1棟、倉庫18棟をようし、従業員2,634人（敗戦時、服織工場勤務も含む）のほか動員学徒2,022人という大工場」[1]であった。

　また、戦前の三菱重工静岡工場については「三菱重工業㈱静岡発動機製作所」[2]と称し、「第二次大戦中、三菱重工業株式会社の航空機用発動機製作工場として設立された」[3]ものである。

　これら二つの工場跡地は、戦後、その過半部分が農林省へ有償所管換される。すなわち、住友金属の場合には農林省への有償所管換は748,495 m^2（昭和24年、転用率64%）、三菱重工の農林省への有償所管換は363,011 m^2（昭和23年、転用率51%）であった。しかし、農林省への有償所管換が昭和22年ではなく、同23年、24年と遅れているのは、この二つの工場が、昭和21年1月20日、「SCAPIN-629」によって、いずれも賠償指定工場とされ、その管理保全を指令されていたからである[4]。

　ところで、住友金属の跡地は工業用地への転用としては、時期的にもっと遅れ、大浜製紙（約3万3千 m^2・昭和28年）、富士見工業（2万3千 m^{2}弱・昭和37年）に払い下げられている。しかしながら、昭和56年1月現在、大浜製紙も富士見工業も存在していない。大浜製紙の跡地は現在（昭和56年1月）では日章紙工（4,760 m^2）[5]と杉本金属が継いでいるが、両社の敷地面積だけでは3万3千 m^{2}に満たない。したがって、その南側の土地が大浜製紙の跡地かと思われる。富士見工業の跡地は現在（昭和56年）の市営富士見住宅ではないかと推測される。

　三菱重工静岡工場跡地の工業用地への転用については、すでに7-(1)表で5社、7件であったことを明らかにしている。以下では、旧軍用地を工業用地として転用した個々の企業（工場）について、その後の状況を追跡してみよう。

　静岡マッチでは、当初はマッチを生産していたが、その後はいわゆる「100円ライター」も製造していた。しかし、昭和55年頃、周囲が住宅地化してきたために、工場を焼津へ移転するつもりでいたところ、これも地元住民の反対運動によって用地買収がうまくいかず、すでに用地を

売却していたために、やむなく倒産してしまった[6]。昭和56年1月現在、この跡地は空き地となっているが、その一部は駐車場となっている[7]。

松林工業薬品の工場は、現在の豊田一丁目にあった。しかし、昭和56年1月現在では、全くの住宅地となっている[8]。

中日本重工の跡地を、現地踏査だけで的確に指摘することは困難である。なぜなら、その跡地は三菱電気の敷地の一部となっているからである。

その三菱電機は、「当静岡製作所は、――三菱重工業静岡工場を継承し、昭和29年4月に設立された。従って当所は三菱電気の中でも比較的新しい工場であり、従業員（約3,000人）も若い人が多い」[9]とされている。

だが、敷地面積からみると、若干の問題がある。7-(1)表で示したように、この三菱電機は、昭和29年以降、36年、39年と3度にわたって計28,354 m²の旧軍用地を取得しているものの、現在（昭和56年）における三菱電機の敷地面積は22万m²であり、先に述べた中日本重工の用地（21,468 m²）を加えても、5万m²弱でしかなく、残りの土地は周辺の民間地（おそらく農林省から払い下げられた農地だったと推測される）を買い足したものであろう。

矢崎電線は、矢崎化工と名称変更し、小鹿二丁目で現在（昭和56年）も操業中である。

1）『静岡市空襲の記録』、静岡市空襲を記録する会、1974年、438～439ページ。
2）『静岡実業新興史』（静岡中心街誌、近代史年表）、昭和48年、116ページ。
3）『静岡市産業百年物語』、静岡商工会議所、昭和43年、216ページ。
4）『對日賠償文書集』第一巻、賠償庁・外務省共編、昭和26年、100ページ参照。
5）日章紙工は、昭和55年1月に倒産し、56年1月の段階では会社を整理中であった。
6）昭和56年1月、周辺住民からの聞き取りによる。
7）昭和56年1月、現地踏査による。
8）同上。
9）『静岡市産業百年物語』、前出、216ページ。

3．浜松市

戦前の浜松市には、大小合わせて27口座の旧軍用施設があった。そのうち、敷地が工業用地へと転用されたのは、7-(1)表から判るように僅か2口座である。また旧軍用地を工業用地として取得したのも2社4件である。

このうち工業用地としての払下面積が大きかったのは、市内葵町にあった旧第24練成飛行隊跡地（3,539,307 m²）の一部（約7万8千m²）を昭和35年までに3回にわたって取得した本田技研工業である。

ちなみに、同じく昭和35年に富士航空整備㈱が跡地の一部（約3万8千m²）を取得しているが、同社はこの地に工場を建設せず、空き地のまま放置していたが、のち昭和45年頃、本田技研へ転売している[1]。したがって、本田技研は直接・間接的に、約12万6千m²の旧軍用地を、

この飛行隊跡地で取得したことになる。

　もっとも、昭和55年5月現在、本田技研工業浜松製作所の敷地面積は158,400㎡（従業員3,100名）[2]なので、本田技研はその73％を旧軍用地および農林省へ有償所管換された農地を再転用したものであろう。

　ついでながら、この本田技研の浜松製作所が立地している葵町周辺、とくに航空自衛隊浜松基地の北側は浜松市によって「工業地域」に用途指定されていることを付記しておこう。

　本田技研以外で、旧軍用地を工業用地として取得したのは、八幡食糧工業である。この会社は昭和25年に約6,700㎡を各務原航空廠浜松分廠（現在の舟越町）の跡地で取得している。同社は、ここで澱粉や調味料を製造していたが、のち火事を起こして倒産した。その後、大阪合同㈱が染料や合板を作っていたが、これも移転し、昭和56年2月の時点では住宅地となっている[3]。なお、浜松市の都市計画図（昭和54年10月発行）では、「近隣商業地域」となっている。

　ところで、旧軍との関連で、浜松市の工業について語るとき、旧中島飛行機と旧日本楽器製作所の存在を無視するわけにはいかない。

　この二つの工場は、旧軍関連の工場ないし施設ではあったが、各省の所管になる旧軍用財産ではなかった。つまり、戦前は軍需工場ではあったが、その施設や土地は国有ではなく、株式所有であった。そのため、この二つの工場は、昭和21年1月20日の「SCAPIN-629」によって賠償指定されたが[4]、その解除後は、国有財産ではないので、大蔵省への所管換として処理されることにはならなかった。つまり、旧軍用財産（旧軍用地）の工業用地への転用として、ここでは取り扱えない問題なのである。

　その点はともかくとして、戦時中の中島飛行機は、航空機のエンジンを製作していた[5]。聞くところでは、隼戦闘機あるいはその機銃を製作していた[6]。昭和56年2月の時点でも、その工場跡地の周囲には水濠が張りめぐらされており、旧敷地内には、東海染工、原野染工、今枝染工などの染工場、さらに東綿紡績、日本楽器、河合楽器以下、幾多の工場が立地し操業している[7]。

　ここには日本楽器の工場も登場してくるので、戦前に飛行機のプロペラを製作していた旧日本楽器[8]との関連なども問題になるところである。旧軍用地の転用という問題ではないが、浜松市における旧軍関連と工業立地という点では、中島飛行機と日本楽器という二つの工場とその跡地利用の問題を見過ごすことはできないことを、ここでは付記するに留めておく。

1）　昭和56年2月、浜松市役所での聞き取りによる。
2）　『浜松製作所のご案内』（昭和55年5月）、本田技研工業㈱による。
3）　昭和56年2月、現地踏査の結果による。
4）　『對日賠償文書集』第一巻、賠償庁・外務省共編、昭和26年、100ページ参照。
5）　『對日賠償文書集』第一巻、前出、100ページ。
6）　昭和56年2月、浜松市役所での聞き取りによる。
7）　昭和56年2月、現地踏査の結果による。
8）　『對日賠償文書集』第一巻、前出、100ページ。

4．三島市と長泉町

　駿東郡長泉町には、三島陸軍練兵場（314,455 m²）があった。その跡地は既に明らかにしておいたように、その過半（205,885 m²）が農林省へ有償所管換され、さらに7 -(1)表で掲示したように、静岡県食糧品工業（11,669 m²・昭和24年）と東洋レーヨン（71,895 m²・昭和32年）の工場用地として大蔵省より払い下げられている。

　静岡県食糧品工業は、長泉町の練兵場跡と同じ昭和24年に、三島市にあった陸軍糧秣倉庫（2,567 m²）を取得している[1]。しかしながら、昭和56年1月現在、地図の上では見当たらず、また実際に工場を建設したのかどうかも判らない。ちなみに、『長泉町制施行20周年記念要覧』[2]には、練兵場跡の写真があり、その中央部に2カ所の建物がある。それが糧秣倉庫ではなかったかと思われるが、確証はない。糧秣倉庫は三島市に所在していたからである。もし、工場が建設されたとすれば、長泉町の中土狩であったと推測される。

　東洋レーヨンについては、『長泉郷土誌』に次のような記述がみられる。

　「昭和33年に東洋レーヨン三島工場が長泉に新設されたことは、政治的にも産業経済面でも、その後の長泉に画期的な発展をもたらす原動力となった。——昭和33年を境として町内の製造業の趨勢は、事業数、従業者数、出荷額においても、大きく躍進をまねく結果となり、云々」[3]

　上記の引用文は、内容的にみて極めて抽象的である。しかし、東洋レーヨンが昭和32年に大蔵省より旧軍用地の払下げを受け、翌33年に工場を新設したこと、それが長泉町の産業経済の発展に大きな役割を果たしたという経過を読み取ることはできる。

　この東洋レーヨンもまた三島市で、旧三島陸軍火薬庫の跡地（5,900 m²・昭和32年）を取得している。この点については、三島市側からみた次のような文章がある。

　「国鉄三島駅の北側に市外下土狩にかけて11万5千坪の敷地を持つこの工場は従業員約1,700名、うち職員200名（現地採用者約700名）を擁してテトロンの製造を行うもので、昭和33年5月から製造を開始し、日産30トン、年産2千400万ポンドの生産能力をもっている」[4]

　この文章から判断すると、東洋レーヨン三島工場の敷地面積はほぼ35万 m²となるが、これまでに大蔵省から払い下げられた旧軍用地の面積は7万8千 m²でしかない。つまり、東洋レーヨン三島工場の敷地は、その大部分が旧練兵場から農地へと転用された土地の再転用によるものであろう。ちなみに、東洋レーヨンの工場敷地は、その大部分が長泉町にあるが、それ以外に同社は三島市文教町に3万6千 m²、末広町に5万 m²の用地をもっている[5]ので、三島市との経済的関連は相当のものがあると言わねばならない。だが、これは本書の研究対象外に属する。

　　1）「旧軍用財産資料」（前出）による。
　　2）「長泉町制施行20周年記念要覧」（『ふれあい広場』）、昭和55年、12ページ。
　　3）『長泉郷土誌』、長泉町教育委員会、昭和40年、373ページ。
　　4）『三島市誌』（下巻）、三島市、昭和34年、153ページ。
　　5）昭和56年1月、三島市役所での聞き取りによる。

第九章　静岡県　339

5．駿東郡清水町

　清水町は、三島市と沼津市の中間に位置しており、戦前には沼津海軍工作学校（517,518m²）が狩野川の北岸一帯に展開していた。その跡地の71.2％が農林省へ有償所管換になったことは2-(1)表で示した通りである。そして7-(1)表では、この工作学校の跡地が沼津食糧（10,720m²・昭和25年）、東京特殊紡績（5,276m²・昭和26年）、ダイヤモンド造船（3,306m²・昭和28年）に払い下げられたことを示した。それ以外に、表では示していないが、1,000m²未満の払下げは12件の多きに達する[1]。

　昭和56年1月現在、東京特殊紡績は同所で操業中だったが、沼津食糧工業とダイヤモンド造船は存在しておらず、平成26年の段階では、この東京特殊紡績も見当たらない[2]。

　ダイヤモンド造船は、現在（昭和56年）の木村鋳造の位置、つまり狩野川沿岸にあったが、それ以外に同社は東京特殊紡績の北側にも土地を所有していたらしい[3]。沼津食糧の跡地は、現在（昭和56年）の三共精機製作所が操業している場所にあったとされている[4]。

　この沼津海軍工作学校の跡地は、昭和26年頃までは、その多くが農地であった。しかしながら、その後は工場が続々と立地し、昭和56年1月の時点では、さきの東京特殊紡績以外に、山旺建設、東宏コンクリート、沼津高圧ガス、沼津酸素、鈴和製作所、大和部品工業、猪之原製作所、東洋プラスチック、東海金属工業、大東製機、臼井国際産業、三共精機製作所などの諸工場がある[5]。

　なお、昭和55年3月に作成された清水町の用途地域図では、国立東静病院、看護学校など旧工作学校の北側を除いて、これら小工場が立地している狩野川北岸側一帯は、「工業地域」に指定されている。平成21年の「清水町都市計画図」でも、この地域は「工業地域」となっている。

　ちなみに、清水町外原には、海軍施設本部実験所（50ha）があったが、この土地は国有地ではなかったようである[6]。

　　1）「旧軍用財産資料」（前出）による。
　　2）昭和56年1月および平成26年の現地踏査による。
　　3）昭和56年1月、清水町役場での聞き取りによる。
　　4）同上。
　　5）昭和56年1月、現地踏査による。ただし、2013年の『都市地図　三島市』には、東京特殊紡績、猪之原製作所、大和部品工業、大東精機などは見当たらない。
　　6）『清水町史』（通史編、下巻）、清水町、平成15年、195ページを参照。

6．島田市

　戦前の島田市大谷には、第二海軍技術廠島田実験所（74,692m²）と同実験所別地実験施設（84,935m²）があった。別地実験施設は昭和27年に農林省へ有償所管換となったが、実験所は昭和24年に東海事業（37,732m²）と島田市（33,866m²・第一小学校用地）へ払い下げられた。

　もともと、この島田実験所は昭和18年に設置され[1]、光線兵器を研究していたと言われてい

340

るが[2]、確かではない。ところで、旧軍用地を取得した東海事業は昭和26年5月に東海パルプ㈱と改称し、現在（昭和56年1月）に至っている。

東海パルプは、島田市に本社工場（26万4千m²弱）、横井工場（4万5千m²弱）、南工場（13万9千m²）を有しており、旧島田実験所があったのは本社工場である[3]。なお、島田市が取得していた第一小学校の跡地は、この小学校の移転によって本社工場の敷地を拡大したという経緯はあるが、それでも本社工場の現敷地面積には及ばないので、おそらく周辺の農地等をその後に買収したものであろう。

いずれにせよ、東海パルプは昭和55年現在で従業員数1,280名で[4]、島田市における三大工場（日清紡績、矢崎計器）の一つとして地域経済に大きな影響を及ぼしている。

　1）　『東海パルプ』、同社刊、昭和43年、313ページ。
　2）　昭和56年1月、東海パルプでの聞き取りによる。
　3）　同上。
　4）　同上。

7．新居町

静岡県の西端に近く、浜名湖の西岸に位置する新居町には、戦前に浜名海兵団（1,213,906m²）があった。それは現在（平成20年）のJR新居町駅の南側約200m、関門橋を渡った東側に位置していた[1]。この土地は戦時中に地元農民から強制接収したもので、終戦直後の昭和22年に、2-(1)表で示したように、その93％が農林省へ有償所管換となった。

しかし、その一部は新居町が高等学校用地（22,483m²・昭和26年）として減額20％で取得し、他の一部は新居町漁協が水産加工用地（11,450m²・昭和25年）として時価で取得している。

この新居町漁協は、昭和56年2月現在、浜名漁協新居支所となっており、大蔵省より取得した土地は、一時期、倉庫として利用されていたが、昭和53年度の第二次沿岸漁業構造改善事業によって、漁船漁具保全施設（3棟）の敷地となっている[2]。なお、この施設は、少量危険物（重油および軽油）の貯蔵取扱所の指定を受けている[3]。

ちなみに、昭和56年現在、漁港の水路には、9トン程度の漁船28隻が係留されており、漁船漁具保全施設も十分に活用されていた[4]。ただし、農地へ転用された海兵団の跡地には新しい住宅が建ち込み、宅地化が進んできている。

　1）　昭和56年2月、現地踏査による。
　2）　浜名漁協新居支所よりの聞き取りによる。
　3）　昭和56年2月、現地踏査による。
　4）　同上。

8．御前崎市

　御前崎から遠州灘に面する広大な地域に、かっては遠江射場（10,576,531 m²）という超大規模の軍用地があった。昭和25年当時は、佐倉村、白羽村、睦浜村それから大坂村が位置していた地域である。それが御前崎町と浜岡町となり、平成16年4月1日には、この二つの町が合体して、御前崎市が誕生した。

　遠江射場の跡地は、2-(1)表でも示したように、そのほとんどが昭和22年に農林省へ有償所管換され、昭和43年までに、その84.3％が開拓農地へと転用された。それには、この射場となった土地の前身が地元農民の所有地だったという歴史的背景がある。

　また、その自然条件により、白羽村（200,955 m²・昭和24年）、睦浜村（187,240 m²・昭和25年）、佐倉村（775,312 m²・昭和25年）の3村が「砂防林」を用途目的として「時価」で用地取得している。このことは既に5-(1)表で掲示済のことである。

　やや脇道にそれるが、用途目的が「砂防林」というのであれば、本来は建設省へ無償所管換とすべきであり、地方公共団体へ払い下げるにしても、無償の「譲与」にすべきだったと思われる。もっとも時価売払いといっても、金額の問題、それから入会権の問題があるので、早急な判断はできないが、昭和38年には、海岸防潮林という目的で、273,979 m²が静岡県に譲与されている事実をみれば、そうした疑念が生じてくるのも止むを得ないであろう。

　この遠江射場跡地の産業用地への転用としては、昭和25年に睦浜村が「農協加工工場」という用途目的で15,086 m²を、また昭和28年には静岡鉄道が軌道敷として83,334 m²を取得した件がある。前者については、地方公共団体が農協のために加工工場用地を取得するということの是非をめぐる問題があり、後者については既に述べた通りである。

　さらに昭和45年になって、大蔵省はこの遠江射場の一部（52,015 m²）を中部電力へ時価で払い下げている。その用途目的は、原子力発電所の建設に関連したものであった。

　浜岡原子力発電所の建設をめぐる経緯については、次の文章がある。

　「中部電力株式会社が、当町（浜岡町―杉野）佐倉地区に原子力発電所建設計画を町へ申し入れたのは、昭和42年5月であった。――用地買収については、中電側と土地所有者の代表による交渉委員会の間で折渉が進められ、六ヵ月有余にわたる交渉が継続され、昭和44年2月着工の運びとなった。昭和49年8月工事の完了を見、試運転に入った」[1]

　浜岡原子力発電所の着工は昭和44年2月だから、中部電力が大蔵省から旧軍用地を取得したのは、その翌年である。つまり、周辺地域の農民（土地所有者）との合意が得られたのち、旧軍用地を取得したということになる。もっとも、中部電力が大蔵省から取得した旧軍用地は、原子力発電所の中枢設備が建設された位置からは外れた場所になるので、用地取得が遅れても、それほど問題ではなかったとも言える。さらに付け加えるならば、この原子力発電所の敷地面積は約160万 m²であり[2]、これに比して中部電力が取得した旧軍用地の面積は僅かに5万 m²強に過ぎなかったので、確かに「旧軍用地の転用」ではあったが、その役割は極めて小さかったと言えよう。

1）　『浜岡町史』、浜岡町、昭和 50 年、219 〜 220 ページ。
2）　『静岡の地暦』、静岡教育出版社、昭和 52 年、385 ページ。

第十章　愛知県

　中京工業地帯の中心である愛知県には、戦前に170口座の旧軍用施設があった。その概況について、山本正雄氏は、『日本の工業地帯』の中で、次のように述べている。

　「名古屋工廠を筆頭に海軍機の製作に特殊技術をもつ愛知時計電機、神風号の製作で国際的に知られた三菱重工名古屋航空機製作所などは、大隈鉄工所、日本車輌、岡本工業、高野時計、柴田鉄工所、矢嶋工業など内燃機や車輌工業を下請けに組み入れて飛行機生産に拍車をかけ、昭和11年には日本最大の航空機工業地帯に発展した」[1]

　またアメリカ合衆国戦略爆撃調査団による『日本戦争経済の崩壊』でも、名古屋市域における三菱関係の航空機工場について、次のような認識がなされている。

　「この時期（1943年―杉野）には航空工業は日本の最大工業の一つとなっていた。中心工場は機體では220万平方フィートの敷地を有する三菱の名古屋工場と、発動機工場では同じく三菱の名古屋工場で270万平方フィートの敷地を有していた。――工場地帯の至るところに散在している小工場が、何千という器具や電気部品その他何やかやを供給しており、――。これらの産業地帯や巨大な面積をもつ組立工場は爆撃の格好の目標であった」[2]

　名古屋市、あるいは愛知県を中心として広域的に展開する中京工業地帯。その工業地帯には、戦前、陸軍造兵廠や海軍工廠を中核とする軍需生産施設、とりわけ航空機生産に関連する諸工業が重層的に構築されていた。それだけに、米軍による空襲も激しく、その軍需生産施設は大きな損害を被った。極論すれば、ことごとく破壊されたといってもよい。そして戦後における中京工業地帯の復興も、この旧軍用施設（旧軍用地）の転用によるところが大きかった。そこで、戦前の愛知県における旧軍用財産（施設）が、どのような状況にあったか、そして戦後においてどのように転用されたのかについて、その諸施設を面積規模別に区分しながら、明らかにしておこう。

　1）　山本正雄編『日本の工業地帯』、岩波書店、昭和34年、115ページ。
　2）　アメリカ合衆国戦略爆撃調査団『日本戦争経済の崩壊』、正木千冬訳、日本評論社、昭和25年、
　　　47ページ。

第一節　愛知県における旧軍用地とその転用概況

1．巨大規模の旧軍用施設

　戦前の愛知県における旧軍用施設の状況を把握する場合には、その軍事的機能から分類するこ

とも可能であるが、戦後における工業立地との関連ではなによりも旧軍用地が問題となる。そこで、旧軍用施設を規模（敷地面積）別に分類していく作業から始めることにしよう。まず愛知県における巨大規模の旧軍用施設（100万 m² 以上）を摘出してみると、次表のようになる。

X-1-(1)表　愛知県における巨大規模の旧軍用施設とその転用状況

（単位：m²、年次：昭和年）

旧口座名	所在地	敷地面積	主たる転用先	年次
明治海軍航空隊	明治村	2,009,171	農林省・農地	22
岡崎海軍航空隊（1～3）	岡崎市	3,525,106	農林省・農地	22
河和海軍航空隊（1～2）他	河和町	1,609,978	農林省・農地	22
名古屋陸軍兵器補給廠高蔵寺分廠	高蔵寺町	1,694,324	提供財産（48年現在）	
小牧飛行場	小牧市	3,567,805	運輸省・空港敷地	45
小幡ケ原陸軍射撃場	名古屋市	1,248,783	農林省・農地	22
本地ケ原陸軍演習場	瀬戸市	2,845,557	農林省・農地	23
清洲陸軍飛行場用地	甚目寺町	1,875,217	農林省・農地	22
高師原陸軍演習場	豊橋市	2,569,927	農林省・農地	22
天伯原陸軍演習場	同	9,354,161	農林省・農地	23
豊橋海軍航空基地	同	2,656,551	農林省・農地	23
豊川海軍工廠	豊川市	2,312,880	民間工業用地他	36
伊良湖岬試砲場	福江町	14,155,641	農林省・農地	22
名古屋海軍航空隊	伴見村	1,095,786	農林省・農地	23

出所：「旧軍用財産資料」（大蔵省管財局文書）より作成。

(1)表をみると、戦前の愛知県には、敷地面積 100 万 m² 以上の巨大な軍用施設が 14 口座もあった。軍事的機能あるいは施設目的からみると、14 口座のうち、航空隊および航空基地（飛行場）が 7 口座、演習場が 3 口座、射撃場が 2 口座、工廠・補給廠が 2 口座となっている。もっとも、(1)表では、岡崎海軍航空隊（3 口座）および河和海軍航空隊（2 口座）をそれぞれ一つの口座にまとめているので、その点に留意しておかねばならない。つまり、愛知県における大規模な旧軍用施設としては、航空機工業の集積地であったことを反映して航空隊および航空基地がその多くを占めていた。なお、飛行場は滑走路が平坦、かつ地盤が強固なので、その点では、工場用地への転用には好都合である。

施設面積の規模という点では、伊良湖岬の試砲場（福江町から渥美町を経て、現在は田原市）は約 1,400 万 m²、豊橋市の南部、遠州灘を望む台地の天伯原にあった陸軍の演習場は 900 万 m² を超える規模のものであった。ただし、これらが工業用地へと転用できる条件をもっているかどうかは、その土地の自然的性格上、地価は別として、物理的には相当の困難性がある。このことは、演習場や射撃場についても、一般的に妥当することである。

問題なのは、巨大規模の旧軍用施設が名古屋市には少なかったということである。これは名古屋の市街地における土地利用上の競合関係、とりわけ地価という制約条件があったからである。したがって名古屋市内では、巨大規模ではないが、大規模あるいは中規模の旧軍用施設が多かっ

たと言えよう。

　敷地面積が 230 万 m^2 強もあり、東洋一の軍需工場と言われた豊川海軍工廠の跡地利用については、工業用地への転用が多くみられる。この工廠の跡地利用については、学徒動員などの歴史的経緯も含めて詳しく分析してみたい。

　ところで、愛知県にあった巨大な規模の旧軍用施設は、⑴表からも判るように、昭和 22 年と 23 年に大蔵省から農林省へ有償所管換され、その多くが農地へと転換されている。例外としては、先述した豊川海軍工廠、それから中部国際空港ができるまでは名古屋空港として利用され、平成 20 年の現在では県営名古屋空港となっている小牧空港、それから昭和 48 年 3 月現在では提供財産となっていた名古屋陸軍兵器補給廠高蔵寺分廠（平成 20 年現在では陸上自衛隊駐屯地）がある。

　こうした状況をみると、旧日本軍の物質的基盤であった中京工業地帯における軍需工場の地理的分布状況やその規模（敷地面積）が改めて問題となる。

２．大規模の旧軍用施設

　旧軍用施設のうち、敷地面積が 10 万 m^2 以上かつ 100 万 m^2 未満のものを摘出してみよう。つまり、愛知県にあった大規模の旧軍用施設の所在地、および戦後における転用状況を概略的に示したのが、次表である。

Ｘ-1-⑵表　愛知県における大規模の旧軍用施設とその転用状況

（単位：m^2、年次：昭和年）

旧口座名	所在地	敷地面積	主たる転用形態	年次
名古屋陸軍造兵廠熱田製造所	熱田区	259,550	工場用地	28
名古屋陸軍造兵廠港分工場	港区	119,044	農業用施設敷	33
名古屋陸軍造兵廠高蔵製造所	熱田区	273,907	工場用地	28
名古屋陸軍造兵廠千種製造所	千種区	178,511	市民病院・他	30
名古屋陸軍兵器補給廠	同	248,111	名古屋工大・他	28
野砲兵第 3 連隊	中区	143,227	市道・他	36
輜重兵第 3 連隊	同	108,398	市道	40
名古屋陸軍北練兵場	北区	431,267	公務員宿舎・他	27
名古屋陸軍東練兵場	中区	209,851	国立病院・市道他	23
大坂糧秣支廠名古屋倉庫	南区	174,490	名古屋港発展敷地	26
騎兵第 3 連隊	守山市	156,283	総理府防衛庁	37
名古屋陸軍幼年学校	篠岡町	152,238	国警愛知県本部	27
名古屋陸軍造兵廠鳥居松製造所	春日井市	840,236	苫小牧製紙・他	26
名古屋陸軍兵器補給廠楽田倉庫	羽黒村	101,359	中学用地	29
名古屋陸軍造兵廠鷹来製造所	春日井市	979,487	工場用地・他	38
名古屋城郭内旧軍施設	中区	309,945	公園	──
猫ケ洞陸軍演習場	千種区	586,787	法務省庁舎・他	35
寺部試砲場	幡豆町	134,760	日本通運	24
陸軍飛行場設定練習部豊橋陸軍練兵場	豊橋市	290,860	市庁舎・中学校他	26

豊橋工兵作業場	同	179,079	大蔵省合同庁舎他	39
豊橋陸軍第一予備士官学校	同	312,043	愛知大学	38
名古屋陸軍兵器補給廠豊橋分廠南倉庫	同	113,676	県立豊橋聾学校他	30
名古屋陸軍兵器補給廠豊橋分廠	同	128,304	民間工場用地・他	25
高師陸軍北演習場廠舎	同	121,107	民間工場	28
第三師団兵器部豊橋出張所	同	127,648	大蔵省合同宿舎他	37
高師陸軍練兵場	同	393,183	農林省農地	22
豊橋陸軍第二予備士官学校	同	200,224	小学校用地・他	26
牛川陸軍射撃場	同	140,593	農林省農地	23
豊橋軍用水道水源地	同	863,111	農林省農地	23
豊川海軍工廠工員養成所	豊川市	159,209	名大豊川分校用地	27
豊川海軍工廠別地火薬庫他	同	589,452	総理府防衛庁	35
豊橋航空基地伊川津爆撃訓練所	伊川津村	284,183	農林省農地	22
名古屋陸軍造兵廠寺部射場	幡豆町	143,127	幡豆町学校用地	24
東海飛行機	挙母市	490,041	トヨタ自動車工業	33

出所：「旧軍用財産資料」（前出）より作成。

　この(2)表は、戦前の愛知県にあった大規模の旧軍用施設（10万～100万㎡）が34口座であったことを示している。その内訳を軍用施設の種類によって区分すると、造兵廠、工廠、補給廠、軍需工場（民間）などの、いわゆる兵器生産施設が10口座、兵営（駐屯地）が3口座、作業場および火薬庫を含む各種倉庫が5口座、工員養成所を含む軍関連の学校4口座、それから練兵場や演習場が6口座、試射・砲場が4口座、その他（城内施設、水源地）が2口座となっている。その名称から推測して、工場用地として転用が可能、ないし工場適地と思われるのは、兵器生産施設から軍関連の学校までの22口座、また不適当ではないかと推測されるのが練兵場や演習場、試射・砲場、その他の12口座である。ただし、この区分はあくまでも平坦地であるか否かという自然的条件を推測した限りでの区分であり、市街地等との近隣性に規定される地価の高低という視点は含まれていないことに留意しておかねばならない。

　次に、この34口座の所在地であるが、名古屋市が12口座、豊橋市が11口座、豊川市、春日井市、幡豆町がそれぞれ2口座、守山市、挙母市、篠岡町、羽黒村、伊川津村が各1口座となっている。この地理的分布状況をみると、旧軍用施設が名古屋市と豊橋市にいかに集中していたかが判る。なお、この地理的区分については、昭和48年段階の市町村名を用いており、平成20年現在では、守山市は名古屋市守山区、挙母市は豊田市、篠岡町は小牧市、羽黒村は犬山市、伊川津村は田原市へ名称を変更している。また、地理的分布という点に関しては、大規模な旧軍用施設の所在地も含めて整理し、その総合的な判断が必要となる。

　この大規模な旧軍用施設の転用状況をみると、巨大規模の旧軍用施設の多くが昭和22年・23年に農林省へ有償所管換されて農地になっていたのに比べて、民間企業の工場用地への転用をはじめ、国立大学、各種公務員住宅、庁舎や病院などへの転用が目立ち、農林省への有償所管換による農地への転換、あるいは総理府防衛庁への転換が相対的に少ないという特徴を検出しうる。そして結果的にではあるが、農林省への有償所管換が少ないという反面、大蔵省からの払下年次

が、昭和30年代にまで下がるものが多いという特徴となっている。

3. 中規模の旧軍用施設

　これまでに巨大規模および大規模な旧軍用施設と戦後における転用状況について概観してきた。しかしながら、愛知県にあった旧軍用施設の全口座数は170であり、巨大規模・大規模の、つまり10万 m^2 以上の旧軍用施設はそのうちの48口座（28％強）でしかない。そのことは中小規模の旧軍用施設であっても、戦後期に民間の工場用地へと転用されたものが相当にあったのではないかと推測させるものがある。そこで、旧軍用施設のうち中規模（1万～10万 m^2）のものを摘出してみよう。次の表がそれである。

X-1-(3)表　愛知県における中規模の旧軍用施設とその転用状況

（単位：m^2、年次：昭和年）

旧口座名	所在地	敷地面積	主たる転用形態	年次
千種射撃場	千種区	17,668	私学用地・他	26
第三師団司令部及第五師団司令部	中区	25,774	名古屋城郭内旧軍施設へ振替	
第三師団経理部第2倉庫	同	31,372	建設省・他	36
第三師団経理部第3倉庫	同	21,762	法務省・他	27
名古屋城郭内道路土塁濠	同	89,735	国道他	36
第三師団長官舎	同	15,549	文部省文化財	44
名古屋陸軍病院	同	36,215	国立病院	23
名古屋海軍材料倉庫	瑞穂区	71,828	民間企業	24
名古屋陸軍偕行社	中区	11,236	大蔵省財務局庁舎	24
名古屋陸軍兵器廠鳥居松分廠	春日井市	28,355	愛知学芸大学用地	36
犬山陸軍演習廠舎	犬山市	11,596	市立学校用地他	31
横須賀海軍施設部名古屋支部	熱田区	18,839	民間工場	30
各務原航空隊小牧分遣隊	小牧市	36,842	文化庁指定財産他	44
東海飛行機㈱挙母工場	豊田市	10,752	トヨタ自動車工業	43
（飛行場拡張予定地）	半田市	47,930	農林省農地	27
愛知工業刈谷工場	刈谷町	97,785	愛知工業	24
豊川架橋演習場	豊橋市	47,583	農林省農地	23
独立第63歩兵団司令部	同	25,407	法務省刑務所他	23
豊橋陸軍墓地	同	11,740	（貸付中）	
工兵第3連隊	同	73,198	民間倉庫他	36
豊橋偕行社	同	11,887	農産物加工場	30
豊橋陸軍病院	同	32,621	国立病院	23
高師陸軍火薬庫	同	52,302	東都製鋼	33
豊橋海軍航空隊外酒保	同	13,570	土地区画換地用地	30
豊橋航空基地燃料貯蔵庫	同	25,428	土地区画整理用地	27
豊橋航空基地引込軌道	同	42,243	貸付中（市道）	──
豊橋航空対射撃場	杉山村	62,185	町有林	25
豊川海軍工廠海岸発射場	豊橋市	91,863	市道他	33
豊川海軍工廠第2男子寄宿舎	豊川市	49,350	民間企業社宅敷地	39

豊川海軍工廠白川排水路	同	15,881	建設省・排水路	44
豊川海軍工廠佐奈川排水路	同	23,336	建設省・排水路	44
豊川海軍工廠送水設備	一宮村	54,426	大部分が貸付中	——
豊川海軍工廠型鍛造工場	豊川市	52,436	小学校用地他	30
豊橋海軍航空基地田原送信所	田原町	40,292	農林省農地	37
伊良湖陸軍気象観測所	福江町	10,138	農林省気象庁	24
伊良湖試験場	伊良湖岬	34,155	漁場保安林	24
愛知県海軍海洋道場	塩津村	30,373	塩津村防風林	26
佐久島試砲場	佐久島村	24,909	農林省農地	23
大恩寺防空砲台	御津町	42,833	御津町公有地	25
岡崎海軍航空隊	岡崎市	18,117	三菱重工業	43

出所：「旧軍用財産資料」（前出）より作成。

　愛知県における中規模（1万～10万㎡）の旧軍用施設数は、(3)表では40口座である。しかしながら、名古屋城内にあった「第三師団および第五師団の司令部」（25,774㎡）は(2)表に掲載されていた「名古屋城郭内旧軍用施設」（309,945㎡）という口座の中に含まれているので、実際には39口座である。以下では、この口座を「振替」として取り扱うことにする。

　さて、愛知県における中規模な旧軍用施設をその用途目的別に分類してみると、射爆場5口座、火薬庫を含む各種倉庫5口座、工廠・民間工場4口座、司令部や施設部を含む兵営が3口座、官舎や廠舎を含む宿舎3口座、飛行場・航空隊3口座、偕行社や酒保といった慰労施設3口座、送排水路3口座、病院2口座、海洋道場を含む演習場2口座、軌道・道路2口座で、そのほかは、墓地、送信所、観測所、砲台、振替、各1口座となっている。

　複数の口座をもつ旧軍用施設でも、実際の内容は多様であり、(3)表では、整理の必要上、やや恣意的に概括している。つまり、ここで言いたいのは、演習場や飛行場などの広大な、別の表現をすれば巨大規模あるいは大規模の旧軍用施設と違って、中規模の旧軍用施設の場合には、その用途目的が多種多様になってくるということである。

　この中規模の旧軍用施設の地域的分布状況をみると、名古屋市10口座、豊橋市11口座、豊川市4口座となっており、名古屋市と豊橋市とで約半数を占めるが、その他の地域に15口座もある。名古屋市と豊橋市に集中していることは大規模な旧軍用施設と同じではある。それでも、相対的にではあるが、地域的にみて、やや分散的な状況にあったと言えよう。なお、ここで注目すべきは、豊川市に旧軍用施設が4口座あることである。そして、そのいずれもが豊川海軍工廠との関連施設なのである。このことから、愛知県における旧軍用財産を地域的に分析する場合には、名古屋市と豊橋市、それに豊川市を主な対象としなければならないであろう。

　愛知県の場合、大蔵省から戦後に払い下げられた中規模の旧軍用施設がどのように転用されたのか、その点についてみると次のようになる。

　旧軍用施設の口座ごとに、払下面積が最も大きな払下先を選びだし、それを主な転用先として記載することにした。

　その結果として、最も多いのは、国の省庁で、その口座数は17である。省庁の中では、農林

省が5口座（気象庁を含む）で、以下建設省（4口座）、文部省（3口座）、厚生省（2口座）、法務省（2口座）、大蔵省（1口座）の順となっている。農林省への有償所管換による農地への転用は4口座で、これは巨大規模の旧軍用施設の農地への転用状況からみると著しく少ないことが特徴的である。

　国の省庁に続いては、民間企業が9口座、地方公共団体が8口座となり、その他は6口座（うち振替1口座を含む）である。

　もっとも、この数字は、1口座あたり1件の払下先をもって処理しているものであり、全体としての払下件数とは区別しておかねばならない。

　愛知県における旧軍用施設を巨大規模、大規模、中規模という3段階に分けて、88口座の概況をみてきたが、それでも全口座数170の約半分でしかない。つまり、小規模や零細規模の旧軍用施設（計82口座）についての検討はまだ残されている。

4．小規模の旧軍用施設

　ここで「小規模の旧軍用施設」というのは、敷地面積が5千m²以上1万m²未満の旧軍用施設のことである。

　愛知県で、5千m²以上、1万m²未満の旧軍用施設は、僅かに10口座なので、それを一覧表にしておこう。

X-1-(4)表　愛知県における小規模の旧軍用施設とその転用状況

（単位：m²、年次：昭和年）

旧口座名	所在地	敷地面積	主たる転用形態	年次
第三師団名古屋倉庫	名古屋市	6,485	国税局庁舎	27
第三師団経理部第1倉庫	同	8,102	建設省他	36
名古屋陸軍火薬庫	同	7,388	国家警察本部庁舎	28
名古屋憲兵隊及び官舎	同	7,856	県産業貿易館	36
騎兵第三連隊上水道	同	5,401	名古屋市へ貸付中	——
名古屋陸軍墓地	同	8,770	準公共用地	——
陸軍通信隊	小牧市	6,367	農林省農地	27
豊橋衛戌司令官官舎	豊橋市	5,064	愛知大学	38
伊勢防備隊伊良湖防衛所	伊良湖岬	8,423	村立学校実習地	27
大恩寺防空第二聴測所	御津町	5,623	農林省農地	23

　出所：「旧軍用財産資料」（前出）より作成。

　(4)表をみると、軍用施設にも、その用途の性格上、敷地面積の規模に一定の条件があって、5千m²から1万m²といった小規模の敷地面積では、射爆場、演習場、飛行場などはもとより工廠や造兵廠といった施設として利用することは無理がある。また(4)表をみても、そのような施設は見当たらない。また所在地としては名古屋市内が多く、とくに第三師団関連の諸施設が多い。これに対して、市外地では聴測所、防衛所などの施設がみえるが、それらは愛知県南部の遠州灘

に面し、敵機接近を傍聴できる地点、あるいは射爆場における実習結果を測定しうる地点である。

　転用先では、農林省への有償所管換による農地への転換が小牧市と御津町でみられるほかは、国の省庁への無償所管換や地方公共団体への払下げや貸出が多いのが特徴的である。

　民間への払下げは、愛知大学に対するものがあるだけで、少なくとも(4)表だけからは、小規模の旧軍用施設（旧軍用地）から民間企業の工場用地への転用はみられない。

5．極小規模の旧軍用施設

　愛知県にあった旧軍用施設で、敷地面積が5千 m^2 未満の零細規模のものは49口座に及ぶ。それを一括した形で整理すると、次のようになる。

　まず、この零細な旧軍用施設を規模別に細区分してみると、1,000 m^2 までが23口座、1,000 ～ 3,000 m^2 の規模のものが17口座、そして3,000 ～ 5,000 m^2 までのものが9口座となっている。中には僅か3 m^2 という極小の旧軍用施設も含まれている。

　次に、旧軍用施設の用途別種類についてみると、もっとも多いのが試砲観測所で、その数は23口座に達する。この観測所の他は官舎・宿舎（4口座）と憲兵隊（3口座）が多いほうで、司令部、送信所、水道、聴測所が各2口座である。残る11口座は各1口座であるが、多種多様で、練兵場、酒保、監獄、製造所もあるが、中には共同隔離施設、会議所、それから三角点（3 m^2）も含まれている。

　それらの所在地は、これまでに旧軍用施設が多かった名古屋市（旧守山市、旧天白村を含む）が11口座、豊橋市8口座、豊川市5口座に加え、観測所等が多かった田原市（旧渥美町、旧福江町、旧田原町、旧赤羽村）の16口座が加わる。これ以外では、東海市（旧上野町）、豊田市（旧挙母市）、半田市が各1口座、蒲郡市（旧三谷町、旧西浦町）が2口座、吉良町（旧吉田村）、御津町（旧大塚村）が各1口座、そして昭和28年に一色町に編入した佐久島村が2口座である。佐久島は知多湾と三河湾、知多半島と渥美半島の出会いの場所にあり、試射場および同観測施設として利用されていたものである。

　ところで、その転用目的であるが、それについては、町（村）有林が7口座、民間山林が6口座、合わせて山林へ転用されているのが13口座であり、続いては、農林省（農地）が5口座、民間住宅4口座となっており、2口座のものは、国税局庁舎、裁判所、市営住宅となっている。なお、「その他」が6口座、貸付中が3口座もある。留意しておくべきは、僅か1口座であるが民間工場へ転用されたものもある。もっとも、本書では、旧軍用地の工業用地への転用を問題にしているが、それは3千 m^2 以上の旧軍用地が払い下げられた場合だけを研究対象としているので、この零細規模の民間工場については、これを指摘しておくに留める。なお、珍しい転用先としては、新聞社事務所、入国管理事務所、放送局、民間病院などがある。

第十章　愛知県　　351

第二節　愛知県における旧軍用地の国家機構および地方公共団体への転用

　これまでは、愛知県にあった旧軍用施設と戦後における転用について、その敷地面積を規模別に整理し、旧口座名とその所在地、敷地規模、施設の用途種類、払下先等について、口座別に紹介してきた。しかしながら、それは旧軍用施設を対象とした紹介であって、旧軍用地の工業用地への転用をはじめ、国による旧軍用地の払下げという視点からの分析ではない。そこで、次には旧軍用地を誰が、どのように取得し、転用してきたかについて分析していくことにしよう。

1. 国家機構（農林省および総理府）による旧軍用地の転用状況

　これまで東日本の各地域における旧軍用地の転用状況を分析してきたが、その結果として明らかになっていることは、その主体別転用では、国による旧軍用地の所管換では、農林省による有償所管換（農地転用目的）と総理府（防衛庁）への無償所管換が圧倒的に多かったということである。愛知県でも、その点に大きな変化はないと予測されるが、それはともかく、まずその事実関係を明らかにしておこう。ただし、ここでは1万 m^2 以上の旧軍用地を所管換した場合に限定しておく。

X-2-(1)表　国家機構による旧軍用地の所管換状況（農林省・総理府）

（単位：m^2、年次：昭和年）

省庁名	所管換面積	用途目的	旧口座名	年次
農林省	1,754,731	農地	明治海軍航空隊	22
同	897,128	農地	岡崎海軍航空隊一・二・三	22
同	2,134,399	農地	同	22
同	289,223	農地	同	23
同	622,161	農地	河和海軍航空隊一・二	22
同	493,565	農地	同	22
同	868,942	農地	小幡ケ原陸軍演習場他	22
同	21,481	宿舎施設	同	28
同	2,845,557	農地	本地ケ原陸軍演習場	23
同	1,818,479	農地	清洲陸軍飛行場用地	23
同	287,561	農地	高師範陸軍練兵場	22
同	2,325,535	農地	高師範陸軍演習場	22
同	2,081,434	農地	大伯原陸軍演習場	22
同	7,272,726	農地	同	23
同	1,208,078	農地	豊橋海軍航空基地	23
同	391,066	農地	同	23
同	111,657	農地	牛川陸軍射撃場	23
同	384,948	農地	豊橋軍用水道水源地	23
同	10,138	中央気象台	伊良湖陸軍気象観測所	24
同	265,928	農地	豊橋航空基地伊川津訓練所	22

同	6,864,352	農地	伊良湖岬試砲場	22
同	5,695,562	農地	同	23
同	203,632	農地	同	40
同	161,017	農地	東海飛行機㈱	25
総理府防衛庁	119,369	駐屯地	騎兵第3連隊	37
同	12,627	宿舎	小牧飛行場	39
同	1,205,245	航空自衛隊	同	47
同	156,380	陸上自衛隊	小幡ケ原陸軍演習場他	32
同	27,199	宿舎	同	36
同	247,203	演習地	名古屋陸軍造兵廠（鷹来）	38
同	59,476	駐屯地	豊川海軍工廠	32
同	308,673	駐屯地	同	32
同	69,058	駐屯地	同	36
同	589,193	陸上自衛隊	豊川海軍工廠別地火薬庫他	35

出所：「旧軍用財産資料」（前出）より作成。

　⑴表は、大蔵省から旧軍用地を有償所管換ないし無償所管換された他の省庁の中で、最も件数が多いと予測される農林省と総理府防衛庁を対象にして、愛知県における転用状況を摘出してみたものである。もっとも、ここでは1件あたりの面積が1万m²以上のものに限定している。

　さて、愛知県でも農林省へ多くの旧軍用地が自作農創設のための農地を用途目的として、24件、有償所管換されている。その総面積は、3,900万m²に達する。もっとも、この中には宿舎施設と気象観測所の2件が含まれているが、それは3万m²強の面積であり、農林省に所管換された全体の面積からみれば無視できるほどのものでしかない。ただし、この2件だけは無償所管換である。

　農林省へ有償所管換された年次をみると、他県同様、昭和22年と23年が圧倒的に多い。このことからみても、戦後における食料危機の深刻さおよび自作農創設（農民の要求）への志向がいかに強かったかが想像できる。なお、例外は有償所管換の場合には、昭和25年と40年の2件があり、無償所管換の2件は昭和24年と28年となっている。

　総理府防衛庁への無償所管換は、愛知県の場合、10件である。その総面積は約280万m²である。所管換された年次をみると、昭和32年が多く、続いては36・37年で、最も大きな旧軍用地の転用は小牧飛行場を航空自衛隊用地へ所管換した昭和47年である。なお、ここでは1万m²未満の転用については省略した。

　以上、農林省と総理府への旧軍用地の転用状況を概観してきたが、愛知県の場合でも、国の省庁への所管換では、この二つの省庁への転用が多いということを検出しえたと思う。ただし、そのように結論づけるためには、他の省庁への無償所管換状況との比較が必要である。そこで、次には、旧軍用地がその他の省庁へどのように転用されたかについてみていくことにしよう。

2．国家機構（農林省および総理府を除く）による旧軍用地の転用状況

　前項では愛知県における旧軍用地の農林省と総理府への転換状況をみてきた。農林省による農地への転換は国民の農地要求と食料危機の打開に深く係わっており、総理府、とりわけ防衛庁への転換は国家権力機構の中枢をなすだけに、旧軍用地の所管換面積は相当のものがあった。

　ところで、農林省と総理府を除いた他の国家機構（省庁）への転用は、愛知県の場合どうなっているのだろうか。それを示したのが、次表である。

X-2-(2)表　国家機構による旧軍用地の所管換状況（農林省・総理府を除く）

（単位：m²、年次：昭和年）

省庁名	所管換面積	用途目的	旧口座名	年次
大蔵省	38,341	宿舎	名古屋兵器補給廠（千種）	26
同	36,311	宿舎	同	29
同	37,491	宿舎	名古屋陸軍北練兵場	27
同	18,340	宿舎	同	45
同	11,236	財務局庁舎	名古屋陸軍偕行社	24
同	12,532	名古屋税関	猫ケ洞陸軍演習場	37
同	11,934	合同宿舎	豊橋工兵作業場	39
同	10,417	合同宿舎	第三師団兵器部豊橋出張所	37
同	28,565	合同庁舎	豊川海軍工廠	39
法務省	17,380	少年審判所	名古屋兵器補給廠（千種）	24
同	11,183	高等検察庁	第三師団経理部第3倉庫	27
同	24,793	法務局庁舎	猫ケ洞陸軍演習場	35
同	15,157	刑務所	独立第63歩兵団司令部	23
同	92,043	刑務所	名古屋海軍航空隊	24
文部省	44,560	名古屋大学	名古屋陸軍造兵廠（高蔵）	29
同	80,978	名古屋工大	名古屋兵器補給廠（千種）	28
同	10,211	愛知学芸大	名古屋兵器補給廠（鳥居松）	36
同	187,789	名古屋大学	豊川海軍工廠	26
同	88,205	名大豊川	豊川海軍工廠工具養成所	27
文化庁	103,332	文化財	各務原航空隊小牧分遣隊	44
厚生省	30,654	国立病院	名古屋陸軍東練兵場	23
同	15,125	同	同	33
同	36,215	国立病院	名古屋陸軍病院	23
同	32,621	国立病院	豊橋陸軍病院	23
建設省	32,727	公共用水路	豊川海軍工廠	44
同	15,881	白川排水路	豊川海軍工廠佐奈川排水路	44
運輸省	36,118	職員住宅	小牧飛行場	32
同	1,961,947	名古屋空港	同	45
自治省	152,238	国警愛知県	名古屋陸軍幼年学校	27

　出所：「旧軍用財産資料」（前出）より作成。

　(2)表は、戦後大蔵省に移管された旧軍用財産、ここでは旧軍用地だが、その旧軍用地が大蔵省から他の省庁へどのように所管換されたかを省庁別にまとめてみたものである。ただし、2-(1)

354

表で示した農林省および総理府防衛庁を除いている。

　まず、ここでの払下件数は全部で29件、そのうち大蔵省が9件で最も多く、続いては法務省と文部省が同じく5件、それから厚生省が4件、建設省2件、運輸省2件、自治省1件、文化庁1件となっている。その他の件に較べて、大蔵省と法務省への払下件数が多いのが特徴となっている。文部省や厚生省は他県と較べて、それほど多いというほどではない。

　大蔵省についてみると、9件中の6件が国家公務員が居住する「宿舎」や合同宿舎への転用が用途目的である。この場合の「宿舎」が大蔵省専用の宿舎なのか、それとも他の省庁も利用できる合同宿舎なのかは判然としない。しかしながら、昭和20年代に、宿舎への転用が多いのは、米軍の爆撃によって市街地が焼野原となり、海外からの引揚者もあって、住宅需要が地域的に逼迫していたからだと思われる。

　次に法務省への払下げについては、庁舎等の転用はともかく、刑務所への転用が2件もあったのは、当時における治安の悪さを反映したものとも考えられる。しかし、この件については、もっと別の事由があったのかも知れず、即断することはできない。

　文部省についてみると、愛知県の場合には、そのすべてが国立大学用地への転用である。新制大学制度の発足と同時に、その施設・設備の拡充が急務だったからだと思われる。

　厚生省については、旧陸軍病院を国立病院へ転用した件が2件あり、これは施設等の有効利用という点からは理解できる。また、その他の旧軍用施設（旧軍用地）の国立病院への転用が2件あることも忘れてはならない。

　建設省へ所管換された2件については、その旧施設の性質上、自然なことであるが、運輸省へ昭和45年に所管換された小牧空港用地の件については、次のことを付記しておきたい。それは隣接する用地を防衛庁が2年後の昭和47年に取得（無償所管換）していることである。なお、この小牧空港は昭和33年まで米軍が使用していたことなども含めて、地域分析では詳しく紹介することにしたい。

　自治省への所管換は、「国警愛知県」と略記しているが、正しくは、「国家警察愛知県本部」である。日常生活と関連が深いのは、県警や府警であるが、警察機構としては、国家警察というものが存在していることが判る。この点は国家権力機構との関連で正しく理解しておく必要があろう。

　以上、国家機構による旧軍用地の転用状況を概観してきた。愛知県の場合には、その件数が他府県よりも相対的に多いが、その主な理由は大蔵省と法務省への無償所管換が多いということ、その背景には住宅難と治安問題があったのではないかと推測するに留めておきたい。

3．愛知県への旧軍用地の払下状況

　地域住民の生活に密着し、かつ国家権力機構の一端でもある地方公共団体としての愛知県は旧軍用地をどのように取得したのであろうか。その取得状況をまとめてみたのが、次の表である。

X-2-⑶表　地方公共団体（愛知県）による旧軍用地の取得状況

（単位：m²、年次：昭和年）

旧口座名	所在地	取得面積	用途目的	形態	年次
名古屋陸軍造兵廠（千種）	千種区	13,091	県立聾学校	減額	32
名古屋陸軍補給廠（千種）	同	16,131	県立盲学校	交換	40
明治海軍航空隊	明治村	34,963	県道	譲与	36
同	同	35,082	同	同	36
小幡ケ原陸軍射撃場演習場	守山区	63,692	学校敷地	減額	36
猫ケ洞陸軍演習場	千種区	18,843	県立高校敷	減額	35
岡崎海軍航空隊（1～3）	岡崎市	11,107	県道	譲与	37
同	同	12,241	同	同	37
同	同	11,637	同	同	38
同	同	10,409	同	同	38
同	同	15,064	同	同	38
同	同	8,908	企業局用地	時価	38
名古屋陸軍補給廠（豊橋）	豊橋市	18,109	県立聾学校	減額	30
豊橋海軍航空基地	同	4,326	工場分譲地	時価	47
豊橋陸軍第2予備士官学校	同	17,611	県営住宅	減額	44
豊川海軍工廠	豊川市	20,362	自動車試験場	交換	40
同	同	26,471	県道	譲与	41
計		338,047			

出所：「旧軍用財産資料」（前出）より作成。

　地方公共団体としての愛知県が取得した旧軍用地は17件、その総面積は338,047m²である。取得件数は多いが、取得した面積はそれほど多くはない。これを取得目的別に分類してみると、県道への転用が8件でほぼ半分に達する。しかも、この県道への旧軍用地の転用はすべて譲与である。時期的にみると、昭和37・38年が多く、場所が岡崎なので、自動車工業の発展との関連を想起できるが、それを断定することはできない。

　愛知県の旧軍用地取得で目立つのは、身障者学校用地の確保が3件あることである。これまでに検討してきた諸県ではみられなかったことである。

　なお、愛知県企業局は、昭和47年に「工場分譲地」を時価で取得しているが、その用地面積は4,326m²なので、その後の経過については追わないことにする。

　愛知県では、一般学校用地として2件、また県営住宅用地としては1件を取得している。学校用地としてはともかく、住宅用地の確保件数が少なかったのではないかと思う。なぜなら、愛知県内においては、大蔵省による国家公務員住宅用地の確保が相当に多かったからである。もっとも地方公共団体としては、市営住宅の用地確保状況とも関連するので、この点はのちに検討することになろう。

4. 愛知県の地方公共団体（市町村）による旧軍用地の取得状況

愛知県の場合、その市町村による旧軍用地の取得状況はどのようになっているのであろうか。地方公共団体別に旧軍用地の取得状況を明らかにしたのが、次の(4)表である。ただし、収録しているのは、1件あたり1万m²以上のものに限定した。

X-2-(4)表　愛知県の地方公共団体（市町村）による旧軍用地の取得状況

（単位：m²、年次：昭和年）

市町村名等	取得面積	用途目的	形態	旧口座名	年次
名古屋市	30,257	東市民病院	時価	名古屋陸軍造兵廠（千種）	30
同	25,393	公営住宅	減額	同	32
同	40,408	市道	譲与	野砲兵第3連隊	36
同	18,269	同	同	輜重兵第3連隊	40
同	28,504	同	同	名古屋陸軍北練兵場	36
同	10,809	公営住宅	減額	同	37
同	15,966	同	同	同	42
同	13,363	同	同	同	43
同	101,661	市道	譲与	名古屋陸軍東練兵場	36
同	11,725	地下鉄車庫	交換	同	40
同	85,386	港湾用地	減額	大坂糧秣支廠名古屋倉庫	26
同	39,669	同	同		26
明治村	40,386	中学校用地	減額	明治海軍航空隊	24
安城市	27,524	市道	譲与	同	36
同	30,220	同	同	同	36
同	30,922	同	同	同	36
同	30,654	同	同	同	38
上郷村	24,793	中学校	減額	岡崎海軍航空隊（1～3）	24
同	16,661	同	同	同	28
岡崎市	32,103	公営住宅	減額	同	38
河和町	24,665	小学校	減額	第一・第二河和海軍航空隊	25
同	40,747	中学校	減額	同	26
同	75,400	同	同	同	26
高蔵寺町	13,600	小学校	時価	名古屋兵器補給廠（高蔵寺）	26
春日井市	49,276	学校用地	時価	名古屋陸軍造兵廠（鳥居松）	38
羽黒村	31,451	中学校	減額	名古屋兵器補給廠楽田倉庫	29
豊山村	26,026	公営住宅	減額	小牧飛行場	30
豊山村	12,952	村道	譲与	同	40
名古屋市	12,718	区総合庁舎	交換	小幡ケ原陸軍射撃・演習場	42
同	69,319	浄水場	交換	名古屋陸軍造兵廠（鷹来）	44
春日井市	13,161	市営住宅	減額	各務原航空隊小牧分遣隊	30
名古屋市	13,317	市道	譲与	同	36
豊橋市	12,890	市庁舎	時価	陸軍飛行場設定練習部	26
同	18,232	中学校用地	減額	同	36
同	12,381	市道	譲与	同	41
同	13,431	市営住宅	減額	名古屋兵器補給廠豊橋分廠	27

同	20,798	市道	譲与	豊橋海軍航空基地	40
同	14,895	小学校	減額	豊橋陸軍第 2 予備士官学校	26
同	12,675	市営住宅	減額	同	41
同	18,932	市道	譲与	豊川海軍工廠海岸発射場	33
豊川市	55,686	市民住宅	時価	豊川海軍工廠	25
同	22,037	市庁舎	時価	同	37
同	36,590	市道	譲与	同	37
同	15,937	同	同	同	38
同	47,464	同	同	同	38
豊橋市	24,293	市道	譲与	同	41
豊川市	32,844	小学校	減額	豊川海軍工廠鍛造工場	30
伊良湖岬村	1,265,585	漁場保安林	時価	伊良湖岬試砲場	24
渥美町	72,388	町道	譲与	同	44
幡豆町	59,385	学校用地	時価	名古屋陸軍造兵廠寺部射場	24
御津町	34,476	町有公地	時価	大恩寺防空砲台	25
美浜町	69,358	町道	譲与	河和海軍航空隊	46
犬山市	11,042	学校敷地	減額	犬山陸軍演習廠舎	31

出所：「旧軍用財産資料」（前出）より作成。町村名は昭和 48 年 3 月現在。

　愛知県の地方公共団体（市町村）が旧軍用地を取得した件数は、 1 件あたり 1 万 m² 以上のものに限定すると、すべてで 53 件、その総面積は約 291 万 m² となる。

　譲渡件数を市町村別にみると、最も多いのは名古屋市で、その数は 15 件に達する。その用途目的は 5 件が市道で、いずれも国家（大蔵省）より譲与されている。市道に次いでは、市営住宅（公営住宅）の 4 件である。名古屋市の場合、注目しておくべきは、港湾発展用地として旧軍用地を昭和 26 年に 2 件取得していることである。その具体的な利用形態は明らかではないが、おそらく工場ないし倉庫用地としての利用を意図しての譲渡だと思われる。名古屋市で珍しい用途目的は、地下鉄の車庫用地であり、これも運輸業に関連する旧軍用地の転用として留意しておかねばならない。そのほかに名古屋市は病院用地、浄水場用地を取得していることを付記しておきたい。

　続いては豊橋市の 9 件、豊川市の 6 件となっている。この二つの市では、市庁舎、学校用地、市道という用途目的なので、特記すべきことはない。その次に多いのは安城市の 5 件（旧明治村 1 件を含む）であるが、明治村の 1 件を除く 4 件のすべてが市道である。

　そのほかには、河和町（平成 20 年現在美浜町）の 3 件、旧高蔵寺町を含む春日井市が 3 件となっている。 2 件は上郷村（現豊田市）、豊山町、現田原市（旧伊良湖岬村と渥美町）、 1 件は岡崎市、犬山市（旧羽黒村）、幡豆町、御津町となっている。これらの中で特記すべきことが 1 件ある。それは旧伊良湖岬村による旧軍用地の取得である。

　旧軍用地の取得件数では、僅か 1 件であるが、愛知県で最も広い用地を取得したのは旧伊良湖岬村（平成 20 年現在は田原市）である。その面積は、126 万 m² 強で、旧渥美町を含む田原市全体では 134 万 m² 弱の規模となる。これは最も払下件数が多かった名古屋市の 52 万 m² 弱の倍以上

の規模である。しかし、その用地の内容は漁場保安林である。つまり、漁業という産業に関連する用地取得ではあるが、工場立地、あるいは市街地化とは直接的には結びつかない土地である。換言すれば、もし土地価格という視点から比較すれば、市街地である名古屋あるいは豊橋などの都市部の用地価格には及ばないということである。

旧軍用地を二番目に広く取得したのは名古屋市である。名古屋市が取得した旧軍用地の総面積は 52 万 m^2 弱であるが、その内訳は市道が約 20 万 m^2 で最も広く、続いては港湾発展用地が 12 万 5 千 m^2 となっており、さらに地下鉄車庫用地 1 万 m^2 強を加えると、交通輸送関連手段用地で約 34 万 m^2 となる。つまり名古屋市が取得した旧軍用地の 65% 程度が交通輸送手段用地として転用されたことになる。港湾発展予定地が昭和 26 年、つまり朝鮮動乱期であり、市道用地への譲与が昭和 36 年、つまり高度経済成長の真っ只中という時期をみると、こうした旧軍用地の払下げが単に地域的な要望によるものではなく、その背景には国際的な政治経済的要因があるとみなしても間違いあるまい。市民生活に関連すると思われる公営住宅（市営住宅）は 6 万 5 千 m^2 強、市民病院用地が約 3 万 m^2 であることと較べれば、名古屋市による旧軍用地の転用は産業基盤整備的性格が強かったと言わねばならない。なお、学校用地への転用が皆無であったことは、対象を 1 件あたり 1 万 m^2 以上に限定しているとはいえ、一つの不思議でさえある。

豊橋市についてみれば、市道への転用がもっとも大きく 7 万 6 千 m^2、これに対して市営住宅用地 2 万 6 千 m^2、学校用地 3 万 3 千 m^2 となっている。また豊川市でも市道への転用が約 10 万 m^2、市営住宅用地 5 万 6 千 m^2 弱、学校用地約 3 万 3 千 m^2 で、二つの市は同じような転用形態をとっており、特に市道が共通して第一位という点は、自動車産業との関連があったのではないかと推測させるものがある。

なお、旧明治村、旧上郷村、河和町、旧高蔵寺町、幡豆町では、学校用地としての取得だけである。地元での教育、あるいは地元における共通利益という視点からは学校用地がもっとも無難で、皆が納得できる用途目的ではなかったかと思われる。

以上、愛知県における旧軍用地を、国家機構および地方公共団体がどのように転用してきたかということを明らかにしてきた。旧軍用地の工業用地への転用という場合には、名古屋市におけるように港湾発展用地といった曖昧な譲渡形態もあるが、その多くは民間企業等に対して大蔵省から各地方財務局を通じて行われるのが一般的である。そこで、次には愛知県における旧軍用地が民間企業へ、つまり産業用地として、また工業用地としてどのように転用されたか明らかにしていこう。それと同時に、旧軍用地をめぐる地域経済的な視点から歴史的経緯や社会経済的な諸問題についても言及していきたい。

第三節　愛知県における旧軍用地の産業用地（製造業を除く）への転用

前節では、戦前の愛知県にあった旧軍用地が国家機構、それから地方公共団体によって、いか

に処理されてきたかを明らかにしてきた。旧軍用地の譲渡件数（所管換ないし売払、譲与など）あるいは転用面積からみて名古屋市、豊橋市、豊川市が大きな比重を占めていることが明らかになった。本節では、愛知県における旧軍用地の民間企業への売却、すなわち広義の産業（私立学校等を含む）への転用がどのように行われたのか、その点について明らかにしていきたい。

次の表は、工業用地を除く、各産業への旧軍用地の転用状況を旧軍用財産の各口座より摘出したものである。ただし、採録したのは、譲渡1件あたりの面積を3千m²以上とし、それ未満のものは省略した。

X-3-(1)表　愛知県における旧軍用地の産業（工業を除く）用地への転用状況

(単位：m²、年次：昭和年)

企業名	取得面積	業種・用途	年次	旧口座名
中京倉庫	36,723	倉庫業	29	名古屋陸軍造兵廠熱田製造所
同	43,609	同	34	同
善進農協	77,271	農業関連業	33	名古屋陸軍造兵廠港分廠
市邨学園	11,444	学校敷地	33	名古屋陸軍造兵廠高蔵製造所
愛知トヨタ	6,828	自動車販売	34	同
市邨学園	42,221	学校敷地	28	名古屋陸軍兵器補給廠千種倉庫
聖霊学園	11,989	学校敷地	32	野砲兵第3連隊
東海銀行	6,347	運動場	27	第三師団経理部第1倉庫
名古屋鉄道	24,099	運輸業	24	名古屋海軍材料倉庫
国鉄　※	8,033	運輸業駅舎	41	名古屋陸軍兵器補給廠西山分廠
日本放送協会	14,876	放送業	28	小幡ケ原陸軍射撃場及演習場
日本通運	27,335	運輸業	38	名古屋陸軍造兵廠鷹来製造所
住宅金融公庫	17,702	金融業庁舎	37	猫ケ洞陸軍演習場
同	8,330	同	37	同
日本通運	59,385	運輸業	24	寺部試砲場
中部配電	5,133	電力供給業	25	工兵第3連隊
蚕糸倉庫	12,522	倉庫業	36	同
中部日本放送	5,525	放送業	29	豊橋工兵作業場
三河農工農協	9,328	農業関連業	30	豊橋陸軍第一予備士官学校
愛知大学	157,591	研究教育	38	同
日本電電公社	3,551	通信業	44	同
三河農工農協	11,887	農業関連業	30	豊橋偕行社
大平自動車興業	6,098	自動車販売	30	名・兵器補給廠豊橋分廠南倉庫
三菱扶桑自販	8,588	自動車販売	30	同
同	5,361	同	30	同
東都実業	3,350	販売業	33	高師陸軍北演習場廠舎
大崎土地	20,657	不動産業	27	豊橋航空基地燃料貯蔵庫
桜ケ丘学園	22,586	学校用地	35	牛川陸軍射撃場
熊谷組	171,975	建設業	33	豊川海軍工廠
国鉄	39,500	運輸業	34	同
同	55,922	同	35	同
小中山漁協	6,566	漁業関連業	43	伊良湖岬試砲場

| 中部電力 | 3,079 | 発電所 | 45 | 同 |
| トヨタ自販売 | 11,895 | 自動車販売 | 34 | 東海飛行機㈱ |

出所：「旧軍用財産資料」（前出）より作成。

　愛知県で、製造業を除く各産業部門へ旧軍用地が転用されたのは、34件である。これを業種別に区分してみると、最も多いのは教育サービス業（私立学校）と自動車販売業の各5件である。続いては、鉄道業の4件、倉庫業、農業関連業、金融業の各3件、後は放送業、電力供給業、運輸業、不動産業の各2件で、通信業、漁業関連業は各1件である。

　なお、鉄道業も運輸業ではあるが、国鉄との関連で、あえて鉄道業を別個の産業として算出した。国鉄の財産は国有財産であり、また日本放送協会や日本電電公社なども国営的性格の強い企業である。これらが民営化されたという歴史的経過を踏まえて、ここでは「民間企業」として摘出していることに注意されたい。なお、教育産業はサービス部門に属するが、業務内容としては、私学である限り、採算性を無視できないが、少なくとも学校法人としての存在理由は「公共的性格」をもった学校教育である。その是非をめぐる幾多の問題は残るが、ここでは旧軍用地を取得した主体を分類することが基本的な目的なので、こうした分類方法の是非について論じないことを了解されたい。

　なお、この分類を通じて明らかになったことは、自動車販売業による旧軍用地の取得が昭和30年と同34年にみられることである。これは、高度経済成長期が鉄鋼と石油精製業の発達を基礎的条件とし、その市場としての自動車工業の発達を考えるならば、当然に自動車販売の諸施設や諸機構を整備していく必要がある。そうした販売機構の整備の一環として、旧軍用地が自動車販売業（販売店）へ転用されたのであった。

　なお、農業および漁業との関連では、農協や漁協による第一次産品の加工業を念頭におきながら摘出したものであって、農業用地への転用については、すでに述べているので、ここには含まれていない。漁協の場合も同様で、ここでの事例は、水産物加工業に属するものとして処理すべきものである。

　次に、旧軍用地の取得面積を業種別にみると、最も広く旧軍用地を取得しているのは学校（教育産業）で、その総面積は約24万6千 m^2 である。そのうち、愛知大学が昭和38年に15万7千m^2 を減額50％で取得しているのが最大である。

　学校に続いて大きいのは建設業の17万 m^2 で、これは熊谷組による取得が1件だけで、後は約12万8千 m^2 の鉄道業である。なお、鉄道業は運輸業の一つであり、その他の運輸業2件を加えると取得件数で6件、取得面積は20万 m^2 を超えることになる。

　10万 m^2 を超える旧軍用地を取得した産業は以上の三つで、あとは農業関連業（農協）による約9万8千 m^2 と倉庫業の約9万3千 m^2 が続いている。それ以外では、自動車販売業（39千m^2）、金融業（32千 m^2）、不動産業（24千 m^2）、放送業（20千 m^2）が目につく程度で、漁業（6千 m^2 強）、通信業（3千 m^2 強）は、件数も面積も大きなものではない。

第十章　愛知県　　361

　以上、製造業を除く各産業における旧軍用地の取得状況をみてきたが、旧軍用地と工業立地という視点からは製造業における旧軍用地の取得状況を明らかにしておかねばならない。

第四節　愛知県における旧軍用地の工業用地への転用

　戦前期は軍需工場が集積していた愛知県だけに、戦後は占領軍によって賠償用施設として指定された工場施設は数多い。昭和21年1月20日付の占領軍最高司令部の通達（SCAPIN-629）は関連する工場施設を管理・保全するように日本帝国政府に指令している。それを略記すれば以下のようになる。

　「愛知航空機工業㈱・14工場、川崎航空機㈱・1工場、三菱重工業㈱・4工場、中島飛行機㈱・6工場、朝比奈鉄工所・1工場、ホア重工業・1工場、豊田自動車製作所㈱・1工場、豊田自動機械製作所㈱・1工場、帝国パッキング工業㈱・1工場、東洋機械工業㈱1工場、東海飛行機㈱・1工場、帝国自動車工業㈱・1工場、ヤジマ工業㈱・3工場」[1]

　このように戦後の愛知県で、賠償指定工場になったものは、昭和21年段階で36工場（施設）に及ぶ。だが、これらの軍需工場は、戦時生産協力工場ではあったが、軍部や軍需省が所有する財産、つまり国有財産ではなかった。したがって、戦後、大蔵省に引き継がれることはなかった。

　旧軍需省から大蔵省へ所管換された工場施設としては、挙母町（現豊田市）にあった東海飛行機㈱、刈谷市にあった愛知工業の二つだけに留まっている。この点では、多くの旧軍需工場が、そのまま国有財産となり、大蔵省へ所管換されたのではないという歴史的事実を明らかにしている。愛知県における旧軍用地の工業用地への転用状況を分析するに際して、予めこのことを注意しておきたい。

　さて、戦後、大蔵省から民間企業へ工業用地として払い下げられた旧軍用地について整理すると、次表のようになる。なお、1件あたりの旧軍用地取得面積を3千m²以上のものに限定する。

X-4-(1)表　愛知県における旧軍用地の工業用地への転用状況

（単位：m²、年次：昭和年）

企業等名	取得面積	業種・用途	年次	旧口座名
東洋合板	57,454	木材工業	28	名古屋陸軍造兵廠熱田製造所
鍛治要工業	40,308	機械工業	32	同
東洋楽器	30,328	その他工業	34	同
東洋合板	9,831	木材工業	34	同
日本碍子	7,603	窯業	35	同
東洋合板	24,003	木材工業	35	同
磐城セメント	39,932	窯業	29	名古屋陸軍造兵廠港分廠
大同製鋼	95,007	鉄鋼業	28	名古屋陸軍造兵廠高蔵製造所
東洋合板	20,654	木材工業	29	同

日本碍子	25,530	窯業	29	同
同	13,309	同	32	同
同	4,776	同	33	同
三五	15,844	輸送機械	33	同
大日本印刷	4,987	印刷業	34	同
東洋合板	13,355	木材工業	36	同
同	4,218	同	37	名古屋陸軍造兵廠千種製造所
日本ミシン	8,991	精密機械	24	名古屋海軍材料倉庫
奈良木材工業	24,985	木材工業	25	同
同	7,752	同	27	同
新三菱重工業	32,538	機械工業	38	岡崎海軍航空隊
都築紡績	69,378	繊維工業	25	河和海軍航空隊
同	23,722	同	26	同
同	4,057	同	36	同
苫小牧製紙	665,706	製紙工業	26	名古屋陸軍造兵廠鳥居松製造所
王子製紙	106,331	製紙工業	27	同
新三菱重工業	281,852	機械工業	27	小牧飛行場（名古屋北飛行場）
建設機械工業	3,058	機械工業	30	横須賀海軍施設部名古屋支部
東洋合板	312,869	木材工業	38	名古屋陸軍造兵廠鷹来製造所
同	108,890	同	38	同
トヨタ自工	10,752	輸送機械	43	東海飛行機㈱挙母工場
愛知工業	97,785	機械工業	24	愛知工業刈谷工場
浅井義雄	6,803	繊維工業	25	豊橋工兵作業場
金子正勝	3,295	（工場）	28	名・兵器補給廠豊橋分廠南倉庫
ユタカ鋳造	22,181	鉄鋼業	25	名古屋陸軍兵器補給廠豊橋分廠
旭農産加工	9,473	食品工業	28	同
泰東製綱	20,723	繊維工業	29	同
ユタカ鋳造	25,427	鉄鋼業	33	同
泰東製綱	7,605	繊維工業	37	同
山口毛織	68,083	繊維工業	28	高師陸軍北演習場廠舎
同	11,375	同	31	同
同	5,092	同	35	同
東都製鋼	26,158	鉄鋼業	33	高師陸軍火薬庫
同	335,732	同	33	豊橋海軍航空基地
同	415,334	同	34	同
同	44,123	同	38	同
内広織布工業	52,449	繊維工業	28	豊川海軍工廠
イソライト工業	67,968	窯業	32	同
久保田製作所	121,550	鍛造機械	33	同
イソライト工業	47,234	窯業	32	同
車輪工業	428,486	輸送機械	34	同
旭加鍛鉄	93,084	鉄鋼業	36	同
日本車両製造	112,508	輸送機械	39	同
同	20,097	同	39	同
新東工業	12,581	（社宅）	39	豊川海軍工廠第二男子寄宿舎
大沢螺子研削	19,592	金属工業	34	豊川海軍工廠形鍛造工場

トヨタ自工	130,754	輸送機械	33	東海飛行機㈱
同	96,698	同	34	同
同	14,831	同	38	同
新三菱重工	15,225	機械工業	43	岡崎海軍航空隊

出所：「旧軍用財産資料」（前出）より作成。表中、「東洋合板」とあるのは、「東洋プライウッド」の略である。同様に、「大沢螺子研削」は「大沢螺子研削工業」、「トヨタ自工」は「トヨタ自動車工業」の略である。

　愛知県における旧軍用地の工業用地への転用件数は59件で、これを業種別にみると、機械工業が16件で最も多く、続いては木材工業（10件）と繊維工業（10件）があり、さらに鉄鋼業（8件）、窯業（7件）、製紙業（2件）と続き、後は食品工業、印刷工業、金属工業、その他の工業が各1件あり、業種不明が2件である。

　各業種における旧軍用地の取得状況を企業別にみると、機械工業の場合には、トヨタ自動車工業が4件、新三菱重工業が各3件、日本車両工業が2件、その他7社で7件とやや分散的である。

　木材工業の場合には、東洋プライウッドが8件、奈良木材工業が2件の2社で特定化している。繊維工業の場合には、都築紡績と山口毛織が各3件、泰東製綱が2件、その他2社が2件で、やや特定化していると言えよう。鉄鋼業では、東都製鋼が4件、ユタカ鋳造が2件、他2社が2件で、これも繊維工業と同じくやや特定化している。

　窯業の場合には、日本碍子が4件で、あとは2社が各1件なので特定化がみられ、製紙業の場合には苫小牧製紙（現王子製紙）の2件で特定化している。

　次に、愛知県における旧軍用地の産業別の取得状況を面積の点からみると、最も大きいのは取得件数に対応するかのように機械工業で、16件で約143万1千m²、1件あたり10万m²に近い数字となっている。なお、機械工業を細分類してみると、新三菱重工業、日本車両、トヨタ自動車、車輪工業と、ほとんどが輸送用機械器具製造業である。

　機械工業に次いで大きいのは鉄鋼業で、旧軍用地の取得面積は105万7千m²である。この鉄鋼業の中では東都製鋼が約82万m²と、この業種全体の約77％を占めている。

　第三位は、製紙業、それも王子製紙（財閥解体にともなって3社分割した当時の旧称は苫小牧製紙）1社で77万2千m²を取得している。王子製紙春日井工場がこれである。

　第四位は木材・木材製品製造業の58万4千m²で、その中心となるのは東洋プライウッドが名古屋陸軍造兵廠鷹来製造所跡地で取得した約42万m²である。なお、木材工業の1件あたり取得面積は5万8千m²である。

　第五位は中京工業地帯の主力をなしている繊維工業で、約27万m²。ただし、1件あたりの取得面積は2万7千m²で、その小規模性が特徴的である。

　第六位は窯業の20万6千m²で、1件あたりの取得面積は2万9千m²強、繊維工業と並んで、その小規模性が特徴的である。

　その他では、「その他の産業」に属する東洋楽器（楽器製造業）が約3万m²を取得しているの

が目立つ程度である。

　全体としてみれば、中京工業地帯の代表的な工業である繊維工業、そして輸送用機械工業が取得件数でも、また取得面積でも大きな比重を占めているほか、合板メーカーである東洋プライウッドが取得件数でも目立つ存在となっている。王子製紙の春日井工場が旧軍用地に立地したことも注目すべきことである。

　　1）　『對日賠償文書集』第一巻、賠償庁・外務省共編、昭和26年、97～99ページ。

第五節　愛知県における旧軍用地の工業用地への転用に関する地域分析

１. 愛知県における旧軍用地の工業用地への転用に関する地域的概況

　愛知県における旧軍用地の工業用地への転用に関する地域分析を行うに先立って、各市町村における工業用地の取得状況を整理しておこう。次の表がそれである。

X-5-(1)表　愛知県における旧軍用地の工業用地への転用状況（市町村別）

（単位：m²）

市町村名	取得件数	取得面積	旧軍用地を取得した主な企業名
名古屋市	20	451,925	大同製鋼、東洋プライウッド等
豊橋市	14	1,001,404	東都製鋼、山口毛織
豊川市	10	975,549	車輪工業、日本車両製造
春日井市	4	1,193,796	王子製紙、東洋プライウッド
挙母町	4	253,035	トヨタ自動車工業
美浜町	3	97,157	都築紡績
岡崎市	2	47,763	新三菱重工
小牧市	1	281,852	新三菱重工
刈谷市	1	97,785	愛知工業
計	59	4,400,266	

出所：「旧軍用財産資料」（前出）より作成。

　この(1)表から判ることは、工業用地として取得した件数は名古屋市が最も多い。それにもかかわらず、用地取得面積では第四位であるということは、1件あたりの取得面積が2万2千m²強と比較的小規模だったということである。

　名古屋市と反対の傾向を示しているのが春日井市で、用地取得件数は僅かに4件であるが、用地取得面積は愛知県で最大であり、1件あたりの取得面積は約30万m²、1社あたりでは約60万m²になる。

　用地取得件数および用地取得面積が、いずれも第二位なのが豊橋市であり、ここでは1件あたりの取得面積は約7万1千m²である。

上記３市以外では、豊川市が１件あたりの取得用地面積 10 万 m² 弱と大きく、中には約 42 万
８千 m² を取得した車輪工業があることが目立つ。平成 20 年現在では豊田市となっている挙母
町ではトヨタ自動車工業が 25 万 m² の用地を取得している。このことは、トヨタ自動車がなぜ
内陸部に立地したのかという問題に対して、その一部が旧軍用地であったからというのも、その
理由の一つであったといえよう。

　美浜町（旧河和町）で都築紡績が３件（計約 10 万 m²）の用地を取得していることや、１件では
あるが、小牧市における新三菱重工（約 28 万 m²）、刈谷市での愛知工業が約９万８千 m² を取得
している点も見逃せない。

　いずれにせよ、旧軍用地の転用に関する地域分析をする場合には、名古屋市、豊橋市、豊川市、
春日井市を主な対象地域とし、あわせて、豊田市、小牧市、刈谷市、美浜町、岡崎市についても
検討していくということになる。

２．名古屋市

　名古屋市を対象として、旧軍用地の工業用地への転用を分析する場合には、名古屋陸軍造兵廠
のそれが中心的な内容となる。その理由は、４-(1)表からも判るように、名古屋陸軍造兵廠には、
同熱田製造所（分廠も含め７件）、同高蔵製造所（８件）、同千種製造所（１件）という三つの製造
所があり、合計すると 16 件の工業用地への転用がみられるからである。つまり、名古屋市にお
ける工業用地転用件数（20 件）の 80％が、陸軍造兵廠からの転用なのである。

　そこで、まず手始めに、この名古屋陸軍造兵廠の歴史的沿革を明らかにしておこう。戦後、間
もない時期（昭和 28 年）に名古屋市が刊行した『大正昭和名古屋年史』（第二巻、工業篇）には次
のような文章がある。

　「陸軍造兵廠名古屋工廠の起源は熱田兵器製造所にある。明治 29 年に日本車輌會社とならんで
株式会社鐵道車輌製造所が創立せられ、両社の間に激烈な競争が行われた──熱田兵器製造所は、
陸軍省が鐵道車輌製造所の工場を買収して、37 年に開業したものであって、はじめ東京砲兵工
廠熱田兵器製造所と称した。38 年の記録に『鐵舟作業は従来的砲兵製造所に於いて其の製作に
任じたりしも、自今熱田兵器製造所に於いてなすこととなれり』とあり、また『創めて 38 式野
砲榴弾々薬車を製作す』とあって、本所はまず鉄舟の製作を担当し、ついで弾薬車の製造を合わ
せ行った。そのほか、架橋器材や輜重車の製造も行ったようである[1]。

　世界大戦に際して、大正７年千種町に千種機器製作所が設けられたが、さらに 12 年熱田東町
に陸軍造兵廠名古屋工廠が設けられるにおよび、熱田兵器製造所及び千種機器製作所は共に名古
屋工廠管下の工場となった。しかして熱田兵器製造所は、大正７年、鉄舟や車両の製作から進ん
で、航空用発動機及び飛行機体の製作に着手したが、千種機器製作所が開設せられて、サルムソ
ン発動機の製作から始めてもっぱら発動機の製作を行うことになったため、熱田製造所はもっぱ
ら機体の製造を担当することになった[2]。名古屋工廠の製品については明らかでないが、以上三
工場とも大きな設備を備え多数の職工を擁して、各種兵器の製造を盛んに行ったものであった。

⑴［原注］工業會編『明治工業史』火兵器篇、331～2頁。
⑵［原注］名古屋商工會議所編『名古屋工業の現勢』48頁。」[1]

この引用文によって、名古屋陸軍造兵廠が、かっては名古屋工廠という名称であったこと、ま
た千種製造所と熱田製造所との歴史的な関連を知ることができる。なお、文中のサルムソン発動
機というのはフランスの飛行機会社サルムソンより「製造権を購入した」[2]発動機のことであり、
「名古屋工廠の製品はあきらかでない」らしいが、のちの名古屋造兵廠は「銃器、小火砲及び弾
薬、爆弾」[3]を生産していたようである。

ちなみに、名古屋陸軍造兵廠は、名古屋市内に3カ所、春日井市内に鳥居松製造所と鷹来製造
所の2カ所があった。春日井市の二つの製造所については後に紹介することにして、名古屋市内
にあった三つの製造所が辿った戦後の歴史を繙いてみよう。

以下は『国有財産の推移―旧軍用財産転用のあと』（東海財務局、昭和45年）からの引用であ
る。

「名古屋陸軍造兵廠千種製造所

名古屋の中心部よりやや北東に寄った千種区千種町に名古屋陸軍造兵廠千種製造所、名古屋陸
軍兵器補給廠千種倉庫、第3師団兵器部名古屋倉庫、千種射場という旧陸軍の施設が一団となっ
て存在していた。この地域は、明治5年頃、名古屋陸軍兵器補給廠千種倉庫の敷地買収にはじま
り、大正、昭和にかけて敷地買収、建設が行われ、旧軍の工場地帯として一団地を形成し、その
中心であった造兵廠千種製造所は、当初航空機用発動機、終戦直前には、航空機用20ミリ固定
機関砲を製造していた。

終戦後旧軍から大蔵省が引継いだ財産は、名古屋陸軍造兵廠千種製造所（土地17万8千m²、
建物2万9千m²）、名古屋陸軍兵器補給廠千種倉庫（土地24万9千m²、建物6千m²）、千種射場
（土地1万7千m²）等で、合計土地44万5千m²、建物3万7千m²であった。

その後土地44万5千m²のうち、公務員宿舎用地として11万5千m²、少年鑑別所、法務研
修所等、官庁庁舎用地として2万m²、名古屋工業大学用地として8万6千m²等、旧軍から引
継を受けた土地の半分にあたる21万8千m²を国が直接使用し、残りは、愛知県、名古屋市及
び学校法人へ住宅、病院及び学校用地として13万9千m²を売払い、それぞれ当初の計画通り、
住宅、学校、病院が建設されているほか、一部は公園5万9千m²となり、一団地の文教住宅地
域として発展をとげている。

建物3万7千m²については、陶器工場へ貸付中の1万m²を除き、他は名古屋工業大学、名
古屋市、学校法人その他へ所管換、または売払われ、資材欠乏の終戦時に学校、市民病院または
住宅等として大いに活用されたが、今ではその大部分が鉄筋コンクリートの建物に改築され、木
造のままのものは少ない」[4]

名古屋陸軍造兵廠千種製造所および兵器補給廠千種倉庫および千種射場については、その敷地
面積を、そして旧軍用地の払下状況については、国家機構、地方公共団体、民間企業別に、とく

に民間の場合には産業別に区分しながら、これまでに明らかにしてきた。ここでの引用文は、それを再確認することになるが、それでも付記しておくことがある。確かに、この千種製造所（関連施設を含む）の跡地利用は省庁、学校、病院が多かったが、それでも１件、その用地面積も僅か４千ｍ²強でしかないが、工業用地への払下げがあったということである。なお、昭和58年現在では、瀬栄陶器㈱に21,011ｍ²の有償貸付を行っていたが[5]、平成20年現在では、その地に見当たらない。なお、造兵廠跡地の北東にあった騎兵第３連隊浄水場跡は鍋屋上野上水場として、その姿を残している。

　この千種地区は、旧軍用地の払下状況からみても判るように、市街地に接近しており、それだけに工業専用地区として転用していくことには一定の限界があったものと思われる。

　次に、名古屋陸軍造兵廠熱田製造所および同高蔵製造所についてみよう。

　「名古屋市の熱田神宮の東側に、旧名古屋陸軍造兵廠熱田製造所及び同高蔵製造所があった。

　熱田製造所は大正６年に火砲及びこれに付随する車両製造工場として、また高蔵製造所は、明治37年に弾丸及び薬莢の製造工場としてそれぞれ建設された。

　終戦後、旧軍から大蔵省が引継を受けたのは、土地53万3千ｍ²、建物17万ｍ²であったが、その後、一時両製造所とも賠償施設に指定された。

　昭和27年講和条約発効と同時に賠償指定が解除され、土地、建物の大部分は日本経済の再建、産業復興の見地から、合板、碍子、製鋼、車輛、楽器等の各企業に売払われたが、今やこの地区の工場の年間生産額は230億円に及んでいる」[6]

　熱田製造所（259,550ｍ²）と高蔵製造所（273,907ｍ²）は、その敷地面積において千種製造所（178,511ｍ²）を大きく上回り、しかも、この二つの製造所は近接しながら、名古屋鉄道の金山駅付近から神宮前駅の区間の東側一帯に位置していた。もともと、この地区は軍事機密の保持という視点から、西側を名鉄と国鉄によって、また東側は新堀川によって、市街地とは遮断されていた。そのため、市街地に近いにもかかわらず、相対的ではあるが、工場専用地域（地区）として存続していく可能性があった。少なくとも、昭和58年段階ではそうであった[7]。

　しかしながら平成20年段階になると、イオン熱田ショッピングセンターをはじめとする商業施設や住宅地が進出してきており、地域的にみて工業専用地区とは言いがたい状況になってきている。すなわち、熱田製造所の跡地では、中京倉庫、日本ガイシ、高蔵製造所の跡地では、日本ガイシ、三五という工場名はあるが、前者には、東洋プライウッド、鍛治要工業、東洋楽器という名はみえず、後者では、大同製鋼、大日本印刷、東洋プライウッドという名が見当たらない。替わって、前者では、興和工業、そして後者では日本特殊陶業、トランサット、丸八鋼材、トヨタ部品などの新しい工場名が見受けられる[8]。これらの工場が、この期間にどのような所有関係や名称の変更があったか、その変遷を明らかにするのは本書の課題ではない。しかしながら、激しい社会経済的変動の中で、浮沈する産業界の厳しさを推察することはできる。

　以上、名古屋市内における三つの陸軍造兵廠について、その歴史的経緯と戦後における旧軍用地の転用状況を市街地化との関連でみてきた。さらに、ここでは旧軍用地の工業用地への転用に

関して一つの事実を確認しておきたい。それは、熱田製造所跡地を最初に取得したのは昭和28年の東洋プライウッドであり、高蔵製造所も同じく昭和28年の大同製鋼である。つまり、名古屋市における旧軍用地の工業用地への転用は昭和28年に始まったと言えよう。そして熱田製造所で最も遅く旧軍用地を工業用地として取得したのは、昭和35年の日本碍子と東洋プライウッドであり、高蔵製造所の場合には、昭和36年の東洋プライウッドである。千種製造所では昭和37年の東洋プライウッドによる工業用地取得（4,218 m²）が最後である。こうしてみると、名古屋市における旧軍用地の工業用地への転用は昭和28年に始まり、昭和37年までには、ほぼ終了したということになる。なお、東洋プライウッドは2010年4月に住友林業クレスト㈱へ事業統合している。

　昭和28年は、いわゆる朝鮮戦争が終結した年であり、昭和36年というのは、周知のように新産業都市建設促進法が制定された年である。この名古屋市内の動向だけから多くを語ることはできないが、昭和36年段階では、大都市近辺において旧軍用地の転用による大規模な工業用地の取得が困難になってきたということ、その困難性を打破するために新産業都市や工業整備特別地域（整備促進法の制定は昭和37年）の指定が行われたと見なすこともできよう。

　この三つの造兵廠以外にも名古屋市では旧軍用地の工業用地への転用が数件ある。

　造兵廠港分工場（港区十一屋町）で磐城セメント（約4万 m²）、名古屋海軍材料倉庫（瑞穂区熱田東町）で日本ミシン（約9千 m²）と奈良木材工業（2件、約3万3千 m²）であるが、平成20年現在、港区十一屋町に磐城セメントは見当たらず、また瑞穂区には熱田東町が存在していないし、日本ミシンや奈良木材工業も見当たらない[9]。

　それからもう一つ、横須賀海軍軍需施設部（熱田区熱田西町）の跡地約3千 m² を昭和30年に建設機械工業が払下げを受けているが、昭和58年8月の時点では、そのような工場は見当たらない。しかし、この地域には、中京冷蔵、豊田合成、トヨタ自動車販売などの工場・商業施設が立地し、一つの工業地域を形成している。ただし、平成20年の時点では、中京冷蔵は残っているものの、豊田合成およびトヨタ自動車販売は、トヨタレンタリースやネッツといった名称に替わっている。さらに、熱田西町の南側に位置する千年地区には愛知時計電機、愛知機械、それにイノアック、丸一鋼管、浅井興産といった工場が操業しており、ここは一つの工業地区を形成している[10]。

　こうした状況は、名古屋市内の市街地化が進むにつれて、これまでは都市近郊地域であったものが、やがてそうではなくなり、そこに立地していた工場は、工業生産活動（操業）そのものに困難性が生じたり、営業状況や地価との関連もあって、工場の撤収が多く図られたことを示している。なお、工場による生産活動に係わっては、次のような問題が指摘されている。

　「内陸部においては、とくに都心地域に近接している既存の工業地帯で騒音・ばい煙等による公害問題をひきおこしており、公害発生工場と住居との分離は住環境の保全という面からだけではなく、生産活動の面からも解決されなければならない重要な課題となっている」[11]

　住工接近と公害問題、これは旧軍用地が工業用地へと転用された場合、その旧軍用地が都心部

に近ければ必然的に生じてきた問題である。名古屋市は、この問題を立地工場の移転ないし閉鎖という形で解決しながら、なお、臨海埋立工業地帯を造成することによって、生産諸力の発達に対応する立地元単位の拡大に見合うより広大な工業用地を提供していくことになるのである[12]。

1）『大正昭和名古屋年史』第二巻（工業篇）、名古屋市、昭和28年、522～524ページ。
2）『昭和産業史』第一巻、東洋経済新報社編刊、昭和25年、598ページ。
3）同上書、562ページ。
4）『国有財産の推移—旧軍用財産転用のあと』、東海財務局、昭和45年、13ページ。のちに『旧軍用財産の今昔』（大蔵省大臣官房戦後財政史室編、昭和48年、94～95ページ）に再録。なお、引用文中の「坪」については杉野が省略した。
5）「旧軍用財産資料」（前出）による。
6）『国有財産の推移—旧軍用財産転用のあと』、前出、14ページ。のちに『旧軍用財産の今昔』（前出）の93ページに再録。引用文中の「坪」は杉野が省略。
7）昭和58年8月、現地踏査結果による。
8）『名古屋市』（都市地図）、昭文社、2007年7版による。
9）同上。
10）同上。
11）『名古屋市将来計画・基本計画』、名古屋市、昭和43年、45ページ。
12）名古屋市における工業用地問題については、杉野圀明「中京工業地帯と工業用地問題（上）—昭和30年代前半における工業用地造成計画をめぐる諸問題」（『立命館経済学』、第29巻第5号）および同「中京工業地帯と工業用地問題（下）—高度経済成長期における工業立地とそれをめぐる社会経済的諸問題」（『立命館経済学』、第30巻第1号）を参照されたい。

3．豊橋市

　豊橋市は愛知県の東南部に位置し、愛知県第二の雄都である。戦前の豊橋市には、36口座という多数の旧軍用施設があった。そのうち、工業用地へと転用するために払い下げられたのは6口座で、払下件数は5-(1)表で明らかなように14件、その払下面積は約100万m²である。なお、旧軍用地を取得した企業名および旧軍用施設名等については、すでに4-(1)表で明らかにしている。

　ところで、豊橋市において工業用地へと転用された旧軍用施設とその面積をまとめてみると次表のようになる。

X-5-(2)表　豊橋市における旧軍用地の工業用地への転用の概況

（単位：m²）

旧口座名	所在地	工業用地取得件数	工業用地取得面積
豊橋工兵作業場	向山町	1	6,803
名古屋陸軍兵器補給廠　豊橋分廠南倉庫	草間町	1	3,295

名古屋陸軍兵器補給廠			
豊橋分廠	中野町	5	85,409
高師陸軍北演習場廠舎	草間町	3	84,550
高師陸軍火薬庫	町畑町	1	26,158
豊橋海軍航空基地	大崎町	3	795,189
計		14	1,001,404

出所：「旧軍用財産資料」（前出）より作成。

(2)表をみると、取得件数は少ないが、豊橋海軍航空基地での工業用地の取得面積が豊橋市におけるそれの約79％に達していたことが判る。したがって、豊橋市における旧軍用地の工業用地への転用に関する地域分析は、この豊橋海軍航空基地（大崎町）より始めることにする。

(1) 豊橋海軍航空基地

豊橋市の中心をなす JR 豊橋駅から南西方向へ、直線距離にして約6.6kmのところに、かっては、大崎島という平坦な島があり、その大崎島に豊橋海軍航空基地があった[1]。

この大崎島は、豊橋市大崎地先の平島を中心として埋立造成したもので、約231万 m² に及ぶ航空基地が完成したのは昭和17年末であり、開隊したのは翌年4月1日であった[2]。この航空基地は、「1,500m 滑走路3本を中心に、島全体が八角型に築造され、それに1,000mの戦闘機用の滑走路を配置した、日本海軍屈指の大飛行場であった」[3]と言われている。

それから2年後に、終戦を迎えることになるが、それと同時に、この跡地は大蔵省の管理するところとなった。そのことは次の文章でも明らかである。

「昭和20年11月30日ようやく終戦処理の事務のすべてを完了し、名古屋財務局に引き渡すことが出来た。——豊橋航空基地の土地・物件は名古屋財務局の管理するところとなった」[4]

ところで、戦後における最初の跡地利用は製塩であった。この製塩に関しては、二つの文章を紹介しておこう。

「GHQ は昭和20年10月頃に臨海地域の旧飛行場・軍用地などのうち、製塩可能適地52ヶ所の塩田転用を許可した。旧豊橋海軍航空隊基地跡の大島村も製塩可能適地として候補にあげられていた。

こうした情勢の中で、朝鮮製塩株式会社が大崎島を製塩適地として政府に申請すれば、大蔵省財務局管轄地であることから、何の条件もなく貸与が決定されることは目に見えていた」[5]

「朝鮮製塩の引き揚げともいうべき、この会社の建設は政府の援助のもとに『日東製塩株式会社』と改称し、旧海軍航空隊施設及び84万 m² の無償貸与で進められたのである。

総設備費 72,589,884 円、内 38,431,000 円という半額余は国の補助金を受けて、急ピッチで操業化に拍車がかけられた。当初計画では塩田面積175町歩、生産能力22,500トンであった。

日東製塩が正式に製塩許可を得たのは、昭和22年3月29日である。表向きは、この日をもって操業開始ということになっている。しかし、実質的には前年、つまり21年の春頃から試験期

として実働しており、すでに生産体制に入っていた」[6]

　この二つの引用文の内容には、旧軍用地の転用をめぐる人的関係を検討する上で、極めて興味深いものがある。

　まず第一に、試験期間とはいえ、旧朝鮮製塩関係者がなぜ製塩を始めたのかということである。この問題については、ある旧軍用地を一時的な使用であれ、それが認められれば、その一時的使用という既得権が生じ、その既得権があれば、その旧軍用地の譲渡を受ける可能性が高くなるということである。だが、ある旧軍用地の一時的使用に漕ぎつけるまでの段階において、少なくとも、ある程度は政府関係者と一定の人的関係を必要とするであろう。

　もともと日東製塩㈱の主要なスタッフをなしていたのは、「旧朝鮮製塩の技術陣及び経理マンであった。さらに豊橋に隊を置いていた百部隊の将校らが加わって、主要メンバーが構成された」[7]のである。なお、この二つのグループの結合による新会社の設立に際しては、旧軍人グループは「百部隊から十数台の払下げ」トラックを出資条件に参加したものとみなされている[8]。したがって、旧軍用地の払下げとの関連では、この旧軍人グループは政府関係者と直接的な関係はなかったとみられる。

　そうなると、旧軍用地の払下げに関連したのは、旧朝鮮製塩グループと政府関係者ということになる。だが、本書は、個別の旧軍用地に係わる個々の人的関係の究明を研究対象とはしていない。本書の研究対象は、あくまでも旧軍用地の転用に関する一般的な経済関係であり、その視点からの特殊的ないし個別的な旧軍用地の転用の実態を明らかにしているのである。

　このような視点に立脚するなら、ここで問題となるのは、旧軍用地をめぐる経済関係として、在外資産を喪失した諸資本との関係、敗戦によって失業した旧軍人との関係が、いわば特殊歴史的なものとして登場してくることである。さらには、旧軍需産業との関係、あるいは戦災にあった諸資本との関係なども考えていかねばならない。つまり、これまでは戦後における諸資本の運動として、個別企業名を登場させながらも、旧軍用地の取得とその転用をめぐる問題としては、これを抽象的に取り扱ってきた。しかし、歴史的現実としては、このような諸々の諸関係があり、そのことを鋭く念頭に置かねばならないということを、上記二つの引用文は示唆しているのである。

　本題である日東製塩の問題へ戻ろう。日東製塩の進出については、次のような噂があったとされている。

　その一つは「朝鮮製塩工業従業員の失業対策のために日東製塩がつくられた」[9]というものであり、他は「広大な航空基地を当社の所有権利とすることが最大の目的であって、製塩業はカムフラージュに過ぎなかったのではないか」[10]というものであった。

　それに対して、「朝鮮製塩業の計画を内地で再び実現する夢をもっており、——土地の騰貴など、当時誰ひとり思いも寄せなかった」[11]という反論もある。

　これら三つの「噂」は、論理的にみて、いずれも正しさをもっている。朝鮮製塩の帰国者だけでなく、一般的にみて、当時の起業は失業対策としての役割を果たすものであったし、また社会

的に必要とされたのである。第二の噂については、少なくとも経営的立場にある者であれば、用地確保の問題が頭にあったろう。ただし、製塩業がカムフラージュであったという点については、千葉県における東産業の事例もあるので、必ずしもそうとは言えないであろう。第三の反論的発言については、経営に直接タッチしていない従業員などであれば、この日東製塩は絶好の就業機会であり、それは将来への夢でもあった。

当時、国家的に必要とされた塩の生産増強と旧航空基地跡を特定のグループが確保するという、二つの論理が結びついて設立された日東製塩であったが、諸般の事情で、昭和25年3月には、その生産を中止した。このことは、日東製塩がこの旧航空基地の一時的使用権を、したがって将来における用地取得権も放棄したということを意味する。その結果として、この跡地の処理は、所有権者である大蔵省の手に戻ることになる。そして、その処理をめぐっては、当然のことながら、地域住民、とりわけ戦時中に用地を強制的に買収・供出させられた旧地主による返還運動が展開されることとなった[12]。

もともと、この旧海軍航空基地（2,656,551 m²）のすべてを日東製塩（約75万 m²）が使用していたわけではない。2-(1)表をみれば判るように、この旧海軍航空基地は昭和23年に農林省へ約160万 m²が有償所管換され[13]、昭和24年頃からは、旧地主による農地開墾事業が始められていた。昭和27年頃の旧海軍航空基地の跡地利用をめぐる情勢は次のようになっていた。

「昭和25年、日東製塩が経営不振で倒産した翌年の1月には、海上保安大学の建設がうわさにのぼり、また10月には、すでに東都製鋼の進出が新聞に報じられた。以後、地元では、一方で開墾しながら、片方で工場誘致問題に対処しなければならなくなった」[14]のである。

昭和25年6月、朝鮮動乱が勃発するや否や、日本の鉄鋼業界はこれを契機に合理化を行い、旧施設の廃棄と国際水準の設備導入を始めたが、この東都製鋼もまた例外ではなかった。

昭和25年10月、東都製鋼の藤川社長は、この大崎島を視察し、次のように述べたとされている。当時における大崎島の状況をよく表しているので、それを引用しておこう。

「昭和25年10月、わたしが豊橋製鋼所の敷地を初めて見にいったのは、よく晴れた日だった。風はつめたいが、車からおり立つと、海に面して茫漠とした原が目の前にひろがる。248万 m²と一口に言っても、その当時は何ひとつ建物の立っていない土地は、とらえどころのない空間であった。振り返ってみると、島の入口に乗り捨てた自動車が玩具のように見えた」[15]

東都製鋼による立地選定の調査は、当然他の地域に対しても行われるが、その選定状況は次のようなものであった。

「豊橋以外にも候補地として、播磨、富山、周防、千葉等が挙がり、最後に播磨と豊橋が残った。そして、播磨には大谷重工業が決定されたので、豊橋だけが候補地として残された。豊橋については、同市の熱心な誘致があり、中部経済圏の将来性も見込まれた。そして、何よりも他の候補地に比べて地価が低廉であった」[16]

この文章から判るように、「用地の広さ」とあわせて、「地価の低廉性」にこそ、この旧航空基地跡を工場として選定する最大のメリットがあった。このことから、この東都製鋼だけでなく、

戦後、工業用地へと転用された旧軍用地の地価は、一般的に低廉であったのである。したがって、当然、地価について具体的に検討されるべきであるが、旧軍用地の払下価格については、既に本書の上巻で別途に分析し、検討しているので、ここでは立ち入らないことにする。

「昭和31年7月18日、取締役会は合理化計画に基づいて豊橋工場建設を決定」[17]し、同月26日に大蔵大臣宛に90,750坪の国有財産の払下げ願を提出したのである。これに対して、東海財務局は32年5月7日豊橋市に、この「国有財産の転用方針に異議なし」と回答している[18]。

この間にあって、東都製鋼は、新工場建設のために、昭和31年、翌32年と続けて増資し、同32年5月より工場建設へと着手するのであるが、同年6月11日、農林大臣宛に、「開拓農地の借受け申込書」を提出し、同年10月29日、工場敷地予定地内の農地を工場敷地に転換する許可を得、33年2月12日、製鋼工場建設のための地鎮祭を行っている[19]。

この農林省による許可は、農林省へ有償所管換された農地であっても、この許可さえあれば、これを工場敷地へ転用できるということを、事実として示したものである。これまで、農林省へ有償所管換された農地の工業用地への再転用については、それほど詳しく分析し、また論じていないが、この事例によって、そうしたケースが全国的には相当にあったのではないかと推測させるものがある。

さて、東都製鋼が旧海軍航空基地の跡地を取得したことは4-(1)表に明示しているが、その総面積約80万m^{2}は、跡地全体のほぼ3分の1に相当するものであった。さらに農民から買収した用地約16万m^2、それに薪炭採草地の賃借による約3万m^{2}の用地を付け加えると約100万m^{2}に達するのであるが、東都製鋼はその広大な用地をもって工場建設の第一期工事に入ることになった。「その後、工場拡張のため、豊橋市の斡旋により数回にわたって大崎・老津の民有地を買収して工場敷地に当て」[20]たのである。

このように、東都製鋼は、昭和33年と34年に旧軍用地の低廉な払下げを契機に立地し、これを梃子としながら次第に民有地を買収していった。昭和39年に、東都製鋼は、車輪工業、東都造機、東都鉄構と合併して、トピー工業株式会社となり、かって島の北側にあった防風林地先を埋め立て、北岸壁新埠頭を建設するなど、用地を大幅に拡張し、昭和48年4月の時点における工場敷地面積は1,815,000m^{2}となっている[21]。

なお、東都製鋼がその工場用地を拡張していったものの、残りの土地は依然として農地（水田）のままであった。しかし、昭和38年7月、この地域が東三河工業整備特別地域に指定され、旧海軍航空基地を中核とした大崎島は工業適地として俄に脚光を浴びるようになった。昭和39年4月には、三河港が重要港湾へと昇格した。

その三河港港湾管理者が昭和39年7月に出した『三河港港湾計画書』によれば、この大崎島は、大津島地区として350万m^{2}の工業用地への転用が計画されている。

同じ昭和39年7月には、民間企業34社によって、東三河産業開発協議会が結成され、のちこの協議会を基礎として、昭和43年8月には木材コンビナートの造成を目的とした㈱総合開発機構が設立された。

この㈱総合開発機構は、愛知県および豊橋市など東三河4市9町の参加をまち、資本金1.2億円のいわゆる第三セクターとして発足した。

「総合開発機構は、この地区に木材港及び木材コンビナートを立地させる計画をたてていた。そこで計画区域内の農地270,419 m²とトピー工業所有地566,683 m²、その他63,011 m²の用地買収が必要となった。当初予定では県企業局が、これを買収して粗造成して総合開発機構に譲り渡す方針であった。

県用地の買収交渉は慣例によって市が用地交渉を代行することになっていた。その第一歩として市は大崎の地主163人と老津の地主148人、合計311人の地主に対して交渉を行う代表者の選出を要請した。ところが、これが順調に進展しない間に45年9月に県の方針変更によって、買収交渉は直接に総合開発機構が行うことになった。ただし、市は両者の間にたって用地交渉の幹旋を行うことは前と変わりなかった」[22]

昭和46年4月、総合開発機構は、地主との間に、10a あたり725万円の売買契約を成立させ、豊橋市大崎島内の民有地を買収し、計画対象全域の用地取得を完了させた。

もっとも、これより以前に、総合開発機構は、昭和45年10月15日に、愛知県から2,604,745 m²の粗造成地を譲り受ける契約を結んでおり、さらにこれを民間企業に売却する契約をしている。その契約企業数は、第一期の時点で、19社、533,927 m²であった。昭和46年には12社、337,063 m²、昭和47年には30社、879,908 m²、そして49年12月までに契約した企業総数は62社に達している[23]。なお、総合開発機構と用地の売買契約を行った企業のうち、敷地面積が5万 m²以上のものを列挙すれば、次のようになる。

X-5-(3)表　総合開発機構と用地売買契約を結んだ企業一覧

（単位：m²）

企業名	契約面積	業種	企業名	契約面積	業種
タケナカ	174,066	鉄骨系プレハブ	日本楽器	83,378	製材、家具
東海総建	132,003	合板	積水化学	77,382	鉄骨系プレハブ
アサヒ	101,920	合板	日本楽器	72,797	製材、乾燥
竹中工務店	101,425	プレハブ住宅	大林組	70,990	住宅
本州製紙	100,880	製材、合板	吉野石膏	68,656	不燃建材
大倉建設	86,336	プレハブ住宅	住建産業	63,302	製材

出所：『総合開発機構』（1976年）の付図「木材住宅産業基地企業配置図」より作成。

上記の(3)表は、旧軍用地の工業用地への転用を契機ないし基礎として新しく造成されてきた工業用地に立地予定の企業を掲示したものである。ここでは、トピー工業との技術結合をはじめ何らかの関連性があると思われる企業は見当たらない。つまり、シベリア開発等で導入された圏域生産複合体（T. P. K）方式[24]のような地域産業における技術的連関性がみられないのである。

昭和47年3月31日に東海財務局は、旧海軍航空基地の跡地6,331 m²を愛知県企業局に時価で売却している[25]。このときの売払事由は「工業分譲用地」となっている。そして、おそらく、

これが旧豊橋海軍航空基地の跡地を売却した最後となる。

　昭和 51 年の段階になると、大崎地区には、トピー工業、金指造船所、それに陸上貯木場を含む木材流通加工用地として、431 万 m² の造成が計画されている[26]。また別の資料でも、新たに大崎島周辺に新しく埋立造成された面積は、第 1 区がトピー工業の約 49 万 m²、第 2 区（主として木材流通加工基地）が約 299 万 m²、第 5 区は㈱金指造船所の 51 万 m²、合計約 400 万 m² となっている[27]。この用地面積は、旧大崎島を除外したものであり、事実上、旧大崎島はその姿を消滅させ、大規模工業基地へと新しく生まれ替わったのである。

1）　近藤正典『大崎島』、豊橋文化協会、昭和 52 年。豊橋海軍航空基地の建設をめぐる経過については、61 ～ 85 ページを参照のこと。

2）　『大崎島』、前出、29 ページ参照。

3）　同上書、83 ページ。

4）　同上書、206 ページ。

5）　同上書、212 ～ 213 ページ。

6）　同上書、213 ～ 214 ページ。

7）　同上書、215 ページ。なお、文中に「百部隊」とあるが、旧部隊の誤植ではないかと思われる。

8）　同上書、215 ページ。ここでも「百部隊」はそのままにしておいた。

9）　同上書、224 ページ。

10）　同上。

11）　同上。

12）　この大崎島の土地払い下げ運動は既に昭和 22 年 9 月から始まっている。『大崎島』（前出、225 ～ 264 ページ）を参照されたい。

13）　「旧軍用財産資料」（前出）による。

14）　『大崎島』、前出、264 ページ。

15）　『五十年史』、トピー工業、昭和 46 年、259 ページ。

16）　同上。

17）　同上書、259 ～ 260 ページ。

18）　同上書、278 ページ参照。

19）　『大崎島』、前出、293 ～ 294 ページ参照。

20）　同上書、447 ページ。

21）　パンフレット『トピー工業株式会社豊橋製造所ごあんない』、昭和 48 年 1 月。

22）　『大崎島』、前出、447 ページ。

23）　同上書、451 ～ 452 ページ参照。

24）　M. K. バンドマン著、杉野閄明訳『圏域生産コムプレックス』（『立命館経済学』、33 巻 4 号、1984 年）を参照せよ。

25）　「旧軍用財産資料」（前出）による。

26）　『三河港要覧』、三河港港湾管理者、昭和 51 年。

27）　『東三河臨海用地造成事業概要』、愛知県企業局、1976 年。

(2)　名古屋陸軍兵器補給廠豊橋分廠および周辺の旧軍用施設

　豊橋市には、大崎の海軍航空基地以外にも、中野町、草間町を中心に幾多の旧軍用施設があり、また高師町には広大な演習場が展開していた。

　まず、豊橋市中野町にあった名古屋陸軍兵器補給廠豊橋分廠の跡地がどのように工業用地として転用されたか、またその後の状況についても紹介しておきたい。

　この豊橋分廠の跡地は、4-(1)表で示したように、ユタカ鋳造へ昭和25年に約2万2千m²、昭和33年に約2万5千m²、計4万8千m²が払い下げられている。

　ユタカ鋳造は、鋳造により、主として紡織機械や工作機械を製造してきたが、経営悪化とともに昭和36年頃より自動車学校の経営に乗り出し、のち昭和39年にはユタカ工業へと改称。昭和51年にはユタカ自動車総業が設立され、ユタカ工業が所有する土地を借用して、自動車学校を営業している。ちなみに、昭和58年8月の時点におけるユタカ工業の従業員は、2～3人で、ユタカ自動車総業は170人となっている[1]。

　なお、昭和58年8月3日の時点では、鋳物工場から自動車練習場へと用地を整備中であったが、その用地面積は約4万6千m²といわれ、大蔵省よりユタカ鋳造へ払い下げられた旧軍用地の面積とほぼ同じである[2]。

　このユタカ自動車総業（旧ユタカ鋳造）に隣接して、泰東製綱豊橋工場があるが、この泰東製綱は昭和29年と同37年の2件、あわせて約2万8千m²の豊橋分廠の跡地を取得している。この工場は、ロープと漁網を製造しており、昭和58年8月現在、従業員は約170名、敷地面積は8,569坪（約2万8千m²）であるから、払下げ当時の用地面積と同じである[3]。

　さらに、この豊橋分廠の跡地は、旭農産加工へ昭和28年に約9千m²が払い下げられている。ただし、昭和58年8月の時点では、この周辺にはそのような工場は見当たらない。

　次に、この中野町の東側には草間町があり、そこには同補給廠豊橋分廠南倉庫（113,676m²）があった。ここでは、3-(1)表のように、三菱扶桑自動車販売が約1万4千m²、大平自動車興業も約6千m²を同じ昭和30年に取得している。

　この大平自動車興業は昭和43年に社名変更し、豊橋三菱扶桑自動車販売となり、前出の三菱扶桑自動車販売と接した敷地となっている。昭和58年8月、この豊橋三菱扶桑自動車販売草間工場の従業員は約45名、敷地面積は4,200坪（約1万4千m²）である[4]。

　なお、この草間工場の隣には、東海興業が土木事業、舗装工事業、造園工事業を営んでおり、昭和58年現在の規模は、従業員43名、敷地面積約4,500m²である。また、その近接地では、昭和23年より操業している㈲河合真田工場（約2,700m²、従業員数14名）と東海産業（従業員約20名、弁当製造、以前は繊維工場）とがある[5]。この二つの工場が旧軍用地であるかどうかは、規模が小さいだけに不詳である。

　続いて、草間町には旧高師陸軍北演習場廠舎（121,107m²）があった。その跡地は、4-(1)表のように、山口毛織㈱が昭和28年から同35年までに3件、合計約8万4千m²を取得している。しかし、繊維不況の影響で倒産し、昭和58年8月の時点では、その跡地は県営王ケ崎住宅をは

じめとする住宅地となり、その一部はショッピングプラザ・ヤマナカおよびその駐車場となっている[6]。同廠舎の一部（3,350 m²）を昭和33年にスクラップ置場として取得した東都製鋼（後のトピー工業）は、昭和55年現在、この跡地を王ケ崎寮として利用している[7]。

1) 昭和58年8月3日、ユタカ自動車総業での聞き取りによる。
2) 同上。
3) 昭和58年8月3日、泰東製綱での聞き取りによる。
4) 昭和58年8月3日、豊橋三菱扶桑自動車販売草間工場での聞き取りによる。
5) 昭和58年8月3日、㈲河合真田工場および東海産業での聞き取りによる。
6) 昭和58年8月3日、現地踏査による。
7) 同上。

⑶　豊橋市畑町および向山町にあった旧軍用施設

　豊橋市の畑町には、戦前に三つの旧軍用施設があった。敷地面積が最も広かったのは、豊橋陸軍第一予備士官学校（312,043 m²）で、次に高師陸軍火薬庫（52,302 m²）、そして豊橋偕行社（11,887 m²）である。しかしながら、これらの旧軍用施設のうち、その敷地が工業用地へと転用された件数は少ない。

　その中で特記しておくべきことは、3-⑴表で「農業」と紹介してきた三河農村工業農協である。これは農協を産業分類する場合には、農業あるいはサービス業だからであるが、この農協は農産物加工を目的として旧軍用地を取得しているので、業務内容からみれば工業に分類すべきかもしれない。その問題は残るが、それはともかく、この三河農村工業農協は、3-⑴表で示したように第一予備士官学校跡地の一部（9,328 m²）および豊橋偕行社の跡地全部を取得している。しかし、昭和58年8月の時点においては、この農村工業農協は存在しておらず、その跡地は国民金融公庫畑寮をはじめ民間住宅の敷地となっている[1]。

　なお、第一予備士官学校の跡地利用については、その約半分が昭和38年に愛知大学へ減額50％で払い下げられている。

　高師陸軍火薬庫の跡地は昭和33年に東都製鋼に払い下げられたが、東都製鋼（現トピー工業）が取得した面積は、旧火薬庫のちょうど半分である。

　畑町とは離れるが、豊橋市向山町には豊橋工兵作業場（179,079 m²）があった。その跡地の一部（6,803 m²）を昭和25年に浅井製糸が取得している。この製糸工場が旧軍用地を取得した理由の一つは「戦後期における外貨獲得」[2]であったと言われている。

　旧軍用地の転用、つまり旧軍用地の払下理由は、その多くが「工場用地」などの直接的な用途目的だけである。しかし、「外貨獲得」という、いわば世界市場的視点による用地取得の理由づけは、戦後における外貨不足という状況を如実に反映しており、それが旧軍用地の払下げを容易にしたという事実に留意しておかねばならないだろう。

　さて、昭和25年当時における浅井製糸の従業員数は150名を数えた。しかし、その後の機械

化によって、昭和58年8月の時点では、57名程度までに減っている。この製糸工場の敷地面積は約2,800坪（約9,240 m²）で[3]、大蔵省より払下げを受けた用地面積よりもやや広い。それは、当初、この製糸工場の敷地は700坪（約2,300 m²）だったので、払下げを受けた旧軍用地の分だけ拡大されたわけである。もっとも、「当初」の700坪は3千 m² 未満なので、この土地も昭和25年以前に払下げを受けた旧軍用地だったと思われる。

1） 昭和58年8月、現地踏査による。
2） 昭和58年8月3日、浅井製糸での聞き取りによる。
3） 同上。

(4) 豊橋市高師町にあった旧軍用施設

1-(1)表をみれば判るように、豊橋市で広大な旧軍用施設と言えば、それは天伯原陸軍演習場であり、高師原陸軍演習場のことであった。同じく、この高師町には、高師陸軍練兵場があった。この高師町における旧軍用施設については、次のような一文がある。

「軍都の変化——市の南部高師原一帯に設置された兵営区は、大正14年の師団廃止にあっても消滅することなく、軍機関に相続いて利用され終戦を迎えたのである。この地域は殆ど空襲を免がれ、広大な敷地・建物が無傷のまま文化産業施設に転用された。

第1に、——（略）。第2は、広大な演習地及び兵舎跡には工場を誘致するのに利用され、後述の日紡をはじめ、山口毛織、ユタカ鋳造その他の工場・会社の設立をみ、一工業区を形成しつつある」[1]

この文章に出てくる山口毛織、ユタカ鋳造については、すでに草間町や中野町における旧軍用施設として紹介してきている。しかし、日紡については、4-(1)表に掲示していないし、大蔵省管財局文書「旧軍用財産資料」にも記載されていない。

このことを念頭におきながらも、「豊橋旧軍施設」については、その歴史的淵源および戦後における転用状況を記した、次の文章を紹介しておきたい。

「豊橋の陸軍施設は、明治17年、吉田城址に名古屋鎮台豊橋分営が創設されたのに始まるが、その後軍備の拡張、縮小の影響をまともに受けたから、ある時期には師団が設置され、ある時期には廃止されるという変遷をたどってきた。

戦後旧軍から大蔵省が引継いだものは、天白原演習場（935万 m²）、高師原演習場（276万 m²）など、土地（1,514万5千 m²）、建物915棟（17万3千 m²）であったが、このうち土地については、農地として1,249万9千 m²、私立大学へ15万7千 m²、その他、学校、工場、住宅等に計113万4千 m² が転用され、131万4千 m² が公共団体へ学校、公園、住宅用地として貸付けているが、このうち特に多いのが公園で42万1千 m² に上がっている。

一時農地に転用された後工場団地に再転用されたものが、39万2千 m² あり、これらを含め、当地には繊維、食品、鋳造、鉄工等の工場が旧軍用地を利用して進出しており、その年間生産額

は約 100 億円に及んでいる。

　建物については大部分が解体移築され産業、住宅、学校等の用に転用された」[2]

　この文章にある天白原は天伯原のことであろう。つまり、旧陸軍の施設としては、この天伯原と高師原に演習場や練兵場があり、それが戦後どのように転用されたかを簡略に記したのが前記の文章である。ただし、その中には各種の工場や私立大学が登場するなど、高師町だけの旧軍用地を数字として計上したものではない。

　高師町にあった三つの旧陸軍施設は、合計すると、約 1,207 万 m^2 に達する[3]。そのうち、戦後農林省へ「開拓農地用」として有償所管換されたものは、1,197 万 m^2 弱であり、農地転用率は実に 99％となる。つまり、最初に引用した文章の中に出てくる日紡の立地は、この高師原ではないことが判る。高師原の旧軍用地で農地以外に転用されたものは、1 件あたり 3 千 m^2 以上ものはなく、僅かに高師陸軍練兵場の跡地が 207 戸の民間住宅用地として利用されている程度で、その面積は約 2 万 3 千 m^2 ほどでしかない[4]。

　それでは、豊橋市における日紡はどのようにして旧軍用地を取得したのであろうか。ここに、興味ある文章がある。それは、昭和 25 年 12 月 5 日、大日本紡績社長原吉兵氏と豊川市長との間に交わされた覚書である。

　「曙町の開拓地の一部とその他の土地と合わせて 8 万 1638.83 坪（約 24 万 7 千 m^2）をさしあたり市が国より借りうけて会社に提供し、のち市が払い下げをうけて無償で会社にさしだす」[5]

　この覚書で問題になるのは、第一に、豊橋市が有償で払下げを受けるのはともかく、それを無償で民間企業へ譲与するということである。これは豊橋市という公共機関を通じて公共資金（公金）を私的企業のために流用するのはどうかという問題である。それ自体としてみれば、これは違法ではないが、明らかに公的資金の私的企業に対する運用であり、支出である。しかしながら、その運用の結果として、地域雇用を促進し、地域消費を高め、さらに税収を増加させるならば、地方公共団体にとって、これは地域経済活性化への有力な政策手段となりうる。そして、このような政策はただ豊橋市だけでなく、全国的にみても多くの地方公共団体が採っている。

　第二の問題は、大蔵省管財局文書「旧軍用財産資料」にも掲載されずに、旧軍用地が豊橋市のものとなり、それが工業用地として転用されるに至ったという手続き、あるいはそのメカニズムの解明である。

　ちなみに、豊橋市は昭和 26 年から同 41 年までの期間に 8 件の旧軍用地を取得している。しかしながら、それは 2 -(4)表でも判るように、市庁舎、市営住宅、学校用地、市道がその用途目的であることがはっきりしており、豊橋市が国有地を借用したという記録はない。このメカニズムを解明するためには、次の一文が役に立つ。

　「東海地区の工場敷地予定地域は元の高師ケ原、陸軍練兵場跡、戦後は開拓入植地として農耕地となっていたのであるが、初の農地政策の転換の対象として、その建設が承認された」[6]

　この一文でもって、工場建設予定地が高師陸軍練兵場（393,183 m^2）の跡地だということが判る。この土地は既に述べたように一部が 207 戸の民間住宅地として払い下げられているが、農地

としては昭和 22 年に 287,561 m² が農林省へ有償所管換されている。日紡の社長と豊橋市長との覚書では 24 万 7 千 m² であるから、用地面積としては、農林省へ有償所管換された旧軍用地の面積とほぼ同じである。

問題とすべきは、旧軍用地の用途目的が開拓農地であったものを、まさに「初の農地政策の転換の対象」として、これを工場用地へと再転換することを農林大臣が承認したということである。

昭和 25 年段階では、まだ日本の食料事情は好転していなかった。八郎潟や諫早湾での干拓、あるいは富士山麓の開墾など、食料増産事業が日本の各地で進められ、あるいは進められようとしていた時期である。したがって、当時は農地を他の目的に転ずることは原則的に認められなかったのである。だが、この豊橋市における日紡の事例は、農林大臣の承認があれば、開拓予定農地であっても、工場用地へと再転用できるという、まさに農地政策の大きな転換であり、その最初がこの高師陸軍練兵場跡地であったということは実に興味深いことである。

ちなみに、農地法の制定は昭和 27 年 7 月 15 日であり、「農地の転用の制限の例外」という農地法施行規則の第五条（とくにその 20 項）が制定されたのも、同じ 27 年 10 月 20 日である。したがって、高師陸軍練兵場跡地が農林省の開拓予定農地になっていたとしても、昭和 25 年段階では、この二つの法律は適用しえない。つまり、旧日本帝国憲法を適用したものと思われるが、ここでは開拓予定地がどこまで農地となっていたのか不明であるし、その適法性については検討しないことにする。

その後の経過を辿ると、ユニチカ㈱豊橋工場は昭和 26 年に紡績第一工場と織布工場が竣工、さらに昭和 43 年に紡績第二工場が竣工し、昭和 58 年 8 月現在では、工場敷地面積 271,204 m²、従業員数約 550 名となっている[7]。

日紡（ユニチカ）の進出が、豊橋市の雇用拡大をもたらしたことは間違いない。また、昭和 58 年現在、豊橋市の曙町にあるユニチカ豊橋工場の敷地面積が、民間住宅地となった部分を差し引いた旧豊橋陸軍練兵場跡地、すなわち農林省へ有償所管換された面積とほぼ同じであることも、ひとたび開拓予定地として農林省へ有償所管換されていた旧軍用地が、工業用地へと再転用されるという社会経済的なメカニズムがあったことを如実に示していると言えよう。

1) 『豊橋市戦災復興誌』、豊橋市役所、昭和 33 年、351 ページ。
2) 『国有財産の推移—旧軍用財産転用のあと—』、東海財務局、昭和 45 年、16 ページ。
3) 「旧軍用財産資料」（前出）を参照。
4) 同上。
5) 『豊橋市戦災復興誌』、前出、373 ページ。
6) 同上書、611 ページ。
7) 昭和 58 年 8 月 24 日、ユニチカ豊橋工場への問い合わせ結果による。

4. 豊川市

豊川稲荷で有名な豊川市は愛知県の東南部にあり、その市名のように豊川下流域の西部に位置

している。東と南は豊橋市に接し、国道 15 号線および国道 362 号線で繋がれている。交通関係からみると、豊川市は頻繁に通う路線バスと JR 飯田線で豊橋市と結ばれており、市街地としては豊橋市の郊外であるかのような状況にある。

戦前の豊川市には、わが国における最大の工廠と言われた豊川海軍工廠（2,312,880 m²）があった。また、この工廠に付属する軍用施設として、1 −⑵表、1 −⑶表でも紹介しておいたように、工員養成所（159,209 m²）、男子寄宿舎（49,350 m²）、型鍛造工場（52,436 m²）、別地火薬庫他（589,452 m²）など、13 口座の旧軍用施設があった。

旧豊川海軍工廠は、豊川市のほぼ中心に位置しており、市役所、豊川農協、郵便局、球場、体育館、消防署など地方公共団体の中枢的業務地区のすぐ北側に隣接している。この工廠の建設過程およびその跡地利用については、昭和 45 年に刊行された『国有財産の推移』（東海財務局）の文章で明らかとなる。

「昭和 15 年、豊川市市田町本野ケ原を中心に、約 72 万坪（238 万 m²）の膨大な地域を買収し、同 17 年規模生産量ともに東洋一といわれた豊川海軍工廠が誕生したが、ここでは、航空機用の機銃と光学兵器、各種機銃弾が生産され、最盛期の作業人員は、学徒動員、徴用工を含め 5 万 7 千人に及んでいた。

大東亜戦争の緒戦から昭和 18 年頃までの日本軍が優勢な時期には、ここで生産された兵器が大いに活躍したが、終戦直前の 8 月 7 日、B29、300 機の集中爆撃で施設の 80％が廃墟化し、学徒報国隊を含め 2,477 名の犠牲者を出した。

終戦後間もなく、進駐軍により接収され、一時賠償施設として管理されたが、昭和 22 年進駐軍から返還され、大蔵省所管の普通財産となった。内訳は土地 238 万 m²、建物 17 万 8 千 m²、機械 2 万 2 千台であった。本施設は、他の旧軍施設と異なり、⑴閣議決定で一括転用の方針が決定されていたこと、⑵床がコンクリートで塗り固められていたこと等から農地への転用が行われず、昭和 20 年代は転用の具体的計画のないまま温存された。30 年代になって日本経済の成長発展期に際会し、地元豊川市の工場誘致運動が盛んになり、当市内陸工業地帯発展の核となる幸運にめぐり会うこととなった。この結果、本跡地のうち 124 万 1 千 m² へ鉄鋼、車輌、鍛造、鍛造機、断熱煉瓦等、各種の近代産業が進出したほか、研究機関、自衛隊用地等に転用されている。当地の上記工業の生産額は、年間 243 億円に及んでいる」[1]

この文章は、昭和 48 年に刊行された『旧軍用財産の今昔』にも、その大部分が再録されているが、文章半ばにある戦災部分が割愛され、最後部分も新しい数字に置き換えられているので、その置き換えられた部分のみを紹介しておこう。

「この結果、本跡地のうち、135 万 7 千 m² を鉄鋼、車輌、鍛造機、断熱煉瓦等各種の近代産業が進出したほか、陸上自衛隊用地に 45 万 m²、名古屋大学研究所用地に 19 万 m²、道路、水路として 19 万 5 千 m² がそれぞれ転用されている。このほか、豊川市へ公園敷地として 11 万 3 千 m² が無償貸付されている。当地の上記工場の生産額は、年間 350 億円に及んでいる」[2]

この『旧軍用財産の今昔』では、旧軍用地のうち産業用地へ転用した土地面積を 124 万 1 千

m²から135万7千m²へと補正し、あわせて自衛隊、大学、道路・水路、豊川市への公園敷地の貸付にまで言及している。また当該地域における工業生産額についても243億円から350億円へと修正しているが、これは年次的経過に伴う補正である。

それでは、旧豊川海軍工廠およびその付属的軍事施設の跡地は、そのどれだけが工業用地へと転用されたのであろうか。既に、4−(1)表では、1件あたり3千m²以上の払下げを対象としたものを掲示しており、それによれば、豊川市における旧軍用地の工業用地への転用は10件、975,549m²となっている。これに建設業の熊谷組（約17万2千m²）と国鉄（2件計9万5千m²）が取得した旧軍用地を加えると、約124万m²となる。さらに関連軍事施設の産業用地への払下面積等を付加すれば、134万m²となるであろう。

ところで、昭和48年に刊行された『豊川市史』は、豊川市の工業発展とかかわって、戦後における旧豊川海軍工廠の位置づけを次のように評価している。

「豊川工廠が壊滅して一週間後に終戦を迎えたのであるが、工廠建設のために生まれた豊川市にとっては、この唯一絶対で市の中核をなしていた工廠が破壊されたことは、市制解体論が出るほど致命的なことであった」[3]

豊川海軍工廠が完成したのは昭和17年であったが、豊川市は昭和18年6月1日に市制を施行している。つまり、市制施行は軍需生産都市としての発展方向を内外にむけて宣言したようなものであった。その中核となる工廠が破壊されたのであるから、市制解体論が登場してきても不思議ではなかった。問題は、こうした状況の中で豊川市がいかに対応してきたかである。

「豊川海軍工廠の残したものの一つに光学工業がある。昭和21年（1946）、工廠に勤めていた技術部員が集まり、光学部残存の払い下げ機械を使い、民間事業所『千代田光学』として光学機械・顕微鏡・オペラグラス・写真機の生産を開始した。工場は工廠時代の従業員宿舎を利用したものだった。しかし、すぐに顕微鏡の生産をやめ、写真機・オペラグラスの生産に力を入れたが、昭和23年（1948）4月の火災によってオペラグラス生産に必要な機械を失い、写真機一本に生産をしぼった。その後、社名を『ミノルタカメラ』と改め、豊川市の工業の中に大きな地位を占めるようになった」[4]

ここに引用した文章は、終戦直後において、旧海軍工廠の跡地での生産再建の動向を示したものであるが、これには一つの疑問が生ずる。それは賠償問題との関連である。

昭和20年1月20日に、占領軍総司令部（Supreme Commander for the Allied Powers）より「日本航空機工場、軍工廠及び研究所の管理保全」（SCAPIN-629）という指令が出され、その中には豊川海軍工廠（TOYOKAWA NAVAL ARSENAL）も含まれていたからである[5]。したがって、この指令の有効期間は総司令部の許可なしには何人も工場の施設や機械類を使用することはできなかった筈である。もっとも、この問題について深入りして検討する余裕はない。おそらく、そこには何か別の動きがあったものと推測するしかない。

さらに別の問題もある。「豊川工廠の付帯施設は162千坪にも及び、戦後、これらの土地の利用転換は主に豊川市によって行われた。態様別の転用状況は、住宅用20,000坪、産業用16,000

坪、自衛隊用 69,000 坪、公共用 49,000 坪、その他 8,000 坪である」[6]

　ここでは、旧豊川海軍工廠の付帯施設における民間工場の転用状況が取り上げられている。それを紹介しておくと、次表のようになる。

X-5-⑷表　旧豊川海軍工廠付帯施設の利用状況

付帯施設利用企業名	旧工廠付帯施設名（昭和 20 年）
東洋アスパラ㈱	第 14 女子従業員寄宿舎
白雲町 OSG ㈱	型鍛造工場
日工産業㈱	第 7・8・9 女子従業員寄宿舎
朝日木工㈱	第 1・2・3・4 女子従業員寄宿舎

出所：『豊川市史』、昭和 48 年、696 ページ。

　5-⑷表は、年次および個別企業の所在地、利用面積、従業員数などが記載されていないので、内容が極めて曖昧である。それでも、この表をみると、旧工廠付帯施設として、女子従業員寄宿舎が 8 カ所も利用されている。ところが、大蔵省管財局の「旧軍用財産資料」には、男子寄宿舎はあっても、女子従業員寄宿舎という口座は見当たらない。したがって、女子従業員寄宿舎は、国有財産ではなかったのかもしれない。そうでなければ、その跡地利用には、占領軍総指令部の使用許可が必要となるからである。もっとも、型鍛造工場は、市内女道に所在する旧軍用施設であったことは確かである。

　ところで、5-⑷表に登場している各企業に対して、大蔵省が払い下げたという記録はない。なお、日工産業㈱は、昭和 45 年現在、鈴木自動車となっている。

　この付帯施設に関連して、『豊川市史』は、次のように述べている。

　「これらの付帯施設は主に工廠の東から南東方面に隣接していたものであり、戦後、その敷地が各工場用地として利用されたものである。そして、この地域に工場ができた最大の要因は、工廠付帯施設跡のまとまった用地があったことである」[7]

　ここでは「戦後」と記されているが、それでは時期的に曖昧である。しかし、昭和 21 年に、かっての従業員が「千代田光学」を創業しているので、⑷表が示すように旧工廠の付帯施設であった女子従業員寄宿舎跡地を利用した諸工場の創業も 21 〜 23 年頃ではなかったかと想定しうる。

　ところで、その当時の工場はどのような状況にあったのか、次の文章がそれを端的に明らかにしている。

　「昭和 20 年代は、小さな工場が乱立しながら整理され安定をみせているようであったが、本当の安定とはいえなかった。また、豊川市の工場は、一部の工場を除くと、ほとんどが 3 人以下の零細な工場であった。このような状態の中で、他都市で行われているような、工場誘致が真剣に考えられ始め、工廠跡地への工場誘致がまず、問題となった。しかし、工廠内の残存機械が賠償物資となっていたため、工場誘致運動も思うようにまかせなかった。

ところが昭和 24 年（1949）に至って、アメリカ軍が賠償取り立てを放棄したので、工場誘致への意欲が盛り上がった」[8]

　小規模な払下げ（工場用地としては 3 千 m² 未満、その他は 1 万 m²）は別にして、旧豊川海軍工廠の跡地が本格的に利用され始めるのは昭和 25 年の豊川市（55,686 m²・住宅用地）への払下げからである。そして昭和 26 年に文部省（187,789 m²・名古屋大学用）への無償所管換が行われ、昭和 28 年になって、やっと内広織布工業が工場用地として買収するに至るのである。これらのことは、既に 2-(2)表、2-(4)表、4-(1)表に掲載している。

　さらに昭和 28 年以降における旧軍用地の工業用地また産業用地への転用状況も 3-(1)表と 4-(1)表で掲示している。なお、1-(1)表で、旧豊川海軍工廠の主たる転用先を「民間工業用地他・昭和 36 年」としたのは、車輪工業（現トピー工業）へ 428,486 m² を昭和 36 年に譲渡したのが、跡地利用としては最大だったからである。

　要するに、旧豊川海軍工廠の跡地の工業用地への転用を年次的にみると、昭和 30 年代の前期から中期に集中しており、これが日本経済における高度経済成長の一端を担ったのである。地域経済政策との関連では、工業整備特別地域整備促進法（昭和 37 年）による「工業整備特別地域」への指定が、一定の役割を果たしたことも否定できないであろう。

　昭和 52 年の段階になると、旧豊川海軍工廠跡地の工業用地としての利用状況も変化してくる。次表はそれを示したものである。

X-5-(5)表　旧豊川海軍工廠跡地の利用状況（昭和 52 年）

(単位：m²)

企業名	敷地面積	備考
朝日木工	52,449	元内広織布工業敷地
イソライト工業	115,000	――
新東工業	122,000	元久保田製作所敷地
熊谷組	172,000	（建設業）
トピー工業	297,000	車輪工業敷地の一部
旭可鍛鉄	96,000	――
日本車輌	313,000	元国鉄よりの譲渡を含む

出所：『工特地域にかかわる調査資料』（愛知県、昭和 52 年 7 月）を参照。

　この(5)表で目を惹くのは、大蔵省から旧軍用地の払下げを受けた企業が撤退（倒産等）して、新しい企業が進出しているということである。もっとも、朝日木工は昭和 23 年頃までに、旧海軍工廠の付帯施設の跡地を利用して、操業していた企業であり、新東工業も昭和 39 年に、旧工廠の付帯施設である男子寄宿舎の跡地（12,581 m²）を「社宅敷地」という用途目的で取得した企業である。その意味では、すでに旧豊川海軍工廠と一定の関係をもっていた企業である。

　トピー工業については、既に豊橋市の項目でみておいたことだが、車輪工業はその前身の一つである。ここで注目したいのは、備考欄にあるように、車輪工業の全敷地ではなく、その一部だ

けを継承しているということである。この点については、中小企業団地に約6万3千m²、自衛隊自動車訓練所へ約3万6千m²ほど譲渡したため、昭和52年現在の敷地は約29万7千m²となっている[9]。

日本車輌は、昭和39年に時価および交換によって132,705m²の用地を確保している。のち、旧国鉄の用地（95,422m²）を買い足しているが、それでも(5)表の31万3千m²には達しない。つまり、日本車輌は、旧国鉄以外に約8,500m²の用地をどこからか買収したのであろう。

これらの事実は、昭和48年段階で把握していた旧軍用地の取得状況も僅か5年程度で大きく変化するということを示している。また、大蔵省管財局文書「旧軍用財産資料」には、旧軍用地の譲渡年月について記載されているが、その再転用先や再転用の時期までは記載されていない。したがって、これは本書の直接的な研究課題ではないが、旧軍用地の歴史的経緯について究明しようとすれば、それなりの労力が必要だということである。とくに昭和48年より35年の月日を経た平成20年（2008年）になると、個別的事実の究明はますます困難になってきていると言わねばならない。

やや脇道に逸れたが、旧海軍工廠の付帯施設で大きな変化があった事例がある。大沢螺子研削所は昭和34年に旧工廠型鍛造工場の跡地（19,592m²）を取得し、昭和36年に豊川工場を新設して稼働を始めているが、昭和38年にはオーエスジー㈱と社名を変更している。(4)表で、「白雲町OSG㈱」とあるのがそれだと推測される。もっとも、旧鍛造工場は「女通り」（大蔵省文書では「女道」）にあったので、白雲町にあった鍛造工場と一致するかどうか疑問は残る。それにしても、オーエスジー㈱では、この豊川工場を「当社の専用工作機械を製作し、オーエスジー4工場の中で重要な一角を担っている機械工場」[10]と位置づけている。なお、昭和56年段階におけるオーエスジー㈱豊川工場の敷地面積は27,900m²、従業員数90名となっている[11]。つまり、このオーエスジー㈱豊川工場も、旧大沢螺子研削所が取得した用地以外に約8,300m²ほどの土地を他所から取得していることになる。このことは、大蔵省から旧軍用地を取得した企業は、その取得面積だけで操業を続けている場合もあれば、さらに用地を購入して工場敷地を拡大している場合もあるということである。当然のこととは言え、資本制経済のもとでの工業立地状況の変化は目まぐるしいものがある。

1）『国有財産の推移』、東海財務局、昭和45年、16～17ページ。なお、文中にある旧豊川海軍工廠における建設および被災状況については、『豊川海軍工廠展』（桜ヶ丘ミュージアム、平成17年）が詳しい。
2）『旧軍用財産の今昔』、大蔵省大臣官房戦後財政史室編、昭和48年、97ページ。
3）『豊川市史』、豊川市役所、昭和48年、691ページ。
4）同上書、692ページ。
5）『對日賠償文書集』第一巻、賠償庁・外務省共編、昭和26年、108ページ。
6）『豊川市史』、前出、696ページ。
7）同上書、697ページ。

8） 同上書、694 〜 695 ページ。

9） 昭和 58 年 8 月、豊川市役所での聞き取りによる。

10） 会社案内『オーエスジー』（昭和 56 年 9 月）、7 ページ。

11） 同上。

5．春日井市

　戦前の春日井市には、名古屋陸軍造兵廠鳥居松製造所（840,236 m²）、同じく鷹来製造所（979,487 m²）、名古屋陸軍兵器補給廠鳥居松分廠（28,355 m²）という三つの軍用施設があった。このうち、兵器補給廠鳥居松分廠跡地は昭和 36 年に文部省へ無償所管換となり、文部省はこれを愛知学芸大学用地として活用している。したがって春日井市において旧軍用地が工業用地へと転用されたのは、二つの造兵廠跡地においてである。

　この二つの造兵廠は、いずれも「名古屋陸軍造兵廠」であり、名古屋にあった三つの陸軍造兵廠と同じグループに属する。しかし、春日井市にあった二つの造兵廠は、敷地面積でみると、名古屋市にあった熱田製造所（約 26 万 m²）、高蔵製造所（約 27 万 m²）、千種製造所（約 18 万 m²）のいずれよりも広く、大規模だったのである。

　もともと春日井市は、軍需工業都市として発足するために、昭和 18 年 6 月、勝川、鳥居松、篠木、鷹来の四カ町村が合併したという経緯をもっている。この点では、同じ日に市制施行した豊川市と似ている。

　春日井市にあった二つの陸軍造兵廠の跡地利用について、『国有財産の推移』（東海財務局）は次のように述べている。

　｜戦後旧軍から、大蔵省が引継いだとき、鷹来製造所は、土地 23 万 6 千坪（77 万 9 千 m²）、建物 2 万 8 千坪（9 万 2 千 m²）、鳥居松製造所は、土地 28 万 6 千坪（94 万 4 千 m²）、建物 3 万 7 千坪（12 万 m²）であった。その後鷹来製造所の土地は合板、通運など民間企業へ 11 万坪（36 万 6 千 m²）、名古屋市浄水場など公共用に 6 万坪（20 万 m²）、私大の農学部付属農園に 5 万 2 千坪（17 万 2 千 m²）が転用された。

　一方、鳥居松製造所の土地は大部分が製紙会社へ払い下げられ、一部は学校用地等に転用された。

　また、これら両製造所の建物は地元市町村、会社等に払い下げられたが、市町村へ払い下げられたものは、大体六三制による新制中学あるいは、戦災に遭った小学校の校舎として活用された。

　終戦当時、度重なる空襲でがれきの山となっていた鷹来製造所は、今、床板や化粧合板で年額 22 億円をあげる合板工場、名古屋市民に一日最大供給水量 39 万 m³ を供給する春日井浄水場、通運倉庫、あるいは大学付属農場となっている。

　また、鳥居松製造所は、クラフト紙、上質紙など年産 25 万トン、188 億円の生産高をほこる製紙工場となり、一部は学校として生まれかわっている」[1]

　この文章とほぼ同じものが、『旧軍用財産の今昔』では、見出項目を二つの製造所に分けて掲

載されている。問題なのは、二つの製造所の敷地面積が、文献・資料によって、それぞれ異なるということである。それを比較してみよう。

X-5-(6)表　鳥居松および鷹来製造所の敷地面積

（単位：m²）

参考資料名	鳥居松製造所	鷹来製造所
「旧軍用財産資料」	840,236	979,487
『国有財産の推移』	949,000	779,000
『旧軍用財産の今昔』	889,000	779,000

　(6)表にみられるような数字の離齬をどのように理解したら良いのか。『国有財産の推移』（東海財務局）は昭和45年の刊行であり、『旧軍用財産の今昔』（大蔵省大臣官房戦後財政史室編）は昭和48年に編集されたものである。「旧軍用財産資料」（大蔵省管財局文書）は調査原票を複写したものを昭和48年3月末現在で、一括整理したもので、未刊行の資料である。年次的な違いはあるが、戦後、大蔵省が引き継いだ時点での数字であり、しかも同じく大蔵省管轄の数字であるから、数字の離齬は生じる筈がないものである。もっとも、鷹来製造所の場合には、979,487 m²という面積には、春日井市だけではなく、西山町および町屋町の地域を含んでいるので、20万 m² の違いが生じたとも思える。しかし、数字そのものをみると、「旧軍用財産資料」が、779とあるべきところを979と誤記したのか、あるいは『国有財産の推移』が印刷の過程等で979とあるべきところを、779とミスし、それを『旧軍用財産の今昔』はそのまま引用したのであろう。

　このような数字的離齬を一つ一つ究明していくことは、もとより本書の課題ではない。したがって、ここでは、そうした問題の所在を指摘するだけで、さきへ進もう。

　すでに、これまで三つの表で、鳥居松製造所および鷹来製造所の譲渡先については表示してきている。それを改めて一括してみよう。

X-5-(7)表　鳥居松および鷹来製造所の譲渡状況

（単位：m²）

譲渡年月日	譲渡先企業名	譲渡面積	製造所名
昭和 26.8.11	苫小牧製紙	665,706	鳥居松
28.8.22	王子製紙	106,331	同
38.――	春日井市	49,276	同
38.1.28	東洋プライウッド	312,869	鷹来
38.5.4	同	108,890	同
38.6.15	日本通運	27,335	同
38.――	総理府防衛庁	247,203	同
44.――	名古屋市（水道局）	69,319	同

出所：「旧軍用財産資料」（前出）より作成。

　この(7)表からは、鳥居松製造所の跡地（84万 m²）のうち、77万2千 m²、つまり92％が民間

企業に譲渡されており、鷹来製造所（97万9千m²）の場合には、それが46％に止まっている。その理由は、防衛庁への所管換や名古屋市への払下げが大きかったからである。

　それよりも問題なのは、鳥居松製造所の場合には、戦後比較的早い時期に、苫小牧製紙（現王子製紙）へ譲渡されているのに、鷹来製造所の場合には、その譲渡が昭和38年に始まっているということである。後者における旧軍用地の譲渡が遅れた理由は、昭和38年直前まで、米軍が使用していたからではないかと思われる。

　昭和52年の段階では、中央本線からおよそ1里（3.75km）ほど離れている鷹来製造所跡地への立地状況も若干の変化がみられ、東洋プライウッド以外に、東洋コンポジェット㈱、松下精工㈱が新たに立地してきている[2]。

　ここで、春日井市における最大の工場であり、現時点（平成20年）においても日本の代表的な製紙工場の一つである王子製紙春日井工場が、旧軍用地を利用しながら、どのように生産活動を始めたのか、その進出経過を『春日井の十年』（春日井市）から引用しつつ、やや詳しくみていくことにしよう。

　「本市は昭和18年6月、当時軍部の希望と関係地区民の総意によって、軍工廠を中心として一大軍需産業都市建設という大理想のもとに市制を布いたのであったが、市制施行僅かに2年余りにして終戦となり、市民は茫然自失その挙措に迷ったのである。——市当局としても、本市を大名古屋市の衛星都市として再建の大方針を確立し、5万市民の要望にこたえるべく努力した。しかしながら本市は面積47平方キロ、特殊産業にも恵まれず、加うるに交通機関も充分でなく、いわば一大農村であって、この厖大な地域に都市を建設することは一朝一夕の業ではない。如何に市民が熱望し、努力しても、大資本大企業の援助協力なくしては如何にもしがたいのである。——幸いにも終戦後6年、日本経済も連合国就中アメリカの援助によって、漸く回復の曙光を見るに至り、特に紙・繊維関係工業は相当の活況を呈するに至った。このとき、厖大な旧軍工廠をもつ本市としては、大工場誘致には絶好の機会到来を確信し、市においても県下に率先して、『工場設置奨励条例』を制定し、いわゆる受入態勢を確立したのである」[3]

　この文章は、資本制経済体制のもとにおける「地域」と資本との関係を端的に言い表している。つまり私的私有制度を基礎とする資本制経済のもとでは、大企業（大資本）の利潤追求という論理（適地策定型）が、まず企業立地の前提ということであり、市や県の立地政策（適産策定型）[4]や立地計画はそれに対して、従属的なものであるということである。このことは、会社側の視察が行われた昭和25年に、春日井市が制定した「工場設置奨励条例」をみれば判然としている。その「工場設置奨励条例」の内容を、要点だけに限って紹介しておこう。

　　「第1条　本市産業の興隆と市勢の進展に寄与する工場を本市に設置するものに対し、この
　　　　　　条例の定めるところにより議会の議決を経て奨励金を交付する。
　　　第2条　奨励金は輸出品産業その他適当と認める事業のため次の各号の1に該当する工場
　　　　　　又は施設を本市に設置するものにこれを交付する。
　　　　　⑴投資額300万円以上

⑵常時使用する工員又は従業者の数50人以上

第3条　奨励金の額は該当する工場に使用する土地及家屋に対しその年度に於て賦課された市税の合計額を限度としてこれを定める。工場敷地に対しては限度を定め無償提供或は一部提供にすることができる」[5]

　この奨励条例は、内容をみれば判るように、巨大企業だけを対象としたものではない。しかしながら、市が交付する奨励金は市税の一部であり、そうした公的資金を私的企業に交付することは如何なものかという問題は残る。この点については、既に検討しているので、これ以上に論ずることはしない。

　さらに『春日井の十年』からの引用を続けよう。

　「こうした周囲の情勢下に苫小牧製紙春日井工場の誘致は着々と進捗した。——昭和25年10月初旬に木下副社長一行の現地視察にはじまり、その後数旬にして、中島社長をはじめ会社側幹部の視察の結果、当市の製紙工業に最も重要な水質水量並びに排水関係その他の立地条件等をつぶさに検討したところ好条件であるので、足立市長は直ちに上京し、工場誘致を懇請協議の結果、会社側よりは特別の悪条件が発生せぬ限り、有望との朗報を得たので、市は更に会社側の要請に副うべく、市民一体となってあらゆる努力を払い便宜供与を決意し、同年12月中旬市長再度の上京によって、春日井工場の誘致が決定を見るに至ったのである。其の間県当局、名古屋財務局、名古屋通産局、名古屋商工会議所、県工場誘致委員会、其他関係官公署、地元関係各位の絶大なる援助によるものが多かった。そこで昭和26年1月10日、市公民館において関係者参列のもとに苫小牧製紙第二工場敷地決定披露式を挙行した」[6]

　上記の文章では、「関係者」の中に、名古屋財務局が入っており、当然のことながら、旧工廠跡地の譲渡に関する折衝が行われたものと推測できる。また、製紙工場という紙の製造工程の特殊性から、水質・水量の検討がなされたことも当然のことであろう。なお、苫小牧製紙の第二工場というのは、第一工場が苫小牧市にあるからである。ちなみに苫小牧製紙は、戦前の旧王子製紙が、占領軍の財閥解体方針によって苫小牧製紙、本州製紙、十条製紙の3社に分割されたものである。

　苫小牧製紙の春日井市への進出は、地域経済に大きな影響を及ぼすこととなった。そのことと苫小牧製紙の立地要因が何であったかについて『春日井市史』（昭和48年）は次のように述べている。

　「戦後の日本工業は朝鮮動乱を一つの契機として躍進した。工廠跡地が注目されだしたのもこの頃である。昭和26年鳥居松工廠跡へ苫小牧製紙（王子製紙）の誘致が決定し、田園都市から工業都市化への第一歩が実現されたのである。敷地85万㎡、晒クラフト法を採用したこの製紙工場は、さらに昭和37年には高度に近代化された新工場を完成し、中部経済圏の中核としての機能を発揮している。

　王子製紙の立地要因をみると、⑴長野、岐阜、三重の木材産地の中間にあり、原料集荷に便利なこと、⑵庄内川に近く豊富な工業用水に恵まれていること、⑶国有地の払下げで一括して大団

地が得られた点がおもなものとして挙げられる」[7]

　ここでは、とくに国有地（旧軍用地）の払下げがもつ工業立地上のメリットとして、「まとまった用地が一括して入手できること」という趣旨のことを挙げている点に注目しておかねばならない。確かに旧軍用地は空き地である。しかも工廠跡地は平坦である。交通の便はともかく、広大な用地があることは、巨大な工業用地へ転用する場合には甚だ好都合である。もし、農地へ転用されている場合などにより、土地の所有者が多数になる場合には用地買収に要する手間がかかり過ぎる場合がある。とくに工業立地における敷地の原単位が大きい場合には、この「広くまとまった土地」は魅力的である。そうした魅力を旧軍用地、とりわけ工廠跡地はもっているのである。もっとも、旧工廠跡地が工場適地であっても、それが現実化するためには、その根底に、その払下価格の問題があることは論をまたない。ここは旧軍用地の譲渡価格について検討する場ではないので、これ以上の論評は差し控えておく。

　さて、苫小牧製紙の誘致に成功した春日井市は、その後も順調な発展を遂げていく。

　「昭和25年工場誘致条例を制定し、積極的に工場誘致に努め、いわゆる田園都市から内陸工業都市として脱皮すべく努力を続けた。以来、約200社の工場進出があった。その後工場誘致条例は昭和43年に至って廃止されたが、折からの高度経済成長の波にささえられ、工場の進出はこの措置により特に衰えることなく、昭和40年代においても121の工場数が立地している。その結果、昭和30年以降の立地工場が全体の88％を占め、春日井市内の工場全体が比較的新しいものであることが示されている。なお、現在地で企業（工場）を創立したものが約35％、残り約65％は大都市からの疎開工場ならびに広い土地を求めての第2次工場としての進出である」[8]

　しかしながら、こうした春日井市への集中的な工場立地は、「住工混在を招き、工場の無秩序なスプロールに伴う『住』とのトラブル」[9]を惹起させた。すなわち、昭和52年6月には、騒音で6件、汚水廃液関連で5件、臭気で4件の苦情陳情が出されており、52年4月から（6月まで―杉野）の累計では、汚水廃液12件、臭気10件、粉じん6件、その他もあわせて総計50件の公害苦情陳情が出されている[10]。

　こうした地域住民の苦情もさることながら、地元の多くの工場、とりわけ敷地面積1万 m² 以下の中小企業については、その3割以上が、設備拡張難や廃水、ばい煙などを理由に、他地域への工場移転を考慮している[11]。このことは、各種の公害が地域住民だけでなく、地域の工業活動にとっても問題になるということである。

　ちなみに、各工場が希望する移転先であるが、市内移転の場合には、インターチェンジ周辺部を16工場（29％）が、旧鷹来製造所跡地およびその周辺部を12工場（21％）が希望している。さらに、この12工場の業種については、金属、機械などの重工業が多いとされている[12]。

　さて、旧工廠跡地を利用した大工場の立地に伴う経済的諸関係、またその立地に誘発された諸工場の集中的立地、さらには公害の発生と地域住民および中小企業の活動圧迫という事態の発生、この事態の解消方針としての旧工廠跡地の利用という一連の社会的連関をみてきた。現在（昭和58年）でも、なお国有地として残されている旧工廠の跡地については、この公害対策としての利

用を検討してみる必要はあるだろう。ただし、その前に、公害の発生源を明らかにし、企業内における公害防止対策が十分になされているかどうかの点検が不可欠である。

1）『国有財産の推移―旧軍用財産転用のあと』、東海財務局、昭和45年、14～15ページ。
2）昭和52年8月、現地踏査の結果による。
3）『春日井の十年』、春日井市、昭和28年、56～57ページ。
4）「適産策定型」および「適地策定型」という立地論の区別は、杉野圀明「産業立地論について」（九州大学『産業労働研究所報』第50号、昭和45年）を参照のこと。
5）「春日井市工場設置奨励条例改正経過一覧表」（春日井市、昭和40年8月）による。
6）『春日井の十年』、前出、57ページ。
7）『春日井市史』、春日井市、昭和48年、469ページ。
8）『春日井市工場立地調査報告書』、春日井市、昭和49年、5ページ。
9）同上書、1ページ。
10）『今日の春日井』、春日井市、昭和52年、18ページ。
11）『春日井市工場立地調査報告書』、前出、33ページ参照。
12）同上書、34ページ参照。

6．豊田市

戦前の豊田市には、二つの軍需工場があった。一つは元町にあった東海飛行機㈱挙母工場（10,752 m²）と他は土橋にあった東海飛行機土橋工場（490,041 m²）である。この二つの工場跡地は、次のように処理されている。

X-5-(8)表　豊田市における旧軍用地の処理状況

（単位：m²）

旧軍用施設名	旧軍用地取得企業等	取得面積	取得年
東海飛行機挙母工場	トヨタ自動車工業	10,752	昭和43年
東海飛行機土橋工場	農林省	161,017	昭和25年
同	トヨタ自動車工業	130,754	33
同	トヨタ自動車販売	11,894	34
同	トヨタ自動車工業	96,698	34
同	同	14,831	38

出所：「旧軍用財産資料」（前出）より作成。

この(8)表をみると、幾つかの疑問点が生じてくる。まず第一に、東海飛行機は株式会社であるが、それが国有財産となっていたのはなぜか。

第二に、土橋工場の跡地が農林省へ有償所管換されたのはともかくとして、旧東海飛行機の跡地はそのほとんどがトヨタ自動車工業（販売を含む）へ譲渡されたのはなぜか。

そして第三は、自動車工業だけではないが、世界市場競争が激化している現代においては、大量生産型の工場立地は大型港湾をもった臨海工業地域が望ましいが、なぜトヨタ自動車工業（以

下トヨタ自工と略称する）は豊田市という内陸部に立地したのか。

　第四に、豊田市（旧挙母市）は、トヨタ自工を誘致するのに何らかの手をうったのかどうかという点である。

　第五に、最新の自動車工場の立地原単位としては、豊田市で譲渡された旧軍用地だけでは、その敷地面積が狭小ではないのか、その点をトヨタ自工はどのように解決したのかという疑問である。

　最後に、東海飛行機㈱とはどのような会社であったのかという疑問である。なぜなら、戦前における軍需工業、とりわけ航空機工業について論じている『昭和産業史』（第一巻、第三篇、第七章）に、東海飛行機という企業名は見当たらないからである。

　これらの疑問に答えるには、トヨタ自工が立地してくる歴史的経緯を明らかにしておく必要がある。次の表は、トヨタ自工の各工場が豊田市に立地してきた年次とその敷地面積、従業員数をまとめたものである。

Ⅹ-5-⑼表　トヨタ自工の各工場の立地概況（昭和54年2月末）

（単位：万 m^2、人）

工場名	立地年次	敷地面積	従業者数
本社工場	昭和 13 年	364	19,247
元町工場	34	152	4,360
上郷工場	40	90	4,139
高岡工場	41	130	5,035
三好工場	43	29	1,503
堤工場	45	97	6,151
計		862	40,435

出所：『広報資料』、トヨタ自動車工業、昭和54年、13ページ。

　⑼表をみて、最初に気づくことは、本社工場の立地は昭和13年に逆上るということである。つまり、この本社工場の立地は、旧軍用地の転用とは無関連なのである。次に気づくのは、豊田市におけるトヨタ自工の総敷地面積は862万 m^2 であり、同社（トヨタ自販も含む）が取得した旧軍用地の総面積約26万5千 m^2 は、その32分の1、僅か3％程度でしかない。

　また、従業員数が4万人（昭和52年）という数字は、それ自体として、一つの小さな都市人口に匹敵するものであり、昭和60年における豊田市の総人口が約30万人（国勢調査結果）であったから、豊田市はまさに典型的な企業都市としての性格をもっている。

　そこで、トヨタ自工の簡単な歴史的経緯を『豊田市史』から拾ってみると、およそ次のようになっている。

　昭和17年に設立された東海航空工業は、昭和18年に東海飛行機と改称するが、この時点における東海飛行機は、トヨタ自工と川崎航空機が6対4という資本構成比率であった。当時、挙母工場の敷地面積は66万 m^2 であった。昭和19年には三菱重工業名古屋発動機製作所の第22製

作所となる。戦後の昭和21年5月には賠償指定工場となったが、同年8月には指定解除され、のちトヨタ自工は自動車の製造販売に専念することになる[1]。

その後のトヨタ自工の発展は目ざましいが、それには「特需」との関連が明白である。

「トヨタ自工は昭和25年7月、8月および26年3月の3回の特需で、日産自動車（4,325台）、いすず自動車（1,276台）を上回る4,679台のトラックを受注し、警察予備隊向けには、昭和25年11月と26年3月の2回を合わせて950台の注文を受けている」[2]

このように、トヨタ自工の発展については、戦後日本の軍事化と関連がある。このことを見落としてはならない。さらに、トヨタ自工と旧軍用地との関連については、『豊田市史』の四つの文章がその歴史的経緯を詳細に明らかにしている。煩わしさを厭わずに引用しておこう。

「33年には、工場用地の取得、とくに大蔵省用地の払下げや大規模な農地転用許可を進めてトヨタ自工元町工場、トヨタ自販などの設置が決定し、キューピー・矢崎化工が操業した」[3]（第一引用文）

「トヨタ自工はかって――東海飛行機（当初は東海航空工業）を設立している。この工場は、――昭和18年11月18日に陸軍省の命令で挙母町の66万 m^2（約20万坪）の用地に建設された。この工場用地は、終戦後、飛行場跡地とあわせて国有地として没収され、利用されることはなかった。この国有地13万525m^2（約39,553坪）が挙母市当局の挙母市工場誘致奨励条例（昭和29年制定）による斡旋で、大衆乗用車組立工場の建設用地として用いられることになった」[4]（第二引用文）

「この用地は、東海飛行機の工場跡地だけに、鉄道引込線用地、高架火槽・防火貯水池・建物があり、一部改修ののち利用できる状況にあった。しかも、トヨタ自工の挙母工場を一体とした管理領域内にあって、名古屋鉄道三河線の土橋駅に近く、便利な場所をこの建設用地は占めている。そしてなによりも、ここならば広大な用地をまとめて安く取得できた。このように元町は、立地条件にも恵まれていたので、トヨタ自工は、昭和31年12月、大蔵大臣宛にその払下げ申請を行ない、市当局に隣接農地約10万 m^2（32,587坪）の買収を依頼している。そして、昭和34年3月には、隣接の国有農地約10万 m^2 とあわせて33万 m^2（約10万坪）の用地を確保して工場建設用地とした」[5]（第三引用文）

「トヨタ自工は、昭和31年に新たに開発しつつあった国民車専門工場の敷地を本社挙母工場の近くに求めていた。これに先立って昭和29年7月22日に誘致条例を制定していた挙母市は、その要求に応えるべくトヨタ自工が参画して戦前に設立した東海飛行機挙母工場跡の国有地（13万525m^2）の斡旋に乗り出し、昭和31年10月からは隣接農地の買収に着手している。この結果、昭和33年7月に国有地の払下げが許可され、10月には農地転用許可を受けている。これに加えて、同年12月に隣接する国有地96,528m^2 の払下げを大蔵大臣に申請し、翌34年3月に許可を得て、トヨタ自工は元町工場の第一用地として33万 m^2 を確保している」[6]（第四引用文）

この四つの引用文は相互に重複している部分もあるが、これらの文章を通じて明らかになる事実が幾つかある。

まず第一に、「第二引用文」にある「この工場用地は、終戦後、飛行場跡地とあわせて国有地として没収され、云々」という一文の内容についての事実関係である。この文章によって、東海飛行機㈱の跡地であるのに、なぜ国有財産として処理されたのかという疑問は解ける。だが、それと同時に、戦後になってなぜ国によって没収されたのかという理由が不明である。おそらく、東海飛行機㈱の敷地は、国有地だったのではあるまいか。つまり戦時中において、東海飛行機㈱の二つの工場は国有地を借用しながら操業していたのではあるまいか。そのことは、この口座は旧軍需省財産であったこと[7]、また旧軍用財産の口座として「東海飛行機」があることからも推測される。もし、そうだとすれば、戦後になって国の所有地であることが確認されただけで、文中にあるように「没収された」ことにはならない。だが、これはあくまでも推測であって、実際の事実関係がどうであったのかは、これ以上には追求しないことにする。

第二に、「第一・第三引用文」によれば、農林省によって農地化された旧軍用地や隣接する農地の買収を、トヨタ自工は挙母市に依頼し、挙母市は「隣接農地の買収に着手」している。なお、その際には、大蔵省は農地転用の認可を行っている。この事実は、大蔵省の認可権の問題はともかくとして、地方公共団体が、本来ならば、農地買収という個別企業の業務を代行したことになる。このような事実は、後に至って、鹿島臨海工業地帯の建設に、茨城県が第三セクター方式によって農地買収の業務を行ったことの先行的事例であり、興味深い。

第三に、このような業務代行が行われたのは、「第二引用文」によれば、「挙母市工場誘致奨励条例」に基づくものである。ところで、この「誘致奨励条例」はいかなるものであったのか、また誘致奨励金の交付はともかくとして、誘致条例には、このような業務代行を行うことが含まれていたのかが問題となる。

第四に、工場立地条件として、また旧軍用地の工業用地への転用に係わって最も重要なことであるが、「第三引用文」にあるように、「広大な用地をまとめて安く」取得できることが最大のメリットなのである。トヨタ自工に対する旧軍用地の払下価格については、本書の上巻でも分析していないので、ここで簡単に補足しておこう。

トヨタ自工が昭和33年に東海飛行機挙母工場を最初に払い下げられた約13万 m^2 については、$1 m^2$ あたり約106円であったが、昭和43年に1万4千 m^2 を買い受けしたときは $1 m^2$ あたり約2,018円となっている[8]。ただし、これはいずれも「時価売払」であり、法的にはなんら問題はない。だが、第三引用文にあるように、東海飛行機の跡地がトヨタ自工へ「安く」払い下げられたと記されている以上、そうであったに違いない。

以上、四つの引用文で明らかになったことを整理し、補足してきたが、要するにトヨタ自工は旧東海飛行機と歴史的な関連があったこと、また「広くまとまった用地が安く」などの条件が、内陸部ではあっても、この豊田市に進出してきた大きな理由である。このことによって、⑻表をみて生じた第三までの疑問点を解消することができる。さらに第四および第五の疑問点との関連では、「豊田市工場誘致奨励条例」（以下、奨励条例と略称する）を検討しておく必要がある。

この「奨励条例」は、昭和29年7月22日に制定され、昭和45年4月1日に廃止されている

が、その主な内容をみると、第5条の奨励措置に、次のような文言がある。

まず第一に、「市長は、——指定した者に対し、奨励金を交付し、または工場敷地等について、これを斡旋することができる」とあり、続いて第二に、「奨励金は、本市において賦課した当該工場に対する各年度の固定資産税を限度とし、事業開始の翌年から三年以内のものとする」となっている。

この「奨励条例」の内容については、これを全国的にみた場合、ここで特に取り上げて問題とすることはない。このような誘致条例は、少なくとも高度経済成長をささえる一つの社会経済的条件として全国的に展開されたものであった。それは立地企業にとってみれば、資本蓄積の一つの手段であったし、また地域にとってみれば、地元雇用を促進し、かつ数年後における固定資産税の増収が見込まれたからである。

もっとも豊田市の場合には、「奨励条例」の第三条で、いわゆる適用企業の指定基準が設定されており、そこでは「固定資産評価額（または評価予定額）が、5,000万円以上のもの」となっており、中小零細企業の場合には、この奨励条例は適用されなかったのである。なお、この奨励条例の制定当初は「当市の固定資産評価額300万円以上、常時使用する従業員50人以上であったが、それでも大・中企業の誘致を目的とし」[9]たものであった。

制定当初の適用企業の指定基準は、既にみてきた春日井市の奨励条例と内容的に同じである。春日井市の条例は昭和25年に制定されたものであるが、昭和25年と29年という年月の経過とその間におけるインフレの進行により、300万円から5,000万円へという指定基準の変更となったのであろう。

なお、豊田市の奨励条例の中に、「工場敷地等の斡旋」という文言がある。常識的には、これを土地所有者と立地希望企業との折衝を仲介する程度のものと理解できるが、広義には立地企業に工場敷地等を世話するという意味にも採れる。また、そうでなければ、市役所が私的企業のための農地買収に着手することはできない。つまり、ここでは「斡旋」という言葉の内容が曖昧であるということである。

豊田市における事実的経過をみれば、豊田市は、旧軍用地の払下げについても、大蔵省や東海財務局へ相当の運動を展開しており、旧軍用地をひとたび農地として農民に払下げさせ、しかるのちに、今度は豊田市が農民からその農地を買収し、この買収した農地をさらにトヨタ自工に転売したと言われている[10]。また奨励金についてみれば、この奨励条例が有効であった全期間中に奨励金が交付されたのは57企業、その総額は19億円余りで、そのうち約15億円がトヨタ自工の5工場に対するものであったとも言われている[11]。

このようにしてトヨタ自工は豊田市に進出、立地してきたのであるが、そのことが地域経済にどのような変化をもたらしたのであろうか。

「豊田市の工業発展経過をみると、自動車工業が急激な成長の段階に入った昭和35年前後に、工業構造の上で大きな転機を迎えている。そして、それまで工場数で比重の高かった食料品・繊維・木材・窯業土石などの業種に対して、金属製品・機械・電機・輸送機などの業種が急激な成

396

長をみせ、工場数の上でも圧倒的な比重を占めることとなった」[12]

　この引用文から、トヨタ自工の発展によって、豊田市は一大工業都市となり、その地域工業構成は質的に転換してきたことが明らかである。だが、忘れてならないのは、その濫觴ともいうべき時代に、しかも、その規模は僅か 26 万 m^2 強であったとはいえ、いわゆる「安い」旧軍用地の払下げがあったという事実である。

　　1）　『豊田市史』（四、現代）、豊田市、昭和 52 年、111 ～ 113 ページ参照。
　　2）　同上書、126 ページ。
　　3）　同上書、207 ページ。
　　4）　同上書、231 ページ。
　　5）　同上。
　　6）　同上書、260 ページ。
　　7）　「旧軍用財産資料」（前出）による。
　　8）　東海財務局資料による。
　　9）　『豊田市史』（四、現代）、前出、256 ページ。
　　10）　昭和 58 年、豊田市役所での聞き取りによる。
　　11）　同上。
　　12）　『豊田市新総合計画』、豊田市、昭和 46 年、144 ページ。

7．岡崎市・刈谷市・田原市・美浜町・豊山町

⑴　岡崎市

　戦時中、岡崎市の西部（矢作川の西岸）には、旧軍の口座名では、第一から第三までの呼称が付された三つの岡崎航空隊があった。その三つの航空隊の総面積は、3,525,106 m^2 で、その大部分（3,320,750 m^2）は昭和 22 年と 23 年に農林省へ有償所管換されている。

　この三つの航空隊の跡地が工業用地へと転用されたのは、昭和 38 年に新三菱重工業が 32,538 m^2 を取得したのが 1 件あるだけで、それ以外には、岡崎市橋目町にあった岡崎航空隊（前記三つの航空隊の跡地外、18,117 m^2）の大部分（15,225 m^2）を昭和 43 年になって、三菱重工業が取得している。

　新三菱重工は、のちに三菱長崎造船、中三菱重工と合併して三菱重工となったが、そののち、この岡崎にあった三菱重工は、企業分離して、三菱自動車名古屋製作所岡崎工場となった。

　ちなみに、三菱自動車岡崎工場は、昭和 35 年 9 月に立地し、第一次分として約 59 万 m^2 強の用地買収を行っているが、その 99％は田畑からの転用である。その詳細については検討していないが、その多くは農林省より払い下げられた農地（旧軍用地）の再転用だったと思われる。

　この第一次分として買収された部分は、テストコース建設用地として使用され、昭和 37 年 8 月にテストコースは完成している。また昭和 42 年 1 月に第二次立地分として 41 万 m^2 強の土地が買収されたが、そのうち 32 万 5 千 m^2、すなわち 78％が田圃の買収分であった[1]。したがって三菱自動車（旧新三菱重工等）へ払い下げられた旧軍用地併せて 4 万 9 千 m^2 は、第二次立地分

の用地の中に含まれているものと思われる。なお、自動車製造工場は、昭和52年8月に完成し、その従業員数は約1,600名、工場敷地面積は42万5千m²となっている[2]。この用地面積にはテストコース用地面積が含まれていないので、これを加えると100万m²に近い面積規模になる。

念のために付記しておくと、昭和54年に作成された岡崎市都市計画図によれば、この三菱自動車岡崎工場の所在地は工業専用地域に、その周辺部は工業地域と用途指定されている。

1) 昭和58年、岡崎市役所での聞き取りによる。
2) 『名古屋自動車製作所岡崎工場』（三菱自動車工場案内パンフレット）による。

(2) 刈谷市

戦前の刈谷市（旧刈谷町大字重原）には、軍需工場（旧軍需省財産）として愛知工業刈谷工場（97,785m²）があった。その経緯を簡単に述べると、昭和18年にトヨタ自動車と川崎航空とが共同出資して東海飛行機を設立し、そこでは航空発動機の部品を生産し、軍に接収されて軍需省管轄となったが、終戦によって東海飛行機は愛知工業となっていたもので[1]、昭和24年に、この工場跡地はそのまま愛知工業へ時価で払い下げられている。その後、昭和40年8月31日に新川工業と合併し、アイシン精機となり[2]、現在に至っている。

昭和56年現在、この工場は、国鉄刈谷駅の北北東1,500mのところにあり、その用地面積は18万m²余で[3]、払い下げられた旧軍用地のほぼ2倍の規模となっている。

ちなみに、このアイシン精機の周辺には豊田工機、トヨタ車体、日本電装、アイシン化工などの諸工場が密集して立地しており、刈谷市の都市計画図では、工業地域に指定されるとともに、刈谷市の中心的工業地区となっている。

1) 『刈谷市誌』、刈谷市誌編纂委員会、昭和35年、346ページ参照。
2) 『トヨタのあゆみ』、トヨタ自動車、昭和52年、531ページ。
3) 案内パンフレット『AISIN』、アイシン精機、昭和54年、12ページ。

(3) 田原市

渥美半島の西端にある田原市（旧渥美町）には、戦前、伊良湖岬試砲場（14,155,641m²）という広大な旧軍用施設があり、またそれとの関連で、5カ所の試砲観測所と2カ所の気象観測所があった。また旧伊良湖岬村には伊良湖試験場（34,155m²）があった。

伊良湖岬試砲場の跡地は、その大部分（12,559,914m²）が昭和22年と23年に農林省有償所管換になったが、その一部（約7千m²）は、煮干加工場を利用目的として小中山漁協に払い下げられた。しかし、沿岸漁業の不振とともに、昭和35年に煮干加工は廃れ、昭和58年8月の時点では、小中山漁協魚介類荷捌所の西側にあって、駐車場として利用されている[1]。

また、この駐車場より南側約1kmでは、中部電力が昭和45年に3,079m²の旧軍用地を取得

している。中部電力は、この地以外に、農地、原野を広範囲に買収して、昭和46年に渥美火力発電所を建設している。その渥美火力発電所の概況は次の通りである。

「渥美火力発電所は当社の電力系統上、東西のバランスのとれた地点に位置し、約108万 m^2 の広い敷地を有し、燃料の受入れの面でも恵まれるなど発電所の立地条件に優れています。昭和46年に1、2号機（出力各50万 kW）、昭和56年に3、4号機（出力各70万 kW）がそれぞれ運転を開始しました」[2]

この発電所の敷地面積は約108万 m^2 であるから、東海財務局から取得した旧軍用地は、僅かに0.5%でしかない。もっとも、農地や原野であった地域は、そのほとんどが旧試砲場の跡地である。つまり、終戦によって、旧地主等に売却したのち、再度、発電所用地として転用されたという経過を踏んでいることが判る。ちなみに、この発電所における従業員数は昭和58年4月現在、219名である[3]。

1）　昭和58年8月6日、小中山漁協への問い合わせ結果による。
2）　『渥美火力発電所』、中部電力、昭和58年7月、3ページ。
3）　昭和58年8月3日、渥美発電所総務課での聞き取りによる。

⑷　美浜町

知多半島の中央部に位置する美浜町（旧河和町）には、河和海軍航空隊（第一・第二）およびその付帯施設として送信所や補給工場があった。それらの総敷地面積は、160万 m^2 で、そのうちの110万 m^2 強（69%）は昭和22年に農林省へ有償所管換されている。

しかし、この跡地については、4-⑴表でも掲示したように、都築紡績が昭和25年、同26年、同36年と三度にわたって、計9万7千 m^2 を取得している。

この都築紡績河和工場は「昭和26年、紡織一貫工場としてツヅキボウとしては2番目に誕生した伝統ある工場で——現在、21万 m^2 という広大な敷地の中に紡績工場4、織布工場2の計6工場を有し、量・質ともにツヅキボウの基幹工場として大いなる飛躍を続けてい」[1]る。

なお、この河和工場は、昭和56年2月段階で、敷地面積約16万5千 m^2、女子寮社宅約6万6千 m^2、計23万1千 m^2 となっている。したがって、都築紡績は、旧軍用地の払下げ以外に、周辺農地をかなり買収したと言われている[2]。

とくに重要なのは、女子寮社宅用地が広大なことで、昭和58年当時で、九州等からの出身女子工員（約2,000人）が従業しているとのことであった[3]。

1）　『ツヅキボウ河和工場』（案内パンフレット）による。
2）　昭和58年8月、河和工場での聞き取りによる。
3）　同上。

⑸　豊山町

　小牧飛行場は通称であり、戦後に大蔵省が所管する旧軍用財産の口座名として、この通称が用いられたが、旧陸軍の所管としての口座名は、「名古屋北陸軍飛行場」であった。

　また所在地としては、小牧市大字南外山であったが、飛行場そのものは西春日井郡豊山町に存在していた。

　この飛行場の面積は、3,567,805 m^2 で、戦後は農林省へ所管換されることもなく、米軍が使用していたが、昭和27年になって、やっとその一部（281,852 m^2）が新三菱重工に払い下げられた。

　この新三菱重工は、現在（昭和58年）、三菱重工名古屋航空機製作所小牧南工場となっている。その歴史的沿革は次の通りである。

　「昭和27年、航空機事業再開、航空エンジンの修理作業に着手。新たに小牧南工場を建設。昭和31年、名古屋航空機製作所として発足」[1]

　この引用文に登場する小牧南工場については、「名古屋空港に隣接して昭和27年末に新たに建設した工場で格納庫6棟を有し、電子機器工場、ヘリコプタブレード試験設備のほか、各種の付属工場があり、航空機機体の部分組立、最終組立艤装、飛行試験、修理作業並びに飛昇体の組立及び修理作業を行っております」[2]という説明がなされている。

　また、この小牧南工場の敷地面積は 297,900 m^2、社員数 1,681 名（昭和58年6月1日現在）となっている。したがって、昭和27年に旧軍用地を払い下げられた土地以外に、約1万6千 m^2 の用地買収を行ったことになる。

　豊山町との経済的関連はかなり強く、『豊山町史』では、「当町には、航空機製作所小牧南工場がある。その敷地30万 m^2、建坪9万 m^2、社員2,000人を有する当町第一位の企業体である。昭和27年に建設され、格納庫6棟の外、電子機器工場、ヘリ試験設備をもち、組立・艤装・試験或いは修理などを行い、年間営業400億に大きく貢献している。防衛産業から民間部門に移行する転機にあり、防音装置など公害問題には特に配慮している。町内住民で、ここに勤務している者が最も多い」[3]と記されている。

　この引用文には、「年間営業400億に大きく貢献」、「防衛産業から民間部門に移行」など、理解に若干苦しむ部分もあるが、小牧南工場に雇用されている地域住民が多いこと、また町としても公害（航空機騒音）への対応をしていることが判る。

　なお、小牧飛行場跡地の転用という点では、昭和45年に運輸省（大阪航空局）が名古屋空港を管理・運営することになり、この時点で、大蔵省より運輸省へ 1,961,947 m^2 が無償所管換されている。また、昭和47年には、同じく旧小牧飛行場の跡地の一部分を航空自衛隊が使用することとなり、その跡地（1,205,245 m^2）が防衛庁へ無償所管換となった。

　ちなみに、地元の豊山町（旧豊山村）は昭和30年に村営住宅用地（26,026 m^2）として減額払下げを受け、さらに昭和40年には村道敷として 12,952 m^2 を譲与されている。

　1）「名古屋航空機製作所（三菱重工）工場案内」、同社、昭和58年、5ページ。

2) 同上、3ページ。
3) 『豊山町史』、豊山町、昭和48年、201ページ。

第十一章　三岐地方・四日市

ここで「三岐地方」というのは、三重県と岐阜県を合わせた地域的呼称であって、いずれも中京圏に属するが、近畿圏にも近い地域という以上に、なにか特別の意味をもたせているわけではない。つまり、叙述上の地域設定であり、両県における旧軍用地の転用状況を比較するというような作業は意図していない。したがって、岐阜県と三重県を分けて、旧軍用地の工業用地への転用状況を分析していくことにする。

なお、三重県の四日市市には、旧第二海軍燃料廠およびその関連施設があり、戦後日本における石油精製の再開と絡んで、その跡地の獲得をめぐる独占資本間の競争が国際的規模で展開された。この過去の事実を踏まえて、四日市市における旧軍用地の転用については、特別に詳しく分析していきたい。

第一節　岐阜県における旧軍用地の転用状況

1．一般的概況

戦前の岐阜県には、32口座の旧軍用施設（3千 m² 以上）があった。それを敷地面積規模別に区分してみると、次のようになる。

XI-1-(1)表　岐阜県における旧軍用施設の敷地面積別
分類（3千 m² 以上）

面積規模（万 m²）	口座数
0.3 〜 0.5	7
0.5 〜 1	3
1 〜 3	2
3 〜 5	1
5 〜 10	3
10 〜 100	10
100 〜	6

出所：「旧軍用財産資料」（大蔵省管財局文書）より作成。

(1)表における面積規模を区分する基準の設定は全く恣意的なものである。その結果としては、10 万 m² から 100 万 m² の敷地面積をもった旧軍用財産の口座数が岐阜県では最も多くなっている。だが、これを細区分すれば、もっと違った数字になるであろう。それにしても、全体で 32

口座のうち、10万 m^2 以上の口座が 16 口座（50％）を占めていることは、岐阜県における旧軍用施設がもっていた一つの特徴であると言ってもよい。

　そこで、10万 m^2 を超える大規模な軍事施設について、その所在地、敷地面積、主な転用先などについてみると、次表のようになる。

XI-1-(2)表　岐阜県における大規模な旧軍用施設

（単位：m^2、年次：昭和年）

旧口座名	所在地	施設面積	主な転用先	転用年次
歩兵第 68 連隊	岐阜市	132,351	岐阜市・中学用地	25
岐阜陸軍練兵場他	同	314,093	農林省・農地	23
各務原陸軍航空廠 A	各務原市	290,430	防衛庁航空自衛隊	35
各務原陸軍航空廠技能者養成所	同	177,799	農林省・農地	24
陸軍航空本部各務原西飛行場	同	1,762,155	防衛庁航空自衛隊	35
陸軍航空本部各務原中飛行場	同	1,525,219	防衛庁航空自衛隊	35
陸軍航空本部各務原東飛行場	同	1,222,749	農林省・農地	25
岐阜陸軍整備学校西校	同	290,897	防衛庁航空自衛隊	35
岐阜陸軍整備学校西校付属土地	同	184,632	農林省・農地	24
岐阜陸軍整備学校東校	同	683,152	農林省・農地	24
第 10 教育飛行隊	同	125,620	防衛庁航空自衛隊	35
坂本陸軍演習場	中津川市	4,016,970	農林省・農地	24
名古屋陸軍造兵廠柳津製造所	柳津町	196,320	トヨタ自動車工業	24
名古屋陸軍兵器補給廠関ケ原分廠	関ヶ原町	1,708,234	農林省・農地他	23
高根村陸軍用地	高根村	1,308,984	民間山林（19 名）	24
大垣飛行場	糸貫町	138,073	農林省・農地	23

出所：「旧軍用財産資料」（前出）より作成。

　(2)表には、10万 m^2 以上の旧軍用施設が 16 口座も記載されており、そのうち 100万 m^2 を超える旧軍用施設は 6 口座に及ぶ。岐阜県における旧軍用施設の総口座数が 32 口座であったから、相対的にではあるが、岐阜県には大規模な旧軍用施設が多かったと言えよう。逆にみれば、10万 m^2 未満の旧軍用施設、いわば都市型の旧軍用施設が比較的に少なかったということでもある。

　ここで 100万 m^2 以上の 6 口座についてみると、そのうちの 3 口座が陸軍航空本部の各務原飛行場（西・中・東）であった。通常、この飛行場跡地は、その主要施設となる滑走路部分にはコンクリートが打たれているので、農地等への転用が困難である。これまでの事例では、塩田への転用（千葉県共和村他）がみられたが、この各務原の場合には東飛行場が農林省へ有償所管換され農地への転用がみられるものの、西飛行場および中飛行場は防衛庁によって、つまり航空自衛隊によって飛行場として利用されている。

　残る 3 口座は、演習場、兵器補給廠分廠、陸軍用地であったが、演習場および分廠跡地はいずれも農林省へ有償所管換され、陸軍用地は林用地として民間人（19 名）に払い下げられている。

　10万 m^2 以上で 100万 m^2 未満の旧軍用施設は 10 口座であり、その所在地についてみると、そのうちの 6 口座が各務原市であり、それは航空本部の各飛行場および各務原陸軍航空廠に関連

する諸施設が多かったことを示している。それ以外では岐阜市に2口座、さらに旧柳津町（平成18年に岐阜市へ編入）が1口座、それに旧糸貫町（平成16年に本巣市）が1口座となっているので、各務原市への集中度が高い。

　なお、10口座のうち、その跡地が、主として農林省へ有償所管換されたのは5口座、そのほかは航空自衛隊用地が3口座、そして市役所と民間企業が各1口座となっている。

　そこで、これらの旧軍用施設が国（農林省と防衛庁を除く）や地方公共団体、あるいは民間企業へどのように払い下げられたのかをみていくとしよう。

2．岐阜県における旧軍用地の国（農林省・防衛庁を除く）および地方公共団体への転用状況

　岐阜県における旧軍用地の国家機構への転用（所管換・ただし農林省と防衛庁を除く）、および地方公共団体に対する譲渡（形態は多様）を一覧表にしてみると、次のようになる。

XI-1-(3)表　旧軍用地の国および地方公共団体への移管・譲渡状況（岐阜県）

（単位：m²、年次：昭和年）

主体	取得面積	用途目的	取得形態	取得年次	旧口座名
厚生省	11,890	国立病院	無償所管換	23	岐阜陸軍病院
岐阜県	32,709	県立病院	一部40%減	29	岐阜陸軍練兵場作業場
岐阜市	47,842	中学校用地	減額20%	25	歩兵第68連隊
坂本村	2,615,727	水源林地	時価	27	坂本陸軍演習場
玉村	729,290	薪炭地他	時価	25	兵器補給廠関ヶ原分廠

　出所：「旧軍用財産資料」（前出）より作成。

　(3)表をみると、厚生省と岐阜県は病院、岐阜市は中学校用地という具合に、いずれも公共施設用地として旧軍用地を転用している。その取得形態は、厚生省の場合は同じ国家機関であるから当然無償所管換である。しかし、地方公共団体に対しては、公共施設としての転用であっても、有償である。もっとも、時価ではなく、県立病院の場合には、その一部を40%の減額、市立中学校用地に対しては20%の減額で譲渡している。

　岐阜市以外の地方公共団体が水源涵養林、薪炭林地、牧草地を用途目的として時価で取得していることも忘れてはならない。

　全体としてみれば、岐阜県においては、国および地方公共団体による旧軍用地の取得件数が少ないと言えよう。もっとも坂本村（昭和29年に中津川市へ編入）が水源涵養林用地として260万m²強を、また玉村（昭和29年に関ヶ原町に編入）が薪炭林地として約73万m²を取得していることは旧軍用地の取得面積が大きいという点で注目されてよい。

3．岐阜県における旧軍用地の工業用地（産業用地を含む）への転用状況

　次に、岐阜県において旧軍用地が工業用地（産業用地）へといかに転用されてきたのか、民間企業等の側からみておこう。

XI-1-(4)表　岐阜県における旧軍用地の民間企業等への払下げ状況

(単位：m²、年次：昭和年)

企業等名	取得面積	業種・用途	取得年次	旧口座名
富田学園	26,503	学校敷地	29	歩兵第 68 連隊
岐阜繊維工業	6,849	繊維工業	25	第 51 師団鵜村固定送信所
川崎航空機工業	39,002	輸送機械	32	各務原陸軍航空廠 A
同	46,785	同	37	同
日本毛織	9,535	繊維工業	35	航空本部各務原東飛行場
富士航空工業	3,856	輸送機械	45	同
トヨタ自動車工業	196,320	紡績工場用	24	陸軍造兵廠柳津製造所

出所：「旧軍用財産資料」（前出）より作成。

(4)表には、これまでと同様、私立学校（学園）を教育産業として位置づけて、これを掲載している。その是非はともかくとして、岐阜県の場合には、民間への旧軍用地の払下げは僅かに 7 件で、そのうちの 6 件が工業用地への転用である。それも繊維工場へ 3 件、航空工業（輸送機械）が 3 件（2 社）というように、二つの業種に特化しているのが特徴である。

旧軍用地が工業用地へ転用された 6 件の中ではトヨタ自動車工業の約 20 万 m² が最大である。もっとも、輸送機械器具製造業であるトヨタ自動車工業が、名古屋陸軍造兵廠柳津製造所（196,320 m²）の全敷地の払下げを受けるに当たって大蔵省へ提出した用途目的は「紡績工場用地」となっている。この用途目的については理解に苦しむが、その具体的な分析は、その他の工業用地への転用の経緯等も含めて、次の項に譲ることにしよう。

4．岐阜県における旧軍用地の工業用地への転用に関する地域分析

ここでは、岐阜県における旧軍用地の工業用地への転用について、地域別に分析していくことにする。

(1)　岐阜市（旧鵜村、旧柳津村）

戦前の岐阜市には 9 口座の旧軍用施設があった。戦後になると、それらの大きな施設は、農林省へ有償所管換されるか、総理府防衛庁（陸上自衛隊）に利用され、小規模な跡地は県知事公舎、税務署敷地、国立・県立の二つの病院、学校用地などに転用されたが、工業用地へ転用されることはなかった。

現在の岐阜市内で、工業用地へ転用された旧軍用施設は、いずれも市周辺地域にあった旧鵜村と旧柳津村に所在していたもので、戦後に岐阜市に編入された地域である。

以下では、現在（平成 20 年）は岐阜市内にあるが、かっては市外にあった旧軍用施設（旧軍用地）の工業用地への転用を、順次的に紹介しておく。

岐阜県稲葉郡鵜村（昭和 25 年 8 月、岐阜市へ編入）には、第 51 航空師団鵜村固定送信所（21,146 m²）があった。この固定送信所は、戦時中は南方と交信していたようである[1]。終戦後、

昭和25年に岐阜繊維工業へ、送信所の一部（6,849m²）が時価で払い下げられている。

この岐阜繊維工業は、昭和19年8月に設立され、昭和23年2月、この地へ進出してきたものである。その進出当時は、建物だけが残っていたと言われている[2]。

その後、会社は昭和25年5月に田幸㈱、昭和34年3月には田幸紡績㈱と名称変更し、今日（昭和58年6月）に至っている。

田幸紡績㈱は、その後、民有地に転用されていた旧軍用地4,200m²と若干の旧軍用地を買収し、昭和56年6月現在で、工場の敷地面積は約1万2千m²の工場となっている。従業員数は約300名（うち女子従業員200名）で、日本で最初に開発した毛芯を中心に洋服芯地のトップメーカーとなっている[3]。

旧羽島郡柳津町（平成18年に岐阜市へ編入）には、名古屋陸軍造兵廠柳津製造所（196,320m²）があった。もともと、この土地は、豊田紡織、豊田押切紡績、中央紡績、協和紡績、それに内海紡績が、企業合理化を目的に昭和16年10月15日に合併してできた中央紡績のものであった[4]。それが軍に接収され、軍需省財産になっていたものと推測される。終戦後、この土地は、紡績工場、綿紡工場を設立するという名目のもとに、トヨタ自動車工業へ時価で払い下げられた。

「昭和20年8月15日、我が国がポツダム宣言を受諾し、無条件降伏をした後、名古屋造兵廠柳津製作所跡は、岐阜紡績KK工場として、最初の繊維工業に復し、町の産業並びに財政の上に寄与した」[5]

ここで、トヨタ自動車工業と岐阜紡績との関係について触れておかねばならない。戦後行われた財閥解体によって、豊田紡織は岐阜紡績と民成紡績という二つの会社によって再発足することになった。もともと同系であった岐阜紡績に、トヨタ自動車工業は用地利用させていたものと思われる。

ところで、この岐阜紡織と民成紡績は昭和43年4月に合併して、豊田紡織となり、この時点から、豊田紡織岐阜工場という名称になった。なお、この工場の敷地面積は「昔と同じ約6万坪」[6]と言われており、大蔵省より譲渡（買収）した面積とほぼ同じである。

この工場では、最盛期には約1,200名（うち女子1,000名）の従業員がいたが、昭和58年5月末現在では約350名（うち女子200名）となっており、綿紡績（績機10万2千錘）を中心に、シートベルト（安全ベルト）、カーペット、シートファブリックなどの自動車部品、自動車の廃ガラスを利用した断熱材なども製造している[7]。

1）昭和58年6月、田幸紡績㈱での聞き取りによる。
2）同上。
3）同上。
4）『柳津町史』、柳津町、昭和47年、368ページ参照。
5）同上書、376ページ。
6）昭和58年6月、豊田紡織岐阜工場での聞き取りによる。
7）同上。

(2) 各務原市

　昭和38年4月、稲羽、鵜沼、那加、蘇原の4町が合併して、各務原市が誕生した。その各務原市には、戦前に18口座の旧軍用施設があった。その内、敷地面積が10万m^2を超える大規模な旧軍用施設は9口座で、これについては既に(2)表に掲示したとおりである。

　次に、これらの旧軍用施設の分布を旧町単位でみると、旧鵜沼町（6口座）、旧那加町（9口座）、旧蘇原町（2口座）、上中屋町地区（1口座）という状況であった[1]。

　(2)表でも判ることだが、大規模な旧軍用施設（旧軍用地）の主な転用形態は、農林省への有償所管換（農地転用）と防衛庁への無償所管換である。それ以外の転用は、大規模な旧軍用地では、工業用地への転用が4件あるだけで、小規模な旧軍用地の転用としては、岐阜憲兵分隊各務原分遣隊（蘇原・2,643m^2）の跡地が民間工場用地（昭和25年）へ、また各務原陸軍航空廠B（旧那加町・3,074m^2・昭和41年）と各務原軍用水道給水場（旧鵜沼・3,375m^2・昭和44年）が河川敷として建設省へ無償所管換され、さらに各務原陸軍航空廠付属土地（8,667m^2・昭和45年）に道路敷（県道）として岐阜県へ譲与された4件があるに過ぎない[2]。

　つまり、岐阜県や各務原市（旧村時代を含む）といった地方公共団体による旧軍用地の転用が極めて少なく、これが各務原市における旧軍用地の転用に関する一つの特徴となっている。

　なぜ、このような特徴的な状況が生じたのか、その理由は次の文章で明らかとなる。

　「（中、西飛行場、整備学校西校、教育飛行隊、航空廠等）の土地、建物については終戦後、進駐軍に接収されて、岐阜キャンプ基地として使用されていたが、昭和32年、33年に返還され、昭和35年に土地104万2千坪（344万m^2）、建物3万1千坪（10万2千m^2）を防衛庁へ所管換し、現在航空自衛隊岐阜基地として使用されている」[3]

　米軍による旧軍用地の使用、つまり各務原における二つの飛行場および航空廠が昭和32年・同33年まで提供財産となっていたことが、先述したような特徴をつくり出していたのである。

　その結果、地方公共団体や他の国家機関（例えば厚生省や文部省）への無償所管換が少なく、農林省と防衛庁、とりわけ航空自衛隊への無償所管換が多くなった。やや具体的に言えば、航空自衛隊は、この各務原市内で8件、合計3,966,842m^2の旧軍用地を無償所管換で取得している。この400万m^2に近い用地が航空自衛隊によって利用されていることは、各務原市における旧軍用地の転用に関する最も大きな特徴であり、このことが各務原市の都市的性格を基本的に規定するに至っていると言えよう。

　ところで、各務原市にあった18口座の旧軍用施設（旧軍用地）のうち、工業用地へ転用されたのは、(4)表にも掲示している2口座で、転用件数は4である。以下では、この2口座の工業用地への転用状況について、それぞれ分析していくことにしよう。

　まず、各務原陸軍航空廠A（旧蘇原町・290,430m^2）の跡地では、川崎航空機工業が昭和32年と昭和37年の二度、合わせて85,787m^2を取得している。さらに(4)表には掲示していないが、昭和39年と43年に約2千m^2を取得している[4]。ところで、その川崎航空機工業は、昭和44年に川崎重工業と名称変更して昭和58年現在では川崎重工業岐阜工場となり、その敷地面積は

548,076 m^2、従業員数 3,838 人となっている[5]。つまり、川崎重工業が取得した旧軍用地は合計で約 8 万 8 千 m^2 であるが、それはこの工場の敷地面積の約 16% でしかないということである。ちなみに、旧軍用地であった敷地は、昭和 58 年 6 月現在、名鉄各務原線三柿野駅の南側で、岐阜工場の中の南工場（航空機組立工場）の一部として利用されている[6]。また、旧陸軍航空本部各務原東飛行場の跡地（旧鵜沼町・1,222,749 m^2）は、その大部分（1,209,065 m^2）が昭和 25 年に農林省へ有償所管換されたが、その残りの一部は日本毛織と富士航空工業へ時価で払い下げられている。

日本毛織は昭和 35 年に跡地 9,535 m^2 を取得しているが、それに先立つ昭和 32 年にこの地で岐阜工場の建設をはじめており、同 33 年には操業を開始している。つまり、日本毛織は農林省から払下げを受けた農地を購入して、工場を建設していたことになる。したがって、大蔵省からの直接的な払下げは、工場敷地という点からみれば、いわば「追加的」な用地として取得したことになる。しかしながら、同社は数年前に、その敷地の一部（3 万 m^2 余）を東各務原高校用地として売却している[7]。日本毛織の工業敷地面積は昭和 58 年 6 月現在、23 万 2 千 m^2 で、従業員数 370 名（男 120 名、女 250 名）で、混紡系（学生服用の原糸）を主製品として生産している[8]。

この日本毛織の敷地は、JR 各務原駅、名電各務原駅の南側、約 1 km に位置しているが、その西側には、富士航空興業の用地となっている。

富士航空興業（大蔵省資料では富士航空工業）は、東飛行場跡地の一部（3,856 m^2）を昭和 45 年に時価で払い下げられている。

しかしながら、同社は昭和 35 年頃には既に 115,379 m^2 の土地を所有していたと言われている。もともと、この土地はヘリコプターの修理工場となる筈であったが、競馬用の牧草地として利用されるままになっていた。やがて、この土地の有効利用という問題が地元に生じて、昭和 55 年にモーリタン（3,967 m^2、従業員 180 名）[9]、そして昭和 57 年には岐阜ガス各務原営業所（9,948 m^2）[10] が立地してきている。それにもかかわらず、昭和 58 年 6 月の時点では、まだ牧草地がかなりの規模で残されている[11]。ちなみに、各務原都市計画総括図をみれば、川崎重工業、日本毛織の敷地は当然として、モーリタン、岐阜ガス各務原営業所、そして牧草地も含めて、工業専用地域の用途指定を受けている。

なお、この地域には昭和 45 年に進出してきた岐阜車体工場（131,000 m^2、従業員約 800 名）[12] をはじめ、日本ケミコン、岐阜液化燃料、山田商会など、新しい工業地域が形成されようとしている。

1 ）「旧軍用財産資料」（前出）を参照。
2 ）同上。
3 ）『国有財産の推移—旧軍用財産転用のあと』、東海財務局、昭和 45 年、27 ページ。
4 ）「旧軍用財産資料」（前出）を参照。
5 ）『岐阜工場の概要』、川崎重工業、昭和 58 年 4 月。
6 ）昭和 58 年 6 月 22 日、現地踏査による。

7）　昭和58年6月22日、日本毛織岐阜工場での聞き取りによる。

8）　同上。

9）　昭和58年6月22日、各務原市役所での聞き取りによる。

10）　昭和58年6月22日、岐阜ガス各務原営業所での聞き取りによる。

11）　昭和58年6月22日、現地踏査による。

12）　昭和58年6月22日、各務原市役所での聞き取りによる。

第二節　三重県（四日市市を除く）における旧軍用地の転用状況

1．旧軍用施設の一般的概況

　戦前の三重県（四日市市を含む）には、60口座に及ぶ旧軍用施設があった。そのうち、100万m²を超える敷地をもった巨大な旧軍用施設が10口座、10万m²を超える大規模な旧軍用施設が8口座あった。ちなみに、四日市市にあった旧軍用施設は6口座である。

　いま、三重県にあった10万m²以上の旧軍用施設を一つの表にまとめてみると、次表のようになる。なお、四日市市にあった旧軍用施設については、別途に叙述する都合上、ここでは除外している。

XI-2-(1)表　三重県（四日市市を除く）における大規模な旧軍用施設

（単位：m²、年次：昭和年）

旧口座名	所在地	施設面積	主な転用形態	転用年次
北伊勢陸軍飛行場	川崎村	2,098,109	農林省・農地	22
第一気象連隊	鈴鹿市	589,379	農林省・農地	22
第一航空教育隊	同	578,214	農林省・農地	22
陸軍第38部隊演習地	津市	249,510	農林省・農地	23
亀山陸軍病院	鈴鹿市	110,581	厚生省国立病院	23
鈴鹿海軍工廠	同	4,021,652	農林省・農地他	22、23、27
鈴鹿海軍航空隊ほか	同	2,756,219	農林省・農地他	22
津海軍工廠	津市	2,252,954	農林省・農地他	22
同第一会議所及官舎	同	116,439	農林省・農地	22
第二海軍航空廠鈴鹿支廠補給工場	鈴鹿市	1,039,196	紡績工場他	27
歩兵第33連隊	久居町	1,029,523	農林省・農地他	22
三重海軍航空隊	香良洲町	1,819,201	農林省・農地他	22
伊賀海軍航空基地	上野市	879,250	農林省・農地	22
明野陸軍飛行場及学校	小俣町	3,690,538	農林省・農地	22
千種陸軍演習場	朝明村他	4,280,449	農林省・農地	22
竹永飛行場	竹永村	135,719	農林省・農地	23

出所：「旧軍用財産資料」（前出）より作成。

　(1)表をみると、四日市市を除く三重県にあった巨大ないし大規模な旧軍用施設は全部で16口座である。その施設内容を分類してみると、巨大規模（100万m²以上）の旧軍用施設では、飛行

第十一章　三岐地方・四日市　409

場、航空隊、航空廠など、航空関係の施設が5口座、海軍工廠が2口座、それから部隊駐屯地および演習場が各1口座となっている。つまり、三重県の場合、中京工業地帯の防空体制で大きな役割を果たすべき軍事施設があったとみられる。また、二つの海軍工廠があったことは、対艦・対潜水艦防御が比較的容易であった伊勢湾との関連があったと推測される。

次に、10万 m² 以上100万 m² 未満の大規模な旧軍用施設7口座の内容についてみると、一覧すれば判るように、その種類は実に多様である。航空基地や飛行場などもあるが、陸軍病院、官舎や会議所、さらに部隊駐屯地（2口座）や演習場もある。

これら16口座の所在地をみると、鈴鹿市7口座（旧鈴鹿郡川崎村を含む）、津市5口座（旧久居町、旧香良洲町を含む）に集中しており、残るは伊賀市（旧上野市）、伊勢市（旧小俣町）、菰野町2口座（旧朝明村、旧竹永村）となっている。

2．三重県における旧軍用地の転用状況（四日市市を除く）

戦後、大蔵省の所管となった旧軍用施設で、三重県にあったのは60口座であるが、(1)表で明らかなように、戦後間もない昭和22年に農林省へ有償所管換されたものが圧倒的に多い。それ以外では、国家機構や地方公共団体への所管換や譲渡、それから民間企業への払下げが多かったのも、三重県における旧軍用地の転用でみられる一つの特徴と思われる。

次の表は農林省を除く国家機構に対する旧軍用地の所管換の状況を示したものである。

XI- 2 -(2)表　三重県における旧軍用施設の国（省庁）への所管換状況

（単位：m²、年次：昭和年）

移管先	移管面積	用途目的	年次	旧口座名
厚生省	91,180	国立病院	23	亀山陸軍病院
総理府	22,350	県警察本部	45	津海軍工廠
大蔵省	12,688	合同宿舎	39	同
文部省	27,886	鈴鹿高等工専	39	同
防衛庁	83,553	陸上自衛隊	32	歩兵第33連隊
厚生省	26,556	国立病院	32	同
防衛庁	11,808	陸上自衛隊	39	同
厚生省	60,730	国立病院分院	23	亀山陸軍病院明星分院　※
同	35,352	国立病院	23	京都陸軍病院榊原分院　※
同	30,253	同	23	津陸軍病院　※
文部省	100,539	三重師範分校	24	三重海軍航空隊
同	74,955	国分寺跡史蹟	23	伊賀海軍航空基地
防衛庁	280,605	航空学校	29	明野陸軍飛行学校
同	16,101	飛行場	32	同

出所：「旧軍用財産資料」（前出）より作成。※印は有償所管換。

四日市市を除く三重県内で、国家機構（各省庁）での所管換が行われたのは、(2)表にみられるように14件である。ただし、これには開拓農地（自作農創設）のため農林省へ有償所管換された

旧軍用地は含まれていない。また、1万 m² 未満の小規模な旧軍用地を移管した件も含まれていない。例えば旧津連隊区司令部の跡地（991 m²）を津裁判所用地として移管した法務省や旧津憲兵隊の跡地（1,387 m²）を合同宿舎用地として移管した大蔵省などの小規模な旧軍用地の転用がそれである。

さて、⑵表の 14 件をみると、省庁別では、総理府（防衛庁）と厚生省がそれぞれ 5 件、文部省が 3 件、大蔵省が 1 件となっている。防衛庁が用地取得したのは、旧歩兵第 33 連隊跡地と明野陸軍飛行学校跡地であり、前者は陸上自衛隊が、そして後者は航空自衛隊が使用しているものと思われる。なお、旧津海軍工廠の跡地を取得したのは総理府管轄の三重県警察である。

厚生省が取得した旧軍用地のうち、注目しておくべきは、表中に※有償と記載しておいたように、5 件中の 3 件、具体的には、明星村（現明和町）、榊原村（現津市）、久居町（現津市）にあった三つの旧陸軍病院は厚生省へ有償所管換されたことである。

これは農林省へ有償所管換された農地と同じように、いずれ地方公共団体あるいは民間へ転売することを前提とした所管換である。確かに、国から、あるいは地方公共団体からの支援があったとしても、病院を独立採算方式で経営していくことは容易ではない。また、民間等へ転売することによって、その金額の多少は別として、ともかく国有財産の売却による収入を国庫に収めることができる。もっとも厚生省が有償所管換で入手した三つの病院施設や跡地がどのようになったのか、それは残された研究課題としておく。

次に、三重県の地方公共団体が、旧軍用施設の跡地をいかに取得したか、その状況を把握しておこう。次の表がそれである。ただし、ここでも四日市市による旧軍用地の取得は除外している。

Ⅺ-2-⑶表　三重県における地方公共団体の旧軍用地転用状況

（単位：m²、年次：昭和年）

県市町村名	取得面積	転用目的	取得形態	年次	旧口座名
三重県	26,145	高茶屋病院	減額 40%	34	津海軍工廠
同	29,194	工業技術 C	交換	46	同
同	18,768	精神病院	減額 30%	46	同
川崎村	21,933	小学校用地	減額	25	北伊勢陸軍飛行場
鈴鹿市	19,180	中学校用地	減額 20%	28	亀山陸軍病院
同	20,973	同	減額 40%	28	鈴鹿海軍工廠
同	20,402	市営住宅	時価	32	同
同	19,220	市道	譲与	35	同
同	23,388	市道	譲与	35	同
同	17,377	市営住宅	交換	41	同
同	42,610	市道	譲与	44	同
同	18,575	中学校用地	減額 50%	31	鈴鹿海軍航空隊等
同	22,412	同	時価	28	※鈴鹿支廠補給工場
同	10,081	市営住宅	時価	28	同
同	17,612	同	交換	41	同
同	19,197	市道	譲与	45	同

津市	22,888	市営住宅	時価	26	津海軍工廠
同	38,038	中学校用地	減額70%	32	同
香良洲町	35,889	道路	譲与	42	三重海軍航空隊
同	11,730	同	譲与	37	同専用道路
上野市	46,776	中学校用地	減額40%	24	伊賀海軍航空基地
鳥羽市	15,904	道路	譲与	46	※※送受信所間通路
同	5,602	生鮮集荷場	時価	24	海軍貯炭場（鳥羽市）
浜島町	12,388	庶民住宅	時価	25	英虞海軍航空基地
菰野町	234,247	薪炭林用地	時価	25	千種陸軍演習場
千種村	50,809	公民館	時価	28	同
朝明村	718,734	薪炭林用地	時価	31	同

出所：「旧軍用財産資料」（前出）より作成。市町村名は旧軍用地取得当時のもの。

※は、第二海軍航空廠鈴鹿支廠補給工場の略。

※※は、伊勢防備隊送受信所間通路の略。

繰り返すようだが、(3)表では、四日市市の分を除いている。先取りして言えば、四日市市内にあった旧軍用施設（土地）を取得したのは、三重県が5件、四日市市が7件である。また、特別の事情（例えば産業用地等の取得）を除いては、1万 m² 未満の用地取得は掲載していない。

さて、三重県内にあった旧軍用施設（旧軍用地）を取得した地方公共団体（市町村）は、4市3町3村、計10町村である。ただし、これは旧軍用地を譲渡された時点での行政区域であって、平成20年の段階でみると、鈴鹿市、津市（旧香良洲町を含む）、伊賀市（旧上野市）、鳥羽市、亀山市（旧川崎村）、志摩市（旧浜島町）、菰野町（旧千種村、旧朝明村を含む）の6市、1町となる。

また、平成20年の時点における市町別に、旧軍用地の取得件数をみると、最も多いのは鈴鹿市が12件で群を抜き、以下、津市4件、菰野町3件、鳥羽市2件、後は亀山市、伊賀市、志摩市各1件となり、三重県全体では24件、これに「三重県分」を加えると総計27件となる。

まず、地方公共団体としての三重県による旧軍用地の取得は、旧津海軍工廠の跡地からの3件のみである。そのうちの2件は病院用地としてであり、いずれも減額措置を受けている。後の1件は工業技術センター用地として、「交換」で旧軍用地を取得している。工業技術センターはもとより、病院もまた広義の工業立地条件の一つの要因である。

なお、これまでは問題にしなかったが、「県」という行政単位が地域社会でいかなる役割を果たすべきなのかという問題が改めて問われることになる。もっとも、ここで「県」の社会的役割について詳しく論ずることはしないが、「県」は旧軍用地をどのような用途に転用すべきかということは問われてよい。少なくとも、県立高校、県道などについては問題はあるまい。また、工業技術センターなど、県単位の地域に有効な機能を果たす施設への転用も問題あるまい。

そうした点からみると、三重県による旧軍用地の転用には問題がないが、余りにその実績が少ないと、かえって、そうした本質的な問題が浮かび上がってくるものである。

市町村レベルでの分析に移ろう。三重県で旧軍用地の転用が最も多かったのは、鈴鹿市である。鈴鹿市の場合には、旧軍用地の取得は合計で12件であったが、そのうちの4件は学校用地の

確保、また4件が市民住宅用地、残る4件が市道敷となっている。教育制度の改革に伴う新制中学の創設には、各地で用地難、用地不足に悩まされたが、鈴鹿市では旧軍用地の転用により4校が新設されている。もっとも、その譲渡価格については、減額20％、40％、50％と異なり、時価の場合もある。こうした減額率の差異がどのようにして生じてくるのかは不明であるが、少なくとも現地および周辺地域の自然的条件および地価等によって影響を受けるのであろう。それ以上に詳細なことは、ここでは分析することはできない。

市民住宅用地については、時価または交換による取得になっているが、その点については問題はない。また、市道はいずれも譲与であるが、その後における道路整備および管理業務の必要性を考えると、市としては「譲与」をそのまま歓迎するということにはならないであろう。

津市は県都であるが、その取得件数は僅かに4件である。旧市内での旧軍用地の取得は市営住宅用地と中学校用地の2件である。このうち、中学校用地の取得が70％の減額になっている点は、鈴鹿市でみられた減額率よりも大きい。また旧香良洲町（平成18年に津市へ編入）での旧軍用地の取得2件はいずれも道路敷で譲与となっている。

鈴鹿市と津市に次いで旧軍用地の取得が多かったのは、菰野町（昭和31年竹永村、昭和32年朝明村編入）の3件である。この3件は、いずれも旧千種陸軍演習場からの転用である。転用目的は、旧菰野町と旧朝明村の2件が薪炭林用地であり、それが時価であったことは、その後に収益性があるものとみなされたのかもしれない。それにしても、この2件は規模も相対的に大きく、また明らかに産業用地への転用を意図したものだけに、三重県における地方公共団体による旧軍用地の転用としては注目されてよいであろう。

鳥羽市は、伊勢防備隊の受信所と送信所との間にあった道路跡地を道路敷として昭和46年に譲与されている。また市内にあった旧海軍貯炭場の跡地を「農水産物集荷場」（生鮮物集荷場）の敷地として昭和24年に時価で取得している。集荷場は、公共的性格をもった施設ではあるが、利用者が限定されているという点からみれば、産業用地への転用とみてもよい。もっとも、その公共性については、機能との関連で判断するしかないが、それは集荷場の具体的な態様によって異なる評価が出てくるかもしれない。

三重県内で、旧軍用地を2件以上取得した市は以上である。その他の市（平成20年現在）については、以下のような状況であった。

旧川崎村（現亀山市）では、飛行場跡地を小学校用地として昭和25年に減額（減額率不詳）で取得している。

旧上野市（現伊賀市）では、伊賀海軍航空基地の跡地を中学校用地として昭和24年に減額50％で取得している。

旧浜島町（現志摩市）では、英虞海軍航空基地の跡地を庶民住宅用地として昭和25年に時価で取得している。ただし、「庶民住宅用地」に町営住宅が建築されたのか、それとも用地を民間に転売したかどうかは不詳である。

３．三重県における旧軍用地の民間への転用状況（四日市市を除く）

三重県内にあった旧軍用施設が民間へ払い下げられた状況を整理しておこう。ここでも四日市市を除くと同時に、取得用地面積を３千㎡以上に限定しておく。

XI‐2‐(4)表　三重県における民間の旧軍用地転用状況

（単位：㎡、年次：昭和年）

企業等名	取得面積	業種・用途	年次	旧口座名
旭ダウ	199,050	化学繊維	27	鈴鹿海軍工廠
日本電電公社	17,446	通信業	28	同
同	43,001	同	28	同
旭ダウ	16,442	化学繊維	30	同
倉毛紡績	15,830	繊維	31	同
同	51,750	同	32	同
本田技研	17,084	輸送機械	35	同
同	57,736	同	36	同
東海電気通信局	24,544	通信業	25	鈴鹿海軍航空隊等
日本電電公社	459,008	同	28	同
同	11,252	同	28	同
大東紡織	11,143	繊維	30	同
同	12,614	同	30	同
川崎電気製造	45,067	電気機械	37	同
川崎電気製造	7,012	同	37	同
ゼネラルフーズ	4,408	食品	45	同
三重徳善会	6,528	脱脂綿工場	24	津海軍工廠
井村屋製菓	3,650	食品	26	同
中央羊毛工業	12,342	タオル加工	28	同
東海毛織	16,512	繊維	28	同
日本硝子繊維	3,980	窯業	35	同
松阪鉄工所	26,055	工作機械	36	同
井村屋製菓	7,554	食品	36	同
同	12,396	同	46	同
呉羽紡績	211,333	繊維	27	※鈴鹿支廠補給工場
同	5,382	同	27	同
日東紡績	40,325	同	37	同
近江絹糸紡績	73,282	同	27	※※上浜会議所
後藤巌夫	22,426	珪土採取業	43	歩兵第33連隊
川本正典	4,589	澱粉工場	34	第七航空通信連隊
中京内燃機工業	30,058	船舶用内燃機	38	同
日本経木工業	5,228	木製品	43	同
川井正男	5,169	倉庫	46	同
谷口石油	7,752	石油販売	26	三重海軍航空隊
後藤徳之助	17,099	養魚池・倉庫	32	同
香良洲漁協	3,520	漁港施設	46	同
星合酒糧工業	40,863	食品	24	明野陸軍飛行学校他

水谷産業	4,588	澱粉工場	25	同
南濃製菓	3,336	製菓	26	同
明野繊維工業	33,141	繊維	26	同
星合酒糧工業	9,161	食品	26	同

出所：「旧軍用財産資料」（前出）より作成。

※は、第二海軍航空廠鈴鹿支廠補給工場の略。

※※は、海軍航空技術廠三重出張所上浜会議所の略。

(4)表をみると、9口座の旧軍用施設（旧軍用地）から41件の民間への譲渡がなされている。つまり、個々の旧軍用施設から民間用地への転用が複数行われている場合が多いというのが、三重県における旧軍用地の転換にみられる特徴だと言ってよい。そこで、これを業種別に整理してみると、次のようになる。

XI-2-(5)表　三重県における民間企業の旧軍用地転用状況（業種別）

（単位：m²、年次：昭和年）

業種別	取得件数	取得面積	1件あたり面積	最多取得年次
食品工業	9	90,545	10,061	26
繊維工業	12	490,182	40,849	27
木材工業	1	5,228	5,228	43
窯業	1	3,980	3,980	35
化学工業	2	215,492	107,746	27
一般機械	1	26,055	26,055	36
電気機械	2	52,079	26,040	37
輸送機械	3	104,878	34,959	35
小計	31	988,439	31,885	
漁業	1	3,520	3,520	46
鉱業	1	22,426	22,426	43
販売業	1	7,752	7,752	26
倉庫業	2	22,268	11,134	32
通信業	5	555,251	111,050	28
小計	10	611,217	61,122	
合計	41	1,599,656	39,016	

出所：(4)表より作成。

(5)表をみると、三重県内の旧軍用地が民間へ譲渡されたのは41件で、そのうち製造業への転用が31件、工業を除くその他の産業への転用が10件となっている。もっとも、農林省を媒介とした農業用地への転用は除外してのことである。

まず製造業の業種についてみると、食品工業や繊維工業で旧軍用地の取得件数が多いのは、戦後の特殊的事情にもよるのであって、これは全国的に共通してみられる現象である。しかしながら、三重県では特に繊維工業の取得件数が多く、それを一つの特徴として挙げることができよう。

第十一章　三岐地方・四日市　415

　食品と繊維という二つの工業以外では、若干の件数ではあるが機械工業や化学工業、そして木材製品製造業や窯業などでも旧軍用地を取得している。つまり、業種的にはある程度の多様性をもっている。しかしながら、鉄鋼業や金属、非鉄金属などの業種が欠落しているのも事実である。やや大きな目でみれば、三重県の場合、重化学工業への転用が少ないとも言えよう。ただし、四日市市を除いてのことである。

　だが、地域的に産業構成のアンバランスがあるのは、高度に発達した資本制経済のもとでは一般的なことである。しかも県単位で「地域」を把握した場合、隣接する諸県との分業関係などもあり、ある一つの県内だけですべての産業を網羅し、かつ自律的な再生産構造を構築すべきであるというような技術論的発想は無意味である。もとより、地域的再生産構造の歪性による地域間経済関係における不平等の存在は否定しえないが、それは本来、再生産の歪性によるものではなく、諸資本間および諸階級間における競争関係、すなわち不等価交換や収奪といった社会経済的構造そのものである。

　続いて、製造業以外の産業に対する旧軍用地の転用状況をみると、農業は別として、漁業や林業への転用が少ない。もっとも、前にみたように菰野町では薪炭用林への転用が地方公共団体としての町によって行われているので、その点が一部は反映しているのかもしれない。さらに言えば、他の地域で多くみられたような、私立学校を中心とした教育産業（学校施設）や私立病院や診療所などを用途目的とした旧軍用地の転換が全くみられない。もともと教育と医療は、いわば地域の生活基盤を構成するものであるが、それらが地方公共団体の施設等で十分に充足できるのであれば、なんら問題はない。

　次に、業種別および産業別にみた旧軍用地の取得面積についてみると、製造業では、繊維工業が49万 m^2、化学工業が21万 m^2 強、そして輸送用機械器具製造業が10万 m^2 の用地取得をしている。このように、三重県においては、繊維工業が件数のみならず、取得面積でも大きな位置を占めている。また1件あたり取得面積でも約4万 m^2 なので、規模の大きさにも注目すべき点がある。しかし、実態的には呉羽紡績が昭和27年に取得した用地面積が21万 m^2、近江絹糸が7万 m^2 強の用地取得をしているが、それ以外の企業との間にはギャップがあったことも忘れてはならない。

　産業別にみた旧軍用地の取得件数では、通信業である日本電電公社が5件で55万 m^2 強を取得している。そのうちの1件は職員宿舎用地を用途目的としたものであるが、ここでは用途目的別ではなく、産業別に分類しているので、これをも産業用地の取得として計算している。その他の産業では、珪土の採取用地を目的とした鉱業が1件あるのが珍しい。

　以上、旧軍用地の民間への払下状況を業種別、産業別にみてきたが、三重県の場合には、旧軍用地の転用をめぐる公共性との関連で、「県」の基本的役割に係わる問題、地域的再生産構造との関連、地域生活基盤との関連などの諸問題について理論的に整理していく必要がある。

４．三重県における旧軍用地の民間企業への転用に関する地域分析（四日市市を除く）

（1） 地域別概況

　四日市市を除く三重県内での旧軍用地の民間企業等への転用を、市町別に、また業種別に整理してみると、次表のようになる。

XI-2-(6)表　三重県における旧軍用地の民間企業への転用状況

（単位：m^2）

地域名	業種	件数	取得面積	地域名	業種	件数	取得面積
津市	食品工業	3	23,600	鈴鹿市	食品工業	1	4,408
	繊維工業	4	108,664		繊維工業	7	348,377
	窯業	1	3,980		化学工業	2	215,492
	一般機械	1	26,055		電気機械	2	52,079
	漁業	1	3,520		輸送機械	2	74,820
	鉱業	1	22,426		通信業	5	555,251
	販売業	1	7,752	小計		19	1,250,427
	倉庫業	1	17,099	明和町	食品工業	1	4,589
小計		13	213,096		木製品	1	5,228
伊勢市	食品工業	4	57,948		輸送機械	1	30,058
	繊維工業	1	33,141		倉庫業	1	5,169
小計		5	91,089	小計		4	45,044

出所：2-(4)表に基づき、旧軍用施設の所在地別に再編して作成。

　(6)表をみれば判るように、三重県（四日市市を除く）で旧軍用地を取得した市町は僅かに4市町（平成20年現在）である。それは昭和48年以降における行政地域の変化、つまり市町村合併の結果によるものである。

　このうち最大の旧軍用地を取得したのは鈴鹿市であり、その面積は125万 m^2 を超える規模であり、三重県内では群を抜いている。続いては、県都の津市で約21万 m^2、以下、伊勢市の約9万 m^2、明和町4万5千 m^2 となっている。

　以下では、この順序に従って、旧軍用地の産業用地（とりわけ工業用地）への転用に関する地域分析を進めていくことにする。

（2）　鈴鹿市

①　鈴鹿市における旧軍用施設に関する二つの資料

　四日市市を除く三重県内で、民間企業が旧軍用地を最も広く取得したのは、昭和17年12月1日に市制執行した鈴鹿市においてである。

　県都津市と四日市市との中間に位置する鈴鹿市は、「現市域内の各地に設立された諸軍事施設を中心とし、その行政上の掌握のため、軍の要請によって関係地域2町12ケ村の合併によって

生まれたところに特異性がある」[1]と言われている。それだけに、戦前の鈴鹿市には膨大な軍関係の施設があった。それを一括して掲載している『20年の歩み』[2]をみると、次表のようになっている。

XI-2-(7)表　鈴鹿市における軍関係の諸施設（戦前分）

（単位：m²）

施設名	設立年度	所在地	面積規模
鈴鹿海軍工廠	昭和16年	国府、庄野、牧田等	3,600,000
第二海軍航空廠鈴鹿支廠（三菱）	16	東玉垣町	330,000
鈴鹿海軍航空隊及基地	16	白子町	1,650,000
海軍雁部隊	15～16	南玉垣町	1,320,000
海軍雁部隊兵舎及病院	17	寺家町	66,000
横須賀海軍施設部（二空廠関係）	16	岸岡町	16,500
同　　　　（工廠関係）	16	算所町	33,000
同　　　　（雁部隊関係）	16	白子港	33,000
三菱航空機製作所整備工場	15	南玉垣町	66,000
同　　　　三重工場	16	江島町	99,000
第二海軍航空廠鈴鹿支廠	16	南玉垣町	165,000
鈴鹿海軍工事協力隊	15	算所町、平田町	16,500
鈴鹿海軍補給部	16	西玉垣町	33,000
第二海軍燃料廠貯油所	15～16	南玉垣町	33,000
海軍長太送信所	17	北長太町	33,000
鈴鹿海軍共済病院	17	庄野町	66,000
鈴鹿工廠工員養成所	17	平田町	33,000
同　　　第一会議室	17	同	9,900
同　　　第二会議室	17	同	9,900
海軍将校集会所（海仁館）	17	白子町	9,900
陸軍第131部隊（観測）	15～16	石薬師町	660,000
陸軍第581部隊（教育）			
陸軍第132部隊（通信工作）	15	高塚町	495,000
陸軍第555部隊			
明野陸軍飛行学校北伊勢分校	16	広瀬町	660,000
鈴鹿陸軍病院	17	加佐登町	33,000
陸軍高射砲陣地	16	北長太町	33,000
計	──	──	9,863,700

出所：『20年の歩み』、鈴鹿市役所、昭和37年、285～286ページ。
注：空欄2カ所は原表のまま。

『20年の歩み』は、この(7)表の出所を明示していないが、「軍関係の諸施設」が鈴鹿市に数多くあったことは確かである。しかも、その設立は昭和15年度から17年度にかけてがすべてであり、その意味では軍事基地ないし軍需物資補給基地としての役割を果たしていたことになる。

しかし、「軍関係の諸施設」であっても、この表では敷地の所有者が不詳である。つまり(7)表に掲載されている「軍関係の諸施設」は、旧陸海軍および旧軍需省の財産として、戦後大蔵省に

移管された「旧軍用施設」ではないものも含んでいるからである。また、その逆に、「旧軍用施設」（国有財産）として移管された施設が、この(7)表にはみられない場合もある。

　問題はそれだけではない。おそらく同じ施設と思われるものであっても、「軍関係の施設」の名称と「旧軍用施設」の口座名とは異なっている場合がある。

　さらに言えば、この(7)表に掲示されている「軍関係の諸施設」の面積は、どこか不自然なところがある。千単位以下が省略されているのはともかく、33,000 m^2 という面積の施設が8カ所もあり、9,900 m^2 と 66,000 m^2 が各3カ所、66万 m^2 が2カ所というのは、あまりにも作為的である。なぜ、このような作為が必要だったのだろうか。

　ここで改めて、鈴鹿市において、戦後大蔵省へ移管された「旧軍用施設」の全容が問われることになる。既に、大規模な6口座については、2-(1)表に掲示しているが、敷地面積が10万 m^2 未満の旧軍用施設としては、第一航空軍鈴鹿小銃射撃場（石薬師町東山・47,768 m^2）、鈴鹿海軍航空隊小銃射撃場（三日町・49,090 m^2）、第二海軍航空廠羅針儀測定所（片岡町西長谷・2,085 m^2）、一の宮防空砲台（長太町他・99,552 m^2）があった[3]。つまり、先述の6口座に、この4口座を加えると、鈴鹿市には10口座の旧軍用施設があり、その合計面積は、9,293,736 m^2 に達する。

　なお、この「旧軍用財産資料」に記載されている内容についても問題はある。具体的に言えば、ここに示した4口座の所在地のうち、「三日町」は「三日市」、「片岡町」は「岸岡町」の誤記ではないかと思われるからである。もっとも、敷地面積については、それが誤記であるかどうかは確認する術がない。

　ところで、鈴鹿市における「軍関係の諸施設」の総面積は、『20年の歩み』によれば、9,863,700 m^2 となっている。これだと「旧軍用施設」の合計とは約55万 m^2 もの差異が生ずることになる。しかし、(7)表の合計を検算してみると、9,503,700 m^2 にしかならない。『20年の歩み』に、このような誤算がなぜ生じたのかは判らないが、この約950万 m^2 を採用すれば、「軍関係の諸施設」と「旧軍用施設」との量的な差異は、約20万 m^2 に縮まってしまう。

　大蔵省管財局文書「旧軍用財産資料」は、市町村別に旧軍用地について整理したものではない。また旧軍用地、正確には旧軍用施設の口座の面積であるが、その旧軍用施設も、ある一つの行政地域に限定されたものではない。大規模な軍用施設であればあるほど、その施設の敷地は数多くの行政地域を含んだものとなる。この点をふまえると、鈴鹿市の「旧軍用施設」（面積）に関する敷地面積は、実際にはもっと小さいものとなる。

　そのことは「軍関係の諸施設」として掲示されている(7)表の中に、鈴鹿市以外の土地面積が含まれているとも考えられる。ましてや国有財産ではない軍関係の諸施設も含まれているとすれば、二つの資料に記載されている旧軍用施設面積の量的比較はますます困難になってしまう。

　そこで、「旧軍用施設」に記載されている口座のうち、「軍関係の諸施設」（『20年の歩み』）の表に記載されている施設とそうでない施設を明確にしておこう。

　大規模な旧軍用施設として 2-(1)表に掲載した6口座のうち、石薬師町にあった第一気象連隊は「陸軍第131部隊（観測）」、高塚町にあった第一航空軍教育隊は「陸軍第132部隊（通信工

作）」または「陸軍第555部隊」、そして加佐登町にあった亀山陸軍病院は「鈴鹿陸軍病院」として記載されていると判断する。したがって、その6口座の実体は、すべて「軍関係の諸施設」に含まれている。また、10万 m² 未満で長太町にあった一の宮防空砲台は「陸軍高射砲陣地」、岸岡町にあった第二海軍航空廠羅針儀測定所は、「横須賀海軍施設部（二空廠関係）」だとそれぞれ推定される。

したがって、戦後大蔵省に移管された旧軍用施設口座で、「諸施設」で欠落しているのは、第一航空軍鈴鹿小銃射撃場（石薬師町東山）、鈴鹿海軍航空隊小銃射撃場（三日市）という二つの小銃射撃場である。両者あわせての土地面積は約9万7千 m² である。

次に、『20年の歩み』に記載されているが、大蔵省へ移管された「旧軍用財産」の口座の中に見当たらないのは、第二海軍航空廠鈴鹿支廠（三菱、33万 m²）、海軍雁部隊（132万 m²）、三菱航空機製作所三重工場（約10万 m²）、明野陸軍飛行学校北伊勢分校（66万 m²）がその主なものである。これらの「諸施設」の敷地面積を合わすと、約240万 m²、それ以外に見当たらないものを含めると300万 m² に近い数字となろう。これらの施設が立地していたのは、国有地ではなく、おそらく民間の所有地だったのではあるまいか。

上記の諸施設用地の所有関係、またその所在地が具体的にどこだったのかを追求していくだけの余力は今ここにない。ただし、「諸施設」の中にある海軍雁部隊と三菱航空機製作所三重工場については、敷地規模や実体としても確認することが重要なので、この二つの施設を念頭に置きながら論を進めていきたい。

1）「鈴鹿市工業地域の形成に関する研究」（『三重地理学会報』）、三重大学教育学部地理学教室、1967年3月、10ページ。
2）『20年の歩み』、鈴鹿市役所、昭和37年。
3）「旧軍用財産資料」（前出）による。

② 鈴鹿市における旧軍用地の転用に関する歴史的経緯

もともと、鈴鹿市における旧軍用施設のうち、中心的役割を果たしていた鈴鹿海軍工廠は、「昭和17年に旧海軍が航空機の7.7ミリ旋回機関銃及び13ミリ機関砲（銃―杉野）ならびにその弾薬、弾丸の製造工場として建設したものである」[1]とされている。

戦後間もない1946年1月20日に、連合軍総司令部はSCAPIN-629によって、また1946年5月28日にはSCAPIN-987によって、「Airframes」を製造していた三菱重工業第三プラント（987指令では工場）を賠償指定工場として管理保全することを命じている[2]。

なお、ここで「第三プラント」あるいは「第三工場」とあるのは、「三重工場」のことではないかと思う。もっとも、先述したように、この三菱重工業三重工場は「旧軍用財産」とはなっていない。

こうした状況の中で、鈴鹿市臨時復興対策本部では、膨大な規模に達する旧軍用施設の転用に

ついて検討し、工場への転用については、次のような方針を策定している。

「『鈴鹿海軍工廠は、日本再建に必要な中小平和産業工場地帯として』、『第二海軍航空廠跡地は、漁網及び建築資材製造工場など、国家再建上必要施設として』、『三菱航空機関係施設跡は、国有民営工場、その他として』、『海軍施設部跡は県醤油味噌統制会社、農機具製造工場など』、『(鈴鹿海軍工廠) 平野第2宿舎は友禅染色工場として』」[3]

　鈴鹿市臨時復興対策本部が設置された時期やその性格についてはもとより、このような旧軍用地の転用方針を策定した時期も明確ではない。しかしながら、どのような政治的権限あるいは行政力があって、国有財産である旧軍用施設の転用を「方針化」することができたのであろうか。まして、三菱重工業の設備は賠償対象物件として指定されている最中においてである。それにしても、この復興対策本部が「中小平和産業工場地帯」という発想や三菱重工業の跡地利用で「国有民営工場」という方針を策定していることは、当時としては画期的な発想であったと言わねばならない。もっとも、醤油味噌統制会社、友禅染色、農機具工場といった、やや具体的な業種が打ち出されている点は、背後にそのような動向があったのではないかと推測させるものがある。

　この復興対策本部による旧軍用地の転用方針に対して、工場立地の具体的な申請を行った工場は次の通りである。

「◇鈴鹿海軍工廠 (陸軍第555、581部隊—石薬師町、高塚町—を含む)

　△第1次分として、申請のあった日本機械KK、三重県炉材工業施設組合、人見鉄工所、東邦電気KK、川辺機械製作所、笹井製陶所、網勘製網KK、加藤翠松堂、伊藤伝七メリヤス工場、藤沢製糸KK、東洋機械製作所。

　△第2次分として、鈴鹿蚕業KK、旭毛織KK、三重合成化学工業KK、川村鉄工所、三重陸運KK、鈴鹿逓信講習所、中部指導農場、三重拓殖訓練所、鈴鹿建材KK、鈴鹿国立病院。

◇第二海軍航空廠 (第1次分)

　三重製網合資会社、鈴鹿窯工KK。

◇三菱航空機三重工場 (第1次分)

　三協油脂KK、中央化学工業KK。

◇第二海軍航空廠、三菱航空機三重工場 (第2次分)

　わかもと製薬鈴鹿栄養食工業所、丸宮産業、三重県味噌醤油統制会社、伊勢湾産業KK、五十鈴工業㈲、伊勢木工KK、三重県塩乾魚加工組合。

◇工員第二宿舎 (平野町)　　　下鴨染色会社」[4]

　鈴鹿市における旧軍用施設の転用方針を、この具体的な申請状況と照応させてみれば、幾つかのことが明らかとなる。

　第一に、この転用方針の内容が具体的すぎると指摘しておいたが、申請状況をみると、漁網や建設資材の工場をはじめ、第二海軍航空隊における味噌醤油統制会社、工員第二宿舎における下鴨染色会社など、まさしく、その指摘が正しかったことが判る。換言すれば、この転用方針には

申請企業の意向が反映したものであったということである。

　ただし、このような意思反映を倫理的に非難するつもりは毛頭ない。つまり、ある方針を出す場合には、それを全く理念的に策定するのではなく、現実的動向をある程度まで踏まえ、実現可能性を高める必要がある。そうでなければ、方針がまったく観念的なものとなってしまうからである。ただし、その具体性をどこまで認容するかは、文章上の表現とも絡んで、政治・経済的にみて、一定の力関係が反映することになろう。

　第二に、申請した企業から推測すると、その多くが中小企業であり、鈴鹿市における旧軍用施設の転用方針は、地元の中小資本の意向を反映させたものであった。このことは、鈴鹿海軍工廠を「中小平和産業工場地帯」として転用するという鈴鹿市対策本部の方針にも現れている。

　第三に、転用方針、また申請状況をみて推測することであるが、「第二海軍航空廠、三菱航空機三重工場（第2次分）」とあるように、賠償指定工場である三菱航空機三重工場は、場所的にみて第二海軍航空廠と隣接する位置、あるいは同一地域にあったのではないかと推測されることである。この点は引き続き究明していきたい。

　第四に、旧軍用施設の転用ではあるが、「転用方針」が想定していた転用対象が土地、建物、設備品（機械類）のいずれであったかということが問題となる。そのことは、三菱航空機三重工場の機械類については、これを賠償対象として管理保全することが指令されており、また土地については、国有財産であるものを鈴鹿市の復興対策本部（仮に財務局関係者が参加していたとしても）だけで処分することはできないからである。そのことから推測すると、対策本部が方針として提起している内容は、「建物の一時的使用」に関するものではなかったかと思われる。

　この方針についての検討はこれまでにして、その後の事実経過を辿ってみよう。『20年の歩み』は次のように記している。

　「終戦後、経済界の不況は、転用工場にも影響して、進出後僅々にして事業の挫折するものもあり、予定だけに終わったものもあり、方針通り成果をみたものは数える程であった」[5]

　そして、昭和25年現在において、その具体的な状況は次のようなものであった。

　「鈴鹿海軍工廠——全解体撤去。第二海軍航空（廠）鈴鹿支廠——マルミヤ鉄工所に転用後、間もなく解体。横須賀海軍施設部（岸岡町）——解体跡地に木毛工場建設。三菱航空機製作所整備工場——一部解体。同三重工場——三協油脂KKが使用後解体。呉羽紡績誘致決定。鈴鹿海軍航空隊及び基地——わかもと製薬使用後間もなく廃業」[6]

　この引用文で重要なことは、対策本部の方針によって「転用」させた民間企業が、いずれも「解体」ないし「廃業」していることである。ここで注意しなければならないのは、「解体」や「廃業」という二つの結果が生じたのは、それらが中小企業であったということだけが理由であろうか。それが理由であった場合もあろうが、もともと、復興対策本部の「転用」は、建物の一時使用に関する方針であって、土地や設備（機械類）の転用方針ではなかったのではあるまいか。「解体」というのは、建物の解体であって、建物が解体されれば、その一時的な使用権は自然的に消滅し、企業は撤退するしかないのである。少なくとも、昭和25年段階においては、旧軍用

施設のうち、建物はそのほとんどが解体されるに至ったのである。その解体を誰が行ったのか、それは旧軍用地の所有者であり、それを転売しようとする国家（大蔵省）だったと推測されるのである。

　既に２-(4)表に掲示したように、鈴鹿海軍工廠跡地を最初に工場用地として取得したのは旭ダウが昭和27年、そして鈴鹿海軍航空隊等の跡地は大東紡織が昭和30年である。また第二海軍航空廠鈴鹿支廠補給工場の跡地は、昭和27年の呉羽紡績が最初の取得者である。このことからみて、鈴鹿市にあった旧軍用施設（旧軍用地）の本格的な転用、つまり所有権の移動を伴う転用は昭和27年に始まったと言ってもよい。鈴鹿市復興対策本部の転用方針とその後の事情は、終戦からそれまでの期間において、旧軍用施設はどのような状況にあったのかという地域的な経済関係を、極めて明白に物語っているのである。

　旭ダウや呉羽紡績が立地してから10年後の、昭和37年の段階において、鈴鹿市の旧軍用地に進出してきた企業の状況は次の通りである。

XI-2-(8)表　鈴鹿市内の旧軍用施設跡に立地した主要会社工場概要（昭和37年）

（単位：m²、人、年次：昭和年）

企業名	敷地面積	操業年	従業員数	転用した旧軍用施設
呉羽紡績	224,400	27	1,650	三菱航空機三重工場
旭ダウ	330,000	28	650	鈴鹿海軍工廠
大東紡績	231,000	29	1,200	鈴鹿海軍航空隊
日本コンクリート	40,428	31	333	鈴鹿海軍工廠資材置場
倉毛紡績	330,551	31	1,861	鈴鹿海軍工廠
本田技研工業	687,552	35	2,064	同
敷島カンバス	39,646	35	100	───
川崎電機製造	330,000	37	517	雁部隊
日東紡績	72,600	37	54	第二海軍航空廠
パラマウント硝子工業	36,300	予定37	予定120	同
八千代塗装	8,300	35	106	鈴鹿海軍工廠
湯浅電池販売会社	3,300	35	12	同
ホンダ運送	17,378	35	25	同
日本陸送	11,534	35	98	同
ホンダ開発興業	13,085	35	43	同
清水製作所	4,026	35	80	同

　出所：『20年の歩み』、鈴鹿市役所、昭和37年、290ページ。
　　　　なお、原表には「生産品目」という欄があるが、本表では省略した。
　　　　また「敷地面積」は原表では坪単位であるが、本表では１坪＝3.3m²で換算。

　(8)表に掲示された企業ないし工場は、すべて旧軍用施設の跡地に立地あるいは立地を予定したものである。したがって、立地予定の企業については旧軍用地を譲渡したという記録が、「旧軍用財産資料」にはない。なお、横線の上部に掲示されていても、日本コンクリートと敷島カンバスは「旧軍用財産資料」には掲載されていない企業であり、この二つの企業は、旧軍用地を大蔵

第十一章　三岐地方・四日市　423

省から直接ではなく、農家やその他の民間から買収したものであろう。

　なお、この表で、呉羽紡績が立地した旧軍用施設の跡地が「三菱航空機三重工場」となっているが、大蔵省の「旧軍用財産資料」では、「第二海軍航空廠鈴鹿支廠補給工場」となっており、実体として両者が同一の施設であったことを示唆している。

　だが、ここで大切なことは、(8)表に掲示されている企業群の中に、鈴鹿市復興対策本部へ申請した地元企業あるいは中小企業が全く入っていないということ、替わって(8)表に掲示されている企業は、日本を代表するような巨大企業であるか、またはその系列企業だということである。その経過を『20年の歩み』は次のように綴っている。

　「その後朝鮮動乱に伴う軍需ブームに産業界は目ざましい進長をとげ、市当局のたゆまぬ工場誘致の努力が実を結び、まず昭和27年呉羽紡績鈴鹿工場が進出し、つづいて大東紡績、旭ダウ両工場が設置をみて、当市の地勢的に加えて軍施設の工場適地が脚光を浴び、昭和32年には倉毛紡績、日本コンクリート工業が西部工場候補地に設置され、以来本田技研工業とその関連諸工場群。敷島カンパスなど年々市内の工業生産群は増加の一途をたどり、その後現在までに川崎電機、日東紡績、関西工機、敷島スターチ、パラマウント硝子工業などの大工場が操業、或は建設途上にあり、特種な施設として、日本ではじめてのオートバイ国際レース場㈱テクニランド鈴鹿サーキットが昭和37年完成をみたことによって、市内外から注目されることとなった」[7]

　上記の引用文は、句読点の使用法をはじめ、「進長」や「特種な」など用語上の問題があるが、それはともかくとして、朝鮮動乱から高度経済成長の初期にかけて、鈴鹿市の地理的位置および工業用地としての旧軍用地を大資本が着目し、種々の工場が立地してきたことを明らかにしている。鈴鹿海軍工廠等の跡地利用（転用）について、東海財務局は次のように記している。やや長いが引用しておこう。

　「終戦後旧軍から大蔵省が同施設（鈴鹿海軍工廠—杉野）を引き継いだときは、土地402万㎡、建物34万7千㎡であったが、その後土地331万㎡、建物1万1千㎡を開拓財産として農林省へ所管換したほか、公務員宿舎、市営住宅、学校用地等の公用、公共用目的に27万3千㎡が利用され、さらに繊維、軽自動車等各種企業に36万3千㎡が転用された。なお、一旦農地に転用したもののうち、工場用地として再転用されたものが150万㎡、住宅として再転用されたものが15万㎡あり、これら同工廠跡地を中心に、軽四輪、繊維工業を主として、ユニークな内陸工業地帯が形成されており、——。また、建物は26万6千㎡を払い下げたが、市営住宅、個人住宅以外は移築を条件として付近の市町村、会社等に売却され、校舎、工場に利用された。

　なお、鈴鹿市白子町及び玉垣町の一帯に鈴鹿海軍航空隊第1基地、第2基地及び第2海軍航空廠補給工場があった。第1基地の土地は、167万4千㎡、第2基地98万5千㎡、補給工場48万3千㎡で、合計314万1千㎡であった。

　このうち、76％にあたる238万9千㎡が農地として農林省へ所管換され、農民へ売払われた。そのほかには電電公社の鈴鹿電通学園に48万3千㎡、国立鈴鹿工専に4万6千㎡、会社、工

場に 10 万 8 千 m² が売払いまたは交換された」[8]

　この東海財務局の記述は、次のことを教えている。その一つは、『20 年の歩み』から引用した文章中に「解体」や「撤去」という言葉があったが、それが建物に関してのことであり、かつ大蔵省が直接撤去したのではなく、「移築を条件として付近の市町村、会社等に売却され」たのである。これで建物の撤去、解体に関する歴史の一部が明らかになった。この事例は、鈴鹿海軍工廠だけでなく、その他の旧軍用施設の解体、撤去に関しても同様の措置がとられたのではないかと推測される。

　第二に、これは個別的な事実関係であるが、2-(4)表に掲示していた日本電電公社の用途が「鈴鹿電通学園」の用地であったことが、この文章によって判明した。ただし、この文章では、三菱航空機三重工場と補給工場との関連について言及されていない。

　さて、鈴鹿市の旧軍用地へ立地してきた大企業も、高度経済成長期には、それ相応の変化を遂げた。倉毛紡績は、昭和 31 年頃には暫くの期間であったが鈴鹿紡績となり、昭和 39 年には、鐘淵紡績となった。また、川崎電機製造も富士電機となり、呉羽紡績は東洋紡績となった。ゼネラルフーズは味の素ゼネラルフーズに、そして大東紡織は大東紡績と名称を変更した。重要なことは、旧軍用地の払下げによって鈴鹿市に立地してきた巨大工場は、前述したような変化を辿りながらも、それ自体としては昭和 55 年の時点でも、なお稼働中であるということである。

　ここで鈴鹿市における旧軍用地の工業用地への転用状況をまとめてみると、次の表のようになる。

XI-2-(9)表　鈴鹿市における旧軍用地の工業用地への転用（昭和 54 年 6 月）

（単位：m²、人）

旧口座名	企業名	敷地面積	旧軍用地取得面積	旧軍用地の比率	従業員数
鈴鹿海軍工廠	旭ダウ	330,765	215,492	65.1%	697
	鐘淵紡績	332,511	67,580	20.3%	690
	本田技研	880,000	77,200	8.8%	7,500
第一鈴鹿海軍航空基地	大東紡績	163,570	23,757	14.5%	600
	富士電機	336,673	52,079	15.5%	709
	味の素 G	126,515	4,408	3.5%	197
第二海軍航空廠	東洋紡績	221,839	216,715	97.7%	498
	日東紡績	75,949	40,325	53.1%	192

　　出所：『企業要覧』（昭和 54 年版）、鈴鹿市経済部商工課。なお旧軍用地取得面積は「旧軍用財産資料」（前出）による。
　　　　※企業名については、昭和 54 年 6 月現在。
　　　　※味の素 G とは、味の素ゼネラルフーズの略である。

　これまでにも指摘したように、旧軍用施設の跡地を利用しているからといって、そのすべてが大蔵省より払下げを受けた土地ばかりではない。前に引用した東海財務局の文章にもあったように、農地からの再転用という場合もあり、またその方が敷地面積からみて広い場合もある。(9)表

は、鈴鹿市における旧軍用施設の跡地に立地してきた工場が、その跡地を大蔵省から払い下げられた、つまり譲渡された土地面積の比率を調べてみたものである。なお、⑼表に掲示している各工場の敷地面積の中には旧軍用施設の跡地以外の土地が含まれていることも考えられるが、それは考察外とした。

さて、鈴鹿市にあった旧軍用施設の跡地に立地している工場で、大蔵省から譲渡された用地面積比率が最も大きいのは東洋紡績の約 98 ％である。続いては旭ダウの約 65 ％、日東紡績の約 53 ％で、いずれも大蔵省から直接譲渡された面積が工場用地の半分以上を占めている。

これに対して、譲渡された用地面積の比率が 10 ％ないし 20 ％というのが、鐘淵紡績、大東紡績、富士電機であり、本田技研、味の素ゼネラルフーズはいずれも 10 ％未満である。このように、旧軍用地を譲渡された用地面積比率には各工場によってかなりの差異がある。しかしながら、高度経済成長期に鈴鹿市へ立地してきた巨大な工場は、多少の差はあれ、旧軍用地の取得にその立地基盤があるという点では共通していると言えよう。

1 ）　『国有財産の推移』、東海財務局、昭和 37 年、23 ページ。
2 ）　『對日賠償文書集』第一巻、賠償庁・外務省編、昭和 26 年、100 および 139 ページ。
3 ）　『20 年の歩み』、鈴鹿市、昭和 37 年、287 ページ。
4 ）　同上書、287 ～ 288 ページ。
5 ）　同上書、288 ページ。
6 ）　同上。
7 ）　同上書、289 ページ。
8 ）　『国有財産の推移』、前出、23 ～ 24 ページ。

⑶　津市

①　津市における旧軍用施設（旧軍用地）の一般的概況

終戦後、旧陸・海軍省および軍需省より大蔵省が引き継いだ旧軍用施設（ 1 万 m² 以上）で、旧津市と平成 18 年に合体した旧久居市、旧香良洲町、旧一志町に所在していたものは、次の表の通りである。

Ⅺ- 2 -⑽表　津市（平成 20 年現在）にあった旧軍用施設とその概要

（単位：m²、年次：昭和年）

旧口座名	所在地	引継面積	主な転用形態	年次
陸軍第 38 部隊演習地	神戸	249,510	農林省・農地	23
津海軍工廠	高茶屋他	2,252,954	農林省・農地他	22
津海軍工廠第一会議所等	垂水	116,439	農林省・農地	22
海軍航空技術廠三重出張所上浜会議所	上浜	82,780	近江絹糸紡績	27
横須賀海軍警備隊高茶屋防空砲台	小森	56,502	農林省・農地	23
歩兵第 33 連隊	久居町	1,029,523	農林省・農地	22
京都陸軍病院榊原分院	榊原村	35,352	厚生省・国立病院	23

津陸軍病院	久居町	30,253	厚生省・国立病院	23
三重海軍航空隊	香良洲町	1,819,201	農林省・農地他	22
三重海軍航空隊専用道路	同	11,730	香良洲町・道路	37

出所：「旧軍用財産資料」（前出）より作成。
　　　所在地については、旧地名を掲載した。なお、2‐(1)表と重複分あり。

　戦前の津市、久居市、香良洲町の地域には、(10)表にみられるような旧軍用施設があった。その多くは、戦後まもない昭和22年、同23年に農林省へ有償所管換され、開拓農地へ転用されている。また、工業用地をはじめ国立病院などにも転用されている。

　平成20年現在の津市は、二市一町が合体した広域的な都市になっているが、ここには、100万 m^2 を超える津海軍工廠、歩兵第33連隊、三重海軍航空隊という三つの旧軍用施設があった。まずは、この三つの旧軍用施設の歴史的経緯を明らかにしていくことにしよう。津海軍工廠については、東海財務局による次の文章がある。

　「この工廠は、昭和18年ごろ海軍が津市高茶屋小森町に建設したもので、主に航空機用発動機の組立整備ならびにプロペラの試作試運転を行っていた」[1]

　また、堀川美哉氏は『津市の想出』の中で、その建設計画の全体像を次のように描きだしている。

　「高茶屋工廠の計画は海軍によって進められ、計画の全容は膨大なものであった。西方の高台約百万坪の畑地は耕地整理が出来あがり整然たる桑畑であったのを基本として工場敷地に充当し、隣地の藤水地内垂水の高地は眺望絶佳の地であるが、そこに将校集会所及び住宅を建て、両地区の中間及び周辺に病院、倉庫等の付属建物及び多数の工員住宅を建設せんとするもので、工廠は差当り飛行機及び部品の製作、修理工場等を主とし、完成の暁には工員五万余人を必要とする見込みであった」[2]

　また、津海軍工廠が建設された時代の雰囲気と戦時中における状況について、『高茶屋の歩み』は次のように伝えている。

　「海軍が高茶屋に工廠を設置するために具体的に動きだしたのは昭和16年になってからで、すでに県下には四日市市の第二海軍燃料廠と鈴鹿市の海軍工廠が着手されていた」[3]

　「昭和19年4月に工廠は完成し、のべ四万七千坪にのぼる建物と、四千三百台もの機械が据えつけられ、男子五千八百人、女子八百五十人もの労働者が働いていた。──しかし、戦争の敗色が濃厚となり、工廠の全面的稼働はむづかしくなった。昭和19年秋から───本土空襲がはじまったからである。──工廠施設も完成のあとからすぐに半田の磨き砂坑内に移転するものが多かった」[4]

　こうして終戦を迎えるわけであるが、『高茶屋の歩み』は旧工廠施設の転用について、次のように述べている。

　「工員住宅は終戦とともに管財事務局下におかれたが、その後国有財産として大蔵省（名古屋財務局津財務部）が管理することになり、津市がその委託を受けていた。実際の運営は、城山垂

水国有住宅居住者組合、西城山同組合に津市から委嘱されて行った。一方、桜茶屋の旧住宅は昭和24年に居住者に払い下げられた。

　薮内の旧施設のうち、公共施設として活用されたのは三重県警察学校、津市立南郊中学校、同高茶屋幼稚園、母子寮、職業補導所などであり、とりわけ6・3制発足後の直後、新制中学校で独立校舎をもっていたのはこの南郊中学校のみであったというほど、当時としては転用施設の効用があったのである。

　旧海軍共済病院は県立大学医学部付属病院の分院、県立高茶屋病院、同教員保養所として用いられた。

　また民間への転用としては、井村屋製菓、三重徳善社、勢津工業、中央羊毛、大元化学などの工場として用いられた」[5]

　上記の文章は、津市における旧軍用施設の転用状況を、民間企業への転用も含めるかたちで、いわば包括的に述べている。その中で最も重要なことは、旧軍用施設の管理を大蔵省（各財務局）が市町村に委託し、市町村はそれを居住者組合等に委嘱するというメカニズムが明らかにされていることである。これは津市だけではなく、おそらく鈴鹿市をはじめ、全国各地でも同様の措置がとられたものと思われる。

　さらに『高茶屋の歩み』は、旧津海軍工廠の跡地利用を、特に工業立地との関連で詳しく述べている。

　「昭和30年代から40年代にかけては、高茶屋地区に本格的な工場が立地しはじめた。耕地整理事業で切り開かれ、海軍工廠の建設によって変貌させられた西部台地は再度その姿を変えていった。

　昭和23年に海軍工廠施設を利用してビスケットの製造をはじめた井村屋製菓はその後、キャラメル、コンペイ糖、ようかんなど各種の菓子製造に手を広げた。また牛乳部門にも進出して、工場の規模も拡大した。昭和30年ごろ、同工場の従業員の約40％は高茶屋地区で占められていた。

　日本硝子繊維は従来は津市上浜町に工場があったが、昭和32年に高茶屋に移転、ガラス繊維による各種の製品を生産している。昭和41年、隣接の南郊中学校の移転に伴い工場を拡張した。この日本硝子繊維の稼働は、この地区への最初の化学工場の立地であった。

　またやや年代が下がるが、津市桜橋にあった住友ベークライトが移転してきたのは昭和40年である。ここでは電気器具の絶縁部品やスイッチ関係部品をつくっている。

　このほか合板によるプレハブ・ハウスやその部品、家具などをつくるタナカ工業、金工の精密工具をつくる松阪鉄工所津工場、でんぷんをつくる東海コンスターチ津工場（前身は滝野コンスチーナ）など相当の規模の工場が稼働を始め、また小規模な工場も数多く地区内に進出してきた」[6]

　ちなみに、津海軍工廠の転用状況について、東海財務局は次のようにまとめている。

　「戦後旧軍から大蔵省が引継いだのは、土地225万3千㎡、建物15万6千㎡であったが、

このうち土地については 154 万 9 千 m² を農地として農林省へ所管換し、農民に売払われたほか、公務員宿舎用地、警察学校用地等の公用目的のため、50 万 m² を利用し、さらに硝子繊維、羊毛、鉄工、製菓等各種企業に 10 万 3 千 m² を転用している。

農地に転用した旧国有地の中には工場用地として再転用されたものが 33 万 m²、住宅として再転用されたものが 4 万 m² あり、これらを含めた当地域の年間生産額は約 90 億円に上っている」[7]

以上は、津海軍工廠の建設から跡地転用に関する歴史的経緯についての紹介である。なお、戦時中は一志郡香良洲町にあった旧三重海軍航空隊については、次のような東海財務局の文章がある。

「三重海軍航空隊は、——旧海軍が予科練教育の飛行場として昭和 17 年に建設したものである。終戦後大蔵省が引継いだときは土地 184 万 2 千 m²、建物 9 万 9 千 m² であった。

その後、土地については、開拓財産として 141 万 5 千 m² を農林省へ所管換し、更に師範学校（三重大学）施設として土地 8 万 6 千 m² を払い下げた。なお、建物 7 万 2 千 m² を移築を条件として地元市町村、企業へ払い下げたが、これらは新制中学校校舎、工場に利用された。

開拓財産として所管換された土地も、その後工場用地として 10 万 m²、住宅用地として 2 万 m² が再転用されている」[8]

また津市（旧久居町）には旧歩兵第 33 連隊の跡地（約 100 万 m²）があったが、これについては後述する。

なお、戦前の津市には愛知航空機と住友金属工業（別称扶桑軽金属工業）があった。前者は Handayama で航空機の機体（Airframe）を、そして後者は Shimobetu（下部田—杉野）でプロペラを製作していた。しかも愛知航空機には秘密工場が Komori（菰野—杉野）にあった[9]。それらは連合軍の最高指令（Supreme Commander）によって、戦後は賠償指定工場となっていたが、その後の経緯は不詳である。これらは軍需工場ではあったが、旧軍需省財産（旧軍用財産）ではなかったのであろう。

1）『国有財産の推移』、東海財務局、昭和 37 年、25 ページ。
2）堀川美哉『津市の想出』、別所書房、昭和 35 年、140 ページ。
3）『高茶屋の歩み』、高茶屋小学校創立百周年記念事業実行委員会、昭和 52 年、176 ページ。
4）同上書、178 ページ。
5）同上書、185 〜 186 ページ。
6）同上書、192 〜 193 ページ。
7）『国有財産の推移』、前出、23 ページ。
8）同上書、25 ページ。
9）『對日賠償文書集』第一巻、賠償庁・外務省編、昭和 26 年、100 および 139 ページを参照。なお、賠償指定工場に関する指令は、［SCAPIN-629］（1946 年 1 月 20 日）と ［SCAPIN-987］（1946 年 5 月 28 日）である。

② 津市における旧軍用地の工業用地への転用状況

津市にあった旧軍用地の多くは、戦後農林省へ有償所管換されたことは、既に2-(1)表と2-(10)表で明らかにしている。また国家機構（省庁）や地方公共団体へ移管ないし譲渡された旧軍用地も数多くあった。また、民間企業への転用については、2-(4)表で明らかにしてきている。

しかしながら、2-(4)表の中には、住友ベークライト、タナカ工業、東海コンスターチなどの諸工場は掲示されていない。これらの諸工場は、旧海軍工廠がいったん農地もしくは住宅地として大蔵省から払い下げられたものを、再転用して用地を確保したものと推測される。

津市における旧軍用地の工業用地への転用状況は2-(4)表をみれば一目瞭然であるが、それについて若干の補足をしておきたい。

まず東海毛織は、昭和28年に16,512m² を旧津海軍工廠跡地で取得しているが、これは「入札方式」によるものである。旧軍用地の払下げは申請に基づき、中央審議会あるいは地方審議会での審議を経て、売払価格の決定がなされるのであるが、この「入札方式」というのは珍しく、「旧軍用財産資料」（大蔵省管財局文書）にも「入札方式」と注記されているほどである。

その次に、2-(4)表では3千m² 未満の用地取得は除外しているので、実態とは若干の誤差が生じてくる。例えば、井村屋製菓は2-(4)表からだと、旧軍用地の取得は3件、計23,600m² となるが、実際には小規模な用地取得も含めると、全部で6件を取得している。

そこで、津市における主な工場の敷地面積のうち、旧軍用地の取得（大蔵省よりの払下げ）による用地確保が、どの程度を占めているのだろうか。昭和54年段階における各工場について計算していくと、井村屋製菓の払下面積は敷地面積（39,706m²）の約65％、日本硝子繊維（敷地面積108,515m²）の場合には僅か5％でしかない。だが、逆に、松阪鉄工所の払下面積（約2万6千m²）は敷地面積（約1万5千m²）の1.7倍である。松阪鉄工所は、購入した旧軍用地の一部を他に売却したのであろう[1]。旧軍用地の払下げを受けた他の工場について、その後の経緯をみておこう。

三重徳善会は、旧軍用地を取得した翌年（昭和25年）に三重徳善社と改称し、昭和55年12月の時点では、従業員約70名で、お産用品を製造出荷している。

中央羊毛工業の用地西半分は、津市開発公社が市営住宅用地として昭和52年に買収し、工場のある東半分は昭和52年以降、中央染工共同組合が操業している。なお、中央羊毛工業という会社の名前は残っているが、実態としては操業していない。東海毛織については、その実態が不詳である[2]。

昭和54年の時点では、旧津海軍工廠があった高茶屋地区には、井村屋製菓、日本硝子繊維、住友ベークライト、松阪鉄工所などの諸工場以外にも、水谷鋳造所、ローヤルフスマ、久居屋金物店鋼板加工センターなどの小工場も立地してきており、周辺地域には事業所数70（うち従業員100名以上は6事業所）、従業員数2,985名という工業地域になっている[3]。

もっとも、旧工廠の北側に位置する地域は、西城山団地をはじめ住宅地化が進んでおり、中央羊毛が立地している場所は住居地域に指定されている。

さらに平成 20 年の時点では、井村屋製菓、松阪鉄工所、住友ベークライト、それから日本板硝子やローヤル工業といった大規模な工場に加え、サンユー技研、中日製作所、亀田食品、谷口木材、坂本製材、暁工業、松沢精工などの小規模工場が操業しており、なお津市における一つの工業地域を形成している。しかし、昭和 55 年代まであった小規模工場が廃業ないし名称変更したのか、その点までは点検していないが、市街地図の上からは姿を消していること、また旧工廠跡地を横断している初瀬街道の近くに、FI マートやオークワといったスーパーマーケットが進出するという新しい状況も生じてきている[4]。

ところで、津市上浜町には、海軍航空技術廠三重出張所上浜会議所（82,780 m²）があった。『津市史』によれば、この海軍航空技術廠は、昭和 16 年に岸和田紡績を買収したものであるが、同航空技術廠は高茶屋に移転したので、その跡は三菱重工業が引きついで軍需品を生産していた[5]。この際、重要なことは所有権は移転せず、軍需省財産のままだったと思われる。

戦後になると、三菱重工業はその設備を同社の岩塚工場に移転したまま放置していたので、これを昭和 27 年に近江絹糸株式会社が大蔵省から跡地（73,282 m²）を譲り受けた。昭和 40 年の時点における近江絹糸津工場の敷地面積は 17 万 2 千 m² となっているが、昭和 54 年の時点ではオーミケンシの工場用地は 7 万 m² となっている[6]。

この地域は、昭和 55 年の段階では、住宅地に囲まれながらも、工業地域として用途指定されている。オーミケンシの工場用地を囲んでいるコンクリートの壁には防空のため墨を流した痕が残っており、これが旧軍用施設であったことを想起させるものがある[7]。

1) この段落における諸工場の敷地面積は、津市役所の資料による。昭和 55 年。
2) 昭和 55 年の現地踏査および『津市商工名鑑』（昭和 45 年刊）にも見当たらない。
3) 昭和 55 年の市街地図『津市』（昭文社）および津市役所資料による。
4) 2008 年の市街地図『津市』（昭文社）による。
5) 『津市史』第四巻、津市役所、昭和 40 年、652 ページ参照。
6) 『津市史』第四巻、前出、652 ～ 653 ページおよび津市市役所資料による。
7) 昭和 55 年の現地踏査による。

⑷　伊勢市（旧小俣町）と明和町

①　伊勢市（旧小俣町を含む）

戦前の小俣町（平成 17 年 11 月に伊勢市と合体）には、明野陸軍飛行学校と陸軍飛行場があった。この二つの旧軍用施設の面積は実に 369 万 m² という広大なものであった。

その簡単な歴史的経緯を『旧軍用財産の今昔』は次のように伝えている。

「この施設は旧陸軍が航空機による射撃及び爆撃訓練のため、大正 9 年に陸軍航空学校射撃班が設けられ、大正 10 年に航空学校分校と改称、その後大正 13 年に明野陸軍飛行学校となり、更に昭和 19 年に明野教育飛行師団、昭和 20 年に第一教育飛行隊となって終戦を迎えるにいたった」[1]

第十一章　三岐地方・四日市　431

　戦後は、2-(1)表をみれば判るように、その跡地（3,690,538 m²）の大部分（約87％、3,204,443 m²）が昭和22年に農林省へ開拓農地用として有償所管換されている。また昭和29年には280,605 m²が飛行学校用地として、昭和32年には16,101 m²が飛行場として、それぞれ防衛庁へ無償所管換されている。つまり防衛庁は、残る跡地の大部分（296,706 m²）を利用していることになる。

　この二つの旧軍用施設の跡地については、農林省や防衛庁以外に、僅かではあるが、民間企業へも払い下げられている。具体的には、防衛庁が利用している跡地に隣接する南側一帯は、星合酒糧工業と明野繊維工業へと払い下げられた。

　星合酒糧工業（昭和39年頃にギンボシ株式会社と改称）は、2-(4)表の通り、澱粉工場用地および酒造工場用地を用途目的として、昭和24年に約4万1千m²、昭和26年に9千m²、計50,024 m²を取得している。このギンボシ㈱は、昭和55年1月の時点で従業員26名で、清酒「神路上」、スター・スィート・ワイン、ホワイト・リキュール（ギンボシ）および水飴を製造していた[2]。もっとも、ギンボシ㈱の工場用地は昭和56年現在では工場敷地面積3万2千m²、社宅用地約3,600 m²で、取得した旧軍用地との関連では、約1万m²が「赤福」㈱へ売り渡され[3]、この土地は昭和56年の時点ではテニスコートや明野運輸の駐車場として使用されている[4]。

　また明野繊維工業は、2-(4)表のように昭和26年に繊維工場用地として約3万3千m²を取得しているが、この企業はのち明野綿業となり、昭和35年頃に工場を閉鎖している。その後、この土地は安田製作所（3万3千m²）に売り渡されたが、安田製作所敷地の一部は、姉妹会社の桂工業によって利用されている[5]。昭和56年の時点では、この安田製作所と前述したギンボシ㈱が小俣町における二大製造工場となっている。

　なお、この旧小俣町にあった明野陸軍飛行学校の一部は、2-(4)表の通り、昭和25年に水谷産業へ澱粉工場用地として4,588 m²が、また昭和26年には南濃製菓へ製菓工場用地として3,336 m²が大蔵省より払い下げられている。もっとも、平成20年の時点では、水谷産業と南濃製菓という二つの工場を「伊勢市」の市街地図で見いだすことはできない。市街地図では、自衛隊航空学校の南側には、伊藤萬、光洋メタルテックという二つの工場があり、やや離れて中東漬物、クローバー電子、そして航空学校の西側には奥山鉄工所が記載されており、伊藤萬と光洋メタルテックの工場敷地が、星合酒糧工業と明野繊維工業の跡地だと推測される[6]。

　この二つの旧軍用施設について、東海財務局は次のように紹介している。

　「これは陸軍の通称赤とんぼと称される練習機の訓練に使われていた。戦後大蔵省が引継いだのは、土地369万m²、建物3万8千m²であったが、土地については88％にあたる324万7千m²を農地として農林省へ所管換し、農民へ売り払われ、31万m²が、防衛庁へ所管換され明野飛行場となっている。このほか9万1千m²が、酒精、繊維等の民間工場へ売払われた」[7]

　この東海財務局が紹介した文章の内容は、既にみてきたことと同じであるが、戦前において練習機の訓練に使われていたという歴史的事実が明らかになったこと、そのことと関連して、現在でも防衛庁が飛行場を管理・運営している。

なお、この旧軍用施設の建物に関するその後の経緯であるが、それについては「解体移築にて地元公共団体、民間企業へ売払い、学校校舎及び民間工場として利用されている」[8]と『旧軍用財産の今昔』は述べている。つまり、鈴鹿市と同じような措置が大蔵省によってとられたということである。

さて、この旧小俣町湯田には明野陸軍飛行部隊湯田教育隊（65,666 m²）と同飛行部隊の宿舎（28,251 m²）があった。この二つの旧軍用施設の跡地は、いずれも、そのほとんどが昭和22年に農林省へ有償所管換されている。

平成20年の時点では、この湯田地区には美和ロック、市川鉄工所、三重機械、五十鈴産業といった小規模工場が立地してきているが[9]、二つの旧軍用施設跡地との関連は検討していない。

同じく旧小俣町大字鎌地田山には明野陸軍飛行部隊の無線送信所（10,115 m²）があったが、ここも昭和22年に農林省へ有償所管換されている。

伊勢市には、東大淀町に明野陸軍海岸射撃場（71,266 m²）があった。この跡地は昭和44年に防衛庁へ無償所管換され、平成20年現在、その東大淀町には伊勢湾に面した北浜海岸に自衛隊の官舎があるのみである[10]。

1）『旧軍用財産の今昔』、大蔵省大臣官房戦後財政史室編、昭和48年、102ページ。
2）昭和56年、小俣町役場での聞き取りによる。
3）同上。
4）昭和56年、現地踏査による。
5）昭和56年、安田製作所での聞き取りによる。
6）市街地図『伊勢市』、昭文社、2008年による。
7）『国有財産の推移』、東海財務局、昭和45年、25ページ。
8）『旧軍用財産の今昔』、前出、102ページ。
9）市街地図『伊勢市』、前出による。
10）同上。

② 明和町

多気郡明和町には、戦前に第七航空通信連隊（652,406 m²）を中心に、同通信連隊小銃射撃場（64,539 m²）や同通信連隊固定無線通信所（28,705 m²）などがあった。

通信連隊の跡地は、近畿日本鉄道（名古屋・山田線）の斎宮駅の北東約700 mに位置していたが、その大部分（491,209 m²）は昭和22年に農林省へ有償所管換されている。

ここでも旧軍用地が民間企業へ転用されている。2-(4)表に掲示しているように、中京内燃機工業が昭和38年に約3万 m²を取得しているのをはじめ、日本経木工業（昭和43年）、それに澱粉工業（昭和34年）と倉庫業（昭和46年）の3社が、それぞれ約5千 m²の用地取得をしている。

日本経木工業について、『明和町史』は、「日本経木株式会社　第二次世界大戦後、斎宮陸軍通信隊が解散されて、その残留建築物を利用して志摩の山本幸一が経木の製造をして米国に輸出していたが昭和45年廃業した」[1]と伝えている。昭和56年現在、この跡地は、周囲を松林に囲ま

れ、整地されているが、なにも立地していない[2]。ただし、その周辺地域には日新化成、東海臓器の工場が立地している[3]。もっとも、工業地域を形成するほどの規模までにはなっていない。

平成20年の時点では、斎宮地区の北東部と平尾地区には、三重新生電子、八重製作所、ライジング、ブラザー精機などの工場が立地した明和工業団地が形成されている[4]。ただし、昭和56年段階にあった日新化成、東海臓器といった工場はもはや見当たらない。

なお、通信連隊小銃射撃場跡地は昭和24年に、そして同連隊固定無線通信所跡地は昭和38年になって、いずれも農林省へ有償所管換されている。

また、旧明星村（昭和30年に明和町と合体）にあった旧亀山陸軍病院明星分院（60,730 m²）は、昭和23年に厚生省へ有償所管換されたものの、平成20年の段階では、明和病院および特養ホーム明和苑となっている[5]。

　1）　『明和町史』、明和町史編集委員会、昭和47年、216ページ。
　2）　昭和56年、現地踏査による。
　3）　同上。
　4）　市街地図『伊勢市（明和町、玉城町）』、昭文社、2008年による。
　5）　同上。

⑸　伊賀市、亀山市、菰野町

伊賀市（旧上野市）と菰野町は距離的にも離れており、戦前において、両地域の間に軍事的あるいは経済的な関係があったとは言えない。それにもかかわらず、この二つの地域を同じ項目で取り扱うのは、ただ叙述上の便宜からである。

①　伊賀市

戦前の伊賀市（旧上野市）南平野他には、伊賀海軍航空基地（879,250 m²）があった。この跡地の大部分（660,242 m²）は昭和22年と23年に農林省へ有償所管換された。それ以外には、2-⑵表に掲示したように、昭和23年に文部省へ「伊賀国分寺跡」という史跡として、74,955 m²が無償所管換され、また2-⑶表にあるように、中学校用地として昭和24年に減額40％で、旧上野市へ譲渡されている。つまり、この航空基地の跡地は民間企業（3千m²以上）へは譲渡されていない。あえて言えば、この伊賀海軍航空基地の跡地利用では、開拓農地はともかくとして、文部省による史跡保存が戦後間もない時期に行われたことが特徴である。

②　亀山市

旧川崎村（のち亀山市に編入）には、北伊勢陸軍飛行場（2,098,109 m²）があった。この旧軍用施設の跡地利用については、東海財務局による次のような文章がある。

「北伊勢陸軍飛行場は、陸軍戦斗機隊の基地として使用され、――戦後大蔵省が引継いだ土地は、209万8千m²であった。その後、北伊勢飛行場の土地は、98.9％にあたる207万6千m²

を農林省へ所管換し、農地として農民に売払われ、残り2万2千m²は、製茶共同組合へ工場敷地として売払われた。その後、昭和44年になって電線、伸銅品製造会社が、農地に転用されたもののうち46万6千m²及び民有地4万9千m²、計51万5千m²を買収し、現在（昭和45年—杉野）工場を建設中である」[1]

この文章では、2万2千m²が「工場敷地として売払われた」とあるが、「旧軍用財産資料」には該当する事項が見当たらず、その替わりに、昭和25年に川崎村へ「小学校用地」として減額率20％で、21,933m²が売り払われたとなっている[2]。事実関係はともかく、本書では「旧軍用財産資料」をもとにした分析を行っているので、この件については検討対象としていない。また、農地を再転用して立地した企業の動向についても、分析対象から除外した。

1）『国有財産の推移』、東海財務局、昭和45年、24ページ。
2）「旧軍用財産資料」（前出）による。

③　菰野町

菰野町は、昭和30年に千種村と、そして翌31年には竹永村と合体し、さらに翌々年の32年に朝明村を編入している。

したがって、菰野町にあった旧軍用施設というのは、旧朝明村を中心とした千種陸軍演習場（4,280,449m²）と旧竹永村にあった竹永飛行場（135,719m²）である。

しかしながら、旧千種陸軍演習場は、その大部分（3,228,200m²）が昭和22年と27年に農林省へ有償所管換されている。なお、跡地の残りの部分については、2-(3)表の通り、菰野町と朝明村が、合わせて952,981m²の薪炭林用地を、昭和25年と31年に取得したほか、千種村が約5万m²を公民館用地として取得している。演習場の跡地だけに、薪炭林用地とはなったが、民間工場が立地してくるような地理的条件ではなかったのであろう。

第三節　四日市市における旧軍用地の転用

1．四日市市における工業発展と旧軍用施設の歴史的経緯

かって四日市市で生じた公害問題は、日本の経済成長期に生じた弊害の象徴のように思われてきた。だが、公害問題は一夜にして生ずるものではない。その歴史的過程の前段としては、日本経済の産業構造の変化に伴う四日市市工業の軍需産業化と戦後における旧軍用施設の転用という事実関係を手繰らなければならない。

また逆に、四日市市における地域工業の生産力（特に旧軍用施設の転用）は、日本経済の構造的変革に大きな役割を果たしてきた。このことも否定できない。そこで四日市市における旧軍用施設の転用にかかわった社会経済的諸関係の展開について、やや詳しく分析し、検討しておく必

要がある。

　まず、四日市市における旧軍用施設の概況について紹介しておこう。

　戦前の四日市市には、二つの大きな軍用施設があった。その一つは市内塩浜町他にあった第二海軍燃料廠（2,016,717 m²）で、もう一つは市内六呂見にあった横須賀海軍軍需部四日市支部（4,231,350 m²）である。それ以外に、四日市市生桑町他に三重村防空砲台（114,261 m²）があったが、この砲台跡地は昭和 25 年に農林省へ有償所管換されている。

　以下では、第二海軍燃料廠と横須賀海軍軍需部四日市支部という二つの旧軍用施設について、その歴史的経緯をみていくことにしよう。

　『国有財産の推移』（東海財務局、昭和 45 年）は、第二海軍燃料廠の歴史的経緯を次のように紹介している。

　「第二海軍燃料廠は、旧海軍が航空機燃料製造のため、昭和 14 年 8 月、四日市港に面する四日市塩浜町の沼沢地を造成して、建設に着手し、昭和 16 年 2 月、原油蒸溜装置 1 基が完成、昭和 18 年に完全装置の完成をみた。

　その能力は、東洋一といわれていたが、昭和 20 年 6 月から 7 月の 4 回にわたる空襲により、大半の施設が破壊され終戦となった。

　終戦により、大蔵省が引継を受けた財産は、土地 199 万 2 千 m²、建物 16 万 2 千 m² 及び工作物、機械等、7,300 点であった。

　戦後、本施設の一部は、GHQ の承認により、化学肥料製造に利用されていたが、大部分は廃墟のままであった。しかし昭和 25 年頃からようやくその転活用が問題となり、同地域を石油コンビナートとして活用する方針が定められ、石油精製会社に貸付が行われた。

　その後、まず建物、工作物の地上物件の大部分を解体撤去したうえ、土地については、昭和 36 年から 40 年にかけ、石油精製及び関連石油化学産業へ 173 万 2 千 m² が売払われ、公共用に 18 万 1 千 m²、学校等公用に 5 万 4 千 m² が転用された。

　現在（昭和 45 年—杉野）、旧第二海軍燃料廠跡地は、フレアースタックが夜空に高く赤々と燃え続け、何万本の水銀灯が白銀のパイプやタンクを浮きぼりにする四日市石油化学コンビナートに変貌し、原油処理能力日産 32 万 5 千バーレル、ガソリン、重油、アスファルト、ナフサ、硫安等年産 1,500 億円をあげている」[1]

　第二海軍燃料廠の簡単な歴史と戦後における転用の概況については、上記の引用文で知ることができるが、その転用に係わる社会経済的諸関係を明らかにしようと思えば、四日市市における工業化の歴史などを踏まえておく必要があろう。

　かっては半農半商の一村落に過ぎなかった四日市は、明治に入って紡績工場が立地し、地場産業である製油、陶磁器工業の伸長、開港によって綿花や羊毛の輸入港として発展していった。昭和に入り、日本板硝子、石原産業、第二海軍燃料廠、大協石油、東芝電機、富士電機等の立地などによって、さらに戦後は海軍燃料廠跡に昭和四日市石油の建設、それに関連する三菱油化をはじめ三菱系石油化学グループの進出により、石油化学工業基地として著しい発展を遂げた[2]。

この短い歴史的経過の中でも判るように、第二海軍燃料廠は四日市市の工業的発展に大きな役割を果たしてきている。

もともと、第二海軍燃料廠が四日市市に設置される背景としては、次のような経緯があった。

その背景の一つは、四日市港域における埋立造成工事の進捗である。すなわち、四日市港の埋立造成工事は、昭和3年に四日市港第一期修築工事が行われ、その結果として、第1号埋立地（249,770㎡）、第2号埋立地（403,032㎡）、第3号埋立地（約10万㎡）が造成された[3]。問題は、その埋立造成地をいかに有効利用するのか、そのことが四日市市にとって大きな課題となっていた。

もう一つの背景は、四日市市における工業化の波である。その契機となったのは、昭和9年、日本板硝子が第2号埋立地へ進出したことにある。なぜなら、この日本板硝子に関する「立地条件報告書」が「その後の工場誘致、とくに海軍燃料廠設立の際の重要な資料となった」[4]とされているからである。

四日市市における旧軍用地の工業用地への転用という問題意識からすれば、やや迂遠な接近法となるが、日本板硝子が進出してくる以前の四日市市の埋立地とその利用状況は、『四日市市史』によれば、次のようなものであった。

「大正六年に造成された第一号埋立地（末広町）は、東洋紡績倉庫・神東倉庫・四日市倉庫・県営上屋をはじめ、熊沢製油・四日市豆粕・四日市製材・村山製肥・蒲田調帯などの諸工場・店舗・住宅等が建設されたので、昭和10年にはほとんど空地のない状態になっていたが、大正14年に完成した第二号地（千歳町）は、地主である小菅剣之助の寄付により商工会議所・市公会堂などが建設されたとはいえ、昭和5・6年当時にはまだほとんど利用されていない状態であった。そこで、県および市当局を初め地元財界では、この埋立地を活用するため積極的な工場誘致運動を行うことになった」[5]

では、日本板硝子を誘致するに至った「立地条件報告書」（昭和10年）なるものとは、どのようなものであったのか、その点について簡単にみておこう。

「日本板硝子株式会社工場候補敷地に関する調査

（1）敷地価格

本敷地は県営四日市港地帯第二号地の中央に位し、県営繋船岸壁、鉄道省四日市駅構内引込線の敷設、完備せる県市道等に密接し、工場経営に必要の諸設備に適合する位置並状態にあり、これが隣接土地は地価平均40円乃至45円、5ヶ年賦の契約なるも日本板硝子新工場設置が県下産業並に四日市港発展に寄与する点を考慮し県に於いては、壱坪金26円、即金年賦の場合には3ヶ年賦にて是を提供、以て、工場敷地として、払下を希望し居れり。此価格は最近の四日市港港勢一般より観察し、且又従来の払下価格に比較し県当局が、日本板硝子の事業並に、信用を正しく認識したる証左と信ずるも本件関係者は更に、壱坪25円、5ヶ年賦（省略―杉野）程度に尚一層の出精を為さしむ決意を有する次第なり」[6]

こうして、四日市市の工業化の第一歩は、まず埋立造成した工場用地を、その時価の半値に近

い価格でもって日本板硝子に譲渡することから始まる。しかも、工場排水と漁業関係の問題処理にあたっては、「日本板硝子株式会社工場が其排水により、万一問題を惹起したる場合に於いては、四日市市役所は是れが解決を引受くるものなり」[7]とあることをみても、四日市市および三重県が、立地してきた企業に対して、いかに過度の優遇措置をとったかが判る。別の視点からみれば、地域間における工場誘致競争の激化は、四日市市をして、それほどの優遇措置を取らざるをえない客観的状況があったとも言えよう。

　もともと、「立地条件報告書」なるものの内容は、極めて一般的かつ常識的なことであって、わざわざ調査する必要のないものである。むしろ、それは工場の立地条件というよりも、見出しにあるように「敷地価格」（譲渡価格）に関するものであった。もとより、工業立地条件として「用地価格」が決定的に重要であることは言うまでもないが、「立地条件報告書」の内容としては、一般的なものとは言えないであろう。したがって、この「立地条件報告書」が、のちに海軍燃料廠を誘致する際に、「重要な資料となった」という評価についても、立地条件一般に関するものであったのか、それとも軍事的な視点からなのか、あるいは用地価格についての資料であったのか、その点は判然としない。もっとも、三重県および四日市市が企業や工場誘致に熱心であったということだけは参考になると思われる。

　日本板硝子が進出して以来、四日市市の工業化は急速に進展していく。

　「昭和11年には、市および商工会議所で四日市港の重要臨海工業地帯選定方を内務大臣に陳情し、同13年には、石原産業㈱四日市工場が第三号埋立地に、また引続いて第二ステンレス㈱が塩浜にそれぞれ設立することに決定したので、同年9月、四日市市に重化学工業を発達せしめるため、四日市築港㈱が設立された。——また、この設立と相前後して、第二海軍燃料廠の敷地問題が持ち上がり、当会社も参画して14年2月には用地買収も完了した」[8]

　「また、この時期には軍需関係の新工場が次々と設立されている。昭和14年には第一工業製薬㈱四日市工場が千歳町に、東邦重工業㈱（不銹鋼製造）が東邦町に設立され、昭和15年には大同コンクリート工業㈱の分工場が保々村に、陸軍製絨廠が日永に設立され、昭和16年には、第二海軍燃料廠・石原産業四日市工場が操業を開始し、また大協石油㈱四日市製油所が大協町に設立された。同19年には富士電機㈱三重工場も羽津に設立されている」[9]

　これまでに引用してきた幾つかの文章と、平成20年の段階でも、大協町、末広町、千歳町、東邦町、塩浜町などの町名が臨海部に残っていることによって、戦前の四日市市における臨海工業地域の概況を把握することができる。しかし、問題は戦後における旧軍用施設の民間企業への転用なのであり、四日市市域における諸工場の戦後の状況について、いま少し『四日市市史』の記述を追っていかねばならない。

　1）　『国有財産の推移』、東海財務局、昭和45年、26ページ。
　2）　『わが国の工業立地』、通商産業省企業局編、通商産業研究社、昭和37年、419ページを参照。
　3）　『四日市市史』、四日市市役所、昭和36年、796ページ参照。

4）　同上書、665 ページ。

　5）　同上書、664 ページ。

　6）　同上書、665 ～ 666 ページ。

　7）　同上書、666 ページ。

　8）　同上書、668 ～ 669 ページ。

　9）　同上書、670 ページ。

2．戦後における四日市市工業の概況

　昭和 20 年 6 月 18 日に、四日市市は未曾有の戦災に見舞われ、戦前に進出してきた工場は大きな損害を受けた。

　「東洋紡績四日市工場が全焼したのをはじめ、四日市市内の各工場は大なり小なりの被害をうけ、塩浜地区の繊維・化学・石油の大工場および海臓地区の陶磁器の工場もその大半が壊滅してしまった。かくして四日市地方工業では、戦時統制によって中小工業は整理統合され、大企業をも含めたすべてが軍需工業化された上で、空襲のためその大半を破壊され、焼失してしまうことになった」[1]

　それでも戦後の四日市においては、東洋紡績（富田工場、三重製絨工場、楠工場）、東亜紡績楠工場、日本板硝子四日市工場がひきつづき稼働しており、富士電機三重工場（汎用電動機）、大協石油（医薬品、グリース、松根油）などの諸会社は軍需生産から民需へと転換し、第二海軍燃料廠の残存施設の一部は、日本肥料㈱四日市工場となって硫安の生産を行っていた[2]。このように戦後における四日市工業が生産を再開したと言っても、その背後には、アメリカの対日支配戦略の転換という契機が大きく関連していた。なぜなら、四日市市域における大工場の多くは、占領軍による「持株会社」、「過度経済力集中排除会社」、「賠償指定工場」などに指定され、その操業が停止あるいは制限されていたからである。ちなみに主要な企業に対する占領軍からの指令を企業別・年次別に整理しておこう。

　「東洋紡績

　　　昭和 21 年 6 月　　将来解体を要する制限会社の指定。

　　　　21 年 12 月　　所有持株を処分すべき持株会社に指定。

　　　　23 年 2 月　　過度経済力集中排除会社に指定。

　　　　24 年 3 月　　上記指定解除」[3]

　「石原産業

　　　昭和 22 年 9 月　　持株会社の指定をうけ、解体。

　　　　23 年 2 月　　集中排除法を適用される。

　　　　23 年 8 月　　企業再建整備法により三和鉱工㈱の設立申請。

　　　　23 年 11 月　　集中排除法を適用解除。

　　　　24 年 6 月　　三和鉱工㈱を石原産業と改称」[4]

　「大協石油

昭和22年9月　太平洋沿岸製油所の閉鎖命令。

　24年7月　製油所の操業許可。

　25年1月　原油処理再開。

　26年2月　旧海軍施設の転用許可。

　26年10月　岩国および徳山の燃料の施設を一部転用してトッピング装置を9月に完成させ、原油より一貫処理。

　27年12月　旧軍施設の第二次移設転用許可」[5]

「東邦化学工業（旧大同製鋼）

昭和17年　大同製鋼の傘下に入る。

　20年　終戦と共に、賠償指定を受ける。

　22年　持株会社指定をうけ持株分離。

　23年7月　資本金1,350万円で東邦化学工業設立」[6]

「東海硫安工業（旧日本肥料）

昭和20年10月　占領軍により旧第二海軍燃料廠の残存施設の一部を転用許可。

　22年7月　日本肥料は閉鎖機関に指定。

　23年11月　閉鎖機関整理委員会により東海硫安工業として再発足」[7]

　以上、四日市市における主要工場の戦後における動向をみてきたが、いずれも昭和23年から同24年にかけての期間に、解体から再開への途を辿っていることが判る。これがアメリカの対日支配戦略の転換を背景とする行政的措置であったことは明らかである。

　それから東海硫安工業（旧日本肥料）が戦後間もない昭和20年10月から旧第二海軍燃料廠の残存施設の一部を転用して使用していたこと、また大協石油が昭和24年から操業を再開し、昭和26年より旧海軍施設の転用を行っていることなど、すなわち四日市市における戦後工業の復活にとって重要なことは、いわゆる旧軍用施設、とりわけ第二海軍燃料廠の使用が大きな役割を果たしているということである。

　このように、軍需生産と深く結びついていた四日市の諸工業は、戦災および敗戦によって沈潜するが、アメリカの対日支配戦略（占領政策）の転換によって、昭和24年までには生産が再開され、昭和28年頃を境にして、四日市工業地域では重化学工業化への道を辿ることになる。

　「昭和28年には、四日市・名古屋地区などを対象とする工鉱業地帯整備促進法案の最終案がまとまり、また伊勢湾工業地帯建設期成同盟が結成され、四日市港第二埠頭第一期工事が着手された。そして、同29年には、四日市工業用水第一期工事とともに、三重火力発電所第一号機建設工事も着工されている。

　四日市臨海工業地帯形成のためのこれらの努力は、三菱系化学企業の四日市進出と結びついて、四日市市を化学・石油工業都市として確立させることになった。三菱系企業と四日市市との結びつきは第二次大戦後のことであり、大株主が三菱系で占められている東海硫安の設立にはじまるといえる」[8]

この文章との関連で、二つのことを明らかにしておきたい。その一つは東海硫安工業の資本内容についてであり、もう一つは文中にある「工鉱業地帯整備促進法案」の顛末についてである。

まず、東海硫安工業の資本内容についての検討であるが、『四日市市史』が、昭和32年の時点における東海硫安工業㈱の大株主を挙げているので、それを紹介しておこう。

XI-3-(1)表　東海硫安工業㈱の大株主（昭和32年現在）

株主名	株数	占有率	株数昭和34年（株）
旭硝子	3,213,333	47%	3,926,000（57%）
三菱金属工業	800,000	12	800,000
三菱化成工業	800,000	12	800,000
原合名会社	266,666	4	（不明）
東京海上火災保険	400,000	6	400,000
三菱商事	400,000	6	（不明）
計	5,879,999	87%	株主総数 163

原注：「東海硫安工業㈱経歴書」による。
出所：『四日市市史』、四日市市役所、昭和36年、905ページ。ただし、「計」は杉野が算出。「占有率」とは「株式総数中に占める割合」。なお、右枠は、『帝国銀行・会社要録』（40版）〔帝国興信所刊、昭和34年11月、東京都・518ページ〕による大株主の持株数を掲示した。

(1)表をみれば、東海硫安工業㈱の筆頭株主が旭硝子で、その株式の所有比率は昭和32年の段階で実に47%となっている。しかも、昭和34年頃になると、発行株数に変化がなかったとすれば、その所有比率はますます高まっている。さらに、(1)表によると、三菱系の工業および商社も相当数の株を所有している。

ところで、旭硝子工業㈱が三菱系であるかどうかという点が問題となるが、昭和34年頃では、旭硝子の筆頭株主は三菱信託銀行の8,802千株、続いて山一証券の7,572千株、日興証券の6,777千株、そして三菱銀行の4,800千株となっている[9]。こうした大株主の企業名をみると、旭硝子㈱は明らかに「三菱系」である。つまり、その三菱系の旭硝子が東海硫安工業の突出した株主であるということは、東海硫安工業が三菱系の企業であったということになる。

もう一つの問題は、「工鉱業地帯整備促進法案」についてであるが、これは国会の解散によって立法化されなかった。しかし、この頃から、旧財閥に対する国家の意識的な育成強化が顕著となり、とりわけ工業用地、工業用水、港湾を含む輸送体系の整備などの、いわゆる工業基盤の拡充整備が行われていくことになるのである。

　1）　『四日市市史』、四日市市役所、昭和36年、672ページ。
　2）　同上書、673ページ参照。
　3）　同上書、745ページ。
　4）　同上書、898ページ。

第十一章　三岐地方・四日市　　441

　5）　同上書、899 ～ 900 ページ。
　6）　同上書、901 ～ 903 ページ。
　7）　同上書、903 ～ 904 ページ。
　8）　同上書、675 ページ。
　9）　『帝国銀行会社要録』（第 40 版）、帝国興信所、昭和 34 年、東京・36 ページ。

3．旧第二海軍燃料廠の払下げをめぐる諸資本間の競争

　日本経済の高度経済成長期に大きな役割を果たした四日市、とりわけその花形産業であった石油化学工業の進出基盤となった旧第二海軍燃料廠の施設および跡地を三菱系の資本がどのように入手したのか、今やその歴史的経緯について繙いてみなければならない。

　戦後における東海硫安工業の設立は、三菱系の企業が四日市市の重化学工業化において大きな役割を果たすことになった。しかしながら、そのことが直接的に旧第二海軍燃料廠の施設および跡地を入手することにはならなかった。

　もともと、公称原油処理能力日産 3 万バーレル、東洋一と称された旧第二海軍燃料廠が、終戦後もそのまま放置されていることは、石油業界にとっては重要な関心事であった。

　平貞蔵氏は「工業立地に対する近代工業（企業）の要請」という論文の中で、その「関心事」について、次のように述べている。

　「四日市海燃跡の製油所がある会社の手に入り、完全操業をはじめるとすれば、当時のわが国の石油事業の過半を占め得る程の能力を有していたからである。各会社は出来れば四日市海燃製油所に匹敵し得るような製油所を建設する迄、その操業を遅らせるためあらゆる手段をとるということが各会社の心底であった」[1]

　この文章では、製油所の取得を巡って、巨大資本（独占資本）間の競争が、ある特殊な思惑となって展開されていたことを示している。しかしながら、世界の石油資源がイギリスとアメリカによって独占され、支配されている状況のもとでは、日本における独占資本間の競争関係としてだけでなく、いわば国際的な規模での競争へ展開していったのは至極当然のことであった。平貞蔵氏は続けて述べている。

　「旧四日市海軍燃料廠跡地の払い下げ問題は、――要約して言えば、日本の石油基地をめぐる英国石油資本と米国石油資本の相剋であり、この為に日本の石油業界はもとより日本政府まで、その石油基地強奪戦に巻込まれ大幅に揺れ動いた一幕であった」[2]

　平貞蔵氏が言う「石油基地強奪戦」という見方は、やや即物的であり、ここでは、この石油基地の取得が、日本における石油市場の支配に繋がるという視点が必要だったと思われる。それはともかく、石油業界がもった「関心事」について、もう一度、その具体的な内容を整理しておこう。ここでも平貞蔵氏の文章が役に立つ。

　戦後の昭和 20 年から残存施設の一部の転用許可をえた日本肥料は、硫安の生産をしていたが、閉鎖機関となったため、それらの施設は新会社である東海硫安に引き継がれた。また、石油タン

クや起重機などの施設を東亜石油、大協石油、中部電力などが一時使用していたが、石油精製のための主要施設や港湾諸施設は未利用のまま放置されていた。つまり、そのような状況の中で、この石油精製施設やその敷地が旧軍用財産であり、その払下げが石油産業にとって重要な「関心事」であったわけである[3]。そうした「関心事」とは別に、事態は急速に変化していく。昭和24年頃、三菱化成はアセチレン・ビニール工業への進出を意図し、東邦化学へと接近していく。その内容は、『四日市市史』によると、三菱化成は「たまたま大同製鋼の持株未整理のため技術および設備の革新に悩んでいた東邦化学に着目して、昭和24年9月に大同製鋼の持株を吸収するとともに技術・経営上の提携を行った」[4]のである。

　持株整理による分散化は、本来独占的大企業による経済的支配力を弱体化させるということが本来の目的であった。ところが、ここでは逆に、三菱という巨大な独占資本によって持株による支配力が吸収され、強化されてきたという事実を指摘しておく必要がある。そして、この事実が生じるに至った原因が、日本独占資本の弱体化から強化へというアメリカの対日支配戦略の転換にあることは改めて言うまでもない。この三菱化成と東邦化学との提携については、『四日市市史』によって、もう少し詳しくみておこう。

　「昭和24年、東邦化学と三菱化成との提携の際の条件の一つに、塩化ビニール工場を建設することがあったために、三菱化成では25年3月に近鉄所有の土地82,500㎡を買収し、工場建設に着手した。この工場は26年6月に日本化成工業㈱四日市工場として操業を開始したが、27年1月、日本化成とアメリカのモンサント・ケミカル会社との提携がなされて、資本金12億円のモンサント化成工業㈱が設立され同社四日市工場となった。そして昭和32年2月にはスチレン工業を完成して、スチレンの製造を開始し、翌年8月、社名を三菱モンサント㈱四日市工場に改めた。この間28年7月には、東邦化学と三菱化成との合併が行われ、東邦化学の工場は三菱化成㈱四日市工場となった」[5]

　こうした状況のもとで、旧第二海軍燃料廠の払下問題が登場してくるのである。さらに経過をみていくことにしよう。

　「第二海軍燃料廠の払下がもめて、三菱石油とシェル提携の1社案と石油精製7社案とが対立したとき、三菱系化学企業が積極的に運動したのは、このような素地がすでに四日市にできていたからである」[6]と『四日市市史』は述べている。

　これまでは、四日市市における三菱系化学工場の展開を中心にみてきたが、肝心の旧第二海軍燃料廠の施設および跡地利用はどのようになったのであろうか。その点については、かって大蔵省国有財産第二課長であった辻克蔵氏が簡潔に述べているので、それを借用しておこう。

　「旧第二海軍燃料廠は、三重県四日市市塩浜町に所在している。旧海軍が航空揮発油の生産を目的に昭和14年に着工して、昭和18年に完成したもので、土地は1,897,500㎡、建物は約147,500㎡、施設約4,500項目であり、原油の処理能力は年間約百万キロ程度と推定されている。

　終戦直前の爆撃により相当程度の被害を受けているが、主要部分は、幸にして大部分が原形のままとどまっている状態である。

施設の一部地域約 122,000 m² は、その地方の電力会社の火力発電用地及び地元公共団体の高等学校とに既に売払済であり、また、本施設内の約四分の一の地域は、他日転活用する場合の使用調整を条件として硫安工場及び貯油所として、三会社に現在（昭和 30 年—杉野）貸付中である。

　本施設の未利用部分、土地約 132 万 m²、建物約 84,000 m²、施設約 3 千項目に対して、従来から、石油精製 10 社から一時使用の申請があったが、結局賠償指定が解除されるまで、転用決定を見るに至らなかった。その後、2、3 の会社から売払の申請があったが、単に申請書を提出したにとどまっていたところ、昭和 28 年 10 月になって、石油精製 9 社の共同出資にかかる設立準備中の新会社から貸付の申請があった」[7]

　上記の文章では、旧第二海軍燃料廠の残存施設などの概況およびその一時使用や払下げをめぐる申請状況は判るが、独占資本間における競争関係までは明らかにされていない。その点を明確にしているのは、先程の平貞蔵氏である。以下では、氏の論文を要約するかたちで事実経過を明らかにしていきたい。

　平貞蔵氏によれば、この四日市の海軍燃料廠に目を付けたのは日本鉱業であり、昭和 23 年からかなりの調査を行うと同時に払下げの申請をしていたらしい。ところが、「昭和 24 年 11 月、占領軍管理下の賠償指定工廠の解除と太平洋岸の石油精製所再開の報をうけて、日鉱を始めとして三菱石油、日本石油、丸善石油、東亜燃料、出光興産、昭和石油、興亜石油、東海硫安、帝国石油など、石油精製会社が続々と申請を始めた。このうち特に目立つ動きをしたのがアングロイラニアン石油会社と結んだ日鉱とシェル石油会社と提携を目論む三菱石油のいずれも英国系石油資本をバックとした 2 社であった」[8]。

　昭和 26 年 11 月、「公正な意見のもとにこれを処理すると言う名目のもとに」、いわゆる五人委員会（賠償施設払下げについての諮問委員会）が発足する。五人の委員およびその主な経歴をみると、小林中（アラビア石油・日本航空各会長、日本開発銀行総裁、日経連常任理事）、石坂泰三（アラビア石油会長、経団連会長）、岸道三（昭和天然ガス社長、同和鉱業副社長、経済同友会幹事）、岩田富造（日本弁護士連合会会長、司法大臣、三菱銀行顧問弁護士）、木村篤三郎の後任である工藤昭四郎（東京都民銀行頭取、日経連常任理事）という顔ぶれであった。なお、この委員会は三菱系の色彩が強いという噂も出たようであるが、その三菱はシェルの資金をバックにおよそ 2 億円もの政治資金をばらまいたとも言われている。また旧第二海軍燃料廠をめぐる二つの陣営間の競争は、アングロイラニアン会社がイランで国有化されたために、三菱石油が申請競争のトップに立つに至ったとも言われている[9]。

　こうして、五人委員会は燃料廠の払下げを三菱に決定しようとしたが、その際に生じた問題は次の 2 点である。

「① 　15.6 〜 20 億円と考えられる払下価格が不当に安いということ。（後、4 月に至って、大蔵省は同燃料廠の払下価格は 50 億円程度［10 ケ月の年賦払い］という査定をした）

　② 　新会社の資本構成は 75% が外国資本（三菱 25%、タイドウォーター 25%、シェル 50%）になるので、この様な企業体に四日市のような国家的にみても重要な石油基地を掌握される

事は一国の石油政策が外国資本に支配される」[10]

　確かに、国有財産が不当に安い価格で私的企業に譲渡されること、また、国の基幹産業が外国資本によって支配されることも、国民経済の自立性という、いわば国民経済的視点からみても問題である。

　この2点について論議を重ねるうちに、別の新たな動きが生ずる。

　「昭和27年4月14日、5人委員会は突如、元日石社長、石油統制会会長、元丸善石油社長等石油業界の長老5人を発起人とする官民合同の特殊会社案の四日市燃料廠払下申請をうけつけ、——その設立計画を検討することになった。この特殊会社は設立理由として、

　①　戦時中、国民の税金でできた同施設は一企業だけで独占すべきではない。

　②　この会社の生産品目には特需及び保安隊用の航空燃料もふくみ民間用ガソリン市場を圧迫しないようにする。

　③　外国資本は入れない。

という事を主眼として居り、表面上は防衛用燃料を生産する事を設立理由としている」[11]

　この特殊会社の設立理由も、また確かに一理ある。そして、これは平貞蔵氏が指摘するように、三菱・シェルグループに対する他社からの明らかな反撃である。さらに平貞蔵氏は、国際的な視野からこの特殊会社の設立理由の背後にある諸関係（伏線）についても、これを明らかにしている。

　「さらにもう一つの伏線は勿論、日石、東燃を矢面にたてた米国系資本がシェルの英蘭系資本の日本進出を阻止する対抗作戦に出たことである。共同会社案は外国資本はいれないとしてあるが、日石東燃が入る以上当然カルテックス、スタンダード系の資本の干渉は生ずると考えて良い。——英資本と米資本の衝突が、三菱シェルグループ対共同会社と言う形をとってあらわれてきた」[12]

　平貞蔵氏が指摘するように、旧第二海軍燃料廠の払下げをめぐる諸資本間の競争は、日本独占資本の間だけでなく、国際的な規模で展開していく。平貞蔵氏の指摘をさらに深く洞察すれば、この競争は、戦前からの軍需工業をリードし、支配的位置を占めてきた三菱系資本に対する、その他の財閥系ないし資本グループによる闘争であり、また国際的にはアングロイラニアン石油会社の国有化にみられるように衰退傾向にあるイギリス系独占資本に対する、第二次世界大戦の唯一の戦勝国ともいえる新興アメリカ系独占資本の挑戦というかたちでの闘争であった。

　こうした状況のもとにあっては、いかに五人委員会と言えども、早急な結論を出すことはできなかった。昭和27年7月20日、五人委員会は次のような対応をすることになる。

　「三菱系、共同会社案、いずれの案もとらず、早急な払下げは延期し、再軍備計画が明らかになった時に国策会社として発足することを提案した」[13]

　だが、このような提案は、両陣営にとってはとても受け入れられるものではなかった。朝鮮戦争の拡大と保安隊の強化、その保安隊と連合軍（アメリカ軍）に必要な燃料供給体制の整備、これこそが日本独占資本に課せられた「国際的」責務であり、そのためにも、第二海軍燃料廠の早

期利用が急務だったからである。

　昭和 27 年 10 月 29 日、高橋通産相は「旧四日市海軍燃料廠は東海硫安を主会社とする三菱シェルグループに払い下げる事を決定した」と言明するが、日本石油や昭和石油等 7 社の共同グループは、次の理由で決定撤回を要求する。

「① 　現在の国内石油需給はバランスがとれており、むしろ過剰の兆候さえ現れて居り、更に全国製油能力の 3 割を産する四日市海燃を払下げる理由は全くない。

　② 　防衛用燃料を造る事を目的とするなら外国資本が支配する一民間会社にわたすべきでない。

　③ 　民需用増大にそなえての払下げなら現在精製各社は巨額の投資に依って設備の拡張を行って居り、国内需要は四日市を払下げなくても間に合う。

　④ 　払下げ価格についても約 200 億～ 300 億円の資産を 20 ～ 25 億で払い下げるのは不当である」[14]

　共同会社グループによる撤回要求理由は、とりわけ①～③の理由は、それなりに説得性をもっている。しかし、④の理由については、国民経済的視点からはともかく、共同会社グループにとっても、これは両刃の剣ではなかったか。共同会社グループにとっても、旧軍用財産の安価な払下げが、旧第二海軍燃料廠の払下げを争う大きな目的の一つではなかったのか。事態はもはや泥試合的状況になってくる。

　昭和 27 年 11 月 12 日、池田通産相は、「四日市問題は白紙に還元して再検討」と言明。かくして、三菱グループの 1 社構想という思惑は夢と帰した。だが、問題は簡単には解決しなかった。三菱グループはそこで新しい発想をもって対応することとなった。

　平貞蔵氏は次のように述べている。三菱グループは「三菱化成を中心とする綜合化学工業基地を四日市燃料廠跡に造ろうと企てた。ここで共同 7 社案の防衛用特需用燃料の生産と三菱系の民需中心の多角石油化学経営とがはっきり対立した」[15]

　昭和 28 年に入っても、事態は流動的であった。昭和 28 年 6 月 22 日、岡野通産相は、四日市海燃問題の利害関係者は一本にまとまって新会社をつくるように希望するという意見を述べ、また 8 月 29 日には、三菱も含めた申請会社全部の共同会社に払い下げるのではなく、「貸与する」という方針を決め、9 月には三菱もこれに条件付きで同意した[16]。昭和 29 年に入って、愛知通産大臣は、「四日市海燃跡は国有公営の公社方式による運営で、MSA 援助による石油買付を行い防衛生産工場とする」という考えを出した。しかし、その考え方は 3 月の段階で早くも見通しが暗くなり、同年 9 月には、この MSA 援助による石油買付、財政投融資の見通しも全くつかなくなり、さらに軍需の拡張も期待した程ではなくなった。こうして、石橋通産相が就任するまでの 1 年間、立ち腐れの状態となるのである[17]。

　昭和 30 年になって、石橋通産相は、次のような構想をまとめたと言われている。

「① 　徳山海燃跡地は分割せずに出光興産へ払下げ昭石所在地は政府が買上げる。

　② 　昭石・シェルグループについては、四日市を払下げ三菱グループと共に、石油化学基地

とする。

③　岩国燃料廠跡地は日本鉱業と三井グループに分割払下げる」[18]

　石橋構想が、このような形となってまとまったのは、石橋個人の発想によるものではなく、政財界で幾度となく折衝が行われた結果だと推測される。平貞蔵氏が「立ち腐れ」の状態と評した、まさにその時期に、政財界での折衝を通じて、各資本グループが了解した内容のものとして、なんとか妥協案に達していったのである。その結果、各地にあった旧海軍燃料廠の施設および跡地は、内外の独占資本グループによって地域的に分割し、これを配分（収奪）することになった。いわば、その取りまとめを行った代表者が、石橋通産相だったのである。

　ここには、国家権力の階級的基礎および国家権力による旧軍用財産の分割的収奪構造の一端をみることができる。つまり、独占資本間の競争を調停するという国家権力の一つの役割、それと同時に、いずれの独占資本に対しても、安い国有財産の払下げという「旨味」を分配して与えるという役割が、この石橋構想の中では、赤裸に現れているのである。

　もっとも、この「旨味」の具体的な内容までは、旧海軍燃料廠の地域的分割と配分との関連では、明らかにしえない。また、それを巨大企業（独占資本）の間で表立って論ずることは、「品がない」行為であり、それは大蔵省と各関係グループとの折衝に委ねられる問題でもあった。

　昭和30年8月26日に開かれた閣議で、「旧軍燃料廠（四日市、徳山、岩国）の活用について」と題する閣議了解事項を公表し、これでもって、四日市問題は一応の解決点に到達する。平貞蔵氏はその内容を次のように記している。

「①　石油精製に必要な土地及び地上施設に限り、昭和石油に対し地上施設は払下げ、土地は貸付けることにする。

②　土地の貸付けは一般の例により一年ごとの契約とする。この場合、借地法、国有財産法に依り、長期の借地権が発生する。

③　土地の貸付契約には次の条件をつける。

　㈠　国が必要とする時はいつでも返還させる。

　㈡　国が必要としない場合は土地を買取らせる。

　㈢　地上施設を新設又は改変する場合には、事前に国の承認をうる。

　㈣　将来貸付けてある土地を払下げる場合には土地の価格は地上権をともなわない更地価格とする。（中略）

　㈤　特定の用途を規定する他、防衛上必要な条件をまもらせる」[19]

　こうした経過をたどって、四日市市は「石油化学工業の基地として浮び上がるとともに、三菱化成を中心とする三菱グループによって、昭和石油をガス源とした石油化学のコンビナート化の方向に一途に建設が進められることになったのである」[20]。

　以上、旧第二海軍燃料廠跡地の払下げに関わる独占資本間の競争関係をみてきた。しかし、その経緯の多くは平貞蔵氏の記述に基づくものであった。そこで、もう一度、『四日市市史』によって、その経緯とその後の四日市市における石油化学工業の発達状況をみておこう。

「このように、三菱系化学企業は着々と四日市に進出してその地歩を固めつつあったので、旧海軍燃料廠の払い下げ問題が難行し、三菱石油とシェル提携による1社案と石油精製7社案とが対立したときも、最後までねばって、ついに30年8月、昭和石油に貸与することが閣議決定された。これは表面上、昭和石油への貸与であるが、実質的には、シェル・グループと三菱グループとの提携による石油化学工業地帯を形成する綜合計画のもとに、三菱油化に原料を供給するための製油所建設を目的とするものであった。

この製油所は、95万m²の敷地を利用して31年5月に着工し、33年4月にトッピングの運転を開始しているが、その総工費168億円は、シェルからの低利融資120億円と三菱グループの資金48億円によってまかなわれている。そして製油所完成に先立つ32年11月には、昭和石油を主体とし、三菱グループからの資本参加をえた昭和四日市石油㈱が設立され、同社が昭和四日市製油所の経営にあたることになった」[21]

この文章では、昭和四日市石油㈱が経営する昭和四日市製油所は三菱油化に原料を供給するということが記されているが、この三菱油化㈱は昭和32年4月に設立、同年11月に昭和四日市製油所に隣接した地に、三菱油化四日市工場を起工している。

「この三菱油化と昭和四日市石油は技術的に密接した関係をもっているため、資本的にも、三菱油化にはシェル及び昭和石油が25%参加し、昭和四日市石油には三菱系企業が25%参加している。また、これと前後して、32年10月、日本合成ゴム㈱が四日市に建設されることになり、工場敷地を川尻町に定めて、34年12月には一部操業を開始した。

さらに昭和34年5月に至り、これら綜合化学の第三次製品工業として四日市合成㈱が設立され、続いて35年には新たに味の素、高分子化学、江戸川化工、松下電工の各工場の建設、および三菱油化、日本合成ゴムの増設が日永、河原田両地区に決定をみるなど、四日市市はわが国屈指の綜合石油化学工業都市となることになった」[22]

この引用文には、巨大企業間における技術的結合と、それに対応するかたちでの資本結合という事例が紹介されている。確かに、「コンビナート」という用語の基本的概念は、「技術的結合」であるが、この技術的結合を基礎とした資本結合が、いわゆる「独占の一形態としてのコンビナート」という概念を形成することになる。ただし、「独占」という以上は、独占利潤を恒常的に取得するという経済的メカニズムが明らかにされねばならない。もっとも、それを解明する研究は、ここでの課題ではない。

1） 平貞蔵「工業立地に対する近代工業（企業）の要請」、『四日市市総合開発計画調査報告』、昭和35年、6〜14ページ。
2） 同上、6〜15ページ。
3） 同上、6〜16ページ参照。
4） 『四日市市史』、四日市市役所、昭和35年、905ページ。
5） 同上書、905〜906ページ。
6） 同上書、675ページ。

7） 辻克蔵『明窓』、昭和30年4月号、19 〜 20 ページ。

8） 平貞蔵前出論文、16 ページ。なお、占領軍による日本の石油政策とその変化については、伊藤武夫「石油産業の戦後再編」（『復興期の日本経済』、原朗編、東京大学出版会、2002 年に所収）が詳しいので、それを参照されたい。

9） 平貞蔵、前掲論文、17 ページ参照。

10） 同上、18 ページ。

11） 同上、19 ページ。

12） 同上、20 ページ。

13） 同上、21 ページ。

14） 同上、22 〜 23 ページ。

15） 同上、25 ページ。

16） 同上、25 〜 26 ページ参照。

17） 同上、28 ページ参照。

18） 同上、30 ページ。

19） 同上、32 〜 33 ページ。なお、この閣議了解事項については、「政府は払い下げをめぐる世間の疑惑を否定する意味で」（『日本産業百年史』、有沢広巳監修、日本経済新聞社、昭和41 年、488 ページ）公表されたという見方もある。

20） 同上、33 ページ。

21） 『四日市市史』、前出、906 〜 907 ページ。

22） 同上書、676 〜 677 ページ。

4．四日市市における工業開発と旧軍用地の払下げ

　これまでは、四日市市の工業発達、とりわけ石油化学コンビナート形成で最も重要な役割を果たした旧第二海軍燃料廠の跡地利用に関する独占資本間の競争関係をみてきた。その第二海軍燃料廠の跡地を、大蔵省は戦後どのように処理していったのか、その点について明らかにしておきたい。なお、旧軍用施設の一時的使用の許可等の実態およびその動向については、所有権の移転を含まないので、ここでは割愛することにする。

XI- 3 -(2)表　旧第二海軍燃料廠跡地の払下げ経過一覧

（単位：m²、年次：昭和年）

払下先	払下面積	払下形態	用途（業種）	払下年次
新興産業	6,135	時価	食品工業	26
四日市市	20,214	減額売払 20%	小学校用地	26
東海硫安工業	46,289	時価	化学工業	27
三重県	24,035	減額売払	県立病院	28
同	25,162	減額売払	商業学校	28
中部電力	98,212	時価	火力発電所	29
大協石油	55,088	時価	石油工業	36
東亜石油	63,541	時価	石油工業	36
東海ガス化成	448,622	時価	化学工業	39

四日市市	39,843	譲与	市道	39
大協石油	4,291	時価	石油工業	41
昭和四日市石油	941,832	時価	石油精製所	41
三重県	11,845	譲与	県道	43
同	23,905	譲与	県道	43
昭和四日市石油	7,570	交換	石油精製	44
海鳴りによる喪失	24,472	——	——	45

出所：「旧軍用財産資料」（前出）より作成。
　　　なお、「用途（業種）」の項目については、原資料を参考にし、民間企業の場合には、
　　　3千m²以上を、それ以外の産業等については、1万m²以上の旧軍用地を取得した
　　　ものに限定した。

　(2)表をみると、昭和29年から昭和36年までのおよそ7年間、第二海軍燃料廠跡地の払下げが中断していることが判る。この期間は、既にみてきたように、独占資本間の競争が熾烈に展開した時期である。おそらく、この四日市市のような旧軍用地の取得をめぐる独占資本間の競争は、全国各地でも展開されたものと思われる。

　そのことを念頭におきつつ、昭和26年から同29年までの期間において、この海軍燃料廠跡地の払下状況の中で目立つのは、中部電力の約9万8千m²と、これまで設立の経緯などについて紹介してきた東海硫安工業が取得した約4万6千m²である。また三重県が商業高校用地および病院用地を昭和28年に減額で買い取っているが、そのいずれも地域住民の生活にとって不可欠な都市基盤であり、それがまた資本の再生産にとっても労働力確保等、必要不可欠な都市基盤を形成することになる。

　昭和36年になると、大協石油が約5万5千m²、そして東亜石油が6万4千m²を、同じ昭和36年に取得しており、続いて昭和39年に東海ガス化成が約45万m²を取得している。そして昭和41年になって、旧第二海軍燃料廠の主要施設があった塩浜地区で昭和四日市石油が約94万m²を石油精製所用地として取得している。なお、三重県が県道用地として昭和43年に2件、併せて約3万6千m²を取得している。これは三重県が道路という社会共通的生産手段を取得し、かつ提供するものであった。

　ここで(2)表に関して、二つの疑問が生ずる。第一の疑問は、既に指摘しておいたところであるが、昭和29年から昭和36年の期間は、いわば空白の時期である。この空白期に、四日市市の工業地域にとって、いったい何が生じていたのかということである。

　第二の疑問は、これまでの歴史的経緯に関する紹介が昭和30年代の前半で終えているので、この東海ガス化成という企業名は登場してきていないが、(2)表によれば昭和39年に東海ガス化成は、旧燃料廠の跡地448,622m²を取得している。そこで、この東海ガス化成は、昭和四日市石油と、どのような技術的結合連関があり、またどのような資本関係を結んでいたのであろうか。

　第一の疑問については、この間に旧燃料廠跡地の払下げがないのであるから、特に産業界における表面的な動きはない。したがって、ここでは、この期間中における国および四日市市の工業

立地政策について明らかにしておこう。

　国の工業立地政策としては、昭和37年5月10日に、新産業都市建設促進法を制定し、同年8月1日より施行している。この新産業都市建設促進法にやや遅れて、同年11月13日に低開発地域工業開発促進法が制定されると同時に施行されている。さらに工業整備特別地域整備促進法が昭和39年7月3日に制定され、これまた同時に施行されている。

　四日市市の場合、新産業都市、工業整備特別地域、低開発地域のいずれにも該当していない。だが、こうした一連の工業開発関連の立法経過をみても判るように、全国的な規模で工業開発が推進された時期であった。既に旧軍用地、とりわけ旧第二海軍燃料廠の跡地利用が閣議決定されて以降の四日市市にあっては、むしろ臨海部における新しい埋立地造成とそこへの工場誘致が当面する課題であった。

　この課題に対応すべく、早くも昭和35年に、四日市総合開発研究委員会が『四日市総合開発計画の構想』を発表する。その第二章では、「工業基地としての構想」が展開され、その中に、四日市市の工業立地条件が列挙されているので、それを引用しておこう。

　「①用地は臨海部、内陸部共にまとまった団地がえられ、②港湾も新しく建設は可能であり、③道路も名四国道の幹線産業道路が考えられ、④鉄道についても関西線が走り、これが増強も考えられる。⑤名古屋の消費市場、関連企業に近く、⑥気候温暖、⑦労働力も豊富で良質で、⑧地質地盤にもさして問題はないとすれば、用水問題が唯一の問題点といえよう」[1]

　また、四日市の工業立地条件を分担調査した佐藤弘氏（一橋大学教授）は農地転用問題、漁業補償問題についても言及しながら、工業用地については次のように述べている。

　「四日市港周辺は殆ど工場の立地をみているが、今後の計画としては石原産業外側13万坪の埋立の他は三滝川以北午起237千坪、富田浜148万坪が考えられており、臨海部の用地についてはまだ余裕があり、また内陸部についても塩浜地区背後地に74万坪、富田浜背後地38万坪、合計112万坪が考えられている。このように臨海部180万坪、内陸部112万坪の相当まとまった団地の用地があることは非常に有利な条件である」[2]

　この二つの引用文が示しているように、昭和35年の段階では、旧軍用地の転用による工業用地の確保は、所有権の移転はともかく、立地条件の良さのため、一時使用も含めてほぼ終了しており、将来における工業用地は外海埋立か内陸部の開発を期待するしかなかったのである。

　第二の疑問については、東海ガス化成㈱という企業の歴史的経緯はさておき、昭和四日市石油と技術的に関連が深いのは三菱油化四日市工場である。ここで、その技術的結合という点からみておくと、先に見た『四日市総合開発計画の構想』（ダイジェスト版）の「石油化学工業基地の構成」という項目で、次のように紹介されている。やや面倒であるが、煩わしさを厭わずに引用しておこう。

　「三菱油化四日市工場と昭和四日市石油四日市製油所とを中心として、四日市にはパイプで結ばれた石油化学工業地帯が形成されつつある。まず、昭和四日市石油の直溜ガソリン及びF.C.C.排ガスを石油化学原料として三菱油化に供給し、B-B溜分を日本合成ゴムに供給する。（こ

の他火力発電用重油を中部電力、三菱油化その他に送る。）これに対し三菱油化は、三菱モンサント化成にスチロール樹脂の原料としてスチレンモノマールを、日本合成ゴムには合成ゴム SBR の原料としてスチレンモノマール及び B‒B 溜分を供給し、三菱化成に対しては塩化ビニール可塑剤として P‒P 溜分を、東海硫安には硫安原料としてトップガスを供給する。この他三菱油化の製品を利用する石油化学工業が今後も次々と立地を予定されている。

このようにパイプで結ばれた石油化学のコンビナートは、わが国のほぼ中央にある四日市の港とそれを利用した石油精製工場を軸として、一方三菱という大資本大会社の投資と輸送、用水、電気、用地などの有利な立地条件に支えられて今後も発展を期待される」[3]

このパイプを通じた石油化学製品を原料として相互に結合するメカニズムについて説明する必要はない。いずれにせよ、こうした技術的結合によるコンビナートの形成と資本結合が、戦後の日本では、もっとも最初に、そして最も典型的な形態で行われたということが重要なのである。

なお、東海ガス化成㈱は 1967 年に三菱油化と合併したが、その三菱油化は平成 6 年 10 月に三菱化成と対等合併し、社名を三菱化学としている。

ところで、四日市市におけるもう一つの広大な旧軍用施設、横須賀海軍軍需部四日市支部の跡地（4,231,350m²）の払下状況をみておかねばならない。ここでも三菱油化は旧軍用地を取得している。

この海軍軍需部は、四日市市六呂見地区にあった。この地は、四日市市の中心街より南、JR南四日市駅の東側一帯に所在していた。戦後における払下状況は次の通りである。

XI‒3‒(3)表　横須賀海軍軍需部四日市支部跡地の払下げ経過一覧

（単位：m²、年次：昭和年）

払下先	払下面積	払下形態	用途（業種）	払下年次
農林省	986,819	有償所管換	開拓農地	22
東亜紡織	305,980	時価	繊維工業	24
三重県	37,256	時価	公園	26
農林省	135,269	有償所管換	開拓農地	27
東亜紡織	11,659	時価	繊維工業	27
南山大学	35,284	減額売払 40%	海星学園高校	28
四日市市	21,345	減額売払 40%	中学校用地	28
同	24,426	時価	土砂採取所	28
石原産業	12,072	時価	化学工業	34
三菱油化	59,568	時価	石油工業	35
四日市市	91,721	減額売払 40%	市営住宅	36
日本住宅公団	742,003	出資財産	住宅団地	39
四日市市	28,057	減額売払 40%	市営住宅	39
カリタス会	34,133	減額売払 40%	精薄者施設	41
運輸省	10,592	無償所管換	測候所施設	41
四日市市	51,658	譲与	市道	42
三菱油化	7,586	交換	——	44

昭和四日市石油	24,338	交換	——	44
法務省	85,944	無償所管換	法務局宿舎	47
民間（個人）59名	約18,000	時価	民間住宅59戸	(40)

出所：「旧軍用財産資料」（前出）より作成。ただし、民間企業は3千㎡以上、その他は1万㎡以上に限定している。

　四日市市では最大規模の旧軍用施設であった旧横須賀海軍軍需部四日市支部の跡地は、その相当部分（約112万㎡）が昭和22年と27年に農林省へ有償所管換されている。この点は、戦後の食料危機に対応する旧軍用地の処理形態としては最も普遍的なものであり、その他の地域でも多くみられたことである。

　次に、国家機構である省庁に対しては、運輸省と法務省への所管換があり、これは測候所用地と法務局の宿舎用地であるから、工業立地とはあまり関係がない。関係があると思えるのは、日本住宅公団が昭和39年に住宅団地建設用地として約74万㎡を取得していることである。これだけの敷地面積をもった住宅団地の建設であるから、これが四日市工業地域で働く人々を対象としたものであることは明らかである。なお、日本住宅公団は、それ自体としては国家機構ではないが、その譲渡形態が「出資財産」であることから判るように、準国家機関に該当する位置にあった。平成20年の段階では、それが民営化されているので、こうした出資財産が民間企業への譲与になってしまう。もっとも、民営化されたと言っても、出資分を株式などで国が所有しているのであれば、「民営」の実態が微妙となる。ただし、その問題を個別的に、いま論ずるわけにはいかない。

　次に、地方公共団体への譲渡についてみると、三重県が公園用地（約3万7千㎡）として時価で取得しているのが1件ある。公共用地を時価で払い下げ、またこれを時価で購入することについては、国家所有と地方公共団体（自治体）所有との関連という視点からみて、検討すべき問題があるように思える。だが、ここでは、検討すべき問題の所在を指摘するだけに留めておきたい。

　ところで、四日市市は、この跡地で5件、併せて21万7千㎡を、昭和28年以降、同42年までに取得している。このうちの2件は市営住宅用地で、その面積規模は約12万㎡に達する。これは、先の日本住宅公団の住宅建設用地の約74万㎡には及ばないが、それでも相当規模の住宅用地であることには間違いない。ついでながら、個人向けに、約1万8千㎡の住宅用地を昭和40年頃に多く払い下げている。

　工業立地と関連があるのは、民間企業への払下げである。この旧軍需部跡地では、東亜紡織が2件、三菱油化が同じく2件、それ以外では石原産業と昭和四日市石油が各1件、計6件の払下げがあるだけである。

　このうち最大の工場用地の取得を行っているのは東亜紡織で、その面積規模は32万㎡弱である。そのうちの約30万㎡が昭和24年の取得であり、これは戦後の衣料不足が反映しているものと推測される。

　もともと、この軍需部の場所は、陸軍製絨廠であったともいわれ、昭和16年に建物が建設さ

れ、18年頃より操業を始めている。昭和20年の終戦時まで焼けずに残り、岐阜県小鷹利村へ疎開していた機械を昭和21年1月より移転をし、同年4月頃より、紡毛・紡織の操業を再開したという[4]。

『四日市市史』によれば、「陸軍製絨所は21年5月に東亜紡織泊工場となった」[5]とあり、その後、「東亜紡織泊工場には、紡毛カード28台、紡毛織機約130台、乾絨機5列があり、紡毛糸の生産を行うとともに紡毛織物の生産・染色・整理を行っている」[6]と記しているが、これは昭和32年頃までの状況である。

昭和58年9月の時点では、東亜紡織泊工場の敷地面積は、309,802㎡で、大蔵省から払下げを受けた面積と変わらないが、時代の進展と同時に、その従業員数はかなりの変化をみせている。すなわち、フラノを作っていた特需ブームも昭和26〜27年頃に終わりを告げ、当時1,600〜1,700名もいた従業員は漸減していき、昭和53年頃には500人ほどとなり、昭和58年には約360名となっている。製品も紡毛中心であったが、昭和30年頃からは原反部門とインテリア部門の二部門に転換し、とくに後者は自動車部品としてのカーペットなどが中心となっている[7]。

この東亜紡織に次いで大きな工場敷地を取得したのは三菱油化で、それは昭和35年と同44年である。その後における三菱油化の変遷は既に述べた通りである。

東亜紡織と三菱油化以外には、石原産業と昭和四日市石油が用地取得しているが、それは面積規模としても小さなもので、本工場からは離れた位置にある。

なお、石原産業は、昭和24年6月に設立され、鉱業所を三重県紀和町(平成17年に熊野市と合体)にもっているので、明らかに鉱業である。しかし、⑶表では、これを化学工業としているのは、四日市市では、「酸化チタン、過燐酸石灰、化成肥料、硫酸」を生産しているからである[8]。

また、⑶表をみると、「払下先」の中に「カリタス会」とあるが、これはカトリック教の一宗派であり、教会建設用地として旧軍用地を買い取ったものであろう。

ちなみに、平成20年の時点における四日市市六呂見地区には、味の素、三菱化学BASF、エラストミックス、JSRの工場があり、その周辺にも松下電工(馳出)、四日市合成(馳出)、三菱化学(川尻町)、東邦化学工業(川尻町)が集中的に立地している。さらに昭和四日市石油が立地している塩浜町との中間地域には、ミヤコ化学(海山道町)、太陽化学(宝町)、クノール食品(宝町)、コスモ電子(宝町)などの工場が立地しており、臨海部ではないが、四日市市における一つの工業地域を形成している[9]。

また塩浜地区(近鉄名古屋線の塩浜駅と海山道駅を結ぶラインより東側)では、三菱化学四日市事業所および昭和四日市石油が立地している。さらに南部の楠町本郷および楠町南川にはトーア紡の工場が立地している。

ちなみに四日市市の都市計画図(平成20年4月)によれば、塩浜地区、川尻地区、六呂見地区は工業専用地域であるが、トーア紡が立地している楠町地区は工業地域となっている[10]。

1）「四日市総合開発計画の構想」（『四日市市総合開発計画調査報告書』、四日市総合開発研究委員会、昭和35年に所収）、24ページ。

2）「工業立地条件と今後の工業発展」（『四日市市総合開発計画調査報告書』、前出、佐藤弘）、25ページ。

3）「四日市総合開発計画の構想」、前出、23ページ。

4）昭和58年9月、東亜紡織での聞き取りによる。

5）『四日市市史』、前出、760ページ。

6）同上書、763ページ。

7）昭和58年9月、東亜紡織での聞き取りによる。

8）『帝国銀行会社要録』（第44版）、帝国興信所、昭和34年、大阪・33ページ。

9）市街地図『四日市市』（2007年版）、昭文社を参照。平成20年9月現地踏査結果。

10）四日市都市計画図（概要図）、四日市市役所、平成20年4月による。

第十二章　滋賀県および京都府（舞鶴市を除く）

　本章では、滋賀県および舞鶴市を除く京都府における旧軍用地の転用状況について、工業立地という視点から分析する。京都府の中で、舞鶴市を特に除外したのは、横須賀市と同様、舞鶴市が旧軍港市で、旧軍用地の転換件数が相対的に多いからである。なお、分析は、滋賀県と京都府とに分割して行う。

第一節　滋賀県における旧軍用地の転用と工業立地

1．滋賀県における旧軍用施設の状況

　戦後、滋賀県にあった旧軍用施設を旧軍用財産として引き継いだのは、46口座である。そのうち、施設の敷地面積が10万 m^2 を超える口座とその主な転用先は次の通りである。

XII-1-(1)表　滋賀県における主な旧軍用地（10万 m^2 以上）とその転用先

（単位：m^2、年次：昭和年）

旧口座名	所在地	敷地面積	主たる転用先	年次
大津陸軍少年飛行兵学校	大津市	277,054	滋賀県・高校他	34
饗庭野陸軍演習場	今津町他	19,795,801	総理府防衛庁	41
八日市陸軍飛行場	八日市市他	2,659,122	農林省・農地	22
飛行第3戦隊	八日市市	144,117	タキロン化学他	35
第八航空教育隊	同	295,838	農林省・農地	22
長谷野陸軍爆撃場	同	1,201,967	農林省・農地	22
滋賀海軍航空隊	大津市	1,119,344	農林省・農地	22
大津海軍航空隊	同	160,547	総理府防衛庁	42

出所：「旧軍用財産資料」（大蔵省管財局文書）より作成。

　この(1)表をみれば判るように、滋賀県には、饗庭野陸軍演習場という2千万 m^2 に近い旧軍用地があったが、この地は戦後アメリカ軍に接収され、昭和41年になってやっと返還されたものの、防衛庁の所管となり、自衛隊の演習場となっている。それ以外に大きな旧軍用施設としては、八日市市の陸軍飛行場をはじめ航空関連施設としては100万 m^2 を超える旧軍用地が3口座あった。だが、これらの敷地は、いずれも昭和22年に農林省へ有償所管換されている。旧軍用地が、昭和22年ないし23年に農林省へ有償所管換されること、あるいは昭和40年代に、総理府防衛庁へ無償所管換されるというのは、全国的にみて最も多くみられる処理状況である。

　この4口座を除くと、滋賀県では10万 m^2 を超える旧軍用地は、いずれも30万 m^2 以下の施

設であって、その数も3件しかない。そのうちの2口座が農林省と総理府へ所管換されているので、僅か1件だけが、民間企業へ転用されたことになる。もっとも、農林省や総理府が主たる転用先であっても、その一部が民間や地方公共団体に転用されている場合もある。そこで、大蔵省の所管となった時点において、滋賀県に所在した旧軍用施設（旧軍用地）の状況を、もう少しみておくことにしよう。

そこで1口座あたりの敷地面積が1万 m^2 以上10万 m^2 未満の旧軍用施設をみると、滋賀県には10口座ほどある。それもまた、一つの表に整理しておこう。

XII-1-(2)表　滋賀県における旧軍用地（1万～10万 m^2）の概況

（単位：m^2、年次：昭和年）

旧口座名	所在地	敷地面積	主な転用先	年次
京都陸軍病院大津分院	大津市	10,890	その他	――
大津陸軍小銃射撃場	同	88,506	貸付中	48 現在
大津山上陸軍練兵場	同	74,837	貸付中	48 現在
饗庭野陸軍演習廠舎1号地	今津町	51,300	今津町厚生住宅	30
饗庭野陸軍演習廠舎2号地	同	80,770	防衛庁・駐屯地	41
饗庭野陸軍演習場付属舟木飛行場	新旭町	51,243	農林省・農地	22
大阪陸軍航空隊八日市分廠	八日市市他	84,282	農林省・農地他	22
八日市陸軍病院	八日市市	36,701	厚生省・国立病院	23
八日市陸軍小銃射撃場	蒲生町	47,064	村有植林地	23
大津海軍航空隊送信所	大津市	18,063	農林省・農地	23
大津海軍小銃射撃場	同	61,769	防衛庁・訓練地	34

出所：「旧軍用財産資料」（前出）より作成。

この(2)表でも、農林省と総理府への所管換が多くみられる。また旧軍用病院が厚生省所管の国立病院へ転用されているのも、これまで東日本の各地でみてきたことである。ここで珍しいのは、昭和48年現在で、「貸付中」というのが2口座あることである。もっとも、この2口座については、貸付の相手先を問わないことにする。

なお、(2)表の払下先にある今津町と新旭町は平成17年に周辺町村と合体して、高島市となっている。また、八日市市は平成17年に周辺町村と合体して東近江市となり、さらに平成18年には蒲生町が、この東近江市に編入されている。

そこで(1)表と(2)表をみると、滋賀県における旧軍用施設の所在地は、大津市と八日市市（平成17年、東近江市となる）に集中している。ただし、旧軍用地面積の広さという点では、旧今津町他（現高島市）には、旧饗庭野陸軍演習場およびその関連施設があり、それらの敷地面積を合計すると、約2千万 m^2 となり、これが第一位となる。続いては、旧八日市市（現東近江市）にあった旧軍用施設の敷地面積の合計約450万 m^2 が第二位、そして約180万 m^2 の大津市が第三位という順になる。

滋賀県において、3千 m^2 以上1万 m^2 未満の旧軍用地は、4口座で、その一つは運輸省所管

第十二章　滋賀県および京都府（舞鶴市を除く）　457

のユースホステル用地として昭和36年に譲渡されている。あとの3口座は、総理府と農林省への所管換、そして貸付中となっている。

　ちなみに、分析対象外としている3千 m^2 未満の旧軍用地が、滋賀県には12口座ほどある。それから、これは滋賀県における旧軍用施設の特徴であったのか、敷地面積0というのが11口座もある。この11口座は、おそらく借地だったのではないかと推測される[1]。

　以上、滋賀県における旧軍用地を敷地面積で規模別に区分してみると、0 m^2 が11口座、3千 m^2 未満が12口座、3千〜1万 m^2 が4口座、1万〜10万 m^2 が11口座、10万 m^2 以上が8口座、計46口座となる。

2. 滋賀県における旧軍用地の転用状況

　滋賀県における旧軍用地の国家機構への所管換（農林省および総理府への所管換を除く）についてみると、先に紹介した運輸省（ユースホステル）と厚生省（国立病院）の各1件以外には、大津陸軍少年飛行学校跡地の一部（16,083 m^2）を大蔵省（合同宿舎用地）、滋賀海軍航空隊跡地の一部（13,074 m^2）を運輸省（航空標識所）が取得した2件、あわせて4件があるだけである。

　次に地方公共団体としての滋賀県が旧軍用地を取得したのは、大津陸軍少年飛行学校跡地の一部（34,817 m^2）を、商業高校用地として、昭和34年に減額48.62％で取得した1件があるだけに過ぎない。

　もっとも滋賀県の市町村が旧軍用地を取得した件数は相当にある。それを整理するために、一つの表にしておこう。

XII-1-(3)表　滋賀県の地方公共団体（市町村）による旧軍用地の取得状況

（単位：m^2、年次：昭和年）

市町村名	取得面積	取得目的	取得形態	旧口座名	年次
大津市	13,292	市民文化会館	時価	大津陸軍少飛学校	34
今津町	32,436	厚生住宅	譲与	饗庭野廠舎1号地	30
同	14,659	町営住宅	減 25.66％	同	30
八日市市	63,236	中学校用地	減額 50％	八日市陸軍飛行場	28
同	11,016	市道	公共物編入	飛行第3戦隊	35
玉緒村	98,050	小・中学校	減額 28％	第八航空教育隊	24
御薗村	3,306	農機具製造	時価	大阪航空隊八日市	23

　出所：「旧軍用財産資料」（前出）より作成。ただし、1万 m^2 以上を対象。旧口座名は略記しているので、(1)表を参照されたい。

　(3)表へ新たに登場してくる玉緒村と御薗村は、昭和48年段階では、既に八日市市に編入されており、原資料でも、その所在地については八日市市となっている。この表では、1万 m^2 以上の払下げを対象としているのに、御薗村の約3千 m^2 を記載しているのは、その用途目的が農機具製造工場だからである。

　この市町村への払下げで興味があるのは、先の滋賀県に対する払下げの場合でも減額率に

48.62％という端数が付いていたが、この(3)表でも今津町に対する減額率が25.66％となっていることである。玉緒村の場合の28％も端数とみなせるかもしれない。この端数が問題となるのは、減額売払の場合、その減額率の算定に一定の基準があったということである。

もともと、地方公共団体等に対する旧軍用地の売払いでは、国有財産特別措置法の第三条によって、「時価からその五割以内を減額した対価で譲渡」できるが、端数の付いたような減額率をどのように算定したのか、その算定基準ないし算定方式はどのようになっているのかという問題が残る。この点については、すでに本書の上巻で検討しているので、ここでは繰り返さない。

先へ進もう。払下年次については、滋賀県の地方公共団体に対する旧軍用地の払下げは昭和35年までに完了しており、それだけに、社会的緊急性のあるものが多かったと言えよう。

3．滋賀県における旧軍用地の工業用地への転用状況

滋賀県における旧軍用地の民間企業、とりわけ工業用地への転用状況をみておこう。

Ⅻ-1-(4)表　滋賀県の民間企業による旧軍用地の取得状況（3千m²以上）

（単位：m²、年次：昭和年）

企業名	取得面積	取得用途	取得年次	旧口座名
関西電力	4,904	――	40	大津陸軍小銃射撃場
小椋政雄	3,306	経木工場敷	25	飛行第3戦隊
タキロン化学	49,297	化学工場敷	35	同
大昭和紙工	48,968	工場敷地	45	同
タキロン化学	29,722	化学工場敷	35	大阪陸軍航空隊八日市分廠
大林組	12,066	建設業	46	長谷野陸軍爆撃場
日本鉄道建設公団	3,413	湖西線用地	45	滋賀海軍航空隊

出所：「旧軍用財産資料」（前出）より作成。

滋賀県で旧軍用地を取得した民間企業は6社、取得件数は7件である。このうち、関西電力および日本鉄道建設公団は、いわば公共的性格が強い企業であり、これを民間企業とみるかどうかについては、電力会社と公団という差異もあり、論点の設定等も含めて難しい問題がある。しかし、いずれも5千m²未満の用地取得で、地域経済という視点からみても、さほど大きな問題とはならない。また、大津市における民間企業への転用は、この2件だけであり、改めて大津市における旧軍用地の転用について分析する必要はない。分析対象となるのは、八日市市にあった旧飛行第3戦隊などの旧航空関係施設の跡地利用である。ここではタキロン化学をはじめ大昭和紙工などによる工場用地としての転用が多くみられるからである。

1）「旧軍用財産資料」（前出）による。

第十二章　滋賀県および京都府（舞鶴市を除く）　459

4．旧八日市市における旧軍用地の転用状況

戦前の八日市市（現東近江市）には、八日市飛行場があり、それと関連して飛行第3戦隊、第八航空教育隊、大阪陸軍航空八日市分廠などがあった。このうち第八航空教育隊は、中部第九十八部隊とも言い、創立されたのは昭和14年、旧地名での所在地は、神崎郡御園村字妙法寺、その内容は「航空戦隊の地上要員に必要な特業教育」を行うことにあったとされている[1]。

また大阪陸軍航空廠八日市分廠は、昭和13年の創設で、工場としては、機体工場、整備工場、自動車工場、発動機工場、機械工場、電精工場があり、「終戦当時における総人員は1千名に達せんとしていた」[2]と言われている。

八日市市の歴史的経緯については、『八日市市』（ナンバー出版）が次のように紹介している。「大正から昭和のはじめにかけては、沖野や布引丘陵が陸軍飛行場に利用されたため、軍都としての賑わいをみせた時期もあったが、戦後ふたたび広大な田園地帯を背景にした市場町として復活し、その後漸次工業の進出を見て現在に至っている」[3]

旧軍用地の払下げを受けて、もっとも早く工場の建設にかかったのは、(4)表からも明らかなように、タキロン化学である。同社は二つの旧軍用施設から2件、併せて8万 m² 弱の工業用地を取得している。また大昭和紙工は、時期的にはやや遅れるものの、昭和45年に約4万9千 m² の用地取得を行っている。昭和53年の時点では、タキロン化学も大昭和紙工も現地で操業しており、前者の従業員は1,771名、後者は166名である[4]。なお、(4)表には掲示されていないが、村田製作所が約1千 m² の旧軍用地を取得している。昭和53年の時点における村田製作所の工場敷地面積は約10万8千 m² であるから、旧軍用地の工場用地への転用比率は無視しうるほどのものでしかない。この村田製作所の敷地もかつては旧軍用地であったが、いったん農地へと転用されたものを工場用地へと再度転用し、昭和36年頃に進出し、翌37年に操業を開始している[5]。

昭和48年12月28日に、滋賀県告示第518号によって決定された八日市市の用途地域図（都市計画図）によれば、主要地方道（近江八幡員弁線）の妙法地区の南側一帯は、一部住居地域となっているものの、タキロン、大昭和紙工、そして村田製作所のある一帯は工業地域となっている。

昭和55年の時点では、この旧軍用地域の周囲には、凸版印刷（34,128 m²）、新日本電気（10,000 m²）が立地している[6]。また、タキロンの西側にも、小規模ではあるが、田中徳産業、満田建材、山田美装鋼業、丸一板金工業、かじ藤などの諸工場が立地、操業している[7]。

このように、八日市市の場合、旧軍用地の転用を契機とした地域工業化がかなりの規模で進展してきている。つまり八日市市において、この地域は、五智・林田地区とならんで、二大工業集中地域となっている。

　1）　『滋賀県八日市町史の研究』（近代編）、聖徳中学校郷土史研究会編、昭和27年、236ページ。
　2）　同上書、237ページ。

460

3）「八日市市市案内」、『八日市市』（ナンバー出版）、1980年版。
4）『八日市市の工業』、八日市市役所、昭和53年、15ページによる。
5）昭和55年、村田製作所での聞き取りによる。
6）『八日市市の工業』、前出、15ページおよび昭和55年の現地踏査による。
7）昭和55年の現地踏査による。

第二節　京都府（舞鶴市を除く）における旧軍用地の工業用地への転用

　京都府における旧軍用地の工業用地への転用について分析する場合、舞鶴市を除外するのは、舞鶴市が横須賀市同様、旧軍港市だからである。つまり、舞鶴市については、昭和25年に制定された旧軍港市転換法によって、旧軍用地の平和産業および公共施設への転換が図られるという特殊な事情がある。それだけに、この法に基づいて、旧軍用地が産業用地へと転用された件数も多い。したがって、舞鶴市については、別に一章を設定して分析することにした。

　さて、京都府、とりわけ千年の都、歴史都市である京都市には、御所の禁衛および交通の要所という地理的条件、すなわち戦略的な位置にあるということから、京都師団をはじめ多くの軍事的施設があった。また、内陸の福知山市は京都や大阪と日本海を結ぶ交通の要所であるため歩兵20連隊の駐屯地となっていた。日本海沿岸では舞鶴港以外に宮津市（栗田湾沿岸）などにも軍事施設があった。

1．京都府（舞鶴市を除く）における旧軍用施設の状況

　戦前の京都府（舞鶴市を除く）には、大小併せて124口座の旧軍用施設があった。この中には、冒頭に「舞鶴」という名前が付いた旧軍用施設が26口座あるが、その所在地は舞鶴市以外の地域である。これは冒頭に、「東京第二陸軍造兵廠」という名称が付されていても、その製造所の所在地が宇治市であるのと同じ類である。

　また、施設面積0という旧軍用施設が22口座もある。先に滋賀県の旧軍用施設で、施設面積0という口座があることを「特徴」と見なしていたが、ここ京都府（舞鶴市を除く）でも、同じことがみられる。おそらく国有地ではなく、借地だったと思われる。

　なお、本章において「京都府」という場合には、特別の場合は別として、すべて舞鶴市を除いたものとする。

　さて、京都府における旧軍用施設のうち、敷地面積が10万m²以上のものを一覧表にしてみると、次のようになる。

第十二章　滋賀県および京都府（舞鶴市を除く）　461

XII-2-(1)表　京都府（舞鶴市を除く）にあった旧軍用施設（10万m²以上）

（単位：m²、年次：昭和年）

旧口座名	所在地	敷地面積	主な転用先	年次
野砲兵第16連隊	京都市	160,876	京都府・京都市ほか	30
深草陸軍練兵場	同	128,033	農林省・農地	22
第16師団通信隊	同	106,764	京都市ほか	25
京都陸軍練兵場	同	465,974	農林省・農地	22
歩兵第9連隊	同	147,806	文部省・京都学芸大	37
第16師団兵器部倉庫	同	129,427	総理府・警察学校他	25
輜重兵第16連隊	同	121,499	文部省・京都学芸大他	37
中部第141部隊作業場	宇治市	482,502	農林省・農地	22・23
東京第二陸軍造兵廠宇治製造所本工場	同	651,631	防衛庁・陸上自衛隊他	32
大阪陸軍兵器補給廠宇治分廠及官舎	同	250,422	法務省・文部省他	37
長池陸軍演習場	城陽市	2,082,173	防衛庁・陸上自衛隊	35
京都飛行場	久御山町	1,155,748	農林省・農地	22
東京第二陸軍造兵廠宇治製造所分工場	京都市	421,293	日本レイヨン他	39
大阪陸軍兵器補給廠祝園分廠及官舎	精華町	4,792,427	防衛庁・補給処	42
舞鶴鎮守府野外演習場蒲生野原	丹波町	1,508,430	農林省・農地	23
三菱海軍用地	京都市	1,444,209	農林省・農地他	22
三菱重工業京都工場厚生施設	同	122,479	三菱重工業	24
福知山練兵場	福知山市	134,593	成美学苑他	33
歩兵20連隊	同	136,378	防衛庁・陸上自衛隊	32
長田野演習場	同	4,692,396	農林省・農地他	22
第31海軍航空廠	宮津市	140,968	関西電力	41
峰山海軍航空隊	大宮町	619,701	農林省・農地	27・28

出所：「旧軍用財産資料」（前出）より作成。

2-(1)表をみれば判るように、京都府における旧軍用施設で敷地面積が10万m²以上のものは22口座であった。この22口座を旧軍用関係の用途目的から分類してみると、駐屯地と練兵場がそれぞれ4口座、航空隊、演習場、補給廠、造兵廠が各2口座、飛行場、通信隊、兵器部倉庫、作業場が各1口座、その他三菱関係が2口座となる。つまり、旧軍用施設としては、かなり多様な施設が京都府にあった。もとより舞鶴市の旧軍用施設を除いてのことである。

次に、その所在地をみると、京都市内が10口座、宇治市と福知山市が各3口座、城陽市、久御山町、精華町、丹波町、宮津市、大宮町が各1口座というような分布状況になっている。ちなみに、先取りして言えば、舞鶴市における旧軍用施設の口座数は155、うち10万m²以上の口座数は37である。

京都府における旧軍用施設（10万m²以上）の敷地面積を規模別に分類してみると、22口座のうち、100万m²以上の施設は6口座、それから10万～30万m²の施設は11口座、あわせて17口座となる。つまり、京都府における旧軍用施設としては30万m²以上100万m²未満の旧軍用施設は5口座しかないということである。旧軍用施設の規模は、その用途にもよるので、これ以上には言及しないことにする。

大規模な旧軍用地の用途としては、農林省への有償所管換と総理府への無償所管換が一般的であるが、京都府においてもそのことは当てはまる。もっとも、京都府の場合、宇治市および福知山市の旧軍用施設が、陸上自衛隊の駐屯地として利用されているので、その関連施設としての利用が多いのが特徴となっている。なお、海上自衛隊の駐屯地が舞鶴市にあることは周知の通りである。

次に、旧軍用施設の敷地が、1万 m^2 以上 10 万 m^2 未満の口座についてみると、次の表のようになっている。

XII-2-(2)表　京都府（舞鶴市を除く）における旧軍用施設（1万～10万 m^2）

（単位：m^2、年次：昭和年）

旧口座名	所在地	敷地面積	転用先（用途等）	年次
京都師団管区司令部	京都市	42,728	聖母女学院	24・25
京都師団管区秣倉庫	同	11,776	桃山貨物自動車	23
京都軍用水道（貯水池）	同	20,827	—貸付中—	48 現在
深草小銃射撃場	同	99,677	文部省京都教育大学他	46
京都陸軍墓地	同	15,850	京都市・墓地	37
京都陸軍小銃射撃場	同	54,624	農林省・農地	22
工兵第16連隊・中部第141部隊	同	58,840	京都市・児童公園敷他	35
伏見陸軍練兵場	同	39,482	—貸付中—	48 現在
工兵第16大隊東方作業場	同	42,186	日本住宅公団他	36
陸軍宇治演習廠舎	宇治市	11,282	宇治市・中学校用地	23
東京第二陸軍造兵廠宇治製造所鉄道引込線	同	25,186	防衛庁補給処輸送施設	43
東京第二陸軍造兵廠宇治製造所官舎	同	12,873	省庁別公務員宿舎	42
宇治射場	同	86,347	民間植林用地	26
長池演習場廠舎	城陽市	31,212	農林省・農地	23
大阪陸軍造兵廠枚方製造所伏見工場	京都市	13,229	農林省・農地	23
深草陸軍作業場	同	13,414	農林省・農地	22
京都第一陸軍病院	同	51,891	厚生省・国立病院	20
愛宕山鉄道	同	41,918	京都市・市道他	37
福知山陸軍病院	福知山市	23,851	厚生省・国立病院	23
長田野演習場福知山廠舎	同	64,620	成美学苑他	33
歩兵作業場	同	13,689	農林省・農地	22
福知山室射撃場	同	51,876	農林省・農地	22
舞鶴要塞新井崎砲台及同電灯所	伊根町	42,061	農林省・農地	36
舞鶴海軍工廠伊根魚雷発射場	同	34,889	伊根町・魚付保安林	34
第31海軍航空廠工員養成所	宮津市	24,307	農林省・農地	27
第31海軍航空廠中津工員住宅	同	22,939	宮津市・市営住宅敷地	33
舞鶴海軍航空隊第1区	同	71,022	京都府・水産高校他	35
舞鶴海軍航空隊第2区	同	24,140	民間山林	27
舞鶴海軍航空隊送信所	同	13,398	農林省・農地	27
舞鶴海軍航空隊浄水場	同	10,489	—貸付中—	48 現在
舞鶴海軍航空隊水源地	同	12,135	—貸付中—	48 現在
峰山海軍航空隊第二区	大宮町	26,842	農林省・農地	23

峰山海軍航空隊第三区	同	10,018	農林省・農地	28	
舞鶴鎮守府栗田湾演習地	宮津市	32,343	集落魚付林	31	
舞鶴海軍警備隊経ケ岬見張所	丹後町	19,184	その他	——	
第 31 海軍航空廠官舎	宮津市	16,764	漁網調整作業場	25	
舞鶴海軍通信隊上杉分遣隊	綾部市	49,750	防衛庁・送信施設	32	
第 31 海軍航空廠通路	宮津市	35,576	宮津市・公共物編入	40	

出所：「旧軍用財産資料」（前出）より作成。

　2-(2)表のように、1万 m² 以上 10 万 m² 未満の旧軍用施設となると、その用途目的も多様になってくる。もはや、その一つ一つを分類することもあるまい。次に、その所在地をみると、京都市の 13 口座を筆頭に、宮津市 9 口座、宇治市と福知山市が各 4 口座、大宮町と伊根町が各 2 口座、城陽市、丹後町、綾部市が各 1 口座となっている。なお、平成の市町村合併によって、大宮町と丹後町は平成 16 年に周辺地域と合体して京丹後市となっているので、平成 20 年の現時点で言えば、京丹後市は 3 口座ということになる。

　主たる払下先、換言すれば、旧軍用地の取得者であるが、旧軍用地の規模が 10 万 m² 未満なので、1 件だけの払下げもあれば複数者への払下げもある。その点を考慮しながら、主たる払下先をみると、農林省への有償所管換と防衛庁への無償所管換が多いのは変わらないが、厚生省（国立病院）や大学等を始めとする学校用地への転用が目立つ。

　なお、敷地面積が 1 万 m² 未満の旧軍用施設についてみると、5 千 m² から 1 万 m² 未満の旧軍用施設は、13 口座、3 千〜5 千 m² の規模のものは 8 口座、3 千 m² 未満のものは 21 口座、そして国有地ではない旧軍用施設が 22 口座となっている。

2．京都府（舞鶴市を除く）における旧軍用地の転用状況

　先に京都府における旧軍用施設の状況について概観してきたが、ここではその転用状況について明らかにしておこう。

　まず、京都府における旧軍用地を国家機関（各省庁）がどのように所管換をしているかを明らかにしておきたい。ただし、これまでと同様、農林省による有償所管換および防衛庁による無償所管換を除く。

XII-2-(3)表　国家機関による旧軍用地（京都府）の転用状況（1 万 m² 以上）

（単位：m²、年次：昭和年）

移管先	移管面積	用途目的	年次	旧口座名	所在地
大蔵省	13,845	公務員宿舎	36	野砲兵第 16 連隊	京都市
農林省	16,529	農地事務局	36	深草小銃射撃場	同
同	10,244	農地事務局	36	同	同
文部省	27,142	京都教育大学	46	同	同
同	134,327	京都学芸大学	37	歩兵第 9 連隊	同

総理府	70,496	府警察学校	25	第16師団兵器部倉庫	同
文部省	70,409	京都学芸大学	37	輜重兵第16連隊	同
大蔵省	12,343	合同宿舎	43	工兵第16連隊他	同
同	11,781	合同宿舎	38	工兵第16大隊東方作業場	同
建設省	12,549	河川敷	41	東二造・宇治製造所本工場	宇治市
法務省	76,560	宇治少年院	37	大陸兵補・宇治分廠及官舎	同
文部省	58,512	京都大学	45	同	同
建設省	12,065	河川改修用地	39	東二造・宇治製造所分工場	京都市
厚生省	51,891	国立病院	20	京都第一陸軍病院	同
文部省	51,289	府青年師範	23	舞鶴鎮守府野外演習場	丹波町
同	59,504	府青年師範	23	同	同
厚生省	23,851	国立病院	23	福知山陸軍病院	福知山市

出所：「旧軍用財産資料」（前出）より作成。なお口座名は略記した。
注：「東二造」とあるのは、東京第二陸軍造兵廠の略。

　(3)表から判ることは、大蔵省から国家機関（大蔵省も含む）である各省庁へ移管された件数は17件で、そのうち文部省の6件が最も多く、続いては大蔵省3件、厚生省、建設省、農林省が各2件、法務省と総理府が各1件となっている。

　文部省の場合には、京都学芸大学（のち京都教育大学）、京都大学、府青年師範学校などの学校用地へ転用している。大蔵省の場合には、合同宿舎（公務員宿舎）への転用である。厚生省は国立病院への転用、そして建設省の場合には宇治市と京都市という違いはあるが、いずれも宇治川の改修ないし河川敷への転用である。

　農林省については、これは開拓農地への有償所管換ではなく、農地事務所（現在は近畿農政局）への無償所管換である。

　法務省は少年院の建設用地として、また総理府は防衛庁ではなく、京都府警察学校用地としての利用である。この警察は、総理府の管轄であり、正式（昭和48年段階）の名称は、国家地方警察京都府本部警察隊であり、通称「府警」と言われている京都府警察ではない。この国家地方警察とその役割については、地方自治という観点からみれば、検討すべき問題があるが、今はその場ではない。

　国家機関への移管先を地域的にみれば、京都市が9件で圧倒的に多く、宇治市3件、丹波町（平成17年、瑞穂町、和知町と合体し京丹波町となる）が2件、福知山市が1件となっている。

　なお、(3)表には掲示していないが、1万m²未満の旧軍用施設で、土地を国家機関へ移管したものが幾つかある。その中で多いのは、昭和22年に開拓農地を用途目的とした農林省への有償所管換である。文部省（京都学芸大用地）や大蔵省（国税局宿舎）への移管もあることを付記しておこう[1]。

　次に、京都府内の地方公共団体による旧軍用地の取得状況はどうなっているのであろうか。それを一つの表にまとめておこう。

第十二章　滋賀県および京都府（舞鶴市を除く）　465

XII- 2 -(4)表　地方公共団体による旧軍用地（京都府）の転用状況（1万 m² 以上）

（単位：m²、年次：昭和年）

府市町名	取得面積	転用目的	取得形態	年次	旧口座名
京都府	13,535	府営住宅	時価	24	野砲兵第16連隊
同	12,588	府道	譲与	43	大陸兵補・祝園分廠等
同	48,608	高校用地	減額20%	25	三菱海軍用地
同	96,900	工場用地等	交換	47	長田野演習場
同	34,454	水産高用地	減額20%	35	舞鶴海軍航空隊第1区
京都市	17,409	中学校用地	減額50%	30	野砲兵第16連隊
同	21,035	市営住宅	時価	25	第16師団通信隊
同	12,927	──	減額20%	25	同
同	10,306	消防学校	時価	24	輜重兵第16連隊
同	13,879	市営住宅	時価	24	同
同	17,970	公営住宅	減額33%	33	工兵第16連隊ほか
同	23,930	児童公園敷	減額33%	35	同
同	12,205	市道	譲与	42	三菱海軍用地
同	32,753	市道	譲与	37	愛宕山鉄道
宇治市	11,282	中学校用地	時価	23	陸軍宇治演習廠舎
同	24,035	中学校用地	減額48%	37	東二造宇治製造所本工場
福知山市	10,061	公営住宅	時価	26	長田野演習場福知山廠舎
同	11,910	中学校用地	時価	26	福知山練兵場
同	19,563	中学校用地	時価	24	歩兵20連隊
同	10,971	市道	譲与	47	長田野演習場
同※	206,717	緑肥採草地	時価	25	同
宮津市	15,469	住宅敷地	減額30%	33	第31海軍航空廠工具住宅
同	16,051	中学校用地	減額40%	33	舞鶴海軍航空隊第1区
同	30,923	道路	公共物編入	40	第31海軍航空廠通路

出所：「旧軍用財産資料」（前出）より作成。※は旧下六人部村（昭和30年福知山市に編入）。

　(4)表について、若干の考察をしておこう。まず地方公共団体としての京都府が旧軍用地（1万m²以上）を取得したのは5件で、そのうち注目に値するのは、長田野演習場跡地を工場用地および住宅用地として、約9万7千m²を「交換」によって取得している件である。この件については、長田野内陸工業団地との関連もあるので、のちに詳しくみていくことにしたい。

　次に京都府にある旧軍用地を最も多く取得したのは京都市である。京都市は、市内の旧軍用地（1万m²以上に限定）を9件ほど取得している。その中で中学校用地を50%の減額で取得している件があるが、50%の減額というのは余程の条件があったものと推測される。旧愛宕山鉄道は、愛宕山登山や清滝を観光する目的で嵯峨野から清滝まで通ずる短い軌道であったが、戦時中に軌道からレールが外され、軍によって接収されていたものである。トンネルを含む道路が、京都市に譲渡されることによって、新しい観光ルートが生まれている。

　京都市に次いで多く旧軍用地を取得したのは、福知山市（旧下六人部村の1件を含む）の5件である。用途目的は中学校用地、公営住宅、市道であり、用地取得で特に目立った特徴としては、

旧下六人部村（昭和30年に福知山市へ編入）が緑肥採草地として20万m²強の旧軍用地を取得した1件がある。

宮津市、宇治市による旧軍用地の取得には、特徴ある形態がみられない。

1）「旧軍用財産資料」（前出）より作成。

3．民間企業等による旧軍用地（京都府）の産業用地への転用（3千m²以上）

民間企業等による旧軍用地の取得については、1件あたり3千m²以上のものを分析対象としている。京都府（舞鶴市を除く）における民間企業等による旧軍用地の取得状況は次のようなものである。

XII-2-(5)表　民間企業等による旧軍用地（京都府）の転用状況（3千m²以上）

（単位：m²、年次：昭和年）

企業等名	取得面積	業種・用途	年次	旧口座名
浜島龍雄	3,188	工場敷地	26	野砲兵第16連隊
桃山貨物自動車	6,178	運送業	23	京都師団管区秣倉庫
安孫子糸工場	9,333	繊維工業	32	第16師団通信隊
日本道路公団	9,849	名神高速道	35	同
日本住宅公団	22,332	出資財産	36	工兵第16大隊東方作業場
島崎染料工業所	3,407	化学	26	宇治製造所桜島倉庫
近畿電気通信局	52,846	逓信講習所	26	京都飛行場
日本レイヨン	293,275	工場用地	39	東二陸造宇治製造所分工場
橋本水産	5,784	水産加工	25	三菱海軍用地
大林組	11,745	建設・工場	25	同
三菱京都木質工業	3,506	木工場	26	同
京阪神急行電鉄	10,576	運送業	42	同
三菱重工業	122,479	社員住宅	24	三菱重工業京都工場
京都バス	6,683	駐車場	37	愛宕山鉄道
松本庄吉	286,373	山林経営	24	長田野演習場
武田薬品	3,179	試験場	38	同
関西電力	75,022	発電所用地	41	第31海軍航空廠
中津漁業生産組合	4,600	水産加工	26	舞鶴海軍航空隊第1区
中津水産加工組合	3,239	魚干場	32	同
丹後織物工業組合	6,661	染工場	24	峰山海軍航空隊第4区

出所：「旧軍用財産資料」（前出）より作成。

(5)表をみると、京都府における旧軍用地の工業用地への転用は11件で、意外と少ない。業種的にみても、食品加工と化学工業が各3件で、繊維染色が2件、木材工業1件、一般機械1件、業種不明が1件である。このうち、三菱重工業（一般機械）は社員住宅用地なので、業種は一般機械でも、その用途目的は工場用地ではない。また水産加工業とは言っても、そのうち1件は魚干場としての利用なので、これも製造業とは言いがたい。

第十二章　滋賀県および京都府（舞鶴市を除く）　467

　工場敷地面積からみると、日本レイヨン（宇治市）が 29 万 3 千 m² の用地取得をしている以外には、10 万 m² を超える用地取得をしている企業はない。三菱重工業が取得した用地は社員住宅用地なので、日本レイヨンに次ぐのは丹後織物工業組合（京丹後市）の 7 千 m² 弱ということになる。それ以外の工場用地は 3 ～ 4 千 m² 程度でしかない。

　このことは、京都市が歴史的文化都市であり、戦時中は西陣や清水などの伝統産業が軍需に動員され、「軍需工業都市」[1] と称されたこともあったが、戦後における軍需生産の壊滅は大量の失業者をだしたこともあり、また観光都市としての復興過程においては、市内での工場立地は歓迎されない雰囲気があった。なお、旧軍用地の転用によって、戦後の一時期、伏見地区で、製糸工場の立地がみられたが、糸ヘン景気の後退とともに廃業している。

　製造業以外の産業としての旧軍用地取得は、これまた内容が多様である。農業は別として、運送業の 3 件（電鉄、バス、トラック）をはじめ、林業、建設業の各 1 件で、残るのは電力会社、電電公社、道路公団、住宅公団といった公共事業が各 1 件あるに過ぎない。

　(5)表には掲載しなかったが、旧軍用地が教育部門（産業）へと転用されたのは、京都市内では、聖母女学院が昭和 24 年と 25 年に併せて 3 件、計 59,876 m²、龍谷大学が昭和 35 年に 52,784 m² を、そして福知山市では成美学苑が昭和 33 年に商業高校用地として 54,326 m² を取得している。もっとも、学校施設を教育産業施設と見なすことには問題がある。学校教育は、それが私立学校であっても、教育自体は公共的性格をもつものであり、学生・生徒の知的・人格的・体力的資力の涵養を業務の本来的な目的とするものである。したがって、この業務による利潤の追求は本来あるべきものではないからである。

　1）『京都の歴史　9』、京都市、学芸書林、昭和 51 年、199 ページ。

4．京都府における旧軍用地の転用に関する地域分析

　京都府においては、これまでみてきたように旧軍用地が産業用地、とりわけ工場用地へ転用された件数は少ない。もっとも舞鶴市を除いてのことである。そこで地域分析を行うにあたっては、その幾つかの地域に絞りたい。具体的には、①日本レイヨンが用地取得した京都市（伏見区等）、②丹後織物組合との関連で大宮町（平成 20 年現在は京丹後市）、それから③水産加工用地と関西電力が用地取得した宮津市、④京都府が工業用地を取得している福知山市、以上の 4 地域である。

⑴　京都市

　千年の都であった「京都」の国有財産としては、京都御所、修学院離宮、桂離宮などの皇室財産が大きな位置を占める。それと同時に、戦前の京都市には京都師団があった伏見区を中心に、38 口座の旧軍用施設があった。しかも 2-⑴表をみれば判るように、敷地面積が 100 万 m² を超える施設が 6 口座もあり、京都市伏見区には京都師団の管区司令部とその付帯施設、また同区桃山町には東京第二陸軍造兵廠宇治製造所分工場（421,293 m²）、それから右京区の桂地区には、三

菱海軍用地や三菱重工業京都工場厚生施設という比較的大規模な旧軍用施設があった。

ところが、これらの旧軍用施設（旧軍用地）のうち、工業用地として譲渡されたのは、東京第二陸軍造兵廠宇治製造所跡地の一部（293,275 m²）が昭和39年に日本レイヨンへ払い下げられたのが最大の規模であった。この点について、『ユニチカ百年史』は次のように記している。

「これは、戦時中『東京第2陸軍造兵廠宇治製造所分工場』として、火薬類の製造と一部格納に充てられていたが、宇治市と京都市の行政境界にまたがって約8万9200坪の敷地を擁し、宇治工場や綜研にも近い地理的条件は当社の事業用地としてうってつけであった。国有財産の払い下げ案件だったが用途制約はなく、買価7億5500万円は坪単価にして約8500円で、当時としても格安といえた」[1]

なお、日本レイヨンは、昭和44年に、ニチボーと合併し、ユニチカとなる。『ユニチカ百年史』は、その後における跡地利用について記しているので、その幾つかを抜粋し、紹介しておこう。

「旧陸軍火薬廠木幡分工場跡地に九万坪の敷地を持つ京都工場——その広大な敷地はほとんど火薬工場の廃墟のままであり、背丈ほどの雑草が生い茂り、野生の兎が生息し、日没後は懐中電灯がなければ歩けないといった状態であった」[2]

「京都工場でナイロンフィルム生産用の新工場の地鎮祭が行われたのは、四十二年八月であり、一年後の四十三年七月、一号機が完成した」[3]

「四十八年一月に至り、京都工場の広大な土地の有効活用という（視点から—杉野）、フィルム、モノフィラメントはともに宇治工場西側隣接地（当時グランド）へ移設し、移設後の京都工場跡地において住宅開発を行う」[4]という方針を労働組合に提示。

「他方、五十一年一月には都市開発第一部をスピンアウトして新会社『㈱ユニチカ京都ファミリーセンター』（資本金三億円——）を設立した。当初京都開発は京都工場跡地に約八万九〇〇〇坪を全面開発する大構想であったが、その後当社の経営条件が厳しさを加えたため、土地の大部分（約六万七〇〇〇坪）を住宅公団に売却し、残地二万二〇〇〇坪を新会社に引き継ぎ、宅地分譲と団地のセンター地区での商業施設等の賃貸経営を行うことになった」[5]

「五十四年二月、スーパーサカエならびに専門店、銀行、医院、文化教室等からなるショッピングセンター『ユニチカファミリーセンター』を京都市伏見区桃山町に開発、営業開始した」[6]

上記に引用した文章は、大都市近郊において旧軍用地を取得した工場が、経営不振のため、転売などの経過を経て、住宅用地へと再転用されていく経緯を典型的なかたちで示している。なお、最初の文章に「旧陸軍火薬廠木幡分工場」とあるが、その敷地面積からみて、東京第二陸軍造兵廠宇治製造所分工場（421,293 m²）の旧称ではないかと思われる。

京都市右京区川島町下津林にあった三菱海軍用地には、戦時中、三菱重工業京都発動機製作所があった。この工場については、『京都の歴史 9』に次のような文章がある。

「三菱重工業京都発動機製作所は、昭和17年9月、桂に工場を建設し、19年7月、主要工場の建物がほぼ完成した。同年12月、名古屋発動機製作所が被爆の結果、その生産を分散するこ

第十二章　滋賀県および京都府（舞鶴市を除く）　　469

ととなり、その第三工作部の生産を設備とともに、京都発動機製作所は引き継ぐ。昭和 20 年 2 月、第八製作所と改称、本格的生産を開始して、火星発動機を生産する。同年 4 月から 5 月にかけて、各作業場を市内の大丸百貨店、学校、逢坂山隧道、八瀬駅ホーム、嵐山電車高架下、その他に分散した。敗戦当時の規模は、土地 52 万余坪、建物 7 万余坪、工作機械 1,590 台であった」[7]

　この三菱発動機製作所の工場は、おそらく旧海軍用地（国有地）を借用していたものと思われるが、その三菱海軍用地（1,444,209 m²）は、その大半が昭和 22 年に農林省の農地（872,122 m²）へ有償所管換され、残る用地は昭和 32 年に総理府防衛庁（362,730 m²）へ無償所管換された。したがって、産業用地への転用は⑸表で示しているように、橋本水産、大林組、三菱京都木質工業、京阪神電鉄（阪急）への比較的小規模な譲渡ないし交換があるに過ぎない。しかも、旧軍用地を取得したこれらの企業は、阪急を除いて昭和 58 年の時点では現地に見当たらない[8]。

　三菱重工業京都工場厚生施設（122,479 m²）は三菱重工業へ昭和 24 年に払い下げられているが、これは払下先の業種が一般機械であるというだけで、用途目的は社員住宅であった。また伏見区で旧軍用地を工場用地を用途目的として取得した浜島龍雄氏、また我孫子糸工場も昭和 58 年の時点では現地に見当たらない[9]。おそらく住宅地になったものと思われる。

1）『ユニチカ百年史［上］』、ユニチカ株式会社、平成 3 年、628 ページ。
2）『ユニチカ百年史［下］』、ユニチカ株式会社、平成 3 年、174 ページ。
3）同上。
4）同上書、174 ～ 175 ページ。
5）同上書、179 ページ。
6）同上。
7）『京都の歴史　9』、京都市、学芸書林、昭和 51 年、197 ページ。
8）昭和 58 年、現地踏査結果による。
9）同上。

⑵　大宮町（現京丹後市大宮町）

　戦前の京都府中郡大宮町（現京丹後市大宮町）には、旧峰山海軍航空隊があった。2 -⑴表にみられるように、この跡地の大部分は、昭和 27 年と同 28 年に農地として農林省へ有償所管換されたが、その一部、6,661 m² は昭和 24 年に丹後織物工業組合へ時価で譲渡されている。

　この土地を中心に、昭和 39 年頃より、丹後織物工業組合の中央加工場が建設されはじめ、昭和 40 年より操業を始めている[1]。

　『大宮町史』には「41 年 10 月 22 日には旧峰山加工場が老朽化したので、大宮町河辺の元飛行場跡に中央加工場が完成した。——中央加工場の規模は、——敷地面積 11 万 5,590 m²、建物面積 1 万 3,100 m²」[2] とある。

　昭和 58 年現在、この中央加工場の面積は、建設当時と同じ約 11 万 5 千 m² 強であるから、払

470

い下げられた旧軍用地は、この工場敷地の６％弱でしかない。したがって、この中央加工場の用地は、そのほとんどが農地として払い下げられた旧軍用地を再度買い上げたものである。ちなみに、丹後織物工業組合中央加工場の従業員数は、昭和48年頃は約280名であったが、昭和58年現在では約160名（男110名、女50名）となっている[3]。

なお、この中央加工場については、次の一文が参考になる。

「製織されたちりめんの精錬、加工を行い品質の向上と付加価値を高めています。丹後に４加工場がある中で、特に中央加工場は染色部門を設け、黒紋付・無地染・糸加工も行い、染の導入による総合産地化を指向しています」[4]

この引用文からも判るように、丹後中央加工場は、丹後地域におけるちりめん産業の基軸的な工場として機能していると同時に、丹後地方における経済発展の中心的推進力としての役割を果たしている。

　１）　昭和58年7月21日、丹後織物中央加工場にて聞き取り。
　２）　『大宮町史』、昭和57年、305〜306ページ。
　３）　昭和58年7月21日、丹後織物中央加工場にて聞き取り。
　４）　『丹後の旅』（丹後織物工業組合・昭和57年頃発行）による。

(3)　宮津市

①　旧海軍航空隊跡地

宮津市の栗田湾内にある中津には、旧海軍航空隊第１区（71,022 m²）があった。その跡地の約半分は京都府立水産高校（34,454 m²）へ転用されたが、残りの跡地については、海に面した4,600 m²が、昭和26年、中津漁業生産組合に、また昭和32年、中津水産加工組合に、3,239 m²が譲渡されている。

中津水産加工組合は、この土地を昭和31年から35年まで、明石のほうからやってきた業者「魚虎」に貸し、茹でた小魚の干場として利用していた[1]。

また中津漁業生産組合は昭和28年に解散し、その財産は中津大網組合が引き継ぎ、昭和46年1月1日より㈱京洋（従業者約10名）が利用している[2]。

いずれの場合にも、地元の漁業者より構成されている組合が、旧軍用地を利用するのではなく、それを地域外の業者に貸し出し、利用させるという状況になっている。このことは、沿岸漁業の不振とそれによる労働力の地域外流出が原因だと思われる。

②　旧第31海軍航空廠跡地

同じく栗田湾の北側になる小田宿野には、水上機を組み立て、発着させる第31海軍航空廠があった。

『宮津市史』には、その建設に関して次のような文章がある。

第十二章　滋賀県および京都府（舞鶴市を除く）　　471

「昭和18年には、日本海海側における海軍作戦基地ならびに軍需生産地として第三十一海軍航空廠が小田宿野に建設され、航空廠の建物・倉庫・製塩所などが建設された」[3]

この航空廠の跡地の一部（75,609 m²）は工場用地を用途目的として、昭和41年に関西電力に「交換」で譲渡され、のちに宮津火力発電所が建設された。この間の経緯を『宮津市史』は次のように記している。

「昭和40年9月、関西電力は、栗田半島小田宿野にある旧海軍航空廠跡を中心にした一帯に、──大規模な火力発電所を建設する計画を発表した。──しかし、発電公害を憂慮する府漁協など漁業関係者の反対が持続的におこなわれ、46年9月21日、宮津市を訪れた蜷川知事は『京都府沿岸には一切建設を認めない』と言明し、関電側の要請を正式に拒否した」[4]

昭和49年3月、京都府立海洋センターが建設され、それ以降、京都府はこの海洋センターの敷地 43,900 m² を関西電力より借用している。ただし、その北側の土地は、昭和58年7月21日現在、雑草の生える平地として遊休していた[5]。

「昭和52年12月26日、蜷川知事は、記者会見で、栗田半島の海洋センター横の空地に京都府が電力九社と提携して『エネルギー研究所』をつくる構想を明らかにした。──しかし、エネルギー研究所の構想は、53年、蜷川府政から林田府政に転換した後、その内容を変更していくことになる」[6]

「昭和56年9月21日、関西電力は宮津市の栗田湾に石油火力発電所（75万キロワット）を含む『宮津エネルギー研究所』を建設するため、事前環境現況調査を京都府に申し入れた」[7]

「関西電力エネルギー研究所は、──昭和60年7月に着工した」[8]が、その敷地面積は、「総面積約 45万 m²」であった[9]。

「昭和63年10月11日、宮津市、京都府、関西電力の三者の間で火力発電所2基（出力75万キロワット）を含む宮津エネルギー研究所についての公害防止協定の締結交渉がまとまり、締結した」[10]

「平成元年8月4日、宮津エネルギー研究所の火力発電第1号機が通産省の検査に合格、営業運転を開始した。この時関西電力宮津研究所 PR 館『丹後魚っ知館』も開館した」[11]

以上が、『宮津市史』に記されている宮津火力発電所の建設経緯である。

平成元年になって、関西電力は、この地にエネルギー研究所を設立したが、平成13年に発電機（1号機）、平成16年に発電機（2号機）をストップし、現在（平成22年）の段階では、「長期計画停止」という状況になっている[12]。

　1）　昭和55年頃、現地での聞き取り結果による。
　2）　同上。
　3）　『宮津市史』（通史編、下巻）、宮津市、平成16年、851ページ。
　4）　同上書、1009ページ。
　5）　昭和58年、現地踏査による。
　6）　同上書、1010 ～ 1011ページ。

472

7）　同上書、1011 ページ。

8）　『宮津エネルギー研究所建設工事概要』（関西電力、昭和 61 年 5 月）による。

9）　同上。

10）　『宮津市史』、前出、1012 ～ 1013 ページ。

11）　同上書、1013 ページ。

12）　平成 22 年、関西電力本社への問い合わせ結果による。

⑷　福知山市

　戦前の福知山市には、歩兵第 20 連隊があり、それとの関連で長田野演習場（約 470 万 m²）という広大な演習地をはじめ、それに付設された同福知山廠舎（約 6 万 5 千 m²）があり、さらに福知山練兵場（約 13 万 m²）、福知山射撃場（約 5 万 m²）、福知山陸軍病院（2 万 m² 強）などの旧軍用施設があった。その口座数は 13 で、うち 1 口座（福知山陸軍病院分院、福知山市中）は借地であった。

　このうち、民間企業による工業立地（3 千 m² 以上）と直接的に関連があるのは、長田野演習場跡地を昭和 38 年に 3,179 m² を取得した武田薬品工業だけである。しかしながら、工業団地形成の歴史的経緯からみれば、この年に武田薬品工業が旧軍用地を買収したことが、長田野に工業団地を建設しようという構想の現実的発端となった。ちなみに、福知山市開発公社が土地の先行取得を開始したのは昭和 39 年 3 月からである。

　また、長田野演習場跡地を、京都府が昭和 47 年に「工場及び住宅敷地」を用途目的として96,900 m² を交換で取得し、同年、福知山市が「市道」を用途目的として、10,971 m² を国より譲与されたことが、この工業団地を完成させていくうえで、大きな役割を果たすことになった。

　以下では、工業立地条件と公害対策という二つの視点から、長田野工業団地の形成過程をみておくことにしよう。

　『京都府長田野工業団地造成調査報告書』（大阪通産局、昭和 39 年 12 月）は、長田野が位置する中丹地区の工業立地条件について次のように述べている。やや長いが引用しておこう。

「①近代工業の施設と技術が、すでにある程度商工業都市として発達している福知山市・舞鶴市・綾部市などに蓄積していること。

　②豊富な労働力が、地区内および背後地の奥丹地区・中部地域・兵庫県・福井県にあること。

　③工場適地が、臨海部および内陸部にわたって約 1,000 ha にも及び、しかも用地取得が比較的容易であること。

　④豊富な水資源が、地区の中を貫通する由良川に容易に求められること。

　⑤舞鶴港が、この地区における工業の原材料、製品などの海上輸送の便益を増大し、さらに、将来において対岸貿易の拠点となりうること。

　⑥阪神工業地帯からの距離が、わずかに約 80 km であり、陸上の運輸交通網の整備に伴い、その時間的距離が短縮されつつあること」[1]

長田野工業団地が位置する中丹地区の工業立地条件としては地質や地耐力などの検討が必要で

あるが、本書の研究課題との関連で重要となるのは、用地取得が「比較的容易である」という、この調査報告書の指摘である。

では、なぜ、「用地取得が比較的容易」なのか。その点に関連して、同調査報告書は次のように記している。

「土地の約28％が農地であって、その殆ど大部分は旧陸軍演習場跡の開墾農地であり、また、その約25％、32 ha は入植地である。しかし、土性が耕種農業に適していないので、土地生産性は低く用地買収等について農地転用後の農家の転換対策を考慮する以外、特に大きな困難はないように思われる」[2]

それでは、昭和39年の段階において、長田野工業団地の造成対象地域における土地所有関係がどうなっていたのか、前出の『調査報告書』は次のような土地所有関係表を掲げている。

XII-2-(6)表　工業団地造成予定地の所有形態別、地目別面積（昭和39年）

(単位：ha)

		総数	地目別		
			農地	原野	山林
総数	総数	450.0	124.8	40.8	284.4
	共有	248.8	——	——	248.8
	個人有	201.2	124.8	40.8	35.6
入植地	共有	51.2	——	——	51.2
	個人有	67.8	32.0	35.8	——
増反地	共有	80.6	——	——	80.6
	個人有	93.0	88.0	5.0	——
その他	共有	117.0	——	——	117.0
	個人有	40.4	4.8	——	35.6

出所：『京都府長田野工業団地造成調査報告書』、前出、7ページ。
原資料は未記載。原表題は「長田野工業団地の所有形態別、現況地目別面積」

長田野工業団地造成予定地区における土地所有状況は昭和39年段階では、上掲の(6)表のようであったが、この地区は、もともとは長田野演習場（4,692,396㎡、一部は長田野以外）であった。それが昭和22年に農林省へ3度にわたり、さらに昭和27年にも農林省へ有償所管換されたが、その合計は337万㎡に達する。なお、この昭和24年と25年に、個人へ山林用地として286,373㎡を、そして下六人部村へ緑肥採草地を用途目的として206,717㎡をいずれも時価で売り払っている。旧軍用地と長田野工業団地造成予定地との関連は以上の通りである[3]。

昭和22年から数えると、約15年後の昭和39年の段階になると、農林省へ有償所管換された旧軍用地も農地へと転用され、その土地利用状況は(6)表のようになっていたのである。

だが、このような所有形態と「土性が耕種農業に適していない」という二つの理由だけで、工

業用地として買収することに「特に大きな問題はない」と言いうるであろうか。この点では、農地の栽培状況や農民の離農に対する意思確認がなされていないだけに、やや安易な調査報告と言わねばならない。

昭和40年に、京都府は『長田野工業団地』を刊行し、長田野工業団地への企業誘致を始めるが、この『長田野工業団地』の中には、位置、団地の概要、気象、都市計画、交通運輸、工業用水、電力、電話、上水道・ガス、文教厚生施設といった工業立地条件とならんで、誘致企業に対する優遇措置を記している[4]。その内容については省略する。

同じく昭和40年に福知山市も『工場適地　長田野工業団地』を刊行しているが、その内容は一部を除いて、京都府の誘致パンフレットとほとんど同じである[5]。

昭和40年段階の企業誘致パンフレットは工業団地の宣伝を目的としたもので、同工業団地への募集は昭和45年2月10日より「京都府長田野工業団地工場用地分譲第1次公募要綱」をもって始まる。そして昭和46年に第2次、昭和47年に第3次の公募が行われる。

この公募要綱の中で、注目すべきことは、「公害の防除」という項目があり、それには「公害の防除　譲受人は、操業に先立って排水、ばい煙、粉じん、騒音、振動、ガス、悪臭等による公害が発生しないよう、適切、かつ十分な防除の措置を講じるものとし、公害が発生したときは、譲受人の責任において解決を図らなければならない」[6]としている。

なお、公募要綱の中には、「公害の防除」に先立って、「契約違反」があり、その(3)には「公害の防除に必要な措置を講じなかったとき」[7]という条項がある。このように、この長田野工業団地に立地しようとする企業に対しては、「公害防除」という点が強く求められたのである。

長田野工業団地を全国的にみて一躍有名にしたのは、『日本列島改造論』（田中角栄著）である。この書物の中では、長田野工業団地が次のように紹介されている。

「旧陸軍演習場跡につくった京都府福知山市の長田野工業団地は面積四百ヘクタールだが、中央に自然池のある公園を持ち、工業団地と住宅団地を分け、学校やサービス施設も配置している」[8]

この文章が特に注目されたのは、当時における蜷川革新府政のもとでの工業団地の造成とそこへの企業誘致だったからである。それだけに公害対策は厳しいものが求められた。昭和48年に、福知山市は「長田野工業団地」という宣伝パンフレットを刊行する。その中では「公害のない長田野団地」という見出しのもとに、次のような公害防止の内容が記されている。

「日本一の内陸工業団地を公害のない美しい工業団地として、市民の健康と生活環境の保全を図る公害防止対策がなされています。

①大気をきれいに

重油や原油の（を―杉野）使用する企業はガスに転換します。

②河川をきれいに

排水は企業の責任において前処理し、下水道に放流されます。排水放流口は1企業1ケ所です。

③緑地保全

　　工業団地と周辺の土地とを緑地や公園でしゃ断しており、団地内各工場の空地には、芝生
　　やクローバー、植樹などにより緑化します。

④環境整備

　　イ、建築物は、敷地境界から５メートル以上離します。

　　ロ、敷地面積の建ペイ率は 45％以下です。

　　ハ、工場敷地の周辺は、ネットフェンスに統一されています。

　企業は公害防止管理者をおき、公害予防に努め、福知山市と企業が『公害防止協定』を結び、
きびしく規制しています」[9]

　工業団地に進出しようとする企業（工場）に対して、このような厳しい公害防止策を義務づけ
ることは、当時、全国的に深刻となった公害の発生状況を踏まえれば、いわば常識とも言えるこ
とであった。長田野工業団地における公害防止対策の具体的な状況については、「京都新聞」の
記者が次のように伝えている。

　「長田野工業団地の場合、公害に関しては京都府も進出企業も神経質といってよいほど配慮を
加えている。町と団地をしゃ断するグリーンベルト、四百 ha という土地を十分に使い境界から
うんと離れたカラフルな工場、広くたっぷりの道路、巨大な下水処理場、大きなスペースをとっ
た有毒排出物除去装置。『団地内に野球場二面とテニスコート多数、公園などに植える苗木代三
千万円、噴水が同じく三千万円』（勝山事務局長）『インダストリアル・パーク』（山田開発事業課
長）というゼイタクともデラックスともいいようのない現場を見ると公害ゼロと素人判断せざる
をえない」[10]

　それより年月が経過し、昭和 55 年の段階では、京都府公害対策技術者会議が『長田野工業団
地の環境』という調査報告書を出しているが、その内容を手短にまとめると、次のような結論で
あった。

　「長田野工業団地を含む福知山市域の大気汚染や由良川の本・支流の福知山市域での水質汚濁
等の現況については、――ほとんどの項目にわたって良好な状態に維持されているといえよ
う」[11]

　なお、同じく昭和 55 年段階の長田野工業団地については、幾つかの問題点が出されている。
『長田野工業団地概要書』（福知山市）によれば、それは、用地取得が困難だったこと、地域産業
連関が必ずしも不十分だということである。この二点に関連する文章を引用しておこう。

　「この区域の土壌は酸性で、しかも常に水不足のため、生産性が低く入植者の中には維持でき
ずに離農していく者が次第に増加していく状況にあった。しかし、戦後の不況期を乗り切るため、
当開墾地に再起の夢をたくした農民も多数おり、地権者としては 1,200 人、土地筆数にして約
3,000 筆であった。（中略）京都府による用地買収は昭和 40 年度より始まり、昭和 42 年度まで約
90％の土地を買収したが、耕地の少ない山間部のため、離農者は別として、用地の買収は難行し、
見返りの条件付の買収もやむを得ない状態であった」[12]

「下請関連企業の状況は、現在利用しているといいながら圧倒的に『利用できる企業が少ない』と『利用できる企業がない』という回答が多い。（中略）長田野工業団地をより有効に活用するためには、地元産業をどの方向に導いていくかが最大の課題であると考えられる」[13]

さらに年月が流れる。長田野工業団地における企業数および工場用地は、昭和55年5月現在では、22社で1,826.8千m²であったが[14]、その後、工業団地内における工場用地が完売し、用地分譲が完了した。平成27年4月現在、長田野工業団地で操業している企業は40社で、その工場敷地面積の合計は2,219.6千m²、従業員総数は派遣社員、協力会社を含めて6,323人である[15]。

こうした状況をふまえ、京都府および福知山市では、福知山市の三和地区に、通称「長田野工業団地アネックス京都三和」を新しい産業拠点として平成8年より建設に着工、工場用地の分譲を平成14年より開始している。その工場敷地規模は、約31haで、「自然と調和し、豊かに発展する北近畿の産業集積を担う産業団地」が理念である[16]。

以上、武田薬品工業による旧軍用地の取得が契機となって、ひとたび農業用地へと転用された旧軍用地が、工業用地へと再転用され、日本でも最大級の内陸工業団地が形成され、発展してきたのが、長田野工業団地である。

なお、隣接する綾部市には、その後に綾部工業団地と綾部市工業団地が造成されたことも付記しておこう。

1) 『京都府長田野工業団地造成調査報告書』、大阪通商産業企業局、昭和39年、3〜4ページ。
2) 同上書、7ページ。
3) 「旧軍用財産資料」（前出）による。
4) 『長田野工業団地』、京都府、1965年、8〜9ページ。
5) 『工場適地　長田野工業団地』、福知山市、昭和40年。
6) 「京都府長田野工業団地工場用地分譲第1次公募要綱」、京都府企業局、昭和45年、5ページ。
7) 同上。
8) 田中角栄『日本列島改造論』、日刊工業新聞社、昭和47年、105〜106ページ。
9) 「長田野工業団地」、京都府福知山市、昭和48年、7ページ。
10) 「京都新聞」、昭和48年10月4日付。
11) 『長田野工業団地の環境』、京都府公害対策技術者会議、昭和55年、7ページ。
12) 『長田野工業団地概要書』、福知山市、昭和56年、38ページ。
13) 同上書、159〜160ページ。
14) 同上書、152ページ。
15) 『長田野工業団地の概要』、長田野工業センター、平成27年、23ページ。
16) 『長田野工業団地アネックス京都三和』、京都府、2015年、3ページ。

第十三章　舞鶴市

　舞鶴が軍港都市として発展していく淵源は、明治20年、舞鶴が鎮守府予定地に指定されたことにあるが、実際には明治22年、第4鎮守府（舞鶴）を設置する勅令が公布され、舞鶴町が生まれたことをもって発端とする。そして明治34年に舞鶴鎮守府が開庁し、海軍工廠の前身である造兵廠、造船廠が設置される。昭和13年に舞鶴市と東舞鶴市が誕生したが、昭和18年、軍の要請により、舞鶴市と東舞鶴市とが合併して、舞鶴市として発足することになった[1]。

　日本海沿岸に位置する舞鶴港は、境港、敦賀、伏木、富山（新港）、新潟（東港）、秋田（土崎）などの諸港とならんで、大陸沿岸貿易の拠点であり、国際貿易港として発展していく可能性をもっている。しかしながら、戦後間もない時期から引き続いた東西冷戦体制のもとでは、とりわけ昭和25年の朝鮮動乱の勃発は、舞鶴港の軍事的性格を強め、国際貿易港あるいは工業港としての発達を阻害させることになった。

　周知のように、舞鶴市は旧軍港都市であり、多くの旧軍用施設があった。昭和25年には旧軍港市平和産業都市転換法（以下、軍転法と略記）が制定され、この旧軍用施設（旧軍用地）が公共施設（公共用地）をはじめ工業用地としても転用されることとなった。だが、実態としては、舞鶴港が軍事的な性格を強めたこともあって、背後地における旧軍用地の産業用地への転用、すなわち舞鶴市の平和産業港湾都市への転換は、長期的にはともかく、短期的には遅々として進まなかった。

　ところで、軍転法が施行される以前の、すなわち昭和24年段階の舞鶴市における旧軍用施設の利用状況について、細川竹雄氏は次のように述べている。

　「かっては約8万人の工員を擁した旧軍工廠を喪失した舞鶴市は、終戦後旧工廠等に進出した飯野産業、舞鶴造船所、同舞鶴車両製作所及び京都缶詰舞鶴工場等で僅かに三千数百人程度の職場が提供せられたに過ぎず、しかもこのうち舞鶴車両製作所は、今春（昭和24年春―杉野）の企業整理によって閉鎖、数百人が失業となり、現在では漸く三千人程度の職場を提供するに過ぎず――（以下略）」[2]

　細川氏の文章は、戦後の舞鶴市における工業の状況を、「就業」という視点から述べたものである。つまり、旧工廠などの転用が進展せず、その結果として舞鶴市における就業が沈滞かつ低迷していることを物語っている。それでは、戦後の舞鶴市には、旧海軍工廠も含めて、どれだけの旧軍用施設があったのだろうか。その点から明らかにしていこう。

1）　『舞鶴のあゆみ』、舞鶴市、平成13年、20ページを参照。
2）　細川竹雄『「軍転法」の生まれるまで』、旧軍港市転換連絡事務局、昭和29年、75ページ。

第一節　舞鶴市における旧軍用施設の概況

　まず、大蔵省管財局文書「旧軍用財産資料」によれば、戦後大蔵省に移管された旧軍用施設の口座数は、舞鶴市の場合、合計数で、なんと1,012口座にも及んだ。もっとも、この中には、借地だったのか、施設面積が0という口座が数多く含まれており、実体のある旧軍用施設としては、133口座に留まる[1]。また、この133口座の中には、600万m²という広大な敷地をもった施設もあれば、逆に、工業適地という視点からみると問題にならないような、狭小な面積の旧軍用施設も含まれている。

　そこで、舞鶴市において、敷地面積が10万m²以上あった旧軍用施設を一覧表にしてみると、次のようになる。

XⅢ-1-(1)表　舞鶴市における旧軍用施設（10万m²以上）の概要

(単位：m²、年次：昭和年)

旧口座名	所在地	敷地面積	主な転用先	年次
舞鶴要塞軍山堡塁他	福来	237,494	円隆寺など7寺院	32・38
舞鶴要塞青山砲台他	今田	235,333	民間（106名）の植林地	26
舞鶴要塞博奕崎電灯所	瀬崎	167,913	総理府防衛庁	42
舞鶴要塞吉坂砲台他	吉坂	129,636	北陸財務局（所管替）	24
舞鶴要塞金ケ崎砲台他	西神崎	166,822	舞鶴市（市道）	39
舞鶴要塞建部山防塁他	下東	645,544	加佐町（町有山林）	31
舞鶴市鎮守府北吸小銃射的場	北吸	212,112	舞鶴市重工業・舞鶴市	36・45
舞鶴海軍病院	行永	273,800	国立病院	23
舞鶴海兵団	松ケ崎	702,515	総理府防衛庁	32
平海兵団	平	1,375,844	農林省（農地）他	28
舞鶴防備隊第1区	北吸	165,531	総理府防衛庁	36・42
舞鶴軍港水道与保呂水源地	与保呂	219,415	舞鶴市（水道施設）	31
舞鶴鎮守府第5～18防禦区	青井	309,530	下福井生産森林組合他	45
海軍兵学校舞鶴分校第1区	余部	146,001	総理府防衛庁	32
舞鶴海軍工廠	余部	718,177	舞鶴重工業	43
舞鶴海軍警備隊倉梯山防空砲台	溝尻	202,819	民間山林（35名）	28
舞鶴海軍防備隊成生崎防備衛所	成生	397,480	農林省・農地	27
舞鶴海軍工廠第二造兵部	倉谷	596,184	舞鶴重工業・他工業	43
舞鶴海軍軍需部第5区（岩子地区）	長浜	218,033	総理府防衛庁	31
舞鶴海軍軍需部第10区（佐波賀地区）	佐波賀	382,297	農林省・農地	24
舞鶴潜水艦基地隊	長浜	158,801	文部省（京都大学）	35
舞鶴海軍施設部白鳥火薬庫	森	107,500	民間山林用地	29
第三海軍火薬廠第1区長浜地区	長浜	327,257	総理府防衛庁他	32
第三海軍火薬廠第2区朝来地区	朝来	6,079,086	舞鶴市・民間企業等	25
舞鶴海軍軍需部大波重油槽	大波下	505,224	舞鶴市・民間企業等	25
舞鶴鎮守府築港材料置場	松蔭	193,136	運輸省他	30
舞鶴防備隊	長浜	231,149	運輸省他	26

舞鶴海軍軍需部第4区	長浜	194,563	昭和石油	27
舞鶴市海軍軍需部第7区（白浜地区）	白浜	332,408	総理府防衛庁	31
舞鶴海軍軍需部第9区（和田地区）	和田	714,353	その他	——
舞鶴海軍病院戸島消毒所	長浜	108,445	貸付中	48
舞鶴海軍工廠火工場	長浜	127,307	鈴木設備工業	44
舞鶴海軍工廠戸島大砲発射場	長浜	159,327	貸付中	48
舞鶴海軍警備隊空山防空砲台	観音寺	490,682	民間山林・舞鶴市	43
舞鶴海軍警備隊五老岳防空砲台	和田外	155,852	舞鶴市（市立公園）	34
舞鶴海兵団大波射的場	大波	214,390	総理府防衛庁	32
舞鶴海軍軍需部上福井重油槽用地	上福井	533,544	農林省・農地	24

出所：「旧軍用財産資料」（大蔵省管財局文書）より作成。

　舞鶴市における旧軍用施設で、その敷地面積が10万 m^2 以上のものは37口座であった。それを軍事的機能から大まかに分類してみると、防禦関連施設では、堡塁（2）、砲台（3）、防備隊（4）、防空砲台（3）を併せて計12口座、出撃基地関連では、兵団（2）と潜水艦基地（1）の計3口座、訓練関連では、射撃場（3）と学校（1）の4口座、施設維持関連では、病院（2）、電灯所（1）、水道（1）の計4口座、軍需品生産関連施設では、軍需部（5）、工廠（3）、火薬廠（2）、油槽所（2）、火薬庫（1）、材料置場（1）の計14口座、総計37口座という構成になる。

　このような分類を行ったのは、旧軍用施設の跡地が工業立地という点からみて適地であるかどうかの判断がある程度まで可能だからである。

　即ち、防禦関連施設では、岬や島などの臨海部で、遮蔽的な自然が必要な場所にあることが多く、一般的には工場適地とはなりにくい。

　出撃基地関連では、「兵団」は兵員が集合する場所なので、平坦地が多く、ここは工場適地と言えよう。もっとも潜水艦基地の場合には、必ずしもそうとも言えない。施設維持施設は、病院はともかく、水道などは工場適地ではないが、工場設置のためには不可欠な施設である。

　軍需品生産施設は、工廠や軍需廠などであり、これらはまさに工場適地である。ただし、火薬庫は爆発予防の付属施設があるので、特殊な工業にとっては工場適地になるが、一般的には必ずしもそうとは言えない。油槽所は、それ自体は工場適地ではないが、石油燃料が一般化してきた今日においては、工場に付帯する施設として、また貯油施設として極めて重要な施設となってきている。

　こうした判断は、やや一般的すぎるが、舞鶴市には、軍需品生産関連施設が14口座もあり、しかも、それらは用地面積10万 m^2 を超える規模の工場適地であった。なお、それらの所在地は、長浜地区に8口座が集中しており、北吸、余部、和田の3地区で各2口座、それ以外の23地区で各1口座となっている。大規模な軍用施設が一つの地区に集中していたという特徴はあるものの、旧軍港を防備する施設を周辺に配備するという機能的な条件と10万 m^2 を超える用地の確保という物理的な条件によって、全体としてみれば、舞鶴市における旧軍用施設は地域的に分散した状況にあったと言えよう。工業立地という視点からみれば、長浜地区をはじめ、北吸、

余部、和田といった10万m²の旧軍用地が2カ所もあった地区は、いずれも工場適地であったとみることができる。もっとも、そうした旧軍用施設の跡地に、工場が実際に立地してきたかどうかは、別問題である。なぜなら、現実になると、こうした旧軍用地の取得に係わっては、政治経済的諸関係が絡まってくるからである。

次に、主な転用先を概観しておこう。舞鶴市は、旧軍港を中心とした東舞鶴と旧城下町を基礎とする西舞鶴という市街地によって編成されており、その周辺の田園地域や森林地域はともかくとして、農林省への有償所管換による農地への転用は相対的に少ない。しかし、その反面、舞鶴市が旧軍港都市であり、戦後における再軍備（自衛隊の創設とその基地保有）との関連で、総理府防衛庁（海上自衛隊）への利用が、37口座（10万m²以上）のうち8口座と、相対的に多いのも、大きな特徴となっている。さらに、舞鶴重工業をはじめとする民間企業への転用が多くみられるのも、一つの特徴であろう。もっとも、これらの民間企業が防衛庁と関連をもった軍需品の製造工場であるかどうかは、ここでは論じない。

それ以外では、民間の山林用地や舞鶴市の公共用地への転用もみられる。特に珍しいのは、7寺院への払下げである。寺院が集団的に旧軍用地を取得したのは全国でも、ここだけである。なお、北陸財務局への移管が1口座あるが、これは所在地が福井県だったことが判明した結果としての事務的処理である。

念のために、「主な転用先」と「払下年次」との関連について付記しておくと、10万m²以上の旧軍用地だけに、その転用先が1口座1件だけとは限らない。したがって、(1)表に記された年次は、その口座において、最大の用地取得を行った件の年次を記したものである。

したがって、個々の年次の相互比較はほとんど無意味であるが、日本各地での動向を念頭におきながら、それを概観すれば、その地域における旧軍用地の転用状況の特徴を把握することが可能となる。ちなみに、日本各地での動向とは、昭和22・23年における農林省への有償所管換、防衛庁へは昭和31・32年および同42年での無償所管換、昭和30年代初期の民間企業への譲渡、昭和24年頃の文部省への無償所管換（新制大学用地）と同じく昭和23年頃における地方公共団体への新制中学校用地あるいは住宅用地としての譲渡などである。

そうした視点から、舞鶴市における旧軍用地（10万m²以上）の譲渡状況をみれば、農林省への有償所管換がやや遅く、民間企業への譲渡も時期的に遅くなっていると言わねばならない。ただし、総理府防衛庁への無償所管換については、全国的にみて、ほぼ同じ時期に移管されているか、やや早めであると言えよう。ただし、これはあくまでも、10万m²以上の旧軍用地に関する概観である。

次に、1万m²以上10万m²未満の旧軍用施設の状況についてみておこう。次の表がそれである。

XⅢ-1-⑵表　舞鶴市における旧軍用施設（1万 m² 以上 10 万 m² 未満）の概要

（単位：m²、年次：昭和年）

旧口座名	所在地	面積	主な転用先	年次
舞鶴要塞司令部	上安	15,017	聖ヨゼフ学園・他	27
舞鶴要塞舞鶴射撃場	上安久	34,392	農林省・農地	27
舞鶴重砲兵連隊	上安久	53,539	聖ヨゼフ学園（幼稚園）	24
舞鶴要塞舞鶴練兵場	上安	43,678	舞鶴市（職業訓練所）	41
舞鶴要塞演習砲台	下安久	40,294	舞鶴市（都市公園）	27
舞鶴要塞下安久火薬庫	下安久	21,053	その他	——
舞鶴要塞浦丹生砲台他	浦丹生	25,385	農林省・農地	27
舞鶴要塞浦丹生建設物	浦丹生	16,606	農林省・農地	27
舞鶴要塞葦谷砲台他	千歳	78,904	民間農林業（2名）	26
舞鶴要塞白杉補助建設物	白杉	28,508	民間農地	27
舞鶴要塞槇山砲台他	神崎	94,045	舞鶴市（緑地公園）・他	43
舞鶴鎮守府	余部	37,991	総理府防衛庁	32
舞鶴鎮守府第一練兵場	余部	61,028	総理府防衛庁	32
舞鶴軍港第一上陸場	浜	21,763	運輸省港湾施設地・他	30
舞鶴海軍軍需部第1区	北吸	79,350	ゼネラル物産・他	33
舞鶴海軍軍需部第2区	北吸	22,226	運輸省（中央気象台）	30
舞鶴海軍軍需部第8区	浜	46,126	舞鶴市（縫製工場）・他	37
舞鶴海軍病院第1区	余部下	71,449	総理府防衛庁（宿舎）	31
舞鶴海軍病院吉田艦船消毒所	吉田	24,676	農林省・農地	30
舞鶴海軍刑務所市場地区	市場	30,143	法務省（刑務所）他	34
舞鶴海軍施設部北吸材料置場	浜	16,565	放送局他	26
舞鶴海軍施設部浮島材料置場	溝尻	65,985	阿部商事（製材所）	33
舞鶴海軍軍需部平重油槽	平	70,251	総理府防衛庁	32
舞鶴海軍軍需部蛇島ガソリン庫	上佐波賀	19,127	その他	——
舞鶴海軍工廠艦材囲場（伊佐津地区）	伊佐津	51,127	その他	——
舞鶴海軍通信隊志楽分遣隊	安岡	79,723	日本電電公社（無線所）	31
舞鶴海軍防備隊浦丹生水雷衛所1〜4	浦丹生	16,653	農林省・農地	28
舞鶴海軍館	溝尻	10,056	舞鶴市（公会堂及図書館）	27
舞鶴鎮守府中舞鶴官舎	余部	70,721	総理府防衛庁	29
舞鶴鎮守府新舞鶴官舎第一区北吸地区	北吸	65,920	舞鶴市（公園）、他	27
舞鶴鎮守府西舞鶴官舎	——	25,174	農林省・農地、他	27
舞鶴海軍工廠和田第二工員宿舎	和田	37,925	舞鶴市（学校）、他	26
舞鶴海軍工廠若宮第二工員宿舎	余部	11,253	老齢生活困窮者収容施設	34
舞鶴軍港水道北吸浄水場	北吸	66,293	舞鶴市	31
舞鶴軍港水道有路水源地	桑飼下	39,379	舞鶴市	31
舞鶴軍港水道榎配水地	余部	13,429	舞鶴市	31
舞鶴軍港構内通路	北吸・他	70,166	建設省（国道）	31
舞鶴海軍工廠第二次電池工場	北吸	27,132	舞鶴製油	30
舞鶴海軍工廠艦材囲場（北吸地区）	北吸	44,337	舞鶴合板製作所	41
舞鶴海軍警備隊博奕崎防空砲台	瀬崎	47,283	総理府防衛庁	42
舞鶴海軍警備隊送信所山防空砲台	余部	20,142	その他	——
舞鶴海軍警備隊愛宕山防空砲台	泉源寺	18,829	民間営林	34

舞鶴海軍警備隊冠島聴測照射所	野原他	67,165	その他	——
舞鶴防備隊栂風呂防備所	千歳	18,610	その他	——
舞鶴海軍施設部大波工員宿舎	大波下	20,554	農林省・農地	27
舞鶴海軍工廠和田第一工員宿舎	和田	20,864	舞鶴市（中学校用地）	26
舞鶴要塞佐風ケ岳砲台予定地	境谷	99,080	伊佐津生産森林組合	40
舞鶴海軍工廠第一防禦区	——	40,480	その他	——
舞鶴鎮守府浜材料置場	浜	11,250	貸付中	48
舞鶴海軍工廠第二造兵部鉄道用地	伊佐津	10,686	舞鶴重工業	43
舞鶴海軍軍需部危険物倉庫	北吸	24,575	その他	——
舞鶴海軍病院倉谷予定地	倉谷	21,249	農林省・農地	27
舞鶴軍港水道四所気曝場	上福井	13,791	舞鶴市・水源施設	28
舞鶴軍港水道大野辺配水地	下福井	15,353	舞鶴市	31

出所：前表と同じ。

⑵表に掲載されているように、敷地面積が1万 m^2 から10万 m^2 までの旧軍用施設は54口座に達する。口座数が多いだけに、旧軍用施設を用途目的別に分類してみた場合、多種に亘ることになる。また、10万 m^2 以上という面積規模の場合とは異なって、敷地面積が10万 m^2 未満という規模になれば、必ずしも平野部でなくても設置可能なので、目的用途に対応した自然条件という見方が必ずしも通用するとは限らない。したがって、⑵表では、用途目的からみて、比較的多い口座数を挙げると、要塞を含む防備・警備関連が13口座、施設部および諸施設が9口座、官舎・宿舎等が8口座、火薬庫を含む軍需部（6口座）、訓練・演習等施設（5口座）、工廠関連（3口座）、病院関連（3口座）、その他という具合に整理しておくに留める。

　次に、その所在地であるが、⑴表とは異なって新しく登場してきた地名もある。もっとも、北吸、余部、安久（上下）などの地名が多くなっていることが、⑴表における諸施設の所在地との関連で注目しておきたい。

　主な転用先では、総理府防衛庁と農林省への移管が各6口座と多い点は変わらないが、それでも舞鶴市への譲渡や譲与が12口座、民間への農地や林地への譲渡が5口座、国家機構（総理府と農林省を除く省庁）への移管が5口座である。なお民間企業への譲渡が7口座あることは注目されてよい。もっとも、旧軍用施設の転用先については、昭和48年までの経過であって、昭和49年以降および旧軍用地そのものの転用については、後に改めて分析する。

　「譲渡した年次」については、主な譲渡が行われた件の年次を示したものであるが、昭和20年代前期は僅かに1口座で、同20年代後期が18口座、30年代は20口座と最も多く、40年代は6口座、貸付中（昭和48年現在）が1口座、不詳が8口座となっている。ちなみに、「不詳」の口座については、払下年次を特定できなかった。

　しかしながら、この払下年次で注目しておくべきことは、軍転法が施行されたにもかかわらず、農林省への有償所管換をはじめ、全体として旧軍用施設の払下げの時期が、全国の他の地域よりも相対的に「遅い」ということである。この事実が何を意味するのか、その点については、既に分析を終えた横須賀市はともかく、他の2市（呉と佐世保）における転用状況の分析をも踏まえ

た後に、明らかにしていくことにしよう。

　終戦時における舞鶴市の旧軍用施設（旧軍用地）の敷地面積別分析を続けよう。舞鶴市におけ
る旧軍用施設のうち、実体的な内容をもった施設は133口座であった。そのうち10万 m² 以上
の口座が37、さらに1万 m² 以上10万 m² 未満の口座が54、あわせて91口座の概況を明らかに
してきている。残る42口座については、3千 m² 以上1万 m² 未満の敷地をもった旧軍用施設を
摘出し紹介しておこう。

ⅩⅢ- 1 -⑶表　舞鶴市における旧軍用施設（3千 m² 以上1万 m² 未満）の概要

（単位：m²、年次：昭和年）

旧口座名	所在地	面積	主な転用先	年次
舞鶴要塞司令部弾薬庫	上安	3,077	舞鶴市	41
舞鶴陸軍墓地	福来	5,547	その他	——
舞鶴鎮守府軍法会議	市場	8,630	京都交通（5,692 m²）	38
舞鶴鎮守府中舞鶴葬儀場	余部	8,509	——	——
海軍兵学校第2区舞鶴軍港第二上陸場	余部	4,809	総理府防衛庁	32
舞鶴海軍工廠大丹生魚雷発射場	大丹生	3,518	農林省・農地	27
舞鶴海軍工廠森勤務員宿舎	森	6,526	貸付中	48
舞鶴海軍工廠若宮第一工員宿舎	余部上	4,020	舞鶴市（公園）、他	32
舞鶴軍港第3見張所	瀬崎	6,356	総理府防衛庁	42
舞鶴海軍軍需部第6区	五森	8,031	総理府防衛庁	32
舞鶴海兵団通路	泉源寺	8,063	その他	——
舞鶴軍港水道	北吸	9,556	舞鶴市	31
舞鶴軍港水道上安喞筒所	上安	3,590	舞鶴市	31
舞鶴軍港水道岡田水源地	桑飼下	7,231	舞鶴市	28

　出所：前表と同じ。

　⑶表では、舞鶴市において3千 m² から1万 m² の敷地をもった旧軍用施設が14口座であった
ことを示しているが、その主な払下先は舞鶴市（5口座）と総理府防衛庁（3口座）であり、民
間企業への転用は僅かに1口座だけである。もっとも、これは昭和48年までのことである。払
下年次についてみると、昭和20年代後半が2口座あるだけで、残りの12口座は貸付中と不詳を
除けば、昭和30年代が6口座、昭和40年代が2口座となっている。つまり、この規模の旧軍用
施設の転用も、相対的にではあるが、時期的に遅くなっている感は免れない。

　なお、旧軍用施設であっても、敷地面積が3千 m² 未満のものや借地となっていたものについ
ては、分析対象としていないので、これを除外していることを追記しておきたい。以上、戦後、
大蔵省へ移管された旧軍用施設（実体あるものとしては133口座）の状況と昭和48年までの主な
転用状況について概観してきた。確かに、「主な転用先」については掲載しているが、それでも
抽象的な記載に留まっていたり、また「主な転用先」以外のものが記載されていない場合が多々
ある。さらに、昭和49年以降、現在（平成20年）までの旧軍用施設の譲渡については、これまで
での三つの表では欠落しているので、その点を念頭におきながら、舞鶴市における旧軍用施設の

転用状況をみていくことにしよう。

　1）「旧軍用財産資料」（前出）による。

第二節　舞鶴市における旧軍用地の工業用地以外への転用

　舞鶴市における旧軍用地の転用については、舞鶴市が旧軍港市であり、軍転法が適用される。つまり、「旧軍用財産」という国有財産の存在形態（項目）が、名称としては消滅しても、旧軍港市では「旧軍用地」の転用が、平成21年現在でも、継続して問題となっている。ただし、それをどこまで明らかにしうるかは、資料の制約がある。

　以下、総理府防衛庁、国家機構（省庁）、舞鶴市、民間諸団体の順で、舞鶴市における旧軍用地の転用状況をみていくことにしよう。

1．総理府防衛庁への無償所管換

　まず、舞鶴市が戦後、海上自衛隊の基地となっているという現実に立脚しながら、総理府防衛庁（平成26年現在は防衛省）へ無償所管換された旧軍用地の年次を明らかにした表を作ってみよう。

XⅢ-2-(1)表　舞鶴市における旧軍用地の総理府への移管（1万m²以上）

（単位：m²、年次：昭和年）

旧口座名	所管換面積	年次
舞鶴要塞博奕岬電灯所同交通路	132,830	42
舞鶴鎮守府	12,727	32
舞鶴鎮守府第一練兵場	42,482	32
舞鶴海軍軍需部第1区	10,787	32
舞鶴海軍病院第1区	71,449	31
舞鶴海兵団	633,094	32
舞鶴防備隊第1区	14,888	36
同	12,867	42
舞鶴鎮守府第5〜18防禦区	30,092	32
海軍兵学校舞鶴分校1区	145,651	32
舞鶴海軍軍需部平重油槽	70,251	32
舞鶴鎮守府中舞鶴官舎	23,106	29
舞鶴海軍軍需部第5区岩子	205,957	31
第三海軍火薬廠第1区長浜	154,042	32
同	13,516	44
舞鶴海軍軍需部大波重油槽	15,503	32
舞鶴海軍軍需部第7区白浜	262,109	31

舞鶴海軍警備隊博奕岬防空砲台	47,283	42
舞鶴海兵団大波射的場	208,924	32
第三海軍火薬廠第1区	※　65,474	57
舞鶴海軍軍需部第1区	※　10,457	60

出所：上段は「旧軍用財産資料」（前出）より作成。下段は『舞鶴のあゆみ』
　　　（舞鶴市、平成13年版）により追加。※は大阪防衛施設局への移管。
注：『舞鶴のあゆみ』は旧軍港市転換法施行40周年記念（平成2年版）と同
　　50周年記念（平成13年版）とがあるが、いずれも昭和40年代までの総
　　理府防衛庁へ移管した記載がない。これは「平和産業港湾都市へ」という
　　趣旨に沿った『あゆみ』の編集方針による措置かもしれない。しかし、昭
　　和49年以降は「大阪防衛施設局」への移管分が掲載されている。

　2-(1)表により、昭和30年代から平成12年までに至る期間に、総理府防衛庁へ無償所管換された旧軍用地の面積はおよそ220万m²となる。これは注記したように1万m²以上の移管分についてのみの数字である。ちなみに、1万m²未満の旧軍用地の移管は、昭和50年以降平成8年までに、7件あり、その合計は35,024m²である[1]。

　なお、総理府防衛庁へ所管換した時期をみると、昭和31年と昭和32年が最も多く、続いては約10年後の昭和42年が多い。なお、平成に入ってからも、総理府防衛庁（大阪防衛施設局）への移管が1件あるが、その面積規模が1万m²未満のため2-(1)表には掲載していない。

　ところで、本書の基本的な研究課題は、旧軍用地の工業用地への転用問題であり、総理府防衛庁（現防衛省）への移管状況を分析することではない。しかしながら舞鶴市の場合には、平和産業港湾都市への転換が地域の中心的な課題であり、その意味では、民間企業への転用を含む平和関連施設用地への転用と、防衛関連施設用地との比較が必要な作業となる。もっとも、民間企業の場合、それが軍需関連の企業（工場）であるかどうかの認定には一定の困難が伴う。そのことは病院についても、防衛省関連の病院であるかどうかなどの認定が場合によっては必要となる。だが、本書では、そこまで詳細に分析する必要はない。

　そうした問題は残るにしても、以下では、農林省への有償所管換および既にみてきた総理府防衛庁への無償所管換を除いた国家機関（各省庁）への無償所管換状況、地方公共団体である舞鶴市への譲渡（譲与を含む）状況、民間企業への譲渡状況について、順次的にみていくことにしよう。

　1）「旧軍用財産資料」（前出）および『舞鶴のあゆみ』（平成13年版）による。

2. 国家機構（各省庁）への無償所管換

　総理府および農林省（有償所管換分）を除いた、国家機構（各省庁）への旧軍用地の移管状況は次の通りである。

XⅢ-2-(2)表　舞鶴市における旧軍用地の国家機構（各省庁）への移管状況（1万 m² 以上）

（単位：m²、年次：昭和年）

移管先	移管面積	用途目的	年次	旧口座名
大蔵省	109,137	管轄外による	24	舞鶴要塞吉坂堡塁及交通路
運輸省	22,226	中央気象台	30	舞鶴軍需部第2区
厚生省	273,800	国立病院	23	舞鶴海軍病院
法務省	25,340	刑務所他	34	舞鶴海軍刑務所（市場地区）
文部省	25,823	京都大学	35	舞鶴潜水艦基地隊
同	98,008	舞鶴高専	46	第三海軍火薬廠第2区朝来地区
運輸省	72,679	海運局港湾施設	30	舞鶴鎮守府築港材料置場
同	96,791	海上保安学校	26	舞鶴防備隊
建設省	37,469	国道	31	舞鶴軍港構内通路
運輸省	12,988	海上保安学校	50	舞鶴鎮守府ほか1口座
文部省	12,269	舞鶴高専	54	第三海軍火薬廠第2区

出所：前表と同じ。

　2-(2)表をみると、総理府防衛庁や農林省への所管換と違って、その他の国家機構（各省庁）への旧軍用地の移管件数は意外と少ない。それでも、内容的には平和産業港湾都市の建設に必要な、あるいは相応しい転用がなされていることが判る。とくに海上保安学校と舞鶴工業高等専門学校への転用が目立ち、昭和50年代になっても、これら二つの学校への旧軍用地の譲渡がみられるのが特徴であろう。

　次に、地方公共団体としての京都府への旧軍用地の転用状況についてみておくと、昭和42年に、旧第三海軍火薬廠第2区で、府道用地として2件、合計 40,621 m² の取得（形態は譲与）があるだけである。もちろん、その他にも4件ほど旧軍用地の取得があるが、いずれも1万 m² 未満のものなので、それらについては省略する。

3．舞鶴市（地方公共団体）による旧軍用地の取得

　それでは地元である舞鶴市への旧軍用地の転用についてみることにしよう。次の表はそれを整理したものである。

XⅢ-2-(3)表　舞鶴市による旧軍用地の取得状況（1万 m² 以上）

（単位：m²）

取得面積	転用目的	取得形態	年次	旧口座名
29,289	総合職業訓練所	時価	昭和41年	舞鶴要塞舞鶴練兵場
40,294	都市公園	譲与	27	舞鶴要塞演習砲台
24,723	緑地公園	時価	43	舞鶴要塞槙山砲台他
22,522	市道	譲与	39	同
45,849	市道	譲与	39	舞鶴要塞金ケ崎砲台他
11,838	公営住宅	減30・40%	35	舞鶴鎮守府北吸射的場
14,176	公営住宅	減30・40%	36	同

第十三章　舞鶴市　487

12,788	公園施設	譲与	27	舞鶴海軍軍需部第3区
4,198	［縫製工場］※	時価	31	舞鶴海軍軍需部第8区
13,219	中学校用地	譲与	27	平海兵団
10,729	市道	譲与	42	同
219,415	市水道施設	譲与	31	舞鶴軍港水道与保呂水源地
10,056	公会堂及図書館	譲与	27	舞鶴海軍館
21,113	公園	譲与	27	舞鶴鎮守府新舞鶴官舎第1区北吸地区
15,288	病院施設	時価	28	舞鶴海軍工廠第二造兵廠
3,485,310	山林経営	時価	25	第三海軍火薬廠第2区
32,628	軌道敷地	譲与	34	同
12,840	道路	公共物編入	37	同
27,090	市道	公共物編入	42	同
32,717	臨港施設　※※	時価	25	舞鶴海軍軍需部大波重油槽
111,514	工場用地　※※	時価	25	同
18,193	工場用地　※※	時価	25	同
11,440	市道	公共物編入	46	同
43,379	水道	譲与	31	舞鶴軍港水道北吸浄水場
39,379	水道施設	譲与	31	舞鶴軍港水道有路水源地
13,429	水道施設	譲与	31	舞鶴軍港水道榎配水地
155,852	市立公園	譲与	34	舞鶴海軍警備隊五老岳防空砲台
18,243	中学校用地	譲与	26	舞鶴海軍工廠和田第一工員宿舎
12,700	し尿処理施設	譲与	昭和47	舞鶴海軍施設部浮島材料置場
76,823	市土地開発公社	譲渡	49	第三海軍火薬廠第2区
19,515	市老人福祉施設	譲与	53	旧舞鶴海洋気象台
30,817	市営墓地敷地	無償貸付	53	舞鶴海軍軍需部第1区他
30,722	野外活動施設	譲与	55	第三海軍火薬廠第2区
30,564	市立若浦中学校	譲与・譲渡	56	舞鶴海軍軍需部大波重油槽
81,024	青葉山ろく公園	譲与	59	第三海軍火薬廠第2区
10,097	下水道終末処理	譲与	平成元	舞鶴鎮守府築港材料置場

出所：「旧軍用財産資料」（前出）および『舞鶴市のあゆみ』（平成13年版）より作成。
注：一部は本書上巻のⅫ-1-(1)表と重複。

　戦後、舞鶴市が旧軍用地（1万 m² 以上）を取得したのは、昭和46年までに27件、昭和47年から平成18年までに8件、合わせて35件である。ただし、(3)表の中には、※印で示した「縫製工場」（厚生福祉施設）という、1万 m² 未満の1件を「工業立地」という視点から便宜的に掲載しているので、36件となっている。

　それにしても、一つの都市（地方公共団体）が、1万 m² 以上の旧軍用地をこれほど多く取得（件数）しているのは全国的にみても数少ない。

　また、旧軍用地の取得面積という点からみても、膨大なものである。中には、山林用地（348万 m²）の1件を含んでいるとはいえ、その総面積は約480万 m² に達する。もっとも、これは1万 m² 以上の取得件数だけなので、1万 m² 未満の取得分まで加えると、舞鶴市が取得した旧軍用地の総面積はさらに膨れることになる。

次に、舞鶴市が旧軍用地を取得した用途目的についてみると、公園用地が７件で最も多く、続いては市道（６件）、市営水道（４件）、それから厚生福祉関係、衛生関係、中学校用地がそれぞれ３件、さらに市営住宅用地、工場用地が各２件で続いている。

なお、※※印で示した工場用地２件、港湾施設１件、計３件については、舞鶴市がこれを直接使用するのではなく、後にみるように、日本板硝子の立地予定地として、事前に払下げを受けたものである。したがって、本来はここに掲示すべき性格のものではない。

あとは文化関係、山林、土地開発、軌道敷地が各１件となっている。舞鶴市に譲渡された旧軍用地の個々の用途目的をみると、いずれも軍事的なものではない。ただし、軍事的視点からみると、そのすべてが軍事基地を支える都市基盤を形成するものである。この「都市基盤」という要素は、単に軍事基地という視点からだけではなく、工業立地や学校立地といった視点からみても、大いに重視されるべき性格の要素である。

こうした旧軍用地を舞鶴市は、どのような形態で取得したのであろうか。35件のうち、実に23件が「譲与」である。「時価」は８件、「時価・譲与」が１件、「減額」が２件、「無償貸付」が１件となっている。

地方公共団体が旧軍用地を取得する場合には、時価または減額した価格での取得という形態が一般的である。このことは、国有財産と地方公共団体財産との質的差異によるものである。もっとも、市道（公道）や公園の場合には、「譲与」がほとんどである。

そうした国有財産の譲渡に関する一般原則からみて、舞鶴市の場合には「譲与」が多すぎるように思える。しかし、「譲与」の実態をみると、23件のうち、公園と市道がそれぞれ６件なのをはじめ、水道関連４件、衛生施設関係と中学校用地が各２件、厚生福祉関係、文化施設関係、軌道敷地がそれぞれ１件となっている。つまり、舞鶴市が取得した旧軍用地の転用先（用途目的）としては、公園、道路、水道、軌道敷地など、公共的性格が極めて高い都市基盤が中心となっており、地域住民の受益性が強い都市基盤である、中学校用地、衛生関連施設、厚生福祉施設、文化施設などへの「譲与」は相対的に少ない。

こうした都市基盤（施設）を用途目的とした旧軍施設（用地）の譲渡で、「譲与」が多いのは、舞鶴市の場合には、軍転法の第５条が適用されるからである。すなわち、軍転法の第５条では、「国は、旧軍港市転換事業の用に供するために必要があると認める場合においては、国有財産法（昭和23年法律第73号）第28条に規定する制限にもかかわらず、その事業の執行に要する費用を負担する公共団体に対し、普通財産を譲与しなければならない」となっている。

払下年次についてみると、軍転法が施行された昭和25年に若干の取得件数があるが、全体としては、前述したように、全国の他地域に比して遅れているようである。なお、平成元年に１件の払下げがみられるが、それ以降は、用地面積１万 m^2 以上のものはみられなくなっている。

これは舞鶴市として取得したのではないが、昭和31年に加佐町（昭和32年５月に舞鶴市へ編入）が町営山林用地として、101,866 m^2 を時価で取得している。しかし、この件については、(3)表や上記の計算等には含ませていない。

第十三章　舞鶴市　489

4．舞鶴市における旧軍用地の産業（工業を除く）用地への転用

　これまでに舞鶴市における旧軍用地が、国家機構（省庁）や地方公共団体としての舞鶴市にどのように払い下げられてきたかを概観してきた。ここでは、舞鶴市における旧軍用地が産業用地（工業用地を除く）へと転用された状況を明らかにしておきたい。次の表は、それを集約したものである。

XⅢ- 2 -⑷表　舞鶴市における旧軍用地の産業用地（3千㎡以上・工業用地を除く）への転用

（単位：㎡、年次：昭和年）

企業等名	取得面積	業種・用途	年次	旧口座名
日本放送協会	4,281	中継放送地	39	舞鶴要塞槇山砲台他
下東生産森林組合	50,846	植林	39	舞鶴要塞建部山防塁他
ゼネラル物産	12,408	業務用地	33	舞鶴海軍軍需部第1区
舞鶴倉庫	17,309	倉庫	30	舞鶴海軍軍需部第3区
ゼネラル物産	5,912	貯油施設	33	同
日本放送協会	3,405	京都放送局	31	舞鶴海軍軍需部第8区
京都交通	5,692	運送業	38	舞鶴鎮守府軍法会議
下福井生産森林組合	152,207	立木育成	45	舞鶴鎮守府5〜18防禦区
日本電信電話公社	42,031	無線所敷地	31	舞鶴海軍通信隊志楽分遣隊
伊佐津生産森林組合	32,622	植林・育苗	45	舞鶴海軍工廠第二造兵部
日本通運	14,822	運送業	37	第三海軍火薬廠第2区
銭高組	31,644	建設業	37	同
井原築炉建設	3,307	建設業	38	同
山根国夫	5,043	建設業	34	舞鶴鎮守府築港材料置場
舞鶴倉庫	5,865	倉庫	36	同
東舞鶴漁協	3,607	真珠養殖	36	舞鶴海軍工廠火工場
鈴木設備工業	4,584	建設業	44	舞鶴海軍工廠火工場
同	4,892	同	44	同
同	45,703	同	44	同
田坪平吉	262,076	山林	43	舞鶴海軍警備隊防空砲台
伊佐津生産森林組合	99,080	造林	40	舞鶴要塞佐風ケ岳砲台予定地
柴田福蔵	116,412	山林保護	27	舞鶴海軍軍需部上福井重油槽用地
日本通運	22,860	運送業	48	舞鶴海軍軍需部大波重油槽

　出所：上段は「旧軍用財産資料」（前出）、下段は『舞鶴のあゆみ』（平成13年版）。

　⑷表によれば、平成12年までに、舞鶴市にあった旧軍用地が、工業用地を除いた産業用地へと転用された件数（3千㎡以上）は23件である。ちなみに、これを産業別に区分し、整理してみると、次の表のようになる。

XⅢ-2-(5)表　舞鶴市における旧軍用地の産業用地（3千㎡以上・工業用
地を除く）への転用（総括表）

（単位：㎡、年次：昭和年）

業種	取得件数	取得面積	取得年次
林業	6	713,243	27、39、40、43、45、45
漁業	1	3,607	36
建設業	6	95,173	34、37、38、44、44、44
商業	2	18,320	33、33
運送業	3	43,374	37、38、48
倉庫業	2	23,174	30、36
通信業	1	42,031	31
放送業	2	7,686	31、39
計	23	946,608	

出所：前表より作成。

　(5)表における「業種」は、必ずしも産業大分類項目だけで統一したものではなく、「放送業」
のような中分類項目も含まれている。放送業は大分類だと「サービス業」になるが、それでは旧
軍用地を取得した業種としては曖昧になるからである。また「商業」という項目は「卸業・小売
業」を言い換えたものである。

　さて、旧軍用地の取得件数では、製造業を除いた産業の中では林業と建設業が多い。まず、林
業では各地域の森林組合による取得が4件、個人営業者による取得が2件であるが、前者の4件
を合計した取得面積 334,755㎡ に対し、個人営業者による取得は、23件であっても 78,488㎡
となっている。個人営業者の場合には、おそらく有限会社等の組織になっているものと推測され
るが、その企業名は不詳である。

　建設業の場合には、鈴木設備工業による取得が3件なので、実際には4社による取得というこ
とになる。(4)表でも判るように、鈴木設備工業による旧軍用地の取得は3件で、約5万5千㎡
の用地取得をしており、大手建設業者である銭高組（約3万㎡）よりも大きな面積を取得したこ
とになる。これは鈴木設備工業が、特殊な技術をもっていたため、舞鶴という地域あるいは防衛
庁などと特別な関係があったのではないかと推測される。なお、「山根国夫」という個人名義で
旧軍用地を取得している企業の名称は不詳である。

　運送業の3件は、日本通運が2件で、京都交通が1件である。前者が貨物運送業で、後者は旅
客運送業である。

　商業（販売業）は、ゼネラル物産という商社による2件の用地取得がある。その用途目的が
「油槽」となっているのは、ゼネラル物産が「石油類輸出入販売」を目的とした企業だからであ
る[1]。

　倉庫業の2件は、いずれも舞鶴倉庫による用地取得である。放送業は日本放送協会による2件
で、通信業は日本電電公社によるものである。

　このようにみてくると、製造業を除く産業用地へと転用された旧軍用地のうち、林業、旅客運

送業、放送・通信業などは舞鶴市という地域に密着した業種であり、建設業、倉庫業、商業、貨物輸送業などは舞鶴港の機能を維持するのに必要な業種であると言えよう。つまり、工業を除いて、舞鶴市における旧軍用地の転用を産業別にみた場合、地域密着型と港湾機能型という二つの業種が混在しているが、面積的には林業が大きな比重をもって用地取得を行ったということが判る。

1） 『帝国銀行会社要録』、帝国興信所、昭和34年、東京・379ページ参照。

第三節　舞鶴市における旧軍用地の工業用地への転用

　これまでに検討してきた舞鶴市における産業用地への転用では、製造業（工業）を除外してきた。それは本書が旧軍用地の工業用地への転用を主たる分析課題としているからである。ところで、舞鶴市における製造業で、3千m^{2}以上の旧軍用地を取得したのは、次表の通りである。

XⅢ-3-(1)表　舞鶴市における旧軍用地の工業用地（3千m^{2}以上）への転用

（単位：m^2、年次：昭和年）

企業等名	取得面積	業種・用途	年次	旧口座名
舞鶴重工業	8,216	工場用地	41	舞鶴鎮守府北吸小銃射的場
同	27,764	同	45	同
同	21,151	同	45	同
舞鶴合板製作所	5,655	工場用地	33	舞鶴海軍軍需部第1区
同	3,100	同	35	同
関西衣料	4,134	繊維工業	37	舞鶴海軍軍需部第8区
丸玉木材	66,195	合板	42	平海兵団
林ベニヤ	31,485	合板	42	同
丸甚木材	33,066	合板	42	同
日本木材化工	90,945	木材化学処理	44	同
阿部商事	8,900	製材工場	33	舞鶴海軍軍需浮島材料置場
同	6,118	同	35	同
舞鶴重工業	3,817	造船	39	舞鶴海軍工廠
同	366,565	同	43	同
同	342,946	同	43	同
日立造船	4,566	造船	46	同
日之出化学	41,262	化学	27	舞鶴海軍工廠第二造兵部
同	15,288	同	32	同
舞鶴乾燥機組合	4,215	水産加工	34	同
日之出化学	12,239	化学	38	同
同	27,867	同	43	同
同	4,173	同	43	同
舞鶴重工業	141,388	造船業	43	同

日本石油	12,076	貯油	25	舞鶴海軍軍需部第5区
昭和石油	54,746	貯油	27	第三海軍火薬廠第1区
日本板硝子	26,968	窯業	32	第三海軍火薬廠第2区
同	21,764	同	35	同
同	164,312	同	37	同
前田鉄工所	3,306	鉄鋼業	38	第三海軍火薬廠第2区
昭和精工所	51,181	精密機械	38	
日本板硝子	16,769	窯業	27	舞鶴海軍軍需部大波重油槽
出光興産	24,656	貯油	32	同
同	17,639	同	33	同
深田木材	3,185	木工業	32	舞鶴鎮守府築港材料置場
日之出化学	14,440	化学	35	同
日本石油	33,164	貯油	25	舞鶴防備隊
昭和石油	79,235	貯油	27	舞鶴海軍軍需部第4区
同	4,691	同	27	同
日本海水産	12,083	水産加工	24	舞鶴海軍軍需部第7区
京都船舶	12,123	船舶修理	26	同
舞鶴重工業	5,634	輸送機械・道	43	舞鶴軍港構内通路
大舞鋳鋼	6,610	鉄鋼業	38	舞鶴海軍工廠火工場
舞鶴機械工業	4,313	一般機械	44	舞鶴海軍工廠火工場
日立造船	38,364	輸送機械	46	同
舞鶴製油	9,213	食品	30	舞鶴海軍工廠第二次電池工場
同	10,717	同	30	同
舞鶴合板製作所	3,644	合板	41	舞鶴海軍工廠艦材囲場
舞鶴重工業	10,686	造船業	43	舞鶴海軍工廠第二造兵部鉄道用地
日本板硝子	71,686	窯業	48	第三海軍火薬廠第2区
日立造船	113,913	造船業	48	舞鶴海軍軍需部第4区ほか
林ベニヤ産業	39,209	合板	48	平海兵団

出所：上段は「旧軍用財産資料」（前出）より作成。下段は『舞鶴のあゆみ』（平成13年版）より作成。

　3-(1)表をみると、戦後大蔵省に移管されていた舞鶴市内の旧軍用施設（旧軍用地）のうち、製造業へ譲渡されたのは、51件である。厳密に言えば、製造業への払下げであっても、その企業が道路や宿舎あるいは油槽という、いわば直接的な生産過程以外の用途に転用されている場合も、つまり工業用地として転用されていない場合も、ここには含まれている。また、工場用地という視点からみれば、舞鶴市が旧軍用地を取得し、かつこれを縫製工場として活用している件については、これを工業用地への転用としなければならないが、この3-(1)表には含まれていない。

　いま、(1)表を詳しく検討するために、業種別（産業中分類）に区分して、整理してみよう。

XⅢ-3-(2)表　舞鶴市における旧軍用地の工業用地（3千m²以上）への転用（総括表）

（単位：m²、年次：昭和年）

業種	取得件数	取得面積	取得年次　（　）内は件数
食品工業	4	36,268	24、30(2)、34

繊維工業	1	4,134	37
木材工業	11	291,572	32、33(2)、35(2)、41、42(3)、44、48
窯業	5	301,499	27、32、35、37、48
化学工業	6	115,269	27、32、35、38、43(2)
石油精製業	7	226,207	25(2)、27(3)、32、33
鉄鋼業	2	9,916	38(2)
一般機械	1	4,313	44
精密機械	1	51,181	38
輸送用機械	13	1,097,133	26、39、41、43(5)、45(2)、46(2)、48
計	51	2,137,492	

出所：前表と同じ。

　3-(2)表をみると、取得件数が最も多いのは輸送用機械器具製造業（13件）で、第二位は木材・木製品製造業（11件）である。さらに石油精製業（7件）、化学工業（6件）、窯業（5件）と続いている。

　輸送用機械は、そのほとんどが舞鶴重工業（日立造船）による取得であるが、舞鶴重工業の陸上部門では車両も製造していたので、輸送機械に分類すべきところであるが、ここは造船業として統括することにした。また造船業の中には、船舶修理業も含んでいる。

　木材工業は平海兵団跡地に立地した合板製造業が圧倒的に多い。これは舞鶴市が海兵団跡地を木工団地として計画的に形成したからである。石油精製業については、払下げを受けた企業が石油精製業ということであって、実態としては貯油である。

　貯油については、ゼネラル物産を「商業」として分類したが、ここでの「貯油」は、いわば生産工程の最終部分、つまり（生産）在庫といった性格のもので、販売目的の貯油とは区分しても良いのではなかろうか。もとより（生産）在庫も最終的には販売のためのものであるが、ここは取得企業の業種によって分類しておくことにする。

　次に、取得用地面積についてみると、最も広い工業用地を取得している業種は、造船業を中心とした輸送用機械工業である。この業種での取得面積は約110万 m^2 で、舞鶴市における工業用地取得全面積の約51％になる。続いては、窯業の約30万 m^2 と木材工業の約29万 m^2 であるが、これらは約14％の構成比率となる。

　さらに石油精製業が約23万 m^2 弱の旧軍用地取得を行っているが、その構成比は11％程度でしかない。化学工業は取得件数は多いが、用地取得面積は僅か5.4％ほどである。

　旧軍用地の取得年次についてみると、昭和20年代が多いのは、石油精製業である。これは「給油」という舞鶴港の港湾機能によるものである。続いては食品工業と窯業（日本板硝子）が比較的早い時期に用地取得をしている。

　これに対して、旧軍用地の取得面積が全体の過半数を占めた輸送用機械工業は、昭和29年に1件あるが、全体としては昭和40年代が11件と多く、相対的にみて、戦後の遅い時期であったということができよう。

木材加工業は、昭和30年代の初期と昭和42年に用地取得したものが多く、これは総理府防衛庁への用地移管が多かった時期とほぼ同じような傾向を示している。

第四節　舞鶴市における旧軍用地の工場用地への転用（文献による検討）[1]

前節では、舞鶴市における旧軍用地の工業用地への転用を数字的に扱ってきた。本節では、3-(1)表に登場してきた主な工場について、『舞鶴市史』および『旧軍用財産の今昔』を援用しながら、旧軍用地と工場立地との関連を明らかにしていきたい。結果として文章の羅列になるが、それは本節の性格から止むを得ない。

3-(2)表では、輸送用機械器具製造業が件数でも取得面積でも最大であった。その中でも造船業が、そして3-(1)表では、舞鶴重工業（日立造船）が大きな比重を占めていた。そこで手始めに、この舞鶴重工業（日立造船）の用地取得に関する歴史的経緯についてみていこう。

「飯野産業株式会社舞鶴造船所　　海軍工廠は昭和20年12月に閉鎖され、第二復員省舞鶴地方復員局営業部として、舞鶴湾周辺の掃海並びに終戦処理業務を行っていたが、船舶修理のため民営による旧海軍工廠の利用がGHQによって許可されたため、翌21年4月から飯野産業株式会社が同廠の設備を借用し、2,500人の従業員を引き継ぎ、三菱重工業の技術提携を受けて舞鶴造船所を開設した。（中略）。翌22年2月には造船所管轄課の器具課を分離して、倉谷の第二造兵廠あとに飯野産業㈱舞鶴車両製作所を設立したが、同24年には運輸省への予算割当が削減され、発注の見込みが立たなくなったため、4月に625人の人員整理を行い、5月から舞鶴造船所車両部として再発足した。（中略）。

翌25年7月から名称を舞鶴製作所、同27年からは再び舞鶴造船所、翌28年11月からは飯野重工業㈱と改めるなど、体質改善の努力が払われてきた。（中略）。翌38年4月から日立系列に入って舞鶴重工業と改称した」[2]

「日立造船株式会社舞鶴工場　　昭和46年4月から日立造船と合併し、日立造船㈱舞鶴工場となって発足した。この間、昭和43年4月に国有財産であった東、西両工場（86万9千m²）とも払い下げを受け、工場近代化のための諸設備増強投資が大幅に行われ、生産性が高められた。（中略）。同造船所の下請会社は62社を数え、そのうちの一部下請工場によって、昭和45年度には長浜海岸に6社の鉄工団地が、また46年度には小倉に8社の鉄工団地が建設されるなど、市内の他の下請工場を含めて経営基盤の安定が図られている」[3]

これら二つの引用文から、舞鶴海軍工廠および第二造兵廠の跡地利用が、飯野産業から舞鶴重工業へ、さらに日立造船へと変転していく経過を知ることができる。

なお、倉谷にあった第二造兵廠の舞鶴重工業は「車両」（輸送機械工業）を製造していたが、昭和56年段階では一般機械も製造している。いずれにせよ、舞鶴重工業（日立造船）が舞鶴市経済において極めて大きな役割を果たしてきたことだけは、その従業員数や下請関連会社の数から

言っても、間違いないところである。

　化学工業は、3 -(2)表をみると、旧軍用地取得件数は 6 件であったが、用地取得面積では、舞鶴市ではそれほど大きな比重をもっていなかった。しかしながら、化学工業、具体的には日之出化学工業は舞鶴市で大きな位置を占めている。この企業における立地過程と旧軍用地との関連およびその転用状況は次の通りである。

　「日之出化学工業株式会社舞鶴工場　　——昭和 24 年 11 月 17 日、日之出化学工業株式会社が設立されたが、これと並行して工場建設の準備が進められた。まずその候補地として名古屋、四日市、舞鶴の三市があげられた。当時飯野産業㈱から同社が一括管理していた旧海軍工廠第二造兵廠の一部を譲渡してもよいとの話があったので、現地調査をした結果、同社の倉谷工場付近は左記のような好条件が整っていた。

　港に近いので燐鉱石の輸入と溶成燐肥の輸出に便利である。蛇紋岩が近くに豊富にある。電力線が入っている。伊佐津川から取水できる。鉄道側線が入っている。旧海軍工廠の建物がそのまま転用できる。

　このような事情から結局もっとも条件のよい舞鶴を事業場とすることに決定した。当時は旧海軍の膨大な施設を平和産業へ転換していくことが強く叫ばれていたので、同工場の建設には府、市共に歓迎し、援助を惜しまなかった。当初は国有地約 41,190 ㎡ を借りて、昭和 25 年 1 月 20 日工場用地の地鎮祭が行われた。それ以来、建設工事は急速に進められ、7 月 1 日には新設電気炉への火入式が行われた。(中略)。化成肥料は港を臨む大野辺に、約 14,400 ㎡ の国有地の払い下げを受け、同地に化成肥料製造設備を設けて昭和 35 年 5 月から操業を始め、同 39 年の最盛期には 9,400 トンを生産し、国内各地に出荷していたが、需要不振のため同 43 年 3 月をもって製造を中止した」[4]

　日之出化学工業の本社は、東京である。そして工場立地の候補に選んだのが名古屋、四日市、そして舞鶴市であった。この三市のいずれもが旧陸軍造兵廠、旧海軍工廠、旧海軍燃料廠といった広大な旧軍用地があった地域であることに注目しておきたい。つまり、昭和 24 年や 25 年頃の工業立地の選定にあたっては、多くの場合、旧軍用地が候補地となっていたのである。また、この文章からは、旧軍用地の取得以前に、借用してきた期間があることにも留意しておきたい。

　窯業（日本板硝子）は、舞鶴市では旧軍用地を比較的広く取得した業種である。また、同社の舞鶴工場は、平成 20 年の時点でも、舞鶴市で大きな経済的役割を果たしている。その日本板硝子の立地と旧軍用地との関連について、『舞鶴市史』では次のように記されている。やや長いが、引用しておこう。

　「日本板硝子株式会社舞鶴工場　　同会社が第三工場の新設を決定したのは昭和 24 年 8 月であった。第三工場が必要となったのは、従来の二工場（浜松、四日市）とも敷地に余裕がなく、設備にも不備な点があったためで、同社では早速工場用地の物色を始めた。あらかじめその選定基準を設けて、大蔵省国有財産課を始め、関係筋から候補地についての情報を集めた結果、候補地は 30 数カ所に及んだが、検討の末、12 月に兵庫県の飾磨市と本市の 2 カ所にしぼった。（中

略）（日本板硝子が舞鶴市に出した要望は次のようなものであった—杉野）『敷地は市が大蔵省から払い下げを受け、当社の希望通り整地の上、当社に譲渡されたいとのこと。譲渡価格は土地代に整地費を加算した金額とする。敷地の整地のほか、岸壁工事など一連の予備工事は市に委託する。所要電力、ガスの確保に協力されたいこと。国道を付け替えられたいこと。貨車輸送に支障の無いよう全面的に協力されたいこと』という内容で、これに対して市は、翌25年4月、市会議員総会に諮り、会社の条件を受諾することについての了解を得た。このため市は、工場建設中はもとより、工事完成後も全面的に協力することになった。この結果、会社は第三工場の建設地を本市とすることを正式に決定した。（中略）建設予定地の大波下は戦時中大規模な地下重油槽があったところで、その重油槽は使われないまま終戦を迎えたもので、工場の基礎や用水槽にも利用できるものであった。市は工場用地として 162,142 m^2 の払い下げを受けると共に、誘致条件に従って整地および国道付け替え工事、公有水面の埋め立て工事、しゅんせつ、岸壁工事などを実施し、それによって生じた埋立地 10,791 m^2 を 10 月会社に払い下げた。鉄道引込線の敷設も、市が福知山鉄道管理局の設計指導に従って実施し、工場建設のための基礎工事は急速に進んでいった。一方、会社側は昭和 25 年 6 月に勃発した朝鮮動乱によって、建設資材や人件費など国内物価の急騰で、資金面において苦境に立たされた。しかし、懸命の努力によってこの難関を切り抜け、同 27 年 7 月舞鶴工場の開設式を行い、9 月 6 日から操業を始めた。（中略）工場では、板ガラスの磨きに使った廃砂を捨てるため、操業以来四次にわたって、工場用地に接する公有水面の埋め立てを行ってきたが、昭和 34 年 5 月に 29,204 m^2 を埋め立てたのを始め、同 49 年 3 月までに、合計 159,398 m^2 の土地造成を行った。

　昭和 47 年、府道野原港線東側の二号地に、自動車用強化ガラス工場、合わせガラス工場の建設と、フロート板ガラス五号窯の増設、並びに工場敷地として、二号地に隣接する国有地 8 万m^2 の払い下げなどが計画された」[5]

　この日本板硝子の進出に関する『舞鶴市史』の叙述には、注目すべき点が二つある。その第一は、新規工場立地のための用地選定については、大蔵省で「情報収集」をおこなっていることである。このことは、当時における工場用地の選定として、旧軍用地が対象になっていたことを如実に物語っている。また、大蔵省も歳入不足のため、「国有財産」（普通財産）を積極的に売り出していた時期でもあった。

　もう一つは、個別企業の誘致のために舞鶴市が、いわば先行的に用地（旧軍用地）を取得したという事実である。このような事例としては、既に紹介したことではあるが、昭和 25 年に福島県が日本大学工科（現工学部）のために先行して郡山第一海軍航空隊の跡地（約 364 万 m^2）を取得したことがある。だが、地方公共団体が、個別企業のために旧軍用地を先行的に取得することは、皆無ではないが、全国的にみても珍しい。なお、引用文の最後にある「国有地 8 万 m^2 の払い下げなどが計画された」の件については、2 -(3)表でも判るように、昭和 48 年に大波地区にあった第三海軍火薬廠第 2 区の跡地を約 7 万 m^2 ほど取得していることを付記しておきたい。

　一つの工場としての面積規模はそれほどでもないが、舞鶴市で有名なのが、旧平海兵団の跡地

に建設された木材加工業（合板製造業）の工業団地である。これについては、『舞鶴市史』に次のような記述がある。工業立地問題とも関連した内容に限定して引用しておこう。

「木工団地　　戦時中は海兵団として使用され、戦後は外地からの引揚者を迎え入れた舞鶴地方引揚援護局は、昭和33年、世紀の大使命を終えて閉鎖された。同36年、同地一帯が通商産業省によって工場適地に指定されて以来、市は臨海工業としてふさわしい企業の誘致に努力してきたが、同41年8月に至って、港湾を利用して行う最適な企業として合板工場を集団誘致し、ここに木工団地をつくることに踏み切った。（中略）

進出を予定している合板三社からは、3月25日市長あてに次の事項の善処方について要望があった。

『水面貯木場について』　本船荷役、植物防疫その他貯木場として、三社共同の水面、専用水面合わせて15万m²は是非必要につき、この確保をお願いしたい。

『漁業補償について』　水面貯木場の漁業補償については、市において特別の措置をもって解決していただきたい。なお補償期間は永久とされたい。

『港湾施設について』　木材専用船の入港、係留が可能なように、バース二個の設置をお願いしたい。バース設置場所は、黒鼻の前方8mないし9mの場所が適当と考えられる。

『道路交通について』　道路舗装の実施と、バス路線の三社前までの延長およびバス時刻の延長等の便宜を計っていただきたい。

『労働力について』　三社で必要な労務者を確保するために、市としてはできるだけ、そのあっせん、確保に努力して下さるようお願いしたい。

市は、これらのことを解決するため、舞鶴漁業組合と漁業補償その他についての交渉を始めとして、国有地の払い下げや、関係機関との調整などを積極的に行った。その結果、まず元平海兵団跡の国有地277,000m²のうち、132,000m²の転用が決定し、次いで市営平貯木場を設置して、合板三社とこの運用等について覚え書きを交換するなど、新工場建設のための条件は着々と整えられていった。（中略）

地元関係機関の協力のもとに、誘致運動を始めてから一年後の昭和43年8月7日、待望の合板三社が起工式を挙げ、ここに将来の発展を目指す木工団地が発足した。進出した三社は、丸玉木材株式会社（本社北海道津別町）、林ベニヤ産業株式会社（本社大阪市）、丸甚合板工業株式会社（本社大阪市）である。

以上が当初から操業している合板三社であるが、昭和44年10月、前記工場に隣接する国有地約9万m²の払い下げと、民有地約4千m²を買収して、日本木材化工株式会社（本社舞鶴市）の起工式が行われた。翌45年5月に操業を始めたが、この工場では月間約5千m³の原木の製材と、集成材の生産が行われている」[6]

ここでも舞鶴市が工場用地の幹旋、とりわけ旧軍用地の幹旋を積極的に行っていることに注目しておきたい。なお、この引用文で述べられている「（昭和36年）通産省による工業適地の指定」という件に関しても触れておきたい。

昭和36年に、通産省が「工業適地の指定」をしたというのは、おそらく通産省の企業局が刊行した『わが国工業立地の現状』において、「舞鶴工業地区」が紹介されていることを指しているものと思われる。通産省は、昭和33年度から昭和35年度までの期間に、全国にわたって「工業適地調査」を行い、その結果が上記の書物として刊行されている。なお、昭和36年にも「工業適地調査」は行われているが、刊行期日の関係で、その結果は上記書物には記載されていない。ちなみに、通産省の「工業適正配置構想」では、舞鶴を「すでに旧軍港施設の平和産業への転換を進めており、用水がまだ豊富なこと、港湾が良港であること、京阪神への輸送施設が整備されていること等のため化学工業、合成繊維工業、輸送機械工業の立地を想定した」[7]とあり、全国166の工業適地を紹介した中の一つとして、「舞鶴工業地区」の概況を次のように述べている。

「この地区は、京都府下唯一の臨海工業地帯で、戦後立地された日本板硝子舞鶴工場、大和紡績舞鶴工場、日之出化学舞鶴工場が工業生産の主軸をなしている。中小企業は、これら大企業の関連産業となっているものが多く、特に飯野重工業舞鶴造船所の好不況が当地区の工業生産に及ぼす影響が大きい。当地区には軍施設が遊休となっていたのを転用して立地した企業が多く現在（昭和33年頃と推測—杉野）250万 m^2 程度の工業適地を有している」[8]

通産省企業局が刊行した『わが国工業立地の現状』では、舞鶴市の工業立地条件が簡潔に紹介されているが、ここでは触れないことにする。また、引用文に出てくる「大和紡績」は、旧軍用地の転用による工業立地ではないことを付記しておこう。

通産省企業局によって紹介された舞鶴市の「工業適地」について多く語りすぎたかもしれない。本題へ戻ろう。

旧平海兵団の跡地利用については、『旧軍用財産の今昔』では、「1．旧軍の状況」に続いて、次のように紹介されている。

「2．転用状況　　終戦により旧軍から大蔵省が引継を受けた財産は、土地 1,375,870 m^2、建物 72棟 59,205 m^2、工作物、その他となっている。

①　一時使用　終戦後はアメリカ進駐軍が接収し舞鶴レセプションセンター平キャンプとして使用したが、昭和20年9月28日舞鶴港が引揚港に指定され当施設は昭和21年1月1日から引揚援護施設として（493,057 m^2、また昭和25年8月から同28年3月までは警察予備隊 [95,553 m^2]、昭和30年2月から同31年3月までは陸上自衛隊舞鶴駐屯地 [85,269 m^2]、昭和40年3月から41年3月までは国立舞鶴工業高等専門学校 [11,537 m^2]）等施設に種々転活用されてきた、（以下省略）。

②　処分　施設周辺地は昭和27年3月、6・3・3制による大浦中学校施設として譲与した 13,319 m^2 を初めとして農林省へ所管換して耕作者へ売払いした 529,487 m^2、地元民の要請により売払いした山林 422,896 m^2、その他道路、河川、水道施設に 6,809 m^2 等を昭和35年度までに処分した。

——昭和25年旧軍港市転換法が制定され、旧軍用財産の平和産業港湾都市への転換計画及びこれ等財産について昭和34年工場立地に関する法律に基づく工場適地調査等がなされて一時的に処分が中断したが、本地は舞鶴湾に面する臨海工業地としての最適地であり、昭和42年に舞

鶴市はここを木材企業用地とする転用計画を策定し、同年 3 月 9 日開催、第 51 回旧軍用港市国有財産処理審議会に付議諮問した結果、転用方針の決定をみて昭和 42 年 7 月合板会社 3 社へ130,746 m² を、昭和 44 年 10 月製材会社へ 91,445 m² を売払いし、その他道路、河川敷地に27,507 m² 要処理財産売払 4,536 m² を処分して、昭和 20 年から昭和 47 年度までに処分したものは、1,226,645 m² である」[9]

この文章でも、通産省によって工業適地調査が行われ、また前述したように「工業適地」として紹介されているが、工業適地として「指定」されたわけではない。

以上、舞鶴市において旧軍用地を転用した主要な企業とその立地関係について文献を参考にしながら紹介してきた。だが、それ以外にも多くの企業が旧軍用地を取得しており、また旧軍用施設（口座）毎に、旧軍用地の工業用地への転用状況やその後の変化などについても分析しておきたい。次節では、それを行うことにする。

1）　この節については、拙稿「舞鶴市における旧軍用地と工業立地」（『立命館大学人文科学研究所紀要』、34 号、1981 年）の 43 〜 47 ページで紹介したものを、一部修正して再録した。
2）　『舞鶴市史』（各説編）、舞鶴市役所、昭和 50 年、113 〜 115 ページ。
3）　同上書、115 〜 116 ページ。
4）　同上書、116 〜 118 ページ。
5）　同上書、119 〜 121 ページ。
6）　同上書、126 〜 128 ページ。
7）　『わが国工業立地の現状』、通商産業省企業局、発行年次不詳（昭和 37 年 2 月付で企業局長の「はしがき」がある）、121 ページ。なお、舞鶴市については、昭和 33 年度に工場適地調査が行われたものと思われる。ちなみに、全く同じ内容の『わが国の工業立地』という書物が昭和 37 年 3 月に通商産業省編で通商産業研究社から刊行されている。
8）　『わが国工業立地の現状』、前出、435 ページ。
9）　『旧軍用財産の今昔』、大蔵省大臣官房財政史室編、昭和 48 年、51 〜 53 ページ。

第五節　舞鶴市における旧軍用地の工業用地への口座別転用状況と その後の経過[1]

前節では、『舞鶴市史』をはじめ、『旧軍用財産の今昔』等からの引用文を援用しながら、舞鶴市における主要工場の立地経過および舞鶴市の工場誘致運動についてみてきた。本節では、『舞鶴市史』に記載されていない旧軍用地取得工場の分析を旧軍用財産の口座別にみていくことにする。

既に 1 ‐(1)表と 1 ‐(2)表によって、舞鶴市において旧軍用施設が多かった地区を幾つか摘出しておいた。その中でも北吸地区、長浜地区、大波地区、余部地区、倉谷地区、平地区などの地区は大規模な旧軍用施設があったこともあって、工業用地への転用が多かった。

以下では、そうした地区を中心に分析していくことにする。記載事項について、一つ一つ注記していく煩わしさを避けるため、昭和56年3月の現状については、現地踏査および当該企業からの聞き取りによるものであることを予め断っておく。

1．北吸地区

軍需部関連の口座からみていこう。舞鶴海軍軍需部第1区は、市内の北吸地区にあったが、その跡地はゼネラル物産が貯油施設として昭和33年に1万2千㎡強、さらに同軍需部第3区の跡地を同年に約6千㎡ほど取得している。ゼネラル物産はのちにゼネラル石油と改称し、この第3区において昭和37年から操業を開始し、昭和56年3月現在では、油槽（タンク）6基を設置し、従業員5名（下請6名）で営業している。

また、舞鶴合板製作所は、この軍需部第1区の跡地で昭和33年から同37年にかけて3件（うち1件は1千㎡未満）、あわせて約9,500㎡を取得していたが、昭和40年頃、火災をおこして倒産。その跡地の一部は、昭和56年の時点では遊休地となっているが、国道27号線に面した部分はボーリング場（マリンボール）として営業をしている。

舞鶴海軍軍需部第2区も北吸地区にあったが、この跡地は昭和30年に運輸省に移管され、中央気象台として利用されている。

同じく北吸地区にあった舞鶴海軍軍需部第3区の跡地は、舞鶴倉庫が昭和30年に約1万7千㎡を取得し、国道沿いに昭和56年3月現在でも営業中である。なお、舞鶴倉庫は、この第3区以外に舞鶴鎮守府築港材料置場の跡地でも昭和36年に6千㎡弱の旧軍用地を取得している。

北吸にあった舞鶴海軍工廠二次電池工場は、昭和30年に約2万㎡が舞鶴製油に払い下げられている。しかし、昭和56年3月の時点では、この地は自衛隊用地となっている。

2．大波地区

舞鶴海軍軍需部大波重油槽跡地は、昭和25年に舞鶴市へ工場用地として2件、約13万㎡が払い下げられたが、この跡地は同年に整地のうえ日本板硝子へ転売されたことは既にみてきたことである。日本板硝子もまた独自に、この大波重油槽の跡地を昭和27年に大蔵省より2件、1万7千㎡強を取得し、その後、昭和28年と同32年にも若干の旧軍用地の取得を行い、さらに昭和48年に71,686㎡の用地を第三海軍火薬廠第2区で取得している。

さらに、この海軍軍需部大波重油槽跡地は、昭和33年に出光興産にも払い下げられた。その土地面積は4万2千㎡強である。もっとも、この跡地は昭和21年6月に残油の回収および廃油の再生工場として出光興産が使用することを認められており、油槽の使用については、昭和22年2月より一時使用が認められている。昭和56年現在、貯油タンクは3基で約10名が従業している。

第十三章　舞鶴市　501

３．白浜地区

　舞鶴海軍軍需部第7区は市内白浜地区にあった。その跡地は昭和24年に日本海水産へ1万2千m²が払い下げられたが、昭和56年3月現在、この土地は自衛隊のものとなり、一般人は立入禁止区域となっている。

　舞鶴軍需部の第8区の跡地は、昭和31年に舞鶴市が縫製工場用地として時価で約4,200m²の払下げを受け、のち舞鶴市縫製工場として活用され、その最盛期であった昭和37～38年頃には従業員数380名であった。だが、昭和56年3月の時点では、80名となり、グンゼのメリヤス製品をつくる下請工場と化している。ちなみに、この縫製工場については、『舞鶴大観』に、次のような記述がある。

　「舞鶴市縫製工場は昭和27年7月1日、当時社会福祉事業として経営されていた授産場を転用して発足したのであるが、この事業の将来を考え29年度から特別会計を設け、公営の収益事業に切換えられた。その後、さらにこの事業の完全独立採算と経済生産性の高揚を確立するため、31年4月から生産設備を充実するとともに、地方公営企業法の適用を受け、経営組織を合理化して企業専一の管理者の下に必要な分課を設置し事業の強化を計った結果、技術は高度化され、生産性も極めて向上して常に安定製品の生産をみるに至った。

　この間、防衛庁の被服需要の増高に伴い、縫製品の調達が活発化されるや、いち早く指定工場として登録を受け、陸・海・空幕の制服、外套、作業服、雨衣、ワイシャツ等を加工するとともに、輸出品においても、ビルマ軍服、毛シャツ、ブラウス、スポーツシャツ、ドレスシャツ、婦人用ショーツ等を生産してきたが、品の優秀さと高度の生産能力は広く業界の認めるところとなり、現在（昭和34年―杉野）では優秀な縫製メーカーとして注目され、各方面から多くの需要を受け活況を呈している」[2]。

　このように昭和34年段階、つまり高度経済成長の初期にあっては、この縫製工場も活況であったが、昭和56年の時点では従業者数も4分の1以下となり、平成13年3月31日をもって閉鎖された。平成20年現在では、東消防署へ転用されている[3]。

　この舞鶴海軍軍需部第8区では、舞鶴市縫製工場の川向で、関西衣料が同様の縫製工場として約4千m²を昭和37年に取得したが、この企業はまもなく倒産し、昭和56年3月の時点では、㈱丁子屋がその跡地でジャージやニットの縫製を行っている。

　舞鶴海軍施設部浮島材料置場（約6万6千m²）の跡地は、零細工場（いずれも敷地面積3千m²未満）に対する6件の払下げと、製材工場を用途目的とした阿部商事へ約9千m²が昭和33年に譲渡されている。ただし、この阿部商事は、昭和56年3月の時点では浮島地区に見当たらない。浮島地区には、製材所としては、上野木材があるものの、その前歴は牛尾製材（昭和39年に旧軍用地約1千m²の譲渡あり）であった[4]という。なお、阿部商事の詳しい事情は不詳である。

４．余部地区

　さて、舞鶴市における旧軍用施設としては最も重要であった舞鶴海軍工廠の跡地（余部地区、

718,177 m²）は、昭和 39 年に舞鶴重工業へ 3,817 m² が譲渡されたのを手始めに、昭和 43 年に709,511 m²、そして昭和 46 年になって、日立造船へ 4,566 m² が譲渡されている。すなわち、舞鶴海軍工廠の跡地は悉く日立造船（舞鶴重工業）へ譲渡されたのである。舞鶴重工業は昭和 46 年には日立造船となっており、昭和 55 年の時点では、「従業員約 1,800 名、各種船舶の建造及び修繕、熱交換器、化学プラント等を生産」していたが、平成 2 年の時点では「従業員約 950 名、艦船の建造及び修繕、メカトロシステム機器・電子制御機器、プラント・機械装置等を生産」[5]と変化している。つまり、「各種船舶」が「艦船」となって軍事的性格を強めているのと同時に、メカトロシステムといった最新技術の導入を図っている。しかし、平成 13 年には企業統合によりユニバーサル造船となったが、生産している内容に変化はない。従業員数については、昭和55 年時点では 1,800 名であったのに、平成 2 年には約半数の 950 名、平成 8 年には 584 名と減っている。

5．倉谷地区

　舞鶴重工業は市内の倉谷地区でも、舞鶴海軍工廠第二造兵部の跡地（596,184 m²）で昭和 43 年に 141,388 m² を取得しているが、これは舞鶴海軍工廠本廠で約 70 万 m² を取得した時期と同じである。さらに舞鶴重工業は舞鶴軍港通路跡地で 5,634 m²、第二造兵部鉄道用地 10,686 m² を同じく昭和 43 年に取得している。しかし、この地は日立造船の陸上部門（車両工場）として、輸送機械を製造していたが、昭和 63 年頃には閉鎖して、平成元年、土地は舞鶴市役所が所有するに至った。のちに資生堂が進出してきたが、平成 19 年に撤退し、平成 21 年現在ではケンコウマヨネーズがこの地で操業している[6]。舞鶴海軍工廠第二造兵部のもう一つの跡地利用についてみると、3-(1)表からも判るように、日之出化学へ昭和 27 年から 43 年にかけて 5 件、さらに 3 千m² 未満の用地を 3 件、計 8 件で約 9 万 3 千 m² の旧軍用地を払い下げている。昭和 56 年現在では、土地約 13 万 m²[7]、従業員数約 120 名[8]であったが、その後、同工場は、営業不振のため工場規模を縮小し、平成 8 年現在では従業員数 39 名[9]となっている。

　同じく倉谷地区にあった日之出化学の立地要因については、既に『舞鶴市史』を引用して紹介しているが、それに加えて「港湾の利用」という要因があったことを付記しておきたい。そのことは、昭和 35 年に市内の松陰にあった舞鶴鎮守府築港材料置場で 1 万 4 千 m² 強の用地を取得しているからである。

6．長浜地区

　市内の長浜地区には、舞鶴海軍軍需部第 5 区があったが、その跡地を日本石油が昭和 25 年に貯油施設として払下げを受けている。日本石油は、同年に舞鶴防備隊の跡地（約 3 万 3 千 m²）も取得しているので、同社は、この長浜地区で約 4 万 5 千 m² の旧軍用地を取得したことになる。日本石油は昭和 28 年に営業を開始し、昭和 56 年 3 月現在では敷地面積 4 万 2 千 m²、従業員数20 名、油槽タンク 7 基で営業を続けている。

同じく長浜地区にあった旧第三海軍火薬廠第1区は、昭和27年に配貯油施設として昭和石油へ、5万6千m²が払い下げられている。また、同社は、舞鶴海軍軍需部第4区（長浜地区）でも、約8万2千m²の旧軍用地を取得している。昭和56年現在、昭和石油は石油タンク建設のためか、整地工事中であった。

これまた同じ長浜地区には舞鶴海軍工廠火工場があった。その跡地は、昭和38年に大舞鋳鋼へ6,600m²、昭和44年に鈴木設備工業（3件・5万5千m²）と舞鶴機械工業（4千m²強）、そして昭和46年に日立造船へ約4万m²が払い下げられている。大舞鋳鋼はのち舞鶴興業となり、さらに同和興業へと変転し、昭和56年3月現在、同和興業は敷地面積6,400m²で操業している。鈴木設備工業は、昭和56年3月現在、工場敷地面積は8,300m²であるが、その他に山林4万5,700m²を有し、従業員約60名で操業中である。舞鶴機械工業は、旧舞鶴重工業株式会社舞鶴興業所（昭和28年）であったが、昭和36年11月に分離独立し、昭和45年に操業を開始している。長浜本社工場の敷地面積は、約5,400m²、従業員数は31名で[10]、同和興業、鈴木設備工業の各工場と同様、日立造船の協力会社として操業中である。

7．朝来地区

朝来地区には、第三海軍火薬廠第2区があった。その用地の大半は、舞鶴市が山林経営のため昭和25年に用地取得しているが、工業用地としては、日本板硝子が、昭和32年から37年にかけて3件、あわせて21万3千m²を取得している。日本板硝子の工場立地と旧軍用地との関連については、既に『舞鶴市史』によって詳しく述べてきているので、ここでは繰り返さない。なお、同社は、四号埋立地（7万m²）も加え、昭和55年7月の時点で、約60万m²の敷地を有し、従業員は約850名である。

この火薬廠第2区では、昭和精工所が昭和38年に5万1千m²を取得しているが、その用地は昭和56年3月に至るまで荒れ地のままで、何らの工場も建設されず、旧軍用施設の建物の一部が残骸のまま残っている。

日本通運は製造業ではないが、同社もこの跡地の一部（約1万5千m²）を取得し、昭和38年より営業を開始している。昭和56年3月の時点では、日本通運舞鶴支店日本板硝子営業所となっている。用地面積1万5千m²のうち、事業所関連で3,600m²、倉庫として1万1,500m²を使用しており、日本板硝子の製品を荷造りし、貨車およびトラックによって市場向けに発送している。従業員数はおよそ250名である。

同じく火薬廠第2区で、銭高組は昭和37年に3万2千m²弱の用地を取得している。昭和56年3月の時点では、「原石・硝子粉砕工場」として操業しており、特殊ガラスを粉砕して、ガラスの中にあるワイヤーを抜く作業を行っている。従業員は10名程度である。

8．平地区

平海兵団があったこの地区については、平木工団地のところで詳しく論じているので、ここで

は多くを語ることはしない。すでに 3 -⑴表で示しておいたように、昭和 42 年には丸玉木材（66,195 m²）、林ベニヤ（31,485 m²）、丸甚木材（33,066 m²）が用地取得をし、昭和 44 年には日本木材化工（90,945 m²）が取得している。なお、その後の合板不況の影響で、この地区は大きく変化した。丸甚木材が操業をやめた跡地を平成 21 年現在、日本木材化工が用地を拡大した規模で操業していた[11]。しかし、この日本木材化工も廃業、その跡地は平成 28 年現在、林ベニヤ産業の第一工場（31,500 m²）、第二工場（34,800 m²）となっている。なお、林ベニヤは林ベニヤ産業（39,200 m²）と改称し、第一工場では国産材とりわけ京都杉合板などを、さらに第二工場では針葉樹合板を生産している[12]。なお、丸玉木材は、昭和 49 年 1 月に丸玉産業と社名変更し、平成 28 年現在も操業を続けている。

　以上、舞鶴市における旧軍用地の工業用地の転用状況を各地区ごとにみてきたが、概していえば、軍転法のもとに舞鶴市でも多くの旧軍用地が産業用地、とりわけ工業用地として転用されているということである。しかしながら、日立造船（元舞鶴重工業）が「艦船」の建造や修理をするなど、海上自衛隊と緊密な関係にあること、また小規模な旧軍用地を取得した諸企業（工場）が、この日立造船の協力会社となっていることなどを考えると、果たして舞鶴市が平和産業港湾都市として発展してきたのかどうかという問題が生ずる。もっとも、ここには「平和」（防衛）という概念に対する理解の差異が存在していることを否定するわけではない。さらに言えば、そうした防衛に無関係な中小企業（工場）は操業しなかったか、あるいは度重なる経済的変動の中で倒産・閉鎖、あるいは大企業に併合されているという事実もある。資本制経済体制の中では、中小企業の倒産は、きわめて一般的な経済現象である。とくに旧軍用地を転用した新規工業立地の場合には、市場をめぐる競争関係が新たに展開するだけに、巨大資本の傘下に入らない限り、その浮沈が極めて激しいというのもまた一般的な事実である。

1）　この節も、前節と同様に、拙稿「舞鶴市における旧軍用地と工業立地」（前出）の一部（47 〜 53 ページ）を修正・加筆したものである。
2）　『舞鶴大観』、舞鶴新聞社、昭和 34 年、7 〜 8 ページ。
3）　平成 21 年 3 月 11 日、舞鶴市役所での聞き取りによる。
4）　昭和 56 年 3 月、上野製材での聞き取りによる。
5）　『舞鶴のあゆみ』、平成 2 年版（12 ページ）および平成 13 年版（131 ページ）。
6）　平成 21 年 3 月 11 日、舞鶴市役所での聞き取りおよび現地踏査による。
7）　『会社案内』（日之出化学工業株式会社）による。
8）　昭和 56 年 3 月、日之出化学工業株式会社での聞き取りによる。
9）　『舞鶴市商工会議所会員名簿』（平成 8 年）による。
10）　『会社概要』（舞鶴機械工業株式会社）による。
11）　平成 21 年 3 月 11 日、現地踏査による。
12）　「林ベニヤ産業」のウェブサイトによる（2016 年閲覧）。

第十三章　舞鶴市　　505

第六節　舞鶴市における旧軍用地の転用政策[1]

　これまでは、舞鶴市における旧軍用施設およびその転用状況、さらには転用後における歴史的経緯についてみてきた。この節では、舞鶴市が旧軍用地をどのように転用しようとしてきたのか、その点に焦点をおいて、歴史的に振り返ってみることにしよう。

　朝鮮動乱が勃発した昭和25年に軍転法が制定されたが、それから間もない昭和26年に、舞鶴市は戦争の惨禍をふまえながら、『舞鶴市転換計画書』を刊行し、平和産業港湾都市への転換方向を明確に打ち出している。

　「舞鶴市は軍港都市として久しく軍の制扼下にあったため産業、経済文化等の各般にわたり自然的な発展を阻害せられ、一つに戦力増張の面にのみ変則的な発展膨脹を続けてきたのであるが、終戦によりその立市の基礎は根底から覆えされ、戦争の惨禍を痛刻に体験すると共に平和産業都市への更生に多大の苦悩を重ねてきたのである。

　幸に市民の平和愛好の熱意と関係諸機関の協力により割期的な旧軍港市転換法の成立を見るに至った。

　ここにおいて従来地形上連絡の充分でなかった東、中、西地区が各々その立地条件を活かし有機的に融合合体し大舞鶴市の基礎を固めるため政治、産業、交通、文化等の各分野に亘り機能を強力に発揮し永久に平和産業港湾都市として再発足することとなった。今ここにその転換計画を樹立する」[2]と高らかに謳い挙げている。

　一般の地域であれば、「舞鶴市振興計画」ないし「舞鶴市発展計画」とすべきところであるが、旧軍港都市という特殊歴史的な条件とその転換という意味から、『舞鶴市転換計画書』という題名（書名）を付したのである。

　さて、舞鶴市が戦後の焼け跡から再出発し、平和産業港湾都市へと転換していくためには、港湾の平和的利用とあわせて、平和産業による旧軍用財産（旧軍用地）の転用が重要な環とならねばならない。つまり、舞鶴市にとっては平和産業（工業）の進出が不可欠だったのである。だが、適産策定型の立地政策を展開していくためには、誘致しようとする地域（地区）の立地条件を明らかにしておく必要がある。その場合、舞鶴市全域を一つの対象とするのではなく、あくまでも工業立地に適した地区を選定し、それに適した産業（工業）を誘致することになる。

　この『舞鶴市転換計画書』では、舞鶴市における港湾機能を重視し、「臨港地区」を設定し、その中を商港区、工業港、漁港区、自由港区の四つに分け、このうち「工業港区」については、次のような「地帯」を設定している。

　「(1)　旧海軍工廠、火薬庫、石炭庫、二次電池工場の地帯

　(2)　大波下旧重油槽、貯炭場地帯

　(3)　加津良より和田に至る臨港地帯

　(4)　下福井臨港地帯」[3]

『舞鶴市転換計画書』が設定している四つの「臨港地帯」については、既に見てきたように、(1)と(2)には大規模な旧軍用施設があり、それぞれ舞鶴重工業（日立造船）、日本板硝子、日之出化学工業などの立地をみた地区である。また、舞鶴市は、舞鶴市内の市街地（内陸部）にも「工業地域」を設定することを計画している[4]。

ただし、平和産業港湾都市の建設を目的としながらも、既に臨港地区を利用している米軍や警察予備隊（のちの自衛隊）による土地利用との関連を不明確にしたままであることに留意しておかねばならない。つまり「平和」という意味は、あらゆる軍事施設の除去という意味であったのかどうか、もしそうだとすれば、問題は平成28年の今日まで残されたことになるからである。

この問題を曖昧にしたままで、時代は過ぎ行き、舞鶴港は海上自衛隊の基地となっていく。それでも、昭和41年の『舞鶴市転換計画書』（改訂版）では、まだ平和産業港湾都市への志向を感じ取ることができるような内容であった。

「舞鶴市は過去60年間軍港都としての存在に拘束されていたことと地形、気象等の天然条件および人為的資源に影響されて平和産業に顕著なものが乏しかったが軍港は終戦により一変し港湾は国際貿易港に指定され更に画期的な旧軍港市転換法の成立により平和産業港湾都市として、また日本海方面における最大の商工経済の中心都市として大飛躍をなすべく、生産の増強と貿易の振興に重点を指向しなければならない」[5]

この文章の基本的趣旨は、昭和26年の『転換計画書』と同じである。そして、舞鶴市における商工業の振興については、次のような方向性を打ち出している。

「港湾都市舞鶴振興の基盤ともいうべき造船施設に急速に譲渡をうけ新造船の建造ならびに改造修理を容易ならしめるようにするとともに、機械、車両製作、化学食品、製材、農機具、雑貨等の各工場を誘致するための旧軍の遊休施設のうち必要なる建物設備等の譲渡を受け、工場誘致政策を強力に促進し、商工業の振興をはかる」[6]

本書では、既に舞鶴市が造船、機械工業、車両製作、化学肥料、窯業（硝子工業）、製材（合板）などの諸工業を鋭意誘致し、商工業の振興を図ってきたことをみてきた。総計で200万 m^2 を超える旧軍用地の工業用地への転用だけでも、舞鶴市の工業化をすすめるのに充分な効果をもつものであった。だが、舞鶴港における自衛隊の存在は、旧軍用地の工業用地への転用を大幅に遅らせることになった。このことは事実として、確認しておかねばならない。

昭和45年4月には『舞鶴市総合計画』が発表される。その第一部「計画の基礎」において、この『総合計画』と軍転法との関連について述べられており、それによれば、「旧軍港市転換法に基づき、昭和26年に策定（昭和41年改定）した『舞鶴市転換計画』はこの計画に移行する」[7]とされている。つまり、旧軍港市であったという特殊歴史的な性格をもった舞鶴市も、この時点になって、その特殊性が希薄となり、一般の地域と同様に工業用地への転用を進めて、地域振興を計るという状況になってきたからであろう。その状況とは、もはや昭和45年の段階では、舞鶴市内に大規模な工業用地へと転用すべき旧軍用地がなくなってきたということである。しかしながら、「土地利用」との関連では、なお旧軍用地の転用について言及している。

「本市は、軍港都市であったため、膨大な旧軍用地があり、戦後『旧軍港市転換法』の制定により、現在までに産業、教育施設、その他公共施設などに322haを転用し、本市の発展に大きく寄与してきたが、今後も、産業、観光などに積極的に転用の促進を図る」[8]

この文章では、旧軍用地を産業とならんで「観光」とも関連させて、その転用を図るという点が目新しい。

では、工業用地との関連では、舞鶴の旧軍用地をどのように考えていたのであろうか。その点は、「工業立地条件の整備」という項目の中で、次のように述べられている。

「本市には、工業に適した用地は10カ所、その総面積は377ヘクタールであって、そのほとんどが臨海性工業に適し海上輸送は極めて便利であるとともに、旧軍用地は『旧軍港市転換法』の適用を受けて転活用できる利点を備えている。

これらの用地は、それぞれがもつ条件からみて、適種企業はおおむね臨海性の化学工業、窯業、輸送用機械工業、木材工業などが考えられる。したがって、本市産業の中核的な役割をもっている工業を発展させるため、用途に応じた用地の確保と、高度利用のため適切な施策を次のとおり講ずる。

旧軍港市転換法に基づき、国有地の計画的な転活用により企業誘致や既存企業の拡充に必要な用地の確保を図る。(以下、湾内海面埋立、工業集団化のための民有地については省略)」[9]

この文章については、幾つかの問題点がある。その一つは、昭和45年現在で、舞鶴市に工業適地の「総面積は377ha」であると述べているが、昭和37年の時点では、舞鶴市における工業適地は同じ10カ所で約250万m²であった[10]。それが100万m²以上も増加しているのはなぜかという問題である。ただし、この問題は調べればすぐに判ることである。

問題の核心は、軍転法の適用を受けて「転活用できる利点」と述べているが、それはどのような利点なのか。もともと、軍転法の基本的な目的は、軍港都市から平和産業港湾都市への転換であり、この法自体は新規に立地してくる企業にとって特別の「利点」はない筈である。もとより舞鶴市が進出企業に対して、積極的に、あるいは特殊的に便宜を図るということはあっても、それは軍転法によるものではない。軍転法の条文の中で、あえて「利点」といえるのは、第四条(特別の措置)の二において、「旧軍用財産を譲渡した場合において、当該財産の譲渡を受けた者が、売払代金または交換差金を一時に支払うことが困難であると認められるときは、確実な担保を徴し、利息を付し、十年以内の延納の特約をすることができる」ということであろう。これは確かに「利点」である。だが、これを「軍転法」だけがもつ特別の「利点」とみなすことはできない。それ以外に何か特別の経済的な利点に軍転法の意義を求めるならば、それはもはや軍転法の基本的な目的とは離れたところで、事態が一人歩きしていると言えよう。

もう一つの問題は、この文章には、誘致企業だけでなく、既存の企業に対しても、旧軍用地の転用を想定していることである。そのこと自体に問題はないが、地域設定と言い、業種選定と言い、その後における旧軍用地の転用に何か具体的な動向があるかのような叙述になっている。

やや脇道に逸れたが、舞鶴市における「旧軍用地の転用」については、第3部「基本計画」の

中で次のように述べている。

「旧軍用地は、現在までに 322 ヘクタールが転用されたが残り 417 ヘクタールについては、『舞鶴市旧軍用財産転換計画表』によって、工場、公園、住宅、運動場、造林地などに転活用するようその促進につとめる」[11]

ここでは、「旧軍用地の転用」の冒頭に「工場」が位置づけられているが、その「工場用地」への転用のための施策としては、工業立地条件の整備に関する「用地」の項で、次のように述べられている。

「平、朝来、下安久、雁又、下福井、喜多地区などに所在する、国有地および公有地を木材工業、化学工業、窯業、機械工業などの企業の誘致、既存企業の拡張などに必要な用地として確保を図る」[12]

以上は、『舞鶴市総合計画』（昭和 45 年）で展開されている旧軍用地の転用計画であるが、既にみてきたように、現実の経過は次の通りであった。すなわち、昭和 45 年に舞鶴重工業へ 51,510 m^2（北吸）、翌 46 年日立造船へ 45,465 m^2（雁又）、そして昭和 48 年には、日本板硝子（71,686 m^2・大波）、日立造船（113,913 m^2・雁又）、日本通運（22,860 m^2・平）への譲渡がなされたのである。時期的にはやや外れるとはいえ、『舞鶴市総合計画』（昭和 45 年）で抽象的に述べられていたことが、3 年後には現実化しているのである。

昭和 50 年 12 月に、舞鶴市は「旧軍用財産転用計画」を策定する。そこには文章として具体的な内容を示したものはなく、舞鶴市を西、中、東の三地区に区分し、それぞれの地区に存在する旧軍用地（旧口座名・所在地）ごとに、その数量と「転用計画」が略記されているだけである。その旧軍用地は 62 カ所もあるので、これを一つの表にまとめておこう。

XⅢ- 6 -(1)表　舞鶴市の旧軍用財産転用計画（昭和 50 年）

（単位：100 m^2）

転用計画	西地区		中地区		東地区		計	
	箇所	面積	箇所	面積	箇所	面積	箇所	面積
工場	──	──	──	──	1	130	1	130
勧業施設	──	──	──	──	1	222	1	222
臨海施設	1	134	──	──	──	──	1	134
港湾関連施設	8	291	1	14	7	245	16	350
都市施設	──	──	──	──	2	288	2	288
福祉施設	──	──	──	──	1	22	1	22
公共施設	1	470	──	──	──	──	1	470
公園	2	1,057	──	──	7	4,665	9	5,722
上水道施設	1	18	──	──	──	──	1	18
国道	──	──	──	──	1	13	1	13
住宅施設	──	──	2	174	2	1,194	4	1,368
墓地	1	55	──	──	──	──	1	55
造林地	──	──	──	──	1	2,300	1	2,300

緑地保全	——	——	——	——	1	1,076	1	1,076
未定（緑地保全）	4	5,390	9	9,082	6	4,278	19	18,750
未定	1	44	——	——	1	130	2	174
計	19	7,459	12	9,270	31	14,563	62	31,292

　出所：「旧軍用財産転用計画」（舞鶴市、昭和 50 年 1 月）より作成。

　昭和 50 年の時点における旧軍用地の「転用計画」をみると、舞鶴市が工業用地（工場等）として転用する計画のある旧軍用地は、平海兵団跡地の一部（13,000 m²）の僅かに 1 カ所だけである。もっとも(1)表では、その転用計画（用途目的）では複数の用途目的が記載されている場所もあり、その場合には、最初に記載されている用途目的だけを採用するという手法を用いている。そこで、副次的な用途目的として「工場」が記載されている場所をみると、中地区の第三海軍燃料廠第 1 区の一部（28,300 m²）と東地区の大波重油槽跡地の一部（178,600 m²）がある。しかし、それらを合わせてみても、「工場用地」は 3 カ所で、その合計面積は 219,900 m² にしかならない。この 22 万 m² という用地面積は、中規模工場一つの敷地面積に相当する広さでしかない。

　舞鶴市の「旧軍用財産転用計画」（昭和 50 年）では、旧軍用地の転用方向としては、公園用地（約 57 万 m²）、造林地（約 23 万 m²）、住宅用地（14 万 m² 弱）、緑地保全用（約 10 万 m²）が中心であり、「工場等」を第一の用途目的としている用地面積は僅かに 1 万 3 千 m² でしかないのである。

　そうは言っても、土地に固定した利用方法があるわけではない。地価という問題があることを別とすれば、(1)表にある「勧業施設」、「臨海施設」、「港湾関連施設」、「都市施設」などを工業用地へ転用することも計画としては可能であろう。もっとも、(1)表には記していないが、「計画」の原表には、「（山）」という記号が付されている箇所があり、その多くは緑地であるが、それでも大波重油槽跡地の一部（178,600 m²）には、この「（山）」という記号が付されているので、計画としてはともかく実際には工場用地へ転用することは整地費などのこともあって、そう簡単なことではあるまい。

　以上、昭和 50 年の時点における「旧軍用財産転用計画」について、その内容を検討してきたが、その後、この「転用計画」はどのようになっていったのであろうか。そのことを念頭におきながらも、昭和 56 年 4 月には『舞鶴市新総合計画』が発表される。この『新総合計画』では、旧軍用地の転用についてどのような取り扱いをしているか、それを明らかにしておきたい。

　この『新総合計画』でも、「この計画は、同時に旧軍港市転換法に基づく舞鶴市転換計画とする」[13]と規定している。そして、「旧軍用地の転用」という項目では、「軍港市であった本市は、旧軍港市転換法に基づいて、膨大な旧軍用地を産業や公共施設などに転用してきた。今後も、未利用地の転活用を促進して、都市機能の充実を図る」[14]としている。だが、既にみてきたように、工業用地として旧軍用地を転用することは、工場適地である旧軍用地の不足から物理的に困難となってきているのである。

　ここで、平成 2 年 3 月から平成 12 年 3 月までの期間における舞鶴市の旧軍用地がどのように

転用されてきたか、一つの表にまとめておこう。

XⅢ-6-(2)表　舞鶴市所在国有財産転用状況概数調（土地のみ）

（単位：千m²）

| | | 区分 | 平成2年3月末現在 | | 平成12年3月末現在 | |
			数量	比率	数量	比率
転用済みのもの		公共施設	2,369	11.6%	2,379	11.7%
		民間施設	10,156	49.7%	10,179	49.8%
	移管	防衛施設	2,206	10.8%	2,211	10.8%
		農地・その他	2,511	12.2%	2,519	12.3%
		小計	17,242	84.3%	17,288	84.6%
要する処理を今後ものを		提供施設	——		——	
		未利用施設	3,204	15.7%	3,158	15.4%
		小計	3,204	15.7%	3,158	15.4%
	合　計		20,446	100.0%	20,446	100.0%

出所：『舞鶴のあゆみ』（舞鶴市企画管理部、平成2年7月及び平成13年3月）より作成。

(2)表をみれば判るように、平成2年から同12年までの10年間で、旧軍用地が転用されたのは4万6千m²で、舞鶴市にあった旧軍用地総面積の僅か0.3%でしかない。

確かに、(2)表では、未利用施設（旧軍用地）の面積が316万m²も残っているが、これとて、どこまで転用が可能なのか疑問である。なぜなら、(1)表で示されている転用計画にある旧軍用地（昭和50年段階）は313万m²なので、むしろ未利用の旧軍用地が増加しているとも考えられるが、少なくとも、ほぼ23年間、旧軍用地はほとんど転用されていないのである。

舞鶴市における具体的な旧軍用地の転用状況をみると、平成4年以降、平成12年までの状況をみても、平成7年に大阪防衛施設局へ所管換された第三海軍火薬廠第1区ほかの跡地（5,031m²）と平成8年に商工観光センターへ譲与・譲渡された舞鶴海軍軍需部第8区の跡地（3,182m²）の僅か2件しかないのである。

総括的に言えば、確かに戦後の舞鶴市における旧軍用地は民間企業をはじめ、農地・山林用地、公共施設、それから防衛施設などに転用されてきたが、平成20年の時点では、その転用はほとんどみられないのが実状である。

1）　この節に関しても、拙稿「舞鶴市における旧軍用地と工業立地」（前出、56〜62ページ）で発表しているが、本書ではそれを大幅に改変、修正している。
2）　『舞鶴市転換計画書』、舞鶴市、昭和26年、1ページ。
3）　同上書、2〜3ページ。
4）　同上書、3ページ参照。
5）　『舞鶴市転換計画書』（改訂版）、舞鶴市、昭和41年、12ページ。

6） 同上書、12 ～ 13 ページ。

7） 『舞鶴市総合計画』、舞鶴市総務部企画室、昭和 45 年、 3 ページ。

8） 同上書、14 ページ。

9） 同上書、20 ページ。

10） 『わが国工業立地の現状』、通産省企業局、昭和 37 年、434 ページ。

11） 『舞鶴市総合計画』、前出、第Ⅱ分冊、 2 ページ。

12） 同上書、第Ⅱ分冊、 6 ページ。

13） 『舞鶴市新総合計画』、舞鶴市、昭和 56 年、［草稿］、 3 ページ。

14） 同上書、25 ページ。

第十四章　大阪府

第一節　大阪府における旧軍用地の概況

戦前の大阪府には 123 口座の旧軍用施設があった。そのうち敷地面積が 10 万 m^2 以上の旧軍用施設は以下の通りである。

XIV- 1 -(1)表　大阪府における旧軍用施設（10 万 m^2 以上）の概要

（単位：m^2、年次：昭和年）

旧口座名	所在地	敷地面積	主な転用先	年次
大坂城空堀濠及内外濠	東区	226,202	貸付中・大坂城公園	48 現在
歩兵第八連隊ほか	同	103,060	日本赤十字・病院	30
陸軍運輸部大阪倉庫	大正区	259,361	中山製鋼所	32
大阪飛行団司令部	八尾市	154,290	大阪府・府営住宅	29
大正飛行場	同	2,384,571	農林省・農地	31
大阪陸軍航空廠	同	488,804	農林省・農地	31
盾津陸軍飛行場	東大阪市	287,529	農林省・農地	23
大阪練兵場	同	946,654	農林省・農地	23
輜重兵第四連隊ほか	堺市	107,907	厚生省・病院	35
金岡練兵場	同	330,289	総理府・警察学校	34
野砲兵第四連隊	和泉市	168,774	総理府・自衛隊	33
伯太練兵場	同	147,385	農林省・農地	27
郷荘練兵場	同	164,121	総理府・自衛隊	33
信太山演習場	和泉市他	4,096,954	総理府・自衛隊	33
横山演習場	和泉市	504,505	農林省・農地	26
佐野陸軍飛行場	泉佐野市	2,642,196	農林省・農地	22
大阪陸軍幼年学校	河内長野	185,970	厚生省・国立病院	23
大陸造・大津川射場	泉大津市	119,682	大阪府・港湾用地	46
高槻工兵隊作業場	高槻市	217,335	農林省・農地	23
高槻倉庫	同	460,022	民間山林	24
大阪陸軍造兵廠	東区	1,144,947	大阪市・車両工場他	26
同・枚方製造所	枚方市	1,233,371	小松製作所ほか	28
東二陸造香里製造所	同	1,572,123	日本住宅公団	32
旧 K 施設	岬町	162,473	農林省・農地	23
川崎重工業泉州工場	同	556,693	川崎重工業	24
松下飛行機軍需工場	大東市	333,144	松下飛行機	23
盾津飛行場（軍需省）	東大阪市	348,636	農林省・農地	24

出所：「旧軍用財産資料」（大蔵省管財局文書）より作成。

第十四章　大阪府　513

　(1)表に掲載された大阪府における旧軍用施設（10 万 m² 以上）の数は、27 口座である。それら
を規模別に整理してみると、以下のようになる。

　100 万 m² 以上の旧軍用施設は 6 口座で、造兵廠 3 口座、飛行場 2 口座、演習場 1 口座である。
その中で注目すべきは、旧造兵廠が 3 口座もあったことであり、このことは大阪府が兵器類を始
めとする軍事物資の重要な生産拠点であったことを雄弁に物語っている。

　次に、敷地面積が 50 万 m² 以上 100 万 m² 未満の旧軍用施設の数は 3 口座で、演習場と練兵場
が各 1 口座、軍需工場が 1 口座である。

　30 万 m² 以上 50 万 m² 未満の旧軍用施設は 5 口座で、練兵場、飛行場、航空廠、軍需部倉庫、
それから軍需工場がそれぞれ 1 口座である。

　10 万 m² 以上 30 万 m² 未満の旧軍用施設は全部で 13 口座であり、飛行場、演習場、練兵場、
駐屯地、幼年学校、射場、倉庫、作業場など、その内容は多様である。

　以上を概括すれば、三つの造兵廠、二つの軍需工場、一つの航空廠を中心とする巨大な軍事工
業が大阪府にあり、それは愛知県に次ぐような規模であったと言うことができる。したがって、
戦後における旧軍用地の工業用地への転換を研究対象とする場合には、この大阪府については、
やや詳しく分析してみる必要がある。

　次に、これらの旧軍用施設を所在地別にみると、和泉市（5 口座）、大阪市（4 口座）、八尾市
（3 口座）、東大阪市（3 口座）が多く、堺市、高槻市、枚方市、岬町が各 2 口座、大東市、泉大
津市、泉佐野市、河内長野市は各 1 口座となっている。これを鳥瞰すれば、大阪府の全域にわ
たって大きな旧軍用施設が展開していたことが判る。

　大阪府における大規模な旧軍用施設（旧軍用地）の転用先について概観しておこう。27 口座そ
れぞれについて、その最大の跡地取得者を抽出し、その用途目的についてみると、農林省（農
地）と総理府、それから厚生省などの国家機構への移管が多い。また、地方公共団体としての大
阪府や大阪市による用地取得もあるが、民間企業による用地取得も相当数見受けられる。

　転用（譲渡）の年次をみると、農林省への有償所管換については、昭和 22 年と 23 年が多く、
これは全国的な動向と同じである。しかし、八尾市における農林省への所管換が昭和 31 年なの
をはじめ、昭和 26 年や 27 年といった年次もあり、「やや遅れた」というのが全体としての特徴
である。また民間企業への譲渡が、その理由はともかく昭和 23 年・同 24 年、また 27 年と戦後
間もなく、比較的早期に譲渡されているのも一つの特徴と言えよう。

　以上が戦前の大阪府にあった主な旧軍用施設と戦後における主な転用先・年次の概況である。
なお、10 万 m² 未満の旧軍用施設については、この(1)表には出ていないが、具体的な転用が行わ
れた事例について、その都度紹介することにしたい。

第二節　大阪府における旧軍用地の転用状況

　ここでは、本書の研究課題である旧軍用地の工業立地への転用を念頭におきながら、大阪府に所在した旧軍用地の転用状況を、国家機構（各省庁）、大阪府、大阪府の各地方公共団体、製造業以外の民間企業、そして製造業の民間企業の順にみていきたい。ただし、前三者については譲渡面積１万 m² 以上、そして民間企業への旧軍用地の譲渡については３千 m² 以上のものに限定する。

１．国家機構（各省庁）への移管

　国家機構（各省庁）への移管については、農林省（自作農創設関連）および総理府（自衛隊関連）については割愛する。それらについては前掲の１-(1)表によって、推察されたい。

XIV-2-(1)表　大阪府における旧軍用地の国家機構（各省庁）への移管状況

（単位：m²、年次：昭和年）

移管先	移管面積	用途目的	年次	旧口座名
総理府	20,151	警察学校	34	第四師団司令部
同	17,628	同	34	同兵器部桜門前倉庫
同	62,118	同	34	大阪理兵器補給廠城内西倉庫
厚生省	49,824	国立病院	24	歩兵第 37 連隊
同	11,569	同	29	同
大蔵省	13,388	第一合同庁舎	35	大阪陸軍病院
運輸省	840,295	飛行場用地	36	大正飛行場
同	118,759	同	36	大阪陸軍航空廠
大蔵省	21,576	公務員宿舎	42	同
法務省	24,251	大阪刑務所少年院	25	大阪陸軍刑務所
建設省	128,567	道路・水路	43	大阪練兵場
同	27,000	道路	44	同
総理府	60,285	警察学校	34	捜索第四連隊及制毒訓練所
厚生省	107,907	近畿中央病院	35	輜重兵第四連隊及金岡病院
総理府	53,288	管区警察学校	34	金岡練兵場
厚生省	10,374	近畿中央病院	35	同
運輸省	36,034	陸運局庁舎	33	信太山演習場
総理府	32,974	警察通信所庁舎	44	同
厚生省	185,970	国立病院	23	大阪陸軍幼年学校
文部省	41,459	大阪外国語大学	25	工兵第四連隊
建設省	13,734	河川敷	31	大阪陸軍造兵廠
同	11,304	同	32	同
大蔵省	13,229	国家公務員宿舎	33	大阪陸軍造兵廠枚方製造所
総理府	19,624	近畿管区警察局	35	同
大蔵省	16,432	宿舎敷地	37	同

同	14,984	同	38	同
文部省	59,639	大阪大学	41	同
大蔵省	35,203	宿舎敷地	42	同
同	59,672	同	44	同
同	27,785	大阪国税局敷	33	東京第二陸軍造兵廠香里製造所
同	50,013	同	33	同
同	12,116	公務員宿舎	35	同
同	18,777	同	38	同
同	12,380	同	40	同
文部省	44,793	大阪学芸大中学	41	東京第一陸軍造兵廠池田工場
郵政省	23,554	郵政省庁舎	24	大阪警備府
法務省	14,099	大阪刑務所	25	大阪海軍刑務所

出所：「旧軍用財産資料」（前出）より作成。ただし、1件あたり1万 m² 以上に限定。

2-(1)表は、大阪府にあった旧軍用地が国家機構（自作農関連農地と自衛隊関係を除く）へ移管された実績（昭和48年）を明らかにしたものである。この表は、右欄の「旧口座名」の配列順（陸軍省・海軍省・軍需省の順）に記載されているので、これを各省庁ごとに整理しよう。

XIV- 2 -(2)表　大阪府における旧軍用地の国家機構への移管状況（整理分）

（単位：m²、年次：昭和年）

省庁名	移管件数	移管面積	移管年次　　（　）内は件数
大蔵省	12	295,555	33(3)、35(2)、37、38(2)、40、42(2)、44
総理府	7	266,068	34(6)、35
厚生省	5	365,644	23、24、29、35(2)
建設省	4	180,605	31、32、43、44
文部省	3	145,891	25、41(2)
運輸省	3	995,088	33、36(2)
法務省	2	38,350	25(2)
郵政省	1	23,554	24
計	37	2,380,844	23 〜 29(7)、31 〜 35(17)、36 〜 38(5)、40 〜 44(8)

出所：前表より作成。

2-(2)表をみれば判るように、旧軍用地を移管した件数は、大蔵省の12件が最も多く、続いて総理府（自衛隊関係を除く）の7件、そして厚生省の5件となっている。

しかしながら、移管した旧軍用地の面積が最も大きかったのは、運輸省の約100万 m²、次に厚生省の約37万 m²、それから大蔵省の約30万 m²、総理府の約27万 m² となっている。

移管件数と移管面積で、このような順位の逆転が生ずるのは、運輸省が移管した3件は、2-(1)表でも判るように、そのうちの2件が飛行場用地（約96万 m²）だからである。また厚生省が移管した5件のうち、2件は約19万 m² と約11万 m² という敷地をもった国立病院であり、この2件だけで約30万 m² となる。

これに対して、大蔵省へと移管したのは公務員宿舎や国税局敷地で、最大でも6万 m² 未満の

もので、12件のうちの7件は2万m²未満であり、総理府も管区警察学校および通信施設や警察局といった庁舎で、1件あたりの面積もほぼ4万m²弱で、大蔵省のそれよりは大きいが、相対的には小さい。

続いて、各省庁ごとに、その移管の時期についてみると、それぞれに特徴がある。

まず大蔵省では、昭和35年以降の30年代が8件、昭和40年代は4件で、全体的に移管が遅れている。

総理府は、近畿管区警察学校および警察庁舎、通信施設などであるが、その移管時期は昭和34年（6件）と35年（1件）とに限定されている。おそらく昭和35年（1960年）の安保改定期における騒擾を想定したもので、治安対策的な目的があったと推測される。

厚生省の5件のうち、3件が昭和20年代で、残る2件も昭和35年なので、時期的にみて早く移管が行われている。これは医療というものの社会的必要性に対応したものである。建設省、文部省およびその他の省における移管の時期は、件数が少ないので、その傾向性について論ずることは困難である。

以上が大阪府における旧軍用地の国家機構（各省庁）への移管状況である。それを概括してみると、大阪府が関西圏の経済的中心であることから、国家機構の出先機関も多く、それだけに旧軍用地の移管件数が他県に比して多いということ、その中でも総理府の近畿管区警察学校の用地取得が時期的にみて極めて特徴的であったと言えよう。

ただし、自作農創設（開拓農地）を用途目的とする農林省への有償所管換および総理府の自衛隊関連の無償所管換は除外していることと同時に、行政的管轄内容と関連が少ない外務省、通産省、労働省などへの旧軍用地（1万m²以上）の移管はなかったということも併せて付記しておこう。

2．大阪府（地方公共団体）への譲渡

大阪府への旧軍用地（1万m²以上）の譲渡状況は次の表の通りである。

XIV-2-(3)表　旧軍用地の大阪府への譲渡状況（整理分）

（単位：m²、年次：昭和年）

取得面積	取得目的	取得形態	年次	旧口座名
112,133	府営住宅	減額30.4%	29	大阪飛行団司令部
59,262	同	同	29	大正飛行場
18,689	同	減額39.4%	36	盾津陸軍飛行場
55,193	港湾用地	交換	46	大阪陸軍造兵廠大津川射場
14,733	衛生研究所	時価	25	大阪陸軍被服支廠城東検査場
13,613	防潮堤	公共物編入	45	陸軍省砲台及交通路敷地

出所：「旧軍用財産資料」（前出）より作成。

地方公共団体としての大阪府が旧軍用地を取得した件数（1万m²以上）は6件で、その用途

目的はいずれも公共的性格が強い。したがって、取得形態は時価での取得という事例が少ないのが特徴である。なお、府営住宅の取得に関しては、30.4％と39.4％の減額がなされているが、数字の端数が生じている理由については確かめていない。

3．大阪府の地方公共団体（市町村）による旧軍用地の取得状況

大阪府において、各地方公共団体（市町村）による旧軍用地の取得状況は、次表の通りである。ただし、取得期間は戦後から昭和48年3月までとし、各地方公共団体が取得した旧軍用地の規模を1万m²以上に限定したものである。

XIV-2-(4)表 大阪府における旧軍用地の地方公共団体への払下状況

（単位：m²、年次：昭和年）

市町村名	取得面積	転用目的	取得形態	年次	旧口座名
大阪市	61,233	公園	時価	25	大阪陸軍被服支廠
同	11,081	特別史跡	交換	39	歩兵第8連隊
同	70,307	区画整理	時価	23	大阪陸軍糧秣支廠
同	63,864	同	時価	23	大阪陸軍軍需品用地
同	46,866	同	時価	23	海運用集合所用地
同	67,837	港湾施設	時価	36	陸軍運輸部平林町用地
八尾市	11,956	市道	譲与	47	大正飛行場
同	16,223	道路	公共物編入	33	大阪陸軍航空廠
同	10,359	市営住宅	減額40％	35	同
堺市	18,202	中学校用地	減額50％	36	捜索第四連隊
同	16,153	市営住宅	減額40％	33	金岡練兵場
同	37,615	中学校用地	減額40％	26	信太山演習場
同	38,020	公務員住宅	減額38.17％	36	同
泉佐野市	11,333	市道	公共物編入	33	佐野陸軍飛行場
同	31,666	公営住宅	減額40％	36	同
大阪市	44,019	貯木場用地	時価	25	大阪陸軍造兵廠北島火薬庫
泉大津市	22,284	市道	公共物編入	47	大阪陸軍造兵廠大津川射場
枚方市	11,667	授産所敷地	時価	24	兵器補給廠枚方分廠
同	50,638	中学校用地	減額20％	25	同
高槻市	17,581	中学校用地	減額40％	27	工兵第四連隊
同	35,513	公園	譲与	36	同
同	47,341	総合運動場	時価	25	高槻練兵場
同	20,450	中学校用地	減額40％	27	高槻工兵作業場
大阪市	117,638	車輛工場	時価	26	大阪陸軍造兵廠
同	44,726	車輛工場	時価	32	同
同	21,407	市道	公共物編入	34	同
同	76,889	車輛工場	時価	36	同
同	10,841	道路	公共物編入	36	同
同	11,238	市道	公共物編入	46	同
同	19,666	市道	公共物編入	47	同
枚方市	13,198	市道	公共物編入	39	大阪陸軍造兵廠枚方製造所

同	23,156	小学校用地	減額50%	43	同
同	93,240	市道	譲与	32	東京第二陸軍造兵廠香里製造所
同	52,836	小学校用地	減額44.76%	36	同
交野市	12,150	市道	譲与	42	同
池田市	18,346	市営住宅	時価	27	東京第一陸軍造兵廠池田工場
大阪市	10,089	厚生指導所	時価	26	大阪陸軍造兵廠付属病院
同	30,759	庶民住宅	時価	24	第11航空廠補給工場

出所：「旧軍用財産資料」（前出）より作成。堺市には昭和36年に合併した福泉町分を含む。

　この2-(4)表は、大阪府に所在した旧軍用施設の払下状況を「払下形態別」に明らかにしたものである。結果としてみれば、大阪府（地方公共団体）に比べて、時価売払が多いが、それでも用途目的に対応するかたちで、減額売払や譲渡などが相当数ある。

　ところで、本表は、大阪府にあった旧軍用地について、これを陸軍、海軍、軍需省の順でもって、旧口座ごとに記載したものである。したがって、大阪府における各地方公共団体（各市）が、どのような用途目的で、どれだけの旧軍用地を取得したかなどを知るためには、一定の整理が必要である。以下、二つの表がそれである。

　まず、各市がどれだけの旧軍用地を取得したかについて、整理しておこう。

XIV-2-(5)表　大阪府における各市別旧軍用地取得状況

（単位：m²、年次：昭和年）

市名	取得件数	取得面積	取得年次　（　）内は件数
大阪市	16	708,460	23〜27(8)、32〜34(2)、35〜39(4)、40〜47(2)
枚方市	6	244,735	24、25、32、36、39、42
高槻市	4	120,885	25、27(2)、36
堺市	4	109,990	26、33、36(2)
八尾市	3	38,538	35、36、47
泉佐野市	2	42,999	33、36
泉大津市	1	22,284	47
交野市	1	12,150	42
池田市	1	18,346	27
計	38	1,318,387	23〜27(15)、32〜34(5)、35〜39(12)、40〜47(6)

出所：2-(4)表より作成。

XIV-2-(6)表　大阪府における用途目的別旧軍用地取得状況（市町村）

（単位：m²）

用途目的	件数	取得面積	取得都市名　（　）内は件数
市道	11	243,536	大阪（4）、八尾（2）、泉佐野、泉大津、交野、枚方（2）
市営住宅	6	145,303	大阪、八尾、堺（2）、泉佐野、池田
中学校用地	5	144,486	堺（2）、高槻（2）、枚方
車輌工場	3	239,253	大阪（3）
区画整理	3	181,037	大阪（3）

公園	2	96,746	大阪、高槻
小学校用地	2	75,992	枚方 (2)
港湾用地	1	67,837	大阪
貯木場	1	44,019	大阪
総合運動場	1	47,341	高槻
史跡保存	1	11,081	大阪
授産所	1	11,667	枚方
厚生指導所	1	10,089	大阪
計	38	1,318,387	

出所：2-(4)表より作成。

　2-(5)表では、旧軍用地を取得した各市ごとの件数と取得面積を掲示している。内容的には大阪市が取得件数および取得面積でも群を抜いて多いことが判る。それに次ぐのが枚方市である。大阪市には大阪陸軍造兵廠があったし、枚方市には同造兵廠枚方製造所と東京第二陸軍造兵廠香里製造所があった。しかし、大規模な旧軍用地があったからといって、それが直ちに地方公共団体に譲渡されるとは限らない。つまり、旧軍用地が所在していた地方公共団体に譲渡されるかどうかは、旧軍用地の転用をめぐる政治的、社会的、経済的諸関係によって決まるからである。

　歴史的に大きくみれば、昭和22年、23年頃には旧軍用地の多くが農林省へ有償所管換されている。それは戦後の食料危機を打開するため、自作農（開拓農民）創設が必要だったからである。また昭和25年と33年頃には自衛隊（当初は警察予備隊）の創設と増強のため、数多くの旧軍用地が総理府防衛庁へ無償所管換されている。もっとも、本書では、この二つの具体的な実態については分析していない。その理由は、その件数が極めて多大であること、また本書の研究対象である工業立地とは相対的に無縁だからである。

　ところで、自作農創設と自衛隊の創設は、戦後日本における緊要の課題であったが、地方公共団体にとっても、旧軍用地の早急な転用を必要不可欠とするような社会的課題があった。

　その第一は、住宅問題である。とりわけ空襲で焼失した大都市にあっては、戦災者に対して緊急に住宅を提供することであり、また大陸や南方からの引揚者に対しても住宅を補給するため、多くの住宅用地を確保する必要があった。大阪市も例外ではない。

　第二に、焼失した市街地の区画整理と道路の整備である。また公園や緑地など、都市計画に必要な用地を確保する必要があった。

　第三に、新しい学制（6・3・3制）への移行に伴う中学校用地の確保である。特に新制中学は新しい学制であっただけに、仮設校舎や同居校舎などの対応を余儀なくされている場合が多く、これを早急に解決するための用地が必要であった。

　地方公共団体が、上記の社会的役割を果たすために必要な用地を確保するのに、恰好の対象物件が旧軍用地であった。それらの事情は2-(6)表がよく示している。

　2-(5)表および2-(6)表については若干の補足的な説明をしておかねばならない。

　まず2-(5)表では、各市による旧軍用地取得の年次について説明しておこう。各市におけるそ

れぞれの個別的な事由もあるが、大まかにみて、旧軍用地を取得した時期は昭和23年から同27年までの期間、昭和35年から同39年までの期間に集中している傾向が見受けられる。いわば、戦後復興期と高度経済成長の初期という二つの時期である。もとより、ここでは地方公共団体による旧軍用地の取得を対象にしているのだから、この二つの時期における地方行政的な対応であったとみるべきであろうが、その背後には、やはり戦後復興と高度成長という経済的な動向があったとみるべきであろう。

2-(6)表については、大阪府における各市がなにを用途目的にして旧軍用地を取得したかということを整理したものである。各市の動向をみると、市道、市営住宅（うち1件は公務員住宅）、中学校用地という全国的な動向と同じ用途目的での取得であるが、それ以外に特殊な取得がみられる。

その一つは、大阪市における「車輌工場」用地の取得が、3件、約24万 m² に達しているということである。これは大阪交通局による車輌修理工場用地の取得であり、いわば「工業立地」そのものなので、取得した主体は地方公共団体であるが、この件についてはのちに詳しく分析していきたい。

その二は、枚方市が小学校用地を2件、約7万6千 m² を取得していることに関してである。時期的には昭和36年と43年であり、これは大都市圏への人口集中の結果がもたらした社会的必要性によるものであろう。大阪市周辺の他の都市でも同じ社会的必要性はあるのだが、それに対応する旧軍用地の有無が、その結果に反映したものと思われる。

その三は、枚方市が昭和24年に1万2千 m² 弱の授産所用地を、また大阪市が昭和26年に障害厚生指導所用地を取得していることである。これらについては戦後における社会福祉政策が先進的に展開したものと評価しておきたい。

なお、大阪市が区画整理用地を取得しているが、これも戦後における新しい市街地の整備に伴うものである。もっとも、区画整理事業は大阪市だけではなく、名古屋市や福岡市など、日本の大都市ではそのほとんどで施行されたのであるが、18万 m² の旧軍用地が区画整理の対象地（代替地）となったのは珍しいと言えよう。

4. 民間企業（製造業を除く）による旧軍用地（在大阪府）の取得状況

大阪府にあった旧軍用地を公官庁ではなく、製造業を除く民間企業が取得した事例はそれほど多くない。もとより、ここで言う「民間企業」とは、その後において民営化された国家的経営組織である三公社・五現業を含むものとし、さらに学校法人、医療法人なども含めている。ただし、繰り返すが、製造業については、別途に分析するため、これを除外している。

戦後から昭和48年3月末までに、大阪府における旧軍用地が民間企業へ譲渡されたのは、次表の通りである。

XⅣ-2-⑺表　民間企業（製造業を除く）による旧軍用地の取得状況（大阪府）

（単位：m²、年次：昭和年）

企業等名	取得面積	業種・用途	年次	旧口座名
追手門学院	20,214	学校敷地	24	偕行社敷地
電電公社	4,208	資材倉庫	25	大阪陸軍被服支廠
同	3,813	同	25	同
同	3,503	同	27	歩兵第8連隊及第四師団通信隊
日本赤十字社	39,231	病院	30	同
近畿日本鉄道	10,106	運輸業	30	大阪飛行団司令部
労働福祉事業団	52,232	労災病院敷	34	金岡練兵場
日本住宅公団	181,967	──	37	信太演習場
同	219,555	──	40	同
同	82,841	──	43	同
日本国有鉄道	24,955	運輸業	27	大阪陸軍造兵廠
松倉商店	71,301	販売業	27	同
松下興産	61,208	不動産業	30	同
日本住宅公団	57,595	──	42	大阪陸軍造兵廠枚方製造所
同	11,999	──	42	同
同	6,699	──	44	同
同	1,155,169	──	32	東京第二陸軍造兵廠香里製造所
同	20,609	区画整理	37	同
同	9,005	──	38	同
木津川倉庫	17,715	倉庫	28	大阪軍需倉庫
心斎橋土地建物	24,470	不動産業	32	第11航空廠大阪補給工場
関西電力	27,214	灰捨場	39	旧K施設

出所：「旧軍用財産資料」（前出）より作成。

　2-⑺表からは、日本住宅公団が多くの旧軍用地を取得していること、その中でも枚方市の香里地区で115万m²を超える旧軍用地を取得していることが目立つ。だが、電電公社による1万m²未満の旧軍用地取得を表に含ませているのはなぜかという問題もあるし、学校用地が「産業か」といった問題もある。そこで、全体を把握し、かつ説明するために、2-⑺表を業種別に整理してみることにしよう。

XⅣ-2-⑻表　業種別（製造業を除く）旧軍用地取得状況（大阪府・整理分）

（単位：m²、年次：昭和年）

業種（用途）	取得件数	取得面積	取得年次　（　）内は件数
住宅用地	9	1,745,439	32、37(2)、38、40、42(2)、43、44
病院用地	2	91,463	30、34
学校用地	1	20,214	24
商業	1	71,301	27
通信業	3	11,524	25(2)、27
運輸業	2	35,061	27、30

倉庫業	1	17,715	28
不動産業	2	85,678	30、32
電力産業	1	27,214	39
計	22	2,105,609	

出所：2 -(7)表より作成。

　理念的に言えば、教育や医療は「人間の発達や保全」を目的とする、いわば社会的に不可欠という意味において、公共的性格をもち、この分野において利潤を追求することは好ましいことではない。しかし、資本制経済の発達は、あらゆるものを利潤確保（資本蓄積）の手段と化してしまう。

　教育面では、技術の習得を目的とする各種の専門学校をはじめ、進学予備校などの多くが利潤の取得を目的として半ば営業的に行われているし、医療面でも、開業医をはじめ多くの医療機関が、これまた半ば営業的に運営せざるをえない状況に追い込まれている。教育産業あるいは医療産業と言われる所以である。

　また住宅の確保についても、個人的な努力に委ねるだけでなく、健全な社会生活に不可欠なものとして、社会的に安くて良質な住宅が供給されねばならない。少なくとも、低所得者や社会的貧困層に対しては公共的な低家賃住宅を供給する必要がある。しかし資本制社会では、住宅建設および住宅貸与についても営利的に行われているのが一般的である。いわゆるアパートや住宅の賃貸業者や貸家業といった住宅提供産業がそれである。日本住宅公団が、住都公団と改称したのはともかく、良質で安い住宅を供給するという目的から、独立採算性に移行することによって、それは住宅提供産業へと転化した。しかし、本来の目的からすれば、すぐれて公共的役割を果たすべき業種なのである。

　そうした事情を踏まえて、(8)表では、住宅産業、教育産業、医療産業といった業種については、あえて別枠にして整理することにした。

　ところで、電力産業あるいは運輸業（特に国有鉄道）、通信業なども、社会的インフラとして、優れて公共的性格をもっている。しかしながら、これらの業種は、日本の場合、国有企業（国営的経営体）が民営化されることによって、利潤を重視した運営を余儀なくされている。そうした特殊的事情も勘案して、これらを「産業」一般のグループに含ませることにした。

　もっと言えば、製造業も含めて、農林漁業、商業、倉庫業、建設業、サービス産業などの各産業についても、それが社会的に必要な商品（サービスを含む）を生産する限りにおいて、公共的性格を持っている。ただし、それは資本制的再生産という枠組みの中での、いわば社会性としての特殊な「公共性」である。

　こうした理念的発想による2 -(8)表をはじめ、「産業」や「公共性」という概念については疑問もあるかと思うが、ここは、そうした疑問点について深く立ち入って論ずる場ではない。前置がやや長くなったが、2 -(8)表の分析に入ろう。

　大阪府における民間企業（製造業を除く）が取得した旧軍用地（3千m²以上）の件数は、全部

で 22 件、そのうち公共的産業が 12 件で、営利的産業が 10 件となっている。取得面積からみると、公共的産業が約 180 万 m² で、全体のおよそ 86％ を占めている。これを実態的にみると、日本住宅公団によって取得された約 172 万 m² が圧倒的部分を占めている。中でも、枚方市茄子作にあった東京第二陸軍造兵廠香里製造所跡地で日本住宅公団による約 115 万 m² の取得が大きな位置を占めている。

日本住宅公団による旧軍用地の取得形態は、いわゆる国の「出資財産」として取り扱われてきたもので、これを「産業」として区分することには違和感がある。だが、日本住都公団として民営化してきたという歴史的経緯を踏まえての分類であることに留意されたい。

病院用地については、日本赤十字社および労災病院による取得であって、同じ病院であっても、個人病院とは違って、公共性が強いという点を付記しておきたい。

学校用地については、学校法人追手門学園が 2 万 m² を用地取得している。ここでは、私立学校であっても、教育が公共的性格をもっているということを付記しておきたい。

営利的産業は、全体でも 36 万 m² 程度の用地取得に留まっている。この中では、不動産業と商業による取得が大きいが、用地面積としては問題にするほどのことでもない。その他の営利的産業についてもそうである。

このようにみてくると、大阪府において旧軍用地を取得した民間企業は、その業種的性格が公共的なものが極めて多いという特徴をもっていることが判る。純然たる営利産業と言えるのは、商業、倉庫業、不動産業という 3 業種を併せた 4 件で、その取得面積は合計しても、17 万 m² 程度に留まる。民間企業（製造業を除く）による旧軍用地の取得が「公共的」性格が強いという大阪府での特徴が、製造業の場合も当てはまるかどうか、それが次の製造業による旧軍用地の取得状況を分析する場合の検討視点となる。

5．大阪府の製造業による旧軍用地の取得状況

大阪府における旧軍用地の取得は、公官庁による件数が多く、かつ民間企業への譲渡の場合でも、公共的性格が強いという特徴があった。民間企業である製造業でも、そうした特徴があるのかを検出することが一つの検討課題となる。そこで、大阪府において、製造業がいかに旧軍用地を取得しているか、その実態を一つの表で明らかにしておこう。

次の表は、大阪府の製造業による旧軍用地（3 千 m² 以上）の取得状況をまとめたものである。

XIV-2-(9)表　旧軍用地（3 千 m² 以上）の工業用地への転用状況（大阪府）

（単位：m²、年次：昭和年）

企業等名	取得面積	業種	年次	旧口座名
中山製鋼所	99,177	鉄鋼業	32	陸軍運輸部大阪倉庫
同	62,147	同	34	同
同	26,697	同	36	同
東洋アルミ	5,138	非鉄金属	25	大阪陸軍航空固定無線送信所

日清製粉	24,955	食品工業	27	大阪陸軍造兵廠
大阪車輛	15,340	輸送機械	27	同
日本鉄線	30,570	金属工業	27	同
大阪製鋼	57,829	鉄鋼業	27	同
同	20,382	同	30	同
大阪車輛	10,071	輸送機械	36	同
同	5,376	同	37	同
小松製作所	401,640	一般機械	28	大阪陸軍造兵廠枚方製造所
同	257,833	同	28	同
同	137,276	同	34	同
大阪製鋼	24,000	鉄鋼業	36	同
丸福鋳造所	5,620	鉄鋼業	27	東京第二陸軍造兵廠香里製造所
大谷重工業	15,233	鉄鋼業	45	陸軍省砲台及交通路敷地
資生堂	12,347	化学工業	24	大阪海軍第二療品廠
東京麻糸紡績	14,099	繊維工業	24	大阪軍需部岸和田倉庫
川崎重工業	556,693	輸送機械	24	川崎重工業泉州工場
松下飛行機	333,144	輸送機械	23	松下飛行機軍需工場

出所：「旧軍用財産資料」（前出）より作成。

　2-(9)表をみると、大阪府の製造業による旧軍用地の取得については、幾つかの特徴がある。その一つは、鉄鋼業、輸送機械、一般機械という三つの業種での旧軍用地の取得件数が多いということである。具体的には、鉄鋼業では中山製鋼、大阪製鋼、大谷重工など、輸送機械では大阪車輛、川崎重工業（造船）、松下飛行機、一般機械では小松製作所による旧軍用地の取得である。

　第二の特徴は、小松製作所、川崎重工業、松下飛行機などの、いわゆる大企業による大規模な旧軍用地の取得が目立つということである。

　第三に、川崎重工業と松下飛行機は、取得した旧軍用地の口座名からみて、戦前の軍需工場として旧軍需省によって接収されていたのではないかと思われる。もし、そうだとすると戦後における賠償指定工場であった可能性が高い。

　第四に、全体として、昭和20年代における旧軍用地の取得が多いのも、一つの目立った特徴である。

　以上のような四つの特徴は、感性的に把握できるが、それを数字的に把握するとどうなるのか、それを数量的に整理したものが次表である。

XIV-2-(10)表　大阪府における旧軍用地の工業用地への転用状況（整理表）

（単位：m^2、年次：昭和年）

業種	取得件数	取得面積	取得年次　（　）内は件数
食品工業	1	24,955	27
繊維工業	1	14,099	24
鉄鋼業	8	311,085	27(2)、30、32、34、36(2)、45
金属工業	1	30,570	27

非鉄金属	1	5,138	25
化学	1	12,347	24
一般機械	3	796,749	28(2)、34
輸送機械	5	920,624	23、24、27、36、37
計	21	2,115,567	23〜29(12)、30〜39(8)、45

出所：前表より作成。

　2 –⑽表をみると、大阪府の製造業による旧軍用地の取得については、輸送機械製造業、一般機械製造業、それから鉄鋼業という三つの業種による旧軍用地の取得件数および取得面積がとりわけ大きいことが数字的に判る。この三つの業種の中では、鉄鋼業が取得件数では最も多いのに、取得面積では最も少ないという状況が現れている。

　輸送機械製造業についてみると、取得件数 5 件のうち、岬町にあった川崎重工業が約 56 万 m²、大東市にあった松下飛行機が約 33 万 m²、2 社あわせて約 90 万 m² という用地取得を行っていることになる。これに対して、大阪車輌は 3 件の用地取得をしているが、その合計取得面積は約 3 万 m² でしかない。

　なお、2 –⑼表には掲載されていないが、2 –⑷表に掲載した車両工場分、すなわち大阪市（交通局）が大阪陸軍造兵廠跡地で取得した 3 件（計約 24 万 m²）があることを勘案しておく必要がある。取得者は民間企業ではないが、実質的に車両整備工場として機能させており、輸送機械製造業として分類しても差し支えない。

　一般機械製造業については、この 3 件はすべて小松製作所による旧軍用地の取得である。つまり一つの企業で約 80 万 m² の用地を旧大阪陸軍造兵廠跡地（枚方市他）で取得している。

　鉄鋼業についてみると、取得件数は 8 件で、業種としては最多の取得件数であるが、そのうちの 6 件は中山製鋼所（大阪市大正区船町、約 19 万 m²）と大阪製鋼（大阪市東区と枚方市、約 10 万 m²）がそれぞれ 3 件を取得したもので、この 2 社で約 30 万 m² の旧軍用地を取得している。残る 2 件は丸福鋳造所と大谷重工業による各 1 件の取得で、その取得面積は 2 社併せても約 2 万 m² に過ぎない。

　その他の業種では、金属工業の日本鉄線が 3 万 m²、食品工業の日清製粉が約 2 万 5 千 m² を取得している程度である。

　次に、旧軍需工場であった川崎重工業と松下飛行機について、戦後の賠償指定関係がどうなっているかについて瞥見しておこう。

　1946 年 1 月 20 日に発令された SCAPIN（629）、また同年 5 月 28 日に改訂された SCAPIN（987）では、川崎航空機や松下飛行機工業（門真市・大阪市城東区）を賠償指定工場として指令している。しかし、川崎重工業（岬町）や松下飛行機（大東市）については、この指令書に記載されていない。つまり、これら二つの工場は、旧軍需工場ではあったが、民間工場を接収したものであり、賠償指定から除外されたものであろう。それだけにまた、戦後の間もない時期に大蔵省から返還されたもので、時価による売却だが、戦時補償法第 60 条の適用がなされている[1]。

大阪府における旧軍用地の工業用地への譲渡の時期についてみると、昭和20年代が12件、30年代が8件、40年代が1件という構成になっており、20年代が多い。しかも昭和27年までの譲渡が8件というのは、相対的ではあるが、「終戦後の比較的早期であった」と言えよう。

以上、大阪府における民間企業（製造業）による旧軍用地の取得状況をみてきた。そこでは旧軍用地を取得した業種がかなり限定されていること、さらに同じ業種の中でも、用地取得面積に大きな格差があること、戦後間もない時期に取得した件が多いことなどの特徴を検出してきた。

ただし、ここでの検討視点としていた「公共的性格」については、消費財生産部門とみられる食品工業や繊維工業は各1件、計2件であって、その用地取得面積もさほどのものではなかった。つまり、大阪府における製造業においては旧軍用地の取得が生産財生産部門のうち、加工業的性格のものが多かったということである。

1）　大蔵省管財局文書「旧軍用財産資料」による。なお、戦時補償法とは、昭和21年10月19日に、法律第38号として施行された戦時補償特別措置法の略称であり、その60条では、「国に対して土地若しくは建物を譲渡し又は国に土地若しくは建物を収用された場合において、その対価の請求権に戦時補償特別税を課せられたときは、国は、この法律施行の際現に土地若しくは建物を有する場合に限り、旧所有者の請求により、当該土地若しくは建物を、現状において、これらの者に対し、譲渡しなければならない」（一部省略）というもので、8つの付則がある。本書の上巻では、この法的措置について説明していないので、ここに記しておく。

第三節　大阪府における旧軍用地の工業用地への転用に関する地域分析

既に、大阪府における旧軍用地の工業用地への転用状況については数字的に概観してきた。これを地域的にみると、大阪市、それから枚方市、さらに大東市や岬町でも旧軍用地の転用が行われている。以下では、大阪市、枚方市、大東市、岸和田市、岬町の順序で、旧軍用地の転用に関する地域分析を行っていきたい。

1．大阪市

大阪市における旧軍用地と工業立地という関係では、まず旧大阪陸軍造兵廠の跡地利用を取り挙げねばならない。

大阪陸軍造兵廠の歴史は古く、その起源は次の通りである。二つの文章を紹介しておこう。

「明治3年2月3日、当時の兵部省中に造兵司が創設され、同年4月13日大坂城内青屋口門内元番所に仮庁舎が設置された。更に6月7日同城三の丸米倉跡に新庁舎が建設されたため、これを移転し事業を始めることになったもので、これが後の造兵廠の起源である」[1]

「陸軍造兵廠大阪工廠は、はじめ造兵司といい、明治3年2月大坂城内に設けられた。その後たびたび名称を変更し、明治12年10月には大阪砲兵工廠とあらためた。さらに大正12年

（1923）には陸軍造兵廠大阪工廠となったが、一般的には改称後も"砲兵工廠"とよばれてきた。ここは開業当初、主として兵器の修繕を行っていたが、その後しだいに設備をととのえ、新式の大砲や砲弾から軍用車輌まで製造した。そのほか──民需にも応じ、鉄橋用材や水道鉄管なども製造し、大阪における金属機械工業発達のさきがけとなった」[2]

　その後における大阪陸軍造兵廠の詳しい変遷については省略するが[3]、第二次大戦中および戦後の状況について、これまた二つの文章を引用しておく。

　「本廠は上記経過後昭和初期を経て、日支事変（や）大東亜戦争の影響により[4]、かってなかった兵器類の拡大生産需要を受けることになり、これがため、かっての大坂城東練兵場（従前師団経理部所管歩兵訓練場 425,400 m²）を昭和15年5月に工場用地に転換し、造兵廠敷地に編入の上、工場施設の拡大を行ったほか旧大造を本廠として播磨、枚方、白浜、石見等各地方に分廠を設置し、戦争末期にいたるまで従業員の昼夜兼行による兵器生産作業が行われることになった。この間本廠にあっては、さきに記述した兵器生産の外、高射砲及び同弾丸並びに超大型戦車の試作等も行われた模様である。

　当廠はその後大戦の熾烈化に伴い昭和20年3月13日以後〜同8月14日に至る期間一大軍需工場として再三敵機の空襲を受けることになり、中でも8月14日には集中攻撃を受け、この時の空襲により人員の死傷者は 1,000 人を数え、その他生産設備の建物、機械類は壊滅的打撃を被ったと当時の関係者は述べている。

　大阪陸軍造兵廠は同8月15日の終戦を迎えて（終戦当時の従業員数約 60,000 人）ここに明治初期以来続いた兵器生産工場としての歴史的使命の終りを告げることになったものである」[5]

　「城の東側一帯、すなわち京橋門から玉造門に至る途中の東手、現在の公園の杉山地区、市民の広場などをふくむ一帯の区域、約 35 万 6000 坪（117 ヘクタール）が大阪陸軍造兵廠であった。当時のエネルギー源は、もっぱら石炭であり、高い煙突がたくさんあって、濛々たる黒煙を吐いていたから、周辺の煤塵はひどいものであった。

　──砲身や戦車などを製造していたようだ。資材や製品は、陸路は国鉄玉造駅から引込線が敷設され、水路は寝屋川によって運搬されていた。

　──終戦後、何年もの間、造兵廠跡は弾痕だらけで、鉄材や鉄屑が山積みされたままであったのを、環状線の車窓から見ることができた。

　──終戦前後のドサクサに、造兵廠の幹部が大量の軍需資材を隠匿したり、軍管理工場と結託して横流しや横領をした事実があった」[6]

　以上、四つの引用文によって、大阪陸軍造兵廠の歴史的経緯と終戦直後の状況を知ることができる。さらに戦後における造兵廠跡地の処理については、次のように言及されている。

「⑴　昭和20年8月15日の終戦に伴い、本工廠は自動的に休止工場となり、同時に米軍の接収を受け、翌21年1月20日には連合軍賠償指定工場となる。

　⑵　昭和26年12月1日、工廠所属財産は国有財産として旧陸軍省より大蔵省へ引継ぎを受けた。

土地　　　合計 1,181,119 m^2

地区別内訳　杉山地区　469,400 m^2

弁天地区　286,300 m^2

城東地区　425,400 m^2

建物　　　414,226 m^2、　延 547,390 m^2

その他、工作機械及び機械、器具類（数額不明）」[7]

このように戦後、大阪陸軍造兵廠の施設（主として機械類）は賠償指定されたが、前の文章でも判るように、その「数額は不明」であった。それは前々の文章に「隠匿」、「横流しや横領」と記載されていることと無縁ではあるまい。

しかしながら、昭和25年6月26日には賠償指定工場が解除となり、翌年4月10日には、関係官庁諸機関の協議のうえ、「(イ)都市計画事業を優先、(ロ)弁天地区を工業地帯とする誘致予定会社等の決定、(ハ)杉山地区は緑地帯とすること、(ニ)一時使用認可中（米軍の AU による許可）のものは、その利用状況により売払い処理を行う」[8]という旧軍用地に関する第一次の処理方針を決定している。

それ以降の時期における旧軍用地の払下状況については、2-(1)、2-(4)、2-(7)、2-(9)表に掲示しているので、ここでは重複を避けておく。

旧大阪造兵廠跡地払下げを受けたものの中では、大阪市交通局が24万 m^2 で最大であったが、これは大阪市交通局の車輛工場として活用された。その経緯の一端を、次の文章が物語っている。

「かねて城東区森町の旧陸軍造兵廠跡に建築中の工場が完成したので、昭和26年7月25日移転した。——新工場は諸設備完備し、作業方式も、分業流れ作業方式を取入れ近代的な独立工場として発足した。敷地面積約9,000坪、建築面積約1,772坪」[9]

昭和55年の時点では、城東区のかなりの部分が大阪城公園となっているが、大阪環状線をはさんで、その東側には、大阪市高速電気軌道車輛工場、大阪車輛㈱大阪工場、大阪市清掃局森之宮工場があり、大阪城の北東側には、日鉄鋼材、松下電工、松下倉庫が立地している[10]。この地域における工場の変貌はきわめて激しく、旧軍用地を大蔵省から直接払い下げられた工場は、僅かに大阪車輛だけであり、その他は名称変更や用途変更あるいは所有者が変わっている。

また市街地の中心であるだけに、森之宮団地や森之宮第二団地などの高層住宅と化したり、森之宮小学校や大阪府血液センターなどの公共施設が利用している。したがって、大阪市の都市計画図では、大阪城の北東側の工場地区は商業地区に、大阪城公園の東側は準工業地域に、そして一部は住居地域に用途指定されている[11]。

戦前の大阪市において、旧大阪陸軍造兵廠に次いで大きな役割を果たしていたのが、大正区船町にあった旧陸軍運輸部大阪倉庫（259,361 m^2）である。その跡地の大部分（18万8千 m^2）は、中山製鋼所に譲渡されたが、一部（66,651 m^2）は、大阪食料事務局倉庫用地として昭和26年に農林省へ有償所管換されている[12]。このことは、「自作農創設用農地」以外にも農林省への有償所管換があったということを示している。

ところで、この中山製鋼所は昭和 32 年、34 年、36 年と隔年毎に旧軍用地を取得しているが、それを中山製鋼所は第一、第二、第三工場として活用している。

　なお、平成 10 年現在、この船町には、中山製鋼所に隣接して三菱瓦斯化学が立地しているほか、船町自体の海面埋立が進行し、中山製鋼所第四工場、ラサ工業、日立造船大阪工場築港といった大規模な工場が進出してきており[13]、船町の北側にある南恩加島の諸工場、南側にある柴谷・平林北地区の諸工場と併せて、大阪市湾岸における重工業地域として、その存在が重視されている。

　1）　『旧軍用財産の今昔』、大蔵省大臣官房戦後財政史室編、昭和 48 年、31 ページ。
　2）　井上薫編『大阪の歴史』、創元社、昭和 54 年、313 ページ。
　3）　詳しくは、『東区史』（第 3 巻、経済編）、大阪市東区役所、昭和 16 年、「大阪陸軍造兵廠」に関する記述を参照。
　4）　この引用文の当該箇所は文意不明のため、一部杉野が修正変更した。
　5）　『旧軍用財産の今昔』、前出、33 ページ。
　6）　『東区史』（別巻）、大阪市東区史刊行委員会、昭和 54 年、48 ～ 49 ページ。
　7）　『旧軍用財産の今昔』、前出、34 ページ。
　8）　同上書、35 ページ。
　9）　『大阪市交通局五十年史』、大阪市交通局、1953 年、364 ページ。
　10）　『大阪市』（市街地図）、昭文社、昭和 51 年を参照。
　11）　大阪市都市計画図（昭和 50 年版）を参照。
　12）　「旧軍用財産資料」（前出）による。
　13）　『京阪神奈良道路地図』、昭文社、1998 年、126 ～ 127 ページを参照。

2．枚方市

　大阪府における旧軍用地が工業用地へ転用された面積が最も大きかったのは、枚方市である。戦前の枚方市には、甲斐田・中宮地区には大阪陸軍造兵廠枚方製造所（123 万 m²）、そして茄子作には東京第二陸軍造兵廠香里製造所（157 万 m²）があった。この二つの旧軍用施設の面積を併せると、約 280 万 m² という広大な規模となり、まさしく大阪府における軍需工業の代表的存在の一つであった。その主要な譲渡先については、すでに、大阪市と同様、第 2 節における四つの表によって、明らかにしてきているので、ここでは繰り返して紹介することはしない。しかし、製造業による工業用地としての旧軍用地の取得については、もう一度整理しておこう。

　枚方製造所の跡地については、小松製作所が昭和 28 年に約 66 万 m²、そして 34 年には 13 万7 千 m²、あわせて約 80 万 m² の用地を取得している。そのほかには大阪製鋼が昭和 36 年に 2万 4 千 m² を取得している。

　これに対して、香里製造所の跡地では、丸福鋳造所が昭和 27 年に僅か 5,620 m² を取得した 1件があるにすぎない。

　以上のような状況を踏まえると、枚方市における旧軍用地の工業用地への転用については、小

松製作所による枚方製造所跡地の取得に焦点をあてた分析が中心となる。

　旧軍用施設（旧軍用地）の転用をめぐる社会経済的諸関係は複雑に展開する。すなわち、それが国有財産であるかぎり、その所有者である国の意向がありうるし、またそれが存在する地元の土地利用という面からの意向もある。さらに、資本制経済のもとでは、諸資本、とりわけ巨大資本（独占資本）の資本蓄積という論理も介在してくる。その際には、旧軍用地の取得をめぐる諸資本間の競争もある。終戦後における特殊事情としては、米軍の対日占領政策との関連も無視することはできない。

　そこで、まず地元の枚方市が旧造兵廠の跡地利用をどのように考えていたか、その点から紹介していくことにしよう。

　昭和23年4月30日、枚方市は「元軍用土地、建物払下げに付き枚方市議会要望」として、新制中学・高校敷地、市民病院、公民館、図書館等、公共施設としての払下げを切望していた[1]。しかし、その後における小松製作所の進出との関連で事態が大きく変化する。次の二つの文章は、その状況について述べている。

　「本市においては、25年ころから市財政の窮乏打開と失業対策のため、旧枚方工廠跡に工場誘致を計画し、26年に工廠誘致特別委員会を設置したが、甲斐田工場については小松製作所に一部払い下げを行うことになった。ところで、払い下げが具体化するにともない、同工廠の工場施設が軍需産業ないし兵器産業として使用されることをおそれた一部の市民や学生らは、工廠再建反対運動の中心となり、反対運動をもりあげていった」[2]

　「市は25年ころから、旧陸軍大阪造兵廠枚方製造所跡に工場を誘致することを計画していたが、27年4月その一部の429.78 haは小松製作所が買収した。これが同年6月に枚方事件を生む原因となった。もともと小松製作所は、兵器の製造によって発展した工場であるが、この工場では各種建設用機械・車輌・自動車部品などの製造および修理を行うことにしたものであった。一方、本市は枚方事件を契機に、かって明治40年8月および昭和14年3月の2回にわたって大爆発の惨事をうけた体験にかんがみ、軍需産業、とくに兵器製造に対しては絶対反対の態度を明らかにした。すなわち、27年7月の市議会において、旧陸軍工廠の二つの施設の転用許可については、平和産業としての再建を要望するものであり、火薬その他危険物の製造は絶対に反対と決議した。特別委員会として火薬並危険物製造反対委員会も設けたのであった」[3]

　ここに引用した文章によれば、枚方市も工場誘致計画をもっていたが、その誘致対象はあくまでも「平和産業」であった。しかし、旧軍用地を買収したのは兵器製造業として発展してきた小松製作所であり、ここに枚方市は小松製作所の製造内容を危惧し、「火薬ならびに危険物」の生産に反対する。それは過去に起こった二度の火薬大爆発を経験した枚方市の強い要望であった。さらに「枚方事件」は、小松製作所の進出に対する枚方市の危惧をさらに強めることとなった。では、その「枚方事件」というのは、どのような内容のものだったのであろうか。

　「枚方事件は旧陸軍工廠枚方製造所の再開問題をめぐって再軍備反対をとなえていた一部の過激なものが、27年6月24日、旧陸軍造兵廠の爆破をこころみて、枚方工廠甲斐田地区第4搾出

工場にはいり込み、時限爆弾をしかけ機械に損害をあたえた。工場の被害は軽微であったが、検察当局はこれを重視し、多数のものによる共同謀議、計画的犯行として厳重な捜査を行い、関係者を検挙した。

また6月25日の未明、上ノ町鷹塚山付近に集結していた百数十人のものが小松製作所の誘致に反対し、小松正義（大阪市内の運送業者）の私宅および自動車車庫に火炎びんによる放火を行った。（中略）

小松宅の被害はふすまの一部と乗用車の一部を焼いたのみで軽微であったが、関係者57人が起訴され、最高10年の懲役を求刑された。以上が枚方事件の概要である」[4]

枚方事件について、これ以上の説明は必要としないであろう。ただし、甲斐田工場には、なお建物と機械類があったことは確かのようである。もとより、それを爆破するというような暴挙は、主権在民と民主主義を根底におく国にあっては許されることではない。

枚方事件が生じた後の、昭和27年7月の枚方市議会では、「枚方製造所・香里製造所跡地利用に付き決議」を出し、そこでは両跡地の「転用許可については、当市はこれが平和産業としての再開を要望するものであって、火薬その他の危険物の製造については絶対これに反対するものである」[5]としている。

こうした地元の要望とは別に、小松製作所には、資本としての論理があった。その点について、小松製作所の社長であった河合良成氏は当時のことを次のように回想している。

「私（河合良成氏—杉野）がGHQの砲弾事業引受のために大阪地方に工場を物色している際に、この村上（栗本建設社長—杉野）君が現れて、『枚方工場はどうか、あれは私と小松正義君などで、伍堂卓雄・永野護・大谷米太郎などの賛同を得て、極東鉄器という会社を創立中で、その会社で枚方工廠の払い下げを出願しているのだが、ご希望ならば無償で払い下げ出願権を小松製作所へお譲りしてもよろしい』という話であった。

当時、枚方工廠は大蔵省の所有であったが、そのころの事情としては、政府は進んでこれらの国有工場を民間に払い下げつつあり、枚方工廠（土地二十万坪、建物機械をも含む）も約十億円、十カ年年賦ならば払い下げ可能とのことがわかったので、私は直ちに大阪財務局吉橋君を尋ねた」[6]

国有財産の払下げ出願権は、もし支払い能力とその用途目的が公共性に資するものであれば、国民の誰もが持ちうるものである。これを「無償で譲る」ということは、この出願権についても、通常は価格が付されて売買されているということである。この出願権は労働の生産物ではない。しかも、価格をもつということは、これが一種の虚偽の社会的価値（擬制価値）であることを意味している。すなわち、この出願権の価格が、どのような大きさとなるのか、この点は価値理論からみて、極めて興味のある検討課題である。もっとも、ここは、その出願権の価格について理論的に検討する場ではない。

上記の引用文で気になることは、小松正義氏の名前がでてくるということである。つまり、小松正義氏は大阪陸軍造兵廠枚方製造所の払下げ運動に当初より参加していたのである。この事実

は枚方事件を想起すると、果たして造兵廠跡地で兵器の生産を前提とした払い下げを小松正義氏が運動していたのかどうかが問題となるし、その出願権を小松製作所へ譲渡した時点で事件が生じたのか、またその小松製作所が武器（特需の弾丸）を受注されるということが判明した時点であったのか、その点が枚方事件との関連では微妙なところである。この枚方事件について言及することはこれで終えることにする。

　ところで、小松製作所と国（大阪財務局）との折衝については、次のようなものであったと紹介されている。

　（小松製作所）「払い下げを受けるには相当の期日がかかるから、間に合わない。小松製作所は必ず引き受けるという書面を入れるから、枚方工廠は小松製作所に払い下げる予定であるという一札を書いてくれ」[7]

　（大阪財務局長）「実は政府としても、至急これを処分する方針で、私がその交渉いっさいの委任を受けている。小松製作所がそういった具体的な計画を進めているなら、一札書きましょう」[8]

　この小松製作所と大阪財務局長との折衝については、旧軍用財産の早期処分という方針と小松製作所の資本蓄積という論理が展開されており、それ自体としては問題はない。しかしながら、この折衝の過程において地元枚方市による平和産業の誘致という要望が欠落しているということである。国と個別企業（資本）との折衝であっても、その論理展開の場が「地域」である以上、国および企業は地域住民の要望をも踏まえるべきであろう。

　そして、この折衝から感じられることは、国有財産の譲渡や使用に関する認許可権を、当該関連部局の官僚が握っているということである。このことは、いわゆる「特権的」といわれる「官僚制の物質的基盤」がそこにあることを示すものである。その限りにおいて、この文章は理論的にも重要な意味をもっている。ただし、ここでは「出願権の価格」および「官僚制の物質的基盤」について論議することはしない。

　先へ進もう。さきの文章で、小松製作所が「間に合わない」と言っているが、何に対して「間に合わない」というのであろうか。それは次の文章が示すように GHQ（米軍）から弾薬生産の受注に関する「交渉の手段」としてであった。小松製作所は、大蔵省との折衝をふまえて、GHQ に対して、次のような直接談判をしたと言われている。

　「政府が譲る予定だと書いている。これを小松製作所が買い受けて砲弾生産をやるのである。工場敷地も二十万坪もあり、鍛造プレスなどもそろっており、そのうえ小松製作所も戦争中の砲弾メーカーの経験がある。そして現に相模作業所で米国の大型機械の修理事業もやっている。云々」[9]

　この文章では、小松製作所による旧軍用地の払下げには、米軍からの受注、すなわち「特需としての砲弾生産」が大きな背景としてあったということである。そして、この払下げは、枚方の市議会による「平和産業を誘致するという要望」とは異なるものであった。

　こうした経緯について、『小松製作所五十年の歩み』は次のように記している。

「26 年 5 月ごろ、砲弾特需の入札問題が急速に具体化した。当社は造兵廠の払い下げが実現しないまま、27 年春入札に参加し、大量の砲弾を受注した。すなわち 6 月の第一次、第二次だけで、すでに迫撃砲弾 1284 万 7322 ドル（46 億 2503 万 6000 円）にも上った。他方、占領軍は砲弾発注の条件として専用工場の保有をきびしく要求した。そのため当社は弾体搾出を行う工場として、枚方造兵廠の入手を急ぐ必要に迫られ、社長が先頭に立って強引と思われる勢いで払い下げ交渉を促進するとともに、加工工程を委託するために協力（下請）企業との連携を図った。この結果、27 年 10 月、中宮地区と甲斐田地区の払い下げが内定し、一時使用許可の措置もとられた。当社はこれを大阪工場と名づけ、直ちに砲弾の生産に着手した」[10]

　この引用文によって、小松製作所が大阪陸軍造兵廠枚方製造所の跡地を取得するに至った歴史的背景とその経緯が明らかとなる。ただし、ここで生産された砲弾は、昭和 28 年 7 月に朝鮮動乱の休戦が実現したのちは、米軍ではなく、自衛隊に納入され、そこで備蓄されていたようである[11]。

　また、枚方製造所跡地の払下げに関しては、「小松製作所の申請以外にも、神戸製鋼所や大谷重工業などが申請していたとのことを聞いていたが、当時、両社は播磨工廠の払い下げ争奪戦でしのぎを削っているので、結局 GHQ の方針が、小松製作所に決定したような次第である」[12]という経過もあった。つまり、枚方製造所跡地の取得を巡っても、諸資本間の競争があったということである。

　昭和 51 年の時点では、小松製作所大阪工場（約 83 万 m²）は従業員 3,004 人[13]で、ブルドーザーの製造を行っている。広大な工場敷地であったが、その周辺は住宅密集地となり、公害防止と緑の育成が地域課題となっている。

　　1 ）『枚方市史』（第十巻）、枚方市役所、昭和 51 年、612 ～ 613 ページ参照。
　　2 ）『市制二十年のあゆみ』、枚方市役所、昭和 43 年、80 ページ。
　　3 ）同上書、92 ～ 93 ページ。
　　4 ）同上書、79 ～ 80 ページ。
　　5 ）『枚方市史』（第十巻）、前出、630 ページ。
　　6 ）河合良成『孤軍奮闘の三十年』、講談社、昭和 45 年、218 ページ。
　　7 ）同上書、218 ページ。
　　8 ）同上書、219 ページ。
　　9 ）同上。
　　10）『小松製作所五十年の歩み』、小松製作所、昭和 46 年、80 ページ。
　　11）同上書、82 ページ参照。
　　12）『孤軍奮闘の三十年』、前出、219 ページ。
　　13）昭和 51 年 7 月 21 日、枚方市役所での聞き取りによる。

3．大東市（一部は東大阪市）

　大東市朋来と一部は東大阪市白鴻町にまたがる地域に、軍需工場としての松下飛行機

（333,144 m²）があった。この松下飛行機は、笹川良一氏が民間飛行場（地元の人は盾津の飛行場と呼んでいた[1]）を建設したものを松下電器が買収し、松下電器の子会社なので、「松下飛行機」と名づけたと言われている[2]。

この松下飛行機㈱の用地については、『大東市史』に次のような記述がある。

「戦時中に松下飛行機製作所が設置されて、軍需産業的色彩も加わった。戦後の松下飛行機会社寮は引揚者住宅となり、また工場敷地は朋来府営住宅が建設されて、市制施行の昭和31年直前には、人口は更に急増する。こうした中で、当地域の都市化産業を推進したものに、三洋電機工場の進出があった」[3]

すでに2-(9)表に掲示していたように、この松下飛行機の跡地は、戦時補償特別措置法第60条にもとづいて、戦後間もない昭和23年11月10日に、33万3千m²が元の所有者である松下飛行機㈱へ払い下げられている。そして、この用地の一部は、前に述べたように、一部は府営住宅となるが、他の一部は三洋電機へ売り渡されるのである。

三洋電機は、「住道町灰原所在の旧松下飛行機株式会社の敷地・約二万八千坪を譲りうけ、三洋電機住道製造所を建設した」[4]のである。

なお、三洋電機の社史には、「旧松下飛行機から大阪府北河内郡住道町の住道工場を買収（昭和25年9月）して、ラジオ部品の生産を開始」[5]と記されている。おそらく昭和25年頃だと思われるが、「工場がこの地に設立された当時は、古ぼけた飛行機格納庫があっただけで、床は抜けそうだったし、その周囲は雑草に囲まれていた」[6]と『大東市史』は述べている。

昭和55年夏の時点では、この地域は、その名も三洋町と改められ、サンヨーラジオ製造事業部、サンヨー部品事業部、サンヨー電子金属工場があり、東大阪加納には、サンヨーカラーテレビ事業部が操業している。また灰原地区には福居ダイカスト、日新工業などの小規模工場が立地してきている。

また東大阪市側では、そのほとんどが農地へ転用されたが、昭和55年の時点では、その一部は日本ケース、大東鋼業、大阪ユニック、日坂製作所など、かなり大規模な工場が立地している。同じく東大阪市側の飛行場跡地には東大阪第一、第二トラックターミナルをはじめ、大阪機械卸業団地や東大阪流通倉庫などが立地して、一つの流通基地を形成しており、東大阪市の都市計画図では、商業地区と指定されている。

このように、大都市近郊にあった松下飛行機の跡地は、当初その多くは農地であったが、その後住宅地となり、あるいは三洋電機をはじめとする工業団地となり、あるいはまた商業用地になるなど、きわめて多様な変貌を遂げつつある。

1）　昭和55年8月、東大阪市役所での聞き取りによる。ただし、旧軍用財産の口座としては、この松下飛行機の跡地と盾津飛行場とは別口座となっている。
2）　同上。
3）　『大東市史』（近現代編）、大東市教育委員会、昭和55年、525ページ。
4）　同上書、525ページ。

第十四章　大阪府　535

5）『三洋電機三十年の歩み』、三洋電機、昭和55年、21ページ。
6）『大東市史』、前出、526ページ。

4．岸和田市

　岸和田市の海岸近くに、旧大阪軍需部岸和田倉庫（14,862 m²）があった。この跡地はそのまま東京麻糸紡績に払い下げられている。

　もともと、この土地は岸和田紡績の用地であったが、岸和田紡績は昭和16年に大日本紡績と合併し、その後、軍によって買収されたものである。

　「岸紡本社工場は合併後、紡機を戦時供出し、建物は海軍の訓練所に代用されておりましたが、終戦後いちじ東京麻糸工場となり、昭和23年頃から工場建物が撤去され」[1]岸和田市が管理する「子供のひろば」となっている[2]。

　上記の引用文によれば、昭和23年に建物が撤去されているが、その翌24年9月1日発行の『商工名鑑』（岸和田市役所、同市商工会議所）には、「東京麻糸紡績㈱岸和田工場」という名があることからみて、「工場なき紡績工場」ではなかったかと推測される。この工場は建物があった当時から、戦後は、固定資産税免除というかたちで、市の労働基準局が借用し、市民グランドとして活用されてきたという[3]。さきの引用文にある「子供のひろば」というのがそれで、その使用には市の許可が必要であったという[4]。

　その跡地は昭和59年2月2日現在、竹中工務店によって、岸和田シーサイドゴルフセンターを建設中である[5]。

1）『岸和田市北町々史』、岸和田市北町町史編纂委員会、昭和48年、112ページ。
2）同上書、112ページ参照。
3）昭和59年2月2日、北町住民よりの聞き取り結果による。
4）同上。
5）昭和59年2月2日、現地踏査の結果による。

5．岬町

　岬町は大阪府の最南端に位置し、その地勢は「西北部一帯は帯状海岸線で、和泉平野の一部をなしているが、東南部は和泉山脈が南西から東北に連なり全面積の80％が山地で平地に乏しい」[1]状況にある。

　ところで、大阪府において、旧軍用地1件あたりの譲渡面積で最も広かったのは、この「平地に乏しい」岬町にあった川崎重工業泉州工場（556,693 m²）の跡地であり、そこは、まさに、「乏しい平地」である岬町の西北部の谷川地区と深日地区であった。

　この川崎重工業泉州工場の歴史的経緯を、岬町の町制20周年記念で発行した『みさき』（昭和50年）によってみると、以下のようになっている。

　「昭和15年に、海軍省建設局が設置され、（深日地区とともに）」「昭和16年川崎重工業株式会

社が泉州艦船工場を建設し、軍需工場として発足するや、住宅建設が進み、又港湾計画も立案されました」「戦後軍需工場跡に企業誘致したのが、現在の関西電力多奈川発電所であります」[2]

「(昭和31年) 関西電力多奈川第一火力発電所操業開始」「(昭和35年) 新日本工機岬工場操業開始」「(昭和49年) 関電多奈川第2火力発電所建設工事着工」[3]

以上が、『みさき』に記載されている川崎重工業泉州工場跡地に関連する事項である。これらの事項についてもう少し詳しく経緯をみておくとしよう。

「旧軍用財産資料」によれば、川崎重工業泉州工場の跡地は昭和24年に川崎重工業へ「時価」で売り払われている。したがって、昭和16年に泉州工場が建設されたが、その当時の敷地は国有地（おそらく海軍省管轄）であり、川崎重工業は借地で艦艇を建造していたものと思われる。川崎重工業は戦時補償特別措置法により、「昭和24年 (1949) 4月21日、第3ドックおよびすべての機械類を除いた全施設は完全に当社の所有となった」[4]ものの、同年の「6月30日にこれを閉鎖」[5]している。昭和27年になって、この土地は関西電力のものとなる。関西電力は昭和27年7月に「高性能・高能率を誇る大容量の新鋭火力発電所」[6]として多奈川発電所の建設を始めるが、「多奈川発電所の敷地は、川崎重工が第二次世界大戦中に造船所を建設するために入手していた用地」[7]であった。

なお、関西電力は昭和39年に、旧Ｋ施設 ($162,473\,m^2$) の一部 ($27,214\,m^2$) を時価で取得しているが[8]、昭和58年頃、関西電力多奈川発電所での聞き取りによれば、その跡地は「灰捨場として利用している」[9]という話であった。関西電力多奈川発電所については、「1956年に1号機が運転開始、4号機までが建設された。当初は石炭専焼だったが、のちに重油専焼に転換した。2001年12月15日、老朽化に伴い廃止された」[10]といわれている。

この文章には、「石油専焼」から「重油専焼」への転換ということが出てくるが、これは個別企業にとってみればエネルギー効率の改善という経済的な側面もあるが、社会的再生産の視点からは、日本における石油製品の市場創出という側面もあった。ただし、石炭専焼の結果、大気汚染や海洋汚染という問題が各地で生じていたことも事実である。

この岬町でも例外ではなかった。「本町の公害現象は、関西電力多奈川発電所（第1、第2）、新日本工機をはじめ、和歌山市、泉北臨海工業地帯からの影響もあって、複合汚染が特徴づけられる」[11]という文章にも、そのことが現れている。

これに対して、岬町では「本町においては複雑な公害事象に対し、迅速かつ的確な対策を講じ得る大気汚染の常時監視の体制を整備するとともに、関西電力株式会社と締結している公害の未然防止に関する協定書による発生源の規制など『大阪府環境管理計画』の達成につとめる」[12]としている。

ところで、谷川地区に隣接する深日地区には、昭和33年に新日本工機が岬工場を新設している。しかし、土地所有関係としては、「岬工場は——海に面した敷地の広さは約13万m^2（約4万坪）。前年岬町から払下げを受けた土地」[13]である。

1） 『統計　みさき』、岬町、昭和 57 年、8 ページ。

2） 『みさき』（町制 20 周年記念）、岬町、昭和 50 年、4 ページ。

3） 同上書、5 ～ 7 ページを参照。

4） 『川崎重工業株式会社社史（本史)』、川崎重工業、昭和 34 年、624 ページ。

5） 同上。

6） 『関西電力二十五年史』、関西電力、昭和 53 年、148 ページ。

7） 同上。

8） 「旧軍用財産資料」（前出）による。

9） 昭和 58 年、関西電力多奈川発電所での聞き取りによる。

10） ウィキペディア「多奈川発電所」による（2016 年閲覧)。

11） 『岬町総合計画』、岬町、昭和 53 年、14 ページ。

12） 同上。

13） 『新日本工機 50 年史』、平成 12 年、40 ページ。

第十五章　兵庫県

第一節　兵庫県における旧軍用施設の概況

戦前の兵庫県には、194 の旧軍用施設があった。戦後大蔵省が兵庫県で引き継いだ旧軍用財産（旧陸海軍省や軍需省が所管していた国有財産）は、大小合わせて 150 口座であった。そのうち、敷地面積が 10 万 m^2 以上のものは、次表の通りである。

XV-１-(1)表　兵庫県における旧軍用施設（10 万 m^2 以上）の概要

（単位：m^2、年次：昭和年）

旧口座名	所在地	敷地面積	主な転用先	年次
姫山練兵場	姫路市	162,803	法務省ほか	25
姫路城南練兵場	同	108,677	姫路市（道路）	45
歩兵第 111 連隊ほか	同	174,022	姫路市（中学校用地）ほか	26
野砲兵第 54 連隊	同	144,088	文部省（神戸大）ほか	24
姫路北練兵場	同	374,669	農林省・農地	23
高岡小銃射撃場	同	108,617	姫路市（中学校用地）ほか	23
大陸造・白浜製造所	同	1,539,162	沢谷化学そのほか	26
大陸空・姫路出張所	福崎町	942,017	福崎町（植林）	29
加古川飛行場	加古川市	2,306,945	農林省・農地ほか	25
陸航通学・尾上教育隊	加古川市他	325,638	別府町（住宅用地）	24
陸通学・神野通信隊	加古川市	151,585	電電公社ほか	28
陸通学・神戸通信隊練	同	639,058	農林省・農地	22
大陸空・神野出張所	同	409,027	法務省・加古川刑務所	31
陸航通学加古川教育隊	同	288,631	農林省・農地	24
戦車第 19 連隊	小野市他	267,533	河合村（学校林）ほか	22
同連隊・自動車訓練場	小野市	231,602	防衛庁ほか	35
清野ケ原演習場	同	8,298,522	防衛庁ほか	35
三木飛行場	稲美町	1,974,058	農林省・農地	22
大阪陸軍衛生材料支廠	尼崎市	192,115	園田村（住宅用地）	23
大陸兵器補給伊丹分廠	川西市	558,374	防衛庁ほか	35
第 31 航空通信連隊	篠山町	134,960	兵庫県・篠山農科大学	27
大阪陸軍獣医資材支廠	伊丹市	306,037	農林省・農地	22
大陸造・播磨製造所	高砂市	1,515,324	神戸製鋼所・国鉄	28
同製造所宿舎	同	179,965	国鉄・新三菱重工	29
由良要塞石山砲台ほか	洲本市	512,959	洲本市（公園）	40
由良要塞伊張山堡塁ほか	同	115,386	貸付中	48 現
由良要塞赤松山堡塁ほか	同	159,013	貸付中	48 現

由良要塞成山砲台ほか	同	126,875	国立公園		31
由良飛行場	三原町他	1,810,224	農林省・農地		24
大陸空補給廠湊出張所	西淡町	440,726	古津路耕地整理組合		26
神戸製鋼所赤穂工場	赤穂市	804,118	農林省・農地ほか		25
川西航空機甲南製作所	神戸市	190,086	明和興業（戦補60条）		24
川西航空機宝塚製作所	宝塚市	719,283	明和興業		24
第二療品廠社施設	社町	300,399	農林省・農地		22
姫路航空隊	加西市	1,960,057	農林省・農地ほか		22
第二海軍衣料廠	姫路市	172,765	姫路市（公営住宅）ほか		29
鳴尾航空基地	西宮市	1,203,971	日本住宅公団ほか		35

出所：「旧軍用財産資料」（大蔵省管財局文書）より作成。

　※大陸造は大阪陸軍造兵廠、大陸空は大阪陸軍航空廠、陸航通学は陸軍航空通信学校、陸通学は陸軍
通信学校をそれぞれ略記したものである。

　戦前の兵庫県にあった150の旧軍用施設のうち、敷地面積が10万m²以上のものは37口座である。その所在地は、姫路市の8口座を筆頭に、加古川市6口座、洲本市4口座、小野市3口座、高砂市2口座、その他は各1口座（14地域）となっている。このうち、加古川市では、6口座のうち陸軍航空通信学校および陸軍通信学校が4口座あることは、地域的にみた一つの特徴である。洲本市の場合には「砲台および交通路」だけでの4口座であり、おそらく工業用地へ転用するのは不適な土地だと思われる。なお洲本市の各口座名の後に、「他」とか「ほか」とあるのは「および交通路」を略したもので、砲台が高地にあるため、その交通路の面積が大きくなったものである。この点を付記しておく。

　次に「主な転用先」についてみると、農林省への有償所管換（開拓農地）が10口座、総理府防衛庁も3口座で、国家機構による所管換が多いが、姫路市の4口座をはじめ、その他の地方公共団体も3口座ほどある。

　それから民間企業（製造業）への譲渡が主たる転用先となっているのが3口座もあり、ここでは具体的な分析が必要となるであろう。

　以上は、(1)表より概略的に検出した幾つかの特徴であるが、旧軍用施設の敷地面積や払下年次については、それを数字的に把握するために、旧口座の軍事的機能別に区分して、整理してみよう。それが次の(2)表である。

XV-1-(2)表　兵庫県における旧軍用施設（10万m²以上）の概要（整理分）

（単位：m²、年次：昭和年）

旧口座の軍事機能	口座数	敷地面積	主な譲渡先の譲渡年次
補給廠等各種廠	6	1,970,416	22(2)、23、26、29、35
飛行場	5	9,255,255	22(2)、24、25、35
造兵廠・航空廠等	4	4,405,530	26、28、29、31
通信学校	4	1,404,912	22、24(2)、28
駐屯地	4	720,603	22、24、26、27

練兵場	4	877,751	23、25、35、45
砲台及び交通路	4	914,233	31、40、提供中(2)
軍需工場	3	1,713,487	24(2)、25
射撃場	1	108,617	23
演習場	1	8,298,522	35
宿舎	1	179,965	29
計	37	29,849,291	20年代(27)、30年以降(10)

出所：(1)表より作成。( )内は口座数。

　まず、軍事的機能からみた旧軍用施設の種類では、補給廠、兵器廠、衣料廠をはじめ、医療資材、衛生材料などを包括した旧軍用施設が6口座で最も多く、その敷地面積を合計すると200万 m² 弱となる。なお、これらの各廠を、補給する素材で分類すれば、各廠それぞれが1口座ということになる程、その内容は多様である。

　次に多いのが旧軍用飛行場の5口座である。戦前の兵庫県には5つの飛行場があった。これは阪神工業地帯の爆撃を防ぐため、迎撃機が出撃する基地であったとも考えられる。また、航空機製造工場の試験飛行場となっていたとも考えられる。それにしても、全体で925万 m² の飛行場敷地があり、一つの飛行場が200万 m² 弱の敷地面積をもっていたことになる。

　飛行場に次いで多いのは、造兵廠・航空廠等、通信学校、駐屯地、練兵場、砲台および交通路がそれぞれ4口座である。

　造兵廠・航空廠は合わせて4口座である。造兵廠は2口座で、いずれも大阪陸軍造兵廠の支廠であり、白浜と播磨の製造所である。また航空廠も大阪陸軍航空廠であり、姫路出張所と神野出張所の2口座である。この航空廠は、航空機を製造するのではなく、修理および整備する旧軍用施設であったが、この「修理・整備」も生産過程に該当するとして、造兵廠と同一のグループとした。なお、この造兵廠・航空廠の敷地総面積は約400万 m² で、その用途目的からみても、旧軍用地が工業用地として転用された件数が多いのではないかと推測される。

　通信学校が4口座と多いのは、この兵庫県における旧軍用施設の用途目的からみた大きな特徴である。それが加古川市に集中していることは既に指摘しておいたところである。その総面積は約140万 m² である。

　駐屯地というのは、各連隊が駐屯している場所を一括したものである。各連隊駐屯地4口座の中には、航空通信連隊（篠山町—平成11年周辺町村と合体し篠山市となる）も含めている。なお、この連隊駐屯地の総敷地面積は72万 m² である。

　練兵場4口座の中には、自動車訓練場も含めている。その総敷地面積はおよそ88万 m² で、1口座あたり平均20万 m² となるが、姫路北練兵場が約37万 m² で最大、そして姫路城南練兵場が約11万 m² で最小である。

　砲台および交通路の4口座については、すでに洲本市との関連で言及しているが、その総敷地（交通路も含めて）面積は91万 m² にも達する。

第十五章　兵庫県　541

　以上が、同じような軍事的用途によって分類した場合に、兵庫県で口座数が多かった10万m²以上の旧軍用施設である。

　次に多かったのは旧軍需工場の3口座である。当然のことながら、工業用地との関連が深い旧軍用施設であり、それだけに元の所有企業との関連や戦時補償法との関連が問題になるところである。しかも、兵庫県の場合には3口座で、しかもその総敷地面積は440万m²にも達するので、その転用に関しては、詳しい分析が必要となる。

　同じ用途目的の旧軍用施設で、かつ複数の口座があるのは以上である。しかしながら、一つの口座であっても、その敷地面積が膨大なものもある。兵庫県の場合には、演習場がそれである。

　小野市にあった清野ケ原演習場は、その面積が約830万m²に達するもので、近畿地方では、おそらく最大規模の一つだと思われる。ただし、工業立地との関連ではどうなるのか、その点は譲渡状況をみなければ判らない。

　大阪陸軍造兵廠播磨製造所の宿舎については、これを「造兵廠」関連として分類しても、それなりの論理は展開できるし、またそのほうが正確かもしれない。だが、用途目的で分類する場合に、旧軍用施設としては別口座なので、造兵廠とは区別した。地域分析をする場合には、播磨製造所と同じ箇所で行うことも考えられる。面積は(1)表の通りである。

　射撃場も姫路市にあった1口座だけである。この口座については、(1)表では中学校用地以外にも「他」の譲渡があるので、ここでも工業用地への転用があったのかどうかを確かめておく必要がある。

　兵庫県における旧軍用施設（旧軍用地、10万m²以上）が主な転用先に譲渡された年次を(1)表で掲げ、(2)表で整理しておいた。しかしながら、これはあくまでも当該口座において最も取得面積が大きかった件を代表的事例として、その年次を記したものであり、最も多かった年次、あるいは最も早期に譲渡された年次とは異なる。そうした作表上の操作は、これまでの各県各地域でも行ってきたところである。そのことを念頭におきながら、主な転用先が旧軍用地を取得した年次についてみると、およそ次のことが言えよう。

　全体的にみれば、昭和20年代の処分27口座、30年以降が10口座で、これまでに分析してきた他府県の状況と比較すると、相対的に早い時期での処分である。なお、昭和40年代に入っての処分は僅かに2口座、さらに昭和48年段階で貸付中が2口座ある。これを旧軍用施設の用途機能からみた場合には次のようになるであろう。

　旧飛行場や練兵場の跡地などは、農林省への有償所管換が行われているので、これは戦後間もない昭和25年頃までに処分されており、同様に、旧軍需工場も昭和25までに処分されている。また、中学校用地へと転用された場合も昭和25年頃までに処分されている。

　造兵廠・航空廠は民間企業へ譲渡されており、それは昭和26年から29年頃までの、言わば朝鮮動乱とその後の時期になる。

　練兵場や演習場は、その多くが防衛庁に無償所管換されており、昭和35年頃が比較的多い。

　補給廠等の各種廠は、その用途が多様であるだけに、比較的早期に処分されたものもあれば昭

和35年に処分されたものもある。

通信学校については、昭和24年までに処分されたと言ってよいであろう。

各連隊の駐屯地については、昭和27年までに処分されている。

洲本市にあった砲台および交通路は、公園用地として昭和31年、40年に譲渡されているが、昭和48年時点では貸付中のものもある。

なお、これまでに(1)表や(2)表を対象として分析してきたことは、あくまでも旧軍用施設のうち敷地面積が10万m²以上の口座に関することであり、それ未満の旧軍用施設については対象外となっている。旧軍用地の工業用地への転用について検討する場合、1件の取得面積が民間企業の場合には3千m²以上を研究対象としているので、10万m²未満の旧軍用施設についても、その状況を把握しておかねばならない。次の(3)表は、兵庫県における1万m²以上10万m²未満の旧軍用施設（口座）の状況を明らかにしたものである。

XV-1-(3)表　兵庫県における旧軍用施設（1万m²以上10万m²未満）の概要

（単位：m²、年次：昭和年）

旧口座名	所在地	敷地面積	主な転用先	年次
第54師団姫路倉庫	姫路市	63,244	文化庁	47
第54師団司令部姫路衛戌拘禁所	同	32,930	カトリック浄心会	24
姫路陸軍病院	同	37,044	厚生省・国立病院	23
第54師団兵器部南倉庫	同	14,932	賢明女子学院	26
第54師団兵器部	同	50,968	兵庫県・高校用地	27
第54師団兵器部西倉庫	同	24,290	姫路市・市庁舎	38
陸軍教化隊	同	12,482	法務省・少年刑務所	24
第54師団経理部倉庫1	同	25,607	電電公社	28
第54師団経理部倉庫2	同	15,526	姫路城北開拓農協	25
捜索第54連隊	同	90,955	防衛庁	31
輜重兵第54連隊	同	96,210	文部省（神戸大学）	24
栗林山陸軍墓地	同	65,648	姫路市（墓地）	36
栗林山作業場	同	55,268	姫路市（墓地）	36
具足山演習地	同	44,872	その他	——
偕行社敷地	同	12,165	姫路市（市庁舎）	23
加古川陸軍小銃射撃場	加古川市	29,295	上荘平荘営機組合（中学）	23
大陸航・加古川分廠	同	56,511	近江絹糸	32
加古川第一陸軍病院	同	18,770	加古川市・住宅用地	26
加古川第二陸軍病院	同	20,006	厚生省・国立病院	23
陸軍通信学校神戸通信隊進入路	同	10,526	加古川市・道路	35
陸航通学加古川教育隊自動車訓練場	同	30,353	農林省・農地	22
陸航通学加古川教育隊工具宿舎	同	13,623	野口村農協・事務所用地	24
天満訓練場（その3）	稲美町	10,396	農林省・農地	22
清野ケ原小銃射撃場	小野市	85,668	防衛庁	35
第31航通信連隊射撃場	篠山町	57,520	農林省・農地	22
篠山陸軍病院	同	19,903	厚生省・国立病院	23
篠山陸軍墓地	同	13,309	町民運動場ほか	25

陸軍燃料廠第三貯蔵所	尼崎市	51,088	白石工業・工場敷地	25
由良要塞司令部	洲本市	14,371	由良町・公共用地	23
由良繋船地	同	23,182	貸付中	現48
由良水源地	同	48,959	その他	——
由良軍道	同	15,715	洲本市・市道	36
由良要塞小佐毘弾薬本部及交通路	同	21,648	農林省・農地	24
由良要塞高崎砲台ほか	同	33,878	厚生省・国立公園	31
由良要塞柿原堡塁ほか	南淡町他	19,977	福良町・観光事業及公園	26
由良要塞鳥取砲台ほか	洲本市	32,651	福良町・観光事業及公園	26
由良要塞鳴門補助建物	南淡町	18,588	南淡町・中学校用地	23
川西航空機第二整備場	西宮市	99,162	鳴尾村・公共用地	24
大阪警備府官舎分室	同	14,277	民間工場	27
大阪陸軍兵器補給廠伊丹分室引込線	川西市他	22,319	宝塚市・市道	37
伊丹航空隊	伊丹市他	57,799	運輸省・空港施設	33

出所：「旧軍用財産資料」（前出）より作成。

　兵庫県における旧軍用施設のうち、敷地面積が1万m²以上10万m²未満のものは、(3)表の通り、実に41口座に及ぶ。口座の用途目的をはじめ、その転用についても、用地規模が中規模であるだけに、用途も多様化すると同時に、単一の事業主体に譲渡（所管換を含む）されている場合も多くなる。以下、項目別に検討していくことにしよう。

　まず、旧軍用施設を軍事用途別にみると、10万m²以上の旧軍用施設でみられた補給廠等各種の廠、飛行場、造兵廠などの大規模な敷地を必要とする施設が見当たらなくなるか、少なくなっている。それに替わって、倉庫（6口座）、病院（4口座）といった新しい軍事的用途をもった諸施設が登場してくる。つまり、旧軍用施設の場合には、その軍事的用途とその敷地面積には一定の関連性があることを検出できる。

　次に、旧軍用施設の敷地面積については、1万m²以上10万m²未満という基準を設定しているので、面積そのものに大差はないが、それでも駐屯地（4口座）、射撃場（3口座）、航空廠、軍需工場などでは、10万m²に近い敷地面積をもった施設が多々見受けられる。これに対して、倉庫、病院などは比較的小規模のものが多い。

　主な転用先については、敷地面積が中規模であるためか、地方公共団体への転用が16口座と最も多い。それに匹敵するのが国家機構（14口座）で、うち農林省への有償所管換は僅かに4口座である。民間への転用は8口座で、うち民間の工場用地への転用3口座である。

　主たる転用先への譲渡年次についてみると、終戦直後期（昭和22〜24年）における譲渡が16口座で最も多く、続いて朝鮮動乱期（昭和25〜29年）が10口座、高度成長前期（昭和30〜34年）は4口座と減少し、高度成長期（昭和35〜40年）になると7口座と増加するが、昭和40年以降になると、昭和48年現在の貸付中も含めて4口座となる。

　もっとも、この年次については、繰り返し述べるが、あくまでも同一の口座の中で最も大きな面積を取得した事業主体（公官庁を含む）の取得年次である。したがって、ここでは確定的な事

実関係としてよりも、一応の傾向として把握しておくほうが適切であろう。

旧軍用施設の概況把握で残るのは、1万m²未満の旧軍用施設である。その数は、150口座から大規模（10万m²以上、37口座）と中規模（1万〜10万m²未満、41口座）の敷地をもった旧軍用施設の数を差し引いた72口座である。

本書では、旧軍用地の工業用地への転用を主たる研究課題としており、その研究対象を3千m²以上取得した件に限定している。したがって、1万m²未満の旧軍用施設であっても、当然その考察範囲に含まれる。そのような場合には、旧軍用地の転用状況を二重に掲載することになりかねない。ここでは1万m²未満の旧軍用施設については、3千m²未満（敷地面積0m²および不明分を含む）が51口座、3千m²以上5千m²未満の旧軍用施設が10口座、5千m²以上1万m²未満の旧軍用施設が11口座という規模別構成になっているということを紹介するに留めておく。

第二節　兵庫県における旧軍用地の転用状況

本節では、戦後、兵庫県にあった旧軍用地がどのように転用されてきたかについて明らかにしておく。内容的には、国家機構（各省庁）、地方公共団体、製造業を除く民間諸団体、製造業という四つの集団に分けて分析していくことにする。

1．国家機構（各省庁）への所管換状況

国家機構への所管換については、農林省（自作農創設用農地）へ有償所管換した旧軍用地が広大である。これについては、既に(1)表の主要な転用先として示されているので、ここでは割愛する。したがって、ここではそれを除いた国家機構への所管換について紹介することになる。それが次の表である。

XV-2-(1)表　兵庫県における旧軍用地の国家機構への移管状況

（単位：m²、年次：昭和年）

移管先	移管面積	用途目的	年次	旧口座名
文化庁	11,654	姫路城公園	47	第54師団姫路倉庫
厚生省	37,044	国立病院	23	姫路陸軍病院
同	26,365	同	23	姫山練兵場
法務省	37,620	少年刑務所ほか	25	同
文化庁	25,006	姫路城公園	47	同
同	12,535	公園	47	歩兵第111連隊ほか
防衛庁	45,399	駐屯地	31	捜索第54連隊
文部省	41,408	神戸大学	24	野砲兵第54連隊
同	50,874	同	24	輜重兵第54連隊
運輸省	10,899	陸運局事務所	32	大阪陸軍造兵廠白浜製造所

厚生省	20,006	国立病院	23	加古川第二陸軍病院
同	13,269	同	22	陸軍通信学校神野通信隊
法務省	270,543	加古川刑務所	31	大阪陸軍航空廠神野出張所
同	16,376	同	37	同
厚生省	103,157	国立病院	23	戦車第19連隊
防衛庁	119,291	陸上自衛隊	35	戦車第19連隊自動車訓練場
厚生省	16,674	病院看護婦宿舎	30	清野ケ原演習場
防衛庁	6,860,466	演習地	35	同
同	31,418	同	35	清野ケ原小銃射撃場
工技庁	54,466	電気試験所	26	大阪陸軍衛生材料支廠
防衛庁	270,874	陸上自衛隊	35	大阪陸軍兵器補給廠伊丹分廠
厚生省	11,695	国立病院	23	篠山陸軍病院
防衛庁	14,608	海上自衛隊	32	由良要塞生石山砲台ほか
同	17,590	警備所	45	同
厚生省	33,878	国立公園	31	由良要塞高崎砲台ほか
同	126,875	国立公園	31	由良要塞成山砲台ほか
運輸省	57,799	空港施設	33	伊丹航空隊

出所：「旧軍用財産資料」（前出）より作成。

　上掲の2‐(1)表を分析するために、省庁ごとに取得件数、面積等について整理したものが、次の表である。

XV‐2‐(2)表　兵庫県における旧軍用地の国家機構への移管状況

（単位：m²、年次：昭和年）

移管先	件数	移管面積	年次　（　）内は件数
厚生省	9	388,963	22、23(5)、30、31(2)
防衛庁	7	7,359,646	31、32、35(4)、45
文化庁	3	49,195	47(3)
法務省	3	324,539	25、31、37
文部省	2	92,282	24(2)
運輸省	2	68,698	32、33
通産省	1	54,466	26
計	27	8,337,789	20年代(10)、30年代(13)、40年代(4)

出所：2‐(1)表より作成。

　この2‐(2)表をみると、兵庫県において、旧軍用地を国家機構へ移管したのは27件で、そのうち最も件数が多いのは厚生省の9件である。しかし、移管した面積では防衛庁が圧倒的に広い。これは清野ケ原演習場跡地（約686万m²）を防衛庁へ継承的に移管したからである。旧軍用地の国家機構（省庁）への移管について検討する場合に、防衛庁への移管分を加えるならば、このような膨大な数字になることがある。したがって、農林省への有償所管換分と防衛庁への移管について、特別の配慮をすることが必要である。

さて、厚生省へ移管された旧軍用地の多くは国立病院を用途目的としたものであるが、昭和31年の2件は国立公園用地として移管されたものである。

防衛庁の場合には、昭和31年から同35年までの移管がほとんどであるが、昭和45年の移管分は警備所を用途目的としたものである。

文化庁の3件はいずれも姫路城という文化遺産（1993年に世界文化遺産に登録）を背景とした公園としてである。移管年次はいずれも昭和47年である。

法務省へ移管した3件は、いずれも刑務所（少年拘置所）の用地としてであり、そのうち加古川にあった大阪陸軍航空廠跡地で約27万m²という広大な用地を昭和31年に移管していることには留意しておいてよかろう。

文部省へ移管した2件は、いずれも昭和24年に兵庫県青年師範学校の敷地を用途目的としたものである。しかしながら、この青年師範学校はのち神戸大学へ編成替となったので、用途をそのように変更して記載している。

運輸省の2件は、陸運局事務所と空港施設を用途目的としたもので、昭和32年、同33年の移管である。モータリゼーションや航空業の発達を背景にしたものである。

通産省の1件は、工業技術庁電気試験所の敷地を用途目的としたものである。

2．兵庫県の地方公共団体による旧軍用地の取得状況

兵庫県における旧軍用地を取得した地方公共団体としては、これまでの1-(1)表および1-(3)表からも推測できるように、兵庫県をはじめ姫路市や加古川市などで多くみられる。しかし、それらはあくまでも1万m²以上の旧軍用地についてであり、しかも1口座でより大きな面積の譲渡が他にある場合には、それが隠れてしまう。したがって、1-(1)表および1-(3)表だけから、それを数量的に把握することはできない。そこで、まず地方公共団体としての兵庫県が取得した旧軍用地の状況を明らかにし、市町村による旧軍用地の取得については別の表にまとめて紹介していくことにする。

地方公共団体としての兵庫県が旧軍用地を取得した面積、取得条件、年次等は、次表の通りである。

XV-2-(3)表　兵庫県による旧軍用地の取得状況

（単位：m²、年次：昭和年）

取得面積	用途目的	取得条件	年次	旧口座名
28,575	高校用地	減額 20.00 ％	27	第54師団兵器部
13,835	聾学校用地	減額 19.64 ％	26	歩兵第111連隊ほか
13,872	県営住宅	減額 32.57 ％	30	大阪陸軍造兵廠白浜製造所
10,727	農科大学	減額 19.88 ％	25	第31航空通信連隊
79,916	同	減額 43.00 ％	27	同
※ 11,795	公共用地	交換	40	第31航空通信連隊練兵場

	19,423	防潮堤	公共物編入	34	鳴尾航空基地
計	178,143				

出所：「旧軍用財産資料」（前出）より作成。※印は、兵庫県と県内三町との共同取得。

　兵庫県が取得した旧軍用地の用途目的は、学校、住宅、道路、防潮堤である。これらは、いずれも地域的共同消費手段あるいは地域的生活基盤であって、他の府県においてもみられるものばかりである。ただし、聾学校や県営住宅（入居基準を低額所得者に限定している場合）などについては社会福祉的な要素をもっている。同様に、篠山町（平成 11 年より篠山市）に県立農科大学を設立する用地を取得したことも農村地域の振興政策の一環とみなすこともできる。

　そうした用途目的であるためか、その用地取得の価格については、いずれも時価ではなく、減額措置がとられている。そうでない 2 件は交換と公共物編入（無償）である。

　ここで検討すべき問題は、その減額率についてである。減額率は個別物件によって異なり、しかも物件の具体的な状況を知らなければ、その率の高低について論ずることはできない。場合によっては、減額率決定に関する交渉者の力関係が作用することもあるかもしれない。したがって、減額率について、これ以上の論及をすることはできない。

　なお、取得年次については、いわば朝鮮動乱期である昭和 20 年代後半が多く、民生安定的施策の成果ともみられるが、県単位の取得件数としてはそれほど多くない。

　続いて、兵庫県における市町村（地方公共団体）の旧軍用地取得状況をみていくことにしよう。ただし、旧軍用地の取得面積を 1 万 m² 以上の件に限定しておく。それでも、各市町村による取得件数を合計すると 50 件に達する。

XV-2-(4)表　市町村（兵庫県）による旧軍用地の取得状況

（単位：m²、年次：昭和年）

市町村名	取得面積	転用目的	取得形態	年次	旧口座名
姫路市	18,337	市庁舎	時価	38	第 54 師団兵器部西倉庫
同	10,105	公営住宅	時価	24	姫山練兵場
同	11,182	同	時価	24	同
同	19,293	道路	公共物編入	45	姫路城南練兵場
同	26,332	中学校用地	減 19.51%	26	歩兵第 111 連隊ほか
同	16,068	小学校用地	減額 20%	33	同
同	39,676	中学校用地	時価	24	捜索第 54 連隊
同	29,755	同	時価	24	輜重兵第 54 連隊
同	12,271	競馬場厩舎	時価	25	同
同	151,166	競馬場	時価	27	姫路北練兵場
同	11,766	下水管製造	時価	34	同
同	65,648	墓地	譲与	36	栗林山陸軍墓地
同	55,268	墓地	譲与	36	栗林山作業場
同	46,357	中学校用地	時価	23	高岡小銃射撃場
同	26,966	同	減額 20%	25	大阪陸軍造兵廠白浜製造所

同	28,004	市営住宅	時価	26	同
同	20,090	市営住宅	減額 32%	29	同
同	13,299	市道	公共物編入	30	同
同	25,741	同	公共物編入	41	同
同	12,165	市庁舎	時価	23	偕行社敷地
福崎町	535,601	植林用地	時価	29	大阪陸軍航空廠姫路出張所
同	22,788	町道	公共物編入	48	同
別府町	27,688	町営住宅	時価	24	加古川飛行場
加古川市	18,770	市営住宅	時価	26	加古川第一陸軍病院
別府町	59,151	町営住宅	時価	24	陸航通学・尾上教育隊
尾上町	44,258	町営住宅	時価	25	同
加古川市	135,759	住宅及公園	時価	26	同
神野村	29,083	公共用地	時価	24	陸通学・神野通信隊
加古川市	10,526	道路	公共物編入	35	同・神戸通信隊進入路
河合村	20,930	中学校用地	時価	24	戦車第 19 連隊
同	122,807	学校林	時価	26	同
川西市	12,084	市営住宅	減額 40%	35	大阪陸軍兵補給廠伊丹分廠
同	18,429	道路	公共物編入	35	同
同	16,538	小学校用地	減額 50%	41	同
伊丹市	12,183	市道	公共物編入	37	大阪陸軍獣医資料支廠
同	18,200	中小企団地	交換	41	同
同	10,316	住宅・道等	交換	42	同
洲本市	14,188	市道	公共物編入	36	由良軍道
福良町	15,777	観光事業等	時価	26	由良要塞柿原堡塁ほか
同	22,852	同	時価	26	由良要塞鳥取砲台ほか
南淡町	18,588	中学校用地	時価	23	由良要塞鳴門補助建物
西宮市	78,090	公共用地	時価	24	川西航空機第二整備場
姫路市	19,433	公営住宅	減 23.5%	29	第二海軍衣料廠
同	17,450	同	減 27.6%	30	同
鳴尾村	13,502	運動場	時価	26	鳴尾航空基地
西宮市	21,149	公営住宅	減額 40%	35	同
同	73,755	学校用地	減額 50%	35	同
同	33,281	道路	公共物編入	38	同
同	20,870	同	公共物編入	42	同
宝塚市	13,176	市道	公共物編入	37	大阪陸軍兵器補給廠伊丹分室引込線

出所：「旧軍用財産資料」（前出）より作成。

　この 2 -(4)表は、兵庫県で旧軍用地を取得した当時の町村名をそのまま記載しているが、その後は地方公共団体間の合併によって、福崎町を除いて、すべての町村名が都市名に変わっている。とくに加古川市は、周辺地域との合併が多く、尾上町、神野町を昭和 25 年に、そして別府町を昭和 26 年に併合している。また河合村は昭和 29 年に小野市へ併合されている。南淡町と福良町は平成 17 年に合併して、南あわじ市となっている。また鳴尾村は昭和 26 年に西宮市へ併合されている。そうした市町村合併の結果を踏まえて、平成 19 年時点での市町名で(4)表を整理したものが、次の(5)表である。

第十五章　兵庫県　549

XV-2-(5)表　市町村（兵庫県）による旧軍用地の転用状況（整理分）

（単位：m²、年次：昭和年）

市町村名	取得件数	取得面積	取得年次　（　）内は件数
姫路市	22	676,372	23～25（8）、26～29（5）、30～34（3） 35～39（4）、40～48（2）※(9)表も参照
加古川市	7	325,235	24(3)、25、26(2)、35
西宮市	6	240,647	24、26、35(2)、38(2)
川西市	3	47,051	35(2)、41
伊丹市	3	40,699	37、41、42
南あわじ市	3	57,217	23、26(2)
小野市	2	143,737	24、26
福崎町	2	558,389	29、48
洲本市	1	14,188	36
宝塚市	1	13,176	37
計	50	2,116,711	23～25（15）、26～29（12）、30～34（3） 35～39（14）、40～48（6）

出所：2-(4)表より作成。

　前掲した二つの表をみて、すぐに気づくことは、姫路市による旧軍用地の取得が22件で、その数が極めて多いことである。したがって、兵庫県の市町村による旧軍用地の取得については、姫路市とその他の都市とを区分して分析していくことにしたい。

(1)　姫路市による旧軍用地の取得

　姫路市の場合には、2-(4)表だけでは、その実態を把握することが困難なので、用途目的別にもう少し詳しい表を作ってみる必要がある。それが次表である。

XV-2-(6)表　姫路市による旧軍用地の転用状況

（単位：m²、年次：昭和年）

用途目的	件数	取得面積	取得形態	取得年次
市庁舎	2	30,502	時価(2)	23、38
公営住宅	6	106,264	時価(3)、減額(3)	24（2）、26、29（2）、30
道路	3	58,333	公共物編入(3)	30、41、45
中学校用地	5	169,086	時価(3)、減額(2)	23、24（2）、25、26
小学校用地	1	16,068	減額	33
墓地	2	120,916	譲与(2)	36（2）
下水管製造	1	11,766	時価	34
競馬場用地	2	163,437	時価(2)	25、27
計	22	676,372	時価（11）、減額（6） 譲与（2）、公共物編入（3）	

出所：2-(4)表より作成。（　）内は件数。

2 -(6)表をみると、姫路市は、大阪陸軍造兵廠白浜製造所の跡地での 5 件をはじめ、旧第 54 連隊や第 111 連隊関連の跡地で 5 件、練兵場跡地で 5 件、衣料廠跡地で 2 件など、合わせて 22 件の旧軍用地を取得している。それらの合計面積は 68 万 m² 弱である。ただし、これらは 1 件あたりの取得面積が 1 万 m² 以上のものだけに限定しているので、実際には 70 万 m² 程度の旧軍用地を取得したものと思われる。この旧軍用地取得面積は、兵庫県では最も大きい。

用途目的としては、公営住宅（市営住宅）用地への転用が 6 件で最も多く、面積も 10 万 m² 強と広い。戦災に遇った姫路市としては、市民向けの住宅建設を早急に行う必要があったからであろう。6 件中、3 件について減額措置がとられていることに留意したい。ただし、取得年次については戦後だけでなく、昭和 29 年、同 30 年までにも行われていることは、姫路市の住宅難はこの時期まで相当に深刻であったことを示している。

次に中学校用地への転用が 5 件と多く、取得面積は約 17 万 m² で、用途別では最大となっている。これは全国各地でもみられたように、学制の変更に伴うもので、その用地取得にあたっては 2 件が減額措置を講じられている。取得年次も昭和 20 年代初期に集中していることは、この間の事情を物語るものとなっている。

姫路市の旧軍用地取得で特殊なのが、競馬場と水道管製造所の用地取得である。戦後の間もない時期に、余暇目的の競馬場をつくることなどは論外のように思われる。だが、これは姫路市が公営事業として競馬を開催し、その収益を財源とすることを目的としたものである。姫路市が競馬場目的で旧軍用地を取得した昭和 27 年当時は、競馬場だけでなく、競輪場や競艇場の建設が全国的にみられた時期でもあった。

水道管の製造は、当時の都市建設で必要だった水道管を製造したのであろうが、もう一つの目的は失業対策だったと思われる。いずれにせよ、地方公共団体が製造業的役割を果たすのには、それなりの理由があったのである。とくに、旧軍用地の工業用地への転用を問題としている本書の課題からすれば、やはり特記しておくべきことである。

なお、姫路市による旧軍用地の転用としては、墓地の利用も、その面積規模からみて特記しておく必要があろう。なにしろ、面積規模が 12 万 m² の墓地は全国的にみても珍しいというだけでなく、姫路市が取得した市営住宅用地の 10 万 m² よりも大きいからである。

道路用地については、件数も、面積もそれほど多くないが、そのすべてが「公共物編入」として処理されている。これは単なる「譲渡」ではなく、公共物である「道路」以外への転用が禁じられているものである。小学校用地および市庁舎敷地としての取得については、2 -(4)表と 2 -(6)表をみれば、その内容は一目瞭然である。

⑵　加古川市、西宮市、福崎町その他

①　加古川市による旧軍用地の取得

兵庫県の市町村の中で、姫路市に次いで旧軍用地の取得件数が多いのは、加古川市（7 件）である。しかし、2 -(4)表をみれば判るように、「加古川市」としては 3 件しか掲載されていない。

第十五章　兵庫県　551

このことは既に述べたように、昭和 25 年から 26 年にかけて併合した別府町（2 件）、尾上町、神野村の計 4 件を含んでいるからである。

　加古川市が取得した 7 件の実態をみると、公営住宅が 5 件（うち 1 件は公園を含む）で、昭和 24 年から同 26 年までの時期に、いずれも時価で払い下げられている。残る 2 件は道路および公共用地となっている。このうち公共用地が時価での払下げとなっている。

　取得面積としては、10 万 m² に近い公園を含む住宅用地の取得があるものの、加古川市全体としては、33 万 m² 弱であり、兵庫県のなかでは姫路市、福崎町に次ぐ第三位の大きさである。

②　西宮市による旧軍用地の取得

　兵庫県の中で、旧軍用地を取得した件数が第三位なのは西宮市（6 件）である。6 件のうち 5 件が鳴尾航空基地の跡地であり、西宮市（昭和 26 年に編入した鳴尾村分を含む）は、ここで 5 件 16 万 m² 弱の用地を取得している。その用途目的は、公営住宅と学校用地が各 1 件で、この 2 件については、昭和 35 年に減額払下げの措置が講じられている。しかも、その減額は最高基準の 50％とそれに近い 40％という高率である。払下げの時期がまさに高度経済成長初期であること、その高い減額率を考え合わすと、急速な人口増への対応策ではなかったかと推測される。その後は昭和 38 年と同 42 年に同跡地で道路用地として約 5 万 4 千 m² を取得している。

　また、旧鳴尾村は昭和 26 年に同跡地で運動場用地として 1 万 4 千 m² 弱を時価で取得している。

　なお、鳴尾航空基地以外では、旧川西航空機第二整備場で約 7 万 8 千 m² を公共用地を用途目的として昭和 24 年に取得している。

③　福崎町およびその他の地方公共団体による旧軍用地の取得

　兵庫県の地方公共団体で、取得件数は少ないが、取得面積が姫路市に次いで第二位なのは、福崎町である。福崎町は昭和 29 年に旧大阪陸軍航空廠姫路出張所の跡地で 53 万 m² の旧軍用地を植林を目的として取得している。もっとも、林用地としてみれば、50 万 m² という規模はそれほど大きなものではない。

　その他の地方公共団体で、特別な用途目的として旧軍用地を取得しているのは旧福良町（現南あわじ市）である。

　旧福良町は、旧由良要塞の柿原堡塁跡地（15,777 m²）と鳥取砲台跡地（22,852 m²）を昭和 26 年に取得しているが、その用途目的は「観光事業および公園」用地である。もともと、この二つの旧口座の跡地は、堡塁や砲台そのものの面積だけではなく、比較的高所にある堡塁や砲台へ至る交通路の面積を含んだものであった。したがって、観光事業とは言っても、道路整備と展望施設等の設置が精一杯ではなかったかと推測される。

第三節　兵庫県における旧軍用地の民間（製造業を除く）への転用状況

　兵庫県における民間諸団体（企業を含む）が旧軍用地を取得した件数は、実に80件にも達する。そこで、製造業を除く民間が取得した旧軍用地（3千㎡以上）を摘出し、それを整理しておきたい。なお、この中には日本電電公社、日本専売公社、日本住宅公団を含める。そうしたのは、これらの企業は、国家的性格が強い、あるいは国家的機構の一部と見なすこともできるが、最近における民営化を踏まえることにした。ただし、「国家的企業」という性格から、これらについては特別な分析を必要とする。

XV-3-(1)表　兵庫県における民間（製造業を除く）による旧軍用地の取得状況

（単位：㎡、年次：昭和年）

用地取得者名	所在地	取得面積	取得目的	年次	旧口座名
近畿電気通信局	姫路市	3,966	——	25	第54師団姫路倉庫
カトリック浄心会	同	29,176	日本人学校	24	54師団司令部拘禁所
賢明女子学院	同	11,029	学校敷地	26	54師団兵器部南倉庫
日本電電公社	同	4,425		28	第54師団兵器部
同	同	3,272	庁舎敷	33	姫路城南練兵場
神姫合同自動車	同	12,792	車庫	24	歩兵第111連隊ほか
日本電電公社	同	7,088	——	28	第54師団経理部倉庫
姫路北開拓農協	同	88,768	農業実習地	25	54師・経理部倉庫Ⅱ
神姫自動車	同	3,308	車庫	32	姫路北練兵場
増田・福本義雄	同	6,614	建設業	25	大陸造・白浜製造所
魚住久次	同	37,114	作業場	26	同
増田平次	同	14,076	建設業	26	同
上荘平荘営機組合	加古川	28,520	中学校用地	23	加古川陸軍射撃場
尾上町学校組合	同	18,555	中学校用地	25	加古川飛行場
松本正之助	同	5,097	倉庫	27	大陸航加古川分廠
別府町尾上学組合	同	15,351	中学校用地	23	陸航通学尾上教育隊
同	同	41,651	中学校用地	23	同
神野村2ケ村組合	同	27,107	中学校用地	23	陸通学神野通信隊
日本電電公社	同	41,109	——	28	同
平岡村学校組合	同	40,488	中学校用地	24	陸通学加古川通信隊
加古郡販売農協	同	10,585	事務所	24	同
野口町水足農協	同	3,298	事務所	26	同
野口村農協	同	13,623	事務所	24	加古川教育隊工員宿舎
兵庫県養鶏農協	小野市	4,958	養鶏センタ	37	清ケ原小銃射撃場
岡野村18ケ所一部事務組合	篠山町	34,677	塵埃処理場	24	第31航空通信隊
多紀郡指導農協	同	6,771	事務所	25	同
日本専売公社	同	3,181	——	23	第31航通連隊練兵場
篠山町18ケ所一部事務組合	同	86,092	篠山農業高	23	同
川西倉庫	高砂市	3,882	倉庫	29	大陸造・播磨製造所

第十五章　兵庫県　　553

古津路耕地整理組合	西淡町	440,726	耕地整理	26	大陸航補廠湊出張所
赤穂漁業組合	赤穂市	3,553	――	27	神戸製鋼所赤穂工場
赤穂畜産農協	同	18,000	――	29	同
阪神電鉄	西宮市	9,104	――	41	川西航空第二整備場
日本専売公社	姫路市	5,627	――	29	第二海軍衣料廠
阪神電鉄	西宮市	15,357	――	25	鳴尾航空基地
武庫川学院	同	70,173	学校用地	35	同
日本住宅公団	同	243,896	――	35	同
阪神電鉄	同	14,885	――	36	同
日本住宅公団	同	49,027	――	37	同
同	同	8,462	――	37	同
同	同	36,082	――	37	同

出所：「旧軍用財産資料」（前出）より作成。

　⑴表をみて、第一に感じることは、「組合」組織による旧軍用地の取得が多いということである。もっと具体的に言えば、農協や漁協への旧軍用地の払下げは、これまでも各地でみられたことであるが、兵庫県では学校組合をはじめ、一部事務組合や地域組合、営機組合、鰯加工組合なども、旧軍用地を取得している点に特徴がある。

　「学校組合」、「一部事務組合」、「地域組合」については、その取得主体の詳しい実体が不明確であるため、その用途目的にしたがって分類することにした。また、営機組合については、本来であれば繊維工業であろうが、取得した旧軍用地の用途目的（中学校用地）からみれば、これを「製造業」として単純に分類することはできない。

　さらに日本住宅公団、日本電電公社、日本専売公社などは、本来、国家機構の一環として取り扱うべきであるが、その後において、これらの公団・公社は民営化されているので、これらを特殊部門として取り扱うことにした。そのことは、これまでと同様である。

　なお、国鉄については、本来は運送業であるが、兵庫県における国鉄の用地取得の目的が「高砂工場」であり、この高砂の「国鉄」は便宜的に輸送機械製造業として処理した。

　このような処理をふまえて、⑴表の掲載内容を類、整理したのが、⑵表である。

XV-3-⑵表　兵庫県における民間の旧軍用地取得状況（整理表）

（単位：m²、年次：昭和年）

業種等	件数	取得面積	取得年次　（　）内は件数
農業（農協等）	8	560,455	24（2）、25（2）、26（2）、29、37
漁業（漁協）	1	3,553	27
建設業	3	57,804	25、26（2）
運輸業	5	55,446	24、25、32、36、41
倉庫業	2	8,979	27、29
私立学校	3	110,378	24、25、35
公立学校	7	257,764	23（5）、24、25

554

公共施設	1	34,677	24
日本電電公社	4	55,894	28（3）、33
日本専売公社	2	8,808	23、29
日本住宅公団	4	337,467	35、37（3）
計	40	1,491,225	23 ～ 25（17）、26 ～ 29（12）、30 ～ 35（4）、35 ～ 48（7）

出所：3-(1)表より作成。

(2)表には、公立学校や公共施設などという「公共的」な項目があり、これらの民間諸団体をどう整理するかという問題がある。

「公立学校」の場合、本来だと地方公共団体として整理するのが通常である。しかし、兵庫県の場合には、地方公共団体による取得とあわせて、「学校組合」等による旧軍用地（用途目的は県立高校や中学校）の取得がみられる。

こうした状況がみられるのは、兵庫県だけではないが、それでも地方公共団体が特殊な状況にある場合、例えば市町村合併との関連で、もはや独自の地方公共団体として機能しえない場合には、地域の実状に合わせて、「学校組合」、「一部事務組合」、「地域組合」などが、地方公共団体の代行をするのである。場合によっては、「農協」や営機組合なども含めて、一つの行政法人格組織をつくることによって、学校用地を取得することになる。しかしながら、県立篠山農業高校の用地を兵庫県ではなく、篠山町18ケ所一部事務組合が払下げを受けているのは、理解できない。この件については、県立高校の設立をめぐる兵庫県と篠山地域との意見相違があったのではないかと推測するしかない。

同じことが「公共施設」についても当てはまる。つまり地方公共団体が行政的に機能しえない状況にあるとき、なんらかの行政法人格組織をつくり、地方公共団体の代行をするのである。兵庫県の場合には、塵処理施設を建設する予定地を、岡野村（のち篠山村へ併合、平成11年より篠山市）の18カ所が「一部事務組合」を組織して払下げを受けている。

こうした事態が生ずるのは、国有財産の処分については、「個人には売却しない」という国の大原則があることとも関連している。

農協や漁協は、本来的には、農業や漁業ではなく、むしろサービス産業である。しかも、旧軍用地を取得する用途目的は、「事務所」であるから尚更である。

次に、旧軍用地の取得面積の多少についてみると、農協等による農業用地としての取得が56万m²で最も大きい。この56万m²のうち、41万m²が耕地整理組合による用地取得であり、「耕地」という以上は農業用地であろう。また姫路北開拓農協による農業実習地（9万m²弱）も含まれている。続いては、日本住宅公団の取得面積が大きい。

「公共学校」を用途目的としての各種組合による用地取得（23万m²）は、農業用地、日本住宅公団に次いで、大きい。

第四位は「私立学校」による学校用地の取得であり、これが3件、約11万m²の旧軍用地を

取得している。この内訳は、学校法人（2件）と宗教法人（1件）である。

　兵庫県で、いわゆる「産業」（製造業を除く）が、旧軍用地を取得しているのは、建設業、運輸業、倉庫業である。

　このうち面積からみて、最も広く旧軍用地を取得しているのが、旧大阪陸軍造兵廠の跡地を取得した建設業（3件、約5万8千m²）である。ただし、いずれも個人名なので、それぞれが企業の代表者であったと推測される。時期的には朝鮮動乱の開始期である。

　次が運輸業（5件）で、その内訳は神姫自動車（2件）と阪神電鉄（3件）、あわせて約5万6千m²の用地を取得している。

　以上、製造業を除く民間諸団体が、兵庫県において旧軍用地をどのように取得してきたかをみてきた。旧軍用地の取得時期について、全体的にみれば、昭和20年代が27件、昭和30年以降が11件で、比較的早期に払下げが行われたことが判る。

　また地域的にみれば、姫路市（13件）、加古川市（11件）、西宮市（8件）の3市が兵庫県内ではずば抜けて取得件数が多いという、地域的集中性をもっていることも一つの特徴である。この3市で、兵庫県全体の80％を占めているのである。

　それにしても、兵庫県の場合、民間諸団体の取得主体として、「組合」を編成して行う事例が多く、これが、兵庫県における民間諸団体による旧軍用地の取得の特色である。

　さらに、日本電信電話公社、日本専売公社および日本住宅公団による旧軍用地の取得状況についても明らかにしておきたい。これらの国営的事業は、その後、民営化されているが、旧軍用地が処理された時点では、いわゆる国家企業的性格が強い存在であった。したがって、旧軍用地の転用に関する大蔵省とこれらの企業に対する関係を明らかにしておかねばならない。

　まず、旧軍用地を4件取得した電電公社については、大蔵省との関係は「交換」が2件、「時価」が1件、不詳1件となっていて、この兵庫県の事例でみる限り、旧軍用地の払下げに関して、何か特定の譲渡関係があったとはいえない。少なくとも、大蔵省と各省庁との関係として現れる「無償所管換」あるいは「有償所管換」といった「所管換」の関係にはない。

　次に、兵庫県で2件の旧軍用地（3千m²以上）を取得した日本専売公社と大蔵省との関係であるが、昭和23年の時点では「有償所管換」となっており、昭和29年の時点では「時価」となっている。つまり、昭和23年の時点における日本専売公社と大蔵省との関係は、他の省庁と同じような国家機構として取り扱われていた。それが29年になると、日本専売公社は、なお国家機構的存在ではあったものの、大蔵省との関係が変化している。これは、専売公社が独立採算制をとるようになったからだと思われる。この点はさらに各地の状況を踏まえて検討すべきである。

　兵庫県の民間企業（製造業を除く）の中で、最も広く旧軍用地を取得したのが日本住宅公団である。日本住宅公団は昭和35年と37年（3件）に西宮市にあった鳴尾航空基地の跡地を取得しているが、そのうちの1件は「交換」であり、その他の3件はいずれも「出資財産」となっている。

第四節　兵庫県における旧軍用地の製造業への転用状況

　兵庫県における民間諸団体による旧軍用地の取得については、その整理に苦労したが、製造業による旧軍用地の取得状況を分析する場合にも、幾つかの問題がある。その一つが、前述したように、日本国有鉄道（高砂工場分）の取り扱いである。この場合には、その実態を踏まえて、運輸業としてではなく、輸送用機械製造業として取り扱うことにした。

　以下では、旧軍用地（３千m²以上）を取得した企業（製造業）について、取得面積、取得時期などを紹介する。

XV-4-(1)表　兵庫県における製造業による旧軍用地の取得状況

（単位：m²、年次：昭和年）

用地取得企業名	所在地	取得面積	業種用途	年次	旧口座名
日本発送電力	姫路市	32,126	変電所	23	高岡小銃射撃場
福井寛治	同	3,464	工場	24	大陸造・白浜製造所
沢谷化学	同	159,454	化学	26	同
松井市次	同	3,112	工場	29	同
浜中製鎖工業	同	17,216	鉄工	32	同
同	同	18,050	同	33	同
沢田芳一	同	11,656	燐寸	34	同
柴田真一郎	福崎町	19,519	工場	24	大陸航・姫路出張所
姫路池上	加古川市	3,756	製材所	27	尾上訓練所
池上	同	5,782	木材加工	26	加古川飛行場
同	同	4,019	同	27	同
近江絹糸	同	302,701	繊維工業	30	同
同	同	21,540	同	36	同
堀江亮邑	同	4,119	農産物加工	27	大陸航・加古川分廠
山名合名	同	5,672	工場	27	同
近江絹糸	同	28,367	繊維工業	32	同
大日繊維工業	同	18,053	繊維工業	35	陸航通加古川教育隊
同	同	5,401	同	36	同
大洋漁網	小野市	6,739	繊維工業	24	戦車第19連隊
白石工業	尼崎市	51,088	窯業	25	陸軍燃料廠第三貯所
神戸製鋼所	高砂市	664,129	製鉄	28	大陸造・播磨製造所
国鉄	同	834,608	高砂工場	29	同
同	同	97,986	同	29	同製造所・宿舎
新三菱重工	同	81,009	機械工業	37	同
桃井製網	赤穂市	73,593	繊維工業	25	神戸製鋼所赤穂工場
木村製薬所	同	8,129	化学	26	同
秋山窯業	同	50,562	窯業	26	同
桃井製網	同	15,071	繊維工業	27	同
正同化学工業	同	12,696	化学	27	同

第十五章　兵庫県　　557

川崎炉材	同	11,170	窯業	35	同
同	同	23,001	同	35	同
明和興業	神戸市	190,086	輸送機械	24	川西航空甲南製作所
同	宝塚市	283,008	同	24	川西航空宝塚製作所
同	同	436,275	同	24	同
国鉄	西宮市	3,609	官舎	24	大阪警備府官舎
国枝伊三郎	同	14,277	工場	27	大阪警備府官舎分室
国鉄	姫路市	21,064	──	32	第二海軍衣料廠
同	同	3,192	──	32	同
明和興業	西宮市	97,099	輸送機械	24	鳴尾航空基地
鳴尾鰯加工組合	同	19,960	食品工業	26	同

出所：「旧軍用財産資料」（前出）より作成。

　4-(1)表をみると、兵庫県における旧軍用地の工業用地への転用件数（3千m²以上）は40件で、そのうち加古川市（10件）、姫路市（9件）、赤穂市（7件）の3市で22件、55％を占めている。これに西宮市と高砂市の各4件を加えれば、75％となる。つまり、旧軍用地の工業用地への転用について、これを地域的に分析する場合には、上記の諸都市に重点を置くことになる。

　次に業種別に分類して分析するとすれば、これを予め整理しておかねばならない。その結果が、4-(2)表である。

XV- 4-(2)表　兵庫県の製造業による旧軍用地の取得（整理表）

（単位：m²、年次：昭和年）

業種区分	件数	取得面積	取得年次　（　）内は件数
食品	2	24,079	26、27
繊維	8	471,465	24、25、27、30、32、35、36（2）
木製品	3	13,557	26、27（2）
窯業	4	135,821	25、26、35（2）
化学	3	180,279	26（2）、27
鉄鋼	3	699,395	28、32、33
一般機械	1	81,009	37
輸送機械	9	1,966,927	24（5）、29（2）、32（2）
その他	1	11,656	34
電力生産	1	32,126	23
業種不明	5	46,044	24（2）、27（2）、29
計	40	3,662,298	23〜25（11）、26〜29（16）、30〜36（13）

出所：4-(1)表より作成。

　この(2)表をみて驚くことは、第一に、兵庫県における旧軍用地の工業用地への転用面積が、366万m²に達しているということ、そして第二に、そのうちのほぼ200万m²を輸送用機械器具製造業が占めているということである。このことは、既に(1)表で概観できたように、姫路市、加古川市、高砂市などの、いわば播磨工業地帯における旧軍用地の取得が多かったことを意味し

ている。そして、その規模は日本では愛知県における旧軍用地の工業用地への転用に匹敵するものであった。逆にいえば、戦前期にはこの地域に日本の軍事施設および軍需産業が集中していたとも言えよう。

さて、兵庫県において旧軍用地の取得件数および取得面積が最も多かったのは輸送用機械器具製造業であった。その中心をなしていたのは、(1)表からも判るように、国鉄（高砂工場）と明和興業（宝塚、神戸）が双璧をなしている。地域的検討にあたっては、この二つの企業に関する地域を具体的に分析することが必要となる。このことに留意しておきたい。

輸送機械に次いで、旧軍用地を広く取得しているのが鉄鋼業（約70万 m^2）である。この鉄鋼業による取得件数（3件）は少ないが、神戸製鋼が大阪陸軍造兵廠播磨製造所の跡地で、僅か1件にもかかわらず、約66万 m^2 もの工業用地を取得している。

輸送機械、鉄鋼に次いで、兵庫県で旧軍用地の取得が多かった製造業は、繊維工業である。繊維工業による旧軍用地の取得件数（8件）は輸送機械には及ばないものの、兵庫県の製造業の中では第二位を占めている。その取得総面積は約47万 m^2 であるが、1件あたりの面積でも6万 m^2 になる。実態としては、加古川飛行場およびその周辺施設の跡地で合わせて約35万 m^2 の用地取得を行った近江絹糸の比重が圧倒的に大きい。

製造業による旧軍用地の取得面積で第四位を占めるのが、兵庫県の場合には、化学工業である。化学工業による旧軍用地の取得件数は2件であるが、そのうち大阪陸軍造兵廠白浜製造所跡地で約16万 m^2 を取得した沢谷化学の比重が大きく、次いでは神戸製鋼赤穂工場の跡地（1万 m^2 強）を取得した正同化学工業ということになる。

4-(2)表に関して、断っておかねばならないことが四つある。

その一は、表中にある「その他」という項目についてである。これは「その他の製造業」という意味であり、具体的内容としては、「燐寸製造業」である。

その二は、同じく表中にある「電力生産業」についてである。総理府統計局が昭和47年に行った「事業所統計調査」に用いた産業分類では、「電力会社」は、「電気・ガス業」として分類されている。しかしながら、電力やガスは、いわゆる製造品であり、それを製造している事業所を「製造業」として分類することは、理論的に許されることだと思う。もっとも、電気やガスを供給しているだけの事業所もあるので、すべての事業所を「製造業」とすることはできないであろう。日本発送電力の場合、ここの事業所は変電所で、いわば電力そのものを生産してはいない。しかし、「電圧を変化させる」という生産的加工をおこなっている事業所なので、問題はあるかもしれないが、これを「製造業」として分類した。

その三は、表中にある「業種不明」の製造業が5件もあることである。「旧軍用財産資料」（大蔵省管財局文書）では、旧軍用地の取得者を企業名ではなく、おそらく代表者と思われる個人名で記載している場合がある。この(2)表では、それが4件あり、業種を確定できない状況になっている。また、「山名合名」という企業はあるが、現地踏査および文献資料によっては、その所在を確認できなかった。

第十五章　兵庫県　559

　その四は、民間企業が旧軍用地を取得する場合には、大蔵省による評価額を時価で取得するというのが一般的である。この場合、戦時特別措置法第60条による減額措置があることも含めている。しかしながら、旧国鉄の場合には、かっては鉄道省の中核をなす組織であったものが、運輸省が管轄する「国有鉄道」という国家的企業組織（公社）となり、いわゆる「三公社」の一つとなった。したがって、旧軍用地の取得についても、本来であれば、輸送業として⑵表に掲載されるべき性格の企業である。それを「高砂工場」という特殊な事業所のため、統計処理上、これを製造業に含めたことは前述したとおりである。

　ところが、国鉄は、姫路市の第二海軍衣料廠の跡地を時価で取得しているのに、この高砂工場の場合には「交換」によって用地取得をおこなっている。もとより、「交換」による旧軍用地の取得は他の地域や企業でもみられることであり、それほど特殊な取得形態ではない。それにもかかわらず、この高砂工場の「交換」による用地取得については、特別に説明しておく必要がある。それには、次の文章が参考となる。

　「国鉄高砂工場についても昭和25年12月28日政令第25号『国の船舶と朝鮮郵船株式会社との交換に関する政令』第3条第2項により昭和29年12月10日をもって昭和25年3月1日に遡及し、交換により国鉄に譲渡された」[1]

　戦後、大阪陸軍造兵廠播磨製造所は大蔵省に移管されたのち、昭和21年1月20日には、運輸省の工場へ転換され、大阪鉄道管理局鷹取工機部高砂工場として使用されていた[2]。つまり運輸省の所管財産であり、国鉄はそれを使用していたのである。

　ところが、朝鮮動乱の勃発と同時に、次のような事態が生じた。

　「突発した朝鮮戦線の激烈化で、連合軍の家族たちが日本へ引揚げるのに、朝鮮郵船の金泉丸、感鏡丸、桜島丸、天光丸、安城丸の5船舶を国が補償することになり、昭和25年3月1日を時点に、国が所有する宇品丸、室津丸に日本国有鉄道の壱岐丸、興安丸を入れた4船舶を等価値のものとして引き渡したのである。こうしたことがあって、日本国有鉄道は、国に譲渡した壱岐丸、興安丸、宇品丸に支出した有益費の対価として、昭和25年3月1日現在、日本国有鉄道が使用している国の財産を譲り受ける結果となり、大蔵省、運輸省、日本国有鉄道の間でこの折衝がもたれ、3年有余にわたる交渉をかさね、高砂と大船の2工場、志免鉱業所などとともに日本国有鉄道の使用に決定したのである」[3]

　以上の文章によって、政令第25号の内容および「交換」に関する歴史的経過をみてきた。

　それにしても、旧軍用地の「交換」という処理形態は、「土地と土地との交換である」と思いがちであるが、旧軍用地と船舶との交換という珍しい事例があったことも記憶に留めておきたい。

　1）　『旧軍用財産の今昔』、大蔵省大臣官房戦後財政史室編、昭和48年、46ページ。
　2）　同上書、45ページ参照。
　3）　同上書、47ページ。

第五節　兵庫県における旧軍用地の工業用地への転用に関する地域分析

1．旧軍用地取得の地域別概況と分析対象地域の選定

　ここでは兵庫県における旧軍用地の工業用地への転用状況を地域ごとに分析していく。旧軍用施設の歴史的形成過程、工業用地への転用過程、都市計画との関連など現時点（昭和50年代が中心）での問題点などについて、分析し、検討していきたい。

　この分析にあたっては、まず分析対象地域を選定しなければならない。もっとも、これまでの業種別検討などを通じて、分析対象地域を大まかには設定できる。

　すなわち、旧軍用地が工業用地へと転用された件数や面積が大きかった東播磨地区（加古川市、高砂市、姫路市）が、その主たる分析対象地域となるが、西宮市、赤穂市、神戸市、宝塚市などについても一定の検討をする。ちなみに、兵庫県における旧軍用地を製造業が工業用地として取得した件数および取得面積を市町村別に整理してみると、次のようになる。

XV-5-(1)表　兵庫県における製造業による旧軍用地取得の市町村別統括表

（単位：m²）

市町名	件数	取得面積	主な旧口座名
加古川市	10	399,410	加古川飛行場ほか
姫路市	9	269,334	大阪陸軍造兵廠白浜製造所ほか
赤穂市	7	194,222	神戸製鋼所ほか
高砂市	4	1,677,732	大阪陸軍造兵廠播磨製造所
西宮市	4	134,945	鳴尾航空基地
宝塚市	2	719,283	川西航空機宝塚製作所
神戸市	1	190,086	川西航空機甲南製作所
尼崎市	1	51,088	陸軍燃料廠第三貯油所
福崎町	1	19,519	大阪陸軍造兵廠姫路出張所
小野市	1	6,739	戦車第19連隊
計	40	3,662,358	

出所：XV-4-(1)表より作成。

　上掲の表から、分析対象地域を次のように設定する。すなわち、工業用地として旧軍用地を取得した土地面積が圧倒的に大きい高砂市、それとの関連で、同じ播磨工業地帯に属する加古川市と姫路市、それから宝塚市を除外するわけにはいかない。それ以外では、約20万m²の旧軍用地を取得した赤穂市と神戸市も無視できない。残る西宮市、尼崎市、福崎町、小野市についても若干の検討を試みたい。

2．高砂市における旧軍用地の取得と工業用地への転用

　戦前の高砂市には、旧大阪陸軍造兵廠播磨製造所（151万m²）があった。『旧軍用財産の今昔』

はその歴史的経緯を次のように述べている。やや長くなるが引用しておこう。

「兵庫県の南部、播磨灘を南に臨む旧高砂町、荒井村にまたがり大阪陸軍造兵廠播磨製造所があった。本地一帯は当初水田と畑ばかりであったが昭和14年の春わずか2日間という短時日で48万坪ものぼう大な土地の買収が行われた。

当製造所は、日華事変の拡大に伴い大阪陸軍造兵廠内での兵器製造が間に合わなくなったため新設されたものであり、砲身素材を専門に製造していた。なお、終戦時の規模は敷地面積約151万m²、建物面積（延）は約15万m²であった。

戦後、当製造所の財産すべては、昭和20年12月1日旧陸軍から大蔵省へ引継がれたが、翌21年1月20日には、運輸省の工場として転換することになり、大阪鉄道局鷹取工機部高砂工場として使用されることとなった。

その後、昭和25年まで全財産を国鉄が使用していたが、諸般の事情により工場を集約させる計画がなされ、同年から昭和28年まで集約処理が行われた。

この集約処理により北と西側約半分が遊休地となったが、そのうちの大部分は昭和28年9月30日、㈱神戸製鋼所に払下げ、残地についても昭和28年から昭和36年にかけて関西電力㈱、川西倉庫㈱にそれぞれ売払われた。

また、国鉄高砂工場についても昭和25年12月28日政令25号（中略）により、昭和29年12月10日付をもって昭和25年3月1日に遡及し、交換により譲渡された。なお、建物、工作物は今なお昔のまま使用されており、また神戸製鋼所に払下げた5000t水圧プレス等の機械器具もいまだに稼働している。

現在（昭和48年段階—杉野）は、国鉄へ処分した敷地の東側約半分が三菱重工業㈱へ移譲している以外は、ほとんど大蔵省が処分したままの状態であり、神戸製鋼所を中心に播磨工業地帯の中枢となっている」[1]

上記の文章によって、大阪陸軍造兵廠播磨製造所の形成過程、戦後における跡地利用が、国鉄、神戸製鋼所、三菱重工といった日本を代表するような大企業に払い下げられた過程が簡潔に示されている。

とはいえ、ここで若干の補足説明をしておかねばならない。

まず第一に、播磨製造所がなぜここに立地してきたのかという理由である。確かに現実の立地決定については、立地主体による意思決定が必要であるが、その意思決定に対する判断基準が必要となる。それは立地対象地域の「立地条件」である。播磨製造所選定に関する立地条件について、元陸軍大佐小桜軍二氏は次のように述べている。

「この地区は次の理由から工場敷地第一候補として推せんできる。

1、大阪からは、二時間行程の近さである。

2、面積としては、現在の陸地部分だけでもゆうに三〇万坪あり必要に応じては、海面を埋立てし拡張し得る。

3、特に移転補償を必要とする構築物はない。

4、輸送は、洗川を利用して舟だまりを、播但線（現在の高砂線）から引込線を、道路網も支障ない。

 5、従業員の通勤には、山陽電車を利用し得る。但し、輸送力の増強には会社に交渉を要する。

 6、住宅は、広畑製鉄所の例にならい、建築を要する」[2]

　上記のような理由を小桜氏は挙げているが、その時期は昭和14年の春とされている。しかしながら、その前年の昭和13年8月2日に、陸軍造兵廠長官（永持源次）より陸軍大臣宛に「土地買収概要の件申請」（陸造秘第1518号）が「極秘」で出され、それには「土地買収を必要とする理由」について次のように説明されている。

　「造兵廠所要の砲身素材は到底国内に所望供給力なく自力生産を絶対に必要とするも、唯一の素材製造工廠たる大阪工廠は衆知の如く地域極度に狭隘にして之を建設するの余地なく、新に買収するを要す。

　高砂付近を選定したる理由

 1、大阪工廠との連絡有利なり。更に至近の地区を調査せるも恰適のものなし。

 2、近く舟運を利用することを得。

 3、作業用水に懸念なし。

 4、日鉄広畑製鉄所と連絡至便なり」[3]

　この申請に記載されている高砂地区の選定理由としては、大阪工廠および広畑製鉄所との情報および物的流通の至近性を重視している。これは先に紹介した小桜氏の理由にはなかった点である。この申請には第二候補として山口県都濃郡末武南村付近が挙げられているものの、同年10月15日には陸軍大臣から「8月2日附陸造秘1518号申請の通認可す」（陸支密第4002号）という土地買収の認可がなされている[4]。つまり、小桜氏が昭和14年の春に、高砂地域の工業立地条件を検討していた時点では、すでに半年前に軍内部では買収が決定認可されていたのである。その点に問題はあるが、ここでは高砂地域、つまり播磨製造所に関する立地条件が明らかになれば、それでよい。

　次に、補足しておくべきことは、敗戦直後における旧軍用財産の処理状況である。次の長宗清一氏による文章は、播磨製造所が敗戦直後においてどのように取り扱われたかが詳しく紹介されているので、引用しておこう。

　「昭和20年8月15日終戦の勅語を拝し、時の所長佐藤正は直に諸般の整理と、施設資材を聯合国軍に引渡す準備に着手し同10月15日現在高調書の作製完了、11月30日聯合国軍の軍使として123砲兵大隊のジョウ.C.ジャミソン中尉以下が来所せられ茲に大阪陸軍造兵廠播磨製造所の接収は完了されたのである。

　以来、軍の残務整理部が工場の管理を担任していたが、間もなく大蔵省、内務省、運輸省間の国内的処理に依り運輸省の車輛工場に内定、翌昭和21年2月軍の残務整理部要員約300名は鉄道職員に転換し、更に鷹取工機部より基幹要員の派遣を受けて鷹取工機部高砂工場として発足、直ちに聯合国軍司令部に対して施設の使用許可を出願された」[5]

上記の引用文には、敗戦後における旧軍用施設の取り扱い状況がやや克明に記されており、ア
メリカ軍（連合軍）による接収とその管理および再使用への過程がよく判る。さらに長宗清一氏
が高砂工場の労働係長であったこともあって、旧軍人の鉄道職員への転換過程などが明らかとな
る。

このことから考えると、旧軍用施設の転用について、これを一般的に問題にするときには、こ
の旧軍用施設に従事していた管理者や労働者（軍人を含む）の、その後における命運についても
分析していく必要があることが判る。もっとも、旧軍用地の工業用地への転用については、国
（大蔵省）と工業資本との関係が第一義的な研究課題であり、そのことと関連する限りで、その
他の経済的諸関係が問題となる。

いささか脇道に逸れたかもしれない。本題へ戻ろう。

第三に補足しておくべきことは、神戸製鋼所が旧軍用地を取得するに至った、その理由につい
てである。

既に、国鉄が高砂工場を取得する経緯については、政令25号との関連で明らかにしてきたが、
この文章では神戸製鋼所への譲渡について言及しており、その具体的な内容について、いま少し
詳しくみておこう。

神戸製鋼所は播磨製造所の跡地（66万 m^2 強）を昭和28年に取得している。だが、この程度の
敷地規模では世界最新鋭の製鉄所を建設するのに必要な元単位とはなりえない。昭和30年段階
における製鉄所の敷地としては、少なくとも 400万 m^2 程度の規模が必要だったからである。し
たがって、神戸製鋼としては、もとより工場敷地の取得も目的ではあったが、主たる目的は、上
記の引用文にもみられるように、5000トンプレスという機械設備の取得であったと思われる。

これまで本書で展開してきた「旧軍用財産」というのは、そのほとんどが「旧軍用地」であっ
た。しかし、ここでは「旧軍用地」ではなく、旧軍用財産としての「機械設備」の譲渡が主たる
問題となっているのである。

この「機械設備」の取得にかかわって、神戸製鋼所はどのように対応していったのか、その点
について瞥見しておこう。

神戸製鋼所では、戦争末期の段階において、既に大型鍛造品の需要に応ずるため、5000トン
プレスの設置を必要としていたが、「建物の外装のみでも莫大な資金を要し、プレス本体の配管、
整備も困難なため放置したまま」[6]という状況であった。したがって、戦後においても、大型鍛
造品の注文は他社に吸収され、電源開発用の大型製品等については、神戸製鋼所に対して引合い
からも除外される始末であったと言われている[7]。

そこで神戸製鋼所としては、機械設備の拡充によって、他企業との競争戦に勝ち抜くためには、
どうしても、5000トンプレスという機械設備がある播磨製造所の払下げを必要としたのである。

「こうした情勢のもとに、旧大阪造兵廠播磨製造所の五千トンプレスその他の施設の使用を非
公式に慫慂されたので、26年2月この設備の一時使用許可申請を行った。ところが他の数社も
同様の申請を出すに至って問題は複雑となった。そこで政府は通産省賠償施設諮問委員会、通称

"五人委員会"を設置して検討を加え、27年2月現地視察の後に答申を求め、最終結論を出した。

　この結果神鋼が最適と認められ、同年4月調査立入りの名目で許可となったが、この建設計画のため26年11月資本金を倍額増資し、8億3,650万円とした。

　播磨製造所跡は約48万坪あり、当初は大阪鉄道局が使用していたが、この申請の間に使用地域を東半に集中したので、神鋼の専用地域はその西半約20万坪となった。地域内には製鋼、圧錬、鍛造の三工場を合せ約1万9千坪の建物があった。設備は5000トンプレス2基、2000トンプレス1基、25トン平炉1基、15トン以下電気炉10基、5トン以下小型ハンマー10基、加熱炉24基、港湾、岸壁荷役設備、貯炭場等で、岸壁から電気炉、平炉、プレス、機械加工、焼入が流れ作業になるよう建設され、すべて稼働すれば日本屈指の工場になるといわれていた。しかし、当時の状況は戦後7年間放置されていたため、建物諸設備以外は相当荒廃していた。（中略）

　ところがその後、払下価格をめぐって再び他社の策動するところとなり、種々折衝に支障が起り遅延したが、28年3月に整備着工の許可があり、同年9月正式に払下げが決定した。整備建設工事は3月以来漸次進展し部分的に試験稼働を行っていたが、払下げと同時に完成を急ぎ同年11月20日に開所式を行った」[8]

　この文章からは、幾つかの事実が明らかとなる。その一つは、播磨製造所には5000トンプレスをはじめ数多くの建物と機械設備があったということである[9]。しかし、重要なことは、生産施設の拡充を目的とした資本調達、すなわち株式による倍額増資が、旧軍用財産の「確保」によって可能となったということである。もとより、それ自体としてみれば、旧軍用財産取得のための倍額増資であるが、この旧軍用財産を「確保している」という状況が、そうした資本調達を可能とし、また容易にしたと言えなくもない。大蔵省からの「使用許可」ということが、通常は「払下予定」と同じようにみなされ、もし、それが「極めて安価」であれば、なおさらのことである。

　ここでは払下価格については言及しないが、「払下げ価格をめぐって再び他社が策動する」ほどの「安さ」であったことは引用文から容易に推測されるところである[10]。

　さて、周知のように、この高砂市域は、昭和39年に工業整備特別地域に指定されるが、この指定にあたって、旧軍用財産（旧軍用地）の転用による諸工場の進出と工業集積が大きな役割を果たしたということは間違いあるまい。

　高砂市域だけをみても、旧軍用施設の地先、つまり松村川から洗川を経て加古川に至る区間の地先では、昭和36年8月に海面埋立が認可され、昭和48年12月の神戸製鋼所高砂工場用地の竣工を最後に広大な工業地帯の出現をみるに至っている。これが工業整備特別地域整備促進法という国家政策によって推進されたということは言うまでもないが、その歴史的背景というのか、根底には旧軍用財産の転用があったということを忘れてはならない。ちなみに、昭和51年の時点においては、この高砂市域では次のような諸工場が立地している。

第十五章　兵庫県　565

XV-5-(2)表　高砂市における主な工場と立地面積（昭和51年）

（単位：万 m²）

企業（工場）名	敷地面積	企業（工場）名	敷地面積
三菱重工業	108	キッコーマン	26
鐘淵化学工業	106	鐘紡	25
関西電力	62	武田薬品	18
神戸製鋼所	53	新日本油化学	17
旭硝子	?	タクマ播磨工場	15
国鉄高砂工場	43		

出所：昭和51年7月13日、高砂市市長公室企画課での聞き取りによる。

　5-(2)表をみると、日本を代表するような諸企業（工場）が高砂市に立地していることが判る。また、(2)表には記載されていないが、東洋化成工業、日本精化、大阪製鎖造機、ノザワ、播磨耐火煉瓦、三菱製紙、高砂コンクリート、近畿コンクリート、三輪運輸、高砂工機などの諸工場も立地している。

　もとより、これらの諸工場について、個別的な分析をする必要はない。だが、高砂市でも大きな比重をもっている三菱重工、神戸製鋼所、国鉄高砂工場が旧大阪陸軍造兵廠播磨製造所の跡地を転用したものであること、つまり、旧軍用地の転用による工業立地が機軸となり、地域工業コンプレックスを形成していったのである。

1）　『旧軍用財産の今昔』、大蔵省大臣官房財政史室編、昭和48年、45〜46ページ。
2）　小桜軍二「播磨製造所の思い出」（日本国有鉄道高砂工場『二十年史』1967年）、のち『高砂市史』（第六巻、平成20年、513ページ）に再録。
3）　『密大日記』、昭和13年、第5冊、のち『高砂市史』（第六巻、514〜515ページ）に再録。
4）　同上。
5）　長宗清一「高砂工機部の沿革について」（大鉄局高砂工機部倶楽部文化部『たかさご』創刊号、［プランゲ文庫］、1948年3月）、のち『高砂市史』（第六巻、512ページ）に再録。
6）　『神鋼五十年史』、神戸製鋼所、昭和29年、170ページ。
7）　同上書、170〜171ページ参照。
8）　同上書、171〜172ページ。
9）　播磨製造所内における機械設備の配置状況については、長宗清一氏（「高砂工機部の沿革について」、前出、『高砂市史』第六巻、511〜512ページ）による詳しい紹介がある。もっとも5000トンプレスの台数までは記載されていない。
10）　『旧軍用財産の今昔』（前出、47ページ）によれば、昭和29年の時点における大蔵省による評価額は、国鉄高砂工場は4億8千万円だったという文章もある。ちなみに、大船工場は5,500万円、志免鉱業所は3億2千万円。

3．加古川市における旧軍用地の取得と工業用地への転用

　戦前の加古川市には、加古川飛行場（230万 m²）をはじめ、陸軍通信学校神戸通信隊練兵場（約64万 m²）、大阪陸軍航空廠（約41万 m²）、陸軍航空隊通信学校尾上教育隊（約32万 m²）、陸

軍航空通信学校加古川教育隊（約29万m²）など、比較的大規模な旧軍用施設があり、小規模なものまで含めて、43口座の旧軍用施設があった。とりわけ陸軍通信学校、陸軍航空隊通信学校といった「通信学校」関係の施設が多かったのが特徴である。

これらの旧軍用施設のうち、飛行場と練兵場の跡地は、その多くが戦後の食料危機への対応と「自作農創設」のため、農林省に有償所管換され、さらに農家へ売り払われた。

また、大阪陸軍航空廠の跡地は加古川刑務所へ転用され、通信学校跡の敷地は既にみてきたように各種組合による中学校用地へと転用されていった。

戦後における経緯をみると、加古川市における旧軍用地の工業用地への転用は大々的にはみられなかった。それでも5-(1)表をみれば判るように、兵庫県の市町村の中で、最も多く旧軍用地を工業用地として取得しているのが加古川市（10件）である。もっとも、その取得面積は約40万m²で、先述の高砂市（約168万m²）にはとても及ばないが、それでも、旧軍用地を転用した工場以外のものも含めて、播磨工業地帯の一角をなす加古川市工業地域の大きな工業地区を形成していることは間違いない。

戦後、加古川市で旧軍用地を最も多く取得したのは、近江絹糸である。4-(1)表をみれば判るように、近江絹糸は加古川飛行場跡地と大阪陸軍航空廠加古川分廠で3件、併せて35万m²強の旧軍用地を取得している。しかし、時期的にみると、昭和30年、同32年、同36年と比較的遅い時期に旧軍用地を取得していることが判る。その経過については後述する。

また、大日繊維工業も陸軍航空通信学校加古川教育隊の跡地を2件、併せて約2万3千m²ほどを昭和35年と36年に取得している。つまり高度経済成長期に入ってからの取得である。

さらに池上および姫路池上が木材加工業用地（製材所）として3件、あわせて1万2千m²を尾上訓練所および加古川飛行場跡地で取得している。

残るのは、堀江氏と山名合名が、大阪陸軍航空廠加古川分廠跡地で取得した2件があるが、いずれも1万m²未満の取得でしかない。

このようにみてくると、加古川市における旧軍用地の工業用地への転用は、繊維工業へ5件、木材木製品製造業へ3件ということになり、業種的にみて、極めて限られたものになっているのが特徴である。

ところで、旧加古川飛行場跡地の利用については、戦後間もない時期に、大蔵省からその一部の一時使用を認められた事例がある。それは昭和22年3月頃のことであるが、日塩興業会社による製塩業の展開である。この件については、神戸新聞東播版に次のような記事がある。

「加古郡尾上村飛行場跡の一部、二十町歩を塩田化する日塩興業会社加古川製塩所は、去る一月初旬から鹿島組の手で着工、三月一杯で第一工期を完了、四月から滑走路を利用した斜面流下式製塩事業を始める。

この製塩法は、普通の入浜式と違って、ほとんど年中製塩がつづけられるため非常に能率的である」[1]

しかしながら、この製塩業は順調な営業ではなかったらしく、昭和25年2月8日付の神戸新

聞東播版には、「N 製塩が最近工場閉鎖して借地を返上するような話」[2]という記事が出ている。

　問題となるのは、昭和28年9月になって、加古川市が近江絹糸紡績の立地に関連して、旧軍用地の払下げを申請していることである。つまり、既に日塩興業が撤退した滑走路の跡地は保安隊が使用していたが、それを近江絹糸のために払下げを申請しているのである。

　「元滑走路跡等の国有地については、目下保安隊姫路駐屯部隊が臨時演習場として借用、随時御使用になっている模様でありますので当方におきまして取急ぎ該地域の払下方を大蔵省財務局宛申請致します——即ち今回同地に工場設置予定の近江絹糸紡績株式会社としましては、用地確定と共に速急工事に着手したい意向でありますし、云々」[3]

　この申請に対して、保安庁次長は昭和28年12月14日付で大蔵事務次官に対して、次のような文書を送っている。

　「旧加古川飛行場の使用廃止について

　上記飛行場は、当初保安隊が航空基地として使用する計画であったが、その後諸種の事情により此の計画は取り止めとなり、現在姫路部隊の自動車訓練場として近畿財務局から一時貸付により使用中のものである。

　然るところ加古川市長から本飛行場を民間工場敷地とするため、保安隊の使用を廃止するよう陳情があり、その代替地として同市内の旧陸軍73部隊跡約10,000坪（内約4,500坪は現在国有地）を調達し、市会の決議により、これを保安隊の無償使用に提供するむね申出があったから、現地の状況を調査したところ支障がないと認められるので、加古川市長からの申出を諒承したから、よろしくお取計らい願いたい」[4]

　こうした経緯があって、近江絹糸が加古川飛行場の跡地（約30万m²）を取得したのは昭和30年のことであった。

　さて、加古川市は、高砂市と同じく播磨工業整備特別地域に指定されており、昭和51年の段階では、旧加古川飛行場跡地には、オーミケンシと日清鋼業、それに近陽自動車訓練所が立地しており、ひらおか公園西方の旧高射砲陣地（旧口座名不詳・旧加古川教育隊跡と思われる）には播磨化成工業、大日繊維（約33万m²）が立地している。小規模とはいえ、旧軍用地の転用による工業用地化は、やがてひらおか公園の東部に加古川工業団地（約102万m²）を形成、そこには関西スレート、本州製紙、住友ゴム工業、東亜医用電子などの諸工場が立地している[5]。

　なお、加古川市域でみると、川崎重工（約100万m²）、イケダ大径鋼管（約66万m²）、神鋼鋼線網索（約42万m²）、日本製麻（約36万m²）、北村高圧容器製作所（33万m²）などの諸工場が立地してきている[6]。

1）「神戸新聞東播版」（昭和22年3月26日付）、のち『加古川市史』（第六巻下、同市役所編、平成4年、440ページ）に再録。

2）「神戸新聞東播版」（昭和25年2月8日付）、のち『加古川市史』（第六巻下、前出、443ページ）に再録。

568

3）　『加古川市史』第六巻下、前出、443 ～ 444 ページ。

4）　同上書、445 ページ。

5）　『加古川市長期基本計画書』、加古川市、1967 年、83 ページ。

6）　同上書、79 ～ 80 ページを参照。

４．姫路市における旧軍用地の取得と工業用地への転用

　戦前の姫路市には、大小あわせて 34 の旧軍用施設があった。そのうち最大のものは、「海洋作戦に対処する為舟艇の製造を担任する」[1] ように建設された大阪陸軍造兵廠白浜製造所（約 154 万 m²）で、その他には XV-1-(1) 表で示したように、姫山練兵場（約 16 万 m²）、姫路城南練兵場（約 11 万 m²）、野砲兵第 54 連隊（約 14 万 m²）、歩兵第 111 連隊および第 54 師団通信隊（約 17 万 m²）、姫路北練兵場（約 37 万 m²）、高岡小銃射撃場（約 11 万 m²）、第二海軍衣料廠（約 17 万 m²）などがあった。一言で言えば、姫路市は「軍都」であった。

　ところで、5-(1) 表をみれば判るように、戦後から昭和 48 年までに、姫路市の旧軍用地が工業用地へと転用されたのは 9 件、269,334 m² で、件数としては兵庫県で第二位、転用面積としては兵庫県で第四位である。

　また 4-(1) 表からも判るように、姫路市内の旧軍用地が最も多く払い下げられたのは、白浜製造所の跡地で、その数は 6 件である。その 6 件の中では沢谷化学工業が昭和 26 年に約 16 万 m² の旧軍用地を取得している。これに続くのは浜中製鎖工業で、昭和 32 年、33 年の 2 件あわせて約 3 万 5 千 m² の用地を取得している。

　沢谷化学工業は昭和 16 年 11 月の設立で、設立目的はコールタール分溜製造並化学工業薬品販売であるが、昭和 33 年頃の敷地面積は 48,244 坪（約 16 万 m²）なので[2]、払下げ当時の敷地はそのままである。

　浜中製鎖工業は、錨鎖船舶用品製造業として、昭和 25 年に設立され、その当時の敷地面積は 2,350 坪（約 7,800 m²）となっている[3] ので、同社は、旧軍用地の取得によって、その敷地面積を大幅に拡張したことになる。

　なお、旧白浜製造所の跡地は、旧軍用地を転用した中小工場が点在しており、それらはマッチなどを生産していたが、一部の企業は閉鎖するなど、住工混在地域となっている[4]。なお、この地域は国道 2 号線に隣接しており、昭和 56 年現在、準工業地域に指定されている。

　さらに、この姫路地域においては、国鉄が、旧第二海軍衣料廠の跡地を昭和 32 年に 2 件あわせて約 2 万 4 千 m² ほど取得していることも、忘れてはならない。

1）　「大阪陸軍造兵廠ノ現況」（『大阪砲兵工廠資料集』上巻に所収）、のち『高砂市史』（第六巻、平成 20 年、308 ページ）に再録。

2）　『帝国銀行会社要録』、帝国興信所、昭和 34 年、大阪・187 ページを参照。

3）　同上書、兵庫・81 ～ 82 ページ参照。

4）　昭和 51 年 7 月、現地踏査による。

第十五章　兵庫県　569

5．赤穂市における旧軍用地の取得と工業用地への転用

　戦前、赤穂市の中広地区には、軍需施設として旧神戸製鋼所（80万m²）があった。そのうち約50万m²は、昭和25年に自作農創設用地として農林省へ有償所管換された。

　しかしながら、4-(1)表にみられるように、農地への転用だけでなく、桃井製網（88,664m²）、秋山窯業（50,562m²）、川崎炉材（34,171m²）、正同化学工業（12,696m²）、木村製薬所（8,129m²）といった製造業へも大蔵省は旧軍用地を払い下げている。

　このうち最大の旧軍用地を取得したのは桃井製網であるが、その後も女子寮などの用地を拡張し、昭和56年4月現在、その総面積（本社、工場、女子寮）は9万4千m²、従業員は385名で操業している[1]。なお、桃井製網については、次のような記述がある。

　「漁網工業再建再発にあたり、国有財産であった現工場敷地の払下げを受け全工場設備を現在地に集積、さらに大規模な拡張計画を具体化、生産力拡充強化を計り、販路を日本全土から海外に求め、輸出市場の開拓に努力」[2]

　桃井製網に次いで大きな旧軍用地を取得したのは秋山窯業であるが、その後、この企業は川崎炉材に用地を売却し、昭和56年4月現在は川崎炉材の第一工場となっている。

　川崎炉材は、昭和35年に旧軍用地を取得したのち、昭和36年2月に第一工場を完成、操業を開始した。さらに昭和46年に第二工場建設第一期工事を終了、第二期工事も昭和49年に完了して、ほぼ現在の状況となった。ちなみに、第一工場は52,810m²、第二工場72,695m²で、その後も用地を拡張しつつある。従業員数は昭和50年段階で697名、昭和56年4月段階では795名と雇用規模を拡張してきている[3]。なお、川崎炉材㈱の主要製品は耐火煉瓦である。

　木村製薬所についてみると、旧軍用地の払下げを受けたものの、その土地では操業するに至らず、名前だけの存在であったが、のちに正同化学工業の土地となっている。

　木村製薬所の歴史は古く、その創業は明治43年まで逆上るが、株式会社になったのは昭和14年である。蚊取線香「アース渦巻」や殺鼠剤「デスモア」などを昭和26・27年頃に生産していたが、昭和39年にアース製薬株式会社と社名を変更している[4]。なお、主要工場の所在地は、旧神戸製鋼所の跡地ではなく、赤穂市坂越である。

　ちなみに、この川崎炉材が立地している周辺地域は、昭和41年、赤穂市によって準工業地域に指定され[5]、平成18年の時点でも、川崎炉材、桃井製網、正同化学工業がある地域は準工業地域に指定されている[6]。もっとも、これらの工場の西側については、千鳥ケ浜農業共同開拓組合によって整備され、その多くはまだ農地ではあるが、一部は住宅用地として開発されつつある[7]。

　　1）　昭和56年4月、桃井製網での聞き取りによる。
　　2）　『私たちの赤穂』、赤穂市教育研究所、昭和53年、53ページ。
　　3）　昭和56年4月、川崎炉材での聞き取りによる。
　　4）　『私たちの赤穂』、前出、60ページ参照。

570

5）昭和56年4月、赤穂市役所での聞き取りによる。

6）「西播都市計画（赤穂市）用途地域図（その3）」（平成18年1月）による。

7）昭和56年4月、現地踏査の結果による。

6．宝塚市

　宝塚市の南部、武庫川の西側の平坦部に、戦時中は川西航空機宝塚製作所（719,283㎡）があった。この旧軍用施設の跡地は、昭和24年に明和興業へ時価で払い下げられている。その後、明和興業は昭和35年に新明和工業と社名を変更し、昭和36年8月に宝塚工場（機械プラント製作所）を新設している[1]。

　昭和54年1月現在における新明和工業の事業所は特装事業部宝塚工場と産業機械事業部宝塚工場に分かれているが、この二つの工場敷地を併せた面積は214,930㎡で[2]、払下げを受けた当時に比して遥かに小規模なものとなっている。これは取得した旧軍用地の一部を、宝塚工場の西南にある阪神競馬場に昭和25年頃転売した結果である。ちなみに、新明和工業宝塚工場の従業員数は、昭和54年現在で約600名である[3]。

　平成10年現在、新明和工業の北側には、築野食品工業、住友化学、宝塚テクノタウン、大阪樹脂化工、北東側に日本チバガイギー、栄レース、そして東側にはユニカゼラチンなどの諸工場が立地しており、いわゆる宝塚の工業地区を形成している[4]。

1）『会社案内』、新明和工業株式会社、2ページ。

2）昭和54年1月、新明和工業宝塚工場での聞き取りによる。

3）同上。

4）『京阪神道路地図』、昭文社、1998年、328ページを参照。

7．神戸市

　戦前の神戸市には9口座の旧軍用施設があった。その中で群を抜いて大きな敷地面積をもっていたのが、東灘区にあった川西航空機甲南製作所（190,086㎡）である。その他の旧軍用施設は、いずれも1万㎡未満の敷地でしかなかった。それでも、一部は工場用地へと転用されているが、その規模は3千㎡未満のものである[1]。

　この甲南製作所の跡地は、宝塚製作所と同様、昭和24年に一括して明和興業へ払い下げられた。だが、問題がなかったわけではない。もともと明和興業という社名は川西航空機の別名であった。言ってみれば、この甲南製作所も宝塚製作所と同様、戦前は川西航空機㈱だったのである。

　では旧川西航空機の工場が、なぜ川西航空機へ払下げされなかったのか。それには次のような背景があった。「戦後航空機生産事業は全面的に禁止されたので、企業維持のため民需事業に転換し、社名も同時に変更」[2]し、明和興業としたのである。

第十五章　兵庫県　　571

　明和興業は、企業再建整備法に基づき、昭和24年11月に第2会社として新明和興業㈱を設立、昭和35年5月には、新明和工業㈱へと社名を変更している。

　ところで、昭和59年2月の時点では、新明和工業航空機事業部甲南工場の敷地面積は116,725m²で、大蔵省より払下げを受けた当時の敷地面積よりも73,361m²ほど狭くなっている[3]。その理由としては、国道43号線（第2阪神国道）の道路敷およびその北側にあって、昭和59年2月の時点ではヤマトハカリサービス㈱の敷地となっている部分が除外されているからである[4]。

　　1）「旧軍用財産資料」（前出）を参照。
　　2）『履歴書』、新明和工業株式会社、昭和58年12月、3ページ。
　　3）昭和59年2月、新明和工業甲南工場での聞き取りによる。
　　4）昭和59年2月、新明和工業甲南工場での聞き取りおよび現地踏査による。

8．西宮市

　戦前の西宮市には、鳴尾航空基地（約120万m²）をはじめ、川西航空機第二整備場（約10万m²）、大阪警備府官舎（3,609m²）、同分室（14,277m²）、大阪海軍病院（6,876m²）、それから陸軍燃料廠第三貯蔵所（昭和44年の境界変更で尼崎市となった）などの旧軍用施設があった。

　これらの旧軍用地のうち、工業用地へと転用されたのは、4-(1)表のとおり、旧鳴尾航空基地の跡地を取得した明和興業と鳴尾鰯加工組合の2件があるだけである。

　明和興業は、昭和24年に鳴尾航空基地の跡地（97,099m²）を取得しているが、その取得形態は時価ではなく、戦時補償法第60条による価格である。明和興業が、川西航空機の改称であることは既に述べてきたが、なぜ、航空基地の跡地を明和興業が、しかも戦時補償法で取得しうるのかという疑問が生ずる。しかし、それには次のような背景があった。

　この鳴尾航空基地は、名称は「航空基地」だったが、実体的には川西航空機鳴尾製作所であった。それが戦後の昭和21年1月20日の「日本航空機工場、軍工廠及び研究所の管理保全」という占領軍の指令（SCAPIN-629）によって、賠償工場に指定された[1]。したがって、この賠償指定が解除されれば、旧川西航空機㈱へ譲渡されることは、宝塚製作所や甲南製作所と同様であった。

　もっとも、平成10年現在、鳴尾航空基地の跡地に明和興業の名を確認することはできない。鳴尾（一）から鳴尾（三）の地域に立地している諸工場の所在地が、それではなかったかと推測されるが、なお確認のための調査が必要である。

　なお、兵庫県内においては、旧川西航空機の鳴尾工場と甲南工場、それから姫路工場と浦野工場（旧下里村）の4工場が賠償指定工場となっていた[2]。

　ここで特記しておきたいことがある。西宮市日神山にあった大阪警備府官舎分室の跡地（14,277m²）は、昭和24年に国枝伊三郎氏へ「工場用地」として時価で払い下げられた。しかし

ながら、平成10年の時点では甲陽園目神山町には、その工場跡地は見当たらない[3]。ところが2013年12月になって、朝日新聞に「消える強制連行の現場、西宮の旧日本軍地下壕、埋め戻しへ」という見出しのもとに、以下のような記事が掲載された。

「戦時中、市内には旧日本軍の戦闘機『紫電改』の部品をつくる『川西航空機』の工場があった。米軍の空襲を避けるため、1945年3月から地下壕が掘られた。工事は強制連行された朝鮮人が担ったが、完成前に終戦を迎えた」[4]

「87年に在日朝鮮人の研究者が内部を調べたところ、『朝鮮國獨立』（朝鮮国独立）『春』などの文字が見つかった。敗戦後、朝鮮人が母国の独立を喜んで書いた、と考えられている」[5]

「壕は西宮市甲陽園山王町の住宅地の裏山にある。南北に延びる3本のトンネルと、それをつなぐ横穴があり、総延長390メートル。一帯の7ケ所に同じような壕があったが、崩落したり、市が埋め戻したりし、今回の壕が最後になった」[6]

大阪警備府官舎分室は、戦時中に川西航空機が戦闘機の部品を生産していた七つの地下壕であった。その地下壕を「小田実氏らが『戦争の記録を残す西宮市民の会』をつくり、市に保存を求めてきた」[7]が、実らなかった。

平成25年1月現在、残っていた地下壕（6号）の入口は荒れ地で覆われ、とても中に入れるような状況ではなかった[8]。

1）『對日賠償文書集』、賠償庁・外務省編、昭和26年、102ページ。
2）同上。
3）西宮市目神山町は北山貯水池を挟んで南北の地域に分かれている。昭和58年に南側の地域を踏査したが、工場あるいはその跡地らしきものはなかった。平成10年の第2回目の踏査でも見いだせなかった。
4）～7）「朝日新聞」2013年12月28日付。
8）平成25年1月、原田孝一氏の案内で現地視察。原田孝一氏は「市民の会」を引き継いだ「西宮甲陽園の地下壕を記録し保存する会」の事務局長であり、氏は、「地下壕をジオラマ模型にしたり、文字のあるコンクリート壁をはぎ取ったりして記録に残すことを市に求める」（「朝日新聞」2013年12月28日付）と述べている。

9．小野市

戦前の兵庫県において、最大の旧軍用地面積をもっていたのは小野市である。小野市にはXV-1-(1)表に掲示した清野ケ原演習場（約830万m²）をはじめ、戦車第19連隊（約27万m²）、同連隊自動車訓練場（約23万m²）、それから清野ケ原小銃射撃場（約8万6千m²）など、大小あわせて7口座の旧軍用施設があった[1]。

このうち清野ケ原演習場の大部分（約686万m²）は昭和35年に自衛隊の演習地となり、その他は昭和27年、同34年に農林省へ有償所管換されている。したがって、演習場地の自然的および社会的条件の問題があったにせよ、面積からみて最大の旧軍用施設では工業用地への転用はみられなかった。

第十五章　兵庫県　573

　小野市にあった旧軍用施設で、その跡地が工業用地へと転用されたのは僅かに1件、大洋漁網が戦車第19連隊の跡地を昭和24年に6,739m²取得したのがあるだけである。

　大洋漁網は、10年ほど操業を続けていたが、昭和33年頃、東海カーペット（昭和58年頃の社名は扇港）の用地となり、その後は三菱商事の手を経て、昭和43年以来、富士撚糸の小野工場（従業員数10名）となっている[2]。現在（昭和58年頃）における富士撚糸の敷地面積は2,083坪（約6,874m²）で、大洋漁網へ払い下げたときの面積よりやや広いが、ほぼ同じ面積である[3]。

　　1）「旧軍用財産資料」（前出）を参考。
　　2）　昭和58年、小野市役所および富士撚糸での聞き取りによる。
　　3）　昭和58年、小野市役所での聞き取りによる。

10.　尼崎市

　戦前の尼崎市（旧御薗村）には、大阪陸軍衛生材料支廠（192.115m²）があった。その跡地は、田口芳五郎氏（旧御薗村の村長か？）へ住宅用地（85,025m²）として時価で昭和23年に払い下げられている。ちなみに園田村が尼崎市へ編入したのは昭和22年である。また昭和26年には通産省の工業技術庁電気試験場へ54,466m²が無償所管換されている。

　平成20年現在、これら二つの旧軍用地が転用された住宅地や試験場の所在を確認することはできないが、御薗の西側に立地している三菱電気伊丹工場と森永製菓塚口工場がその跡地ではないかと推測される。

　また、旧西宮市平左衛門町には、旧陸軍燃料廠第三貯蔵所（51,088m²）があった。この跡地は昭和25年に白石工業へ時価で払い下げられている。昭和44年4月に、この土地は「境界変更」に伴って尼崎市域となったので、現在の所在地は尼崎市平左衛門町である。位置は、丸島水門の西側で、平成10年現在、旧軍用施設の跡地には石油タンク4基が建設され、操業を続けている。

　なお、白石工業の本社は、当該跡地の北、尼崎市元浜町（南武橋の東詰）にあり、工場は全国的な規模で展開している特殊な土石品製造業である。

　また、この周辺地域には日新製鋼、神鋼鋼線工業、日亜鋼業、日本油脂、クボタ、関西熱化学、日本鍛工、武庫川鉄工、武庫川製作所、日本ヒューム管、神戸建材工業などが操業しており、尼崎市の中核的工業地域となっている。

11.　福崎町

　戦前の福崎町には、旧大阪陸軍航空廠姫路出張所（約94万m²）があった。この跡地は、昭和22年に農林省へ約30万m²が有償所管換されており、さらに残りの跡地（53万m²）は昭和29年に福崎町へ植林用地として時価で払い下げられている。

　しかし、昭和24年には、柴田真一郎氏が「工場用地」として19,519m²を時価で取得している件もある。昭和58年の現地踏査では、福崎町役場でも柴田氏の消息は不明であったし、現地

と思われる場所には工場も、また工場跡地も見いだせなかった。したがって、果たして柴田氏が工場を建設したのかどうか、その業種等も不詳のままである[1]。

1）昭和58年、福崎町役場での聞き取りおよび現地踏査結果による。

第十六章　奈良県・和歌山県

　本章では、奈良県および和歌山県にあった旧軍用地が、戦後になって工業用地へと転用して
いった状況を明らかにしたい。しかしながら、奈良県においては、旧軍用地が工業用地（３千
m²以上）へと転用された実績がないので、事実上、和歌山県だけを研究対象とすることになる。

第一節　奈良県における旧軍用地とその転用状況

　戦前の奈良県には、13口座の旧軍用施設があった。そのうち敷地面積が１万m²を超える旧軍
用施設は僅か５口座で、それらを一つの表にまとめると、次のようになる。

XVI-1-(1)表　奈良県における主な旧軍用施設とその転用状況

（単位：m²、年次：昭和年）

旧口座名	所在地	敷地面積	主な転用先（　）内は年次
奈良陸軍練兵場※	奈良市	187,686	日本住宅公団（34）
岐阜陸軍航空整備学校奈良教育隊	同	145,349	文部省（奈良学芸大学・36）
奈良陸軍病院	同	14,952	厚生省（奈良国立病院・23）
奈良陸軍射撃場	同	77,374	総理府防衛庁（33）
大和海軍航空基地	天理市	2,386,755	農林省・農地（22）

　　出所：「旧軍用財産資料」（大蔵省管財局文書）より作成。
　　　※岐阜陸軍航空整備学校奈良教育隊及び宿舎を含む。

　奈良県では、１万m²を超える旧軍用施設は５口座であるが、これを地域的にみると、奈良市
に所在していたのが４口座、残る１口座は天理市にあった。

　そのうち最も大規模だったのは、1-(1)表にみられるように、天理市にあった大和海軍航空基
地である。この航空基地は、戦後間もない昭和22年に農林省へ有償所管換されているが、これ
は全国的にみても、最も早い時期にあたる。農林省へ有償所管換された跡地は2,281,088m²で、
この旧航空基地の面積の95％強に達する。残りの跡地は昭和23年に川東村（現天理市）へ学校
用地として２件、計35,734m²が時価で払い下げられている。また昭和30年には大蔵省の宿舎
用地として無償所管換されている。

　その他の旧軍用施設についてみると、岐阜陸軍航空整備学校奈良教育隊の跡地を昭和36年に
奈良学芸大用地として文部省へ14万m²を無償所管換している。

　奈良陸軍射撃場の跡地は(1)表のように防衛庁へ無償所管換されているが、その面積は

27,098 m² で、射撃場跡地の 35％でしかない。奈良陸軍練兵場跡地は、昭和 34 年に日本住宅公団へ出資財産として拠出しているが、その規模は 46,851 m² で、練兵場跡地の約 25％でしかなく、残る跡地は農地や宅地へと転用されている。奈良陸軍病院の跡地は、昭和 23 年に奈良国立病院用地として厚生省へ無償所管換されている。

以上、奈良県における旧軍用地の転用について、8 件ほど概観してきたが、奈良県における旧軍用地の転用件数は、この 8 件（1 件あたり 1 万 m² 以上）がすべてなのである。

つまり、奈良県には、大和海軍航空基地のように大規模な旧軍用施設はあったが、それらが戦後において工業用地（1 件あたり 3 千 m² 以上）へと転用されることはなかった。

なお、奈良県の旧軍用施設および旧軍用地に関する数字は、一つ一つ注記しなかったが、「旧軍用財産資料」（大蔵省管財局文書）によるものであることを付記しておく。

第二節　和歌山県における旧軍用地とその転用状況

1．和歌山県における旧軍用施設の概況

戦後、和歌山県にあった旧軍用施設で、大蔵省が旧陸軍省、旧海軍省、旧軍需省から引き継いだものは、全部で 56 口座である。そのうち、敷地面積が 10 万 m² を超えるものは 11 口座で、それらを一括すると、次表のようになる。

XVI-2-(1)表　和歌山県における主な旧軍用施設とその転用状況

（単位：m²、年次：昭和年）

旧口座名	所在地	敷地面積	主な転用先（　）内は年次
歩兵第 61 連隊	和歌山市	141,304	和歌山市の中学・高校（24）
和歌山練兵場	同	228,092	農林省・農地（23）
加太練兵場	同	170,922	農林省・農地（23）
由良要塞男良谷砲台ほか	同	394,049	厚生省・国民休暇村（39）
由良要塞地ノ島砲台	同	453,222	提供財産［48］
由良要塞友ケ島砲台ほか	同	691,034	加太町・風致地区保安林（24）
由良要塞佐瀬川堡塁ほか	同	152,677	農林省・農地（24）
大阪陸軍航空補給廠紀伊由良出張所	由良町	329,109	農林省・農地（27）
下津燃料置場	下津町	730,766	農林省・農地（23）ほか
大阪海兵団田辺分団	田辺市	428,122	農林省・農地（23）ほか
潮岬飛行場	串本町	292,905	農林省・農地（23）

出所：「旧軍用財産資料」（前出）より作成。

2-(1)表をみると、和歌山県では 100 万 m² を超えるような旧軍用施設はなかった。また、その所在地についてみると、和歌山市内（昭和 33 年に編入された加太町を含む）が 7 口座で、全体の過半を占めている。次に、その主たる転用先についてみると、10 万 m² 以上の敷地をもった旧

第十六章　奈良県・和歌山県　　577

軍用施設の跡地は、1口座が提供財産になっているものの、その多くが昭和23年に農林省へ有償所管換されている。

2．和歌山県における旧軍用地の官公庁への譲渡

　和歌山県において、国や県、あるいは地方公共団体へ譲渡された旧軍用地の状況をみると、次表のようになる。ただし、農林省への有償所管換と総理府防衛庁への無償所管換および提供財産については省略する。

XVI-2-(2)表　和歌山県における旧軍用地の官公庁への譲渡状況

（単位：m²、年次：昭和年）

譲渡先	譲渡面積	用途目的	譲渡形態	年次	旧口座名
厚生省	11,338	国立病院	無償所管換	23	和歌山陸軍病院
同	14,121	同	無償所管換	26	深山重砲兵第5連隊
大蔵省	12,919	合同宿舎	無償所管換	31	同
厚生省	25,441	国民休暇村	無償所管換	39	同
同	375,199	同	無償所管換	39	由良要塞男良谷砲台他
運輸省	17,049	灯台敷地	無償所管換	28	由良要塞友ケ島砲台他
厚生省	51,616	国立病院	無償所管換	23	大阪陸軍病院白浜分院
同	29,999	国民休暇村	無償所管換	39	由良水雷隊
和歌山県	31,693	商業高校	減額　20%	24	歩兵第61連隊
同	29,856	同	減額　50%	28	同
和歌山市	32,142	中学校用地	減額　20%	24	歩兵第61連隊
加太町	11,995	中学校用地	減額　20%	26	加太練兵場
同	10,274	町道・植林	時価	25	由良要塞深山火薬庫
同	671,669	風致地区他	（時価？）	24	由良要塞友ケ島砲台他
下津町	9,967	港湾施設	時価	24	下津燃料置場
田辺市	62,616	港湾施設	時価	24	大阪海兵団田辺分団
由良町	18,940	中学校用地	減額　20%	24	紀伊防備隊
同	16,067	同	減額　20%	27	同
白浜町	17,494	観光風致区	時価	24	瀬戸崎防備衛所
串本町	13,765	中学校用地	減額　20%	25	大津航空隊串本派遣隊

出所：「旧軍用財産資料」（前出）より作成。

　2-(2)表によれば、和歌山県の旧軍用地が国家機構（各省庁）へ無償所管換されたのは8件で、そのうちの6件が厚生省への移管である。厚生省に移管された6件のうち3件は国立病院の用地として、残る3件は国民休暇村の用地として活用されている。

　国民休暇村を用途目的として厚生省へ移管された旧軍用地の中では、旧由良要塞男良谷砲台および同交通路の跡地（394,049m²）のうちの95%強の土地（375,199m²）を昭和39年に移管したものが最も広く、残る二つの国民休暇村の用地はいずれも3万m²未満の規模でしかない。ただし、国民休暇村への転用はいずれも昭和39年であり、これは昭和38年に制定された「国民休暇

村建設法」に基づくものであろう。

　大蔵省へ移管された旧軍用地は合同宿舎用地としてであり、これは全国的にみられたことで、それ自体に大きな問題はない。しかし、「国家公務員だけを居住対象とした宿舎の建設」については、賃金水準との関連もあるが、国民経済的視点からは問題が残るところであろう。

　運輸省へ移管された旧軍用地は、友ケ島の灯台敷地としてであり、由良水道における航行の安全という視点からは問題はない。ただし、旧軍用地が灯台敷地として利用されるのは、全国的にみても数少ない事例である。

　次に、地方公共団体としての和歌山県が旧軍用地を取得したのは2件である。いずれも旧歩兵第61連隊の跡地を商業高校用地へ転用することを目的としたもので、減額譲渡である。それにしても、一つの商業高校の敷地が約6万m²というのは、その是非は別として、規模が大きすぎる感がある。一部が山林だったのかもしれない。

　続いて和歌山県における地方公共団体が旧軍用地を取得したのは全部で10件、そのうちの4件が和歌山市（昭和33年に編入された加太町を含む）によるものである。

　また用途目的別にみると、10件のうち中学校用地の転用が5件でちょうど半数を占める。それ以外では、観光風致地区への転用と港湾用地への転用が各2件ずつある。友ケ島と白浜は、近畿圏では有数の観光風致地区であり、とくに友ケ島の場合には67万m²という広大なもので、昭和40年頃には小中学生や高校生のキャンプ地として利用されていた。

　港湾施設へ転用したのは下津町と田辺市であるが、市営ないし町営の港湾施設がいかなるものか具体的には不詳である。大蔵省が時価で売り払っているので、これらは民間へ転売されたのかもしれない。

3．和歌山県における旧軍用地の民間企業への譲渡

　和歌山県における旧軍用地の民間企業への転用は、それほど多くない。したがって、この中に含まれる旧軍用地の工業用地への転用件数は極めて限られたものになる。そこで、民間企業への転用をまとめて一覧表にしてみよう。次の表がそれである。

XVI-2-(3)表　和歌山県における旧軍用地の民間企業への譲渡状況

（単位：m²、年次：昭和年）

企業等名	譲渡面積	用途目的	年次	旧口座名
日本赤十字	5,630	——	25	歩兵第61連隊
南海電鉄	21,005	観光施設	33	由良要塞大川山堡塁及同交通路
玉置広一郎	19,207	養豚・漁業	25	大阪陸軍航空補給廠紀伊由良出張所
東亜燃料	12,986	荷役施設	24	下津燃料置場
裕間正子	6,148	造船業	23	紀伊防備隊

　出所：「旧軍用財産資料」（前出）より作成。

　(3)表をみれば判るように、和歌山県における旧軍用地（3千m²以上）の民間企業への転用は

僅かに5件である。同県における官公庁への譲渡（移管・売払）が20件もあったことを思えば、民間企業への転用は異常とも言えるほど少ない。

　これを業種別にみると、玉置氏への譲渡は養豚、養蜂、漁業といった多面的な利用が用途目的となっている。南海電鉄は旅客輸送業であるが、その用途目的は観光施設となっている。日本赤十字社は医療サービス業であり、用途目的は定かではないが、少なくとも医療関連の用地取得であったと推察される。

　旧軍用地の工業用地への転用として考えられるのは、東亜燃料（下津町）が荷役施設を用途目的として昭和24年に取得した約1万3千m²と、裕間正子氏が由良町で造船用地として取得した約6千m²があるだけである。

　その東燃であるが、昭和58年の時点における敷地面積は約250万m²であるから、取得した旧軍用地の面積比率は僅かに0.5%程度のものでしかない。もともと「和歌山工場は昭和16年8月に竣工、日産5,000バーレルの能力で操業可能」[1]な規模であり、しかも、敷地のほとんどは下津町の南側に隣接する有田市の初島地区を中心として展開している。戦後は昭和25年4月から操業を開始しており、工場の規模が拡張されるにしたがって下津町の地域でも、前出の荷役施設も含めて、東側のE-1桟橋からはじまってW-6桟橋まで、全部で九つの桟橋が連なる荷役施設を整備してきている。

　昭和58年における東燃和歌山工場の従業員数は1,000名弱であり、うち女性従業員は50名程度である[2]。

　旧紀伊防備隊の敷地は、昭和58年当時だと、由良町役場、由良港中学、海上自衛隊（阪神基地隊由良基地分遣隊）および体育館、由良町中央公民館を含む全域がそうであった。

　裕間正子氏は昭和23年に紀伊防備隊の跡地を取得しているが、その用地は長期にわたり空き地のまま放置され、消防の出初式などに使用される程度であった。もともと、この土地は昭和3年前後に埋め立てられ、かつこの土地の南側には臨港線が由良駅より敷かれていた。しかし、この線路は、昭和37年6月に廃止となってしまった。そして、この土地は昭和58年の時点では紀州不動産の所有地となっている[3]。もっとも、土地利用としては、昭和51年度に、町の管理ではあるが、和歌山県の施設である「高潮ポンプ場」が建設され、さらに昭和52年11月には由良町中央公民館、続いて昭和55年4月には体育館が建設された。こうして、この土地の周辺一帯が公共的な諸施設のコンプレックスとなっている。ちなみに、中央公民館と体育館は紀州不動産からの借地であり、その面積は5,521m²となっている。つまり裕間氏が取得した旧軍用地6,148m²の大半がこのような形態で利用されているのである[4]。

　1）　『とうねん』（東亜燃料工業株式会社、「和歌山工場」ご案内）による。
　2）　昭和58年9月14日、東燃和歌山工場での聞き取りによる。
　3）　昭和58年9月14日、由良町中央公民館での聞き取りによる。
　4）　同日、由良町役場での聞き取りによる。

第十七章　鳥取県・島根県・岡山県

　本章では、鳥取県と島根県という日本海に面した地域および瀬戸内に面した岡山県における旧軍用地の工業用地への転用状況を検討する。こうした圏域の設定は、3県における旧軍用地の転用状況が相対的に少ないという理由によるものである。ちなみに、戦後、旧軍関係から大蔵省が引き継いだ旧軍用施設の口座数は、鳥取県43口座、島根県26口座、岡山県31口座である[1]。

　以下では、鳥取県、島根県、岡山県の順で分析し、検討していくことにする。

　1)　「旧軍用財産資料」(前出)による。

第一節　鳥取県における旧軍用施設の概況

　鳥取県に所在した旧軍用施設43口座のうち、敷地面積が10万m²を超える大規模な旧軍用施設を摘出すると、次のようになる。

XVII-1-(1)表　鳥取県における大規模な旧軍用施設の概況 (昭和48年現在)

(単位:m²、年次:昭和年)

旧口座名	所在地	敷地面積	主な転用先 ( ) 内は年次
鳥取練兵場	鳥取市	164,349	鳥取県・盲聾学校 (28) ほか
米子陸軍飛行場	米子市	265,102	昭和48年現在・自衛隊使用中
歩兵第121連隊	鳥取市	134,372	文部省・鳥取大学 (29)
浜坂演習場	同	6,078,900	鳥取市・潮風害防備林他 (27)
第31航空廠美保分工場	境港市	370,801	農林省・農地 (25)
美保航空隊	米子市	3,539,190	農林省・農地 (22)
美保航空基地	同	3,053,216	昭和48年現在・自衛隊使用中
同基地彦名爆弾庫地区	同	485,698	農林省・農地 (22)
鳥取射撃場	鳥取市	101,523	農林省・農地 (23)

出所:「旧軍用財産資料」(大蔵省管財局文書) より作成。

　(1)表をみると、戦前の鳥取県には大規模な旧軍用施設 (10万m²以上) が9口座ほどあった。それらの所在地は鳥取市と米子市が各4口座、境港市が1口座という地域的に集中した状況となっている。

　敷地面積からみると、300万m²以上の旧軍用施設が3口座、10万m²以上50万m²未満のものが6口座となっていて、僅か9口座だが、それらには大きな格差がある。

第十七章　鳥取県・島根県・岡山県　581

　戦後における主な転用先としては、農林省への有償所管換が４口座で相対的に多いが、地方公共団体による取得が各１口座、それから自衛隊による使用、つまり総理府への無償所管換が２口座、そして鳥取大学用地として文部省へ移管した１口座がある。

　なお、転用時期についてみると農林省への有償所管換は昭和22年、23年なので全国的な動向と軌を同じくしているが、それ以外では、鳥取市が潮風害防備林および植林用地として昭和27年に取得したのをはじめ、昭和20年代後半が多く、さらに昭和48年現在では自衛隊が使用中の旧軍用地もある。

第二節　鳥取県における旧軍用地の転用状況

１．鳥取県における旧軍用地の官公庁への譲渡

　戦後、鳥取県における旧軍用施設の跡地利用については、これを官公庁と民間とに区分して検討していくことにしたい。ただし、官公庁とは国家機構（省庁）、地方公共団体（県庁および市町村）とし、これまでと同様、農林省への有償所管換と総理府（防衛庁）への無償所管換、さらに提供財産については除外し、用地規模については１万 m² 以上のものに限定しておく。それが次表である。

XVII-2-(1)表　鳥取県における旧軍用地の官公庁への転用状況

（単位：m²、年次：昭和年）

転用先	転用目的	転用面積	年次	旧口座名
総理府	警察学校	10,617	27	鳥取練兵場
郵政省	庁舎・宿舎	34,691	31	美保航空基地送信所
文部省	鳥取大学	114,052	29	歩兵第121連隊
同	砂丘研究所	147,615	30	浜坂演習場
法務省	少年院庁舎	27,739	24	美保航空隊
同	庁舎	11,498	27	同
同	庁舎	12,362	32	同
厚生省	国立病院	17,421	23	鳥取陸軍病院
同	病院	26,720	26	姫路陸軍病院皆生分院
運輸省	灯台敷地	20,245	33	陸軍師団第7347部隊兵舎ほか
鳥取県	盲聾学校	19,861	28	鳥取練兵場（交換）
鳥取市	潮風防備林	3,857,223	27	浜坂演習場（時価）
福部村	潮風防備林	2,074,062	27	同　　　（時価）
境港市	市営住宅	13,994	30	第31航空廠工員住宅
同	中学校用地	41,166	25	第31航空廠美保分工場（減20）
米子市	中学校用地	34,905	27	美保航空隊（減？）

　出所：「旧軍用財産資料」（前出）より作成。表中（減20）とあるのは、減額率20％の略。

上掲の表では、次のようなことが目につく。まず国家機構（省庁）への無償所管換では、法務省が美保航空隊の跡地で3件、あわせて5万 m² の旧軍用地を少年院庁舎用地として取得していることである。

もう一つは文部省が砂丘研究所の用地として 15 万 m² 弱の用地を取得しているが、これは鳥取砂丘という地域の自然的条件を活かした利用形態である。そして、これが国家機構として移管した旧軍用施設の跡地利用としては最大の規模となっている。それ以外に、運輸省が灯台敷地として取得しているが、これは既に和歌山県でもみられたことである。

地方公共団体としての鳥取県が取得した旧軍用地は1件だけで、2-(1)表には記していないが、これは「交換」による用地取得である。

鳥取県内の地方公共団体による旧軍用地の取得として特に目立つのは、鳥取市（平成 16 年に編入した福部村を含む）が浜坂演習場跡地で2件、併せて 600 万 m² に近い用地を「潮風害防備林及造林」を目的として取得していることである。その時期は昭和 27 年である。

境港市が市営住宅用地と中学校用地（市立誠道中学用地、1958 年に渡中と統合し、廃校となった）を、また米子市が中学校用地を取得しているのが各1件あるが、いずれも全国各地でみられた用途である。それにしても、新制中学校用地や住宅用地が全国的に不足していた状況の中では、この目的による用地取得件数が鳥取県では少ない。

2．鳥取県における旧軍用地の民間への転用状況

鳥取県における旧軍用施設の跡地が民間企業などに払い下げられた件数は少ないので、それらを一括して掲示しておこう。ただし、製造業については、本書の研究目的とも関連するので、1件あたり3千 m² 以上を掲載した。次の表がそれである。

XVII-2-(2)表　鳥取県における旧軍用地の民間への転用状況

（単位：m²、年次：昭和年）

転用先	用途目的	面積	譲渡形態	年次	旧口座名
学校組合	中学校用地	20,320	売却	24	歩兵第 121 連隊
県販農協連	澱粉工場	11,317	時価	25	美保航空隊
伯州繊維	繊維工業	3,305	時価	29	美保航空隊
学校組合	中学校用地	20,247	減額 40%	23	舞鶴通信隊中北条分遣隊二区
同	同	18,935	減額 40%	23	舞鶴通信隊中北条分遣隊一区

出所：「旧軍用財産資料」（前出）により作成。表中の「県販農協連」とは、鳥取県販売農協連合会の略である。

この表では、鳥取県で民間企業などが旧軍用地を取得したのは5件である。そのうちの3件が中学校用地の取得である。前項では、鳥取県における中学校用地の取得数が少ないことを指摘したが、鳥取県の場合には、「学校組合」方式による中学校用地の取得がなされたことが判る。ただし、学校組合というのは、一般的な組織形態であって、固有の正式名称ではない。舞鶴通信隊

中北条分遣隊の跡地（北条町）を取得した二つの件は、いずれも北条町学校組合である。つまり、学校組合も、「一部事務組合」的な性格をもったものであり、その限りで地方公共団体に対する譲渡形態、つまり売払いに際しては減額措置がとられたものと思われる。ただし、鳥取市の場合、歩兵第121連隊の跡地（鳥取市）を取得した学校組合の正式名称は判らず、しかも「売却」とあるだけで、減額措置がとられたかどうかも判然としない。

次に本題である鳥取県における旧軍用地が工業用地へと転用された2件について検討していきたい。この2件はいずれも旧美保航空隊の跡地での用地取得である。

まず、美保航空隊については、次のような歴史的経緯がある。

「昭和14年1月日本海方面の防備として大規模な旧海軍施設の建設がはじめられ、――昭和18年第一期工事を完了、海軍航空関係の予科練と予備学生が駐屯し、麦垣部落外百五十戸が日本海沿岸に分散移転を強請され、――移住した。次いで同年5月から引き続き第二期の拡張工事に取りかかり、これに伴って中浜、余子、渡の三村955町歩の34％、353町歩が接収されて、――更に飛行機を避難格納する待避壕の建設が第三期工事として強行され、この用地に崎津、和田、富益がその圏内にとりかこまれ、これがため了浜地区は全耕地の五分の一に当る8百町歩というものが軍の命令のもとに接収され、航空廠をはじめ予科練生の施設がつくられ―云々」[1]

上記の文章は、美保航空隊（美保航空基地）の建設過程を記したものであるが、それと同時に、土地を強請的に接収された農民の苦悩を言外に物語っている。そのような苦渋の過程を経て建設された旧軍用施設が戦後どのように処理されたのであろうか。

旧美保航空基地の跡地についてみると、昭和48年段階では航空自衛隊が2,849,554m²を使用していたが、現在（昭和56年）では米子空港（美保飛行場）となっている。なお、大篠津町に入る南側の大部分（美保航空隊跡地）は農地として昭和22年に払い下げられている。

ところで、昭和25年に鳥取県販売農業協同組合連合会へ払い下げられた約1万1千m²の土地の歴史的経過を手繰ってみると、幾多の変遷を経ていることが判る。以下は、大篠津食品工業㈱での見聞である。

「もともと、この土地は昭和16年頃、森林を切り拓いて造成されたもので、戦時中は予科練の浴槽があったところである。

昭和23年の春、大篠津農協が、この土地を借用して漬物工場をつくるということで、この浴槽を使い始めた。ところが、漬物工場はうまく行かず、同年10月に県販売連がこれを取得し、農産加工大篠工場として甘薯から澱粉をつくっていた。のち、全購連と統合して鳥取県経済連となったが、澱粉工場の方はうまくいかず、再建整備のため民間の手に渡ることになった。昭和31年、渡農協の理事で、渡農協澱粉工場の社長であった木下氏がこれを買い受け、大篠津澱粉工場となった。昭和32年には株式会社となり、翌33年には社名変更し、大篠津食品工業㈱となり、現在（昭和56年）に至っている。また、周辺部の民間農地を買収し、昭和56年4月現在では工場敷地面積約3万3千m²、従業員数125名で、輸出用の魚類缶詰を生産している」[2]

なお、『旧軍用財産の今昔』は、美保航空隊および美保航空基地が戦後の一時期に辿った歴史

584

を次のように述べている。

「この財産は、終戦後直ちに米軍及び英軍によって進駐・接収され、昭和23年英軍は引揚げ、米軍専用基地として朝鮮動乱時には大いに活用されてきたが、昭和30〜33年にかけて米軍も徐々に引揚げて、すべて大蔵省の管理財産となった」[3]

以上、二つの引用文によって、美保航空隊および美保航空基地に関する歴史的概況を明らかにしえたと思う。翻って、昨今の現況はどのようになっているだろうか。

先にみてきたように、美保航空隊等の跡地が製造業へ転用されたのは、大篠津食品工業だけであった。その大篠津食品が立地する一帯は、和田浜工業団地（旧軍用地が農地へと転用されていた土地である）となり、昭和45年以降、急速に工業化が進んでいる。ちなみに、この和田浜工業団地の面積規模は約50万 m^2 で[4]、この団地に立地している企業を列挙すれば、次のようになる。

XVII-2-(3)表　米子市和田浜工業団地への進出企業

（単位：m^2、年次：昭和年）

企業名	主要製品	敷地面積	立地年月
大輪工業	自動車部品	18,603	45年 3月
日本製機	金属工作機械	20,618	42年 3月
日本海住宅産業	木製プレハブ住宅	13,161	46年 4月
後藤メタリング	鋳鉄	3,055	47年 4月
山陽コカコーラボトリング	コカコーラ	54,450	47年 4月
山陰家具工業	木製家具	12,700	46年 9月
米子木工	木製家具	12,300	48年 4月
米子家具住宅資材	家具住宅部品	4,174	48年 7月
大篠津食品工業	魚類缶詰	16,655	30年 10月
計		155,716	

出所：米子市役所内資料による（昭和56年4月）。

上掲の表は、昭和56年段階で和田浜工業団地に立地している企業であるが、その中で最も歴史が古いのは、昭和25年に旧軍用地を取得した鳥取県販売農協連合会を淵源とする大篠津食品工業である。いわば、この大篠津食品が起爆剤となって、この和田浜工業団地が形成されたと言っても過言ではない。

ところで、昭和29年に伯州繊維工業が、この跡地で3,305 m^2 を取得しているが、この2-(3)表には見当たらない。つまり、伯州繊維工業は旧軍用地を取得したが、昭和56年まで、工場を建設しなかったか、あるいは廃業したものと推測される。

また都市計画という視点からみれば、この和田浜工業団地が位置する一帯は、昭和48年に米子市によって工業専用地域の用途指定を受けている。

1）『米子市三十周年史』、米子市役所、昭和34年、57〜58ページ。

第十七章　鳥取県・島根県・岡山県　585

　2）　昭和56年4月、大篠津食品工業での聞き取りによる。
　3）　『旧軍用財産の今昔』、大蔵省大臣官房戦後財政史室編、昭和48年、137ページ。なお、美保航
　　　空隊および美保航空基地の建設経過や跡地利用についても詳しく紹介されているので、参考にされ
　　　たい。
　4）　米子市役所内資料による数字。なお、昭和60年までに需要される工場用地面積としては、31
　　　万m²が見込まれている（『米子市新総合計画』、米子市、昭和52年、112ページ）。

第三節　島根県における旧軍用施設の概況

　鳥取県に次いで、島根県における旧軍用施設（旧軍用地）の工業用地への転用について分析す
る。戦後、大蔵省が旧軍用関係の各省庁から引き継いだ旧軍用施設は26口座であった。そのう
ち、10万m²を超える大規模な旧軍用施設は次の通りである。

XVII-3-⑴表　島根県における大規模な旧軍用施設の概況（昭和48年現在）

（単位：m²、年次：昭和年）

旧口座名	所在地	敷地面積	主な転用先　（　）内は年次
歩兵第21連隊	浜田市	148,181	浜田市・小中高学校用地（24）
浜田練兵場	同	153,703	浜田市・公営住宅（24）ほか
浜田射撃場	同	196,145	国鉄（24）
松江練兵場	松江市	162,576	農林省・農地（22）
大社航空隊新川基地	斐川町	2,841,011	農林省・農地（22）
松江射撃場	松江市	200,527	法務省・少年審判所（24）ほか
竹島防禦区	五箇村	231,371	提供財産（昭和48年現在）
第9航空教育隊	松江市	146,557	島根県・工業高校用地（24）
三瓶原陸軍演習場	太田市	12,664,479	農林省・農地（26）

　出所：「旧軍用財産資料」（前出）より作成。

　島根県における大規模な旧軍用施設（10万m²以上）の状況をみると、口座数は鳥取県と同じ
9口座である。その所在地は松江市と浜田市が各3口座、残りは太田市、斐川町、そして五箇村
（竹島）が各1口座という状況になっている。
　島根県における旧軍用施設9口座を敷地面積からみると、三瓶山麓に展開していた旧三瓶原陸
軍演習場跡地は1,266万m²という超巨大規模のものであり、また旧大社航空隊新川基地の跡地
も284万m²という広大なものである。それ以外の7口座はいずれも10万m²以上ではあるが
30万m²未満という規模なので、旧軍用施設の敷地規模には、鳥取県の場合よりも、いっそう大
きな格差があると言えよう。
　主な転用先についてみると、先の三瓶原をはじめ開拓農地への転用を目的とした農林省への有
償所管換が3口座あるほか、法務省への移管もある。浜田市にあった旧軍用施設については浜田
市の学校用地や住宅用地へと転用された2口座が目立つ。その他では、島根県や国鉄への譲渡、

それから提供財産がそれぞれ1口座ずつある。

　ただし、これらは1口座に付き最大の譲渡先を1件に絞って掲載しているので、島根県における旧軍用地の転用について概観するのに都合がよい。

　島根県における旧軍用地の転用時期についてみると、農林省への有償所管換は全国的な動向と同じだが、最大の規模であった三瓶原陸軍演習場跡地については昭和26年での有償所管換なので、時期的にやや遅れている。

　竹島は、昭和48年の段階で、帳簿上では「提供財産」となっているが、朝鮮戦争中はともかく、敗戦後は無人島になっていた。ところが、周知のように、この島は昭和28年に韓国によって武力侵攻され、その後も不法に占拠されている。ただし、国際政治の中で、この事実をどう理解するかは簡単ではない。

　この竹島は別として、そのほかの旧軍用地が転用されたのはいずれも昭和24年なので、これらについては比較的早い時期に譲渡されたと言うことができよう。

第四節　島根県における旧軍用地の転用状況

1．島根県における旧軍用地の官公庁への転用

　まず手始めに、島根県における旧軍用地が官公庁（国および地方公共団体）へ移管ないし譲渡された状況を一括しておこう。ただし、鳥取県と同様、開拓農地への転用を目的とした農林省への有償所管換、また総理府防衛庁への無償所管換、それから提供財産については除外する。また、1件あたりの譲渡面積が1万 m^2 以上のものに限定している。

XVII- 4 -(1)表　島根県における旧軍用地の官公庁への転用状況

（単位：m^2、年次：昭和年）

転用先	転用目的	転用面積	譲渡形態	年次	旧口座名
厚生省	国立病院	21,223	無償所管換	23	浜田陸軍病院
法務省	少年審判所	14,608	無償所管換	24	松江射撃場
大蔵省	公務員宿舎	11,910	無償所管換	36	同
厚生省	国立病院	14,353	無償所管換	23	松江陸軍病院
島根県	工業高校	101,757	減額売払20%	24	第9航空教育隊
同	同	10,505	減額売払20%	25	同
浜田市	公営住宅	23,591	時価	24	歩兵第21連隊
同	小中高学校	105,835	減額売払15%	24	同
同	公営住宅	10,813	時価	24	浜田練兵場
松江市	墓地公園	13,201	譲与	31	松江陸軍墓地
同	市営住宅	15,351	時価	24	第9航空教育隊
佐比売山村	中学校用地	15,074	時価	23	三瓶原陸軍演習場

出所：「旧軍用財産資料」（前出）より作成。

第十七章　鳥取県・島根県・岡山県　　587

この表をみると、旧軍用地の国家機構（各省庁）への移管は、4件で、そのうち旧陸軍病院を国立病院へ転用した厚生省が2件を占める。あとは法務省と大蔵省へ無償所管換したのが各1件である。

地方公共団体としての島根県は、昭和24年と翌年に、工業高校用地として松江市古志原町で2件、計11万2千m²の旧軍用地を取得している。

市町村では、浜田市が市営住宅用地および学校（小、中、高校）用地として約14万m²を取得しているが、とくに学校用地としての取得面積が大きい。

松江市は2件、計2万9千m²の旧軍用地を取得しているが、そのうち旧陸軍墓地については「譲与」されたものである。

佐比売山村（昭和33年に太田市に編入）は昭和23年に中学校用地を取得している。

以上、官公庁による旧軍用地の取得状況をみてきたが、全体として件数も少なく、とくに市町村による住宅用地や新制中学校用地への転用が少ないように思える。

2．島根県における旧軍用地の民間への転用

続いて、島根県における旧軍用地の民間企業等への転用状況を一括してみることにしよう。次表がそれである。なお、民間一般の場合には取得面積が1万m²以上、製造業については3千m²以上のものに限定した。

XⅦ-4-(2)表　島根県における旧軍用地の民間への転用状況

（単位：m²、年次：昭和年）

転用先	転用目的	転用面積	譲渡形態	年次	旧口座名
日本通運	倉庫	5,828	時価	24	歩兵第21連隊
同	同	5,759	時価	26	同
電電公社	電話局	6,626	有償所管換	25	浜田練兵場
糧栄不動産	精米所	4,251	時価	24	浜田射撃場
広島専売公社	——	10,700	無償所管換	24	同
国鉄	——	50,128	——	25	同
※学校組合	中学校	25,345	減額40%	26	大社航空隊新川基地

出所：「旧軍用財産資料」（前出）より作成。※荘原出来ニケ村学校組合。

上掲の表をみると、広島専売公社として掲示されているが、専売事業は大蔵省の管轄であり、原資料には、大蔵省への無償所管換となっている。しかし、平成20年の現在では、専売公社は民営化されているので、あえて「民間」とした。同様に、電電公社も原資料には中国電気通信局への有償所管換となっているが同様の扱いとした。さらに国鉄についても民営化されているので、ここでは民間扱いとした。

さて、島根県における旧軍用地の「民間」への払下総数は7件であるが、そのほとんどが浜田市に所在してきた旧軍用施設に関連するものである。特に、産業用地への転用を目的とした用地

取得は浜田市だけに限られている。

　浜田市には、明治31年に歩兵第21連隊（浜田連隊）が設置されたのをはじめ、「練兵場（現市設東公園）、射撃場（現日本専売公社浜田出張所、国鉄官舎）、衛戍病院（現国立浜田病院）」[1]などの旧軍用施設があった。

　戦後、市内黒川町にあった歩兵第21連隊の跡地は、黒川市営住宅、浜田高校、第一中学校、石見幼稚園などに転用されたが、その東端の一部は日本通運に払い下げられている。

　日本通運は、昭和24年と26年に各1件、計11,500 m²の用地を取得している。この用地は昭和56年4月現在、倉庫として使用されているが、その利用度は余り大きなものではない。倉庫自体も古くなっており、僅かに残っている白壁のマークで、日本通運の倉庫と判別できる程度までになっている[2]。

　市内浅井町にあった浜田射撃場跡地は、昭和24年に大蔵省（広島専売公社）へ1万 m²余が有償所管換となり、翌昭和25年には国鉄へ5万 m²が払い下げられている。

　広島専売公社は、昭和56年現在、日本専売公社浜田出張所と称し、建物は葉煙草の収納所および取扱所として機能する煙草製品倉庫となっている。併せて、その一部は塩の倉庫にもなっている。また、昭和56年4月の段階では、関西たばこ配送㈱浜田営業所がその用地の一部を借用している[3]。

　国鉄は、払い下げた用地を官舎として使用している。国鉄官舎は松原小学校の南側にあり、鉄筋アパート群を形成しているが、北側の一部は平屋造りのものもある[4]。浜田市の場合には、旧軍用施設の多くが旧国鉄浜田駅に比較的近いという立地条件に恵まれながら、工場立地をみなかったのは、浜田市が太平洋瀬戸内ベルト地域に位置していないということ、つまり地域産業連関および市場問題が強く影響していると思われる。

　1）　『浜田市史』（上巻）、浜田市、昭和48年、347ページ。
　2）　昭和56年4月、現地踏査による。
　3）　昭和56年4月、現地踏査および日本専売公社浜田出張所での聞き取りによる。
　4）　昭和56年4月、現地踏査による。

第五節　岡山県における旧軍用施設の概況

　岡山県にあった旧軍用施設で、戦後、大蔵省が引き継いだのは31口座であり、そのうち敷地面積が10万 m²を超える大規模なものを一括すると次のようになる。

XVII-5-(1)表　岡山県における大規模な旧軍用施設の概況（昭和48年現在）

（単位：m²、年次：昭和年）

旧口座名	所在地	敷地面積	主な転用先　（　）内は年次
中部第48部隊	岡山市	160,195	文部省・岡山大学（27）
広島陸軍兵器補給廠岡山支廠三軒屋分廠	同	765,101	岡山県・種畜場用地（24）
広島陸軍兵器補給廠岡山支廠北倉庫	同	176,444	文部省・岡山大学（27）
広島陸軍兵器補給廠岡山支廠南倉庫	同	177,414	文部省・岡山大学（27）
岡山練兵場	同	490,825	総理府・警察学校（30）
岡山西射撃場	同	433,781	提供財産［48年現在］
平津作業場	同	913,145	農林省・農地（29）
善通寺兵器補給廠宇野港出張所	玉野市	304,819	玉野市・公園、グランド（24）
日本原陸軍演習場	奈義町	13,061,241	農林省・農地（22）
蒜山原陸軍演習場	川上村他	46,079,797	農林省・農地（22）ほか
倉敷海軍航空隊	倉敷市	1,471,935	農林省・農地（22）ほか
相模野航空隊水島分遣隊	同	259,854	農林省・農地（22）
広島陸軍被服支廠倉敷出張所	同	279,059	農林省・農地（22）

出所：「旧軍用財産資料」（前出）より作成。

　上掲の表をみると、戦前の岡山県には大規模な旧軍用施設が13口座あり、そのうち面積からみて超巨大規模の、すなわち1000万m²を超える広大な軍用施設が2口座もあった。

　また岡山県における大規模な旧軍用施設の所在地は、岡山市に7口座、倉敷市に3口座、その他の地域に3口座という分布状況になっている。これを広域的にみると、岡山、玉野、倉敷という岡山県の中核的地域に位置する11口座と奈義町および川上村・八束村（両村は平成17年に真庭市を編成）という中国山地に位置する2口座に区分けすることもできよう。そして、この中国山地に、日本原および蒜山原という超巨大な規模の軍用施設（演習場）が位置していたのである。

　もとより、岡山県の中核地域には、140万m²を超える巨大な旧倉敷海軍航空隊をはじめ、50万m²から100万m²という大規模な旧軍用施設が2口座ほどあったが、それでも、30万m²から50万m²までの旧軍用施設が3口座、10万m²から30万m²までの規模が5口座となっていて、相対的にではあるが中規模な旧軍用施設が多い。

　次に旧軍用施設を用途目的別にみると、兵器補給廠が4口座でもっとも多く、これが岡山県における大規模な旧軍用施設にみられる一つの特徴となっている。さらに被服補給廠も含めると、「補給廠」は5口座となる。それ以外には、演習場と航空隊が各2口座、その他各1口座が4口座（駐屯地、練兵場、射撃場、作業場）という構成になっている。

　もっとも、これらは旧軍用施設のうち用地面積が10万m²以上のものに限定して区分しているので、10万m²未満の旧軍用施設を含めれば、自ずから異なった構成となるであろう。

　続いて、10万m²を超える大規模な旧軍用施設の主な転用状況をみると、岡山市域以外にあった旧軍用施設では、昭和22年という全国的にみて最も早い時期に農林省へ有償所管換された口座が多い。これに対して、岡山市内にあった旧軍用施設では、文部省による岡山大学の敷地確保

が3口座と目立ち、その他には警察学校や提供財産として利用されている。

第六節　岡山県における旧軍用地の転用状況

1．岡山県における旧軍用地の官公庁への転用

　岡山県における旧軍用施設の転用については、これまでと同様、国家機構、地方公共団体に分け、それを一括した表を作ってみよう。次の表がそれである。ただし、転用面積を1万m²以上とし、農林省による有償所管換および総理府防衛庁、提供財産については除外する。

XVII-6-(1)表　岡山県における旧軍用地の官公庁への転用状況

(単位：m²、年次：昭和年)

転用先	転用目的	転用面積	譲渡形態	年次	旧口座名
文部省	岡山大学	23,208	無償所管換	27	岡山連隊司令部
同	同	160,195	無償所管換	27	中部第48部隊
同	同	98,415	無償所管換	27	中部第52部隊
同	同	176,330	無償所管換	27	広兵補岡山支廠・北倉庫
同	同	140,332	無償所管換	27	広兵補岡山支廠・南倉庫
総理府	警察学校	30,599	無償所管換	30	岡山練兵場
大蔵省	公務員宿舎	19,803	無償所管換	35	同
文部省	岡山大学	27,450	無償所管換	27	座主川以南付道口
厚生省	国立病院	47,791	無償所管換	23	岡山陸軍病院
文部省	鳥取大学	3,498,974	無償所管換	29	蒜山原陸軍演習場
同	岡山大学	4,701,163	無償所管換	29	同
岡山県	畜産場用地	122,684	時価	24	広兵補岡山支廠三軒屋分廠
同	同	386,223	時価	24	同
同	同	212,754	時価	24	同
同	岡山工業高	23,607	交換	34	第二海軍衣糧廠岡山支廠
同	同	30,875	減額売払50%	34	同
牧石村	中学校用地	26,942	時価	23	広兵補岡山支廠三軒屋分廠
岡山市	中学校用地	27,617	時価	25	広兵補岡山支廠・南倉庫
同	市道	12,862	公共物編入	36	岡山練兵場
同	市営住宅	10,578	時価	23	野砲兵露天馬場
玉野市	公園ほか	184,829	時価	24	広兵補宇野港出張所
新野村	高校用地	46,782	時価	23	日本原陸軍演習場
菅生村	小学校用地	10,668	時価	23	広島被服支廠倉敷出張所
倉敷市	中学校用地	56,933	時価	24	同

　　出所：「旧軍用財産資料」（前出）より作成。
　　注：表中「広兵補」とあるのは「広島陸軍兵器補給廠」の略である。

　まず岡山県にあった旧軍用地が国家機関（各省庁）にどのように移管されたかについて瞥見し

ておこう。既に大規模な旧軍用施設の転用に関して指摘しておいたことだが、ここでは岡山大学の用地確保を用途目的とする文部省への無償所管換が7件もあり、移管した規模も最大である。とくに蒜山原陸軍演習場の跡地470万m²を岡山大学（文部省）はおそらく演習林用地として取得している。これは北海道における京大や九大の演習林の取得を除けば、国立大学の演習林としては、西日本で最大であろう。同地では鳥取大学が約350万m²を取得しており、これが西日本では第二位の広さをもった国立大学の演習林である。

　ちなみに、ここでは1万m²以上の旧軍用地を取得した件のみを掲載しているので、それ未満の旧軍用地の取得も含めると、岡山大学が取得した旧軍用地の件数、したがって面積も増大するであろう[1]。

　文部省以外では、総理府（警察学校用地）、大蔵省（公務員宿舎用地）、厚生省（国立病院用地）への無償所管換が、各1件、あわせて3件あるだけである。

　次に、地方公共団体としての岡山県へ譲渡した旧軍用地についてみると、広島陸軍兵器補給廠岡山支廠三軒屋分廠跡地が畜産場用地として昭和24年に3回に分けて譲渡されている。岡山市には三軒屋という地名が2カ所あるが、ここは現岡山理科大学（元半田山植物園跡）があり、陸上自衛隊三軒屋駐屯地がある場所で、西大寺に近い干拓地と思われる場所のそれではない。岡山県は、この畜産場用地をのちに民間酪農家へ分譲する予定だったらしく、大蔵省はこれを時価で譲渡している。

　岡山県は、この畜産場以外に、第二海軍衣料廠岡山支廠跡地で2件、計5万4千m²余を工業高校用地として取得している。この工業高校は平成2年現在、伊福町四丁目に、岡山県工業技術センターなどと並んで存立している。

　続いて、岡山県における市町村がどのように旧軍用地を取得しているか、その点についてみていこう。岡山県の市町村による旧軍用地の取得は8件で、そのうちの4件が岡山市（旧牧石村を含む）で、後は倉敷市が2件、玉野市と奈義町が各1件である。

　この中で注目しておきたいのは、玉野市が公園やグランド用地として旧善通寺兵器補給廠宇野港出張所跡地（約18万m²）を時価で取得している件である。公園やグランド用地であれば、時価ではなく、その売却に際しては一定の減額措置が講じられても然るべきであるが、その後に玉野市が民間へ転売したのかどうか不詳である。

　なお、6-(1)表には掲示しなかったが、岡山県の場合、蒜山原、日本原にあった陸軍演習場の跡地が昭和48年の段階では提供財産として広大な規模で利用されていることを補記しておく必要があろう。すなわち、旧蒜山原演習場の跡地では約1,657万m²が、また日本原演習場跡地では1,161万m²が在日米軍によって利用されている[2]。本書では、この提供財産および農林省へ有償所管換された開拓農地については研究対象から除外しているが、この二つの提供財産は用地規模があまりにも広いので、補記しておく次第である。

　1）　岡山大学周辺地区における旧軍用財産の転用状況については、『旧軍用財産の今昔』（大蔵省大

臣官房戦後財政史室編、昭和48年、134～136ページ）に、旧軍用施設の創設過程とその利用状況、戦後における旧軍用地の譲渡（移管）状況など、岡山大学の設立経過なども含めて、詳しく紹介されている。

2）「旧軍用財産資料」（前出）による。

2．岡山県における旧軍用地の民間への転用

岡山県における民間企業等への転用は意外と少ない。そこで工業用地への転用を主眼としながらも、その他の産業や分野も含めて、民間への転用を一括して作表してみることにする。それが次表である。

XⅥ-6-(2)表　岡山県における旧軍用地の民間への転用状況

（単位：m²、年次：昭和年）

転用先	用途目的	譲渡面積	譲渡形態	年次	旧口座名
日本赤十字	療養地	73,223	時価	24	兵器補給廠宇野港出張所
井上利平	珪藻土採取	14,311	時価	25	蒜山原陸軍演習場
内海塩業	製塩業	642,354	時価	24	倉敷海軍航空隊
中国電力	変電所	4,442	時価	33	和田疎開工場

出所：「旧軍用財産資料」（前出）より作成。

6-(2)表をみると、岡山県における旧軍用地の民間への譲渡は4件に過ぎない。内容的にみると、医療業、鉱山業、製塩業、電力供給業である。

このうち日本赤十字を産業（サービス業）とみなすかどうかは理念的には問題が残るとしても、現実には一つの産業として機能している。

珪藻土は、終戦の前後期に登場した珪藻麺の原料として利用されたものと推測され、その採取は鉱山業に属する。もっとも、昭和30年頃になると食糧事情が好転してきたので、これが長期にわたって行われたとは思えない。

製塩業を製造業とみるかどうかについても問題がある。つまり、自然からの鉱物採取業とも理解することができるからである。とくに工業用原料としての岩塩等についてはそうである。しかし塩田を利用して食塩を生産する場合には、これを食品製造業とみなすことにした。

さらに電力供給業としているが、総理府統計局では、これを電気業とし、ガス、水道などと一括して、一つの産業（業種）としている。しかし、電力、ガス、各種の水を生産している以上、これらは製造業の一種とみなしても不都合はない。公共性が強い業種ではあるが、一般の製造業についても、程度の差はあるが、社会性ないし公共性をもっている。その意味では、電気業を「電力を生産する製造業」として取り扱うことにした。

このようにみてくると、岡山県で旧軍用地を取得した民間のうち、製造業といえるのは、僅かに製塩業（食品工業）と電力供給業の2件である。

ただし、内海塩業は、昭和24年に倉敷海軍航空隊の跡地を取得したものの、それは塩田用地

としては転用されず、農業用地、住宅用地等として転用されており[1]、旧軍用地の転用との関連
では、その用途目的がのちに変更されたのかもしれない。

1)　平成20年11月、郷土史博物館（野崎家塩業歴史館）よりの回答による。

第十八章　広島県（呉市を除く）

第一節　広島県（呉市を除く）における旧軍用施設の概況

広島県の場合、戦後、大蔵省が引き継いだ旧軍用施設は、330 口座の多きに達する。そのうち旧軍港市であった呉市には、120 口座があり、横須賀や舞鶴と同様、別の章を設定して分析する。したがって、本章では、広島県（呉市を除く）にあった 210 口座を分析対象とする。

その 210 口座のうち敷地面積が 50 万 m² を超えるものを一括すれば、次の表のようになる。

XⅧ-1-(1)表　広島県における巨大な旧軍用施設（50 万 m² 以上）の概況

（単位：m²、年次：昭和年）

旧口座名	所在地	敷地面積	主な転用先　（　）内は転用年次
広島東練兵場	広島市	649,295	農林省・農地（27）
広島飛行場	同	849,553	広島県・工場敷地造成（28）
陸軍運輸部金輪島工場及倉庫	同	986,430	農林省・農地（23）
八幡原陸軍演習場	芸北町	15,475,560	八幡村・植林用地（26）
大竹海兵団	大竹市	552,241	総理府・警察学校（26）
大竹潜水学校	同	520,997	厚生省・大竹病院（23）ほか
鹿川燃料置場	能美町	693,130	農林省・農地（23）
大那沙美兵器格納庫	沖美町	581,890	農林省・農地（25）
広島陸軍兵器補給廠八本松分廠	西条町	2,458,812	農林省・農地（22）
呉軍需部第六区	八本松町	2,632,859	提供財産（昭和 36 年 3 月末現在）
第一原村陸軍演習場	同	2,102,901	総理府防衛庁（32）
海田市軍需品集積地	海田町	938,704	総理府防衛庁（32）ほか
大阪陸軍航空廠因島出張所	因島市	1,134,725	農林省・農地（22）
東京第二陸軍造兵廠忠海製作所	忠海町	712,895	厚生省・公園（35）
大阪陸軍航空廠横島出張所	内海町	562,996	農林省・農地（22）
安浦海兵団	安浦町	566,516	農林省・農地（23）
第 11 海軍航空廠小日ノ浦爆弾庫	同	6,027,714	農林省・農地（23）
安浦水尻射的場	同	774,197	その他（昭和 36 年 3 月末現在）
飛渡瀬燃料置場	江田島町	693,463	農林省・農地（23）
秋月弾薬庫地区	同	555,222	提供財産（昭和 36 年 3 月末現在）
第 11 航空廠切串地区	同	703,287	総理府防衛庁（35）
兵学校大原分校	同	1,484,740	総理府防衛庁（35）、農林省（34）
倉橋島燃料置場	倉橋町	1,082,581	農林省・農地（23）
倉橋島発射試験場	同	1,025,914	農林省・農地（22）

出所：「旧軍用財産資料」（大蔵省管財局文書）より作成。

第十八章　広島県（呉市を除く）　595

⑴表をみれば判るように、戦後、大蔵省が広島県内（呉市を除く）で旧軍関係から引き継いだ巨大な旧軍用施設（50万 m² 以上）は、24口座を数える。そのうち 100万 m² 以上の旧軍用施設は9口座、また 500万 m² を超えるものが9口座のうち2口座、そして最大のものは、芸北町にあった旧八幡原陸軍演習場で、実に 1500万 m² を超える。

　50万 m² を超える旧軍用施設が所在していたのは、江田島町の4口座、広島市と安浦町が各3口座、大竹市、八本松町、倉橋町が各2口座、残る8市町村が各1口座という配置状況であった。

　これを地理的にみると、広島湾の中央部にある江田島（海軍兵学校で有名）を中心に、北に広島市域の軍用施設、東に呉の軍港（ややはなれて安浦市）、西に大竹市および山口県岩国市の軍需施設、南は倉橋島と因島（やや離れて愛媛県松山市）という配置構造になっている。なお、忠海町、西条市、八本松町、芸北町はその周縁部ということになろう。

　ちなみに、広島県においては、昭和から平成にかけて市町村合併が甚だしく、昭和49年に西条町と八本松町が合併して東広島市へ、江田島町、沖美町、能美町は平成16年に江田島市へ、倉橋町と安浦町は平成17年に呉市へ編入、同じく平成17年に芸北町は北広島町となっている。ただし、本書では昭和36年当時の市町村名を使用する。

　広島県における巨大規模の旧軍用施設の跡地は戦後どのように転用されたのか。それを概観しておくと、これまでの各県、各地と同様、農林省への有償所管換による開拓農地への転用が圧倒的に多い。口座数でみると巨大軍用施設24口座のうち半数の12口座で農林省への有償所管換が主な転用形態となっている。

　続いては、5口座が総理府防衛庁への無償所管換となっており、提供財産も2口座があって、広島湾を中心とした地域には、軍事的性格が濃厚に残っている。また、呉市における軍事的諸施設などを考え合わすと、これは広島県における旧軍用施設の利用という点での、大きな一つの特徴をなしている。

　さらに、広島県（地方公共団体）が、旧広島飛行場の跡地を「工場敷地造成用地」として昭和28年に取得しているが、その跡地にどのような工場が立地してきたのか、本書の研究課題との関連では大きな関心を呼ぶところである。

　それ以外では、芸北町で旧八幡村が大規模な植林用地を取得しているのが目立つ程度である。

　以上、述べてきたことは、広島県でも巨大規模の旧軍用施設に関することであって、敷地面積が 50万 m² 未満の旧軍用施設は含まれていない。そこで 10万 m² 以上 50万 m² 未満の旧軍用施設がどのようになっているか、その点について概観しておこう。次の表がそれである。

XⅧ-1-(2)表　広島県における大規模な旧軍用施設（10～50万 m²）の概況

(単位：m²、年次：昭和年)

旧口座名	所在地	敷地面積	主な転用先　（　）内は転用年次
野砲兵第5連隊	広島市	137,054	基町軍用地へ口座振替
広島西練兵場	同	107,314	電電公社（28）ほか
牛田作業場	同	183,432	広島市・上水道拡張用地（27）
船舶通信隊	同	127,990	電電公社（28）ほか
広島陸軍兵器補給廠	同	261,480	総理府・警察学校（33）ほか
広島陸軍被服廠	同	174,440	広島県・高校用地（27）
陸軍運輸部	同	138,968	広島県・臨港施設用地（31）ほか
江波町射撃場	同	166,469	広島市・中学校用地（30）ほか
陸軍運輸部峠山倉庫	同	307,438	農林省・農地（26）
同運輸部似島仮倉庫	同	142,327	―未利用―（昭和36年現在）
渕崎軍用地	同	161,311	東洋工業（30）ほか
広島陸軍兵器補給廠包ケ浦分廠一号倉庫	厳島町	230,082	農林省・国有林（28）
馬木陸軍演習場	福木町	372,398	農林省・農地（22）
大楠機関学校大竹分校	大竹市	246,038	農林省・農地（23）
下河原飛行場	大竹市	127,461	農林省・農地（26）
呉海軍軍需部五日市仮倉庫	五日市町	163,872	農林省・農地（23）
三高山堡塁	沖美町	211,275	三高村・村有林（26）ほか
第二原村陸軍演習場	八本松町	121,586	農林省・農地（25）
陸軍運輸部坂村倉庫	坂町	106,886	運輸省・倉庫等（34）
第11航空廠海田市分工場	海田町	203,829	農林省・農地（23）
広島陸軍兵器補給廠ちび貯蔵所阿波島	忠海町	427,030	農林省・農地（22）
東京第二陸軍造兵廠忠海製所	忠海町	111,805	忠海町・魚付林（23）
詫間航空隊福山分遣隊	福山市	159,554	文部省・学校敷地（33）
福山射撃場	同	201,432	農林省・農地（24）
福山練兵場	同	381,191	農林省・農地（22）
船舶砲兵第一連隊	同	141,883	文部省・広島大学教育学部（29）
呉第三海軍病院	黒瀬町	262,051	厚生省・国立療養所（23）
兵学校古鷹水道用地	江田島町	164,084	その他
海軍兵学校	同	318,485	総理府防衛庁（32）
兵学校官舎	同	121,731	総理府防衛庁・公務員宿舎（32）
呉軍需部第4区	同	142,249	貸付中―（昭和36年現在）
呉海軍工廠第6区	同	110,415	農林省・農地（27）
兵学校水道	同	191,480	総理府防衛庁・給水施設（32）
早瀬第一・第二堡塁	音戸町	111,685	農林省・農地（23）
呉病院三っ子島消毒所	同	167,567	農林省・農地（23）
呉海軍工廠第7区	同	133,460	音戸町・児童遊園地（23）ほか
亀ケ首特設防空砲台	倉橋町	160,997	その他
大平山防空砲台	下蒲刈島	183,669	農林省・農地（23）

出所：「旧軍用財産資料」（前出）より作成。

　広島県における 10 万 m² から 50 万 m² までの旧軍用施設は 38 口座である。しかし、この規模での旧軍用施設になると、その所在地も幾分様相が変わってくる。広島市（11 口座）や江田島町

（6口座）に大規模な旧軍用施設が多いのは、巨大規模の場合と同じであるが、この(2)表では、福山市が4口座、音戸町が3口座、それから厳島町、福木町、黒瀬町、下蒲刈島町が新たに登場してくる。この中では福山市が注目を浴びることになる。

　敷地面積では10万m²から50万m²までという限定された範囲での比較になるが、10〜20万m²が26口座、20〜30万m²が7口座、30〜40万m²が4口座、40〜50万m²が1口座という状況になっており、この規模での旧軍用施設としては、10万m²台のものが圧倒的に多い。

　この規模の旧軍用施設についても、その跡地利用は、農林省への有償所管換が圧倒的に多い。しかし、都市部、とりわけ広島市においては、広島県や広島市への譲渡が多く、江田島町では総理府防衛庁への無償所管換が多い。工業用地への転用という視点からは、旧渕崎軍用地の跡地が東洋工業㈱へ払い下げられており、この点に関心が寄せられる。

　以上、広島県における巨大規模な旧軍用施設24口座、および大規模な旧軍用施設38口座、あわせて62の口座について概観してきた。しかし、広島県（呉市を除く）にあった旧軍用施設の口座数は210口座なので、62口座が占める比率は30％弱でしかない。つまり10万m²未満の旧軍用施設が148口座ほど残っている。そうは言っても、その148口座について、その概況を掲示することは手間が掛かりすぎる。そこで10万m²未満の148口座はもとより10万m²以上の口座数も含めて、敷地面積の規模による区分をしておこう。

XⅧ-1-(3)表　広島県における旧軍用施設の規模別口座数および面積
（単位：m²、％）

面積規模	口座数	構成比	面積	構成比
1〜　3千	43	20.5%	48,815	0.1%
3千〜　1万	23	11.0	140,467	0.3
1万〜　5万	57	27.1	1,409,154	2.6
5万〜10万	25	11.9	1,837,696	3.4
10万〜50万	38	18.1	7,182,418	13.2
50万〜100万	15	7.1	10,340,816	19.0
100万〜500万	7	3.3	11,922,532	21.9
500万〜	2	1.0	21,503,274	39.5
計	210	100.0	54,385,172	100.0

出所：「旧軍用財産資料」（前出）より作成。

　この(3)表では、1口座あたりの敷地面積を基準として、口座数および基準内の口座総数の面積を算出したものを掲示している。面積の基準を特に3千m²以上と設定したのは、旧軍用地の工業用地への転用に際しては、最低の譲渡面積を3千m²としているからである。つまり、3千m²未満の旧軍用地では、たとえ工業用地へ転用されていても、それは本書の研究対象からは除外している。

　さて、(3)表をみると、3千m²未満の旧軍用施設は43口座あるが、その43口座のすべてを合計した総面積は、5万m²にも達せず、広島県（呉市を除く）全域における旧軍用施設の総面積

の僅か0.1％を占めるに過ぎない。つまり、旧軍用地の工業用地への転用という点での有意性は少なく、これらを捨象してもほとんど問題はないと言えよう。

　また(1)表および(2)表で示した旧軍用施設、つまり10万m²以上の旧軍用施設（62口座）が占める総面積は、(3)表より算出すると、50,949,040m²となり、全体の約94％弱となる。つまり(3)表では、口座数の構成比率としては、30％弱の旧軍用施設しか掲示していないが、面積から言えば広島県（呉市を除く）の大部分が網羅されていると言っても過言ではない。もっとも、10万m²未満の旧軍用地であっても、工業用地として転用されている口座があることを忘れてはならない。その点については、各域における旧軍用地の具体的な転用状況を検討する中で、明らかにしていきたい。

第二節　広島県（呉市を除く）における旧軍用地の官公庁への譲渡状況

　広島県（呉市を除く）における旧軍用地の転用状況については、官公庁と民間とに区別して考察する。なお、民間の場合でも、工業用地の転用については、別の節で分析することにし、本節では、官公庁への旧軍用地の譲渡を紹介する。その場合には、国家機構、広島県、呉市を除く広島県内の市町村という三つに区分して行う。なお戦後より昭和36年3月末までの期間である。

　まず、国家機構（各省庁）への移管がどのように行われたのか、それを紹介することにしよう。ただし、これまでの各節と同様、移管面積の規模を1万m²以上とし、かつ農林省への有償所管換、および総理府防衛庁への無償所管換、提供財産については、これを割愛していることを予め断っておきたい。

XⅧ-2-(1)表．広島県における旧軍用地の国家機構（各省庁）への移管

（単位：m²、年次：昭和年）

省庁名	用途目的	移管面積	年次	旧口座名
法務省	裁判所	31,194	30	広島陸軍幼年学校
同	同	14,588	30	同
同	広島拘置所	13,671	26	第5師団兵器部基町倉庫
大蔵省	公務員宿舎	10,251	28	船舶通信隊
法務省	刑務所	34,846	28	広島飛行場
大蔵省	合同宿舎	14,033	30	同
同	公務員宿舎	10,916	28	広島陸軍兵器補給廠
総理府	警察学校	52,783	33	同
文部省	広島大学	47,234	33	同
建設省	公務員宿舎	11,341	35	同
大蔵省	専売局庁舎	26,001	24	広島陸軍糧秣支廠
総理府	警察学校	214,806	26	大竹海兵団
厚生省	大竹病院	131,838	23	大竹潜水学校

同	同	52,938	24	同
運輸省	庁舎・倉庫	27,160	34	陸軍運輸部坂村倉庫
大蔵省	公務員宿舎	13,284	36	海田市軍需品集積用地
厚生省	公園	128,334	35	東京第二陸軍造兵廠忠海製作所
同	同	575,624	35	同
文部省	学校敷地	115,406	33	詫間航空隊福山分遣隊
同	広島大学	125,947	29	船舶砲兵第一連隊
大蔵省	公務員宿舎	10,433	35	同
厚生省	国立病院	11,408	27	福山陸軍病院
同	国立療養所	169,322	23	呉第三海軍病院

出所：「旧軍用財産資料」（前出）より作成。

2-(1)表では、呉市を除く広島県内の旧軍用地で、国家機構（各省庁）へ移管された件数は23件である。これを各省庁ごとに分類して整理してみると次のようになる。

XⅧ-2-(2)表　広島県における旧軍用地の国家機構への移管（総括表）
（昭和36年3月末現在）

（単位：m²、年次：昭和年）

省庁名	件数	移管面積	移管年次　（　）内は件数
厚生省	6	1,069,464	23（2）、24、27、35（2）
大蔵省	6	84,918	24、28（2）、30、35、36
法務省	4	94,299	26、28、30（2）
文部省	3	288,587	29、33（2）
総理府	2	267,589	26、33
運輸省	1	27,160	34
建設省	1	11,341	35
計	23	1,843,358	20年代（11）、30年代（12）

出所：2-(1)表より作成。

(2)表をみれば判るように、広島県（呉市を除く）における旧軍用地の国家機構への移管（いずれも無償所管換）は合計で23件、その面積は184万m²である。これには前述したように、1万m²未満の移管分は含まれていない。また農林省への有償所管換分（開拓農地用）と総理府防衛庁への無償所管換も含まれていない。

各省庁への移管件数をみると、厚生省と大蔵省への移管が各6件で最も多く、次いでは法務省の4件、文部省3件、総理府2件、運輸省と建設省が各1件となっている。これを移管面積からみると、厚生省の約107万m²が群を抜いて大きく、次に文部省約29万m²、総理府約27万m²と続き、大蔵省と法務省が9万m²弱、運輸省と建設省は3万m²未満という状況になっている。

旧軍用地が各省庁へ移管された時期を年代的にみると、昭和20年代が11件、30年代が12件とほぼ同じ件数である。しかしながら、相対的にではあるが、岡山県などに比べると、広島県における旧軍用地の各省庁への移管は時期的にみて幾分遅い。

なお、2-(1)表の中で特に気がつくことは、法務省が裁判所、拘置所、刑務所という一連の施設を取得していることである。

また、大蔵省が旧広島糧秣廠支廠の跡地2万6千m²を昭和24年に取得しているが、その用途目的は「専売局庁舎」となっている。その後、日本専売公社が民営化されたので、民間として取り扱うべきかもしれないが、ここでは「大蔵省」として計上することにした。

次に、広島県における地方公共団体（県および市町村）が旧軍用地を取得した状況についてみておこう。

XⅧ-2-(3)表　広島県における旧軍用地の地方公共団体への譲渡状況（昭和36年現在）

（単位：m²、年次：昭和年）

譲渡先	用途目的	譲渡面積	譲渡形態	年次	旧口座名
広島県	工場敷地用	762,698	時価	28	広島飛行場
同	高校用地	96,136	交換	35	広島陸軍被服廠
同	広島工業高	24,209	減額50%	35	同
同	臨港施設用	4,655	交換	31	陸軍運輸部
同	県立試験場	4,687	時価	23	広陸兵補廠忠海分廠（2）
広島県計		892,385			
広島市	小学校用地	12,787	譲与	30	陸軍幼年学校
同	市民病院用	27,347	譲与	34	広島西練兵場
同	中学校用地	23,140	譲与	30	広島東練兵場
同	上水道用地	72,143	譲与	27	牛田作業場
同	同	83,890	譲与	27	牛田軍用水道水源地
同	小学校用地	19,834	譲与	31	宇品軍隊集合所
同	中学校用地	23,295	譲与	30	江波町射撃場
同	小学校用地	30,346	譲与	30	似島馬匹検疫所
宮島町	海水浴場他	94,199	時価	27	兵器廠包ケ浦分廠1倉庫
福木町	中学校用地	26,548	時価	23	馬木陸軍演習場
八幡村	植林用地	9,311,404	時価	26	八幡原陸軍演習場
同	同	1,327,060	時価	31	同
大竹市	高・中学	39,748	時価	25	大楠機関学校大竹分校
小方町	中学校用地	14,079	時価	27	大竹潜水学校
廿日市町	町営住宅	13,239	減額50%	28	呉海軍軍需部
三高村	村有林	116,628	時価	26	三高山堡塁
同	開発用地	39,166	時価	27	岩根鼻兵器格納場
原村	溜池砂防用	14,542	――	31	第一原村陸軍演習場
八本松町	中学校用地	44,083	減額	33	同
同	保育所他	42,777	時価	37	同
海田町	中学校用地	36,053	減額50%	27	第11航空廠海田市分工場
忠海町	魚付林	111,805	時価	23	東京第二陸造忠海製作所
因島市	学校用地	21,254	減額※	35	大陸航空廠・因島出張所
福山市	公園墓地	19,835	時価	25	福山射撃場
同	市営住宅	67,769	時価	25	福山練兵場

安浦町	中学校用地	29,412	時価	24	安浦海兵団
中黒瀬村	同	22,998	減額40%	28	呉通信隊中黒瀬分遣隊
乃美尾村	高校用地	17,404	減額50%	27	呉第三海軍病院
江田島町	中学校用地	10,677	特価※	26	海軍兵学校
同	同	14,124	減額50%	34	同
同	町道	13,593	公共物	36	兵学校水道
音戸町	児童遊園地	22,408	時価	23	呉工廠第7区（大浦崎）

出所：「旧軍用財産資料」（前出）より作成。なお表中の「減額※」（因島市）は、減額50%、40%、10%と三つの減額率があった。また、「特価※」（江田島町）とあるのは、時価よりも低い価格であったことは確かであるが、その減額率は不詳である。

2 -(3)表については、まず地方公共団体としての広島県が取得した旧軍用地について検討していこう。「広島県」が取得した旧軍用地は5件で、その取得総面積は約90万 m^2 であった。そのうちの4件は広島市内、それも広島市の臨海部に位置していたもので、取得面積はおよそ89万 m^2 である。

「広島県」が旧被服廠跡地で取得した「高校用地」は、県立皆実高校の建設用地だったと推測される。また旧運輸部跡地で取得した「臨港施設（用地）」は、具体的には宇品海岸三丁目にある県営上屋だと推測される。

「広島県」が取得した旧軍用地で最も注目すべきは、旧広島飛行場の跡地で約76万 m^2 を「工場敷地用」として取得していることである。問題は、県が取得した「工場用地」に、その後、どのような企業が進出してきたかである。

ここでは旧広島飛行場の跡地利用について検討してみよう。

旧飛行場の西側部分は法務省所管の広島刑務所があり、また吉島西地区は刑務所職員住宅を含む住宅用地となっている。したがって、「広島県」が取得した吉島の東地区をみると、そこに立地している工場としては中国塗料があるだけで、それ以外には吉島小学校、同中学校、さらには吉島県営アパートが立地している。これが昭和59年2月の現状である[1]。

したがって、「広島県」が取得した「工場敷地用地」としては、中国塗料による1工場の立地に留まっている。その原因としては、工場用地としては地価が高かったために、工場の進出が困難となり、替わって県営アパート群へ用途転換したものと推察される。

広島市以外で「広島県」が取得した旧軍用地は、忠海町（現竹原市）にあった旧兵器補給廠の跡地である。ここで「広島県」は陶磁器の試験所用地を取得している。試験場ではあるが、業種的には窯業に属すると見なしてもよいほどの規模である。

次に、市町村による旧軍用地の取得状況をみていくことにしよう。

広島県における各市町村による旧軍用地の取得は全部で32件（1件あたり1万 m^2 以上）である。その中で目立つ特徴は、第一に広島市による旧軍用地の取得が8件に達するということである。これに続いては江田島町の3件であり、いずれも旧軍用施設が多かった地域での取得となっている。

第二に目立つ特徴は、広島市における 8 件の旧軍用地（1 万 m² 以上）の取得形態が、いずれも「譲与」となっていることである。これは全国的にみても極めて例外的な事態であり、広島市が原爆被災地であるという特殊歴史的な条件に規定されたものである。旧軍用地の払下げが「譲与」という形態をとったのは、いわば国家的支援政策の一環とみなしても良いであろう。なお、同じような事例が長崎市でみられるかどうかが、一つの検討課題となるであろう。

　第三に、広島市や江田島町のほかにも多くの市町村で旧軍用地の取得がみられるということである。とりわけ、旧村時代に旧軍用地の取得をしている事例が目立つ。そこで平成 20 年現在までに至る市町村合併の簡単な略年譜を作っておこう。

XⅧ-2-(4)表　旧軍用地取得関連の市町村合併の略年譜

旧市町村名	途中経過	平成 20 年現在の名称
厳島町	昭和 25 年に宮島町	平成 17 年に廿日市市
福木町	（昭和 31 年に安芸町）	昭和 49 年に広島市
八幡村	昭和 31 年に芸北町	平成 17 年に北広島町
小方町	→	昭和 29 年に大竹市
三高村	昭和 31 年に沖美町	平成 16 年に江田島市
原村	昭和 31 年に八本松町	昭和 49 年に東広島市
安浦町	→	平成 17 年に呉市
中黒瀬村	昭和 29 年に黒瀬町	平成 17 年に東広島市
乃美尾村	昭和 29 年に黒瀬町	平成 17 年に東広島市
忠海町	→	昭和 33 年に竹原市
音戸町	→	平成 17 年に呉市

出所：『全国市町村要覧』、第一法規、昭和 48 年版および平成 19 年版より作成。

　2-(4)表は広島県において旧軍用地を取得した市町村が、昭和および平成期の市町村合併でどのような経過をたどったのか、それを簡単にまとめたものである。以下の文章では旧町村名を用いることになるが、平成 20 年現在の地名については、この 2-(4)表を参照されたい。

　さて、広島県における市町村による旧軍用地の取得で目立つもうひとつの特徴は、八幡村が昭和 26 年と 31 年の 2 回にわけてではあるが、八幡原陸軍演習場の跡地を植林用地として 1,000 万 m² 以上の用地を取得していることである。戦時中における乱伐による森林資源の枯渇と治山治水を目的とした用地取得だったと思われる。もっとも、一つの村が、これだけの規模の旧軍用地を取得した事例は、全国的にみても稀である。

　旧軍用地を特殊な用途目的で取得しているのは宮島町である。同町は、「海水浴場および水族館等」を用途目的として旧広島陸軍兵器補給廠包ケ浦分廠第一倉庫（2-(3)表では略記）の跡地 9 万 4 千 m² を昭和 27 年に取得している。周知のように、厳島神社は「古来より島全体が神域とされ」[2]、1996 年に世界の文化遺産に登録されたが、戦時中には「倉庫」が、軍用施設として設置されていたのである。それが戦後に宮島町へ払い下げられ、海水浴場や水族館として転用したことが、結果としては世界遺産へ登録される遠因となったとも言えよう。

第十八章　広島県（呉市を除く）　603

　特殊な事例としては、原村が昭和31年に「溜池砂防用地」として1万4千m²強を取得している。護岸用地や砂防林用地を用途目的とした旧軍用地の取得は各地でみられるが、規模は小さくても、溜池砂防用という用途目的で取得した事例は全国的にみても珍しい。

　なお、旧海兵出身者にとっては思い出の多い旧海軍兵学校の跡地が、その一部ではあれ、中学校用地へ転用しているのは、まさしく感無量であろう。

　1）　都市地図『広島市』、昭文社、昭和59年2月を参照。
　2）　『世界遺産の旅』、小学館、1999年、174ページ。

第三節　広島県（呉市を除く）における民間（製造業を除く）への譲渡状況

　これまでは広島県における旧軍用地を国家機構および地方公共団体がどのように取得してきたかについてみてきた。本節では、民間企業等による旧軍用地の取得状況を明らかにしていきたい。もっとも、本書が基本的課題としている旧軍用地の工業用地への転用については独自に検討するので、ここでは製造業による旧軍用地の取得は除外している。

　さて、広島県における旧軍用地の民間への譲渡については、1件あたり1万m²以上のものに限定し、企業への譲渡については、3千m²以上に限定しておく。それらを一括したものが次表である。

XⅧ-3-(1)表　広島県における旧軍用地の民間（製造業を除く）への転用

（単位：m²、年次：昭和年）

民間企業等名	業種用途	取得面積	取得形態	年次	旧口座名
日本電電公社	電信電話業	31,194	交換	28	広島陸軍幼年学校
広島電鉄	運送業	5,822	時価	31	兵器部西町倉庫
日本電電公社	電信電話業	35,134	交換	28	広島西練兵場
広島バスセンター	運送業	8,738	時価	35	同
広鉄工業	建設業	6,579	時価	29	捜索第5連隊
安田学園	学校用地	32,995	減額50%	28	工兵第5連隊
日本電電公社	電信電話業	24,850	交換	28	船舶通信隊
安田学園	幼稚園用	10,265	減額	29	同
国鉄	バス営業所	13,624	時価	34	広島陸軍被服廠
芸備倉庫	倉庫業	6,602	時価	24	兵補廠宇品出張所
広島電鉄	運送業	19,834	時価	25	江波町射撃場
共栄商事	販売業	5,562	時価	27	運輸部金輪島倉庫
広島授産組合	サービス業	11,342	時価	23	渕崎軍用地
大竹高学校組合	高校用地	24,681	時価	26	大竹海兵団
東京貿易	原料用地	22,108	時価	28	鹿川燃料置場
北野商会	運送業	8,497	時価	27	運輸部坂村倉庫

大野石油店	販売業	4,136	時価	28	同
海田高学校組合	高校用地	36,291	減額※	34	海田市軍需品集積所
藤田工業	建設業	4,927	時価	34	同
中国興業	建設業	5,976	時価	28	忠海港汽船発着所
暁の星女子学園	学校用地	31,405	時価	24	福山練兵場

出所：「旧軍用財産資料」（前出）より作成。表中「減額※」とあるのは、「減額率50%・40%」である。

3-(1)表の中には、説明を要する業種や企業も含まれているが、広島県において民間企業（製造業を除く）が旧軍用地を取得しているのは21件である。これを業種別に整理してみると、次のようになる。

XⅧ-3-(2)表　広島県における旧軍用地の民間（製造業を除く）への転用

(単位：m^2、年次：昭和年)

業種	件数	取得面積	取得年次　（ ）内は件数
学校法人	3	74,665	24、28、29
学校事務組合	2	60,972	26、34
建設業	3	17,482	28、29、34
運送業	4	40,996	25、27、31、35
倉庫業	1	6,602	24
販売業	3	31,806	27、28 (2)
サービス業	1	11,342	23
電電公社	3	91,178	28 (3)
国鉄	1	13,624	34
計	21	348,667	20年代 (16)

出所：3-(1)表より作成。

(2)表にある「学校事務組合」とは、特定の学校の設立という特定の目的に関する行政行為を複数の市町村が共同して行う組織のことであり、本来は地方公共団体的性格のものである。ただ、これを市町村として統計的に処理しなかったのは、ただ、単一の地方公共団体による学校用地の取得ではないことを明らかにするという便宜的措置であって、それ以外に特別の理由があったわけではない。

また、電電公社と国鉄についても、国家的企業なので、これを民間と同列にするという問題もあるが、これまでにも述べたように、それぞれの民営化という歴史的経緯を踏まえて、(1)表に掲示している。

さて、内容的にみると、医療関連や社会福祉関連の民間による取得がみられないのが、広島県における民間による旧軍用地転用の特徴となっている。

産業という視点からみれば、運送業は4件であるが、この中には、バスターミナルを含ませており、運送そのものを営利活動としている企業への譲渡件数は3件となる。これは建設業、販売

業と同じ件数である。そのほかに、倉庫業およびサービス業が各1件ある。

　しかしながら、漁業や鉱業、あるいは観光業などによる旧軍用地の取得が、広島県の場合にはみられない。

　電電公社による旧軍用地の取得も3件あり、旧軍用地の取得面積としては、これが最大の取得をしていることになる。

　国鉄による用地取得は自動車営業所用地であり、いわゆる国鉄バスの営業所用地である。取得件数も1件で取得面積もそれほど大きなものではない。もとより国鉄（現在はJR）も運送業であるが、これは民営化されているとはいえ、国家企業的性格が強いので特別に摘出して掲示しておいた。

　広島県における民間企業（製造業を除く）による旧軍用地の取得とその転用状況は以上の通りであって、とくに取り上げて論ずるような問題はない。

第四節　広島県における民間（製造業）による旧軍用地の取得状況

　昭和36年3月までの期間、広島県において旧軍用地が工業用地へと転用された件数は50件に達する。地域的にみれば、広島市内の都心部では都市中枢的諸施設への転用が多く、旧軍用地の工業用地への転用は相対的に少ない。しかし、広島県の臨海部は、瀬戸内工業圏の一翼を担っているだけに、工業用地への転用が数多くみられる。広島県の旧軍用地が工業用地（3千m²以上）へと転用された事例をまとめたのが次表である。

XⅧ-4-(1)表　広島県における旧軍用地の工業用地への転用状況

（単位：m²、年次：昭和年）

企業名	業種用途	取得面積	年次	旧口座名
中国電力	電力供給業	20,002	25	広島陸軍被服廠
中野工業	金属製品	13,324	24	広島糧秣支廠
松尾糧食工業	食品	4,234	27	同
金輪島海産	食品	19,396	23	陸軍運輸部金輪島工場他
金輪島ドック	造船	45,365	33	同
同	同	98,932	33	同
金輪島海産	食品	4,297	23	渕崎軍用地
東洋工業	自動車工業	72,907	30	同
日本紙業	製紙業	8,477	34	大竹海兵団
三田染工場	染色業	12,805	24	大竹潜水学校
同	同	3,717	24	同
大竹紙業	製紙	67,243	25	同
新光レーヨン	化学工業	51,410	26	同
大竹紙業	製紙	28,000	26	同
同	同	20,820	28	同

同	同	5,364	31	同
三菱レイヨン	化学工業	7,091	33	同
同	同	3,503	34	同
中国共同印刷	印刷業	8,195	23	第332航空隊送信部
東洋紡績	繊維工業	61,646	24	第11海軍航空廠能美工場
岩手缶詰	食品	5,984	31	海田市軍需品集積用地
広島鋳物工業	一般機械	20,774	32	同
広島ガス	ガス供給業	122,014	32	同
松田商店	製材業	9,532	32	同
宇部興産	セメント	68,715	33	同
海田市漁協	海産加工業	6,611	33	同
東洋チップ工業	チップ製造	3,990	33	同
広島紙器	紙器製造	9,876	34	同
徳島ハム	食品	6,611	34	同
第一自動車ボディ	自動車部品	8,243	34	同
亀屋紙工	紙加工業	7,132	34	同
黒石鉄工	鉄加工業	4,953	34	同
今西製作所	一般機械	8,641	34	同
中国工業	金属製品	9,866	34	同
蔵田金属工業	輸送機械	15,601	35	同
同	同	15,583	35	同
日本肥料	化学工業	10,482	29	忠海港及二窓汽船発着場
山陽製網所	漁網製造	5,487	24	広陸兵補給廠忠海分廠Ⅱ
呉布巾工業	繊維工業	7,358	24	同
西日本農機	金属製品	8,480	29	同
旭産業	澱粉工業	4,284	26	大阪陸軍航空廠因島出張所
電源開発	火力発電	6,410	35	東二陸造・忠海製作所
中国紡織	繊維工業	6,800	22	福山狭窄射撃物他
丸善石油	石油精製業	79,229	35	大陸航空廠横山出張所
中国紡織	繊維工業	30,902	23	第5船舶輸送司令部他
帝国製鉄	製鉄業	78,309	32	安浦海兵団
安浦紡織	繊維工業	5,872	33	同
帝国製鉄	製鉄業	5,448	33	同
中国化薬	化学工業	74,126	34	第11航空廠切串地区
同	同	63,281	34	同

　　出所：「旧軍用財産資料」（前出）より作成。なお原資料には「中国紡績」とあったが、これ
　　を「中国紡織」と修正した。

　　4-(1)表を一瞥して、第一に感じることは、特定の旧軍用施設の跡地で、いわば集中的な旧軍
用地の払下げがみられるということである。すなわち、海田市軍需品集積用地の跡で16件、大
竹潜水学校跡地で9件というのがそれである。したがって、この二つの地域については、詳しく
分析してみる必要がある。

　　この二つの跡地以外では、陸軍運輸部金輪島工場および倉庫の跡地、それから広島陸軍兵器補
給廠忠海分廠（そのⅡ）の跡地で、それぞれ3件の工業用地への転用がみられるので、一定の地

第十八章　広島県（呉市を除く）　607

域分析を行うことにする。

　次に気づくのは、ガス製造業の広島ガスが取得した1件（12万 m²）を除いて、10万 m² 以上の旧軍用地を取得した件が見当たらないということである。つまり、広島県における旧軍用地の工業用地への転用では、巨大規模のものがみられないということである。

　もっとも、1件あたりの取得面積が5万 m² を超えるものは幾つかある。金輪島ドック（98,932 m²）、丸善石油（79,229 m²）、帝国製鉄（78,309 m²）、中国化薬（74,126 m²）、東洋工業（72,907 m²）、宇部興産（68,715 m²）、大竹紙業（67,243 m²）、中国化薬（63,281 m²）、東洋紡績（61,646 m²）、新光レーヨン（51,410 m²）がそれである。これらの企業の多くが大企業であり、かつ旧財閥系企業であることに留意しておきたい。

　しかしながら、5万 m² 以上の旧軍用地を取得していない業種もある。食料品製造業、金属製品製造業がそれである。また製紙工業では7件中1件、繊維工業でも6件中1件という具合に、中小企業が多く存在している業種では大規模な旧軍用地の取得がないか、あるいは少ないという状況にある。

　続いて、業種や取得企業に対する個別的な問題について言及しておこう。まず電力およびガス供給業については、用水供給業も含めて、一つの産業部門とすることも可能である。実際に、総理府統計局が昭和47年に行った事業所統計調査では、そうした産業区分を行っている。しかし、前述したように、これらの業種では、電力、ガス、用水を生産しているのであり、本書では、これを製造業の一種として取り扱うことにしている。

　次の問題は、化学繊維を生産している事業所を、化学工業とするか、それとも繊維工業へ分類するかという問題である。総理府統計局が行った昭和47年の事業所統計調査では、産業中分類「化学工業」（F26）の中に、小分類として「264 化学繊維製造業」を含めているが[1]、他方、企業産業分類との対応表では、繊維工業（Fe12）の中に、F20（繊維工業）と F264（化学繊維製造業）の両者を含める[2]という統計上の処理がみられる。本書では、化学繊維製造業を化学工業として分類した。

　以下では、広島県における旧軍用地の工業用地への転用を業種別にみた場合にどのような問題があるのか、その検討を行いたい。次の表は、4-(1)表を業種別に統括したものである。

XⅧ-4-(2)表　広島県における旧軍用地の工業用地への転用に関する業種別統括表

（単位：m²、年次：昭和年）

業種	件数	取得面積	取得年次　（　）内は件数
食品工業	9	88,191	23 (3)、26、27、31、33 (2)、34
繊維工業	6	97,813	22、24 (5)
木材加工業	2	13,522	32、33
製紙工業	7	146,912	25、26、28、31、34 (3)
印刷業	1	8,195	23
窯業	1	68,715	33
化学工業	6	209,893	26、29、33、34 (3)

石油精製業	1	79,229	35
鉄鋼業	3	88,710	32、33、34
金属加工業	3	31,670	24、29、34
一般機械工業	2	29,415	32、34
輸送機械工業	6	256,631	30、33（2）、34、35（2）
電力供給業	2	26,412	25、35
ガス供給業	1	122,014	32
計	50	1,267,322	20年代（20）、30年代（30）

出所：4-(1)表より作成。※収録したのは昭和35年度まで。

　広島県（呉市を除く）における旧軍用地の工業用地（3千m²以上）への転換状況について、これを業種別に区分してみると、次のようなことが明らかとなる。

　まず、旧軍用地の取得件数で最も多いのは、食料品工業の9件で、その次が製紙工業の7件、さらに繊維工業、化学工業、輸送用機械器具製造業の3業種が各6件となって続いている。つまり業種別取得件数という視点からみれば、広島県における旧軍用地の工業用地への転換は、消費財生産部門への転換が主たるものとなっている。このうち、化学工業と輸送機械製造業の各6件について詳しくみると、化学工業の内容は化学繊維製造業が3件、肥料製造業が1件、化薬製造業が2件となっており、また輸送用機械器具製造業では自動車工業関連が4件、中小鋼船製造業が2件となっている。したがって、業種としては重工業に分類しうる化学工業と輸送機械製造業ではあるが、内容的には、やはり消費財的性格が強いものとなっている。ただし、これはあくまでも、旧軍用地の取得件数から判断したものであって、そのような判断は取得面積からも検討しなくてはならない。

　そこで、旧軍用地の取得面積を業種別にみると、輸送機械製造業（約26万m²）、化学工業（約21万m²）、製紙工業（約15万m²）がその主たるものであり、食品工業や繊維工業、そして鉄鋼業がおよそ9万m²を取得している。さらに石油精製業が約8万m²の旧軍用地を取得している。したがって、旧軍用地の取得面積という点では、消費財生産部門というより素材供給型が中心となっている。

　次に旧軍用地の取得年次を業種別にみると、繊維工業は昭和20年代において取得しており、輸送機械製造業と一般機械製造業、そして鉄鋼業と木材加工業は、昭和30年代前半期に集中して取得しているという、業種によって旧軍用地を取得した時期が異なるという特殊性を検出することができる。

　もっとも、食料品工業、製紙工業、化学工業、金属製品製造業では昭和20年代と同30年代を通じて旧軍用地を取得している業種もある。

　広島県（呉市を除く）における旧軍用地の工業用地への転換総面積は、およそ127万m²である。この127万m²という数字は、全国的にみると、旧軍用地を多く取得した都道府県の順位としては、第六位である。ただし、その全体的な取得時期をみると昭和20年代が20件、そして昭

和 30 年代が 30 件で、相対的にではあるが、比較的遅いという印象をもつ。しかしながら、この昭和 30 年代に 30 件というのは、より正確に言うと、その 30 件のすべてが、昭和 35 年までの取得であるという他府県にみられない時期的特殊性を検出することができる。これは広島県に関する資料が、昭和 35 年までに限定されているからである。

だが、事実としては、昭和 35 年以降においても、旧軍用地の工業用地への転用があり、それらが表記されていないのは、原資料の限定的性格によるものである。

さて、昭和 20 年代にあっては、開拓農地を用途目的とした農林省への有償所管換は全国的な課題でもあったから、これを別として、広島県の場合には、原爆被災地域である広島市を中心に、いちはやく生活物資の確保を図ることが重視されたためと思われる。食品、繊維、製紙をはじめとする消費財生産部門への旧軍用地の払下げが多かったのはそのことを裏付ける。

昭和 30 年代の前半については、自動車工業（東洋工業）を中心とする関連諸工業による旧軍用地の取得が顕著となる。それは高度経済成長にむけた第一歩でもあった。

これらのことは、旧軍用地の転用に係わる地域の具体的な分析によって確認していかねばならない。

1）『会社企業名鑑』、総理府統計局編、昭和 49 年版、XIIページ。
2）同上書、VIIページ。

第五節　広島県における民間（製造業）による旧軍用地取得の地域別総括

広島県（呉市を除く）において、旧軍用地の工業用地への転用が市町村別にどのように行われたかについては、4 -(1)表を市町村別に区分しなければならない。もとより旧軍用施設の所在地を示した 1 -(1)表と併用すれば、その概要は明らかになるが、1 -(1)表には掲示していない旧軍用施設もあるので、旧軍用地が工業用地（3 千 m^2 以上）へと転用された 50 件を市町村別に分類しておこう。次表がそれである。ただし、市町名は平成 20 年現在ではなく、呉市等との関連で、昭和 36 年現在の地名によることにした。

XVIII- 5 -(1)表　広島県における旧軍用地の工業用地への転用に関する地域別統括表

（単位：m^2、年次：昭和年）

市町名	件数	取得面積	取得年次　（　）内は件数
広島市	8	278,457	23（2）、24、25、27、30、33（2）
大竹市	11	216,625	23、24（2）、25、26（2）、28、31、33（2）、34（2）
能美町	1	61,646	24
海田町	16	324,126	31、32（3）、33（3）、34（7）、35（2）
忠海町	5	38,217	24（2）、29（2）、35

因島市	1	4,284	26
福山市	2	37,702	22、23
内海町	1	79,229	35
安浦町	3	89,629	32、33（2）
江田島町	2	137,407	34（2）
計	50	1,267,322	22〜25（13）、26〜29（7）、30〜35（30）

出所：4-⑴表より作成。

5-⑴表をみると、広島県（呉市を除く）における旧軍用地の工業用地への転用件数は、海田町の16件と大竹市の11件が群を抜いている。この2地域に次ぐのが広島市の8件である。それ以外では忠海町（現竹原市）の5件、安浦町（現呉市）の3件がある。福山市では2件の旧軍用地取得があるが、これに内海町（現福山市）の1件を加えると、3件となる。同様に江田島町の2件と能美町の1件を加えると、現江田島市も3件となる。因島市（平成20年現在は尾道市）での取得は1件である。

次に、旧軍用地の取得面積の大きさを地域別にみると、海田町、広島市、大竹市、江田島町、安浦町という順になる。

旧軍用地の取得年次をみると、特に目立つのは、旧軍用地の取得件数が最も多い海田町での取得が、いずれも昭和30年代となっており、これには何かの事情があったものと推測される。それ以外の地域では、そうした時期的に特定化した状況にはない。もっとも、すべての譲渡時期が昭和35年度までであることは先述した通りである。

第六節　広島県における旧軍用地の工業用地の転用に関する地域分析

本節においては、広島県における旧軍用地の工業用地への転用状況について、これを地域別に分析していく。

1．広島市

終戦直後における広島市の状況を、旧軍用財産と関連させながら把握するために、まずは、二つの引用文を紹介しておこう。

「昭和20年8月6日の原爆は30万人の被害者と市域の80％、建物の90％を壊滅した。軍事都市として時代と共に繁栄してきた広島市の産業経済も同時に瀕死の打撃をうけた。しかし、終戦後は平和都市としての再建に立ちあがり、平和都市建設と共に平和産業都市としての産業構造の転換が力強く推進されている。かっての膨大な軍用地、軍用施設は一般に解放され再建のために大きな貢献をしていることも運命の皮肉である。いま参考のために、これら軍用施設についてみると、――施設件数64、土地面積約178万坪、建物6万5千坪に及んでいる」[1]

「軍都として発展して来た広島市には旧東西両練兵場をはじめ、戦後国有財産に編入せられた旧軍用地が170万坪近くあった。木原市長はこれに着目して、これらの特別払下げを図り、21年9月末以来、市会とともに、その目的達成のために関係方面へ猛運動を展開し、折衝の結果、翌年1月末ごろまでには約75万坪の無償または有償の払下げまたは貸与しうる見込を確立するに至った」[2)]

　これら二つの引用文からも判るように原爆被災地である広島市の復興には、戦前にあった膨大な旧軍用施設（旧軍用地）の転用が大いに期待され、市長や市議会もそのために奮闘努力している。その経緯については、『広島新史』（経済編）にある「旧軍用地払い下げ問題の難航」という一文に詳しい[3)]。

　その具体的な成果は、「広島平和記念都市建設法」の制定であった。この法律が効力をもつためには市民投票が必要であったが、有効投票数78,192、うち賛成71,852、反対6,340という圧倒的賛成であった[4)]。かくして、広島平和記念都市建設法は昭和24年8月6日に法律第219号として制定される。

　この法律の目的は、その第一条において「この法律は、恒久の平和を誠実に実現しようとする理想の象徴として、広島市を平和記念都市として建設することを目的とする」と規定されている。しかしながら、この法律が制定される経緯をみると、もっとも重要な条文は、その第四条の「特別の助成」である。すなわち、この第四条では、「国は、平和記念都市建設事業の用に供するために必要があると認める場合においては、国有財産法（昭和23年法律第73号）第二十八条の規定にかかわらず、その事業の執行に要する費用を負担する公共団体に対し、普通財産を譲与することができる」となっている。簡単に言えば、「国は、平和都市の建設について、特別の助成をする。国有財産の譲与がそれである」[5)]というものであった。これが、「旧軍港市転換法」（昭和25年）の先駆的なものであったことに留意しておきたい。

　ところで、戦後、旧軍関係より大蔵省が引き継いだ広島市内の旧軍用施設は、昭和35年現在58口座で、その総面積は、5,807,314㎡（1,759,792坪）であった[6)]。この面積は、上記二つの引用文に掲載されている「178万坪」あるいは「170万坪近く」という数字がほぼ正確であることを示している。

　これらの旧軍用施設のうち、敷地面積が50万㎡以上のものは3口座、10万㎡から50万㎡のものが11口座あったことは、既に諸表で明らかにしている。

　戦後において広島市内にあった旧軍用地が国家機構（省庁）へ移管されたものは、農林省への有償所管換（昭和23年、26年、27年の3件、計915,226㎡）をはじめ[7)]、無償所管換は2-(1)表で示したように、法務省（4件、94,299㎡）、大蔵省（4件、61,201㎡）、以下総理府（1件、52,783㎡）、文部省（1件、47,234㎡）、建設省（1件、11,341㎡）で、有償所管換および無償所管換を合計すると、1,182,084㎡となる。

　地方公共団体としての広島県が取得した旧軍用地（5件）は、すべて広島市内にあった旧軍用施設の跡地で、その合計面積は2-(3)表に示したように892,385㎡である。

また、地方公共団体としての広島市が取得した旧軍用地（8件）の面積を合計すると、292,782 m² となる。なお、この広島市による旧軍用地の取得は、その用途目的に学校用地が多かったとはいえ、すべてが「譲与」であった。このことは、既に、全国的にみても稀な特徴であるが、これが先に紹介した「広島平和記念都市建設法」に拠るものであることは明らかである。

さらに、製造業を除く民間企業等が広島市内で取得した旧軍用地は、3 -(1)表でみると13件で、その合計面積は 212,541 m² である。

そして、ここで問題にする広島市内における旧軍用地の工業用地への転用は、4 -(1)表によると8件、転用面積は 278,457 m² である。

以上に示した広島市内における旧軍用地の転用面積を総計してみると、2,853,562 m² となり、これは戦後大蔵省が引き継いだ面積 5,807,314 m² の約49％である。つまり、具体的に示された旧軍用地の転用面積が約半数に止まるのは、以下の理由によるものである。すなわち、これまでの諸表で示した旧軍用地については、その取得面積を 1 万 m² 以上（製造業、一部の産業については 3 千 m² 以上）のものに限定しているからであり、また個人を対象とした住宅用地への転用などは捨象しているからである。

本題に入る前に、広島市内における旧軍用地の転用状況を概観したのは、第一に、本題との関連では、旧軍用地の工業用地への転用が面積規模からみて、極めて小さいということを指摘したかったからである。つまり、工業用地への転用面積は、大蔵省が引き継いだ面積の僅か4.8％でしかない。

第二の理由は、これまでは指摘しなかったが、広島市内では、総理府防衛庁への旧軍用地への移管が全くなかったということである。これは軍都広島市というイメージを払拭し、平和産業都市への転換という政策的な面もあったろうが、後述するように、広島市内の中心部（通称、旧基町軍用地）の土地利用に関する問題とも関連しているように思える。

そこで、旧軍用地の工業用地への転換という基本テーマからは外れるが、旧軍用財産の転用という視点からは重要な問題でもあるので、広島市の中心部（基町地区）における旧軍用地の転換に関する経過を紹介しておきたい。

この基町地区に関する戦後の歴史的経緯については、大蔵省大臣官房戦後財政史室による、次のような記述がある。やや長いが引用しておこう。

「(1)　取得経緯及び使用状況（基町地区における旧軍用施設の歴史につき省略—杉野）

(2)　大蔵省が引き受けた区分ごとの数量

昭和20年11月　この地区21口座で合計128万3千 m²（38万8千坪）の土地を引受けた。このほか建物、工作物のほとんどは焼失していて引受けた数量は僅かで見るべきものもないので省略する。

(3)　転用状況

イ．基町旧軍用地は、山陽線広島駅の西方約 1.5 キロの地点にあって、ほぼ都心に近く南に市内随一の繁華街である紙屋町、八丁堀などの高層ビルが立ち並ぶ町なみを控えた一等地ともいえ

る地域で現在（昭和48年—杉野）広島城の東側の地区には、財務局、建設局、通産局などの地方出先機関22官署が入居している合同庁舎をはじめ、高等裁判所、地方裁判所、高等検察庁などの司法関係官署及び電波監理局、郵政局、更に南側の地区に県庁、中国電気通信局などもあって、中国地方の行政の中枢ともいえる地域を形成している。

ロ．そもそもこの地域は、昭和21年の特別都市計画にひきつづき「広島平和記念都市建設法」（昭和24年8月6日、法律第219号として制定—杉野）の施行に伴い定められた広島平和都市建設計画」（昭和27年3月31日建設省告示第786号）に基づき、東部復興土地区画整理事業として区画整理が行われ、昭和45年に換地処分も終り、今日みるような整然とした市街地が造成されたのである。

一方、昭和20年、大蔵省が引き継ぎを受けてしばらく、この財産は連合軍の管理下におかれていたが、昭和22年6月返還を受けてから本格的な転用が始まったわけである。転用にあたっては『特殊物件処理委員会』、その後設置された『国有財産処理地方審議会』など各省関係機関及び県、市の間で協議が重ねられ、市の都市計画ともからみ合せて、ここに官公庁を集中的におくこと、戦災者、引揚者を対象とした応急的住宅を建設すること、中央公園の設置などの基本方針のもとに転用がすすめられてきた。即ち昭和21年には、いちはやく住宅営団に一時使用を認可して広島城の西側一帯に住宅を建設し、また昭和26年法務省に拘置所敷地を所管換したのをはじめ順次転用を行って現在の官公庁街が形成された。（都市計画においても昭和33年これら官公庁が所在する地区22.50haを一団地の官公庁施設として指定している。）（以下略）」[8]

この引用文から判ることは、基町地区は戦後連合軍によって接収されていたこと、その後は国および地方諸機関によって官公庁街へ転用するという基本方針が定められたことである。また、官公庁街の形成のためには区画整理方式が採用されたことも、この地区における旧軍用地の転用を知る上で重要である。また、広島平和都市建設法によって、この広島市には防衛庁（自衛隊）の施設への転用が阻止されたことも判る。

なお、基町地区にあった旧軍用地がすべて官公庁用地へ転用されたかといえばそうではない。旧第5師団兵器部西町倉庫の跡地5,822m²は昭和31年に広島電鉄へ、旧西練兵場の一部8,738m²が昭和35年に広島バスセンターへ、そして旧捜索第5連隊跡地は昭和29年に広鉄工業へ払い下げられている。しかしながら、昭和59年の時点では、広島バスセンターを除いては、当該地に見当たらない。

以上、広島市における旧軍用地の転用という点から重要となる基町地区の状況を紹介してきた。以下では、本題である広島市内における旧軍用地の工業用地への転用にかんする具体的分析に移ろう。

旧広島陸軍兵器補給廠宇品出張所の跡地は、芸備倉庫へ昭和24年に6,602m²、翌25年には約千m²と3千m²、あわせて10,640m²が払い下げられている。昭和59年2月現在、この芸備倉庫に勤務している従業員は11名、その敷地は8,418m²なので[9]、取得した時点と比較すれば、若干の減少をみている。

広島市内では中心部の基町地区と海岸に近い宇品地区との中間部に旧広島陸軍糧秣支廠があった。その跡地の一部は昭和24年に中野工業へ13,324 m²が払い下げられている。中野工業は、昭和26年頃までは農機具を製造していたが、その後は広畑製作所（従業員約40名）の工業敷地（約6千 m²）となっている[10]。中野工業の南側に隣接した旧糧秣支廠の跡地（4,234 m²）は、昭和27年に松尾糧食工業に払い下げられた。この企業は昭和30年に、カルビー製菓、昭和49年にカルビー㈱と社名を変更すると同時に、工業敷地も増大させており、昭和59年2月の時点では、敷地面積約1万 m²、従業員約300名と規模を拡大させている[11]。しかし平成26年の段階では、このカルビー㈱も五日市へ移転しており、現地は「イオン」となっている[12]。

また、カルビー㈱のさらに南側に隣接する土地も糧秣支廠の跡地であり、戦後には、ここで広島糧工が缶詰や「はるさめ」を製造していた。しかし、その後に倒産し、昭和59年2月現在、郷土資料館を建設中である。用地面積および広島糧工が借地で操業していたのかどうかは不詳である[13]。

広島市の渕崎には、渕崎軍用地があった。この跡地は昭和23年に4,297 m²が金輪島海産へ、そして同年に11,342 m²が広島授産組合へ払い下げられている。さらに昭和30年には、72,907 m²が東洋工業へ払い下げられている。

東洋工業は、渕崎地区の工場を本社工場の一部として位置づけ、昭和59年2月の時点では、その敷地面積は約6万 m²、従業員数約600名で、主に削岩機を製作している[14]。

金輪島海産の用地は昭和59年の時点で約5,940 m²、従業員約40名で「牡蠣」を生産しているが、同社は敷地の一部を北日本食品、広島運輸などに貸している[15]。

広島授産組合は、戦前には鉄工所を営んでいたが、戦後は仁保漁業組合のものとなって、鉄工所は止めてしまった。昭和59年2月現在では、広島授産組合はもはや存在せず、その跡地はサン・マリーン（駐船・駐車場）、丸徳海苔、中国タイルの倉庫などになっている[16]。

旧陸軍運輸部金輪島工場および倉庫は、広島市の南に位置する金輪島にあった。ここでは金輪島海産が跡地約1万9千 m²を利用して、「牡蠣」の集荷を行っていたが、昭和28年頃、この土地を引き揚げている[17]。

また昭和27年に共栄商事が、同じ跡地（5,500 m²）を取得したが、その後倒産し、昭和55年9月の段階では、金輪島船渠（ドック）の集会所として建物が利用されている[18]。

その金輪島船渠は、同じ跡地を昭和33年に3回にわけて、計14万7千 m²（うち1回は3千 m²未満）を取得している[19]。その後、金輪島船渠は海面を埋め立て、工場敷地を拡張したものの、造船不況の中で倒産した。しかし、その後、再建されて、昭和59年2月の時点では操業中であった[20]。

1）『広島新史』（資料編Ⅱ・復興編）、広島市、昭和57年、314ページ。
2）『概観広島市史』、広島市、昭和31年、203ページ。
3）『広島新史』、前出。

第十八章　広島県（呉市を除く）　615

4）　同上。

5）　同上。

6）　「旧軍用財産資料」（前出）による。ただし、総面積は杉野が算出。

7）　「旧軍用財産資料」（前出）による。

8）　『旧軍用財産の今昔』、大蔵省大臣官房戦後財政史室編、昭和48年、113〜114ページ。なお、この引用文では区画整理との関連で旧軍用地がいかに利用されたか詳しく紹介されている。

9）　昭和59年2月8日、芸備倉庫での聞き取りによる。

10）　同日、広畑製作所での聞き取りによる。

11）　同日、カルビー㈱本社での聞き取りによる。

12）　平成26年4月17日、現地踏査結果による。

13）　昭和59年2月8日、現地での聞き取りによる。

14）　同日、東洋工業㈱での聞き取りによる。

15）　同日、金輪島海産での聞き取りによる。

16）　同日、現地踏査および地域住民からの聞き取りによる。

17）　同上。

18）　同日、金輪島船渠での聞き取りによる。

19）　「旧軍用財産資料」（前出）および現地での聞き取りによる。

20）　昭和59年2月8日、金輪島船渠での聞き取りおよび現地踏査結果による。

2．海田町（旧海田市町）

　広島県安芸郡海田市町（現海田町）は、既にみてきたように、広島県の中では、工業用地として転用された旧軍用地の件数が最も多く、その面積も最大である。その原因は、平坦で広大な旧海田市軍需品集積用地（938,704㎡）があったということ、その跡地が工業立地に適していたという好立地条件、さらにその跡地利用について、海田市町が一定の方向性（指針）をもっていたということにある。

　それでは、その跡地は、工業立地という視点からみて、どのような条件をもっていたのであろうか。『海田町史』にみられる次の文章はそのことを明らかにしている。

　「海田市元軍用地一帯は、陸地に於いては呉—広島両都市の中間に位置し、山陽沿線奥地は申すに及ばず、芸備陸奥地の要路に当り、海田湾に臨む海路は四国・九州・阪神方面に通ずる等海陸の要衝にして、加うるに遊休の広大なる土地、完備の港湾施設、既設の鉄道引込線、建物等を有する旧陸軍軍需廠跡の存するなど、工鉱業生産工場都市としての凡ゆる条件を具備した最高の立地条件を有する区域」[1]である。

　『海田町史』によれば、旧軍需品集積用地は、戦後次のような経緯を辿っている。

　「昭和20年10月、米軍が進駐し、接収。

　　　　21年　2月、英連邦軍と交替、同軍接収。

　　　　25年　2月、日本政府に返還。

　　　　25年10月、地域内の一部に警察予備隊を設置。

　　　　26年10月、英豪軍による再接収。

30 年 8 月、日本政府へ返還」[2]

　昭和 30 年まで、海田市町の旧軍需品集積場用地が連合軍によって接収されていたという歴史的経緯をみると、この跡地利用、すなわち旧軍用地の工業用地への転換が、いずれも昭和 30 年代であったという理由が明らかになる。

　ところで、海田市町は町財政の確保、人的資源の活用という視点から、この旧軍需品集積用地の跡地利用について、「工、鉱業生産都市建設に一大転換するの他なし」[3]という土地利用の方向を明確にし、企業誘致に努力してきており、かつ、国に対しても、跡地利用に関する請願を昭和 30 年 11 月 25 日に行っている。

　この請願は、海田市町長、頼沢忠雄氏以下 18 名によるもので、頼沢氏の肩書は、町長とあわせて、元軍用地企業誘致期成同盟会会長となっている。請願の趣旨は、工場建設の最優良適地であるこの跡地がこれ以上軍部施設（自衛隊施設）として利用されることは、生産企業の誘致確保計画の支障になるとし、その軍事施設としての利用に反対するものであった。このような経過を経て、昭和 31 年 2 月、海田市町は「旧軍用地利用につき海田市町民の宣言・決議」を行っている[4]。なお、同年 9 月末には、海田市町は東海田町と合併し、「海田町」という新しい町名を定めている。

　海田町は旧軍需品集積用地に企業を誘致するという方針に基づいて、積極的な取り組みを開始したのであるが、次のような問題が生じてきた。すなわち、岩手缶詰による旧軍用地の払下げに対して、昭和 31 年 11 月 12 日に国有地払下げ審議会が一方的に決定し、12 月 8 日に中国財務局と岩手缶詰との間に契約を締結するという事態が生じたことである。

　ここで「一方的に」と言うのは、旧軍用地が存在している海田町（海田町民）の意向や意見を聞かなかったということである。これは旧軍用地の転用に係わる「地域民主主義の欠落」とでも言うべき問題であった。

　この事態に対して海田町は「本町の意志を無視し、個別的に処置せられるときは、該用地綜合活用計画に将来重大なる支障を来すので、県並びに財務局に対し、地元の意志尊重について再確認」[5]という要請を財務局等に対して行っている。

　旧軍用地の跡地利用について、地元による利用計画化、国（財務局）および県との民主的協議の必要性を明確に打ち出した海田町、その海田町の努力は既に 4 -(1)表で掲示した 16 件（15 社）の立地となって結実するのである。

　その後、旧軍需品集積用地跡に立地した企業は、幾多の変遷を辿っていく。昭和 59 年 2 月における旧軍需品集積用地の跡地利用の状況は次のようになっている。

第十八章　広島県（呉市を除く）　617

XⅧ- 6 -⑴表　旧軍需品集積用地の利用状況（海田町・昭和59年2月）

(単位：m²、人、年次：昭和年)

企業名	敷地面積	従業員	備考（現地聞き取り調査結果）	
松田商店本社工場	9,532	┌2社	敷地は取得時と同じ	○
松田商店第二工場	5,984	└184	44年までは岩手缶詰	○
ヨシワ工業	20,774	226	33年まで広島鋳物工業	○
日本ハム広島工場	6,611	141	徳島ハムの社名変更	○
西部運輸営業所				
コスガ広島営業所	4社計	──	34年まで第一自動車ボディ	○
花王石鹸流通センター	8,243	──	47年まで伊豆箱根陸運	
和光運輸				
黒石鉄工第二工場	4,927	──	34年まで藤田工業（建設業）	○
レンゴー広島工場	9,876	74	以前は広島紙器	○
千代田紙工業	7,133	41	39年に亀屋紙工	○
黒石鉄工	4,953	285	敷地は取得時と同じ	○
今西製作所	8,641	81	敷地は取得時と同じ	○
キューピー倉庫運輸	4,959	──	前は中国工業┐	
広島建設工業	4,907	──	同上　　　┘	○
広島ガス海田工場	155,000	180	47年頃、埋立拡張	◎
丸栄㈱海田工場	6,611	19	39年まで海田市漁協	○
蔵田金属工業	31,184	404	敷地は取得時と同じ	○
広島宇部コンクリート				
工業宇部興産工場	68,715	83	敷地は取得時と同じ	○
広島研削砥石製造所	約1,200	──	操業中止	
小野建㈱	2,046	16	45年まで尺田鉄工	
重西鉄工所	約2,970	45		
東洋工産	約2,000	──	23年まで東洋チップ工業	△
			38年まで東洋興産	

注：広島ガスおよび敷地面積3千m²未満の企業については、59年2月9日に聞き取り。従業員数については、昭和58年12月末現在の数字。海田町役場での聞き取りによる。所有者が変更しても、旧軍用地の取得時と同じ面積の場合は○。◎は工場敷地面積の拡張、△は縮小したもの。

　6 -⑴表をみると、4 -⑴表に掲示した旧軍用地を取得した企業15社のうち、昭和59年段階で現在地にそのままの工場敷地規模で残っているのは、社名変更を行った企業（広島紙工、徳島ハム）も含めて、7社である。残る8社のうち、広島ガスは海面を埋め立て用地を拡張し、逆に東洋チップ工業は社名変更をすると同時に、その敷地規模をほぼ半減させている。さらに6社、具体的には、岩手缶詰、広島鋳物工業、第一自動車ボディ、亀屋紙工、中国工業、海田市漁協は、倒産するか事業を止めている。

　以上、旧海田市軍需品集積用地の跡地における工場用地の取得状況およびその後における変化について概観してきた。もはや個々の企業について詳しく内容を検討することもあるまい。昭和59年の段階では、この跡地は工業地域に用途指定がなされており、全国的にみても有数の工場

集中地区となっている。

なお、この地区での雇用量は、6-(1)表に掲示されている従業者数を単純に計算してみると、1,779人となり、表に現れていない従業者数を加算すれば、その数は2,000人近くなるものと推測される。つまり、旧軍用地の工業用地への転用によって、この海田町は2千人の雇用量を確保したということになる。平成19年3月現在における海田町の総人口が2万8千人程度なので、この旧軍需品集積用地の跡地利用による「雇用の場」の確保は、それなりの成果を挙げていると言えよう。

海田町における工場誘致の成果については、『海田町総合基本計画』にみられる二つの文章をもって総括することにしよう。

「海田町は、昭和32年まで工業はほとんどゼロに等しかったが誘致によって、昭和33年広島ガスが旧陸軍の機械物資集積所跡に進出して以来、輸送用機械器具製造業を中心に目ざましい発展をとげた」[6]

「海田湾沿岸の工業地は、もともと陸軍省所有地で計画的に工場誘致をした地区であるため、ガス工場、機械器具、鋳造、紙加工業等比較的規模の大きい事業所が設置されており道路も整備されて工業地域としての条件を備えている」[7]

1) 『海田町史』（資料編）、海田町、昭和56年、942〜943ページ。
2) 同上書、944ページ参照。
3) 同上書、944ページ。
4) 同上書、946〜949ページ参照。
5) 同上書、953〜954ページ。
6) 『海田町総合基本計画』、海田町、昭和56年、151ページ。
7) 同上。

3．大竹市

広島県で、旧軍用地の工業用地への譲渡件数（11件）が二番目に多かったのは大竹市であり、工業用地として取得した旧軍用地の面積が海田町、広島市に次いで大きかったのも大竹市である。

戦後大蔵省が引き継いだ大竹市内の旧軍用施設は11口座、その総面積は1,553,701 m^{2}である[1]。旧軍用施設11口座のうち、敷地面積が50万 m^2 以上のものは、旧大竹海兵団と旧大竹潜水学校の2口座、50万 m^2 未満で10万 m^2 以上のものは旧大楠機関学校大竹分校と旧下河原飛行場の2口座である。

さらに10万 m^2 未満で1万 m^2 以上のものは、大竹海兵団用水道（37,014 m^2）、第332航空隊送信部（25,143 m^2）、大竹海兵団酒保（12,844 m^2）、阿多田島設営訓練場（22,538 m^2）の4口座である[2]。

大竹市における旧軍用地の主な転用先についてみると、まず国家機構（各省庁）への所管換としては、農林省へ昭和23年に旧大楠機関大竹分校跡地の一部（206,290 m^2）と旧大竹潜水学校跡

地の一部（108,895 m²）、阿多田島設営訓練場（22,538 m²）が有償所管換（開拓農地用）されている[3]。それ以外では、2-(1)表に掲げたように、総理府が昭和26年に大竹海兵団の跡地（214,806 m²）を警察学校用地として、また厚生省が大竹潜水学校の跡地を大竹国立病院用地として、昭和23年と24年にあわせて、184,776 m² を取得している。

次に大竹市は、高等学校および中学校用地として旧大楠機関学校大竹分校跡地の一部（39,748 m²）を取得している。民間団体として扱っているが、大竹高等学校組合が昭和26年に高等学校用地として旧大竹海兵団跡地の一部（24,681 m²）を取得している。

そして問題となる旧軍用地の工業用地の転用に関しては、4-(1)表で掲示した通り、譲渡件数は11、譲渡面積は216,625 m² である。なお、大竹市への工業用地への譲渡で特徴的なのは、大竹紙業と日本紙業という製紙関連、新光レーヨンや三菱レイヨンによる化学繊維工業、それから三田染工場による染色業という三つの業種へ特化しているということである。

以上が、大竹市における旧軍用地の転用に関する概況である。その転用に関しては、特に問題とするところはない。ところが、大竹市の場合には、旧軍用地が転用される段階で問題が生じている。その点を『大竹市総合計画基本構想』（昭和50年3月）は次のように記している。

「大竹市は、昭和29年市制施行以来、新しい都市づくりを工業都市建設に求め、その実現に積極的に取組んできた。その結果、沿岸部の旧海軍基地跡地に化学繊維、パルプ・紙、石油化学工業を中心とする大企業が相次いで進出し、広島県西部における主要な工業都市として成長するにいたった。

しかし、昭和40年代に入ると市内の製造製品等出荷額の増勢が鈍り、あわせて人口の伸びも止まり、工業都市として小規模ながらも成熟段階に達したものと考えられる。くわえて、公害の発生により生活環境の悪化が次第に顕在化し、工業都市としての本市の前途に一つの障害が発生した」[4]

昭和50年の時点における大竹市の状況をふまえながら、この『基本構想』の工業振興政策では、次のように述べられている。

「本市の工業は、石油化学、化学繊維、パルプ・紙などの化学工業およびこれに関連する企業を基幹として成立しており、工業都市としても『成熟段階』にある。（したがって、大企業に対しては公害防除を前提として、高次加工部門の選択的拡充および関連企業の育成と雇用の増進を期待する）」[5]

この大竹市では、旧軍用地の転用が三つの業種に特化しているという特徴を既に指摘しているが、そのことが直ちに「公害発生」と結びつくわけではない。また、一定の工業集積があったとしても、これまた公害を発生させるという論理的根拠はない。そこで、大竹市でなぜ過度の工業集積と公害防止ということが社会問題となってきたのか、その歴史的経緯をみておこう。

昭和50年段階における大竹市の主要工場とその敷地面積は、次の表の通りである。

XⅧ-6-⑵表　大竹市における主要工場とその敷地面積

（単位：m^2）

工場名	敷地面積	備考
三井石油化学	274,800	
三井ポリケミカル	67,300	
ダイセル	195,600	
日本紙業	227,300	大竹高校跡地利用
大竹紙業	211,400	
三菱レイヨン	745,200	国立大竹病院跡地利用
（うち日東化学）	(32,700)	
三井東圧	167,900	
計	1,889,500	

出所：昭和51年6月7日、大竹市役所での取材。

　6-⑵表をみて気づくことが2点ある。その一つは大竹市には、旧軍用地を取得した企業以外にも、三井石油化学や東圧などの大きな工場があるということである。このことが、大竹市をして「工業都市」といわれる所以であろう。

　もう一つは、三菱レイヨン、日本紙業、大竹紙業の敷地面積が、旧軍用地の取得面積よりも広いということである。この場合には、備考欄にあるように、日本紙業は大竹高校の跡地を、そして三菱レイヨンの場合には国立大竹病院の跡地をそれぞれ利用しているからである。

　一つの工場がその敷地規模を拡大すること、そのことに問題はない。しかしながら、高校や国立病院といった市民生活に深く係わっている施設の跡地を利用してまで、工場の敷地を拡大する必要があったのかどうか。

　もとより、高校や国立病院が諸般の事由によって廃止となった場合には、そうしたこともありうる。だが、歴史的事実はどうだったのか。つまり旧軍用地の再利用に関することが問題になりそうである。

　「工業都市としての大竹市」については、主要な工場の敷地総面積が約190万m^{2}ということからも察せられるが、その外観からも「工業都市」と呼ぶのに相応しいものがある。

　すなわち昭和51年6月の時点における大竹市の外観は次のようなものであった。三井東圧化学がある玖波1丁目からはじまり、市役所のある小方1丁目をはさんだ南側の御幸町、東栄1丁目、同2丁目という臨海部分をほとんど占拠するかたちで、諸工場が集中的に立地している[6]。特に重要なのは、御幸町と東栄町を中心とする土地の多くは旧軍用地であったということである。

　こうした諸工場が立地してきた経過については、先の4-⑴表や6-⑵表では、その具体性に欠けるので、いま少し詳しくみておくことにしよう。

　昭和30年頃において大竹市が、工業を誘致する立地条件をどのように考えていたかというと、工業用水については木野川を利用し、小瀬川ダムの完成をはかるということにしていたが、工業用地の確保については、次のように考えていた。

「工業用地に適する土地は、市域の沿岸部特に烏帽子・小島新開地区にあった。これらの新開地には昭和8年に新興人絹株式会社が（これ以前は大倉組山陽製鉄所の所有地であった）［進出した。—杉野］さらに第二次大戦中には海兵団や海軍潜水学校などの各種海軍機関が設置され、（中略）昭和20年の終戦と同時に軍施設は一掃されることになり、この地区の海軍潜水学校および海兵団の一部が駐留軍用地・国立大竹病院・海外引揚港として利用される外はすべてそのまま残されることになった。そこでこれら未使用施設の早期活用が計画化され、昭和26年までに芸南中学校・広島県警察学校・大竹中学校などがこの地区に移転する外、大竹紙業株式会社や県立大竹高等学校の設立をみた。

　したがって、これらのうち大竹紙業株式会社を除く諸施設の移転を実現すれば、約30万坪の工業用地を確保でき、さらに当時干拓事業として進められつつあった明治新開造成地も工業用地への転用が可能であった」[7]

　この引用文は、昭和50年の時点から昭和30年頃を振り返るかたちで叙述されている。しかし、凄まじいのは、「大竹紙業㈱を除く諸施設の移転」、すなわち国立病院、県立高校および二つの中学校を含む公共的な諸施設を移転してまでも、大規模な工業用地を確保しようという「市」の熱意というのか、執念である。このことは、既に指摘しておいたところであるが、歴史的事実としても、そのような結果になっている。

　大竹市は、大企業が市域（元軍用地を含む）に立地するにあたって進出企業と「契約」を取り結んでいるが、「契約時点において確定した市の負担総額（大竹紙業株式会社に対するものも含む）は約7億8千5百万円に達した」[8]という。次の表は、その7億8,500万円にのぼる大竹市の負担総額の内訳である。

XⅧ-6-⑶表　企業誘致のための大竹市の負担額

（単位：千円）

区分	立地条件整備負担額	工場建設助成負担額	合計
総額	345,700	439,794	785,494
三菱ボンネル	100,000	133,668	233,668
日本紙業	60,000	59,126	119,126
三井石油	100,000	110,000	210,000
三井化学	56,000	62,000	118,000
大日本化成	21,000	48,000	69,000
大竹紙業	8,700	27,000	35,700

　出所：『大竹市史』（本編第二巻）、大竹市役所、昭和50年、489ページ。

　大竹市にとっては「財源および地域雇用の拡充」という財政支出の大儀名分がある。しかし、私的大企業にとってみれば、地方公共団体の財政負担を梃子として資本蓄積を行うことになる。その蓄積形態は、「国家権力を動員した独占資本の蓄積方式」の一形態であると言えなくもない。だが、これだけでは私的大企業が大竹市とどのような「契約」を結んだのか、とくに旧軍用地を

含む工業用地の取得に関する契約内容は明らかではない。

そこで、やや面倒ではあるが、6–⑶表に掲示した大企業と大竹市はどのような内容の契約を結んだのか、とくに工業用地の確保という点からみておきたい。

「契約　1．三菱ボンネル誘致の条件

⑴　用地に関するもの　工場および社宅用地として、次の土地の所有・利用に関する権利を会社に確保させるため、県・市は一体となって努力する。なお、市は用地取得費の一部を負担する。

　　　①芸南中学校敷地。②国立病院敷地。③社宅用地2千百坪（ただし小方町内）。④旧小方町と三菱レイヨンとの間で契約した土地（ポンド付近4,250坪）。⑤ポンド周辺の用地（ただし専用の斡旋）。⑥地元住民の承諾を得て三菱レイヨンが用地内潮遊地を埋立てること（ただし、市は斡旋の労をとる）。

⑵　生産条件に関するもの（用水、道路・港湾整備、その他—省略—杉野）

⑶　以上の基本条件を実行する場合、市の負担限度は1億円（ただし、固定資産税の免除分は含まない）とし、県は工場設置奨励に関する条例を全面的に適用して会社を援助する。なお、市の助成限度額1億円は無利子で三菱レイヨンから借り入れ、市はそれを将来同社から納入される固定資産税の二分の一ずつで返還する。

契約　2．日本紙業誘致の条件

⑴　用地に関するもの

　　工場用地並びに社宅用地として次の土地の所有・利用に関する権利を会社に確保させるため県・市は努力する。なお、市は用地取得費の一部を負担する。

　　　①小島新開3万2千5百坪余。②警察学校移転後の敷地。③社宅用地2千百坪余。④潮遊地（地元住民の承諾を得られた場合、市は要請によって埋立、払い下げを斡旋する）⑤旧海兵団練兵場（将来会社へ払い下げるよう斡旋する。）

⑵　生産条件整備に関するもの（用水、道路・港湾、その他—省略—杉野）

⑶　以上の基本条件を実行する場合、市は6千万円（ただし固定資産税の免除分は含まない）を限度として負担し、県は工場設置奨励に関する条例を全面的に適用して会社を援助する。なお、市の負担する6千万円は、無利子で会社から借り入れ、市はそれを将来会社から納入される固定資産税の二分の一ずつ返還する。

契約　3．三井石油化学および三井ポリケミカルの誘致条件

⑴　用地に関するもの

　　工場用地並びに社宅用地として、次の土地の所有・利用に関する権利を会社に確保させるため県・市は一体となって努力する。なお、市は用地取得費の一部を負担する。

⑵　生産条件整備に関するもの（用水、道路・港湾、その他—省略—杉野）

⑶　以上の基本条件を実行するための会社に対する市の負担限度額は1億円とする。

　　ただし、これは昭和42年から会社が納入する法人税割の二分の一ずつ年々交付する。また

市は会社助成のため別に1億1千万円を会社に交付する。ただし、これは昭和38年から同43年までの6年間均等に交付する。なお、中学校の移転に関しては市は会社から4千226万2千円を借り入れ、その元利金を会社が納付する固定資産税の二分の一ずつ年々返還する。また県は工場設置奨励に関する条例を全面的に適用して会社を援助する。

契約　4．大日本化成の誘致条件

(1)　用地に関するもの

　　①会社の工場敷地として旧駐留軍用地を確保する。②会社の必要とする社宅用地を斡旋する。以上の場合、用地取得費の一部を市が負担する。

(2)　生産条件整備に関するもの（用水、道路・港湾、その他―省略―杉野）

(3)　以上の基本条件を実行するための市の会社に対する負担額は2千百万円を限度とし、市は昭和42年から会社が納入する法人税割の二分の一ずつを年々会社に交付する。また外に会社助成のため4千8百万円を交付する。ただし、これは昭和38年から同43年に至る6ケ年間年均等に交付する。なお、県は工場設置奨励に関する条例を全面的に適用して会社を援助する。

契約　5．三井化学の誘致条件

(1)　用地に関するもの

　　①会社の工場敷地として明治新開を主とする地域を確保する。②会社の必要とする社宅用地を確保する。工業の場合用地取得費の一部を市が負担する。③工場背後地の排水を、県・市が責任をもって行う。ただし、費用は県・市・会社が三分の一ずつ負担する。なお、排水施設の維持管理費は十年間市が負担する。

(2)　生産条件整備に関するもの（用水、輸送、その他―省略―杉野）

(3)　以上の基本条件を実行するため、市は会社に対し5千6百万円を限度として負担する。ただし、これは昭和42年から会社が納入する法人税割の二分の一ずつを年々会社に交付する。また外に会社助成のため6千2百万円を交付する。ただし、これは昭和38年から同43年に至る6ケ年間年均等に交付する。なお、県は工場設置奨励に関する条例を全面的に適用して会社を援助する。

契約　6．大竹紙業の増設に関し市が助成する条件

　　この内容は大竹紙業の生産施設拡張について前述の誘致企業の優遇事項に準ずる措置を講じようとしたもので、①市は同社に対し、2千7百万円を昭和38年から同40年までに交付する。②同社の工業用水取水補償費の三分の一（870万円）を負担し、これを昭和37年から同社が納入する法人税割の二分の一ずつ交付するというものであった」[9]

上記の引用文は、広島県と大竹市が、旧軍用地へ立地した工場および新規に進出してきた工場と取り交わした契約内容である。しかしながら、旧軍用地との関連を重視しているため、「生産条件整備に関するもの」、つまり工業用水の確保、道路および港湾など輸送条件、その他に関す

る条件については、その引用を省略している。また工場誘致条件の契約は、広島県知事、大竹市長、そして各社の代表取締役社長との間で取り結ばれたものである。

　契約1.～6.をみて危惧することは、契約内容が、新規立地ないし施設拡張しようとする企業に対し、広島県および大竹市が余りにも優遇措置を取りすぎているのではないかということである。具体的には、工場用地（社宅用地）をはじめ工業用水（取水・導水・排水工事を含む）、産業道路（舗装工事を含む）、鉄道（用地を含む）、港湾（岸壁、埠頭施設整備を含む）、電力（送電線架設工事を含む）などといった、いわゆる工業立地基盤の整備を、大竹市が無償で調達するか、あるいは有償の場合でも一定の補助金を負担するという内容になっているからである。もとより大竹市は、こうした財政的負担を立地した企業からの固定資産税によって年々償却ないし返還していく予定であり、市としては、財政的負担よりも、むしろ地域雇用の拡大に重点を置いていたとも考えられる。そのことは、各社の社宅用地を意識的に確保していることによっても推測されるのである。

　確かに、私的企業に対する公共的資金の援用および一定期間ではあるが税の減免措置、あるいは工場設置奨励金や各種助成金の交付などは、独占的巨大企業の資本蓄積にとって有利に働くことは事実である。それは生産する商品の費用価格を低下させることによって、同一生産部門における市場競争で優位を占めることも可能となる。

　確かに問題はある。だからと言って、大竹市あるいは広島県の行政を倫理的に批判することはできない。地域経済の活性化、すなわち地域における中小企業の営業と地域住民の雇用を確保するためには、相対的に安定した企業を誘致することも一つの方法だからである。しかも、大企業の誘致をめぐっては、全国における地域間競争が厳として存在し、企業への各種の優遇措置を伴った誘致活動を抜きにすることはできない状況にあったからである。

　ただ、大竹市における旧軍用地の工業用地の転用について問題になるのは、かっては旧軍用施設の跡地であった国立病院、高等学校、中学校などを、再転用してまでも大規模な工業用地を確保するに至ったという事実である。なぜ、そのような強権的な転用が必要であったのかは、行政サイドだけからは理解できないものがある。すなわち、それを理解するには、石油化学工業や製紙業の生産立地単元が、世界市場競争の激化にともなって大規模化したという生産諸力の発達状況、そして時代的には日本経済が高度に発達していく過程にあったという背景をふまえなければならないであろう。ただし、一つの地域における過度の工業集積は、緑地の不足、交通渋滞をはじめ、防止対策が十分でない場合には、大気汚染、水質汚染、騒音などの公害を惹起することになる。そうなれば、これらが逆作用を及ぼし、工業都市としての発展を阻害する要因へ転化する可能性もある。大竹市の事例は、その意味で大いに参考となる。

　なお、本書では、旧軍用地の再転用の問題を主たる研究対象とはしていない。しかしながら、この大竹市の場合には、旧軍用地の再転用の問題が赤裸に出ているので、その一端を紹介したまでである。

第十八章　広島県（呉市を除く）　625

1）「旧軍用財産資料」（前出）による。ただし、面積総数は杉野が算出。

2）「旧軍用財産資料」（前出）による。

3）同上。

4）『大竹市総合計画基本構想』、大竹市、昭和50年、1～2ページ。

5）同上書、16ページ。

6）昭和51年6月、現地踏査による。

7）『大竹市史』（本編、第二巻）、大竹市、昭和50年、484～485ページ。

8）同上書、489ページ。

9）同上書、489～495ページ。なお、引用文中にある「契約1.～契約6.」については、便宜的に杉野が付したものであり、原文では「註1.～註6.」となっている。また、本書では「生産条件整備に関するもの」の引用を省略したが、重要な契約が結ばれているので、工業立地という視点からは極めて貴重な研究資料となる。さらに、引用文中に登場する国立大竹病院、三菱レイヨン等の社宅用地、明治新開の土地価格に関する大竹市と各企業との関係については『大竹市史』（史料編、第三巻、大竹市、昭和39年）に詳しく紹介されているので、それを参照されたい。

4．安浦町（現呉市）

　戦前の豊田郡安浦町（平成17年に呉市へ編入）には、第11海軍航空廠小日ノ浦爆弾庫（6,027,714 m²）をはじめ、安浦水尻射的場（774,197 m²）、安浦海兵団（566,516 m²）などの大規模な旧軍用施設があり、そのほかにも安浦海兵団水尻分散兵舎（82,569 m²）、安浦海兵団水道（23,850 m²）もあり、その数は5口座、敷地総面積は7,474,846 m²に達した[1]。これが、戦後大蔵省が引き継いだ安浦町における旧軍用地のすべてである。

　しかしながら、面積の大半を占める旧第11海軍航空廠小日ノ浦爆弾庫跡地の大部分（5,891,503 m²）および旧安浦海兵団分散兵舎跡地は昭和23年に農林省へ有償所管換となり、また安浦水尻射的場の跡地の一部（675,024 m²）は「その他」として利用され、さらに安浦海兵団水道は貸付中（昭和48年現在）となっている[2]。したがって、旧軍用地が工業用地へと転用されたのは旧安浦海兵団跡地の一部である。そのように言うのは、この安浦海兵団の跡地の残りの部分は昭和23年と24年に併せて364,436 m²が農林省への有償所管換となり[3]、また既に2-(3)表で掲示したように、安浦町へ中学校用地（29,412 m²）として昭和24年に譲渡しているからである。

　したがって、旧安浦海兵団跡地の一部が工業用地へと転用されたのは、4-(1)表に掲示したように、帝国製鉄への2件（計83,757 m²）と安浦紡織への1件（5,872 m²）だけである。

　もともと安浦海兵団の敷地は、周辺の山地より土砂を運んで海面を埋立造成したものである。それだけに土地は平坦で、工業用地としても極めてすぐれた条件をもっていた。

　ところでその跡地に立地した帝国製鉄については、次のような記述がある。

　「安浦工場は昭和32年1月頃より安浦駅前国有地約4,000坪に工場建設が起工され、同年10月完工して事業が開始された。

　帝国製鉄は資本金3億円、主として木炭銑鉄並に鋳物用銑鉄、製鋼用銑鉄の製造を行い、需要先は八幡製鉄、川崎製鉄ほか全国主要工場を網羅している。特に同社は姫路市に本社をもつ日伸

製鋼と提携し、既に帝鉄構内に日伸製鋼安浦工場（鋳物製造）が建設されつつあり、38年10月中には操業される予定である」[4]

しかし、この帝国製鉄は昭和39年9月には閉社し、その土地はのちに中国工業の手に移ったが、やがて東亜建設工業㈱、三井不動産建設㈱の管理地となり、昭和56年4月の時点では、日本住宅分譲中国協同組合の管理地となっている[5]。

また、帝国製鉄構内に立地した日伸製鋼は帝国製鉄が閉社したため、連鎖的に撤退せざるをえず、昭和56年現在、その跡地は東伸製鋼の土地となっている[6]。

安浦紡織についても次のような記述がみられる。

「昭和25年12月11日、現社長佐々木新介氏によって三津口大新開川南の地に創立し、安浦街に工場建設の息吹をつくった。

授権資本1,200万円、工場敷地237坪、従業員30名という中企業態であるが、その製品であるドピーマフラは西アフリカ向輸出専門製織で、年間20万ヤールが日本商社を通じて輸出され、将来性ある産業として注目される」[7]

この記述には、旧軍用施設との関連が見当たらないが、安浦紡織は海兵団の建物（食堂）を利用して操業したそうである。

この安浦紡織は昭和38年に倒産、国道185号に面している跡地は、コーヒーショップ、焼肉屋、すし屋、ビアホールなどの飲食店をはじめ一般住宅へも売却されたが、旧海兵団の食堂があった約1千m²の土地は、昭和40年に操業を開始した、だるま木材㈱の所有となっている。この木工場は最盛期には従業員28名ほどであったが、昭和56年4月の時点では僅かに2名となっている[8]。

旧軍用地が大蔵省によって直接民間企業に売却されたのは、上述の2社であるが、帝国製鉄の跡地とも関連する工業立地としては、石川島クレーン㈱安浦工場を取り上げておかねばならない。

この石川島クレーン㈱の土地は、安浦海兵団の敷地であったが、これを新制中学校用地として安浦町が払下げを受け、昭和37年には府中市にあった富士機械がこの土地を買い取った。昭和44年には石川島播磨重工業からの折半出資によって石川島クレーン㈱となり、石川島系のクレーンメーカーとして発足している。この工場の敷地面積は約3万3千m²、昭和56年4月における従業員数は約150名である[9]。

以上が、安浦町における旧軍用地の工業用地への転用に関する結末である。木炭銑鉄という遅れた生産方式を採っていた帝国製鉄、また西アフリカという遠隔地を市場としていた安浦紡織の経営が挫折したことは、それなりに理由があるように思える。しかしながら、旧軍用地を中学校用地として取得した安浦町が、その用地を石川島播磨系の企業に転売し、その企業が昭和56年という時点ではあるが、それまで永続していることを思うと、資本規模の大きさということが経済競争という点で如何に強力な武器となるかが判る。

1）「旧軍用財産資料」（前出）による。

第十八章　広島県（呉市を除く）　627

2）　同上。

3）　同上。

4）　楠登『安浦町の展望』、中国観光地法社、昭和38年、59ページ。

5）　昭和56年4月、安浦町役場での聞き取りによる。

6）　同上。

7）　『安浦町の展望』、前出、61〜62ページ。

8）　昭和56年4月、現地踏査およびだるま木材㈱での聞き取りによる。

9）　昭和56年4月、安浦町役場での聞き取りによる。

5．忠海町（現竹原市）

　戦後、旧忠海町（昭和33年に竹原市へ編入）において、大蔵省が旧軍関係から引き継いだ旧軍用施設は10口座、その総面積は642,997 m²である[1]。

　そのうち敷地面積が1万 m²を超えるものは5口座で、しかも工業用地へと転用されたのは、旧忠海港及二窓汽船発着場（28,896 m²）と広島陸軍兵器補給廠忠海分廠［その2］（50,546 m²）の2口座で、前者では2件、後者では3件があるだけである。

　ところで旧忠海港及二窓汽船発着場は、忠海港の南約2 kmに位置する大久野島で戦時中軍が製造していた毒ガスを陸揚げする施設であった。この土地は、昭和29年に中国興業へ約6千 m²（昭和32年に600 m²）が、そして同29年に日本肥料へ約1万 m²が払い下げられている。

　中国興業は、のち日米炉材へと替わり、昭和34年11月には青旗缶詰工場（8,622 m²）となっている。昭和56年4月現在の従業員数は約120名で、各種の缶詰を製造している[2]。また日本肥料は昭和56年4月現在でも、敷地面積13,500 m²、従業員34名で操業を続けており、桑園に対する施肥料を製造している[3]。

　これら二つの工場は、いずれも国鉄（現JR）呉線忠海駅に至近の位置にあり、大都市からは離れているものの、輸送条件としては卓越した立地条件をもっている。

　この忠海駅より国道185号に沿って東に約500 mほど離れた場所に兵器補給廠忠海分廠があった。その跡地は、昭和24年に山陽製網所へ5,487 m²、そして呉布巾工業へ7,358 m²、そして昭和29年に西日本農機へ84,800 m²が払い下げられている。

　山陽製網所は、その後、営業不振のため閉鎖し、その跡地は市営住宅となったが、その一部はアトム株式会社（後出）の用地となっている[4]。

　呉布巾工業の工場は、国道185号より100 mほど北側に入り込んだ場所にある。昭和45年にアトム株式会社と社名を変更し、また山陽製網所跡地の一部を取得している。昭和56年4月の時点における敷地面積は18,500 m²、従業員数163名で、作業用手袋などを製造している。ちなみに、小規模な工場ではあるが、作業用手袋の生産量では、日本のトップメーカーとなっている[5]。

　西日本農機は昭和29年に用地を取得し、1年程度操業したのち休業し、その後は窯業試験場となっていたが、昭和56年現在は民家となっている[6]。

1) 「旧軍用財産資料」（前出）による。
2) 昭和56年4月、青旗缶詰㈱での聞き取りによる。
3) 昭和56年4月、日本肥料㈱での聞き取りによる。
4) 昭和56年4月、アトム㈱での聞き取りによる。
5) 同上。
6) 昭和56年4月、竹原市役所での聞き取りによる。

6．坂町

安芸郡坂村は、大本営が置かれた広島市に隣接しており、明治中期に、官営製鉄所の設置が予定された土地である[1]。

戦前の坂町には陸軍運輸部坂村倉庫（106,886 m²）をはじめ、同倉庫拡張地（60,984 m²）、坂村乾船渠（26,244 m²）、坂防禦区（1,074 m²）という四つの軍用施設があった[2]。旧坂村倉庫の跡地以外の大きな土地は、昭和23年に農林省へ有償所管換され、坂防禦区は「その他」へ転換された。したがって、旧軍用地が産業用地へと転換されたのは旧坂村倉庫の跡地だけである。具体的には、昭和27年に北野商会が約8,500 m²を、そして翌28年に大野石油店が約4,000 m²を取得している。

北野商会が払下げを受けた土地は、坂町鯛尾で、戦後は引揚者が住んでいたが、それを大蔵省から払い下げられたものである。昭和56年4月現在では、その跡地の一部がヨットハーバーとして使用されている[3]。

昭和28年8月に払い下げられた大野石油店の土地は、同月末には早くも東亜石油の手に渡り、昭和41年11月には協同石油、昭和42年1月に久商㈱、47年には共永㈱と所有者が転々と替わっている。昭和56年4月現在は共永㈱が鉄材の一時的な集積所として使用している[4]。旧軍用地の工業用地への転用という点では、この坂町では皆無であるが、この鯛尾地区には、三菱重工業広島造船所鯛尾船渠、エッソスタンダード石油油槽所、第六管区海上保安本部船舶技術部工作所などが立地しており[5]、昭和55年の段階では、坂町によって「工業地域」の指定がなされている[6]。

この坂町では、前述したように旧軍用地の工業用地への転用はみられないが、旧軍用地が転々と所有者を替えていく様相が的確に把握されているので、敢えて、ここで紹介しておく。

1) 『八幡製鉄五十年誌』、八幡製鉄株式会社八幡製鉄所、昭和25年、5ページ。なお、杉野圀明「北九州における工業立地と土地利用問題」、『立命館経済学』第21巻第6号、昭和48年、44～54ページをも参照のこと。
2) 「旧軍用財産資料」（前出）による。
3) 昭和56年4月、坂町役場での聞き取りおよび現地踏査による。
4) 同上。
5) 昭和56年4月、現地踏査による。
6) 『坂町町勢要覧』、坂町、昭和55年、18～19ページ。

第十八章　広島県（呉市を除く）　629

7．因島市（現尾道市）

　戦前の因島市には、旧大阪陸軍航空廠因島出張所（1,134,725 m²）があった。その敷地の大部分（1,074,491 m²）は、昭和 22 年に農林省へ有償所管換となり、残りの部分も因島市が学校用地として 21,254 m² を昭和 35 年に取得している。

　そうした経緯があるので、この旧軍用地が工業用地へ転用された面積は極めて小さく、旭産業が昭和 26 年に澱粉工場用地として 4,284 m² を取得しているだけである。

　旭産業[1]が取得した旧軍用地は因島北部の重井地区にあり、同社はこの地で昭和 33 年頃までは澱粉を造っていたが、その後は所有者が替わり、峯松氏が昭和 49 年まで養鶏業を営んでいた。昭和 49 年以後は、その養鶏場も場所を移転させてしまった[2]。昭和 59 年 2 月の時点では、旭産業が操業していた澱粉工場の跡地は、峯松冒雪氏が因龍山焼窯元として活用している[3]。

　　1）　因島市役所にある土地登記簿には、「旭製作所」とあり、旭産業はのち、旭製作所と社名変更をしたものと思われる。
　　2）　昭和 59 年 2 月、因島市役所での聞き取りによる。
　　3）　昭和 59 年 2 月、現地踏査の結果による。

8．福山市（旧内海町を含む）

　戦前の福山市（旧沼隈郡内海町を含む）には、12 口座の旧軍事施設があり、その総敷地面積は 1,520,128 m² であった[1]。そのうち敷地面積が 10 万 m² 以上の旧軍用施設は 5 口座で、それらについては本章の諸表に掲示している。さらに言えば、敷地面積が 50 万 m² 以上の旧軍用施設としては旧内海町（平成 15 年に福山市へ編入）にあった大阪陸軍航空廠横島出張所（562,996 m²）があった。

　10 万 m² 未満の旧軍用施設（7 口座）について、敷地面積別に区分してみると、1 万 m² 以上の旧軍用施設が福山作業場、第 5 船舶輸送司令部及官舎（32,988 m²）、福山陸軍病院（11,408 m²）の 3 口座で、残る 4 口座はいずれも 1 万 m² 未満である[2]。

　既に、福山市にあった大規模な旧軍用施設の主な転用先については表示しているが、もう少し詳しく紹介しておこう。

　全国的にみても、開拓農地を用途目的とした農林省への有償所管換が主な転用先であることは福山市（旧内海町を含む）でも例外ではない。福山市ではおよそ 96 万 m²、全体のおよそ 63% の旧軍用地が農林省へ有償所管換されている[3]。また全国的にみると、農林省への有償所管換は昭和 23 年が多く、それに次いでは昭和 24 年に行われているのだが、福山市の場合には、農林省への有償所管換は、3 件、778,468 m²（全体の約 80%）が、戦後間もない昭和 22 年に行われたという特徴をもっている。

　また総理府防衛庁への無償所管換（21,050 m²・昭和 32 年）も 1 件ある[4]。福山市の場合には、それが自衛隊病院を用途目的としたものだけに、特殊性があると言えよう。

農林省（有償所管換）と総理府防衛庁を除いた、福山市における旧軍用地の転用状況は、国家機構、地方公共団体、民間団体にわけ、また旧軍用地の工業用地への転用状況についても表示してきている。

　以下では、旧軍用地の工業用地への転用状況について、いっそう詳しくみていくことにしよう。

　福山市における旧軍用地の工業用地への転用は、丸善石油と中国紡織の2社、3件（3口座）である。まず中国紡織からみていこう。

　福山市の沖野上町（緑町）には、旧第5船舶輸送司令部及官舎（32,988m²）があり、それに隣接して旧福山狭窄射撃場及露天場（6,800m²）があった。中国紡織は前者の跡地の大部分（30,902m²・昭和23年）と後者（6,800m²・昭和22年）を時価で取得している。

　だが、この用地取得に関連しては、次のような歴史的な背景があった。すなわち、戦時中の「企業整備令」によって、福山市内にあった100軒以上の機屋が織機を武器資材として供出させられたが、その「復元の権利」（代償）を得るというかたちで、大蔵省から旧軍用地を取得したというものである[5]。

　さて、中国紡織は約3万8千m²の旧軍用地を取得したが、その後約6,600m²を土地区画整理のために拠出し、そのほかにも若干の敷地を減少させている。昭和56年4月の時点では、約15,000m²が織物工場用地として活用されている。また、残る約15,000m²は昭和48年5月から54年秋までボーリング場（福山ファミリーレーン）として使用されたが、昭和56年4月の段階では天満屋百貨店がショッピングセンターを建設中である[6]。なお、昭和56年4月における中国紡織の従業員は80名であるが、昭和27年頃には140名が雇用されていたと言われている[7]。この中国紡織に隣接して三菱電気福山製作所（128,152m²）があるが[8]、この用地もかっては練兵場であったという。

　「この敷地は中国紡織の土地を併せた5万坪が全部41連隊の練兵場だったのですが、この土地を寺田銀助という人が一人でもっていたのです」[9]

　この引用文には問題がある。中国紡織があったのは第5船舶輸送司令部及官舎の跡地であって、第41連隊の練兵場であったという大蔵省の記録はない。寺田銀助氏は旧地主でもあったのだろうか。中国紡織の西側隣接地は三菱電気の敷地となっているが、この土地は大蔵省から直接払い下げられてはいない。

　広島大学教育学部福山分校（125,947m²）も、この中国紡織のもう一方の隣接地にあり、ここは昭和56年4月の時点でも教育学部の施設として使用されている。

　中国紡織が立地している緑町の南側が沖野上町であるが、昭和55年9月発行の都市地図には、旧軍用施設であった旧福山陸軍病院の跡地があり、そこは国立福山病院（11,408m²）である。

　注目しておきたいのは、その沖野上町には山陽電気工業、五光鋳工所、福山鋳造工場などの諸工場が立地していることである。おそらく旧軍用地が再転用されたものと推測される。さらにその東北側、つまり広島大学教育学部福山分校の東側には、広島化成（第一工場、第二工場、ゴム再生工場）、福山ゴム（第一工場、第二工場、）、早川ゴム（第一工場、第二工場、第三工場）をはじめ

大和興業、千代田産業などの諸工場が密集しており、福山市の工業専用地区となっている[10]。ただし、この地域（松浜町2〜4丁目）が旧軍用地であったという記録はない。

福山市の「鞆の浦」から西南方向の瀬戸内海に浮かぶ田島および横島は旧内海町（平成15年に福山市へ編入）であるが、戦前の横島大浜地区には旧大阪陸軍航空廠横島出張所（562,996 m²）があった。その跡地の一部（79,299 m²）が昭和35年に丸善石油に払い下げられている。

丸善石油はここを油槽所として利用し、旧軍施設であった11基のタンクに原油および灯油を貯蔵していた。昭和47年頃には、油槽所の規模を拡張するという計画もあったが、昭和48年のオイル・ショックによって、急に閉鎖してしまった。当時における丸善石油横島油槽所の敷地面積は約98,000 m²で、従業員数は11名であった[11]。昭和50年に常石造船が用地を買収し、昭和53年から同55年にかけて周辺用地を買収していき、この横島大浜地区で常石造船はおよそ25万 m²の土地を所有していた[12]。

昭和56年11月、昭和石油70％、常石造船30％の出資比率で、横島石油基地株式会社が設立され、L. P. G 基地を建設する計画がすすめられており、その計画内容は基地面積約28万 m²、4万トンタンクを4基設置するということになっている。なお、用地は民有地235,600 m²、町有地49,600 m²、国有地2,800 m²（あぜ道等）、計28万8千 m²となっている[13]。また旧内海町では、この大浜地区の将来について次のように考えている。

「立地条件からも工業振興に適さない本町で唯一の工場地域である横島大浜地区は、旧石油施設の撤去により未利用の状況にあったが、旧施設の約3倍の規模の石油基地が計画されている」[14]

しかしながら、昭和58年9月の段階では、石油タンクは1基も見当たらず、草木深い荒れ地の中に旧丸善石油の建物、そして一部にはタンクを囲っていたセメント製の防災施設が残っているだけであった[15]。

1）「旧軍用財産資料」（前出）による。
2）同上。
3）同上。
4）同上。
5）昭和56年4月、福山市役所での聞き取りによる。
6）昭和56年4月、現地踏査による。
7）昭和56年4月、中国紡織での聞き取りによる。
8）昭和56年4月、現地踏査による。
9）『山電ニュース』、山陽電気工業、1973年2月号、2ページ。
10）ポケット区分地図『広島区分地図』、昭和55年9月、44ページを参照。
11）昭和58年9月8日、内海町役場での聞き取りによる。
12）同上。
13）昭和58年9月8日、横島石油基地株式会社での聞き取りによる。
14）『内海町長期総合計画書』、内海町、昭和55年、48ページ。
15）昭和58年9月8日、現地踏査による。

9．江田島市

　平成16年11月1日、かっての江田島町、能美町、沖美町、大柿町が合体して、江田島市が発足した。したがって、本項では、この江田島市域における旧軍用地の工業用地への転用について分析する。

　戦後、大蔵省が旧軍用関係から引き継いだ、この市域における旧軍用施設（旧軍用地）の口座数および面積を旧町別に整理してみると、次のようになる。

XⅧ- 6 -⑷表　江田島市における旧軍用地の分布状況（旧町別）

（単位：m²）

旧町名	口座数	総面積
江田島町	33	4,972,940
能美町	5	763,786
沖美町	9	956,911
大柿町	8	187,775
計	55	6,881,412

出所：「旧軍用財産資料」（前出）より作成。ただし、計算は杉野による。

　6 -⑷表については多くを説明する必要はあるまい。ともかく「日本海軍のふるさと」であった江田島には33という多数の旧軍用施設があり、その面積を併せると実に約500万 m² に達するものであった。また、この江田島に隣接する能美町、沖美町、大柿町でも相当数の旧軍用施設があった。そこで、江田島市域にあった敷地規模が10万 m² 以上の大規模な旧軍用施設およびその主たる転用先についてみると、次のようになる。

XⅧ- 6 -⑸表　江田島市における10万 m² 以上の旧軍用施設とその主な転用先

（単位：m²、年次：昭和年）

旧口座名	旧所在地	敷地面積	主な転用先（　）内は転用年
飛渡瀬燃料置場	江田島町	693,463	農林省・農地（23）
兵学校古鷹水道用地	同	164,084	その他
海軍兵学校	同	318,485	総理府・防衛庁（32）
兵学校官舎	同	121,731	総理府・防衛庁（32）
呉軍需部第 4 区	同	142,249	貸付中
秋月弾薬庫地区	同	555,222	提供財産（昭和48年現在）
呉海軍工廠第 6 区	同	110,415	農林省・農地（27）
第 11 航空廠切串地区	同	703,287	総理府・防衛庁（35）
兵学校大原分校	同	1,484,740	農林省（34）・防衛庁（35）
兵学校水道	同	191,480	総理府・防衛庁（32）
鹿川燃料置場	能美町	693,130	農林省・農地（23）
三高山堡塁	沖美町	211,275	三高村・村有林（26）
大那沙美兵器格納庫	同	581,890	農林省・農地（25）

出所：「旧軍用財産資料」（前出）より作成。

第十八章　広島県（呉市を除く）　633

⑸表では、旧海軍兵学校とその付帯施設が江田島に集中的に設置されていたことが判る。飛行場あるいは演習場や練兵場などを除く軍用地施設が、これほどの数と規模をもって集中的に配置されていた地域は全国的にみても稀である。もっとも、燃料置場や軍需部、弾薬庫、工廠、航空廠などは、呉鎮守府や呉海軍工廠と関連があったことも否定できない。戦後における主な転用先をみても、農林省への有償所管換はともかくとして、総理府防衛庁への移管、あるいは米軍への提供財産が、圧倒的に多いことは、なお、この江田島が日本の防衛的軍事基地として機能していることを物語っている。それだけに、江田島市域における旧軍用地の工業用地への転用をはじめ、民間への払下げは相対的に少ないものになっている。次の表は、地方公共団体（1万 m² 以上）および民間（産業用地への転用は 3 千 m² 以上）へ江田島市域にあった旧軍用地が、いかに譲渡されたかを示したものである。

XⅧ- 6 -⑹表　江田島市域における旧軍用地の転用状況（昭和 35 年現在）

（単位：m²、年次：昭和年）

譲渡先	譲渡面積	用途目的	譲渡条件	年次	旧口座名
江田島町	10,677	中学校用地	特価	26	海軍兵学校
同	14,124	同	減額 50%	34	同
同	13,593	道路	公共物編入	36	兵学校水道
沖美町	116,628	村有林	時価	26	三高山堡塁
同	39,166	開発用地	時価	27	岩根鼻兵器格納場
東洋紡績	61,646	工場用地	時価	24	第 11 海軍航空廠能美
東京貿易	22,108	原料置場	時価	28	鹿川燃料置場
中国化薬	74,126	工場用地	時価	34	第 11 航空廠切串地区
同	63,281	同	時価	同	同

出所：「旧軍用財産資料」（前出）より作成。

上の表をみて奇異に感ずるかもしれないが、農林省と総理府以外で、旧軍用地（1万 m² 以上）を移管した国家機構（省庁）は江田島市域では見当たらない。また地方公共団体としての広島県も、この江田島市域では旧軍用地（1万 m² 以上）を取得していない。

地方公共団体としては、江田島町の 3 件と沖美町の 2 件、併せて 5 件の取得があるだけである。この中で気になるのは、沖美町が「開発用地」として約 4 万 m² を取得していることである。つまり、沖美町（現江田島市）はこの「開発用地」をどのように利用したのかということ、もっと言えば工業用地として転用したのではないかということである。この点は具体的な検討が必要であろう。

民間企業が旧軍用地を江田島市域で取得したのは 3 社（4 件）で、そのうち製造業は東洋紡績と中国化薬の 2 社（3 件）である。同じく民間企業である東京貿易は、その名の通り貿易業を営んでおり、取得した旧軍用地を原料（三菱金属関連の鉱石と思われる）置場として利用している[1]。

ところで、江田島市域でもっとも多く旧軍用地を取得したのは、旧江田島町の北東部にあった旧第 11 航空廠切串地区の跡地（約 13 万 7 千 m²）を取得した中国化薬である。

この跡地は、平坦ではないが、人家より離れたところに多くの洞窟をくり抜いており、広範な地域にわたって火薬庫として利用されている。昭和55年9月の段階では、中国化薬江田島工場となっており、北部は屋形石分工場、南部も別の分工場となっている[2]。

旧江田島町の南に位置する大柿町の大君地区には旧第11航空廠の能美工場があった。戦時中は、鋳物工場として操業していたが、戦後の昭和24年に東洋紡績に払い下げられている。この工場は敷地面積61,646m²で、東洋紡績はこれを能美工場としていたものの、昭和28年頃は休止していた。

昭和28年10月、上海から引き揚げてきた技術者たちが、建物と土地を借用して能美紡績（資本金2億円）を設立した。紡績機械も東洋紡績から借用して操業を開始し、昭和36年には東洋紡績から土地・建物一式の所有権を得て、昭和42年4月には福山紡績（福山市駅家町）と合併し、裕豊紡績となった。昭和59年2月8日現在も裕豊紡績能美工場として混紡糸を生産しており、敷地面積は変わらず、従業員数は220名である[3]。

さて、本項で課題としていた沖美町が「開発用地」として取得した旧軍用地はどのように利用されたのであろうか。

旧江田島町の西、大柿町の北西に位置する旧沖美町（当時は三高村）は昭和27年に旧岩根（がんね）鼻兵器格納場の跡地（約4万m²）を「開発用地」として取得した。その後の経過は不詳であるが、昭和59年現在の時点では、海水浴場となっている。なお、ここには芸備商船によってレジャー諸施設を完備した「がんねムーン・ビーチ」が営業しており、夏季には広島市民などが有料で利用している[4]。

1）　東京貿易株式会社は、『帝国銀行会社要録』（第40版、帝国興信所、昭和34年、554ページ）によれば、昭和22年の設立、その筆頭株主は三菱金属鉱業である。なお、本件の所在については、現地では確認できていない。
2）　昭和59年2月8日、現地踏査による。南の分工場については名称を確認していない。
3）　昭和59年2月8日、裕豊紡績能美工場での聞き取りによる。
4）　昭和59年2月8日、現地踏査による。

第十九章　呉市

第一節　呉市の歴史的経緯と旧軍用施設の概況

　旧軍港都市、呉市における旧軍用地の工業用地への転用について論究するまえに、呉市の軍港としての発達過程および戦後における工業化と軍事化の経過について簡単にみておきたい。

　まず、呉市の旧軍港市としての発達過程と戦後の経過について簡単な年表を作っておこう。

XIX- 1 -⑴表　旧軍港市、呉市の略史

年次	事項
明治 17 年 2 月	神戸鉄工所、海軍省に移管。小野浜造船所と改称
17 年 7 月	海軍用地買収に着手
19 年 5 月	呉港を第二海軍区軍港に指定
22 年 7 月	呉鎮守府開庁。海兵団及び海軍病院業務開始
30 年 5 月	呉海軍造兵廠設立
35 年 10 月	市制施行（宮原・荘山田・和庄・二川が合併）
36 年 11 月	造兵、造船の2廠を合わせて呉海軍工廠となる
36 年 12 月	呉線（呉～海田市間）鉄道開通
大正 2 年 4 月	呉防備隊開設
9 年 8 月	呉海軍工廠広支廠開設
12 年 6 月	呉潜水学校開校
昭和 2 年 4 月	呉市に阿賀・警固屋・吉浦の三町合併
5 年 10 月	呉～広間道路竣工
5 年 ～	広村の長浜約1万5000坪の埋め立て完成
6 年 4 月	ロンドン軍縮にともなう職工整理
6 年 6 月	呉海軍航空隊開設
10 年 8 月	阿賀町に奥原工作所（現・寿工業）設立
10 年 11 月	呉線（呉～三原間）開通
16 年 4 月	呉市に仁方町・広村合併
20 年 3 月	呉地方に米軍の第1回空襲
20 年 7 月	第3回空襲、市街地焦土と化す
20 年 10 月	米軍、呉に進駐
20 年 12 月	GHQ により旧呉工廠施設一部転用について指令
25 年 6 月	旧軍港市転換法公布
29 年 7 月	海上自衛隊呉地方総監部開設
31 年 11 月	国連軍撤退。以後、失業者が大幅に増加

出所：『くれ』（呉市制70周年記念）、呉市役所、1972年、6～12ページ参照。『呉の
　　　歴史』（呉市制100周年記念版）、呉市、平成14年、417～441ページで補足。

呉市の発展過程は、いわば軍港としての発達過程であった。ただし、それは決して順調な過程ではなく、周辺町村との合併についても、軍からの強制があり、これに広村が反対するという出来事や、ロンドン軍縮にともなって、呉工廠（3,723 人）、広工廠（191 人）という職工整理が行われ、労働条件の改善をめぐるストライキの頻発、米軍による爆撃など、数多くの社会的苦痛を伴うものであった[1]。

　戦後の呉市は、こうした軍需に依存する体質を改善するため、平和産業都市への転換を図ってきたという経過がある。したがって、戦後においては、旧軍用施設（旧軍用地）の平和産業施設への転換が市政の重要な柱となる。だが、その前に、戦前の呉市における旧軍用施設がどのようなものであったか、それを知っておかねばならない。

　旧軍港都市であった呉市には、数多くの旧軍用施設があり、戦後大蔵省が引き継いだのは、実に 120 口座である[2]。まず、それらの旧軍用施設を用途別に整理してみると、以下のようになる。

XIX-1-(2)表　呉市における旧軍用施設の用途別分類

（単位：m^2）

大分類	小分類	口座数	総敷地面積
部局（8）	港務部	3	41,403
	軍需部	3	227,685
	施設部	2	57,414
軍事工場（16）	工廠	4	1,890,355
	航空廠	9	941,590
	各種工場	3	30,903
居住関係（24）	官舎・宿舎・住宅	20	579,706
	共同宿舎・寮	4	33,609
駐屯部隊（3）	海兵団	1	139,681
	航空隊	1	643,403
	駐屯基地	1	59,324
訓練養成（11）	練兵場・訓練所	4	237,013
	演習場	1	2,530,183
	射撃場	2	313,039
	学校・養成所	2	129,237
	魚雷調整・発射場	2	47,186
防禦体制（12）	砲台	6	352,910
	防禦区・堡塁	4	191,543
	見張・監視所	2	25,257
統制体制（3）	憲兵隊	1	2,345
	軍法会議	1	5,726
	刑務所	1	16,051
倉庫・物置（11）	倉庫・物置場	10	793,278
	弾薬庫	1	384,415

運輸・通信（19）	通路	4	83,369
	鉄道	2	8,263
	通信施設	2	182,757
	水道・貯水池	11	1,295,189
病院（2）	病院	2	112,716
その他（11）	葬儀場・会議所等	9	115,116
	海軍用地	2	8,130
計（120）		120	11,478,796

出所：「旧軍用財産資料」（大蔵省管財局文書）より作成。

(2)表は、戦後大蔵省が呉市にあった旧軍用財産の口座を、用途別に分類しながら整理したものである。もとより、旧日本軍においては、それなりの財産区分（分類）があったと思うが、ここでは、戦前の呉市における旧軍用施設の概況を把握するのが目的なので、このような恣意的分類も許されるだろう。

呉市に所在した旧軍用施設で、戦後大蔵省が引き継いだ旧軍用施設の総敷地面積は 1,148 万 m^2 に達する。その中でも旧呉海軍工廠地や航空廠の跡地、それから駐屯地、とりわけ航空隊の跡地、倉庫・物置場などの平坦な敷地が比較的大規模であった。つまり、これら旧軍施設の跡地は、工業用地への転用が比較的容易であり、その可能性も大きかったと推測される。

しかしながら、面積規模が最大であった演習場（1口座）をはじめ、防禦施設の敷地や水道用地などは、工業立地条件としては地形（位置を含む）や形状で問題となるし、旧軍関係者（長官、士官、兵、工員等）の居住地や訓練・養成関連施設の敷地は、地形もさることながら、周辺地域における土地利用との関連もあり、また地価の点でも工業用地としては配慮すべき条件であろう。

次に、呉市に所在した旧軍用地を規模別に整理してみよう。次の表がそれである。

XIX-1-(3)表　呉市における旧軍用施設の状況（面積規模別）

（単位：m^2）

面積規模	口座数	総面積
3千 m^2 未満	18	24,608
3千〜　1万 m^2	19	118,006
1万〜　5万 m^2	42	1,034,344
5万〜　10万 m^2	19	1,385,525
10万〜　50万 m^2	18	3,311,047
50万〜100万 m^2	2	1,452,614
100万 m^2 以上	2	4,152,652
合計	120	11,478,796

出所：「旧軍用財産資料」（前出）より作成。ただし、総面積は杉野が算出した。

⑶表をみて、第一に感じることは、3千m²未満の旧軍用施設が意外に少ないということである。第二に、口座数からみると、1万m²から5万m²までの敷地規模の旧軍用施設が42口座と多いということである。これは敷地規模の区分設定が不適切であった結果かもしれない。この表では明らかではないが、1万m²から5万m²までの42口座を再区分してみると、1万m²から2万m²までが19口座、2万m²から3万m²までが9口座、3万m²から4万m²が7口座、4万m²から5万m²までが7口座となり、1万m²台が半数に近い構成になっている[3]。

また、呉市は旧軍港市であり、軍港としての地形的制約から、巨大規模の旧軍用施設は少なく、最大規模の口座でも300万m²を超えるものはなかった。これも旧軍港都市、呉市にあった旧軍用施設の特徴であったと言えよう。

そこで、戦前の呉市にあった10万m²以上の旧軍用施設22口座を一覧しておこう。

XIX-1-⑷表　呉市における主な旧軍用施設の状況（10万m²以上・昭和35年現在）

（単位：m²、年次：昭和年）

旧口座名	所在地	敷地面積	主な転用先	年次
休石砲台	警固屋町	236,054	貸付中（昭和35年現在）	──
呉工廠宮原工員養成所	宮原町	106,429	同	──
川原石小銃射撃場	西川原石	158,081	農林省・農地	22
呉軍港水道（その2）	焼山町	809,211	呉市・水道施設	28
呉軍港水道（その3）	若葉町	176,745	呉市・水道施設	28
呉海兵団	大和通	139,681	総理府防衛庁	32
呉病院（海軍病院）	青山町	105,052	厚生省・国立病院ほか	35
呉軍需部第2区	宝町	135,263	日立ほか	33
呉工廠第3区	吉浦町	156,416	運輸省・海上保安大学校	34
吉浦乙廻燃料置場	同	288,879	貸付中（昭和35年現在）	──
大空堡塁	阿賀町	145,843	同	──
呉工廠第5区	広町	100,644	同	──
第11航空廠福浦工員宿舎	同	123,633	農林省・農地	26
広燃料置場	同	188,468	呉市・中国労災病院	29
呉航空隊	同	643,403	その他	──
第11航空廠安永工員養成所	同	103,113	近畿大学ほか	35
第11航空廠第1区	同	296,371	東洋パルプ	33
広弾薬庫地区	同	384,415	提供財産（35年現在）	──
第11航空廠第3区	同	311,002	寿工業ほか	36
郷原演習場	郷原町	2,530,183	農林省・農地	23
郷原射的場	同	154,958	農林省・農地	25
呉工廠第1区	昭和通	1,622,469	日亜製鋼ほか	33

出所：「旧軍用財産資料」（前出）より作成。ただし、所在地は昭和35年現在のもの。

呉市は、瀬戸内海に面しているが、西の江田島、南の倉橋島、そして東の下蒲刈島に囲まれている。また、海岸線の中央部に、海へ突き出したような休山の丘陵地があるので、海岸線も大きく二分されたような形状となっている。つまり、休山の西側に呉港、東側に阿賀港をもつ、いわ

ば呉と広という二つの町からなる複合都市的性格をもっている。

　大規模な旧軍用施設の多くは、その海岸線に沿っており、西側から言えば、吉浦、若葉、川原石、宝町、大和、青山、宮原、昭和通、そして警固屋が呉地区の南端になる。この南端が有名な「音戸の瀬戸」である。この出鼻を巡ると、東地域に入り、広地区の阿賀、広、仁方となる。ちなみに、呉線は呉の市街地と阿賀地区を呉トンネルで結んでいる。

　なお、焼山は呉地区の北側5km、郷原は広地区の北側6kmほど離れた、いずれも山間部にある。これは演習場や軍港への給水施設と関連するものであろう。

　以上の地名を参考にすれば、呉市における大規模な旧軍用施設の分布状況を念頭に描くことができよう。つまり焼山と郷原という二つの地区を除いては、いずれの旧軍用施設も、吉浦から警固屋までの呉港地区、それから休山を挟んだ東の広地区の、いわば海岸線に沿って設置されていたのである。

　しかしながら、呉市における工業集積の過程で、呉海軍工廠のある呉湾地区と広地区という二つの地域的連関に問題があったことは、呉市も認識しており、そのことは以下の文章が物語っている。やや長いが引用しておく。

　「呉が今日あるのは言うまでもなく海軍の基地、工廠の置かれたことによるものであるが、工廠が地元と隔絶して発展したことが、今日の呉の工業と地域の性格に多大の影響を残している。

　敗戦後、瀬戸内各地の軍事基地は、それぞれの特徴を生かして平和産業基地へ転換し、特に岩国、徳山、松山の燃料廠などの転換は華やかなものであった。しかし呉は旧海軍の最重要拠点として多種大規模な施設をもっていたため、他の地域に比べ転換は容易ではなかった。

　しかも呉港に面する工廠主要部は細分払い下げられ、かなめの部分は海上自衛隊基地として残された。旧工廠の生産施設は払下げ当初進出企業にとって規模としても適当であったが、現状では拡大余地がないという問題に直面している。他方広地区は、もと呉湾地区の補完的な地区として発展し、陸上、航空機部門のほかは、貯蔵タンクなどの粗放的利用に充当された。この地区は戦後の転換に際しても、中央地区とは違った過程をたどった。すなわち広駅付近の非臨海地域は呉の金属・機械工業の基礎ができるまでは利用できなかったし、他の部分も長く貯蔵地や駐留軍住宅などの非工業地として接収されてきた。現在（1966年─杉野）でも広地区には、呉湾地区にたいし補完的役割が課せられている」[4]

　なお、歴史的にみれば、呉との合併に反対し、独自の工業都市を建設しようとした広村の動向があったということを付記しておこう。

　　1）　『呉の歴史』（呉市制100周年記念版、呉市）の巻末にある年表を参照。
　　2）　「旧軍用財産資料」（前出）による。
　　3）　同上。
　　4）　『呉市総合開発基本構想』（調査報告書・第2編、第3編）、呉市・中国地方総合調査会、1966
　　　　年、114～115ページ。

第二節　呉市における官公庁の旧軍用地取得状況

　戦後、呉市における旧軍用地を国家機構、地方公共団体としての広島県と呉市がどのように取得したかについてみておくことにする。それを一括したのが次表である。ただし、旧軍用地の取得面積を1件あたり1万 m² 以上とする。なお、農林省への有償所管換、総理府防衛庁への移管、そして提供財産については割愛した。

XIX-2-(1)表　呉市における官公庁の旧軍用地取得状況（昭和35年度末現在）

（単位：m²、年次：昭和年）

譲渡先名	譲渡面積	用途目的	譲渡条件	年次	旧口座名	所在地
厚生省	76,424	国立病院	無償所管換	35	呉海軍病院	青山町
法務省	16,051	拘置所敷地	無償所管換	27	吉浦刑務所	吉浦町
運輸省	130,926	海上保安大学	無償所管換	34	呉工廠第3区	同
同	16,624	──	無償所管換	23	呉工廠第1区	昭和通
小計	240,025					
広島県	29,317	呉商業高校	譲与	32	11空安永工員養成所	広町
同	23,010	県道	公共物編入	30	呉工廠第1区	昭和通
小計	52,327					
呉市	13,900	学校敷地	譲与	26	呉工廠警固屋堤寮	警固屋町
同	49,036	公園	譲与	26	的場工員宿舎	的場町
同	30,601	水道施設	譲与	28	呉軍港水道（その1）	押込町
同	793,478	同	譲与	28	呉軍港水道（その2）	焼山町
同	176,745	同	譲与	28	呉軍港水道（その3）	若葉町
同	74,909	同	譲与	28	呉軍港水道（その4）	広町
同	70,682	同	譲与	28	呉軍港水道（その8）	吉浦町
同	16,585	市道	公共物編入	30	呉軍港内通路第1区	幸町
同	※6,270	車整備工場	譲与	32	呉軍需部第3区	築地町
同	28,766	汚水処理場	譲与	35	11空新宮兵器部工場	光町
同	46,013	中学校用地	時価	23	呉工廠豊栄工員宿舎	阿賀町
同	11,395	農業試験場	譲与	33	11空白岳工員宿舎	広町
同	17,339	給水設備	譲与	28	11空広工廠水道	同
同	14,379	小学校用地	譲与	31	広設営隊訓練所	同
同	39,766	中国労災病院	時価	29	広燃料置場	同
同	15,122	給水設備	譲与	28	呉工廠第1区	昭和通
小計	1,404,986					
合計	1,697,338					

　出所：「旧軍用財産資料」（前出）より作成。「11空」は「第11航空廠」の略。
　　　※面積基準に達していないが、工場用地への転用なので、特に掲げた。

第十九章　呉市　641

2‒(1)表は、いわゆる「官」による旧軍用地の取得である。この表には掲示しなかったが、これ以外に「官」へ移管した旧軍用地が相当にある。あらかじめ、そのことを紹介しておこう[1]。呉市にあった旧軍用地で農林省へ開拓農地として有償所管換された旧軍用地（10万m²以上）は、昭和22年から25年までの期間に6件、1,588,609m²に達する。なお、この期間も含めて昭和35年までに、農林省へ有償所管換された1件あたり10万m²未満の旧軍用地は、約20万m²と推計されるので、全体では約180万m²になるものと思われる。

また、昭和35年までに、総理府防衛庁へ無償所管換されたのは8件、およそ28万m²である。さらに昭和35年度末現在における提供財産は2件、約24万m²である。

以上のことを念頭におきながら、「官」による旧軍用地の取得をみると、国家機構としては運輸省（2件）、厚生省（1件）、法務省（1件）の計4件、面積にして約24万m²である。なお、総理府、提供財産、「その他の国家機構」が、あわせて52万m²の用地を無償所管換している。

地方公共団体としての広島県が取得したのは僅かに2件、約5万m²でしかない。これに対して、呉市が旧軍用地を取得したのは18件（内、工場用地1件を含む）で、その全体の面積は、およそ148万m²である。ただし、呉市が取得した旧軍用地の用途目的は、「水道施設」が圧倒的に多く、給水施設、汚水処理場まで含めると、全部で11件となる。これは旧工廠や航空廠に対する水道施設や旧海軍の艦艇に対する給水施設を呉市に譲渡した結果である。なお、農業試験場や自動車整備工場などの産業的用地、あるいは市民生活に密接な関連がある諸施設としての、病院用地、学校用地、市道などの譲渡もあるが件数は限られている。なお、病院用地を除いては、すべてが国からの「譲与」という譲渡形態になっているが、これは旧軍港市転換法（第5条）との関連である。

呉市は、これ以外の旧軍用地（1万m²未満）を、自動車置場、市道、公共施設、学校、養護施設、保健所などを用途目的として数多く取得しているが、本書では捨象している。

ここで注意しておくべきことがある。それは、この2‒(1)表に掲示されている旧軍用地の譲渡（移管を含む）の時期が、昭和35年度末までになっていることである。つまり、昭和35年以降における旧軍用地の「官」への譲渡に関する事実が、資料作成の過程で欠落しているのである。したがって、呉市および前章の広島県の場合には、対象期間が異なるので、旧軍用地の多寡を他府県と単純には比較できない。

1）「旧軍用財産資料」（前出）による。

第三節　呉市における旧軍用地の民間企業（製造業を除く）への転用

　本節では、呉市にあった旧軍用地が、製造業以外の民間企業や諸団体へ、どのように譲渡されたかについて明らかにしていきたい。民間企業の中には、学校法人や医療法人、あるいは平成になって民営化された旧国営企業などへの譲渡も含まれている。次の表は、昭和35年度末の時点でまとめたものである。

XIX-3-(1)表　呉市における旧軍用地の民間（製造業を除く）への転用

（単位：m²、年次：昭和年）

企業等名	業種用途	取得面積	取得形態	年次	旧口座名	所在地
清水丘学園	学校用地	24,628	減額？％	33	呉海軍病院	青山町
呉冷蔵倉庫	倉庫業	10,389	時価	34	呉軍需部第2区	宝町
大呉興産	建設業	8,390	時価	32	呉軍需部第3区	築地町
呉貿易倉庫	倉庫業	9,725	時価	34	呉工廠冠崎水雷工場	阿賀町
呉港学園	学校用地	21,638	減額50％	33	広設営隊訓練所	広町
芸南学園	同	11,998	減額50％	32	広軍需品置場	同
近畿大学	同	46,767	減額50％	35	11空廠安永工員養成所	同
電電公社	通信業	61,648	交換	28	呉通信隊焼山分遣隊官舎	焼山町
土肥工務店	建設業	10,942	時価	28	呉工廠第1区	昭和通

出所：「旧軍用財産資料」（前出）より作成。

　3-(1)表をみると、呉市にあった旧軍用地が、製造業を除く民間企業等に譲渡されたのは9件で、極めて少ないことが判る。もっとも、1件あたりの譲渡面積が3千m²未満のものは除外している。

　また、これを業種別にみると、学校法人への譲渡が4件もあり、1件は不詳（紙面の汚れのため読み取れず）だが、50％の減額措置がとられていることが特徴である。これは軍転法によって、国有財産特別措置法第3条12項および第4条が適用されたものである。それ以外では、建設業が2件、同じく倉庫業が2件、そして通信業1件となっている。

　なお、この3-(1)表でも、譲渡の時期は昭和35年度末までとしている。これは資料の制約によるものである。

第四節　呉市における旧軍用地の工業用地への転用

　本節では、呉市における旧軍用地の工業用地への転用について、業種、地区、年次といった視点から整理しておく。譲渡形態はいずれも「時価売払」である。なお、1件あたり3千m²以上。

XIX-4-(1)表　呉市における旧軍用地の製造業への転用

（単位：m²、年次：昭和年）

企業名	業種	取得面積	年次	地区	旧口座名
呉造船	輸送機械	6,553	33	宝町	呉鎮守府人事部文庫
日立製作所	輸送機械	59,950	33	同	呉軍需部第2区
同	同	4,302	35	同	同
同	同	33,057	33	同	第11航空廠呉地区
呉興業	金属製品	6,622	32	築地町	呉軍需部第3区
呉飼糧	食品工業	5,969	32	同	同
旭油脂	食品工業	5,468	32	同	同
中本工作所	一般機械	9,208	32	同	同
呉飼糧	食品工業	4,350	36	同	同
寿工業	輸送機械	3,777	25	吉浦町	呉工廠第3区
日亜製鋼	鉄鋼業	10,178	34	同	同
新栄製砥	窯業	3,422	34	同	同
東帰工業所	――	4,778	26	光町	第11航空廠新宮兵器部工場
呉造船	輸送機械	18,372	35	同	同
大之木木材	木材製品	3,053	35	若葉町	吉浦燃料置場
神田造船	造船	3,397	35	同	同
広洋興業	造船	4,486	35	同	同
日本無線	電気機械	3,255	34	光町	呉潜水艦基地隊
呉造船所	造船	56,030	35	同	同
駿賀産業	――	8,503	24	阿賀町	大入魚雷遠距離発射場
福興酸素	酸素工場	3,180	30	広町	大広酸素工場
中本製所	製材業	13,248	26	同	第11航空廠福浦工員宿舎
芸南プレス	一般機械	4,180	32	同	広燃料置場
呉弥生工協	一般機械	22,170	32	同	広軍需品置場
武田製網	繊維工業	5,396	34	同	第11航空廠官舎
共和工業	化学	7,481	32	同	第11航空廠安永工員養成所
三豊製作所	精密機械	12,301	33	同	同
東洋パルプ	パルプ	185,550	33	同	第11航空廠第1区
広造機	一般機械	60,577	34	同	第11航空廠第2区
光洋産業	文具製造	5,192	29	同	第11航空廠第3区
トキワ工業	――	3,248	32	同	同
中国チップ	チップ材	5,128	32	同	同
寿工業	金属製品	36,697	33	同	同
福興酸素	化学	3,661	34	同	同
中国工業	金属製品	16,966	34	同	同
三和興業	一般機械	11,445	35	同	同
中国工業	金属製品	24,067	36	同	同
山本輸送機	輸送機械	31,648	36	同	同
寿工業	金属製品	50,670	36	同	同
尼崎製鉄	鉄鋼業	177,630	32	昭和通	呉工廠第1区
日亜製鋼	鉄鋼業	433,550	33	同	同
日立製作所	輸送機械	19,034	33	同	同

日本酸素	化学工業	7,301	33	同	同
呉酸素	化学工業	3,897	34	同	同
中国電力	電力供給	7,068	34	同	同
呉造船所	輸送機械	151,058	34	同	同
日本酸素	化学工業	9,361	35	同	同
淀川製鋼	鉄鋼業	46,154	36	同	同

出所：「旧軍用財産資料」（前出）より作成。

この4-(1)表では、呉市における旧軍用地の製造業への譲渡は昭和35年度末までとなっている。しかし、それ以降の時期における旧軍用地の工業用地への転用がなかったわけではない。これは原資料に収録した統計数字の年度的限界によるものである。その点については、後に補足することとして、この4-(1)表によって、呉市における旧軍用地の工業用地への転用を、譲渡面積、時期、そして地区という三つの視点から分析しておこう。

XIX-4-(2)表　製造業へ転用された旧軍用地の規模別分析（呉市）

（単位：m²）

面積規模	件数	総面積	構成比率	平均面積
3千～ 5千 m²	14	52,986	3.3%	3,785
5千～ 1万 m²	13	89,250	5.5%	6,865
1万～ 3万 m²	9	147,781	9.2%	16,420
3万～ 5万 m²	4	147,556	9.1%	36,889
5万～ 10万 m²	4	227,227	14.1%	56,807
10万～ 50万 m²	4	947,788	58.8%	236,947
計	48	1,612,588	100.0%	33,596

出所：4-(1)表より作成。

4-(2)表をみると、呉市においては、旧軍用地を工業用地として取得した48件のうち、5万m²以上の旧軍用地を取得したのは8件、約17%に過ぎないが、全体面積の約73%を、また10万m²以上の旧軍用地を取得した4件（8％強）が全体の約59%を占めている。

ただし、企業単位でみると、昭和35年度末までという限定的なものであるが、日亜製鋼は1社（433,550m²）で、全体の約27%、東洋パルプも1社（185,550m²）で約12%の用地取得をしている。しかし、呉造船所は4件（232,013m²）で14%、日立製作所は4件（116,343m²）で約7％であり、取得単位面積で大企業間の差異もみられる。

次に、取得年次別に分析しておこう。あらかじめ注意しておきたいのは、呉市の場合には、昭和36年度以降の時期については、「旧軍用財産資料」では、その実態が明らかではないので、時期的にみた場合、あくまでも限定的なものになる。

XIX-4-(3)表　製造業へ転用された旧軍用地の年次別分析（呉市）

（単位：m²）

年次	件数	取得面積	構成比率
昭和24	1	8,503	0.5%
25	1	3,777	0.2%
26	2	18,026	1.1%
29	1	5,192	0.3%
30	1	3,180	0.2%
昭和32	10	247,104	15.3%
33	9	793,993	49.2%
34	10	265,478	16.5%
35	8	110,446	6.8%
36	5	156,889	9.7%
計	48	1,612,588	99.8%

出所：4-(1)表より作成。構成比率が100.0%にならないの
は、計算上の不突合。昭和36年分は同年3月末ま
での数字。

　4-(3)表をみて、まず第一に気づくことは、昭和30年以前の時期には、旧軍用地の払下げが極めて少ないことである。つまり、呉市における旧軍用地の払下げが本格的になったのは昭和32年からである。これは占領軍の撤退、すなわち基地返還の時期と軌を一にしている。また、それは、時あたかも日本における経済の高度成長が始まる時期であった。

　このことを軍転法と関連して考えてみると、この法律によって、呉市における旧軍用地の工業用地への転換が早まるどころか、むしろ米軍の占拠によって時期的に遅れたということである。逆に言えば、軍転法は占領軍の基地確保のための法律であったとみることもできる。

　次に、この表は昭和35年度末のものであり、昭和36年度以降は呉市における旧軍用地の払下げは皆無なのかということである。この点はのちに検討する。

　以上のことを踏まえて、以下では、工場用地への転用を目的とした企業が呉市のどの地区で旧軍用地を取得したかを明らかにしておきたい。今、便宜的にではあるが、呉市を吉浦地区（吉浦、若葉町、光町）、中央地区（川原石町、築地町、宝町）、昭和地区（昭和町）、広地区（広町、阿賀町）という四つの地区に分けて、旧軍用地の取得状況を整理してみよう。

XIX-4-(4)表　製造業へ転用された旧軍用地の地区別分析（呉市）

（単位：m²、年次：昭和年）

地区名	件数	取得面積	構成比率	取得年次　（　）内は件数
吉浦地区	10	110,748	6.9%	25、26、34（3）、35（5）
中央地区	9	135,479	8.4%	32（4）、33（3）、35、36
昭和地区	9	855,053	53.0%	32、33（3）、34（3）、35、36
広　地区	20	511,308	31.7%	24、26、29、30、32（5）、

				33（3）、34（4）、35、36（3）
計	48	1,612,588	100.9%	20年代（5）、30年代（43）

出所：4-(1)表より作成。

　4-(4)表をみると、広地区における旧軍用地の取得件数が多いが、取得面積からみると、昭和地区が過半数を超えるほどに大きい。呉市における旧軍用地の工業用地への転用については、歴史的な経緯もあり、この昭和地区（吉浦・中央を含む）と広地区を中心に検討していきたい。

　また、旧軍用地の取得時期についてみると、昭和20年代での取得があるのは、吉浦地区と広地区だけであり、中央地区および昭和地区では昭和20年代の取得は皆無で、いずれも昭和32年以降という時期的な特徴がある。ここが旧呉海軍の中枢的地区だったからである。

　地区別にみて、このような時期的な差異が生じた原因については、占領軍による旧軍用施設の接収となんらかの関連があるのではないかと推測できるものの、この4-(4)表からは判断しえない。

　また、昭和25年に制定した軍転法（旧軍港市平和産業都市転換法）との関連も明確には現れてこない。ただ、昭和25年から旧軍用地の転用が開始されていることは判る。

　呉市における旧軍用地の工業用地への転用が上記のような概況にあることを踏まえながら、次に呉港地区と広地区という二つの地区を中心に詳しい分析をしていきたい。

第五節　呉市における旧軍用地の工業用地への転用過程

　呉市における旧軍用地の工業用地への転用を地区別に分析する前に、終戦から昭和35年度末までに至る呉市の製造業がたどった歴史的経緯について、簡単にみておこう。

　なぜかと言えば、大蔵省管財局文書「旧軍用財産資料」によれば、呉市における旧軍用地の転用は、昭和25年以前には見当たらないからである。だが、事実関係はどうだったのか。以下、四つの文章で、その点を明らかにしておきたい。

　『くれ』（呉市役所、1964年）は、「呉市では、かって15万人の工具が働いていたが、昭和20年3月19日の第一回空襲を皮切りに、軍港に対する猛攻撃が行われ、同年7月1日の大空襲で市中心部をはじめ、一面の焼野原になった。戦後の昭和21年4月1日には、いちはやく尼崎製鉄（現神戸製鋼）、播磨造船（現石川島播磨重工）が旧海軍工廠の跡地へ進出し、また広地区では川南工業（現広造機）が操業を開始した」[1]と記している。

　ただし、上記の文章では、土地所有関係がどうであったのか、とくに占領軍との関連が明らかではない。

　ちなみに占領軍はSCAPIN-249（1945年11月7日）で「呉、佐世保、舞鶴、大湊海軍工廠の技術者および従業員の復員延期要請を否認」[2]したものの、38日後のSCAPIN-451（1945年12月

15 日）には「呉海軍工廠施設の再開」を認め、「商船および武装解除された海軍艦船の引揚作業、保全、修理に使用できる呉海軍工廠の施設を稼働させることを日本政府に指令」[3]している。

　つまり、戦後の占領期においては、操業は開始したものの、各企業は自由な経済活動はできず、戦後処理業務としての、いわば占領軍の下請業務に終始していたと推測される。

　この点については、『呉の歴史』（呉市制 100 周年記念版）が、GHQ との関連を明確にしている。

　「21 年 4 月から、GHQ の指示により、㈱播磨造船所呉船渠（ドック）が旧呉海軍工廠の造船・造機部跡を利用して沈没艦艇の引揚げ、軍艦解体・商船修理作業、尼崎製鉄㈱呉作業所が製鋼部跡に進出して、スクラップの鋳鋼作業をしていた。広の第 11 海軍航空廠跡にも 20 年 11 月に川南工業㈱広製作所が開所、同年 12 月に広島鉄道管理局工機部広分工場が GHQ の許可をえて進出していた」[4]

　この文章でも、占領軍の管理下にあった呉市の各企業は、「GHQ の指示」「GHQ の許可」によって経済活動をしていたことが明らかである。ただし、これらの企業敷地、すなわち旧軍用地の所有関係は明確ではない。

　ところで、呉市および周辺海域における戦後処理的な操業は永続的には続かない。具体的には、『呉の歴史』が述べているように、呉市の状況は以下のようなものであった。

　「昭和 22（1946）年から 23 年にかけて復興のきざしがみえたかと思われたのもつかの間、23 年 5 月には、沈没艦艇の引揚げならびに解体作業が 2、3 カ月もすれば完了する見とおしとなり、㈱播磨造船所呉船渠の事業はおおはばに制限された。ほかの工場も賠償指定工場であるという制限に加えて、行政整理や経済不況が重なり、のきなみ縮小や閉鎖においこまれた。加えて 22 年以降、英連邦占領軍の引揚げがつづき、そこに就職していた多数の市民が路頭にまようことになった」[5]

　軍需に依存する企業がたどる必然的な命運がここに現れている。同じ状況が横須賀市においても生じたことは、既にみてきた通りである。特に、短期的な軍需への依存は、ある意味では、ギャンブル的行為である。しかし、地方公共団体としては、「営業の自由」としての企業活動を阻止できる筈もなく、また結果として生じた失業に対しては、全力をあげて解決しなければならない社会的責務がある。かくして、「旧軍港市転換法」（以下、「軍転法」と略記・昭和 25 年）が登場してくる。なお、「軍転法」そのものについては、既に本書の上巻で紹介しているので、ここでは繰り返して論ずることはしない。

　さて、「軍転法」との関連では、『呉商工名鑑』（1974 年）が「呉市の産業」という標題のもとに、次のように述べている。

　「昭和 25 年 4 月、旧軍港市転換法が制定されるとともに旧軍用施設の接収解除があり、昭和 26 年日亜製鋼（現日新製鋼）、27 年 NBC 呉造船部、東洋パルプ、29 年淀川製鋼等が旧海軍工廠地区を中心に相ついで立地した。また、広地区にも東洋パルプのほかに昭和 25 年中国工業、26 年広造機、31 年寿工業が操業をはじめた。かくして昭和 30 年頃までには旧海軍工廠地区を中心とする企業誘致もほぼ一段落した」[6]

これら四つの文章によって、戦後における呉市の工業発展、とりわけ旧軍用施設の転用に関する経過がある程度まで明らかになる。

まず第一に、終戦直後から旧呉海軍工廠では大企業が操業を開始していたことである。しかしながら、土地所有という点では、賠償指定工場を管理するという名目での「一時使用」ではなかったかと思われる。なぜなら、SCAPIN-629（1946年1月20日）によって、旧呉海軍工廠は、山口県宇部市にあった同工廠分工場と共に、賠償指定工場となっていたからである[7]。

第二に、「軍転法」との関連では、次のことが明らかになる。すなわち、『呉商工名鑑』では、「接収解除があり、——昭和30年頃までに——企業誘致は一段落した」とあるが、実際には、大蔵省から土地所有権が譲渡されたのは、これまでにみてきたように、昭和32年以降に集中している。したがって、昭和21年から昭和25年頃までは、一時使用という形態で、旧軍用地が大蔵省より各企業に対して「貸付け」されていたのであろう。

そこで昭和20年代に操業していた呉市における製造業の概況を紹介しておこう。次の表がそれである。

XIX-5-(1)表　呉市における旧軍用地転用工場（昭和20年代操業）

（単位：m^2、人、年次：昭和年）

工場名	敷地面積	操業年月日	従業員	生産品目
日亜製鋼呉工場	432,792	26. 4. 1	1,368	帯鋼、鋼塊、スラブ
東洋パルプ呉工場	194,040	26.12.25	707	クラフトパルプ、同紙
尼崎製鉄呉製鋼所	178,207	21. 4. 1	1,131	各種金属、各種機械加工
N．B．C呉造船部	165,822	27. 4. 1	2,540	自社用鋼船、同修理
呉造船所	129,037	21. 4. 1	3,102	造船、同修理、陸上鉄構
呉船木材㈱	100,284	21. 4. 1	245	製材、製箱
広造機広工場	60,779	21. 4. 1	281	各種船舶用補機
淀川製鋼	41,154	29.12.18	371	高級仕上鋼板、磨薄鋼板

出所：『くれ—呉市市勢要覧』（昭和33年版）、呉市役所、194ページより作成。なお、原表では敷地面積が坪で表記されていたが、杉野がm^{2}に換算した。

この5-(1)表については、次の三つの点が問題となる。

その第一は、㈱播磨造船所呉船渠（ドック）の名がみえないことである。その後における同社の動向が問題となる。

第二に、この表に掲載されているのは、昭和32年頃に操業していた呉市の主要な工場だけであり、それ以外に、昭和33年の段階においても、旧軍用地を使用していた小規模な工場が呉市内にはあった筈である。その部分が、この表では欠けている。

そして第三に、(1)表をみると、戦後間もない昭和21年4月1日には、尼崎製鉄呉製鋼所、呉造船所、呉船木材、広造機広工場の4工場が、旧海軍工廠跡地を利用しており、昭和25年6月に「軍転法」が施行され、かつ朝鮮動乱が勃発した後、年次的には昭和26〜27年に操業をはじめた工場、すなわち日亜製鋼、東洋パルプ、NBC呉造船所、淀川製鋼との二つのグループに分

けることができる。この年次的な差異の背後に特別な事由、とりわけ政治経済関係があったのかどうかが問題となる。

第四に問題となるのは、四つの工場がいずれも昭和21年4月1日に、いわば同時に操業を開始していることである。民間企業の経営方針によっては4工場が一斉に操業を開始するということはあり得ない。その背後にあった経緯を明らかにしなければならない。

第一の問題については、『呉の歴史』（前出）の文章がそれを解決してくれる。

「21年4月から進出していた㈱播磨造船所呉船渠は、世界有数の海運会社のNBC（8ナショナル・バルク・キャリアーズ・インコーポレイテッド）の自社用の造修工事をおこなうNBC呉造船部（昭和26年8月15日開所）と全額㈱播磨造船所の出資によって設立された㈱呉造船所に分割された」[8]

つまり、NBCと呉造船所とに分割されたため、播磨造船という名は消えたのである。

第二の問題については、『くれ―呉市市勢要覧』（昭和33年版）に掲載されている「旧軍用施設の利用状況」には、「工場関係用地が約44万坪」[9]となっており、5-(1)表に掲載された8工場以外にも、工場があったことを示唆している。ただし、その明細については不詳である。時期的には2年ほど離れているが、呉市で旧軍用地を工業用地として取得した面積（ただし1件あたり3千m² 以上）の総計は4-(2)表で示したように約160万m²であり、『くれ―呉市市勢要覧』（昭和33年版）が記した工場関係用地の約44万坪（145万m²）という数字よりもやや大きなものとなる。

ちなみに、5-(1)表には掲示されていないが、4-(1)表に掲示され、昭和32年までに旧軍用地を取得している企業13社（14件）の工場用地、具体的には寿工業（7,340坪）、呉弥生工業協同組合（6,706坪）、駿賀産業（4,460坪）などの敷地面積（計10万5千m²）を加えると、約155万5千m²となり、やや近接した数字となる。

こうした状況が生じたのは、『くれ―呉市市勢要覧』（昭和33年版）が旧呉海軍工廠、呉航空隊、呉軍需部、第11航空廠、広弾薬庫といった呉市における大規模な旧軍用施設だけを対象とした数量把握だったからであろう。

第三の問題は、旧軍用地の払下げに関する具体的な政治経済問題となるので、これについては、次の第四の問題と関連させて検討することにしたい。

第四の問題というのは、戦後間もない時期にあっては、旧呉海軍工廠は賠償指定工場として指定されていたのであり、そのような状況のもとでは、単に民間企業の協議による一斉操業開始ではなく、そこには占領軍の意向が反映されていたとみるべきであろう。

ちなみに、昭和21年4月1日に一斉操業を開始した4社の生産品目をみると、各種金属、各種機械、造船および修理、陸上鉄構、造機工事、各種船舶補機、製材・木製品となっており、品目それ自体は別としても、いずれも兵器類や軍需品に関連したものであることが判る。もっと言えば、旧日本軍の艦艇解体や占領軍の武器類補修などを行っていたと推測される。

これが、戦後間もない時期から生産をしていた呉市工業の実態であり、まさに「GHQの指令と許可」によって生産が続けられていたのである。では、なぜ、旧呉海軍工廠の設備が利用され

たのか、その点では、旧工廠にあった機械器具類の多さが問題となる。

　昭和25年段階において旧呉海軍工廠が保持していた機械器具類は10,346個であり、これは各地にあった旧海軍工廠の中では最多であった[10]。この数字は終戦直後と大きくは変わらなかったとみられ、それが旧工廠の施設を利用していた各社が使用していたものと考えられる。

　念のために、他の旧海軍工廠が保持していた機械器具数をみると、横須賀工廠（5,328個）、第一技術廠（2,983個）、豊川工廠（5,700個）、佐世保工廠（3,466個）、舞鶴工廠（2,127個）、鈴鹿工廠（3,285個）などが、その主たるものであった[11]。これらの旧工廠等と比較すれば、旧呉海軍工廠がもっていた機械器具類の多さが判るであろう。しかも、これが旧海軍工廠に付置されていたものであるから、それが艦船や兵器類の補修ないし修理用の機械器具であったことは容易に推測できる。しかし、敗戦直後の経済的危機に直面した時期にあって、このような軍事関係の品目を生産していたとは考えにくい。おそらく、そうした機械器具類は、戦後期における生活必需品（鍋、釜、木机など）を生産していたのではないかとも思える。この点については、なお詳しい調査が別途に必要である。

　やや脇道にそれるが、参考のために、旧陸軍関連の工廠がもっていた機械器具類の数量についてみると、名古屋陸軍造兵廠（熱田製造所17,720個、高蔵製造所17,720個、鳥居松製造所11,269個）という巨大な工廠をはじめ、相模陸軍造兵廠（10,111個）、大阪陸軍造兵廠枚方製造所（9,415個）、東京第一陸軍造兵廠（8,249個）、東京陸軍造兵廠仙台製造所（7,935個）がその主なものであり、それ以外には5,000個を備えた製造所が3カ所あるだけである[12]。

　さて、4-(1)表では、昭和35年度末までの旧軍用地の工場用地への転用状況を掲示した。だが、この4-(1)表では、その後における状況が不詳である。そこで、別の資料によって、その後のほぼ10年間における旧軍用地の工業用地への転用状況を明らかにしておこう。

XIX-5-(2)表　呉市における旧軍用地の工場用地への転換（昭和36年以降）

（単位：m²、年次：昭和年）

企業名	業種	取得面積	年次	用途
日新製鋼	製鋼	98,328	36	製鋼及圧延工場施設
中国化工	化学工業	23,981	36	工場施設
中国製鋼	製鋼	43,607	36	工場敷地
淀川製鋼	製鋼	23,956	38	連続メッキ工場施設
呉木材	木製品	98,533	38	木材製品加工工場施設
呉鉄工所	車部品他	27,638	39	自動車部品製造施設
松本重工業	車部品他	22,647	39	自動車部品等製造施設
日新製鋼	製鋼	75,499	39	呉工場拡張用地
呉造船所	造船	182,550	41	造船施設
中国製鋼	製鋼	16,472	42	工場敷地
東洋パルプ	パルプ	60,139	46	工場敷地

出所：『旧軍港市転換法による取得財産調』（呉市、昭和44年4月現在）、15～24ページ。
なお、昭和46年の東洋パルプについては、その後に追加。

第十九章　呉市　651

　上掲の5-(2)表をみると、呉市における大規模な旧軍用地は昭和36年以降においても引き続き譲渡されていることが判る。だが、昭和41年の呉造船所へ約18万m²を譲渡したのちは、昭和42年の中国製鋼（約1万6千m²）と昭和46年の東洋パルプ（約6万m²）の譲渡があるだけで、呉市における旧軍用地の譲渡は少なくなってきている。

　土地は有限である。その空間領域としての限界性は海面などの水域埋立、あるいは天空へ向けての高度化によって打破するしか方法はない。もっとも工業用地といった土地の用途に関しては、農地からの転用などによって拡張が可能である。そうは言っても、「旧軍用地」（国有財産）という歴史的な規定が付される空白な土地は、その規模がいわば限定されており、他の用途に転用すればするほどに減少していく。これは旧軍港市だけでなく、全国的にみてそうであり、論理的にみてもそうである。

　呉市における旧軍用地も例外ではなく、昭和から平成にかけて、未転用の旧軍用跡地はほとんどなくなっている。その状況を平成2年以後、10年ごとにまとめてみると次表のようになる。

XIX-5-(3)表　呉市における国有財産（旧軍用地）の未処理状況

（単位：千m²）

	提供施設	未転用施設	小計	転用済施設	合計
平成2年	237 (2.5%)	1,284 (13.5%)	1,521 (16.0%)	8,005 (84.0%)	9,526 (100%)
12年	237 (2.5%)	1,265 (13.3%)	1,502 (15.8%)	8,025 (84.2%)	9,527 (100%)
21年	237 (2.5%)	1,131 (11.9%)	1,368 (14.4%)	8,159 (85.6%)	9,527 (100%)

原注：未転用施設には、貸付中のものを含む。
出所：『21世紀にはばたく旧軍港市』（平成2年）、『旧軍港市転換法施行50年のあゆみ』（平成12年）、『旧軍港市施行60年のあゆみ』（平成22年）。編集・発行はいずれも旧軍港市振興協議会。

　この5-(3)表をみれば、平成2年から平成21年までの約20年間に、呉市において旧軍用地が転用された実績は僅かに154千m²でしかない。しかも、この表からは、それが工業用地への転用であったかどうかは不詳である。

　さらに、もう一つの状況も判る。すなわち、平成21年3月末現在、呉市においては未転用施設（土地）は11.9%であり、面積にして約100万m²である。しかも貸付中ということもありうるので、実際には、ほとんど0に近い状況にある。仮に、この100万m²が譲渡されるにしても、これが工業用地へ転用されるとは限らない。どちらかと言えば、「公共用地」へ転用される可能性のほうが強い。それは地方公共団体に対して、施設確保が必要な、かつ多岐にわたる地域住民の要求が強まっていること、さらに、それに対応する地方公共団体の公的業務の増大と多様化が生じているからである。

　このように、最近の呉市における旧軍用地の工業用地への転用が少なくなるなかで、工業立地

条件と関連した幾つかの出来事や事業等を紹介しておかねばならない。昭和39年以降の状況については、『呉の歴史』の巻末にある年表を参照しなから、年次的に整理しておこう。

「昭和39年3月：第43回旧軍用港市国有財産処理審議会で広町の旧呉海軍航空防備施設及び広燃料置場の合計20万2500坪の工業用地への転換申請が許可される。

昭和41年1月：呉市公害対策推進協議会を設置し、呉市公害対策要綱制定。

昭和43年3月：㈱呉造船所、石川播磨重工業㈱と合併し石川播磨重工㈱呉造船所（IHI）として新発足。

昭和46年7月：11空廠跡に中国工業技術試験場（現産業技術研究所中国センター）開所。

昭和50年3月：川原石（西）地区埋め立て竣工（昭和45年12月着工）。

昭和54年11月：仁方町にヤスリ団地落成（第二次）。

昭和57年8月：川原石（南）地区埋め立て竣工。

昭和61年12月：特別地域中小企業対策臨時措置法（新企業城下町法）の特定地域に指定を受ける。

昭和63年8月：桑畑地区工業団地完成（昭和62年3月着工）。

平成3年9月：長谷工業団地完成。

平成7年3月：郷原工業団地完成」[13]

　工業立地に関連した呉市の出来事（昭和39年以降）を通観すれば、昭和39年以降において旧軍用地の転用による工業立地の記述が少なくなっている。その一方で、川原石（西）と川原石（南）という海面埋立があり、他方で、仁方ヤスリ団地をはじめ、桑畑、長谷、郷原などで工業団地が造成されている。この二つの点に、最近における呉市の工業立地に関する新しい動きを知ることができる。そうは言っても、これらは、およそ30年間という長期にわたる出来事なのである。

　そこで、4-⑴表でみた呉市における旧軍用地の工業用地への転用状況を中心としながら、5-⑴、⑵、⑶表、それから年表を参考にしつつ、次節では、呉市における旧軍用地の転用と工業立地の状況について地域分析を行いたい。

　なお、呉市は平成12年11月に特例市となり、平成17年には音戸町、倉橋町、安浦町などを編入している。本書では、これらの編入された旧町にあった旧軍用地については、「広島県」の章で分析してきているので、「呉市」の旧軍用地の転用面積である1,148万m²の中には含めない。ただし、昭和31年に編入した旧郷原町（2口座、1,285,288m²）や天応町（3口座、76,986m²）などにあった旧軍用地を含めている。

　1）『くれ』、呉市役所、1964年、73ページを参照。
　2）『GHQ指令総集成1』、SCAPIN、和訳解説、竹前栄治監修、エムティ出版、1994年、49ページ。
　3）同上書、63ページ。
　4）『呉の歴史』（市制100周年記念出版）、呉市、平成14年、327ページ。

第十九章　呉市　653

5）　同上。

6）　『呉商工名鑑』、呉商工会議所、1974 年、ページなし。

7）　SCAPIN、英文版、「NAVAL ARSENAL」、970 ページ。

8）　『呉の歴史』、前掲、328 ページ。

9）　『くれ—呉市市勢要覧』（昭和 33 年版）。

10）　『昭和財政史』第九巻、大蔵省財政史室編、東洋経済社、64 ページ。

11）　同上。

12）　同上書、62 〜 65 ページを参照。

13）　『呉の歴史』、前出、449 〜 456 ページを参照。

第六節　呉市における旧軍用地の工業用地への転用に関する地域分析

　これまでは、「旧軍用財産資料」（大蔵省管財局文書）をはじめ、その他の諸資料を参照しながら、呉市における旧軍用地の工業用地への転用状況を歴史的にみてきた。それを地域的にみると、おおまかに言えば、それは呉港地区と広地区という二つの地区への、工業的進出および転用の過程でもあった。そこで本節では、この二つの地区を中心に、その経過を地区別に分析していくことにしたい。つまり、呉市の旧軍用地に立地してきた企業が、それぞれの地区でどのような問題があったか、それらの点については、昭和 36 年度以降についても詳しく検討していくことにしたい。

　なお、呉市における旧軍用地の工業用地（3 千 m² 以上）への転用状況については、既に第四節の 4 -⑴表で明らかにしており、しかも「地区」まで明示しているので、本節ではそれを参照することとし、地区毎の再整理は行わない。ただし、呉港地区については、これを西部（吉浦町・若葉町・天応町）、中央部（光町・築地町・宝町）、南部（昭和町）と三つに細区分する。また広地区は、阿賀町（阿賀南・阿賀中央）と広町（新広地区・広中央部）という二つの地域に区分する。

　ちなみに、昭和 31 年 10 月に編入した天応町と郷原村については、ここでの検討範囲に含めるが、平成 15 年以降に呉市に編入された下蒲刈町（平成 15 年 4 月）、川尻町（平成 16 年 4 月）、音戸町、倉橋町、蒲刈町、安浦町、豊浜町、豊町（以上 6 町は平成 17 年 3 月）については、ここでの検討対象地域とはしない。

1．呉港地区

　この呉港地区については、先述したように、その地理的位置から便宜的に、西部、中央部、南部の三地区にわけて分析する。

(1)　呉市西部地区（吉浦町・若葉町・天応町）

　この呉市西部地区は、広島市にもっとも近い位置にある。しかし、ここは呉線に沿った細長い海岸地帯で、背後は山稜地域であり、広大な平坦地に乏しい。つまり、旧軍用施設の設置も、したがって旧軍用地の工業用地への転用も小規模なものに留まる。

　既に4‒(1)表から、この地区で、工業用地へと転用された旧軍用地をみると、吉浦町にあった呉工廠第3区跡地での3件と若葉町にあった吉浦燃料置場での3件、計6件である。

　まず、呉工廠第3区の跡地（156,416㎡）を取得した寿工業（3,777㎡・昭和25年）、日亜製鋼（10,178㎡・昭和34年）、新栄製砥（3,422㎡・昭和34年）[1]について、昭和49年7月発行の都市地図『呉市街図』（昭文社）[2]をみると、これら三つの企業名は見当たらず、海上保安大学の北側には、隣接して中国精機、それから関西工業、やや離れてクレノートンという三つの工場が記載されている。しかも、2008年（2013年も同様）の都市地図『呉市』をみると、同じ場所には、長浜産業、島文、クレトイシという三つの工場が立地している[3]。

　ただし、クレトイシ（クレノートンが1965年に社名変更）の場所が旧軍用地であったとは言えない。なぜなら、クレトイシの前身は、1916年に設立した東洋製砥合資会社であり、戦前の1940年には新工場を呉市に建設、そして昭和23年には「戦災を免れた呉工場で製造を開始」[4]という文章があるからである。その他の企業、すなわち長浜産業（建設機械賃貸業、本社：呉市広）、島文（鉄関連事業、本社：神戸）は、その場所的位置からみて、中国精機と関西工業の跡地を継いだものと判断される。

　ところで、吉浦燃料置場（18,372㎡）は「若葉町」にあった。しかし、その位置は名称どおり旧国鉄吉浦駅の南側に位置した臨海部であった。その跡地は4‒(1)表でも紹介しているように、昭和35年に大之木木材（3,053㎡）[5]、神田造船（3,397㎡）、広洋工業（4,486㎡・造船）の3社に払い下げられている。

　ちなみに、昭和49年の『呉市街図』（昭文社）をみると、神田造船の名はあるが、大之木木材と広洋工業の名は見当たらない。代わって、付近には吉浦造船所の名がある。

　この吉浦造船所は、「神田造船所」（本社：呉市）が「昭和34年10月、若葉町2番地にあった官有地の払い下げを受け若葉工場を設置」[6]したものである。ところが、2008年および2013年の都市地図『呉市』をみると、神田造船所と吉浦造船所があった場所は、協栄興業という名に変わっている。念のために付記しておくと、この協栄興業の南東側が、クレトイシの敷地である。

　呉市西部地区の吉浦地区における旧軍用地の工業用地への転用状況は以上の通りである。なお、呉市の西部地区となる天応町地区では、大蔵省から直接に工業用地（3千㎡以上）として払下げを受けた企業はない。

　2008年の都市地図で天応地区をみると、広島市に比較的近く、かつ鉄道沿線に位置しているためか、福浦町から伝十郎町までの地先を埋め立てて、「ホートピアランド」（平成4年開業・平成10年閉園、跡地は平成12年に「呉ポートピアパーク」となる）[7]を建設している。さらに天応駅の南側を埋め、2013年には水善鉄工が工場を建設している。ちなみに、この水善鉄工は、2007

年の段階で、同じく天応町の内陸部で既に工場をもっており、同社は埋立地に新しい工場を追加して建設したものである[8]。

1）新栄製砥㈱については、『呉市史』第八巻、呉市、平成7年、266ページに旧軍用地払下げの申請内容が紹介されている。
2）エリアマップ『呉市街図』、昭文社、1974年を参照。
3）都市地図『呉市』、昭文社、2008年版および2013年版を参照。
4）「クレトイシ株式会社」のウェブサイトによる（2016年6月閲覧）。
5）大之木木材㈱については、『呉市史』第八巻、前出、267ページに旧軍用地の払下げ理由が紹介されている。
6）「株式会社神田造船所」のウェブサイトによる（2016年6月閲覧）。なお、神田造船所については、『呉市史』第八巻、前出、266～267ページに、旧軍用地払下げを申請する状況説明がなされている。
7）『呉の歴史』（前出）の年表による。
8）都市地図『呉市』、前出、同年版を参照。

⑵ 呉市中央部（光町・築地町・宝町）

呉市中央部というのは、呉市の繁華街を含む中心部であり、位置的にみると、西は光町や川原駅（塩屋町）から東は海岸部の幸町、そして山手にかかる和庄本町までの区域である。

概して言えば、海岸に接した旧軍用地は工業用地への転用が可能であるが、山手にあった旧軍用地は公共用地等への転用に適している。しかしながら、歴史的経緯や社会の動向のこともあるので、工業立地の具体的な内容については、この地区にどのような旧軍用施設があったのか、4-⑴表を踏まえながら、旧軍用地の工業用地への転用という視点からみていくことにしよう。

光町から川原石港を挟んだ対岸になる築地町、さらに二河川を隔てた宝町における旧軍用地の工業用地への転用が多くみられた。これら二つの町域は、いわば呉の中心街に近い臨海部にあり、それだけに用地の用途として多様な形態が考えられ、地価も相当の水準にあると推測される。つまり、旧軍用地の払下価格とその後における地価の上昇によって、両者の乖離が甚だしい地域である。

さて、この地域には、数多くの旧軍用地の工業用地への転用があった。ここは4-⑴表を援用しながら、一つの表にまとめて、立地企業のその後における状況を点検してみることにしよう。

XIX-6-⑴表　呉市中央部における旧軍用地取得企業の推移

（単位：m²、年次：昭和年）

企業名	場所	取得面積	取得年次	1974年（地図）	2013年（地図）
東帰工業所	光町	4,778	26	？	？
呉造船所	同	18,372	35	石川島播磨	JMU
日本無線	同	3,255	34	？	？
呉造船所	同	56,030	35	石川島播磨	JMU

呉興業	築地町	6,622	32	呉興工業（？）	？
呉飼料	同	10,319	32～36	有	クレイトンH
旭油脂	同	5,468	32	？	？
中本工作所	同	9,208	32	有	？
大呉興産	同	8,390	32	ダイクレ？	ダイクレ？
市交通整備	同	6,270	32	有	有
呉造船	宝町	6,553	33	バブコップ日立	年金事務所（？）
日立製作所	同	97,309	33～35	バブコップ日立	バブコップ日立

出所：XIX-4-(1)表およびエリアマップ『呉市街図』（1974年）および都市地図『呉市』（2013年）より作成。大呉興産（建設業）と市交通局整備工場（本表では「市交通整備」と略記）については「旧軍用財産資料」（前出）。なお、表中の？は地図に不記載という意味である。

(イ)　光町

戦前の光町には、敷地面積が1万 m² を超える施設として、呉潜水艦基地隊（59,324 m²）と第11航空廠新宮兵器部工場（67,393 m²）があった。その跡地は、前者は呉造船所（56,030 m²・昭和35年）と日本無線（3,255 m²・昭和34年）に、そして後者は東帰工業所（4,778 m²・昭和26年）と呉造船所（18,372 m²・昭和35年）に払い下げられている[1]。昭和49年の『呉市街図』（昭文社）をみると、呉造船所は石川島播磨呉造船所となっており、東帰工業所があった場所は東海工機という名になっている[2]。

これが2008年になると、その東海工機も地図に見当たらず、その付近にはフナコというスーパー・マーケットが立地、そして呉造船所の光町の場所は、IHI（石川島播磨）となり、さらに2013年にはジャパンマリンユナイテッドと変わっている[3]。これは単なる社名変更ではなく、日本における大規模な造船会社の統合関係を反映した社名変更であり、これについては若干の解説が必要である。

日本造船業界の不振は、海運業の沈滞ということもあるが、開発途上国における造船技術の発達と造船コストの低廉性という経済的競争力強化に伴う、いわば国際競争力の低下にある。このため、生産性の向上と無駄の廃棄をすすめ、国際競争力の強化を目的とした造船関連企業の統合が行われたのであるが、その具体的な経緯は次のようになっている。

「1995年、IHIの船舶部門と住友重機械工業の艦艇部門の共同出資によりマリンユナイテッド（MU）設立。2002年には、IHIの船舶海洋事業が分社化、MUと統合し、IHI・MUに社名変更。他方、日立造船、日本鋼管の船舶部門が経営統合し、ユニバーサル造船となる。2013年には、さらにユニバーサル造船とIHI・MUとが経営統合し、ジャパンマリンユナイテッド（JMU、資本金250億円、本社：東京）となる」[4]

こうした名称変更は、まさに日本産業界の動向が地域経済に投影したものである。ただし、ここで造船業界の動向について詳論することはしない。先へ進もう。

第十九章　呉市　657

㈹　築地町

　6-(1)表をみると、築地町では、二河川に面した大呉興産（ダイクレと名称変更・建設業）[5]とその背後にあった市交通局整備工場（呉市）は、2013年、つまり平成期に入っても存続している。しかし、海に面した三つの工場、具体的には呉興業[6]、呉飼料、中本工作所は、市街地図から名が消えている。これは現地に工場があっても記載されなかったのか、実際に存在しなかったのか、不詳である。なお、同じ築地町地先の海面を埋め立てて造成した新規埋立地には、井上金属と佐川急便とが立地している[7]。だが、これらが三つの工場の跡地であるかどうかは判断できない。その理由は、地図をみただけでは、埋立地との境界が判然としないからである。

㈧　宝町

　JR呉駅の西南部は宝町であり、戦前のここには、呉軍需部第二区（135,263 m²）と第11航空廠呉地区（33,057 m²）などの旧軍用地があった。呉駅に至近という意味では、工業用地としてだけでなく、同時に商業用地や公共用地などとして利用するにも最適の土地であった。これら二つの旧軍用地は、昭和33年に日立が前者で64,252 m²、後者ではそのすべてを取得している。なお、前者の一部は呉冷蔵倉庫（10,389 m²）が取得している。

　昭和49年の地図では、この地をバブコック日立が占めているが、2008年になると、呉駅に近い用地は、西から順に、JRバス、シティホール、社会保険事務所、バブコック日立体育場、レクレ、レクレヴァンジュニールなどが立地してきている[8]。つまり、バブコック日立（工場用地）の一部が、こうした利用状況へと変転しているのである。なお、この変転は、平成12年に始まった「呉駅南拠点整備土地区画整理事業」[9]によるものであろう。

　ちなみに宝町にあった旧軍用施設としては、呉鎮守府人事部文庫（40,807 m²）や呉軍需部第一区（41,636 m²）があった。工業用地への転用という点では、前者のうち6,553 m²が呉造船へ昭和33年に払い下げられている。もっとも、残りの部分、つまり前者のうち31,587 m²と後者のすべてをあわせた約73千 m²が、昭和32年と同33年にかけて総理府防衛庁へ移管されている。

　それと同時に、付記しておきたいことがある。それは、この宝町の臨海部には「船溜」があった。昭和49年の市街地図ではそれをはっきりと確認できる。その後、この船溜が埋め立てられ、ゆめたうん、マリンポートピア、海上自衛隊呉史料館、海事歴史資料館（大和ミュージアム）などの立地をみている[10]。

　なお、呉市中央部にあった旧軍用施設という点では、堺川の西側に位置する大和町、幸町、青山町、宮原町を含むことになるが、これらの地域は、海上自衛隊の施設や公共施設の敷地となっており、工業用地への転用がみられないので、ここでは叙述しない。

　　1）「旧軍用財産資料」（前出）を参照。
　　2）エリアマップ『呉市街図』、昭文社、1974年を参照。
　　3）都市地図『呉市』、昭文社、2013年を参照。

658

4）「ジャパンマリンユナイテッド株式会社」のウェブサイトによる（2016年6月閲覧）。
5）「大呉興産」の旧軍用地取得に関しては『呉の歴史』（呉市、平成14年）の265〜266ページで紹介されている。
6）「呉興業」の旧軍用地取得については『呉の歴史』（前出）の265ページで紹介されている。
7）都市地図『呉市』、昭文社、2013年を参照。
8）同上。
9）『呉の歴史』、前出、458ページを参照。
10）都市地図『呉市』、昭文社、2013年を参照。

(3) 呉市南部地区（昭和町）

呉港の南側には、かっての呉海軍工廠があった。平成28年現在、この地域には、巨大規模の工場が立地しており、呉市にとって最大の工業集積地域となっている。その範囲は、宮原町の南側一帯、すなわち昭和町、それから的場町と警固屋を含む地域である。この地域にあった大規模な旧軍用施設（10万㎡以上）については、1-(4)表で明らかにしているし、2-(1)表では、この地域での旧軍用地（1万㎡以上）が官公庁へ移管ないし譲渡された状況を紹介している。また製造業を除く民間企業への譲渡状況については3-(1)表で、そして製造業への譲渡、すなわち工業用地への転用については4-(1)表で明らかにしている。

その4-(1)表によれば、この呉市南部地区における旧軍用地が工業用地（3千㎡以上）へ転用されたのは、そのすべてが旧呉海軍工廠第一区（昭和通）の跡地であり、その企業数は、昭和35年度末までに9社、用地面積にして855千㎡である。

その中でも、尼崎製鉄（177,630㎡・昭和32年）、日亜製鋼（433,550㎡・昭和33年）、呉造船所（151,058㎡・昭和34年）の3社が大きく、続いては淀川製鋼（46,154㎡・昭和36年）が目立つ。

この4社の旧呉海軍工廠への進出理由については、『呉市史』（第八巻）の第一章「海軍の解体と旧軍施設の転換」および第四章「旧海軍用地への諸企業の進出と展開」第二節「旧呉海軍工廠地区への企業進出」が詳しく説明しているので、その要点だけを簡単に紹介しておこう。

(a) 尼崎製鉄：この企業は米軍の許可により、この地を借用して昭和21年より生産を行っており、朝鮮戦争特需などによる需要の増大による周辺部への拡充[1]。ただし、これは淀川製鋼および日亜製鋼と競合することとなる。昭和32年に使用中の土地・建物の有償払下げが決定。なお、昭和40年には神戸製鋼所と合併し、傘下の製鋼所となり、銑鋼一貫化への一翼を担うことになる[2]。

(b) 播磨造船所：呉工廠の職員（一部を除く）を再雇用し、尼崎製鉄と協力して、屑鉄の処理（艦船解体作業）をするため、土地95,303坪（314,500㎡）を借用し、呉船渠として昭和21年より操業[3]。なお、昭和26年8月、米国NBCへ使用中の施設を譲渡[4]。

なお、この播磨造船所と尼崎製鉄との間における技術的な連関について、『呉の歴史』は次のように記している。

「21年4月から、GHQの指示によって㈱播磨造船所呉船渠（ドック）が旧呉海軍工廠の造船・

造機部跡を利用して沈没艦艇の引揚げ、軍艦解体・商船修理作業、尼崎製鉄㈱呉作業所が製鋼部跡に進出して、スクラップの鋳鋼作業をしていた」[5]。

　これで二つの工場間の技術的関連は明らかとなったが、この播磨造船所と NBC との関係はどうなのか、それを明らかにするため、NBC の当地への進出理由についてもみておきたい。

　(c)　NBC（ナショナル・バルク・キャリアーズ・インコーポレイテッド）：この企業は本社をニューヨークにおく海運会社で、大型タンカーの建造を企図して、海外に造船所の候補地を求めていた。それが播磨造船所であった。NBC は日本政府に「賠償施設一時使用申請書」を提出し、昭和 26 年 4 月 26 日、「一ケ年間最小限度 2 隻の船舶の建造及び自己の使用船舶の修理」ということで契約が締結された。土地や地下工作施設は 10 年間の貸付、それと同時に約 3,500 名の労働者使用ということも約していた[6]。なお、5 年間の契約更新が可能であったが、諸般の事情で、「昭和 37 年 9 月をもって、NBC 呉造船部は閉鎖となり、その事業は呉造船所に継承されることとなる」[7]。

　(d)　日亜製鋼㈱：進出理由は①重工業に関連する諸施設が現存していること。②港湾及びその関連施設が優秀なこと。③低賃金労働力が豊富であること。④同地域にあるその他の重工業が将来性に富む。⑤地元からの工場誘致の熱意がつよいこと[8]。

　なお当工場は、昭和 25 年 11 月 7 日に GHQ より一部転用が許可され、12 月 12 日には旧海軍施設借用が大蔵省により認可されている[9]。その後は「昭和 34 年 4 月には日本鉄板株式会社と合併して日新製鋼株式会社の呉製鉄所として再発足する」[10]という経緯を辿る。

　(e)　㈱淀川製鋼所：①石炭・鉄鋼などの原料入手に便利。②技術水準および優秀な人材が豊富。③地元の理解と協力がある。④地盤が堅牢。⑤原料および製品の積卸に至便である[11]。以上の理由で、「連続式圧延機械及連続式鍍金装置を新設」[12]するという「呉工場設計計画書」（昭和 25 年 11 月）を作成している。しかし、淀川製鋼所の申請は日立製作所の申請と競合することになる。

　(f)　㈱日立製作所：①旧呉工廠砲塔組立工場の設備を利用する目的での申請で、特に 8,000 トンプレス（1 基）、2,000 トンプレス（2 基）などを設置する必要から、地盤の強固さを第一としている。②建物構造の適性。③岸壁に設置されているクレーンの適性。④岸壁の水深が相当に深いこと。⑤等々[13]。日立造船の場合、これらが呉の旧軍用地へ進出してきた主な理由であった。

　以上、四つの企業と播磨造船所、NBC を含めた六つの企業について、呉市昭和通にあった呉海軍工廠の跡地への「進出理由」および「立地要因」について整理してきた。そこで明らかになったことは、旧呉海軍工廠にあった諸施設の利用、低賃金労働力が豊富、高い技術をもった関連企業があること、さらに加えて、岩盤が強固であること、岸壁の水深が深いことなどが、これらの企業の基本的な進出理由であったということである。

　呉市昭和通にあった呉海軍工廠の跡地は、上述してきたような歴史的経緯があるので、市販されている地図では、これらの工場配置を正確に記載することが困難である。例えば、1974 年発行の『呉市街図』では、もはや NBC は見当たらない。そうした困難性があることを承知で、『呉市街図』によって、1974 年、2008 年、2013 年時点における昭和通りの変容過程について概

観しておこう。この年次設定には特別の意味はなく、手元にあった都市地図をそのまま利用したにすぎない。なお、2008年以降の地図では「昭和通」は「昭和町」へと変わっている。

1974年の地図では、昭和通に北東から南西方向にむけて丁目が付されている。以下、その順に従って、状況を把握していくことにする[14]。

昭和通1丁目：1974年の地図には第三ドック、これは2013年まで変わらない。

昭和通2丁目：1974年の地図には「呉造船」。これが2008年以降の地図では「IHI」となる。それから3丁目までの間に第二ドックと第一ドックがある。二つのドックは1974年以降変化なし。これは施設である。

昭和通3丁目：1974年の地図には「呉造船」。つまり1丁目から3丁目までが、かって「播磨造船所」、そして「NBC」が操業していた用地である。2008年以降の地図では「IHI」となっている。

昭和通4丁目：1974年の地図には「神戸製鋼呉工場」の敷地。しかし、2008年以降の地図では「淀川製鋼所」と「ダイクレ興産」とに二分されている。

昭和通5丁目：1974年の地図には貿易倉庫と野積場。2008年の地図では貿易倉庫のバス停はあるが倉庫の存在は確認できない。野積場はそのまま。

昭和通6丁目：1974年の地図には「淀川製鋼」、その北隣りに「バブコップ日立製作所第二工場」。2008年の地図では、この日立の場所も淀川製鋼所となっている。

昭和通7丁目：1974年の地図には「日新製鋼呉工場」。2008年の地図も同じだが、2013年の地図では、名称が「日新製鋼呉製鉄所」と変わっている。

以上、市街地図によって、旧呉海軍工廠の跡地利用とその変遷状況をみてきた。ここには戦後日本経済と国際資本の動向、諸資本間の工場立地をめぐる競争などが、あますことなく露呈している。ただし、市街地図の発行年次と実際の工場立地の年次とは異なるので、その点についての注意が必要である。

なお、4-(1)表によれば、この呉工廠第一区では、日本酸素（7,301m^2+9,361m^2）、呉酸素（3,897m^2）、中国電力（7,068m^2）が用地取得している。このうち中国電力については、1974年の地図には「中国電力宮原変電所」と記載されているが、日本酸素および呉酸素については、その敷地面積が相対的に小さいためか、その所在はいずれの市街地図にも見当たらない。

なお1974年の『呉市街図』には、旧呉工廠の南端に、「白洋産業」が記載されており、その所在は2013年の都市地図でも認められる。

さらに警固屋地区では、警固屋船渠（2013年の地図では警固屋ドック）があるが、これが旧軍用地であったかどうかは確認できない。

1）『呉市史』八巻、前出、35ページ参照。
2）同上書、226〜227および231ページ参照。
3）同上書、35〜36ページ参照。

4）同上書、209 ページ参照。

5）『呉の歴史』、呉市、平成 14 年、327 ページ。

6）『呉市史』八巻、前出、238 〜 240 ページ参照。

7）同上書、245 ページ。ちなみに、昭和 36 年段階の呉市は、この NBC 一色であり、まるで外国に占拠されたかのような印象であった。昭和 36 年現地踏査結果。

8）同上書、247 ページ参照。

9）同上書、248 ページ参照。

10）同上書、253 ページ。

11）同上書、254 ページ参照。

12）同上書、254 ページ。

13）同上書、259 〜 260 ページ参照。ただし、原文は、「普通財産売払申請書」（昭和 32 年 4 月 11 日・呉市企業振興課「日立製作所関係綴」・昭和 32 年）よりの引用。

14）エリアマップ『呉市街図』（昭文社、1974 年）、都市地図『呉市』（2008 年、2013 年）を参照。

2．広地区

呉市を地形的にみると、呉港地区と広地区の間には休山（501 m）という山があり、それぞれが独自に経済的地域を構成しているようにみえる。しかも、戦時中には、軍需工業都市でありながら、呉港地区では呉海軍工廠を中心とする軍艦の建造、広地区では第 11 航空廠を中心として航空機の生産が行われていた。さらに逆上ると、昭和 16 年 4 月に呉市と広村と仁方町が、「戦争遂行」という大儀のもとに、軍部によって強制的に合併させられたという歴史的経緯もある[1]。

そうした経緯もあって、広地区では、昭和 23 年に呉市からの分離問題が生じた。昭和 24 年 9 月の住民投票で、広町の分離独立派は勝利したのだが、結果的に、この分離は県議会で認められなかった[2]。

本章で、呉港区とは別に広地区を設定して地域分析を行うのは、まったくもって便宜的な措置である。なぜなら、呉トンネル（鉄道・昭和 10 年）や休山トンネル（道路・平成 6 年）などの開通によって両地区間の社会的距離が大きく変化しているからである。

さて、1 -(4)表をみれば判るように、戦前の広地区には、10 万 m^2 を超える敷地をもった旧軍用施設が 8 口座あった。そのうち最大のものは呉航空隊（643,403 m^2）で、続いては広弾薬庫（384,415 m^2・昭和 35 年現在は提供財産）、第 11 航空廠第 3 区（311,002 m^2）、第 11 航空廠第 1 区（296,371 m^2）が、とりわけ敷地面積の大きな施設であった。

従って、この広地区については、この四つの旧軍用施設を念頭におきながら検討していくことになるが、その際には、阿賀南地区、阿賀中央部、新広駅周辺地区、広駅周辺地区、その他の地区というように五つの地区に分割し、順次に紹介していくことにする。

1）『呉の歴史』、前出、305 ページ。

2）同上。

(1) 阿賀南地区

ここで「阿賀南地区」というのは、音戸の瀬戸より東北へと向かう道路（呉環状線）を経て、阿賀南四丁目に至る地域である。

戦前のこの地区には、小規模な軍用施設があった。このうち昭和35年度までに工業用地へと転用されたのは、極めて少なく、大入魚雷遠距離発射場の跡地（16,676㎡）を昭和24年に時価で取得した駿賀産業（8,503㎡）があるだけである。

製造業以外の産業等では、呉工廠冠崎水雷工場の跡地を昭和34年に取得した呉貿易倉庫（9,725㎡）と建設省へ工場用地（7,748㎡）として昭和24年に移管した件がある[1]。ただし、これらの企業や建設省の工場は昭和49年の市街地図には見当たらない[2]。

念のために、この音戸の瀬戸から阿賀南四丁目へ至る海岸線（県道33号線）を昭和49年の『呉市街図』で辿ってみると、阿賀南（九）にダイモ工芸、阿賀南（八）に月星工業、阿賀南（七）に広島ガスが記載されている。大入にあった月星工業がおそらく駿河産業の跡地だったと推測される。

しかし、2013年の『呉市』（都市地図）で辿ってみると、警固屋（九）にはダイクレ興業が新規に立地しているが、阿賀南（九）にダイモ工芸の名は見当たらない。阿賀（八）をみると、月星工業の跡地はナック西日本（2008年の地図には記載）となり、そして2013年には日新総合建材へと、記載が変転している。阿賀（七）は、その地先が埋め立てられており、広島ガスは見当たらず、そこは高村金属という名が出ている。

旧大入魚雷遠距離発射場の敷地を工業用地として転用した駿賀産業であったが、その跡地は月星産業が使用し、2008年の時点ではナック西日本となり、2013年には日新総合建材へと目まぐるしく変転している。ただし、地図だけからだと、利用状況は判っても、土地の所有関係がどうなったのか、その点までは明らかではない。以上が、阿賀南地区、いわゆる音戸の瀬戸から阿賀南四丁目へ至る県道33号線に隣接した地域における旧軍用地の工業用地への転用を含む工業立地の状況である。

1) 「旧軍用財産資料」（前出）による。
2) エリアマップ『呉市街図』（1974年）を参照。

(2) 阿賀中央部

阿賀中央部というのは、阿賀南1丁目から阿賀南3丁目までと阿賀中央5丁目から7丁目まで、西は大谷川、東は広西大川に挟まれた比較的狭い地域である。ここは1854年に完成した埋立地で[1]、通称「豊栄新開地」と呼ばれ、戦前には、呉工廠豊栄新開工員宿舎（85,197㎡）や豊栄新開材料置場（99,689㎡）等の軍用施設があった[2]。

しかしながら、これらは埋立地のため地耐力などの問題があり、旧軍用地の工業用地への転用は、昭和35年度末まではみられなかった。

第十九章　呉市　663

　工員宿舎の跡地は、その一部が呉市へ中学校用地（46,013 m²）として昭和 26 年に払い下げられ、材料置場の跡地は昭和 35 年度末までは、軍用関連施設として利用されていた。

　昭和 49 年の『呉市街図』をみると、阿賀中央 5 丁目には、阿賀中学、豊栄高校、聾唖学校職業訓練所が立地しており、阿賀南 2 丁目には国立呉工業専門学校、その南側に近畿大学薬学部建設予定地と記載されている。

　2008 年の都市地図をみると、阿賀中央 5 丁目には、阿賀中学はそのままだが、豊栄高校は市立呉高校へ、また聾唖学校は広島特別支援呉分校へ名称変更している。阿賀南 2 丁目では、新たに阿賀小学校の名がみられるほか、呉工業高等専門学校、その南側に呉大学、その東に山陽鉄工が新たに立地している。

　2013 年の都市地図でも、2008 年とほとんど変わりはない。ただし、阿賀南 2 丁目にあった呉大学の土地には広島文化学園大学という名が記載されている[3]。

　こうしてみると、豊栄新開地にあった旧軍用地は、そのほとんどが文教施設用地へと転用されているが、僅かに 1 件、阿賀南 2 丁目の一角に山陽鉄工が立地しているのが、工業用地への転用である。

　なお、この地区の北側に大空山があり、そこは戦前に大空堡塁（145,843 m²）があった。昭和 35 年度末の時点では、地方公共団体へ貸付中となっていた。ちなみに、昭和 49 年の時点では、そこは大空山公園となっており、近くには「呉市青年の家」（1966 年開所）があった[4]。もっとも、2013 年の時点では大空山公園はあるが、青年の家は見当たらない[5]。

　　1）　『呉の歴史』、前出、89 ページ参照。
　　2）　「旧軍用財産資料」（前出）による。
　　3）　都市地図『呉市』、昭文社、2008 年版および 2013 年版を参照。
　　4）　エリアマップ『呉市街図』、昭和 49 年版を参照。
　　5）　都市地図『呉市』、昭文社、2013 年版を参照。

⑶　新広駅周辺地区

　ここで新広駅周辺地区というのは、広文化町（元文化新開）、広古新開（安永新開、北古新開、南古新開）、広多賀谷（弥生新開、多賀谷町）など、時代の違いはあるが、いずれも海面を埋め立てた土地である。つまり、広西大川と広東大川とに挟まれ、北は北古新開を限界とし南は海岸までという地域である。研究課題との関連で言えば、この地域は、JR 呉線新広駅（平成 14 年開業）の南北に展開していた旧軍用施設があった地域である。

　その旧軍用施設というのは、広弾薬庫（384,415 m²）、広燃料置場（188,468 m²）、広軍需品置場（63,036 m²）、呉航空隊（643,403 m²）、第 11 航空廠安永工員養成所（103,113 m²）などである。

　敗戦から昭和 36 年 3 月末までの期間に、新広駅周辺地区にあった旧軍用地を工業用地（3 千 m² 以上）として払下げを受けたのは、芸南プレス（4,180 m²）、呉弥生工業協同組合（22,170 m²）、武田製網（5,396 m²）、共和工業（7,481 m²）、三豊製作所（12,301 m²）の 5 社にすぎない[1]。

ところが、昭和49年発行の『呉市街図』をみると、共和工業と三豊製作所は「安永新開」に掲載されているが、芸南プレス、呉弥生工業協同組合、武田製網は見当たらない。これに替わって、この『呉市街図』では、「文化新開」にクレセン工業、「弥生新開」に呉港製作所、呉鉄工所、松本重工業の3社、多賀谷町には中国製鋼工場という社名が掲載されている[2]。

つまり、昭和36年3月の時点から、昭和49年までの期間に、旧軍用地の工業用地への新規の払下げが行われ、かつ土地所有および土地利用という点で大きな変動があったのであろう。

ちなみに、5-(2)表をみると、この地区（弥生新開・のち広多賀谷 [1]）では、呉鉄工所（27,638 m²）、松本重工業（22,647 m²）が昭和39年同時に用地取得をしている。

松本重工業は、安芸郡音戸町で1946年に松本精螺工業所として設立され、1959年に弥生新開で工場を新設、1962年には松本重工業と社名を変更、1965年には国有地（26,000 m²）を取得して呉工場を建設している[3]。松本重工業が取得した旧軍用地の面積は二つの資料（同社ウェブサイトと5-(2)表）で差異があるが、それなりの理由があるものと思われる。重要なことは、地元（音戸町）の個人企業が重工業を旧軍用施設の跡地に建設した、あるいは建設できたという事実の確認である。

なお、昭和49年の市街地図には、多賀谷町には、「旧重油貯蔵所」という大きな空間が記載されているが、そこは広燃料置場（188,468 m²）の跡地であろう。また、その南に何に使われているのか不明な、道路がクネクネした空間が記載されている。これは広弾薬庫地区（384,415 m²）の一部を占領軍が弾薬庫（提供財産・224,642 m²）として使用していた場所である[4]。

ちなみに、「新広駅周辺地区」において、製造業以外で大きな用地取得をしているのは、文化新開で呉商業高校、近畿大工学部、職業訓練所、弥生新開では芸南高、東消防署、はなぞの学園、職業指導所広支所、自動車専門学校、中国労災病院、南古新開では呉東電報電話局、呉東保健所などである[5]。

ところで、この地域について呉市は、昭和39年に「中小企業地区（27,800坪～91,740 m²）、大企業地区（157,800坪～520,740 m²）の旧軍用地転用計画」を策定しており[6]、その中には、「125箇の燃料タンクが含まれていた」[7]と記しているが、それは前述した「旧重油貯蔵所」（多賀谷町）のことであろう。

そこで広地区の旧軍用地とその跡地利用の問題について若干言及しておこう。周知のように、呉海軍航空隊および広燃料置場が設置されていたのは弥生新開と多賀谷町である。この地域は埋立地であるだけに地耐力に乏しく、重化学工業の立地条件として好ましいとは言えない状況にあった。そこで呉市は、昭和47年に「大企業地区を需要の多い中小企業用地に変更」[8]した（計画）地図を作成し、これを旧軍用地の払下申請に関する資料として「第60回旧軍港市国有財産処理審議会諮問事項」として提出している。

この申請書の中にある地図（以下、申請地図と略記）には、昭和23年という軍転法以前に進出した企業、それから既に紹介した企業、さらに昭和36年末以降における旧軍用地の工業用地への転用状況が記載されている。「旧軍用財産資料」（前出）に記載されていない旧軍用地の払下げ、

あるいは一時使用なども含まれているので、それを地域的に分割しながら紹介しておこう[9]。

①広古新開（1〜3、弥生新開のうち呉線以北の地域）：（西より）呉鉄工（3,205m²・昭35）、北条鉄工（1,817m²・昭35）、弥生工業（24,024m²・昭32）。

②広多賀谷（1、弥生新開のうち呉線以南の地域）：（西より）呉鉄工（4,189m²・昭32、27,637m²・昭39）、山岡鋳造（7,988m²・昭36、3,720m²・昭39）、中国化工（23,981m²・昭39）、松本重工業（22,647m²・昭39）、国興産業（7,988m²・昭36、5,481m²・昭39）、中本製材（13,248m²・昭23）、田中興業（3,190m²・昭26）。

③広多賀谷（2・3、旧広燃料廠および広弾薬庫跡地）：中国製鋼（43,606m²・昭37、16,471m²・昭43）。

申請地図の内容をみると、この「新広駅周辺地区」では、呉鉄工、山岡鋳造、国興産業という複数の企業が、旧軍用地かあるいは隣接地を追加的に取得していることが判る。

ただし、これまでにも注意してきたことだが、地図における社名あるいは工場名は、実際に所在していても、土地所有関係までは明らかではない。その点から推測すると、現実に立地し、操業していたにもかかわらず、工場の敷地は大蔵省からの有償貸付（一時使用が認められただけ）の企業や工場もあったのではないかと考えられる。

さらに昭和36年4月以降に操業開始した企業で、かつ本章の4-(1)表、5-(2)表、そして5-(3)表に見当たらない企業（工場）として、山岡鋳造（2件計：11,708m²・昭36、昭39）、国興産業（2件計：13,469m²・昭36、昭39）の2件がある。この2件は、昭和36年4月以降に用地を確保したもので、昭和35年度末までしか記載していない「旧軍用財産資料」（前出）の「呉市分」には記載されていないのである。

そこで、この「申請地図」（昭和44年）と『呉市街図』（昭和49年）を比較してみると、弥生新開のうち呉線以北の地域にあった弥生工業（24,024m²）の跡地は、昭和49年には呉港製作所となっており、中本製材と田中興業は『呉市街図』には記載されていない。

なお、「申請地図」で注目すべきことは、広燃料廠跡地の一区域および、これまた広弾薬庫跡地（多賀谷町）の一区域を囲んだ黒い太字の枠を設定していることである。つまり、呉市はこの枠内を中小工業団地（のちの虹村工業団地）として計画した区画の線引きなのであった。

昭和49年の『呉市街図』では弾薬庫特有の分散的な建造物の配置がみて取れるが、そこには何も立地していない。その区域は昭和35年度末では、弾薬庫跡地（384,415m²）の一部（224,642m²）は提供財産であった[10]から、その後に返還され、呉市に譲渡されたのであろう。

問題は、弾薬庫の跡地に計画された中小工業団地が、その後、どうなったかである。

今、2008年発行の『呉市』（都市地図）をみると、地図に「虹村工業団地」と記載されており、そこには、川崎鉄工所、テクニスコ、千田工業、マスヤ工業、森田工業、呉亜鉛、中国木材、二村化学工業、エイト金属、泉工作所、村瀬金属、大下工業所、木村工業、リョーキ、河商鉄工、中国木材、福進工業、山陽鉄工、国興産業、中国木材、ヤマト運輸（非製造業）、宮本シャーリング、クレスチール工業、堀口海運（非製造業）、東方金属などが掲載されており、この状況は、

2013 年発行の『呉市』（都市地図）をみても変化はない[11]。

　この虹村工業団地の正式名称は呉鉄工業団地協同組合といい、昭和 51 年に設立、昭和 56 年 5 月には工業団地の補完事業を完了させ、その総面積は 32,206 m^2、そこに機械商（1）、製缶加工（3）、機械加工（2）、表面処理（2）、射出成形（1）、塗装（1）、プレス加工（1）、高圧ガスプラント（1）の計 12 社が進出しており、従業員数は 329 名となっている[12]。なお、ここでは 12 社と記したが、2008 年の都市地図にはそれよりも多くの企業名が記されているので、この差異がどこからくるのか、なお検討の余地がある。それはともかく、ここでは、旧軍用地が昭和 50 年代になって工業団地として再生されているという事実を確認しておくことが重要なのである。

　さらにもう一つ。この地区の旧軍用地、すなわち旧燃料置場と広弾薬庫の跡地利用について言及しておかねばならぬことがある。それは昭和 42 年の夏に、手嶋正毅氏（元広島大学教授、元立命館大学教授）より聞いた話である。それは以下のようなものであった。

　「今の呉市では、弾薬庫跡地の再利用をめぐって、自衛隊の弾薬庫として利用すべきだという意見とこれを公園にしようという意見とがある。市民の多くは、公園としての利用を希望しているのだが、果してどうなるか」[13]

　ちなみに、この③広多賀谷（2・3）の地区を昭和 49 年の『呉市街図』で確認すると、先述したように「旧重油貯蔵所」という記載とクネクネ道のある弾薬庫の跡地だけだが、2008 年（平成 20 年）発行の都市地図『呉市』をみると、旧燃料置場の跡地は虹村公園となっており、一部に多目的広場と野球場がみられる。そして、弾薬庫の跡地が、これまた先述した「呉鉄工業団地」と東部処理場および「クリーンセンターくれ」へ転用されている[14]。つまり、この地区における旧軍用地の転用については、呉市民の声が大きく、それが都市計画として施行されたということである。このように旧軍施設の跡地利用については、その転用をめぐって種々の歴史的経緯があり、地図を眺めるだけでは判断できないこと多々である。

　　1）「旧軍用財産資料」（前出）による。
　　2）エリアマップ『呉市街図』、昭和 49 年版を参照。
　　3）「松本重工業株式会社」のウェブサイトによる（2016 年 6 月 13 日閲覧）。
　　4）エリアマップ『呉市街図』、昭和 49 年版を参照。
　　5）同上。
　　6）『呉の歴史』、前出、352 ページを参照。
　　7）同上書、同ページ。
　　8）同上。
　　9）同上書、353 ページ掲載の図による。
　　10）「旧軍用財産資料」（前出）による。
　　11）都市地図『呉市』、昭文社、2013 年版による。
　　12）「呉鉄工業団地協同組合」のウェブサイトによる（2016 年 6 月 12 日閲覧）。
　　13）昭和 42 年夏、手嶋正毅教授よりの聞き取りによる。
　　14）都市地図『呉市』、昭文社、2013 年版による。

⑷　広駅周辺地区

　広駅周辺地区というのは、JR呉線の広駅の周辺に展開していた旧軍用施設、すなわち第11航空廠第1区（296,371 m²）、同第2区（69,661 m²）、同第3区（311,002 m²）があった地域である。これら三つの旧軍用地の転用状況については、既に1-⑷表、より詳しくは4-⑴表で明らかにしておいたところである。

　その4-⑴表をみると、第11航空廠の第1区では東洋パルプ、同第2区では広造機、そして同第3区では8社10件の旧軍用地（3千m²以上）の工業用地への転用がみられる。

　以下、第11航空廠の第1区から第3区へという順序で、工業用地への転用状況について紹介していこう。

　まず、第1区（296,371 m²）の転用状況について述べると、昭和33年に東洋パルプは、第1区の敷地面積の約63％に相当する185,550 m²を取得している。昭和49年の『呉市街図』をみると、広東大川の東岸に矩形の敷地をもった東洋パルプが記載されている。

　もともと、この東洋パルプは、1949年に三島パルプとして設立されが、1950年に社名を変更して東洋パルプとなった。1951年には呉市へ進出し、同年12月には操業を開始、未晒クラフトパルプ（UKP）を生産していた。1989年に王子製紙の傘下に入り、王子マテリア呉工場となった。2016年現在では、王子ホールディングス呉工場となっている[1]。

　都市地図『呉市』の2008年版および2013年版には、いずれも「王子製紙」と記載されている。ちなみに、2008年の都市地図には、この区画の南側に、「産業技術総合研究所中国センター」が記載されているが、その2013年版には、この「中国センター」は記載されていない。

　次に第2区（69,661 m²）の跡地は、昭和34年に広造機がその大部分（60,577 m²）を時価で払下げを受けている。しかし、昭和20年11月から同26年までは川南工業㈱が使用していた。その間の事情を『呉市史』（第八巻）は次のように述べている。

　「戦時中からのかかわりと、戦後の技術者の保存の要請とが、（川南工業の─杉野）広地区進出の背景をなしていたといえよう。──かくして敗戦後まもない昭和20年11月、その広製作所が発足したのであった。──26年7月23日には広製作所所有の財産を株式会社広製作所を設立し同社に譲渡することを取締役会議において決定した。──昭和26年12月には、広造機株式会社（東洋製缶株式会社系）に、その経営権が譲渡されていく」[2]

　こうした過去の経緯については、占領軍のSCAPIN-6およびSCAPIN-249などと無関係ではなかろうが、ここでは「戦時中からのかかわり」が重視されていること、そして「国有財産（略）が有効に利用される事で、戦後の陸海復員軍人及地元工廠関係者への転身寄与を目的として」[3]という現実的な役割も無視しえない。

　昭和49年版の『呉市街図』をみると、広造機工場が広東大川に面した一区画に記載されている。ところが2008年版の都市地図『呉市』には、同じ場所に新日本造機と呉東部卸売市場が記載されている。ここでは広造機と新日本造機との関連が問題となるが、その経緯を『呉市史』（第八巻）は次のように述べている。

広造機は「昭和27（1952）年9月1日、『旧軍用地18,400坪と、建物は大小約20棟、合計約4千坪を確保して』のスタート」[4]し、「昭和34年2月には、貸与中の施設の払下げも実現、この年の5月には住友機械工業株式会社（のち住友重機械）の系列下にはいり、さらに昭和48年11月1日には、『日本水力工業株式会社（本社西宮市）と合併し、新会社、新日本造機㈱として発足することに』なる」[5]。

上記二つの文章が、新日本造機に関する歴史的経緯を物語っている。なお、2008年の都市地図『呉市』でも、この状況は変わっていない。

続いて第3区における工業用地への転用状況をみておこう。既に、4-(1)表で掲示したように、この第3区には光洋産業以下8社10件の旧軍用地の払下げが行われている。この第3区は広駅の南側一帯に拡がる地域であるが、昭和47年の『呉市街図』をみると、西から中国工業、中国チップ、中国工業工場、それから児童公園を挟んで、山本輸送機、寿工業広製作所、寿工業という企業が展開をみせている。

ところが、2008年および2013年の都市地図『呉市』では、中国工業第一、中国工業第二、コトブキ技研工業、寿工業、寿鋳造木型場、その東側に福興酸素の名がみえる。すなわち中国チップは見当たらず、かっての児童公園は三菱ふそうの敷地と変わっている。

1）　ウィキペディア「東洋パルプ」による（2016年6月閲覧）。
2）　『呉市史』第八巻、呉市役所、平成7年、38～40ページより抜粋。
3）　同上書、38ページ。ただし、原文は、山下恒夫「川南工業株式会社（昭和重工株式会社に商号変更）の呉進出と終結に至る経過について」（平成3年6月）であるという脚注が付されている。
4）　同上書、278ページ。
5）　同上書、289ページ。

(5)　郷原地区

ここで「郷原地区」というのは、呉市内ではあるが、呉港地区および広地区とは距離的に離れた山里地帯にある郷原町域のことである。ちなみに、戦前の郷原町には、郷原演習場（2,530,183 m²）、郷原射的場（154,958 m²）という旧軍用施設があった[1]。

ところで、この郷原町については、既に第五節の末尾に掲載した年表で紹介したように、桑畑工業団地（昭和63年完成）、長谷工業団地（平成3年完成）、郷原工業団地（平成7年完成）という三つの工業団地が形成されている。問題は、この三つの工業団地と旧軍用地との関連がどうなっているかということである。

そこで、戦後における旧軍用地の処分状況をみると、郷原演習場の跡地は昭和23年に1,156,363 m²、そして翌24年に128,925 m²が農林省へ有償所管換されている。また、郷原射的場はそのすべてが昭和25年に農林省へ有償所管換されている。昭和36年3月末までの処分状況では、郷原演習場跡地のうち1,244,895 m²が未処分地として残っているが[2]、その未処分地が工業団地の用地へ転用されたとは俄には判断できない。つまり、農林省より自作農創設あるいは

開拓農地として転用された旧軍用地が工業用地へと再転用されたという可能性が強いからである。

　ちなみに、2008 年発行の都市地図『呉市』をみると、桑畑工業団地には荻野工業、長谷工業団地には多田製作所、郷原工業団地には中国木材が記載されている。そして 2013 年発行の都市地図では、前記の 3 社以外に、桑畑工業団地にディスコ、カワソーテクセル、それから長谷工業団地にはディスコ、ヒロコージェットテクノロジー、また郷原工業団地にはミツトヨ、三波工業、フォースワンという工場が記載されていている。地図からだけでは、詳細なことは不詳であるが、郷原地区における三つの工業団地は、それぞれ「工業団地」としての姿をあらわしてきている[3]。

　『呉の歴史』（前出）はディスコ、ミツトヨ、中国木材の工業団地への進出に関して次のように述べている。やや長くなるが、呉市で旧軍用地を取得した中堅企業の紹介にもなるので、煩わしさを厭わず引用しておこう。

　「砥石という呉市の伝統産業から出発したディスコ㈱は、時代の先端を走る半導体や電子部品を加工する精密研削切断装置の開発・製造におけるトップメーカーに成長した。また、『精密測定機器のトップメーカー』にまで成長をとげた㈱ミツトヨにあって、昭和 34 年に設立された呉工場（広町）は、広島事業所の主力工場として同社発展の一翼を担ってきた。さらに、30 年 1 月 20 日の設立以来、『海外から、いち早く直輸入システム』を確立し、『総合的な住宅用構造材のメーカーとして発展』した中国木材㈱（本社広町）も、前二社と同様、技術と企画力で成長する呉の中堅企業の代表的な存在である。なお三社とも、『新世紀の丘構想』において造成された工業用地（団地？―杉野）に新工場を建設している」[4]

　このように、軍港都市として発展してきた呉市ではあるが、最近に至っては、臨海部だけではなく、海岸より約 10 キロも離れた内陸部に工業団地を造成し、広島中央テクノポリス構想の一環として「新世紀の丘」構想を策定し、工業団地を建設している。

　『呉の歴史』は、面積規模も含めて、工業団地の具体的な事業内容について、次のように述べている。

　「産業開発の中心をなす工業団地は、三カ所造成された。このうち桑畑工業団地は広島県が事業主体となり、62 年 5 月から 63 年 7 月にかけて 26.4 ha を造成、8 社に分譲した。また長谷工業団地は、呉市が平成 2（1990）年 5 月から 3 年 9 月にかけて 13.2 ha を開発、12 社が立地した。最後の郷原工業団地は広島県が 4 年 12 月から 7 年 3 月にかけて 36.2 ha を造成、6 社が用地を取得している」[5]

　この三つの工業団地に、これほどの工場進出がみられるのは、第一に、呉地域における大規模な工場の集積があるのに対し、原料調達、技術協力、製品加工などの関連会社、あるいは協力会社が立地するには、臨海部が狭隘だけに、工場用地が不足していること、第二に、臨海関連の交通よりも、むしろ内陸性の交通条件がすぐれていること。具体的には、①郷原インターチェンジまで 3 分、②山陽新幹線の東広島駅まで 20 km（35 分）、③広島空港まで 38 km（50 分）という具合に、時間距離が相対的に短いこと。第三に、周辺地域に数多くの工場が立地しており、その限りでは技術集積度が高く、その集積利益を求め易いことなどが挙げられる。

呉市の場合、旧軍用地を基盤としながら、造船、鉄鋼などの大規模工場が立地し、それに関連して、同じく旧軍用地に関連企業が立地してきたが、平成期に入ると、そうした技術集積を梃子として内陸部に新しい工業団地を建設するという新しい動向がみられる。そして、この新しい内陸型工業団地は、農業用地へ転用された旧軍用地の再転用ではないかと思われるのである。

1）「旧軍用財産資料」（前出）による。
2）同上。
3）都市地図『呉市』、昭文社、2008年および2013年版による。
4）『呉の歴史』、前出、385ページ。
5）同上書、391ページ。

第二十章　山口県

第一節　山口県における旧軍用施設の概況

戦後大蔵省が、山口県にあった旧軍用施設を引き継いだのは、212口座である。そのうち、敷地面積が50万 m^2 を超える大規模な旧軍用施設は次の通りである。

XX-1-(1)表　山口県における大規模な旧軍用施設（50万 m^2 以上）

（単位：m^2、年次：昭和年）

旧口座名	所在地	施設面積	主な譲渡先	年次
防府通信学校	防府市	1,000,800	海水化学工業ほか	32
岩国陸軍燃料廠防府出張所 及び軍製絨廠防府工場	同	504,433	鐘紡	25
岩国海軍兵学校防府分校	同	600,911	総理府防衛庁	32
防府陸軍飛行場	同	515,325	総理府防衛庁	32
大阪陸軍航空廠厚東集積所	宇部市	2,158,196	宇部市・市有林	31
呉海軍施設部宇部出張所作業場	同	1,103,557	農林省・農地	24
徳山第三海軍燃料廠	徳山市	616,622	出光興産	31
大島燃料置場	同	1,106,787	農林省・農地	22
徳山燃料置場	同	1,133,205	徳山市・墓地ほか	32
光海軍工廠	光市	2,495,752	八幡製鉄	29
大竹潜水学校佐賀Ｓ予定地	平生町	1,333,381	農林省・農地	23
大竹潜水学校曽根Ｓ予定地	同	767,183	農林省・農地	23
長島燃料置場	上関町	1,684,733	農林省・農地	22
阿月燃料置場	柳井市	1,276,364	農林省・農地	22
大竹潜水学校麻里布予定地	田布施町	609,376	農林省・農地	22
大阪陸航空廠田布施出張所	同	502,931	農林省・農地	22
岩国海軍航空隊基地	岩国市	6,761,577	提供財産（35年現在）	
岩国燃料廠	同	871,688	三井石油化学ほか	31
岩国燃料廠和木油槽地ほか	和木町	508,241	民間（9名）・植林	24
第11航空廠岩国支廠	岩国市	621,997	農林省・農地	23
火の山砲台及同交通路敷地	下関市	517,775	貸付中（35年現在）	
第12飛行師団小月飛行場	同	2,648,505	総理府防衛庁	32
観音崎砲台	豊西村	853,950	豊西村・山林	23

出所：「旧軍用財産資料」（大蔵省管財局文書）より作成。

この(1)表をみると、50万 m^2 を超える巨大な旧軍用施設は、23口座である。その所在地を昭和35年の時点でみると、防府市4口座、徳山市（平成15年より周南市）3口座、岩国市3口座

が多く、続いては宇部市、平生町、田布施町、下関市が各2口座となっている。概して言えば、山口県の巨大な旧軍用施設は、周防灘に面した海岸地域に設置されていたと言えよう。

その中では、岩国市にあった海軍航空隊基地（通称岩国飛行場）の敷地約676万m²が最も広大であり、続いては第12飛行師団司令部（通称小月飛行場）の敷地約265万m²が大きい。このいずれもが、昭和35年現在、そして平成20年の時点でも、提供財産および航空自衛隊によって使用されている。

この二つの旧軍用施設に続くのは光海軍工廠と大阪陸軍航空廠厚東集積所（宇部市）で、いずれも200万m²を超えている。100万m²台のものは、7口座、残る12口座が50万m²以上100万m²未満となっている。

主な譲渡先（転用先）としては、農林省（開拓農地用）への有償所管換と総理府防衛庁への無償所管換であるが、これは全国的にみられることである。山口県における旧軍用地の譲渡先としては、日本を代表するような大企業（八幡製鉄、三井石油化学、鐘紡、出光興産）への譲渡が4社もみられることが特徴的である。また、この特徴があることによって、山口県では、旧軍用地が工業用地へと転用された件数が多いのではないかと推測させることになる。

譲渡年次については、農林省への有償所管換が昭和22年と23年であるのは全国的であるが、総理府（防衛庁）への移管が3口座ともに昭和32年なのは、これもやはり国家政策によるものだったと推測される。なお、譲渡年次の最新のものが、昭和30年代前半までとなっているので、昭和30年代後半および昭和40年代以降における動向が気になるところである。この点については後で検討したい。

以上に述べてきた巨大な旧軍用施設（旧軍用地）を、軍用別（使用目的別）に整理してみると次のようになる。

XX-1-(2)表　山口県における巨大な旧軍用施設（50万m²以上）の用途別統括表

（単位：m²、年次：昭和年）

施設用途	口座数	総敷地面積	譲渡年次　（　）内は口座数
軍学校	5	4,311,651	22、23（2）、32（2）
燃料廠	4	2,500,984	24、25、31（2）
燃料置場	4	5,201,089	22（3）、32
飛行場	3	9,925,407	32（2）、提供中（1）
航空廠	3	3,283,124	22、23、31
工廠	1	2,495,752	29
施設部	1	1,103,557	24
砲台	2	1,371,725	23、貸付中
計	23	30,193,289	20年代（13）、30年代（8）

出所：(1)表より作成。

戦前の山口県にあった巨大な旧軍用施設（敷地面積50万m²以上）の口座は23口座で、その総

敷地面積は、なんと3千万m²に達するものであった。それらの旧軍用施設を、用途別に分類してみたのは、その施設が工業用地へ転用することが可能かどうかという本書の研究課題との関連によるものである。

工廠と航空廠、それから平坦な飛行場は工場用地としては問題ない。また、燃料廠や燃料置場は、一般の工場用地としてよりも、その特殊性（施設等）を活用した諸工業の用地として最適となる。具体的には石油化学工業や油槽基地などがそうである。

旧陸海軍の学校（通信学校を含む）の跡地は工場用地としての利用が可能である。だが、潜水学校などのように、その教育科目内容によっても敷地の地形等が異なることがあるので、一概には言えない点もある。

軍の施設部については、その実態がどうであったかが問題となるし、砲台の場合には山上や岬など、地形的に問題があるので、工場用地への転用は不可能だと見なしてよい。

以上のことを踏まえると、山口県における巨大な旧軍用施設の跡地の工業用地への転用は、大いに可能性があった。そのことは実際に、巨大資本による工業立地が数多くみられたことによっても裏付けされる。

さて、旧軍用施設の跡地が工業用地へ転用されるのは、なにも50万m²以上という敷地規模に限定されたものではない。そこで、巨大規模（50万m²以上）ではないが、大規模な旧軍用施設の敷地（10万m²以上）についてもみておこう。次の表がそうである。

XX-1-(3)表　山口県における大規模な旧軍用施設（10万m²以上50万m²未満）

（単位：m²、年次：昭和年）

旧口座名	所在地	施設面積	主な譲渡先	年次
山口練兵場	山口市	203,234	総理府防衛庁	32
歩兵42連隊	同	132,594	総理府防衛庁	32
小鯖航空基地	同	165,420	小鯖村・行事用地	26
機動艇隊	徳山市	489,680	農林省・農地ほか	24
大津島発射場	同	277,055	徳山漁協ほか	28
蛇島燃料置場	同	130,112	民間農地	22
黒髪燃料置場	同	237,810	農林省・農地	24
大竹潜水学校柳井分校ほか	平生町	432,243	法務省・少年刑務所	28
水無瀬島見張所	光市	143,901	八幡製鉄	33
船舶工兵6連隊	柳井市	142,154	厚生省・療養施設	23
大竹海兵団射的場	和木町	175,054	和木村・村営植林	24
岩国陸軍燃料廠付属地	同	217,260	農林省・農地	25
広島陸軍兵器補給廠大島貯油所	橘町	215,639	安下庄町・耕作地	23
第11航空廠尾津工員宿舎	岩国市	358,890	高水学園・高校用地	29
白木山特設防空砲台	東和町	163,386	その他	——
岩国海軍病院	岩国市	239,140	厚生省・国立病院	23
甲島整備度射撃場	同	224,068	農林省・農地	22
下関練兵場及び下関重砲連隊砲廠	下関市	225,732	梅花女学院	24
金比羅堡塁及交通路敷地	同	127,331	その他	——

老の山砲台及び同交通路	同	380,731	下関市・高校用地	28
彦島水雷衛所	同	110,693	その他	——
竜司山堡塁及交通路	同	263,166	その他	——
下関防備隊	同	409,690	総理府防衛庁	32
蓋井島砲台	同	100,923	その他	——
蓋井島第二砲台及電灯所	同	277,265	その他	——

出所：「旧軍用財産資料」（前出）より作成。

　山口県における大規模な旧軍用施設（10万 m² 以上 50万 m² 未満）は 24 口座で、その地域的配置状況をみると、下関市が 8 口座で図抜けて多く、次に、徳山市の 4 口座、続いては、山口、岩国の各市がそれぞれ 3 口座となっている。それ以外では和木町が 2 口座、光市、柳井市、平生町、東和町、橘町が各 1 口座となっている。

　主たる譲渡先（払下先）についてみると、ここでも農林省への有償所管換および総理府防衛庁への移管が多い。ただし、敷地規模からみて学校用地への転用が多いのも、巨大規模の旧軍用施設の転用ではみられなかった現象である。

　なお、下関市に多くみられることだが、「その他」という記述は「旧軍用財産資料」にはない。これは、旧軍用施設の敷地面積の過半数に達するような、「主な」譲渡先がなく、多様な用途目的によって譲渡されている場合で、譲渡先に、① 10万 m² 以上の農林用地取得者、② 1万 m² 以上の官公庁や民間諸団体、③ 3千 m² 以上の製造業がない場合、これを便宜的に「その他」としたものである。砲台・堡塁などで、「その他」が多いのは、そのためである。

　さて、山口県における旧軍用施設（10万 m² 以上 50万 m² 未満）について、これを用途別に分類し、統括してみると次のようになる。

XX-1-(4)表　山口県における旧軍用施設（10万 m² 以上 50万 m² 未満）
　　　　の統括表

（単位：m²、年次：昭和年）

施設用途	口座数	総敷地面積	譲渡年次　（ ）内は口座数
練兵場	1	203,234	32
駐屯地	5	1,399,850	23、24 (2)、32 (2)
航空基地	1	165,420	26
燃料置場	4	800,821	22、23、24、25
軍学校	1	432,243	28
監視所	2	254,594	33、——
射撃場	3	676,177	22、24、28
宿舎	1	358,890	29
砲台堡塁	6	1,312,812	28、— (5)
病院	1	239,140	23
計	25	5,843,181	20 年代 (15)、30 年代 (4)

出所：(3)表より作成。ただし「—」はその他。

第二十章　山口県　675

⑷表については、多くを説明する必要はない。旧軍用施設としては、砲台・堡塁が6口座で最も多く、次には駐屯地の5口座、燃料置場の4口座となっている。敷地面積の大きさを限定しているので、旧軍の用途からみて総敷地面積も、砲台・堡塁、駐屯地、燃料置場で大きくなっている。なお、駐屯地の中には「防備隊」も含めている。

各旧軍用施設のうち、その主たる譲渡先が旧軍用地を取得した年次については、昭和20年代が15口座で、その内、昭和24年までが9口座となっており、比較的早期に譲渡されたものが多い。つまり、⑶表でも判ることであるが、農林省への有償所管換が多いことを示している。また昭和32年の譲渡が3口座あるが、これは総理府防衛庁へ移管したものであろう。

主な転用先へ譲渡した年次であるが、いずれも昭和33年以前であって、昭和30年代の後半期や40年代はない。このことは、事実としてそうなのか、それとも資料の性格なのかは判然としない。この点については、官公庁や民間企業への譲渡を検討する折りに、再度、問題を整理することにしよう。

ところで、大蔵省が引き継いだ山口県の旧軍用施設は212口座であった。そのうち、巨大規模および大規模な旧軍用施設を合わせると48口座となる。それ以外に、まだ164口座が残っている。口座数が多いので、その詳細を紹介することはできない。したがって、残る164口座については、これを敷地面積規模で区分しておくことにしよう。

まず5千m²未満の旧軍用施設が62口座、5千m²から1万m²までが18口座、1万m²から5万m²までが61口座、5万m²から10万m²までが23口座となっている。

以上をもって、山口県における旧軍用施設の概況に関する紹介を終えることにする。

第二節　山口県における旧軍用地の官公庁への譲渡状況

山口県にあった旧軍用施設のうち、官公庁に譲渡された旧軍用地（1万m²以上）について、国家機構、地方公共団体に区分して、その概況をみることにしよう。ただし、これまでと同様、農林省への有償所管換分および総理府防衛庁への移管については割愛することとする。

1．国家機構へ移管された山口県の旧軍用地

山口県に所在した旧軍用施設（旧軍用地）のうち、昭和35年度末までに国家機構（省庁）へ移管されたのは次の通りである。ただし、くどいようだが、農林省への有償所管換分、総理府防衛庁への無償所管換分および提供財産については除外する。

XX-2-(1)表　山口県における旧軍用地の国家機構への移管

（単位：m²、年次：昭和年）

移管先	移管面積	用途目的	年次	旧口座名
大蔵省	11,758	合同宿舎	32	山口陸軍病院
法務省	20,871	行刑施設	28	大竹潜水学校曽根S廠予定地
大蔵省	10,605	合同宿舎	34	光海軍工廠光井工員官舎
厚生省	125,699	療養施設	23	船舶工兵6連隊
同	16,455	同	35	船舶工兵6連隊
運輸省	16,515	航空局通信施設	28	第11航空廠岩国支廠
厚生省	227,570	国立病院	23	岩国海軍病院
同	12,978	同	23	下関陸軍病院
運輸省	13,998	庁舎敷地	34	第67区彦島防備隊分遣隊
厚生省	88,644	国立療養所	23	広島陸軍病院小串療養所
農林省	160,454	水産講習所	34	下関防備隊

出所：「旧軍用財産資料」（前出）より作成。

　戦後、山口県にあった旧軍施設の跡地（1万m²以上）を国家機構が移管したのは11件である。そのうちの半数の5件が厚生省への移管であって、3件が療養施設用地、2件が国立病院用地である。後は大蔵省と運輸省が各2件、法務省と農林省が各1件となっている。

　これを移管面積の大きさからみると、国家機構全体では約70万5千m²で、そのうちの47万1千m²、67％が厚生省への移管である。それ以外の省庁では、農林省へ無償所管換された水産講習所の約16万m²が大きい。

　全体的にみれば、山口県における旧軍用地の国家機構への移管件数は意外と少なかったということであろう。ただし、農林省への有償所管換および総理府防衛庁への移管については、これを除外していることを忘れてはならない。

2．地方公共団体へ譲渡された山口県の旧軍用地

　山口県の場合、地方公共団体としての「山口県」に譲渡された旧軍用地（1万m²以上）の件数は皆無である。それが如何なる理由によるものかは判らない。したがって、以下では、市町村による旧軍用地の取得状況をみていくことにする。それが次の表である。

XX-2-(2)表　山口県における旧軍用地の地方公共団体への譲渡（1万m²以上）

（単位：m²、年次：昭和年）

市町村名	取得面積	転用目的	取得形態	年次	旧口座名
防府市	21,201	中学校用地	時価	24	防府通信学校酒保
見島村	12,399	倉庫・住宅	時価	25	見島特設見張所
小鯖村	61,011	行事用地	時価	26	小鯖航空基地
二俣瀬村	589,090	植林	時価	24	大陸航空廠厚東集積所
宇部市	1,386,276	市有林	時価	31	同

徳山市	168,556	墓地	譲与	25	徳山燃料置場
同	13,228	市営住宅	時価	32	同
同	20,748	中学校用地	減額 20%	25	徳山工員宿舎
平生町	21,585	住宅用地	時価	31	大竹潜水学校柳井分校
同	171,020	水源涵養林	時価	34	大竹潜水学校曽根 S 廠
八代村	16,961	中学校用地	時価	23	八代特設見張所り
光市	31,483	中学校用地	減額 70%	31	光工廠浅江工員寄宿舎
同	10,737	公営住宅	47% 時価	34	同
麻郷村	10,204	中学校用地	減額 40%	26	大陸空廠田布施出張所
和木村	19,042	中学校用地	減額？%	25	岩国燃料廠
同	11,127	中学校用地	時価	28	同
同	101,067	村営植林	時価	24	大竹海兵団射的場
安下庄町	161,398	耕作地	時価	23	広兵器補廠大島貯油所
岩国市	10,388	市営住宅	30・40 減	29	第 11 航空廠岩国支廠
同	16,534	中学校用地	時価	24	兵学校岩国分校教官舎
同	10,510	中学校用地	減額 70%	29	同
同	52,892	港湾施設	時価	24	大陸航空廠岩国出張所
同	11,570	中学校用地	減額 50%	24	岩国海軍病院
下関市	12,124	庁舎	時価	24	下関重砲兵連隊
同	66,113	高校用地	40・50 減	35	老の山砲台及交通路
同	76,433	学校用地	時価	25	下関航空通信連隊
王喜村	114,364	農耕地	減額 40%	26	小月陸軍飛行場
豊西村	853,950	山林	時価	23	観音崎砲台

出所：「旧軍用財産資料」（前出）より作成。

　戦後、昭和 35 年度末までに、山口県にあった旧軍用地が地方公共団体へ譲渡されたのは 28 件で、その総面積は 4,042,011 m² である。ただし、それは 1 件あたり 1 万 m² 以上のものに限定したものである。これに小規模な旧軍用地の譲渡を含めると、400 万 m² を遙かに超える面積となる。

　それを譲渡された市町村別にみると、岩国市が 5 件で最も多く、次に下関市と徳山市、それに和木村（現和木町）が各 3 件、続いて光市と平生村（現平生町）が各 2 件、その他の市町村各 1 件という状況になっている。なお(2)表では、旧軍用地が譲渡された時点での市町村名を用いている。

　そこで、山口県において大規模な旧軍用地を取得した町村の行政単位の変化過程を簡単に示しておくことにしよう。

XX- 2 -(3)表　旧軍用地取得市町村の行政単位の変化（山口県）

旧町村名	途中経過	平成 20 年現在
二俣瀬村		昭和 29 年→宇部市
豊西村		昭和 29 年→下関市
王喜村		昭和 30 年→下関市
見島村		昭和 30 年→萩市
麻郷村		昭和 30 年→田布施町

都濃町		昭和 41 年→徳山市
八代村	昭和 31 年→熊毛町	平成 15 年→周南市
東和町		平成 16 年→周防大島町
安下庄町	昭和 30 年→橘町	平成 16 年→周防大島町

出所：『全国市町村要覧』（昭和 43 年版、平成 19 年版）より作成。

　山口県の市町村が取得した旧軍用地の大きさと用途目的について概観すると、宇部市が市有林を用途目的として時価で取得した約 139 万 m^2 が最も大きい。次に豊西村（約 85 万 m^2）と二俣瀬村（約 59 万 m^2）が 50 万 m^2 を超え、徳山市、平生村、安下庄町、和木村、王喜村でも 10 万 m^2 を超える旧軍用地を取得している。その取得目的は、徳山市、安下庄町、王喜村を除くと、植林、市有林、水源涵養林、村営植林、山林と多様な表現が用いられているが、要するに山林用地への転用である。

　徳山市の場合には、その用途目的は墓地となっているが、これは旧軍墓地を継承したのではなく、旧燃料置場からの転用なので、全国的にみても珍しい件である。そうは言っても、現代都市における隠れた問題として墓地不足があり、他方では都心部における新規開発の阻害要因としての墓地の存在、その移転問題などがあることは周知の通りである。安下庄町（現周防大島町）と王喜村（現下関市）では、耕作地（農耕地）を用途目的として約 16 万 m^2 を取得しているが、公営農場を目的としたというよりも、民間に農業用地として分割転売することが目的ではなかったかと思われる。

　次に、5 万 m^2 以上の旧軍用地を取得しているのは下関市が高校および学校用地として 2 件取得しており、小鯖村（現山口市）が約 6 万 m^2 を行事用地として、また岩国市が約 5 万 m^2 を港湾施設として取得している。なお、小鯖村の用途目的である「行事用地」については、それが公共的な広場なのか、ある特定の施設用地であったのかは詳らかではない。

　用途目的という点からみると、学校用地が 12 件で最も多く、その内訳は、中学校用地を取得目的としたものが 10 件、高校用地 1 件、不詳 1 件となっている。中学校用地はほとんどが 1 万〜2 万 m^2 台の規模で、3 万 m^2 を超えるものは僅かに 1 件である。

　学校用地に続いては、山林（植林）および住宅用地を用途目的として取得したものが、各 5 件ある。山林については、既に述べた通りで、住宅用地については、倉庫用地とも合わせて取得した見島村を含めて、1 万 m^2 程度のもので、平生町だけが 2 万 m^2 の規模での取得となっている。残る用途としては、墓地、行事用地、港湾施設、耕作地、庁舎が各 1 件あるが、下関市が「庁舎」を取得目的とした件を別にすれば、これまた既にみてきたところである。

　山口県の市町村が如何なる形態で旧軍用地を取得したかという点になると、27 件のうち 17 件が「時価」による払下げである。減額による用地取得も 10 件あるが、そのうちの 2 件が「減額70 ％」という「特価」で払下げを受けている。これは国有財産特別措置法の第四条によるもので、「義務教育等諸学校施設に対する七割減額譲渡」の規定を適用したものである。また減額 50 ％というのも 1 件ある。いずれも中学校用地を用途目的とするものであった。また同じ 1 件のうちで

も、減額率が 30%と 40%、あるいは 40%と 50%という具合に、二つの異なる減額率が適用された場合もある。これは構造物の位置やその取り壊し費用等が勘案された結果であろう。つまり、取得した旧軍用地にどれだけの不要建物があったかという比率が、この複数の減額率として現れたものであろう。

なお、「譲与」が 1 件あるが、これは徳山市の墓地用地取得に伴うもので、その取得が営利目的ではないので、このような措置がとられたのかもしれない。

また、旧軍用地の取得年次についてみると、圧倒的に昭和 20 年代が多く、昭和 30 年代は僅かに 7 件でしかない。なお、昭和 36 年度以降については原資料に記載されていない。

以上、述べてきたことを、取得用途目的別に、一つの表で統括すると次のようになる。

XX-2-(4)表　山口県の市町村が取得した旧軍用地（用途目的別、1 万 m² 以上）

（単位：m²、年次：昭和年）

用途目的	件数	総面積	取得年次　（　）内は件数
学校用地	12	301,926	23、24 (3)、25 (3)、26、28、29、31、35
山林・植林	5	3,101,403	23、24 (2)、31、34
住宅用地等	5	68,337	25、29、31、32、34
農耕地	2	275,762	23、26
墓地	1	168,556	25
行事用地	1	61,011	26
港湾施設	1	52,892	24
庁舎	1	12,124	24
計	27	4,042,011	20 年代 (21)、30 年代 (7)

出所：(2)表より作成。

ここで補記しておくべきことがある。(4)表をみれば判るように、山口県の市町村が旧軍用地を取得したのは、いずれも昭和 35 年度以前である。つまり、その後から現在に至るまでの期間については、全く含まれていない。これは前述したように原資料の制約によるものである。

第三節　山口県における旧軍用地の民間諸団体（製造業を除く）への譲渡

山口県にあった旧軍用施設の跡地が、昭和 35 年度末までに民間諸団体（製造業を除く）へ転用されたものを一括して掲示すれば、次の通りになる。ただし、1 件あたりの面積を 1 万 m² 以上のものに限定している。

XX-3-(1)表　山口県の民間（製造業を除く）が取得した旧軍用地（1万 m² 以上）

(単位：m²、年次：昭和年)

企業等名	取得面積	業種・用途	年次	旧口座名
初瀬保勝会	21,538	公園敷地	28	山口練兵場
山口県砂石工業	19,771	砂取場	23	呉海軍施設部秋穂砂取場
小島炭鉱組合	79,084	炭鉱業	23	呉海軍施設部宇部出張所現場
島炭鉱組合	34,828	同	24	同
宇部炭鉱組合	36,631	同	24	同
医療法人受命会	25,975	精神病院	35	東山防空砲台
徳山海陸運送店	25,509	運送業	25	機動艇隊
三矢商店	28,819	金属販売業	26	同
福山広正	130,112	農地	22	蛇島燃料置場
苅田稠	25,602	採石	29	黒髪燃料置場
松庫商店	35,168	鉄屑売買	33	大竹潜水学校柳井分校ほか
櫨蔭学園	11,598	学校用地	29	光海軍工廠官舎
岩国倉庫	17,694	倉庫業	25	岩国燃料廠
高水学園	25,971	私立高校	29	第11航空廠尾津工員宿舎
同	19,759	同	34	同
梅光女学院	15,523	学校法人	24	下関練兵場及下関重砲連隊
日本道路公団	21,396	道路建設等	35	丸尾演習砲台及丸尾砲弾本庫
田ノ首土地区画	11,970	区画整理	23	仮屋ケ泊弾薬本庫

出所：「旧軍用財産資料」（前出）より作成。

　山口県における民間企業等が、1件あたりの譲渡面積で1万 m² 以上の旧軍用地を取得したのは、昭和35年度末までに18件、その総面積は587,048 m² である。この中には民間一般と民間企業（個人を含む）の両方が含まれているので、これを区分しながら整理してみると次のようになる。

XX-3-(2)表　前表の統括表

(単位：m²、年次：昭和年)

		件数	取得面積	取得年次　（　）内は件数
民間一般	私立学校	4	72,851	24、29（2）、34
	病院	1	25,975	35
	保勝会	1	21,538	28
	区画整理	1	11,970	23
	計	7	132,334	20年代（5）、30年代（2）
民間企業等	炭鉱業	3	150,643	23、24（2）
	砂石採取	2	45,373	23、29
	販売業	2	63,987	26、33
	運送業	1	25,509	25
	倉庫業	1	17,694	25
	道路公団	1	21,396	35

第二十章　山口県　681

農地	1	130,112	22
計	11	454,714	20 年代（9）、30 年代（2）
総計	18	587,048	20 年代（14）、30 年代（4）

出所：3 -⑴表より作成。

　3 -⑵表をみると、民間一般の中には、私立学校や病院なども含ませているが、場合によって
は「産業」の一部門と見なしてもよいし、また他の地域では、そのように分類したところもある
が、3 -⑵表では便宜的に「民間一般」とした。この二つに関しては、特に説明する必要がない。
　保勝会については、山口市内の景勝地である宮の下地区の保全を取得目的としたもので、現在
の時点からみれば、景観保全、環境保全などという視点から先見的な旧軍用地の活用であったと
評価することができよう。これは他の地域では余りみられないことである。
　区画整理用地として旧軍用地を活用することは、名古屋市などでもみられたことであるが、下
関市の彦島で、弾薬庫の跡地を住宅敷地にするために必要な用地として活用した点では全国的に
みても珍しい。
　続いて、民間企業による旧軍用地の転用についてみると、業種としては宇部市での炭鉱組合に
よる 3 件の用地取得が珍しい。旧軍用地を取得した面積でも、民間業種の中では最大の規模と
なっている。しかしながら、炭鉱組合というものの実体やその組合による旧軍用地の具体的な活
用方向などについては、不明である。この点については個別地域の分析で明らかにしていきたい。
　砂採取も鉱業であるが、ここは炭鉱業と区別するため、便宜的に一つの業種とした。
　販売、運送、倉庫という業界での旧軍用地の取得については、説明は必要としないであろう。
　日本道路公団による旧軍用地の取得は、全国的にみられることである。国家企業的性格をもつ
事業体であるが、その民営化という事情を踏まえて、ここでは民間に含めることにした。
　旧軍用地を「農地」として、大蔵省（財務局）から個人（ないし企業）へ直接売り払うことは
原則としてありえないので、これは全国的にも珍しい。この旧軍用地は、徳山市の沖合、別の視
点からは徳山港口にある蛇島（周囲約 1500 m）という小島を旧燃料置場として利用していたもの
であるが、その約 13 万 m^2（おそらく蛇島の全面積）を民間の個人（ないし企業）へ時価で売払い
したものである。
　いずれにせよ、山口県における旧軍用地の民間一般（製造業を除く）への譲渡では、炭鉱組合
という業種に対して、また農地の個人（または企業）への直接的な売払いがあり、これを一つの
特色としてみておく。

第四節　山口県における旧軍用地の製造業への転用

　山口県における大規模な旧軍用施設が瀬戸内地域に配置されていたこと、および現今における

周南工業地域の発達という状況をみると、戦後における旧軍用地の工業用地への転用が相当の規模で行われたと推測される。

戦後の山口県で、旧軍用地を工業用地として取得した企業は次の通りである。ただし、昭和35年度までの分である。

XX-4-(1)表　山口県における旧軍用地の工業用地への転用（3千m²以上）

（単位：m²、年次：昭和年）

企業等名	取得面積	業種用途	年次	旧口座名
海水化学工業	372,905	製塩	32	防府通信学校
二枡塩業組合	197,110	製塩	33	同
宇部紡績	44,456	紡績業	24	呉海軍工廠宇部分工場
宇部興産	4,161	窯業	25	防府通信学校宇部受信所
鐘紡	12,039	紡績業	26	防府陸軍鉄道引込線用地
同	21,395	同	25	防府第二陸軍水道水源地
同	11,305	同	22	防府第一陸軍水道水源地
同	504,433	同	25	岩国陸軍燃料廠防府出張所 及び陸軍製絨防府工場
昭和石油	149,334	石油精製	29	徳山第三海軍燃料廠
出光興産	338,072	同	31	同
同	69,435	同	31	同
同	103,026	同	33	大島燃料置場
同	223,101	同	34	同
日本精蝋	171,603	化学工業	34	同
徳山鉄板	49,686	鉄鋼業	24	機動艇隊
防長杭木	7,414	木製品	25	同
昭和石油	8,072	石油精製	30	同
三晃金属	11,352	金属製品	28	徳山燃料置場
出光興産	19,278	石油精製	25	ドラム缶倉庫地区
日本専売公社	10,264	煙草製造	24	一三合成工場地区　※有償所管換
防府油脂工業	5,981	化学工業	25	同
昭和石油	5,188	石油精製	29	同
都濃生産加工協	33,279	食品工業	24	那智倉庫地区
出光興産	19,340	石油精製	25	三〇一分解蒸留工場
同	40,294	同	31	油槽地区
日満大豆製粉	23,279	食品工業	24	光海軍工廠
武田薬品	17,592	化学工業	25	同
神和工業	5,253	輸送機械	28	同
武田薬品	586,639	化学工業	28	同
八幡製鉄	1,273,268	鉄鋼業	29	同
同	94,353	同	29	同
同	179,732	同	29	同
武田薬品	7,352	化学工業	30	同
八幡製鉄	99,083	鉄鋼業	32	同
武田薬品	16,963	化学工業	34	同

平生塩業組合	18,723	製塩業	31	大竹潜水学校柳井分校ほか
八幡製鉄	143,901	鉄鋼業	33	水無瀬島見張所
同	4,046	同	30	光海軍工廠西ケ追丁号官舎
武田薬品	3,564	化学工業	30	同
日米ハロータイル	6,076	窯業	24	岩国燃料廠
日本燃料	21,597	石油製品	24	同 　　　　　　（ピッチ練炭製造）
周東化学	4,513	肥料	25	同
興亜石油	46,581	石油精製	26	同
辰興油化工業	5,174	石油化学	28	同
興亜石油	62,415	石油精製	28	同
同	3,750	同	31	同
三井石油化学	316,985	石油化学	31	同
日本鉱業	248,212	非鉄金属	31	同
日本燃料	6,459	石油製品	34	同
日本鉱業	10,808	非鉄金属	34	同
日本通運※	28,684	水産加工	23	広島陸軍兵器補給廠大島貯油所
三井金属	9,618	金属製品	28	老の山砲台及同交通路
吉見塩業組合	71,620	製塩業	23	下関防備隊

出所：「旧軍用財産資料」（前出）より作成。※なお、日本通運は企業としては運送業だが、この事業所は加工業。

4 -(1)表を一覧すると、鐘紡（現カネボウ）、昭和石油、武田薬品工業、八幡製鉄（現新日鉄）、興亜石油、三井石油化学、日本鉱業といった巨大企業が相当規模の旧軍用地を取得していることが判る。山口県では、官公庁および製造業を除く民間への旧軍用地の譲渡件数が相対的に少なかったが、この製造業への譲渡では、53件の多きに達する。ただし、この中には本来だと運送業に分類されるべきだが、事業所の業種によって、製造業に分類した1件も含めている。

また、製造品目についてみると、石油製品（17件）が圧倒的に多く、続いては、食品（8件）、化学製品（8件）、鉄鋼・鉄工製品（7件）、繊維製品（5件）となっている。他の製造業についてみると、それらを合計しても、8件にしかならない。

こうした状況をみると、山口県における旧軍用地の工業用地への転用では、いわゆる原料素材に属する品目を生産する業種、つまり素材供給型業種に特化した旧軍用地の転用になっていると言えよう。

取得（譲渡）年次については、昭和35年度までの分しか掲載されていない。このことは、官公庁および製造業を除く民間についても、そうであった。

戦後の山口県における旧軍用地の譲渡は、昭和35年段階でほぼ終了したと思われるが、その後における譲渡の状況がどうなっているのかという研究課題は残されている。

さて、山口県において製造業の工場用地へと転用された旧軍用施設としては、岩国燃料廠（11件）と光海軍工廠（10件）が譲渡件数としては双璧をなし、それ以外では徳山海軍燃料廠、大島燃料置場、機動艇隊の各3件の譲渡がみられる徳山地区の旧軍用施設が目立つ。つまり、地域分析にあたっては、岩国、光、徳山という三つの地域に重点を置くことになる。

以上、4-(1)表に基づき、山口県における旧軍用地の工業用地への転用状況について概観してきたが、これを業種別に分類して整理すると、次のようになる。

XX-4-(2)表　前表の業種別統括表

(単位：m²、年次：昭和年)

業種	件数	取得面積	取得年次　（　）内は件数
食品工業	8	755,864	23 (2)、24 (3)、31、32、33
繊維工業	5	593,628	22、24、25 (2)、26
木材工業	1	7,414	25
窯業	2	10,237	24、25
石油製品	17	1,438,101	24、25 (2)、26、28 (2)、29 (2)、30、31 (5)、33、34 (2)
化学工業	8	814,207	25 (3)、28、30 (2)、34 (2)
鉄鋼業	7	1,844,069	24、29 (3)、30、32、33
金属製品	2	20,970	28 (2)
非鉄金属	2	259,020	31 (2)
輸送機械	1	5,253	28
計	53	5,748,763	20 年代 (32)、30 年代 (21)

出所：4-(1)表より作成。

　山口県における旧軍用地の工業用地への転用について、これを業種別にみると、取得件数では先述した通りであるが、取得面積でみると、鉄鋼業と石油製品製造業が双璧であり、それに化学工業、食品工業、繊維工業が続いている。

　鉄鋼業では、7件、184万 m² 強の取得がみられるが、そのうちの6件、179万 m² 強、つまり、この業種全体の97%が八幡製鉄（現新日鉄）によるものである。旧軍用地との関連でみれば、その大部分が光海軍工廠の跡地での取得である。

　石油製品製造業では、いわゆる石油精製業がこれに該当するもので、取得件数は17件、取得面積は144万 m² 弱である。この中では、出光興産が7件、103万 m²、この業種では約72%の取得率となっている。続いては昭和石油（3件）が16万 m² 強、興亜石油（3件）が11万 m²、三井石油化学（1件）が約32万 m² の用地取得をおこなっている。これらは徳山第三海軍燃料廠跡地を中心とする徳山地区、また岩国燃料廠跡地を中心とする旧軍用地の取得である。より具体的に言えば、徳山は出光興産、岩国は三井石油化学と興亜石油という地域分割が行われている状況にある。

　化学工業（8件）については、武田薬品工業（5件）が約63万 m² を取得しており、この業種では約78%という高い比率を占めている。その他では日本精蝋（1件）が約17万 m²（約21%）を取得している。言うなれば、この2社で99%を取得したことになる。もっとも、武田薬品工業は光海軍工廠の跡地、日本精蝋は岩国地区の大島燃料置場跡地での取得であり、旧軍用地を取得した場所は異なっている。

第二十章　山口県　685

　食料品製造業（8件）は、約76万m²の旧軍用地を取得しているが、そのうち半数の4件が製塩業である。この4件を合計すると、約66万m²となり、これは業種全体の約87％に達する。これは戦後の塩不足に対応した国の塩増産政策を反映したものである。もっとも地域的にみると、防府通信学校の跡地を取得した海水化学工業と二枡塩業組合、下関防備隊跡地を取得した吉見塩業組合、平生の潜水学校跡地を取得した平生塩業組合とに分かれるが、塩業だけの比率では前2件が57万m²で約86％を占めている。

　製塩業以外の食料品製造業については、都濃生産加工共同組合が3万3千m²、日本通運による水産加工が2万9千m²、日満大豆製粉が2万3千m²という規模に留まっている。

　繊維工業（5件）は59万m²の旧軍用地を取得しているが、そのうちの4件は鐘紡（現カネボウ）によるもので、取得面積比率では約93％に達する。鐘紡が取得した旧軍用地は岩国陸軍燃料廠防府出張所および陸軍製絨防府工場の跡地である。他の1件は、宇部紡績による4万4千m²である。

　以上で、山口県における旧軍用地を取得した主な五つの業種について分析してきた。この五業種以外では、非鉄金属製造業の日本鉱業が岩国燃料廠跡地で2件、約26万m²を取得しているのが大きいだけである。

　ただし、これまで山口県の旧軍用地の工業用地への転用に関して述べてきたことは、いずれも昭和35年度末までのことである。

第五節　山口県における旧軍用地の工業用地への転用に関する地域分析

　これまでは、山口県における旧軍用地の工業用地への転用について、いわば包括的、かつ業種別に分析してきた。以下では、旧軍用地の取得件数および面積で大きかった岩国市、徳山市、光市を中心に、防府市、宇部市、下関市の順で、いわば地域ごとに分析していくことにする。

1．岩国市

　戦後、大蔵省が引き継いだ岩国市所在の旧軍用施設は、22口座、その総面積は、1-(1)表および1-(3)表から、敷地面積が10万m²以上の6口座だけで、約900万m²に達し、残る16口座の敷地面積を加算すると約925万m²となる[1]。

　その925万m²の中で、旧岩国海軍航空基地は676万m²、比率にして約73％を占める。したがって、旧軍用地の転用という点では、この旧岩国海軍航空基地を中心として検討されなければならない。

　しかしながら、昭和36年3月31日現在で、この航空基地は、549万m²が米軍への「提供財産」となっており、工業立地という点に限定すれば、まず研究対象とはならない。したがって、工業立地という視点から主たる分析対象となるのは、製造業へ11件の譲渡があった旧岩国燃料

廠の跡地（871,688 m²）である。

ところで、歴史的に振り返ってみると、岩国燃料廠は、この岩国航空基地と無関連に設置されたものではない。またその跡地の転用についても、航空燃料との関連を無視するわけにはいかない。すなわち、航空燃料としてのガソリン、ジェット燃料などの石油製品の製造と深く関連している。とくに石油精製との関連では昭和26年と28年に、計10万 m² を超える用地を取得した興亜石油、そして約32万 m² を取得した三井石油化学の立地関係を明らかにする必要がある。以上のことを念頭におきながら、岩国市における旧軍用地の工業用地への転用について検討していくことにしたい。

さて、『岩国市史』によれば、岩国の旧海軍関係施設は、終戦時において、4,514,400 m² といわれ[2]、また、その大部分を占めていた飛行場は、その後、岩国米海兵隊航空基地（MCAS 岩国）となり、また海上自衛隊によっても使用されている。しかも、戦後岩国基地は拡充されて、昭和42年3月31日現在、その利用面積は国有地を中心に、5,593,598 m² に達したと言われている[3]。

岩国市に対する政治的な関心から言えば、この岩国基地の存在が大きな問題となる。また、歴史的事実としても、この岩国基地が朝鮮動乱で果たした役割については、周知のことである。この航空基地の存在は、それ自体は工業用地への転用ではなかったものの、岩国市における旧軍用地の工業用地への転用と深く関連している。すなわち、航空燃料の補給は、航空基地にとって不可欠であり、その限りにおいて、旧岩国燃料廠における石油精製は朝鮮動乱の勃発前に再開されていたのである。その辺の事情をみておくことにしよう。

もともと、昭和16年、当時としては最新の航空ガソリン製造技術をもった興亜石油は、岩国の海岸約13万坪（約43万 m²）を埋立て、ここに麻里布製油所を建設したが、昭和21年9月、連合軍司令部の覚書（太平洋岸製油所は手持原油、原料油の精製を完了して、遅くとも昭和21年11月30日までに操業を停止すること）によって閉鎖されていた。つまり、興亜石油の麻里布製油所は日本の非軍事化を目的とする初期占領政策によって賠償物件に指定されていたのである。

しかしながら、朝鮮人民共和国の樹立（昭和23年2月16日）、ベルリン封鎖（同年4月1日）、中国人民解放軍の北京占領（同年12月16日）といった世界情勢の変化、すなわち東西対立の激化、これに対応したロイヤル米陸軍長官の「日本反共防壁」演説（昭和23年1月6日）にみられるアメリカの対日支配戦略の転換にともない、昭和24年3月のノーエル報告では、「日本経済の自立促進のため、製品輸入をやめ、原油輸入、国内精製方式をとるべきである」と製油所の再開方針が勧告される[4]。

かくして昭和24年7月13日の「旧軍燃料廠を除く太平洋製油所の復旧を許可する」という覚書および同年9月の占領軍覚書によって、麻里布製油所の修理と復旧が許可され、翌25年7月に復旧再建工事が完了している[5]。だが、興亜石油の麻里布製油所の再開は、昭和24年7月、カルテックス・オイル（日本）・リミッテッドとの間に原油委託精製契約を締結し、翌25年11月には、カルテックス・オイル・プロダクツ・カンパニーが50％の資本参加、さらには技術導

入というかたちをとって行われたのである[6]。

　興亜石油は、石油精製の再開にあたって、大蔵省より岩国燃料廠の跡地約 11 万 m^2 を昭和 26 年と 28 年に取得している。このことは既に述べた通りである。それだけではない。

　『興亜石油 30 年史』には、「旧岩国陸軍燃料廠に残存し、損傷度の軽微な潤滑油製造装置、製品タンク類を移設、昭和 26 年 8 月から運転を開始しました。この移設転用によって麻里布製油所は燃料油、潤滑油の生産が可能になり、名実ともに完全製油所の態勢を確立しました」[7]とある。

　岩国の場合、この興亜石油の復旧再開が、やがて石油コンビナートを形成していく起爆剤となったのである。すなわち、昭和 30 年 7 月に通産省が出した「石油化学工業の育成対策」にみられる石油化学育成第一期計画に対応するかたちで、三井石油化学が創設され、その立地は旧岩国陸軍燃料廠の跡地を予定していた。しかし、その旧岩国陸軍燃料廠の跡地利用については、日本鉱業との競争が不可避であった。その状況については『日本のコンビナート』が次のように紹介している。

　「岩国は旧陸軍燃料廠のあとで、海軍燃料廠あとの四日市、徳山とならび、すぐれた立地条件と広い工場敷地、大型タンカーの接岸できる良港を備えている。このため旧軍燃料廠跡も興亜石油と三井グループの提携する石油化学企業化計画と日本鉱業とが血みどろ争いを展開し、地元の自治体もこれに巻き込まれて二派に分かれて誘致運動を進めた。その結果、三井グループに 10 万坪、日本鉱業に 10 万坪とそれぞれ折半した形で払い下げが行われ、三井グループが石油化学第一期計画のバスに乗りえたわけである」[8]

　興亜石油は、資本金の 10% を出資するというかたちで三井石油化学の創設に参加し、ここに三井石油化学コンビナートが結成をみるに至ったのである。

　「31 年 5 月、岩国旧陸軍燃料廠跡の一部（土地 9 万 6 千坪その他）の払い下げ決定、工場建設に着手、33 年 4 月、工場完成、操業開始となって今日に至っている。この間、総額 190 億円という巨額の建設資金を投下している」[9]

　ただ留意しておくべきことは、次のことである。興亜石油は三井グループと結んで、陸軍燃料廠跡地に三井石油化学を創設させたが、三井グループの中では、三池合成が中心となって石炭化学から石油化学への転換を志向していたということである。それだけではない。その背景には次のような事情があったと言われている。

　「一方、三池合成のアイデアとして出発した石油化学企業化計画が、三井グループの結集——三井石油化学の設立となった背景には、資金面の制約、三井グループの三菱グループに対する立ち遅れのあせり、通産省の指導があったといえよう」[10]

　ここに通産省が登場してくるが、その指導というのは、国の基本的エネルギー源を石炭から石油へと構造的に転換するという国家政策であり、しかも諸資本グループ間の利害関係を調整するという役割をも果たすものであった。

　なお、「旧軍用財産資料」（大蔵省管財局文書）によれば、旧岩国陸軍燃料廠の跡地は、興亜石油に約 11 万 m^2、三井石油化学へ約 32 万 m^2、日本鉱業には約 26 万 m^2 が払い下げられている。

したがって、先に引用した『日本のコンビナート』の文章、すなわち「三井グループに10万坪、日本鉱業に10万坪とそれぞれ折半した形で払い下げが行われ」という文章に出てくる数字は、感覚的にはともかく、具体的な内容としては、いささか大雑把であるように思える。

また旧岩国燃料廠の跡地は、石油精製過程で生ずるピッチを原料として練炭（ピッチ練炭）を製造する日本燃料㈱が昭和24年に約3万 m^2 を取得しているほか、その他の企業も小規模ながら用地取得をしている。その明細は4-(1)表の通りである。

ところで、この旧軍用地の転用による諸工業の立地は、それとの関連諸工業を誘導することになる。それと同じく、岩国市にあった旧軍用地以外に立地していた諸工業についても、「集積利益」を求めて、同一業種の工業や関連産業が地域的に集中してくる。既存の旧軍用地だけでは、工業用地として不足するようになり、岩国の海岸埋立事業が急速に進捗していく。

昭和43年12月には、旭化成の用地造成がはじまり、翌年には工場起工、45年には操業を開始するに至る。この間、呉興業の岩国工場が昭和44年に、そして46年には山義整理工業の織物整理工場、岩国木材工業センターが進出している。また、昭和50年以降では、窯業のモラルコ（37,200 m^2）、製鋼・圧延をする城東製鋼（63,386 m^2）も立地してくる[11]。

こうして、昭和50年現在では、工場敷地面積が10万 m^2 を超える岩国の工場は、隣接する和木町も含めて、次のようになっている。

XX-5-(1)表　岩国における大規模工場（昭和50年現在）

（単位：億円、m^2、人）

工場名	創業年	資本金	敷地面積	従業員
興亜石油麻里布製油所	昭和18	48	655,406	753
三井石油化学工業	33	110	626,036	2,457
※			(912,000)	
山陽国策パルプ岩国工場	12	133	867,317	2,450
帝人㈱岩国工場	2	315	495,111	1,422
帝人製機㈱岩国工場	19	28	103,345	1,031
東洋紡績㈱岩国工場	12	292	394,586	1,452
旭化成工業岩国工場	45	376	185,006	226
中国電力岩国発電所	41	——	211,716	120

出所：『岩国市の商工業統計』（昭和50年11月）、岩国市経済部商工労政課、5ページ。
　　　なお、中国電力のみは、同資料、1ページ。
　　　※三井石油化学の（　）内数字は、大竹地区を含んだ面積。

5-(1)表をみると、これまで述べてきた、興亜石油、三井石油化学、旭化成以外に、岩国には紙・パルプ工業、繊維工業が戦前から立地していたことが判る。

また(1)表で掲載した工場以外に、工場敷地面積が1万 m^2 を超えるものが12工場もあり、その中では、新和木木材工場岩国工場（83,544 m^2）、パネル建材（25,400 m^2）、伸陽合板（13,819 m^2）、岩国木工製版協同組合（14,454 m^2）、協同組合岩国木材センター（75,641 m^2）、中国木材岩国工場

（11,550m²）などが目立つ[12]。このような状況になったのは、岩国市が昭和40年代後半期に海岸埋立地（飯田町1）に木工団地を造成し、ここに木材・木製品製造工業を集中立地させたからである。

ところで、こうした石油化学工業、紙パルプ工業、繊維工業、木材工業などを中心として発達してきた工業都市岩国では、昭和40年代末期になると、既に「工業と公害の町」が「第四の顔」と言われるようになる。

「第四の顔は『工業と公害の町』です。工業が立地すれば、町は活気に溢れ、市民の所得は向上し、税収は増え、その財源で福祉は向上するといわれます。しかし、今日では、岩国市は、第四次公害防止地域の指定を受け、工場公害（大気汚染、水質汚濁、騒音、悪臭、地盤沈下など）をもたらし、さらに工業用水の不足に悩まされています。かっての美しい岩国の山と河をとりもどせという声も次第に強くなっているのです」[13]

これは市政担当者の単なる発言ではなく、「第一回岩国市市民意識調査」の結果にも現れている。

XX-5-⑵表　第一回岩国市市民意識調査結果

	第一位	第二位	第三位	備考
岩国市のイメージ	工業都市 （33.0%）	商工業都市 （20.8%）	観光都市 （20.2%）	教育文化都市 （1.3%）
岩国市の発展方向	教育文化都市 （23.1%）	福祉都市 （20.0%）	観光都市 （16.8%）	工業都市 （10.1%） 商工業都市 （11.6%）
岩国市の公害	やや多い （39.5%）	非常に多い （35.9%）	ふつう （20.0%）	やや少ない （2.5%）
市街地の工場	工場団地を造って移転 （55.9%）	そのままでよい （13.2%）	住居を移転させる （7.9%）	わからない （20.2%）
工場導入	公害を出さない工業なら導入してよい （49.1%）	導入より地元中小企業を育成する （21.4%）	従業員の地元採用等の条件を付す （10.8%）	導入反対 （9.0%）

出所：「第一回岩国市市民意識調査」（1974年、岩国市）、8・27・85ページより作成。なお、調査対象数749人、有効回収率74.9%。

上掲の表では、岩国市を工業都市あるいは商工業都市とイメージする市民の比率が過半数であるのに、市の発展方向としては21.7%と低いのは、もうこれ以上の導入（誘致）は不必要と考えているからであろう。逆に、発展方向としては教育文化都市を求めているのに、調査時点における岩国市をそのようにイメージする市民が僅かに1.3%でしかなかったということは、この部面

における岩国市の立ち遅れを示している。

　問題の公害については、「非常に多い」と「やや多い」を加えると、75%以上にもなり、岩国市が現実に「公害都市」になっていると市民は感じている。これは市政側の認識とも一致している。もっとも、この「公害」の中に「基地」が含まれているかどうかという問題については立ち入らない。岩国市を「基地都市」とイメージする市民意識の比率などについても同様である。

　公害の解決策として、「工場団地を造って移転（させる）」という意見が 55.9% と比較的多いのは、公害を発生する工場が市街地にあり、これを移転すべきだと考えているからであろうか。なぜなら、海岸埋立地にある大規模な工場については、これを移転の対象としては想定していないからである。

　岩国市に工場を導入（誘致）してくるという点については、「公害を出さない工場なら導入してよい」という意見が 49.1%、すなわちほぼ半数に達する。これは、岩国の発展方向を「工業都市」ないし「商工業都市」と考えている人の割合が 21.7% だったことと矛盾するかのように思える。しかしながら、岩国市民が、地元雇用の促進ないし安定ということも併せて考えているからであろう。そのことは、新規工場の立地については、「従業員の地元採用等の条件を付ける」という意見が 10.8% あることによっても推測できるが、実際にも、昭和 33 年に立地してきた三井石油化学工業は昭和 49 年の時点で 2,457 名の従業員を雇用しているからである。

　なお、5 -(2)表では判らないが、「無条件に導入したほうがよい」という意見をもった市民が、僅かではあるが、3.2% あったことにも、留意しておく必要があろう[14]。

　　1）　「旧軍用財産資料」（前出）による。
　　2）　『岩国市史』（下）、岩国市、昭和 46 年、580 ページ。
　　3）　同上。
　　4）　『興亜石油 30 年史』、同社、昭和 38 年、18 ページ。
　　5）　同上書、20 ページ。
　　6）　同上書、18 ページ。
　　7）　同上書、21 ページ。
　　8）　『日本のコンビナート』、日本経済新聞社、昭和 37 年、83 ～ 84 ページ。
　　9）　同上書、87 ～ 88 ページ。
　　10）　同上書、86 ページ。
　　11）　昭和 52 年、岩国市役所での聞き取りによる。
　　12）　『岩国市の商工業統計』、岩国市、昭和 50 年、3 ページ。
　　13）　『いわくに―市勢要覧』、岩国市企画財政部企画課、1974 年、13 ページ。
　　14）　『第一回岩国市市民意識調査』、岩国市、1974 年、85 ページ。

2．徳山市

　徳山市の場合、終戦後に大蔵省が引き継いだ旧軍用施設は、大小あわせて 38 口座、面積にして約 462 万 m² である。このうち、農林省へ有償所管換されたのは約 110 万 m² で、米軍への提

供財産はない。

　38口座を面積規模別にみると、1万m²未満の旧軍用施設が12口座（計44,834m²）、1万〜5万m²未満のものが16口座（計379,530m²）、5万〜10万m²未満が3口座（計206,544m²）、10万〜50万m²未満が4口座（計1,134,657m²）、そして50万m²以上が3口座（計2,856,614m²）、合計4,622,179m²という構成になっている。

　そこで、徳山市にあった旧軍用施設で、敷地面積が5万m²以上のものを列挙すると、次表のようになる。

XX-5-(3)表　徳山市における大規模な旧軍用施設

（単位：m²、年次：昭和年）

旧口座名	敷地面積	所在地	主な譲渡先	年次
徳山燃料置場	1,133,205	徳山	徳山市・墓地ほか	32
大島燃料置場	1,106,787	大島	農林省・農地	22
徳山第三海軍燃料廠	616,622	新宮	出光興産	31
機動艇隊	489,680	——	農林省・農地ほか	24
大津島発射場	277,055	大津島	徳山漁協ほか	28
黒髪燃料置場	237,810	大津島黒髪	農林省・農地	24
蛇島燃料置場	130,112	蛇島	民間農地	22
大津島防空砲台	78,886	大津島	その他	——
水道第一区	73,003	一ノ井手	貸付中（昭和35年現在）	——
東山防空砲台	54,655	徳山	受命会ほか	35
計	4,197,815			

出所：「旧軍用財産資料」（前出）より作成。

　徳山市における10万m²以上の旧軍用施設については、既に、1-(1)表および1-(3)表でもみてきたところである。だが、この5-(3)表によって、徳山市における大規模な旧軍用施設を改めて概観してみると、次のようなことが判る。すなわち、戦前の徳山市における旧軍の基幹的施設が、第三海軍燃料廠であり、それを中心にして四つの大きな燃料置場があり、また防空砲台があったということである。四つの燃料置場には、旧海軍の艦艇が使用する燃料を中心に、原油やその他の石油製品を蓄蔵していたと思われる。

　燃料廠と燃料置場、徳山市において、この二つの種類の旧軍用施設面積を合計すると、3,224,536m²となり、これは徳山市にあった大規模な旧軍用施設（5万m²以上）の全面積の69.8％になる。つまり、徳山市における旧軍用施設の中核部分はここにあったと言っても過言ではない。

　だが、その所在地となると、燃料廠はともかくとして、燃料置場は、「大島」、大津島、蛇島など、防災という視点からか、「島」に位置している場合が多い。これも一つの特徴である。つまり、製造業への転用には不向きであるということである。

　徳山市における旧軍用施設は「島」に配備されていたという特殊性に条件づけられて、その払

下先は、5‐(3)表をみるかぎり、農林省（有償所管換）が多くなっている。もっとも、出光興産や地方公共団体としての徳山市、それから徳山漁協などへの払下げもみられる。

　そこで、徳山市における旧軍用施設の跡地（旧軍用地）が、どのように譲渡されたのかについて、これまでの歴史的経緯を振り返っておこう。

　徳山市において、農林省へ有償所管換された旧軍用地の面積は約110万m²で、総理府防衛庁および提供財産への転用はなかった。このことについては、既に述べた通りである。

　また、地方公共団体としての徳山市への譲渡（1万m²以上）や徳山市における民間企業への払下状況についても、これまでの諸表で明らかにしてきている。

　なお、5‐(3)表により、徳山市において旧軍用地を昭和35年までに取得した製造業を企業別に整理すると次のようになる。

XX‐5‐(4)表　徳山市における旧軍用地を取得した製造業（3千m²以上）

（単位：m²、年次：昭和年）

企業名	取得面積	年次	旧口座名
昭和石油	149,334	29	徳山第三海軍燃料廠
同	8,072	30	機動艇隊
同	5,188	29	一三合成工場地区
出光興産	338,072	31	徳山第三海軍燃料廠
同	69,435	31	同
同	103,026	33	大島燃料置場
同	223,101	34	同
同	19,278	25	ドラム缶倉庫地区
同	19,340	25	三〇一分解蒸留工場
同	40,294	31	油槽地区
日本精蝋	171,603	34	大島燃料置場
徳山鉄板	49,686	24	機動艇隊
防長杭木	7,414	25	同
三晃金属	11,352	28	徳山燃料置場
日本専売公社	10,264	24	一三合成工場地区
防府油脂工業	5,981	25	同
都濃生産加工協	33,279	24	那智倉庫地区
計	1,264,719	――	

出所：5‐(3)表を組み替えたもの。

　5‐(4)表をみると、昭和35年までに徳山市で旧軍用地を取得した製造業は企業9社、17件で、その取得総面積は126万m²である。これを徳山市にあった旧軍用施設の全敷地面積の約462万m²と比較すると、その27％強が製造業の工場用地へ転用されていることが判る。ただし、これは昭和35年までの実績であって、その後の経緯については不詳である。

　企業別にみた旧軍用地の取得状況は、出光興産が7件で計812,546m²、昭和石油が3件で計162,594m²、日本精蝋が1件ながら171,603m²を取得している。徳山市においては、この3社

第二十章　山口県　693

が、工業用地として 10 万 m² 以上の旧軍用地を取得したことになる。もっとも、これらの企業によって取得された旧軍用地の転用状況を事業所単位でみれば、その用途は多様であり、そのすべてが工場用地に転用されているわけではない。

　ここで、戦後における徳山市の旧軍用地の転用を概括するという意味で、『徳山市史』（昭和 35 年）に記載されている文章を引用しておこう。ここでは旧軍用地が各企業によって、どのように転用されているかを、部分的ではあるが知ることができる。

　徳山市における中核的な旧軍用施設は、第三海軍燃料廠であった。この燃料廠は、明治 38 年に、海軍練炭所として設置されたもので、それが昭和 12 年に練炭部を廃止して以来、専ら艦船用重油の精製を行っていた[1]。しかし、「昭和 20 年の空襲によって施設の約 35％を失ったが、残存施設はほとんど賠償の対象にならなかったので、戦後工場誘致が考慮され、民間会社でもこれに着目するものが多く、24 年 12 月現在の一時使用申請者は、出光興産をはじめとして 17 会社に及んだ。20 余万坪の敷地建物のうち、一部は出光興産（石油関係倉庫として使用）、徳山市（中学校および市民住宅地として使用）、防府油脂工業（廃油精製に使用）、都農郡生産加工農業協同組合聯合会（農畜産物加工場に使用）、日本専売公社（葉煙草貯蔵所として使用）、日本特殊化成工業（肥料用触媒製造に使用）などに払下げがおこなわれたが、現地における石油精製は連合軍総司令部の許可するところとならなかったので、なお 10 数万坪に及ぶ広大な燃料廠跡地が、遊休施設として残置を余儀なくされていた。

　しかしその後まもなく石油工場閉鎖解除の指令があり、昭和石油株式会社は大蔵省から川西地区 4 万 5 千坪の払下げを受けて、29 年 4 月製油所建設の起工式をあげ、同年さらに工場拡張用地として、隣接の官民有地約 2 万 7 千坪、原油揚陸埠頭予定地として二葉屋開作地区の民有地約 2 万 3 千坪の買収を完了した。川東地区約 12 万坪は米軍が接収していたが、30 年 1 月 14 日接収解除となり、昭和石油・出光興産両会社が競願の結果、8 月出光興産に払下が内定し、同社の輸入するイラン原油の大製油所建設計画が実現することになった」[2]

　ちなみに、文中にある昭和石油が払下げを受けた川西地区 4 万 5 千坪（149,334 m²）については、昭和 50 年には、そして平成 20 年の現在でも、その一部を日本ゼオン㈱が使用している[3]。

　また、文中にある燃料廠跡地の一時使用をめぐる申請が 17 社あった件については、それに先行した事実がある。すなわち、昭和 21 年 5 月には出光興産が徳山地区のタンク底油集積のため、この地へ進出してきており、昭和 23 年 2 月には大浦油槽所（6 万坪）の一時使用の認可を得ている。同様に、昭和石油も昭和 24 年 3 月に燃料廠空き地の一時使用の認可を得ている。そして重要なことは、昭和 25 年 12 月に、出光興産は東川以東地区内の中央突堤頭部の倉庫地帯約 6 千坪および中央部（私有地）約 1 万 8 千坪を取得しているということである[4]。燃料廠跡地をめぐる、こうした過去の実績が、昭和石油と出光興産への一時使用、そして譲渡という経過に繋がったものであろう。このことは、川東地区における旧軍用地の取得をめぐる昭和石油と出光興産との競合関係についても、過去の実績が影響したものと推測される。

　なお、出光興産は、徳山第三燃料廠の跡地を昭和 31 年 4 月に大蔵省より払い下げられると、

昭和32年5月には1日あたり3万5千バーレル、さらに昭和34年5月には1日あたり10万バーレルの原油処理能力を有する日本最大の製油工場を建設、完成させている[5]。

確かに、昭和21年に出光興産が旧燃料廠関連施設の跡地で操業していたという過去の実績があったとしても、それだけで燃料廠の跡地を取得する決定的な理由にはならない。事実、この跡地払下げについて、出光興産は、昭和石油およびその背後にあったシェル・グループとの間に、壮烈な競合をしているからである。

結果的にみれば、出光興産へ払い下げられるのだが、その理由を「出光は民族資本、昭石は外資でしょ、徳山を外国の手に渡したくなかった」[6]とする民族自立的な視点に立った誘致運動の成果とする見解もある。

確かに、出光興産の株主についてみると、出光佐三氏が筆頭株主であるのをはじめ、同姓の4氏が上位を占め、しかも株主数が僅かに9名という構成であった[7]。その意味では、出光興産は明らかに民族資本であり、日章丸でイランから原油を直接輸入した折りには世間から「喝采」されたという経緯もある。

だが、このように民族主義的な、同じことだが、排外国的な誘致運動の結果、出光興産に旧燃料廠の跡地が払い下げられたとみるならば、昭和28年1月に昭和石油が東川以西地区（4万5千坪）の払下げを受けた事実をどう説明するのかということになる。もっとも、この点については、「昭和30年以前は米軍による接収のため状況が異なる」という説明が可能である。それでは米軍による接収が解除され、民族主義的な誘致運動の結果として、出光興産に払下げが決定したとみてよいのであろうか。

確かに、そうした運動が一定の影響をもったかもしれない。しかしながら、昭和30年8月の時点で、昭和石油は旧四日市海軍燃料廠の跡地を取得しており、その代替条件として出光興産が徳山を取得することは、巨大な石油資本間の対立と協調の結果として、政府（通産省）によって政治的に決着された問題であった。そして、その背後には、国際石油資本グループの激烈な競争があった。すなわち、世界石油市場の独占的支配をめぐるアメリカ系石油資本グループとイギリス・オランダ系石油資本との競争がそれであり、出光興産が徳山の旧燃料廠跡地を入手し、かつまた急速に発展しえたのは、原油、技術、そして資金の面において、アメリカ系石油資本と何らかの提携・導入関係があったのではないかと憶測されるのである。ただし、これは飽くまでも憶測であって、その実態についての検討は今後の研究課題である[8]。

さらに検討すべき課題がもう一つある。それは、「出光興産が民族資本であるから」という理由で旧燃料廠を取得したという論理についての検討である。具体的には既存の地元企業との関連についての検討である。

周知のように、徳山市には、徳山曹達（大正7年創業、1,432,180 m²）[9]、新南陽市には東洋曹達（昭和10年創業、6,006,000 m²）[10]という化学工場をはじめ、多くの工場が立地している。問題は、こうした諸工場の系列資本と進出予定の資本（出光興産と昭和石油）との経済関係についての検討である。

第二十章　山口県　　695

　すなわち、徳山に石油化学コンビナートが形成されるならば、既存の化学工場も技術革新（電解法によるソーダ製造）が必要であり、その際の原料となるエチレン・プロピレンの予想価格が問題となったのではないかということである。

　結果的に出光興産の徳山製油所がナフサを分解して、エチレンやプロピレンをこれらのソーダ工場に供給することになるのであるが、その供給価格については、次のように言われている。

　「エチレンで kg 当たり 40 ～ 45 円、プロピレン 30 ～ 35 円を約束している。これはいままでの日本の石油化学コンビナートにおける価格よりもいちじるしく割安である」[11]

　地域コンビナート（技術結合）が形成される背景に、この文章のような経済的事情があったことを決して無視できない。

　こうした事情を念頭におきながらも、出光興産徳山製油所は昭和 32 年 3 月に操業を始め、昭和 49 年にはガソリン、ナフサ、C 重油など、年間 30 万バーレルを生産するに至る。

　ところで、出光興産の操業開始以来、昭和 37 年頃までに、徳山市には多くの石油化学工業関連企業が立地してきている。また昭和 39 年 7 月 3 日に、工業整備特別地域整備促進法が制定されるが、徳山市を含む「周南地区」が工業整備特別地域に指定されている。

　その指定後、つまり昭和 39 年以降においても徳山市では 11 社の工場立地をみており、その中には、出光石油化学（43 万 m^2）、日本ゼオン（21 万 m^2）、徳山ソーダ（24 万 m^2）、帝人（23 万 m^2）などがある。

　そこで、徳山市に立地してきた 19 の工場について、昭和 39 年を境として、その立地要因が何であったかを明らかにしておこう。

XX- 5 -(5)表　徳山市に立地した工場（企業）の立地要因

昭和 39 年までに立地の企業（8 社）		昭和 39 ～ 50 年に立地した企業（11 社）	
海上輸送の利用が便利	5 (3)	用地が入手しやすい	11
用地が入手しやすい	4 (2)	原材料が得やすい	10
道路の整備が良好	4	工業用水が得やすい	9
鉄道の利用が便利	2 (2)	海上輸送の利用が便利	9
販売シェアの獲得に有効	1	燃料・動力が得やすい	8
その他	3	自社工場・関連工場が近い	7
		製品の需要地が近い	3
（　）内は戦前からの立地企業 3 社		地域の将来の発展性が高い	2
		系列企業の進出にともなって立地	2
		鉄道の利用が便利	1
		その他	1

　　出所：『周南地区工業整備特別地域に係る国土庁及び建設省整備事業説明書の作製資料』（徳山
　　　　市、昭和 50 年 5 月）より杉野が作成。

　5 -(5)表をみると、「用地が入手しやすい」という立地要因を挙げている企業が、いずれの時期にも多いが、とくに昭和 39 年以後においては立地してきた企業のすべてが、その要因を挙げて

いる。これに対して、昭和39年までに、つまり旧軍用地の取得が可能な時期においては、「用地が入手しやすい」という要因を挙げたのは僅か2企業にすぎない。

具体的に言えば、昭和39年以前に立地した企業は全体で8社、そのうち3社が戦前から立地しているので、旧軍用地を取得した可能性がある企業は5社である。その可能性がある企業の中でも、「用地が入手しやすい」という要因を挙げたのは、先にみたように、僅かに2社である。

このことは、旧軍用地を入手したが、他社との競合関係があったので、それほど容易ではなかったのかもしれない。この点は、諸資本間の競争関係などもあるので、技術的あるいは物理的に「用地が入手しやすい」というだけでは、その内容を具体的に判断することはできない。

これに対して、昭和39年以降は、「用地が入手しやすい」という要因を挙げているが、この中で旧軍用地を取得した企業がどれだけあるのか、それも不詳である。おそらく、その多くは、徳山市が進めていた海面埋立による用地取得ではなかったかと思われる。ちなみに、昭和37年以前では武田薬品工業徳山工場（約7万m²）が第1号埋立地（港町）で用地取得したのをはじめ、第2号埋立地（築港町）では徳山機械が立地している。昭和39年以降では、第3号地（晴海町、298,548m²）に徳山曹達東工場（前出）やサンアロー化学が立地している[12]。これは余談になるが、徳山市は第7号埋立地まで計画し、全体としては882,800m²の埋立地のうち601,553m²の用途目的を工場用地としている[13]。

その点はともかく、昭和39年以降に立地した企業の多くが、「原材料が得やすい」「燃料・動力が得やすい」「自社工場・関連工場が近い」という、昭和39年以前に立地した企業にはみられなかった立地要因を挙げている点に注目したい。これらの立地要因は、明らかに石油コンビナートの形成に伴うものであって、出光興産、昭和石油などの石油製品を原料材料あるいは燃料として利用すること、自社・関連工場が近いという立地要因も、そうした原材料や燃料を媒介とした技術的結合があることを示している。

旧軍用地を利用した石油精製工場の立地、その製品を媒介とした石油化学工業などの海面埋立地への立地、それが今日の徳山市工業の状況である。

1）　『徳山市史』（下）、徳山市役所、昭和35年、428ページ。
2）　同上書、428〜430ページ。
3）　『徳山市街図』（昭文社、1975年）および『徳山市街図』（昭文社、2007年）を参照。
4）　『徳山海軍燃料廠史』（脇英夫・大西昭生・兼重宗和・冨吉繁貴共著、徳山大学研究叢書7号、1989年）、366ページなどを参照。
5）　同上書、430〜431ページを参照。
6）　『瀬戸内からの報告』、中国新聞社、昭和47年、77ページ。
7）　『帝国銀行会社要録』（第40版）、帝国興信所、昭和34年、東京・68ページ。
8）　旧徳山海軍燃料廠の歴史については、『徳山海軍燃料廠史』（前出）が詳しい。
9）　『帝国銀行会社要録』、前出、山口・12ページ。
10）　同上書、同ページ。ただし、工場敷地面積は606,000m²の誤植ではないかと思われる。
11）　『日本のコンビナート』、日本経済新聞社、昭和37年、166ページ。

12) 『徳山市街図』（昭文社、1975 年 2 月）を参照。

13) 『徳山市総合開発計画調査報告書』、国土計画協会、昭和 43 年、100 ページおよび徳山市役所（昭和 50 年 7 月 16 日）での聞き取りによる。

3．光市

本章の 1 -(1)表および 1 -(3)表で明らかにしたように、山口県で旧軍用地が大規模に工業用地へと転用された地域は、岩国市、徳山市、そして光市である。

戦前の光市には、13 口座の旧軍用施設があった。13 口座の総面積は 2,967,576 m^2 で、その大部分（84.1 ％）は旧光海軍工廠（2,495,752 m^2）であった。これに次ぐものは、水無瀬島見張所（143,901 m^2）であり、その 2 口座だけが敷地面積規模で 10 万 m^2 を超える旧軍用施設であった。

この 2 口座以外の 11 口座について、その敷地面積規模を区分してみると、5 千 m^2 未満が 2 口座（計 6,127 m^2）、1 万〜 2 万 m^2 が 5 口座（計 86,433 m^2）、2 万 m^2 台が 1 口座（23,949 m^2）、6 万〜 8 万 m^2 が 3 口座（計 211,4143 m^2）という状況になっている[1]。つまり、3 万〜 5 万 m^2 台という敷地面積をもった旧軍用施設は、光市の場合にはなかったということである。

光市における 10 万 m^2 以上の旧軍用施設が、官公庁や民間企業（製造業を除く）へ譲渡された件については、2 -(1)表、2 -(2)表および 3 -(1)表で明らかにしてきた。さらに旧軍用地が製造業へ工業用地として転用された状況については 4 -(1)表で明らかにしてきている。

なお、その 4 -(1)表では、譲渡した企業別に整理されていないので、ここで改めて整理しておこう。それが次表である。

XX- 5 -(6)表　光市における旧軍用地の工業用地への転用状況

（単位：m^2、年次：昭和年）

企業名	取得面積	年次	旧口座名
八幡製鉄	1,273,268	29	光海軍工廠
同	94,353	29	同
同	179,732	29	同
同	99,083	32	同
同	143,901	33	水無瀬島見張所
同	4,046	30	光海軍工廠西ケ追丁号官舎
武田薬品工業	17,592	25	光海軍工廠
同	586,639	28	同
同	7,352	29	同
同	16,963	34	同
同	3,564	30	光海軍工廠西ケ追丁号官舎
日満大豆製粉	23,279	24	光海軍工廠
神和工業	5,253	28	同
計	2,455,025		

出所：4 -(1)表より作成。

5-(6)表をみれば判るように、光市で旧軍用地を取得したのは4企業、13件である。その内訳は、八幡製鉄（平成20年現在、現新日鉄住友ステンレス）が6件（1,794,383 m²）で73.1％、武田薬品工業が5件（632,110 m²）で25.7％、他の2社各1件（計28,532 m²）で1.2％となっている。

以上の状況から、光市における旧軍用地の工業用地への転用状況については、旧軍用施設としては、旧光海軍工廠を中心にし、また企業としては八幡製鉄と武田薬品工業を対象として分析していくことにする。

旧光海軍工廠の跡地について、『旧軍用財産の今昔』は次のように記している。

「この財産は終戦後間もなく連合軍により接収され、一時賠償施設として管理されたのち、昭和23年返還され、大蔵省の管理となり、内訳は土地246万3千 m²、建物26万4千 m² であった。――昭和21年に旧工廠跡地の転用について、連合軍総司令部より許可があり、全国の工廠軍需施設の転用第1号として製薬会社に貸与された。その後企業誘致運動が盛んになり、昭和28年6月基幹産業としての製鉄会社が進出した。現在（昭和48年―杉野）本跡地には製鋼、鋼板、条鋼、各種ワクチン、栄養剤、農薬、肥料等を生産する製鉄会社と製薬会社に転用されている。上記工場の生産額は年間984億円に及んでいる」[2]

まず、武田薬品工業は、5万 m² 以上の土地を求めて、終戦直後より調査していたが、その対象は主として旧軍用地であった。

『光市史』（昭和50年）に、次のような記述がみられる。

「兵庫県網干方面の遊休工場や旧軍施設、岡山県の水島飛行場跡、広島県呉の海軍工廠跡、大阪以東では三重県伊勢の津海軍航空廠跡、四日市海軍燃料廠跡地など」[3]を武田薬品工業は工場立地の調査対象地としていた。

そして、はやくも昭和20年に、当時の光市市長であった磯部氏は、武田薬品の小西課長と会い、「工廠跡の払下げは有償とはいっても、たかが知れている。武田がもし進出するなら決して顔はつぶさない」[4]と述べ、工場誘致に対して大いに熱意を示した。

武田薬品工業が光市へ立地を決定したとき、同社と市長との間にかわされた工場誘致に関する「内約」は次の通りであった。

「1. 払下げ価格は、市が有償で国から払下げをうける場合でも、土地・建物を一括して坪10円以下で会社に提供すること。

2. 代金の支払いは5ケ年賦とすること。

3. 漁業補償の問題は市において斡旋仲介の労をとること。

4. 社員の住宅や食料についても、できるだけ市において便宜をはかること。

5. その他、市および市会は会社に協力し、事業の遂行に後援すること」[5]

この「内約」（1と2）が、実際に適用されたかどうかは疑わしい。なぜなら、この内約には「市が有償で国から払下げをうける場合」ということが前提となっているが、5-(6)表をみると、武田薬品工業は国から直接払下げを受けており、この前提がなくなっているからである。

また2-(2)表では、光市が国より2件（計約4万2千 m²）の払下げをうけている。だが、その

用途目的は中学校用地と公営住宅用地であり、しかも、その時期は昭和31年と同34年、つまり、この「内約」があってから10年後なのである。

昭和21年5月20日、「光工廠一部転換許可証」が連合軍から出され、「12万坪（のち17万8千坪）の武田薬品工業光工場は、G.H.Qの旧軍事施設民間転用第一号として、ここに正式に誕生」[6]したのである。だが、その生産品目および月産最大量が規制され、毎月の生産量を連合軍司令部に報告するように義務づけられていた[7]。このことは、戦後における日本経済の特質として付記しておく必要があろう。

昭和43年現在では、武田薬品工業の工場敷地面積は83万5千m^2で、ビタミン剤、抗生物質のほか、ワクチン、血清など生物学的製剤を製造している[8]。

さらに、昭和49年現在では、工場敷地面積は約817,800m^2、従業員数1,872名で、一般医薬品、抗生物質製剤、農薬、動物用薬品を生産している[9]。

次に、旧光海軍工廠の跡地を工場用地として最大に活用している八幡製鉄（平成20年現在では新日鉄住友ステンレス光製造所）の立地経緯などについてみておくことにしよう。

八幡製鉄が旧光海軍工廠の跡地を最初に取得したのは昭和29年である。しかしながら、その前史とでも言うべき経緯がある。

昭和26年12月に、徳山鉄板㈱は、旧工廠の跡地（土地28万坪、建物1万3千坪）の一時使用が許可され、翌27年3月、この地へ進出することを決定したが、この年の暮れには八幡製鉄がこの徳山鉄板を引き継ぐことになり、昭和28年元旦に、八幡製鉄の東京本社内に光管理班を新設した[10]。この時期に、八幡製鉄が山口県と光市に出した要望のうち、工場用地に関連があるものは次のようなものであった。

「一、工場予定地について

 1 工場敷地払下価格について、できる限り廉価に斡旋すること。

 2 工場予定地内の農耕者の離耕問題について解決をはかること。

 3 将来必要を生じた場合には、工場周辺の旧工廠敷地・施設などの取得につき斡旋すること。

 二～七（省略）」[11]

八幡製鉄からの要望に対して、光市がどのように対応したかについては、『光市史』が簡潔にまとめている。ここでは工場用地に関連ある部分についてのみ引用しておく。

「一、工場敷地の売払斡旋 国有財産の払下げの第一次申請分（385,163坪）は昭和29年3月30日に、第二次申請分（81,910坪）も同年9月に売買契約が成立した。しかし、この問題は会社と大蔵省との直接折衝によって解決した。

 二、旧工廠内農耕者の離耕 旧地主は中国財務局山口財務部光出張所より入門許可証を交付されて、甘薯や麦を耕作していたが、昭和28年12月までに離耕を承諾し、翌29年末限りで全員が離耕した。

 三、工場周辺の旧工廠敷地の取得 第二次売払申請のなかに含まれていた繋船堀、旧朝日塩

業、旧光パルプ地区のうち、繋船堀地区については使用者の光市と、港湾管理者の県の同意をえて、会社がこれを取得した。

　　四～十（省略）」[12]

　その後、八幡製鉄は、大谷重工業㈱が進出予定していた車両工場（国鉄幡生工機部光分工場）跡地をも取得し、光市中央臨海部の大半（約230万m²）を占めるに至る[13]。昭和49年現在では、従業員数3,200人、工場敷地面積約217万2千m²で、小型棒鋼、線材、熱間押出鋼材、鍛造製品等を生産している[14]。

　以上、光市における旧軍用財産、具体的には旧光海軍工廠跡地の工業用地への転用状況をみてきた。そこでは八幡製鉄と武田薬品工業が用地取得で圧倒的な比重を占めたが、昭和49年現在の出荷額という点においても、この2社で、光市全体のおよそ9割を占めている[15]。同じく昭和49年現在、この2社以外では、日鉄溶接（46,640m²）や河野セメント（37,000m²）をはじめ、敷地面積が1万m²を超える工場が8社存在しているが[16]、いずれも新日鉄か武田薬品工業と関連した企業である。

　このようにみてくると、戦後光市の復興、そして周南工業地帯の中でも、鉄鋼と化学という特異な重化学工業地帯となりえたのは、なによりも広大な旧光海軍工廠の跡地利用による結果と言わねばならない。

　もっとも、旧海軍工廠関連の用地として、徴用拘引の宿舎などが多数あり、戦後、外地からの引揚者などが、「光へ行けば家がある」といって移入してきたという[17]。

　これらの引揚者を始めとする移入者については、これを、いわば低賃金労働力として利用できたという工業立地上のメリットもあったかもしれない。

　さらに付記しておけば、八幡製鉄の光工場の建設については、日本の造船業界から、船舶建造用の厚板生産の要望が強く、これが財界全体の意向となっていたこともある。この点は、既に本書の上巻で紹介した点である。

　1）　「旧軍用財産資料」（前出）による。
　2）　『旧軍用財産の今昔』、大蔵大臣官房戦後財政史室編、昭和48年、128ページ。
　3）　『光市史』、光市役所、昭和50年、785ページ。
　4）　同上書、784ページ。
　5）　同上書、786ページ。
　6）　同上書、788ページ。
　7）　同上。
　8）　会社案内パンフレット「武田薬品工業」、昭和43年による。
　9）　『光市現況』（昭和50年）、光市、34ページ。
　10）　『光市史』、前出、825～835ページ参照。
　11）　同上書、836ページ。
　12）　同上書、837～840ページ参照。
　13）　工場案内パンフレット「光製鉄所」（1968年）による。

第二十章　山口県　701

14)　『光市現況』（昭和50年）、光市、34ページ。

15)　同上、同ページ参照。

16)　同上。

17)　昭和51年6月7日、光市役所での聞き取りによる。

4．防府市

　戦後、防府市において、大蔵省が旧軍関係から引き継いだ旧軍用施設は18口座、その総面積は、2,907,152 m^2 である。このうち、敷地面積が50万 m^2 を超える旧軍用施設は4口座で、それは1-(1)表に掲示している。それに次ぐ敷地規模をもった旧軍用施設は市内田島にあった防府通信学校土取場の 96,632 m^2 である。つまり防府市には、10万～50万 m^2 という規模の旧軍用施設はなかった。また、3万～9万 m^2 の旧軍用施設もなく、上記以外の旧軍用施設13口座の敷地面積は5千 m^2 未満が4口座（計8,603 m^2）、1万～2万 m^2 が3口座（計38,709 m^2）、2万 m^2 台が6口座（計141,739 m^2）という状況であった[1]。

　ところで、防府市にあった旧軍用地の転用状況をみると、農林省へは昭和23年に約51万4千 m^2 が開拓農地を用途目的として有償所管換され、総理府防衛庁へは昭和32年に約64万 m^2 が、そして運輸省管轄の測候所用地として3千 m^2 強が無償所管換されている。防府市に対しては、昭和24年には約2万 m^2 が中学校用地（市内中関）として、また昭和29年には市内西ノ浦で約3千 m^2 が譲渡されている。さらに民間に対しては、昭和30年に山林用地として約9万7千 m^2 が払い下げられている[2]。

　防府市にあった旧軍用地が工業用地へと転用された件については、既に4-(1)表に掲示しておいたところである。ただし、4-(1)表では、その所在地を明示していないので、防府市における旧軍用地の工業用地への転用分を、再掲しておこう。

XX-5-(7)表　防府市における旧軍用地の工業用地への転用状況

（単位：m^2、年次：昭和年）

企業名	取得面積	年次	旧口座名	所在地
鐘紡	12,039	26	防府陸軍鉄道引込線用地	東佐波令
同	21,395	25	防府第二陸軍水道水源地	西佐波令
同	11,305	22	防府第一陸軍水道水源地	同
同	504,433	25	岩国陸軍燃料廠防府出張所及び陸軍製絨防府工場	東佐波令
海水化学工業	372,905	32	防府通信学校	浜方
二枡塩業組合	197,110	33	同	同

出所：4-(1)表および「旧軍用財産資料」（前出）より作成。

　5-(7)表をみると、防府市では、鐘紡と二つの製塩業者によって旧軍用地が工業用地として転用されている。旧軍用施設の口座は異なるが、各業種の転用面積はいずれも55万 m^2 程度で、その規模は似ている。だが、僅かではあるが塩業関係の取得面積が大きいので、その業種から分

析していくことにする。

　防府市浜方には広大な防府通信学校があった。4-(1)表や5-(7)表をみれば判るように、その跡地は昭和 32 年と 33 年に二つの製塩業者に払い下げられている。

　ところが、この二つの製塩業者は、戦後に旧軍用施設の一時使用が認められていたらしく、それが払い下げられる以前から製塩を行っている。製塩方法は流下式によるものであったが、その製塩施設の築造状況の年次および施設規模は次表の通りである。

XX-5-(8)表　防府市における流下式製塩施設の
築造状況
（単位：万 m²）

	海水化学工業		二ノ枡塩田組合	
	戸数	面積	戸数	面積
昭和 27 年		6.0	——	——
28 年		8.9	1	2.4
29 年		——	4	7.2
30 年		13.6	4	7.2
計		28.5		16.8

出所：『防府市史』（下巻、防府市教育委員会、昭和
32 年）602 ページより作成。

　この 5-(8)表には、残念ながら、入浜式製塩施設の面積が含まれていない。この 5-(8)表の内容とは若干異なるが、『防府市史』に記されていることを紹介しておこう。

　昭和 28 年の時点においては、海水化学工業防府工場は入浜式 13.6 ha、流下式 16.6 ha、塩田面積計 30.4 ha をもつ製塩業者として許可されており、二枡塩業組合は入浜式 14.5 ha、流下式 2.4 ha、計 16.8 ha をもつ鹹水製造業者として許可されている[3]。さらにこの塩業組合は昭和 29 年と同 30 年に流下式製塩施設を計 14.4 ha ほど拡張しているので、昭和 30 年末には、合計で 31.2 ha の塩田をもっていたことになる。

　上記の文章によって、二枡塩業組合（二ノ枡塩田組合）と海水化学工業は、大蔵省より昭和 32 年および 33 年に払下げを受ける以前から、旧防府通信学校跡地で製塩を行っていたことが判る。なお、昭和 32 年頃、海水化学工業の従業員は約 100 名、二ノ枡塩田組合は 8 班（従業員数は不詳）で製塩していたが、前者は昭和 34 年 10 月に廃業し、後者は 34 年 8 月に組合を解散している[4]。

　昭和 56 年 4 月の段階になると、海水化学工業の跡地は、中関ゴルフ場（約 28 万 1 千 m²）[5]となっており、二枡塩業組合の跡地は、その大部分が 1977 年（昭和 52 年）に操業を開始したブリヂストンタイヤ防府工場（41 万 4 千 m²、従業員数約 500 名）[6]の一部となり、その残余は東洋工業の新工場建設用地（約 80 万 m²）[7]の一部となっている。

　なお、同時期に行った現地踏査によると、市内浜方にあった一ノ枡と二ノ枡がブリヂストンタイヤの敷地となり、その沖合は埋立中（東洋工業の立地予定地）である。旧海水化学工業の跡地

第二十章　山口県　　703

である三ノ枡は中関ゴルフ場（約8万5千坪）、そして四ノ枡は東海カーボンの工場用地となっている[8]。

　平成20年の段階では、浜方のブリヂストンは操業中であるが、その地先の埋立工事が完成し、そこにはマツダとマロックスの工場が立地している。また、三ノ枡跡の中関ゴルフ場は、ゴルフ場と併せてコミュニティクラブを営業しており、四ノ枡に立地した東海カーボンも操業しているが、かっての同工場の西側一帯にはデルタ工業、南条装備、ヒロタニの各工場が立地してきている。そして、三ノ枡および四ノ枡の地先も埋め立てられ、三ノ枡地先の埋立地にはサンメック、ジービーダイキョウが、そして四ノ枡地先の埋立地には西川化成、ワイテック、PATEC の諸工場が立地している[9]。旧防府通信学校跡地の経緯をみてくると、旧軍用地がひとたび塩田へ転用され、その塩田跡地が再度転用されて巨大な工場が立地し、その地先の海岸が埋め立てられて諸工場が立地してくるという特異な経緯をここに見い出すことができる。

　さて、防府市の場合、こうした塩業への転用とならんで、工業用地への大規模な転用が行われたのは、旧岩国陸軍燃料廠防府出張所および陸軍製絨廠防府工場の跡地（504,433 m²）である。この件については、既に 4-(1)表や 5-(7)表によって、昭和25年に鐘淵紡績（鐘紡）へ譲与されたことを明らかにしている。その歴史的経緯について『防府市史』（昭和32年）は次のように述べている。

　「鐘ケ淵紡績株式会社（は）――人絹工場の建設を計画し、――防府に決定をみたのである。当地においてその用地として選ばれた所は、三田尻港に臨む勝間開作の地で、昭和9年4月工場の建設に着手、同12年4月に完成した。

　然るに今次戦争の進行と共に、本工場も軍需生産の転換を余儀なくされ、昭和20年4月、当工場は軍に強制買収された。すなわち、その第一および第二工場は陸軍燃料廠防府出張所として、ブタノールを製造し、第三工場は陸軍製絨廠防府工場となってスフを製造し、従業員は軍属として軍に引き継がれた。

　その後間もなく8月に終戦となるや、当工場は閉鎖の上、国有財産に移管された。然し、21年4月には、国有財産の一部が、化学繊維の研究を目的とする立川研究所（京都市・所長立川正三）に借用され、工場の復元が始められた。ついで、22年8月、その研究所を主体とする日本セルローズ工業㈱を創立し、高重合度スフの製造を開始した。（中略）

　然るに、25年5月には、戦時補償特別措置法により土地建物の大部分と機械の一部が、旧所有者たる鐘紡会社に返還されることになった。――かくて、工場の大部分が再び旧所有者に返還されたので、同年7月日本セルローズ㈱は鐘淵紡績㈱に2対1の比率を以て合併した。――昭和25年7月26日から当工場は再び鐘紡防府工場として発足することになったのである。昭和28年末の現況では、工場用地 156,409坪（約51万6千m²）、建物 42,399坪、従業員 1,872人」[10]

　このように、旧岩国陸軍燃料廠防府出張所および陸軍製絨廠防府工場は昭和25年に戦時補償法第60条にもとづき、鐘紡へ50万4千m²が譲与された。これと並行して、防府市西佐波令にあった旧防府第二陸軍水道水源地（佐波川南岸、約2万1千m²）も同年に鐘紡へ譲与されている。

ただし、日本セルローズが設立された昭和22年に、鐘紡は防府第一陸軍水道水源地（11,305㎡）を譲与されている。おそらく、この時点で、日本セルローズは近い将来、鐘紡との合併などを意識していたと思われる。あるいは、立川研究所における化学繊維の研究についても、鐘紡の了解のもとに行われていたのかもしれない。

なお、旧軍用施設が鐘紡へ譲与された昭和25年の翌26年、鐘紡は旧防府陸軍鉄道引込線用地（12,039㎡）を時価で取得している。

昭和56年4月の段階では、鐘紡は鐘紡防府スフ工場と鐘紡防府ナイロン工場という二つの工場に分かれ、かつ鐘紡防府工場の中にはカネボウ合繊防府合繊工場が昭和46年にできている。鐘紡スフ工場は、工場敷地面積45万3千㎡で[11]、従業員数は約480名である[12]。これは旧軍用地の工業用地への転用とは直接関係はないが、防府市における工業立地の展開状況について触れておこう。昭和56年1月の時点では、鐘紡がある敷地の沖合は埋立が進行中である。また、西南には隣接して協和発酵工業防府工場が立地している。鐘紡の工場がある地名は「鐘紡町」、そして協和発酵のある土地は「協和町」となっている。

町名を採り上げたついでに、次のことを記しておこう。総理府防衛庁が昭和32年に払下げを受けた旧岩国海軍兵学校防府分校（600,911㎡）の跡地は、平成20年現在、その町名が「国有地」となっている。全国的にみても、このような町名は唯一であろう[13]。

いささか余談になったが、協和町からさらに南には、古前町があり、そこには三田尻化学工業が立地している。その東には、協和発酵の新工場、山口くみあい肥料、日本専売公社防府原料工場、日本特殊農薬防府工場、二和産業が立地している。古前町のさらに西南、つまり古浜の一区画（推測で約50万㎡）には、中国電化工業、山陽コンクリート工業、博光化学工業、住福燃料、旭化学、豊国建材工業、西浦製陶、大日コンクリート工業、麻生ヒューム管、日瀝化学工業が立地している[14]。

その西側の鶴浜地区には日立重工業、広政鉄工所、高木鉄工所、益田鉄工所、東京鉄器橋梁製作所などの諸工場が立地している[15]。その西隣が、浜方地区、すなわちブリヂストンタイヤが立地している旧一ノ枡、二ノ枡である。

つまり、鐘紡や協和発酵が立地している市街地に近い場所から塩田を転用したブリヂストンタイヤまでの広範な地域が、防府市の工業専用地区となっており、かつ、それは周南工業地帯の重要な一角をなしているのである。

1）「旧軍用財産資料」（前出）による。
2）同上。
3）『防府市史』（下巻）、防府市教育委員会、昭和32年、604ページ。
4）昭和56年3月20日、防府市商工観光課よりの回答による。
5）昭和56年4月、中関ゴルフ場での聞き取りによる。
6）工場案内パンフレット、「ブリヂストンタイヤ・防府工場」による。
7）昭和56年4月、防府市役所での聞き取りによる。

第二十章　山口県　　705

8）　同上および現地踏査結果による。

9）　『山口市・防府市』（都市地図・山口県1）、昭文社、2008年を参照。

10）　『防府市史』（下巻）、前出、637～638ページ。

11）　パンフレット『会社概況』（鐘紡株式会社、昭和50年頃作成）による。

12）　昭和56年4月、鐘紡防府工場での聞き取りによる。

13）　『山口市・防府市』（前出）を参照。なお、『防府市』（都市地図・山口県5、昭文社、昭和56年
　　1月）には、「国有地」という町名は見当たらない。

14）　『防府市』（都市地図・山口県5、前出）を参照。

15）　昭和56年4月、現地踏査結果による。

5．宇部市

　かつては炭都であった宇部市でも、件数は少ないが、旧軍用地が工業用地へと転用されている。より正確に言うと、宇部市には広大な旧軍用地があったが、それが工業用地へと転用された件数も規模も小さかった。

　戦前の宇部市には6口座の旧軍用施設があった。1-(1)表で紹介しているように、その中には100万m²を超える敷地面積をもった2施設が含まれる。ただし、この2施設は宇部市が市有林として取得したり、農林省へ有償所管換されたりして、工業用地へ転用されることはなかった。

　残る4施設のうち、もっとも規模が大きかったのは宇部市松月堀（現琴芝町）にあった呉海軍工廠宇部分工場（50,300m²）である。この施設の跡地のうち、44,456m²が戦時補償特別措置法にもとづき昭和24年に宇部紡績へ格安の価格で譲渡されている。その経緯については、『宇部産業史』に、次のような記述がある。

　「日華事変勃発と共に漸次原綿入手難となり、軍需工業の勃興に反して平和産業たる綿糸界は漸く圧迫を受けはじめ、14年度上期頃から引続き欠損を重ね、斯業の企業合同政策等により当社（宇部紡績―杉野）は明治紡績との共同経営にうつされ、更に福島紡績の買収する所となったが、18年戦局の進展と共に呉海軍工廠宇部工場として接収され、25年の歴史をここに閉じるに至った」[1]

　この経緯をみても判るように、その土地はもともと宇部紡績のものであり、呉海軍工廠宇部分工場として存続したのは昭和18年から20年までの僅か2年間である。したがって、その払下げも戦時補償特別措置法第60条による譲与であった。

　ところが、昭和24年に宇部紡績へ譲与されたものの、その後、宇部紡績がそこで操業したという様子はない。土地はもとより煉瓦造りの建物もそのまま野放しにされていた[2]。

　この跡地は、宇部市の中心部に位置し、宇部市役所から500m、旧国鉄琴芝駅から300mという場所的条件からみても、いつまでも放置されていたわけではない。とはいえ、「高い地価」のため、工業用地として転用することが困難だったのである。

　昭和56年4月現在、かつての煉瓦造りの壁を多く残しながらも、宇部市役所総務部車両課が、これを利用しており、土地の東側には山口県宇部総合庁舎を建設中であった[3]。

このようにみてくると、戦後における紡績業界の動きもあるが、土地のもつ立地条件（場所的優位性）に規定されて、工業用地として払い下げられたこの土地は、官公庁用地として利用されようとしている。ちなみに、この土地がある地域は宇部市によって近隣商業地域に指定されている。

　なお、宇部市常盤台にあった防府通信学校宇部受信所（7,951 m²）のうち、4,161 m² が昭和25年に宇部興産へ払い下げられている。昭和55年7月現在、常盤池の東側にある宇部興産試験農場がその跡地ではないかと推測される[4]。

　宇部市にあった旧軍用地の転用という点では、次の二つのことを記しておかねばならない。その一つは宇部市厚東区にあった大阪陸軍航空廠厚東集積所（2,158,196 m²）の跡地利用についてである。この跡地は1-(1)表では宇部市が市有林として昭和31年に時価で取得しているが、それ以前の昭和24年に旧二俣瀬村（昭和29年に宇部市へ編入）が植林を目的として589,090 m² を時価で取得している[5]。旧二俣瀬村の件は別として、宇部市が市有林として取得したのは、おそらく厚東川ダムの建設と関連があったのではないかと推測される。

　残る一つは、宇部市妻崎にあった旧呉海軍施設部宇部出張所作業場（1,103,557 m²）の跡地利用に関することである。この跡地の大部分（939,255 m²）は、昭和24年に農林省へ開拓農地を用途目的として有償所管換されているが、そのほかに、昭和23年から24年にかけて、小島炭鉱組合（79,084 m²）、島炭鉱組合（34,828 m²）、宇部炭鉱組合（36,631 m²）へ時価で払い下げられている[6]。これら三つの炭鉱組合はおそらく鉱業用地として取得したものと思われるが、その実態は不詳である。

　なお、昭和40年7月の段階では、妻崎駅（小野田線）の西北側500 m から1 km のところに中原炭鉱があり、妻崎新開には松浦炭鉱、そして妻崎駅と長門長沢駅の中間に宇部興産西沖ノ山鉱があった[7]。しかし、昭和55年の時点では、これらの炭鉱は地図の上でも、いっさい見当たらない[8]。三つの炭鉱組合の実態がどのようなものであったかについては、今後の研究課題である。

　　1）『宇部産業史』、宇部市、昭和48年、252 ～ 253 ページ。
　　2）昭和56年4月、宇部市役所での聞き取りによる。
　　3）昭和56年4月、現地踏査結果による。
　　4）『宇部市』（都市地図、昭文社、昭和55年2月）を参照。
　　5）「旧軍用財産資料」（前出）による。
　　6）同上。
　　7）『宇部市地図』（塔文社、昭和40年7月）を参照。
　　8）『宇部市』（都市地図、前出）を参照。

6．下関市

　戦後、下関市で大蔵省が引き継いだ旧軍用財産は、実に52口座。その総面積は5,961,125 m²、ほぼ600万 m² に達する[1]。この中には、日本海に浮かぶ六連島（3口座）や蓋井島（6口座）に

あった旧軍用施設も含まれている。また、この 52 口座の中には、旧豊西村（昭和 29 年に編入）や旧王喜村（昭和 30 年に編入）にあった旧軍用施設が含まれている。しかし、平成 17 年に合体した菊川町、豊田町、豊浦町、豊北町の 4 町にあった旧軍用施設（9 口座）は含まれていない。なお、旧豊西村（現下関市）にあった旧観音崎砲台（853,950 m²）は下関市ではなく、旧豊西村として別途に取り扱っている。

ところで、この 52 口座を規模別にみると、5 千 m² 未満が 19 口座（計 39,361 m²）、5 千 m² 以上 1 万 m² 未満が 5 口座（計 29,388 m²）、1 万 m² 以上 5 万 m² 未満は 10 口座（計 234,908 m²）、5 万 m² 以上 10 万 m² 未満は 8 口座（計 595,657 m²）、10 万 m² 以上 50 万 m² 未満が 8 口座（計 1,895,531 m²）、50 万 m² 以上 100 万 m² 未満が 1 口座（517,775 m²）、100 万 m² 以上も 1 口座（2,648,505 m²）という構成になっている[2]。

全体としてみれば、5 千 m² 未満の小規模な旧軍用施設が多いのが下関市における旧軍用施設の特徴であり、50 万 m² 以上の大規模な旧軍用施設は僅か 2 口座、10 万 m² 以上の大規模な旧軍用施設が 10 口座である。これらについては、既に 1-(1)表および 1-(3)表に掲示している。

さて、下関市における 52 口座を旧軍施設の用途目的別に分類してみると、防備施設関連（防備隊、砲台、堡塁、見張所、方向探知所、衛所など）が 27 施設で最も多く、その他では駐屯地関連（部隊駐屯、要塞司令部、師団事務所）が 5 口座、宿舎関連（工員宿舎、部隊宿舎、官舎）および工場関連（砲廠、職工場、作業場）が 4 口座、軍道と海底線陸揚場が各 2 口座、以下病院、墓地、倉庫、弾薬庫、水道、射撃場、練兵場、そして飛行場が各 1 となっている。

52 口座の転用先について概観すると、農林省への有償所管換が件数としては多いが、面積という点では航空自衛隊（旧小月陸軍飛行場跡地）の 2,368,876 m² が最大で、海上自衛隊（下関防備隊跡地）の 169,984 m² も見逃せない[3]。

ちなみに、下関市において、農林省へ有償所管換された旧軍用地については、『下関市史（終戦・現在）』は次のように述べている。

「下関市は、西日本における国防上の重要な拠点として要塞司令部、重砲兵連隊をはじめ砲台など軍用施設は 50 余か所にのぼり、戦後の食料増産にこれらの土地が注目されるようになった。――終戦直後の食糧事情は逼迫し、市民は食糧の確保に奔走することになった。そこで、広大な旧軍用地は格好の耕作地であり、大畠練兵場・筋ケ浜陸軍作業場・戦場ケ原要塞地や各砲台地などで耕作可能な土地は自給菜園として付近町内会、農事実行組合、職域団体などに食糧増産の一助として期限を定めて貸付られた」[4]

この文章では、戦後における食糧危機とそれへの対応策としての自給的菜園への期限付き貸出が明らかにされている。なお、この文章には下関市における自作農創設に係わる農林省への有償所管換実績の一覧表が付記されているので、転載しておこう。

XX-5-(9)表　下関市における旧軍用地の農林省への所管換実績一覧表

(単位：100 m²、円、年次：昭和年)

所在地	旧施設名	所管換面積	所管換対価	年次
川中	下関防備隊送信所	172.5	9,674.88	32
吉見	下関防備隊（貯水池）	225.8	1,922.24	23
同	下関重砲兵連隊作業場の一部	240.5	145,480.00	——
筋川町	隠山演習砲台予定地	35.5	69,875.00	24
六連島	六連島防備衛所水道	10.8	2,260.00	23
同	六連島見張所	10.2	700.00	23

　　出所：『下関市史（終戦・現在）』（下関市、平成元年）、332ページより転載。ただし、表の
　　　　　見出、所在地、面積単位については杉野が変更し、年次については杉野が付記した。

　下関市にあった旧軍用施設で、国家機構（省庁）へ移管されたものとしては、2-(1)表で4件を挙げている。厚生省による国立病院と国立療養所、それから運輸省の庁舎敷地、そして農林省へ無償所管換した1件（水産講習所、後の水産大学校）である。

　しかし、この2-(1)表に掲載したのは1万 m² 以上のものに限定されている。下関市にあった旧軍用地で、1万 m² 未満の小規模な国家機構（省庁）への移管は5件あった。その内訳は、大蔵省が3件（庁舎・宿舎）、運輸省が2件（灯台）であるが、その5件を合計しても、その転用面積は 14,145 m² でしかない[5]。

　下関市にあった旧軍用施設のうち、地方公共団体としての下関市が取得したものについては、2-(2)表に記載している通りである。すなわち庁舎および学校用地の3件がそれである。ただし、旧豊西村が取得した旧観音崎砲台の跡地まで加えると、4件となり、しかも取得面積も約85万m² ほど増加することになる。もっとも、この85万 m² というのは山林である。

　ここでも計上したのは転用面積が1万 m² 以上のものであったから、それ以外に下関市が取得した旧軍用地が多々ある。その中でも、旧王喜村（現下関市松屋地区）にあった旧軍用施設（第12飛行師団松屋事務所および陸軍大刀洗航空廠下関分廠工員宿舎）の跡地を戦災・引揚者住宅用地（計 8,512 m²）として昭和25年に取得したことや、旧下関憲兵分隊および宿舎の跡地（5,702 m²）を昭和25年に市民病院用地として取得した件については特記しておく必要があろう[6]。

　下関市における民間企業（製造業を除く）が旧軍用地（1万 m² 以上）を取得した状況については、3-(1)表に掲示した通りである。日本道路公団による用地取得については、公団を民間といえるかどうかという問題があるが、それはともかく、梅光女学院や田ノ首土地区画整理組合による旧軍用地の取得については、とくに問題とすることもない。

　また、下関市で民間（製造業を除く）による旧軍用地（3千 m² 以上1万 m² 未満）を取得したのは、下関市貴船町にあった旧下関重砲連隊（74,864 m²）の跡地を昭和24年に取得した防長新聞社（4,498 m²）と同跡地を昭和30年に取得した松永商店（3,238 m²）の2件があるに過ぎない[7]。ただし、防長新聞社については、昭和46年10月付の都市地図で、その所在を新町3丁目で確認できたが、松永商店については業種およびその所在を確認できなかった[8]。

第二十章　山口県　709

　下関市にあった旧軍用地が工業用地（3千m²以上）へと転用されたのは、4-(1)表の最下段にある2件だけである。すなわち旧老の山砲台（彦島）の跡地（9,618m²）を昭和28年に取得した三井金属と旧下関防備隊の跡地（71,620m²）を昭和23年に取得した吉見塩業組合の2件があるだけである。

　下関市吉見にあった旧下関防備隊は昭和15年に設置された。その跡地の東側は4-(1)表のように、吉見塩業組合に塩田用地を用途目的として時価で払い下げられた。なお、この下関防備隊の跡地の西側部分は、昭和34年に農林省へ無償所管換され、水産講習所（160,454m²）となったが、それには次のような前史があった。

　この旧下関防備隊の跡地は、「釜山から終戦とともに引き揚げて来た釜山水産専門学校に譲り、現在では農林省の水産講習所として発展している」[9]。なお、昭和56年現在では、水産講習所は水産大学校へ昇格している。

　ところで、この吉見塩業組合のあった場所は永田本町であり、漁港の奥にあった。昭和35年頃、この塩業組合は解散した。昭和56年4月現在では、その跡地の北側には吉見中学が移転してきており、南側は恒見石灰工業（本社は北九州市門司区）の所有地となっている。なお、この恒見石灰工業㈱の用地には工場等の建築物は建設されておらず、平地のままになっている[10]。また、下関市彦島にあった老の山砲台および交通路の跡地を昭和28年に取得した三井金属工業については、昭和57年の『下関市地図』には、同跡地を取得した第一高校は記載されているが、三井金属工業は見当たらない。もっとも、老の山公園の西北に位置する彦島西山町には、昭和57年の地図では「三井金属鉱業」、そして昭和62年の地図では「三井金属工業彦島精錬所」、そして平成20年の地図では「彦島精錬」という工場名がみられるが[11]、その場所は「老の山砲台および通路」ではあるまい。むしろ、市立第一高校（平成20年現在は下関中等教育）の周辺地に三井金属は用地取得したものと思われる。

1）「旧軍用財産資料」（前出）による。
2）上記より杉野が分類し、計算。
3）同上。
4）『下関市史（終戦・現在）』、下関市、平成元年、332ページ。
5）「旧軍用財産資料」（前出）による。
6）同上。
7）同上。
8）防長新聞社については、『下関市地図』（和楽路屋、昭和46年10月）で、その所在を確認。なお、松永商店については、『関門北九州官公會社紳士録』（新九州新聞社、昭和28年）にも掲載されていない。
9）『下関市史』、下関市役所、昭和33年、816ページ。
10）昭和56年4月、現地踏査結果による。
11）『下関市地図』（ワラヂヤ出版、昭和57年版）、『下関市』（昭文社、昭和62年）、『下関市』（昭文社、2008年）による。

第二十一章　四国地方

第一節　四国地方における旧軍用地の概況

　四国地方にあった旧軍用施設の口座数は相対的に少ない。したがって、四国4県における大規模な旧軍用施設の状況および農林省と防衛庁への移管状況について、4県を一括して整理しておく。ちなみに、四国地方の4県に所在した旧軍用施設の口座数は、徳島県32口座、香川県56口座、愛媛県43口座、高知県33口座、計164口座である。

　この164口座のうち敷地面積が10万 m² 以上の大規模な旧軍用施設は次表の通りである。

XXI-1-(1)表　四国地方における大規模な旧軍用施設（10万 m² 以上）

（単位：m²、年次：昭和年）

旧口座名	所在地	敷地面積	主な転用先	年次
徳島歩兵連隊	加茂石町	126,867	文部省・徳島大学	25
板東演習場	板東町	2,443,068	農林省・農地	22
徳島練兵場	加茂石町	157,587	文部省・徳島大学	25
小松島航空隊	小松島町	410,955	その他	——
徳島海軍航空隊	松茂村	3,742,986	農林省・農地	22
第11海軍航空隊徳島支廠	同	237,914	農林省・農地	22
善通寺山砲隊	善通寺市	150,069	四国キリスト学園	25
善通寺練兵場山	同	500,769	農林省・農地	22
善通寺小銃射撃場山	同	114,585	農林省・農地	22
善通寺作業場	同	1,068,019	農林省・農地	26
丸亀歩兵連隊	丸亀市	120,720	丸亀市・中学校用地	24
丸亀練兵場	同	266,807	農林省・農地	22
丸亀場内練兵場	同	117,269	丸亀市へ貸付中（48年現在）	
国府台演習場	国分寺町	1,333,616	農林省・農地	22
雲辺寺原演習場	観音寺市	6,035,189	農林省・農地	22
青野山演習場	丸亀市他	939,051	農林省・農地	22
高松陸軍飛行場	高松市	2,658,437	農林省・農地	22
詫間海軍航空隊	詫間町	379,139	文部省・詫間電波学校	28
観音寺航空基地	観音寺市	2,461,360	農林省・農地	22
小豆突撃隊	内海町	140,926	安田村・小学校、製塩	23
松山歩兵連隊	松山市	227,039	厚生省・国立病院	24
大陸航廠岩城島出張所	岩城村	940,799	農林省・農地	23
大陸航廠大三島出張所	盛口村	166,566	盛口村・中学校用地	22

佐田岬砲台及同交通路	三崎村	289,557	農林省・農地	22
小野村陸軍演習場	小野村	1,186,548	農林省・農地	22
岩国燃料廠大三島出張所	上浦町	435,220	農林省・農地	23
空挺571部隊城北練兵場	松山市	266,514	文部省・愛媛大学	25
城山	同	112,697	松山市へ貸付中（35年現在）	
松山航空隊	同	1,041,183	松山市・工場敷地	25
松山航空隊基地	生石村他	2,031,133	農林省・農地	23
由良崎特設防備衛所	内海村	152,836	内海村・農耕地	22
西条航空隊	西条市	889,884	農林省・農地	22
松山航空隊宇和島分遣隊	宇和島市	203,474	敷島紡績	23
高知歩兵連隊	高知市	148,255	文部省・高知大学	26
高知練兵場	同	165,041	農林省・農地	22
高知戦闘射撃場	同	505,027	農林省・農地	23
高知航空隊	番長村	2,795,021	農林省・農地	23
高知航空隊第二基地	高知市	568,314	農林省・農地	23
窪川航空基地	窪川町	141,203	農林省・農地	23
浦戸航空隊	高知市他	1,994,501	厚生省・国立療養所他	26
高知航空隊爆撃訓練所	高岡町	703,002	農林省・農地	23

出所：「旧軍用財産資料」（大蔵省管財局文書）より作成。

　⑴表をみれば、四国地方でも演習場や航空基地関連（飛行場、航空隊等）では100万㎡を超える巨大規模の旧軍用施設が相当数あったことが判る。その多くが全国各地と同様、戦後間もない時期に農林省へ有償所管換されている。また国立大学用地としても利用されている。さらに、この⑴表では掲示されていないが、他の地域にみられたように、総理府防衛庁への移管もあったと推測される。
　そこで、四国各県において、農林省へ有償所管換された主な旧軍用地（10万㎡以上）の面積および総理府防衛庁（旧保安庁を含む）へ移管した面積を概算しておこう。

XXI-1-⑵表　四国各県における旧軍用地の農林省および防衛庁への移管面積概算

（単位：㎡）

県名	件数	開拓用農地面積	追加補正面積	防衛庁移管面積
徳島県	5	5,571,386	約100,000	373,973
香川県	9	11,725,763	約150,000	174,046
愛媛県	8	5,153,741	約150,000	28,114
高知県	8	3,897,450	約100,000	――
四国計	30	26,348,340	約500,000	576,133

出所：「旧軍用財産資料」（前出）より作成。

　⑵表では、農林省へ開拓農地用として有償所管換された農業用地および総理府防衛庁へ無償所管換された旧軍用地の面積を概算している。⑵表で「件数」というのは、終戦から昭和30年度末までの期間において、1件あたり10万㎡以上の旧軍用地が農林省へ有償所管換された件数

である。その件数の面積を合計したものが「開拓用農地面積」である。

　なお、「追加補正面積」というのは、1件あたりの移管面積が10万m²未満の件を合計したものを推計したものである。したがって、各県において農林省へ有償所管換された開拓用農地面積は、この二つの「面積」を合計したものとなる。つまり、四国地方全体では、およそ2,700万m²の旧軍用地が開拓農地用として農林省へ有償所管換されたということが判る。四国地方における旧軍用地の転用形態としては、最大の規模となっている。

　また、総理府防衛庁（旧保安庁を含む）へ無償所管換された旧軍用地の面積は、1万m²以上のものを計上し、1万m²未満の小規模な移管分は含んでいない。それでも、四国全体では、およそ60万m²であったと推計しても、それほど大きな誤差はないであろう。防衛庁へ移管した60万m²という面積は、全国的な防衛庁への移管状況から判断すると、相対的にではあるが、やや少ない。

　なお、農林省の有償所管換分および総理府防衛庁への移管分以外については、各県ごとに紹介していきたい。

第二節　徳島県における旧軍用地の転用状況

　戦前の徳島県には32口座の旧軍施設があり、そのうち大規模な旧軍用地は、1-(1)表の通りである。なお、その転用状況を、官公庁（国家機構と地方公共団体）および民間（製造業を除く団体と製造業）に区分して明らかにしておこう。

XXI-2-(1)表　徳島県における旧軍用地の転用状況

（単位：m²、年次：昭和年）

取得企業等名	取得目的	取得面積	年次	旧口座名
文部省	徳島大学用地	116,977	25	徳島歩兵連隊
同	同	38,069	25	徳島練兵場
総理府	警察用地	19,829	28	徳島小銃射撃場
厚生省	国立病院	18,995	23	徳島陸軍病院
見能林村	戦災・引揚者施設	88,310	26	徳島大瀉演習場
板東町	治水用林	348,661	24	板東演習場
小松島町	町設運動場	29,347	25	小松島航空隊補給基地
三好郡町村会	農林学校教育施設	15,360	23	洲津架橋演習場
徳島市水産	鮮魚介陸揚出荷場	4,902	22	徳島海軍航空隊員詰所
横須製塩組合	製塩用地	8,837	23	小松島航空隊補給基地

出所：「旧軍用財産資料」（前出）より作成。

　国家機構（省庁）の中では、文部省による徳島大学用地の確保が相対的に大きく、地方公共団

体による旧軍用地の取得としては、板東町（昭和42年に鳴門市へ編入）が治水用の林用地として約35万m²を取得しているのが目立つ。なお見能林村は、昭和26年に相当規模の戦災者・引揚者用の施設（住宅等）用地を取得している点で特徴的であるが、昭和30年に富岡町となり、さらに富岡町は昭和33年に橘町と合体して阿南市となっている。

民間による旧軍用地の取得としては、三好郡の町村会が教育施設を、そして徳島市水産が陸揚および出荷場を取得した2件があるにすぎない。

徳島県で旧軍用地が工業用地へと転用されたのは、小松島町（昭和26年に市制施行）にあった小松島航空隊補給基地（49,355m²）の跡地を横須製塩組合が昭和23年に約9千m²を取得したのが1件あるだけである。

横須製塩組合は、終戦後の一時期、電気製塩を行っていたが、電力コストが割高のため、製造を中止したと言われている[1]。

その後、昭和25年頃より小松島市がその土地を借用して競輪場を始めたが、その土地を買収したのは昭和36年である[2]。

なお、航空隊の補給基地の一部は、昭和39年より操業を始めたスミリン合板工業（資本金1億円、従業員数約180名）の貯木場となっている[3]。

昭和58年の地図によれば、横須町には小松島競輪場、貯木場があり、その南側にはスミリン合板工業とニホンフラッシュという二つの工場が立地している[4]。

1）　昭和58年3月14日、小松島市役所での聞き取りによる。
2）　同上。
3）　同上および同日の現地踏査結果による。
4）　都市地図『阿南・小松島市』（昭文社、昭和58年1月版）を参照。

第三節　香川県における旧軍用地の転用状況

戦前の香川県には56口座の旧軍施設があった。そのうち大規模な旧軍用地は、1-(1)表の通りである。その転用状況を各省庁（国家機構）、地方公共団体、民間に区分し、それぞれに表示すると以下のようになる。

XXI-3-(1)表　香川県における旧軍用地の国家機構（省庁）への移管状況

（単位：m²、昭和年）

移管先	移管目的	取得面積	年次	旧口座名
総理府	警察学校用地	12,892	31	四国軍管区司令部他
同	同	23,192	30	同経理部第31作業場
厚生省	国立病院	35,418	26	善通寺陸軍病院分病室

714

同	同	118,863	26	善通寺練兵場
法務省	四国少年院庁舎敷	36,749	26	善通寺工作隊作業場
運輸省	高松飛行場	331,658	32	高松陸軍飛行場
文部省	詫間電波学校	104,881	28	詫間海軍航空隊

出所：「旧軍用財産資料」（前出）より作成。

　3-(1)表には、総理府ではあるが、防衛庁（旧保安庁）のものは除外した。なお、ここに掲示されている各省庁への移管はいずれも無償所管換である。

　内容的にみれば、総理府の警察学校用地および厚生省の国立病院用地の取得などについては特記することはないが、文部省が電波学校用地として取得した件については、全国的にみて特異なものであり、おそらく全国でも数少ないものである。なお、運輸省が高松飛行場として約33万m² を取得しているが、高松空港の用地として転用されたものであろう。

　次に香川県の地方公共団体による旧軍用地の取得状況を一覧してみよう。

XXI-3-(2)表　香川県の地方公共団体による旧軍用地の取得状況

（単位：m²、年次：昭和年）

市町村名	用地取得目的	取得形態	取得面積	年次	旧口座名
筆岡村	中学校用地	時価	21,806	23	四国軍管区兵器部火薬庫
善通寺町	町営住宅	同	17,031	24	善通寺山砲隊
同	中学校用地	減額20%	28,712	24	善光寺輜重隊
同	授産場	時価	12,488	25	善通寺練兵場
吉原村	中学校用地	時価	11,894	23	善通寺小銃射撃場
善通寺町	中学校用地	減額20%	19,755	24	四国軍管区善通寺倉庫
丸亀市	中学校用地	減額20%	30,526	24	丸亀歩兵連隊
同	道路用地	時価	13,018	22	丸亀練兵場
同	中学校用地	減額20%	27,788	23	同
同	授産場	時価	※ 4,829	23	丸亀歩兵連隊火薬庫
同	市道	時価	13,110	23	丸亀軍用道路
同	公園池・蓮栽培	時価	54,932	23	丸亀城濠
粟井村	治山治水涵養林	時価	991,041	22	雲辺寺原演習場
紀伊村	治山治水涵養林	時価	244,595	22	同
同	中学校用地	時価	38,803	23	同
林村	中学校用地	時価	10,003	26	高松陸軍飛行場
善通寺市	高校・公会堂	時価	19,926	25	善通寺偕行社
詫間町	中学校用地	減額20%	24,597	24	第11航空廠詫間地区
大見村	中学校用地	時価	27,806	22	詫間航空隊大見送信所
安田村	中学及製塩場	時価	83,237	23	小豆突撃隊

出所：「旧軍用財産資料」（前出）より作成。

　香川県において旧軍用地を取得した市町村については、用地を取得した当時の地名が記載されているので、町村合併等に伴う地名変更に関して若干の補足説明をしておかねばならない。

　筆岡村と吉原村は、昭和29年に善通寺市となり、林村は昭和31年に高松市へ編入している。

詫間町と大見村は、平成18年に他の町と合体して三豊市となっている。粟井村と紀伊村は昭和30年に観音寺市へ編入し、安田村は昭和26年に内海町となり、のち平成18年に小豆島町となっている。

また、3-(2)表の中で、丸亀市が昭和23年に火薬庫の跡地を取得した件は、取得面積が1万m²に満たないが、これは「授産所」が工場的な性格をもっているので、※印を付して、掲示したものである。

さて、香川県の地方公共団体が1万m²以上の旧軍用地を取得したのは19件で、そのうち11件が中学校用地の取得を目的としたものである。このことは、6・3・3制への移行にともなって、いかに新制中学の校地が不足していたかが判る。なお、11件のうち5件で売り払いに際して20％の減額措置が講じられているが、諸般の事情があったとはいえ、減額率が押し並べて20％と相対的に低いのが気になる。

取得面積からみると、雲辺寺山（916m）の山麓地帯にあった旧粟井村と紀伊村が治山治水用の山林を2村で計約123万m²を取得しているのが大きい。それ以外では旧安田村が中学校用地と塩田用地とを併せて約8万m²、丸亀市が丸亀城の濠（約5万5千m²）を取得しているのが大きい。とくに、丸亀市は城の濠を公園とし、そこで蓮を栽培するという特異な用途目的で取得している。

なお、取得年次でみると、これら市町村による旧軍用地の取得は、香川県の場合、そのすべてが昭和20年代初期になされているという特徴がある。

次に、香川県における旧軍用地の民間用地への転用状況をみておこう。その際には、民間団体の用地転用と工業用地への転用とを区分しておく。それが次の表である。

XXI-3-(3)表　香川県における旧軍用地の民間用地への転用状況

（単位：m²、年次：昭和年）

企業・団体等名	用途目的	取得面積	年次	旧口座名
キリスト教学園	学園用地	83,686	25	善通寺騎兵連隊
倉田学園	高中用地	20,165	22	丸亀練兵場
北三豊国保町村組合	病院	17,817	27	詫間海軍航空隊
佐伯組	建設業	57,689	23	小豆突撃隊
国鉄	輸送業	13,034	28	丸亀歩兵連隊
民間一般計	———	192,391	———	———
大善興業	瓦工場	4,562	23	四国軍管区兵器部火薬庫
四国畜産	製粉製麺	9,621	23	同軍管区経理部第二作業場
善通寺農業会	米搗場	3,120	22	同軍管区善通寺倉庫
四国紙業	製紙業	16,241	23	同
日新産業	塩田	58,761	26	詫間海軍航空隊
同	同	73,738	28	同
製造業計	———	166,043	———	———

出所：「旧軍用財産資料」（前出）より作成。

香川県の場合、製造業を除く民間への旧軍用地の転用は僅かに5件で、その総取得面積は20万m²に満たない。取得内容についてみると、学校用地、病院用地については問題ないが、国鉄はその後、民営化したので、ここに掲示した。

なお、佐伯組については、業種不明として統計的に処理している。しかし、『内海町史年表』には、昭和22年5月に、「内海臨海工業地帯工事が竣工した［株式会社佐伯組］」[1]とあり、また「前町長佐伯与之吉は［大正末期に］株式会社佐伯組を設立して、浚渫埋立事業をはじめた」[2]ともあるので、小豆島の地元資本で、建設業だったと推測される。

製造業については、日新産業が詫間海軍航空隊の跡地で2件、また、3-(3)表には掲示していないが、昭和25年にも約2,500m²の用地取得をおこなっているので、日新産業は計約13万5千m²の旧軍用地を取得したことになる。

この航空隊跡地は、昭和21年に、三井物産が大蔵省より一時借用し、製塩工場として利用していたが、それを昭和24年に発足した日新産業が国より払下げを受けたものである[3]。

日新産業は神島化学の子会社（100%出資）であり、昭和30年4月1日における状況は、採鹹地面積78,352m²、従業員数30名であった[4]。昭和35年になって、神島化学は日新産業を吸収合併して、同社の詫間工場とし、昭和58年に至っている。ちなみに、昭和58年1月現在、詫間工場は、工場用地14万m²、従業員数265名で、不燃建材、工業薬品、保温材などを生産している[5]。

1）『内海町史年表』、内海町、昭和46年、209ページ。
2）同上書、241ページ。
3）「工場案内」（神島化学工業株式会社詫間工場、昭和56年）による。
4）『新修詫間町誌』、詫間町役場、昭和46年、683ページ。
5）昭和58年3月14日、詫間工場での聞き取りによる。

第四節　愛媛県における旧軍用地の転用状況

愛媛県にあった旧軍用施設は43口座である。そのうち大規模なものは1-(1)表で示した通り、13口座で、その総面積は7,943,450m²、約800万m²である。

なお、10万m²未満の旧軍用施設について、これを面積規模別に区分してみると、1万m²未満が14口座（計42,956m²）、1万m²以上5万m²未満が10口座（計212,839m²）、5万m²以上10万m²未満が6口座（計448,364m²）という状況になっている[1]。つまり、愛媛県における旧軍用施設の総面積からみると、10万m²以上の旧軍用施設の面積が圧倒的に大きな比率を占めているということである。

次に、その転用状況であるが、愛媛県の場合、農林省へ有償所管換された10万m²以上の農地（開拓農地、別の視点からだと自作農創設農地）は、件数で8件、その合計面積は5,153,741m²

である²⁾。なお、10 万 m² 未満の旧軍用地で、主として農林省へ有償所管換されたのが 8 口座あり、その合計面積は 299,520 m² になるが、少なくみても、そのうちの約 20 万 m² が農林省へ有償所管換された農地なので、この分を加えると、愛媛県全体で農林省へ有償所管換された農地面積は 535 万 m² 程度となる。愛媛県全体にあった旧軍用地の面積が 8,647,609 m² であったから、その 62% 程度が農林省へ有償所管換された農地ということになる。ちなみに、総理府防衛庁へ無償所管換されたのは 1 件で、その面積は 28,114 m² でしかない³⁾。

そこで、愛媛県における旧軍用施設（旧軍用地）のうち、国家機構（省庁）へ移管されたものを一括してみると、次のようになる。ただし、農林省へ有償所管換した分および総理府防衛庁への無償所管換分を除く。

XXI-4-(1)表　愛媛県における旧軍用地の国家機構（省庁）への移管

(単位：m²、年次：昭和年)

移管先	用途目的	移管面積	年次	旧口座名
厚生省	国立病院	17,844	24	松山歩兵連隊
大蔵省	庁舎	10,976	25	同
文部省	愛媛大学	124,496	25	空挺第 571 部隊城北練兵場
同	同大付属小	15,643	28	同
運輸省	空港用地	368,069	35	松山航空隊基地
同	同	12,973	35	同

出所：「旧軍用財産資料」（前出）より作成。

上掲の表をみると、愛媛県で、国家機構（省庁）が取得した旧軍用地の用途としては国立病院、庁舎、大学用地であり、これらについて特記すべきことはない。もっとも、愛媛大学付属小学校の用地を取得している件については、おそらく愛媛大学に教育学部があり、それとの関連での小学校用地だと思われる。また運輸省が松山空港用地として約 37 万 m² を移管しているが、それ以外に、管制塔や貨物ターミナル関連施設用地として追加的に 1 万 3 千 m² を移管したものと推測される。

次に、愛媛県における地方公共団体による旧軍用地の取得状況をみておこう。

愛媛県では、地方公共団体としての「愛媛県」が昭和 37 年に農業試験場用地として、旧大阪陸軍航空廠岩城島出張所跡地で 15,676 m² を取得しているのが 1 件あるほかは、いずれも市町村による取得となっている。

XXI-4-(2)表　愛媛県における旧軍用地の市町村への譲渡状況

(単位：m²、年次：昭和年)

市町村名	用地取得目的	取得形態	取得面積	年次	旧口座名
盛口村	中学校用地	時価	166,566	22	大陸航空廠大三島出張所
松山市	都市計画	時価	61,887	25	生石村小銃射撃場
同	中学校用地	減額 20%	17,980	25	松山陸軍病院第一

同	中・小学校	減額40%	53,504	28	空挺571 部隊城北練兵場
同	養老院	時価	17,793	26	松山航空隊小銃射撃場
同	引揚戦災住宅	時価	18,613	26	同
同	市営住宅	時価	24,502	34	第11航空廠松山補給工場
同	工場用地	時価	559,858	25	松山航空隊
同	同	時価	28,191	25	松山航空隊基地
同	道路敷	譲与	11,373	45	同
神和村	漁業倉庫	時価	31,576	24	由利島特設見張所
内海村	農耕地	時価	152,836	22	由良崎特設防備所
西条市	養魚場	時価	49,064	25	西条航空隊
同	同	時価	12,423	25	同

出所：「旧軍用財産資料」（前出）より作成。

4-(2)表の内容を分析する前に、旧軍用地を取得した地方公共団体の中で、平成20年現在には、その名称が残っていない三つの村の経緯について説明しておこう。

盛口村は昭和30年に上浦町となり、のち平成17年には今治市に編入されている。また神和村は昭和34年に中島町となり、これまた平成17年に松山市に編入されている。内海村は平成16年に他の町村と合体して愛南町となっている。

さて、愛媛県の市町村で、旧軍用地を取得したのは、今治市、松山市、愛南町、西条市の4市町で、その件数は14件である。そのうち最も多く取得したのは松山市で、旧神和村も含めると、10件に達する。続いては西条市が2件である。

松山市の場合、学校用地、工場用地、住宅用地、道路・都市計画施設用地が、各2件で、あとは社会福祉施設（養老院）と産業用地（漁業倉庫）を用途目的としている。その中で問題となるのは、2件、あわせて約59万m²の工場用地である。これだけの規模面積をもった工場を松山市が建設するわけがないので、これは工場誘致用のものである。この点については、工業用地との関連で言及することにしたい。

旧盛口村（現今治市）が中学校用地として16万6千m²強の旧軍用地を取得しているが、一つの中学校用地としては広すぎる。おそらく中学校付設の農林地としての利用も含めてのことと思われる。

西条市が昭和25年に養魚場として約6万m²を取得しているが、その後の経緯がどうなったか気になるところである。

次に、愛媛県における民間企業等による旧軍用地の取得状況を、製造業とそれ以外とに区分して紹介しておこう。次の表がそれである。なお、上段は民間団体等で、下段が製造業である。

第二十一章　四国地方　719

XXI-4-(3)表　愛媛県における旧軍用地の民間への譲渡状況

(単位：m²、年次：昭和年)

企業等名	取得面積	業種・用途	年次	旧口座名
日本赤十字	18,292	医療機関	27	空挺第 571 部隊城北練兵場
電電公社	34,341	通信業	30	第 11 航空廠松山補給工場
生石農協	5,741	精米所	37	同
大松百貨共同	3,257	店舗ほか	32	松山航空隊基地
丸善石油	40,598	製油業	32	岩国陸軍燃料廠大三島出張所
同	38,587	同	36	同
酒六	19,361	繊維工業	23	第 11 航空廠八幡浜分工場空挺
松山製布	4,112	同	23	呉海軍工廠松山分工場
帝人	38,975	同	29	松山航空隊
大阪曹達	40,363	化学工業	29	同
丸今綿布	19,862	繊維工業	23	宇和島兵器㈱
東北電化	24,634	製塩	26	西条航空隊
敷島紡績	160,915	繊維工業	26	松山航空隊宇和島分遣隊

出所：「旧軍用財産資料」（前出）より作成。

　4-(3)表をみると、愛媛県の場合、製造業を除くと、旧軍用地の一般の民間への転用は僅かに4件である。そのうち、最大の用地取得を行ったのは電電公社であり、これは民営化されているとはいえ、半ば国家企業的性格をもっているし、日本赤十字社も社会福祉的性格をもっているので、純粋な民間とは言えないものがある。また生石農協それ自体はサービス業であるが、用途目的は精米であり、食品加工業としてもよい。したがって、明確に民間企業への旧軍用地の転用と言えるのは、店舗およびその付帯施設用地として取得した大松百貨共同組合だけである。だが、この百貨共同組合が取得した旧軍用地の面積は僅かに 3,257 m² でしかない。

　愛媛県で旧軍用地が工業用地へと転用されたのは、3千 m² 以上に限ると、9件で、この件数は四国地方では最多である。地域的にみると、宇和島市、松山市、八幡浜市、西条市、今治市（大三島）と愛媛県の全域にわたっている。以下、各地域ごとに分析していくことにしよう。

　1)　「旧軍用財産資料」（前出）による。
　2)　同上。
　3)　同上。

1．松山市

　愛媛県で旧軍用地の工業用地への転用件数が多かったのは松山市である。帝人（38,975m²）、大阪曹達（40,363）、松山製布（4,112m²）の3件、計約8万3千 m² がそれである。だが、先述したように、地方公共団体としての松山市が昭和25年に「工場用地」として2件、計59万 m² を別途取得しているので、これを加えると、愛媛県では最大の工業用地を取得したことになる。

松山市は、この土地を整地し、工業用地への転用を図ったのである。この点については、次の三つの文章が雄弁に物語っている。

　「戦災後、市の復興計画に基き、産業の振興をはかるため西部臨海部の旧軍用地に昭和24年、昭和工業、大阪ソーダ、帝人松山工場の誘致をみ、云々」[1]

　「終戦後、吉田浜の航空隊の敷地が開放せられるに際しまして、──約150万坪にあまる敷地の中、約20万坪の払下げを大蔵省から市に受けたのでございます。で、その目的は言うまでもなく、あの付近に大工場を誘致いたしまして、産業都市としての面目を一新し、松山港の建設を併せて促進し、産業都市の建設を目途としたためであります」[2]

　「（松山）市の工業が大可賀新田から吉田浜までの臨海部の軍用地跡を中心とした地区で展開されたことによるもの」[3]

　これら三つの文章からも推察できるように、59万 m^2 に及ぶ旧軍用地の転用が松山市の工業化に果たした役割は極めて大きなものがある。

　昭和58年1月31日現在における帝人㈱松山工場および大阪ソーダの敷地面積は、前者が821,193 m^2（従業員数約600名）、後者が179,594 m^2（従業員数173名）であるから[4]、両工場とともに、松山市が造成した工業用地を追加取得したことになる。

　その時期については、松山市による工場用地の造成が完成したのが昭和26年9月であったから、用地売買契約はその前後だったのではないかと言われ、その受け渡しは、昭和29年2月22日、約30万 m^2 であった[5]。また、松山市は大阪ソーダに昭和28年8月7日、約12万5千 m^2 を売却している[6]。つまり、松山市は両社に対して、約42万5千 m^2 を売却したことになる。

　松山市は、両社以外にも、帝人機械（45,500 m^2、従業員291名）、帝人化成（41,741 m^2、従業員210名）、帝人ハーキュレス（24,140 m^2、従業員60名）の諸工場に対しても、用地を売却している[7]。これら諸工場のすべての用地（111,381 m^2）が旧松山航空隊の跡地であったとすれば、全体で53万6千 m^2 となる。道路その他の用地を考慮すれば、およそ56万 m^2 となり、これは松山市が大蔵省から払下げを受けた旧軍用地の面積と等しくなる。

　なお、松山航空隊の跡地周辺地域は、「松山広域都市計画用途地域図」によれば、工業専用地域になっていることからも判るように、松山市の中核的工業地域になっている[8]。松山市小坂町にあった旧呉海軍工廠松山分工場の跡地（9,590 m^2）は、もとの所有者であった松山製布へ昭和23年に戦時補償特別措置法により譲与されている。この松山製布は昭和42年頃までは愛媛製布と名称を変更して操業していたが、昭和58年の時点ではイヨテツゴルフセンターとなっている[9]。

　　1）『松山市の商工行政概要』、松山市産業商工課、昭和56年、43ページ。
　　2）『松山市史料集』（第10巻、近・現代編）、松山市、昭和57年、146ページ。
　　3）『松山市中小工業振興計画策定調査報告書』、日本立地センター、昭和56年3月、19ページ。
　　4）「臨海工業地帯主要企業の概要」（松山市役所、昭和58年1月31日）による。

第二十一章　四国地方　　721

5）　昭和58年3月15日、松山市役所商工課および管財課での聞き取りによる。
6）　同上。
7）　同上。
8）　『市勢要覧』、松山市、1982年、14ページ。
9）　『松山市街図』（塔文社、昭和42年版）および『松山市』（昭文社、昭和58年版）による。

2．宇和島市

　愛媛県において、最大の用地取得をしているのは、旧松山航空隊宇和島分遣隊の跡地（約20万m²）のうちの16万m²を取得した敷島紡績である。

　この旧軍用施設は、もともと敷島紡績が所有していた土地であり、それが戦時中に接収されていたものである。したがって、昭和23年に敷島紡績がこの土地を取得するにあたっては、戦時補償特別措置法第60条が適用され、国から譲与されている。

　なお、この施設は宇和島港域にあるものの、市街地あるいは新内港とは来村川で隔てられた坂下津地区に位置している。敷島紡績に譲渡されてからは、その一部が澱粉工場となっていたが、昭和54年から57年という時期にあっては、この澱粉工場の跡地は坂下妻工業団地となっている。またその北側は愛媛食品とモービル石油が使用している[1]。ちなみに、平成21年8月現在、この地は町工場の集積地のような景観を呈しており、国道56号線より来村川に沿って北へ、関西運送㈱、海軍航空隊の碑、浅田砂利、南予生コン、愛媛砂利と続き、さらに北へ宇和島長呉飼料、高岡工業、南予ビージョイ、日清丸紅飼料、四国テクノ、仲川造船などが立地している[2]。

　宇和島市和霊町には、旧宇和島兵器㈱があった。この土地も元は丸今綿布の土地であった。丸今綿布は昭和10年頃、織機台数431台、当時宇和島で第一位の綿布工場であった[3]。しかし、「戦時下の時代に入ると、繭の減産や綿の輸入途絶による綿糸および綿糸布業界の不振となり、やがて反面に軍需関係工業の転換の時代を迎えることとなる」[4]。こうして、宇和島兵器㈱となったのであるが、昭和23年に19,862m²が丸今綿布へ戦時補償法60条に基づいて譲与されている。もっとも、丸今綿布は、終戦後、この地で操業することはなかった[5]。その後の昭和27年5月、この土地は、宇和島市へ売却され、市はここに城北中学を建設し、今日に至っている。ちなみに、城北中学の校舎は昭和30年から34年まで5期工事に分けて建設され、校地は校舎面積5,099m²、運動場6,942m²、体育館907m²、その他となっている[6]。

1）　都市地図『宇和島市』、塔文社、昭和54年および57年版による。
2）　平成21年、現地踏査結果による。
3）　『宇和島市誌』、宇和島市、昭和49年、553ページ参照。
4）　同上書、554ページ。
5）　昭和58年3月18日、丸今綿布今治本社総務課での聞き取りによる。
6）　昭和58年3月16日、宇和島市役所での聞き取りによる。

3．今治市

　瀬戸内海に浮かぶ大三島の旧上浦町（平成 17 年に今治市と合体）の井ノ口には旧岩国陸軍燃料廠大三島出張所（435,220 m²）があった。

　この燃料廠は昭和 17 年より建設が開始され、18 年には軍用ドラム缶貯蔵を始め、同 19 年には第一区地区タンク 7 基およびその他付属設備が完成している。終戦とともに、その用地は元の地主への返還が始まり、また一時耕作も許可された。昭和 28 年に燃料タンクが横浜スタンダード、菊間町シェルなどへ移転され、昭和 32 年に燃料タンク 5 基および土地 1 万 3 千坪が丸善石油に払い下げられた[1]。

　この昭和 32 年および 36 年には、油槽所として、丸善石油が 40,598 m² および 38,587 m²、あわせて約 7 万 9 千 m² の払下げを受けている。その後の経緯については、次の文章がよく事情を物語っている。

　「昭和 48 年、旧丸善石油㈱の土地と井田新田浜の土地を交換して旧丸善の所有地に上浦中学校を新設する等、上浦町が利用し、そのかわりとして丸善石油は井田新田の一カ所に集め、昭和 49 年には旧タンクを処分して新しく 7 基のタンクを造成して面目を一新するに至った」[2]

　つまり丸善石油は、昭和 49 年から 50 年にかけて新施設を建設したが、それまでは旧陸軍のタンクが残存していたのである[3]。

　昭和 57 年 4 月には、丸善石油が持株 100％の子会社、丸善松山石油㈱大三島油槽所となり、昭和 58 年 3 月現在の敷地面積は 10 万 m² 弱、従業員 10 名、油槽タンク 9 基で、22 万 kl の貯油をしている[4]。

　　1）　『愛媛県上浦町誌』、上浦町役場、昭和 49 年を参照。
　　2）　同上書、204 ページ。
　　3）　昭和 58 年 3 月 18 日、上浦町役場での聞き取りによる。
　　4）　昭和 58 年 3 月 18 日、大三島油槽所での聞き取りによる。

4．西条市

　西条市では、旧東予市（平成 16 年に西条市と合体）との境にある永見町で旧西条航空隊（889,884 m²）の一部（24,634 m²）を東北電化㈱が製塩用地として昭和 24 年に取得している。

　この跡地は、三井物産㈱が昭和 21 年 2 月に製塩を始めたところである。その用地を東北電化は「昭和 26 年に財務局より話があり、3 年払いで、その全額を 29 年に完納した」と言われている[1]。その後、この用地は、東北電化より分離した小松塩業に受け継がれ、さらに小松塩業は、昭和 30 年 3 月に西条市が「養魚場」を用途目的として取得していた土地（61.487 m²）を購入し工場用地の拡大を図っている[2]。しかしながら、昭和 34 年 12 月に製塩を中止した。当時の従業員 52 名、年間約 3 千トンの塩を生産したという[3]。

　昭和 35 年に塩田跡地を整備したのち、昭和 36 年には「打ちっぱなし」用のゴルフ場を造成し、

37 年秋にはコースのゴルフ場を建設している。企業名も、昭和 34 年から 35 年にかけて小松塩業から小松企業と変え、昭和 58 年現在では、伊藤忠商事系の中山川ゴルフ場（37 万 6 千 m²）の一部となっている[4]。この小松ゴルフ場（約 40 万 m²）も廃業し、平成 27 年 6 月 25 日には出力 3 万 3,790 キロワット（四国最大）の「西条小松太陽光発電所」となった[5]。

ちなみに、小松塩業については、次のような記述がある。

「戦後、愛媛飛行場跡に建設された小松塩業会社でも、他の地区のように流下式塩田とし、地盤は従来粘土を用いていたものを改めて塩化ビニールをこれに加え、良好な成績をあげた。更に加圧式製塩法の採用によって、濃縮された塩水を一ケ所に集めて製塩する方法となった時、この会社が東予地区の中央に位置する有力な場所として競願するなどのこともあったが、塩田の整備によって空しく終わった」[4]

1）　昭和 58 年 3 月 15 日、西条市役所での聞き取りによる。
2）　平成 28 年 6 月 23 日、西条市役所企画情報部への問い合わせ結果による。
3）　昭和 58 年 3 月 15 日、西条市役所での聞き取りによる。
4）　昭和 58 年 3 月 15 日、現地踏査および聞き取り結果による。
5）　「愛媛新聞」、平成 27 年 6 月 26 日付による。
6）　『西条市誌』、西条市役所、昭和 41 年、726 ～ 727 ページ。

5．八幡浜市

八幡浜市の向灘には、旧第 11 航空廠八幡浜分工場（20,948 m²）があったが、その大部分（19,361 m²）が、昭和 23 年に戦時補償法第 60 条により酒六㈱へ譲与されている。

この土地は、酒六㈱が、昭和 7 年 6 月に岡田織布を買収して丸喜綿布㈱を設立した場所である。なお、丸喜綿布㈱は昭和 16 年に酒六㈱と社名変更している[1]。したがって、昭和 23 年に戦時補償法 60 条によって同地が酒六㈱に譲与されたのも、そのような過去の経緯があったからである。

また、酒六㈱は、昭和 23 年に梅美人酒造の用地（5 千 m²）を買収して、工場用地を拡大している。昭和 56 年 6 月の時点では織機数 512 台、工場敷地は 21,715 m²、従業員 193 名で高級棉、合繊維物、加工織物を生産している[2]。

1）　『会社概況』、酒六株式会社、昭和 56 年による。
2）　同上および 56 年 6 月、同社での聞き取り結果による。。

第五節　高知県における旧軍用地の転用状況

南国の高知県は外洋に面しており、外敵からの防禦という点では、いささか難しい面がある。それにもかかわらず、戦前の高知県には、軍用施設がそれほど多く設置されておらず、戦後大蔵

省が引き継いだ旧軍用施設は33口座であった。

　それでも、1-(1)表で掲示したように10万m²を超える旧軍用施設が8口座もあり、そのうち最大のものは長岡郡香長村（昭和34年に南国市）にあった高知航空隊（2,795,021m²）であり、続いては高知市池にあった浦戸航空隊（1,994,501m²）である。そのほかには高知航空隊爆撃訓練所（703,002m²）、高知航空隊第二基地（568,314m²）、高知戦闘射撃場（505,027m²）が大規模な旧軍用施設であった。こうした旧軍用施設をみると、防禦面ではともかく、高知県では出撃基地としての性格が強い旧軍用施設が多かったと言えよう。

　もっとも、豊後水道の入口に近い宿毛周辺地域では、数多くの防禦施設があったが、それらは相対的に小規模なものに留まっている。

　高知県にあった旧軍用施設を規模別に分類してみると、10万m²以上のものは1-(1)表に示したように8口座で、5万m²以上10万m²未満の施設は2口座、1万m²以上5万m²未満の施設が13口座、5千m²以上1万m²未満が3口座、5千m²未満の旧軍用施設が7口座、計33口座という構成になっている。

　次に、旧軍用地の転用状況だが、農林省へ有償所管換、すなわち自作農創設を目的とした農地開拓用地への転用について一瞥しておこう。

　1件あたりの有償所管換が10万m²以上の旧軍用地が、高知県では9件あり、その総面積は4,038,653m²に達する。それ以外に、10万m²未満の移管件数が少なくとも3件、その合計は約10万m²となる。つまり、高知県にあった旧軍用地は、その相当部分が農林省へ有償所管換されたといっても過言ではない。これが第一の特徴である。

　なお、他の県で多くみられる総理府防衛庁への移管は、高知県ではみられない。これは高知県における旧軍用地の転用がもつ、もう一つの特徴である。だが、国家機構（省庁）への移管、その多くは無償所管換であるが、それがなかったわけではない。むしろ、四国の他の県と比較すると、多いくらいであった。

XXI-5-(1)表　高知県における旧軍用地の国家機構（省庁）への移管

（単位：m²、年次：昭和年）

移管先	用途目的	移管面積	年次	旧口座名
文部省	高知大学	132,421	26	高知歩兵連隊
厚生省	国立病院	11,118	24	高知小銃射撃場
同	同	14,370	24	高知陸軍病院
文部省	高知大学	329,299	26	高知航空隊
運輸省	空港用地	317,230	33	同
文部省	高知大学	76,459	33	同
同	高知高専	69,580	26	第11航空廠高知地区
厚生省	国立療養所	421,098	26	浦戸航空隊

出所：「旧軍用財産資料」（前出）より作成。

　高知県にあった旧軍用地を国家機構へ移管したのは8件で、その内容は地方空港、国立大学、

国立病院、そして高専と療養所の施設用地である。これらはいずれも公共的性格が強い施設であり、それ自体としては何ら問題はない。もっとも、国立大学の特殊法人化、いわば一種の民営化との関連が平成20年の段階では問題となりうるが、旧軍用地の転用そのものに係わる直接的な問題ではないので、ここでは割愛しておく。ただ、高知県の場合、国立療養所への移管面積が約42万m²という規模であったことに注目しておきたい。この件については、浦戸航空隊との関連でのちに言及することにする。

次に、高知県における地方公共団体が旧軍用地（1件あたり1万m²以上）をどのように取得したか、その点についてみておくことにしよう。ただし、用地取得目的が「工場」関連の場合には3千m²以上の件まで含ませた。

XXI-5-(2)表　高知県における旧軍用地の市町村への譲渡状況

（単位：m²、年次：昭和年）

市町村名	用地取得目的	取得形態	取得面積	年次	旧口座名
宿毛市	学校・工場等	時価	30,122	24	宿毛湾水上基地
同	同	時価	25,552	24	宿毛航空隊
同	同	時価	16,257	23	宿毛燃料置場
同	同	時価	5,957	24	宿毛湾水上基地水道
清水町	学校用地	時価	13,223	23	足摺岬特設見張所
同	同	時価	12,575	23	足摺岬送信所
沖ノ島村	同	時価	21,666	23	鵜来島海面砲台
同	同	時価	22,479	23	鵜来島防備衛所
同	同	時価	15,864	23	土佐沖ノ島防備衛所

出所：「旧軍用財産資料」（前出）より作成。

5-(2)表の内容を分析する前に、明らかにしておくことが二つある。その一つは、地方公共団体としての高知県は、旧軍用地を取得していないという事実である。もう一つは5-(2)表にある「清水町」は昭和29年に周辺の町と合体して土佐清水市となっている。また「沖ノ島村」は昭和29年に周辺町村とともに宿毛市となっている。

以上のことを念頭におきながら、5-(2)表をみると、高知県で旧軍用地を取得した地方公共団体は宿毛市が7件、土佐清水市が2件の計9件ということになる。ただし、これは1件あたりの取得面積を1万m²以上（工業用地は3千m²以上）に限定している。

次に旧軍用地の取得目的についてみると、宿毛市の場合には、「学校・工場等」と記載したが、「旧軍用財産資料」（大蔵省管財局文書）には、「学校・工場・病院等」となっている。宿毛市が取得した旧軍用地の面積は、いずれも3万m²かそれ以下であり、各用途目的を各場所でそのままに実現することは不可能である。このように考えると、宿毛市は払下申請をした時点においては、これら旧軍用地の用途目的は未定だったと判断される。この点については、宿毛市の旧軍用地の転用について分析する場合に改めて言及することにしたい。また、沖ノ島村（現宿毛市）が取得した3件の旧軍用地の用途目的がいずれも学校用地となっているが、そのうち鵜来島に2万m²

規模の小学校が2校というのはいかにも不自然である。つまり、宿毛市や沖ノ島村による旧軍用地の用途目的は、未定（あるいは多目的）あるいは学校用地となっているが、いずれも不自然であり、国有財産の取得に関する申請という点では、曖昧性があると言わねばならない。こうした曖昧さは、他の地域ではみられないことである。

なお、高知県の地方公共団体で、1万m²未満の旧軍用地を取得している件で特記しておくべきことは、昭和23年に清水町が足摺岬見張所（6,219m²）を国民宿舎を用途目的として取得していることである。また宿毛市は上記5-(2)表の4件以外に2件（いずれも2千m²未満）の旧軍用地を取得しているが、そのうちの1件は用途目的が曖昧であることを付記しておこう。

高知県における地方公共団体が旧軍用地を取得したのは、いずれも終戦直後の昭和23年、24年である。このことも、高知県における旧軍用地取得の一つの特徴かもしれない。

高知県にあった旧軍用地が民間に譲渡された件数は極めて少なく、僅かに3件である。そのうちの1件は民間（個人）へ昭和26年に山林用地として、旧浦戸航空隊跡地の一部（164,700m²）が時価で払い下げられている。

工場用地への転用を用途目的として払い下げられたのは次の2件である。先の民間（個人）の件も含めて作表しておこう。

XXI-5-(3)表　高知県における旧軍用地の民間への譲渡状況

（単位：m²、年次：昭和年）

企業等名	取得面積	業種・用途	年次	旧口座名
民間（個人）	164,700	山林	26	浦戸航空隊
再製樟脳	53,933	樟脳製造	27	浦戸航空隊
高知県水産業会	4,809	水産加工	23	高知航空隊艇員詰所

出所：「旧軍用財産資料」（前出）より作成。

5-(3)表では、旧浦戸航空隊の跡地利用が2件、それに旧高知航空隊艇員詰所跡地（高知市五台山）の1件を掲示している。このうち工場用地への転用を目的として用地取得を行ったのは再製樟脳㈱と高知県水産業会の2件である。いずれも高知市内にあった旧軍用地を取得したものである。なお、宿毛市が取得した旧軍用地の用途目的の中に「工場」という項目が含まれている。こうした点も含めて、地域の具体的な分析では、高知市と宿毛市を対象としたい。

1．高知市

戦前の高知市には、12の旧軍用施設があった。その跡地の多くは農林省へ有償所管換されたが、工業用地への転用を目的として民間に譲渡されたのは2件である。

このうち、比較的大規模な旧軍用地を取得したのは再製樟脳㈱である。この再製樟脳の本社は神戸市で、樟脳生産を行っている企業であるが、旧浦戸航空隊の跡地に工場を建設したかどうかは不詳である[1]。同じく旧浦戸航空隊の跡地を山林用地を目的として取得した民間人（個人名）

は、この再製樟脳㈱に原料（黄檗の実）を供給することと関連があったのではないかと推測できるが、事実確認するまでに至っていない。

なお、旧浦戸航空隊については、次のような記述がある。

「浦戸海軍航空隊は、高知市三里地区を中心とした三方を山にかこまれた位置に昭和 18 年から昭和 19 年にかけて買収し、昭和 19 年に開設され、主として約 5,000 人の飛行練習生の訓練にあたっていた。その敷地 1,954,704 m² が終戦に伴い施設建設の半ばにして、旧海軍省から昭和 20 年 11 月 30 日付をもって大蔵省に引継がれたものである。

このうち、主として旧滑走路部分（466,280 m²）を昭和 23 年から 25 年にかけて自作農創設の用に供するため、農林省に所管換し、園芸野菜農家のビニールハウス用地に転活用された。

昭和 26 年には兵舎部分（441,760 m²）を中心に高知県における唯一の本格的結核療養所である厚生省国立高知療養所に所管換し、——その後昭和 28 年 9 月地区農民への払下げを目的として当地の 186,659 m² を大蔵省へ再所管換し、同年 11 月農林省へ所管換後直ちに個人に払下げられた。

また、周囲の山林については、昭和 25 年から昭和 29 年にかけて約 884,148 m² を大蔵省から個人に直接払下げし、残り約 162,316 m² については処理を保留した」[2]

この文章からは、旧浦戸海軍航空隊について、昭和 55 年現在、県立種崎千松公園と称されている海岸線に沿った三里地区に滑走路があったことと、国立高知療養所がある山間部分とからなる広大な敷地であったことが判る。また、5-(1)表に掲示した厚生省による国立療養所の設置状況や民間個人による山林の取得状況も判る。かくして、再製樟脳への原料供給という推測はその根拠が薄くなる。もっとも、再製樟脳への払下げについては、この文章では何も言及されていないので、それを完全に否定することはできない。

なお、高知市五台山地区で工場用地として 4,809 m² を取得した高知県水産業会については、その所在が不明である。おそらく下田川に面した場所での水産加工を目的として用地取得を行ったと推測するに留める。

1）　昭和 34 年に刊行された『帝国銀行会社要録』（第 40 版）に掲載されている再製樟脳㈱の項（同書、兵庫・38 ページ）には、本社工場しか記載されていない。
2）　『旧軍用財産の今昔』、大蔵省大臣官房戦後財政史室編、昭和 48 年、151 〜 152 ページ。

2．宿毛市

宿毛市では、民間企業に旧軍用地を直接譲渡したという記録はない。しかしながら、地方公共団体としての宿毛市が、旧軍用地を取得する際に、学校や病院とならんで、工場への転用という多様な用途目的のもとに 4 件、3 千 m² 未満の用地も含めると計 5 件の旧軍用地を取得している。

具体的には、宿毛市宇須々木にあった通称「宇須々木基地」と言われた、宿毛湾水上基地（30,122 m²）、同基地水道（5,957 m²）、宿毛航空隊（25,552 m²）、宿毛燃料置場（16,257 m²）、より

小規模なものとしては宿毛水上基地見張所（399 m²）、呉防備戦隊宿毛基地（1,993 m²）の跡地を、宿毛市（当時は宿毛町）が昭和23年から24年にかけて、およそ8万 m² ほど取得している[1]。

宿毛町への払下げは、多目的ということであったが、町としては、工業用地として利用すべく、製塩工場、製粉工場、澱粉工場（三工場）、水産加工工場を建設することを意図していた[2]。

現実には、宿毛町は、その一部を土佐興業と共同で、農産物加工業、澱粉、水飴を生産するとともに、畜産も行っていた[3]。

やがて、昭和45年になると、土佐興業も「共同では新設備の導入なども困難である」という理由で、4,998 m² の用地払下げを市に願い出て、許可されている。しかし、土佐興業はまもなく操業を中止し、この土地も転売されてしまった。その後、当地は一時期、宇和島自動車教習所として利用されていたこともある[4]。

昭和58年3月の時点では、旧宿毛湾水上基地跡は、小規模な造船所（坂本造船所）が立地しているが、そのほかに保育園、集会所、一般住宅などとして利用されている[5]。

また旧宿毛航空隊の跡地には、かって土佐興業により澱粉工場として利用されていた二つの木造建築が残っているが、昭和58年3月の時点では、倉庫、物置となっている[6]。

旧宿毛燃料置場の跡地は、終戦後のまま放置されており、昭和58年3月現在、建物は天井もなく、二重になった煉瓦の側壁だけが無残に残っているに過ぎない[7]。

1）「旧軍用財産資料」（前出）による。
2）宿毛市役所内部資料（昭和21年・22年頃のもの）による。
3）昭和58年3月17日、宿毛市役所での聞き取りによる。
4）同上。
5）昭和58年3月17日の現地踏査結果による。
6）同上。
7）同上。

第二十二章　福岡県

第一節　福岡県における旧軍用施設の概況

　戦後、福岡県で、大蔵省の所管となった旧軍用施設は 206 口座に及ぶ。そのうち、敷地面積が 100 万 m² を超える旧軍用施設は次の通りである。

XXII-1-(1)表　福岡県における巨大旧軍用施設の概要

（単位：m²、年次：昭和年）

旧口座名	所在地	施設面積	主な転用先	年次
太刀洗北飛行場	夜須町	1,460,814	農林省・農地	23
太刀洗南飛行場	大刀洗町他	2,698,935	農林省・農地	23
久留米第一予備士官学校訓練場	久留米市	2,709,493	農林省・農地	29
高良台演習場	久留米市他	4,412,283	農林省・農地	28
岡山飛行場	八女市	1,283,448	農林省・農地	23
福岡航空隊	福岡市	3,040,749	農林省・農地	22
小富士航空隊	志摩町	1,672,994	農林省・農地	22
九州国防訓練所	津屋崎町	1,237,483	農林省・農地	23
香椎軍需品集積所	福岡市	2,088,134	農林省・農地	23
第四海軍燃料廠	志免町	1,483,123	日本国有鉄道	25
曽根陸軍飛行場	北九州市	1,718,642	運輸省・小倉空港他	32
山田弾薬庫	同	3,440,239	その他（提供財産）	――
富野弾薬庫	同	1,666,922	総理府防衛庁	31
平尾台演習場	同	6,446,194	農林省・農地	25
築城海軍航空隊	行橋市	1,946,032	農林省・農地	26
計		37,305,485		

出所：「旧軍用財産資料」（大蔵省管財局文書）より作成。

　(1)表をみれば判るように、戦前の福岡県には、100 万 m² 以上の敷地面積をもった巨大規模の旧軍用施設が 15 口座あり、その合計面積は約 3,730 万 m² に達するものであった。

　旧軍用施設の内容をみると、飛行場（航空隊を含む）、演習場（訓練場などを含む）、そして弾薬庫、軍需品集積所（実態は倉庫群）などであり、それぞれの機能に対応した規模となっている。

　その所在地については、北九州市の南部地域、福岡市を中心とする地域、久留米市を中心とする筑後地域に分布しており、工業地域や産炭地域、具体的には響灘や関門海峡に面した北九州市の沿岸部や筑豊地域には巨大な旧軍用施設は見当たらない。ただし、誤解のないように付記して

おくと、北九州市には旧軍用施設が皆無であったというのではない。

比較的大規模な旧軍用施設としては、小倉の中心部には陸軍造兵廠、同じく小倉の北方（きたがた）には、歩兵第123連隊の駐屯地があった。さらに言えば、日本における重要な工業地帯であり、交通の要所にあたるだけに、むしろ幾多の軍事施設があったと言ったほうが適切であろう。なお、これらについては当該箇所で詳述する。

さて福岡県にあった巨大な旧軍用施設の面積規模についてみると、北海道や東北地方にみられた1,000万 m² を超える施設はないが、それでも演習場では約640万 m² の平尾台、約440万 m² の高良山があり、弾薬庫としては日本でも最大級の山田弾薬庫（約340万 m²）があった。

主たる転用先については、農林省への有償所管換が圧倒的に多いが、年次的には昭和26、28、29年などがあって、他の県に比べて、やや遅くなっている点が特徴である。転用先で目立つのは、第四海軍燃料廠が日本国有鉄道へ譲渡されていることである。この点については、詳しく分析しておきたい。

以上で、(1)表の説明を終えるが、それとの関連で、福岡県における旧軍用施設の面積規模別構成について紹介しておきたい。

100万 m² を超える旧軍用施設は15口座であった。残る100万 m² 未満の旧軍用施設、191口座の面積規模別構成は、5千 m² 未満が67口座（計94,262 m²）、5千 m² 以上1万 m² 未満が14口座（計93,355 m²）、1万 m² 以上5万 m² 未満が45口座（計1,220,234 m²）、5万 m² 以上10万 m² 未満が16口座（計1,096,227 m²）、10万 m² 以上50万 m² 未満が41口座（計4,058,383 m²）、50万 m² 以上100万 m² 未満が8口座（計5,398,099 m²）となっている。したがって、福岡県にあった旧軍用施設で、戦後大蔵省に引き継がれたものの総面積は、49,266,045 m² となる[1]。

問題は、ほぼ5千万 m² にも及ぶ旧軍用地が、戦後どのように転用されたかということにある。既に(1)表で、そのほとんどが農林省へ有償所管換され、開拓農地へと転用されたことを明らかにしたが、これはあくまでも「主たる転用先」であって、その旧軍用施設の跡地すべてが農林省へ有償所管換されたわけではない。したがって、(1)表の旧軍用施設の面積を合計しても、それは農林省へ有償所管換された面積ではない。

そこで、福岡県における旧軍用施設206口座の跡地がどれだけ農林省へ有償所管換されたかについて概算してみると、ほぼ3千万 m² となる[2]。つまり、福岡県にあった旧軍用地約5千万 m² のうち、その約6割が農林省へ有償所管換されたということになる。

また、総理府防衛庁への無償所管換については、1万 m² 以上の移管が18件、一時使用が2件あり、それらを総合計すると7,543,223 m² となる。それに小規模な移管分も含めると、およそ760万 m² が防衛庁（旧保安庁を含む）へ無償所管換（一時使用を含む）されたものと推測される。この760万 m² という数字は、福岡県にあった旧軍用地のおよそ15%程度となる。

その他では、昭和48年当時、米軍が一時使用していた旧軍用地が、旧山田弾薬庫（約344万 m²）など若干あり、それらを合計すると、その総面積は360万 m² 程度となる[3]。

ただし、農林省への有償所管換および総理府防衛庁への無償所管換、それに米軍への提供財産

については、直接の研究対象ではないので、これ以上には言及しない。

1）「旧軍用財産資料」（前出）より杉野が算出。
2）同上。
3）同上。

第二節　福岡県における旧軍用地の一般的転用状況

　ところで、福岡県にあった旧軍用地が戦後、国家機構（省庁、ただし農林省への有償所管換分および総理府防衛庁分は除外）へどのように移管されたかについて一括したものを作表してみると次のようになる。

XXⅡ-2-⑴表　福岡県における旧軍用地の国家機構への移管状況

（単位：m²、年次：昭和年）

移管先	移管面積	移管目的	年次	旧口座名
文部省	40,384	福岡学芸大学	24	野砲兵第56連隊
同	32,380	同	33	同
厚生省	32,958	国立病院	23	久留米陸軍病院
同	23,358	同	23	福岡城内練兵場
同	18,375	同	23	同
大蔵省	22,849	公務員宿舎	37	福岡射撃場
総理府	73,742	県警察学校	37	同
厚生省	200,100	国立病院	23	北九州臨時陸軍病院
法務省	27,387	婦人教導院	34	香椎軍需品集積所
大蔵省	11,929	合同宿舎	38	同
厚生省	36,271	国立病院	24	太刀洗陸軍病院
運輸省	22,624	飛行場	47	蓆田飛行場
同	607,593	小倉空港敷	32	曽根陸軍飛行場
法務省	44,323	小倉刑務所	25	野戦重砲兵第5連隊
同	16,991	同	31	同
同	24,484	同	33	同
大蔵省	34,324	公務員宿舎	35	歩兵第123連隊
法務省	10,137	庁舎	30	小倉陸軍造兵廠疎開跡地
大蔵省	25,638	公務員宿舎	34	小倉陸軍兵器補給廠
厚生省	32,353	国立病院	25	小倉陸軍病院
法務省	15,067	医療刑務所	25	小倉陸軍刑務所及宿舎
厚生省	117,985	国立病院	25	北方練兵場及馬体解剖所
文部省	108,429	福岡教育大学	26	小倉陸軍兵器補給廠北方倉庫

出所：「旧軍用財産資料」（前出）より作成。

2-(1)表によると、1件あたり1万m²以上の旧軍用地を移管した国家機構は、福岡県の場合、厚生省（7件）、法務省（6件）、大蔵省（4件）、文部省（3件）、運輸省（2件）、総理府（1件）の計23件となっている。

福岡県における国家機構による旧軍用地移管の特徴としては、厚生省と法務省の取得が相対的に多いことである。厚生省の場合、国立病院を久留米、福岡、北九州、甘木（大刀洗）へ転用している。この転用は、市街地の分布状況にほぼ対応しており、厚生省による旧軍用地移管に特殊性を認めることはできない。

法務省による旧軍用地の移管については、刑務所用地を転用目的としたものが多いが、小倉刑務所の用地を3回（3件）に分けて移管しているので、結果として件数が多くなったものである。もっとも、医療刑務所への転用というのは特殊的である。

大蔵省による旧軍用地の移管（1万m²以上）は、福岡県の場合、そのすべてが公務員宿舎（合同宿舎を含む）である。これまでの歴史的経緯からすれば不思議ではないが、視点を変えると、なぜ公務員だけを対象とした公的宿舎の建設が必要なのかという疑念が生じる。だが、その問題は福岡県に特有の問題ではないので、ここでは論じない。

運輸省については、蓆田飛行場の跡地で「飛行場」を目的とした旧軍用地の移管があるが、これは空港管理施設用地か空港ターミナル用地への転用だと推測される。蓆田飛行場（現福岡国際空港）の面積が22,624m²である筈はなく、これは蓆田飛行場に関連した国有地面積である。蓆田飛行場は、戦後になると板付飛行場と呼ばれ、米軍によって接収されたのちは、永くその管理下にあったが、土地そのものは周辺農民の所有であったと記憶する[1]。

文部省および総理府による旧軍用地の移管については、福岡県の場合、問題を感じさせるものはない。

以上、福岡県にあった旧軍用施設の跡地が国家機構（省庁）によっていかに転用されてきたかについて概観してきた。次に、地方公共団体による旧軍用地（1万m²以上）の転用状況についてみておきたい。

XXⅢ-2-(2)表　福岡県における地方公共団体による旧軍用地の転用状況

（単位：m²、年次：昭和年）

県市町村名	転用面積	転用目的	取得形態	年次	旧口座名
福岡県	34,731	聾学校用地	減額40％	26	戦車第18連隊
同	10,083	自動車試験場	時価	36	歩兵第123連隊
同	17,071	聾学校用地	減額40％	27	小倉陸軍兵器廠宿舎
同	21,191	道路	公共物	44	砂利山交通路敷
夜須町	34,742	中学校用地	減額20％	24	太刀洗北飛行場
同	12,462	灌漑用溜池	時価	38	同
三輪町	10,542	中学校用地	時価	23	太刀洗陸軍飛行学校
久留米市	18,578	引揚戦災住宅	時価	23	神代橋架橋作業場
同	14,622	市営住宅	時価	36	野砲兵第56連隊

同	41,687	中小学校用地	減額20%	24	捜索第56連隊
同	34,892	町営住宅	時価	27	高良台演習場
同	19,834	競輪場	時価	24	久留米陸軍墓地
同	29,350	同	時価	25	同
同	13,743	中学校用地	減額20%	24	第56師司令部拘禁所
同	25,112	男子高校用地	減額20%	24	第56師団兵器部
福岡市	21,022	中学校用地	時価	24	福岡航空隊
志摩町	196,978	植樹	時価	23	小富士燃料貯蔵所
同	122,892	植樹	時価	23	小富士航空隊
春日市	11,417	小学校用地	減額50%	46	小陸造・春日製造所
福岡市	12,106	小学校用地	減額	29	福岡城内練兵場
同	18,320	国立病院敷地	交換	35	同
同	10,862	小学校用地	減額50%	37	福岡射撃場
同	10,155	中学校用地	減額50%	37	同
大島村	296,383	農地	時価	23	大島砲台
上西郷村	118,181	灌漑水涵養林	時価	24	大陸航補福間出張所
津屋崎町	33,057	中学校用地	時価	23	九州国防訓練所
古賀町	12,789	小学校用地他	時価	24	小陸造・古賀射撃場
多々良村	16,165	中学校用地	時価	24	香椎軍需品集積所
福岡市	11,606	育児院	時価	25	同
同	13,107	中学運動場	減額40%	32	同
同	20,733	市営住宅	減額40%	36	同
北九州市	10,454	庁舎	時価	28	小倉陸軍造兵廠
同	11,301	道路	公共物	35	同
同	17,655	小学校用地	減額50%	37	同
同	33,693	道路	公共物	38	同
同	12,621	道路	公共物	39	同
同	19,540	庁舎	交換	44	同
同	17,259	道路	公共物	47	同
同	21,957	中学校用地	減額50%	30	小倉陸軍兵器廠兵器庫
同	13,950	市道	譲与	33	曽根陸軍飛行場
同	15,235	道路	公共物	36	同
同	32,847	道路	公共物	36	山田弾薬庫付替道路
同	16,890	中学校用地	減額20%	24	野戦重砲兵第5連隊
同	81,305	都市計画事業	時価	27	小陸造・疎開跡地
同	34,915	北九州大学	減額20%	25	物件格納用北方倉庫
同	11,482	北九州大学	減額50%	32	同

出所：「旧軍用財産資料」（前出）より作成。「小陸造」は小倉陸軍造兵廠の略。

2-(2)表を分析する前に、市町村合併による地方公共団体の名称変更について点検しておかねばならない。夜須町と三輪町は平成17年に合併して筑前市となり、大島村は平成17年に宗像市へ編入、上西郷村は福間町へ編入したのち、平成17年に津屋崎町と合体して福津市となっている。古賀町は平成9年に古賀市となり、多々良村は昭和30年に福岡市へ編入している。以上のような変更を踏まえながら、平成20年の時点での地域別旧軍用地の取得状況を整理してみると、

次のような表となる。

XXⅢ- 2 -⑶表　旧軍用地の地方公共団体別取得状況（平成 20 年現在）

（単位：m²）

県市町名	取得件数	取得面積	主な用途目的
福岡県	4	83,076	聾学校　ほか
筑前町	3	57,746	中学校
久留米市	8	172,818	中学校・住宅・競輪場
福岡市	9	134,076	小中学校
宗像市	1	296,383	農地
福津市	2	151,238	灌漑用水涵養林
古賀町	1	12,789	小学校・防風林
北九州市	15	351,104	道路・北九州大・中学校・庁舎他
計	43	1,259,230	

出所：⑵表より作成。

　2 -⑵表をみると、地方公共団体としての福岡県が取得した旧軍用地は 4 件で、その合計面積は 2 -⑶表にあるように約 8 万 3 千 m² である。転用目的としては聾学校用地がその主要内容となっている。このことは全国的にみても珍しい取得目的である。なお、福岡県による取得件数および取得面積は、所在した旧軍用施設およびその敷地面積との対比では、相対的にではあるが少ないという印象をもつ。

　市町村では、北九州市が最も多くて 15 件、約 35 万 m² の用地取得となっている。続いては福岡市の 9 件、約 13 万 4 千 m²、そして久留米市が 8 件、約 17 万 m² で、福岡県における北九州地区、福岡地区、筑後地区の代表的な都市での取得件数が多い。なお、旧軍用地の取得面積では、用地取得件数は僅かに 1 件であるが、宗像市の 29 万 6 千 m² が北九州市に次いで第二位を占める。ただし、宗像市の場合には、用地取得目的が「農地」であり、市役所（当時は町役場）が直接に営農するわけではないので、これは後に、役場より個別農家へ再転売したものと推測される。

　福岡県における地方公共団体が旧軍用地を取得した、その用途目的としては、中学校用地や学校用地が多い。私立大学用地（北九州市）や競輪場（久留米市）の用地取得は、全国的にみると皆無ではないが、やはり希有な事例であると言ってよいであろう。

　続いて、民間（1 万 m² 以上、企業等は 3 千 m² 以上）が、福岡県における旧軍用地をいかに取得したかをみておこう。この場合、民間を、民間団体および民間企業一般と、民間の製造業とに区分して、それぞれまとめることにする。

XXII- 2 -(4)表　福岡県における民間（製造業を除く）による旧軍用地の転用状況

（単位：m²、年次：昭和年）

企業等名	転用面積	転用目的	年次	旧口座名
郷洗中学校組合	37,905	中学校	23	太刀洗陸軍航空廠技能者養成所
甘木町他2ケ村中学校組合	25,819	中学校	23	太刀洗陸軍飛行学校甘木生徒隊
甘木町他3ケ村中学校組合	10,081	中学校	25	同
同	28,269	同	26	同
久留米大学	58,026	付属高校	29	工兵第56連隊
高良内他2ケ村中学校組合	30,641	明星中学	23	戦車第18連隊
久留米工業学園	11,630	学校用地	41	高良台演習場
田中藍商店	9,838	販売業	24	第56師団兵器部
山下産業	11,945	砂利採取	24	小陸兵・春日原出張所宿舎
福岡放送	5,226	放送業	43	福岡射撃場
サンピルス修道会	70,097	神学校	23	福岡航空通信連隊
同	15,588	修道院	26	同
キリスト教団津屋崎教会	12,125	幼稚園	23	九州国防訓練所
キリスト教済美会	10,925	幼稚園	24	同
多々良農協	6,022	市道・農場	35	香椎軍需品集積所
西戸崎炭鉱	25,736	魚養殖場	40	博多海軍航空隊及隊外酒保
日本国有鉄道	1,483,123	採炭	25	第四海軍燃料廠
日本住宅公団	3,272	出資財産	36	小倉陸軍造兵廠
同	70,555	同	37	同
旭興産	7,001	建設業	37	同
日本通運	21,907	運送業	37	同
カネミ倉庫	10,518	倉庫業	37	同
小倉TC協同組合	17,316	TT	37	同
日本電電公社	4,934	通信業	37	同
川岸工業	3,236	建設業	39	同
福山通運	5,813	運送業	39	同
九州自動車学園	57,746	自動車学校	33	曽根陸軍飛行場
民間個人	5,277	採石	27	山田弾薬庫付替道路
同	61,262	同	25	富野堡塁及交通路敷
豊国学園	10,758	学校用地	35	小倉陸軍造兵廠技能者養成所
日本住宅公団	42,975	出資財産	33	小倉陸軍兵器補給廠
東筑紫学園	24,132	東筑紫中	24	篠崎防空砲台
小倉炭鉱	10,366	炭鉱	23	高坊陸軍墓地
日本専売公社	9,868	倉庫	25	門司第二軍需品集積所
めかり神社	16,804	神社外苑	26	門司砲台及同交通路敷
脇田漁協	292,033	養殖場他	26	白島陣地
民間個人	285,788	水源養林	23	大阪陸軍航空補給廠苅田出張所
八津田中学校組合	32,231	中学校	25	第12海軍航空隊築城補給工場

出所：「旧軍用財産資料」（前出）より作成。ただし、TC はトラックセンター、TT はトラックターミナル、「小陸兵」は小倉陸軍兵器補給廠を略記したものである。

2 -(4)表をみると、製造業を除く民間企業や民間団体による旧軍用地の取得は、福岡県の場合、

38件に及ぶ。民間企業および団体の内容は多様なので、これを整理したものが次の表である。

XXII-2-(5)表　(4)表の整理表

（単位：m^2、年次：昭和年）

区分		件数	取得面積	取得年次　（　）内は件数
学校関係	公立中学	6	164,946	23（3）、25（2）、26
	私立高校	3	80,414	29、35、39、
	私立中学	1	24,132	24
	各種学校	1	57,746	33
	計	11	327,238	20年代（8）、30年代（3）
産業関係	農林水産業	3	583,843	23（2）、25
	鉱業	5	115,070	23、24、25、27、40
	建設業	2	10,237	37、39
	販売業	1	9,838	24
	運送業	3	45,036	37（2）、39
	倉庫業	1	10,518	37
	放送業	1	5,226	43
	計	16	779,768	20年代（8）、30年代（6）、40年代（2）
その他	宗教関係	5	125,539	23（2）、24、26（2）
	国鉄	1	1,483,123	25
	住宅公団	3	116,802	33、36、37
	電電公社	1	4,934	37
	専売公社	1	9,868	25
	計	11	1,740,266	20年代（7）、30年代（4）
総計		38	2,847,272	20年代（23）、30年代（13）、40年代（2）

出所：2-(4)表より作成。

　2-(4)表については、多くの説明が必要である。まず、民間による旧軍用地の取得にもかかわらず、それによって設立されたのがなぜ公立中学なのかということである。このことについては、「学校組合」というものの性格によるもので、本来であれば地方公共団体が単独で申請すべき性格のものである。しかしながら、生徒数などとの関連で単独では不都合な場合、複数の公共団体によって旧軍用地を確保するというのが「学校組合」である。

　このような事例は鳥取県の場合には、「一部事務組合」という方式で学校用地を取得していたが、その福岡県版と言ってもよいであろう。しかし、「学校組合」それ自体は、個別の地方公共団体ではないので、便宜的かもしれないが、これを「民間」団体として処理したのである。なお、(5)表における「各種学校」とは、具体的には自動車学校である。

　次に、産業関係の民間による旧軍用地の取得についてであるが、ここでは「鉱業」が5件もあることに注目したい。そのうちの3件は、砂利採取業である。他の2件は炭鉱業者であるが、西戸崎炭鉱による旧軍用地の取得目的は「淡水魚養殖」である。したがって、この場合には用途目

第二十二章　福岡県　　737

的による整理ではなく、取得者の業種によって区分している。

　「その他」の項目にある「宗教関係」についてはキリスト教関連が４件、それに神社が１件ある。全国的にみて、神社が旧軍用地を取得した事例は珍しい。

　国鉄については、第四海軍燃料廠（志免鉱業所）の取得であり、これは旧軍用地の工業用地への直接的な転用ではないが、工業用地として再転用する可能性もあり、地域経済への影響も大きいので、地域分析の箇所で詳しく紹介したい。

　住宅公団、電電公社、専売公社については、それぞれが国有企業的性格のものであるが、それが民営化されたので、ここでは民間として取り扱った。特に、この当時、日本住宅公団が旧軍用地を取得した場合には、いわゆる出資財産（国有財産の一形態）となっていたので、当時を基準年次として取り扱う場合には、「民間」とするのは不都合である。

　以上、「民間」という範疇で、製造業を除く民間企業や民間団体を包括してきたが、それが取得した総面積は約 285 万 m^2 で、この数字は福岡県における旧軍用地の 56% 程度である。

　それでは、民間の製造業による旧軍用地の取得は、福岡県の場合、どのような状況だったのであろうか。それを一括したのが次の表である。ただし、１件あたりの旧軍用地取得面積を３千 m^2 以上とした。

XXII-2-(6)表　福岡県における製造業による旧軍用地の転用状況

（単位：m^2、年次：昭和年）

企業等名	取得面積	用途・業種	年次	旧口座名
太刀洗開拓農協	6,611	農機具製造	23	太刀洗陸軍航空廠技能者養成所
井上文夫	15,818	絹織物	24	同
中島飼料	3,340	飼料製造	23	太刀洗陸軍飛行学校甘木生徒隊
灘琺瑯	8,813	窯業	29	同
キリンビール	15,678	醸造業	39	太刀洗南飛行場
西日本撚糸	3,491	撚糸業	34	野砲兵第 56 連隊
福岡県精油工業	7,725	廃油の再生	23	捜索第 56 連隊
久留米精麦	5,166	精麦	23	同
福岡県精油工業	5,420	廃油の再生	24	同
東洋化成工業	3,466	農薬製造	24	同
BS コンベア	10,546	一般機械	26	同
久留米西町織工	3,992	綿布製造	28	同
高良川染織	55,104	染織業	28	戦車第 18 連隊
国崎市三	3,721	製材業	26	久留米偕行社
日本専売公社	8,725	煙草製造	25	第 56 師団司令部久留米拘禁所
西日本海産物	5,479	海産物製造	23	第 56 師団兵器部
千歳紡織	15,414	絹織物	24	同
石橋産業	3,620	セメント瓦	25	同
福岡県開拓建設	3,074	製材業	23	福岡航空隊
瑞穂食品研究所	6,342	食品	23	同
播州塩業	150,125	塩田	23	小富士航空隊

同	15,461	同	23	同	
徳島水産	3,342	食品	34	宇品陸軍糧秣廠福岡集積所	
日本樟脳工業	56,971	薬品	23	香椎軍需品集積所	
同	236,260	同	23	同	
同	12,214	同	24	同	
瑞穂繊維	19,376	繊維工業	24	同	
福岡織布	25,517	繊維工業	30	同	
安川電機	55,772	電気機械	36	小倉陸軍造兵廠	
川岸工業	30,290	鉄鋼業	37	同	
上村紙業	10,396	紙器製造	37	同	
安川電機	8,758	電気機械	37	同	
丸紅油谷重工	8,398	輸送機械	37	同	
壱岐尾鉄工所	9,855	鉄鋼業	37	同	
平和ブロック	3,668	窯業	38	同	
北九州食販協	7,403	精米工場	41	同	
牧野豊治	3,023	製材所	24	曽根陸軍飛行場	
小倉塩業	142,613	塩田	30	同	
同	298,243	同	33	同	
日本火薬	116,858	化学工業	25	太刀洗陸軍航空廠曽根出張所	

出所：「旧軍用財産資料」（前出）より作成。

　2-(6)表について、説明しておくべき点がある。それは「川岸工業」を鉄鋼業と分類していることである。川岸工業の中心的な営業は建設業である。したがって(4)表では、これをそのように分類しておいた。だが、川岸工業が旧軍用地の払下げに伴う用途目的を「鉄工所」としているので、この(6)表では鉄鋼業としたのである。同じ旧小倉陸軍造兵廠跡地に立地した同一企業を、一方で建設業とし、他方を鉄鋼業としたのは、以上のような理由によるものである。

　さて、福岡県において、製造業が旧軍用地を取得したのは40件である。その取得状況を地域的に分析するにあたって、まず旧軍用地を取得した企業の立地場所を市町別に区分しておこう。なお、(6)表にある横線によって、朝倉地区（旧甘木市・大刀洗町）、久留米地区（久留米市）、福岡地区（福岡市・志摩町）、小倉地区（旧小倉市）に区分した。それを平成20年の時点で整理してみると、次のようになる。

XXⅢ-2-(7)表　福岡県における製造業による旧軍用地の取得状況（市町別）

（単位：m²、年次：昭和年）

市町名	取得件数	取得面積	取得年次　（　）内は件数
大刀洗町	2	22,429	23、24
朝倉市	3	27,831	23、29、39
久留米市	13	131,869	23（3）、24（3）、25（2）、26（2）、28（2）、34
福岡市	8	363,096	23（4）、24（2）、30、34
志摩町	2	165,586	23（2）

北九州市	12	695,277	24、25、30、33、（小倉南区） 36、37（5）、38、41（小倉北区）
計	40	1,406,088	20年代（26）、30年代（13）、40年代（1）

出所：2-(6)表より作成。

(7)表に掲示した地名については、若干の説明を要する。表にある朝倉市は平成18年に旧甘木市が周辺の市町と合体したものである。また、北九州市における小倉北区と小倉南区は旧小倉区が昭和49年に分離したものである。この点では福岡市も東区や西区に分離して旧軍用地の所在を明示する必要があるが、北九州市のように取得年次が各区で異なるという明確な特徴がないので、それは地域分析の中で行いたい。

(7)表をみると、福岡県で民間企業が工業用地として取得した総面積は約140万 m² で、これは福岡県にあった旧軍用地全体の2.8%でしかない。しかも(6)表をみれば判るように、1件あたりの取得面積は概して小規模である。すなわち1件あたりの取得面積が1万 m² 未満のものが22件で過半数を占め、1万 m² 以上5万 m² 未満が9件、5万 m² 以上10万 m² 未満が3件となっている。

1件10万 m² 以上の大規模な旧軍用地を取得したのは5件で、塩田用地（3件）、原料用地（樟脳の原料である黄櫨山林が1件）、火薬製造業（1件）といった特殊な製造業が多い。

これを地域別にみると、朝倉地区や久留米地区では10万 m² 以上の旧軍用地を取得した件はなく、また福岡市中心部や小倉北区でも皆無である。

つまり、10万 m² 以上の旧軍用地を取得したのは、福岡市では海岸に近い西区今宿、山林がある香椎地区においてであり、小倉南区でも海岸に近いか、都心部を離れた曽根地区においてである。

旧軍用地の取得年次についてみると、昭和20年代が多いのは理解できるとしても、昭和30年代での取得が相当数ある。とくに小倉北区の場合には、昭和36年以降、昭和41年という比較的遅い時期に取得しているのが特徴である。その理由は昭和34年まで米軍の第24師団司令部があったからである[2]。この点については地域分析の項で詳しく紹介したい。

1） 昭和43年6月、米軍の戦闘偵察機が九大箱崎キャンパスに墜落し、これを機に板付基地反対（撤去）運動が盛り上がったが、その折に度々耳にしたことである。
2） 『旧軍用財産の今昔』、大蔵大臣官房戦後財政史室編、昭和48年、157ページ。

第三節　福岡県における旧軍用地の工業用地への転用に関する地域分析

福岡県において、旧軍用地が工業用地へと転用された各地域別状況については、2-(6)表で明

らかにした。本節では、旧軍用地の工業用地への転用件数が多かった順序に従って、久留米市、北九州市、福岡地区（福岡市・志摩町）、朝倉地区（朝倉市・大刀洗町）の順で地域分析を行い、その後に、旧軍用地の二次的な工業用地への転用があった志免町について検討を行う。

1．久留米市

　久留米市にあった旧軍用施設で、終戦後、大蔵省が引き継いだのは28口座、その総面積は、9,340,272m²である[1]。この面積は福岡県にあった旧軍用施設の総面積のおよそ18％強である。戦前の久留米には、第18師団司令部をはじめ多くの軍事施設があり、正しく「軍都久留米」という名に相応しい内実をもっていた。その淵源については、『続久留米市誌』（昭和30年）に次のような文章がある。

　「久留米に軍隊が設けられたのは、日清戦争後明治30年国分町に歩兵第24旅団司令部並びに歩兵第48聯隊が新設されたのが始めで、次いで明治40年第18師団司令部が設置されることになって多数の兵営が設けられ、これに伴って練兵場、射撃場等厖大なる軍用地が配置され、以来久留米は軍隊を中心として発展し、軍都と呼ばれるに至ったのである」[2]

　では、戦前の久留米市にはどのような軍用施設があったのか、その敷地面積が10万m²以上のものを挙げておこう。なお1-(1)表に掲示した100万m²以上の旧軍用施設も再録しておく。

XXII-3-(1)表　久留米市における主たる旧軍用施設（10万 m² 以上）の概要

（単位：m²、年次：昭和年）

旧口座名	所在地	施設面積	主な転用先（年次）
工兵第56連隊作業場	御井町	259,566	農林省・農地（23）
久留米第一予備士官学校	御井町	230,436	防衛庁（32）
同訓練場	御井町	2,709,493	農林省・農地（29）
野砲兵第56連隊	西町	130,325	福岡学芸大学（24）
戦車第18連隊	高良内町	168,119	高良川染織（28）
高良台演習場	上津町他	4,412,283	農林省・農地（28）
久留米練兵場	西町	467,216	農林省・農地（23）
歩兵第148連隊及び56師団通信隊	国分町	139,964	防衛庁（32）
第56師団兵器部	諏訪野町	130,754	男子高校用地（24）
計		8,648,156	

　　出所：「旧軍用財産資料」（前出）より作成。

　上掲の表は、久留米市にあった旧軍用施設28口座のうち、大規模な旧軍用施設9口座の概要を明らかにしたものである。既に100万m²以上の旧軍用施設については1-(1)表でも掲示しているが、久留米市における大規模な旧軍用施設は、陸軍関係の軍事的施設が多種にわたって存在していたし、その配置も御井町、西町をはじめ久留米市東南部に集中していた。主たる転用先は農林省への有償所管換であるが、防衛庁や学校施設への転用もみられる。

　ところで、10万m²未満の旧軍用施設の敷地規模別構成についてみると、5千m²未満の旧軍

用施設は 5 口座（計 11,677 m²）、5 千 m² 以上 1 万 m² 未満が 2 口座（計 10,878 m²）、1 万 m² 以上 5 万 m² 未満が 5 口座（計 123,887 m²）、5 万 m² 以上 10 万 m² 未満が 7 口座（計 545,674 m²）となっている[3]。こうした敷地規模別構成をみても、久留米市にあった旧軍用施設用地の合計 9,340,272 m² のうち、100 万 m² 以上の施設用地をもった 2 口座（計 7,121,776 m²）だけで、その 76% を占めていたのである。もっとも、一つの都市内に 10 万 m² 以上の旧軍用施設が 9 口座もあるというのは、さすがに軍都だけのことはある。

　こうした旧軍用地の戦後における転用状況について、『続久留米市誌』は次のように記している。

　「しかるに今次戦争の結果、日本は軍備を撤廃し全軍の解体を行ったので、本市所在の部隊も悉く解散し、軍人は復員したが、土地建物は昭和 20 年 11 月大蔵省所管に移され、熊本財務局久留米出張所が設置されて、その管理するところとなり、兵器類は占領軍により全部他に搬出され、物資は昭和 20 年 10 月 25 日内務省所管の久留米地区軍事物資引継接取事務所が設置され、戦時中市外各所に疎開されていた莫大な衣料食糧と共に夫々処理され、係員は翌 21 年 12 月引揚げた。土地建物は終戦後最も困窮せる戦災者、引揚者、復員者の応急住宅並びに戦災学校及び新設学校の校舎に充て、又は物資生産加工工場等に利用し、土地は開拓団の入植、或いは食糧増産に資し、市の受けた恩恵は極めて大なるものであった。かくして軍隊設置以来久留米の誇りであった軍都は名実共に解消して、平和な学都、商工都市が新たな脚光をあびることとなった」[4]

　この文章では、戦後における旧軍用財産がどのように処理されたか、その事務的処理やその処分形態などについて、詳しく述べられている。なお、『続久留米市誌』は昭和 30 年に刊行されたものであり、昭和 30 年から始まる保安隊（現自衛隊）の進出等については言及されていない。

　ところで、久留米市における旧軍用地の工業用地への転用はどのようなものだったのか、その点については既に 2 -(6)表で、13 件の譲渡があったことを示しておいた。しかしながら、これは 1 件あたりの譲渡（取得）面積が 3 千 m² 以上のものに限定しているので、それ未満のものは含まれていない。そこで、『続久留米市誌』により、戦後「物資生産加工工場等に利用」された旧軍用地についてみると、次のようになっている。

XXⅡ- 3 -(2)表　久留米市における旧軍用地の工業用地への転用状況

（昭和 30 年段階）

旧軍用施設名	所在地	用地取得した企業名
元第 12 師団司令部	諏訪野町	日本専売公社久留米出張所
元師団兵器部	同	甲木自動車ボデー工場
元師団火薬庫	同	高橋絹織、千歳紡織、田中藍商店、
（第 56 師団兵器部）		海産物倉庫（西日本海産物）
元第一戦車隊	高良内町	高良川染織
元騎兵第 12 連隊	国分町	福岡県貿易、井上繊維工業所、東洋化成、
（捜索第 56 連隊）	（東町）	久留米織布工業所、大福産業、太陽織物、
		山二織物、小田織布工場、深町商店、

		福岡県精油工業、久留米精麦、井上織物
		馬場農薬、九州電線
元輜重兵第18大隊	西町	森山産業油脂工場、久留米復興共同作業所
（輜重兵第56連隊）		大成興業、井上畳工場、協栄化学工業、
		マルエム産業石鹸工業、林織布
		（のち）東洋ウェスト、大塚農薬製造工場
		高木セメント煉瓦工場
元野砲兵第24聯隊	西町	アルハ化学工業所、久留米針金工業所、
（野砲兵第56連隊）		北島織布、梅田産業、久留米特別作業所
		（のち）山下実業、西日本撚糸、
		今山精麦工場、梅野麺類工場
		ちから綿脱脂綿工場

　　　出所：『続久留米市誌』（下巻）、久留米市、昭和30年、763〜766ページより作成。
　　　なお、（のち）以降の企業は、旧軍用地を昭和30年以降に取得した企業。
　　　旧軍用施設名の（　）は「旧軍用財産資料」（前出）により付記したもの。

　3-(2)表では、2-(6)表に掲示された企業のほとんどが登場しているが、逆にビーエスコンベアのように記載されていない企業もある。また3-(2)表には、高橋藍商店、福岡県貿易、深町商店、大成興業などのように必ずしも製造業とは言えない企業も含まれている。

　そうした点はさておき、昭和30年段階の久留米市には、取得面積が3千m²未満の企業が、旧輜重兵第56連隊（輜重兵第18大隊の改称）、旧野砲兵第56連隊（野砲兵第24聯隊の改称）、旧捜索第56連隊（騎兵第12聯隊の改称）の跡地だけでおよそ20社あったことを確認できる。

　なお、業種についてみると、いわゆる消費財生産部門に属する、食品工業と繊維工業が圧倒的に多い。こうした業種が多いのは、戦後における生活物資の不足に対応したためだと思われる。

　ところで、昭和30年段階に存在した企業も、高度経済成長期にあっては、きびしい浮沈の過程を辿ることになる。いま、昭和44年の『久留米市工場名簿』によって、3-(2)表に掲載されている40社（専売公社を除く）の存否について点検してみると、高橋絹織、千歳紡績、田中藍商店、井上織物、西日本撚糸、ちから綿、梅野麺類工場の7工場（企業）は、名称等の変更をしながらも、なお存続しているが、それ以外の33社の名前は見当たらない[5]。ちなみに、昭和51年の『久留米市総合計画』によれば、西町や諏訪野町、そして国分町のほとんどが住居地区として用途指定をうけており、僅かに国分町の一部が工業地区となっているに過ぎない。

　久留米市において工業用地として払い下げられた旧軍用地が昭和56年4月の段階でどうなっているか、主要な事例についてのみ具体的に分析しておこう。

　旧戦車第18連隊（高良内町）の跡地の一部を昭和28年に取得した高良川染織は、高橋絹織の子会社であった。この工場は、昭和34年頃までは操業していたが、のち用地を防衛庁へ売却、昭和56年現在では自衛隊の教育隊敷地となり、ジープやトラックの訓練・教習を行っている[6]。諏訪野町にあった第56師団兵器部の跡地は、3-(2)表に記載しているように、西日本海産物、千歳紡績、高橋絹織、田中藍商店などに払い下げられた。昭和56年現在、高橋絹織の敷地は2万

６千 m² となり、そのうち１万４千 m² が旧軍用地で、残りの１万３千 m² が民間からの買収である。ただし、民間からの買い上げと言っても、農地、住宅地のみならず、千歳紡績や水田自動車からの買収はすべて、かっては旧軍用地であったところである。昭和 56 年 4 月における高橋絹織の従業員は 105 名である[7]。ちなみに高橋絹織は「博多織、八寸名古屋献上、絞名古屋、絞小袋、吉弥帯、筑紫帯、伊達〆、各帯の製造卸販売」[8]をしている。

　千歳紡績は、羊毛紡績の目的で工場を設立したが、原毛が神戸へ輸入される関係で九州では立地条件が悪く、平松商店（毛糸商）の傘下に入った。この平松商店は昭和 29 年に平松㈱となったが、のち岩井産業に吸収併合された。子会社であった千歳紡績は、昭和 30 年頃より織物生産を開始し、昭和 40 年 8 月には「ちとせ織」（本来は商品名）と改称し、岩井産業が日商と合併するに及んで、ちとせ織㈱として独立することになった。この間、昭和 37 年頃、高橋絹織をはじめ、久留米食糧販売協同組合、久留米食販 LP 電化㈱、さらにはホテルやマンションへ用地を転売し、昭和 56 年現在の敷地面積は、約 3,300 m² へと減少し、従業員数 24 名の小規模企業となっている[9]。

　これは製造業ではないが高橋藍商店（化粧品、タール製品、ゴム、薬品等の販売）[10]と西日本水産（西日本海産物の改称）が取得した用地は、昭和 56 年 4 月現在も、旧軍時代のままの赤レンガ倉庫という形で火薬庫の一部が残っており、田中藍商店は 1 棟、西日本水産はその東側に 2 棟の倉庫をもっている。もっとも両社ともに十分に活用されているという状況にはない[11]。

　市内南町にあった捜索第 56 連隊の跡地は、福岡県精油工業、久留米精麦、東洋化成工業、ビーエスコンベアなどに払い下げられたが、昭和 56 年現在では、福岡県精油工業の跡地は住宅地に、また久留米精麦の跡地は大電㈱の用地に、そして東洋化成工業の跡地は空き地（石油スタンド）となっている。なお、ビーエスコンベアの跡地についてはその所在が不明であった[12]。

1）「旧軍用財産資料」（前出）より算出。
2）『続久留米市誌』（下巻）、久留米市役所、昭和 30 年、762 ページ。
3）「旧軍用財産資料」（前出）より算出。
4）『続久留米市誌』（下巻）、前出、762 ～ 763 ページ。引用文中に、「平和な学都」という表現があるが、旧軍用地を転用した大学としては福岡学芸大学（のちの福岡教育大学）がある。なお、九州大学も一時期、久留米の旧軍施設を利用していたことがある。即ち九州大学の第三分校が旧西部第 48 部隊（久留米市国分町）の施設を利用して昭和 24 年 9 月に開校し、昭和 26 年 4 月に廃止された。校地は約 10 万 m²、校舎は約 7,450 m² であった。この点については『九州大学五十年史』（通史、九大、昭和 42 年）、572 および 590、604、605 ページ参照。
5）『久留米市工場名簿』、久留米市経済部商工観光課、昭和 44 年。
6）昭和 56 年 4 月、現地踏査による。
7）昭和 56 年 4 月、高橋絹織㈱での聞き取りによる。
8）『久留米商工史』、久留米商工会議所、昭和 49 年、33 ページ。
9）昭和 56 年 4 月、千歳紡績での聞き取りによる。
10）『久留米商工史』、前出、31 ページ。
11）昭和 56 年 4 月、現地踏査による。

744

12)　同上。

2．北九州市

　戦前の北九州市（門司市、小倉市、八幡市、戸畑市、若松市が昭和38年に合併）には、数多くの旧軍用施設があり、戦後大蔵省が引き継いだ旧軍用施設は76口座で、その総面積は19,267,251㎡に達する。その内訳は、旧小倉市が47口座、計17,925,337㎡、旧門司市が14口座、計914,449㎡、若松市が4口座で計410,398㎡、八幡市が1口座、17,067㎡という構成であった[1]。つまり、北九州市にあった旧軍用地のうち、実に93％が旧小倉市に配備されており、地域的にみて極めてアンバランスな状況にあった。

　次に、北九州市にあった大規模な旧軍施設（敷地面積10万㎡以上）を一つの表にまとめてみると次のようになる。1-(1)表に掲示した部分も再録している。

XXⅢ-3-(3)表　北九州市における主な旧軍用施設（10万㎡以上）の概要

（単位：㎡、年次：昭和年）

旧口座名	所在地	施設面積	主な転用先（年次）
小倉陸軍造兵廠	小倉市田町	768,442	日本住宅公団他（37）
曽根陸軍飛行場	小倉市曽根	1,718,642	運輸省小倉空港（32）
野戦重砲兵第5連隊	小倉市北方	119,861	法務省刑務所（25）
歩兵第123連隊	同	328,926	防衛庁（37）
野戦重砲兵第6連隊	同	133,209	（上記へ口座振替）
富野堡塁及同交通路敷	小倉市富野	115,199	民間・採石業（25）
高蔵山堡塁及同交通路敷	小倉市曽根	151,560	民間植林（25）
手向山堡塁及同交通路敷	小倉市富野	136,241	北九州市へ貸出中
太刀洗航空廠曽根出張所	小倉市曽根	291,668	農林省・農地（26）
東京第二陸軍造兵廠曽根製造所	同	390,421	防衛庁（33）
徳力射撃場	小倉市徳力	116,670	防衛庁（34）
小倉陸軍造兵廠疎開跡地	小倉市田町	129,525	北九州市（27）
小倉陸軍兵器補給廠	小倉市東城野	261,348	防衛庁（32）
山田火薬庫	小倉市小熊野	3,440,239	米軍使用中（48）
富野弾薬本庫	小倉市富野	1,666,922	防衛庁（31）
北方練兵場及馬体解剖所	小倉市若園	735,795	農林省・農地（25）
笹尾山砲台及交通路敷	小倉市富野	133,266	農林省・農地（25）
小倉陸軍兵器補給廠（北方第二倉庫）	小倉市北方	136,039	福岡教育大学（26）
平尾台演習場	小倉市平尾台	6,446,194	農林省・農地（25）
門司砲台及同交通路敷	門司市門司	313,318	北九州市へ貸出中
古城山砲台及同交通路敷	同	181,272	（上記口座へ振替）
矢筈山堡塁及同交通路敷	門司市小森江	184,370	米軍使用中（48）
白島陣地	若松市白島	292,033	脇浦漁協（26）

　　出所：「旧軍用財産資料」（前出）より作成。

　この3-(3)表をみても、10万㎡以上の旧軍用施設が旧小倉市に偏在していることが明らかで

ある。こうした地域的な偏在はあるが、北九州市における旧軍用施設の地域別（旧市別）面積規模別構成がどのようになっているのか、その点を整理してみよう。

XXII-3-(4)表　北九州市における旧軍用施設の面積規模別構成

（単位：100 m²）

面積規模	旧小倉市		旧門司市		旧若松市		旧八幡市	
	口座	面積	口座	面積	口座	面積	口座	面積
5千 m² 未満	14	337	4	56	——	——		
5千～　1万 m²	4	277	1	99	1	76	——	——
1万～　5万 m²	18	5,196	4	1,118	1	319	1	171
5万～　10万 m²	2	1,261	2	1,081	1	789	——	——
10万～100万 m²	15	39,462	3	6,790	1	2,920		
100万 m² 以上	4	132,720	——	——				
計	57	179,253	14	9,144	4	4,104	1	171

出所：1-(1)表および「旧軍用財産資料」（前出）により作成。

　北九州市における旧軍用地の工業用地への転用状況については、2-(6)表において既に明らかにしておいたが、それによれば旧軍用地が工業用地へと転用されたのは旧小倉市における12件だけであった。

　その中でも、工業用地への転用が多かったのは旧小倉陸軍造兵廠の跡地である。この小倉陸軍工廠の設立過程について、『旧軍用財産の今昔』は次のように記している。やや長いが、引用しておこう。

　「本施設は、当初大正3年に砲弾製造専門の大阪砲兵工廠小倉兵器廠として発足、昭和5年に東京の小石川にあった東京砲兵工廠の一部が移設され、逐次施設を拡充し、昭和9年両兵器廠が合併して小倉陸軍造兵廠となった。

　その後、時代の推移と日中戦争の発生により、砲具、銃器製造の両部門を併置し終戦まで10数年間、我国兵器産業の新鋭工場として利用されたもので、その稼働状況は、（中略）、最盛期（昭和16年～17年）の従業員（軍人軍属を含む）は4万人を越え、勤労動員学徒及び徴用工員を含めると5万人を超える大工廠として、当時の陸軍工廠のなかで生産量は1、2を競い、戦前における旧小倉市産業の大きな発展要因ともなっていた。

　昭和19年以降、戦局の悪化に伴い、機械設備の大半を各地（大分県日田市、立石町、糸山口、福岡県春日市）の疎開工場へ分散したが、本施設は大きな戦禍も受けず終戦となった。

　終戦当時の基本施設は土地655千 m²、建物247千 m² であり、戦後は連合軍に接収されて、賠償指定工廠となり一部の機械設備はフィリッピン、ビルマ等へ賠償物件として搬出された。

　その後米軍が第24師団司令部（キャンプ小倉造兵廠地区）及び兵站補給基地として使用、朝鮮動乱当時は軍需物資の中継集積所として従前の施設を補修改良し、恒久的な建物から上下水道、専用軌道、地下電力配電設備、電話、電信設備に至るまで改善整備されたが、朝鮮動乱の終結と

ともに逐次その機能は縮小され、昭和34年1月に全面返還された」[2]

　この引用文については、一つの問題点と付記しておくべき事項が一つある。その問題点というのは、この引用文では旧陸軍工廠の設置にともなって、「小倉市産業の大きな発展要因になった」という記述に関する問題である。確かに、旧陸軍工廠の設置それ自体は小倉市の産業（工業）の発達を意味する。だが、地域産業連関という視点からみると、この陸軍造兵廠は、その軍事的性格のため自己完結的な生産力構造をもっており、したがって地域的な産業連関をもちえないという限界があり、そのことによって地域の産業（工業）は、とくに加工業的工業が発展しなかったという板倉勝高氏の見解もある。板倉氏は「小倉造兵廠が一貫作業の建物をとったために、北九州地域に下請工場群を養成しなかったことなど地域的関連の乏しい工場であった」[3]と述べている。ちなみに板倉氏は昭和8年段階における小倉造兵廠について、「面積は約16万坪、周辺を入れると20万坪」[4]とも記している。

　付記しておくべき事項とは、旧小倉陸軍造兵廠にあった旧軍用財産、とりわけ資材（原料）等に関する窃盗問題である。この件については、『激動の二十年　福岡県の戦後史』が、「小倉造兵廠事件」として、次のように伝えている。

　「終戦当時、小倉造兵廠には小倉城野補給廠、大分県日田市の疎開工場のものを合わせ、鉄鋼を主に、軽金属、繊維、皮革、食糧、油脂、トラックなど約二億円（鋼材価格換算によると現価格で約四十四億円）の物資があった。この中の一部は二十年八月十六、十七日の二日間、暴徒化した千人以上の市民の手で略奪同様に持ち出され、かけつけた憲兵が抜刀して鎮圧したが、ついで同月二十五日から九月二日までの間に造兵廠内部の者とブローカーが手を組んだ二回目の集団持ち出しが行われた」[5]

　この小倉造兵廠事件のように、戦後のドサクサに紛れて、旧軍用財産である資材や物資を強奪したり、盗んだり、あるいは横流したりする状況が全国各地で多々あったと思われる。これは北九州市域のことではないが、大阪陸軍造兵廠で起こった事態は「物資の不正放出」であり、「大造事件」として取り扱われている[6]。

　この小倉工廠でも、この不正放出が「平和産業への切り替え」用として昭和21年2月から5月にかけて行われ、その結果「一年余の捜査で約千人を調べ、三億四千万円の物資を摘発した。五十人が起訴され裁判が終わったのが二十六年七月。懲役刑の判決は十人だったが、全員が執行猶予。『捜査はCICの監視のもとに行った。起訴するにも不起訴にするにも、その指示をうけねばならなかった。―』」[7]。

　旧軍用財産である資材や物資の「不正放出」は、日本人によるものだけでなく、占領軍によるものも、全国各地であったようである。この件については、別の箇所で既に指摘しておいたところである。

　さて、小倉陸軍造兵廠の跡地は、どのように処理されたのであろうか。『旧軍用財産の今昔』は次のように続けている。

　「地元の旧小倉市は本施設の返還前からこれらの転用について検討を重ね、既存施設の有利な

転用と 27 千人にのぼる駐留軍関係離職者の雇用体制確立のためには、企業誘致が妥当であるとし、企業誘致は市の中心部といった地域の特殊性から都市の美観を保持し公害のない企業が妥当であり、これらの条件を満足させるものとして精密機械、土木機械、電気、自動車製品、鉄道車両等の進出が望ましいと一括転用を計画し誘致に努めたが、戦後の技術革新の波の中で施設そのものが陳腐化し、かつ、周辺市街地の発展により工業立地条件としての優位性も失われていたため、当初立案した一括転用は不可能となり細分割転用へと計画が変更された」[8]

　上記の文章で大切なことは、戦後占領軍によって接収されていた旧軍用施設が返還された場合、その跡地利用については、設置されている施設の有効利用という視点もさることながら、占領軍の撤退に伴って生ずる離職者の雇用確保という視点が重要となることである。このことは、基地撤去にともなう問題として一般的に考慮すべき問題でもある。

　ところで、この旧小倉陸軍造兵廠の跡地が工業用地へと転用された実績（1件あたりの用地取得面積 3 千 m² 以上）については、2 -(6)表の通り 8 件、7 企業であるが、それが昭和 56 年現在の時点でどのようになっているのか追跡調査しておこう。

XXⅢ- 3 -(5)表　旧小倉陸軍造兵廠跡地の工業用地への転用とその後の状況

（単位：m²）

企業名	取得面積	昭和 56 年 3 月の状況
安川電気	64,530	実在、ただし一部は建設省用地
川岸工業	33,526	土地開発公社用地
上村紙業	10,396	実在
丸紅油谷工業	8,398	実在
壱岐尾鉄工所	9,855	玉屋駐車場、一部は九州電工用地
平和ブロック	3,668	現地に見当たらず
北九州食販協	7,403	北九州食糧センターとして実在
旭興産	7,001	現地に見当たらず
日通	21,907	実在
福山通運	5,813	実在

　　出所：2 -(6)表および昭和 56 年 3 月の現地踏査の結果による。なお、川岸工業については 2 件の取得面積を合わせたもの。

　3 -(5)表をみると、旧小倉陸軍造兵廠の跡地を取得した企業は、昭和 56 年の時点でも相当数が存在していたが、同時に、幾つかの企業がなくなっている。製造業に限定してみれば、半数近くがなんらかの変化をしている。

　安川電機が取得した用地の北側は空地（建設省の宅地用地）となっている。川岸工業が取得した用地は、のち東亜鉄鋼となり、昭和 56 年の時点では空地となり、駐車場として利用されているが、土地開発公社の所有地となっている。

　丸紅油谷工業の用地は、昭和 56 年の時点では、玉屋百貨店の駐車場と九州電工の用地となっている。

このように旧小倉陸軍造兵廠の跡地は、旧小倉市の中心地、いや平成20年の時点では北九州市の中心地的位置にあるので、次第に公共的な用地利用形態になっていくものと思われる。ちなみに、北九州市の都市計画図（昭和55年9月）によれば、この跡地周辺地域は「商業地域」に用途指定されている。

この小倉陸軍造兵廠と同じく、小倉北区の高坊には旧陸軍墓地（10,366 m²）があった。その跡地は昭和23年に小倉炭鉱へ払い下げられ、小倉炭鉱はその一部を石炭置場として利用したこともあったらしいが、昭和56年4月の時点では住宅地となっている[9]。

続いて小倉南区にあった旧軍用地の利用状況をみておこう。小倉南区にあった旧軍用地では、曽根陸軍飛行場と山田弾薬庫が大規模な旧軍用施設であった。その旧曽根陸軍飛行場について、『小倉市誌』（補遺）に次のような記述がある。

「日豊本線下曽根駅東方約五百メートルの地点」に位置し、「太平洋戦争正に酣ならんとする昭和18年4月主として小倉市大字下曽根区の水田及び塩田 144 万 m²（水田 80 万 m²、塩田 64 万 m²）を買収して直ちに起工し、——その後、米軍より接収せられて完成し、使用するようになった。——講和条約成立後昭和28年末、米軍より接収解除せられ、——民間航空事業に使用されることになった」[10]

旧曽根陸軍飛行場の概要は上記の引用文にもあるように、その施設が戦後、米軍によって完成をみたという、沖縄を除けば全国的にみても希有の施設である。既に 2 -(6)表に掲示しているように、この飛行場の一部、具体的には約 44 万 m² が小倉塩業（製塩業、苦汁工業）へ昭和30年と同33年に払い下げられている。もっとも、この飛行場の敷地となった、かっての塩田が小倉塩業のものであったかどうかは確認していない。

ところで、この小倉塩業が操業した期間は短く、昭和35年には、北九州工業協同組合がここに工業団地を建設する目的で用地買収を行っている。すなわち北九州工業協同組合のパンフレットには、「昭和35年11月、小倉市（現小倉南区）大字曽根字浜の雑種地（旧塩田）186,054 m² を買収し、工場等集団化事業の目的地とする」[11]とあって、この時期には既に「旧塩田」とあるように、小倉塩業は操業していなかった。小倉塩業は、株主総会の決議により、昭和34年7月31日に解散していたのである[12]。

旧軍用地の直接的な転用ではないが、昭和46年の時点における曽根工業団地の概要を示しておこう。

XXII- 3 -(6)表　曽根工業団地（旧曽根陸軍飛行場跡地）の概要（昭和46年）

（単位：m²）

企業名	地積	企業名	地積
木村鉄工㈱	23,460	㈱戸畑製作所	12,212
曽根団地機工㈱	——	戸畑鉄工㈱	22,292
東亜木工㈱	4,144	イワキ工業㈱	3,861
井筒屋木材工芸㈱	——	西日本鉄工㈱	3,861

第二十二章　福岡県　749

（資）和田合金	6,046	㈱戸畑製作所	4,161
三島光産㈱	17,571	東亜金属㈱	3,644
㈱神前鉄工所	4,825	㈱戸畑ターレット	2,805
㈲井上木型製作所	1,336	義経精密工業㈱	4,950
㈱沖台工作所	8,606	協栄鉄工㈱	3,474
東亜合金㈱	10,451	㈲松田鉄工所	1,122
恵和商工㈱	2,819	東亜金属㈱	1,122
東亜機破壊検査㈱	942	富辰工業所	1,403
㈱アサヒ工作所	9,443	㈱神前鉄工所	7,897

工場用地　$158,944\,\mathrm{m}^2$（66%）、道路・水路敷　$24,704\,\mathrm{m}^2$（10%）
共同用地　$9,451\,\mathrm{m}^2$（4%）、工場住宅予定地　$49,421\,\mathrm{m}^2$（20%）

出所：「曽根工業団地の概要」、北九州工業協同組合、昭和46年より作成。
※昭和56年の時点で、曽根団地機工は三島光産へ、東亜木工は東亜工業
へ、またアサヒ工作所はアサヒ計器工作所へと社名変更している。

　3-(6)表をみると、戸畑製作所、戸畑鉄工、沖台工作所など、「戸畑」に関連する社名が目立つが、これは実際に、戸畑（特に沖台地区）にあった中小工場を移転させてきたものである[13]。

　旧曽根陸軍飛行場は、上述のように小倉塩業（約44万m^2）に払い下げられ、その一部（$186,054\,\mathrm{m}^2$）が北九州工業協同組合へ転売されたが、それ以外に、小倉塩業の跡地は、昭和56年の段階では、福岡県陸運事務所および北九州市清掃工場の敷地として活用されている[14]。また、小倉南区には、旧太刀洗陸軍航空廠曽根出張所があった。この跡地の一部（約11万7千m^2）が、昭和25年に日本火薬へ払い下げられ、火薬倉庫として利用されていた。しかし、その日本火薬も昭和56年の時点では所在せず、昭和54年に開校した県立小倉東高校の敷地としてその一部が利用されているほか、北九州市土地開発公社によって都市公園カルチャーパーク（21万1千m^2の予定）の用地として利用される計画になっている[15]。

　小倉南区には旧山田弾薬庫があった。昭和48年3月末の時点では米軍が接収し、これを使用しており、南小倉駅からの引込線もあった。しかし、昭和55年の時点では、この引込線はなくなり、都市地図には「山田弾薬庫跡」と記載されているだけである[16]。ちなみに、この山田弾薬庫の跡地利用については、北九州市において問題となり、大いに議論されたので、工業用地への転用ではないにしても、その経緯については簡単に紹介しておきたい。

　『北九州市史』（五市合併以後）には「山田弾薬庫跡地の開放」と題する文章があるので、断続的ではあるが、その要所を引用しておこう。

　「二十年十月、米軍がこの弾薬庫を接収した。以後米軍の管理下に置かれ、朝鮮動乱やベトナム戦争の前線に、この山田弾薬庫から弾薬が補給された。山田弾薬庫は北九州市のほぼ中央に位置し、都心部に近接した緑につつまれた丘陵地で、約344ヘクタール（略）の広大な面積を持ち、山林（樹林地）289ヘクタール、平地部52.7ヘクタール、水面2.2ヘクタールがある。いわば緑におおわれた山や野原、それに池や渓流の自然を温存する都心の楽園である。この中に191棟の建造物があり、そのうちの128棟が弾薬庫である」[17]

昭和43年5月2日、北九州市議会が「山田弾薬庫の撤去に関する決議」を行った[18]。

「米軍が正式に山田弾薬庫の閉鎖を決定し発表したのは45年10月15日で、この日弾薬庫内で諸作業に従事していた日本人従業員55人が解雇された。これまで山田弾薬庫開放を熱望し、そのための運動を続けてきた地元の人びとは、この日弾薬庫前で住民大会を開き、全面開放して市民のいこいの場にすることの要求を決議し宣言した。（中略）

12月からは米軍に代わって陸上自衛隊が弾薬庫跡地の警備に当たることになった。弾薬庫の弾薬はなくなり、米軍は撤収したが、この地はまだ米軍接収地であり、日米間の交渉によって日本側に返還されたのは47年2月15日である。この日から大蔵省が管理する国の普通財産になったのである。（中略）47年7月、48年7月と、市は国に対し山田弾薬庫跡地の平和利用についての要望書を提出し、市議会もまた47年10月に『全面的平和利用の早期実現に関する決議』を行った」[19]

昭和51年6月、国有財産中央審議会では10万m²以上の広大な土地（返還地―杉野）の場合は、その3分の1は国、3分の1は地元、残り3分の1は保留地として将来に備える、いわゆる三分割処理方針を決定した。これは米軍から返還された土地に対する国の一般的方針であり、山田弾薬庫はもとより全国的に適用される方針であった。

昭和54年6月の市議会では、「早期利用のため三分割方式による部分的払い下げの促進に努力する」という決議をした[20]。

なお、『北九州の戦争遺跡Ⅱ』には、山田弾薬庫跡について、次のような記事を残している。

「八幡東区と小倉北区の境にある、樹木が生い繁り、清水流れる約105万坪の里山地域。かって、ここに陸軍の弾薬庫が存在した。今は、その一部が、整備され『山田緑地』となり市民の憩いの場となっている」[21]

「戦後の混乱期は、住民は自由に出入りができ、燃料用に弾薬箱を壊し薪として持ち帰っていた。1946年5月、火薬庫が爆発、死者13人、行方不明49人、重軽傷者39人という大惨事が起きた。

1981年には北九州市が市への返還を国に求めたが、防衛庁、大蔵省（現財務省）と市への三分割返還となった。北側の139ヘクタールは陸上自衛隊小倉駐屯部隊が管理使用している。地下式、半地下式の弾薬庫はそのまま残っているという」[22]

この山田弾薬庫との関連で付記しておきたいことがある。それは同じく小倉南区にあった旧東京第二陸軍造兵廠曽根製造所（390,421m²）の製造内容についてである。この点について、『北九州の戦争遺跡Ⅱ』は次のように記している。

「下吉田にある陸上自衛隊小倉駐屯地曽根訓練場は、戦時中、東京第二陸軍造兵廠曽根製造所であった。1937年（昭和12年）に開所し、表向きは火薬製造だったが秘密裏に毒ガス弾を製造していた。最盛時には女子挺身隊員も含めて約千人が従事していたという。――広島県大久野島でつくられた毒ガスを、この毒ガス工場に運び、小倉陸軍造兵廠第三製造所で製造した九四式迫撃砲弾や野砲弾に、催涙ガスイペリット、びらん剤ルイライトを充填した。

第二十二章　福岡県　751

毒ガス砲弾は、小倉造兵廠で製造した砲弾の、貯蔵・填薬所になっていた山田弾薬庫にも運ばれ、4万発が満州へ送られている記録がある」[23]

この文章は、大久野島、曽根製造所、山田弾薬庫、満州という毒ガス砲弾の生産から使用地点までの経路を明らかにしている。なお、曽根製造所は3-(3)表からも判るように昭和33年に防衛庁へ移管されているが、それ以前は、米軍の管理下にあった。そこでは、「曽根ガス工場は、現在（昭和30年—杉野）ゲリラ・テロの都市型戦闘訓練場として機能している」[24]と『北九州の戦争遺跡Ⅱ』は伝えている。

北九州市には、旧小倉市以外にも若干の旧軍用地があった。その中でも、旧門司市には、8口座約91万m²の旧軍用地があった。そのうち規模が比較的大きかった旧軍用地は、そのほとんどが山地にあった砲台や堡塁であって、地形的にみて工業用地への転換が不可能なものであった。その中で、産業用地へ転換されたのは、2-(4)表に掲示したように日本専売公社が時価で取得した旧門司第二軍需品集積所（9,868m²）だけである。

日本専売公社は、この跡地を倉庫として利用していたが、昭和30年頃には、この専売公社も閉鎖し、昭和33年頃には毎年秋に、和布刈菊人形が跡地を利用していた。しかし、この菊人形も営業不振で事業を取りやめた。昭和56年3月の時点では、その大部分は和布刈梶ケ鼻駐車場となり、その東側は北九州市門司建設事務所和布刈資材置場、またその東側はノルウェーキリスト海員教会、海に面するさらに西側は和布刈観潮公園となっている[25]。

1）「旧軍用財産資料」（前出）より杉野が算出。
2）『旧軍用財産の今昔』、大蔵省大臣官房戦後財政史室編、昭和48年、156〜157ページ。
3）板倉勝高『日本工業地域の形成』、大明堂、昭和41年、143ページ。
4）同上書、141ページ。
5）『激動の二十年』（福岡県の戦後史）、毎日新聞社、昭和40年、106ページ。なお、同書には「軍物資略奪事件」（59ページ）にも関連記事がある。
6）同上書、同ページ参照。
7）同上書、108ページ。
8）『旧軍用財産の今昔』、前出、157〜158ページ。
9）昭和56年4月、地域住民からの聞き取りおよび現地踏査による。
10）『小倉市誌』（補遺）、昭和30年、305ページ。
11）パンフレット「曽根工業団地の概要」、北九州工業協同組合、昭和46年。
12）昭和56年4月、福岡法務局北九州支局での地籍簿による。
13）昭和56年4月、北九州工業協同組合での聞き取りにより確認。
14）昭和56年4月、現地踏査による。
15）昭和56年4月、東小倉高校での聞き取りによる。
16）北九州区分図『小倉北区・南区』、昭文社、昭和55年4月による。
17）『北九州市史』（五市合併以後）、北九州市、昭和58年、965〜966ページ。
18）同上書、966ページ。
19）同上書、967ページ。
20）同上書、970ページを参照。

21）　『北九州の戦争遺跡Ⅱ』、北九州平和資料館をつくる会、2007 年、86 ページ。
22）　同上書、87 ページ。
23）　同上書、84 ページ。
24）　同上書、85 ページ。
25）　昭和 56 年 3 月、現地踏査による。

3．福岡地区（福岡市および志摩町）

　福岡地区で、旧軍用地が工業用地へと転用された件数は 2 -⑹表の通り、10 件（7 社）で、その総面積は福岡市（8 件、363,096 m²）と志摩町（2 件、165,586 m²）を合わせて、528,682 m² である。福岡市での転用件数 8 件を行政区別にみると、中央区（1 件）、東区（5 件）、そして西区（2 件）となっている。以下、福岡市中央区、東区、西区、志摩町の順で旧軍用地の転用状況を分析していく。

⑴　福岡市中央区

　中央区港一丁目（旧築石町）にあった旧宇品陸軍糧秣支廠福岡集積所の跡地（54,347 m²）の一部（3,342 m²）が、昭和 34 年に徳島水産㈱へ払い下げられた。徳島水産はこの跡地にロープ工場を建設する目的で取得したのであるが、のち昭和 44 年 9 月に「徳水」と社名変更し、昭和 56 年の時点では、この跡地に水産物加工工場を建設し、魚肉ハム・ソーセージ、水産缶詰などを製造している。従業員は約 150 名である[1]。

　なお、この糧秣支廠福岡集積所跡地の一部（約 5 千 m²）が九州製氷へ貸し付けられており、昭和 30 年頃には、一時期ではあったが、九州製氷はその跡地をスケート場として利用していたこともある[2]。

　　1）　昭和 56 年、徳水㈱での聞き取りによる。
　　2）　昭和 30 年頃、著者自身の体験による。

⑵　福岡市東区

　福岡市東区松崎には香椎軍需品集積所（通称、松原倉庫・土井倉庫、2,088,134 m²）があった。その所在地は、国道 3 号線から、いわゆる名香野の「陸橋」を渡ったところで、多々良中学のあたりから八田方面にむけて約 1 km までの場所である。この跡地には、かって引込線があり、終戦直後は米軍が一時使用していた。

　この米軍の使用状況についてみると、昭和 20 年 9 月 30 日、第 5 水陸軍団福岡進駐軍の兵舎として利用され、第 5 軍水陸両部隊第 28 連隊が使用していた。この折に、雑役夫として労務者 589 人（昭和 20 年 10 月 29 日現在）が提供させられていた。それから 14 年を経た昭和 34 年 3 月 31 日付で大蔵省へ返還されたという経緯がある[1]。ちなみに、その周辺地域は、狸が出るよう

第二十二章　福岡県　753

な山地であったと言われている[2]。

　同跡地の多くは昭和23年に農林省へ有償所管換されたが、福岡市をはじめ法務省や大蔵省も相当数の旧軍用地を取得していることは既に1-(1)表や2-(1)表で示している。

　この香椎軍需品集積所跡地を工業用地として取得したのは、2-(6)表に掲示しているように、日本樟脳工業、瑞穂繊維、福岡織布である。

　日本樟脳工業は、昭和23年と同24年の3回に分けて、約3万m²を取得し、ここで薬品（樟脳）を製造していた。なお、同社は、原料を確保するため、山地であった約23万m²を利用して造林を行っている。

　瑞穂繊維は昭和24年に約1万9千m²の工業用地を取得したが、これは社宅用地として利用し、昭和30年に約2万5千m²を取得した福岡織布（昭和25年設立）は、ここで繊維加工業を営んだ。しかし、昭和40年代には両社とも当地から撤退している。

　昭和55年の時点では、宅地化が進み、八田方面に向かう街路では多くの商店が立地し、その他のところでは高級住宅をはじめ市営松崎団地や松崎団地ができて、完全な住宅地域となっている[3]。

　　1）　『福岡市史』（昭和編後編［四］）、福岡市役所、528～538ページ参照。
　　2）　昭和55年9月、現地住民および九大職員（松崎居住者）よりの聞き取りによる。
　　3）　昭和55年9月、現地踏査による。

(3)　福岡市西区

　今は福岡市西区となっているが、旧糸島郡元岡村泉大字田尻（昭和36年4月、福岡市に編入）には、旧福岡航空隊（3,040,749m²）があった。戦後において、この航空隊跡地の大部分（2,661,392m²）は昭和23年に農林省へ有償所管換された。このことは、1-(1)表にも掲載されている。さらに昭和25年と27年にあわせて294,171m²が農林省へ有償所管換されている。

　ところで、この航空隊の設立に関して、『元岡村誌』（昭和36年）は次のように述べている。

　「18年9月本村を中心とする海軍航空隊が設置されることとなった。──買収地は村内の分、田畑凡そ250町歩、宅地その他を合わせ約300町歩である。前原町板持地内が30町歩、周船寺地内が30町歩、今宿地内が凡そ40町歩、計400町歩で（あった。）──航空隊の建設も（昭和18年─杉野）11月より開始せられ、着々進捗、兵舎その他の建物三百数十棟に及び、翌年7月頃までにほとんど完了し、収容人員は海軍予科練習生、その他軍関係者1万人といわれ、周船寺川以東は飛行場となり、郡民並びに学生の奉仕作業もあり、9月頃には一部が完了したので、飛行機の発着を見るようになった。──昭和20年8月、航空隊は解散となり、物資は悉く民間に払下げられ、跡地も県の手に依り再び開拓されることになった」[1]

　この文章で注目すべきことは、飛行場の建設のために土地が強制的に収容されたこと、その建設にあたっては地域住民や学生が動員されたこと、戦後には物資が民間に払い下げられたことの

三点である。

　前の二点については、戦時下における軍事的権力の行使による収奪と搾取であり、これは全国的にみられたことである。問題は第三の点、つまり「物資が悉く民間に払下げられ」という、その内容である。この点については、次の文章がその内容を詳しく伝えている。

　「終戦後航空隊の建物は政府財務局の処管となり、其大部分は県の払下げで解体し各地に持出された。本村に於いても、財務局と交渉し、兵舎、炊事場、倉庫等83棟を払下げた。価格は坪最高40円、最低15円、此の払下げの内、雷山小学校戦災復旧用として、12棟、北崎村小呂島戦災復旧に8棟、残余は村内引揚者又は戦災者其他に原価で分譲し、泉部落の一部に軍用建物の一部を利用し、食品工場も設立された」[2]

　この文章から受ける感じは、地域住民の主たる関心事が開拓農地にあったことは言うまでもないが、それ以外に、航空隊にあった建物（建築材料）の払下げが大きな関心事であったということである。戦後における住宅難、校舎荒廃、建築材料の不足という事情が、「棟」単位での建物の払下げを急務としたのである。

　それにしても、「軍用建物の一部を利用し、食品工場も設立された」ということの内容は、おそらく瑞穂食品研究所のことであろう。

　瑞穂食品研究所は、昭和23年に約6千m²の用地を、この航空隊の跡地で取得し、麺類を製造していたが[3]、昭和27年頃、その製造を中止し、昭和55年現在、その跡地は住宅地となっている[4]。

　なお、昭和23年に福岡県開拓建設隊が製材工場の立地を目的として3,074m²の跡地を取得しているが、その詳細は不詳である。

　1）『元岡村誌』、元岡村、昭和36年、190〜191ページ。
　2）同上書、36〜37ページ。
　3）昭和55年9月、現地住民からの聞き取りによる。
　4）昭和55年9月、現地踏査による。

⑷　志摩町

　戦前の糸島郡志摩町には旧小富士航空隊（1,672,994m²）と旧小倉陸軍兵器補給廠小富士燃料貯蔵所（609,155m²）があり、両者を合計すると約228万m²の旧軍用地があった。

　この航空隊の用地については、旧小富士村から1,294反110歩、旧可也村から171反712歩、あわせて1,465反822歩（約146万m²）の用地を買収したもので、これを地目でみると、988反余が田、184反弱が山林、100反余が畑であった[1]。

　ところで、これら二つの旧軍用地の転用については、昭和22年に前者の跡地（1,321,081m²）と同23年に後者の跡地（400,502m²）、計約172万m²を農林省へ有償所管換したのをはじめ、志摩町が植樹を目的として昭和23年に前者で122,892m²、後者で196,978m²を時価で取得してい

る。

　この点について、『志摩町史』（昭和47年）は、次のように述べている。

　「終戦後は復員軍人、引揚者等で農家人口は急増し、耕す土地はなく、自家食糧も不足するという時代もあったが、昭和25年地元で買受け開拓農地となり、農家の人々の汗と努力の結晶によって現在では過去の思い出を残して以前にもまして美田と化している」[2]

　この文章には、航空隊の跡地が塩田として利用されたという記述は見当たらない。つまり、航空隊の前身が田畑であったことから、これを「美田」とすることに地域住民は強い関心をもっていたからであろう。

　しかし、播州塩業がここに塩田を作っていたことは確かである。播州塩業は、2-(6)表に掲示したように、昭和23年に前者で2回、計165,586m²を時価で取得している。

　ところが、塩田は昭和23年から2～3年続いたのち、廃業となり、その施設は昭和26年頃まで残っていたが、塩田廃止後は鹿島建設が跡地処理にあたっていた[3]。その間の経緯については、次のような一文がある。

　「昭和29年3月5日付で、同地区に嘉栄開拓農協が設立された。これは、同航空隊跡地のうち、16町歩が塩田となっていたものを、水田にするために設立されたもので、小富士、嘉栄両開拓農協ともに、昭和32年に志摩町開拓農協に合併した」[4]

　昭和55年現在、小富士航空隊の跡地は、ほとんどが田となり、一部は畑となっている。塩田の跡地にはみえないが、その施設の残骸が一部ではあるが風雨に晒されており、僅かにその面影を残している[5]。

　福岡県の西部、旧糸島郡にあった旧航空隊の跡地は、福岡（元岡町）、小富士（志摩町）とともに工業用地化することはなかった。これは隣接する福岡市にみるべき工業集積がなかったこと、輸送条件や工業用水といった立地条件の点で難点があったことなどに起因したものと思われる。

　　1）　『志摩町史』、志摩町、昭和47年、871ページ。
　　2）　同上書、870ページ。
　　3）　昭和55年9月、志摩町役場での聞き取りによる。
　　4）　『糸島郡農業協同組合史』、糸島郡農業協同組合、昭和53年、1,456ページ。
　　5）　昭和55年9月、現地踏査による。

4．朝倉地区（朝倉市、大刀洗町）

　この朝倉地区というのは、便宜的に設定した地区名であり、実際には大刀洗町、旧甘木市（現朝倉市）、旧三輪町（現筑前町）、旧北野町（現筑前町）、旧朝倉町（現朝倉市）、旧浮羽町（現うきは市）、旧夜須町（現筑前町）を含んだ広域行政圏である。

　戦前の朝倉地区には、43口座の旧軍用施設があり、その総面積は6,062,005m²に及ぶものであった。ちなみに、それを地域的にみると、大刀洗町（12口座、3,857,865m²）、旧甘木市（17口座、709,739m²）、旧三輪町（6口座、21,626m²）、旧北野町（3口座、5,334m²）、旧朝倉町（3口座、

5,589 m²)、旧浮羽町（1口座、1,038 m²）、旧夜須町（1口座、1,460,814 m²）という構成内容であった[1]。このように旧軍用施設の口座数が多いのは、鹿屋や知覧といった南方方面へ出撃する航空基地への戦闘部隊（戦闘機）を送り出す、いわば基幹基地としての太刀洗（南・北）飛行場があったからである。そのこととも関連して、周辺部に「高射砲第四連隊照空訓練場」が24口座（大蔵省へ移管されたのは21口座）もあった。つまり43口座のうち約半数の21口座が、敷地面積991 m²を基準とした高射砲部隊の訓練場だったのである。ちなみに、これらの小規模な訓練場は、そのほとんど（21口座中19口座）が、昭和23年に民間農地として、おそらく元の所有者へ時価で払い下げられている。

　もともと、この朝倉地区は農村地域であり、旧軍用施設の跡地は、その大半が昭和23年（極く一部は24年）に農林省へ有償所管換されている。それ以外の転用については、これまでに掲載した諸表をみれば判るが、その中で注目すべきは、既に指摘しておいたように「学校組合」による中学校用地の取得である。

　以上のような状況の中で、旧軍用地が工業用地へと転用されたのは、2-(6)表にみられるように、朝倉市（旧甘木市、3件、27,831 m²）と大刀洗町（2件、22,429 m²）だけである。

　　1）「旧軍用財産資料」（前出）より杉野が算出。

⑴　朝倉市（旧甘木市）

　太刀洗南飛行場は大刀洗町のほか旧甘木市の一部をも含んでいた。その旧甘木市域で旧軍用地（15,678 m²）を昭和39年に取得したのがキリンビールである。キリンビールの旧甘木市への立地に関しては、次のような「工場建設計画書」が残っている。土地に関する部分のみ引用しておこう。

　「用地.　　申請の馬田地区は、旧陸軍太刀洗飛行場跡で、現在は開墾畑となっておりますが、米作地が殆どなく、又土地が他に比較して幾分やせており収穫も少ないところであります。更に当地は比較的高い場所で、水害のおそれがなく、平坦地で整地の必要も殆んどなく非常に恵まれた地形であります。

　工場予定地は開墾地として払下げの際付近農家に増反分として払下げられたものが殆んどでありますので、買収に当り生活保証、家屋移転等の補償問題が殆んどありません。

　敷地関係.　　工場用地については、甘木市において建設予定地の土地所有者を主として協力会を組織しており、畑24町6反6畝16歩（73,996坪）の外道水路等を含め80,141坪について協力態勢が確立しております。工場予定地に隣接する陸上自衛隊太刀洗通信所は、工場施設のため、通信機能に障害が生じ業務遂行に支障を来すので、工場建設に反対の意向を示されましたが、——甘木市の要望により夜須町下高場地区に移転が決定しました。この移転について夜須町下高場地区の用地は当社において買収の上施設の交換を行うものでありますので、同用地については昭和37年12月付で農地転用事前審査申出書を提出致しております。太刀洗通信所用地が交換に

よって当社の所有になりますと、敷地総面積は 91,181 坪となり、126,000kl（70 万石）の生産能力の工場建設に理想的な広さとなります」[1]

　また、『あさくら物語』には、次のような記述もある。

　「同工場の建設地点は、甘木市内、馬田町字中原の元陸軍太刀洗飛行場跡で、所用地面積 495,000 m^2（約 15 万坪）に、百億円を投資、三ケ年計画で、年産 50 万石（1 億 2 千 5 百万本）のビールを生産する計画で、39 年には操業開始の予定である」[2]

　以上、二つの引用文からも判るように、キリンビール福岡工場の用地は、そのほとんどが開拓農地として農民に払い下げられた旧太刀洗飛行場跡地である。つまり、キリンビールの工場敷地予定面積は 91,181 坪、すなわち約 30 万 m^2 であるが、大蔵省から直接払い下げられたのは僅かに約 1 万 6 千 m^2 で、全体の 5.3％に過ぎない。ちなみに、昭和 55 年 12 月の時点では、キリンビール福岡工場の総敷地面積は、工場敷地面積が 36 万 3 千 m^2、さらに原料を栽培している圃場が 13 万 2 千 m^2、あわせて 49 万 5 千 m^2 に達しており[3]、「従業員 600 人のうち 9 割は現地採用」[4] とされている。

　なお、甘木市の都市計画図（昭和 55 年 8 月）では、このキリンビール福岡工場の敷地周辺は工業専用地域に、そして圃場用地の周辺は工業地域という用途指定がなされている。

　さらに旧甘木市の釘屋永には旧太刀洗陸軍飛行学校甘木生徒隊があった。その跡地は米軍が一時進駐していたが、のち甘木中学や民間住宅となった。その甘木中学（昭和 56 年の時点でなくなっている）の東側の旧軍用地 8 万 8 千 m^2 を灘琺瑯㈱が昭和 29 年に取得している。

　この灘琺瑯㈱は、昭和 28 年より操業を始めており、その時期に約 2 万 m^2 の用地を周辺農家より買収している。昭和 40 年頃に九州灘ホーロー㈱となり、ホーロータンクを主要製品とし、従業員は昭和 56 年 4 月の時点で 21 名である[5]。なお、この旧生徒隊の跡地を昭和 23 年に中島飼料が 3,340 m^2 を飼料製造を目的として用地取得しているが、昭和 56 年 4 月の現地踏査ではその所在を確認できなかった。

1) 「工場建設計画書」、キリンビール福岡工場、農地法第 5 条申請時提出書。
2) 古賀益城編『あさくら物語』、同書刊行会、昭和 38 年、754 ページ。
3) 昭和 55 年 12 月、キリンビール福岡工場での聞き取りによる。
4) 朝日新聞福岡総局編『続 博多いまむかし』、朝日事業開発、昭和 48 年、165 ページ。
5) 昭和 56 年 4 月、九州灘ホーロー㈱での聞き取りによる。

⑵　大刀洗町

　大刀洗町には、旧太刀洗陸軍航空廠技能者養成所（238,500 m^2）があったが、その跡地は太刀洗開拓農業協同組合と井上文夫氏に払い下げられている。

　太刀洗開拓農業協同組合は、大刀洗町北鵜木で、昭和 23 年に農機具製造を用途目的として 6,611 m^2 を取得したが、農機具ではなく、焼酎工場を昭和 24 年頃に設立した。しかし、その焼酎工場は昭和 40 年頃、火災を起こして閉鎖してしまった。また、太刀洗（生産）開拓農協自体

も解散してしまい、昭和56年4月現在、焼酎工場の跡地は福栄住宅の所有地となっている[1]。

井上文夫氏は、昭和24年頃、絹織物を製造する井上絹布工業所の用地として、15,818 m² を取得し、工場を建設したが、操業するまでに至らず、昭和35年頃に北鵜木鋳造所という鋳物工場となり、その敷地は1万5千 m² 程で、昭和56年4月現在、従業員34名で操業中であった[2]。ちなみに、太刀洗航空隊とその跡地については、次のような一文があるので、参考のために紹介しておこう。

「太刀洗航空隊は、三井郡太刀洗町と朝倉郡三輪町に跨る、広大なる飛行場を備えた部隊であった。大正8年11月始めて、太刀洗航空第四大隊が設立され、大正14年5月の軍制改革に依り、飛行第四聯隊に拡大され同時に飛行第八聯隊が併設された。其の後更に昭和に入り第五航空教育隊や、航空廠、技能者養成所等が増設され、日支事変や大東亜戦争に赫々たる威力を発揮したが、大戦の戦勢漸く傾いた昭和20年3月2回に亘り、爆撃を受け、損害を被った。

終戦と共に明治陸軍は70年の歴史を閉ぢ、飛行場は開拓され、今や往年の威容は消え、春は麦秀青み秋は黄稲風に靡くのみで、──夏草や武士どもの夢の跡の感が深いのである」[3]

1)　昭和56年4月、大刀洗町役場での聞き取りおよび現地踏査による。
2)　同上。
3)　柳勇『筑後河北誌』、鳥飼出版社、昭和54年、266〜267ページ。

5．志免町

戦前の志免町には、旧第四海軍燃料廠（1,483,123 m²）があった。この燃料廠は石油精製や石油貯蔵基地ではなく、通称「志免炭鉱」と呼ばれていた鉱業所である。この跡地は、昭和25年、政令第25号第3条第2項で、日本国有鉄道へ「交換」という形態で、そっくり譲渡された[1]。

旧軍用地としての法的移転は上記の通りだとしても、歴史的には、より複雑な経緯を辿っている。長くなるが、昭和25年までの経緯を『志免鉱業所十年史』（日本国有鉄道）によって明らかにしておこう。

「第1節　海軍省から運輸省へ

第四海軍燃料廠の所管下にあった当鉱業所は、明治22年7月新原に第一坑開坑以来、約60年の長きにわたって隆盛を続けたのであるが、敗戦によって海軍省は解体され、混乱と不安のなかに如何にして再起するかという重大な岐路に直面したのである。時あたかも、運輸省においては石炭の需給関係はきわめて悪く、国鉄に対する石炭の割当も非常に圧縮され、品質的にも低カロリーに甘んじなければならない状況にあったので、運転用炭確保のためには自家生産によるほかなしという空気であった。従って、旧海軍省側の申出を機として特殊財産として大蔵省から使用許可を受け、昭和20年12月1日より当所の経営を引継ぐことになったのである。

第2節　運輸省門司鉄道局管理時代（坑内整備の時代）

昭和20年12月1日から、運輸省門司鉄道管理局志免鉱業所として発足することになり、初代

第二十二章　福岡県　759

所長として旧第四海軍燃料廠長であった猪俣昇が任命された。当時坑内の状態は戦時中の濫掘や敗戦直後の約3,000人に及ぶ韓国人労務者の大挙帰鮮などが原因して荒廃の極に達していたのである。昭和21年5月第八坑において坑内火災を起し、更に同年5月には本庁舎の火災により甚大な損害（国鉄移管当時の資料が焼失—杉野[2]）を受けるなど惨憺たるものであった。その上に、人員の不足や食糧難までが、深刻の度を加えて出炭は殆どなく辛うじて保安の維持ができるという苦しい時代であった。実にこの一年間は人心の不安動揺、人員不足、食糧難と戦いながら出炭体制を整備するための苦しい期間であった。

　　第3節　運輸省直轄時代（増産時代）

　門司鉄道局の所管は1ケ年続いたのであるが、昭和21年12月から運輸省が直轄で経営することになった。——新しい所長が赴任した21年12月には、政府によって石炭を頂点とする傾斜生産方式が採用され、石炭界は資金、住宅、食糧、衣服類などに優遇されたのであるが、一方において増産が強く要求された。また22年12月には臨時石炭鉱業管理法が成立し、この頃を画して、占領軍による炭鉱特別調査団が非常な活動をしたのである。当所にも前後5回にわたって来山し、増産を強く要求したのであるが、所長以下労働組合をも含めて涙ぐましい努力を続け、その労苦は筆舌につくせないほどであり、よく与えられた生産目標を突破して国営炭鉱の面目をほどこすとともに国鉄に対する石炭の割当数量を有利にし、石炭不足にあえぐ国鉄に貢献したのである。また当所の長期生産計画を樹立し、漸く老衰の目立ってきた上層炭から下層炭に移行して、いわゆるやまの若返りを行うため、昭和21年12月に工事部が新設され、立坑開発へと拍車がかけられた。かくて掘れ掘れの時期も、昭和23年後半からは漸く下火となり、同年1月には所謂『ドッヂライン』政策が行われ、戦時中から続いた石炭の配給統制も廃止される気運となった。

　　第4節　日本国有鉄道所管時代（独算並びに合理化の推進）

　昭和24年6月、運輸省は画期的組織の改正を行い、国鉄は公共企業体となって日本国有鉄道と称し、当所も従って日本国有鉄道志免鉱業所となった。——この当時は前年後半からの緊縮政策が愈々進んで、石炭界も温室を出て自立経営の道を進んだのであるが、当所においても独立採算制の必要が強くなり、所内限りではあるが原価計算が本格的に採用され、経営分析が真剣に取上げられた。その結果、明治34年11月以来、約450万屯を出炭して、幾多の功績をあげた第四坑も、老衰の果て、昭和26年8月休鉱、同12月には廃鉱の運命を辿った」[3]

　長々と引用してきた上記の文章には、残念ながら、昭和25年に大蔵省から日本国有鉄道へ「交換」で譲渡された旧軍用地の件は触れられていない。しかしながら、その第4節では、その当時における志免鉱業所をとりまく社会的状況がよく判る。また、明治以降における志免鉱業所の歴史については、『志免町誌』（平成元年・志免町）[4]に詳しいが、ここでは引用しなかった。

　ところで、旧軍用地を国有鉄道が所有する限りでは、なお国有財産とみなしても大きな問題はないが、これを民間に払い下げるとなると、「旧軍用地の工業用地への転用」という視点からも無視できない。

　この志免炭鉱の経緯については、志免炭鉱整理事務所長であった田原喜代太氏による『志免炭

鉱払い下げ問題の真相』（昭和54年）が詳しいので、その中から、一連の文章を引用しておこう。

「志免炭鉱は明治22年、海軍の軍艦に使用する石炭を掘る山として福岡県粕屋郡須恵町新原に開坑された。爾来、昭和20年の終戦の年まで実に56年の長きに亘って海軍の手によって経営されて来たが、終戦を契機として、時の運輸省、現在の国有鉄道に引継がれた。──国鉄に引継がれてからは、国鉄納入炭500万屯の一翼を担って機関車用炭或いは発電用炭に、且つ民間大手炭鉱の国鉄納入炭価決定の重大なバロメーターとしての役割をも果して来たのである。──其の鉱区は須恵町、志免町、宇美町、仲原村（現粕屋町）の四ケ町にまたがり、その面積は260万坪、埋蔵量1,800万屯と言われ、舎宅約2,500戸と共に従業員3,200名」[5]

「昭和39年7月1日、遂に閉山となった。現在は"志免炭鉱整理事務所"として僅かの人数が残り、主として鉱害復旧事業並びに財産整理に当たっているに過ぎない。──主だった地上設備等の財産は国鉄側に移管又は売却され、舎宅も老朽したものは壊され、不要なものは退職者に優先的に払下げられた。──海軍より引き継いだ時点では約39万坪、1,290千 m^2 の用地があったが、その内の約18万坪は昭和39年の閉山時に処分したが、その主なる内訳は、約10万坪は退職条件で職員に、その他は町を通じて夫々の企業並びに公共団体に払い下げられた」[6]

この志免炭鉱については、ほぼ同様の記述が『続 博多いまむかし』（昭和48年）にもみられる。

「終戦と同時に海軍は解体、20年12月、運輸省門司鉄道管理局志免鉱業所として再発足、21年12月から運輸省の直轄となった。24年6月、国鉄志免鉱業所に。──年間約40万トンの石炭を掘出した──（志免鉱業所も）30年代に入ると、落日のきざしが見え始めた。地表近くの石炭は掘りつくし、地下5～600メートルの炭を掘っていたが、炭量が少なく、おまけにボタが多いという条件の悪さが目立ち始めた。設備投資の割には生産が上がらず、ついに赤字経営。（39年、閉山。）」[7]

さらに『志免町誌』（昭和44年）には、志免鉱業所について次のように記されている。

「本町では明治39年9月に第5坑が据られ、つづいて明治43年7月には二重坑が開かれた。その後も引きつづいて、7坑、8坑、立坑とだんだん拡張された。大正10年には呉鎮守府の所管となり、名称も海軍第4燃料廠採炭部と改まり、各種の福祉施設や医療施設も完備され、わが国唯一の国有炭山として隆昌を誇ったのである。が、太平洋戦争が終わるとともに、たちまち軍政は夢と消えて、昭和20年12月には運輸省に移され、翌年12月に、運輸省志免鉱業所と改称された。

国鉄経営になっても、一時は従業員6千人余、年間出炭51万余屯を挙げたこともあったが、その後、石炭業界の情勢の悪化と、国鉄のエネルギー源の合理化から、付帯事業も整理するという方針のもとに、売山問題が提起され、昭和34年の労資紛争となり、一応、売山は中止されたが、昭和35年には、職員の配置転換等に関する労資協定が結ばれ、続いて昭和38年10月には、閉山通告となり、遂に、昭和39年6月30日、明治22年創業以来75年の長い歴史に終止符を打ったのである」[8]

第四海軍燃料廠の跡地は、「交換」によって日本国有鉄道へ昭和25年に譲渡された。旧軍用地

の転用という視点からは、この時点で問題は終わっている。しかしながら、工業立地という視点からは、この志免鉱業所が昭和39年に閉山したのち、その跡地が工業用地への転用という、言わば旧軍用地の再転用の問題が生じる。もとより、旧軍用地の再転用の問題は本書の研究課題ではないことは承知のうえで、いま少し、この再転用について触れておきたい。

まず、大蔵省が交換で国鉄へ譲渡した旧第四海軍燃料廠跡地（1,483,123 m²）と国鉄（旧第四海軍燃料廠）の跡地（129万 m²）とは面積が異なる。この差異がどのようにして生じたのかは不明である。だが、田原喜代太氏は旧志免鉱業所用地（129万 m²）の処分状況について、次のように述べている。

「——海軍より引き継いだ時点では約39万坪（1,290万 m²）の用地があった。その内の約18万坪は昭和39年の閉山の時に処分したが、その主なる内訳は、約10万坪は退職条件で職員に、その他は町を通じてそれぞれの企業並びに公共団体に（例えば、五、八、立、動、修、木、運搬等の坑外全般は倉石産業に、病院跡は三輪シャツに、選炭場、貯炭場、坑木置場等はそれぞれ京阪練炭、新日本コンクリート、スーパーナッコ（最初は西日本自動車学校）に、そして六坑グランド跡は水戸病院に、六坑共栄町舎宅跡は印刷工場団地——）へ払下げられた。

然し、国鉄としては、緑ケ丘、霞ケ丘一帯を残し、其処に鉄筋コンクリートのアパートを約10棟ばかり建てて、将来の博多地区の要員用を含めて職員の宿舎を確保する考えであり、其他の老朽建物は売払っての上で、硬山も含め関係町に払下げる計画であるから、軈て志免鉱業所の跡地は関係町の手によって、新しい形の事業所又は住宅街として生まれ変わるに違いない」[9]

上記の文章には、読みにくい点がある。とくに「その他」の内容であるが、「五」は五坑、「八」は八坑、「立」は立坑、「動」は動力施設用地、「修」は修理工場、「木」は坑木置場、「運搬」は運搬手段置場のことだと理解しておく。なお、「硬山」は、ボタ山のことである。

また、田原喜代太氏は旧志免鉱業所用地の処分に関する総括表および用地処理状況についてまとめている。それを掲げておこう。

XXII-3-(7)表　旧志免鉱業所用地総括表

（単位：千 m²）

旧用地種別	処理済	未処理	計
事務所用地	12	29	41
宿舎用地	327	313	640
ぼた山敷地	31	309	340
その他炭鉱用地	250	19	269
合計	620	670	1,290

出所：田原喜代太『志免炭鉱九十年史』、昭和56年、482ページ。

XXII-3-(8)表　志免鉱業所（旧第四海軍燃料廠）用地の処理状況

（単位：m²、千円、人、年次：昭和年）

１．有償譲渡

	契約者	契約年月	土地	建物	売価	従業員数
誘致企業	志免練炭鉱業	40. 3. 6	24,436	——	17,252	52
	西日本自動車学園	40. 3. 6	13,367	120	8,250	——
	新日本コンクリート	40. 3. 6	20,214	217	10,867	90
	倉石産業	41. 4. 5	54,075	7,770	39,717	45
	三輪シャツ	42. 2.20	12,174	5,059	15,670	94
	協同印刷	42. 3. 8	20,030	——	5,514	
	計		144,296	13,166	97,270	
公共団体	福岡市水道局	40. 2.10	1,169	——	1,076	
	石炭合理化事業団	42. 3.23	14,255	——	4,705	
	志免町	41. 4.15	19,375	5,271	17,261	
	須恵町	41. 9. 1	57,236	4,431	32,519	
	宇美町	41. 4.20	46,027	3,299	7,540	
	福岡県	44. 3. 8	1,069	——	442	
	計		139,131	13,001	63,543	
その他	退職者	41. 3.25	214,262	59,880	98,501	
	旧所有者	42. 2.14	11,711		3,575	
	新栄鉱業	42. 3.30	4,219		615	
	その他	42. 11.21	1,337		1,572	
	計		231,529	59,880	104,263	
	合　計		514,956	86,047	265,076	

２．無償譲渡

施設	契約者	契約年日	土地	建物	その他
炭鉱専用水道施設	志免町・須恵町	40. 12.17	25,028	170	一式
立坑・八坑の諸施設	合理化事業団	41. 9. 1	8,842	552	排風機他
男鳥池	須恵町	41. 9. 1	31,216	——	——
防災設備	志免・須恵・粕屋	41. 4. 1	973	——	——
産業道路用地	志免・須恵	42. 3. 1	8,037	——	——
計			74,096	722	

３．交換道水道

| 道水路用地 | 須恵町 | 42. 3.27 | 2,405 | —— | —— |

４．総合計
　　土地　591,457 m²　　建物　86,769 m²　　売価　265,076 千円（昭和42年度まで）
　　土地　619,765 m²　　建物　86,769 m²　　売価　590,024 千円（昭和54年度まで）

出所：田原喜代太『志免炭鉱払い下げ問題の真相』、豊満印刷所、昭和54年、167ページ。なお、同氏著『志免炭鉱九十年史』（昭和56年）には、昭和54年度に売却した「志免町（東中学校）」分が追記されている。数字の誤植は杉野が修正した。なお、誘致企業の従業員数については『志免町誌』（昭和44年、128ページ）の数字を杉野が添付した。原資料は、旧国鉄志免鉱業所の内部資料と思われる。

第二十二章　福岡県　　763

　3-(7)表をみれば判るように、旧第四海軍燃料廠の跡地（1,483,123 m²）のうち、旧志免鉱業所用地として転用されたのが約 129 万 m²、その鉱業所跡地のうち、昭和 45 年頃までに産業用地へと転用されたのは僅かに 14 万 4 千 m² であり、その他の用途として転用された総面積は約 59 万 m² である。つまり、約 70 万 m² が未利用のままとなっている。もっとも、この 70 万 m² の土地については、田原氏が述べているように国鉄（現 JR）の意向もあるので、産業用地として転用できる状況にあるかどうかは疑問である。昭和 56 年 4 月の時点では、志免町の中心部近くには、立坑跡やグランドの跡地が未だ残ったままになっている[10]。

　ちなみに、平坦地として活用が可能な用地は志免町で 6 カ所、合計 66,890 m² あるが、志免町としては、これを工業用地として利用する意図はないと言う[11]。

　3-(8)表をみると、昭和 39 年に閉山した旧志免鉱業所の跡地を産業用地として転用している企業は、僅かに 6 社であり、しかもその敷地面積はいずれも 6 万 m² 未満で、さほど広くない。敢えて従業員数を他の資料によって付記したのは、これらの企業が中小規模のものであることを確認するためであった。さらに、その後の動向を追跡してみると、昭和 56 年 4 月の時点では、京阪レンタン（旧志免練炭鉱業）、西日本コンクリート（旧新日本コンクリート）、三輪シャツなどが操業しているが、それ以外に大きな企業が進出してきたという状況にはない[12]。

1）「旧軍用財産資料」（前出）による。「交換」の内容については、高砂市の項を参照のこと。
2）『志免鉱業所十年史』、日本国有鉄道志免鉱業所、昭和 31 年、「編集をおわって」を参考にした。
3）『志免鉱業所十年史』、前出、1 ～ 2 ページ。
4）『志免町誌』（志免町、平成元年、602 ～ 606 ページ）を参照のこと。なお、606 ページには「ちなみに第一海軍燃料廠は神奈川県大船町に、第二海軍燃料廠は三重県四日市市に、第三海軍燃料廠は山口県徳山市に、第五海軍燃料廠は朝鮮平城に置かれた。なお戦局の進展に伴い、第六（台湾）、第 101 及び 102（ボルネオ）、更に鹿児島にと設置されていった」という文章がある。この鹿児島の燃料廠というのは、「隼人海軍燃料廠」（1,352,882 m²・隼人町）のことであろう。
　　この『志免町誌』（平成元年）には、運輸省以後についての記述もあるが、それは『志免鉱業所十年史』と同文である。もっとも、この書には「閉山への道程」（610 ページ以下）の中で、「払下した」宿舎一覧などについて記しているが、本書では割愛した。
5）田原喜代太『志免炭鉱払い下げ問題の真相』、宝満印刷所、昭和 54 年、13 ～ 15 ページ。
6）同上書、160、165 ページ。
7）朝日新聞福岡総局編『続 博多いまむかし』、朝日事業開発、昭和 48 年、212、213 ページ。
8）『志免町誌』、志免町役場総務課、昭和 44 年、127 ページ。
9）『志免炭坑九十年史』、前出、480 ～ 481 ページ。ただし、数字の誤植等、一部を杉野が修正した。
10）昭和 56 年 4 月、現地踏査による。
11）昭和 56 年 4 月、志免町役場での聞き取りによる。
12）昭和 56 年 4 月、現地踏査による。

第二十三章　佐賀県・長崎県（佐世保市を除く）

　本章では、佐賀県および長崎県（佐世保市を除く）における旧軍用地の工業用地への転用状況について分析する。佐世保市を長崎県から除外したのは、同市が旧軍港であり、昭和25年に制定された軍転法の適用を受ける特殊地域だからである。そこで本章においては、旧軍用施設が比較的少なかった佐賀県を第一節で、そして第二節では長崎県における旧軍用地の工業用地への転用状況について分析する。なお、長崎県には、旧軍用地が286口座もあったので、これらを幾つかの地域に区分して検討することにしたい。

第一節　佐賀県における旧軍用地の転用状況

1．旧軍用地の転用に関する一般的状況

　戦後、大蔵省が佐賀県で旧軍用関係から引き継いだ旧軍用施設は24口座である。そのうち、大規模な旧軍用施設（10万 m² 以上）をまとめてみると次のようになる。

XXⅢ-1-(1)表　佐賀県における大規模な旧軍用施設の概要

（単位：m²、年次：昭和年）

旧口座名	所在地	敷地面積	主な譲渡先	年次
金立演習場	佐賀市	490,884	農林省・農地	22
目達原陸軍飛行場	三田川町	1,873,353	農林省・農地	22
嬉野海軍病院	嬉野町	128,762	厚生省・国立病院	25
歩兵第145連隊	佐賀市	134,532	佐賀県、佐賀市	45
佐賀練兵場	同	177,593	佐賀県	27
千綿大野原演習場	嬉野町	130,002	農林省・農地	39
計		2,935,126		

出所：「旧軍用財産資料」（大蔵省管財局文書）より作成。

　(1)表をみると、佐賀県においては佐賀市と嬉野町に比較的大規模な旧軍用施設があったことが判るが、三田川町（平成18年に吉野ケ里町となる）には佐賀県で唯一の100万 m² を超える飛行場があったことも明らかとなる。そうした大規模な旧軍用施設の総敷地面積は約294万 m² である。

　ちなみに、佐賀県にあった旧軍用施設24口座の敷地面積を規模別に区分してみると、1口座あたり1万 m² 未満の敷地面積の施設は、10口座で計 10,483 m²、1万 m² 以上5万 m² 未満のものは6口座、計 142,723 m²、5万 m² 以上10万 m² 未満が2口座で 123,266 m²、10万 m² 以上は

第二十三章　佐賀県・長崎県（佐世保市を除く）　　765

⑴表にみるように、6口座で2,935,126m²、総合計で3,211,598m²となる。ここで特徴的なのは、1万m²未満の旧軍用施設では、1口座あたり4千m²以上のものは皆無であり、したがって、その平均敷地面積が約1,000m²という状況にあるということである。つまり、このような狭小の敷地規模では近代的な工場の立地は不可能であるばかりでなく、本書の研究対象としても登場しえないということになる。そこで、佐賀県における旧軍用地の転用状況をまとめておこう。

XXⅢ-1-⑵表　佐賀県における旧軍用地の転用状況

（単位：m²、年次：昭和年）

転用先		転用面積	用途目的	年次	旧口座名
国家機構	厚生省	12,162	国立病院	25	久留米陸軍病院佐賀分院
	同	125,762	同	25	嬉野海軍病院
	農林省	490,884	開拓農地	22	金立演習場
	同	1,776,067	同	22	目達原陸軍飛行場
	同	130,002	同	39	千綿大野原演習場
	防衛庁	52,845	滑走路	30	目達原陸軍飛行場
	同	14,431	補給廠	43	目達原陸軍飛行場
	総理府	23,140	国家警察本部	26	歩兵第145連隊
県・市	佐賀県	27,416	運動場関連施設	45	歩兵第145連隊
	同	21,811	機械等修理工場	24	佐賀練兵場
	同	144,774	農業試験場	27	佐賀練兵場
	同	11,000	同	27	佐賀練兵場
	佐賀市	25,381	学校用地	27	歩兵第145連隊
民間	麻生鉱業	36,072	鉱業用地	23	陸軍運輸部伊万里倉庫
	九州配電	3,100	——	23	嬉野海軍病院
計					

出所：「旧軍用財産資料」（前出）より作成。

　この⑵表については、あらかじめ二つの説明が必要である。その第一は、本書では農林省への有償所管換および総理府防衛庁への無償所管換については、その具体的な払下状況を分析していない。だが、⑵表にはそれを掲載したということである。第二に、農林省への有償所管換については10万m²以上の場合のみ掲載しているということである。また国家機構（省庁）への移管についても1万m²以上の場合に、そして産業用地への転用については3千m²以上の場合に限定している。この点は、これまでと同様である。

　このような限定をしているので、国家機構への移管では、大蔵省（国家公務員宿舎、28年）と法務省（庁舎敷、28年）を、また地方公共団体では伊万里市（町公会堂、24年）を表示していない。民間への譲渡では、銀行（27年）、農協網干場（26年）、民間船置場（2件、25・26年）、民間住宅（25年）を掲示していない。

　さて、佐賀県における旧軍用地の転用については、国家機構への移管が圧倒的に多く、件数で8件、面積は2,625,293m²で、その中でも開拓農地を用途目的とした農林省への有償所管換が

突出して大きい。また総理府防衛庁への無償所管換も大きい。ただ佐賀県の場合には厚生省による国立病院への転用、とくに旧嬉野海軍病院が全国的にみても大きい。これは療養施設を含んでいるからであろう。

佐賀県は4件、計205,001 m²で、用途目的としては農業試験場（2件）と運動場および関連施設用地（平成6年現在、県総合体育館）、車庫および機械修理工場用地という、やや特殊な性格をもっている。また、地方公共団体としての佐賀市は、学校用地を昭和27年に取得した1件のみである。

産業用地への転用については、麻生鉱業と九州配電（現九州電力）の2件、計39,172 m²があるだけである。

2. 佐賀県における旧軍用地の産業用地への転用に関する地域分析

佐賀県の場合、鉱業用地への転用と、それを契機とした工業用地への再転用というケースがある。すなわち、⑵表にあるように麻生鉱業は昭和23年に伊万里市八代町にあった旧陸軍運輸部伊万里倉庫跡地（約3万6千m²）を鉱業用地として取得している。

麻生鉱業は、久原炭鉱の貯炭場として、この旧軍用地を利用していた。その久原炭鉱というのは、明治41年9月に開坑し、のち大正9年に一時休止したものの、同14年に再開したという歴史をもっている[1]。しかし、その久原炭鉱も昭和37年10月で操業を中止し、昭和38年3月31日で閉山してしまった。閉山当時の従業者は359名、月間出炭量は2,300トンという状況であった[2]。

閉山の理由は、「末期にはハサミ（炭の間のボタ）が多くなって歩留り（炭の割合）が低下し炭量も少なくなったため」[3]とされている。だが、それはあくまでも個別企業的原因であって、閉山の社会経済的な理由としては、産業構造の変革、すなわち石炭が石油とのエネルギー価格競争で敗退したことによる「炭鉱不況」であった。

久原炭鉱の跡地については、次のような文章がある。

「37年11月に閉山した久原炭鉱跡は約23万m²の荒野に変わった。これを市では同炭鉱職員住宅跡地約1万6,500 m²の買収契約を結び、県は国道以東の海岸地帯約8万3千m²の買収を考えており、産炭地振興事業団は国道以西の約11万m²の買収を契約し、また隣接農地約1万m²を買収して土地造成する方針ときく。この三者が協議すれば、視野の大きな利用計画ができることになる」[4]

ところで、旧軍用地であった旧伊万里倉庫の跡地は、昭和42年3月より松栄化学工業（42,702 m²）が取得し、伊万里市に多く立地している合板工業を相手とした接着剤を製造している[5]。

昭和55年現在では、この伊万里倉庫跡地に近い海岸が埋め立てられ、海中にあった小島までが陸続きとなり、伊万里合板（24,684 m²）が立地している。また跡地の東南部には東洋バンボード（71,543 m²）、伊万里外材（15,500 m²）、ラクダ工業（23,800 m²）、伊港木材工業（14,038 m²）、

第二十三章　佐賀県・長崎県（佐世保市を除く）　767

東洋プライウッド（66,203 m²）などの諸工場が立地し、合板を中心とした久原木材工業団地となっている[6]。もっとも、伊万里湾総合開発計画図（昭和55年7月）によれば、この久原地区は臨港地区として考えられており、大規模な工業団地としては予定されていない。

　すなわち、伊万里市の工業地域としては、この地区の東南に地域振興整備公団が埋立造成中の伊万里工業団地（136万5千 m²）と、里工業団地（9万6千 m²）、それに伊万里湾東岸の七ツ島地区の沖合に造成された七ツ島工業団地（188万3千 m²）、それに同地区の名村造船所（55万 m²）、伊万里鉄鋼センター（6万7千 m²）、九州スミセ工業（3万3千 m²）という工業地区があり、さらに浦崎工業団地（100万 m²）という造成計画がある[7]。

　伊万里市における工業発展は、これらの工業団地に、今後どれだけの企業が立地してくるかにかかっている。

1 ）『麻生百年史』、麻生太郎、昭和50年、517ページ。
2 ）『郷土の手引』、伊万里市、昭和55年、37ページ参照。
3 ）『麻生百年史』、前出、518ページ。
4 ）『伊万里市史』（続編）、伊万里市、昭和40年、603～604ページ。
5 ）昭和55年9月、伊万里市役所での聞き取りによる。
6 ）数字は、『伊万里市総合計画』（伊万里市役所、昭和49年、128～129ページ）による。
7 ）『臨海工業都市　伊万里』、伊万里市役所、昭和54年、2～3ページを参照。

第二節　長崎県（佐世保市を除く）における旧軍用地の転用状況

1．長崎県（佐世保市を除く）における旧軍用施設に関する一般的概況

　長崎県（旧軍港市であった佐世保市を除く）において、戦後大蔵省が引き継いだ旧軍用施設は286口座であった。そのうち敷地面積が100万 m² を超える大規模な旧軍用施設は次の表の通りである。

XXⅢ-2-(1)表　長崎県における巨大規模（100万 m² 以上）の旧軍用施設

（単位：m²、年次：昭和年）

旧口座名	所在地	敷地面積	主な譲渡先	年次
長浦倉庫	琴海町	1,363,550	農林省・農地	22
五島陸上航空基地	本山村他	1,861,230	農林省・農地	24
第21海軍航空廠	大村市	2,089,453	農林省・農地ほか	23
大村海軍航空隊	同	2,126,810	農林省・農地ほか	23
諫早海軍航空隊	諫早市	1,052,571	農林省・農地	22
長崎航空機乗員養成所	同	1,138,599	──	──
城山砲台及同交通路	美津島町	1,602,149	町有共有林	26
龍ノ崎砲台及同交通路	厳原町	1,625,871	県営椎茸栽培場	27

川棚海軍工廠疎開工場	川棚町	1,699,216	農林省・農地	22
千綿大野原演習場	東彼杵町	6,267,448	総理府防衛庁	26
佐世保海軍軍需部小佐々倉庫	小佐々町	1,166,819	農林省・農地	23

出所：「旧軍用財産資料」（前出）より作成。

　2−(1)表をみると、戦前の長崎県において、100万㎡以上の敷地をもった旧軍用施設は11口座であった。このうち、最大のものは旧千綿大野原演習場で、約627万㎡であったが、その他は200万㎡未満のものが多い。その主な転用先は農林省への有償所管換であるが、先の旧千綿大野原演習場の跡地はその大部分が総理府へ移管されている。

　ところで、佐世保市を除く長崎県には、286口座の旧軍用地があったので、この100万㎡を超える11口座を分析するだけでは、数量的にみて、長崎県における旧軍用施設の全体像を把握することが難しい。そこで、数量的にはやや多くなるが、敷地面積規模が10万㎡以上の旧軍用施設まで摘出してみると、次のようになる。

XXⅢ−2−(2)表　長崎県における10万㎡以上100万㎡未満の旧軍用施設

（単位：㎡、年次：昭和年）

旧口座名	所在地	敷地面積	主な譲渡先	年次
横瀬重油倉庫	西海町	847,652	提供財産（48年現在）	——
寄船砲台	同	412,083	農林省・農地	23
面高堡塁及同交通路敷	同	126,935	農林省・農地	23
石原岳堡塁及同交通路敷	同	106,214	農林省・農地	23
伊王島砲台及同交通路敷	伊王島町	262,678	日鉄鉱業	25
佐世保海軍軍需部弾薬庫	琴海町	861,765	農林省・農地	22
第21海航廠池田疎開工場 　及兵器部予定地	大村市	155,960	農林省・農地	23
第21海航廠植松工員宿舎	同	200,881	農林省・農地　ほか	23
歩兵第146連隊	——	125,970	（不詳・資料欠落）	
大村練兵場	大村市	362,783	農林省・農地	22
大村射撃場	同	213,487	農林省・農地	22
諏訪演習場　※	同	362,783	農林省・農地	22
海軍草薙部隊	同	299,245	農林省・農地	23
大村海軍病院	同	183,771	厚生省・国立病院	27
郷ノ浦弾薬本庫敷地	郷浦町	460,185	農林省・農地	23
鋸崎電灯所及同交通路	同	127,834	農林省・農地	23
黒崎砲台及同交通路敷地	同	552,198	農林省・農地	22
名鳥島砲台及水中聴測所	勝本町	282,786	農林省・農地	23
渡良大島砲台	郷浦町	465,666	農林省・農地	23
椋尾崎砲台及同交通路	上県町	508,884	農林省・農地	22
豊砲台及同交通路敷地	上対馬町	201,015	農林省・農地	22
郷山砲台及同交通路	美津島町	177,286	民間68名共有林	26
姫神山砲台及同交通路	同	154,655	農林省・農地	23
豆酘崎砲台及同交通路	厳原町	440,613	豆酘漁協・魚付林	39

樫岳砲台及同交通路	美津島町	113,924	民間67名共有林	27
芋崎砲台及同交通路	同	203,088	農林省・農地	23
四十八谷砲台及同交通路	同	146,496	民間13名共有林	25
多功崎砲台及同交通路	同	116,185	民間67名共有林	28
大平砲台及同交通路	同	188,718	農林省・農地	23
大石砲台及同交通路	豊玉町	164,132	農林省・農地	22
大崎山砲台及同交通路	厳原町	374,826	個人・植林	31
西泊砲台	上対馬町	155,326	農林省・農地	24
竹崎砲台	美津島町	179,161	農林省・農地	22
郷崎電灯所及同交通路	同	265,883	その他	
根緒堡塁及同交通路敷地	同	567,175	部落共有林	28
上見坂堡塁及交通路敷地	同	562,575	総理府防衛庁	45
鶏知尾崎間軍道敷地	同	336,604	長崎県・公共物編入	34
築城本部対馬出張所ほか	厳原町	121,476	東洋陶器ほか	23
洲藻防禦区	美津島町	839,001	その他	
竹敷防禦区	同	779,425	農林省・農地	23
鼎冠山堡塁予定地	同	127,709	美津島町・植林	25
面天奈補助建設部ほか	同	273,832	農林省・農地	22
折瀬鼻砲台及交通路敷地	同	132,592	農林省・農地	22
川棚海軍工廠	川棚町	552,911	農林省・農地	26
川棚海軍工廠工員住宅Ⅱ	同	121,322	川棚町営住宅ほか	45
川棚海軍工廠猪乗工場	同	729,471	農林省・農地	22
川棚海軍共済会病院	同	114,546	厚生省・国立病院	25
小串海軍水雷学校	同	168,059	農林省・農地	22
小串海軍水雷学校宿舎	同	401,034	農林省・農地ほか	22
佐世保海軍警備隊宮ノ浦照射場	平戸市	121,629	農林省・農地	22
佐世保海軍防備隊小佐々探照灯	小佐々町	705,352	農林省・農地	22
的山大島砲台及同交通路	大島村	345,223	農林省・農地	23
生月砲台及水中聴測所	生月町	204,707	農林省・農地	23
小倉陸軍兵器廠平戸口燃料貯蔵所	田平町	685,120	農林省・農地	22
佐世保海軍防備隊盲目原防空砲台	小佐々町	161,815	農林省・農地	22
相浦海兵団世知原派遣隊	世知原町	151,239	農林省・農地	23

出所：「旧軍用財産資料」（前出）より作成。

※諏訪演習場は大村練兵場との重複ではないかと思うが、そのままにしておいた。

　さて、2-(1)および(2)表を分析していく際に、あらかじめ念頭においておくべきことがある。それは、これらの表に掲示している旧軍用施設の所在地は、昭和48年の時点での市町村名ということである。したがって、平成20年の段階では、その多くを修正しなければならない。その数があまりに多いので、それらを一括して一つの表にまとめておく。

XXⅢ-2-(3)表　長崎県における新旧地名対照表（旧軍用施設関連分）

旧町村名	新市町名	改称年次	旧町村名	新市町名	改称年次
西海町	西海市	平成17年	美津島町	対馬市	平成16年

伊王島町	長崎市	平成 17 年	厳原町	対馬市	平成 16 年
琴海町	長崎市	平成 18 年	豊玉町	対馬市	平成 16 年
本山村	五島市	平成 16 年	小佐々町	佐世保市	平成 18 年
郷浦町	壱岐市	平成 16 年	大島村	平戸市	平成 17 年
勝本町	壱岐市	平成 16 年	生月町	平戸市	平成 17 年
上県町	対馬市	平成 16 年	田平町	平戸市	平成 17 年
上対馬町	対馬市	平成 16 年	世知原町	佐世保市	平成 17 年

出所：『全国市町村要覧』（平成 19 年版）、市町村自治研究会編、第一法規及び『全国
市町村要覧』（昭和 48 年版）を参照。

2-(3)表で注意しておくべきことは、平成 17 年に佐世保市になった世知原町と同 18 年に佐世保市になった小佐々町についての取り扱いである。この二つの町域にあった旧軍用施設の処理に関しては、軍転法の対象とはならないので、本書では、佐世保市として取り扱わないことにする。

それにしても、(1)表では 100 万 m² 以上の口座数が 11 口座（総面積は約 2,200 万 m²）もあり、また(2)表では 10 万 m² 以上 100 万 m² 未満の旧軍用施設が 56 口座（総面積は約 1,800 万 m²）もあって、これだけでも約 4,000 万 m² の旧軍用地があったことになる。

そこで、(1)表および(2)表には表示されていない 10 万 m² 未満の旧軍用施設を含めて、長崎県（佐世保市を除く）における旧軍用施設の敷地面積規模別の構成をみると、次の表のようになる。

XXⅢ-2-(4)表　長崎県における旧軍用施設の敷地面積規模別構成

（単位：m²）

面積規模	口座数	面積合計	構成比率
5 千 m² 未満	73	100,315	0.2%
5 千〜 1 万 m²	32	243,724	0.5%
1 万〜 5 万 m²	84	2,090,764	4.8%
5 万〜 10 万 m²	30	2,187,539	4.9%
10 万〜 30 万 m²	34	5,850,556	13.1%
30 万〜 100 万 m²	22	12,153,329	27.2%
100 万 m² 以上	11	21,993,716	49.3%
計	286	44,619,943	100.0%

出所：「旧軍用財産資料」（前出）より算出。

まず、(4)表をみると、長崎県（佐世保市を除く）に所在した旧軍用地の敷地総面積は約 4,462 万 m² であり、(1)表と(2)表に掲載した 10 万 m² を超える口座の総面積は約 4,000 万 m² であるから、それによって長崎県における旧軍用施設の概況を把握することが可能となる。

さて、(1)表と(2)表をみると、長崎県における旧軍用施設の用途としては、砲台や堡塁が極めて多いことが特徴である。これは長崎県が中国大陸や朝鮮半島と一衣帯水の位置にあり、とくに朝鮮海峡をはさんで大陸と対峙する対馬をはじめ壱岐、五島列島、平戸島（大島や生月島を含む）などの島々には、そうした迎撃的軍事施設が必要とされたからである。その戦略的中核となるのが佐世保軍港であり、大村や諫早の航空隊であった。もっとも、旧川棚海軍工廠や旧第 21 海軍

航空廠（大村市）の存在も忘れてはならない。

　なお、(1)表や(2)表には出てこないが、5千 m^2 未満の旧軍用施設が73口座あるのに、その合計面積が10万 m^2（1口座あたり敷地面積 1,369 m^2）に留まるのは、海底線陸揚場（25口座）の1口座あたりの敷地面積が 60 m^2 に過ぎないからである[1]。この点は、長崎県の置かれた自然的位置に条件づけられたものであり、それが長崎県における旧軍用施設の存在形態からみた一つの特徴となっていることを付記しておきたい。

　さて、10万 m^2 以上の旧軍用施設も含めて、主たる転用先についてみると、農林省への有償所管換が圧倒的に多いが、町営や民間などの共有林として譲渡した旧軍用施設も6口座ほどある。おそらく、その旧軍用施設が農業用地へ転用するのに困難な山地にあったからであろう。

　このようにみてくると、長崎県の場合には、旧軍用施設の口座数や大規模な旧軍用地が相対的に多かったにもかかわらず、民間企業、とりわけ工業用地への転用は少なかったのではないかと推測される。しかし、旧川棚海軍工廠や第21航空廠（大村市）のこともあるので、必ずしも、そうは言えないとも考えられる。なお、繰り返すが、この場合の「長崎県」は、あくまでも佐世保市を除いたものである。

　　1）「旧軍用財産資料」（前出）より算出。

2．長崎県（佐世保市を除く）における旧軍用施設（旧軍用地）の転用状況

　ここでは長崎県にあった旧軍用施設がどのように転用されたかについて、転用先別に分析していくことにする。その場合には、これまでと同様、転用先を、国家機構（省庁）、地方公共団体、製造業を除く民間企業および諸団体、さらに本書の研究課題である製造業に区分する。

(1)　国家機構（省庁）への移管

　長崎県（佐世保市を除く）にあった旧軍用財産が、戦後、大蔵省をはじめ、その他の省庁へどのように移管されたかについて分析する。その場合、移管面積を1万 m^2 以上に限定したい。なお、開拓農地を用途目的とした農林省への有償所管換分、総理府防衛庁への無償所管換分、提供財産については、これを除外することにした。

XXⅢ-2-(5)表　長崎県における旧軍用地の国家機構への移管

（単位：m^2、年次：昭和年）

移管先	移管面積	用途目的	年次	旧口座名
法務省	100,941	密入国者収容所	28	第21海軍航空廠
運輸省	49,907	ヘリポート基地	29	同
同	219,544	飛行場敷地	32	同
厚生省	21,523	国立病院	26	大村陸軍病院
同	183,771	同	27	大村海軍病院

同	78,026	同		25	川棚海軍共済会病院
計	653,712				

出所：「旧軍用財産資料」（前出）より作成。

(5)表をみると、長崎県に所在した旧軍用地が国家機構へ移管されたのは、僅かに６件（ただし１万㎡以上）で、その総面積は65万㎡余である。その中で件数が多いのは、国立病院を用途目的とした厚生省への移管分（約28万㎡）である。また長崎空港やヘリポート基地を用途目的として運輸省も２件（約27万㎡）を取得している。法務省が密入国収容所用地として約10万㎡を取得しているのは、全国的にみて唯一の事例である。そして、これは長崎県での国家機構による旧軍用地取得の一つの特徴と言えよう。

なお、これ以外に、１万㎡未満の旧軍用地を取得した国家機構（省庁）が幾つかある。

大蔵省は、長崎陸軍官舎（6,548㎡）、長崎市海軍武官府（2,754㎡）、鶏知第一陸軍官舎（3,866㎡）、大里第二陸軍官舎（2,453㎡）を公務員宿舎として、また大村憲兵分隊及官舎（803㎡）、壱岐要塞司令部及大里第一陸軍官舎（8,288㎡）を大蔵省庁舎として取得している[1]。

また、運輸省は長崎要塞司令部（13,616㎡）の一部を運輸省庁舎として、厳原町にあった神崎見張所（8,087㎡）を航路標識用地として、さらに伊万里海運地（魚固島、161㎡）を灯台敷として取得している[2]。

長崎県にあった旧軍用地の国家機構への移管件数が少ないので、あえて移管面積が１万㎡未満のものまで紹介してみたが、それでも移管件数が相対的に少ないという事実は動かない。

    1)　「旧軍用財産資料」（前出）を参照。
    2)　同上。

(2)　地方公共団体への譲渡

長崎県（佐世保市を除く）にあった旧軍用地の地方公共団体への譲渡状況をまとめてみると、次の表のようになる。ただし、取得面積を１万㎡以上とする。

XXⅢ-２-(6)表　長崎県における旧軍用地の地方公共団体への譲渡

（単位：㎡、年次：昭和年）

譲渡先	取得面積	取得目的	譲渡形態	年次	旧口座名
長崎県	58,508	県自動車学校	交換	35	第21海軍航空廠
同	34,478	県道	公共物編入	47	同
同	20,505	聾学校	減額50%	29	同　植松工員宿舎
同	1,625,871	県椎茸栽培場	時価	27	龍ノ崎砲台及交通路
同	294,719	道路	公共物編入	34	鶏知尾崎間軍道敷地
同	27,527	陶磁器原料地	時価	25	築城本部対馬出張所
同	18,289	県営伝習農場	減額50%	38	千綿高角砲台

第二十三章　佐賀県・長崎県（佐世保市を除く）　773

同	15,494	高校用地	減額40%	27	川棚海廠工員宿舎Ⅱ
同	15,490	同	減額40%	27	同
同	26,522	同	減額40%	27	佐海施川棚材料置場
長崎県計	2,137,403	——		——	——
大村市	15,600	市立病院	40％30％減	31	第21海軍航空廠
同	12,664	市営住宅	時価	26	同　工員養成所
同	62,964	中学・小学校	70％60％減	36	同　工員養成所
同	46,363	中学校	——	23	海軍草薙部隊
同	30,533	同	70％60％減	36	同
同	10,457	市道	公共物編入	42	21空廠諏訪工員住宅
諫早市	13,534	中学・小学校	減額70%	36	諫早航空隊掩体壕
美津島町	1,529,577	町有共有林	時価	26	城山砲台及交通路
同	42,780	町道	時価	29	姫神山砲台及交通路
同	41,742	道路	公共物編入	34	鶏知尾崎間軍道敷地
同	55,137	公園及び植林	時価	27	久須保防禦区
同	127,709	植林	時価	25	鼎冠山堡塁予定地
同	36,135	町道	時価	25	尾崎軍道敷地
同	10,826	同	時価	25	坂梨交通路
川棚町	39,379	公営住宅	減額40%	45	川棚工廠工員住宅Ⅰ
同	19,385	同	減額40%	45	川棚工廠工員住宅Ⅱ
同	24,807	道路	公共物編入	27	同
同	15,758	小学校	減額70%	29	川棚工廠石水工場
同	13,609	道路	公共物編入	27	川工廠白石工員住宅
同	12,495	中学校	減額50%	27	川棚工廠工員宿舎Ⅰ
同	※　3,966	澱粉工場	時価	24	川棚憲兵分隊
東彼杵町	59,740	道路	公共物編入	37	千綿大野原演習場
平戸市	※　9,133	観光用地	時価	27	平戸特設見張所
市町計	2,221,194	（備考）※印を除く			

出所：「旧軍用財産資料」（前出）より作成。
　　　※は1万m² 未満であるが、地方公共団体の用途目的が特殊なため掲示した。
　　　なお、表中の「佐海施」は佐世保海軍施設部、「川工廠」は川棚海軍工廠の略である。

　まず地方公共団体としての長崎県が取得した旧軍用地についてみると、取得件数は10件で、その総面積は約214万m² である。しかし、その大半（約76％）は、県営の椎茸栽培場用地として時価で取得した旧龍ノ崎砲台及交通路（1,625,871m²、対馬・厳原町）であり、これが地方公共団体としての長崎県が取得した旧軍用地の特徴である。椎茸は、厳原地域における林業特産品となり、地域経済の振興に一定の役割を果たすことになる可能性をもっている。また、長崎県が昭和25年に旧築城本部対馬出張所跡地の一部（27,527m²）を陶磁器原料採取地として時価で取得しているのも、一つの特徴である。これもまた、先の椎茸栽培と同様、長崎県がなんとかして対馬地区に産業を起こすことを意図したものである。その背後には、対馬が離島であるという地理的位置および島内市場の狭さに起因する工業立地の困難性という問題がある。その意味では、長崎県による伝習農場の設立を用途目的とした旧軍用地の取得もまたその一環と言えよう。

それ以外では、高校設立用地や道路用地なので、その他の府県と変わるところはない。ただし、減額率が50%あるいは40%となっているのは、精一杯の努力であったろう。

次に、市町による旧軍用地の取得状況についてみておくことにしよう。(6)表をみると、1万m²以上の旧軍用地を取得したのは、5市町の21件である。しかし、その21件のうち19件は、大村市、美津島町、川棚町が取得したものであり、諫早市と東彼杵町は各1件である。

この中で特殊なのは、昭和26年に美津島町が旧城山砲台及交通路（1,529,577 m²）を時価で取得した件である。その特殊性は、まず取得面積の広大さである。もう一つは「町有共有林」という用途目的に関するものである。

美津島町による旧城山砲台跡地（約153万 m²）の取得は、この1件だけで、長崎県の各市町による全旧軍用地の取得面積（約222万 m²）の69％になり、また「町有共有林」というのは、町および町民との共有林ということであろうか。この点については、具体的な内容を確かめる必要がある。また、美津島町が植林用地を多く取得していることも一つの特徴といえるかもしれない。いずれにせよ、旧城山砲台の跡地を取得した件は長崎県の市町による旧軍用地の取得の中でも特殊な事例であることは間違いない。

大村市が中学校および小学校用地を取得し、また川棚町が公営住宅用地を重点的に取得しているのも、地域的な特色と言えるかもしれない。

また、旧軍用地取得面積は1万 m²未満であるが、川棚町が澱粉工場用地を、また平戸市が観光用地を取得している点については、その具体的な内容をつめてみる必要があろう。

終わりに、旧軍用地の譲渡形態として、大村市、諫早市、それから川棚町でも、減額率70％というのがあるが、これは国有財産特別措置法の第四条を適用したものである。

⑶　民間（製造業を除く）への譲渡

ここでは長崎県における民間諸団体（製造業以外の民間企業）への旧軍用地の譲渡状況（3千m²以上）について紹介し、かつ分析する。その譲渡状況は(7)表の通りである。

XXⅢ-2-(7)表　長崎県における軍用地の民間（製造業を除く）への譲渡状況

（単位：m²、年次：昭和年）

譲渡先	譲渡面積	業種・用途	年次	旧口座名
神ノ島自治会	16,809	町民遊園地	24	四郎島砲台予定地
日鉄鉱業	146,263	鉱業用地	25	伊王島砲台及同交通路
同	4,155	同	33	同
松島鉱業所	6,912	同	27	池島防備衛所
長与漁協	45,683	漁業基地	29	大村海軍航空爆弾投下演習場
太田漁協	39,669	採草地	36	相島防備衛所
九州産業㈲	3,212	業種不詳	34	第21海軍航空廠
豆酘漁協	409,349	魚付林	39	豆酘砲台及同交通路
小島実	374,826	植林	31	大佐井山砲台及同交通路

五島鉱山	16,304	鉱業用地	28	川棚海軍工廠
高島真珠養殖所	12,995	海面養殖業	27	佐・海軍防備隊小佐々探照灯
栗山鉱業	78,846	鉱業用地	34	同
計	1,155,023			

出所:「旧軍用財産資料」（前出）より作成。※表中「佐」とあるのは佐世保の略。

2-(7)表をみると、長崎県の場合、旧軍用地の民間（製造業を除く）への譲渡は12件で、うち鉱業5件（252,480 m²）、漁業4件（507,696 m²）、その他3件（394,847 m²）、計1,155,023 m² となっている。

鉱業はそのすべてが石炭鉱業であり、長崎市周辺（離島を含む）が3件、川棚地区1件、北松地区1件となっている。もっとも、旧軍用地のすべてが石炭採掘現場というわけではなく、貯炭場として利用されたものがほとんどである。

次に、漁業では、漁協関係が3件で、海面養殖業（真珠）が1件という内訳になる。取得した旧軍用地の用途は、漁業基地（長与漁協）、魚付林（豆酸漁協）、太田漁協（採草地）と異なる。しかし、長与漁協の場合には、漁業基地というよりも魚礁として利用している。太田漁協による旧軍用地の具体的な利用形態は不詳であるが、真珠養殖業の場合には貝殻捨て場として利用している。なお、長与漁協の場合には、工業ではないが、特殊事情があるので、具体的な分析を行うことにしたい。

その他では、個人（団体代表者）による植林用地、地域自治会による公園・遊園地用地、それから業種不詳の各1件である。

以上の状況を概括すると、鉱業と漁業が多く、他府県でみられたような私立学校や民間病院などのサービス業、商業、建設業、運輸・交通業、倉庫業、通信業などへの転用がまったくみられないという特色が出ている。このことは、長崎県における旧軍用施設が離島や山地などに設置されていたという特殊事情もあるが、基本的には地域経済力の脆弱性を反映したものであろう。

(4) 工業用地への転用

長崎県にあった旧軍用地の工業用地（1件あたり3千 m² 以上）への転用については、まず旧軍用地を取得した企業とその業種を明らかにしておかねばならない。旧軍用地取得面積、取得年次等を一括してみたのが、次の表である。

XXⅢ-2-(8)表　長崎県における民間（製造業）への譲渡状況

（単位：m²、年次：昭和年）

企業等名	譲渡面積	業種用途	年次	旧口座名
大洋漁業	13,209	水産加工	25	戸町防禦区
長崎農産化学工業	11,599	肥料	25	第21海軍航空廠
同	11,041	同	27	同
川添晃	6,889	澱粉加工	27	同

大村白土鉱業	6,712	耐火煉瓦	32	同	
長崎農産化学工業	45,500	肥料	37	同	
県経済連農協連	7,895	ジュース	40	同	
山川甚一	7,692	製材業	26	竹松水交社	
大村純毅	8,398	工場敷地	26	第21海軍航空廠玖島岩鼻地区	
山口栄郎	3,619	澱粉工場	26	郷ノ浦弾薬本庫敷地	
東洋陶器	9,471	原料採取	23	対馬要塞火薬庫	
同	30,253	同	23	築城本部対馬出張所及要塞倉庫	
東海炉材	98,066	窯業	29	川棚海軍工廠	
同	8,492	同	34	同	
長崎県開発公社	16,521	工場敷地	42	同	
東海炉材	25,222	窯業	37	川棚海軍工廠官舎	
九州電力	9,712	電力供給	27	川棚海軍工廠百津配電所	
計	320,291				

出所：「旧軍用財産資料」（前出）より作成。

⑻表を分析するにあたって、これを業種別に整理しておこう。次の表がそれである。

XXⅢ-2-⑼表　⑻表の整理表（業種別区分）

（単位：m^2、年次：昭和年）

業種	件数	取得面積	取得年次　（　）内は件数
食品	4	31,612	25、26、27、40
木製品	1	7,692	26
窯業	6	178,216	23（2）、29、32、34、37
化学	3	68,140	25、27、37
電力業	1	9,712	27
不詳	2	24,919	26、42
計	17	320,291	20年代（11）、30年代（4）、40年代（2）

出所：⑻表より作成。

⑼表をみると、長崎県において旧軍用地を取得し、それを工業用地へと転用した企業は17件で、その総面積は約32万m^{2}である。つまり、1件あたりの平均取得面積は約1万9千m^{2}である。これは県単位での工業用地への転用面積としては著しく少なく、また取得規模も小さいと言わねばならない。これが長崎県における旧軍用地の工業用地への転用に関する一つの特徴である。

　次に、これを業種別にみると、窯業が6件、用地取得面積は17万8千m^{2}で最も大きく、製造業における旧軍用地取得の大半を占める。なお、窯業のうち約4万m^{2}は陶磁器の原料を採取するための用地取得である。つまり窯業のうち2件は、業種としては窯業であるが、実態としては、土石を採取する鉱業と同じ事業なのである。

　続いて旧軍用地を多く取得したのは食品工業の4件で、取得総面積は約3万m^{2}である。内容をみると澱粉加工が2件（約1万m^2）、大洋漁業の水産加工が1件（1万3千m^2）、ジュース製造

業が1件（約6千m²）という内訳になっている。

旧軍用地の取得件数では食品工業に劣るが、取得面積では、窯業に次ぐのが化学工業3件（約6万8千m²）である。3件のすべてが、長崎農産化学工業による取得であり、この点については具体的な分析をしておく必要がある。

木材工業は1件（約8千m²）であるが、その払下げにあたっての用途目的は「貯木場」となっている。また九州電力の用地取得は、おそらく旧軍用施設が配電施設だったので、その施設の取得と合わせて敷地も取得したのであろう。

業種不詳の製造業のうち、「大村純毅」の名義で旧軍用地を取得している件については、大村氏が大村市長（大村藩主の子孫）であったので、あるいは大村市による旧軍用地の取得ではなかったかと思われる。この点も確かめてみる必要がある。

旧軍用地の取得年次については、窯業で昭和23年の取得があるが、全体としては昭和26年、27年を中心とした昭和20年代が11件で最も多い。それに次ぐのは昭和30年代で4件、昭和40年代は僅か2件である。

4. 長崎県における旧軍用地の工業用地への転用に関する地域分析

長崎県における旧軍用地の工業用地への転用について地域分析するにあたっては、まず旧軍用地を取得した場所、つまり旧軍用施設があった地域を明確にしておかねばならない。工業用地として取得された17件の旧軍用地の所在地を整理すると、次のようになる。

XXⅢ-2-⑽表　長崎県における旧軍用地の工業用地への転用（地域別）

（単位：m²、年次：昭和年）

市町名	件数	取得面積	取得年次　（　）内は件数
大村市	8	105,726	25、26（2）、27（2）、32、37、40
川棚町	5	158,013	27、29、34、37、42
対馬市	2	39,724	23（2）
壱岐市	1	3,619	26
長崎市	1	13,209	25
計	17	320,291	20年代（11）、30年代（4）、40年代（2）

出所：⑻表より作成。

大村市の取得件数は8件で、長崎県では最も多い。続いて取得件数では大村市に劣るが、取得面積が最も大きかったのは川棚町である。以下では、この二つの地域を中心に工業用地への転用状況を分析していく。なお、場合に応じて、鉱業や漁業などの諸産業用地への転用についても言及しておきたい。

⑴　大村市

戦前の大村市には41口座の旧軍用施設があった。その中で中心となる旧軍用施設は、既に⑴

表で紹介しておいたように、大村市富の原郷にあった旧大村海軍航空隊（2,126,810㎡）と同市森園郷にあった旧第21海軍航空廠（2,089,453㎡）である。特に、後者は航空廠ということもあって、その跡地の取得は地方公共団体および諸資本にとって、大きな魅力であった。

旧第21海軍航空廠は、昭和16年10月に佐世保海軍工廠飛行機部と佐世保海軍軍需部大村補給工場が統合して設置されたものであり、東洋一を誇る海軍航空廠であった[1]。しかしながら昭和19年10月の爆撃で、この航空廠は全くの荒廃地となってしまった。戦後における旧海軍航空廠の跡地利用について、『大村市史』（下巻、昭和36年）は次のように述べている。

「敗戦により、衰微の極におちいった本市の再建復興は緊急の要務であった。そこで市では厖大な旧第21海軍航空廠の残存地域を平和産業の一大生産地帯とし、その復活再興をはかることが発展の基礎をなすものであるとの観点から、航空廠の一大軽工業地帯化を企図した。

市議会ではいち早く、旧空廠対策特別委員会を特設し研究をかさね、さらに市企画委員会においては、この問題をとりあげて研究することになり、次のような事項をかかげて計画をたてた。

　　　○工場の譲渡　　○本地域の都市計画地域指定地　　○起重機および埠頭施設の払い下げ
○鉄道引込線存置　　○本地域内工場の電話架設　　○元空廠水道関係施設払い下げ

こうして、工場誘致に奔走、施設の使用許可申請等に極力援助をはかった」[2]

上記の引用文により、旧海軍航空廠の歴史的経緯が判るが、終戦後間もない昭和22年12月末日現在、旧航空廠の敷地内には、次のような工場が立地していた。

XXⅢ-2-⑾表　旧第21海軍航空廠跡地の利用状況（昭和22年）

（単位：人）

企業名	業種	従業員数
東亜産業㈱	製粉業	14
日月繊維工業㈱	繊維工業	53
西日本紙業㈱	製紙工業	70
三久化学工業㈱	食品・石鹸製造	7
森園製塩㈱	製塩	10
西日本硝子工業㈲	硝子器	36

出所：『大村市史』（下巻）、大村市役所、昭和36年、411～412
ページ。

⑾表に掲示されている諸企業は、少なくとも社名としては、⑻表には登場してこない。おそらく、これらの工場は大蔵省より用地を一時使用の許可を得て操業していたものと推測される。

昭和25年以降になると、まず昭和25年に長崎農産化学工業が進出し、農産物加工および農業用肥料を製造するようになった。以後同社は3回に亘って旧軍用地を取得し、その合計面積は約6万8千㎡になる。

その後は⑻表にみられるように、長崎県経済連合会・長崎県農協連合会がジュース工場、川添晃氏が澱粉工場を設立している。しかしながら、広大な旧海軍航空廠の跡地といえども、地域経

第二十三章　佐賀県・長崎県（佐世保市を除く）　779

済力の弱さ、すなわち独自的な市場圏をもたない大村市にあっては、その跡地に立地してくる大工業はなかった。あるいは、大村市の政策として、「一大軽工業地帯化」を意図していたのかもしれない。いずれにせよ、戦後20年を経た昭和43年の段階においても、「広大な旧軍用地の存在」を、工場誘致の条件の一つとして、なお宣伝するという状況であった。そうした大村市の工業立地条件については、『伸びゆく大村と25年の回顧』（昭和43年）の刊行に際して、当時の大村市長（大村純毅）の記した「あいさつ」が判りやすい。

　「現在では企業誘致条例を制定して長崎県下はいうまでもなく、北九州地方まで供給できる大村火力発電所や、その他いろいろの企業が大村に進出してきました。このほか萱瀬ダム、大村空港などがあり、とくに広大な旧軍用地と、電力供給はいうまでもなく、豊富な地下水があり、最適の工業立地条件をそなえていますが、既存産業の育成と新規産業の開発が大きな問題として残されています」[3]

　この大村市長の「あいさつ」には、「その他いろいろの企業」とあるが、実際にも多くの企業が大村市に立地してきている。それらを一括したのが次の表である。

XXⅢ-2-⑿表　大村市に立地した工場一覧（昭和42年）

（単位：人、年次：昭和年）

立地企業名	立地年月	従業員数	業種・製品等
九州電力	32. 8	250	電力供給
カネミ倉庫	39. 7	30	食用油
大村耐火	39. 7	60	シャモット
共立ハドソン	41. 10	150	婦人靴下
九州鉱滓コンクリート	42. 6	50	コンクリート
西日本飲料	42. 7	73	ペプシコーラ
共立毛糸紡績	42. 6	600	毛糸
九州建設機械販売	42. 7	45	重機械部品
経済連ジュース工場	42. 8	66	ジュース
松下工業	42. 10	50	工業用ミシン部品

出所：『伸びゆく大村と25年の回顧』、大村市役所、昭和43年、9ページ。

　⑿表を⑾表と単純に比較することはできないが、昭和22年段階における旧第21海軍航空廠の跡地に立地した工場は零細・小規模なものが多かったが、昭和42年段階では、必ずしも旧航空廠の跡地を利用した工場ばかりではないが、共立毛糸紡績のように従業員数600名という大きな工場も立地してきており、全体的に大規模化してきていることが判る。つまり、それだけ地域雇用が進んだということになる。

　昭和55年段階になると、野上織布（従業員約200名、メリヤス製造）や吉原工業大村工場（従業員約150名）をはじめ、芝和鉄工、今里鉄工、田中鉄工所、岩吉鉄工、早瀬鉄工などの個人・零細規模の鉄工所が散在しており、かつ大洋食品、久保製材所、上谷自動車整備工場、旭セメント瓦工業所、福岡金属工業などが立地してきており、旧航空廠の周辺一帯は大村市によって準工

業地域に指定されている。なお、昭和25年に立地してきた長崎農産化学工業は、昭和51年まで操業を続けていたが、その後閉鎖し、その跡地は昭和55年現在、大村市立病院となっている[4]。なお、2-(8)表に示した川添晃氏による澱粉工場、2-(7)表に示した業種不詳の九州産業㈲については、文献等で所在の有無を確かめることができなかった。

大村市にあったもう一つの巨大な旧軍用施設、大村海軍航空隊の跡地は、2-(1)表でも示したように、その大半（約170万m²）が農林省へ有償所管換されたほか、残りの31万m²は総理府防衛庁へ移管されており、工業立地はなかった。

また大村純毅氏による工場用地（玖島岩鼻地区）と山川甚一氏による貯木場（原口郷）への転用については、その所在地を確認できなかった。

そうした状況はあるが、旧海軍航空廠をはじめとする旧軍用施設の跡地が大村市における工業発展の大きな鍵と考えられていたことは、昭和50年の段階でも変わることはなかった。その点は、次の文章でも明らかである。

「第二次産業の発展が予想される旧軍用地域（工業用地）は、大村湾東側臨海工業ベルト地帯の中枢部にあって、企業立地条件の要因も充分具備しており、土地利用計画の適正配置と空港、高速自動車道等基幹となる交通基盤の整備によって既存企業の発展はもちろん新規企業の立地がすすむものと想定される。すなわち約230ヘクタールの工業用地には総合食品工業、空輸型の精密機械工業、IC、トランジスター等の電気工業の大企業、中枢企業を中心として誘致し、これと関連する下請企業、サービス工業の増大、既存企業の育成を図り、公害のないあくまで市民生活優先の原則を貫き、二次産業開発政策を積極的に推進する」[5]

ここでは地域工業化に果たした、旧軍用地の役割が述べられると同時に、新しい工業立地の展開方向として、総合型の食品工業、臨空立地型の精密工業、エレクトロニクス型のIC産業、そしてサービス工業などが提唱されている点に注目しておきたい。

1） 『大村市史』（下巻）、大村市役所、昭和36年、479ページ参照。
2） 同上書、409ページ。
3） 『伸びゆく大村と25年の回顧』、市制25周年記念誌、大村市役所、昭和43年、大村市長（大村純毅）の「あいさつ」。
4） 昭和55年の現地踏査および大村市役所での聞き取りによる。
5） 『おおむら』、大村市役所、1977年、「昭和60年の大村市」（資料編）、5〜6ページ。

(2) 川棚町

戦前、川棚町にあった旧軍用施設で、戦後、大蔵省が引き継いだのは36口座、旧軍用地の総面積は、4,668,159m²であった[1]。そのうちの最大の敷地をもった旧軍用施設は、2-(1)表で示しているように、市内石木郷にあった旧川棚海軍工廠石木疎開工場（1,699,216m²）であったが、その大部分は農林省へ有償所管換されている。

次に大きな旧軍用施設は、旧川棚海軍工廠猪乗疎開工場（729,471m²）であり、続いて旧川棚

第二十三章　佐賀県・長崎県（佐世保市を除く）　781

海軍工廠（552,911 m²）であった。ちなみに川棚町にあった旧軍用施設を、その敷地面積規模で区分してみると、1万 m² 未満が5口座（計23,686 m²）、1万 m² 以上5万 m² 未満は19口座（計490,055 m²）、5万 m² 以上10万 m² 未満が5口座（計367,859 m²）、10万 m² 以上50万 m² 未満が4口座（計804,961 m²）という構成になっている。つまり川棚町にあった旧軍用施設の総敷地面積のうち、およそ3分の2が、上記の大規模な旧軍用施設、具体的には旧海軍工廠関係の3口座で占められていたのである。

戦後、川棚町で旧軍用地が工業用地へと譲渡されたのは、2-(8)表で明らかなように、5件で、その総面積は158,013 m² である。すなわち川棚町にあった旧軍用地のうちの僅か3.4%しか工業用地へと転用されなかったのである。このことは、川棚町にあった旧軍用地のほとんどが、農林省へ有償所管換されたことを示している。

以下では、川棚町における旧軍用地の工業用地への転用について歴史的な経緯をみておこう。

東海炉材の立地は長崎県による企業誘致の最初期のものであり、旧海軍工廠の施設をそのまま使うという条件のもとで、この地に立地している。当初は耐火煉瓦を製造していたが、昭和43年4月、東芝セラミックスとなり、昭和54年12月現在の従業員は約300名である[2]。

五島鉱山は、昭和55年現在、カオリンを製造しており、従業員数は80名である[3]。なお、長崎県開発公社が取得した跡地利用については不明であった。

この旧海軍工廠の跡地に立地してきた、それ以外の工場は、いずれも、この元の地主に返還された旧軍用地を購入したものである[4]。

昭和53年に立地してきた長崎日本ハムは、従業員188名（昭和55年現在）であるが、委託業者も含めると230名に達する。昭和38年7月に創業し、ヒューム管を製造している同和コンクリートは、従業員54名（昭和55年9月現在）である[5]。

その他に、従業員数30名以下の零細・小企業が約35工場あり、旧海軍工廠およびその関連施設の跡地は、かなりの工場集積をもつに至っている。

この旧海軍工廠の敷地は、大村湾にそそぐ川棚川の河口にあり、埋立造成によるものである。大村湾に突出した西側の大崎半島と、東側の彼杵駅周辺地との、ちょうど中間点に位置し、比較的山地の多い川棚町では海岸に面した唯一の平坦地にある。

山地が多い地形なので、平坦な工場用を拡張していく余地はほとんどないが、それだけに、この平坦部への工場集積は、地域振興の大きな期待を担っている。

「海軍工廠跡に進出した窯業・土石関係を中心とする本町の産業は、豊富な水と陸・空の交通の便もあって順調に発展、出荷額も87億円（52年）を超えるに至った。また、産業界の低迷する昨今にあって、1年前には大手の食肉産業が進出するなど、町経済の見通しは明るい」[6]

上記の引用文にある「町経済の見通しは明るい」という文言を裏付けるような数字がある。次の表は、昭和25年と昭和50年における川棚町の産業別就業人口を比較してみたものである。

782

XXⅢ-2-⑬表　川棚町の産業別就業人口（昭和25年と昭和50年）の対比

(単位：人)

年次	昭和25年		昭和50年	
項目	就業者数	構成比	就業者数	構成比
第一次産業	3,092	49.6%	1,047	15.8%
第二次産業	1,132	18.2%	2,597	39.1%
第三次産業	2,006	32.2%	2,995	45.1%
計	6,230	100.0%	6,639	100.0%

出所：『かわたな』（資料編）、川棚町役場、1979年、6ページ。

　⑬表をみると、昭和25年から昭和50年にかけて川棚町における就業人口が6,230人から6,639人へと増加し、第二次産業における就業人口もこの間に1,132人から2,597人へと構成比で20.9％の増加をみている。高度経済成長期に、山地の多い川棚町で、さしたる人口流出もなく、かつ第二次産業が増加しているのは、旧海軍工廠の跡地利用に大きく預かっているとみてもよいであろう。もっとも、第一次産業の就業人口が33.8％も激減していることや第三次産業が12.9％ほど増加していることもあわせて考えると、全体としては産業別にみた就業人口構成の劇的な変動があったことになる。つまり、第一次産業の激減は地域における農林漁業の不振を反映したものであり、このことも見逃してはならない。

　川棚町では、戦後旧海軍工廠にあった工員住宅に海外からの引揚者が多く住みついたが、のち大蔵省より町が払下げを受け、これを町営住宅としている。

　川棚町は昭和45年に、旧川棚海軍工廠第一および第二工員住宅（計58,764m²）を減額率40％で取得しており、それ以外に旧川棚海軍工廠会議所（15,783m²）の一部を昭和25年に取得したのをはじめ、昭和29年には旧川棚海軍工廠官舎跡（104戸、約2万7千m²）、同47年には旧工廠白石工員住宅（57戸、約1万7千m²）を民間が取得している[7]。

　このように、川棚町では、労働力がかなり豊富であったということもあるが、旧川棚海軍工廠および関連施設の工業用地への転用が、町の発展に大きく寄与したという点は否定できない。これに加えて、上水道施設が大蔵省より無償で払い下げられたことも川棚町としては大いに助かったとしている。これらの工場誘致によって、町への税収も増え、しかも誘致した企業が男子雇用型であったため、地元雇用を促進させることができたと川棚町ではみている[8]。

　　1）　「旧軍用財産資料」（前出）より算出。
　　2）　昭和55年9月、川棚町役場での聞き取りによる。
　　3）～5）　同上。
　　6）　『かわたな』（町勢要覧）、川棚町、1979年、5ページ。
　　7）　昭和55年9月、川棚町役場での聞き取りによる。
　　8）　同上。

第二十三章　佐賀県・長崎県（佐世保市を除く）　　783

⑶　対馬市・壱岐市

　平成16年3月1日をもって、対馬の6町が合併して対馬市となり、壱岐では4町が合併して
壱岐市となった。ここでは、この対馬市と壱岐市の二つに分けて、旧軍用地の工業用地への転用
について分析していく。

①　対馬市

　戦前の対馬には、旧軍用施設が92口座、その合計敷地面積は11,608,652m²に達した。ちな
みに、対馬の旧町別に旧軍用施設をみると、旧美津島町60口座（計7,556,581m²）があったのを
はじめ、旧厳原町8口座（計2,664,346m²）、旧上対馬町11口座（計507,094m²）、旧上県町2口
座（計508,913m²）、旧豊玉町9口座（計364,010m²）、旧峰町2口座（計7,708m²）という状況で
あった[1]。

　戦後における旧軍用施設（旧軍用地）の主要な転用状況について、これまでの諸表で明らかに
してきているが、工業用地への転用は2-⑻表で示しておいた。

　2-⑻表によれば、対馬市における旧軍用地の工業用地への転用は、東洋陶器による2件があ
るだけである。

　旧厳原町市街地の北部（国道30号線沿い）には、旧築城本部対馬出張所（官舎並対馬要塞倉庫を
含む）があった。昭和56年現在では、公営住宅や自衛隊の訓練用地として利用されているが、
その東側の部分は小高い丘に接近した崩地となっている。この崩地のあたりおよそ3万m²は、
「陶磁器原料採取」を用途目的として、昭和23年に東洋陶器へ払い下げられている。その後、東
洋陶器の所有地は昭和26年に共立窯業原料㈱のものとなっている。ただし、共立窯業原料の敷
地面積は9千m²を若干超える程度であり、残りの部分がどうなっているのか不詳である[2]。

　また、旧厳原町と旧美津島町との境で、国道382号線沿いの場所、具体的には厳原町大字小浦
字ザレには、戦前に旧対馬要塞火薬庫があった。この跡地も昭和23年に東洋陶器が取得してい
るが、昭和56年現在、ここは「山地」の状況で放置されたままになっている[3]。

　つまり東洋陶器は、築城本部跡も、この小浦字ザレも、いわば陶土を採取するために用地を取
得したものであり、工場用地として取得したものではない。

　ちなみに、昭和56年4月現在、小浦字ザレの周辺は、共立窯業原料や小野田セメントの所有
地となっているが、いずれも山地である。なお、共立窯業原料の場所には、白色の陶土が文字通
り山積みされている[4]。

　　1）　「旧軍用財産資料」（前出）より算出。
　　2）　昭和56年5月、厳原町役場での聞き取りによる。
　　3）　昭和56年5月、現地踏査による。
　　4）　同上。

② 壱岐市

　戦前の壱岐には、27口座（計2,083,921m²）の旧軍用施設があった。その地域的な配備状況は、旧郷浦町には17口座（計1,754,980m²）、旧勝本町は7口座（計306,476m²）、旧芦辺町には3口座（計22,465m²）となっていて、旧石田町にはなかった[1]。

　壱岐市にあった旧軍用施設（旧軍用地）の戦後における転用概況については、対馬市の場合と同様、長崎県におけるこれまでの諸表で明らかにしてきた通りである。

　2-(8)表をみれば判るように、壱岐市の場合、山口栄郎氏が昭和26年に旧郷ノ浦弾薬本庫敷地の一部（3,619m²）を澱粉工場の建設目的で取得したのが1件あるだけである。

　この件に関しては、その後における状況等の調査を行っていないので、不詳である。

　　1）「旧軍用財産資料」（前出）より算出。

(4)　長崎市

　戦前の長崎市には、11口座（計156,193m²）の旧軍用施設があった。もっとも、長崎市は、平成17年には外海町（1口座、6,912m²）、伊王島（2口座、計277,350m²）、野母崎町（1口座、19,258m²）、香焼町（5口座、計45,429m²）の4町を、そして平成18年には琴浜町（2口座、計2,225,315m²）を編入しているので、これらを加えると、22口座、2,730,457m²の旧軍用地施設があったことになる[1]。

　ちなみに、長崎市の場合、昭和24年8月9日に「長崎国際文化都市建設法」（法律第220号）が制定されているが、これは8月6日に制定された「広島平和記念都市建設法」（法律第219号）と軌を同じくするものであった。なお、第一条（目的）は「この法律は、国際文化の向上を図り、恒久平和の理想を達成するため、長崎市を国際文化都市として建設することを目的とする」と異なっているが、その第四条は、広島市の場合とまったく同じ文章で、いわゆる国が必要と認めた場合は「普通財産を譲与することができる」となっている。

　旧軍用地の転用という視点からみれば、長崎市片渕町にあった長崎聯隊区司令部（4,254m²）の跡地が昭和32年に原爆病院へと「譲与」されたことを記しておかねばならない。

　それ以外では、長崎要塞司令部（13,616m²）が昭和27年に運輸省の庁舎へ無償所管換された件、長崎海軍武官府（2,754m²）が昭和42年に大蔵省省別宿舎へ移管された件が目立つ程度であり、この長崎国際文化都市建設法には、先の原爆病院を除いて、みるべき実績がないと言えよう。

　もっとも、旧軍用地の工業用地への転用という点では、昭和25年に旧戸町防禦区の跡地（13,209m²）が、大洋漁業へ水産加工を用途目的として時価で払い下げている1件がある。

　もともと、ここは昭和23年に大洋漁業が金鍔谷製氷工場（1万2千m²）として発足し、大蔵省より一時使用の許可を得ていたものである。大洋漁業は旧防禦区の跡地を大蔵省から時価で払下げを受けると、そこに冷凍工場を建設、やがてこの冷凍工場が老朽化すると、昭和47年に新しい冷凍工場（敷地面積2,676m²）を建設した。昭和56年4月現在の名称は大洋漁業長崎支社長

崎戸町冷凍工場で、従業員数は 12 名であった[2]。

これは旧軍用地の工業用地への転用ではないが、戦前の旧外海町池島には旧池島防備衛所（6,912 m²）があった。その跡地は昭和 27 年に松島炭鉱に鉱業用地として払い下げられている。松島炭鉱は、昭和 27 年より池島（西彼杵半島の西岸からおよそ 6 km 西方にある、東西 1.5 km、南北 1.0 km、周囲 4.0 km の島である[3]）を開発しており、その炭質は「各炭層とも発熱両 7,500 カロリー以上の弱粘結炭で、流動性が高く、製鉄、コークス、ガス、発電等、需要に適合した」[4] ものと言われていた。

ところで、池島の 8 割近くは、松島炭鉱の所有地であり、払下げを受けた旧軍用地は、その極く一部でしかない。具体的には、第一立坑のある池島で最も高い場所（高平）がその跡地であり、昭和 56 年の時点では、事業用地の一部ではあるが、鉱業用地としては特別には利用されておらず、海水を淡水化し、貯水するタンクを置いているだけの雑草地となっている。もっとも、その周辺には旧軍の防空壕跡がそのまま残っていた[5]。

ちなみに、松島炭鉱は、一社一山の炭鉱であり、昭和 56 年の時点では、わが国で残っている三炭鉱のうちの一つであった。同年 3 月末の従業員は 1,451 名、その実収可能炭量は約 8 千万トンと言われていたが[6]、平成 13 年 11 月、最後の炭鉱として惜しまれながら、遂に閉山するに至った。

 1） 旧軍用財産資料（前出）より算出。
 2） 昭和 56 年 4 月、大洋漁業戸町冷凍工場での聞き取りによる。
 3） 「松島炭鉱の概要」、松島炭鉱、2 ページ。
 4） 同上冊子、5 ページ。
 5） 昭和 56 年 4 月、現地踏査による。
 6） 「松島炭鉱の概要」、前出、5、14 ページ参照。

(5) 小佐々町（現佐世保市）

長崎県の北松浦地域には幾多の炭鉱があった。その一つが栗山鉱業である。これも旧軍用地の工業用地への転用ではないが、いわば補論として、旧軍用地の鉱業への転用について言及しておく。

戦前の旧北松浦郡小佐々町には、旧佐世保海防備隊小佐々探照灯（705,352 m²）があった。この跡地は昭和 23 年に農林省へ開拓農地（583,229 m²）として有償所管換され、また昭和 27 年には高島真珠養殖所にその一部（12,995 m²）が払い下げられた。昭和 34 年、同様に栗山鉱業（永島炭坑）へその一部（78,846 m²）が払い下げられた[1]。

永島炭坑の経緯については、次のような記述がある。

「明治初年から既に石炭の露頭部の狸掘りが行われていたが、明治 30 年頃坂田某が採掘権を獲得、36 年斜坑開さくに着手、大阪汽船 KK の出資を得て陸地部の採炭が行われたが、39 年に閉鎖。その後、この付近が要塞地帯に編入されたため再開できなかったが、昭和 22 年に至って堀

786

川辰吉郎が採掘権を得、27年トケイ島から小規模開坑大瀬5尺層を掘った。昭和31年に至り、栗山栄が鉱区を譲り受け明治39年に閉山した坑道を再開、32年10月から採炭を開始した。また深部にある大瀬5尺層開発のため、昭和34年から傾斜20°の本坑を別に掘進し、1300m延長、あと45mで着炭するというところで37年1月送電線の塩害により停電事故のため水没し、事業を中止した。昭和39年福岡丸二商会の協力で事業再開、40年7月待望の大瀬5尺に着炭し、採炭をはじめたが、予期しなかった断層に遭遇、昭和42年3月遂に事業を中止した」[2]。

昭和56年4月の時点では、永島炭坑の跡地は放置されたままとなっており、永の島には、採炭用のトンネルと石炭積出場とが、白い残骸を晒していた[3]。

なお、小佐々町は平成18年3月、五島列島の宇久町と共に佐世保市に編入された。

　1） 「旧軍用財産資料」（前出）を参照。
　2） 『小佐々町郷土誌』、小佐々町役場、昭和43年、164ページ。
　3） 昭和56年4月、現地踏査による。

⑹　長与町

戦前の西彼杵郡長与町（昭和43年までは長与村）二島には、旧大村海軍航空隊爆弾投下演習場（45,683m²）があり、この二島は昭和14年12月に海軍省へ接収された[1]。戦後は、米軍に接収され、戦前と同様に爆弾投下の演習に使われた[2]。

その後、米軍より返還され、昭和29年に長与町漁協が漁業基地として、大蔵省よりこの島の所有権を取得した。もっとも、土地台帳では、昭和29年6月2日に長与町が所有権を得、昭和32年に長与町漁協に所有権を移転したことになっている[3]。

長与町漁協は、この二島に松を植え、魚礁（魚付林）として利用しようとしたが、マツクイムシによって松は全滅してしまった。昭和56年の時点では、二島は荒れ果てた姿のままになっている[4]。

　1） 昭和56年4月、長与町役場での聞き取りによる。
　2） 同上。
　3） 同上。
　4） 昭和56年4月、現地踏査の結果による。

第二十四章　佐世保市

第一節　佐世保市における旧軍用施設の概況

　佐世保市に海軍鎮守府が設置されたのは明治 22 年のことである。爾来、日本における有数の軍港として発展してきたが、第二次大戦での敗北によって、瓦解。昭和 25 年に平和産業港湾都市への転換を目標として再建、都市基盤の整備を行ってきた。

　戦後、大蔵省が旧軍関係の諸機関から引き継いだ佐世保市所在の旧軍用施設は、119 口座、敷地面積にして、20,790,693 m² である[1]。

　これを敷地面積規模別に整理してみると、次表のようになる。

XXIV- 1 -(1)表　佐世保市における旧軍用施設の面積規模別構成表

（単位：m²）

面積規模	口座数	敷地面積	構成比率
1 万 m² 未満	26	107,505	0.5%
1 万〜 5 万 m²	40	1,032,473	5.0%
5 万〜 10 万 m²	18	1,260,061	6.1%
10 万〜 50 万 m²	24	5,703,686	27.4%
50 万 m² 以上	11	12,686,968	61.0%
計	119	20,790,693	100.0%

出所：「旧軍用財産資料」（大蔵省管財局文書）より算出。

　(1)表をみれば判るように、佐世保市にあった旧軍用地は約 2 千万 m² であるが、そのうちの 35 口座、すなわち敷地面積が 10 万 m² 以上の旧軍用施設だけで、全体の 88％強という高い構成比率をもっている。したがって、佐世保市における旧軍用施設の概要を把握するには、10 万 m² 以上の旧軍用施設を紹介しておけばよいということになる。

　次の表は、佐世保市における 10 万 m² 以上の旧軍用施設の所在地とその主たる転用先をまとめたものである。ただし、ここで言う佐世保市は昭和 25 年に旧軍港都市として軍転法の適用地域を指すので、平成 17 年と同 18 年に佐世保市へ編入した旧町（世知原町、宇久町、小佐々町）は含めないものとする。「主たる転用先」とは、同じ旧軍用施設の中で、最も大きい敷地面積を払い下げた相手方のことである。

XXIV-1-(2)表　佐世保市における主要な旧軍用施設（10万 m² 以上）の概要

（単位：m²、年次：昭和年）

旧口座名	所在地	敷地面積	主たる転用先　（年次）
佐世保施設部前畑工員宿舎	天神町	354,041	農林省・農地（30）
佐世保海軍工廠疎開用地	今福町	128,634	佐世保市・市営住宅（28）
川の谷重油タンク	川の谷	361,287	提供財産・昭和48年現在
赤崎燃料置場	赤崎町	284,556	提供財産・昭和48年現在
赤崎地区	同	137,965	佐世保市・市営住宅（33）
庵崎重油タンクガソリン庫	庵ノ浦町	227,733	提供財産・昭和48年現在
佐世保海軍工廠	立神町	836,053	佐世保船舶工業（36）
佐世保海兵団	平瀬町	201,764	提供財産・昭和48年現在
佐世保軍需部第一区	同	126,802	提供財産・昭和48年現在
佐世保海軍航空隊第21空廠崎辺地区	崎辺町	600,861	提供財産・昭和48年現在他
佐世保軍需部千尽燃料置場他4口座	千尽町他	1,209,601	提供財産・昭和48年現在他
飯盛山堡塁予定地	相浦町	232,437	その他
相浦海兵団	同	1,507,393	総理府防衛庁（32）
佐世保海軍工廠船越地区	船越町	311,803	提供財産・昭和48年現在
向後崎防禦区	俵ケ浦町	130,352	農林省・農地（23）
佐世保海軍工廠鵈浦地区	赤崎町	410,002	農林省・農地（23）
佐世保軍需部尼瀉火薬庫	白岳町他	544,026	農林省・農地（23）
佐世保軍需部菫ケ岡倉庫	黒髪町	111,053	佐世保市・道路（一）
21空廠日宇分工場他2口座	大和町他	474,108	文部省・佐世保高専（39）他
岡本水源地	野中町	196,862	佐世保市・水道施設（29）
佐世保海軍黒髪射撃場	黒髪町	131,960	総理府防衛庁（31）
佐世保海軍山ノ田水源地	桜木町	330,694	佐世保市・上水道施設（28）
丸出山堡塁及同交通路敷地	俵ケ浦町	169,213	農林省・農地（23）
小首堡塁及同交通路敷地	同	103,332	農林省・農地（23）
枇杷坂部隊	指方町	246,677	農林省・農地（36）
佐世保海軍工廠安久火工工場及白毛工場	有福町	2,322,000	農林省・農地（22）
第21空廠牛ノ浦補給倉庫	江上町	2,364,558	農林省・農地（22）
佐世保通信隊針尾分遣隊	針尾中町	470,499	農林省・農地（23）
針尾海兵団	針尾	852,537	長崎県・企業用地（45）
佐世保軍需部久津郷倉庫	宮津町	991,735	農林省・農地（23）
大崎山防空砲台	針尾北町	524,171	農林省・農地（23）
佐世保通信隊満場分遣隊	下宇土町	934,033	農林省・農地（23）
川の谷水源地	川の谷町	250,469	佐世保市・上水道施設（29）
転石水源地	柚木町	118,310	佐世保市・上水道施設（28）
相当水源地	上柚木町	183,133	佐世保市・上水道施設（29）

出所：「旧軍用財産資料」（前出）より作成。

(2)表の口座名に、「千尽燃料置場他4口座」、「日宇分工場他2口座」とあることから判断すると、戦前の佐世保市にあった旧軍用施設は、119口座ではなく、正確には125口座だったことが判る。追加分となる6口座の具体的な内容が不詳なので、本書では、119口座として論を進めていくことにする。

さて、佐世保市にあった大規模な旧軍用施設（10万 m² 以上）を軍事機能別に分類してみると、次のようになる。

XXIV-1-(3)表　佐世保市の主要旧軍施設（10万 m² 以上）
の機能別分類

（単位：m²）

機能	口座数	敷地面積
海軍工廠関連	5	4,008,492
第21航空廠関連	3	3,439,527
燃料・重油関連	4	2,083,177
軍需部関連	4	1,773,616
海兵団	3	2,561,694
防塁・防禦区	5	1,159,505
部隊駐屯地	3	1,651,209
水源地	5	1,079,468
射撃場	1	131,960
施設部工員宿舎	1	354,041
赤崎地区	1	137,965
計	35	18,380,654

出所：(2)表より作成。

(3)表をみると、佐世保には海軍基地として必要不可欠な軍事施設が数多く設置されていたことが判る。すなわち、艦船の製造および修理を行う海軍工廠、海軍機を製造整備する航空廠、艦船に燃料を供給する燃料および貯油施設、弾薬を含む軍需品を供給する軍需部の諸施設（倉庫等）、それから海外へ派遣する軍隊を集結する海兵団、基地を防禦する諸施設などがそれである。問題は、それらの敷地を工業用地へ転用する場合の経済的可能性の程度である。

ここでいう経済的可能性というのは、工場立地に係わる諸条件を経済的に評価した場合、採算面からみてどうかという評価である。それには、当該地の面積規模、形状、傾斜度、凹凸度、さらに地耐力や経済距離などが評価視点となる。

(3)表に関して言えば、海軍工廠、第21航空廠、軍需部関連施設、海兵団、部隊駐屯地、工員宿舎などが工業用地へ転用するのに経済的可能性が高いと言えよう。その点、燃料置場、防禦施設、水源地などの工場用地への転用可能性は経済的にみて低いとみられる。だが、そうした評価は、一般的な評価であり、個々の旧軍用地の経済的な評価は、やはり個別的に検討せざるをえない。それが現実である。

次に、佐世保市における旧軍用施設の地域的分布（配置）状況についてみておこう。

XXIV-1-(4)表　佐世保市の主要旧軍施設（10万 m² 以上）の地域的分布状況

（単位：m²）

地域	口座数	敷地面積	主な旧軍用施設
桜木・相浦地区	4	2,267,386	相浦海兵団、山ノ田水源地
港湾地区	8	3,335,377	佐世保海軍工廠、佐世保海兵団、千尽燃料置場
湾口地区	6	1,543,294	第21航空廠崎辺地区、佐世保海軍工廠船越地区
日宇・早岐地区	6	3,937,188	海軍工廠安久火工工場及白毛工場、軍需部尼瀉火薬庫、21空廠日宇工場
指方・針尾地区	7	6,384,210	針尾海兵団、21空廠牛ノ浦補給倉庫、通信隊満場分遣隊、軍需部久津倉庫
山地地域	4	913,199	川の谷重油タンク、川の谷水源地
計	35	18,380,654	

出所：(2)表より作成。

　昭和48年の時点における佐世保市を⊃字型に措定すると、北西の相浦地区から南東の針尾地区までは、直線距離にして約18km、その中間よりやや北にJR佐世保駅やシーサイドパークがある。(4)表をみると、旧軍用施設の口座数は、佐世保港湾地区と指方・針尾地区、それから湾口地区と日宇・早岐地区に多く、桜木・相浦地区と山地地区で相対的に少ないことが判る。しかしながら、これを工業立地という視点からみると、港湾地区と日宇・早岐地区が、市場への近接性および交通の利便性という点で優れており、桜木・相浦地区および指方・針尾地区がこれに次ぎ、湾口地区（崎辺町を除く）と山地地区は、地形的にも劣性である。

　ただし、これは概括的な評価であって、土地価格との関連では、それが逆比例になることに留意しておかねばならない。しかも、工場を立地させる対象地として、旧軍用地の存在が前提となっている場合には、その対象地がもっている個別的な立地条件（適産策定型）が具体的に検討されるべきであろう。したがって、(4)表では、工場立地条件が劣性である地区でも、工場と軍事施設とは立地条件が異なるとは言え、かなり大規模な旧軍用施設が設置されていることを示している。

　以上、佐世保市にあった旧軍用施設（旧軍用地）の概況をみてきたが、昭和48年の時点では、(2)表でも判るように、米軍への提供財産として使用されている口座がかなりの数に達する。しかも、昭和48年以降に返還されたものが相当数ある筈である。

　この提供財産については、本書の基本的な研究対象ではないが、佐世保市については、その概略だけでも把握しておくことにしよう。

　佐世保市において、昭和45年までに返還された駐留軍施設は次の通りである。

XXIV-1-(5)表　佐世保市における駐留軍返還施設（昭和 45 年現在）

（単位：m²、年次：昭和年）

施設名	返還年	土地	建物
佐世保海軍施設	26 ～ 44	12,897	16,478
佐世保ドライドック地区	30 ～ 43	92,652	4,717
名切谷住宅地区	25 ～ 44	397,237	12,978
赤崎貯油所	28 ～ 41	134,001	1,743
佐世保弾薬補給所	30 ～ 44	———	165
崎辺地区	29 ～ 43	214,157	42,792
庵崎貯油所	27 ～ 41	386	3,519
向後崎艦船監視所	35 ～ 44	65,903	900
日宇分遣隊	31	266,971	16,158
立神港区	32 ～ 44	140,270	4,045
早岐射撃場	25 ～ 30	454,302	1,945
相浦海兵団	25	7,087,983	95,917
大野原演習所	30	6,856,125	4,638
但馬岳通信所	36	20,863	588
大塔射撃場	30	128,640	147
計		15,872,389	206,730

出所：『旧軍港市転換法 20 周年記念』、佐世保市企画部、昭和 45 年、21 ペー
ジ。ただし、m² については小数点以下を四捨五入した。

　(5)表をみると、駐留軍より返還された施設のすべてが旧軍用施設（旧軍用地）であったとは限
らない。第一に、相浦海兵団の敷地面積が(2)表のそれとは大きく異なること、第二に、大野原演
習所をはじめ名切谷住宅地区や大塔射撃場などが(2)表には存在しないこと、第三に、辺崎地区や
立神港区などのように、旧軍用施設との関連が曖昧であることなどが、その理由である。つまり、
駐留軍は、旧軍用施設以外の場所も接収していたのであり、したがって、返還施設と旧軍用施設
（旧軍用地）とは若干異なるということである。

　それでも、駐留軍からの施設返還によって、旧軍用地が、工業用地への転用も含めて、種々の
用途目的に対応した転用を可能にしたことは間違いない。

　1）「旧軍用財産資料」（前出）より算出。

第二節　佐世保市における旧軍用地の転用状況

　本節では、佐世保市における旧軍用地がどのように転用されたのか、昭和 48 年度までの実績
を、国家機構（省庁）、地方公共団体、民間（工業を除く）に分けて分析していく。この分析にあ
たっては、まず提供財産の返還状況について検討する。なお、旧軍用地の工業用地への転用につ

792

いては、次節で行うことにする。

1．佐世保市における提供財産とその返還状況

　佐世保市における大規模な旧軍用地の転用に関する概況は、既に1-(2)表であきらかである。
この1-(2)表では、農林省への有償所管換が13口座、さらに提供財産が8口座、総理府防衛庁へ
の移管が2口座となっている。本書では、旧軍用地の工業用地への転用を主たる研究対象として
いるので、それに匹敵する、あるいはそれ以上の規模と内容をもった上記の農林省と防衛庁への
移管および提供財産については検討を割愛することにしている。

　しかしながら、この佐世保市における提供財産については、提供している口座数も多いので、
数量的に把握しておくことにしたい。もとより、提供財産は、国有財産ではあるが、国家機構を
構成する省庁が所管している財産ではない。ただし、国家権力との関連では、日米安保条約およ
び日米行政協定などの国際法上の問題もあり、いうなれば、国際的な関係のもとに囚われている
国有財産である。昭和48年の時点で、佐世保市における提供財産の状況は次の通りである。

XXIV-2-(1)表　佐世保市における提供財産（昭和48年3月31日現在）

（単位：m^2、％）

旧口座名	敷地面積	提供面積	提供率
川の谷重油タンク	361,287	340,650	94.3
赤崎燃料置場	284,556	137,000	48.1
庵崎重油タンクガソリン庫	227,733	227,348	99.8
本船信号中継所	32,196	32,196	100.0
佐世保海軍工廠（4件　計）	836,053	268,498	32.1
佐世保鎮守府官舎第一区	29,917	29,917	100.0
佐世保鎮守府官舎第二区	11,715	11,715	100.0
佐世保海兵団	201,764	199,217	98.7
佐世保病院	93,340	88,171	94.5
佐世保鎮守府通信隊	39,340	37,959	96.5
佐世保軍需部第一区	126,802	123,348	97.3
佐世保港務部第一区	88,545	88,545	100.0
第21空廠崎辺地区	600,861	332,029	55.3
千尽燃料置場他4口座	1,209,601	582,098	48.1
佐世保海軍工廠船越地区	311,803	260,174	83.4
針尾海兵団	852,537	（欠落）	——
計	5,308,050	2,758,865	(61.9)

出所：「旧軍用財産資料」（前出）より作成。提供率の計は、針尾海兵団用
　　　地分を除く。

　2-(1)表では、注記しているように、針尾海兵団跡地分を除いている。また、1万m^{2}未満の
ものは含まれていない。さらに針尾海兵団の跡地については、米軍が使用していたが、資料に欠
落部分があって、その点が不明である。そうした不十分さを補正するために、昭和45年という

時点ではあるが、佐世保市が把握している提供財産を紹介しておこう。

XXIV-2-(2)表　佐世保市における駐留軍使用施設（昭和 45 年）

（単位：m²）

施設名	所在地	土地	建物
佐世保海軍施設	平瀬町	620,808	126,487
佐世保ドライドック地区	立神町	44,516	1,801
赤崎貯油所	赤崎町	781,252	6,097
佐世保弾薬補給所	前畑町	582,098	16,235
崎辺地区	崎辺町	333,023	10,829
庵崎貯油所	庵の浦町	228,648	751
針尾島弾薬集積所	針尾北町	1,298,165	406
立神港区	立神町	175,977	52,910
計		4,064,488	215,515

出所：『旧軍港市転換法 20 周年記念』、佐世保市企画部、昭和 45 年、21
ページ。ただし、m² については小数点以下を四捨五入した。

2-(2)表によれば、昭和 45 年段階において、駐留軍が使用していた土地面積は 400 万 m² に達する。2-(1)表では、針尾地区の約 130 万 m² が欠落しているなどの理由で、提供財産は約 278 万 m² となっている。したがって、両者の離齬については、あまり問題とすることはない。ここで問題とすべきは、その後における返還状況である。平成 2 年と平成 12 年における駐留軍の使用施設（土地）は、3,845 千 m² と 3,801 千 m² であったから[1]、昭和 45 年段階に比して、20 万 m² 程度が返還されたことになる。つまり、昭和 45 年から平成 12 年にかけては、米軍より返還された土地面積は約 20 万 m² なので、その返還にともなう旧軍用地の転用はそれほど大きなものではなかったことが判る。

なお、やや脇道に逸れるが、平成 21 年 3 月末現在、佐世保市における提供施設（土地）は、3,788 千 m² であり、これは横須賀市の 3,372 千 m² を超えている[2]。

1) 『21 世紀にはばたく旧軍港市』（旧軍港市転換法 40 周年記念）、旧軍港市振興協議会、平成 2 年、12 ページおよび『50 年のあゆみ』（旧軍港市転換法 50 周年記念）、旧軍港市振興協議会、平成 12 年、38 ページ。
2) 『60 年のあゆみ』（旧軍港市転換法 60 周年記念）、旧軍港市振興協議会、平成 22 年、28 ページ。

2．佐世保市における旧軍用地の国家機構への移管

佐世保市における旧軍用地の国家機構への移管については、1-(2)表における主要な旧軍用施設の転用欄をみれば判るように、農林省への有償所管換や防衛庁への無償所管換が大きな比重を占めており、これを無視することはできない。しかしながら、本書では、何度も繰り返すように、主たる研究課題とはしていないので、その詳細な分析を割愛することにしたい。

ところで、佐世保市における旧軍用地が国家機構（農林省および総理府を除く）に移管された実績は次の表の通りである。

XXIV-2-(3)表　佐世保市における旧軍用地の国家機構への移管（1万m²以上）

（単位：m²、年次：昭和年）

省庁名	移管面積	用途	年次	旧口座名
法務省	29,271	刑務所	29	佐世保軍需部福石倉庫
運輸省	53,639	臨港道路	37	佐世保軍需部千尽燃料置場他
同	10,029	保安庁	29	佐世保海軍軍需部尼瀉火薬庫
法務省	34,320	少年院	30	同
文部省	63,152	高専用地	39	第21空廠日宇分工場他
法務省	24,301	刑務所	29	佐世保刑務所
運輸省	86,971	通信施設	30	佐世保海軍通信隊針尾分遣隊
同	11,143	信号所	28	朽木崎見張所
厚生省	44,881	検疫所	30	佐世保海軍病院浦頭検疫所
計	357,707			

出所：「旧軍用財産資料」（前出）より作成。

　2-(3)表をみて感じることは、国家機構への移管が、件数および転用面積からみて、意外と少ないということである。次に、主として移管されたのは法務省と運輸省であることも、他の地域とは異なっている。法務省は刑務所と少年院の用地として、また運輸省は臨港道路と検疫所、それに通信施設といった港湾・出入国管理に必要な業務用地としてである。文部省も1件あるが、これは新設する佐世保高専の校地である。

　ところで、この2-(3)表には、大蔵省による国家公務員住宅用地や文部省による大学用地、それから厚生省による国立病院用地の取得がみられないという特異性がある。もっとも病院用地への転用がみられないのは、平瀬町にあった旧佐世保病院（93,340m²）が、昭和48年3月現在、提供財産になっているからと考えることもできよう。

　だが、病院施設への転用ということに限定して言えば、島地町にあった旧佐世保病院第二区（35,270m²）が昭和27年11月に市民病院本院（7,967m²）へ、そして万津町にあった万津町施設予定地が市民病院分院（524m²）として佐世保市に譲与されている[1]。ちなみに、旧佐世保病院第二区の残り分が、昭和48年3月現在、貸付中となっており[2]、都市地図（昭和56年版）でみると、市立病院と共済病院が島地町にあるので[3]、国立病院ではないが、おそらく佐世保市域ではかかる形で地域医療に必要な病院が確保されたものと思われる。

　なお、佐世保市の資料によれば、昭和62年2月には「総合病院減額売払決定」[4]となっており、これは昭和48年までは提供財産であった旧佐世保海兵団跡地（平瀬町）が返還されたものを、佐世保市が市立総合病院として減額取得したものであろう。ちなみに、1994年の都市地図には佐世保橋に近い平瀬町の一角に市立総合病院が記載され、島地町にあった市立病院が消去されて、共済病院となっている[5]。

第二十四章　佐世保市　　795

　　いささか、佐世保市の病院施設に関わり過ぎたかもしれない。本題に戻ろう。

　　旧軍用地の国家機構への移管については、公務員住宅への転用がみられないと述べたが、これ
は旧軍用地の移管面積を1件あたり1万m²以上に限定しているからであって、小規模なものと
しては、旧佐世保海軍警備隊砲台員神島宿舎の跡地（1,936 m²）が昭和38年に裁判所宿舎として
法務省へ移管されている[6]。

　　以上で、佐世保市における旧軍用地の国家機構への移管についての状況分析を終わり、次に、
地方公共団体への譲渡状況についてみていくことにしよう。

　　1）　『旧軍港市転換法20周年記念』、佐世保市、昭和45年、17ページ。
　　2）　「旧軍用財産資料」（前出）による。
　　3）　市街地図『佐世保市』、育文堂（佐世保）、昭和56年版による。
　　4）　『21世紀にはばたく旧軍港市』、旧軍港市振興協議会、平成2年、25ページ。
　　5）　市街地図『佐世保市』、昭文堂、1994年版による。
　　6）　「旧軍用財産資料」（前出）による。

3．佐世保市における旧軍用地の地方公共団体への譲渡

　　ここでは、地方公共団体を長崎県と佐世保市の二つに分けて、旧軍用地の取得状況を検討する。
ちなみに、昭和48年3月までに地方公共団体としての長崎県が取得した旧軍用地は3件で、佐
世保市の取得は34件（約170万m²）である。それを一覧しておこう。

XXIV-2-(4)表　佐世保市における旧軍用地の地方公共団体への譲渡

（単位：m²、年次：昭和年）

（長崎県・1万m²以上）

取得面積	転用目的	取得形態	年次	旧口座名
15,835	職業訓練所	譲与	36	佐世保海軍軍需部尼潟火薬庫
18,712	高校用地	譲与	34	佐世保海軍軍需部早岐倉庫
※4,958	長崎県授産所	時価	24	佐世保軍法会議
（746,630）	企業用地	交換	45	針尾海兵団
計39,505				

（佐世保市・1万m²以上）

取得面積	転用目的	取得形態	年次	旧口座名
13,753	市営住宅	減額率60%	36	佐世保海軍工廠女子工員宿舎
11,504	下水処理場	譲与	32	佐世保軍需部福石倉庫
18,832	道路	公共物編入	47	前岳陸軍砲台交通路
16,231	市営住宅	減額率50%	33	佐世保練兵場
36,373	中学校用地	譲与	27	佐世保重砲兵連隊
57,934	市営住宅	減額率50%	28	佐世保海軍工廠疎開用地
19,332	小学校用地	譲与	30	同
24,485	中学校用地	譲与	27	赤崎地区

59,216	市営住宅	減 40・30％	33	同
19,487	中学校用地	譲与	28	佐世保海軍工廠
12,909	道路	公共物編入	37	同
15,507	総合グランド	譲与	26	佐世軍需部千尽燃料置場他
18,915	福石中学	譲与	26	同
30,806	競輪場	時価	27	同
10,314	自動車修理場	譲与	30	同
10,188	土木施設工場	譲与	31	同
55,478	公園	譲与	42	但馬岳演習砲台及交通路
※3,345	農水産物加工	(時価？)	26	佐世保海軍工廠船越地区
11,735	？	譲与	28	佐世保海軍軍需部菫ケ岡倉庫
16,413	自動車検定場	時価	25	第21空廠日宇分工場外2口座
190,181	水道施設	譲与	29	岡本水源地
28,363	中学校用地	譲与	26	佐世保海軍軍需部早岐倉庫
12,790	市民運動場	譲与	29	長崎要塞司令部佐世保出張所
27,282	公園	譲与	26	海軍墓地
11,597	道路	公共物編入	44	野広岳砲台交通路敷地
330,694	上水道施設	譲与	28	佐世保海軍山ノ田水源地
16,565	市営住宅	減額率50％	28	天神町工具住宅
15,644	中学校用地	譲与	31	枇杷坂部隊
○28,885	同	減額率50％	28	松岳送信所
12,151	道路	公共物編入	43	同
10,581	水道	譲与	29	三本木取水場
250,469	上水道施設	譲与	29	川の谷水源地
118,310	同	譲与	28	転石水源地
183,133	同	譲与	29	相当水源地

出所：「旧軍用財産資料」（前出）より作成。

※は、取得面積が1万 m² 未満であるが、工場立地との関連で掲載。

○は、旧針尾村（昭和30年に佐世保市へ編入）当時に取得したもの。

　地方公共団体としての長崎県が取得した旧軍用地については、(4)表の上段をみれば、自ずから明らかである。規模としては「企業用地」として 746,630 m² を交換で取得しているのが大きい。この件については地域分析で詳しく紹介する。また、昭和24年に旧佐世保軍法会議の跡地 (4,958 m²) を時価で取得した件については、表の採録基準に満たないが、その用途目的が長崎県授産所であり一種の工場なので、工業立地という視点から、ここに敢えて掲示しておいたものである。

　地方公共団体としての佐世保市が取得した旧軍用地については34件もあるので、これを用途目的別に分類してみると、次のようになる。

第二十四章　佐世保市　797

XXIV-2-(5)表　佐世保市による旧軍用地の取得状況（用途目的別）

（単位：m²、年次：昭和年）

用途目的	件数	取得面積	取得形態（条件）	取得年次　（　）内は件数
学校用地	8	191,484	譲与（7）、減50%	26（2）、27（2）、28（2）、30、31
水道関連	7	1,094,872	譲与（7）	28（2）、29（4）、32
市営住宅	5	163,699	減50%（3）、他（2）	28（2）、33（2）、36
道路	4	55,489	公共物編入（4）	37、43、44、47
工場	3	23,847	譲与（3）	26、30、31
運動場	2	28,297	譲与（2）	26、29
公園	2	82,760	譲与（2）	26、42
自動車検定場	1	16,413	時価	25
競輪場	1	30,806	時価	27
不詳	1	11,735	譲与	28
計	34	1,699,402	譲与（22）、他（12）	20年代（21）、他（13）

出所：2-(4)表より作成。

　2-(4)表および2-(5)表をみると、若干の例外はあるにせよ、佐世保市が取得した旧軍用地は市民生活に直結したものがほとんどである。

　用途目的別にみて、もっとも取得件数が多いのは学校用地である。学校用地（中学校7、小学校1）の取得は、その大半が無償譲与であり、6・3・3制への移行に伴う学校施設の確保という点で大きな役割を果たしている。ただし、その譲与年次であるが、昭和26年から同28年にかけて順次という具合に行われており、新学制になってすぐではない。つまり他の地域に比して、年次的に遅れているのである。この事実には留意しておかねばならない。

　また、学校用地の取得のうち減額率50%が1件あるが、それは旧針尾村（昭和30年に佐世保市へ編入）が取得した件である。佐世保市と旧針尾村とで、地域的な差異があったのか、それとも別の理由があったのか、それは不詳である。針尾村にあった旧軍用地は軍転法の適用地域外だったからかもしれない。

　用途目的別にみて、次に多いのが水道関連施設用地である。しかも、用地取得面積は110万m²であり、佐世保市として取得した旧軍用地の中では最も多いだけでなく、およそ3分の2を占めている。この中には、上水道、水源地、下水処理場などが含まれているが、取得面積で最も多いのは、川の谷、転石、相当という水源地が内容の上水道施設である。

　これらの水道関連施設はすべてが譲与であることは、軍転法に拠るものだとはいえ、市民生活にとっては不可欠な施設であり、市財政にとっても大いに助かることであった。しかしながら、この上水道によって佐世保に入港する艦船への給水を目的とするものであれば、その給水事業の負担はひとり佐世保市だけが担うものではないであろう。この点は、施設の譲渡は譲与であっても、その運営費用の負担（水道料金とも関連するが）をどうするのかも検討すべき課題であろう。

　佐世保市が、昭和48年3月までに市営住宅用地として取得した旧軍用地は約16万m²強（5件）である。一つの都市で、これだけの規模の市営住宅用地を取得しているのは珍しい。しかも、

譲渡価格は減額率50％が3件で、残る2件の減額率は60％と40％・30％である。このような減額率の差異がどのような理由で生じたのかについては、旧軍用施設（旧軍用地）の諸条件によって異なったものという以上には詳しく論じない。もっとも、旧軍用地の払い下げについてみると、市民（引揚者、戦災者を含む）が住宅難に陥っていた昭和20年代の初期ではなく、昭和28年（2件）、昭和33年（2件）、昭和36年という比較的遅い時期に行われているのは、米軍や自衛隊などの軍事的な関連があったことによるものであろう。

　次に道路用地の取得であるが、これについては、すべてが「公共物編入」として、佐世保市が無償で取得している。その取得年次をみると、4件のうち3件が昭和40年代であるので、これは駐留軍による防空砲台をはじめ、提供財産の返還にともなって、佐世保市が取得したものである。この砲台跡地への道路はもとより、旧送信所への道路や佐世保海軍工廠跡地内の道路については、生活道路とはいえないものである。

　佐世保市が工場設立を用途目的として取得したのは3件（23,847㎡）である。そのいずれもが譲与という取得条件なので、工場といっても、公共的性格が強いものであったと推測できる。その用途目的の実態としては、自動車修理工場（10,314㎡）、土木施設工場（10,188㎡）、農水産物加工（3,345㎡）と比較的小規模なもので、前二つの工場は市役所の業務との関連がある工場で、内容的には作業所のようなものだったと思われる。後者は規模もごく小さく、失業者対策あるいは農水産加工業者に対する支援策としての加工場の設置だったと推測される。

　公園と運動場を用途目的として佐世保市が旧軍用地を譲与で取得したのは、それぞれ2件ずつである。公園についてみると、東山町にあった旧海軍墓地跡は平成6年現在、東山公園となっており小規模ながら都市公園となっている[1]。ほかは但馬岳演習砲台跡地であり、眺望はともかく、市民が日常的に散策できるような場所ではない。平成6年現在、但馬岳（382.1m）には、その南側にある弓張岳（展望台があり、361.5m）との道路（500m）があり、公園としての機能をようやく発揮できるようになりつつある[2]。

　運動場についてみると、千尽地区のものは、平成6年現在、競輪場の近くに小規模ながら市営テニスコートとして利用されている[3]。また昭和29年に市民運動場として小佐世保町に12,790㎡を取得しているが、昭和56年現在、小佐世保町に、そのような施設は見当たらない。おそらく小佐世保小学校用地へ転用されたものと思われる[4]。

　佐世保市が自動車検定場として時価で取得した件については、平成6年現在、沖新町に佐世保自動車検査登録事務所となっている[5]。また競輪場は既に述べたように、千尽地区で平成6年現在も運用されている[6]。

　以上、佐世保市が取得した旧軍用地についてみてきたが、市民生活にとって大きな役割を果たしていることは間違いない。もっとも米軍や自衛隊が利用する基地との関連で考えると、そうした土地利用は市民生活の安定という点で不可欠なのかもしれない。

　なお、地方公共団体としての佐世保市による旧軍用地の取得は、1万㎡未満のものもある。細かくなり過ぎるかもしれないが、それを一つの表にまとめて、この項を終えることにしよう。

第二十四章　佐世保市　　799

XXIV-2-(6)表　佐世保市による旧軍用地（1万 m² 未満）の取得状況

（単位：m²、年次：昭和年）

旧口座名	所在地	面積	転用目的	取得形態	年次
丸出地区	俵ケ浦町	1,963	展望台敷地	譲与	27
祇園町補助建設物敷地	小佐世保	2,228	市営住宅	減額率50%	28
佐世保射撃場	松山町	9,735	市営住宅	――	25
相浦捕虜収容所	相浦町	8,707	中学校用地	譲与	27
佐世保陸軍墓地	峯ノ坂町	1,226	小公園	譲与	27
矢峰水源地	矢峰町	1,480	上水道施設	譲与	28
針尾海兵団交通路敷地	指方町	9,564	道路	公共物編入	43
浦頭検疫所交通路敷地	針尾北町	7,086	道路	公共物編入	43

出所：「旧軍用財産資料」（前出）より作成。
注：面積は旧軍用施設の面積であって、佐世保市が取得した面積と必ずしも同じではない。

1）　市街地図『佐世保市』（昭文社、1994年）を参照。
2）　同上。
3）　同上。
4）　市街地図『佐世保市』（育文堂、昭和56年）を参照。
5）　市街地図『佐世保市』（昭文社、1994年）を参照。
6）　同上。

4. 佐世保市における旧軍用地の民間（製造業を除く）への転用状況

　これまでに、佐世保市にあった旧軍用施設（旧軍用地）の国家機構への移管や地方公共団体の譲渡について分析してきた。本項では、製造業を除く民間（企業、諸団体、個人）への譲渡について分析していくことにする。昭和48年3月末までに、佐世保市にあった旧軍用地の民間（製造業を除く）への譲渡は次の通りである。ただし、民間一般は1万 m² 以上とし、産業用地（製造業を除く）は3千 m² 以上とする。

XXIV-2-(7)表　佐世保市における旧軍用地の民間（製造業を除く）への譲渡

（単位：m²、年次：昭和年）

企業等名	取得面積	業種・用途	年次	旧口座名
西九州倉庫	4,950	倉庫業	32	佐世保軍需部福石倉庫
西肥バス	7,943	運輸業	31	万津町施設予定地
九州文化学園	21,702	高校施設	41	矢岳練兵場
江頭健次郎	10,116	鉱業用地	37	赤崎燃料置場
西村産業	23,765	鉱業用地	34	赤崎地区
日本通運	4,138	運送業	25	千尽燃料置場他4口座
西九州倉庫	10,895	倉庫業	27	同
白十字会	10,208	診療所	31	同
梶原松次	3,480	倉庫業	31	同

県北衛生社	6,301	汚物取扱業	47	同
日本電電公社	7,619	通信業	30	佐世保軍需部菫ケ岡倉庫
金納組	10,191	建設業	38	佐世保海軍施設部尼瀉製材所
三浦組	3,160	建設業	24	第21空廠日宇分工場他2口座
自動車協会	13,759	教習所	36	同
スタンダード	11,191	石油販売	36	同
佐世保漁協	4,216	サービス業	40	同
計	153,634			

出所：「旧軍用財産資料」（前出）より作成。

　佐世保市内において、製造業を除く民間企業および諸団体が取得した旧軍用地は、16件（約15万m²強）である。これは、地方公共団体としての佐世保市が取得した旧軍用地に比して件数でも少ないが、その面積（約168万m²）では10分の1にもみたない。

　内容的にみると、産業部門が14件で、非産業部門が2件という内訳になっている。非産業部門では、私立学校用地と医療施設用地が各1件で、両者を合わせた取得面積は約3万2千m²である。

　産業部門の14件の内容をみると、汚物取扱業、自動車教習所、漁協という多様な内容をもったサービス業と倉庫業が各4件、鉱業と運送業が各2件、商業、通信業が各1件となっている。なお、日本電電公社については、国家企業として取り扱うこともできるが、その後における民営化を考えて、民間企業の中に含めることにした。

　この中で、関心があるのは、鉱業用地を用途目的として取得した2件である。この2件については、その後における石炭産業の衰退によって、どのようになったかということである。ただし、社会的有意性という点から追跡調査をしていない。

第三節　佐世保市における旧軍用地の工業用地への転用

1．佐世保市における旧軍用地の工業用地への譲渡

　佐世保市において、昭和48年3月末までに旧軍用地が工業用地（3千m²以上）へと譲渡されたのは以下の通りである。

XXIV-3-(1)表　佐世保市における旧軍用地の工業用地への譲渡

（単位：m²、年次：昭和年）

取得企業	取得面積	業種・用途	年次	旧口座名
田川六郎	3,223	工場用地	29	陸軍火薬弾薬庫
佐世保重工業	9,668	輸送機械	37	佐世保海軍工廠疎開地
佐世保船舶工業	12,919	輸送機械	36	赤采燃料置場
同	6,377	同	34	佐世保海軍工廠

第二十四章　佐世保市　801

同	261,398	同	36	同
同	144,007	同	37	同
同	32,819	同	43	同
同	3,521	同	44	同
佐世保缶詰	18,568	食品工業	23	佐世保軍需部千尽燃料置場他
九州工機	3,428	一般機械	24	同
西日本鋼業	3,256	鉄鋼業	27	同
九州ハム	3,484	食品工業	29	同
前畑造船	4,119	輸送機械	31	同
佐世保食料	3,315	食品工業	31	同
福岡酸素	3,991	化学工業	32	同
大阪鋼管	8,196	鉄鋼業	35	同
西日本製氷	5,787	食品工業	36	同
山口ボデー	3,082	輸送機械	41	同
富高鉄工所	10,010	鉄鋼業	38	佐世保海軍軍需部尼潟火薬庫
赤丸造機製作所	3,444	一般機械	26	佐世保海軍軍需部菫ケ岡倉庫
長崎製機	3,573	一般機械	26	同
片岡水産	4,158	水産加工	27	佐世保海軍施設部尼潟製材所
日宇造船	3,740	輸送機械	38	同
岩橋秀吉	7,133	水産加工	24	第21空廠日宇分工場他2口座
浜崎淳一	6,446	水産加工	24	同
深川製磁	59,082	窯業	36	同
大盛産業	10,358	業種不明	36	同
伊藤鉄工造船	31,029	輸送機械	37	同
大盛産業	6,424	業種不明	38	同
鈴木材木店	18,815	製材所	38	同
佐世保船舶工業	4,654	輸送機械	27	天石第二工員宿舎
同	8,419	同	27	天石第一工員宿舎
早岐煉瓦	7,127	窯業	27	安久火工工場及白毛工場
山明商店	5,766	澱粉工場	38	佐世保海軍工廠戸迎地区

出所：「旧軍用財産資料」（前出）より作成。

　3-(1)表をみて第一に気づくことは、用途目的を工業用地として取得した企業としては、佐世保市の場合、佐世保船舶工業が圧倒的な比重を占めるということである。第二に、その他の工業では、その取得面積が相対的に小規模ということである。それ以外にも、佐世保市における旧軍用地を取得した製造業には幾つかの特異な点がある。その点については、3-(1)表を業種別に整理することによって明らかにしていこう。

XXIV-3-(2)表　佐世保市における旧軍用地の工業用地への譲渡（業種別）

（単位：m^2、年次：昭和年）

業種	件数	取得面積	取得年次　（　）内は件数
食料品工業	8	54,657	23、24（2）、27、29、31、36、38
木材加工業	1	18,815	38
化学工業	1	3,991	32
窯業	2	66,209	27、36
鉄鋼業	3	21,362	27、35、38
一般機械	3	10,445	24、26（2）
輸送機械	13	525,752	27（2）、31、34、36（2）、37（3）、38
業種不明	3	20,005	29、36、38　　　　　　41、43、44
計	34	721,236	20年代（13）、30年代（18）、40年代（3）

出所：3-(1)表より作成。

3-(2)表をみると、佐世保市で旧軍用地を取得した業種としては、輸送用機械器具製造業と食料品製造業が多く、34件中21件で6割を占めている。それと同時に、旧軍用地を取得した業種にやや偏りがみられる。つまり、繊維、家具、紙パルプ、出版印刷、石油製品、ゴム、革製品、非鉄金属、金属製品、電気機械、精密機械といった業種が見当たらないということである。これは佐世保市において旧軍用地を取得した業種がもつ一つの特異性である。

次に、旧軍用地の取得面積からみると、輸送用機械器具製造業が取得した旧軍用地の面積が、佐世保市全体の73％弱にも達し、極めて特殊な状況となっている。とりわけ佐世保船舶工業（佐世保重工を含む）は、9件（483,762 m^2）の取得をしており、これだけで佐世保市全体の67％、つまり過半数を優に超えるものとなっている。極言すれば、佐世保市における旧軍用地は佐世保船舶工業へ悉く譲渡されたと言えなくもない。

もっとも、同じ造船工業でも伊藤鉄工造船が昭和37年に38万 m^2 強の旧軍用地の取得を行っており、小規模ではあるが旧軍用地を取得した前畑造船、日宇造船とあわせて、佐世保市は中小鉄鋼船を建造する中心地を形成するに至っている点も忘れてはならない。

造船業に次いで、旧軍用地の取得件数が多いのは食料品製造業（8件）である。その内容は、水産物加工業が3件、缶詰1件、畜産物加工業1件、澱粉工業1件、製氷業1件、不詳1件という多様な構成になっているものの、佐世保市が臨海地域にあることから、水産加工業が相対的に多くなっている。

それ以外の業種では、窯業が食料品工業よりも多くの旧軍用地を取得している。それも深川製磁が昭和36年に約6万 m^2 の旧軍用地を取得した1件が大きい。これは有名な有田焼の産地である有田からの進出であるとみてよいであろう。

また、鈴木材木店が製材工場用地として昭和37年に約1万9千 m^2 を取得しているが、その他の業種では用地取得規模が小さく、ここでは取り上げないことにする。

旧軍用地の取得年次をみると、昭和20年代よりも同30年代が多いのも、佐世保市における旧

軍用地取得の一つの特徴であり、これは、他の旧軍港市（呉、舞鶴、横須賀）とも共通する特徴
である。つまり、旧軍港市における旧軍用地の工業用地への譲渡は、そうではない他の地域に比
して、相対的に遅れたということである。それには朝鮮戦争の勃発という突発的要因を「遅れ
た」理由にすることもできる。だが、アメリカの対日支配戦略の変化、つまり植民地的支配政策
からアジアにおける反共防波堤として日本の潜在的工業力を重視するという政策への転換が、そ
の根底にあったとみるべきであろう。

2．佐世保市における旧軍用地の工業用地への転用と産業発展

　ここでは、戦後の佐世保市における経済的発展と旧軍用地の転用に関する歴史的経緯について
考察していきたい。

　戦後まもない昭和21年に、当時の佐世保市長であった中田正輔氏は、「海軍工廠を民間経営の
造船所に転用し、船舶の新造、修理を経営させ佐世保の中心工業とする。——港内各町に現存す
る旧軍の施設を利用して各種工業を育成する」[1]と述べ、軍港の商港への転換とあわせて、旧軍
用施設の平和的利用による地域振興という方策を打ち出した。

　しかし、昭和21年1月20日、連合軍最高司令官の通達によって、佐世保海軍工廠は、横須賀、
舞鶴、呉の海軍工廠と同時に、賠償指定工場となった[2]。それでも、同21年2月26日には、佐
世保海軍工廠の兵器工場、電気工場を除く約3分の2を民間へ転用することが許可され、同年
10月1日に佐世保船舶工業㈱が設立されたのである。

　「SSKの前身である海軍工廠は、明治22年、海軍によって建設されたもので、終戦までの56
年間に、海軍によって施設、機能は絶えず拡張、改善が重ねられてきた。そして終戦による海軍
解体後の21年10月1日、北村徳太郎氏をはじめ市内の政財界人が発起人となり、この海軍の大
いなる遺産を活用して呱々の声をあげたのがSSKである」[3]

　このようにして発足した佐世保船舶工業であったが、その業務内容についてみると、「それは
専ら連合国最高司令官の司令による旧日本海軍艦艇の救難、解体。占領軍艦船、復員艦船その他
一般船舶の保存修理が主で、その合間に鉱山その他の諸機械の製作や修理も行った」[4]というも
のであった。

　昭和22年2月、GHQの「佐世保海軍工廠再開に関する覚書」によって、佐世保船舶工業は、
その操業を引き続き認められたが、依然として旧海軍艦艇の解体作業と一般船舶の修理作業を中
心とするものであった。

　昭和23年6月には佐世保海上保安部、次いで第7管区の航路啓開隊が設置され、佐世保市も
次第に軍事色が強まってくる。こうした状況を早期に打開することを意図してか、昭和25年1
月13日、中田市長は佐世保市議会において、次のような「平和宣言」を読み上げ、平和産業港
湾都市へと移行する強い決意を示した。

　「平和宣言

　巨億の国帑と60年の永きに亘り営々として構築された旧軍港は専ら戦争目的にのみ供用せら

れてきた。膨大な軍工廠を擁し、軍都として発展してきた佐世保市は、人口30万に達する大都市となった。然るに今次大戦は日本を殆んど破滅の状態に於て終末を告げ、数代に亘ってここに定着した市民は住むに家なく、帰るべき故郷は既に無く荒廃した惨状の中に失業の群衆と化し去った。解体船舶のスクラップの山、半壊の建物の群はこれを眺める市民に戦争の惨禍と無意義さを沁々と訴えるのである。

日本は新憲法により非武装平和国家を内外に宣言した。佐世保市はここに百八十度の転換を以ってせめて残された旧軍財産を人類の永遠の幸福のために活用し、速やかに平和産業都市、国際貿易港として更生せんことを誓うのみである。

市民はその総意をもって港を永久に平和港として育成することをここに宣言する」[5]

ところで、この時期の佐世保市では、「旧軍港市転換法」の制定をめぐる論議が行われており、この中田市長による「平和宣言」も、この法制定にむけた運動の一環であった。

かくして昭和25年6月4日に行われた住民投票では、圧倒的賛成によって、この宣言が市民の総意であることが示され、同年6月28日には「旧軍港市転換法」（以下、軍転法）が公布されたのである。

しかし、時代の動きは皮肉である。佐世保市が平和産業港湾都市への転換を謳ったこの軍転法が公布される3日前に、朝鮮動乱が勃発したのである。

昭和25年6月30日、米軍の朝鮮派兵のために佐世保市にあった旧軍用施設の大部分が接収され、同年7月25日には佐世保地区司令部も設置されて、佐世保港は軍港としての役割を急速に高めたのである。

こうした状況のもとでは、佐世保船舶工業の操業も大きく制限されることになった。
「その上、佐世保船舶工業株式会社（旧海軍工廠）管理の六つの船渠中、第一から第四までは米海軍が直接これを運営して、佐世保船舶（SSK）には第五、第六の2船渠のみの使用をゆるされることになった。

第四船渠は8万トン船舶が入渠可能の大船渠であり、もしミズリー級の戦艦が損傷をこうむった場合、この第四ドック一つが入渠できる大きさであったから、連合軍としてのこれが確保もまた当然であった」[6]

それだけではない。平和宣言を行い、軍転法が公布されたにもかかわらず、ここ佐世保ではいわゆる「逆コース」が展開され、佐世保船舶工業も米軍の強制的な指示によって軍事的生産を強要され、艦船の修理、補修のみならず、兵器および軍需品の製造を復活させていくのである。

この間の事情は、「旧佐世保海軍工廠は賠償に指定されていたので、昭和27年（1952）4月28日の平和条約発効までは、船舶新造の禁止はもとより、あらゆる面で種々の制限をうけていたので、操業は意のようにならなかった」[7]という文章にも表れている。だが、問題は平和条約の発効などとは関係なく、朝鮮動乱という米軍の戦時体制のもとでは、この旧海軍関係の諸施設が全面的に返還されるどころか、船渠の接収によって、佐世保船舶工業の操業自体が制限され、その操業すらも、それが米軍の軍事活動の一環として結びついている限りでのことであった。

昭和27年になると、時代の潮流に迎合するかのように、佐世保市（商工会議所）は一転して海上警備隊（海上自衛隊の前身）を誘致する運動を展開していく。昭和28年11月14日、伊万里市との競合を抑えて、海上警備隊は佐世保市で開庁された[8]。

　こうした軍事化への道程の中で佐世保船舶工業は操業を続けていくのであるが、生産品目も軍事的なものを含まざるをえない状況にあった。ちなみに、昭和28年2月から同29年6月にかけて佐世保船舶工業で受注した兵器および軍需品は次の通りである。

XXIV-3-(3)表　佐世保船舶工業が受注した兵器および特需品

品目	数量	注文先	受注年月
60粍迫撃砲	514門及び部品	JPA（在日米軍調達庁）	昭和28. 2
スナッチブロック	10吋——373斤		
	18吋—3,221斤	同	28. 3
スプロケットハブ	300斤	同	28. 7
22号、23号エンジン部品	——	EPSL（緊急調達局）	28. 7
光灯浮標	3基	PXC Camp Yokohama	29. 3
60粍迫撃砲	127門及び部品	JPA	29. 6
銃剣及び付属品	33,000組	同	29. 6

　　出所：『佐世保市史』、佐世保市、昭和31年、218ページ。

　3-(3)表をみると、受注回数は7回であるが、ここに表示されているだけであったかどうかは判らない。それにしても、砲や銃剣を製造する企業を果して平和産業と呼ぶことができるであろうか。佐世保市および佐世保市民が平和産業港湾都市への発展を希求したとしても、冷戦体制下にあり、しかも朝鮮動乱という東西対立の真っ只中にあっては、佐世保船舶工業も米軍の指示に従う以外には途はなかったとも言えよう。それと同時に、この朝鮮動乱を契機として、日本の独占資本の蓄積活動も、軍事的性格をもったものとして急速かつ本格的に復活していくのである。金ヘン景気、糸ヘン景気といった朝鮮動乱による米軍の特需、これは佐世保船舶工業だけのものではなかった。

　しかし、昭和28年7月25日に休戦協定が成立し、朝鮮動乱が終結すると、佐世保船舶工業の軍需もなくなり、逆に不況に襲われることになる。松永鶴雄氏は、その後における佐世保船舶工業の状況を次のように伝えている。

　「平和産業を目的として第二のスタートを切ったSSKも、朝鮮動乱後の不況の嵐に翻弄され、ついに29年末不渡手形を出して倒産、整理会社となったが幸運にも翌30年には、新春早々から世界的に活発な海運市況に支えられ、——31年には大洋資本が入り、——36年からは、借りものだった全施設の買収にとりかかるなど、目ざましい飛躍ぶりをみせた」[9]

　この引用文にある「大洋資本が入り」という点について、その実態、つまり佐世保船舶工業の大株主を調べてみると、次表のようになっている。

XXIV-3-(4)表　佐世保船舶工業の大株主（昭和34年）

株主	所有株数
大洋漁業㈱	4,198,800
千代田興業㈱	1,220,500
東洋綿花㈱	350,000
三菱造船㈱	250,600
佐世保市長	215,000

出所：『帝国会社銀行要録』、帝国興信所、昭和34年、
東京都・267ページ。
※資本金645,280,000円、株主総数7,615。

　発行した株券の額面価格が50円だとすると、発行株数は12,904,600株となる。大洋漁業は発行株数の過半ではないが、大株主の中でも圧倒的な比重を占める筆頭株主であり、佐世保船舶工業は、昭和34年当時、大洋漁業の子会社的な位置にあったことが判る。

　なお、その後における佐世保船舶工業の株主構成がどうなったかは、本書の研究課題ではない。大切なことは、こうした株主構成のもとで、佐世保船舶工業が旧軍用地や旧軍用施設をどのように取得していったかということである。

　この点について、松永鶴雄氏は次のように述べている。

　「永年の念願だった土地、建物、工作機械、ドック、船台など、使用中の国有施設が同年（昭和36年―杉野）末、払い下げられることに決まった。また37年5月には第二次払い下げも決まった。――土地延べ44万2570m²、建物延べ8万4千44m²、機械器具2,151台、工作物25件、ドック3、船台三つ、と今まで使っていた施設が全部借りものでなくなったわけである。しかも19億3143万円の払い下げ代金も、10年払いという好条件で、ここに佐世保市の基幹産業として、今後いっそうの飛躍と発展の基礎が確立した」[10]

　この松永氏の文章には、旧軍用地だけでなく、建物、機械器具などの数量が記されており、また取得価格およびその支払い形態（10年の年賦）なども記されているので、参考となる点が多い。もっとも、松永氏は昭和36年と同37年に佐世保船舶工業が取得した旧軍用地を442,570m²としているが、これは2-(8)表に掲示した同時期に取得した面積427,992m²とは異なる。ただし、昭和27年および昭和34年に取得していた旧軍用地（計19,450m²）を加えると、447,442m²となる。

　なお、佐世保船舶工業は昭和43年と同44年に計36,340m²を取得しているが、それらの件については、当然のことながら、昭和38年に書かれた松永氏の文章には含まれていない。

　以上、佐世保船舶工業の設立過程および旧軍用財産（旧軍用地）の取得状況について、やや詳しく検討しすぎたかもしれない。しかしながら、佐世保市における旧軍用地の工業用地への転用は、この佐世保船舶工業を中心として展開されてきたので、戦後における佐世保市の平和都市宣言と朝鮮戦争を契機とした軍事（基地）化という歴史的事実をふまえながら、佐世保船舶工業による旧軍用地の取得状況を明らかにすることが必要だったのである。

そこで、佐世保船舶工業㈱以外の民間企業が工業用地を用途目的として、佐世保市における旧軍用施設（旧軍用地）をいかに取得してきたか、簡単に振り返っておこう。

佐世保市に軍転法が施行される以前の時期、すなわち昭和23年から同26年にかけて、旧軍用地を取得したのは、3-(1)表をみれば明らかなように、佐世保缶詰（23年、18,568m²）、九州工機（24年、3,428m²）、岩橋秀吉（24年、7,133m²）、浜崎淳一（24年、6,446m²）、赤丸造機製作所（26年、3,444m²）、長崎製機（26年、3,573m²）である。

しかしながら、これらの企業が用地取得したのは、千尽地区や日宇地区であり、旧佐世保海軍の中枢的諸施設や旧海軍工廠が立地していた平瀬、立神、赤崎においてではなかった。また、佐世保缶詰を除いては、いずれも用地取得面積が1万m²未満という小規模なものであった。ちなみに、これらの企業は、昭和34年に刊行された『帝国銀行会社要録』には社名が見当たらない[11]。念のために、昭和27年から45年までの佐世保市における旧軍用地の工業用地への年次別転用状況について、佐世保市の『旧軍港市転換法20周年記念』と「旧軍用財産資料」（大蔵省管財局文書）を比較してみると、次のようになる。

XXIV-3-(5)表　佐世保市における旧軍用地の工業用地への転換状況
（年次別）

（単位：m²）

年次	佐世保市文書		大蔵省管財局文書	
	件数	取得面積	件数	取得面積
昭和27年	1	3,254	5	27,525
28	1	3,315		
29			1	3,223
30				
31			2	7,434
32			1	3,991
33				
34			1	6,377
35	1	8,197	1	8,196
36	4	356,525	5	349,544
37	2	185,778	3	184,704
38	5	42,577	5	44,755
39	2	2,775		
40	3	2,227		
41			1	3,082
42				
43	1	32,819	1	32,819
計	20	637,467	25	671,650

出所：1．『旧軍港市転換法20周年記念』、佐世保市、昭和45年、23
　　　　～24ページ。なお、数字については昭和47年5月27日に修
　　　　正したものを採用。
　　　2．「旧軍用財産資料」（前出）より作成した3-(1)表。

3-(5)表をみると、佐世保市の文書と大蔵省の文書とに、幾つかの相違がある。その一つの原因は、佐世保市の文書では、昭和29年より昭和34年までの件が割愛されているからである。割愛した理由は、おそらく旧軍用地を取得した企業が倒産なり、廃業したからであろう。もう一つの原因は、大蔵省の資料については、本書が3千m²未満の取得件数を除外し、採録していないため、昭和39年や同40年の件が脱落しているからである。

そうした相違点はあるが、佐世保市における旧軍用地の工業用地への転用は、件数でみると、昭和27年までの、いわば軍転法が適用されない時期、それから昭和36年から同38年までの時期という、いわば二つの時期に集中していることが判る。この二つの時期は、朝鮮戦争による特需とそれを契機とした日本経済の復活、そして政治的には軍事化への逆コースの時期、そして石炭から石油へのエネルギー転換を基調とした高度経済成長の時期に対応しているのである。前者が食品工業や繊維工業を中心とした、いわゆる消費財生産部門の拡充期であったとすれば、後者は重化学工業を中心とした、生産財生産部門の構造変革期であったといえよう。

もっとも、佐世保市における旧軍用地の工業用地への転用を、企業の取得面積からみると、昭和36年、同37年における佐世保船舶工業による取得が最大かつ大半を占めており、しかも、その背後には米軍による佐世保港の恒常的基地化があったということを見落としてはならない。昭和45年現在、佐世保市における米軍の使用土地面積は400万m²に達し、加えて防衛庁が使用する土地面積は、その主要なものだけで、222万m²（うち約9万m²は米軍と共同使用）となっているのである[12]。

1）『佐世保市史』、佐世保市役所、昭和31年、45ページ。
2）『對日賠償文書集』第一巻、賠償庁・外務省共編、昭和26年、107ページ。
3）松永鶴雄『佐世保の工業』、商工新聞社、昭和38年、2ページ。
4）『佐世保市史』、前出、209～210ページ。
5）『佐世保のあゆみ』、佐世保明治百年記念事業協賛会、昭和43年、159～160ページ。
6）『佐世保市史』、前出、53ページ。
7）同上書、210ページ。
8）『佐世保商工会議所四十年史』、同商工会議所、昭和40年、55、56ページ参照。
9）『佐世保の工業』、前出、2ページ。
10）同上書、2～3ページ。
11）『帝国銀行会社要録』、帝国興信所、昭和34年を参照。
12）『旧軍港市転換法20周年記念』、佐世保市役所企画部、昭和45年、21、22ページ。

3．佐世保市における工業振興政策（旧軍用地利用から工業団地へ）

戦後、佐世保市は軍転法のもとに、佐世保船舶工業を中心として地域の工業化を図ってきた。しかしながら、佐世保船舶工業の育成・発展だけでは、「企業都市」的欠陥はともかく、産業構成の偏奇性とそれにともなう地域経済の諸矛盾が生じてくる。佐世保市が、産業構成上の矛盾を政策的にどう解決していこうとしたのか、旧軍用地の転用と関連させながら、その点を明らかに

していくことが本項の検討課題である。

　昭和40年、すなわち旧海軍工廠をはじめ、かっての旧軍用施設が佐世保船舶工業の敷地へと転換されたのち、佐世保市は『総合計画』を策定する。

　まず、第1章の「序論」の中で、この「計画」の基盤について論じている。そこでは、⑴市勢の現況と問題点、⑵自然的条件に続いて、⑶社会的条件をaからiまで挙げ、その社会的条件については、戦後は「平和産業、港湾都市として転換の努力がなされたし、また米軍基地、自衛隊基地としての性格をもつにいたったが、基本的な平和産業の興隆は見るべきものがない。その原因は数多くあげられるであろうが、根本的には過去の歴史に起因するもののようである」[1]と記している。

　では、「過去の歴史」としての社会的条件（a～i）とは何か。ここでは旧軍用施設とその転用に関連しているものに限って引用しておこう。

　「a．本市経済は専ら軍を中心として、主として流通経済が発展し、またその産業構造は第三次産業のウエイトが高く、また各産業間の有機的関連性を欠き背後地に乏しい。

　旧海軍工廠を前身とする佐世保重工業株式会社（SSK）を除いては目立った生産工場はない。これは旧海軍納入を主とした過去の気風がまだ十分に転換されていないと見るべきであろう」[2]

　「g．終戦後は市内の中心部も含む港湾施設の重要部分が提供施設（駐留軍、自衛隊）として使用されているので、平和的、産業的使用が制約されている」[3]

　「i．旧軍港市転換法の活用により旧軍財産の使用が可能となったことは大きな利点であったが、そのためこれに頼りすぎて公共施設の統一的、総合的、計画的な配置がされず、また新規の土地造成が遅れている」[4]

　この三つの引用文のうちaとgについては、これまで分析し、かつ検討してきたことからも容易に理解できるところである。ところがiに関しては、二つの問題がある。確かに、軍転法による利点があったという点では納得できるが、「公共施設の統一的、総合的、計画的な配置がされず」という点に関しては、異論がある。つまり、旧軍用地を転用する場合には、その申請者は佐世保市だけとは限らないのであり、かつまたそれを認可するのは中央と地方の区別はあるものの、国有財産処理審議会であり、佐世保市ではない。また旧軍用地という点を離れれば、土地所有関係もあって、佐世保市の独自判断だけで、そう簡単には「配置」できない。つまり「配置されず」は「配置できず」と文言を改めるべきであろう。

　もう一つの問題は「新規の土地造成が遅れている」という点に関してである。ここでは、海岸埋立によるものか、それとも荒れ地の改良なのかという「土地造成」の内容が判らない。しかも土地造成が「遅れている」のは、佐世保市域にそれだけの土地需要がなかったからだとも言いうる。土地造成には一定の費用が必要である。つまり造成費用を上乗せした土地造成価格に、どれだけの需要があるのか、その点を検討しないと、簡単には「遅れている」とは言えないのではないか。

　そうした点はともかく、昭和40年頃の佐世保市が意図していたのは工業団地の形成に必要な

土地造成である。この工業団地に必要な土地造成については、次のような提起がなされている。

「本市は平坦地に乏しい上に無秩序な企業立地の関係で既存工業の多くが市街地の商業、住宅地と混在しており、臨海地区では防衛基地の制約もあり、立神・千尽前畑、それに沖新地区等、断続的に分布して、既存の工業用地を拡張する余地は極めて少ない。——そこで生産都市を目指す本市としては大幅な工業団地を地理的条件のよい周辺地区に適地を選定して造成する必要がある」[5]

確かに、この文章が指摘しているように、佐世保市における諸工場が商業地や住宅地と混在しているという状況にある。それは、旧軍用地が本来工場用地として設定されたものではないということにも起因している。そして、この住工接近と混在の問題は、佐世保市だけに特有の問題ではなく、これまでみてきたように旭川市や仙台市をはじめ、多くの都市においても生じてきている問題である。そして、佐世保市の場合には、その問題を解決していくための方策として提起されたのが工業団地を新たに造成するということであった。

こうした経緯をもとに、佐世保市が選定したのが、真申団地（40万㎡）、白岳団地（7万5千㎡）、大塔団地（35万㎡）、広田団地（49万9千㎡）、針尾団地（168万㎡）、三川団地（27万㎡）である[6]。

ここに提起されている工業団地のうち最大のものは針尾団地であり、それは旧軍用地とも関連しているものであった。針尾団地については、国有地との関連を次のように述べている。

「現在（針尾）団地の大部分は国有地であり、陸上自衛隊の演習場となっているが、地域開発促進のうえから関係政府機関の理解を求め、工業用地としての払下げを実現しなければならない」[7]

ここに至って、佐世保市は、遊休している旧軍用地や米軍から返還された用地を工業用地として転用するという受動的な姿勢から、針尾工業団地の造成にみられるように、自衛隊が使用している旧軍用地までも、工業開発用地（工業団地）として利用しようという積極的な方向へと転換していく。その結果が、昭和45年に針尾海兵団の跡地（746,630㎡）を交換で取得することになるのである[8]。

1）『総合計画』、佐世保市、昭和40年、6ページ。
2）同上。
3）同上書、7ページ。
4）同上。
5）同上書、57ページ。
6）同上。
7）同上書、58ページ。
8）この件については平成6年6月2日、長崎財務事務所への問い合わせ結果による。

4．佐世保市における旧軍用地と工業用地の新展開（オイル・ショック以降）

　佐世保市が、最初に『総合計画』を策定した昭和40年は、日本経済の、いわば高度成長期の真っ只中であった。だが、それも昭和47年になると、二度のオイルショックによって、低成長期、あるいは長期的不況期へと移行していく。

　そうした時期を背景に策定されたのが『佐世保市総合計画』（昭和49年、以下『佐総』と略称する）である。この『佐総』は、「太陽と水と緑にかこまれた平和産業港湾都市」をその都市像とし、基本的な構想としては、「ポスト基地経済を宗とし、基地的制約条件の縮小に努め、第二次産業を中軸とする生産都市とする」[1]というものであった。

　このような都市像は、日本経済の急速な重化学工業化による諸矛盾の露呈、すなわち産業間格差（その地理的現象形態としての地域間格差）の拡大、都市の過密と農山漁村の過疎、多様な形態での公害の発生などの現実的対応であり、また西九州における工業開発拠点都市への指向、近隣諸国との経済的交流の活発化、そして平和（産業港湾）都市への脱皮をも念頭において構想されたものであった。

　そして、この『佐総』は、佐世保市の歴史的特質にかかわる工業振興上の問題点について、次のように述べている。

　「本市の産業構造は過去の歴史性から第3次産業に傾斜し、第2次産業のウェイトは高くない。本市唯一の基幹産業、佐世保重工業は、現在堅調な伸びを続け、関連産業への波及効果を及ぼしているが、全体としてみた企業構成には規模の断層があり、工業集積や業種の多様性にも乏しい。将来の景気の動向や国の産業調整策の進展に合わせ、業種構成の多様化、企業体質の強化を図り、生産性の高いシステムの確立を進めていくことが必要である」[2]

　さらに『佐総』は、佐世保市の工業が抱えている具体的な四つの問題点を挙げている。

　「a　工業構成が輸送機械および食料品工業で占められ、工業の多様化の進展がない。

　　b　佐世保重工業㈱の関連産業としての加工外注市内業者は、市内中小機械金属工業の主要なものを網羅し、その下請、再下請を含めると中小金属、機械工業のほとんどを包括しており、1業種1企業集中型の産業であるため景気変動の激しいしわ寄せを請けやすい。

　　c　工業化がかなり進んだとはいえ第三次産業に傾斜し、生産所得、就業人口ともに停滞している。

　　d　水際線の大部分が米軍及び海上自衛隊によって使用され、海と港に恵まれながらも、臨海地及び港湾を工業利用することができず、大規模臨海工業地帯の形成が困難である」[3]

　ここに引用した二つの文章から、『佐総』が指摘している佐世保市工業の問題点を整理すると、①企業規模の断層、②業種構成の限定性、③景気変動に対する脆弱性、④基地による臨海地域の利用制約ということになる。

　このうち、①、②、④については、これまでにも指摘され、また問題とされてきた点である。したがって、この『佐総』で新たに指摘された点は、③の景気変動に対する脆弱性である。この③問題は、巨大な企業が突出している都市、たとえば九州だと延岡（旭化成）や水俣（日本窒素）

などの企業都市（企業城下町）に共通する問題であり、特に佐世保市に限ったことではない。しかしながら、佐世保市の場合には、佐世保重工という、輸送機械という限定された業種に依存しているというだけでなく、その企業が軍需にも依存しているという、二重の意味での脆弱性をもっているのである。

　ここでは「二重の意味での脆弱性」と言ったが、単独業種がもつ景気変動に対する脆弱性を、この軍需依存というかたちで補強しているとみることもできよう。この軍需依存型の工業は、戦時に入ると急激な需要増があるものの、平和時になると、これまた急激な需要減というドラスティックな変動があるという決定的な弱さをもっている。極論すれば、この軍需依存型の産業構成の地域にあっては、平和への希求が弱まらざるをえない政治的傾向をもつ。これは平和産業港湾都市を構築しようとする佐世保市にあっては極力避けねばならないことであった。

　「米・ソ共存の拡大、米・中接近によるアジア情勢の変化、ドル防衛、米軍基地の縮小等」[4]という時代的背景をもとに、『佐総』が「ポスト基地経済を宗とし」という文言を用いたのは、確かに第三次産業の多さからの脱却という意味もあるが、それ以外に、軍需依存型の業種編成からの脱却という意味をも含ませたものと解することができる。

　こうした問題点を視野におきながら、「基地依存の経済から脱皮し、自律的な経済体質を図るため、生産都市、産業都市への転換をはからねばならない。そのため本市の地理的条件は、交通通信ネットワークの整備により、基地は、返還、縮小、集約により生産都市としての飛躍的な発展を図る」[5]とし、かつ「既存工業の育成と新規企業の誘致を促進」[6]しながら、『佐総』が工業振興政策として具体的に提起したのは、次のような内容であった。

　「本市の基幹産業である造船業を発展させるため、新たに超大型ドックを備えた新造部門の建設を促進し、生産の向上を図る。本市を生産都市に発展させるためには、造船のみに傾斜した工業構成を改め、業種の多様化を図り、大規模工業地帯を形成する必要がある。それは、大村湾沿岸ベルト工業地帯の拠点となる針尾工業団地を軸として形成する」[7]

　地域の基幹工業である造船業、既存工業の窯業（三川内焼）を育成することは当然のことながら、この引用文では、超大型ドックを具備した造船部門の建設と針尾工業団地が大きな課題として提起されている。

　確かに、超大型ドックをもった造船所の建設は、時代の趨勢でもあった。とりわけ熊本県長洲に建設される日立造船有明造船所の100万トンドックは、石油タンカーの大型化（50万トンから100万トンへ）時代に対応するもので、佐世保船舶工業が建造した日章丸（30万トン）の規模の時代は過ぎ去らんとしていた。しかし、なお、100万トン級タンカーについては、その船体構造に問題があるのではないかという議論がなされていた時代でもあった。

　超大型ドックは、佐世保港湾の入口にある崎辺地区に建設が計画化されていた[8]。だが、この建設は基本的には私的企業が行うものであり、地方公共団体としての佐世保市が行うものではない。ここには私的企業の行為（資本蓄積運動）を公的機関の行為と混同する、いわば地域物神性的錯覚がみられる。極言すれば、そこには佐世保重工に従属する佐世保市政の従属的性格が露呈

第二十四章　佐世保市　813

しているとも言えよう。ここでは、あくまでも私的企業の運動に対する地方公共団体の積極的支援というかたちで問題を提起すべきであった。

　昭和50年以降に至っては、この崎辺地区における超大型ドックの建設計画は、「石油ショック」に端を発する海運不況の影響を受けて、自衛隊の監視部を移動させたままで中断を余儀なくされている[9]。このことは、佐世保市工業の抱えている問題がまさに露呈したと言えよう。

　すなわち、造船一業種に強く依存し、その不振が佐世保市の不況につながるということ、したがって超大型ドックの建設計画が中断したときは、市の工業振興政策の施行も中断せざるをえない局面に立たされるということである。

　こうした「企業都市」的性格からの脱皮をはかるものとして、多業種の企業誘致をはかるものとして、針尾工業団地の造成が急がれているが、昭和51年9月の時点では、その造成過程にあった。

　　1）　『佐世保市総合計画』、佐世保市、昭和49年、1ページ。
　　2）　同上書、5ページ。
　　3）　同上書、147ページ。
　　4）　同上書、2ページ。
　　5）　同上。
　　6）　同上書、33ページ。
　　7）　同上。
　　8）　同上書、149ページ。
　　9）　昭和51年、佐世保市役所での聞き取りによる。

第四節　針尾海兵団の跡地利用と工業団地の形成

　長崎県および佐世保市の地域振興計画ないし工業振興計画として展開されている針尾工業団地の用地、すなわち戦前の針尾海兵団の用地（852,537㎡）は、東彼杵郡江上村にあったが、江上村は昭和30年4月1日に崎針尾村や折尾瀬村とともに佐世保市に編入された。

　海兵団の用地は、まだ江上村であった昭和26年に農林省へ62,105㎡が有償所管換されたほか、のちに8千㎡ほどが同じく農林省へ有償所管換されている。

　この用地が長崎県へ「交換」として譲渡されたのは昭和45年で、その面積は746,630㎡であった。その用途目的は「企業用地」となっており、これが針尾工業団地の造成用地とされたのである。

　ところで、福岡通産局（針尾工業団地造成調査委員会）は、国有地が長崎県へ譲渡（交換）される以前の昭和43年3月に『長崎県針尾工業団地造成調査報告書』を発表し、「針尾工業団地の総合計画」という項目の中で、「土地利用」について、次のように記している。

「当団地の総合計画による面積は2,284,000m²となっており、広大な原野の国有地780,000m²を中心に造成を行うが、これに団地南部の海面埋立772,000m²と民有地732,000m²からなる。工業団地の面積は全体の55.2%にあたる1,260,000m²」[1)]

興味があるのは、この団地造成に必要な用地の推定地価を掲載していることである。念のために、その部分を抜粋しておこう。

XXIV-4-(1)表　針尾工業団地の地目別面積と推定地価

項目	田	畑	山林	原野	宅地	その他
面積（m²）	138,700	154,200	218,100	997,000	4,100	772,000
推定地価（円/m²）	600	400	300	150	640	――

出所：『長崎県針尾工業団地造成調査報告書』（前出）、6ページより作成。
　　　※原表には、面積計（2,284,000m²）と原野のうち、780,000m²が国有地となっている。

4-(1)表の推定地価について論及する前に、この『調査報告書』が佐世保市における昭和41～42年の農地（田）価格を掲示しているので、それを紹介しておこう。

XXIV-4-(2)表　針尾団地周辺地域における用地買収の事例

(単位：m²、円)

所在地	買収面積	地目	買収年月	買収単価	取得者
佐世保市広田町	2,261		昭和41.11	2,000	本田技研工業
同	6,825	農地	41.7	240	佐世保市
同	1,874	（田）	41.3	1,388	岩谷産業
佐世保市崎岡町	1,487		42.9	1,082	島水商会
同	1,940		42.7	1,020	共益タクシー
佐世保市江上町	15,877		42.1	11,113	佐世保市

出所：『長崎県針尾工業団地造成調査報告書』（前出）、28ページより作成。
　　　※地目は全て農地（田）である。表中に崎因町とあったのは崎岡町へ修正。

敢えて、4-(2)表を紹介したのは、4-(1)表の推定価格について論及する材料としたためである。ちなみに、(2)表の「所在地」の位置についてみると、広田町は針尾海兵団の跡地の北側2～3km、同じく崎岡町は1～2km、江上町は西方向に1～2kmに所在している。したがって、針尾工業団地の予定地は、地耐力なども不明のままであるが、佐世保市との位置関係ではやや南になるものの、地価としてはさほど変わらないか、やや低いものと推測される。

そこで、針尾工業団地の予定地で推定価格をみると、いずれも、周辺地域における実際の売買価格よりも低くなっている。それも、約半値か、それ以下である。特に、「原野」ではあるが、国有地の価格は150円/m²と極めて安く推定されている。このことは、この『調査報告書』が福岡通産局という国家機関によるものだけに、針尾海兵団の跡地を安く払い下げさせたいという意向があったとも考えられる。つまり、国有地の払下げは「時価」を原則としている大蔵省と異

なって、地域の産業発展を考慮する通産側の気持ちとしてはそうであろう。

　昭和45年に、この海兵団の跡地は長崎県へ「企業用地」として交換されることになる。この交換の場合、この跡地が価格としてどのように評価されたのかは、不詳である。

　昭和46年3月には、『針尾工業団地造成調査報告書』が日本立地センターから刊行される。この『報告書』の第Ⅲ章「工業団地開発としての必要性」では、「都市施設に欠ける」が、「地区の良好なる自然環境」を生かした、「インダストリアルパークといわれる団地開発の思想が基本的に必要」[2]とし、「第Ⅴ章　針尾地区工業開発（工業基地形成）の基本方向」では、次のように述べられている。

　「針尾地区の工業開発は全国的視点というよりは地域的な視点に立って考えることが適当であり、工業開発対象地区が有する有利な条件すなわち、長崎県北部の経済社会の拠点都市佐世保に近いこと、浦頭埠頭の利用ができること、などを充分に活用した工業基地形成を指向することが望ましいと判断される。

　具体的には、①既存企業で県内最大の企業である三菱重工業、佐世保重工業の造船工業の拡大計画に関連すべきであること。

　②佐世保市の都市開発の一貫（一環？―杉野）としての機能を分担すべきであること。

　③佐世保市、長崎市の都市集積および西九州一円の集積に関連すべきこと。

　などがあげられ、これを基本方向とすることとした」[3]

　この立地センターによる『調査報告書』による工業団地の基本方向は、いわば大企業との関連、佐世保市の都市開発との関連、西九州の都市集積との関連などが強調されている。

　かくして昭和46年3月31日、長崎県は「針尾・浦頭工業団地計画」をまとめる。その内容を「朝日新聞」を援用して、要点的に紹介すると、以下の通りである。

　「総面積は530万 m^2。このうち7割を工場用地にする。（中略）県は、公害がなく、多量の水を必要としない工場の誘致を考えている。プレハブ住宅や建築用金属製品などをつくる住宅産業コンビナート、ボートやヨットなどのレジャー用品製造業、佐世保の造船工業をのばす関連産業の三つを柱にしたい、といっている」[4]

　上記のように、針尾工業団地へ誘致する工場の業種を選定しているが、その基本的内容は次のようなものであった。

XXIV-4-(3)表　針尾工業団地基本計画想定業種および規模

業種	敷地面積 （千 m^2）	年間出荷額 （百万円）	従業員 （人）
プレハブ住宅産業、家具装飾品	56	2,254	600
住宅産業、建設用、建築用金属製品、鉄鋼板加工	333	10,856	1,700
耐火レンガ、タイル、衛生陶器、セメント二次製品	287	7,778	1,000
レジャー産業、建設、工作、公害防止機械、ボイラー	925	39,914	4,300

産業用電気機械、電気製品	619	46,673	4,700
造船、舟艇製造、船舶用機関、産業用特殊車両	943	75,770	7,100
中小企業団地、その他	403	17,293	600
合　計	3,566	200,538	20,000

原注：従業員数は、概数整理した。　　注：原表での敷地面積は、m²単位。
出所：『針尾・浦頭工業団地基本計画報告書』、長崎県、昭和46年3月、32ページ。

　この基本計画に続いて、昭和46～50年度の第一次計画分の想定業種および規模を想定した表があるが、それには敷地面積規模（1,611千m²）、従業員数（8,400人）という想定がなされている[5]。いずれにせよ、雇用者数を2万人とする工業団地の造成がここに謳われている。それは、構造的不況地域を打開する希望の灯火であった。

　それから2年後の昭和48年6月の段階になると、事態が微妙になってくる。朝日新聞は、「難問が山積み」という見出しのもとに、佐世保針尾島（「新港」と「工業団地」づくり）について、次のように報道している。

　「『消費都市から生産都市へ』『第三次産業から第二次産業へ』『軍港から平和産業港湾都市へ』──県と佐世保市は佐世保港の再開発を目指して針尾工業団地づくりを進めているが、両地区ともヘドロや不発弾が海底に沈んでいるなど臨海工業を進める上での地盤が悪く、今後の企業誘致が懸念されている。

　針尾工業団地は『県北最大の工業団地』のキャッチフレーズで県臨海開発局が2月からA地区の造成を始めているが、埋立を予定していた海底のヘドロが予想以上に厚く、結局、初めの計画より規模が四分の三に縮小された」[6]

　この新聞記事では、そのほかに工業排水の問題、漁業権との関連など、「難問が山積み」となっている状況を紹介している。

　昭和50年10月になると、事態は深刻になってくる。朝日新聞は「買い手つかぬ針尾工業団地　県、まず住宅建設へ」という見出しのもとに、「県は、企業進出のめどが立たない針尾工業団地（佐世保市）に、企業誘致の“促進剤”として、まず住宅を建てるという方針を21日明らかにした。（中略）県が取り組んだ団地づくりも、不況の前にはお手上げ。47年度に着工以来、48年からは現地視察会も開かれているが、一社とも話はまとまっていない。地域振興整備公団の低利融資や固定資産税の三年間課税免除などの優遇措置も、いまや企業誘致にはつながらない情勢。──『自然環境に恵まれたインダストリアルパーク（産業公園）』をキャッチフレーズに県は企業誘致にけんめい」[7]と報じている。

　旧海兵団跡地の針尾工業団地への転用は、さきにヘドロや不発弾などの自然的社会的条件によって、企業の進出が難航したが、今度は不況という経済的条件の悪化によって、状況はますます悪化した。かくして、長崎県としては跡地に住宅を建設するという方向を打ち出したのである。だが、その計画さえも危ぶまれる状況であった。

第二十四章　佐世保市　817

　かくして事態は転々とする。その状況を、朝日新聞の記事で追ってみることにしよう。
　1年が過ぎて、昭和51年12月になると、「買い手つかず値下げ」という見出しのもとに、「長崎県が72億円余をつぎこんで佐世保市の大村湾沿いに造成してきた針尾工業団地（総面積181.3ヘクタール）はほぼ完成したが、いまだに買い手がつかず、県は当初予定していた3.3平方㍍当たり3万3千円の『売り値』を2万7千円から3万円に値下げすると、15日の長崎県議会経済労働委員会で、明らかにした。――一刻も早く企業の誘致に成功することが先決となり、いわば『原価』に近い価格で売り出すことにしたという」[8]
　昭和52年9月17日の朝日新聞は、「長崎県知事、ダウ社に佐世保進出を打診」[9]と報じたが、2年近くの月日が経過した昭和54年7月13日の朝日新聞は「売れない県の工業団地、針尾は分割に」という見出しのもとに、「佐世保市の針尾工業団地（180万m²）については、米国のダウ・ケミカルの進出が難しくなったことから、これまでの1社か2社による大企業誘致の方針を変え、数社による分割で切り売りしていくことを決めた」[10]
　造成した工業団地が売れない。年次的経過とともに、販売する用地価格の値下げ、用地の分割販売などの方針が長崎県によって打ち出されるが、それでもっても、状況を打開するには至らなかった。
　昭和56年6月6日の朝日新聞は、「国のテクノポリス構想―佐世保市が調査候補地に内定」という見出しのもとに、「（佐世保―杉野）市側は『最終決定ではないが、第一段階の大きなヤマを越した』と歓迎の態度。しかし、桟市長は『今回の内定を［むつ］の工期延長の受諾と直接結びつける考えはない』とし、――」[11]と報じているが、ここでは国の施策への適用もさることながら、原子力船（むつ）との関連が問題になっている。
　昭和58年12月9日の朝日新聞では、桟市長は「米軍から500戸の用地確保という要求もあるが、とりあえず、――300戸と考えている。――将来、針尾戸団地にはテクノポリスの実現を目指しており、外資系企業の誘致も考えているので、米海軍将兵の社会は異質なものとはならない」[12]という見解を述べたと報じている。これに対応して、長崎県も米国福岡領事館の首席領事が針尾鉱業団地を視察した折りに、「米海軍には団地の西側一帯を住宅用地として提供する。団地には現在工場は立地しておらず、将来は先端技術を目指すテクノポリスを実現する方針だが、住宅地の生活環境はそこなわれない」[13]と説明したと報じている。
　針尾工業団地の用地販売については、もはやなりふり構わぬ姿勢。具体的には、二度と許さぬ原子爆弾、そして軍事都市からの脱却という長崎県と佐世保市の基本姿勢が、ここでは脱ぎ捨てられようとしている。
　昭和62年2月19日、朝日新聞は、「佐世保の針尾工業団地利用　オランダ村、アメリカ村の進出計画持ち上がる」という見出しのもとに次のような記事を掲載している。
　「米国テンプル大、中国人民大学などの学園都市構想が進められている佐世保市の針尾工業団地の利用問題で、学園都市とは別に、西彼杵郡西彼町の長崎オランダ村の進出計画とこれに対抗する形で、佐世保市の財界が絡んでアメリカ村を建てようという計画が持ち上がっていると、18

日に桟市長が説明した」[14]

そして同年の９月８日の朝日新聞では、長崎オランダ村の松田会長が高田長崎県知事へ申し入れた写真とともに、「オランダ村の針尾団地進出」という見出しのもとに、次のように報じている。

「県が処分に困っていた佐世保市の針尾工業団地へ長崎オランダ村（西彼町）が７日、県にリゾート開発を申し入れた。──しかし、同村が条件にしている①売却ずみの土地の買い戻し②佐世保市から日量３千トンの給水確保③大村湾などの漁協の協力をクリアしなければならず、県や佐世保市にとっては今後、これらの早急な条件整備が課題となる」[15]

旧針尾海兵団の跡地利用について、余りにも長々しく述べてきたかもしれない。だが、昭和40年代の初め頃にあって、北松浦地方における炭鉱の経済的破滅、そして造船業の不況といった地域経済の沈滞状況に悩む長崎県北部にとって針尾工業団地構想は、未来への希望を切り開く大きな灯火であった。それだけではない。素材供給型工業の沈滞や筑豊炭田や三池炭鉱などの経済的崩壊を抱えた北九州工業地域にとっても、この針尾工業団地の造成は、まさに、地域経済の振興をもたらす一つの展開方向として重視し、その開発の成果を期待していたのである。

だが、この針尾工業団地での教訓は、地方公共団体が独自に工業団地を造成しても、資本制経済のもとにおいては、そう簡単に成功するものではないことを物語っている。それは自然的条件としての劣悪性（経済的位置や地耐力など）、あるいは景気の動向などの強い制約があるからだが、なによりも資本蓄積の原動力が独占資本に委ねられているからである。換言すれば、資本制経済のもとにおける適地策定型立地論は、適産策定型立地論よりも、現実的優位性をもち、したがって論理的先行性をもつということである。この点、旧軍用地に企業を誘致しようとした長崎県の政策には弱点があったということであり、特定の独占企業との接触をふまえた松山市の旧軍用地取得や臨港施設を用途目的とした川崎市の事例とは好対照をなすと言えよう。

平成15年に刊行された『佐世保市史』（通史編、下）は、針尾海兵団の経緯を「ハスウテンボスの開業」という項目で、次のように要約している。

「昭和45年（1970）、旧海軍針尾海兵団跡で引揚者援護局の置かれていた跡地が国有地になっていたことから、県が強い払い下げを要請しこれが認められた。昭和47年、県は工業団地を計画し、同48年から造成、２年後の昭和50年には約170ヘクタールの針尾工業団地が造成された。

しかし、当時のわが国の経済は、オイルショックの影響で不況に喘いでいた。進出する企業はほとんどなく、翌年には造成地の売値を下げたが、買い手はつかなかった。針尾工業団地の累積赤字は約40億円、年に２億4000万円の利子を払っており、県の財政を圧迫していた。昭和62年（1987）２月、長崎オランダ村の針尾工業団地進出計画が持ち上がった。──平成元年（1989）４月、関係者の努力が実り、リゾート法の指定特定地域に佐世保市の重点整備地区として針尾・西海橋地区が指定された。

これと平行して昭和63年（1988）10月、ハウステンボスが起工した。──新しいタイプの複合型リゾート施設HTBは、平成４年（1992）多くの期待を担って開業することになった」[16]

第二十四章　佐世保市　819

　上記の引用文は、針尾海兵団跡地のヘドロのような地質、ダウ社への打診、テクノポリス構想、学園都市建設構想などについて触れていないが、長崎県が辿った苦悩の歴史が滲み出ている。なお、平成 15 年の現時点では、このハウステンボスの西側に米軍の住宅地があることを付記しておこう。

1） 『長崎県針尾工業団地造成調査報告書』、福岡通商産業局・針尾工業団地造成調査委員会、昭和 43 年 3 月、5 ページ。
2） 『針尾工業団地造成調査報告書』、日本立地センター、昭和 46 年 3 月、13 ページ。
3） 同上書、24 〜 25 ページ。
4） 「朝日新聞」昭和 46 年 4 月 1 日付。
5） 『針尾・浦頭工業団地基本計画報告書』、長崎県、昭和 46 年 3 月、34 ページ。
6） 「朝日新聞」昭和 48 年 6 月 2 日付。
7） 「朝日新聞」昭和 50 年 10 月 22 日付。
8） 「朝日新聞」昭和 51 年 12 月 16 日付。
9） 「朝日新聞」昭和 52 年 9 月 17 日付。
10) 「朝日新聞」昭和 54 年 7 月 13 日付。
11) 「朝日新聞」昭和 56 年 6 月 6 日付。
12) 「朝日新聞」昭和 58 年 12 月 9 日付。
13) 同上。
14) 「朝日新聞」昭和 62 年 2 月 19 日付。
15) 「朝日新聞」昭和 62 年 9 月 9 日付。
16) 『佐世保市史』（通史編、下）、平成 15 年、848 〜 849 ページ。

第二十五章　中九州（熊本県・大分県）

　沖縄県を除く九州地方を地域区分する場合、北九州と南九州という南北で区分するのが一般的である。しかし、本章では便宜的に熊本県と大分県を中九州として一括し、旧軍用地の工業用地への転用について分析していきたい。なお、中九州という用語は、時折ではあるが、実際に使われている。

第一節　中九州における旧軍用施設の分布状況

　戦後、旧軍関係の諸省から大蔵省が引き継いだ旧軍用施設は、熊本県分が53口座、大分県分が110口座である。それらの旧軍用施設のうち、敷地面積が30万 m² 以上のものは、次の通りである。

XXV-1-(1)表　熊本県および大分県における大規模な旧軍用施設（30万 m² 以上）

（単位：m²、年次：年）

[熊本県]

旧口座名	所在地	敷地面積	主な譲渡先	年次
渡鹿練兵場及作業場	熊本市	491,150	農林省・農地	23
帯山練兵場	同	915,177	農林省・農地	23
熊本飛行場	同	1,983,479	農林省・農地	22
三菱重工業健軍工場	同	1,372,460	総理府	33
黒石原演習場	合志町他	2,177,887	農林省・農地	23
菊地航空通信学校教育隊	泗水町	303,746	農林省・農地	22
菊地航空戦隊	同	2,767,566	農林省・農地	22
大矢野原演習場	矢部町	18,376,578	総理府	33
浅藪演習場	御船町	8,490,223	農林省・農地	22
隈庄飛行場	城南町他	2,315,162	農林省・農地	23
八代飛行場	鏡町	2,750,323	農林省・農地	22
高瀬飛行場	玉名市	2,210,730	農林省・農地	22
天草航空隊	本渡市	328,127	農林省・農地	22
人吉演習場	錦町他	3,859,754	農林省・開墾地	23
東京第二陸造荒尾製造所	荒尾市	3,447,797	農林省・農地	23

[大分県]

旧口座名	所在地	敷地面積	主な譲渡先	年次
西海航空隊	大分市	1,265,050	農林省・農地	23

小倉陸軍造兵廠大分工場	同	400,571	鐘淵紡績	24
海軍戸次飛行場	同	320,036	農林省・農地	22
東京第二陸造坂ノ市製造所	同	4,624,148	農林省・農地	23
陸軍石垣原演習場	別府市	2,423,630	別府市・森林公園	36
神戸製鋼所中津工場	中津市	2,613,842	農林省・農地	24
呉軍需部佐伯兵器庫	佐伯市	445,897	農林省・農地	22
呉軍需部長島軍需品置場	同	604,501	農林省・農地	22
佐伯航空隊	同	1,990,570	農林省・農地	23
佐伯燃料置場	同	345,218	農林省・農地	23
大神海軍基地	日出町	5,216,181	農林省・農地	22
小陸造糸口山台ノ原宿舎	宇佐市	397,788	農林省・農地	22
小陸造糸口山構内地区	同	964,960	農林省・農地	22
宇佐海軍航空隊	同	2,543,925	農林省・農地	22
豊予要塞司令部弾薬庫	佐賀関町	812,885	農林省・農地	23
豊予要塞司令部高島砲台	同	947,691	大分県・自然公園	44
日生台演習場	玖珠町	51,170,464	総理府	37
千町無田陸軍飛行場	九重町	423,566	農林省・農地	23

出所：「旧軍用財産資料」（大蔵省管財局文書）より作成。「小陸造」は小倉陸軍造兵廠の略（以下同）。

⑴表をみると、熊本県および大分県における旧軍用施設で、敷地面積が30万㎡以上のものは、熊本県で15口座、大分県で18口座ある。そのうち、100万㎡以上のものとなると、熊本県では11口座、大分県では8口座で、相対的に大規模な旧軍用地が多かった。

次に旧軍用施設を機能別にみると、熊本県で多いのは、飛行場と演習場がそれぞれ4口座であり、航空隊と軍需工場は各2口座である。大分県では、軍需工場および倉庫（兵器庫、弾薬庫など）が4口座と多く、続いては航空隊の3口座となっている。

概して言えば、熊本県は実戦的な軍事施設が多く、大分県は軍需的施設が多く、かつ内容が多様である。

大規模な軍事施設が多かった地域は、熊本県の場合には、熊本市（4口座）と北熊本地区（合志町、泗水町・3口座）である。大分県の場合には、大分市と佐伯市に各4口座、続いて宇佐市が3口座となっている。

敷地面積について特記しておくべきことは、熊本県の場合、大矢野原演習場が1,837万㎡強、浅藪演習場が849万㎡、大分県の場合には日生台演習場が実に5,117万㎡という広大な敷地をもっていたことが判る。とくに日生台演習場は西日本最大の旧軍用施設であった。

主な譲渡先についてみると、熊本県の場合には、農林省への有償所管換が13口座と圧倒的に多く、そのほかでは総理府への無償所管換が2口座あるだけである。大分県でも農林省への有償所管換が14口座で大半であるが、地方公共団体へ2口座、総理府への無償所管換および民間企業への譲渡が各1口座ある。

なお、主な譲渡先へ譲渡された年次については、農林省への有償所管換は両県ともに昭和22

年と23年という戦後間もない時期に行われている。僅かに大分県で昭和24年が1口座ある。総理府への移管は、熊本県の2口座は昭和33年、大分県の場合は昭和37年である。

大分県の旧軍用施設が地方公共団体へ公園用地として譲渡された年次は、昭和36年と同44年で比較的遅い時期である。

以上が、熊本県および大分県における大規模な旧軍用施設の概況である。次に、両県の旧軍用施設を敷地面積規模別に整理してみると、次のようになる。

XXV-1-(2)表　熊本県および大分県における敷地面積規模別旧軍用施設

(単位：m²)

敷地面積規模	熊本県		大分県	
	口座数	面積	口座数	面積
5千 m² 未満	10	29,968	37	61,808
5千～　1万 m²	3	23,431	9	71,182
1万～　5万 m²	12	296,875	27	584,088
5万～　10万 m²	5	364,974	7	516,000
10万～　30万 m²	8	1,145,904	13	2,443,860
30万～　50万 m²	3	1,123,023	5	1,987,858
50万～ 100万 m²	1	915,177	4	3,330,037
100万 m² 以上	11	49,766,337	8	71,847,810
計	53	53,665,689	110	80,842,643

出所：「旧軍用財産資料」（前出）より作成。

(2)表をみると、熊本県には5,366万m²、大分県には8,084万m²の旧軍用地があったことが判る。規模別でみると、熊本県の場合には100万m²以上の旧軍用施設が11口座、その敷地面積は約4,977万m²で県における旧軍用地の92.7％を占め、大分県の場合には、100万m²以上の旧軍用施設は8口座で、その敷地面積は約7,185万m²、県における旧軍用地の88.9％を占めている。つまり、敷地面積規模という点からみれば、両県ともに100万m²以上の旧軍用施設が圧倒的な比重をもっている。

しかしながら、(1)表をみれば判るように、100万m²以上の旧軍用地の中でも800万m²以上のものは、起伏の多い原野からなる演習場であり、工業立地という視点からは、必ずしも適地とはいえない面がある。

100万m²以上の旧軍用施設を個別的にみるならば、熊本県では三菱重工業健軍工場、東京第二陸軍造兵廠荒尾製造所の跡地、大分県の場合には、小倉陸軍造兵廠大分工場、東京第二陸軍造兵廠坂ノ市製造所、神戸製鋼所中津工場、小倉陸軍造兵廠糸口山製造所の跡地が、旧軍用地の工業用地への転用という点では重要になってくるものと思われる。

これ以外に、(2)表で気づくことは、大分県における5千m²未満の旧軍用施設が37口座もあり、それが大分県の口座数の約3分の1を占めているということである。しかし、37口座の総面積は僅か6万m²程度であり、1口座あたりの面積は1,670m²なので、これは近代的な工場の

第二十五章　中九州（熊本県・大分県）　823

敷地面積としては狭小に過ぎる。もっとも本書では工場用地としての取得面積を3千m²以上の件に限定して分析しているが、この37口座の中にも、工業用地へ転用されたものがある。

　いずれにせよ、農林省や総理府への移管が圧倒的に多いことは(1)表からも推測できることであるが、それ以外に、これらの旧軍用地が戦後どのように転用されたかについては、その具体的状況をみていくしかない。

第二節　中九州における旧軍用地の国家機構への移管状況

　熊本県および大分県にあった旧軍用地で、昭和48年3月末までに国家機構へ移管されたものは次の通りである。ただし、1件あたり1万m²以上とし、これまでと同様、農林省への有償所管換および総理府（防衛庁）への移管については除外する。

XXV-2-(1)表　熊本県および大分県における旧軍用地の国家機構への移管

（単位：m²、年次：昭和年）

[熊本県]

移管先	移管面積	用途目的	年次	旧口座名
農林省	12,139	庁舎	33	第六師団経理部千葉城倉庫
大蔵省	19,451	合同庁舎	35	第六師団兵器部
厚生省	45,927	国立病院	23	熊本陸軍病院
同	47,295	同	24	輜重兵第六連隊
大蔵省	10,503	国税庁宿舎	29	野砲兵第六連隊
文部省	27,420	電波高校	32	工兵第六連隊
総理府	38,982	警察学校	34	同
大蔵省	23,970	合同宿舎	30	渡鹿練兵場及作業場
文部省	14,678	電波高校	33	同
運輸省	11,786	車検査場	33	三菱重工業健軍工場
大蔵省	16,230	公務員宿舎	33	同
同	15,960	同	34	同
同	62,479	同	38	同
厚生省	25,768	国立病院	23	菊地陸軍病院
法務省	186,389	農芸学園	25	人吉演習場

[大分県]

移管先	移管面積	用途目的	年次	旧口座名
大蔵省	14,318	合同宿舎	28	第12航空廠今津留本廠
文部省	159,609	大分大学	26	大分陸軍少年飛行学校
厚生省	12,390	国立病院	24	大分陸軍病院
運輸省	173,060	大分空港敷	32	西海航空隊
大蔵省	10,870	公務員宿舎	36	同
厚生省	13,163	国立病院	24	小倉陸軍病院別府分院

同	225,999	同	28	別府海軍病院（内竈）
同	34,987	同	28	別府海軍病院（北石垣）
同	14,649	同	28	別府海軍病院鉄輪休養所
運輸省	11,730	臨港道路	39	佐伯防備隊

出所：「旧軍用財産資料」（前出）より作成。

　上掲の表を通覧してみると、大蔵省へは合同庁舎、公務員宿舎（合同宿舎）、税務署、また厚生省へは国立病院、さらに文部省には国立大学や国立高等学校、運輸省へは空港敷地や臨港道路を用途目的として旧軍用地を移管している。それから総理府へ警察学校用地を移管している点では、熊本県も大分県も、その他の府県と大きく変わることはない。敢えて、特記するとすれば、次のことであろう。

　まず熊本県においては、農芸学園用地として法務省へ人吉演習場の跡地（186,389 m²）を昭和25年に移管していることである。この件については、学園への転用であるから、文部省の管轄のように思えるが、この農芸学園というのは法務省が管轄する「青少年の更生の場」（更生施設）なのである。また、運輸省へは旧三菱重工業健軍工場の跡地（11,786 m²）を自動車検査場を用途目的として昭和33年に移管しているが、自動車検査場を国（運輸省）が管轄するのは特別なことである。

　大分県では、まず国立病院（用地）として厚生省に5件の移管をしているのが目立つ。これを地域的にみると、別府市が4件、大分市で1件となっているが、とくに別府市の内竈地区で海軍病院の跡地（22万6千 m²）を昭和28年に移管しているのが目につく。病院の敷地が広大なのは、療養用地としても利用されたからであろう。

　それ以外では、旧西海航空隊の跡地を昭和32年に大分空港敷（173,060 m²）として運輸省へ、また旧大分陸軍少年飛行学校の跡地を昭和26年に大分大学用地（159,609 m²）として文部省へ移管したのが規模としては大きい。ただし、国立大学用地への転用は、大分県だけに特有のものではない。

　ちなみに、熊本県と大分県にあった旧軍用地で、面積が1万 m² 未満ではあるが、国家機構に移管されたものが幾つかある。その中でも比較的大きい事例を挙げておこう。

　熊本県泗水町にあった旧菊地憲兵分隊及付属官舎の跡地（1,851 m²）が昭和26年に厚生省（菊地病院）へ移管されたほか、大分県でも旧別府病院温泉（3,133 m²）を昭和24年に厚生省へ移管している。大蔵省は大分県で旧第12海軍航空廠跡地（8,612 m²）の一部を公務員宿舎として移管している[1]。これらのことを付記して、この節を終えよう。

　1）「旧軍用財産資料」（前出）を参照。

第二十五章　中九州（熊本県・大分県）　　825

第三節　中九州における旧軍用地の地方公共団体への譲渡状況

　地方公共団体による旧軍用地の取得については、地方公共団体としての「熊本県」と「大分県」、熊本県の市町村、大分県の市町村の三つに分けて紹介し、昭和48年3月までの旧軍用地の取得状況について分析していくことにする。なお、その場合には、いずれも用地取得面積を1万m²以上に限定する。

1. 「熊本県」および「大分県」による旧軍用地の取得状況

　熊本県と大分県による旧軍用地の取得状況を一括して紹介すると、次のようになる。

XXV-3-(1)表　熊本県および大分県による旧軍用地の取得状況

（単位：m²、年次：昭和年）

取得県	取得面積	取得目的	取得形態	年次	旧口座名
熊本県	47,823	第一高女	減額50％	33	第六師団兵器部桜橋倉庫
同	25,286	熊本女大	減額20％	25	歩兵第13連隊
同	19,738	熊本女大	減額20％	25	渡鹿練兵場及作業場
同	26,776	庶民住宅	減額20％	25	同
同	34,922	高校用地	減額40％	34	東京第二陸造荒尾製造所
同	11,150	高校用地	減額40％	35	同
同	18,544	県道	譲与	40	同
大分県	57,851	種畜場等	時価	24	第12海軍航空廠高城工場
同	19,013	聾学校	減額	38	第12海軍航空廠大道工場
同	31,455	県営住宅	時価	34	西海航空隊
同	51,056	大分商高	減50・40％	35	同
同	24,340	工場敷地	交換	44	同
同	71,519	道路	公共物編入	44	東京第二陸造坂ノ市製造所
同	22,200	道路	公共物編入	41	陸軍石垣原演習場
同	12,282	養護学校	減額40％	44	小陸造糸口山製造所
同	947,691	自然公園	交換	44	豊予要塞司令部高島砲台
同	730,611	水源涵養林	時価	35	日生台演習場

　　出所：「旧軍用財産資料」（前出）より作成。

　上掲の表をみると、熊本県が1万m²以上の旧軍用地を昭和48年までに取得したのは7件、うち5件が学校用地で、残りは庶民住宅と道路敷である。取得内容としては学校用地が多いという特徴があるものの、用途目的に何らかの特異性があるわけではない。敢えて、特異性と言うならば、熊本県による旧軍用地の取得は、譲渡である1件（道路）を除き、いずれも減額による売払いである。ただし、減額率はいずれも最高の50％までなので、この点についての特異性はない。

　10件の旧軍用地を取得した大分県の場合をみると、第一に、自然公園（約95万m²）と水源涵

養林（約73万m²）が大きく、第二に、種畜場、聾学校、養護学校、工場敷地など、地方公共団体としての県が取得した用途目的としては、多様性に富んでいる。この二点では、熊本県に比しても大きな差異があり、旧軍用地を取得する用途目的としては、これらを大分県の特異性と言ってもよいであろう。しかも、種畜場、県営住宅、水源涵養林については時価で購入している。これらは公共性が強いものであり、減額購入であっても良かったのではないかと思う。もっとも、商業高校、養護学校は比較的高い減額率で購入しており、おそらく聾学校も高い減額（率は不明）だったのではないかと推測される。

　なお、大分県が旧軍用地を取得した年次についてみると、10件のうち、昭和44年に取得したものが5件もあり、ここには県という地方公共団体が取得した年次としては極めて遅いという特異性があると言えよう。

2．熊本県の市町村による旧軍用地の取得状況

　熊本県の市町村が昭和48年3月までに取得した旧軍用地（1万m²以上）は次の通りである。

XXV-3-(2)表　熊本県の市町村による旧軍用地の取得状況

（単位：m²、年次：昭和年）

市町村名	取得面積	用途目的	取得形態	年次	旧口座名
熊本市	32,489	中学校	時価	26	捜索第六連隊
同	16,629	病院	減40・30%	29	同
同	28,133	中学校	減額20%	25	野砲兵第六連隊
同	21,343	市道	譲与	35	歩兵第13連隊
同	11,824	墓地	時価	24	小峯陸軍墓地
杉上村	34,606	小学校	時価	24	隈庄飛行場
大浜町	27,810	中学校	時価	25	高瀬飛行場
伊佐津村	17,576	中学校	時価	25	天草飛行場
相良村	36,439	中学校	減額50%	25	人吉演習場
荒尾市	85,371	市営住宅	時価	25	東二陸造荒尾製造所
同	10,169	同	時価	36	同

出所：「旧軍用財産資料」（前出）より作成。「東二陸造」は東京第二陸軍造兵廠の略。

　3-(2)表については、まず町村の名称変更について説明しておきたい。杉上村は昭和30年に城南町へ、大浜町は昭和29年に玉名市へ、伊佐津村は昭和29年に本渡市となり、平成18年には天草市となっている。

　熊本県の市町村が旧軍用地を取得したのは11件、そのうちの5件が熊本市、2件が荒尾市による取得である。用地取得面積をみると、熊本市が約11万m²、荒尾市が約9万5千m²である。

　旧軍用地取得の用途目的としては、中学校用地が5件でもっとも多く、これは地方公共団体による旧軍用地取得目的として全国的なものである。ただし、荒尾市による用地取得が市営住宅用地であることには、それなりの理由がある。戦後復興で大きな政策力点が置かれたのはエネ

ギー源である石炭の確保である。三井鉱山関係の施設がある荒尾市で市営住宅の建設が重視されたのは、まさに炭鉱労働者の確保のためであった。その点については後に点検することにしたい。

　熊本県にある市町村が旧軍用地を取得した場合、その取得形態は時価による買い取りが7件で、減額されたのは3件、譲与が1件となっている。同じ地方公共団体である熊本県が旧軍用地を取得した場合には、既にみたように、そのすべてが減額買い取りか譲与であった。それに対して、財政基盤が脆弱な農漁村と思われる杉上村、大浜町、伊佐津村での旧軍用地取得、それも中学校や小学校用地の譲渡が「時価払下」であったことには留意しておく必要がある。

　なお、時期的にみると、そのほとんどが昭和24年と25年であり、中学校の建設が極めて急務であったことが推測される。次に、大分県の市町村についてみることにしよう。

3．大分県の市町村による旧軍用地の取得状況

　大分県の市町村が、昭和48年までに取得した旧軍用地（1万 m² 以上）は次の表の通りである。

XXV-3-(3)表　大分県の市町村による旧軍用地の取得状況

（単位：m²、年次：昭和年）

市町村名	取得面積	用途目的	取得形態	年次	旧口座名
大分市	10,909	市営住宅	時価	25	第12海軍航空廠今津留本廠
同	18,750	市道	公共物編入	32	西海航空隊
同	10,730	市道	公共物編入	39	同
同	18,379	区画整理	公共物編入	45	同
大在村	23,754	中学校	減額20%	26	東京第二陸造坂ノ市製造所
別府市	1,491,210	森林公園	時価	36	陸軍石垣原演習場
中津市	11,391	市営住宅	減額40%	31	神戸製鋼所中津工場
同	16,164	市道	譲与	42	同
佐伯市	11,538	道路	譲与	32	佐伯航空隊
同	12,339	市営住宅	時価	25	海軍住宅（その四）
呉崎村	75,339	養老院他	時価	27	呉崎海軍実弾射撃場
四日市町	35,135	町道	譲与	39	小陸造糸口山・引込線地区
糸口村	17,839	公園	時価	28	小倉陸軍造兵廠糸口山製造所
長洲町	21,367	町道	譲与	40	宇佐海軍航空隊
宇佐市	25,190	中学校	時価	23	宇佐海軍航空隊高家送信所
蒲江町	17,147	道路	公共物編入	44	芦崎防備衛所
佐賀関町	16,916	中学校	減額20%	23	豊予要塞司令部

　出所：「旧軍用財産資料」（前出）より作成。

　まず、大分県の市町村で旧軍用地（1万 m² 以上）を取得したのは全部で17件、そのうち最も多く取得しているのは大分市である。大分市は、昭和38年に大在村、平成17年に佐賀関町を編入しており、この2件を加えると、計6件となる。

　ここで、その他の町村の名称変更についてみると、呉崎村は昭和29年に豊後高田市へ編入されている。四日市町と糸口村は昭和29年に、そして長洲町は昭和30年に、宇佐市へ編入されて

いる。さらに蒲江町は平成 17 年に佐伯市へ編入されている。

　こうした地域の名称変更もふまえると、宇佐市が計 4 件、佐伯市も計 3 件の旧軍用地を取得したことになる。あとは、中津市が 2 件、別府市と豊後高田市が各 1 件となる。

　旧軍用地の取得面積からみると、別府市が森林公園・ゴルフ場を用途目的として、昭和 36 年に旧陸軍石垣原演習場跡地の一部（1,491,210 m²）を取得した件が群を抜いて大きい。この件については、実際に別府市がゴルフ場を建設したかどうかは別として、地方公共団体が旧軍用地の跡地をゴルフ場を用途目的として取得するのは、全国的にみても稀有のことである。

　用途目的という点では、旧呉崎村（現豊後高田市）が、養老院・母子寮用地として旧海軍実弾射撃場の跡地（75,339 m²）を時価で取得しているのも特異である。なお、この件については、社会的弱者に対する公共的な施設用地として旧軍用地を転用するのであり、その用地払下に際しては、一定の減額措置が講じられてもよかったのではないかと思う。

　大分県の地方公共団体が旧軍用地を取得した年次についてみると、昭和 20 年代が 7 件、同 30 年代が 6 件、同 40 年代が 4 件となっていて、次第に取得件数が減ってきている。しかし、熊本県の場合と比較してみると、その取得年次は各年代にわたっていると言ったほうがより適切であろう。このことは、旧軍用地取得の用途目的で中学校用地の取得件数が相対的に少ないことによるとも言えよう。

第四節　中九州における旧軍用地の民間企業等への譲渡状況

　ここでは、熊本県と大分県に分けて、昭和 48 年 3 月までに民間企業等（ただし製造業を除く）が取得した旧軍用地の状況について把握していきたい。

1．熊本県における民間企業等による旧軍用地の取得状況

　熊本県における民間企業等が昭和 48 年までに取得した旧軍用地の状況は次の表の通りである。

XXV- 4 -⑴表　熊本県における民間企業等による旧軍用地の取得状況

（単位：m²、年次：昭和年）

民間企業等名	取得面積	業種用途	年次	旧口座名
日本放送協会	11,784	放送業	36	熊本偕行社
岩爪知束	※ 6,446	乗馬クラブ	25	第 6 師団司令部付属厩
熊本短大	25,342	短大	29	歩兵第 13 連隊
日本福音ル教会	89,050	青少年施設	23	広安練兵場
少年の町	66,444	福祉施設	30	黒石原演習場
中村靖彦	775,233	水源涵養林	30	大矢野原演習場
三井鉱山	597,814	鉱業	25	東京第二陸造荒尾製造所
慈愛園	53,291	養老院	25	同

有明学園	25,460	有明商高	36	同
日本国有鉄道	※ 4,277	輸送業	46	同

出所：「旧軍用財産資料」（前出）より作成。なお、表中の「ル」は、ルーテルの略。

　熊本県における民間企業等（製造業を除く）が取得した旧軍用地（1万 m^2 以上）は8件である。その取得企業等の内訳は、学校施設用地が2件、福祉施設3件で、産業用地が3件である。産業の内訳は、鉱山業1件、放送業1件、林業1件である。もっとも、水源涵養林は、林業として営業しているのではなく、公共的なものであり、表中の個人名は、矢部町長であったかもしれない。

　社会福祉施設については、4-(1)表では名称を省略しているが、日本福音ルーテル教会は用途目的を「浮浪青少年収容施設」としており、「少年の町」は F. ハンタ氏が行う社会福祉事業の施設である。

　熊本県の場合、産業用地としては、三井鉱山の約60万 m^2 に及ぶ旧軍用地の取得が大きいが、これとの関連では荒尾市が大規模な市営住宅用地（2件、計約9万5千 m^2）を取得していたことは前にみた通りである。

　なお、旧軍用地取得面積が1万 m^2 には及ばないが、旧軍であった厩の跡を乗馬クラブとして転用している事例が熊本県にはあり、これは全国的にみて珍しい。また国鉄も旧軍用地を取得しているので表に付記しておいた。

2．大分県における民間企業等による旧軍用地の取得状況

　大分県では、昭和48年3月までに、次のような企業等の諸団体が旧軍用地を取得している。なお、製造業は除外している。

XXV-4-(2)表　大分県における民間企業等による旧軍用地の取得状況

（単位：m^2、年次：昭和年）

民間企業等名	取得面積	業種用途	年次	旧口座名
岩田学園	55,042	学校用地	24	第12海軍航空廠今津留本廠
平松学園	13,528	高校グランド	38	第12海軍航空廠春日浦工場
明星学園	19,740	学園分園	28	東京第二陸造坂ノ市製造所
別府国際観光	76,370	遊園地他	25	小倉陸軍病院別府共済病院
ドンボスコ学園	63,686	学校用地	27	神戸製鋼所中津工場
三沢中学校組合	18,537	中学校用地	28	同
ドンボスコ学園	12,178	学校実習地	32	同
豊前酪農協	24,862	牧草地	36	同
ドンボスコ学園	15,817	学園用地	47	同
石田豊	※ 3,909	倉庫	28	呉軍需部葛軍需品置場
四日市女子農学校	17,015	学校用地	23	小陸造糸口山製造所構内
吉用学園	17,469	学校用地	30	第12海軍航空廠宇佐補給所

出所：「旧軍用財産資料」（前出）より作成。

大分県の民間企業あるいは諸団体で、1万 m² 以上の旧軍用地を取得したのは、11件である。そのうちの実に9件が学校用地である。この点が大分県における民間企業（製造業を除く）による旧軍用地取得の特徴である。特に中津市の大貞地区にあった旧神戸製鋼所跡地でドンボスコ学園が3件にわたって約9万 m² の学校用地を取得している点は留意しておいてよいであろう。ただし、このドンボスコ学園については、単なる学校とみるよりも社会福祉施設とみなすほうが適切かもしれない[1]。

また、三沢中学については市立学校であったかもしれない。ちなみに、この中学は1970年と1980年に発行された市街地図には掲載されているが、1989年発行の市街地図には掲載されていないので、1980年から1989年の間に廃校したものと思われる[2]。

産業用地としては別府市の観光会社によるケーブルカーおよび遊園地（ラクテンチ）と酪農協による牧草地の取得があるだけである。ただし、1万 m² 未満のものとしては石田豊氏による倉庫用地の取得がある。

取得年次としては、大半が昭和20年代であり、30年代は3件、40年代が1件となっている。

場所的にみると、旧神戸製鋼所跡地（中津市）の5件が多く、大分・別府地区が4件、宇佐地区が2件となっている。

1）　この点については地域分析の項で紹介する。
2）　各年発行の市街地図は、いずれも昭文社発行のものである。

第五節　中九州における旧軍用地の工業用地への転用

本節では、戦後中九州（熊本県と大分県）において、大蔵省に移管された旧軍関係の財産、すなわち旧軍用財産（旧軍用地）が昭和48年3月末までの期間に、どのように転用されたのか、とくに工業用地への転用を中心として分析することを課題とする。

ところで、戦後から昭和48年3月末までの期間に、熊本県および大分県にあった旧軍用地が民間企業（製造業）の工業用地として転用されたのは、次表の通りである。ただし、1件あたりの旧軍用地取得面積を3千 m² 以上に限定する。

第二十五章　中九州（熊本県・大分県）　　831

XXV-5-(1)表　中九州における旧軍用地の工業用地への転用状況

（単位：m², 年次：昭和年）

[熊本県]

企業等名	取得面積	用途・業種	年次	旧口座名
化学血清研究所	28,830	血清製造	25	輜重兵第六連隊
同	3,760	同	26	同
日本専売公社	73,479	煙草製造	24	野砲兵第六連隊
同	6,135	同	24	歩兵第13連隊
同	28,453	同	25	同
中央紡績	137,221	紡績業	25	三菱重工業健軍工場
熊本県蚕種協	15,213	蚕種製造	27	同
九州海苔	6,942	食品工業	28	同
肥後興農	15,286	窯業	39	同
中央紡績	3,835	紡績業	39	同
山本弓吉	4,750	（工場）	29	菊地陸軍気象観測所
立田正	6,040	澱粉工場	33	天草航空隊
九州皮革	4,644	皮革製造	23	人吉演習場
三井化学	149,389	化学工業	25	東京第二陸軍造兵廠荒尾製造所
九州紡網	32,118	繊維製品	26	同
同	26,442	同	26	同
同	26,874	同	30	同
同	22,879	同	32	同
第一紡績	10,837	繊維工業	33	同
同	6,273	同	33	同
三光化学	6,355	化学工業	34	同
第一紡績	12,886	繊維工業	35	同
熊川重太郎	6,612	缶詰工業	36	同
前田一男	15,761	鉄工業	36	同
高森興業	4,917	食品工業	37	同
三光化学	7,902	化学工業	41	同
高森興業	6,601	食品工業	44	同
三光化学	10,871	化学工業	44	同

[大分県]

企業等名	取得面積	用途・業種	年次	旧口座名
豊国製氷	13,192	製氷業	23	第12海軍航空廠高城工場
大分酒造	8,800	酒造業	25	同
小野田セメント	32,070	窯業	31	第12海軍航空廠春日浦工場
ラサ工業	6,464	化学工業	38	同
山王工業所	4,096	木工製品	38	同
椎茸農協	13,528	椎茸加工	38	同
日本専売公社	26,451	煙草製造業	25	第12海軍航空廠大道工場
西日本食料加工	7,316	精麦工場	28	西海航空隊
西日本電線	12,057	金属製品	26	西海航空隊魚雷基地
鐘淵紡績	400,571	紡績業	24	小倉陸軍造兵廠大分工場

旭化成	326,171	化学	27	東京第二陸造坂ノ市製造所
大在セメント	5,180	窯業	27	同
豊州珪藻土	39,751	窯業	34	同
九州化学工業	3,543	化学	34	同
矢野新太郎	4,492	工場敷地	34	同
新貝末男	4,804	製材工場	25	神戸製鋼所中津工場
古野峯多	6,025	金属釘製造	28	同
中里製網	3,028	繊維工業	28	同
大進工業	4,863	機械製作	29	同
中里製網	3,863	繊維工業	30	同
中津鋼板	55,651	鉄鋼業	36	同
八幡鋳造	16,820	鉄工業	37	同
富国産業	4,181	集団工場	44	同
八幡鋳造	5,001	鉄工業	44	同
二平合板	13,336	合板	28	呉軍需部葛軍需品置場
興国人絹パルプ	3,454	繊維工業	29	呉軍需部長島軍需品置場
二平合板	23,498	合板	36	佐伯防備隊
同	4,475	同	41	同
同	5,624	同	45	同
興国人絹パルプ	222,556	繊維工業	28	佐伯航空隊
臼杵鉄工	56,871	鉄工業	47	同

出所：「旧軍用財産資料」（前出）より作成。

　中九州において、昭和48年3月末までに旧軍用地が工業用地を用途目的として払い下げられたのは、熊本県で16社（28件）、大分県で26社（31件）である。それを業種別に整理してみると、次のようになる。

XXV-5-(2)表　中九州における工業の旧軍用地取得業種別統括表
（単位：m^2）

業種別	熊本県			大分県		
	件数	社数	取得面積	件数	社数	取得面積
食品工業	5	4	31,112	4	4	42,836
煙草製造業	3	1	108,067	1	1	26,451
繊維工業	9	3	279,365	4	3	410,916
木材工業	――			6	3	55,833
紙・パルプ	――			1	1	222,556
皮革工業	1	1	4,644	――		
窯業	1	1	15,286	3	3	77,001
化学工業	4	2	174,517	3	3	336,178
鉄鋼業	1	1	15,761	4	3	134,343
金属製品	――			2	2	18,082
一般機械	――			1	1	4,863
その他工業	3	2	47,803	――		

| 不明 | 1 | 1 | 4,750 | 2 | 2 | 8,673 |
| 計 | 28 | 16 | 681,305 | 31 | 26 | 1,337,732 |

出所：5-(1)表より作成。

　熊本県と大分県における旧軍用地の工業用地への転用について、両県の業種等を比較することはそれほど大きな意味をもたない。しかしながら、その比較を通じて、中九州という地域的特性との関連で、工業立地ないし工場拡張等で何らかの共通性を導き出すことは可能かもしれない。

　5-(2)表をみて、まず気づくことは、機械工業部門（電気機械、輸送機械、精密機械、一般機械）での用地取得が両県を通じて僅か1件しかないことである。

　工業の業種別構成の中で機械工業部門が少ないということは、北九州工業地域がもつ戦前からの特徴であった。しかも、同じ九州の中でも、南北を比較すれば、この特徴は中九州や南九州をも含めた地域で顕著な産業構成の特徴でもあった。

　次に、二つの県に共通している点は、繊維工業による旧軍用地の取得が件数および取得面積の点でも大きな位置を占めていることである。この点は農村に潜在する低賃金労働力を繊維工業の立地要因の一つとしている点で、両県の共通性となったのであろう。しかし、旧軍用地の取得という点では若干の差異がある。すなわち熊本県では中央紡績が約14万 m^2（2件計）を取得したのが最大で、これに次ぐのが九州紡網の約11万 m^2（4件計）であり、1社あたりの取得面積ではともかく、1件あたりの取得面積は相対的に小さい。これに対して、大分県の場合には鐘淵紡績が1件で約40万 m^2 の旧軍用地を取得している。ただし、鐘淵紡績の場合は、国有財産法第28条第3項にもとづく「譲与」での取得であり、新規に旧軍用地を取得している熊本県の場合と単純に比較することはできない。

　なお、旧軍用地の取得企業数（社数）でみると、意外に少なく、少数の繊維企業が相当規模の旧軍用地を取得しているという事実を見落としてはならない。

　また、両県に共通するのは化学工業が相対的に大きな旧軍用地を取得していることである。熊本県の場合には三井化学が旧東京第二陸軍造兵厰荒尾製造所の跡地で約15万 m^2 を取得しており、大分県では旭化成が旧東京第二陸軍造兵厰坂ノ市製造所の跡地で約33万 m^2 の用地を取得している。ただし、その後の経緯は別として、その当時としては、いずれも石油化学ではなかったという点で九州的特徴をもっていたといえよう。

　両県に共通するのは、食料品製造業による取得件数が相対的に多いということである。これは戦後の食料事情を反映したものと思われる。むしろ両県に共通するもう一つの特徴としては、煙草製造業による旧軍用地の取得があるということである。いずれも日本専売公社による旧軍用地の取得であるが、特に熊本県で相当規模の用地取得があったので、ここでは食料品工業に含ませず、あえて別の業種として表示しておいた。

　なお、熊本県で「その他の製造業」が3件あるが、そのうちの2件は血清製造（1社）であり、もう1件は蚕種の製造である。

続いては、両県における旧軍用地の取得について、これを取得面積規模別に整理しておこう。それが次の表である。

XXV-5-(3)表　中九州における工業の旧軍用地取得規模別統括表（件数）

（単位：m^2）

取得面積規模	熊本県		大分県	
	件数	取得面積	件数	取得面積
5千m^2 未満	5	21,906	10	40,799
5千〜 1万m^2	8	52,860	7	44,410
1万〜 5万m^2	12	246,450	9	190,703
5万〜10万m^2	1	73,479	2	112,522
10万m^2 以上	2	286,610	3	949,298
計	28	681,305	31	1,337,732

出所：5-(1)表より作成。

　熊本県および大分県において、旧軍用地が工業用地へと転用された1件あたりの面積についてみると、熊本県では、1万m^{2}から5万m^{2}という面積規模での取得件数が最も多く、その取得面積も最大ではないが、相当の大きさをもっている。大分県の場合には、1万m^{2}から5万m^{2}という規模での取得件数が多いのは熊本県と同様であるが、件数としては5千m^{2}未満よりも僅かながら少ない。しかも、この取得面積（約19万m^2）は10万m^{2}以上の取得面積（約95万m^2）に比べ比較にならないほど少ない。

　旧軍用地の取得件数を規模別に検討していくことは、財務統計の状況把握という点では、それなりの有意性がある。だが、実際に企業がどのように旧軍用地を取得してきたかという実態把握との関連では、やや難点がある。そこで、1企業あたりの取得面積について検討してみることにしよう。なお、1件あたり3千m^{2}以上の旧軍用地取得に限定しているということに留意しておきたい。

XXV-5-(4)表　中九州における工業の旧軍用地取得規模別統括表（社数）

（単位：m^2）

取得面積規模	熊本県		大分県	
	社数	取得面積	社数	取得面積
5千m^2 未満	2	9,394	7	29,433
5千〜 1万m^2	3	19,594	6	40,676
1万〜 5万m^2	7	145,492	8	205,803
5万〜10万m^2	——	——	2	112,522
10万m^2 以上	4	506,825	3	949,298
計	16	681,305	26	1,337,732

出所：5-(1)表より作成。

第二十五章　中九州（熊本県・大分県）　835

(4)表をみると、熊本県では旧軍用地の工業用地としての取得件数は 28 件であったが、これは
16 社による取得であった。また大分県の場合には 31 件だったが、これは 26 社による旧軍用地
取得であった。

　まず熊本県についてみると 1 万 m^2 から 5 万 m^2 の旧軍用地を取得した企業が最も多く、この
点は大分県も同様である。5 千 m^2 未満の旧軍用地を取得した企業（製造業）は熊本県では 2 社
であるが、大分県では 7 社である。

　逆に 10 万 m^2 以上の旧軍用地を取得した企業（製造業）は、取得企業数はそれほどでもないが、
熊本県の場合には 4 社が県全体の製造業が取得した面積の 74％を、そして大分県の場合には 3
社が 71％を占めているのである。いうなれば、この両県において製造業が取得した旧軍用地の
大部分を、幾つかの巨大な工業資本が独占的に取得しているということである。

　しかしながら、旧軍用地の工業用地への具体的な転用については、こうした統計数字の処理だ
けでは明らかにはならない。その旧軍用地があった地域の特殊性、あるいは旧軍用地を取得した
企業および産業の特殊性が、旧軍用地の転用に影響を及ぼす。次節では、中九州（熊本県と大分
県）における旧軍用地の工業用地への転用状況について、もう少し具体的に分析していくことに
しよう。

第六節　熊本県における旧軍用地の工業用地への転用

　熊本県にあった戦前の軍需工場が、戦後どのようになったかについては、次の文章がある。
「戦時中軍需生産にかりたてられた県内の工業は戦後民需生産に転換しました。

　三菱重工業熊本航空機製作所は閉鎖され、これにかわって中央紡績（昭和 23 年）、井関農機具
熊本工場（昭和 24 年）がうまれました。

　八代市の三陽企業（航空機工場）は県産ラミーを加工する東洋繊維八代工場となりました（昭
和 22 年、なお昭和 30 年に閉鎖）。

　荒尾第二造兵廠跡には九州紡網ができ（昭和 22 年）、その後第一紡績と社名を変更し（昭和 26
年）、1954 年（昭和 29 年）には第一製網を併設しました。戦災にあった専売局の煙草工場（上熊
本）は大江町の野砲連隊跡に移されました」[1]

　5 -(1)表をみれば判るように、熊本県における旧軍用施設の中では、旧東京第二陸軍造兵廠荒
尾製造所跡地（転用件数 15）と旧三菱重工業健軍工場跡地（転用件数 5）における工業用地への
転用が多いが、上記の引用文は、その二つの旧軍需工場について簡単に紹介している。

　また、『本県工業立地の概要』（昭和 27 年）という熊本県振興局の文書でも、上記の二つの工
場を「旧軍関係の遊休施設」として挙げ、荒尾製造所については次のように述べている。

　「位置は荒尾市荒尾で、市電荒尾駅（現在廃線―杉野）東南約 3.3 キロであり、面積は 45,320
坪となっており、さらに当施設は賠償指定解除物件で、戦時中は火薬を生産していたもの。なお

敷地は工場の規模に応じ相当の広さ迄拡張可能で此処では一応8万坪を考えた。（最も障碍のない地帯で現在畑地利用）敷地一帯は小高い起伏をなしており、防空的見地からこの地形を活かして建築されたものである。現施設100億の価値と称され、2～3億の補修をもって直ちに再開可能」[2]という備考が付されている。

さらに、この荒尾製造所には、建物43棟、電気機械647台、工作機械80台、土木機械14台、試験機166台、運搬機械110台、産業機械158台、その他710台、計1,885台（うち3割は修理を要す）の機械施設が国有財産として残されていることになっている[3]。

次に三菱重工業健軍工場についてであるが、その設立については、昭和17年2月1日に三菱重工の誘致が決定し、「健軍一帯の45万坪（150ヘクタール）の広大な土地を坪8円で買収完了、夜に日をつぐ突貫工事が始まった」[4]という状況であった。その位置は熊本市健軍町、面積は104,000坪で、「敷地の地形は約700m×400mの長方形で東南部に300m×200m突出している」[5]というものであった。さらに付帯施設としては、建物が鉄骨3棟、鉄筋3棟、木造6棟となっており、機械類については賠償指定機械12,010台（うち稼働中653台、休止中10,747台）となっている[6]。以上の引用文からも判るように、1946年1月20日付の連合軍総司令部覚書（SCAPIN-629）によって、「MITSUBISHI JUKOGYO K. K. Dai kyu （#9 Plant）」と「ARAO FACTORY OF 2NDTOKYO M. A.」という二つの軍需工場は、賠償指定工場とされている[7]。

以下では、この二つの軍需工場があった熊本市と荒尾市を中心として、旧軍用地の工業用地への転用について分析していくことにする。

 1）『熊本県の歴史』、文画堂、昭和32年、335ページ。
 2）『本県工業立地の概要』、熊本県振興局、昭和27年、49ページ。
 3）同上。
 4）『激動の二十年　熊本県』、毎日新聞社、昭和40年、33ページ。
 5）『本県工業立地の概要』、前出、65ページ。
 6）同上。
 7）『對日賠償文書集』第一巻、賠償庁・外務省共編、昭和26年、106・111ページ。

1．熊本市

戦後、大蔵省が引き継いだ熊本市にあった旧軍用施設は32口座である。そのうち昭和48年までに工業用地へと転用されたのは、大きくみて、次の3口座である。その第一は、旧輜重兵第六連隊（宮内町・古京町、94,158 m²）のうちの32,590 m²を化学血清研究所が昭和25年と同26年に取得したものである。第二は、旧野砲兵第六連隊（大江町、153,273 m²）と工兵第六連隊（大江町、66,403 m²）の跡地のうち、計108,067 m²を日本専売公社が取得したものである。このうち、79,614 m²（2件計）は有償所管換で、28,453 m²は時価買い取りである。三つめは、前述の旧三菱重工業健軍工場（別称、熊本工場、第九工場）の跡地で、ここでの工業用地取得については既に5-(1)表で示した通りである。

まず、旧三菱重工業健軍工場跡地（1,372,460 m²）の利用について、戦後の経緯をみておきたい。5 -(1)表をみれば、この跡地を工業用地として取得したのは、中央紡績、九州海苔、肥後興農、熊本県蚕種共同組合の4社である。ところで、昭和55年版の市街地図をみると、中央紡績と蚕種組合は掲載されているが、九州海苔、肥後興農は見当たらない[1]。

旧三菱重工業の跡地を工業立地という視点から評価した『熊本市工業の現状と発展の可能性』（熊本市工業立地調査会）には、次のような文章がある。

「戦時中に三菱重工業の航空機工場があったため、戦後その施設を利用して井関農機が熊本工場を運営するに至ったもので、それ以外には中央紡績熊本工場が存在するのみである。当地区は熊本市の東端に位置し、台地状の平坦地区であるが、交通としては豊肥線よりの工場専用引込線が考えられる以外には今後の開発に待たねばならない」[2]。

この文章には、井関農機が登場しており、昭和55年版の市街地図にも、この井関農機は記載されている。もともと井関農機の本社は愛媛県松山市にあり、昭和11年に設立された企業であるが、昭和34年の時点では熊本工場を所有している[3]。だが、大蔵省の資料では、旧三菱重工の跡地を取得した企業として、井関農機という社名を見いだせない。このことから、井関農機の工場敷地は、肥後興農の用地を取得したのではないかと推測することもできる。もっとも、昭和23年以前には旧軍用地を大蔵省と関係なしに取得している事例もあるので、この点の事実関係については、なお今後の調査をまつことにしたい。

旧三菱重工業の跡地で、最大の工業用地を取得したのは中央紡績（約14万 m²）である。この中央紡績については、次のような文章がある。

「当社は昭和23年10月に創立された綿糸製造の専門工場で、昭和29年10月より同30年3月まで約6ケ月操業を停止したが、昭和30年4月より再開され、現在（昭和35年—杉野）、10,233梱／年の生産実績を示している。稼働率は操短のため約7割である。その主要施設を表示すると次の如くである。敷地 138,363 m²、工場 21,637 m²、付属建物 13,507 m²、主要機械 40,400錘（紡機）」[4]。

ところで、繊維不況で苦闘していた中央紡績も昭和53年8月末で閉鎖のやむなきに至った。昭和55年現在、その跡地は熊本県住宅供給公社の所有となり、住宅団地を建設中である[5]。

昭和27年に、同じく旧三菱の工場跡地（15,213 m²）を取得した熊本県蚕種協同組合は、昭和55年の現在、蚕種の製造とあわせて、その販売も行っている[6]。

しかしながら、中央紡績が閉鎖されて以来、この地域は住宅地域へと変貌しつつあり、蚕種協同組合が機械設備を稼働する業種ではないので、工場としてのイメージはない。

熊本市大江町で旧軍用地を昭和24年と同25年に取得した日本専売公社は、昭和55年現在、熊本工場として、その地で操業を続けている。工場敷地内に多くの緑地をもったモデル工場となっている[7]。

熊本市宮内町・古京町にあった旧輜重兵第六連隊の跡地（94,158 m²）の一部（約3万2千 m²）を取得した化学血清研究所は、昭和55年版の市街地図では見当たらない[8]。

1）　『熊本市街地図』、交通案内社、昭和 55 年版を参照。
2）　『熊本市工業の現状と発展の可能性』、熊本市工業立地調査会、昭和 35 年、115 ページ。
3）　『帝国銀行会社要録』、帝国興信所、昭和 34 年、愛媛・2 ページ。
4）　『熊本市工業の現状と発展の可能性』、前出、83 ページ。
5）　昭和 55 年、熊本市役所での聞き取りおよび現地踏査による。
6）　昭和 55 年、現地踏査による。
7）　同上。
8）　『熊本市街地図』、交通案内社、昭和 55 年版を参照。

2．荒尾市

　戦前の荒尾市には旧東京第二陸軍造兵廠荒尾製造所（3,447,797 m²）があり、その跡地は約半分が昭和 23 年に農林省へ有償所管換された。産業用地を用途目的として払い下げられたのは、三井鉱山（597,814 m²）が最大である。また、5 -(1)表で明らかにしたように、三井化学（149,389 m²）、九州紡網（4 件、計 108,313 m²）、第一紡織（3 件、計 30,006 m²）、三光化学（3 件、計 25,128 m²）、高森興業（2 件、計 11,518 m²）、それから熊川重太郎氏（6,612 m²）と前田一男氏（15,761 m²）へ工業用地として払い下げられている。

　ところで、この旧陸軍造兵廠については、次のような一文がある。

　「昭和 15 年に第二陸軍造兵廠が建設され、荒尾における化学工業の素地がつくられた。ついで昭和 17 年市制をしき、次第に発展のきざしをみせたが、終戦により軍需産業の解体に伴いその発展を絶たれた」[1]

　旧造兵廠の跡地利用については、『荒尾市総合計画』（昭和 46 年）の中で、「紡績工場、その他の工場進出もみられ—云々」[2]という短い記述があるだけで、この跡地の大きな部分を取得した三井鉱山や三井化学の工場については触れられていない。

　戦後、三井鉱山は昭和 25 年に約 60 万 m² の用地を取得し、これを社宅用地（緑ケ丘社宅）として、1,700 戸ほど建設したが、石炭の掘削とともに、坑口を次第に閉鎖していったために、昭和 54 年の時点では、この社宅も遊休化してしまった[3]。工業用地として最大の用地取得を行ったのは、三井化学工業であり、同社は昭和 25 年に約 15 万 m² の用地を取得している。三井化学は、この地で TNT などを製造していた[4]とされているが、三井化学大牟田工業所（278 万 m²—昭和 42 年現在）[5]は、大牟田市内にあるので、この旧造兵廠跡地に別の工場を建設したかどうかは疑わしい。おそらく三井鉱山と同様に、この地を社宅用地としていたのであろう。

　それにしても、石炭から石油へのエネルギー転換という産業構造の変化は、日本の石炭産業を壊滅させることになった。三井鉱山も例外ではなかった。むしろ三井鉱山は、有名な「三池争議」に象徴されるように、その典型であったといってよい。また、石炭を原料とする石炭化学の代表的な企業であった三井化学も石油化学への転換を余儀なくされた。その結果、三井鉱山および三井化学が所有していた旧造兵廠荒尾製造所の跡地は、昭和 54 年には「三井グリーンランド」（ゴルフ場および遊園地）となっている[6]。

この造兵廠跡地に進出した繊維工業としては、九州紡網が昭和26年から昭和32年にかけて3件、計約11万 m² の用地を取得している。この九州紡網の工場は、のち第一紡績（敷地10万 m²、設備36,800錘、従業員800名）[7] と第一製網（主として海苔網製造）とに分離していく。ちなみに前者の第一紡績は昭和33年から同35年にかけて3件、3万 m² の用地を取得していることは既にみてきたところであるが、5-(2)表の繊維工業欄については、これを1社減として修正しなければならない。

ちなみに、昭和54年の市街地図には、第一紡績荒尾工場、三光化学、第一製網が市民病院前から中央区のバス停まで一線に並んでおり、その南側には九州曹達九州工場が立地している[8]。

なお、この跡地では、前田一男氏が昭和36年に鉄工所用地として約1万6千 m² を取得しているが、この工場はのちに閉鎖され、昭和54年の時点では「ダルマ綿㈱」の用地となっている[9]。高森興業が昭和37年に約1万1千 m² 強を麺類製造用地として取得した件、および熊川重太郎氏が缶詰工場用地として取得している件については、不明である。

荒尾市としては、この旧造兵廠の跡地を、第一に市民病院として、第二に運動公園として、第三に軌道敷（約6km）として利用してきた[10]としている。この第三の点については、昭和24年2月以後、電車を走らせていたが、昭和35年に軌道を撤去して、昭和54年9月の時点ではバスを走らせている[11]。ちなみに、この旧造兵廠の跡地の多くが、第二種住居専用地域であり、緑ケ丘と中央区西側は第一種住居専用地域となっている。幹線道路の東側は近隣商業地域となっており、その西方の南側だけが前述したように第一紡績をはじめとする諸工場が立地する工業地域として残っているにすぎない。

1） 『荒尾近代史』、荒尾市教育委員会、昭和44年、50ページ。
2） 『荒尾市総合計画』、荒尾市調査企画室、昭和46年、2ページ。
3） 昭和54年9月、荒尾市役所での聞き取りによる。
4） 同上。
5） 『有明海大締切りに伴う鉱工業立地条件の変化に関する調査報告書』、九州経済調査協会、昭和43年、58ページ（杉野執筆分）。
6） 『最新　荒尾市全図』、搭文社、昭和54年版を参照。
7） 『本県工業立地の概要』、熊本県振興局、昭和27年、53ページ。
8） 『最新　荒尾市全図』、搭文社、昭和54年版を参照。
9） 昭和54年9月、荒尾市役所での聞き取りおよび現地踏査による。
10） 昭和54年9月、荒尾市役所での聞き取りによる。
11） 昭和54年9月、荒尾市役所での聞き取りおよび現地踏査による。

第七節　大分県における旧軍用地の工業用地転用の地域分析

『大分県近代軍事史序説』は戦後における旧軍用施設の工業用地への転用について次のように

述べている。

「軍直轄の旧小倉陸軍造兵廠（日田・糸口山・立石各工廠）、旧東京第二陸軍造兵廠坂ノ市製造所、旧第十二海軍航空廠は賠償指定工場に指定されたが、指定解除などで民間転用や敷地利用が行われる」[1]

ところで戦後、大蔵省が引き継いだ旧軍用施設で、大分県に所在したものは110口座である。110口座の施設のうち、その敷地、つまり旧軍用地が工業用地（3千m²以上）へと転用されたのは、5-(1)表で示したように11口座である。その11口座を地域的にみると、大分市（6口座）、中津市（1口座）、佐伯市（4口座）という分布になっている。以下では、大分市、佐伯市、中津市の順で地域分析を行っていくことにする。

1）　吉田豊治『大分県近代軍事史序説』、近代文芸社、1993年、245ページ。

1．大分市

戦前の大分市（昭和48年の市域）には30口座の旧軍用施設があった。平成20年現在では、佐賀関町を平成17年に編入しているので、その分を加えると41口座となる。本書では、昭和48年の時点における大分市を分析対象とする。

戦前の大分市にあった旧軍用施設として、「大分の空襲を記録する会」は次のような施設があったことを紹介している。

まず、海軍系軍事施設としては、大分航空隊、第12海軍大分航空廠、高城発動機工場、佐世保海兵棚の分工場（出水製紙）、第12海軍航空廠春日浦分工場、深河内補給廠、片倉製糸兵器工場、また陸軍系軍事施設としては、東京第二陸軍造兵廠坂ノ市製造所、弾薬庫、日本染料、第12小倉陸軍造兵廠大分工場（人造羊毛、西日本ゴム）、旭製紙工場、富士紡大分工場、中島製粉機、砲台としては、上野高射砲台、高城高射砲台、明野高射砲台などがそれである[1]。

しかしながら、戦後大蔵省が引き継いだ旧軍用財産30口座の中には、日本染料、旭製紙工場、富士紡大分工場、中島製粉機といった諸工場および上野、高城、明野といった三つの高射砲台は見当たらない。その理由として考えられることは、諸工場については、戦時中に強制接収していたものが、そのまま返却されたこと。この場合には、所有権の移転がなされていなかったと思われる。つまり、旧軍用施設（用地）は必ずしも国有財産ではないのである。同様に、三つの砲台跡地も民間からの接収地であったため、元の所有者にそのまま返還されたものと思われる。

ともかく、大分市にあった旧軍用施設のうち、その敷地が一部でも工業用地へと転用されたのは、5-(1)表で示したように、第12海軍航空廠高城工場、同春日浦工場、同大道工場、西海航空隊、同魚雷基地、小倉陸軍造兵廠大分工場、東京第二陸軍造兵廠坂ノ市製造所の7口座で、その転用件数は15件である。以下、各口座ごとに、その後の経緯をみていくことにしよう。

①　旧第12海軍航空廠高城工場：JR日豊本線高城駅の南西500mの場所に位置し、昭和23年に豊国製氷へ約1万3千m²、同25年に大分酒造へ約9千m²の旧軍用地が払い下げられた。

第二十五章　中九州（熊本県・大分県）　　841

　昭和55年の時点では、両社ともに操業中だったが[2]、両社の中間地点に「大王みりん」という工場があった。この工場は大分酒造の関連会社ではないかと思われる。ちなみに大分酒造について『大分の空襲』は、次のように述べている。

　「日豊線高城駅裏から山寄りに、いまだに迷彩の跡をとどめている建物がある。大分酒造K.Kだ。戦後の荒廃の中でいち早く『百人力焼酎』の看板をかかげた焼酎工場だけに、焼き芋の香りをしきりに汽車の窓に吹きつけていた」[3]

　昭和55年現在、大分酒造は「乾杯」、「大福」、「百人力」という銘柄を製造、出荷している[4]。

　②　旧第12海軍航空廠春日浦工場：もともと、この工場は春日浦埋立地にあった岸本鉱業㈱大分精錬工場を海軍航空廠として軍が接収したものと思われ[5]、戦前には「一名マッチ箱とも言われた。浜に突き出た鉄骨の建物が街の北端にいつ火噴くともなくマッチ箱のようにそそり立っていた」[6]という記述がある。この工場跡地は5-(1)表に示したように、昭和31年に小野田セメントへ約3万2千m²、同38年にラサ工業へ鉱石精錬を用途目的として6千m²強が払い下げられている。昭和36年頃の大分市街地図をみると、小野田セメントは見当たらず、おそらく大分コンクリートの東側（ゴルフ場）がその跡地ではないかと憶測する。また、同市街地図には、既にラサ工業大分精錬所が記載されているので、大蔵省からの払下げを受ける以前に、同社は旧軍用地の一時使用を認められていたのであろう[7]。昭和56年の時点では、もはや、この両社は存在しておらず、その跡地はともに西日本電線に転売されている[8]。

　③　旧第12海軍航空廠大道工場：この工場は、大分桜ケ丘高校のすぐ北側に位置し、歴史的には片倉製糸であった。したがって、この大道工場は、戦前、「片倉製糸兵器工場」とも呼ばれていた。『大分の空襲』は、「昭和15年、市内大道町、片倉製糸工場を買収徴発、大分駅裏からの引き込み線を利用、航空兵器に関する一切の修理、改良等に当たった」[9]と述べている。

　その跡地の2万6千m²強は、昭和25年に日本専売公社に払い下げられ、昭和31年頃には専売公社葉煙草再乾燥工場として稼働していた。しかし、この専売公社の工場も閉鎖し、昭和50年頃に大分卸商団地となった[10]。

　この卸商団地は、大分中央卸商団地と言い、昭和56年3月現在、山崎㈱、小野実建材、石井工作研究所、安達博商店、丸平㈱、稲田電気、ウエダ玩具、㈲浜屋商店、㈱福岡商店、糸園㈱、㈲真綿電器照明、大分被服㈱、ニノミヤ物産その他の商事会社が集中的に立地してきている[11]。

　④　旧西海航空隊魚雷基地：この基地は市内勢家にあり、西日本電線は昭和26年に約1万2千m²を取得している。この西日本電線は昭和25年に創立され、昭和32年には隣接する北側海面約8万2千m²強を埋め立てている。昭和54年現在、この西日本電線は、本社および工場敷地として11万5千m²強を所有するに至っており[12]、また『大分市の商工行政』（昭和54年）によれば、敷地面積は13万2千m²となっている。したがって、かっての魚雷基地は、工場敷地のごく一部でしかなくなっている。

　⑤　旧小倉陸軍造兵廠大分工場：この工場は大分川河口の西側を埋め立てた場所に、人造羊毛と西日本ゴムという二つの工場からなっていた。この人造羊毛は、鐘紡の系列会社であったが、

のち鐘淵紡績、やがて鐘ケ淵燃料となり、戦前期には航空機用高級燃料を製造する準備をすすめていたが、原油不足で休業状況にあった。昭和19年12月に、機械類の搬入がはじまって、小倉から陸軍造兵廠の一部が移動してきたと言われている[13]。

戦後の昭和24年に、約40万㎡の敷地が鐘淵紡績へ譲与されたが、それには上記のような歴史的経緯があってのことである。ただし、譲与されたのは旧人造羊毛の工場のほうである。

その後、鐘淵紡績はここに工場を新設せず、その跡地は大分新産業都市計画にそって、市街地区画も第5号埋立地の一部となり、昭和56年現在では、その跡地は巴組鉄工所、久留米運送、商業団地の用地となっている[14]。また西日本ゴムの跡地も、昭和56年現在では、もはや跡影もなく、第5号埋立地の一画に組み込まれ、大分市中央卸売市場として、大分中央水産㈱、大分合同青果㈱などが立地している[15]。

⑥　旧東京第二陸軍造兵廠坂ノ市製造所：この製造所跡地は、かなり広域的に存在しているが、その中心部は、大分市坂ノ市字里2620の周辺で、JR坂ノ市駅の西南方2kmに位置している。この製造所の歴史的経緯については、次のような記述がある。

「丹生川のほとりから、大在駅裏の山越しに百二十万坪を買収して、軍は火薬工場の建設に取りかかった。昭和15年4月着工、三年がかりでほぼ完成。歩けば二日がかりという周辺に鉄条網をめぐらし、お祓いを上げて作業にとりかかった」[16]

この跡地は、昭和27年に32万6千㎡、同31年に2千㎡が旭化成工業に払い下げられた。旭化成工業の操業開始は昭和28年6月であるから、それに先立つ用地買収であった。昭和56年現在、この旭化成の工廠敷地面積は約137万㎡といわれ[17]、およそ100万㎡の用地は周辺の農地（かっての軍用地）を買収したものである。ちなみに、昭和54年1月における旭化成の従業員は230名で、敷地内には旭メディカル、旭グリーンビジネスという二つの傍系会社が立地している[18]。また、この中心地とはやや離れて、大在セメントが昭和27年に約5千㎡を取得していたが、のちに大在セメントは倒産し、昭和54年11月に大分建資工業がその跡地を買収し、昭和56年の時点では大在瓦を生産している[19]。さらに旭化成の西側、山を隔てた場所で、豊州珪藻土㈱が昭和34年に約4万㎡を取得しており、昭和56年現在は朝日珪酸工業と社名をかえて操業中である[20]。

⑦　旧西海航空隊：この航空隊は、大分市の今津留にあった。戦後は大分空港となっていたが、富士製鉄の埋立地（西の洲）への進出に伴って、この空港は閉鎖し、大分空港は国東半島東海岸へ移転した。昭和56年現在は大洲総合運動公園となっている。なお、昭和28年に西日本食料加工が跡地の一部（7,316㎡）を取得したが、昭和56年の時点では、その所在が不明である。

　1）　『大分の空襲』、大分の空襲を記録する会、昭和50年、18〜19ページ。
　2）　昭和55年、現地踏査による。
　3）　『大分の空襲』、前出、27ページ。
　4）　昭和55年、現地踏査による。

第二十五章　中九州（熊本県・大分県）　　843

　5）　『大分の空襲』、前出、34 ページ参照。
　6）　同上書、34 ページ。
　7）　『大分市街図』、宗像地図店、昭和 36 年に購入分を参照。
　8）　昭和 56 年、大分市役所での聞き取りおよび現地踏査による。
　9）　『大分の空襲』、前出、26 ページ。
　10）　昭和 56 年、大分市役所での聞き取りによる。
　11）　昭和 56 年 3 月、現地踏査による。
　12）　『会社案内』（西日本電線㈱、昭和 54 年）による。
　13）　『大分の空襲』、前出、36 ページ参照。
　14）　昭和 56 年、現地踏査による。
　15）　同上。
　16）　『大分の空襲』、前出、34 ページ。
　17）　昭和 56 年、旭化成大分工場での聞き取りによる。
　18）　昭和 56 年、旭化成大分工場での聞き取りおよび現地踏査による。
　19）　昭和 56 年、大分建資工業での聞き取りによる。
　20）　昭和 56 年、朝日珪酸工業での聞き取りによる。

2．佐伯市

　戦前の佐伯市には、大小含めて 14 口座の旧軍用施設があった。その跡地のうち、工業用地へと転換したのは 4 口座である。具体的には旧佐伯航空隊（2 件）、旧佐伯防備隊（3 件）、旧呉軍需部葛軍需品置場（1 件）、同軍需部長島軍需品置場（1 件）の跡地で、計 7 件の工業用地取得がみられた。これを企業別にみると、佐伯市で最大の旧軍用地を取得したのは、旧佐伯航空隊の跡地で 22 万 2 千 m^2 強、さらに旧長島軍需品置場で 3 千 m^2 強を取得した興国人絹パルプである。また取得件数では二平合板が佐伯防備隊で 3 件、さらに葛軍需品置場で 1 件、計約 4 万 7 千 m^2 を取得している。以下では、旧佐伯航空隊と旧佐伯防備隊の跡地利用、とくに工業用地としての利用状況を中心に分析していきたい。

　①　旧佐伯航空隊：この航空隊の跡地（1,990,570 m^2）は、その大半（1,627,338 m^2）が昭和 23 年に農林省へ有償所管換され、開拓農地となった。しかし、コンクリートで固めた敷地部分は農地とならないため、その部分が昭和 28 年に興国人絹パルプへ払い下げられた。この佐伯航空隊の歴史的経緯については、次のような文章がある。

　「佐伯航空隊は主として、豊後水道周辺海域の防備隊として発足、陸上機用と水上機用の両飛行場を保有していた。又他の飛行場と同様に、母艦部隊の搭乗員の訓練飛行場として使用されたり、新しく外地進出部隊の練成を担当していた」[1]

　また、戦後についても、次のような一文が残されている。

　「——二平合板が操業を始めてから 7 年後、昭和 28 年興国人絹パルプ工場が、旧海軍航空隊跡の広大な土地を購入し操業を始めた。県下では大企業進出のナンバーワンであり、佐伯にとっては、軍都から工業都市へ生まれ代わる主役として希望をいだかせた」[2]

　さらに興国人絹の進出については、次のように言われている。

844

「興人は、大分県誘致企業の第1号であった。もともと佐伯航空隊跡地は海軍省から農林省へと所管換され、これを耕作地として農民に売り渡したものであるが、農地としては十分に機能しなかったようである。したがって、これを農林省が昭和27年頃再度買い上げ、興人に払下げたものである」[3]

期待されて、佐伯市に進出してきた興人であったが、のちに公害問題を惹起し、大きな問題となる。『佐伯市史』（昭和49年刊）は次のように述べている。

「操業を始めて10年たったころから、パルプの廃液によって海水の汚濁が問題になり始めた。その影響は水産物に止まらず、大気汚染も注目され、また松喰虫の被害もでて、興人がその発生源ではないかといわれ、ついに大分県での公害問題のさきがけとなってしまった。

これまで興人は、パルプ生産の外に、医薬品、飼料、肥料、天然調味料等の製造に事業を拡張した。こうした工場内部の変身と、工場所有の敷地を社会的に提供することによって、地域に対して調和をとるようになった」[4]

この『佐伯市史』の文章で注目すべきことは、公害対策として地域との調和をはかるべく、自社の所有地を地元に売却するという興国人絹の方策である。このことは、もともと海軍航空隊の跡地を興人に払い下げて土地利用させた過去への反省さえ生み出してきた。

その事実関係およびその方策についての是非はともかく、興国人絹は、佐伯木材団地へ7万8千m²、南浜木材団地へ5万8千m²、木材共販所へ1万6千m²、また佐伯市に対しては、佐伯専修職業訓練学校へ約2万m²、環境浄化センター用地として1万m²、下水終末処理場用地として5万6千m²を転売している[5]。これらを合計すると、18万3千m²の用地が興国人絹より地域（市役所関連および木材団地関連）へ転売されたことになる。昭和55年における興国人絹の工場敷地は約77万m²となり、かっての97万8千m²に比して、約20万m²の減少となっている。

しかし、興国人絹がその敷地を転売した経緯については別の見方もある。それは、興人が旧軍用地の払下げを受けたのは、あくまでも「工場用地としてであり、それが昭和55年の現在まで遊休地となっていたので、それを有効利用するために転売したのだ」[6]という見方である。これは公害対策として、いわば地域との調和を図るために用地を転売したという『佐伯市史』の見方とは大きく異なる。

さらに、昭和50年8月に興人が倒産したという事実を踏まえるならば、資金繰りや会社更生法といった興人の内部事情によって、工場敷地の一部を売却したとみることもできるであろう。

その事情がいずれにあったにせよ、この興国人絹が地元に売却した用地、ほぼ20万m²の土地は、かって大蔵省より取得した旧軍用地と同じ位置の土地であったということを付記しておきたい。

② 旧佐伯防備隊：この旧軍用施設（194,211m²）も、旧航空隊と同様、佐伯市長島地区にあった。その跡地の一部（11,734m²）は運輸省（九州海運局）が管轄する臨港道路となったが、かなりの敷地部分（3万3千m²強）は昭和36年、41年、45年の3回にわたって二平合板が取得している。ところが、二平合板が佐伯市に進出してきたのは、戦後間もなくのことであった。二

つの文章を紹介しておこう。

「二平合板は、昭和21年いち早く佐伯市で操業を始めた工場であり、文字通り佐伯市で生まれ、育ち、成長した。今では本社工場を初め、川向工場、海崎工場、佐伯合板工場と拡張し、過去27年間の発展の足跡がはっきりと見られる」[7]

「二平合板については、もともと外地（朝鮮）で合板をやっていたらしいが、大蔵省から用地を取得し、最初は小規模なものから出発し、その後、大きく成長してきた。市としては有形ではないが、積極的に支援してきた。一時は従業員も千人を超えていたが、今は半減している」[8]

このように、二平合板は興国人絹と並んで、いわば地元企業として、その発展を大きく期待されたものである。しかし、昭和52年11月には、この旧佐伯防備隊の跡地を転用した鶴谷工場が閉鎖し、同12月には従業員の整理を行っている[9]。なお、鶴谷工場の跡地は昭和55年12月の時点では、廃棄された工場の建物は残っているものの、全体としては荒廃地となっている[10]。ちなみに、昭和55年の時点で二平合板は佐伯市海崎に海崎工場と、コンクリートパネルを作っている佐伯合板（二平合板の傍系企業）をもっているが、これは埋立地に立地した工場であって、旧軍用地に立地したものではない。

以上、旧佐伯航空隊と旧佐伯防備隊の跡地が工業用地へと転用されてきた経緯についてみてきた。その中で留意しておかねばならない一般的な問題が三つある。

その一つは旧軍用地に立地してきた企業と公害との問題である。この問題については、佐伯市だけでなく四日市市や岩国市などでも検討してきたので、ここでは繰り返さない。

また、旧軍用地に進出してきた企業が倒産ないし閉鎖した場合の問題である。とくに、太平洋・瀬戸内ベルト地帯以外の地域において、大規模な進出企業が倒産した場合の問題は深刻である。この問題については従業員の失業という問題が地域経済関係としては基本的な問題であるが、それと併せて、その跡地利用をいかにするかが課題となる。ただし、その問題は個別地域によって大きく異なるので、ここではこれ以上は言及しない。

第三の問題は、旧植民地（中国の旧満州や台湾、朝鮮、東南アジア等）からの引揚者（企業）に対して、旧軍用施設（旧軍用地）を優先的に、しかも昭和21年という時期から利用させていたとすれば、またそれが二平合板だけでなく、全国的に行われていたとすれば、これは旧軍用地の転用に関する一般的な問題として取り扱う必要が出てくる。旧植民地からの引揚者（企業）に対して、戦後間もない時期に旧軍用地を優先的に一時使用させていたという事例については、おそらく相当の数に達したものと思われる。したがって、この問題は、旧植民地へ進出していた資本（企業）に対する戦時補償策の一環であると見なすこともできる。

しかし、旧軍用地の転用問題としては、戦後における旧軍用地の一時使用がどのような関係（基準）で、また具体的にどこでどれだけ行われていたのかという事実関係を明らかにしていくという課題が提起されていると考えねばならない。もっとも、この旧軍用地の一時使用に関する問題については、個々の地域では言及しているものの、今の時点では、資料不足のため、その実態を把握していないので、それを明らかにできない。残された課題である。

佐伯市における旧軍用地の工業用地への転用という問題からは、いささか脇道にそれたかもしれない。終わりに、佐伯市における地域計画との関連について言及しておこう。

まず、興国人絹の用地は工業専用地域であり、興人が地元に売却した用地および二平合板鶴谷工廠跡地は工業地域、二平合板本社工場（旧葛軍需品置場を中心に、その後約3千m²程度の用地を買収、拡張している[11]）は、準工業地域となっている。

1) 『大分の空襲』、大分の空襲を記録する会、昭和50年、60ページ。
2) 『佐伯市史』、佐伯市役所、昭和49年、527ページ。
3) 昭和55年12月、佐伯市役所での聞き取りによる。
4) 『佐伯市史』、前出、527ページ。
5) 同上。
6) 昭和55年12月、佐伯市役所での聞き取りによる。
7) 『佐伯市史』、前出、526ページ。
8) 昭和55年12月、佐伯市役所での聞き取りによる。
9) 同上。
10) 昭和55年12月の現地踏査による。
11) 昭和55年12月、二平合板本社での聞き取りによる。

3．中津市

戦前の中津市にあった旧軍用施設で、戦後、大蔵省に移管されたのは6口座である。その中で大規模なものは旧神戸製鋼所中津工場（2,613,842m²）で、あとは市内高瀬にあった中津飛行場（91,705m²）である。この中津飛行場は昭和23年に農林省へ有償所管換され、開拓農地へ転用された。そこで、以下では、旧神戸製鋼所中津工場の跡地利用、とりわけ工業用地への転換状況についてみていくことにしたい。

旧神戸製鋼所中津工場については、『中津市史』の中に次のような文章を見いだすことができる。

「戦時体制の強化、国策遂行のため航空機用器材を生産する神戸製鋼所中津工場の実現をみるにいたった」[1]「19年9月にはかねてからの懸案であった神戸製鋼株式会社が大幡地区に操業を開始した。—云々」[2]

また、社史である『神戸製鋼100年』（2006年刊）でも中津工場については簡単な記述があるだけである。

「中津工場は陸軍専管の棒・形材の工場で、1944年4月から操業を開始した。しかし、一部の設備が稼働しただけで終戦を迎え、閉鎖された」[3]

このように、260万m²に及ぶ敷地をもった中津工場であったが、それに関する記述は極めて簡単である。それは、この工場の操業期間が余りにも短かったことによるものであろう。

中津工場の敷地については、昭和55年当時、現地の住民だった木下雄央氏[4]が次のように語ってくれた。

第二十五章　中九州（熊本県・大分県）　847

「神戸製鋼の用地はきわめて広く、大体において三角の形状で、北の辺は水郷三口から法華寺や松尾神社の南側を通り永添、大貞公園入口を結び、他の一辺はこの大貞公園入口から西南方向へ上の原まで、第三の辺は三口から鶴市（八幡）神社の裏を通って上の原までの地域がそれだった」

　ところで、その跡地利用については、その大部分（1,683,737 m²）が昭和24年に農林省へ有償所管換され、農地へ転用されたのをはじめ、総理府自衛隊へも 78,564 m² の用地を移管している。そのほか、中津市が約2万5千 m²、ドンボスコ学園が昭和27年以降3回にわたって、計 91,681 m² を取得している。これらは既に本節の各表に掲示している。

　工業用地としては、5-⑴表に掲示しておいたように、3千 m² 以上の旧軍用地を取得したのは新貝末男氏以下の7社、9件で、本格的な工場立地としては、昭和34年と39年に計7万2千 m² の跡地を取得した中津鋼板と、昭和37年に約1万7千 m² を取得した八幡鋳造の2工場である。

　『中津市史』は、戦後における旧神戸製鋼所の跡地に立地してきた中津鋼板について次のように述べている。

　「昭和26年、八幡製鉄株式会社系列工場として神戸製鋼所中津工場跡に、中津鋼板株式会社創立。設備：薄鋼板製造設備その他。主要製品：薄鋼板、中厚鋼板、エキスパンドメダル」[5]

　昭和55年の時点では、八幡鋳造中津工場は存在しているが、中津鋼板は日本金属プレスという工場になっている。なお、日本金属プレスへと続く道路脇には若干の零細工場がみられるが、工業地区としての活気はみられない[6]。

　因みに集団工場として昭和44年に4千 m² を取得した富国産業をはじめ個人名儀で旧軍用地を取得した諸工場も、昭和55年の時点ではそれを見いだすことはできなかった[7]。

1)　『中津市史』、中津市役所、昭和40年、922ページ。
2)　同上書、895ページ。
3)　『神戸製鋼100年』、神戸製鋼所、2006年、67ページ。
4)　木下雄央氏は当時中津市三口にあった杉野牧場に在住、2009年現在は大分県豊後高田市真玉町で木下牧場を経営。
5)　『中津市史』、前出、932～933ページ。
6)　昭和55年、現地踏査による。
7)　同上。

第二十六章 南九州（宮崎県・鹿児島県）

第一節 南九州における旧軍用施設の概況

　宮崎県と鹿児島県をまとめて「南九州」としたのは、まったく便宜的な設定である。南九州という用語はあるが、時として、熊本県を含む場合もある。

　さて、戦前の宮崎県および鹿児島県にあった旧軍用施設が、戦後になって大蔵省に引き継がれたものは、宮崎県で55口座、鹿児島県で97口座である。その内、敷地面積が30万m²以上の口座を一つの表にまとめてみると、次のようになる。

XXVI-1-(1)表　南九州における主な旧軍用施設（30万m²以上）

（単位：m²、年次：昭和年）

[宮崎県]

旧口座名	所在地	施設面積	主な譲渡先	年次
宮崎海軍飛行場	宮崎市	3,710,478	農林省・農地	23
木脇飛行場	国富町	2,351,110	農林省・農地	22
都城西飛行場	都城市	1,276,693	農林省・農地	22
都城東飛行場	三股町	359,872	農林省・農地	22
中央馬厰高鍋支廠小林牧場	小林市	10,370,693	農林省・農地	22
中央馬厰高鍋支廠飯野牧場	えびの市	4,791,761	農林省・農地	22
中央馬厰高鍋支廠高原牧場	高原町	8,195,007	農林省・農地	22
中央馬厰高鍋支廠尾八重牧場	えびの市	1,267,080	農林省・農地	22
中央馬厰高鍋支廠真幸演習場	同	10,314,710	農林省・農地	22
中央馬厰高鍋支廠本厰ほか	高鍋町他	7,804,626	農林省・農地	22
中央馬厰高鍋支廠都農牧場	川南町	8,594,373	農林省・農地	22
中央馬厰高鍋支廠川南牧場	同	9,820,350	農林省・農地	22
中央馬厰高鍋支廠茶臼原牧場	西都市	8,857,619	農林省・農地	22
挺進練習部	川南町	6,736,198	農林省・農地	22
唐瀬原下降場	同	7,202,312	農林省・農地	22
富島海軍飛行場	日向市	2,123,791	農林省・農地	22
霧島演習場	西嶽村他	1,487,603	農林省・農地	23

[鹿児島県]

旧口座名	所在地	施設面積	主な譲渡先	年次
鹿児島海軍航空隊	鹿児島市	1,661,659	運輸省・空港敷地	32
吉野演習場	同	1,451,579	農林省・農地	23
第一鹿屋海軍航空隊	鹿屋市	2,435,044	総理府防衛庁	32

第二鹿屋海軍航空隊	同	1,767,930	農林省・農地	23
第22海軍航空廠本廠地区	同	1,087,984	総理府防衛庁	32
九州海軍航空隊笠ノ原基地	同	890,519	農林省・農地	23
九州航空隊鉾部隊	同	690,081	農林省・農地	23
第一出水海軍航空隊	出水市	2,695,557	農林省・農地	23
第二出水海軍航空隊	同	1,072,181	農林省・農地	23
上別府陸軍飛行場及付属施設	頴娃町	2,046,703	農林省・農地	23
指宿海軍航空隊	指宿町	1,050,658	農林省・農地	23
知覧飛行場及付属施設	知覧町	1,775,034	農林省・農地	23
岩川海軍航空隊基地ほか	岩川町他	3,703,530	農林省・農地	23
志布志海軍航空基地	志布志町	2,444,616	農林省・農地	23
真幸演習場	吉松町	3,704,271	農林省・農地	23
第一国分海軍航空隊	隼人町	3,244,128	農林省・農地	23
第二国分海軍航空隊ほか	日当村他	2,823,663	農林省・農地	23
霧島演習場	霧島村	2,604,297	農林省・農地	23
隼人海軍燃料廠	隼人町	1,352,882	農林省・農地	23
万世飛行場及付帯施設	田布施村	574,730	農林省・農地	23
串良海軍航空隊及同航空基地	串良町	5,482,016	農林省・農地	23
垂水海軍航空隊	垂水町	325,491	農林省・農地	23
種子島海軍航空隊	中種子町	1,184,247	農林省・農地	23
皆津崎砲台	瀬戸内町	1,053,061	農林省・農地	23
西古見砲台	同	1,067,050	農林省・採草地	42
実久砲台	同	390,084	農林省・採草地	39
浅間陸軍飛行場	同	588,052	農林省・農地	33
三浦海軍軍需部	同	776,778	農林省・農地	33
喜界海軍航空隊	喜界町	383,359	農林省・農地	32

出所：「旧軍用財産資料」（大蔵省管財局文書）より作成。

　(1)表によると、戦前の南九州にあった大規模な旧軍用施設（30万 m^2 以上）は、宮崎県で17口座、鹿児島県で29口座である。これを概観すると、宮崎県には飛行場と軍馬を育成する牧場が多かったこと、そして鹿児島県では航空隊と飛行場それに演習場が多かったことが判る。鹿児島県に飛行場が多かったのは、南方へ向かう航空機の発進基地となっていたからである。

　その地域的な分布状況を両県についてみると、宮崎県の場合には児湯郡川南町およびえびの市に大規模な旧軍用施設が多い。宮崎県の場合には軍馬の育成、あるいは落下傘部隊の降下練習地として広大な地域が軍用地とされたからである。

　鹿児島県では鹿屋市と奄美大島の瀬戸内町に多かった。また、それ以外の地域にも旧軍用施設があまねく分布していたと言えよう。鹿屋市には、敵機を迎撃し、また南方へ出撃する航空隊（飛行場）の関連施設があり、奄美大島南部の瀬戸内町は、その南に位置する加計呂麻島との間にある海峡が連合艦隊の泊地だったからである。

　旧軍用施設の敷地面積についてみると、宮崎県の場合には軍馬育成牧場や飛行場が多いため、30万 m^2 以上の17口座のうち、16口座が100万 m^2 以上という特徴をもっており、しかも500

万 m² 以上の旧軍用施設が 9 口座、うち 1 千万 m² 規模の旧軍用施設が 2 口座もある。見方を変えれば、30 万 m² 以上 100 万 m² 未満の旧軍用施設は僅かに 1 口座しかなかったということである。

これに対して、鹿児島県の場合には、30 万 m² 以上の旧軍用施設 29 口座のうち、500 万 m² 以上は僅かに 1 口座であり、30 万 m² 以上 100 万 m² 未満が 8 口座、100 万 m² 台が 11 口座、200 万 m² 台が 6 口座、300 万 m² 台が 3 口座という状況になっている。鹿児島県でも 30 万 m² 以上 100 万 m² 未満の旧軍用施設が相対的に少ないが、飛行場が多いため、100 万 m² から 300 万 m² までの旧軍用施設が多くなっている。

ちなみに、戦後における主要な転用先についてみると、宮崎県の場合には、大規模な旧軍用施設 17 口座のすべてが、昭和 22 年と同 23 年に農林省へ有償所管換されている。しかも昭和 23 年に有償所管換されたのは、17 口座中、僅かに 2 口座である。

鹿児島県の場合も、29 口座中 26 口座が農林省へ有償所管換されているが、その移管年次は昭和 23 年が過半であり、宮崎県で支配的であった昭和 22 年での移管はみられない。つまり鹿児島県における旧軍用地の農林省への有償所管換は 1 年ほど遅れている。とくに一時期、アメリカ軍政府の支配下にあった奄美大島や喜界島では旧軍用地の譲渡がおよそ 10 年ほども遅れている。これは鹿児島県における旧軍用地の転用に関する大きな特徴である。

なお、鹿児島県では、主として総理府防衛庁へ移管された旧軍用施設が 2 口座、運輸省への移管が 1 口座ある。

ところで南九州にあった旧軍用施設は、戦後どのように転用されたのであろうか。もとより、その多くが農林省（有償所管換分）や総理府防衛庁（無償所管換）へ移管されたことは、既に(1)表でみておいたところである。この二つの省庁関係を除いて、宮崎県と鹿児島県における旧軍用地の転用状況について明らかにしていこう。

第二節　南九州における旧軍用地の転用状況

南九州における旧軍用地の転用状況については、これまでの各章と同様、国家機構、地方公共団体、民間企業等に分けて検討していくことにしたい。

1．南九州における旧軍用地の国家機構への移管状況

まず、南九州（宮崎県・鹿児島県）にあった旧軍用施設（旧軍用地）が、戦後どれだけ国家機構（省庁）へ移管されたかということを明らかにしていくことにする。ただし、開拓農地（牧草地）を用途目的とした農林省への有償所管換と総理府防衛庁への無償所管換については、これを除外する。その理由は、農林省への有償所管換は、戦後における農地改革政策の一環としての自作農の創設でもあり、全国的にみて規模も大きく、その全容を明らかにするための資料収集には多大

第二十六章　南九州（宮崎県・鹿児島県）　851

の労力を必要とするからである。また、総理府防衛庁への無償所管換は、日本における再軍備とも深く関連しており、地域産業構造の軍事的再編の問題はもとより、日本経済の軍事化、アメリカの対日政策、日米行政協定などについても研究していく必要があるからである。本書は旧軍用財産の転用に関する歴史的研究を課題としているものの、その中心的課題を旧軍用地の工業用地への転用に絞ったのは、農地改革（自作農創設）や再軍備（経済の軍事化）の問題が、余りにも大き過ぎたからである。ここでは、旧軍用財産（旧軍用地）の転用との関連では、農地改革と再軍備との関連が、経済復興と並んで大きな政策的課題となるということだけを指摘しておくに留めておきたい。

　さて、農林省への有償所管換および総理府防衛庁への移管を除いて、各省庁へ旧軍用地はいかに移管されたのか、その点について明らかにしておこう。次の表がそうである。なお、ここでは移管される旧軍用地の面積を 1 万 m² 以上に限定しておく。

XXVI- **2** -⑴表　南九州における旧軍用地の国家機構への移管

（単位：m²、年次：昭和年）

［宮崎県］

移管先	移管面積	用途目的	年次	旧口座名
運輸省	991,129	航空大学校敷	32	宮崎海軍飛行場
同	62,476	空港施設敷地	40	同
同	68,780	同	46	同
総理府	12,450	県警察学校	32	宮崎海軍飛行場付属宮崎送信所
厚生省	48,482	国立療養所	23	挺進練習部
同	127,239	同	29	同

［鹿児島県］

移管先	移管面積	用途目的	年次	旧口座名
文部省	39,669	水産専門学校	24	鹿児島海軍航空隊
運輸省	555,764	空港敷地	32	同
文部省	65,740	鹿児島大学	25	鹿児島練兵場及作業場
厚生省	15,067	国立病院	23	歩兵第 45 連隊
文部省	60,045	鹿児島大学	25	同
厚生省	12,061	国立病院	23	鹿児島陸軍病院
建設省	61,742	国道	42	第 22 海軍航空廠本廠地区
文部省	14,967	九州大学	27	指宿海軍航空隊
同	59,544	農林専門学校	27	同
厚生省	258,052	国民休暇村	43	同
郵政省	43,202	電波研究所	30	指宿海軍航空隊山川送信所
農林省	29,464	知覧茶原種農場	27	知覧飛行場及付属施設
同	11,309	種畜場用地	42	岩川海軍航空隊基地他
運輸省	18,102	鹿児島空港用地	45	第二国分海軍航空隊
厚生省	139,717	国立病院	23	霧島海軍病院

　出所：「旧軍用財産資料」（前出）より作成。

852

　農林省への有償所管換分および総理府防衛庁への移管を除くと、戦後、南九州において旧軍用地が国家機構へ移管されたのは、宮崎県で6件、鹿児島県で15件、計21件である。

　この21件を省別・県別に整理してみると次のようになる。

XXVI-2-(2)表　南九州における旧軍用地の国家機構への省別移管状況

（単位：m²）

	宮崎県		鹿児島県		計	
	件数	移管面積	件数	移管面積	件数	移管面積
総理府	1	12,450	——	——	1	12,450
文部省	——	——	5	239,965	5	239,965
厚生省	2	175,721	4	424,897	6	600,618
農林省	——	——	2	40,773	2	40,773
建設省	——	——	1	61,742	1	61,742
運輸省	3	1,122,385	2	573,866	5	1,696,251
郵政省	——	——	1	43,202	1	43,202
計	6	1,310,556	15	1,384,445	21	2,695,001

　　出所：2-(1)表より作成。

　2-(2)表をみると、宮崎県と鹿児島県でほぼ同じ規模の旧軍用地が国家機構へ移管されている。ただし、何度も言うように、これは農林省への有償所管換分と総理府防衛庁分を除いた数字である。

　省別にみると、両県ともに運輸省への移管分が多いが、その内容はいずれも空港用地を用途目的としたものである。もっとも、鹿児島県の場合には鹿児島市の郡元にあった旧空港の跡地（555,764m²）と溝辺町（一部隼人町）にできた新鹿児島空港の敷地（18,102m²）という二つの場所のものである。また、厚生省が取得した旧軍用地をみると、宮崎県では国立療養所用地へ転用されているのに対して、鹿児島県の場合には国立病院および国民休暇村の敷地を用途目的としている点で異なっているが、国民の健康を守るという点では、同じ利用方向であると言ってよい。

　それ以外の省への移管は、宮崎県では総理府（県警察学校）への移管、鹿児島県では文部省、農林省、建設省、郵政省がみられる。その中で文部省が水産専門学校用地（39,669m²）を昭和24年に、また農林専門学校用地（59,544m²）を昭和27年に取得しているが、それは後に鹿児島大学の水産学部および農学部へ移管されたものである。ちなみに九州大学が指宿で旧軍用地（14,967m²）を取得しているが、これは同大学の「農学部指宿試験地」[1]として利用されている。

　農林省が取得した2件は、知覧茶の原種農場および種畜場用地を用途目的とするもので、いずれも無償所管換だったものである。郵政省の電波研究所用地としての取得は、全国的にみても稀なものである。

　なお、全国的にみられながら、南九州でみられないのは、大蔵省による公務員宿舎用地や法務

省による刑務所等への移管である。法務省のほうはともかく、大蔵省による公務員宿舎用地や合同庁舎用地を用途目的とした旧軍用地の取得がみられないのは、そうした施設が両県で充実していたとみるよりも、両県における国家機関の果たす役割が相対的に小さいことの反映であろう。

　　1）『九州大学五十年史』（通史）、九州大学、昭和42年、696ページ。

2．南九州における地方公共団体（県）による旧軍用地の取得状況

　地方公共団体としての宮崎県および鹿児島県が、戦後に取得した旧軍用地（1万 m² 以上）は次の通りである。

XXVI-2-(3)表　宮崎県および鹿児島県による旧軍用地の取得状況

（単位：m²、年次：昭和年）

［宮崎県］

取得面積	取得目的	取得形態	年次	旧口座名
137,012	県伝習農場	減額 10%	32	中央馬廠高鍋支廠本廐及草刈地他
1,101,745	同	減額 40%	33	同

［鹿児島県］

取得面積	取得目的	取得形態	年次	旧口座名
34,881	県立大学	減額 20%	26	鹿児島練兵場及作業場
33,762	同	減額 20%	24	歩兵第 45 連隊
8,780	誘致工場敷	交換	44	隼人海軍燃料廠
29,856	港湾施設	時価	23	九州航空隊鉾部隊船溜用
14,066	高校用地	時価	36	奄美要塞司令部

出所：「旧軍用財産資料」（前出）より作成。

　(3)表をみると、地方公共団体としての宮崎県と鹿児島県が旧軍用地を取得した件数は少ない。それでも宮崎県は農業県であることを反映して、県営の伝習農場を創設すべく120万 m² 強の旧軍用地を取得している。年次的にみると、高度経済成長期に入る時期であり、農業立県である宮崎県の農業政策の一端が展開されたものであろう。

　鹿児島県の場合には、鹿児島県立大学の用地として約6万8千 m² を、昭和24年と26年にいずれも減額20%で取得しているのが特徴的である。なお、県が誘致した民間工場の用地を「交換」という形態であれ、県が旧軍用地を取得していることは、工業発達がおくれた隼人地区であるだけに、地元の熱意を感じさせるものがある。なお、県が取得した工場用地がどのように民間企業へ売却されたのか、これが後の国分隼人テクノポリス建設構想にどう繋がっていったのかなど、なお検討すべき問題が残されている。

854

3．南九州における地方公共団体（市町村）による旧軍用地の取得状況

　南九州では、地方公共団体としての県が旧軍用地を取得した件数は相対的に少なかったが、同じ地方公共団体である市町村による取得状況はどうであったか、それをまとめたのが次の表である。ただし、旧軍用地の1件あたり取得面積を1万 m² 以上とする。

XXVI- 2 -(4)表　南九州における市町村による旧軍用地の取得状況

（単位：m²、年次：昭和年）

［宮崎県］

市町村名	取得面積	用途目的	取得形態	年次	旧口座名
小林市	146,489	水源涵養林	交換	33	中央馬廠小林牧場
川南町	32,935	中学校用地	減額40%	27	中央馬廠本廐他
同	58,558	中学校用地	減額40%	27	挺進練習部
同	106,423	県立種畜場	時価	31	同
日向市	14,876	家畜市場	時価	27	富島海軍飛行場
富島町	16,727	上水道用地	時価	24	富島海軍飛行場水道
同	88,052	学校用地	減額20%	25	同
同	27,381	市営住宅	減額	26	同
岩脇町	18,757	小・中学校	減額20%	25	富島飛行場岩脇送信所
本城村	16,837	学校用地	減額20%	23	崎田水上基地

［鹿児島県］

市町村名	取得面積	用途目的	取得形態	年次	旧口座名
鹿児島市	20,549	小学校用地	減額20%	26	鹿児島海軍航空隊
同	45,914	中学校用地	減額20%	26	同
同	90,602	工場用地	時価	31	同
同	10,907	竹器製作所	時価	31	同
同	37,823	貯木場	時価	31	同
同	32,817	学校	減額70%	31	同
同	58,457	中学校用地	減額20%	25	吉野演習場
同	25,068	中学校用地	減額20%	24	鹿児島練兵場及作業場
同	7,758	工場用地	時価	36	鹿児島小銃射撃場
鹿屋市	33,620	中学校用地	時価	24	第二鹿屋海軍航空隊
同	16,390	市営住宅	減40・30%	33	第22海軍航空廠本廠
同	16,087	私立女子高	減額50%	34	同
同	15,184	道路	譲与	35	同
同	20,749	市営住宅	減額40%	37	同
同	11,246	小学校用地	減額20%	25	九州海航空隊笠原基地
同	214,882	区画整理用	時価	24	九州海軍航空隊鉾部隊
同	40,628	中学校用地	減額20%	25	第22航空廠工員養成所
同	58,825	総合運動場	時価	25	同
同	22,922	上水道施設	時価	39	鹿屋第一航空隊浄水池
同	13,402	市隔離病舎	時価	24	鉾部隊戦闘治療所
同	11,535	災害住宅	時価	25	第22海軍航空廠会館
同	11,362	小学校用地	減額20%	25	九州航空隊兵舎

第二十六章　南九州（宮崎県・鹿児島県）　855

出水市	401,633	工場敷地他	時価	23	第一出水海軍航空隊	
高尾野町	61,487	中学校用地	減額	24	第二出水海軍航空隊	
指宿市	139,950	総合運動場	時価	30	指宿海軍航空隊	
東国分村	13,173	中学校用地	時価	27	第一国分海軍航空隊	
国分市	14,032	道路	譲与	35	同	
隼人町	26,064	中学校用地	減額20%	26	隼人海軍燃料廠	
串良町	38,437	中学校用地	減額20%	25	串良海軍航空隊及基地	
垂水町	21,381	中学校用地	時価	26	垂水海軍航空隊	
瀬戸内町	10,291	道路	譲与	35	古仁屋軍道	

出所：「旧軍用財産資料」（前出）より作成。

⑷表については、宮崎県と鹿児島県の二つに分けて分析していこう。

まず宮崎県に関しては、その後における町村名の名称変更について説明しておかねばならない。

富島町と岩脇村は昭和26年に日向市になっている。したがって、⑷表の日向市による旧軍用地の取得件数は5件、165,793m²となる。また、本城村は昭和29年に串間市に編入している。

そこで宮崎県における市町村による旧軍用地の取得件数についてみると、先の日向市が5件、川南町が3件、小林市と串間市が各1件となる。また旧軍用地の取得面積では、川南町が197,916m²で最大となり、続いて日向市、小林市となっている。串間市を除いては、いずれも10万m²以上の旧軍用地を取得したことになる。

用途からみると、学校用地への転用件数が最多で5件、計215,139m²となる。なお、その5件のいずれもが減額取得である。それ以外では、小林市による水源涵養林（146,489m²）、川南町の県立種畜場（106,423m²）が目立ち、そこには宮崎県的特性が現れている。

もっとも、川南町が町立ではなく、県立の種畜場用地をなぜ取得しているのか、その点は疑問である。

時期的には、農林省による開拓農地を用途目的とした有償所管換が行われたのちに、地方公共団体による学校用地の取得がなされており、家畜市場や種畜場を用途目的とした旧軍用地の取得はそれよりも遅れた時期に行われている。

次に、鹿児島県における市町村による旧軍用地の取得状況の分析に移ろう。鹿児島県の場合も、まずは合併等に伴う市町村名の変更をしておかねばならない。

高尾野町は平成18年に出水市へ編入、国分市、隼人町、東国分村は平成17年に合体して霧島市となり、串良町は平成18年に鹿屋市へ編入、そして垂水町は昭和33年に市制を施行している。

こうした状況を踏まえながら、鹿児島県の地方公共団体（市町）による旧軍用地の取得件数をみると、平成20年の段階だと、鹿屋市が14件で最も多く、次には鹿児島市の9件、霧島市の3件、出水市が2件、あとは指宿市、垂水市、瀬戸内町の各1件となっている。また、市町別にみた旧軍用地の取得面積は、鹿屋市が525,269m²、出水市が463,120m²、鹿児島市が329,895m²、以下、霧島市（53,269m²）、垂水市（21,381m²）、瀬戸内町（10,291m²）となっている。

このうち、工業立地との関連で注目しておくべき件は、出水市で401,633m²、鹿児島市では

90,602 m²、10,907 m²、7,758 m²の３件が工場用地として取得されているということである。これらはいずれも民間工場の誘致ないし、誘致予定としての用地取得であり、民間企業に代わる役割を地方公共団体が果たしたのか、それとも用地取得後に誘致したのかという点では検討してみる必要がある。その検討は各都市の地域分析で行うことにする。

　なお、地域ごとに旧軍用地の取得用途目的をみると、鹿児島市の場合には９件中５件、鹿屋市の場合も14件中６件が学校用地であるという特徴をもっている。この２市以外の地域でも８件中４件が学校用地を用途目的としており、全体として学校用地、とりわけ中学校用地の取得を用途目的としている。

　もっとも、鹿屋市の場合には、(4)表を一覧すれば判るように、その用途目的が多様であり、この多様性が別の視点からは一つの特徴になっていると言えよう。特に市立隔離病舎、災害応急住宅といった特殊な施設用地が用途目的になっている点に留意したい。

　以上を総括する意味で、鹿児島県の地方公共団体（市町村）が取得した旧軍用地について、これを用途目的別に、かつ取得形態について一つの表にまとめてみると、次のようになる。

XXVI- 2 -(5)表　鹿児島県の市町村による旧軍用地の取得総括表

（単位：m²）

用途目的		件数	取得面積	払下形態　（ ）内は件数
学校用地	中学校用地	10	364,229	時価 (3)、減20% (6)、減 (1)
	小学校用地	3	43,157	減20% (3)
	高校用地	1	16,087	減50%
	不詳	1	32,817	減70%
運動場		2	198,775	時価 (2)
隔離病舎		1	13,402	時価
市営住宅	市営住宅	2	37,139	減40・30% (1)、減20% (1)
	災害住宅	1	11,535	時価
産業用地	工場用地	4	510,900	時価 (4)
	貯木場	1	37,823	時価
都市計画用地	道路	3	39,507	譲与 (3)
	区画整理用	1	214,882	時価
上水道		1	22,922	時価
計		31	1,543,175	

出所：(4)表より作成。「災害住宅」とあるのは「災害応急住宅」のことである。

　(5)表をみると、工場用地、中学校用地、区画整理用地、運動場用地の順で旧軍用地が多く転用されていることが判る。もっとも、これらについては、その地域における特殊事情があるので、地域分析で詳しくみていくことにする。

　この(5)表では、市町村が旧軍用地を取得した件について、これを用途目的別に取得形態を整理している。用途目的別にしたのは、まさに、その用途によって払下形態が異なるからである。

用途目的別にみて、まず件数が多かった中学校用地についてみると、そのほとんどが減額率20％となっている。時価売払というのも3件ある。もっとも、この差異は用途目的によるものではなく、土地（旧軍用地）そのものの条件によるものと思われる。

なお、同じ学校用地でも、高等学校については50％の減額措置、そして校種不詳（特殊学校と思われる）の学校については、国有財産特別措置法で定められた最高減額率である50％を超えた70％という減額率になっていることに留意しておきたい。

住宅についてみると、市営住宅用地については20％の減額措置がとられているのに、災害応急住宅が時価になっているのは疑問である。

道路敷については「譲渡」、そして工場用地、水道施設用地、区画整理用地などを用途目的とした旧軍用地の取得については「時価」となっているのは当然かと思われる。もっとも、この時価を決定する基準の評価については、幾つかの問題はあるが、ここでは検討しない。

4．南九州における民間企業等（製造業を除く）への旧軍用地の譲渡状況

ここでは宮崎県と鹿児島県にあった旧軍用施設（旧軍用地）が民間企業や民間諸団体へ譲渡された状況をみていくことにする。ただし、本書の研究課題である旧軍用地の工業用地への転用については、別に検討することにしている。

さて、戦後から昭和48年3月までの期間に、南九州にあった旧軍用地が民間企業等に譲渡された状況をまとめたものが、次の表である。

XXVI-2-(6)表　南九州における旧軍用地の民間企業等（製造業を除く）への譲渡状況

（単位：m²、年次：昭和年）

［宮崎県］

企業等名	取得面積	用途業種	年次	旧口座名
宮崎建設開発	6,548	建設業	38	宮崎海軍飛行場
宮崎県水産業会	24,386	水産業	24	土々呂演習場

［鹿児島県］

企業等名	取得面積	用途業種	年次	旧口座名
山形屋	4,484	販売業	24	鹿児島海軍航空隊
米重建設	4,446	建設業	25	同
国鉄	3,106	運輸業	41	同
同	4,452	同	41	同
同	3,427	同	43	同
同	3,786	同	45	同
新川近義	4,454	ホテル業	23	鹿児島連隊区司令部
鹿屋倉庫	14,940	倉庫業	29	第22海軍航空廠
大隅青年社	6,620	不動産業	27	第22海軍航空廠西原女子宿舎
桑木基次	14,766	建設業	25	出水航空隊高尾野通信所
知覧森林組合	6,231	苗圃地	24	第227飛行大隊

日本電電公社	5,468	通信業	26	第一国分海軍航空隊
嘉為彦	1,052,076	造林業	34	皆津崎砲台
蘇刈部落	231,022	採草地	35	蘇刈火薬支庫
磨島吉信	125,279	共有林	31	安脚場砲台

出所：「旧軍用財産資料」（前出）より作成。なお「共有林」とあるのは「部落共有林」。

(6)表をみると、南九州においては、旧軍用地が民間企業をはじめとする諸団体に譲渡された件数が意外と少ない。とくに宮崎県の場合がそうである。あえて検討すべき問題としては宮崎県水産業会がいかなる組織であり、旧軍用地を具体的にどのように利用したかということであろう。だが、ここではそれ以上の検討をしないことにする。

次に鹿児島県の場合には、製造業を除く民間企業等への旧軍用地の譲渡件数は15件あるので、少なくとも、その業種等の内訳をまとめておきたい。

旧軍用地の取得件数からみれば、まず産業関係が11件で、その内訳は、国鉄と農林業が各4件、建設業が2件で、あとは販売業、通信業、倉庫業、ホテル業、不動産業が各1件となっている。つまり、鹿児島県における民間への旧軍用地の譲渡は、すべてが産業関係であり、私立学校関係や宗教関係などの諸団体は全くないということである。

なお、国鉄および日本電電公社については、平成20年の段階では、この二つの企業は民営化されているので、形式的に(6)表に含めたが、旧軍用地を取得した当時は国有企業あるいはそれに相当するものであったので、その点については十分に留意しておく必要があろう。

旧軍用地の取得面積については、皆津崎砲台、蘇刈火薬庫支庫、安脚場砲台（加計呂麻島）という旧軍用地での取得が大きい。ただし、これらの跡地利用はいずれも採草地や造林などを用途目的としたもので、地域的にはいずれも瀬戸内町でも東方に位置する町外れの場所である。

旧軍用地取得件数としては、鹿児島市内が7件と多いが、うち国鉄が4件なので、実質的には4社による用地取得である。内容的にみると、国鉄（運輸業）、ホテル業、販売業、建設業といった都市型産業である。ちなみに、ここは旧鹿児島海軍航空隊跡地で、旧鹿児島空港に近く、水産専門学校をはじめ数多くの製造業が用地取得している場所である。ただし、個々の用地取得面積についてみると、いずれも5千m²未満という中小規模である。

第三節　南九州における旧軍用地の工業用地への転用

宮崎県における旧軍用地の工業用地への転用は僅か4件である。これに対して鹿児島県の場合には、旧鹿児島海軍航空隊の跡地だけで24件の工業用地への転用がある。もっとも、それ以外では鹿児島市内に2件、霧島市に1件、瀬戸内町（奄美大島）に2件あるだけである。それらを一つの表にまとめてみると、次のようになる。ただし、ここに掲載するのは、昭和48年3月末までの旧軍用地の取得で、しかも取得面積を1件あたり3千m²以上に限定している。

第二十六章　南九州（宮崎県・鹿児島県）　859

XXVI-3-(1)表　南九州における旧軍用地の工業用地への転用状況

（単位：m²、年次：昭和年）

［宮崎県］

企業等名	取得面積	用途・業種	年次	旧口座名
日本繊維化工	12,340	繊維工業	23	都城歩兵第23連隊
同	30,512	同	23	都城練兵場及作業場
同	27,388	同	23	都城陸軍病院
日本専売公社	8,112	煙草製造業	25	富島海軍飛行場水道
宮崎県計	78,352			

［鹿児島県］

企業等名	取得面積	用途・業種	年次	旧口座名
照国工業	5,110	農機具製造	23	鹿児島海軍航空隊
日置製作所	6,611	金属工業	23	同
鹿児島製紙	5,230	製紙工業	23	同
鹿児島相互信用購買利用組合	7,630	食品加工	23	同
薩摩産業	4,304	製材業	23	同
重松組	3,643	製材業	23	同
鹿児島線釘工業	3,812	伸線製釘業	23	同
大和製材所	4,079	製材業	24	同
旗手組	6,087	製材業	24	同
中和紡織用品①	4,430	紡織用品	24	同
中和紡織用品②	4,430	紡織用品	24	同
鹿児島菓子商工業協同組合	4,244	ビスケット	24	同
光燐寸	3,919	燐寸製造業	24	同
吉富国義	3,357	木毛工場	24	同
日南製薬	3,157	製薬工業	25	同
藤山清	5,311	織物工場	25	同
本坊酒造	31,749	醸造業	25	同
同	4,076	同	26	同
米盛庄太郎	3,406	木材加工	26	同
米盛庄司	3,742	製材業	26	同
小田忠正	5,537	製材業	27	同
島津矩久	3,013	木材加工	27	同
竹内末吉	3,150	製材業	27	同
岩尾ツル	4,598	製材業	28	同
日本専売公社	21,721	樟脳試験場	23	鹿児島練兵場及作業場
内門醸造	3,171	醸造業	25	脇田砲台
山久製陶所	6,104	製陶業	47	第一国分海軍航空隊
大島鳳梨産業	14,035	食品工業	33	古仁屋弾薬本庫
東洋製糖	10,779	製糖業	38	同
鹿児島県計	190,435			

出所：「旧軍用財産資料」（前出）より作成。

(1)表をみると、幾つかの特徴がすぐ判る。その一つは宮崎県における旧軍用地の工業用地への転換が件数としては極めて少ないということである。宮崎県では、日本繊維化工が、都城市五十町にあった三つの旧軍用施設より各1件、計約7万m²の用地を昭和23年に取得していること、また旧富島町（現日向市）で日本専売公社（現日本たばこ）が昭和25年に約8千m²を取得していること、この2社だけである。したがって、宮崎県における旧軍用地の工業用地への転用に関しては、都城市と日向市を分析対象とする。

(1)表のうち、鹿児島県に関しては、なによりも鹿児島市にあった旧鹿児島海軍航空隊の跡地で、24件が工業用地へ転用しているのが目立つ。これを業種別にみると、24件のうち11件（計44,916m²）が製材業あるいは木材加工業となっている。それに醸造業を含む食品工業の4件（計47,699m²）、繊維工業の3件（計14,171m²）が続き、あとは一般機械、金属製品、製紙、鉄鋼業、製薬、その他の工業（燐寸製造業）が各1件となっている。規模的にみると、本坊酒造を別として、後はほとんどが5千m²かそれ未満の小規模な工業用地取得に留まっている。

鹿児島県の場合、旧軍用地を取得した年次は、昭和23年から同28年までの期間内においてである。つまり、戦後間もない時期に、旧軍用地の工業用地への転用がなされたということである。旧鹿児島海軍航空隊の跡地利用については、こうした極めて特殊な状況がある。したがって、鹿児島県においては、この跡地を分析対象の機軸とする。

なお、鹿児島市では、旧鹿児島練兵場跡地と脇田砲台の跡地、それから鹿児島市以外では、隼人町（現霧島市）における山久製陶所、奄美大島の瀬戸内町における大島鳳利産業と東洋製糖の2件について分析していくことにする。

第四節　宮崎県における旧軍用地の工業用地転用の地域分析

宮崎県における旧軍用地の工業用地への転用については、都城市と日向市の二つの地域を対象として分析をしておく。

1．都城市

都城市五十町には、都城歩兵第23連隊、それに隣接して練兵場と陸軍病院があった。既に3-(1)表に掲示したように、昭和22年に日本繊維化工がこの地に進出し、昭和23年には合計約7万m²の旧軍用地を取得している。ちなみに、日本繊維化工の設立については、次のような文章がある。

「日本繊維株式会社都城工場は昭和22年中ごろから都城陸軍病院後に建設工事を始め同年12月24日に落成、直ちに操業を開始したが、23年3月20日出火、工場13棟を全焼した。けれども直ちに復旧工事にかかり間もなく竣工して操業を続けた。敷地22,697坪、建物総数3,465坪、工員260名、職員40名で、月45,000ポンドを生産している」[1]。また「日本繊維は、漁網や麻

のシャツを作っていた。麻のシャツは汗をつけず、人気は上々であった。原料はラミーで、都城周辺より仕入れていた。工場も農場をもっていたのかもしれぬが、のちに農家に土地を売却して、農家にラミーを栽培させていたように記憶している」[2]という話もある。

このようにみてくると、日本繊維化工は、大蔵省より旧軍用地と建物を入手し、労働力と原料は周辺地域より調達するという経営方針をとっていたことが判る。

さらに昭和45年8月には、日本繊維化工の従業員は368人と若干増加し、お麻糸、お麻、ベニーを製造している[3]。

ところで、化学繊維の進出と、繊維不況の中で、この日本繊維化工は昭和50年頃に倒産してしまった。昭和55年12月現在、この跡地は東ニュータウン住宅団地やたかお団地となっており、ミニスーパーたかお店、富士レンタカー、建材店などが立地している[4]。

都城市の都市計画図によれば、工場跡地（旧陸軍病院跡）は、なお準工業地域となっているが、その周辺は住居地域となっている。

1）『都城市史』、都城市、昭和29年、357ページ。
2）昭和55年12月、都城市役所での聞き取りによる。
3）『市政のあゆみ』（昭和44～54年度版）、都城市、昭和55年3月刊、350ページ。
4）昭和55年12月、現地踏査結果。

2．日向市

戦前の富島町（昭和26年に市制を施行して日向市となる）の沖の原地区には、旧富島海軍飛行場があった。終戦後、そのほとんどが農林省へ有償所管換され農地へと転用されたが、次第に宅地化が進み、日向市が新産業都市に指定された昭和39年以後、その宅地化が急速に進んだ。

昭和55年現在、工場としては、南日本ハム、三光カーペットなどが立地してきているが、これは農地からの転用であり、大蔵省より払下げを直接受けたものではない。

大蔵省からは、昭和25年に日本専売公社へ約8千m^2の時価売払いがなされたが、そこは日知屋地区で、塩見川の北岸になる。

旧富島海軍飛行場は塩見川の南側に位置しており、この日知屋地区は、その関連施設（水道施設）があった場所である。

昭和55年現在、この用地は日本専売公社（現日本たばこ産業）日向出張所となっており、敷地面積は約1,500坪（約5,000m^2）となっている[1]。この面積は、大蔵省より譲渡されたものよりも狭い。それは日本専売公社が敷地の西側部分を日向住宅生協に売却したからである[2]。

なお、昭和55年現在における日向市の都市計画図では、住居地域となっている。

1）昭和55年、日本専売公社日向出張所での聞き取りによる。
2）同上。

第五節　鹿児島県における旧軍用地の工業用地転用の地域分析

　鹿児島県において、旧軍用地が民間の工業用地へと転用されたのは、3-(1)表の通り29件（計190,435 m²）である。そのうち鹿児島市が26件、隼人町が1件、瀬戸内町が2件である。なお、民間ではなく、鹿児島市に「工場用地」として時価で払い下げたものが3件（計109,267 m²）ある。いずれにせよ、鹿児島県においては、鹿児島市を中心にして地域分析を行い、のちに隼人町（現霧島市）と瀬戸内町における旧軍用地の工業用地への転用過程およびその後の経過などについて分析していきたい。

1．鹿児島市

　戦後の鹿児島市内は西鹿児島駅（平成26年現在は鹿児島中央駅）を中心に一面の焼け野原であった。鹿児島市の戦後復興期において、旧軍用地がどのような役割を果たしてきたのかという点については、「軍用地の開放」という次のような一文がある。

　「軍関係は姿をぬりつぶし、伊敷の45連隊の兵舎は学校と引揚者用に転用、50年前耕地だったそこの練兵場は一時耕作地にもどり、聯隊司令部はホテルに、郡元海軍飛行場跡には県営、市営その他の住宅で埋められ、忽ち市民が1万余も住む町となった」[1]

　既にみてきたように、鹿児島市において、旧軍用地が工業用地へと転用されたのは、旧鹿児島航空隊跡地（1,661,659 m²）、旧鹿児島練兵場跡地（154,051 m²）、旧脇田砲台跡地（58,930 m²）の3カ所である。以下、その順で分析を進めていく。

(1)　旧鹿児島航空隊跡地の工業用地への転用

　鹿児島市郡元には鹿児島海軍航空隊（1,661,659 m²）があった。その所在した場所から郡元海軍飛行場とも呼ばれていたのがそうである。その跡地は現在（昭和56年）の町名によれば、東郡元町、新栄町、真砂町、真砂本町、鴨池新町であり、南鹿児島駅にも近く、住宅はもとより中・小学校などもある市街地だけに、工業用地（工場敷地）だけでも50件（3千 m² 未満を含む）の払下げがあった。そのうち3千 m² 以上の工業用地としては24件、また鹿児島市に譲渡したのが2件ある。

　既に3-(1)表をみて判ることは、鹿児島市の取得分と本坊酒造への譲渡分を除いては、いずれも小規模な工場ばかりということである。

　昭和55年11月の時点では、もはや3-(1)表に掲示した諸企業の社名を見い出すことはできない。僅かに本坊合名（のち本坊酒造と社名変更）の跡地が新川の傍に残され、新栄町にある鹿児島物産加工製紙工場がその跡を偲ばせるだけである。

　たしかに真砂町、真砂本町では市営住宅が多く、それに鴨池小学校・中学校があり、そうした地域環境のもとでは本坊酒造も市南部（南栄三丁目）へ移転を余儀なくされたのかもしれない。

昭和54年9月の市街地図によれば、東郡元町では陸運事務所、自動車車体検査場、自動車整備協同組合、それに南小学校、南中学校などが立地している[2]。

　昭和56年の時点では、この付近は小規模であるが、自動車整備工場や自動車販売店も多く、さらに宇留島鉄工、岸田木工、武島紬工場、前園被服工場、南菱冷熱工業、福山食品工場、指宿鉄工所、有明印刷などが散在的に立地している[3]。しかしながら、旧軍用地を取得した企業の名は見当たらない。

　あれだけ多くの企業、それも木材工業が旧鹿児島海軍航空隊の跡地に立地していたのに、なぜ一挙に消滅してしまったのであろうか。その消滅の理由を木材工業の不況によるものという理由で説明するには、余りにも深刻な実態と言わねばならない。

　これは鹿児島市の土地利用計画によるもので、鹿児島市南部の谷山地区地先の海面を埋め立て、そこに広大な木材工業団地（推定150万 m^2）を造成したことに起因する。

　この木材工業団地の北側には木材港、それから貯木場3カ所、団地内には木材工業試験場などが設置され、そこには、およそ110社の木材加工業が集中立地している。その中には、大和製材、米盛建設製材工場などの社名がある[4]。つまり、旧軍用地を取得した木材工業は、鹿児島市の政策的誘導によって、この木材工業団地（東開町）へ移転したのである。もとより、その間に閉鎖した企業もあったと思われる。

　この旧鹿児島海軍航空隊跡地の工業用地への転用については、もう一つ問題がある。それは既に指摘しているように、この跡地を鹿児島市が「工場用地」および「竹器製作所用地」として昭和31年に取得している件である。

　確かに、中・小学校予定地（現南小学校・南中学校）の北側にあった旧軍用地を払い下げられた鹿児島市は、これを「工場予定地」として計画していた。しかし、昭和55年の時点では、この「工場予定地」の5分の1を雇用促進事業鹿児島総合高等職業訓練校、また同じく5分の1をトヨタカローラ鹿児島と鹿児島日産自動車の両社が利用している。その残りは駐車場や建材、自動車部品などの販売店となっている。

　つまり、鹿児島市は「工場予定地」に大規模な工場を誘致することはなかった。これは、先程の問題とも関連しており、鹿児島市は木材港の北側（宇宿二丁目）に機械金属工業団地を造成し、そこへ鉄工所や機械工場を誘導・立地させたからである。ちなみに、『鹿児島市の都市計画』（1978年）によれば、「工場予定地」があった東郡元町は市街化区域であり、準工業地域と第二種住居専用地域となっている[5]。

⑵　脇田砲台跡地の工業用地への転用

　鹿児島市の宇宿、脇田川口で鹿児島湾に面した場所に旧脇田砲台があった。とはいえ、その周辺は一面の沼地であったと言われている。

　昭和36年に、この跡地7,700 m^2 強が鹿児島市に工場用地として払い下げられている。この用地は昭和37年に藤絹織物へ譲渡され、昭和56年の現在に至っている[6]。藤絹織物は、宇宿二丁

目にあるが、そこはもはや海岸地区ではなく、その東側一帯の海岸が埋め立てられたため、当時の面影はない。なお同地区は、先程もみたように機械金属工業団地が造成され、富士鉄工、菊川鉄工、錦江機械などの諸工場および日本石油、日本鉱業、協同石油、モービル、シェルなどの貯油施設がひしめきあう工業地区となっている[7]。

なお、この跡地は昭和25年に内門醸造へ3,171 m² が払い下げられており、その場所は鹿児島市が藤絹織物へ払い下げた旧軍用地の西隣であった。この内門醸造は1994年版の市街地図には記載されているが、2000年版の地図には記載されていない[8]。これは単に2000年版の地図の記載漏れか、内門醸造に何らかの変化があったものと思われる。

1) 勝目清『鹿児島のおいたち』、鹿児島市、昭和30年、618ページ。
2) 『鹿児島市全図』、塔文社、昭和54年9月版による。
3) 昭和56年、現地踏査による。
4) 『鹿児島市全図』、塔文社、昭和54年9月版による。
5) 『鹿児島市の都市計画』、鹿児島市、1978年、12ページ。
6) 昭和56年、鹿児島市役所での聞き取りと現地踏査による。
7) 『鹿児島市全図』、塔文社、昭和54年9月版による。
8) エリアマップ『鹿児島市』、昭文社、1994年6月版および2000年1月版による。

2. 隼人町（現霧島市）

平成17年の合併で霧島市となった旧隼人町には旧第一国分海軍航空隊（3,244,128 m²）という広大な軍用地があった。その跡地については、次のような文章がある。

「太平洋戦争の戦勢が日毎に不利となってきたころ、国分航空基地から次々と特別攻撃機が敵艦を求めて南の空へ消えて行った。

いま陸上自衛隊国分駐屯部隊のある付近が、当時の航空隊の跡であり、部隊正門の前には記念碑が建てられている。

福島部落には現在でも当時の厚いコンクリートの構造物が激しかった戦いの跡を偲ばせるように残っている」[1]

この文章は昭和48年に刊行された『国分郷土史』（昭和48年）に記載されているものである。なお、文中にある陸上自衛隊国分駐屯部隊については、大蔵省管財局文書「旧軍用財産資料」には記載されていない。

ところで、この海軍航空隊の跡地利用については、その内の3,204,920 m² が昭和23年に農林省へ有償所管換され、開拓農地へ転用された。

昭和47年になって、この跡地の一部（6,104 m²）が山久製陶所へ時価で売払された。この山久製陶所については、次のような紹介がなされている。

「山久製陶株式会社国分工場　大原野（福島）に昭和44年9月建設。敷地11ヘクタール。建物面積16,000 m²。資本金4,150万円、従業人員男子92名、女子272名、計364名。アメリカ輸

出向けの洋皿を製造し、年間約 5 億円を生産す」[2]。

　この紹介でも判るように、山久製陶の国分工場は昭和 44 年に竣工しており、昭和 56 年 3 月現在における従業員数は 407 名（うち女子 322 名）、工場敷地面積は 105,600 m² と言われている[3]。

　工場用地をどのように確保したかについては、昭和 44 年までは、戦後、国（農林省）が農民へ用地売却したものを、再度、この山久製陶所が買い上げたということである。したがって、昭和 47 年に買い上げた旧軍用地の分は、工場敷地そのものではなく、周辺に位置する女子寮（若草寮）あたりの用地として購入したもののようである[4]。

　1）　『国分郷土史』、国分市役所、昭和 48 年、1077 ページ。
　2）　同上書、676 ページ。
　3）　山久製陶『会社案内』による。
　4）　昭和 56 年 3 月、山久製陶国分工場での聞き取りによる。

3．瀬戸内町

　戦前の大島郡瀬戸内町には 24 口座の旧軍事施設があった。ここは九州と沖縄を結ぶ中継地点であると同時に連合艦隊の出撃基地だったからである。したがって、航空隊や飛行場はもとより、軍需品、弾薬、燃料などの兵站基地もあった。また、瀬戸内町には、それを防禦するため、砲台等の軍事施設があった。

　こうした一連の軍事施設（旧軍用地）のうち、戦後に工業用地へと転用されたのは、3-(1)表に掲示した通り、旧古仁屋弾薬本庫（62,570 m²）の跡地だけである。具体的には、この弾薬本庫のうちの一部が、昭和 33 年に大島鳳梨産業へ 14,035 m²、そして昭和 38 年に東洋製糖へ 10,779 m² が払い下げられている。

　この弾薬庫は、古仁屋に寄港する軍艦艇に弾薬を補給する役割をもつもので、場所は現瀬戸内役場の西側から歩いて 5 分ほどの台地にあった[1]。

　旧軍用地の払下げを受けた大島鳳梨産業はパイナップルを、そして東洋製糖はサトウキビという、いずれも奄美大島の農産物を原料とする加工工場を建設し、その発展が大いに期待されていたものである。しかしながら、貿易の自由化によって、両工場とも壊滅的な打撃を受けて倒産してしまった[2]。

　昭和 54 年の夏、その工場建物は一部が現地に残っているものの、それ以外の敷地跡は、老人ホーム、それから住宅団地となっている[3]。

　1）　昭和 54 年夏、現地踏査による。
　2）　昭和 54 年、瀬戸内町役場での聞き取りによる。
　3）　昭和 54 年夏、現地踏査による。

第二十七章　沖縄県

第一節　沖縄県の歴史的経緯と旧軍用地の特殊性

　沖縄県における旧日本軍の施設用地の利用および戦後における旧軍用地の転用については、幾つかの特殊歴史的な考察が必要である。

　まず第一に、沖縄県の場合、沖縄戦を前にして、旧日本軍が米軍の上陸に対応すべく、急遽、戦闘体制を組み、軍用施設を構築していった。その当時における旧日本軍の軍事施設に係わる用地収用問題、すなわち土地所有関係の変化に関する数量的把握が必要である。

　第二に、1945年8月15日、すなわち日本が連合国に対して無条件降伏する以前に、沖縄諸島はアメリカ軍によって占領されていた。米軍は対日戦略（本土決戦）との関連で、旧軍用地および新規に沖縄の土地を収用して軍用施設を構築した。その土地に関する所有関係の変化およびその数量的把握が必要である。

　第三に、日本の講和条約（サンフランシスコ条約）が成立した1952年4月28日以後も、沖縄県は依然としてアメリカの軍政下に置かれた。東西冷戦の中で、米軍は極東戦略の一環として、新たな土地接収によって軍事基地を構築、強化していった。その経過の中で、旧軍用地を含む土地所有関係の変化およびその数量的把握が必要である。

　第四に、その後、米軍によって収用され、また収用されていた土地が順次的に返還されてきたものの、その跡地利用をめぐる問題、すなわち返還財産（返還用地）のうち、どれだけが旧軍用地であったのか、またその転用をめぐる問題がある。その場合でも、沖縄県が本土復帰した1972年（昭和47年）以前と以後とは状況が異なる。そこで、返還された旧軍用地が二つの時期にどのように転用されたのか、その変化の有無を把握する必要がある。

　第五に、平成20年段階の現在においても、なお広大な土地が米軍の軍事基地として使用されている。また、その基地返還をめぐる闘争も根強く展開されている。その中には、旧日本軍が接収した用地も含まれている。その数量的把握も一つの研究課題となる。

　ところで、本書の研究課題は、旧日本軍が管轄していた旧軍用財産の、戦後における転用問題である。つまり、旧軍用地をめぐる問題も、上記の歴史的事実関係としては、第一の考察が中心的な研究課題となる。したがって、歴史的経過との関連では、戦前期における旧日本軍の旧軍用施設をめぐる問題を前提としながら、戦後における旧日本軍の軍用施設用地の転用問題を明らかにしていくということになる。米軍によって接収されていた旧日本軍の土地については、その返還との関連で転用が問題となるので、その点についても一定の考察を必要とする。

以上の歴史的経緯からも判るように、沖縄県で「軍用地」という場合には、旧日本軍の軍用地ではなく、米軍から返還された土地を指すのが一般的である。「軍用地」と「旧軍用地」という類似した用語を使用するのは、誤解を生ずる可能性もある。しかしながら、本書では旧日本軍の軍事関連施設があった土地を「旧軍用地」と一貫して使用してきている。あえて、この場で、この用語上の区別を明確にしておくことで、本書における論述を一貫させていきたい。

ところで、沖縄県における旧軍用地はどのように把握されているのであろうか。沖縄が本土復帰する前に「沖縄の国有財産」を視察した里村敏氏は次のように述べている。

「終戦当時の国有財産台帳にのっている国有財産はアメリカ民政府の手によって厳重に管理されているし、国有財産台帳にのっておらず、有るのか無いのかすらもよく判っていなかった旧軍買収飛行場でさえも彼等の台帳にはちゃんと調査され登載されているのである」[1]

しかしながら、昭和46年2月の『財政金融統計月報』(第230号) には、当時の理財局国有財産第三課長であった楢崎泰昌氏の「沖縄の土地事情」という論稿が掲載されているが、その内容は里村氏の認識とはやや異なっているので、引用しておこう。

楢崎氏は、この論稿において、「2．土地問題の発生」と題して次のように記している。

「戦後人々は避難先からそれぞれの土地に帰ったが、砲爆撃のため地形は変容し、境界の目印になるようなものも破壊されているなど、どの土地が誰のものであるか見当もつかず、人々は適当な土地を見つけて生活を営まねばならなかった。その上、沖縄本島では戦火のため10ケ所あった土地登記所は全部焼失し、土地台帳、不動産登記簿、公図等土地所有権を証する書類は一切滅失してしまい、土地所有権は全く混乱に陥った」[2]

楢崎氏によれば、沖縄本島および伊江島に関しては、戦前における土地所有に関する書類が一切焼失しており、現時点では明らかにしえない状況にあるとしている。また国有財産、とりわけ旧軍用地については、「4．国有地の問題」の中で次のように記している。やや、長いが、そのまま引用しておこう。

「また特殊な問題としては、旧軍用財産の問題がある。戦時中、沖縄が決戦場になるということで、沖縄本島に北 (現読谷)、中 (現嘉手納)、南 (現那覇) の3飛行場、伊江島に伊江島飛行場、南大東島に南大東島飛行場、石垣島に平得、白保、平喜納の3飛行場、宮古島に平良、野原、洌鎌の3飛行場が展開されており、そのほかにも兵舎、小銃射撃場等の施設が相当数あったが、これらの土地が旧軍用地として現在未処理のまま残っている。これらの土地のうち、例えば読谷、嘉手納、那覇は米軍が軍用地として使用しているし、平得、平良のように民間飛行場として一部使用され、残余は農地として民間に貸付けられているところもある。

この旧軍用地の態様、歴史が異なるので一概にはいえないが、例えば宮古飛行場の旧地主からは、①買上げに際し、将来用途廃止後旧所有者に払下げる旨担当官が約束していること、②旧軍用地の買収代金は当時半強制的に国債の購入又は郵便貯金にさせられたこと等の事情から早急に土地を旧地主に返還してほしいという要望が出ており、政府としても、このような旧軍用地をどうするか真剣に検討することが必要となってきている」[3]

868

　上記の文章から、沖縄県における旧軍用施設の幾つかを知ることができる。また、それと同時に、これらの旧軍用地の払下げや返還をめぐる諸問題があることも判る。だが、いずれにせよ、「沖縄の国有財産については、残念ながら現在米軍施政下にあるため、まだ調査の段階であり、具体的な検討はなかなか困難である」[4]というのが当時（本土返還直前）の状況であった。それにしても、里村氏がみたアメリカ民政府が管理していた沖縄の国有財産台帳等が内容的にみて、いかなるものであったのか、それはその後、どのようになったかという疑問は残る。

　以上のような状況を念頭におきながら、以下の諸節では沖縄県における旧軍用地の実態およびその転用について検討していくことにする。

　　1）　里村敏「沖縄の国有財産」、『ファイナンス』通巻44号、昭和44年7月号、62ページ。
　　2）　楢崎泰昌「沖縄の土地事情」、『財政金融統計月報』第230号、昭和46年2月所収、2ページ。
　　　なお、楢崎氏は「宮古、八重山、久米島、与那国の各登記所の登記簿は戦禍をまぬがれたため、久米島を除く他の登記所では終戦後も引き続き登記事務を行っていたので、宮古、八重山、与那国では土地所有権についての混乱はない」と注記している。
　　3）　同上、4ページ。
　　4）　同上。

第二節　戦闘配備状況からみた沖縄県の旧軍用施設

　本節では、主として防衛庁防衛研究所戦史室による『沖縄方面陸軍作戦』（昭和43年）に依拠し、あわせて『沖縄方面海軍作戦』（昭和43年）、『沖縄・臺湾・硫黄島方面陸軍航空戦』（昭和45年）を援用しながら、いわば戦史に記載されている旧日本軍の戦闘配備状況から沖縄県における旧軍事施設および旧軍用地の存在状況を推測してみることにしたい。

　沖縄県において、旧日本軍の軍事施設が最初に設置されたのは、明治40年である。その具体的な内容については、次のような文章がある。

　「明治四十年に沖縄警備隊司令部が那覇に設置されたが、業務の性質上大正七年（一九一八年）五月二十九日沖縄聯隊区司令部と改称され、第六師団の管轄下に置かれた。

　今次大戦の直前要塞司令部等が設置されるまでの官衙としては聯隊区司令部だけで、『沖縄県には軍馬一頭（聯隊区司令官用）』といわれたほど沖縄県には防衛に関する施策がほとんど行われなかった」[1]

　上記の文章は、沖縄県における旧軍用施設が第二次世界大戦以前には極めて貧弱であったということを示している。ちなみに、この文章に出てくる「第六師団」の施設およびその面積について、『帝国国有財産總覧』（澤木太郎編著、大正6年）を参照すると、次のような状況であった。

第二十七章　沖縄県　869

XXVII- 2 -(1)表　沖縄県における旧軍用施設（大正5年）

（単位：坪・円）

所用（口座名）	所在地	土地面積	土地付属物価格
陸軍（第六師団）			
沖縄警備隊区司令部	那覇区久茂地	358	167
同司令部官舎	若狭町	458	230
舊兵営敷地	島尻郡直和志村	11,853	0
陸軍埋葬地	同郡同村安里	1,672	10
同上	同郡同村國場	309	0
小計		14,650	407
海軍（佐世保鎮守府）鎮守府用地	島尻喜屋武間切喜屋武村	820	0
計		15,470	407

出所：澤木太郎編著『帝国国有財産總覧』、澤政務調査所出版部、大正6年、177ページおよび314ページ。

　(1)表をみれば判るように、第六師団（陸軍）の施設は僅かに5カ所、総敷地面積は約48,345m²であった。実態としては、旧兵営敷地（39,115m²）が大部分であり、それに警備隊区司令部（官舎を含む）が2,693m²、埋葬地が6,537m²であり、それに付属する建物の価格は407円という、軍の施設としては実に貧弱なものであった。また、海軍用地としては、喜屋武村に約2,706m²の土地があるだけで、建物は何もなかった。

　ところで、昭和14年頃になると、奄美大島の古仁屋海運地と並んで、沖縄には「中城湾、狩俣、船浮の海運地」[2]が設置されていた。この三つの海運地もまた、海域はともかく、荷揚施設等が設置されている背後の海岸周辺は国有地ではなかったかと推測されうる。

　沖縄戦が間近に迫った昭和20年3月、第三十二軍が創設されたが、「沖縄聯隊区司令部と憲兵は三十二軍の隷下外であった」[3]とされている。この短い文章の中に、沖縄県における旧軍用施設として「憲兵」隊の駐在場所があったことが推測しうる。もっとも、この憲兵隊は沖縄聯隊区司令部と同じ場所に設置されていたかもしれない。

　ところで、第三十二軍の戦闘体制はどのようなものであったのか、その具体的な内容を紹介しておこう。

「第三十二軍司令部

　中城湾要塞（中城湾要塞司令部、要塞歩兵第百二十一中隊、中城湾要塞重砲聯隊、特設警備第211中隊、同第223中隊、同第224中隊、同第225中隊、中城湾陸軍病院）

　船浮要塞　（船浮要塞司令部、船浮要塞重砲聯隊、特設警備第209中隊、同第210中隊、同第226中隊、同第227中隊、船浮陸軍病院）

第十九航空地区司令部

第五十飛行場大隊

第二百五飛行場大隊

第三飛行場中隊

　要塞建築勤務第六中隊

　要塞建築勤務第七中隊

　要塞建築勤務第八中隊」[4]

　第三十二軍司令部および沖縄防衛のための日本軍の戦闘配備体制は、相当のものであるが、これらの戦闘配備体制を維持するための軍事施設がどのようなものであったか、そこまでは明らかではない。臨戦体制ともなれば、恒常的な軍事施設（要塞、弾薬庫、兵舎、病院など）はもとより、多様な形態での軍事力が動員され、配備される。したがって、そうした多様な軍事力の配備との関連からみれば、その用地のすべてが国有地であるとは限らない。むしろ、戦闘拠点である「陣地」や兵士の宿泊施設である「兵舎」の用地も臨時的に利用されたものだったと思われる。つまり、戦闘中以外の駐屯地との関連では、小中学校をはじめとする公共建造物や民間の諸施設、あるいは民家などに分宿していたのではないかと推測される[5]。それでも、要塞施設や陸軍病院（中城湾および船浮）については、一定の用地を必要とする。したがって、その用地は、国有財産であったかもしれない。あるいは、地方公共団体または民間からの借用であったかもしれない。それらの点は、不明のままである。

　ところで、沖縄県海軍航空隊および海軍航空基地については、昭和19年6月15日に「南西諸島作戦に関する第三十二軍の現地協定」[6]に関連した次のような表がある。

XXVII-2-(2)表　沖縄県の海軍航空隊および海
軍航空基地　　（昭和19年6月）

名称	位置
那覇基地　（陸上）	島尻郡小祿村
南大東島　（陸上）	島尻郡南大東島
宮古島　　（陸上）	宮古郡下里
石垣島　　（陸上）	八重山郡大濱村
馬天　　　（水上）	島尻郡佐敷村馬天

　　出所：『沖縄方面陸軍作戦』、朝雲新聞社、昭
　　　　和43年、36ページ。なお、「馬天」は
　　　　「場天」の誤りと推定という注がある。
　　　　※原表には喜界島基地（陸上・鹿児島
　　　　　県大島郡喜界島）と奄美大島基地
　　　　　（水上・同県同郡古仁屋）が記載され
　　　　　ている。

　また、海軍と直接関係ある陸軍海運地については、次のような表がある。

第二十七章　沖縄県　871

XXVII-2-(3)表　沖縄県における「海軍と直接関係ある陸軍海運地」

名称	使用区域
○那覇港 　渡久地港 　川平港 　與那原港 ○平良港 ○石垣港 ○船浮港	泊港ヲ含ム 祖納崎外離島―「サバ」崎ヲ連ヌル線以東ノ避泊錨地
備考	○印付シアルハ海軍ノ駐屯又ハ派遣スル港トシ現ニ陸軍ノ使用シアラサル区域ノ警備ハ海軍側之ヲ担任ス

出所：『沖縄方面陸軍作戦』、前出、36ページ。
　　　※原表には「古仁屋港（奄美大島）」も記載されている。

　この二つの表から判ることは、次のことである。まず、海軍の航空基地としては、那覇、南大東島、宮古島、石垣島に飛行場があったことが判る。それらの飛行場の状況については、別の文章がある。

　「海軍　昭和8年（1933年）石垣島、小禄（沖縄本島）、喜界島、昭和9年南大東島にそれぞれ不時着用程度のものを設定しており、昭和17年から種子島に飛行場設定を開始し、18年暮ころから海上護衛強化などの必要もあって宮古島に飛行場の新設を開始するほか、既設基地の拡充強化を図った。

　陸軍　従来一個の飛行場も設定してなく海軍のものを利用していたが、南方作戦の進展に伴い航空部隊の機動用飛行場を考慮して、18年夏頃から陸軍航空本部が徳之島、伊江島、沖縄北飛行場の建設に着手し、石垣島にも建設の準備を進めた。建設は民間土木業者によって実施され、19年4月現在完成しているものは一個もなかった」[7]

　この文章は、航空戦力に対する陸海軍間の評価の違い、あるいは日本の軍隊組織（編成）問題（空軍が独立した組織として編成されていなかった）という問題もあり、空軍軽視の思想が現れている。それでも、昭和19年4月以降は飛行場設定隊、民間人の雇用、それから地域住民の協力もあって、飛行場の建設に全力を挙げて取り組むことになる。それらは、沖縄本島では東飛行場、南飛行場、中飛行場、北飛行場、そして伊江島では東飛行場と中飛行場であった[8]。

　これらの飛行場における滑走路の設定計画を一つの表にまとめたものが、次表である。

XXVII-2-(4)表　飛行場設定計画

（単位：m）

飛行場名		使用目的	滑走路	位置	摘要
沖縄	南	小型用	1500×200	城間	第一期は 1500×50 又は 1800×50 の中央滑走路を完成す。第二期は第一期の滑走路を所命の幅員に拡張
	東	同	1800×200	小那覇	
	中	同	1500×200	嘉手納	
伊江島	中	大型用	1800×200 1500×200 1500×200	伊江島	「ク」使用に適せしむ第一期第二期は上に同じ
	東	大型用	1800×200 1500×200 1500×200	伊江島	
	西	小型用	1500×200	伊江島	

出所：『沖縄・臺湾・硫黄島方面　陸軍航空作戦』、朝雲新聞社、昭和 45 年、39 ページより作成。

　こうして建設された飛行場の土地所有関係は明確ではないが、旧日本軍に関係があった土地であることは間違いない。

　ここで、飛行場の敷地面積を推測しておこう。(4)表における滑走路は、長さ 1,800 m と 1,500 m、幅 200 m であるから、滑走路一本で 36 万 m² と 30 万 m² となる。したがって、伊江島の場合、建設計画であるとはいえ、中飛行場および東飛行場は最低でも 100 万 m² 以上の規模であった。もっとも、滑走路の大きさだけが飛行場の用地面積ではなく、それに倍する用地面積があったと考えるほうが妥当である。また、現存する飛行場の規模が当時のものと同じであるとは限らないことにも留意しておく必要がある。

　なお、石垣島の東飛行場は滑走路の長さ 2,000 m、幅 50 m で建設され、そのほかに大濱飛行場と秘匿飛行場（昭和 20 年）があった[9]。

　馬天（場天）にあった水上航空基地は、いわゆる海域を中心とするものであるが、その背後地に支援施設をもつのが通常であり、その限りでは軍用地との関連が想定される。

　海運地との関連では、那覇港、平良港、石垣港の 3 港については、岸壁等を有する港湾施設があったとみられ、その限りでは旧軍用地との関連が問題となる。つまり、港湾とその背後地を管轄する機関・部局が、いかなるものであったのか、すなわち旧軍関係の省、運輸省などの非軍関係の行政機関、あるいは地方公共団体であったのか、そうした点が旧軍用地との関連では問題になるところである。これは実際に旧日本軍が使用したかどうかということではなく、その用地の所有関係および管轄関係を明らかにすることが必要となる。

　なお、船浮港は、(3)表の使用区域の項で説明されているように、いわゆる軍艦や軍艇の停泊地であり、周辺海浜に桟橋程度の上陸施設はあったものと推測できるが、旧軍用地との関連はそれほど大きなものではなかったと思われる。

　渡久地港、川平港、與那原港については、昭和 50 年代では小規模な接岸施設があるものの、

第二十七章　沖縄県　873

戦時中における港の施設がどのような状況にあったのか、俄には判断しえない。備考欄にあるように、海軍は駐屯してはいなかったので、旧軍用地との関連は希薄なものだったと推測される。

大東島の軍事施設等については次のような記述がある。

「沖縄本島の東方約350キロに点在する大東諸島は北大東島（約16km²）、南大東島（約26km²）、沖大東島（約4km²）の三島からなり、南大東島には昭和9年（1934年）に設定された海軍飛行場があった。——昭和19年3月ころ、南大東島に警戒及び飛行場関係の海軍の少数部隊、北及び沖大東島に海軍の見張所程度が所在したに過ぎなかった」[10]

南大東島の海軍飛行場については、すでに瞥見してきたところであるが、南大東島におけるそれ以外の軍事施設としては、上記の引用文が明らかにしているように、「見張所程度」のものがあるに過ぎなかった。つまり、仮に、その「見張所」が旧軍関係が所有する土地であったとしても、その規模はそれほど大きなものではなかったと推測することができる。

このようにして、沖縄県の防備体制は増強されていくのであるが、昭和19年10月末におけるその陣容は下記の通りであった。

「沖縄本島（軍司令官直接指揮）

　第三十二軍司令部

　　　第九師団

　　　第二十四師団

　　　第六十二師団

　　　独立混成第四十四旅団

　　　戦車第二十七聯隊（第三中隊欠）

　　　独立機関銃第三、第四、第十七大隊

　　　独立速射砲第三、第七、第二十二大隊

　　　独立速射砲第二十三、第三十二中隊

　　　第三遊撃隊、第四遊撃隊（第四中隊欠）

　第五砲兵司令部

　　　野戦重砲兵第一聯隊（第一大隊欠）

　　　野戦重砲兵第二十三聯隊

　　　重砲兵第七聯隊

　　　独立重砲兵第百大隊

　　　独立臼砲第一聯隊

　　　中迫撃第五、第六大隊

　　※独立迫撃第三〜第十聯隊（第三、第六、第九、第十聯隊が未到着）

　　※砲兵情報第一聯隊測地中隊

　　　第二十一野戦高射砲隊司令部

　　　独立高射砲第二十七大隊

野戦高射砲第七十九、第八十、第八十一大隊

機関砲第百三、第百四、第百五大隊

独立工兵第六十六大隊

第二野戦築城隊

特設警備第二百二十三〜第二百二十五大隊

第五百二〜第五百四特設警備工兵隊

海上挺進第一〜第三戦隊

※海上挺進第二十六〜第二十九戦隊

第五海上挺進基地隊本部

海上挺進基地第一〜第三大隊

※海上挺進基地第二十六〜第二十九大隊

第十二通信隊

第十九航空地区司令部

第四十四、第五十、第五十六、第百五十八飛行場大隊

第三飛行場中隊

※第二十九野戦飛行場特設隊

第三十二軍兵器勤務隊

第二移動兵器修理隊

第四十九兵站地区隊本部

独立自動車第二百五、第二百五十九中隊

要塞建築勤務第六、第七（一小隊欠）中隊

野戦作井第十四、第二十中隊

陸上勤務第七十二、第八十三中隊

特設水上勤務第百三、第百四中隊

第二十七野戦防疫給水部

沖縄陸軍病院

仮編成第三十一野戦兵器廠（のち野戦兵器廠として第三十二軍に編入）

仮編成第三十一野戦貨物廠（のち野戦貨物廠として第三十二軍に編入）

第三十二軍防衛築城隊（増加要員で臨時に編成したもの）

軍の区処部隊

先島集団（集団長　第二十八師団長）

宮古島地区（第二十八師団長指揮）

第二十八師団（歩兵第三十六聯隊、第二野戦病院の半部、第三野戦病院欠）

独立混成第五十九旅団

独立混成第六十旅団

戦車第二十七聯隊第三中隊

独立機関銃第十八大隊

独立速射砲第五大隊

野戦重砲兵第一聯隊第一大隊

特設警備第二百九、第二百十中隊

※海上挺進第四、第三十戦隊

海上挺進基地第四、※第三十大隊

第二百五飛行場大隊

第百二十九野戦飛行場設定隊

独立自動車第二百八十四中隊（一小隊欠）

要塞建築勤務第八中隊（一小隊欠）

野戦作井第八、第九、第十六中隊

陸上勤務第百九中隊（一小隊欠）

特設水上勤務第百一中隊（一小隊欠）

宮古島陸軍病院

第三十二軍防衛築城隊の二コ中隊

特設第四十七機関砲隊（海軍へ配属）

区処部隊

船舶工兵第二十三聯隊第一小隊

石垣島地区（独立混成第四十五旅団長指揮）

独立混成第四十五旅団

独立機関銃第十九大隊

重砲兵第八聯隊（西表島から19年9月石垣島に移動）

特設警備第二百二十六、第二百二十七中隊

第六十九飛行場大隊

第百二十八野戦飛行場設定隊

独立自動車第二百八十四中隊の一小隊

要塞建築勤務第八中隊の一小隊

陸上勤務第百九中隊の一小隊

特設水上勤務第百一中隊の一小隊

第二十八師団第三野戦病院

船浮陸軍病院（西表島から19年9月石垣島に移動）

第四遊撃隊第四中隊（西表島）

特設第四十八機関砲隊（海軍へ配属）

大東島守備隊（歩兵第三十六聯隊長指揮）

歩兵第三十六聯隊（第二大隊を北大東島へ配置）

大東島支隊（一コ中隊を沖大東島へ配置）

独立速射砲第十八、第二十二中隊

特設警備第二百二十一中隊

第二十八師団第二野戦病院の半部

第十に通信隊の一部

特設第四十九、第五十機関砲隊（海軍へ配属）」[11]

　昭和19年10月末の戦闘配備状況をみると、きわめて多くの部隊が沖縄戦に投入されたことが判る。問題は、これらの部隊の駐屯地がいかなる場所であったかということである。本土や台湾から移動してきた部隊が戦闘のために配備されたのは、いわゆる戦闘陣地であり、そこは恒常的な兵舎などは存在せず、したがって国有地ではなかったであろう。それでも、旧軍用施設（旧軍用地）ではなかったかと考えられるのは、陸軍病院や兵器廠、それから貨物廠である。また、戦闘指揮をとる軍司令部の所在地も、そうではなかったかと推測される。だが、ここでは、あくまでも「推測される」という程度の把握状況にとどめておかねばならない。なぜなら、その建設時期や用地面積が全く不詳だからである。

　さらに、旧軍用地という視点からみて、不可解なことがある。それは、せっかく建設した飛行場を破壊するという行為が行われたということである。不可解とはいっても、日米間の戦力、とりわけ空軍の力関係を勘案すれば、当然の措置だったかもしれない。

　「（昭和20年）三月上旬ころ第六航空軍の特攻兵力の沖縄展開は四月末の見込みであり、米軍の来攻が予想される三月末までには特攻の沖縄配置は到底間に合わない状況となった。第三十二軍司令官はわが飛行場を敵の使用に供する結果になることを憂慮し、三月八日ころ伊江島及び本島の北、中の各飛行場の破壊を大本営及び第十方面軍に意見具申した。

　三月一〇日、伊江島のみ破壊の許可電報が到着したので、同日軍司令官は伊江島飛行場の破壊を命令した。——

　伊江島飛行場の破壊は第五十飛行場大隊が主体となり伊江島守備隊が協力して、三月末を目途として三月十三日から開始された。一方第三十二軍は、一九年一一月末から着手した首里秘密飛行場の急速設定に努力した」[12]

　ここでは、沖縄における攻防戦および軍用機の航続可能距離を考慮すると、沖縄圏内に飛行場を建設する戦術的意義がどれだけあったのかという問題が提起されている。その判断の曖昧さが、地域住民をも動員して建設した飛行場を破壊するという「ムダ」な行為となってしまったのである。しかし、本書に係わる問題としては、飛行場用地として接収した土地の所有権が、当時どのように処理されたかということである。おそらく、戦局厳しき折柄、そうした軍用地の処理はそのままに放置されたのではないかと推測せざるをえない。

　慶良間列島における旧日本軍の配備状況は次のようなものであった。

「軍は米軍の主上陸地域を沖縄本島南部の西海岸と予想し、米上陸船団を背後から襲撃する企図をもって海上挺進戦隊の約半数300隻を慶良間列島に配置することとした。すなわち、軍は19年9月、海上挺進隊第1～3戦隊および海上挺進基地第1～3大隊を慶良間列島に配置して海上特攻の作戦準備に専念させた。

軍は当初これらの部隊を軍直轄としていたが、19年10月31日軍隊区分により軍船舶隊（指揮官第十一船舶団長）を設け軍船舶隊長の指揮下に入れた。

軍は軍船舶隊長に19年12月30日慶良間列島の防衛強化を命じ、次いで20年1月4日現配備のまま慶伊瀬島、慶良間列島、久米島、渡名喜島、出砂島（渡名喜島西）、粟国島の防衛任務を付与した。軍命令による防衛強化は海上特攻の準備促進を主とするもので、防衛兵力の増加などの処置は採られなかった。慶伊瀬島、渡名喜島、出砂島、粟国島には配兵なく、久米島には海軍見張所はあったが陸軍部隊は配置されなかった。

20年2月中旬、軍は戦闘兵力増加のため海上挺進基地大隊の主力を歩兵大隊に準じて独立大隊として臨時に改編し、慶良間列島から沖縄本島に移動させた。慶良間列島には海上挺進戦隊及び海上挺進基地大隊の一部が残置され、作業援助要員として沖縄本島から戦力のない特設水上勤務中隊（朝鮮人軍夫部隊）が派遣され、地上戦闘力は微弱なものであった。――20年3月下旬米軍上陸直前ころの慶良間列島の部隊配置の概要は次のとおりである。

　　海上挺進第一戦隊（配属部隊を含む）座間味島

　　海上挺進第二戦隊（配属部隊を含む）阿嘉島及び慶留間島

　　海上挺進第三戦隊（配属部隊を含む）渡嘉敷島」[13]

慶良間列島では、「地上戦闘力は微弱」であったにせよ、海上挺進隊として三つの戦隊が配備されていた。問題なのは、その用地がどの程度のもので、その所有関係がどうなっていたかということである。ここでも、それらの諸点については不詳である。

沖縄本島の北部、すなわち国頭地区と伊江島の戦闘配置は次のようになっていた。

「支隊長

　第二歩兵隊本部

　伊江島地区隊（伊江島の守備）

　第二歩兵隊第一大隊

　　独立機関銃第四大隊第三中隊

　　第二歩兵隊の臨時編成砲兵小隊

　　電信第三十六聯隊の一部

　第二大隊（本部半島守備）

　第二歩兵隊第二大隊

　　船舶工兵第二十六聯隊第一中隊の山形小隊

　第三遊撃隊

　　第三遊撃隊（第三中隊欠―第三中隊は国頭支隊長直轄）

鉄血勤皇隊（県立第三中学校生徒）

第四遊撃隊

　第四遊撃隊（第四中隊欠―第四中隊は西表島に配属）

支隊直轄部隊

　第二歩兵隊速射砲中隊（本部半島地区）

　第二歩兵隊通信班（本部地区）

特設警備第二百二十五中隊（名護付近の警備）

第三遊撃隊第三中隊

　独立重砲兵第百大隊の臨時編成の平山隊

　電信第三十六聯隊の一部

　野戦病院の一部

　鉄血勤皇隊（県立第三中学校生徒）

第一特務班

　防衛隊（人員不詳）

　以上の国頭支隊のほか、伊江島には第五十飛行場大隊以下の航空地区部隊、本部半島に第三十二軍航空情報隊の中川隊がおり、また国頭全地区に各兵団の資材収集の小部隊が点在していた。

　運天港には海軍の第二十七魚雷艇隊、第二咬龍隊、金武に第二十二震洋隊、屋嘉に第四十二震洋隊などが所在していた」[14]

　この引用文から、多くの軍事施設が国頭地区と伊江島地区にあったようにみえる。しかし、伊江島における飛行場については、それを破壊する作業がなされており、国頭地区にはついては飛行場の建設はなされていない。

　施設として比較的移動が少ない、あるいは定位置性をもっている施設としては、野戦病院を含む陸軍病院が考えられる。

　沖縄県における陸軍病院および野戦病院には、次のような施設があった。

　「沖縄陸軍病院、同病院（分院）、第二十四師団第一野戦病院、第二十四師団第二野戦病院、第六十二師団野戦病院」[15]

　野戦病院を含む５カ所の病院のうち、恒常的な施設として存在したのは、沖縄陸軍病院だけではなかったかと推測される。後の野戦病院などは学校等の校舎やその校庭に天幕を張った程度の施設だったと推測される。したがって、病院と言っても、施設としては名ばかりで、その土地所有関係などについては問題にしえないものだったと思われる。なお、念のために付記しておけば、戦局が最終段階に至った昭和20年になると、これらの「各病院は６月20日前後解散し」[16]てしまっている。

　国頭地区で検討を要するものは、前記の引用文にも登場してくるが、海軍の各部隊が使用した運天港の諸施設についてである。その運天港については次のような記述もある。

　「本部半島の運天港に所在した第二十七魚雷艇隊――三月三〇日魚雷艇基地は延二〇〇機以上

の大空襲を受け、四隻を破壊され、残艇五隻も修理の見込みが立たないほどの損害を受け、三一日も基地を空襲されて、ほとんど機能を失った」[17]

　運天港にあった魚雷艇基地の陸上施設がどのようなものであったか、その数量的把握とその用地の所有関係がどうであったかということが問題になるであろう[18]。

　以上、沖縄戦史を踏まえながら、旧日本軍の軍事施設の所在を確認していく作業を行った。その中では、まず幾つかの飛行場を挙げることができる。さらに最も早くから所在していた沖縄聯隊区司令部および要塞司令部、そして陸軍病院、運天港の陸上施設などが旧日本軍の恒常的な施設ではなかったかと推測されるに至った。問題はその敷地面積がどれほどであったのか、またそれらの土地は今日にいたるまでにどのような経過を辿ったのかという歴史的経緯が問題となる。とくに、歴史的経緯との関連では、そうした旧軍用地と米軍との関係であり、米軍による接収と返還の実態が明らかにされねばならない。それが次節の検討課題となる。

1）　『沖縄方面陸軍作戦』、朝雲新聞社、昭和 43 年、16 ページ。
2）　同上書、17 ページ。
3）　同上書、23 ページ。
4）　同上書、23 〜 24 ページ。
5）　同上書、59 ページには「第一高等女学校及び第二中学に分宿」とある。
6）　同上書、34 〜 35 ページ参照のこと。
7）　同上書、36 ページ。
8）　同上書、41 ページ。
9）　『沖縄・臺湾・硫黄島方面　陸軍航空作戦』、朝雲新聞社、昭和 45 年、45 ページ。
10）　『沖縄方面陸軍作戦』、前出、36 〜 37 ページ。
11）　同上書、106 〜 109 ページ。なお、奄美守備隊については割愛した。
12）　同上書、188 〜 189 ページ。
13）　同上書、227 ページ。
14）　同上書、346 〜 348 ページ。
15）　同上書、624 ページ。
16）　同上書、625 ページ。
17）　同上書、215 ページ。
18）　運天の基地については、「旧日本軍の施設使用に関する文書及び資料はありません」（平成 21 年6 月 18 日付の今帰仁村役場からの回答）という状況である。『今帰仁村史』によれば、この基地では部隊が「設営された」（86 ページ）だけで、旧軍用地としての買収はなかったものと推測される。

第三節　沖縄県の米軍基地と旧軍用地

　昭和 20 年（1945 年）3 月 28 日に始まった日米両軍による沖縄攻防戦は、同年 6 月 20 日になると、日本軍の敗退は決定的になった。すでに米軍は同年 4 月より沖縄において、本土決戦にむ

けた軍事基地の建設を始めていた。沖縄県における旧軍用地が、その一部ではあれ、占領者である米軍の軍事基地として利用されたことは間違いない。昭和20年の終戦時点で、米軍が使用していた旧軍用施設（旧軍用地）がどれだけあったのか、その点について検討しておこう。

　昭和49年12月末現在、沖縄県における米軍の施設は62カ所である。そのうち、昭和20年の沖縄進攻当時より、「軍事占領の継続として」米軍が使用している施設は以下の通りである。

XXVII-3-(1)表　昭和20年より使用されている米軍施設

(単位：千m²)

米軍施設名	面積	内国有地	経緯
伊江島補助飛行場	7,341	682	軍事占領の継続として使用開始
キャンプ・ハンセン	52,747	19	兵舎部分が軍事占領として使用開始
屋嘉レストセンター	92	11	軍事占領の継続として使用開始
ボローポイント射撃場	1,890	316	軍事占領の継続として使用開始
嘉手納弾薬庫地区	31,272	28	昭和20年使用開始
知花サイト	1	——	軍事占領の継続として使用開始
楚辺通信所	511	1	軍事占領の継続として使用開始
読谷補助飛行場	2,656	2,145	旧日本第32軍第24師団防衛築城隊飛行場設営隊により「北飛行場」として建設された。飛行場面積約216万m²。昭和20年4月、米軍占領により整備、拡張され現在に至る。
キャンプ・コートニー	1,403	59	軍事占領の継続として使用開始
天願通信所	19	——	軍事占領の継続として使用開始
キャンプ・マクトリアス	379	——	軍事占領の継続として使用開始
キャンプ・ヘーグ	645	2	軍事占領の継続として使用開始
トリイ通信施設	1,915	4	軍事占領の継続として使用開始
嘉手納飛行場	21,104	611	昭和18年陸軍航空本部が北飛行場（現在の読谷補助飛行場）に引き続いて建設開始。昭和19年「中飛行場」として完成。昭和20年4月米軍による同飛行場の占領に伴い整備、拡張され現在に至る。
嘉手納住宅地区	101	——	軍事占領の継続として使用開始
砂辺陸軍補助施設捕縄	38	——	軍事占領の継続として使用開始
キャンプ桑江	1,076	0	軍事占領の継続として使用開始
キャンプ瑞慶覧	7,276	18	軍事占領の継続として使用開始
瑞慶覧通信所	119	——	軍事占領の継続として使用開始
泡瀬通信施設	2,430	34	軍事占領の継続として使用開始
ホワイトビーチ地区	1,723	24	軍事占領の継続として使用開始
久場崎学校地区	127	——	軍事占領の継続として使用開始
普天間飛行場	4,975	36	沖縄戦終了時に米軍滑走路を建設
キャンプ・マーシー	295	5	軍事占領の継続として使用開始
牧港補給地区	3,101	332	軍事占領の継続として使用開始
牧港住宅地区	1,959	——	軍事占領の継続として使用開始
那覇港湾施設	897	179	米軍の占領に伴い、浚渫、岸壁その他の港湾改良工事が施工され現在に至る。

那覇空軍海軍補助施設	3,553	101	大部分が軍事占領の継続として使用開始
鳥島射爆撃場	39	——	軍事占領の継続として使用開始
出砂島爆撃場	232	——	軍事占領の継続として使用開始
那覇海軍航空施設	836	584	昭和 8 年旧日本軍により、小禄海軍飛行場として建設。昭和 11 年逓信省航空局が台湾—本土間の定期就航の沖縄基地として接収、拡張され、飛行場面積約 4,000 坪になる。昭和 20 年 6 月、米軍占領の下に新たに拡張整備され、現在に至る。
計	150,752	5,191	

出所：『沖縄の米軍基地』、沖縄県渉外部、昭和 50 年、10 ～ 92 ページより作成。

この(1)表から判ることは、まず第一に、昭和 49 年末の時点で米軍施設は 62 カ所（約 2 億 7 千万 m²）[1]であるが、そのうちの半分にあたる 31 カ所（約 1 億 5 千万 m²）を昭和 20 年以来、つまり米軍が沖縄を占領したときから使用していたということである。

第二に、その 31 カ所（約 1 億 5 千万 m²）のうち、国有地は僅か約 520 万 m² で、その比率は 3.4％でしかない。しかも、その国有地のすべてが旧軍用地であったとは限らないのである。

そして第三に、旧日本軍のものであった軍事施設（旧軍用地）を米軍が利用したのは、「経緯」の欄で明らかなように、読谷補助飛行場（旧北飛行場）、嘉手納飛行場（旧中飛行場）、那覇海軍航空施設（旧小禄海軍飛行場）である。これら三つの飛行場の土地所有関係についてみると、読谷補助飛行場では 2,145 千 m²、嘉手納飛行場では 611 千 m²、那覇海軍航空施設の場合には、584 千 m² が国有地であり、それぞれが旧軍用地であったと推定できる。

第四に、昭和 20 年段階から米軍が使用していた軍事基地のうち、土地所有関係からみて、国有地が 100 千 m² 以上を占めているものについては、旧軍用地ではなかったかと推測させるものがある。具体的には、上記三つの飛行場のほかに、伊江島補助飛行場（682 千 m²）、ボローポイント射撃場（316 千 m²）、牧港補給地区（332 千 m²）、那覇空軍海軍補助施設（101 千 m²）がある。

このうち、伊江島補助飛行場については、第二節でみておいたように、戦時中に日本軍が飛行場を自ら破壊しており、それとの関係で、「旧軍用地」といえるかどうかという問題がある。また、ボローポイントの射撃場については、それが読谷村に位置していることから、旧軍用地だとみることもできようが、沖縄攻防戦を前にして、「射撃場」のような施設を旧日本軍が建設したとは思えない。むしろ昭和 20 年までに米軍が建設した施設ではないかと思われる。さらに牧港補給地区については「浦添市の仲西から港川まで国道 58 号線ぞいにある広大なこの施設は、極東随一の米陸軍の補給基地として、又、軍事作戦の後方攪乱を主な任務とする第 7 心理作戦部隊の本部があったところとして知られた施設である」[2]という文章もあり、これは米軍が沖縄占領にともなって建設した施設である。つまり旧軍用地との関連は希薄だとみるべきであろう。

このようにみてくると、昭和 20 年以来、米軍が沖縄占領に伴って使用していた軍事基地のうち、旧軍用地と関連が明確にあったのは、読谷補助飛行場（旧北飛行場）、嘉手納飛行場（旧中飛行場）、那覇海軍航空施設（旧小禄海軍飛行場）の三つということになる。

もっとも、土地の所有関係という視点からみれば、伊江島飛行場跡など、旧軍用地を利用した米軍基地はかなりあるのではないかと推測される。

それにしても、沖縄県における米軍基地の土地所有関係、とりわけ国有地との関連が、その面積も含めて部分的にではあるが、ある程度明らかになった。旧軍用地の転用という逆の視点からみれば、米軍基地への転用という一つの実態が明らかになったわけである。

   1） 『沖縄の米軍基地』、沖縄県渉外部、昭和 50 年、98 ～ 114 ページより算出。
   2） 同上、74 ページ。

第四節　沖縄県における旧軍用地

沖縄県における旧軍用地について、国はどのように把握しているのであろうか。昭和 53 年 4 月 17 日の衆議院予算委員会に大蔵省が提出した「沖縄における旧軍買収地について」の別表は、次の通りである。

XXVII- 4 -⑴表　沖縄の旧軍買収地

施設名	所在地	建設時期
（本島及び伊江島） 旧伊江島飛行場	伊江村字西江上コヘス原 925 ほか	昭和 18 ～ 19 年
旧読谷飛行場	読谷村字伊良皆大木原 491-1 ほか	同
旧嘉手納飛行場	嘉手納町字東桑木堂原 256-2 ほか	昭和 19 年
※旧那覇飛行場（旧海軍）	那覇市字当間原 2 ほか	昭和 19 年拡張
旧陸軍与那原兵舎	与那原町字与那原湧当原 3691 ほか	昭和 16 年
旧陸軍弾薬倉庫	与那原町字与那原江口原 3304 ほか	同
旧陸軍高射砲陣地	知念村字吉富上原 482 ほか	同
旧陸軍与那城通信隊	与那城村字伊計西前 316 ほか	同
旧陸軍砲兵陣地（一）	勝連村字岸堅灯台原 11 ほか	同
同　　　　　　（二）	勝連村字平敷屋美津久 491-2 ほか	同
旧中城防禦隊（旧海軍）	佐敷村字新里植川原 205 ほか	同
（宮古） 旧野原飛行場	下地町字川満東積間 983-2 ほか	昭和 19 年
旧冽鎌飛行場	下地町字与那覇 1406-1 ほか	同
旧海軍飛行場（旧海軍）	平良市字下里七原 1918 ほか	同
旧宮古海軍兵舎	平良市字東仲宗根竹原 806-1 ほか	同
（八重山） 旧白保飛行場	石垣市字 白帆干菓子嘉手苅 665-1 ほか	昭和 18 ～ 19 年
旧平得飛行場（旧海軍）	石垣市字大浜田原 604 ほか	昭和 19 年
旧西表砲台	竹富町西表西祖納 466 ほか	昭和 16 年

原注1）　（旧海軍）以外は旧陸軍の施設である。
原注2）　※は不時着用程度のものが昭和19年以前に建設されていた。
注1）　昭和53年4月17日の衆議院予算委員会へ「沖縄における旧軍買収地について」の別表と
して大蔵省が提出したもの。
注2）　書式については若干の変更をしている。

　この(1)表から判ることは、旧日本軍が沖縄県で購入した軍用地は、沖縄本島および伊江島地区
で11件、宮古地区で4件、八重山地区で3件、計18件である。この表には、これまで検討して
きた『沖縄方面陸軍作戦』（昭和43年）や『沖縄の米軍基地』（昭和50年）ではみられなかった
旧軍用施設が見受けられる。具体的には、沖縄本島における旧陸軍与那原兵舎、旧陸軍弾薬倉庫、
旧陸軍高射砲陣地、旧陸軍与那城通信隊、旧陸軍砲兵陣地（一）、同（二）であり、宮古地区に
おける旧野原飛行場、旧洌鎌飛行場、旧宮古海軍兵舎である。

　だが、(1)表では、旧軍用施設の所在地が判明したものの、施設の敷地面積が明らかではない。
昭和47年の本土復帰以降、沖縄県は、いわゆる「地籍」や「地積」（境界地）についての調査を
開始しているが、その作業は困難を極めた。

　昭和52年当時、沖縄県土地調査事務局長であった平野長伴氏は、沖縄の土地事情について、
次のように述べている。

　「本県は、去る太平洋戦争によって公図および公簿はほとんど消失し、加えて米軍の基地構築
等によって土地の形質が著しく変更されたことにより、広大な境界不明地域が存在していること
は周知のとおりであります」[1]

　そうした状況に鑑み、沖縄県は昭和49年に『沖縄の地籍問題―経緯と現状―』を刊行したの
に続き、昭和52年に『沖縄の地籍―現状と対策―』を刊行している。

　また、沖縄における米軍基地をとりまく諸問題との関連では、本土復帰した昭和47年に『沖
縄の米軍基地関係資料（地位協定に基づく提供施設）』（沖縄県総務部）、さらに昭和50年には、前
述の『沖縄の米軍基地』（沖縄県渉外部）が刊行されている。

　そうした調査をふまえて、平成20年3月末現在の時点における沖縄県の旧軍用地（旧軍用施
設）の敷地面積は次の通りである。

XXVII- 4 -(2)表　旧軍財産（旧軍用施設）一覧表（18施設）
（平成20年3月31日現在）

口座名	所在地	数量（m²）
旧伊江島飛行場（一、二）	伊江村	981,365.86
旧読谷飛行場	読谷村	0.00
旧嘉手納飛行場	嘉手納町	486,446.34
旧那覇飛行場（二）（旧海軍）	那覇市	865.46
旧陸軍与那原兵舎（一、二）	与那原町	12,803.50
旧陸軍弾薬倉庫	与那原町	0.00
旧陸軍高射砲陣地	南城町	15,558.80

旧陸軍与那城通信隊	うるま市	36,121.20
旧陸軍砲兵陣地（一）	同	41,869.75
同 （二）	同	21,091.00
旧中城防禦隊 （旧海軍）	南城町	7,284.22
旧野原飛行場（一、二）	宮古島市	16,466.81
旧洌鎌飛行場	同	10,114.14
旧海軍飛行場（旧海軍）	同	1,626,320.40
旧宮古海軍兵舎（旧海軍）	同	24,213.28
旧白保飛行場	石垣市	676,729.48
旧平得飛行場（旧海軍）	同	319,214.92
旧西表砲台	竹富町	1,631,479.72
計	10 市町村	5,907,944.88

出所：沖縄総合事務局資料による。ただし、本表と次節の(1)表は、同一
　　　の原表を便宜上二つに分けたものである。
注：(旧海軍) 以外は旧陸軍の軍事施設である。

　⑵表は、平成20年３月末の時点における国有財産としての旧軍用地の面積であり、その総面積は約590万 m² である。しかし、これは終戦前（昭和19年）にあった旧軍用施設の敷地（旧軍用地）の面積とは異なる。つまり、⑴表でも判るように、旧読谷飛行場や旧那覇飛行場（二）、あるいは旧陸軍弾薬庫の面積は、明らかに昭和19年当時の数値ではない。

　沖縄攻防戦、米軍の基地建設のための強制的土地収用など、それに沖縄本島における地籍関連文書の喪失などによって、この⑵表に掲げられた施設以外にも、旧軍用地があった可能性も残されている。しかし、そうした旧軍用地の面積がどれだけあったかは、現時点では、容易には判断できない。また、この⑵表から、それを推測してみることもある程度は可能であるが、その作業には多くの困難が伴う。例えば、旧読谷飛行場や旧陸軍弾薬倉庫の面積は平成20年段階では０となっているが、それは平成20年までの期間に国有財産（旧軍用地）が処分されたからであって、昭和20年段階の敷地面積は不詳である。

　また、その他の旧軍用地についても同じような経緯があったと容易に推測できる。繰り返し述べれば、終戦後、あるいは本土復帰以後における旧軍用地の処分があり、その点では、⑵表から昭和20年の時点における旧軍用施設の用地面積を推測することには一定の困難が伴う。しかしながら、そうした点については、のちに旧軍用地の転用状況を知ることによって幾分なりとも推定することができるかと思う。

　さて、⑵表については、そうした問題があることを考慮しながら、一覧しておくと、平成20年末の沖縄県にあった旧軍用施設の中で、敷地面積が100万 m² 以上のものは、宮古島の旧海軍飛行場（163万 m²）、それから西表島の旧西表砲台（163万 m²）の二つである。また伊江島飛行場（一、二）も併せると、98万 m² なので、この三つが沖縄県に残っている大規模な旧軍用地である。

　これに続くのが、旧嘉手納飛行場（約49万 m²）、旧白保飛行場（約68万 m²）、旧平得飛行場

第二十七章　沖縄県　　885

（約 32 万 m²）が比較的大規模な旧軍用地である。もっとも、これらの旧軍用施設の用地は、米軍、あるいは自衛隊に利用されていたり、また他府県と同様、農地へ転用されたと思われるが、その実態について(2)表では明らかにすることができない。

　そこで沖縄県における旧軍用地の面積および利用状況がどうであったかを追求していくことが課題となる。

　　1 ）　『沖縄の地籍—現状と対策—』、沖縄県、昭和 52 年、まえがき。なお、山口健治氏は「国有財産を考える（一）」という論文（『ファイナンス』通巻 176 号、昭和 55 年 7 月号、63 ページ）の中で、「沖縄の旧軍買収地の問題」があることを指摘している。

第五節　沖縄県における旧軍用地の処分および利用状況

　沖縄県における旧軍用施設の敷地（旧軍用地）の処分および利用状況については、次の(1)表がそれを明らかにしている。

XXVII- 5 -(1)表　旧軍財産（旧軍用施設）の転用状況一覧表（18 施設）

（平成 20 年 3 月 31 日現在）

口座名	面積（千 m²）	備考（主な利用および処分状況）
旧伊江島飛行場（一、二）	981.3	・米軍伊江島補助飛行場敷地として米軍提供 66.4 ha ・沖縄県伊江島空港敷地として無償貸付 26.3 ha
旧読谷飛行場	0.0	・読谷村へ 18.9 ha 売払（平 14 年度、先進農業センター敷地） ・読谷村へ十日交換等により 222 ha を処分（平 18 年度、読谷補助飛行場跡地利用実施計画用地）
旧嘉手納飛行場	486.4	・米軍嘉手納飛行場敷地として提供
旧那覇飛行場（二）（旧海軍）	0.9	・那覇防衛施設局へ 16.2 ha 所管換（平 13 年度） ・那覇空港敷地として国土交通省に 108.2 ha を所管換（平 15 年度） ・有償貸付（住宅敷地 4 件）
旧陸軍与那原兵舎（一、二）	12.8	・貸付相手方へ売払（平 2 年度、170 件、2.7 ha） ・有償貸付（住宅敷地等 81 件）
旧陸軍弾薬倉庫	0.0	・バス会社に 4,310 m² 売払（平 3 年度）
旧陸軍高射砲陣地	15.6	・知念村へ 1.2 ha 売払（平 10 年度、運動場敷地） ・利用困難 1.5 ha
旧与那城通信隊	36.1	・利用困難 3.6 ha
旧陸軍砲兵陣地（一）	41.9	・沖縄県町村土地開発公社へ 2.4 ha　売払（平 7 年度） ・有償貸付（住宅敷地等 17 件）
旧陸軍砲兵陣地（二）	21.1	・米軍ホワイトビーチ地区として提供
旧中城防禦隊（旧海軍）	7.3	・有償貸付（住宅敷地等 32 件）

旧野原飛行場（一、二）	16.5	・農林水産省に 111 ha を農地所管換済（昭 55 年度〜56 年度）
旧渕鎌飛行場	10.1	・有償貸付（住宅敷地等 10 件） ・農林水産省に 49 ha を農地所管換済（昭 55 年度〜56 年度）
旧海軍飛行場（旧海軍）	1,626.3	・有償貸付（住宅敷地等 18 件） ・沖縄県宮古空港敷地として無償貸付 84 ha ・有償貸付（農地等 136 件）
旧宮古海軍兵舎（旧海軍）	24.2	・県立宮古病院へ減額貸付 2.2 ha
旧白保飛行場	676.7	・有償貸付（農地等 45 件）64.5 ha
旧平得飛行場（旧海軍）	319.2	・農林水産省に 37 ha を農地所管換済（昭 61 年度） ・沖縄県石垣空港敷地として無償貸付 2.6 ha
旧西表砲台	1,631.5	・利用困難 154.9 ha

出所：沖縄総合事務局資料による。原表での面積単位は m^2 だが、本表では千 m^2 とした。
注：（旧海軍）以外は旧陸軍の軍事施設である。

　平成 20 年の時点で、沖縄県にある旧軍用地の面積は、既に前節の(2)表で明らかなように、約 590 万 m^2 である。だが、それまでに旧軍用地は処分されたり、また種々なかたちで利用されてきている。旧軍用地の処分および利用状況の全体像は明確ではないが、その主な内容については、この(1)表がある程度まで明らかにしている。そこで、沖縄県における旧軍用地の処分および利用状況について、まず一般的に整理し、続いて民間企業による利用という視点から若干の検討をしておきたい。

1．沖縄県における旧軍用地の一般的処分状況

　沖縄県における旧軍用地がどのように処分されたかについて、(1)表の備考欄に記載されている「主な利用および処分状況」を整理してみよう。

　まず、沖縄県における旧軍用地の処分状況（売払、等価交換、譲与）を整理してみたのが、次の表である。

XXVII- 5 -(2)表　沖縄県における旧軍用地の売払（交換）状況（その一）

（単位：ha、年次：平成年）

口座名	売払相手方	面積	用途目的	年次
旧読谷飛行場	地方公共団体	18.9	先進農業センター敷地	14
※同	地方公共団体	222	跡地利用実施計画用地	18
旧陸軍与那原兵舎	貸付相手方	2.7	170 件（民間住宅）	2
旧陸軍弾薬庫	バス会社	0.43	バス会社利用	3
旧陸軍高射砲陣地	地方公共団体	1.2	運動場敷地	10
旧陸軍砲兵陣地（一）	地方公共団体	2.4	土地開発公社	7
計		247.63		

出所：(1)表より作成。※は「等価交換」によるもの。それ以外は「売払」。

第二十七章　沖縄県　　887

(2)表をみると、沖縄県における旧軍用地の主な処分は6件、いずれも平成期になって行われている。6件のうち5件は売払いで、1件は注記にもあるように「等価交換」である。

処分面積は売払いと等価交換を併せて約248万m²、また、売払い（交換1を含む）の相手方についてみると、地方公共団体が4件（うち開発公社1件）、民間企業1件、おそらく民間への払下げが1件（実態としては個人170件）となっている。

要するに、本書が主たる研究対象としている旧軍用地の工業用地への転用に該当するものは皆無ということになる。

果たして、昭和期においては、旧軍用地の処分はなかったのであろうか。そこで、念のために、『財政金融統計月報』（各年2月号）に依りながら、昭和47年以降における沖縄県の旧軍用地の処分状況を摘出してみよう。

XXVII-5-(3)表　沖縄県における旧軍用地の処分状況（その二）

（単位：m²）

口座名		相手方	形態	面積	用途目的	年次
旧陸軍与儀兵舎		地方公共団体	譲与	37,756	学校敷地	昭50
Black Oil Terminal	※	一般法人	売払	14,138	運輸通信関連	昭51
米軍泡瀬通信施設	※	地方公共団体	売払	27,014	住宅用地	昭58
旧読谷飛行場		地方公共団体	売払	189,577	先進農業支援C	平14
南大東島		地方公共団体	売払	51,353	保護増殖事業用	平14
旧読谷飛行場		地方公共団体	交換	2,227,542	村民センター敷	平18
計				2,547,380		

出所：『金融財政統計月報』（各年2月号）より作成。「年次」は、地方審議会の開催年度。※は、旧軍用地だったかどうか疑わしい施設。

(2)表と(3)表は、いずれも、沖縄県における旧軍用地あるいは旧軍用地であったと思われる国有財産の処分状況を示したものである。件数をみると、(2)表は6件だが、(3)表では同じ6件でも、ブラックオイル・ターミナルや米軍の泡瀬通信施設は旧軍用地だったのか疑わしいので、その点を配慮すると4件となる。また、(2)表には南大東島が含まれていないのに、(3)表ではそれが含まれている。同様に、(2)表には旧陸軍与那原兵舎（与那原町）はあるが、(3)表にある旧陸軍与儀兵舎（沖縄市）はない。

さらに売払いの年次についても、(2)表ではすべてが平成期であるが、(3)表では昭和期と平成期とが含まれている。こうした内容からみて、この(2)表と(3)表との整合性は、平成期にはある程度みられるものの、どうみても希薄であると言わねばならない。

(2)表と(3)表がほぼ合致しているのは、旧読谷飛行場の処分状況で、いずれも相手方は読谷村（地方公共団体）である。その用途目的は、売払分が(2)表では先進農業センター敷地、(3)表では先進農業支援センター、また等価交換分が(2)表では跡地利用実施計画用地、(3)表では村民センター地区敷地となっており、用途内容およびその処分年も両者はそれぞれ合致している。さらに、売

払面積についてみると、(2)表も(3)表も約 18 万 9 千 m² で一致し、等価交換分でも(2)表も(3)表も約 222 万 m² である。

　しかしながら、全体としてみれば、(2)表と(3)表は同じく沖縄県における旧軍用地の処分状況を示したものであるが、内容的にはかなり異なったものとなっている。

　このような差異が生じているのは、次のような理由からだと思われる。

　つまり、(2)表では昭和期における旧軍用地の払下げを除外しているのではないかということである。そのことは、備考欄に「主な利用および処分状況」と記されていることからも推測できる。同様に、(3)表でも、沖縄地方審議会の審議結果がすべて記載されているわけではない。ちなみに平成 18 年度の場合だと、「処分面積が千 m² 以上、契約価格 3 億円以上」という物件についてのみ記載されているが、大口の国有財産（旧軍用地）について審議する国有財産中央審議会での審議結果については、「相手方が売買契約金額の公表に同意している物件を掲載している」ということを、『金融財政統計月報』での掲載原則としているからである。つまり、旧軍用地の処分状況のすべてが、掲載されているわけではない。

　国有財産の売買契約は、一般競争入札による場合もあるが、それは極めて少ない事例であり、その多くは随意契約である。国有財産は、ある視点からみれば、国民の共有財産であり、その売買契約結果については、国民に公表すべき性格のものである。したがって、「売買契約金額を公表できないような事由」が相手方にあるとすれば、そして、それには、それ相応の理由があるとしても、逆に、国民に何らかの疑念をもたせることになりかねない。

　いずれにせよ、(2)表も(3)表も、旧軍用地の処分に関する件については、「部分的である」ということである。したがって、(2)表と(3)表の内容に差異が生じてくるのは止むを得ないことである。

　しかしながら、(2)表と(3)表を突き合わせてみると、(2)表では 247.63 ha、そして(3)表からは、(2)表との重複分および旧軍用地であったかどうか不明分を差し引いたもの、具体的には旧陸軍与儀兵舎（37,756 m²・譲与）と南大東島（51,353 m²・売払）を加えると、約 257 万 m² が沖縄県で旧軍用地を処分（売払、等価交換、譲与）した面積となる。正確には、処分した面積に「より近い」数字となる。ここではひとまず、この 257 万 m² という数字をもって、沖縄県において旧軍用地が処分された面積だと確認するだけに留めておきたい。

2．沖縄県における旧軍用地の利用状況

　平成 20 年 3 月末現在において、沖縄県における旧軍用地がどのように利用されているのか、その点について整理しておこう。

XXVII-5-(4)表　沖縄県における旧軍用地の利用状況（その一）

（単位：ha）

利用形態	口座名	利用面積	相手方	契約年度等
米軍提供 [136.04]	伊江島飛行場（一、二）	66.4	米軍	
	嘉手納飛行場	48.64	米軍	
	旧砲兵陣地（二）	21	米軍（ホワイトビーチ地区）	
所管換 [321.4]	那覇飛行場（二）	16.2	防衛庁	平 13 年度
	同	108.2	国土交通省	平 15 年度
	旧野原飛行場（一、二）	111	農林省	昭 55 ～ 56 年度
	旧冽鎌飛行場	49	農林省	昭 55 ～ 56 年度
	旧平得飛行場	37	農林省	昭 61 年度
無償貸付 [110.3]	伊江島飛行場（一、二）	26.3	沖縄県	
	旧海軍飛行場	84	沖縄県	
減額貸付	旧宮古海軍兵舎	2.2	沖縄県	宮古病院
有償貸付	那覇飛行場（二）		4 件	住宅敷地
	旧陸軍与那原兵舎（一、二）		81 件	住宅敷地等
	旧陸軍砲兵陣地（一）		17 件	住宅敷地等
	旧中城防禦地区		32 件	住宅敷地等
	旧野原空港（一、二）		10 件	住宅敷地等
	旧冽鎌飛行場		18 件	住宅敷地等
	旧海軍飛行場		136 件	農地等
	旧白保飛行場	64.5	45 件	農地等
利用困難 [156.0]	旧陸軍高射砲陣地	1.5		
	旧与那城通信隊	3.6		
	旧西表砲台	154.9		

出所：(1)表より、旧軍用地の利用状況を整理したものである。

　(4)表は、沖縄にあった旧軍用地が、平成 20 年 3 月末現在の時点でどのように利用されているかという実態（形態と数量）を明らかにしたものである。具体的には、米軍への提供、すなわち提供財産が 136 万 m²、他の省庁への所管換が約 321 万 m²、無償貸付が約 110 万 m²、減額貸付は 2 万 m²、住宅敷地等や農地への有償貸付は 64 万 5 千 m² プラス住宅等や農地への貸付件数 298 件という状況になっている。

　ここで重要なことは、住宅敷地等や農地への有償貸付 298 件の面積が不詳だということである。

　そこで有償貸付面積について、住宅敷地等の場合には 1 件あたり 150 m² と仮定し、農地の場合は 1 件あたり 1.5 ha と仮定して計算してみよう。ちなみに、旧白保飛行場の場合には、農地 1 件あたり平均 1.43 ha なので、この仮定はそれほど現実離れしたものではあるまい。計算の結果は次のようになる。住宅敷地等の面積は、162×150（m²）＝24,300 m²（2.4 ha）となり、農地の面積は 136×1.5 ha＝204 ha となる。それに旧白保飛行場の分（64.5 ha）を加えると、沖縄県における有償貸付面積は全部で約 270 ha となる。そうは言っても、この面積はあくまでも仮定の数字である。

さらに、この有償貸付面積も含めて、沖縄県における旧軍用地の利用状況を『財政金融統計月報』（各年2月号）より摘出してみよう。それが次の表である。

XXVII-5-(5)表　沖縄県における旧軍用地の利用状況（その二）

（単位：m²）

旧口座名	所在地	面積	利用形態	年度	相手方
伊江島飛行場ほか	伊江村	273,278	貸付	昭48	地方公共団体
那覇飛行場ほか	那覇市	259,751	使用承認	昭50	運輸省
読谷飛行場	読谷村	35,063	一時使用	昭53	地方公共団体
冽鎌・野原飛行場	上野村他	1,580,613	所管換	昭55	農林省
南大東飛行場	南大東村	145,825	所管換	昭57	農林省
読谷飛行場（返還）	読谷村	58,715	一時使用	昭60	地方公共団体
平得飛行場	石垣市	368,624	所管換	昭61	農林省
読谷補助飛行場	読谷村	29,267	一時使用	平6	地方公共団体
読谷飛行場	読谷村	18,736	無償貸付	平10	地方公共団体

出所：『財政金融統計月報』（各年2月号）より作成。

この(5)表をみると、(4)表には記載されていない利用実態が幾つか明らかとなる。

もっとも、この(5)表における旧口座が国有財産であったことは確かであるが、そのすべてが旧軍用施設（旧軍用地）であったかという点では、なお問題が残る。その点はともかく、この(5)表からは、那覇飛行場跡地の運輸省への使用承認、読谷飛行場跡地の地方公共団体（読谷村）への一時使用3件と無償所管換貸付1件、南大東飛行場跡地の農林省への所管換という実態が(4)表では欠落していることが明らかになる。この点については個別地域での分析が必要である。

だが、それと同時に、この(5)表では、(4)表にある多くの利用実態が記載されていない。とくに米軍への提供財産については、この(5)表は全く触れていない。その理由は、『金融財政統計月報』では、国有財産中央審議会および地方審議会の審議経過を掲載しているものの、これらの審議会では、米軍からの返還財産の転用については審議の対象としているが、審議対象とならない提供財産については掲載していないからである。そうした種々の状況から推測すると、(4)表や(5)表にも記載されていない利用事実があるかもしれない。しかし、そうなると、これは本書の調査能力を遙かに超えることになるので、そうした利用事実が仮にあるとしても、それらは本書の検討対象から除外せざるをえない。

以上、沖縄県における旧軍用地の利用実態を(4)表を中心にまとめてみると、次のようになろう。

沖縄県における旧軍用地の利用状況を概観すれば、省庁への所管換が最も多く、321ha、次に有償貸付が270ha、提供財産136ha、無償貸付110ha、減額貸付2.2haという順になっている。これらの沖縄県における提供財産や貸付地などの総利用面積を合計すると、839.2haに達する。つまり、沖縄県における旧軍用地の処分・利用状況は、処分面積約511万m²に対して貸付面積約839万m²で、貸付面積が処分面積よりも多くなっている。

このような状況を一言で要約すれば、沖縄県における旧軍用地の民間企業への転用（処分）は、

第二十七章　沖縄県　891

本土のそれに比して、遅れているといわねばならない。以下では、簡単に、その原因について利用形態別に検討してみよう。

　まず、所管換（321 ha）についてみると、沖縄本島においては、平成 13 年と 15 年に、旧那覇飛行場を国土交通省（108.2 ha）および防衛施設局（16.2 ha）へ所管換しているが、施設自体が飛行場なので、民間企業へ転用することには困難がある。また、宮古島では旧野原飛行場、旧冽鎌飛行場の跡地を農林省（160 ha・昭和 55 ～ 56 年）へ所管換しているが、農林省がその農地をどう処理したのか不詳である。現地踏査では、農地へ転用されているが、一般農家へ所有権の移転が行われたのかどうかまでは確認していない。これも地域的分析が必要である。

　次に、有償貸付分としては約 270 ha と仮定している。だが、その実態についてみると、沖縄本島では住宅敷地等の 134 件、宮古島でも住宅敷地等の 164 件となっており、面積規模からみていずれも大きな数字にはならない。また八重山では農家へ 45 件、面積で 64.5 ha の貸付があるが、いずれも大規模な民間企業が立地しうる条件は希薄である。

　提供財産（136 ha）の利用については、民間企業が関連しうるのは、その用地が返還された場合であって、ここでは問題にならない。

　無償貸付分については、地方公共団体に対するものであるが、いずれも沖縄県への貸付であり、その利用実態は伊江島空港、石垣空港であり、いずれも民間企業への転用とは直結しえない。

　最後に「利用困難」というのが約 160 ha ほどあるが、沖縄本島の場合（5.1 ha）は高射砲陣地跡と通信隊跡地であり、いずれも急峻地なので民間企業が利用するのは困難である。

　「利用困難」な旧軍用地としては、旧西表砲台の跡地（155 ha）が大きい。確かに西祖納崎から外離島・内離島を経てサバ崎に至る陸地は、広大ではあるが、海に面して岩壁が続き、草木が繁茂しているので、物理的にはともかく、民間企業が何らかの営利目的で利用できる状況ではない[1]。

　　1）　昭和 62 年 8 月、現地踏査結果による。なお、西表島における旧軍用地の利用状況については沖縄総合事務局による次のような報告がある。「西表島の財務省所管の国有地で主なものは、旧西表砲台跡地の約 163 万 m² ですが、国有地の約 95% が原生林に覆われています。わずかながら集落地域に所在する財産については、情報通信施設としての無線交換局、島の診療所に勤務する看護師宿舎、保健指導所の敷地などとして貸付されており、離島苦の解消や地域住民の医療福祉の向上のために有効に活用されています」（『ファイナンス』通巻 475 号、平成 17 年 6 月号、101 ページ）。

第六節　沖縄県における旧軍用地転用の地域分析

　これまでは、沖縄県における旧軍用地の状況について通観してきた。しかしながら、旧軍用地は多様な軍事施設と不可分の関連をもっており、かつまた戦後における米軍による接収という歴史的経緯があり、それだけに、沖縄県における旧軍用地の跡地利用は各地域において多様な展開

をみせている。

そこで、これまでの各節でみてきたことを各地域別にみていくことにしよう。なお、便宜的ではあるが、『旧日本軍接収用地調査報告書』（沖縄県総務部総務課、昭和53年）に掲載されている旧軍用地の順を参考にしながら紹介する。具体的には、伊江島飛行場（伊江村）、沖縄北飛行場（読谷村）、沖縄中飛行場（嘉手納町）、小禄飛行場［海軍］（那覇市）、海軍飛行場（平良市）、陸軍中飛行場（上野村）、陸軍西飛行場（下地町）、平得・白保飛行場（石垣市）、その他という順である。

1．伊江村

伊江村は、伊江島全島からなる。その概況は以下の通りである。

「伊江島は沖縄本島北部の本部半島から北西約9キロメートルに位置する離島である。地理的には面積23平方キロ、東西8.4キロメートル、南北3キロメートル、周囲22.4キロメートルの楕円形をしており、島の東部に突起している海抜172メートルの岩山（タッチュー、城山などと呼ばれる）を除いては平坦な地形をしている」[1]

伊江島における日米両軍の戦闘は、その悲惨さをもって、「沖縄戦の縮図」といわれている。それだけではない。旧日本軍、それから米軍による伊江島での農民からの土地接収、およびそれに伴って生じてきた社会経済問題も、また「沖縄の縮図」であった。

それだけに、伊江村における旧軍用地の接収およびその後における状況については、これを沖縄県における典型として、やや詳しく紹介しておきたい。

まず最初に、旧日本軍による伊江島飛行場の建設工事について、その歴史的経過を紹介しておこう。次の文章がそれである。

「陸軍伊江島飛行場は太平洋戦争の推移と共に次のような5段階の曲折を歩んだ。

　　第1期　昭和18年夏〜昭和19年4月　陸軍航空本部による新設工事

　　第2期　昭和19年5月〜7月　飛行大隊による東、中飛行場の急速設定工事

　　第3期　昭和19年8月〜9月　戦闘部隊を投入した急速設定工事

　　第4期　昭和19年10月〜昭和20年2月　航空要塞化の補強工事

　　終　期　昭和20年3月　守備軍による破壊処分

特設警備工兵隊はしばしば空襲に襲われながら濠掘りや弾痕補修に従事して、沖縄戦直前の3月上旬までには東・中・西の3飛行場を完成させたが、作戦変更に伴い破壊された。昭和20年4月19日に米軍が沖縄攻略作戦を開始し、1週間後、守備隊はほぼ全滅した」[2]

この文章では、飛行場建設の工事経過が判るが、専ら「軍」だけの行動に限定されており、民間人の参加状況や旧軍用地の接収状況についての記述がみられない。これらについては、既に昭和53年の段階で、「旧軍用地接収の経緯」についての詳しい調査がなされていたからであろう。

そこで、伊江島における「旧軍用地接収の経緯」について明らかにしておこう。この点について、『旧日本軍接収用地調査報告書』（前出）は、次のように記している。

「昭和18年10月頃、大村航空隊長（少佐）が伊江村役場を訪れ、村長に対し、机上に地図を開いて朱線を引いた部分は飛行場として使用するから村および村人は協力するように通告してきた。——飛行場建設予定地内には、当時10余軒の住宅があり、住人達はどうせ移転するなら軍の了解を得たうえで場所を決めようと田村大隊長と面談の上、了解を得て宇謝原に移転した。しかし、移転した人達が落ちつく間もなく今度は、この地域に野戦病院を建てるから立ち退くように命令され、全く一方的で憤懣やる方ないところであるが、軍命とあれば否応もできず、涙を飲んで僅か6ケ月の間に2度も移転した世帯が6軒もあった。——飛行場建設用地接収にあたっての手続きは、伊江村役場に事務所を設置し、そこで土地売買の契約の事務・登記準備事務・土地代、補償金等の支払い事務が行われた。——司法書士2名は川島主計少佐の依頼をうけて接収地の登記事務にたずさわったのであるが、登記の原因を『売買』とし、権利者を『陸軍省』として登記した」[3]

上記の文章では、伊江島で旧日本軍が接収した土地の権利者を「陸軍省」としており、その限りで旧軍用地（国有財産）である。ただし、その代金の支払いの有無等の問題が残っていることも、上記の文章から推測することができる。

また、「旧軍用地接収の規模」については、次のように記している。

「接収された土地は、地主の数206人、筆数428、面積222,062坪（約732,805 m²—杉野）におよんでいる。筆数・面積を地目別にみると宅地4筆10,200坪、畑400筆203,083坪、原野2筆800坪、山林15筆5,645坪、雑種7筆2,334坪となっているが、この数字は今後の調査によってもっと増えるものと思われる」[4]

肝心なのは、この接収された土地に対して、代金が支払われたかどうかという点だが、この点については、「司法書士の説明によれば、土地代は登記完了後に軍の設定した単価により川島主計の方から支払われることになっていたが、登記済みの全地主が土地代を受領したか不明である。補償金については、殆どの地主が受領しているのではないかと言っている」[5]。

なお、上記の文章に出てくる「単価」は、「上級地は坪当り1円20銭、中級地90銭、下級地60〜70銭、山林原野については30〜40銭」[6]であり、これは「日本軍の方から通告してきたものであり、当事者双方が相談で決めた額ではなく、旧地主達に不満があっても聞きいれてもらえなかった」[7]という経緯があり、かつ、その土地代金授受の有無については不明となっている。旧軍用地との関連では、これがのちに大きな問題となってくる。

ところで、伊江島における土地の接収は旧日本軍だけでなく、米軍によってもなされた。その経過は下記の通りである。

「1953年（昭和28年）4月、土地収用令施行当初の村軍用地接収面積は13.9平方キロの広大なものであった。これは村面積22平方キロの63％にあたる。72年（昭47）5月15日の日本復帰の際の返還協定覚書で5.7平方キロの返還があり37％に縮小した。さらにその後0.8平方キロの一部返還があって昭和50年末現在7.3平方キロの軍用地を有している。これは村面積の33％にあたる。そのうちの黙認耕作地が1.6平方キロあるので実質的には5.7平方キロということ

894

になる。これは射撃場、飛行場、通信施設の占める面積である」[8]

なお、上記の文章を補足するものとして、次の事実がある。

「昭和40年4月15日、約15,000 m² を返還。昭和45年6月30日、約5,037,000 m² の返還」[9]

このように伊江島における米軍用地は、その一部が返還されたものの、米軍の都合で新たに接収される事態も生じている。

「53年7月15日（昭和28年）突然米民政府土地係二世が来島して、口頭で真謝、西崎両区の土地に半径3,000フィート（約900メートル）の地上標的を作るから農地を明渡せと通告してきた。明渡面積は約7万5千坪（約25万平方メートル）で両部落の農地が含まれている。――こえて54年6月20日、米軍は工事に着工し圏内の4戸を立退かした。これが島における土地問題の発端である。

更に同年8月27日、米軍係員が村役場を訪れ、射撃場の拡張を通告してきた。今回の拡張予定地（180万坪）には真謝区78戸（全部）西崎区74戸（142戸のうち）が含まれている」[10]

繰り返すようだが、本書では、米軍が接収した土地（提供財産を含む）については、直接の分析対象とはしていない。しかしながら、米軍による土地の接収が、旧日本軍の用地に関する社会経済問題を惹起させたという点で、上記に引用した文章は重要である。その具体的な事情は次の通りである。

「1953年頃から米軍が軍用地として使用している民有地に対する賃貸料が支払われるようになって漸く旧地主達も旧日本軍に接収された飛行場用地は元々自分達のものであるから返還（所有権回復）されるべきであると主張するようになった。――旧日本軍の接収用地は、現在国有地として日本政府の管理下にあり、その一部が海洋博開催の為に建設された飛行場用地になっている以外は全て、米軍の訓練基地として使用されている」[11]

ところで、戦前に旧日本軍が接収した旧軍用地と米軍が接収した軍用地とは重複する面もあるが、必ずしも同一ではない。それは伊江島の歴史的経緯からも判ることである。

伊江島における米軍による土地接収の歴史的経緯をみると、次のようになっている。

「昭和20年　　　　　　軍事占領の継続として使用開始される。

　昭和23年1月4日　伊江村真謝区、西崎区に米軍から立退き命令がでる。

　昭和30年　　　　　　キジャカ原に通信施設が建設される。

　昭和36年　　　　　　通信施設に支障があるとしてキジャカ原の民家41戸の立退き問題が起こる」[12]

以上は、伊江島補助飛行場と関連する米軍の土地接収の歴史的経緯である。そして昭和50年段階における伊江島補助飛行場の土地所有関係は次のようになっている。

XXVII- 6 -(5)表　昭和 50 年段階における伊江島補助飛行場の土地所有状況

(単位：千 m²)

国　有	公　有	民　有	非細分	計
682	564	6,095	――	7,341

出所：『沖縄の米軍基地』、沖縄県渉外部、昭和 50 年、10 ページ。※うち、黙認耕
作地面積：2,202,234 m²（同上、11 ページ）

　3-(2)表によれば、昭和 53 年段階における伊江島の旧軍用地面積は、222,062 坪（約732,805 m²）だったので、6-(5)表の数字はそれに類似していると言えよう。ただし、「非細分」の面積が不詳のままになっていることに留意しておきたい。

　ここで、昭和 50 年当時における伊江島の米軍基地がどのような状況にあったのか、それを感覚的に知るためにも有意義なので、やや長いが、それを紹介しておこう。

　「この施設は、中央部に補助飛行場、西側に射撃場、東側が通信施設として使用されている。射撃場部分は、主に第 18 戦術戦闘航空団所属の F4 ファントム、ジェット戦闘機による空対地実弾射撃訓練や模擬爆弾の投下訓練が行われている。

　補助飛行場部分は、滑走路（幅約 46 m、長さ約 1,530 m）で主に空軍による C-130 機からのパラシュート降下訓練、物資投下訓練が行われている。通信施設は第 1962 通信群第一分遣隊が使用し、射撃訓練の際の誘導及び指揮のための交信や、航空管制業務等を実施している。このように伊江島は、――提供施設面積が島の約 32% もしめ、主要な農地、牧草地もふくまれているところから農民にとって生活に重大な影響を及ぼしている。そのため、昭和 28 年の真謝区、西崎区における米軍の土地接収や昭和 36 年のキジャカ原の強制立退などの問題の際は激しい住民運動が展開されていく。

　その結果、米軍も布令 20 号（昭和 34 年 2 月 12 日）で施設内での農耕や牧草採取を一定の条件をつけて公認するようになり現在に至っている」[13]

　それより 30 年後、平成 20 年になると、伊江島補助飛行場の面積が約 674 千 m² ほど拡大している。おそらく、この間に、「非細分」として不詳であった旧軍用地の所有関係がある程度まで明らかになり、国有地が増加して計上されたからであろう。なお、その 5 年後の平成 25 年における伊江島補助飛行場の土地所有関係は、平成 20 年のそれとは大きく変わることなく推移し、次のようになっている。

XXVII- 6 -(6)表　平成 20 年代における伊江島補助飛行場の土地所有状況

(単位：千 m²)

年次	国有地	県有地	村有地	私有地	計
平成 20 年度	1,454	64	368	6,130	8,015
平成 25 年度	1,456	64	368	6,127	8,016

出所：『沖縄の米軍基地』、沖縄県知事公室基地対策室、平成 20 年版、177 ページおよび平成 25 年版、
185 ページ。なお、『沖縄の米軍及び自衛隊基地』（統計資料集、昭和 27 年 3 月）によれば、
平成 26 年 3 月末の数字は、平成 25 年度の数字と同じである。

⑹表を見れば、若干の数字的離齬があるが、平成20年度と25年度とではほとんど変化がない。だが、ここで問題となるのは、土地所有関係を基底とし、またその所有形態の差異によって、基地をめぐる社会経済関係がどのようになっているかということである。

国有地については、国がこれを「提供財産」として米軍へ提供している。県および村の公有地は、国がこれを借り上げ、米軍から、実際には日本政府（那覇防衛施設局）から借地料が支払われることになる。私有地に対しては、米軍（これも実際には日本政府）から賃貸料が支払われる。

なお、本書では、米軍に関する社会経済問題は取り扱わないので、私有地に対する賃貸料の問題は割愛する。ただし、この米軍が接収した軍用地に対する賃貸料の問題が、沖縄における基地撤去闘争との関連で、きわめて重要な事態になっていることを付記しておきたい[14]。

さて、幾分、脇道をしたが、ここで本題へ戻ろう。先に、米軍に接収された民有地に対して賃貸料が支払われるようになった昭和53年頃から「旧地主達も旧日本軍に接収された飛行場用地は元々自分達のものであるから返還（所有権回復）されるべきであると主張するようになった」という文章を紹介したが、そのほかにも、そうした状況を生み出すようなことがあった。それは、昭和51年8月から昭和52年6月までの期間に行われた「旧日本軍接収用地調査」である。

この調査は、「第二次世界大戦中に旧日本軍が国土防衛に必要な飛行場・兵舎・砲台等の用地に使用するため接収し、現在国有地となっている土地について、接収時の状況や経過並びに終戦後の取扱い等について明らかにするために実施したものである」[15]。つまり、こうした調査が行われることになったこと自体が、旧軍用地の返還を求める運動の高まりを反映したものでもある。

伊江島においては、沖縄全県に先駆けて、1961年7月に「伊江島土地を守る会」が設立され、「人材育成有志の会」も同趣旨のもとに結成され、そして1970年12月には、「権利と財産を守る軍用地主会」（通称『反戦地主会』）が結成されている。その後における運動の展開については省略するが、平成22〜23年度には、「伊江村旧飛行場用地問題解決地主会」が、旧日本軍接収用地問題の解決方針として「団体方式」をとり、「特定地域特別振興事業」を実施した。

ここでは、二つのことを説明しておかねばならない。その一つは「団体方式」についてである。接収された旧軍用地は個人的所有地であり、返還される場合でも、それは本来的に個人的であるべき筈である。しかしながら、先述したように、米軍の爆撃や戦後における基地工事のため、旧来の個人的所有の「地籍」や「地積」が不明となり、個人的な補償が物理的に困難な状況にある。また、旧軍用地所有者と現在の耕作者とが異なる場合もある。このような場合、沖縄県としては、内閣府と調整しながら、次のような「団体方式」を採用して、問題の解決を図ろうとしている。すなわち、「沖縄振興計画に沿って、地域振興の視点から、各市町村や飛行場ごとに、地域振興事業の実施により旧軍飛行場用地問題の解決を図っていく」[16]ということである。

もう一つは「特定地域特別振興事業」についてであり、これは「旧軍飛行場により地域社会が分散し、伝統・文化等の進展が阻害された地域の振興・活性化を図る」ことを目的として、昭和21年度より行われている事業である[17]。

伊江村では、沖縄県と、この「団体方式」で旧軍用地の問題を解決すべく、昭和22年度〜23

年度の事業として「伊江島フェリー建造事業」（937,500千円、総事業費1,608,406千円）を行っている[18]。

なお、伊江島のフェリー・ターミナルの横には、この事業を記念して、大きな顕彰碑が建立されている。その碑文は次の通りである。

「フェリー『いえしま』就航記念　伊江村旧軍飛行場用地問題解決地主会顕彰碑

本村は第二次大戦において多くの尊い人命を失い、昭和18年頃大切な財産である土地を飛行場として強制的に接収された経緯がある。

戦後60年余を経て、その補償問題が沖縄振興計画で戦後処理事業として位置づけられ団体方式で解決することを決定された。

『伊江村旧軍飛行場用地問題解決地主会』は、『バリアーフリーに対応したフェリーを建造し、島の内外で分断された以前の地域コミュニティの絆を維持、更に活発化させることで村の活性化と振興に繋げる』ことを目的に本事業の実現にむけ邁進された。

伊江村地主会の英断と崇高な行為により『特定地域特別振興事業』で地域振興に大きく寄与するものとしてフェリー建造が認められ、その功績を永く後世に伝えるため、ここに顕彰碑を建立する。　平成24年3月　伊江村」[19]

また、フェリーの「いえしま」の船内には、以下のような説明文が掲げられている。

「この船は、第2次世界大戦末期の昭和18年から20年にかけて、旧日本軍により飛行場建設のために土地を接収され、現在は国有地となっている土地の、旧地主に対する個人補償が制度上困難なために、旧地主の団体方式による要望を受け、地域振興につながる事業として、建造費の一部に国・県からの補助金が含まれています。（平成24年2月）

〔建造費〕　1,558,006千円

　（内訳）　国：750,000千円、県：93,750千円、村：714,256千円　」[20]

なお、このフェリー「いえしま」は、就航は平成24年3月15日、総トン数は975トン、巡航速度16ノット、乗客定員626名、搭載可能乗用車数約41台（バス10台）という内容である[21]。

このような経緯を辿って、伊江島における旧日本軍によって接収された土地問題はその解決にむけた最終局面を迎えている。だが、伊江島における基地問題がなくなったわけではない。米軍基地の存在が、伊江島の村民に生産と生活の両面において、大きな負担と苦悩を与えているからである。

沖縄県としても、伊江島飛行場については次のように述べている。

「伊江島飛行場（現況：伊江島補助飛行場）は、全面積98万2千平方メートルのうち所有者不明地（所有権認定作業上国有地であるが、国への所有権移転未登記のため県の管理地となっている土地）47万8千平方メートルがある。また、米軍提供施設内には多くの黙認耕作地が存在するなど課題が残っており、今後国、県、村の調整が必要である」[22]

平成28年2月現在、伊江島の西部、つまり旧日本軍の西飛行場跡は、フェンスに囲まれた米軍の射爆場となっており、村民のここへの立ち入りは禁じられている。また伊江島補助飛行場跡

（中飛行場跡）も米軍用地であるが、ここは村民の使用が黙認されて、耕作地、住宅地、道路（滑走路跡）などとして使用されている。なお、米軍と土地使用の契約を拒否した地主に対しては、自由に利用できない状況で返還されている。

旧東飛行場の跡地については、この跡地は、国より沖縄県へ貸し付けられ、沖縄県はこれを伊江島空港として海洋博覧会開催期には営業していたが、利用客数の問題もあって、現在は空港のターミナルの建物だけが寂しく残っているだけである[23]。

ちなみに、この伊江島空港については、「沖縄国際海洋博覧会練兵場事業として建設され、1975年に供用開始し、海洋博期間は全日空、南西航空のYS-11が就航し、終了後は一時運休の後、南西航空がDHC-6を就航させていた。しかし、当空港が米軍の訓練空域に位置することにより、ウィークエンドのみ、しかも時間を制限されての使用であったため、供用開始後わずか2年足らずの1977年から定期便の運航を休止している。米軍基地の存在により、民間航空の発展が阻害されている典型的な事例である」[24]という指摘もある。

このような状況にあって、伊江村では、「平成9年3月に、『交流の未来が広がる花の島〜自然とのふれあいを基調とした保養・福祉・交流環境の創造〜』を理念とした跡地利用計画構想（案）を策定した。この構想（案）では、整備計画のコンセプトが3案（第1案：アグリミュージアムの形成、第2案：体験型臨空リゾートの形成、第3案：臨空スポーツリゾートの形成）が提案されている」[25]ほか、平和で豊かな地域づくりを目指した新しい地域振興政策が策定されている。

1）『伊江島平和ガイドマップ解説書』、わびあいの里、2005年、2ページ。
2）『旧軍那覇飛行場等の用地問題事業可能性調査報告書』、㈶南西地域産業活性化センター、平成19年3月、5ページ。
3）『旧日本軍接収用地調査報告書』、沖縄県総務部総務課、昭和53年、5ページ。
4）同上書、6ページ。
5）同上。
6）同上。
7）同上。
8）『伊江村史』上巻、伊江村役場、昭和55年、60ページ。
9）『沖縄の米軍基地』、沖縄県知事公室基地対策課、平成20年、178ページ。
10）『伊江村史』上巻、前出、61〜62ページ。
11）『旧日本軍接収用地調査報告書』、前出、7ページ。
12）『沖縄の米軍基地』、沖縄県渉外部、昭和50年、10ページ。
13）同上書、10〜11ページ。
14）米軍基地の使用に対する賃貸料問題に関しては、来間泰男『沖縄の米軍基地と軍用地料』（がじゅまるブックス4、2012年）が詳しく論じている。
15）『旧日本軍接収用地調査報告書』、前出、1ページ。
16）『旧軍飛行場用地問題〜解決に向けた取組〜』、沖縄県知事公室基地対策課資料、平成26年4月。
17）同上。
18）同上。
19）平成28年2月、現地踏査結果。

第二十七章　沖縄県　899

20)　同上。

21)　平成28年4月、伊江島フェリーへの問い合わせ結果および「伊江村代船建造比較表」(平成28
　　年2月29日決定)による。

22)　『旧軍那覇飛行場等の用地問題事業可能性調査報告書』、前出、14ページ。

23)　平成28年2月、現地踏査結果。

24)　森田優己「航空業の展開と沖縄の振興開発」、杉野・岩田編『現代沖縄経済論』法律文化社、
　　1990年所収、304ページ。

25)　『沖縄の米軍基地』、平成20年版、前出、179ページ。

2．読谷村（沖縄北飛行場）

　読谷村は沖縄本島中部にあり、南は嘉手納町、北は恩納村に挟まれた位置にある。世界遺産の
「座喜味城跡」をはじめ、有名な観光地「残波岬」などがある。

　この読谷村に北飛行場が建設されたのは、昭和18年の夏である。この点については、二つの
文章がある。すなわち、「昭和18年夏、陸軍航空本部経理部が直轄工事として、沖縄北飛行場の
設定に着手した」[1]という文章と「旧日本第32軍第24師団防衛築城隊飛行場設営隊によって建
設された北飛行場の面積は約216万m²」[2]という文章がそれである。この二つの文章には、建設
工事の担当者がだれであったかという点について、齟齬がある。この齟齬については、前者は建
設工事の部局責任者であり、後者は建設工事の現場作業者であったと理解しておく。

　ここで問題となるのは、強制的であった用地接収に対して、その補償金や土地代がどうなって
いたかということである。この点については、次の文章がある。

　「接収された地域は、座喜味、楚辺、波平、伊良皆、喜名、大木の6字および、面積は
806,334坪で1,956筆である。――家屋の移転補償金、農作物の補償金の支払いは一部なされた
ようであるが、それも国債や郵便貯金を強要され、ほとんど現金は受領していない。大部分の地
主は、この補償金の支払いも受けていないようである。また、土地代を受けたのは1人もいない
ということである」[3]

　では、読谷村における旧日本軍によって「土地接収された人々」の状況はどうだったのか、こ
の点について『読谷村史』(上巻)は次のように伝えている。重要と思われる二つの文章を紹介
しておく。

　「沖縄北(読谷山)飛行場に土地を接収さた地主は、664名であることが確認されている。それ
らは①畑地を接収(大部分の人が該当)された人々、②畑と家屋敷を接収され立退きした人々、
③当時は海外在住で飛行場が造られたことを戦後引き揚げて来て初めて知った人々のような三つ
のケースに分けられる」[4]

　「補償金は等級別に一坪あたり一等三十五銭、二等三十二銭、三等三十銭だった。補償金は小
麦や大豆が高く評価され、イモやキビは安くみられた。その後、農地を失った人は、日当三十銭
で飛行場造りの労務に従事し、夜になると食料買い出しに遠く中城まで出掛ける人もいた」[5]

　地域住民の苦難のもとで建設された沖縄北飛行場であったが、それにもかかわらず、昭和20

年4月1日、米軍はこの地に猛攻撃を加えて上陸し、この北飛行場を占領した。それ以降は米軍によって飛行場も拡張され、米軍基地として使用されてきた。

昭和50年の時点では、この読谷補助飛行場（北飛行場）の施設については、次の文章が明らかにしている。やや長いが煩を厭わず引用しておこう。

「空軍管理の下に四軍の少尉以上の兵員がパラシュート人員降下、物資降下などの空挺訓練に使用されている。

中央部には幅42m、長さ2,000mの滑走路と約1,482千m²におよぶエプロンがあり、西側には貯油タンクが1基あるが使用されていない。東側には、米陸軍憲兵司令部の保安部警備班事務所があり、主として嘉手納弾薬庫地区、トリイ通信所の警備にあたっている。——同施設は村の中央部に位置し、そのほとんどが国有地で返還後の地籍問題がないことや近くを那覇～名護間を結ぶ基幹道路の国道58号線が通っていることから県としても、中部開発構想の一環としてインダストリアル・パークへの転用を進めており、その早期返還が望まれる。（中略）

第2次大戦中、同施設の前身である『北飛行場』建設の際、旧日本軍が地主から土地を強制的に収容したとして、旧地主関係者のなかからその返還を訴える問題が生じている」[6]

それでは、この当時（昭和50年頃）における読谷補助飛行場をはじめ、米軍に提供されている軍用地の土地所有関係はどのようになっていたのだろうか。それを示したのが次表である。

XXVII-6-(8)表　読谷補助飛行場の土地所有関係

（単位：千m²）

施設名	国有	公有	民有	非細分	計
読谷補助飛行場	2,145	0	359	152	2,565
楚辺通信所	1	——	471	39	511
トリイ通信所	4	32	1,738	141	1,915

出所：『沖縄の米軍基地』、沖縄県渉外部、昭和50年、31、32、45ページより作成。
　　　※表中の「非細分」というのは、「非細分土地」のことであって、「未登記の、即ち土地台帳に未記載の、且つ何らかの方法で識別又は表示されていない土地で、市町村が現に管理運営しているもの」（米国民政府令第146号・改正第1号、1956年3月21日、「市町村非細分土地の登記について」による）である。

この6-(8)表をみるかぎり、北飛行場の地所有関係は、戦時中に旧日本軍によって接収された土地は「国有地」と「非細分地」をあわせた約2,300千m²、その後米軍によって接収された土地が「民有地」の359千m²だったのではないかと推測される。

また、旧日本軍による土地接収が大きかったのも、「北飛行場」に関連した土地であり、その他の楚辺通信所およびトリイ通信所の土地は、民有地が多いことからも判るように、主として米軍による接収だったと推測される。

時が流れ、この読谷補助飛行場をはじめ、その他の米軍基地も順次的に返還される。その具体的な状況は以下の通りである。

第二十七章　沖縄県　901

XXVII- 6 -⑼表　読谷村における米軍用地の返還期日および面積

施設名	施設提供年月日	面積（千 m²）	施設返還年月日	面積（千 m²）
FAC6025 補助施設※	昭和 47 年 5 月 15 日 実測等	（約　　121） 約　　122	昭和 49 年 10 月 31 日	約　　122
FAC6026 楚辺通信所	昭和 47 年 5 月 15 日 実測等	（約　　514） 約　　535	平成 18 年 6 月 15 日 平成 18 年 12 月 31 日 計	約　　1 ※ 約　　534 535
FAC6027 読谷補助 　飛行場	昭和 47 年 5 月 15 日 実測等	（約 2,657） 約 2,930	昭和 52 年 5 月 14 日 昭和 52 年 5 月 31 日 昭和 53 年 4 月 30 日 昭和 62 年 3 月 31 日 平成 4 年 5 月 14 日 平成 18 年 7 月 31 日 平成 18 年 12 月 31 日	約　　2 約　　1 約 1,012 約　　8 約　　1 約 1,376 約　　630
	計	約 2,930	計	約 2,930
FAC6035 波平施設※	昭和 47 年 5 月 15 日 実測等	（約　　41） 約　　41	昭和 49 年 10 月 31 日	約　　41
FAC6036 トリイ 　通信施設※	昭和 47 年 5 月 15 日 実測等 平成 18 年 10 月 2 日 （瀬名波通信施設 　からの統合）	（約 3,282） 約 3,331 約　　3	昭和 48 年 9 月 15 日 昭和 52 年 5 月 14 日 昭和 54 年 10 月 31 日 昭和 58 年 7 月 31 日 平成 6 年 9 月 30 日 平成 11 年 3 月 31 日 平成 13 年 3 月 31 日 平成 17 年 1 月 31 日 平成 18 年 12 月 31 日	約 1,315 約　　27 約　　14 約　　1 約　　1 約　　38 約　　1 約　　1 ※ 約　　2
	計	3,334	計	約 1,399

　　出所：『沖縄の米軍及び自衛隊基地』、沖縄県知事公室基地対策課、平成 27 年、68 〜 70 ページより
　　　　作成。
　　※「施設名」欄の「補助施設」は「読谷陸軍補助施設」の略。「波平施設」は「波平陸軍補助施設」
　　　　の略。
　　※「返還面積」の「1」（2 箇所）は、原本ではいずれも「0」となっている。
　　※「トリイ通信施設」については、未返還の米軍提供土地が約 1,399 m² 残っている。

　読谷村における米軍施設は 6 -⑼表のように順次返還されてきたが、その跡地について、『沖縄
の米軍基地』（平成 20 年）には、「先進農業支援センター等が整備されている」[7]と記されている
だけである。
　ちなみに、『旧軍那覇飛行場等の用地問題事業可能性調査報告書』（平成 19 年 3 月）によると、
その跡地利用については、次のように述べられている。
　「沖縄北飛行場（現況：読谷補助飛行場）については、『読谷飛行場跡地利用計画』に沿って処
理されることとなっており、また、新たに策定された沖縄振興計画においても同用地の総合的な

整備の促進が明記されていることから、同計画を着実に実施することにより問題の解決を図ることが適当であると平成15年度報告書で述べている。

いわゆる『読谷方式』は、昭和54年6月参議院沖特委（沖縄特別委員会—杉野）において三原沖縄開発庁長官が開発計画に基づく解決等を提示したこと等の経緯を踏まえて、平成17年3月に読谷村で『読谷補助飛行場跡地利用実施計画』が策定され、平成19年1月までに読谷補助飛行場地内の国有地と読谷村有地の等価交換が行われ、跡地利用が推進されている」[8]。

だが、これですべてが解決したわけではない。トリイ通信施設はなお米軍が使用しているし、返還された土地についても、旧日本軍によって接収された土地に対しては、旧地主による土地返還運動が展開され、ここでも伊江村と同様、「団体方式」による解決方法がとられている。

ちなみに、読谷飛行場用地所有権回復地主会との関連では、平成22年度〜24年度に「特定地域特別新港事業」として、「読谷村産業連携地域活性化事業（ビニールハウス等の農業施設整備事業）」が行われ、その総事業費は994,679千円であった[9]。

ここでは、沖縄県が返還後の計画として当初は「インダストリアル・パーク」を予定していたのに、現実には「農業施設」関連の事業になっていることが問題となるであろう。なお、平成27年現在、かっての読谷補助飛行場の滑走路跡は延長距離約2,000mの「読谷道路」として利用されている。しかし、楚辺地区にはなお「米軍施設の建物および米軍施設トリイステーション」が、かなり広大な面積で展開している[10]。

1) 『旧日本軍接収用地調査報告書』、沖縄県総務部総務課、昭和53年、19ページ。
2) 『沖縄の米軍基地』、沖縄県渉外部、昭和50年、32ページ。
3) 『旧日本軍接収用地調査報告書』、前出、19ページ。
4) 『読谷村史』（第五巻資料編4、戦時記録、上巻）、読谷村、2002年、5ページ。
5) 同上書、6ページ。
6) 『沖縄の米軍基地』、前出、32ページ。
7) 『沖縄の米軍基地』、沖縄県知事公室基地対策課、平成20年、155ページ。
8) 『旧軍那覇飛行場等の用地問題事業可能性調査報告書』、㈶南西地域産業活性化センター、平成19年3月、14ページ。
9) 「旧軍飛行場用地問題〜解決に向けた取組〜」、沖縄県知事公室基地対策課、平成26年による。
10) 都市地図『沖縄・うるま市』、昭文社、2015年版による。

3．嘉手納町

嘉手納町は沖縄本島の中央部に位置し、平成28年現在、東に沖縄市、西に読谷村、北はうるま市、南は北谷町に囲まれている。

「嘉手納」という名前は、「米軍の極東における最大の軍事基地」として広く知られているが、その飛行場の発端は、旧日本軍が建設した「沖縄中飛行場」であった。

この嘉手納飛行場の所在地は、1950年段階では、沖縄市、嘉手納村、北谷村の三市村にまたがっていたが、その簡単な歴史的経緯は以下のようである。

「イ　昭和 18 年 9 月　陸軍航空本部が北飛行場（現在の読谷補助飛行場）に引き続いて建設工事が始められた。

ロ　昭和 19 年 4 月　この工事を陸軍第 32 軍 50 飛行場大隊が引き継ぎ昭和 19 年 9 月『中飛行場』として完成した。

ハ　昭和 20 年 4 月　米軍による同飛行場の占領に伴い整備、拡張され現在に至る」[1]

その後、米軍基地建設による土地接収と本土復帰した昭和 47 年以降は用地提供が行われる。その経緯は次の通りである。

「昭和 20 年 6 月　全長 2,250 m の滑走路が完成し、B-29 等大型爆撃機の主力基地として使用。

昭和 32 年 12 月　A 滑走路（北側）を拡張。

昭和 42 年 10 月　全長 3,250 m の滑走路 2 本が完成。

昭和 52 年 12 月　宿舎用地及び事務所用地として、土地約 55,000 m^2——を追加提供。

昭和 59 年 8 月　航空郵便取扱所として、土地約 1,370 m^2——を追加提供」[2]

上記の歴史的経緯からは、本書が研究対象としている旧軍用地、すなわち旧日本軍が接収した土地面積、また米軍が使用している嘉手納空軍基地の面積は不詳である。そこで、差し当たり、嘉手納空軍基地の面積を摘出しておこう。

昭和 49 年段階で、この嘉手納飛行場の面積は、21,104 千 m^2 であったが、平成 25 年の段階になると、19,855 千 m^2 となっている[3]。その差は僅かに 1,249 千 m^2 である。この点は、後にみるように、平成 25 年までに、若干の米軍用地が返還されたからであろう。そうした差異はあるものの、嘉手納空軍基地の面積はほぼ 2 千万 m^2 である。

この 2 千万 m^2 という面積は、日本鋼管福山製鉄所や川崎製鉄水島製鉄所といった巨大製鉄所の敷地面積（約 1 千万 m^2）の 2 倍の大きさである。しかも驚くべきことに、この空軍基地には、昭和 49 年の時点で、なんと 2,022 棟の建物（664,882 m^2）がある[4]。基地面積といい、建物の棟数といい、極東における最大の空軍基地としての巨大さを示している。

いささか脇道に逸れた。ここで本題である旧軍用地の転用問題に戻ろう。さしあたり旧日本軍による飛行場用地の接収状況について明らかにしておこう。この点については、『旧日本軍接収用地調査報告書』（前出）が相当詳しく記している。

「嘉手納飛行場建設のため、旧日本軍が用地接収を開始したのは、他の飛行場の場合より遅れて昭和 19 年 4 月頃であったと言われている。（中略）

当時、飛行場用地一帯は農耕地で作物が植付けられていたので、旧日本軍から村当局に係員（所属、階級、氏名は不明）を派遣して、全く一方的に飛行場予定地内の農作物の撤去を口頭により命令してきたとのことである。（中略）旧日本軍に接収された土地は、地主の数 125 人、筆数 224 筆、面積 143,385 坪（約 473,170 m^2—杉野）である。——地目別に見ると宅地 15 筆 6,150 坪、畑 203 筆 133,443 坪、山林 4 筆 1,900 坪、雑種 2 筆 1,892 坪となっている。（中略）嘉手納飛行場は、終戦後は米軍が管理し、用地も拡張のうえ使用しているため境界確認は困難である。一般県民は立入禁止となっており旧地主と言えども立入調査は認められていない。現在では、滑走路

中央部分を斜めに横切るように位置しているとのことである」[5]

　ともかく、上記の文章から、戦前に旧日本軍が接収した土地面積が約 473,170 m² とされていることに留意しておきたい。そのことを念頭におきながら、嘉手納基地の施設状況および土地所有状況について紹介しておかねばならない。

　まず、昭和 50 年段階における嘉手納飛行場の施設状況については、次のような文章がある。

　「この施設は、飛行場施設のほか、米陸軍病院（キャンプ桑江）に次ぐ総合病院をはじめ住宅、兵舎、学校、通信施設、娯楽施設などが完備されている総合的な米軍施設である。──この施設には、A, B, 2 本の滑走路（A：延長 3,600 m、幅 90 m、B：延長 3,600 m、幅 60 m）とオーバーランがそれぞれ 300 m ついているほかに、南側に戦闘機駐機場、北側（嘉手納村屋良側）に大型機の駐機場及びエンジンテスト場がある」[6]

　このような施設状況は、平成 28 年現在でも大きく変わることはない。ただし、基地の一部は返還されている。その主たるものを、年次的に整理してみると、次のようになる。

　「昭和 51 年 11 月　第 15 回日米安保協合意用地約 106,000 m²（嘉手納町屋良付近）
　昭和 58 年 3 月　嘉手納町役場及び嘉手納警察署用地約 9,000 m²
　　　〃　　　　　県道 23 号線用地約 76,000 m²
　昭和 59 年 1 月　不要下水道用地約 9,000 m²
　昭和 59 年 6 月　法務局嘉手納出張所等用地約 1,000 m²
　昭和 61 年 1 月　県道 23 号線用地約 15,000 m²
　　　〃　　　　　不要 POL 敷用地約 79,000 m²
　昭和 61 年 6 月　県道 23 号線用地約 25,000 m²（沖縄市側）
　昭和 62 年 8 月　沖縄自動車道用地約 237,000 m²
　昭和 62 年 9 月　県道 74 号線拡幅用地約 4,000 m²
　平成 7 年 3 月　那覇基地内の P-3C 駐機場用地約 1,340 m²
　平成 7 年 9 月　県企業局合流弁室用地約 1,120 m²
　平成 8 年 1 月　施設南側の一部約 21,000 m²
　平成 15 年 12 月　県道 74 号線拡幅用地約 54,000 m²
　平成 17 年 3 月　ニライ消防本部庁舎用地約 6,766 m²
　平成 19 年 9 月　道路用地約 16,100 m²」[7]

　上掲した米軍基地からの返還状況は、用地面積 1,000 m² 未満を除外したものである。それでも、昭和 51 年から平成 19 年までの約 30 年間に、およそ 661,326 m² が返還されたことが判る。ただし、嘉手納基地の面積は約 2,000 万 m² であったから、返還された面積は 3 ％程度の実に微々たるものでしかない。

　次に、嘉手納基地の土地所有関係がどうなっているのか、昭和 50 年段階と平成 20 年および同 25 年段階の状況をまとめて掲示しておこう。

第二十七章　沖縄県　905

XXVII- 6 -(10)表　嘉手納飛行場の土地所有関係の推移

（単位：千 m²）

年次	国有	公有	民有	非細分	計
昭和 49 年 4 月 1 日	611	998	18,396	1,099	21,104
平成 20 年 3 月頃	1,512	402	17,958	――	19,872
平成 25 年 3 月頃	1,527	376	17,953	――	19,855

出所：『沖縄の米軍基地』、沖縄県渉外部、昭和 50 年、46 ページ。『沖縄の米軍基地』、沖縄県知事公室、昭和 20 年 3 月、240 ページ。『沖縄の米軍基地』、沖縄県知事公室、昭和 25 年 3 月、247 ページ。

　上記の嘉手納飛行場の土地面積は、嘉手納村（のち町）だけでなく、沖縄市、北谷町、那覇市の分を含んでいる。平成 25 年における市町村別の土地所有関係をみると次のようになっている。

XXVII- 6 -(11)表　嘉手納飛行場の市町村別土地所有関係（平成 25 年）

（単位：千 m²）

市町村	国有	県有	町有	私有地	計
嘉手納町	966	34	296	7,494	8,790
沖縄市	404	2	21	6,999	7,425
北谷町	157	6	17	3,455	3,635
那覇市	20	――	――	5	5
計	1,527	42	334	17,953	19,855

出所：『沖縄の米軍基地』、沖縄県知事公室、昭和 25 年 3 月、247 ページ。

　軍事基地が広大であれば、それに関連する市町村の数も増える。嘉手納基地の場合も例外ではない。嘉手納飛行場の場合、嘉手納町が基地全体の約 44％、沖縄市が約 37％、そして北谷町が約 18％を提供している。しかしながら、国有地だけをみれば、嘉手納町が約 63％と過半を占める提供をしている。なお、沖縄市は約 26％、そして北谷町も約 10％の国有地を提供しているが、ここでは嘉手納町における国有地の米軍への提供に重点を置いて考察を進めたい。それは、「旧軍用地の転用」という本書の基本的な問題意識によるものである。

　かくして、問題の焦点は、旧日本軍によって接収された土地がどうなったかということになるが、それは上記にみてきたように、なお米軍が「提供財産」として使用しているということである。つまり、道路用地をはじめとする公共用地として若干の旧軍用地の返還があったにもかかわらず、全体としてみれば、旧軍用地の返還は僅か 3 ％程度でしかない。すなわち、「旧日本軍が接収した旧軍用地の転用」という点から言えば、旧日本軍のそれは、「米軍基地として使用されている」という結論になる。

　なお、ここで特記しておきたいのは、ここ嘉手納町における旧地主による土地返還の欲求は強く、戦後から組織的な返還運動が根強く展開されている。そこで、本書の研究課題と関連付けて

検討するとなれば、そうした返還運動の結果が実れば、返還された土地はいかに利用されるかという問題の検討になろう。

ただし、その場合には、基地がいつ返還されるのかという大きな条件があり、また将来における土地利用を予測的に検討することの現実的な有意性といった問題が残る。

そうした問題点はあるが、嘉手納飛行場の旧日本軍接収用地返還運動の歴史的経緯について瞥見しておこう。

まず戦後の経緯については、次の文章がある。

「1946年から1951年にかけて実施された土地所有権決定調査の結果、旧日本軍接収用地の所有権を認められなかった旧地主達はこれを不満として、旧中飛行場関係権利獲得期成会を結成し、自らも接収用地の実態調査を実施するとともに嘉手納村軍用地地主協会や沖縄市町村軍用地主会連合会へも調査を依頼した。

それと前後して、旧地主達は、──（関係各位に―杉野）『嘉手納飛行場用地内の現在国有地として取り扱われている土地の所有権確認及び損害金請求に関する件』や『土地所有権確認及び損害金請求の早期解決について』等幾度となく要請、陳情を行ってきた。

しかしながら、徒らに時間を費やすのみで一向に問題解決への前進が見られないため、司法的解決が早や道であると判断して、国（代表者法務大臣）を相手として昭和52年7月8日『土地所有権確認等を請求する件』を那覇地方裁判所あて提訴し、現在係争中である」[8]

また沖縄県沖縄市市議会は、昭和51年4月1日に、「土地所有権返還に関する要請決議」を行っている。その中で注目すべきは、米国民政府との関連および土地所有権の推移である。主たる内容は以下の通りである。

「昭和26年に土地所有権申請が始まり、同地主（120名余）が該地の所有権申請をしたのであるが、該地については、すでに国有地として申請がなされ、そのため地主からの申請は却下され、以来国有地として管理されてきたのである。該地は本土復帰前は、米国民政府が管理していた関係から、米国民政府に対してもその返還を要求したのであるが、米国民政府には国有地の管理権はあるが処分権までではない、よって同問題については本土復帰後、日本政府に管理権を移管した時点しか解決できないとの回答であり、同地主は一日も早く本土復帰を待ち望んだのであるが復帰後4年目を迎えた今日、何の解決の見通しもなく暗中模索の状態で今だにその返還がなされていない。

よって沖縄市議会は、国有地となった嘉手納飛行場内の元私有地（14万坪余）の該地主への所有権返還を強く要請する」[9]

また、昭和52年9月26日には、「所有者毎に持ち分は特定しており」という主旨から、嘉手納町議会も「国有地扱いとされている旧日本軍嘉手納飛行場施設用地の真正地主への返還要請」を決議している。その主旨を紹介しておく。

「特に別添のよう当該土地に関しては所有者毎に持分は特定されており、所有権関係についても不確定部分はみられない。従って旧日本軍によって不法に接収された土地関係で30余年を経

た今日でも、なお争いを続けることは、関係地主にたえがたい苦痛をもたらし、回復しがたい損失を与えることになる。従って政府は、その政治責任において戦後処理の一環として当該土地に関しては、独自の立場から調査を行い関係地主の権利回復のために早急に解決していただくよう要請する」[10]

上記の引用文中にある「別添」については、その開示を割愛するが、そうした過去の土地所有状況が明らかになっている部分（46,601㎡)[11]でも、なお、解決できない理由はどこにあったのであろうか。

平成19年3月には、『旧軍那覇飛行場等の用地問題事業可能性調査』が南西地域産業活性化センターから刊行されるが、その内容は、平成15年度に同名で報告された内容と同じである。なお、嘉手納飛行場に関しては、小禄飛行場と同様として、次のように述べられている。

「沖縄中飛行場（現況：嘉手納飛行場）、小禄海軍飛行場（現況：那覇空港）

両飛行場については、市町村や旧地主関係者を中心にした法人を結成し、旧軍事業を行う。両飛行場については、米軍提供施設用地や空港となっており当面返還が見込めないので、事業用地の確保が必要であれば、隣接市町村の国有地の提供又は米軍提供財産の共同使用（一時使用）も視野に入れる必要がある」[12]

上記の引用文には、「旧軍事業」という用語が使われているが、その内容は「旧地主や所在市町村を主体とする法人を設立し、国から補助金を受け入れ、目的に沿った事業（仮に『旧軍飛行場用地問題慰籍事業（旧軍事業)』と呼ぶ)」[13]というものである。その場合には、旧軍用地の個人的所有権は放棄され、返還されるべき土地の面積は、法人が株式会社の場合であれば、株式所有数として評価されることになる。ただし、この案を旧軍用地所有者が納得、了承するかどうかは疑問である。

平成26年の段階では、この嘉手納飛行場（旧沖縄中飛行場）の地主組織は、「嘉手納旧飛行場権利獲得期成会」であり、この会としては、あくまでも「個人補償」を要望している。この会の運動としては、「土地未払い（債務不履行）について、白保地主会と連盟で国を相手に訴訟を提起（平成24年4月25日第1審棄却、同6月7日控訴、平成25年4月25日控訴棄却、5月8日上告提起)」[14]しているが、沖縄県としては「町を通して団体方式への呼びかけ」[15]を行っている。

このように、旧沖縄中飛行場に関しては、旧日本軍によって接収された土地の返還の見込みが遠いこともあって、該当する土地の返還についても、個人補償方式、法人（社団法人、財団法人、中間法人、株式会社）化方式、団体方式という具合に、関連組織の意見が分かれている。いずれにせよ、旧軍用地の転用という点からみれば、米軍基地あるいは空港という形態での使用という現状は当分変わらない状況にある。

1）『沖縄の米軍基地』、沖縄県渉外部、昭和50年、46ページ。
2）『沖縄の米軍基地』、沖縄県知事公室、平成25年、249〜250ページ。
3）『沖縄の米軍基地』、1950年版（46ページ）、平成25年版（247ページ）。

4 ）　『沖縄の米軍基地』、沖縄県渉外部、昭和 50 年、49 ページ。

5 ）　『旧日本軍接収用地調査報告書』、沖縄県総務部総務課、昭和 53 年、65 ページ。

6 ）　『沖縄の米軍基地』、沖縄県渉外部、昭和 50 年、47 ～ 48 ページ。

7 ）　『沖縄の米軍基地』、沖縄県知事公室、平成 25 年、250 ～ 252 ページより作成。

8 ）　『旧日本軍接収用地調査報告書』、沖縄県総務部総務課、昭和 53 年、66 ページ。

9 ）　同上、95 ページ。

10）　同上、97 ページ。

11）　同上、99 ページ。

12）　『旧軍那覇飛行場等の用地問題事業可能性調査』、㈶南西地域産業活性化センター、平成 19 年、
　　14 ページ。

13）　同上書、11 ページ。

14）　「旧軍飛行場用地問題～解決に向けた取組～」、沖縄県知事公室基地対策課、平成 26 年。

15）　同上。

4．那覇市（旧小禄飛行場・那覇海軍航空施設）

　旧日本軍が小禄村（現那覇市）に建設した小禄飛行場の歴史的経緯をみると、次のようになっている。

「昭和 8 年　旧日本軍により、小禄官軍飛行場として建設される。

　昭和 11 年　逓信省、航空局が台湾―本土間の定期就航の沖縄基地として接収、拡張され、飛行場面積約 4,000 坪になる。当初は軍民共同使用である。

　昭和 20 年　米軍占領の下に新たに拡張整備され、現在に至る」[1]

　上記の文章には、小禄飛行場の面積を「約 4,000 坪」とする誤植がある。この点について、『旧日本軍接収用地調査報告書』（昭和 53 年、前出）は「約 4 万坪」と修正し、「戦時において、旧日本軍が飛行場を拡張するため土地を接収したのが、昭和 16 年から昭和 19 年にかけてであったという」[2]と記している。

　那覇港湾・空港整備事務所のウェブサイトによって、小禄飛行場の歴史的経緯を補記すれば、次のようになる。

「1931 年　旧日本海軍により飛行場の建設が計画される。翌年、建設に着手。

　1933 年　旧本海軍『小禄海軍飛行場』の完成。2 本の『く』の字型滑走路（L ＝ 750 m）

　1936 年　日本航空輸送㈱［日本航空の前身］が――台湾航空路（福岡―那覇―台湾）開設。『那覇飛行場』となる。

　1942 年　海軍輸送部の管理『海軍小禄飛行場』となる」[3]

　ところで、旧日本軍による土地接収の方法について、㈶南西地域産業活性化センターは、「昭和 16・17 年頃までは、軍に一方的に査定された価格で買い上げがおこなわれたとされている。また昭和 18 年以降は、補償金の支払いについて、はっきりしない状態である」[4]としている。

　ちなみに、『那覇市史』（資料編）には、長嶺秋夫氏（終戦当時の小禄村長）の体験談が掲載されている。

第二十七章　沖縄県　909

「小禄の戦時下の状況は何といっても小禄飛行場を中心に動いていました。小禄第一国民学校が兵舎として使われ、そこには海軍航空隊の巌部隊が入っていました。さらに村各部落の公民館みたいな所も海軍の施設に使われ、そこを中心に避難壕がありました。そして村内の丘、森は皆、壕が掘られ、穴だらけでした。また高射砲隊の陣地も構築され、いわば日本軍としては、沖縄における最も重要な地点として、小禄飛行場を見ていたのです。——十・十空襲では小禄飛行場を中心に那覇がやられたものですから、小禄がまっさきに被害を受けました」[5)]

また『小禄村誌』には、「小禄飛行場と太平洋戦争」という見出しのもとに、次のような記述がある。

「昭和19年の初頭には、戸籍簿や土地台帳などの一般事務書類は壕に避難させ、もっぱら軍の指揮連絡をうけ、村内各字への兵時事務に専念するようになった。（中略）

小禄飛行場は、10・10空襲以後の度重なる空襲で破壊され、もはや飛行場としての機能をうしなってしまい、——小禄地域を徹底的に壊滅した米軍は昭和20年6月4日には鏡水海岸からも上陸してきた。——日本軍はあえなく小禄地区から敗走したのである」[6)]

以上、戦前における小禄飛行場および小禄地域の状況について、6点の文章を紹介してきた。この中で重要なことは、小禄飛行場が沖縄でもっとも早く建設された海軍飛行場であったこと、旧軍用地の転用との関連でいえば、土地台帳を壕に避難させたということであろう。ただし、避難させた土地台帳は、「戦災で小禄村関係の資料が焼失した」[7)]ことが、『小禄村誌』の「後記」に記されている。

さて、戦後になって、小禄飛行場はどのようになったか、この点については、次のような文章がある。

「昭和20年6月、米軍の沖縄占領とともに、飛行場もその管理下に置かれ、大々的に拡張整備され、ほぼ今日の姿となった。

そして昭和23年には米国施政権のもとにおいて、外国民間航空が乗り入れを始めたが、わが国の民間航空事業も逐次発展するに伴ない、昭和29年には国際線として、定期便の就航が認められてきた。

昭和47年5月15日、沖縄の本土復帰に伴ない、この飛行場は長い間の米軍管理の手を離れ、運輸省が所管する第2種空港に指定され（運輸省告示第236号）名称も那覇空港に改められて、ここに国内幹線空港としての地位を確立し、直ちに供用が開始され、今日に至っている」[8)]

上記の文章では、本土復帰と同時に、運輸省の所管となり、那覇空港となったように理解できるが、『沖縄の米軍基地』（昭和50年）は、「那覇空港は復帰の際、『目玉商品』として全面返還が予定されていたがP3対潜哨戒機の移駐がもたついたため、そのほとんどが、『那覇海軍航空施設』として、復帰後も存続することになった」[9)]と記している。もっとも、上記の「那覇海軍航空施設」（836千m²、那覇市宮城、具志、字大嶺、字当間、字鏡水）は、「昭和50年6月27日、全部返還、飛行場として使用されていた。現在は那覇空港として使用されている」[10)]。

なお、昭和25年段階における那覇海軍航空施設の面積は次の通りであった。

XXVII-6-(12)表　那覇海軍航空施設の面積（所有区分別）

（単位：千 m²）

国有	公有	民有	非細分	計
584	——	252	——	836

出所：『沖縄の米軍基地』、沖縄県渉外部、昭和 50 年、92 ページ。

　6-(12)表から判断すると、那覇海軍航空施設のうち「国有地」（584 千 m²）に該当するものが、戦前の小禄飛行場分であり、「民有地」（252 千 m²）が米軍によって拡張された土地だと推測することもできる。だが、戦前の小禄飛行場の面積が約 4 万坪（約 132 千 m²）だったので、数量的にみて、そうだと簡単に判断することはできない。

　念のために、1950 年段階における那覇海軍航空施設のうち、滑走路は長さ 2,700 m、幅 45 m で、誘導路は 6,322 m×23 m×2 本という状況だったので[11]、これらを合計してみると、412,312 m² となる。つまり、那覇海軍航空施設は、滑走路および誘導路を合計した面積の 2 倍の敷地面積を有していたことになる。

　ちなみに、小禄飛行場（那覇海軍航空施設）に隣接する軍施設として「那覇空軍・海軍補助施設」（3,739 千 m²）があった。この施設については、「昭和 57 年 3 月 31 日には大幅な部分返還があり、その返還跡地は小禄金城地区土地区画整理事業が実施され、特色ある街づくりが行われており、郊外型店舗の進出や那覇市のベッドタウンとして発展している。昭和 61 年 10 月 31 日、全部返還」[12]と記されている。

　また、旧小禄飛行場との関連では、「那覇サイト」（103 千 m²）についても言及しておく必要があろう。この施設は、「米陸軍第 30 防空兵旅団が那覇陸軍補助施設として使用していた」が、「同施設は、復帰に伴い那覇サイトに名称が変更された。航空自衛隊那覇基地、航空自衛隊那覇基地那覇高射教育訓練場へ引き継がれている。昭和 48 年 4 月 3 日、全面返還」[13]となっている。

　上記に引用した数々の文章から、旧日本軍によって建設された海軍小禄飛行場は、戦争によって米軍に占拠され、同時に大幅に拡張された。本土復帰とあわせて返還され、一部は那覇空港として利用されている。これを小禄飛行場の転用状況とみることもできるが、米軍基地との関連でみるならば、その付帯施設も含めて、相当部分が航空自衛隊用地として使用されていることになる。それだけではない。2015 年版の「都市地図」（昭文社）をみると、この地域には、航空自衛隊那覇基地以外に、海上自衛隊那覇航空基地（第 5 航空群）と陸上自衛隊那覇駐屯地などがある[14]。

　ただし、問題はこれで終わるわけではない。なぜなら、旧日本軍によって接収された土地の転用をめぐる問題が残されているからである。

　この土地問題については、昭和 52 年 11 月の段階で早くも、「地主数 358 人、筆数 831 筆、面積 277,696.71 坪」が、旧日本軍によって接収された土地だという調査結果が明らかにされている[15]。この調査結果は個人別の元所有面積まで明らかにしたものであり、接収年次まで詳しく記

されているところをみると、「土地台帳」が戦災をくぐり抜けて温存されていたのかもしれない。

平成 19 年の段階で、㈶南西地域産業活性化センターは、未解決の戦後処理案（旧軍飛行場用地問題）の対象組織として、「旧那覇飛行場用地問題解決地主会」と「旧小禄飛行場鏡水権利獲得期成会」をあげ、「小禄海軍飛行場（現況：那覇空港）──市町村や旧地主を中心にした法人を結成し、旧軍事業を行う。──空港となっており、当面返還が見込めないので、事業用地の確保があれば、隣接市町村の国有地の提供又は米軍提供財産の共同使用（一時使用）も視野に入れる必要がある」[16] と、嘉手納飛行場の土地問題と同じ解決方策を提示している。

平成 26 年の段階になると、那覇市における上記二つの団体は、沖縄県との折衝により、旧軍用地問題を「団体方式」で解決することに至っている[17]。

具体的には、「旧小禄飛行場字鏡水権利獲得期成会（鏡水）」との関連は、「平成 21 年度〜 23 年度：特定地域特別振興事業が完了、鏡水コミュニティセンター整備事業」として「事業費：平成 21 年度 189,394 千円、平成 22 年度 243,496 千円、平成 23 年度 423,052 千円、（前年繰越）35,455 千円、平成 24 年度（前年繰越）3,297 千円、合計 894,694 千円」という内容の事業が行われている。

また、「旧那覇飛行場用地問題解決地主会（大嶺）」との関連では、「平成 25 年度〜 30 年度：特別地域特別振興事業」を実施中で、仮称「那覇市複合施設建設事業」として、「事業費：平成 25 年度 3,308 千円（予算額）」が組まれている。

旧軍用地の転用という点では、旧地主への返還が困難なところから、工場用地への転用などができず、つまるところ、「団体方式」（前出）による解決が図られたということである。

1）『沖縄の米軍基地』、沖縄県渉外部、昭和 50 年、92 ページ。
2）『旧日本軍接収用地調査報告書』、沖縄県総務部総務課、昭和 53 年、117 ページ。
3）「那覇港湾・空港整備事務所」のウェブサイトによる（2016 年 6 月閲覧）。
4）『旧軍那覇飛行場等の用地問題事業可能性調査報告書』、南西地域産業活性化センター、平成 19 年、5 〜 6 ページ。
5）『那覇市史』（資料編第 3 巻 8、市民の戦時・戦後体験記 2 〈戦後・海外篇〉）、那覇市企画部市史編集室、昭和 56 年、148 〜 149 ページ。
6）『小禄村誌』、小禄村誌発刊委員会、平成 4 年、50 ページ。
7）同上書、240 ページ。
8）『旧日本軍接収用地調査報告書』、前出、117 ページ。
9）『沖縄の米軍基地』、沖縄県渉外部、昭和 50 年、93 ページ。
10）『沖縄の米軍基地』、沖縄県知事公室基地対策課、平成 20 年版、166 ページ。なお、平成 25 年版（175 ページ）も同文である。ただし、日付については、50 年 6 月 7 日に 836 千 m² の大部分である 831 千 m² が返還されている。
11）『沖縄の米軍基地』、沖縄県渉外部、昭和 50 年、93 ページ。
12）『沖縄の米軍基地』、沖縄県知事公室基地対策課、平成 20 年、165 ページ。なお、文章の一部を年次に従って、前後させた。なお平成 25 年版（174 ページ）もほぼ同文である。
13）同上書。平成 25 年版も同文である。

14) 都市地図『那覇市』、昭文社、平成15年版。

15) 『旧日本軍接収用地調査報告書』、前出、117 ～ 118 ページ。

16) 『旧軍那覇飛行場等の用地問題事業可能性調査報告書』、前出、14 ページ。

17) 「旧軍飛行場用地問題～解決に向けた取組～」、沖縄県知事公室基地対策課、平成26年。

5．宮古島市（海軍宮古飛行場・中飛行場・西飛行場）

　平成17年10月1日をもって、宮古島にあった平良市、上野村、下地町、城辺町および伊良部島の伊良部町は合併し、宮古島市が生まれた。

　この宮古島には、戦前に、海軍飛行場、中飛行場、西飛行場という三つの飛行場があった。この三つの旧日本軍の飛行場が建設される経緯については、『宮古島市史』（第一巻通史編）が、「宮古全域を軍事要塞化」と題して、詳しく紹介しているので、引用しておこう。

　「1943（昭和18）年9月、平良の最寄りとよばれていた鏡原国民学校（現鏡原小）区内の、七原・屋原・クイズの三集落を強制的に立ち退かせ、海軍飛行場の設営が始まった。ほぼ使用可能に近づいた翌44年5月には、さらに字野原に陸軍中飛行場、字洲鎌～与那覇に陸軍西飛行場の設営工事を始め、昼夜突貫工事で10月5日完成している。こうして宮古は三つの飛行場を中心に全域軍事要塞化された。

　軍用地の強制接収　海軍飛行場に接収された土地は、所有者255人の52万5182坪（約175ha）、陸軍中飛行場が所有者117人の34万6821坪（約115ha）、同西飛行場は所有者68人、15万5004坪（約52ha）、計102万7007坪（約342ha）である。鏡原校区内の三集落は元来土地は豊沃で、基幹作物サトウキビ等の生産もよく、また平良の市街地への野菜等の供給地としても知られた平和な農村であった。（中略）

　三つの軍用飛行場設営　1944（昭和19）年5月、使用可能なまでに設営された海軍飛行場は、主滑走路は北東から南へ1,400m、風向に配慮した副滑走路は2本、東西1,200m、南北1,300mで、延長6kmの誘導路に沿ってコの字とヨの字型に積み上げた掩体壕32機分が設営された[1]。（中略）

　（中および西の一杉野）両飛行場ともに10月5日一応完成した。宮古島のほぼ真ん中に位置する陸軍中飛行場は約八の字型の滑走路2本で、東側1,700m、西側1,400m、それに6キロの誘導路と25の掩体壕が建設された。

　陸軍西飛行場は1,250mの滑走路1本と5キロの誘道路、掩体壕28がついていたが、正面に来間島が控えているなどで余り使用されず、専ら海軍飛行場と中飛行場が中心となった」[1)]

　上記の文章によって、戦前の宮古島における三つの飛行場の建設および利用状況について知ることができるが、なお、補足すべき幾つかの点がある。

　戦前の宮古島には、もう一つ城辺村に飛行場を建設する計画があった。昭和19年3月22日の「大陸令第974号」がそれである。しかし、「設定作業のおくれやその他状勢の変化を勘案して、城辺に予定していた飛行場は設定が中止とされた（19年6月）」[2)]とし、「城辺においては飛行場

設定のための土地の接収はなかった、と見てよいであろう」[3]と『上野村誌』に記されている。

　ところで、宮古島における旧日本軍による飛行場用地の接収については、『平良市史』（第一巻・通史編Ⅰ）に次のような文章がある。

　「この接収に際し地主達は、祖先伝来の土地を手離すことに内心不満であったが、何事も軍事優先の当時としては止むなく手放さざるを得なかったし、地主の中には戦争が済んだら返還されると信じている者も多かった。土地の接収は買収の形で行われたが、土地代は公債で支払われたり、強制的に貯金させられ、しかもこの公債や貯金は凍結されて（土）地代は空手形であった」[4]

　この記述は具体性に乏しいが、その内容は、沖縄本島の各地でみてきた旧日本軍による用地接収の方法と同じである。

　そこで、下地町における旧日本軍の飛行場用地の接収状況をみておこう。

　「飛行場用地は、下地村字野原と字川満（現高千穂）にまたがる地域（中飛行場）と、同じく下地村の字与那覇と字洲鎌にまたがる地域（西飛行場）の２箇所に建設することとなった。両地域とも下地村民の生活源をなす平坦で肥沃な農耕地帯であったことから、村人の受けた打撃はおおきいものがあった」[5]。

　強制的な「接収」に際して、「売買価格」という表現を用いているのは奇妙であるが、下地村における飛行場用地の買収価格については、以下の文章がある。

　「飛行場用地が売買されたのは、昭和19年5月1日、売買価格は、畑坪当り1円50銭、原野坪当り50銭で、買主は陸軍省、売買面積は、中飛行場344,055坪、西飛行場155,677坪、筆数は、中飛行場502、西飛行場326。地主数は中飛行場117、西飛行場68である。この小さな村に２つも飛行場が建設され、農耕地を失った185人の下地村の村民達は、更に飛行場建設作業にも駆り出され、自活の道を失い、戦況の緊迫するにつれて、その生活はいよいよ苦しさを増していった」[6]

　以上のような状況把握に先立ち、『旧日本軍接収用地調査報告書』（昭和53年）は、「接収の経過」を次のように報告している。

　「昭和18年5月から昭和19年5月頃までの間に海軍飛行場（平良市）、西飛行場（下地町）、中飛行場（上野村）の３地域において戦争遂行のために飛行場建設用地として、合計1,013,605坪余の土地が強制的に接収された。しかし接収について地主への話し合いがもたれた覚えはないと言っている。当時の戦争状況を判断する限り飛行場建設は急務で軍の一方的な命令により強制的に接収されたものと思料される」[7]

　ところで、戦後に至って、これら宮古島における三つの飛行場用地は、どのようになったのであろうか。この点について、先の『報告書』は次のように記している。

　「接収された土地は、昭和20年8月15日、日本の敗戦以来米国民政府財産管理課の管理の下におかれ、旧地主等は賃貸契約によって小作料を支払って耕作してきた。また、復帰後は国有財産として総合事務局財務部宮古財務出張所が管理して新規の契約は出来ない状況にある」[8]

また昭和41年3月18日には、「米国政府は布告7号の規定により、日本政府の財産上の権利を保護する責任があるので、同財産の旧所有者への返還陳情は認められない」[9]という民政官から通知がなされている。

昭和53年の段階においては、「現在の宮古飛行場用地（472,870.32㎡）以外はほとんど耕地として整備されている。下地町（西）、上野村（中）両飛行場は終戦後旧地主が一致して分筆し耕作したので大体旧地主が現耕作者である」[10]とされている。

「旧地主が一致して分筆した」という上記の文章について、これは「実は大変なことなのである」として、これが可能であった条件を『上野村誌』は次のように記している。

「第1に、分筆の作業を制約するものがなかった。制度的にいえば、接収された土地は、──日本の敗戦以来、米国民政府財産管理課の管理のもとにおかれた。しかし、当時は行政の空白期間とでも言うべき時期で、その管理業務は実際には機能していなかったといって差し支えない。第2に、接収された土地は、接収目的が消滅すれば旧地主に返還されるものと誰もが信じて疑わなかった。したがって境界の現状回復という作業についても、旧地主が耕作するということについても誰も異議を唱えるものはなく、ごく当然のことと思われていた。第3にタイミングがよかった。終戦後、すかさず旧地主が話し合いをもち、合意形成が図られたことは誠に幸いといわなければならない」[11]

「旧地主が現耕作者である」という状況が成立するためには、確かに、旧地主の団結も必要だったに違いない。だが、当該用地が提供財産として米軍へ供用されなかったこと、土地台帳として代替可能な「旧陸軍飛行場陸軍省名義土地現況調宮古島・上野村」という小冊子（50ページ）を提出したという二つの事情を無視してはならない。ただし、上記の小冊子ができあがったということは旧地主の団結の成果と考えてよかろう。

こうして1964年、つまり昭和39年に「宮古島中飛行場用地返還要求地主組合」（組合長は豊島金蔵氏）が結成される。ただし、復帰前の運動としては、米国民政府が相手となるが、先述した通り、対応を拒否されている。そして沖縄の本土復帰以降は日本政府を相手として交渉が多面的に行われた。

昭和52年段階では、旧日本軍が接収し、大蔵省の所管となっている用地を農林省へ所管換するように要請するという運動を展開している。これは「復帰前からの長年月に亘る返還要求運動の推移、大蔵省の『私法上の売買』という動かし難い障壁、旧地主の世代交代や耕作者の異動といった諸々の条件を考慮すれば、あくまで無償返還という先行不明な要求にこだわるよりは、国もその考えをすでに明らかにしている『払い下げ（有償）』が現実的な打開策との判断があったのだろう」[12]と『上野村誌』は述べている。

かくして、下地町・上野村の旧軍用地は、「昭和55年11月1日をもって現耕作者（旧地主）の下へ土地は戻された（払い下げられた──杉野）」[13]のである。

ちなみに、当該旧軍用地の払下価格は、「耕作者（旧地主）90人、筆数298筆、面積（坪）241,831.64坪、代金24,190,519円（1坪当約100円）」[14]というもので、払下価格は戦前の用地接

収価格とほぼ同額であり、実質的にみれば、これは明らかに旧地主による返還運動の勝利であった。旧軍用地は民有の農地へと転用されたのである。

ところが、同じ宮古島であっても、平良市にあった旧海軍宮古飛行場の場合には、事情が異なった。それは、この旧飛行場が米軍によって接収され、「宮古島航空通信施設」（平良市と上野村・約 101 千 m²）と「宮古島ボルタック施設」（平良市・約 164 千 m²）として使用されたからである。

この二つの旧軍用地は、本土復帰後の昭和 48 年 2 月 15 日に米軍より全面返還された。そして前者は自衛隊に、そして後者は運輸省（空港）に引き継がれた[15]。本書の研究課題との関連で言えば、宮古島にあった旧軍用地は、自衛隊用地および空港へ転用され、一部は小作人の農耕地となった。

ちなみに、「宮古空港」は、昭和 31 年 6 月からは民間空港により定期運航が開始され、その後、滑走路、エプロン等が整備され、昭和 43 年には YS-11 型機が就航。昭和 47 年からは航空法に基づく拡張整備等、昭和 50 年 3 月には滑走路 1,500 m、昭和 58 年 7 月よりは滑走路 2,000 m で供用開始。平成 28 年（2016 年）現在では、空港面積 1,239,182 m² で、地方管理空港（旧第 3 種空港）として供用されている[16]。

また、宮古島における自衛隊関連用地としては、平成 25 年現在、「航空自衛隊那覇基地宮古分屯基地」[17]として使用されている。周辺の状況は「宮古島のほぼ中央部に当たる野原岳の頂上付近にあり、旧平良市と旧上野村の境界地域に位置（大部分は上野村）している。高台の傾斜地は、雑草の生い茂る荒れ地となっているが、旧上野村側の平坦部分は、以前は畜産センターとして利用していた。その他の周辺一帯は、さとうきびと葉たばこの生産を主体とした農耕地となって」おり、その土地所有関係は「市町村有地 118 千 m²、私有地 13 千 m²、計 131 千 m²」となっている。ちなみに、自衛隊は「平成 2 年 10 月 31 日、オペレーション地区の土地の一部 8,431 m² を上野村に返還している」[18]。

しかしながら、宮古島における旧日本軍による接収地問題はまだ残されていた。

それは、平良市における海軍飛行場の土地利用に係わる問題である。問題の発端は、次の通りである。

昭和 40 年 9 月 24 日に、平良市旧海軍飛行場小作人組合（組合長　喜納泰栄）は「旧海軍飛行場用地小作についての陳情書」を高等弁務官および行政主席へ提出している。

その内容を簡略化して紹介しておこう。この陳情書では、まず戦後における海軍飛行場の歴史的経緯を述べる。

「⑶平良市存在の旧海軍飛行場の場合は——終戦当時外地引揚者が殺到し食料事情の悪い時、当時の米軍政府と宮古郡島政府は外地引揚者と失業せる民衆の救済と食料増産の意味で、飛行場用地の不要部分を開放し、開墾を許可した。⑷我々小作人はこの恩恵を受け、一路開墾に従事し、その後、財産管理課が管理する小作人としてここに 20 ケ年の間、平穏無事に生計を維持してきた。⑹もし、小作地を旧地主に返還するとなれば、我々小作人は小作地を失い、小作人 150 人と

その家族約 1,000 人は路頭に迷うことになる」[19]

次に、「(8)旧地主は登記移転の完了と同時に土地代金が支払われたこと。(9)その土地価格は、当時の市価よりも 80％程度高価であり、旧地主は得をしたこと。(10)もし、旧地主に土地を返還すれば、旧地主は二重の恩恵を受けることになる」[20]と旧地主の利害関係について述べ、これを事実として提示する用意があるとしている。

そして最後に陳情の内容として、1．小作の継続。2．土地の払下げを要請。3．前記 1．2 が不可なら、5 年間の転職期間を与えられたい。さらに「最初の開墾の労苦の報酬と転職に要する資金として、小作地の 10a につき金 60＄の補償金を下付されたい。小作地面積約 91 町歩」[21]

平良市にあった海軍飛行場の一部は戦後、海外からの引揚者、失業者などによって農耕地へと転用されていたが、その土地が国から旧地主へ返還されるとなった場合、旧地主と現小作人との間に利害関係が生ずる。上記に紹介した「陳情書」では、旧地主の「利」を挙げることによって、小作人への払下げを要求するという内容になっている。これでは、旧軍用地（国有地）の返還は「払下げ」という形態になるし、地主と小作人との間の統一的な運動の障害になる可能性がある。また、旧軍用地の払下価格も問題となる。

そうした危惧もあったのか、昭和 41 年 12 月 17 日、「(宮古の) 旧日本軍飛行場用地の返還要請に伴い返還後の措置に関する旧地主と小作人との協約書」が交わされている。

「旧日本海軍飛行場用地の返還後 7 ケ年間は、現小作人に継続小作させることには双方に異議はないが付帯条件として次のことを協約する。

1．返還後旧地主が所有土地を売るときは優先して小作人に売ること。

2．返還 7 ケ年後も小作させるときは、現小作人に優先して継続小作させること。但し自作することを口実に現小作人から土地を取り上げて他人に小作させないこと。

3．1 項及び 2 項の場合は、時価で協定すること。

4．小作地には住宅の施設をしてはならない。尚、小作解除の場合にはいかなる施設といえども地主に補償を要求してはならない」[22]

昭和 44 年の時点における宮古島の旧軍用地の利用状況について、里村敏氏は『沖縄の国有財産』の中で、次のように述べている。

「街を出て旧飛行場へ向う道路はよく整備されており道路の両側にはサトウキビ畑が続く。この島にも旧飛行場が三つあって、やはり一部を民間飛行場として使っている以外は農地として地元民に貸し付けられている」[23]

その後、昭和 52 年 9 月 7 日には、宮古市町村会の会長名義で、「参議院沖縄特別委員会」あてに、「飛行場用地として強制接収された宮古の土地の返還要求に関する要望」[24]が提出され、旧地主への土地返還運動が展開されていく。

平成 19 年 3 月、この旧海軍宮古飛行場は旧海軍宮古飛行場用地等問題解決促進地主会との間で、また旧海軍兵舎跡地は旧海軍兵舎跡地地主会との間で、旧軍用地返還の問題が未解決のままとなっている。それについて、㈶南西地域産業活性化センターが「団体方式」による解決方法を

提示したことは、既に各地の項でみてきた通りである。

　旧宮古海軍飛行場用地等問題解決促進地主会は、この「団体方式」を受け入れ、平成21～22年度に特定地域特別振興事業が完了した。その内訳は、「宮古島特定地域コミュニティ再構築活性化事業［コミュニティセンター（３カ所）、御嶽等の整備］であり、平成21年から23年にかけての総事業費は478,138千円」であった[25]。なお、旧海軍兵舎跡地地主会は、旧海軍兵舎跡地（前県立宮古病院：国有地）の払下げを要望しているが、平成26年現在は未解決となっている[26]。

　空港という視点からみれば、宮古島市には下地島に、大型ジェット機が離着陸できる訓練用の飛行場があり、日航などが利用している。このことを付記しておきたい。

　１）『宮古島市史』（第一巻、通史篇）、宮古島市教育委員会、2012年、324～326ページ。なお文中にある脚注の［１］は、『平良市史』（第一巻、85ページ）では［４］となっている。ただし、「ヨの字型」という部分が欠落していたので、杉野が補足した。
　２）『上野村誌』、上野村役場、平成10年、477ページ。
　３）同上書、478ページ。
　４）『平良市史』（第一巻、通史編Ｉ）、平良市役所、1979年、483ページ。なお、本書は当然のことながら、上記『宮古島市史』の記述と重複する部分が多い。
　５）『下地町誌』、下地町役場、平成元年、714ページ。
　６）同上書、715ページ。
　７）『旧日本軍接収用地調査報告書』、沖縄県総務部総務課、昭和53年、145ページ。
　８）同上書、145～146ページ。
　９）同上書、146ページ。「通知」の内容については、同上書、149ページ。
　10）同上書、145ページ。
　11）『上野村誌』、前出、485ページ。
　12）同上書、495ページ。
　13）同上。
　14）同上書、496ページ。ただし、文中にあった「地代」を「代金」に改めた。
　15）『沖縄の米軍基地』、沖縄県渉外部、昭和50年、166ページ。
　16）沖縄県空港課ウェブサイト「沖縄県の空港」による（2016年3月閲覧）。
　17）『沖縄の米軍基地』、沖縄県知事公室基地対策室、平成25年版、315ページ。
　18）同上。
　19）『旧日本軍接収用地調査報告書』、前出、159～160ページ。
　20）同上書、160ページ。
　21）同上。
　22）同上書、158ページ。
　23）『ファイナンス』（大蔵省広報誌）、通巻44号、昭和44年7月号、64ページ。
　24）『旧日本軍接収用地調査報告書』、前出、163～164ページ。
　25）「旧軍飛行場用地問題～解決に向けた取組～」、沖縄県知事公室基地対策課、平成26年による。
　26）同上資料。

6．石垣市（平得飛行場・白保飛行場）

　戦前の石垣島大浜町（昭和22年7月10日市制施行し、石垣市となる）には、平得飛行場と白保飛行場があった。それらが建設される歴史的経緯は次の通りである。

　「昭和18年6月から昭和20年5月ころまでの間に平得飛行場382筆226,402坪（約747,126 m²）、白保飛行場135筆162,980坪（約537,834 m²）、合計517筆389,382坪（約1,284,960 m²）の土地が接収された。（中略）終戦後外地引揚者も多くなり食料事情も悪化していたので、旧地主は荒廃した自分の土地を開墾し、また白保飛行場の場合は地主以外の小作者が村有地、所有者不明地等を開墾し、可能な土地は農耕地として整備されている。昭和27年（1952年）頃から耕作者が米国民政府財産管理課と優先的に賃貸契約を締結し、借地料を払って耕作している。復帰後は国有財産として総合事務局財務部八重山財務出張所が管理している。なお、平得飛行場の一部269,815.09 m²は現在の石垣飛行場として利用されている」[1]

　ところで戦後間もない1947年の時点で、南部琉球軍政本部主席郡軍政官は、「飛行場用地として接収されたもので、耕作地5反歩以下、資産5万円以下の者に対して接収された土地を返還する」[2]という内容の「経済命令第4号」を出している。

　ここで問題となるのは、「耕作地5反歩以下、資産5万円以下」という返還対象者の資格である。おそらく、これは日本軍国主義の思想的根源が（半封建的）大土地所有にあると見なす考え方が米軍の一部にあったからであろう。また「5反（約4,950 m²）百姓」という零細農民に対する蔑称が、そのまま政策へ導入されたのではないかという点でも興味がある。

　ただし、問題は、このような経済命令が実際に施行されたのかどうかという点にある。もし、経済命令第4号が施行されたとすれば、返還された土地は、平得飛行場（海軍）で122筆、77,904坪（約257,083 m²）、白保飛行場は149筆、107,664坪（約355,291 m²）となる[3]。

　この返還された土地面積を、冒頭に引用した「接収した土地面積」と比較してみると、平得飛行場の場合には34.4%、白保飛行場の場合には66%に達するものであった。概して言えば、平得飛行場では約3分の1が、そして白保飛行場では3分の2が旧地主へ返還されたことになる。

　念のために、返還される土地代および補償料は、接収された当時と同じ金額であり、それを一覧表にしたのが次表である。

XXVII-6-⒀表　買収当時の土地代および作物補償料

	平得飛行場（海軍）		白保飛行場（白保）	
畑	坪当り　最高価格 　　　　最低価格	1円20銭 1円10銭	坪当り　最高価格 　　　　最低価格	80銭 70銭
その他	〃	50銭	〃	45銭
作物補償	芋、甘蔗坪当り	35銭	芋、甘蔗坪当り	35銭
その他	その他作物	15銭	その他作物	15銭

出所：『旧日本軍接収用地調査報告書』、沖縄県総務部総務課、昭和53年、198ページ。

こうしてみると、石垣島においては、旧日本軍が接収した旧軍用地をめぐる問題はないかのようにみえる。つまり、面積的にみて、平得飛行場で約3分の1、そして白保飛行場で約3分の2の旧軍用地（国有地）が、宮古空港等として利用され、また耕作されていたのである。

　ところで、昭和53年の時点で、問題となる石垣島の旧軍用地は、以下のように把握されている。

XXVII-6-⒁表　石垣市における旧日本軍に接収された土地の調査対象地域

旧飛行場名	筆数	坪数（m²）	人数
平得飛行場	382 筆	226 千坪（約 745.8 千 m²）	120 人
白保飛行場	135 筆	163 千坪（約 537.9 千 m²）	69 人

原出所：『旧日本軍接収用地調査報告書』、前出、昭和53年3月。
出所：『旧軍那覇飛行場等の用地問題事業可能性調査報告書』、南西地域産業活
　　　性化センター、平成19年、4ページ。

　この6-⒁表の数字は、戦前に旧日本軍が接収した土地面積として昭和53年に把握されていたものであり、その数字が約30年後に、そのまま残っている。このことは、昭和22年4月15日の「経済命令第4号」が施行されなかったか、あるいはその一部であったことを意味する。もしそうだとすると、注3）として前掲した「経済命令第4号により返還された土地調」という過去形の数字はいかなるものなのか、疑問となる。

　しかし、1947年の「経済命令第4号により、149筆107,664坪は、旧地主に返還され、現在旧地主が再取得している」[4]という文章が、「旧日本陸海軍用地の返還について要請」（先島市町村議会議長会、1962年3月）の中にあるので、実際に「払下」はあったことが判る。

　なお、この「経済命令第4号」は「経済命令第6号」として、同年10月12日に廃止されている。この点について、南西地域産業活性化センターは、「軍政官の命令（4号）により、一部が売り戻され、数カ月後に再び命令（6号）で売戻しが停止されたような処理の方針に一貫性がなく、旧地主の間に強い不平等感を残している」[5]と記している。

　したがって、事実関係としては、1972年の本土復帰時に、石垣市議会が出した「旧日本軍陸海軍用地の返還に関する要請」にある「昭和20年終戦により行政分離と共に米国民政府財産管理課で管理され、同政府と賃貸借の上、元地主の一部やその他の人々が農耕地として利用している」という状況が、昭和53年頃まで続いていたのではないかと思われる。いずれにせよ、石垣市における旧軍用地の返還問題は残った。平成19年の時点で、南西地域産業活性化センターは、白保飛行場（現況：農用地等）、平得飛行場（現況：石垣空港、農用地等）の用地問題について、平成15年度に検討された内容として、次のように述べている。

　「両飛行場用地については、石垣市や旧地主関係者を中心にした法人を結成し、旧軍事業を行う。白保飛行場用地は、ほとんどの用地が農用地として耕作者に賃貸されていることから、用地については耕作者へ売り払いを行うことになると考えられる。また、平得飛行場用地は、石垣空

港として使用されているものの、現在、新空港に移転が計画されているため、将来的には跡地利用が可能となる。このため、事業用地の確保が必要な場合には、石垣市が跡地利用計画を作成する中で用地の確保を検討する。なお、両飛行場については、同一市内にあるところから、一体となった旧軍事業の実施も検討できる」[6]

ちなみに、平得飛行場の跡地を利用している「石垣空港」の歴史的経緯について、三つの文章を瞥見しておこう。

「昭和31年6月16日から民間航空による運航が開始され、その後滑走路、エプロン等の整備がなされ、昭和43年6月YS-11型機が就航した。昭和47年度から航空法に基づき拡張整備が行われ、昭和50年5月に滑走路1,500mで供用開始された。——昭和54年5月には暫定ジェット空港として供用開始された。石垣空港は、平成20年6月18日に地方管理空港となっていたが、平成25年3月7日に供用を廃止」[7]

昭和47年に始まる空港の拡張に際しては、「新しく用地を買収することになり、地主（平得、真栄里）と折衝の結果、坪当り地代5ドル、立ち退き補償1ドル、計6ドルと決定した。これは地主の要求通りの額であった」[8]。

「空港面積は457,849 m²で、海上保安庁の石垣航空基地が併設されていた」[9]

こうした石垣空港の供用廃止に伴って、2013年3月7日に新石垣空港が開港した。愛称は「南ぬ島石垣空港」。所在地は、石垣市白保で、旧白保飛行場よりも北方に位置している。用地は約204 ha、空港面積は約142 ha、滑走路は2,000 m×45 mである[10]。

このように、石垣空港の供用廃止という新しい事態が生じているのに、石垣市における旧軍用地の旧地主等への返還問題は解決していない。その理由の一つは、平得飛行場の位置が、石垣市の市街地に近接していることにある。かっては、航空機による騒音公害、あるいは「危険な空港」として、その近接性が問題となった。しかしながら、いざ国有財産の処理、あるいは転用という問題になると、払下価格としての「時価」が「適正価格」となり、戦時中に接収した価格を払下価格とすることはできないからである。事実、2013年から数年が経過しているが、この旧軍用地の返還問題は未解決のままとなっている。

平成26年の時点で、沖縄県としては、これまでの沖縄県の各地でみてきたように「団体方式」による解決の方向を、石垣市を通じて模索している。これに対して、石垣市における二つの旧地主会、すなわち「旧日本軍白保飛行場旧地主会」と「旧日本海軍平得飛行場地主会」は、「個人補償」を要望している。前者は平成24年に国を相手に訴訟を提起、後者は「用地払い下げについて言及」する[11]など、なお問題は燻っている。

これは旧軍用地ではないが、石垣市には、平成25年3月の時点で、「FAC6084 黄尾嶼射爆撃場」（私有地、874千m²）と「FAC6085 赤尾嶼射爆撃場」（国有地、41千m²）という二つの米軍基地があることを付記しておこう[12]。

第二十七章　沖縄県　　921

1）　『旧日本軍接収用地調査報告書』、沖縄県総務部総務課、昭和53年、193ページ。
2）　同上書、198ページ。
3）　同上。なお、原文には、小字までの坪数と筆数とが記載されている。
4）　同上書、196ページ。
5）　『旧軍那覇飛行場等の用地問題事業可能性調査報告書』、㈶南西地域産業活性化センター、平成19年、8ページ。
6）　同上書、15ページ。
7）　沖縄県空港課ウェブサイト「沖縄県の空港」による（2016年閲覧）。
8）　桃原用永『戦後の八重山歴史』、自家発行、昭和61年、483ページ。
9）　沖縄県空港課ウェブサイト「沖縄県の空港」およびウィキペディア「石垣空港」による（2016年閲覧）。
10）　「南ぬ島石垣空港」ウェブサイトによる（2016年閲覧）。
11）　「旧軍飛行場用地問題〜解決に向けた取組〜」、沖縄県知事公室基地対策課、平成26年を参照。
12）　『沖縄の米軍基地』、沖縄県知事公室基地対策課、平成25年、274〜277ページ。

7．その他の旧軍用地

　これまでは、戦前の沖縄県において、旧日本軍が住民の土地を強制的に接収し、そこに飛行場を建設した地域であって、かつ本土復帰後においても、旧軍用地の返還等を求めて地域住民運動が展開した六つの地域を検討対象としてきた。それらは、いずれも100万m²かそれ以上の広大な旧軍用地の転用問題であった。

　しかし、沖縄県において旧日本軍が設営した旧軍用地はこの六つの地域に限らない。以下では、それらの諸地域を一つの表にまとめて概観しておこう。

XXVII-6-⒂表　沖縄県におけるその他の旧軍用地と転用状況

旧軍施設名	所在地	面積（坪）	接収年	現状（転用状況）
伊計島野砲基地	与那城村	10,808	S16	保安林10,238坪、山林470坪畑100坪。村民に賃貸。
勝連高射砲陣地	勝連村	29,914	S16〜18	自衛隊（20千m²）、農地。
佐敷海軍補給基地	佐敷村	2,080	S19	宅地として村民に賃貸。
西表要塞施設	竹富村	1,390,132	S16	大部分が荒廃地。一部は牧場、農耕地、国及び県の施設用地
※沖縄東飛行場	西原町	780,000	S18	S34 旧地主に返還。キビ畑
※沖縄南飛行場	浦添市	――	――	S34 旧地主に返還。住宅地
※南大東飛行場	南大東村	――	――	S39 旧地主に返還。飛行場

　出所：『旧日本軍接収用地調査報告書』、沖縄県総務部総務課、昭和53年、4ページおよび『沖縄の米軍基地』、沖縄県知事公室基地対策課、平成25年。

上記の表に記載された各地域における旧軍用地は、昭和53年の時点ではいずれも国有地となっている。ただし、※印の付いた三つの飛行場の跡地は、旧地主に土地が返還された旧軍用地で、平成26年の時点では、少なくとも土地所有権の問題については「解決済の状態にある」旧軍用地である。

以下では、上記の各旧軍用地について補足的な説明をしておこう。

(1) 伊計島野砲基地（与那城村：現うるま市）

伊計島は、うるま市の中軸となる勝連半島から伸びる「海中道路」の先端部分にある。伊計大橋を渡った先にある伊計島は「与那城伊計」地区と称している。平成28年現在、「沖縄サーキット伊計島」や「仲原遺跡」「伊計ビーチ」などがある観光地となっている。この伊計島に至る「海中道路」の途中にある平安座島の原油基地は、いわば沖縄のエネルギー備蓄基地となっており、道行く人の目を見はらせるものがある。なお伊計町は平成17年4月1日、石川市、具志川市、勝連町と合併し、うるま市となった。

ところで、この野砲基地を建設するにあたって旧日本軍が接収した土地については、『旧日本軍接収用地調査報告書』（前出）に「この土地の面積は地主数3人、筆数4筆、面積10,808坪（約35,666m²—杉野）」[1]と記されているが、「土地代又は補償金受領の有無については、全員が未受領となっている」[2]とされている。

なお、『与那城村史』（昭和55年）には、沖縄本島で「軍用地の最も少ない与那城村」[3]とか、「平和な与那城村、平和を象徴するその風土、——アメリカ軍に見落とされた聖地である」[4]と記載されている。果して、事実としてどうなのか。ちなみに、地域内には「伊計勇士之塔」がある。

1) 『旧日本軍接収用地調査報告書』、沖縄県総務部総務課、昭和53年、109ページ。
2) 同上。
3) 『与那城村史』、与那城村役場、昭和55年、488ページ。
4) 同上書、489ページ。

(2) 勝連高射砲陣地（勝連村：現うるま市）

旧勝連村（勝連町）は、勝連半島の南側を占め、南は米軍基地である「ホワイトビーチ」に隣接している。平成17年に、前記の与那城町と同様、うるま市となった。

旧日本軍によって接収された土地は、勝連半島の南端（平屋敷地域と津堅島）に位置しているが、「地主76人、筆数108、面積29,914坪（約98,716m²—杉野）」[1]で、「土地代金又は補償金受領の有無については、大部分が未受領となっている。これらの状況は、受け取った者15人、わからないと言う者61人となっている」[2]と『旧日本軍接収用地調査報告書』（昭和53年、前出）に記されている。

昭和53年の状況は、「平屋敷地域は軍用地として利用されているが、津堅地域は宅地、農耕地、

その他山林原野として一般村民に賃貸している。なお、津堅区においては、畑地総合土地改良事業（県営）のため、国有地の一部（15筆、3,774m²）が『土地改良地域』として承認されている」[3]。なお、上記の文章に「平屋敷地域は軍用地として利用されている」とあるが、その点については、以下の通りである。戦後は、米軍のホワイトビーチ港海軍施設として使用されていたが、昭和47年5月15日以降は自衛隊に引き継がれ、以後、海上自衛隊沖縄基地隊となっている。その面積は87千m²、土地の所有関係は国有地10千m²、私有地76千m²という内訳になっている[4]。

　津堅島は昭和34年より米軍の訓練場となっていた。昭和50年の時点では国有地24千m²が米軍に提供されている[5]。ただし、この島は旧軍用地ではない。

　　1）　『旧日本軍接収用地調査報告書』、沖縄県総務部総務課、昭和53年、111ページ。
　　2）　同上。
　　3）　同上。なお、上記の文章は『勝連町史二』（昭和59年）に再録されている。
　　4）　『沖縄の米軍基地』、沖縄県知事公室基地対策課、平成25年、318ページ。
　　5）　『沖縄の米軍基地』、沖縄県渉外部、昭和50年、89、90ページ。

⑶　佐敷海軍補給基地（佐敷村：現南城市）

　佐敷村は、のち佐敷町となり、平成18年1月1日に玉城村、知念村、大里村と合体して、市制を施行し、南城市となった。

　この佐敷村と旧軍との関係は歴史的に古い。

　「海軍は1896年（明治29）、佐敷間切津波古・新里の民有地を海軍用地として取得し中城湾需品支庫を建設した。5,000坪余の敷地に木造平屋の兵舎・便所、木造平屋石炭庫2棟、木造の周囲柵、木造の門、鉄製の水道管——煉瓦と石造で屋根付の水源地・沈殿池の設備があった。中城湾需品支庫は中城湾に寄港停泊する海軍の艦船に水や石炭を補給する施設であった」[1]

　また、次のような文章もある。

　「佐敷村字津波古には明治27年ごろから海軍の補給基地があり、石炭や飲料水等のタンクが設置されていた」[2]

　あるいは「馬天港と海軍施設」と題して、「馬天港は帝国海軍の中継地、補給地にされた」[3]とし、「海軍需要品貯蓄所」という門標のもとに、煉瓦造りの水蔵、石積みされた桟橋、二棟の石炭庫が明治34年にはあり、「この一帯は『海軍省の敷地』または『海軍省の施設』と略して呼ばれた」[4]と伝えられている。

　しかし、旧軍用地との関連で問題となるのは、終戦直前の昭和19年2月に接収された農地等である。

　「接収された面積は2,080坪（約6,864m²—杉野）で地主が12人である。土地代については、軍から一方的に坪当り1円50銭が言渡された。この地域の土地は当時3円で売買されており、地主にも数年前坪当り3円で購入した者もいる」[5]

1970 年 7 月に、旧地主は、佐敷村長を通じて、「国有地の払い下げについて」の陳情書を行政主席へ提出、さらに 1976 年には佐敷村議会が「戦時における接収地の返還についての要請」を県知事へ提出している[6]。

昭和 53 年の時点では、「国有財産として国が管理し、宅地として一般村民に賃貸している」[7]という状況になっている。

　　1） 『沖縄県史』（各論編第五巻　近代）、沖縄県教育委員会、2011 年、578 ～ 579 ページ。なお原注として、「『公文備考』にみる沖縄の海軍施設」（吉浜忍）を記している。なお、『公文備考』は、昭和 10 年 10 月刊、防衛庁防衛研究所蔵である。
　　2） 『旧日本軍接収用地調査報告書』、沖縄県総務部総務課、昭和 53 年、139 ページ。
　　3） 『佐敷町史』（4　戦争）、佐敷町役場、1999 年、30 ページ。
　　4） 同上書、31 ページ。
　　5） 『旧日本軍接収用地調査報告書』、前出、139 ページ。
　　6） 同上。
　　7） 同上。

(4)　西表要塞施設（竹富村：現竹富町）

竹富村は昭和 23 年 7 月 2 日に町制を施行した。そして表記の旧軍用地は竹富町の西表島の西北部に位置している。

旧日本軍による土地の接収について、『旧日本軍接収用地調査報告書』（前出）は、次のように記している。

「昭和 16 年 6 月から昭和 17 年 6 月頃までに要塞施設建設のため成屋、外離、サバ崎、祖納等で 334 筆、1,390,132 坪（約 4,587 千 m²―杉野）の土地が接収された」[1]

当時の西表島北西部における旧日本軍の配備状況は、「部隊の配備は内離（司令部、陸軍病院）、白浜（連絡所、憲兵分隊）、外離（小野隊）、祖納（北村隊、護郷隊）、船浮（特攻隊、海軍補給隊）、崎山、サバ崎、ウナリ崎には海軍監視哨が置かれた」[2]となっている。

なお、土地接収の方法および土地代金（補償金）等については、「土地買収は村長を代理人として全て村長へ委任するようにとの命令があり、土地売渡承諾書を徴し土地買収作業を完了した。地目別の単価が定められ移転登記の完了分については、陸軍築城本部から村長あてに電報為替で送金され村長が受領し、村長から各地主に支払われたが、土地代の 2 ～ 3 割は現金で受領し、大半は当時の臨時資金調整法による国債を強制的に購入させられ今日まで凍結されている」[3]という状況になっている。

なお、昭和 53 年の時点では、「成屋、外離は主に牧場に使用し祖納の一部は農耕地として利用しているが、大部分は廃耕の状況にある。一部は国の施設（営林署、測候所）及び県の施設（八重山保健所駐在員詰所、警察官派出所）用地に利用されている。終戦による行政分離と共に旧地主等は米国民政府財産管理課と賃貸借契約を締結し借地料を払って利用してきたが、復帰後は国有

財産として、総合事務局財務部八重山財務出張所が管理している」[4]と『旧日本軍接収用地調査報告書』（前出）は記している。

この「西表要塞施設」というのは、「成屋、外離、サバ崎、祖納等」と一連の地名が記載されているように、１カ所に巨大な要塞を建設したものではない。そのことは「旧軍財産所在図」（平成 20 年 3 月 31 日現在）では、「旧西表砲台」としては外離島、内離島、祖納の３カ所（1,631 千 m²）が図示されていることからも明らかである[5]。

なお、「船浮要塞は昭和 16 年 8 月に入って臨時に着工され 10 月工事終了」[6]とあり、この船浮には、小規模な砲台、駐屯兵舎、兵器庫、倉庫、桟橋等の諸施設、そして「陸軍病院」[7]があった。平成 25 年の時点では、二つの水平砲台、発電所、特攻艇格納庫、弾薬庫、旧海軍兵舎などの跡が残っている[8]。また、「サバ崎」には「海軍監視哨が置かれた」[9]という『竹島町史』の記述がある。

ちなみに、祖納（集落がある）からサバ崎（岩壁の岬）までの直線距離は約 6 km であるが、陸地沿いに辿れば、祖納から白浜まではともかく、仲良川から先は船浮湾を巡ることになり、約 20 km にもなろうかという複雑な海岸地形となっている。また、外離は祖納とサバ崎を結ぶ直線上にあるが、ここは外洋に面した離島である。「成屋」は、内離島にあった村で、1920 年に廃村になった。平成 16 年現在、分県地図『沖縄県』には、「成屋」という地名は見当たらない[10]。

この地域が「要塞」とされたのは、日露戦争の時期に、周辺海域が連合艦隊の避泊錨地となっていたからで、西表炭坑はそのための石炭補給基地であり、この炭坑は昭和 20 年頃まではあったと言われている[11]。なお、『沖縄県史』（前出）は、「中城湾需品支庫と同様の施設は、1902 年（明治 35）西表島船浮にも建設された。——水雷艇炭水庫である」[12]と記しており、この一文によっても、この事実が裏付けされる。

なお、『沖縄県戦争遺跡詳細分布調査 VI』（2006 年）には、「現在、内離島には一基の砲台跡・陸軍病院跡・司令部跡・慰安所跡、外離島には二基の砲台跡・偽砲跡・塹壕・兵舎跡、祖納には四基の砲台跡、サバ崎には偽砲跡・兵舎跡が確認できる」[13]とされている。さらに『沖縄県の戦争遺跡』（2015 年）には、船浮臨時要塞として、祖納砲台跡、内離島砲台跡、外離島南砲台跡をはじめ、船浮臨時要塞司令部跡、外離島の小野隊兵舎跡、外離島の弾薬・兵器庫跡、そしてサバ崎の建物跡・桟橋跡・偽砲台跡が紹介されている[14]。

また、沖縄総合事務局によって、次のような状況報告がなされている。

「西表島の財務省所管の国有地で主なものは、旧西表砲台跡地の約 163 万 m² ですが、国有地の約 95％が原生林に覆われています。わずかながら集落地域に所在する財産については、情報通信施設としての無線交換局、島の診療所に勤務する看護師宿舎、保健指導所の敷地などとして貸付されており、離島苦の解消や地域住民の医療福祉の向上のために有効に活用されています」[15]

1）『旧日本軍接収用地調査報告書』、沖縄県総務部総務課、昭和 53 年、215 ページ。

2）『竹富町誌』、竹富町役場、昭和49年、367ページ。

3）『旧日本軍接収用地調査報告書』、前出、215ページ。

4）同上。

5）「旧軍財産所在図」（平成20年3月31日現在）、沖縄総合事務局資料。

6）『沖縄方面海軍作戦』、防衛庁防衛研修所戦史室、朝雲新聞社、昭和43年、16ページ。

7）『沖縄方面陸軍作戦』、防衛庁防衛研修所戦史室、朝雲新聞社、昭和43年、45ページ。

8）「西表」、インターネットにて検索（2016年3月閲覧）。

9）『竹富町誌』、前出、367ページ。ただし、昭和62年、現地踏査。なお、『沖縄方面海軍作戦』
（前出）の45ページ参照。

10）『沖縄県』（昭文社、2015年判）を参照。また「西表」については、インターネットにて検索
（2016年3月閲覧）。

11）昭和62年、祖納（民宿）での聞き取り結果。

12）『沖縄県史』（各論編第五巻　近代）、前出、579ページ。なお、この件については『公文備考』
（昭和10年10月、防衛庁防衛研究所蔵）という原注が記されている。

13）『沖縄県戦争遺跡詳細分布調査Ⅵ　八重山諸島編』、沖縄県立埋蔵文化財センター、2006年、
116～130ページを参照。

14）『沖縄県の戦争遺跡』（平成22～26年度戦争遺跡詳細確認報告書）、沖縄県立埋蔵文化財セン
ター、2015年、66～78ページ。

15）『ファイナンス』（大蔵省広報誌）、通巻475号、平成17年6月号、101ページ。

(5) 沖縄東飛行場（西原町）

　那覇市首里の東に位置し、太平洋に面する西原村は昭和54年4月1日に町制を施行し、西原
町となった。旧日本軍が、西原村で飛行場建設用地を接収したのは、昭和18年4月のことであ
る。これについて、『旧日本軍接収用地調査報告書』（前出）は次のように述べている。

　「旧日本軍は、土地を1等地3円、2等地2円50銭、3等地2円で買い上げると言っていたが、
工事は、測量のうえ進めていながら買い上げ手続きについては進めなかった。従って土地を売っ
たことにはなっていない」[1]

　この飛行場用地の歴史的経過を辿ってみると、「昭和20年4月1日米軍の上陸によって中止さ
れ、農耕地を地均ししただけで飛行場の建設は放置された」[2]。

　「米軍の占領と同時に米軍基地として使用された。7年間は、無償で使用されたが、1952年に
なって土地賃貸料が支払われるようになった。坪当り13セントから18セントであった」[3]

　「昭和34年（1959年—杉野）4月30日に解放になり、土地は所有権者等に返還されることに
なったが、広大に敷き均されたため、所有区分は不明であった。開墾の際に道路・排水・井戸等
の物証が多く出てきたので、これらの物証等により地主は自分の土地のだいたいの位置を確認し、
仮境界を定めて耕作している状況である」[4]

　上記の文章では、「地籍」が問題となるが、この点については、『沖縄の地籍』（沖縄県、昭和
52年）に、西原町における地籍問題の解決にむけた取り組みの実例が詳しく紹介されている[5]。

　なお、「字小那覇地区」については、次のように記されている。

第二十七章　沖縄県　　927

　「軍用地解放とともにブルドーザー等の機械力で滑走路を掘り起こし、戦前の物証が発掘された地域については、その物証を基準に土地の概略位置を定めて占有耕作している地域と住宅地として利用されている地域とがある」[6]

　「旧西原飛行場は講和発効後の解放にもかかわらず（昭和35〜36年頃も拡張されている）講和前の事件として処理されている」[7]

　「返還された土地は農耕できる状態ではなく、昭和36年2月総面積785,600余坪（約2,592,480 m²―杉野）総額150万ドルの復元補償費を請求することになった。ところが昭和43年の2月から5月にかけて、これらの補償費が支払われることになったが、支払われた額は僅かに54万ドル、34万坪（約112万 m²―杉野）が補償されたに過ぎない」[8]

　そうした経緯はあったが、この西原飛行場については、「米軍基地として使用されていても米国民政府が国有地の管理を解除したことにより、結果として旧地主等の所有権が認められた」[9]のである。この沖縄東飛行場跡地の件については、旧日本軍の接収はあったが、土地登記がなされず、したがって国有地（旧軍用財産）とはならず、米軍からの解放によって旧地主に土地所有権が戻ってきたという事例である。

　1）　『旧日本軍接収用地調査報告書』、沖縄県総務部総務課、昭和53年、237ページ。
　2）　同上書、240ページ。
　3）　同上書、237ページ。
　4）　同上書、238ページ。
　5）　『沖縄の地籍―現状と対策―』、沖縄県、昭和52年、第3章「西原飛行場跡地のモデル調査」を
　　　参照せよ。
　6）　『旧日本軍接収用地調査報告書』、前出、239ページ。
　7）　同上書、240ページ。
　8）　同上。
　9）　『旧軍那覇飛行場等の用地問題事業可能性調査報告書』、前出、8ページ。

⑹　沖縄南飛行場（浦添市）

　沖縄南飛行場は、「沖縄本島南部飛行場適地要図」[1]に「南飛行場」（城間）と図示され、また昭和18年頃に策定された「飛行場設定計画」［XXVII-2-⑷表を参照のこと］に「沖縄飛行場、滑走路1500×200、小型用、城間」[2]と示されているが、その後の経緯についての記載はほとんどない。それは、飛行場が使用される前に、米軍によって占領されたからであろう。

　なお、インターネットで「沖縄南飛行場」を検索すると、次のような文章がみられた。

　「名称：仲西飛行場、城間飛行場、牧港飛行場、米軍ではマチナト（MACHINATO）飛行場。歴史：1944年4月着工、9月に1,830mの滑走路を持つ、小型特攻隊用の飛行場として完成。しかし、実際には使わず。1945年6月1日米軍占領。後7週間で、2,130mに拡張。現況：キャンプ・キンザー（Camp Kinser）、アメリカ海兵隊の兵站基地。滑走路の後は倉庫群」[3]

　以上の文章からおおよその歴史的経緯は理解できるが、旧軍用地との関連はまったく不明であ

る。ちなみに、米軍基地、すなわち「牧港補給地区（FAC 6056）」の土地所有状況についてみると、昭和50年と平成25年の時点で次のようになっている。

XXVⅡ- 6 -⒃表　牧港補給地区の土地所有構成

（単位：千 m²）

年次	国有地	公有地	民有地	非細分	計
昭和 50 年	332	13	2,603	153	3,101
平成 25 年	295	1	2,441	—	2,737

出所：上段　『沖縄の米軍基地』、沖縄県渉外部、昭和50年、73ページ。
　　　下段　『沖縄の米軍基地』、沖縄県知事公室基地対策課、平成25年、230ページ。

　上掲の 6 -⒃表から推測すると、昭和19年の時点で旧日本軍が接収した土地面積が国有地と公有地をあわせた約35万 m²、昭和20年およびそれ以降に米軍が接収した土地が約260万 m² ということになる。つまり、大雑把であるが、旧沖縄南飛行場用地は約30万 m² と比較的小規模であったとみることができる。ただし、これはあくまでも推測である。

　この「牧港補給基地」については、「昭和20年　軍事占領の継続として使用される。昭和49年 9 月30日、18,000 m² 返還される」[4)]という経緯と「浦添市の仲西から港川まで国道58号線ぞいにある広大なこの施設は、極東随一の米陸軍の補給基地として、又、軍事作戦の後方撹乱を主な任務とする第 7 心理作戦部隊の本部があったところとして知られた施設である」[5)]という状況が『沖縄の米軍基地』（昭和50年版）に記されている。

　こうしてみると、旧沖縄南飛行場跡地の他に随分と広大な土地が米軍によって接収されたことが判るし、同時に、飛行場の関連施設に加え、これが米軍の補給基地へと用途転換されたことに伴う付帯施設用地として接収されたものが相当あったと考えられる。

　ちなみに、『沖縄の米軍基地』（昭和50年版）の付図を都市地図『那覇市・浦添・宜野湾市』（2015年版）と比較照合してみると、この牧港補給地区（MACHININATO SERVICE AREA）は、南は小湾川、北は港川南辺、そして東は海岸、西は国道58号線という広大な敷地となっている。略測では、東西 1 km、南北 3 km の長方形なので、およそ300万 m² となる。なお、昭和49年以降、米軍から返還された土地もあり、それを一覧表にすると次のようになる。

XXVⅡ- 6 -⒄表　浦添市における米軍返還土地一覧

（単位：m²）

施設名	所在地	用地面積	返還期日	現況（平成25年現在）
牧港倉庫	牧港	2,000	S49. 12. 10	民間会社が娯楽施設
牧港補給地区補助施設	牧港	1,000	H 5. 3. 31	民間会社が倉庫
牧港調達事務所	城間	1,000	S49. 3. 31	民間会社が飲食店
浦添倉庫	勢理客	6,000	S50. 1. 31	民間会社が倉庫
工兵隊事務所	西原	53,000	H14. 9. 30	飲食店などの民間施設

出所：『沖縄の米軍基地』（平成25年版）、前出、173ページより作成。

第二十七章　沖縄県　929

　6-⒄表をみると、昭和 49 年から平成 14 年までに 63,000 m² の米軍用地が返還されている。ただし、勢理客（じっちゃく）と西原は、浦添市ではあっても、牧港補給地区ではない。すると、牧港補給地区からの返還は僅か 4,000 m² でしかない。しかも、それが旧沖縄南飛行場の跡地（旧軍用地）であったかどうかは判らない。

　この点については、『沖縄の米軍基地』（平成 25 年版）は「沿革」という見出しで、牧港補給地区における用地の増減（返還と追加提供）の年次的経緯を記している。それを摘出し、整理しておこう。

「昭和 20 年　　　　　　　軍事占領の継続として使用。

　昭和 23 年　　　　　　　2,650,000 m² を接収。

　昭和 47 年 5 月 15 日　　施設内にあった米国民政府が廃止され、提供施設・区域となる。

　昭和 49 年 9 月 30 日　　土地約 18,000 m²（北側部分 2 カ所）を返還。

　昭和 52 年 3 月 31 日　　ガス・プラント地域の土地約 16,000 m² を返還。

　平成 7 年 2 月 28 日　　 南側外周部分約 2,850 m²（小湾川改修用地）を返還。

　平成 7 年 10 月 5 日　　 学校用地として土地約 670 m² を追加提供。

　平成 13 年 9 月 30 日　　国道 58 号への接続道路用地約 12,100 m² を返還。」[6]

　上記の経緯をみると、昭和 47 年から平成 13 年までの期間に、表記以外の小規模用地の返還を含めて、およそ 5 万 m² の土地が返還されたことが判る。もっとも表中にあるように、小規模ではあるが米軍へ新たに土地を追加提供していることもある。

　なお、平成 18 年 5 月 1 日の日米安全保障協議委員会では、この牧港補給地区の全面返還が合意されている[7]。

　この合意を受けて、沖縄県では都市地域としての整備を、また浦添市では昭和 54 年度に「浦添市軍用地跡地利用計画」を策定し、平成 8 年と平成 24 年には全面返還後を想定した「牧港補給地区跡地利用基本計画」を策定している[8]。

1 ）　『沖縄・臺湾・硫黄島　陸軍航空作戦』、防衛庁防衛研修所戦史室、昭和 45 年、7 ページ。挿図第四を参照。

2 ）　同上書、39 ページ。挿表第五を参照。

3 ）　ウェブサイト「陸軍沖縄南飛行場」による（2016 年 3 月閲覧）。

4 ）　『沖縄の米軍基地』、沖縄県渉外部、昭和 50 年、74 ページ。

5 ）　同上。

6 ）　『沖縄の米軍基地』、沖縄県知事公室基地対策課、平成 25 年、231 ～ 232 ページより作成。

7 ）　同上書、233 ページを参照。

8 ）　同上。

(7) 南大東島基地

大東諸島は、北大東島、南大東島、沖大東島よりなる。ここで問題にするのは、南大東島である。ただし大東島における土地所有権問題は、国有地の払下げという点からみると、やや異質な性格をもっている。つまり、旧軍用地の転用としては問題になるが、国有地の払下げに関する問題ではないからである。

まず歴史的経緯を明らかにしておこう。『南大東村誌（改訂）』（平成2年）には次のような文章がある。

「（昭和6年―杉野）、本島に特設航空隊が設置されると共に面積約7千坪（滑走路のみ）の小規模の飛行場が丸山北東部に建設された。――この飛行場は、あくまでも臨時的な海軍飛行場としてであり、――土地所有者大日本製糖株式会社藤山雷太との間に、――面積27,900坪、使用料5,212円650、期間昭和6年9月18日～同年10月5日」[1]

南大東島に建設された、この臨時飛行場の土地所有者は大日本製糖株式会社であることは、この文章からも明らかである。したがって、この飛行場については土地所有に関する問題はない。問題は、新しく建設される飛行場跡地の問題であり、その新しい飛行場というのは次のようなものであった。

「昭和9年（1934）9月、佐世保、呉両海軍による合同演習が実施されたが、飛行場が狭小なため、島の中央部（現在の飛行場）に面積26町歩の飛行場を新設、――即ち、これが現在地にある東西の滑走路で、これも双発機の離着陸には不十分であったため、昭和18年に至って――飛行場の拡張整備工事がなされ、また、新たに南北に向けた新滑走路の建設作業にも着手したが、西側は完成、東側は未完成のままついに終戦となった」[2]

また、『沖縄方面海軍作戦』（前出）にも、同主旨の文章がある。

「昭和19年1月8日佐鎮命令第4号で対潜作戦の実効をあげるための航空基地、補給基地、防備衛所の整備――実行することになった。場所等は前掲の18年12月の佐鎮（佐世保鎮守府―杉野）の具申の個所である。――南大東島　既令工事ヲ促進スルト共ニ　小型機一隊使用可能ノ如ク滑走路ヲ更ニ拡張シ　ナシ得レバ1,000米トス」[3]

このように南大東島では、戦争末期に航空基地（飛行場）を建設していたのであるが、そこでの土地所有関係については全く触れられていない。つまり、沖縄各地でみられた「土地の強制接収」という状況の有無が記されていない。その理由は、土地所有関係がかなり明確だったからである。

もともと、この大東島の土地については、「戦前、南北両大東島は大日本製糖株式会社の私有地として、沖縄県に属しているだけで、いずれの市町村にも属さない、すなわち市町村制もしかれない特殊な地域であった」[4]。

昭和38年、玉置智重氏が大東島の土地所有権をめぐって大日本製糖と争う事件があったが、その後、地域住民も土地所有権を主張するに至り、三つ巴で争う問題が生じた。しかし、昭和39年になって、大日本製糖よりの申し出があり、「南・北大東島の土地所有権は住民の主張どお

り、住民の所有権を認める」という結果になった[5]。

　しかしながら、旧軍用地であった南大東島飛行場の面積やその土地所有権がどうなっているのか、問題は残る。この点については、次のような文章がある。

　「この島に、昭和9年に旧日本軍が飛行場用地として買収した財産があります。戦後は米軍の管理下に置かれましたが、昭和47年の沖縄の本土復帰とともに大蔵省所管普通財産として沖縄総合事務局が管理することになりました。本財産のうち51,353.99 m^{2}を『南大東空港敷地』として沖縄県に無償貸付し、島民の交通の便に役立ってきました。その後、平成9年の新南大東空港の完成とともに南大東空港は廃止され、本年（平成14年―杉野）5月の国有財産沖縄地方審議会において南大東村へ『天然記念物保護増殖事業（ダイトウオオコウモリの森）』用地として売払いすることが可決しています」[6]

　こうして、南大東島における旧軍用地は天然記念物保護用地へと転用されたのである。ただし、南大東飛行場跡地の一部、すなわち145,825 m^{2}は昭和57年度に大蔵省より農林省へ所管換されていることも付記しておこう[7]。

1）　『南大東村誌』（改訂）、南大東島村役場、平成2年、379〜380ページ。
2）　同上書、380〜381ページ。
3）　『沖縄方面海軍作戦』、防衛庁防衛研修所戦史室、昭和43年、36〜38ページ。
4）　『沖縄の地籍―現状と対策―』、沖縄県、昭和52年、258ページ。
5）　『南大東村誌』（改訂）、前出、1160〜1163ページ参照。
6）　『ファイナンス』通巻444号、平成14年11月号、33ページ。
7）　『財政金融統計月報』382号、1984年2月、99ページ参照。

⑻　運天の軍需品支庫（今帰仁村）

　6-⒂表には掲載していないが、運天港にあった「軍用地」について瞥見しておきたい。運天港は沖縄本島の北部、本部半島の北側に位置し、伝説としての源為朝や17世紀における島津藩兵の上陸という歴史的伝承もある。現在では、伊是名島と伊平屋島へのフェリー発着地であり、一つの観光拠点となっている。また周辺には、世界遺産に登録された今帰仁城跡がある[1]。

　ところで、運天に旧日本軍の施設、水雷艇炭水庫が建設されたのは1904年（明治37年）で、『沖縄県史』（2011年）には、「運天港には147坪の敷地に石炭倉庫・水庫・給水施設が建設された」[2]とある。しかし、「1921年（大正10年）に今帰仁村長から海軍省あてに水雷艇炭水庫の無償払い下げが申請されている。申請書には石炭庫が腐朽し貯蔵石炭が崩れ落ち粉状になって、さらに水庫も水資源枯渇して役に立たない現状であるので敷地を無償払下してもらいたいという内容が書かれている」[3]。

　「1929年（昭和4年）には、施設の老朽化のために今帰仁村の水雷艇炭水庫を中城湾需品支庫に移転することが決定した。――老朽化した今帰仁村の水雷艇炭水庫は廃止されたが、敷地147坪は海軍用地として残った」[4]

おそらく上掲の引用文を参考にしたのであろうが、『与那原の沖縄戦』（2011 年）には次の文章がある。

「今帰仁村の水雷艇炭水庫は廃止されたが、敷地 147 坪は海軍用地として残った。沖縄戦でこの用地の一部を使ったのが、運天港に配備された魚雷艇部隊と咬龍（小型潜水艦）部隊であった」[5]

さらに時を追うと、『沖縄方面陸軍作戦』（前出）は、「本部半島の運天港に所在した第 27 魚雷艇隊、——3 月 30 日魚雷艇基地は延 200 機以上の大空襲を受け、——31 日も基地を空襲されて、ほとんど機能を失った」[6]と述べている。

これらにより、1904 年に建設された運天の水雷艇炭水庫の跡地（147 坪）とは別に、戦争末期に魚雷艇部隊と咬龍の基地が設営されていたことが判る。『今帰仁村史』は、「この基地には、部隊が設営された」[7]と記しているだけである。

ただし、この魚雷艇基地が運天港のどこにあったのか、その面積規模や土地所有関係、水雷艇炭水庫との関連など、それらの点は不詳である[8]。

1） 『沖縄』、実業之日本社、昭和 60 年、2263 ページ参照。
2） 『沖縄県史』（各論編、第五巻　近代）、沖縄県教育委員会、2011 年、579 ページ。
3） 同上。
4） 同上書、579 〜 580 ページ。
5） 『与那原の沖縄戦』、与那原町教育委員会、2011 年、10 ページ。
6） 『沖縄方面陸軍作戦』、前出、215 ページ。
7） 『今帰仁村史』、今帰仁村役場、1975 年、86 ページ。
8） なお、運天の基地については、「旧日本軍の施設使用に関する文書及び資料はありません」（平成 21 年 6 月 18 日付、今帰仁村役場からの回答）という状況にある。

第七節　一応のまとめ

沖縄攻防戦以来、沖縄県民の企業活動や生活面での苦渋は筆舌に尽くしがたい。戦火そのものによる被害は言うまでもないが、旧日本軍による土地の強制収用、続く米軍による農地などの強制収用も、その大きな要因の一つとなっている。

1970 年に、琉球政府は 1980 年を目標年次とする『長期経済開発計画』を策定している。この長期計画では、「工業用地」の造成に関しては、内陸型工業用地として 650 ha、臨海工業地帯（沖縄本島西海岸地域と同東海岸地域）で 2,970 ha の造成計画を提示している[1]。だが、その中で旧軍用地がどれだけあり、米軍からの返還予定がどれだけあるか触れられていない。当時においては、経済開発計画ではあっても、米軍基地との関連について言及することができない状況にあったとも言えよう。

第二十七章　沖縄県　933

　沖縄県が本土復帰した1972年に、沖縄県は早くも『沖縄振興開発計画の案』を発表している。この案では、1981年を目標年次とする工業用地造成計画を提示し、その内容は内陸工場用地282 ha、臨海工業用地704 haとなっている[2]。しかし、ここでも旧軍用地や米軍返還地との関連については言及されていない。

　沖縄県の場合、内陸工業団地はもとより、臨海部においても、埋立造成はあるとしても、その多くは背後地における工業用地の造成が計画内容となっている。したがって、沖縄県における米軍基地、そして旧軍用地の転用は当然のこととして検討する必要があろう。

　だが、これまでの各節で検討してきた結果、旧軍用地の所在およびその面積が必ずしも明確ではない、あるいは明確にできない状況にある。さらに、旧軍用地の処分および利用状況は、面積規模からみると、空港用地と農地が大部分であり、一部に住宅敷地が有償で貸し付けられているに過ぎない。

　民間企業へ旧軍用地が処分されたのは、僅かに1件だけである。具体的には、与那原町にあった旧陸軍弾薬庫跡地（4,310 m²）が、平成3年にバス会社へ払い下げられた件があるだけである。なお、昭和51年度にはブラックオイル・ターミナル（返還財産、14,138 m²）が運輸通信関係の一般法人に売り払われているが、それが旧軍用地であったかどうかは不詳である。

　沖縄県における旧軍用地の転用の実態としては、民間企業への売払いは、前述したようにバス会社の1件があるものの、本書が主たる研究課題としている工業用地への転用は皆無である。地域における民間企業の活性化をはかり、地元雇用を増大していくことは、沖縄県の自立的経済発展をはかるために不可欠なことである。だが、旧軍用地の工業用地への転用が皆無であるということは、この自立的発展という視点からみると、不思議である。

　このことは、次のような理由によるものと思われる。

　まず、沖縄県の工業立地条件からみると、確かに、沖縄県における用地価格は日本本土のそれに比して、それほど安くはなく、東南アジア諸国との対比でも、賃金は遙かに高い。また、先端産業に関連する協力組織（企業）が少なく、中継貿易等を念頭におくにしても、地域市場（地域購買力）それ自体は狭隘である。そうした工業立地条件の劣悪さが、旧軍用地の工業用地への転用を阻害したものと思われる。

　だが、主たる理由は、沖縄県の工業立地条件の劣悪さという経済的要因によるものではなく、むしろ軍事的な要因によるものである。すなわち、旧軍用地の多くは米軍の軍事施設として利用されてきており、その返還財産（旧軍用地を含む）の利用については、その施設が軍事施設であったという特殊性もさることながら、基本的には、米軍の補完業務を担う自衛隊による返還財産の利用が、国際政治的関係から優先されたことである。

　米軍基地の実態については、本書の直接的な研究対象ではないので略記しておく。日米安全保障条約とそれに関連する地位協定によって、米軍へ提供している土地および施設については、沖縄県が本土復帰した昭和47年5月の時点で、施設面積286.61 km²であった[3]。なお、工業立地とは直接関連しない水域および空域については言及を差し控える。

また、昭和 47 年の時点において、沖縄在駐の自衛隊の施設用地面積は 1,660,700 m²[24]、自衛隊と米軍との共同使用施設（地位協定第 2 条 4 項）面積は、約 430 万 m²[25]、そして「米軍から返還されしだい自衛隊が使用する施設」（返還協定 B 表）では 12 施設（1,948,900 m²）[6]となっている。

自衛隊だけが使用する用地面積は、約 166 万 m²、その後に返還される予定地の面積（約 195 万 m²）のすべてを加えても、360 万 m² にしかならず、米軍基地の面積 2 億 8,600 万 m² からみれば、比較できないような数字である。

さらに返還協定に係わる「沖縄における公用地等の暫定使用に関する法律（昭和 46 年法律第 132 号）」によって、返還財産が公用として利用される場合には、防衛施設庁、厚生省、通産省、運輸省、海上保安庁、建設省で、それぞれ所管することになっている。だが、旧軍用地の性質からみて、大規模な空港や港湾等の施設については、防衛庁と運輸省（のちの国土交通省）へ所管換するものとしている。実際にも、返還財産（旧軍用地を含む）の所管換については、防衛庁を中心に、国土交通省（旧運輸省）と農林省が多く、通産省関係は皆無といった状況にある。

こうした沖縄県の特殊歴史的状況のため、返還財産、とくに旧軍用地の場合、産業用地として、特に工業用地として転用されることはほとんどなかったのである。

1）『長期経済開発計画』、琉球政府、1970 年、173 ページ。
2）『沖縄振興計画の案』、沖縄県、1972 年、別表による。なお、沖縄における工業用地問題については、拙稿「産業基盤の整備に関する諸問題」（杉野圀明・岩田勝雄編『現代沖縄経済論』法律文化社、1990 年に所収）をも参照されたい。
3）『沖縄の米軍基地関係資料』、沖縄県総務部、昭和 47 年 11 月、8 ページ。
4）同上書、38 ページ。
5）同上書、39 ページより算出。
6）同上書、40 ページ。

補遺Ⅲ　旧軍用地の防衛庁（保安庁）への無償所管換

はじめに

　本書の上巻では、防衛庁（保安庁）へ無償所管換された旧軍用地の概況を都道府県別に集約したⅩ-2-⑴表を掲載しているが、その具体的な明細は伏せたままであった。また、防衛庁による旧軍用地の「使用承認」分や、のちに雑種財産へ転用されたものについては、これを除外するなどの手法を採った。

　その理由は、防衛庁に関することは、その一切が国家機密に属する事項ではないかと思ったからである。だが、旧軍用地が自衛隊（警察予備軍・保安隊）へ無償所管換されてから、既に永い歴史的経過を経ており、自衛隊も旧軍用地以外の用地を取得するなど、その実態は大きく変化している。また内容的にみても、自衛隊用地へと転用されてからの具体的な用途目的（施設等）については触れていないので、国家機密には抵触しないと判断し、以下に、その明細を掲示することにした。

　なお、警察予備隊が発足するまでの経緯およびその後の展開過程については、『「再軍備」の軌跡』（昭和戦後史、読売新聞戦後史班編、1981 年）に詳しい。だが、本書の本来的な研究課題ではないので、『近代日本総合年表』（岩波書店、1968 年）により、その経緯を簡単に触れておく。

　昭和 25 年 6 月 25 日に勃発した朝鮮戦争を契機として、占領軍（米軍）の強い要請によって、警察予備隊が発足し、ここに日本の再軍備への道がとられることとなった。

　すなわち昭和 25 年 7 月 8 日には、「マッカーサー、吉田首相宛書簡で、国家警察予備隊（7 万5000 人）の創設、海上保安庁の拡充（8000 人）を指令」[1]、8 月 10 日には、「警察予備隊令（ポツダム政令）公布、即日施行。8 月 23 日に第 1 陣約 7000 人入隊」[2]。

　ここに至って、世界から戦争をなくすという平和主義の理念と冷戦体制という国際政治の厳しい現実との矛盾が早くも展開しはじめるのである。

　昭和 27 年 4 月 28 日、「対日平和条約・日米安全保障条約各発効」[3]、これにより日本は独立国となる。だが、この安保条約との関連で、7 月 31 日には、「保安庁法公布(法)（保安庁を設置し、警察予備隊を保安隊に編成替え、海上に警備隊を新設）。同年 10 月 15 日保安隊発足」[4]という過程を辿って、軍備は強化され、平和主義との矛盾は次第に深まっていく。

　さらに昭和 29 年 6 月 9 日には、「防衛庁設置法・自衛隊法各公布（保安隊を改組し、陸・海・空3 軍方式に拡大、戦後初めて外敵への防衛任務を規定）」[5]し、各法は 7 月 1 日より施行された。つまり、「戦力を保持しない」「交戦権はこれを認めない」という憲法の内実が失われ、陸上自衛隊、

海上自衛隊、航空自衛隊という、いわゆる「三軍体制」が確立していくのである。

　以上のような経緯を経て、日本の軍事化は急速に展開していくのだが、その土台となる諸施設の用地の多くは、旧軍用地からの転用であった。

　以下では、「旧軍用財産資料」（大蔵省管財局文書）により、防衛庁（保安庁）に無償所管換（一部は「使用承認」）された旧軍用地（１万㎡以上）を摘出し、これを都道府県別に明らかにしていきたい。ただし、沖縄県を除く。

　ところで、旧軍用地転用状況（防衛庁への無償所管換・使用承認）については、すべての出所が「旧軍用財産資料」（前出）であり、以下の諸表ではこれを省略する。内容としては、昭和47年度までに大蔵省から防衛庁へ無償所管換された旧軍用地を掲載したものである。残念ながら、中国地方および四国地方については、資料の制約から昭和35年度末までの分の掲載に留まっている。また、都合により、１件あたり１万㎡以上に限定して収録したので、防衛庁への旧軍用地の無償所管換は、その概数であることをあらかじめ断っておきたい。

　なお、補遺Ⅲの諸表については、その整理番号を上巻との関連で、X-補とした。

　1）　『近代日本総合年表』、岩波書店、1968年、378ページ。
　2）　同上書、380ページ。
　3）　同上書、390ページ。
　4）　同上書、392ページ。
　5）　同上書、402ページ。

　防衛庁へ無償所管換された都道府県別旧軍用地（１件あたり１万㎡以上、ただし沖縄県を除く）は以下の通りである。

X-補-(1)表　防衛庁（保安庁）へ無償所管換された旧軍用地（都道府県別）

1．北海道　　　　　　　　　　　　　　　　　　　　　　　　（単位：㎡、年次：昭和年）

旧軍用施設口座名	所在地	面積	年次
陸軍糧秣本廠札幌支廠	札幌市雁木	155,535	32
島松演習場及び廠舎	恵庭町島松	33,434,427	35
北部軍教育隊	同	320,907	32
北部軍小銃射撃場	恵庭町柏木	115,998	35
北海道陸軍兵器補給廠厚別倉庫	札幌市厚別	297,720	32
札幌陸軍飛行場	札幌市丘珠	546,198	32
千歳第1航空陸上基地	千歳町平和	22,228	41
千歳第2航空陸上基地	千歳町祝梅	1,567,858	40
同	同	234,069	48 使用承認
第41航空廠工具寄宿舎	千歳町東雲町	14,907	32
第41航空廠	千歳町ママチ	3,754,839	48 雑種財産
函館重砲兵連隊下湯の川演習場	亀田郡湯の川村	11,706	33
八雲陸軍飛行場	八雲町末広町	709,936	34

補遺Ⅲ　旧軍用地の防衛庁（保安庁）への無償所管換　　937

旧軍用施設口座名	所在地	面積	年次	
同	同	276,032	38	
第7師団兵器部火薬庫	旭川市春光町2	35,533	32	
旭川練兵場（一）	旭川市二線2号	991,607	29	
同	同	152,953	32	
同	同	154,275	32	
同	同	71,696	32	1/17
同	同	71,696	32	5/30
近文台演習場及び小銃射撃場	旭川市4線2号	50,280	32	
同	同	55,573	32	
同	同	67,928	35	
同	同	39,315	35	
同	同	81,922	38	
大湊通信隊稚内分遣隊野寒布送信所	稚内市野寒布	61,819	35	
同	同	20,690	37	
帯広陸軍飛行場	河西郡河西村	447,724	33	
帯広陸軍飛行場引込軌道敷地	帯広市西9南7	31,127	32	
軍馬補充部根室支部	別海村西春別	59,005,942	41	
軍馬補充部根室支部放牧地	同	2,115,371	41	
同	同	629,553	41	
同	同	1,756,687	41	
同	同	32,558,240	41	
計根別第四飛行場	別海村春別	17,464,428	35	
美幌第一航空陸上基地	美幌町新町	1,061,269	32	
同	同	1,762,221	38	
第41航空廠美幌分工場	美幌町	59,999	32	
北海道（防衛庁）計38件		160,292,130		

2．青森県

（単位：m²、年次：昭和年）

旧軍用施設口座名	所在地	面積	年次
八戸陸軍飛行場所沢陸軍整備学校 　八戸教育隊（一）	三戸郡下長苗代村	362,079	33
八戸陸軍飛行場所沢陸軍整備学校 　八戸教育隊（二）	八戸市川原木	266,247	33
八戸陸軍小銃射撃場	市川村桔梗野	35,534	33
八戸陸軍航空分廠轟分廠 　信号所間陸軍軌道	市川村桔梗野上	42,069	33
宇都宮陸軍航空廠八戸分廠	八戸市川原木	174,628	33
八戸陸軍飛行場	同	5,750,419	33
八戸陸軍病院	市川村桔梗野上	53,660	33
三沢航空基地宿舎	三沢市	31,354	32
三沢航空基地		33,278	35
大平重油槽油	大湊町大平	25,547	31
大湊警備府第一区	大湊町宇田	179,163	32
同	同	22,456	39
大湊軍需部高地火薬庫	同	18,162	48 使用承認

大湊経理部	大湊町水上通	10,240	30
芦崎衛所	大湊町大湊	60,589	31
同	同	723,751	39
大湊警備府会議所	大湊町宇内	14,340	32
第41航空廠大湊支廠	大湊町宇曽利	524,578	32
同	同	98,261	32
大湊支廠芦崎工場	大湊町早崎	34,373	40
大湊航空隊	大湊町城ケ沢	1,364,915	40
大湊不時着陸場	田名部下平	464,999	34
大湊通信隊近川分遣隊	風間浦奥内	41,401	31
青森県　計23件		10,332,043	

3．岩手県

(単位：m², 年次：昭和年)

旧軍用施設口座名	所在地	面積	年次
盛岡射撃場	滝沢村滝沢	154,879	36

4．宮城県

(単位：m², 年次：昭和年)

旧軍用施設口座名	所在地	面積	年次
王城寺諸兵演習場	加美郡色麻村他	19,698,136	40
増田陸軍飛行場	名取市下増田他	1,363,283	33
松島海軍航空隊水源地	矢本町	37,685	32
松島航空隊基地	同	1,191,061	32
同	同	86,686	33
松島航空隊	同	495,318	32
同	同	11,459	33
仙台航空機乗員養成所	仙台市霞ノ目	67,256	29
多賀城南地区水道施設	多賀城市八幡他	21,907	39
多賀城南地区男子工員宿舎	多賀城市旭丘	20,347	37
多賀城海軍工廠多賀城北地区	多賀城市笹神	313,142	30
同	同	470,644	42
東京第一陸軍造兵廠仙台製造所太田見地区	仙台市原町	799,243	38
第一海軍火薬廠	柴田町他	16,802	32
同	同	965,050	38
同	同	617,147	47
宮城県　計16件		26,175,166	

5．秋田県　該当なし

6．山形県

(単位：m², 年次：昭和年)

旧軍用施設口座名	所在地	面積	年次
神町航空基地	東根市大字若木	1,209,823	32

補遺Ⅲ　旧軍用地の防衛庁（保安庁）への無償所管換　　939

7．福島県

（単位：m²、年次：昭和年）

旧軍用施設口座名	所在地	面積	年次
軍馬補充部白河支部・白河演習場	湯本町・西郷村	2,814,207	35
同	同	198,254	37
郡山第三海軍航空隊	郡山市大槻町	20,815	40
福島県　計3件		3,033,276	

8．茨城県

（単位：m²、年次：昭和年）

旧軍用施設口座名	所在地	面積	年次
百里ケ原海軍航空隊	小川町	372,118	34
第一海軍航空廠本廠	土浦市右籾	370,753	32
第一海軍航空廠補給部工場	同	64,881	32
霞ヶ浦海軍航空隊	阿見町	20,270	40
土浦海軍航空隊	同	285,085	32
横須賀海軍軍需部霞ヶ浦支部	同	17,823	30
茨城県　計6件		1,130,930	

9．栃木県

（単位：m²、年次：昭和年）

旧軍用施設口座名	所在地	面積	年次
東京第一陸軍造兵廠雀宮工場	宇都宮市雀宮	674,206	32
同	同	18,451	34
宇都宮小銃射撃場	宇都宮市清原	60,161	30
栃木県　計3件		752,818	

10．群馬県

（単位：m²、年次：昭和年）

旧軍用施設口座名	所在地	面積	年次
前橋陸軍予備士官学校	北群馬郡榛東村	248,500	35
相馬ケ原演習場及び廠舎	群馬郡箕郷町	2,888,439	35
群馬県　計2件		3,136,939	

11．埼玉県

（単位：m²、年次：昭和年）

旧軍用施設口座名	所在地	面積	年次
陸軍航空士官学校修武台飛行場	狭山市入間川	1,876,196	42
陸軍中央無線大井受信所	入間郡大井町	31,160	31
熊谷陸軍飛行学校及び稜威ケ原飛行場	熊谷市十六間他	565,100	44
埼玉県　計3件		2,472,456	

12. 千葉県 　　　　　　　　　　　　　　　　　　　　　　　　（単位：m²、年次：昭和年）

旧軍用施設口座名	所在地	面積	年次
下志津陸軍飛行学校	千葉市若松町	91,298	32
下志津陸軍飛行学校飛行場	千葉市殿台新田	318,027	32
陸軍騎兵学校	二宮町薬園台	235,296	32
習志野演習場及同特別廠舎	幕張町、二宮町	1,707,474	32
東部第105部隊	柏市田中・八木	69,219	35
柏小銃射撃場	田中村張間	58,172	42
陸軍野戦砲兵学校	千代田村・旭村	65,628	32
下志津第5教導飛行隊	千葉市若松町他	11,929	42
陸軍藤ヶ谷飛行場	柏市藤ヶ谷	2,377,396	36
館山海軍航空隊	館山市宮城	423,336	36
同	同	40,675	42
館山海軍航空隊上野原送信所	館山市北条	17,527	32
千葉県　計12件		5,415,977	

13. 東京都 　　　　　　　　　　　　　　　　　　　　　　　　（単位：m²、年次：昭和年）

旧軍用施設口座名	所在地	面積	年次
陸軍予科士官学校	新宿区市ヶ谷	219,447	36
陸軍兵器補給廠陸軍兵器本部東京出張所	北区稲付西山町	111,964	42
海軍技術研究所	渋谷区恵比寿南	156,431	36
陸軍衛生材料廠	世田谷区桜丘	21,890	40
駒沢練兵場	世田谷区	167,798	30
陸軍獣医資材本廠	立川市曙町	308,498	33
陸軍経理学校	小平市小川東町	64,730	31
同	同	16,462	33
東京都　計8件		1,067,220	

14. 神奈川県 　　　　　　　　　　　　　　　　　　　　　　　　（単位：m²、年次：昭和年）

旧軍用施設口座名	所在地		面積	年次
陸軍兵器学校	相模原市上矢部		68,667	32
横須賀鎮守府長官官舎	横須賀市公卿町		10,247	43
陸軍築城部大矢部倉庫	同	大矢部	140,204	34
海軍水雷学校	同	田浦町	35,090	32
海軍通信学校	同	久比里	162,595	32
同	同		53,434	36
海軍対潜学校	同	川間	11,398	30
走水防備隊	同	走水	10,178	32
海軍武山海兵団	同	武	917,166	44
横須賀海軍造兵廠機雷実験所	同	武	18,796	32
走水第二砲台	同	走水	11,917	32
花立砲台	同	鴨居	76,190	39

補遺Ⅲ　旧軍用地の防衛庁（保安庁）への無償所管換　　941

小原台演習砲台	同	鴨居	381,920	32
海軍小原台高角砲台	同	走水	32,214	32
走水第三砲台	同	走水	28,072	32
海軍武山海兵団射撃場	同	武	109,189	48 使用承認
海軍大楠機関学校射撃場	同	長坂	41,262	48
同	同		62,998	48
海軍軍需部	同	長浦町	75,144	48 使用承認
海軍港務部	同	逸見町	62,009	31
神奈川県　計19件			2,308,690	

15. 新潟県

（単位：m²、年次：昭和年）

旧軍用施設口座名	所在地	面積	年次
新発田歩兵第16連隊	新発田市本丸	100,219	39
新発田営前練習場	新発田市二の丸	20,738	38
13航空教育隊北兵舎	上越市南城町	148,186	32
関山演習場	妙高村	5,714,620	39
新潟県　計4件		5,983,763	

16. 富山県　該当なし

17. 石川県

（単位：m²、年次：昭和年）

旧軍用施設口座名	所在地	面積	年次
山砲兵第16連隊	金沢市野田町他	110,878	32
同	同	10,585	44
小松海軍航空基地	小松市浮柳町	2,236,926	37
同	同	10,123	38
石川県　計4件		2,368,512	

18. 福井県　該当なし

19. 山梨県　該当なし

20. 長野県　該当なし

21. 岐阜県

（単位：m²、年次：昭和年）

旧軍用施設口座名	所在地	面積	年次
第51航空師団司令部	岐阜市加納	22,932	48 使用承認
岐阜陸軍射撃場	岐阜市日野	73,463	35
各務原陸軍航空廠（A）	各務原市那加	186,543	35

旧軍用施設口座名		面積	年次
陸軍航空本部各務原西飛行場	同	1,762,155	35
陸軍航空本部各務原中飛行場	同	1,525,219	35
岐阜陸軍整備学校西校	同	268,413	35
同	同	10,331	39
各務原陸軍病院	同	85,289	35
第10教育飛行隊	同	125,620	35
岐阜県　計9件		4,059,965	

22. 静岡県

（単位：m²、年次：昭和年）

旧軍用施設口座名	所在地	面積	年次
藤枝海軍航空隊	大井川町	429,176	32
浜松陸軍練兵場及作業場	浜松市和地山町	15,493	33
各務原航空廠浜松分廠	浜松市葵町他	34,732	34
第24練成飛行隊	浜松市葵町	61,791	39
浜松陸軍飛行学校及飛行場	浜松市	1,969,973	33
駒門演習廠舎	御殿場市	85,597	35
板妻演習廠舎	同	254,847	35
陸軍野戦重砲兵学校富士分教場	同	150,199	35
東富士演習場	御殿場市他	132,232	35
同	同	98,607	40
同	同	18,030,665	43
静岡県　計11件		21,263,312	

23. 愛知県

（単位：m²、年次：昭和年）

旧軍用施設口座名	所在地	面積	年次
騎兵第3連隊	守山市山屋敷	119,369	37
小牧飛行場（名古屋北陸軍飛行場	小牧市南外山	12,627	39
同	同	1,205,245	47
小幡ケ原陸軍射撃場及演習場	名古屋市守山区	156,380	32
同	同	27,199	36
名古屋陸軍造兵廠鷹来製造所	春日井市鷹来町	247,203	38
豊川海軍工廠	豊川市市田町	59,476	32
同	同	308,673	32
同	同	69,058	36
豊川海軍工廠別地火薬庫他	豊川市千両町	589,193	35
愛知県　計10件		2,794,423	

24. 三重県

（単位：m²、年次：昭和年）

旧軍用施設口座名	所在地	面積	年次
歩兵第33連隊	久居町	83,553	32
同	同	11,808	39
明野陸軍飛行学校	度会郡小俣町	280,605	29

補遺Ⅲ　旧軍用地の防衛庁（保安庁）への無償所管換　943

旧軍用施設口座名	所在地	面積	年次
同	同	16,101	32
三重県　計4件		392,067	

25. 滋賀県

（単位：m^2、年次：昭和年）

旧軍用施設口座名	所在地	面積	年次
饗庭野陸軍演習場	高島郡今津町	336,867	32
同	同	19,455,296	41
饗庭野陸軍演習廠舎第2号地	高島郡今津町	80,770	41
大津海軍航空隊	大津市際川町	158,038	42
大津海軍小銃射撃場	大津市滋賀里町	44,321	34
同	同	10,578	42
滋賀県　計6件		20,085,870	

26. 京都府

（単位：m^2、年次：昭和年）

旧軍用施設口座名	所在地	面積	年次
東京第二陸軍造兵廠宇治製造所本工場	宇治市五ケ庄	348,840	32
同	同	21,272	45
東京第二陸軍造兵廠宇治製造所鉄道引込線	宇治市木幡正中	25,186	43
長池陸軍演習場	城陽市富野	1,814,897	35
同	同	99,174	35
東京第二陸軍造兵廠宇治製造所分工場	京都市伏見区	33,105	43
大阪陸軍兵器補給廠祝園分廠	相楽郡精華町	4,778,976	42
三菱海軍用地	京都市右京区	362,730	32
歩兵第20連隊	福知山市大字岡	98,483	32
長田野演習場	福知山市長田野	11,069	45
舞鶴海軍通信隊上杉分遺隊	綾部市上杉	39,252	32
舞鶴要塞博奕岬電灯所及交通路	舞鶴市瀬崎	132,830	42
舞鶴鎮守府	舞鶴市余部	12,727	32
舞鶴鎮守府第一練兵場	同	42,482	32
舞鶴海軍軍需部第一区	舞鶴市北吸	10,787	32
舞鶴海軍病院	舞鶴市余部下	55,294	31
同	同	16,155	31
舞鶴海兵団	舞鶴市松ケ崎	633,094	32
舞鶴防備隊第1区	舞鶴市北吸	14,888	36
同	同	12,867	42
舞鶴鎮守府第5～18防禦区	舞鶴市青井	30,092	32
海軍兵学校舞鶴分校第1区	舞鶴市余部	104,632	32
同	同	41,019	32
舞鶴海軍軍需部平重油槽	舞鶴市平	70,251	32
舞鶴鎮守府中舞鶴官舎	舞鶴市余部	23,106	29
舞鶴海軍軍需部第5区岩子地区	舞鶴市長浜	193,295	31
同	同	12,662	31
第三海軍火薬廠第1区長浜地区	舞鶴市長浜	103,233	32

旧軍用施設口座名	所在地	面積	年次
同	同	50,809	32
同	同	13,516	44
舞鶴海軍軍需部大波重油槽	舞鶴市大波下	15,503	32
舞鶴海軍軍需部第7区白浜地区	舞鶴市白浜	262,109	31
舞鶴海軍警備隊博奕岬防空砲台	舞鶴市瀬崎	47,283	42
舞鶴海兵団大波射撃場	舞鶴市大波	167,754	32
同	同	41,170	32
京都府　計35 （うち舞鶴市、24件）		9,740,642 2,107,658	

27. 大阪府　　　　　　　　　　　　　　　　　　　　　　（単位：m²、年次：昭和年）

旧軍用施設口座名	所在地	面積	年次
野砲兵第四連隊	和泉市黒鳥	167,991	33
大阪陸軍病院信太山分院	同	11,929	33
郷荘練兵場	同	67,817	33
信太山演習場	和泉市・堺市	2,633,229	33
信太山小銃射撃場	堺市菱木町	82,050	33
大阪府　計5件		2,963,016	

28. 兵庫県　　　　　　　　　　　　　　　　　　　　　　（単位：m²、年次：昭和年）

旧軍用施設口座名	所在地	面積	年次
捜索第54連隊	姫路市北平野町	45,399	31
野砲兵第54連隊	同	102,680	31
戦車第19連隊自動車訓練場	小野市	119,291	35
清野ケ原演習場	同	6,860,466	35
清野ケ原小銃射撃場	同	31,418	35
大阪陸軍兵器補給廠伊丹分廠	川西市	270,874	35
由良要塞生石山砲台及交通路	洲本市由良町	14,608	32
同	同	17,590	45
姫路航空隊	加西市	59,440	38
兵庫県　計9件		7,521,766	

29. 奈良県　　　　　　　　　　　　　　　　　　　　　　（単位：m²、年次：昭和年）

旧軍用施設口座名	所在地	面積	年次
奈良陸軍射撃場	奈良市古市町	27,098	33

30. 和歌山県　　　　　　　　　　　　　　　　　　　　　（単位：m²、年次：昭和年）

旧軍用施設口座名	所在地	面積	年次
紀伊防備隊	日高郡由良町	11,037	32
同	同	10,293	38

補遺Ⅲ　旧軍用地の防衛庁（保安庁）への無償所管換　945

和歌山県　計2件		21,330	

31. 鳥取県

（単位：m²、年次：昭和年）

旧軍用施設口座名	所在地	面積	年次
米子陸軍飛行場	米子市両三柳	265,102	48 使用承認
美保航空基地	米子市大篠津町	2,849,554	48 使用承認
鳥取県　計2件		3,114,656	

32. 島根県

（単位：m²、年次：昭和年）

旧軍用施設口座名	所在地	面積	年次
大社航空隊新川基地	簸川郡斐川町	29,999	30
同	同	34,038	34
島根県　計2件		64,037	

33. 岡山県

（単位：m²、年次：昭和年）

旧軍用施設口座名	所在地	面積	年次
倉敷海軍航空隊	倉敷市福田町	40,826	23 ※海岸提塘

※この件は転記ミスと思われる。

34. 広島県

（単位：m²、年次：昭和年）

旧軍用施設口座名	所在地	面積	年次
第一原村陸軍演習場	八本松町	1,999,547	32
海田市軍需品集積用地	海田町	478,923	32
詫間航空隊福山分遣隊	福山市大門町	21,050	32
海軍兵学校	江田島町	206,184	32
兵学校官舎	同	107,532	32
第11航空廠切串地区	同	121,725	35
同	同	363,348	35
兵学校大原分校	同	697,994	35
兵学校水道	同	156,961	32
兵学校射的場	同	93,130	35
呉鎮守府人事部文庫	呉市　宝町	31,587	32
呉軍需部第一区	同	41,636	32
呉海兵団	同　大和通	89,008	32
同	同	46,914	32
呉工廠第一区	同　昭和通	26,082	32
同	同	15,173	32
広島県　計16件		4,496,794	
（うち呉市計6件）		250,400	

35. 山口県

(単位：m²、年次：昭和年)

旧軍用施設口座名	所在地	面積	年次
山口練兵場	山口市宮野下	149,930	32
防府通信学校水道	防府市田島	14,840	32
歩兵42連隊	山口市宮野下	131,170	32
山口射撃場	同	95,682	31
岩国海軍兵学校防府分校	防府市田島	56,197	32
同	同	544,606	32
防府通信学校付属送信所	同	23,365	32
防府陸軍飛行場	同	515,325	32
第12飛行師団司令部（小月飛行場）	下関市松屋	2,368,876	32
下関防備隊	下関市吉見	169,984	32
山口県　計10件		4,069,975	

36. 徳島県

(単位：m²、年次：昭和年)

旧軍用施設口座名	所在地	面積	年次
徳島海軍航空隊	松茂村	324,792	33
同	同	49,181	34
徳島県　計2件		373,973	

37. 香川県

(単位：m²、年次：昭和年)

旧軍用施設口座名	所在地	面積	年次
四国軍管区兵器部	善通寺市寺町	41,357	30
善通寺山砲隊	善通寺市善通寺	132,689	29
香川県　計2件		174,046	

38. 愛媛県

(単位：m²、年次：昭和年)

旧軍用施設口座名	所在地	面積	年次
小野村陸軍演習場	温泉郡小野村	28,114	42

39. 高知県　該当なし

40. 福岡県

(単位：m²、年次：昭和年)

旧軍用施設口座名	所在地	面積	年次
久留米第一予備士官学校	久留米市御井町	228,446	32
久留米第一予備士官学校訓練場	同	500,823	30 保安庁
同	同	31,282	45
同	同	12,310	45
同	同	13,302	45

補遺Ⅲ　旧軍用地の防衛庁（保安庁）への無償所管換　947

戦車第18連隊	久留米市高良内	31,018	32
高良内演習場	久留米市上津他	1,616,651	30 保安庁
高良内射撃場	久留米市高良内	41,484	30 保安庁
広島陸軍被服廠久留米出張所大保被服廠	小郡市	12,101	42
歩兵第148連隊及56師団通信隊	久留米市国分町	136,260	32
小倉陸軍造兵廠春日工場	春日市	107,111	47 使用承認
歩兵第123連隊	小倉区北方	116,817	32
同	同	136,894	37
同	同	18,403	37
東京第二陸軍造兵廠曽根製造所	小倉区曽根	231,682	33
徳力射撃場	小倉区徳力	86,267	34
小倉陸軍兵器補給廠	小倉区東城野	171,891	32
富野弾薬本庫	小倉区富野	1,666,922	31
築城海軍航空隊	行橋市松原	1,883,451	35
芦屋飛行場	芦屋町	152,847	41
福岡県　計20件		7,195,962	

41. 佐賀県

（単位：m^2、年次：昭和年）

旧軍用施設口座名	所在地	面積	年次
目達原陸軍飛行場	三田川町	52,845	30
同	同	14,431	43
佐賀県　計2件		67,276	

42. 長崎県

（単位：m^2、年次：昭和年）

旧軍用施設口座名	所在地	面積	年次
第21海軍航空廠	大村市森園郷	141,497	32
同	同	148,439	32
同	同	27,408	32
同	同	10,889	32
同	同	30,575	40
大村海軍航空隊	大村市富の原郷	315,765	30
高麗山地区指令所	上対馬町	16,462	37
上見坂堡塁及同交通路敷地	美津島町	367,458	45
築城本部対馬出張所及官舎他	厳原町	13,492	45
千綿大野原演習場	東彼杵町	6,204,231	31
太田揮発油槽	佐世保市前畑町	79,990	30
佐世保海軍航空隊第21空廠崎辺	佐世保市崎辺町	207,705	41
同	同	28,704	41
佐世保軍需部千尽燃料置場他	佐世保市千尽町	43,169	32
相浦海兵団	佐世保市相浦町	1,045,960	32
向後崎防禦区	佐世保市俵浦町	57,729	45
佐世保海軍軍需部尼瀉火薬庫	佐世保市白岳町	17,652	32
佐世保海軍黒髪射撃場	佐世保市黒髪町	131,960	31

旧軍用施設口座名	所在地	面積	年次
佐世保海軍工廠安久火工工場他	佐世保市有福町	297,517	32
同	同	18,030	47
長崎県　計20件 （うち佐世保市、10件）		9,204,632 1,928,416	

43. 熊本県

（単位：m²、年次：昭和年）

旧軍用施設口座名	所在地	面積	年次
花園小銃射撃場	熊本市花園町	105,484	33
熊本陸軍幼年学校	熊本市清水八景	198,348	32
三菱重工業健軍工場	熊本市健軍町	595,477	33
同	同	353,448	43
黒石原演習場	菊地郡合志町他	807,024	35
同	同	17,569	37
大矢野原演習場	上益城郡矢部町	13,485,873	33
同	同	49,895	33
同	同	1,480,081	36
同	同	485,510	42
熊本県　計10件		17,578,709	

44. 大分県

（単位：m²、年次：昭和年）

旧軍用施設口座名	所在地	面積	年次
大分陸軍射撃場	大分市三芳	78,251	32
陸軍石垣原演習場	別府市石垣	345,189	35
神戸製鋼中津工場	中津市大貞他	78,564	32
佐伯航空隊	佐伯市長島	37,545	45
日生台演習場	玖珠町	47,026,281	37
大分県　計5件		47,565,830	

45. 宮崎県

（単位：m²、年次：昭和年）

旧軍用施設口座名	所在地	面積	年次
都城歩兵第23連隊	都城市五十町	120,667	32
都城西飛行場	都城市横市	10,499	32
新田原飛行場	児湯郡新富町	108,330	42
高畑山通信施設	串間市都井町	41,352	35
宮崎県　計4件		280,848	

46. 鹿児島県

（単位：m²、年次：昭和年）

旧軍用施設口座名	所在地	面積	年次
第一鹿屋海軍航空隊	鹿屋市西原町	2,435,044	32
第22海軍航空廠地区	鹿屋市	849,757	32

九州航空隊鉾部隊	鹿屋市中名	95,133	35
鹿児島県　計3件		3,379,934	

大蔵省から防衛庁（保安庁）へ無償所管換された旧軍用地（1件あたり1万 m^2 以上）の概要は、上記の通りであるが、時期別都道府県別の件数を一つの表に整理してみると次のようになる。

X-補-(2)表　旧軍用地の防衛庁への無償所管換状況（件数）

（単位：件、年次：昭和年）

	22〜26	27〜31	32〜36	37〜41	42〜48	計
北海道		1	24	11	2	38
青森		4	14	4	1	23
岩手			1			1
宮城		2	7	5	2	16
山形			1			1
福島			1	2		3
茨城		1	4	1		6
栃木		1	2			3
群馬			2			2
埼玉		1			2	3
千葉			9		3	12
東京		2	4	1	1	8
神奈川		2	10	1	6	19
新潟			1	3		4
石川			1	2	1	4
岐阜			7	1	1	9
静岡			8	2	1	11
愛知			6	3	1	10
三重		1	2	1		4
滋賀			2	2	2	6
京都		6	20		9	35
大阪			5			5
兵庫		2	5	1	1	9
奈良			1			1
和歌山			1	1		2
鳥取					2	2
島根		1	1			2
岡山	※1					1
広島			16			16
山口		1	9			10
徳島			2			2
香川		2				2
愛媛					1	1

福岡		4	8	3	5	20
佐賀		1			1	2
長崎		4	8	4	4	20
熊本			7	1	2	10
大分			3	1	1	5
宮崎			3		1	4
鹿児島			3			3
全国計	1	36	199	48	51	335

出所：X-補-(1)の「件数」を集計。※は誤記だと思われる。
注：本表は上巻X-2-(1)表の数字と異なる点があるが、本表はその補正分である。

X-補-(2)表をみると、旧軍用地（1件あたり1万m^2以上）が防衛庁に無償所管換されたのは、時期的には昭和32年から36年の間、つまり高度経済成長期に集中している。また、これを国際政治の点からみると、安保条約の改定（昭和35年）がなされた時期である。

次に、これを都道府県別にみると、30件を超えるのが、北海道（38件）と京都（35件）であり、20件台が、青森（23件）、福岡（20件）、長崎（20件）の3県である。それ以外では、神奈川（19件）、宮城（18件）と広島（16件）が目立つ。

以上の中に、旧軍港市である横須賀、舞鶴、呉、佐世保が位置する諸県が含まれていることに留意しておきたい。

北海道と青森に、防衛庁へ無償所管換された旧軍用地が多いのは、旧ソ連（ロシア）に対する防衛を意識しての配置であろう。福岡と宮城には、地方中核都市である福岡と仙台が位置しているが、福岡県の場合には朝鮮半島に近いということが理由の一つになっているものと思われる。

以上は、無償所管換された件数（1件あたり1万m^2以上）についての分析であり、その歴史的展開という点では、その時期別区分が重要となる。そこで、X-補-(1)の諸表を昭和年次的に整理して、これを都道府県別にみておくことにしよう。なお、煩雑を避けるため、面積単位を千m^2とした。

X-補-(3)表　旧軍用地の防衛庁への無償所管換状況（面積）

（単位：千m^2、年次：昭和年）

	22〜26	27〜31	32〜36	37〜41	42〜48	計
北海道		991	55,514	99,796	3,988	160,289
青森		137	8,030	2,145	18	10,330
岩手			154			154
宮城		380	3,202	21,504	1,087	26,173
山形			1,209			1,209
福島			2,814	198	20	3,032
茨城		17	1,092	20		1,129
栃木		60	692			752
群馬			3,136			3,136

埼玉		31			2,441	2,472
千葉			5,305		110	5,415
東京		232	700	21	111	1,064
神奈川		73	943	76	1,216	2,308
新潟			148	5,835		5,983
石川			110	2,247	10	2,367
岐阜			4,026	10	22	4,058
静岡			3,072	160	18,030	21,262
愛知			1,209	379	1,205	2,793
三重		280	99	11		390
滋賀			381	19,536	168	20,085
京都		562	4,101		5,076	9,739
大阪			2,963			2,963
兵庫		148	7,296	59	17	7,520
奈良			27			27
和歌山			11	10		21
鳥取					3,114	3,114
島根		29	34			63
岡山	40					40
広島			4,496			4,496
山口		95	3,974			4,069
徳島			373			373
香川		174				174
愛媛					28	28
福岡		3,825	2,886	308	176	7,195
佐賀		52			14	66
長崎		6,731	1,732	283	456	9,202
熊本			16,722	17	838	17,577
大分			502	47,026	37	47,565
宮崎			172		108	280
鹿児島			3,379			3,379
全国計	40	13,817	140,504	199,641	38,290	392,292

出所：Ⅹ-補-(1)の各表〔面積数〕を集計。ただし、千㎡未満は切り捨てた。
注：Ⅹ-2-(1)表と数字が異なるが、その差が補正分である。

　上掲のⅩ-補-(3)表によって、防衛庁へ無償所管換された旧軍用地の面積をみると、全国で、4億㎡弱である。なお、旧軍用地の防衛庁への無償所管換については、1万㎡未満のものは数字として収録していないので、そのことを勘案すると、おそらく全国では4億㎡以上の旧軍用地が防衛庁へ無償所管換されたものと推測できる。

　まず、所管換された面積を時期別にみると、所管換された件数が多かった高度経済成長期の前期ではなく、昭和30年代の高度経済成長期の後半、つまり安保改定以後だったことが判る。

もっとも、高度経済成長期の前半でも、相当の旧軍用地が所管換されており、この二つの時期を合わせると、約3億4千万m²となり、全体の約87%に相当する規模となっている。

次に、これを都道府県別にみると、北海道で無償所管換された旧軍用地の面積が抜群の大きさであることが判る。北海道のそれは約1億6千万m²であり、全国の41%に相当する規模となっている。このことについては、北海道東部にあった軍馬補充部の防衛庁への無償所管換が大きかったことをⅩ-補-⑴表は示している。

防衛庁への旧軍用地の無償所管換が北海道に次いで大きかったのは、大分県の47百万m²である。続いて、宮城県（26百万m²）、静岡県（21百万m²）、滋賀県（20百万m²）への無償所管換が大きい。大分、宮城、静岡、滋賀の各県へ無償所管換された面積が大きかったのは、それぞれ「演習地」を用途目的としているからである。

これを具体的にみると、大分県では「日生台演習場」（47百万m²）、宮城県では「王城寺諸兵演習場」（19百万m²）、静岡県では「東富士演習場」（18百万m²）、滋賀県では「饗庭野陸軍演習場」（20百万m²）というように、広大な演習場が防衛庁へと無償所管換されている。

もともと、「旧軍用財産資料」（前出）には、防衛庁（保安庁）へ旧軍用地を無償所管換した場合には、それぞれに用途目的を記している。例えば、航空基地、飛行場、駐屯地などである。防衛庁への旧軍用地の所管換を詳細に分析するばあいには、この用途目的についても明らかにしていく必要がある。しかしながら、本書は「旧軍用地の工業用地への転用」を主たる研究課題としているので、この点については、これを省略しておく。概して言えば、旧軍用施設と同様の用途目的で利用されていることが多い。ただし、これはあくまでも、一般的な推測にすぎない。

軍事科学（技術）の発達と軍隊組織の編成変化により、防衛庁へ無償所管換された旧軍用地の用途は大きく変化したとも考えられるからである。また、防衛庁の所管する用地は、旧軍用地以外にも相当の規模に達するものが調達されたと推測されるが、その実態については、ここでの研究対象ではない。

以上をもって、防衛庁へ無償所管換された旧軍用地の状況についての、時期的・地域的分析を終えることにする。

あとがき

『旧軍用地転用史論』は、旧軍用地が、敗戦後、どのように転用されたかについて、とくに工業用地への転用という視点から歴史的に明らかにしたものである。

上巻の「第一部　総論」では、旧軍用財産（旧軍用地）の概念とその実体を数量的に明らかにし、続いて旧軍用地の処分に係わる法的諸問題について言及、かつ、その処分状況を年次別、府県別、産業別に整理した。

「第二部　産業分析篇」では、とくに工業用地への転用を重視し、製造業については、これを業種別、資本系列別に整理した。さらに、用途目的を工業用地への転用とした旧軍用地の大規模な払下げについては、その価格評価分析を行った。そこでは、この払下価格が全体としては「妥当な価格」であるが、特別の事情がある場合には、「割安」や「格安」という事例があることを検出し、これが国家権力を動員した資本蓄積様式であると論じた。

なお旧軍用地の払下げは、自作農創設との関連で「農地」への転用、再軍備との関連による自衛隊用地への転用、学制改革による中学校や新制大学用地への転用が多かったこともあり、不十分ながら、それらの点についても言及した。

下巻は、本書の「第三部　地域分析篇」とし、旧軍用地の工業用地への転用状況およびそれに関連した社会経済問題について、これを地域別に、かつ具体的に分析した。なお、この「地域」については、地方別ということを念頭におきながらも、旧軍用地の転用が多かった都道府県および旧軍港市および四日市市については、これを別個の地域として設定した。

この具体的な分析の中で明らかになったのは、旧軍用地の工業用地への転用による住工近接の問題、用地取得をめぐる国際的独占資本間での競争と協調、旧軍用地の所有関係に係わる問題、旧軍用地を基軸とした工業地域や工業団地の形成などである。とくに、旧軍港市における民間への旧軍用地の転用が、「軍転法」の制定にもかかわらず、他の地域に比べて相対的に遅れているという点や公共施設用地へ転用については「譲与」という処分形態が多かったということ、沖縄県における旧軍用地の処理問題が今なお残っていることも本書で検出しえた事柄である。

なお、旧軍用地の転用については、農地改革、学制改革、再軍備といった視点から詳しく解明するという課題が残されている。それだけではない。旧植民地であった満州、朝鮮、台湾などにあった旧日本軍の軍事施設について、その現況がどのようになっているかという問題もある。例えば、奉天（現瀋陽）の鉄西区などの変容などについては、国際的な共同研究が必要だと思われる。さらには、日本と同じく敗戦国であったドイツやイタリアなどの旧軍用地が戦後どのようになったのか、平和経済あるいは軍縮経済という視点からも、国際的比較研究がなされても良いのではないかと思う。

共同研究という点について言えば、本書のような膨大な労力を必要とする調査研究テーマに対しては、もともと個人研究として取り組むことは相応しくなかったと思う。例えば、ある地域で旧軍用地の転用状況を調査した結果は、年月の推移とともに大きく変化していく。それを個人で逐次的に追跡調査していこうとすれば、毎年全国を駆け廻らねばならない。こうした状況が限りなく続く。つまり個人的研究では、全国にわたって同時期的な実態把握をすることが極めて困難である。その結果、原稿枚数が膨大となり、執筆の期間が限りなく延長していく。資料不足、あるいは海外留学などの理由があったにせよ、本書の刊行が問題意識をもってから 45 年の歳月を要したのには、個人研究という制約があったからでもある。

ところで、松山薫氏や今村洋一氏によって、旧軍用地に関する地理学的研究や都市づくりの実証的研究がなされたことを後になって知った。だが、本書ではそれらを十分には活用できなかった。これらの研究は、敗戦直後における旧軍関係の資料などを丹念に利用しており、今後において、「旧軍用地の転用」について研究する場合には、是非とも参考にして欲しい。

本書の研究については実に多くの方々のご協力をいただいた。大蔵省（現財務省）の財政史室および関連部局、通商産業省（現経済産業省）をはじめ、都道府県庁および図書館、市町村および図書館の方々。それから立命館大学、京都大学、龍谷大学の図書館、とくに立命館大学の教員、大学院生、学部ゼミ生および社会地理学研究会の出身者たち。さらには国防省防衛研究所、旧軍港都市振興協議会、九州経済調査協会、関連企業の方々。本来であれば、各位にお会いして謝辞を呈すべきであるが、この場を借りて、厚く御礼申し上げる次第である。

最後になるが、本書の出版に骨折っていただいた文理閣の黒川美富子代表および山下信編集長に、上巻の場合と同様、心より感謝の意を表したい。また、私事になるので恐縮だが、私の我が儘な研究生活を支えてくれた妻トクヱにも労いの声を掛けてあげたい。

　　　2017 年 1 月 13 日　　　洛西の寓居にて　　　　　　　　　　　　　　　　　杉野圀明

付記

今年（2017 年）の早々に、今村洋一氏（長崎大学准教授）より『旧軍用地と戦後復興』（中央公論美術出版、332 ページ）の寄贈があった。この書物は、旧軍用地と都市計画との関連について歴史的に検討したものであり、旧軍用地が多かった仙台、名古屋、大阪、広島、熊本をはじめ、旧軍都など、あわせて 12 都市における旧軍用地の配置およびその転用状況を地図化し、掲載している。本書（『旧軍用地転用史論』）の下巻（地域分析篇）では、旧軍用地の所在を地図化していないので、その意味で、この書物は本書の補完的役割を果たす貴重な文献である。

都市計画という研究分野は、本書とは異なるとはいえ、旧軍用地について深く論究されていることに敬意を表したい。あわせて、農地改革（自作農創設）、国土防衛、住宅建設、学校教育、医療・福祉、交通などといった他の分野でも、旧軍用地の研究が進められることを期待したい。

著者紹介

杉野圀明（すぎの・くにあき）

［経歴］
　1936 年　福岡県北九州市門司区にて出生
　1958 年　九州大学経済学部卒業
　1960 年　九州大学法学部編入学、中退
　1966 年　九州大学大学院経済学研究科
　　　　　　博士課程単位取得退学
　1966 年　九州大学産業労働研究所文部教官助手
　1970 年　立命館大学経済学部助教授
　1976 年　立命館大学経済学部教授
　2001 年　立命館大学名誉教授

［著書］
　単著『交通経済学講義要綱』、サイテック、1997 年。
　単著『観光京都研究叙説』、文理閣、2007 年。
　編著『現代沖縄経済論』、法律文化社、1990 年。
　編著『現代日本の展開方向と地域課題』、法律文化社、1993 年。
　編著『関西学研都市の研究』、有斐閣、1993 年。

［論文］（本書に関連するものに限定）
　「戦後日本における資本主義の再建と国土資源の開発」（九大『産業労働研究所報』、第 41 号、1967 年）
　「産業立地論の方法について」（九大『産業労働研究所報』、第 50 号、1970 年）
　「経済地理学と工業立地論」（九大『産業労働研究所報』、第 51 号、1970 年）
　「国土計画論について」（九大『産業労働研究所報』、第 52 号、1970 年）
　「北九州における企業立地と土地利用問題」（『立命館経済学』、第 21 巻 6 号、1972 年）
　「国家独占資本主義論と資本蓄積」（『立命館経済学』、第 29 巻 1 号、1980 年）
　「中京工業地帯と工業用地問題」（『立命館経済学』、第 29 巻 5 号、1980 年）
　「京都府における近代工業と工業用地」（『人文科学研究所紀要』、第 38 号、1984 年）
　「大分県における工業立地の歴史的展開」（『人文科学研究所紀要』、第 48 号、1989 年）
　「大分テクノポリスと工業用地問題」（『人文科学研究所紀要』、第 48 号、1989 年）

［その他］
　世界旅行の書物や貢納制社会論、現代価格論に関する論文多数。

旧軍用地転用史論　下巻
2017 年 5 月 10 日　第 1 刷発行

著　者　杉野圀明
発行者　黒川美富子
発行所　図書出版　文理閣
　　　　京都市下京区七条河原町西南角〒 600-8146
　　　　TEL(075)351-7553　FAX(075)351-7560
　　　　http://www.bunrikaku.com
印刷所　共同印刷工業株式会社
© Kuniaki SUGINO 2017
ISBN978-4-89259-806-7